湘南千里山-骑田岭地区锡多金属矿床研究与找矿勘查

许德如 符巩固 许以明 等 著

科学出版社

北京

内 容 简 介

本书综合集成了作者自20世纪80年代末以来，在湘南千里山–骑田岭地区开展成矿学研究与找矿勘查所取得的系列重要成果，也是近30年来系统研究我国东部中生代板内成岩成矿作用的一个成功案例。本书以大陆动力学以及成矿系列和成矿系统等成矿理论为指导，以相似类比和综合信息等预测理论为依据，运用多学科交叉研究方法，采用现代分析测试技术手段，重点研究了千里山–骑田岭地区锡多金属矿产的成矿背景与成矿条件、成矿机理与控制因素以及成矿规律与找矿标志等，系统总结了区内锡多金属矿产的成因类型、构建了矿田和区域的综合成矿模式和找矿模型，开展了成矿预测与找矿勘查。

本书可供产–学–研等部门的广大地质矿产工作者和高等院校师生阅读参考。

图书在版编目(CIP)数据

湘南千里山–骑田岭地区锡多金属矿床研究与找矿勘查／许德如等著.
—北京：科学出版社，2016.8
ISBN 978-7-03-048123-8

Ⅰ.①湘⋯ Ⅱ.①许⋯ Ⅲ.①锡矿床–多金属矿床–研究–湖南省 Ⅳ.①P618.44

中国版本图书馆CIP数据核字（2016）第089524号

责任编辑：王 运 ／ 责任校对：何艳萍 张小霞
责任印制：肖 兴 ／ 封面设计：耕者设计工作室

科学出版社 出版
北京东黄城根北街16号
邮政编码：100717
http://www.sciencep.com

中国科学院印刷厂 印刷
科学出版社发行 各地新华书店经销

*

2016年8月第 一 版　开本：889×1194　1/16
2016年8月第一次印刷　印张：32
字数：990 000
定价：398.00元
（如有印装质量问题，我社负责调换）

作者名单

许德如	符巩固	许以明	田旭峰
吴传军	侯茂松	雷泽恒	龚述清
张怡军	黄革非	乔玉生	蔡新华
许世广	王 力	文一卓	黎传标
姚军明	单 强	张俊岭	王智琳

前 言

　　湘南千（千里山）骑（骑田岭）地区位于我国华南南岭中段，是南岭钨锡多金属成矿带最重要的组成部分，该区集中产出一批享有世界盛誉的大型-超大型有色金属矿床，如柿竹园钨锡钼铋多金属矿床、黄沙坪铅锌矿床等。区内目前已发现矿产地560多处，其中：大型或超大型21处、中型28处、小型72处，矿种多达50余种，尤以有色金属W、Sn、Mo、Bi、Pb、Zn为主。国内许多学者和单位曾对该区的构造-岩浆活动及相关的成矿作用开展了多方位的研究。为进一步查明千骑地区锡多金属矿产的时空分布规律、矿床规模及资源远景，实现区位、类型和规模上的重大突破，以满足我国社会和经济发展对矿产资源的战略需求，自20世纪80年代末以来，原地质矿产部中国地质调查局、国土资源部中国地质调查局和湖南省地质矿产勘查开发局为此分别设立了"郴桂地区铅锌金银中比例尺成矿预测（1988～1990）"项目、部控重点普查项目"湖南省郴州市枞树板矿区铅锌银矿普查（1994～1999）"和"湖南省郴州市金船塘矿区锡铋矿普查（1996～1998）"、国土资源大调查实施项目"湖南千里山-骑田岭锡铅锌矿评价（1999～2005）"（项目编号为199910200219）、国土资源大调查实施项目子课题"南岭地区锡多金属矿评价（2002～2005）"（项目编号为0499143039、0400143039、70401143072，资［2002］047-01、资［2003］036-01、资［2004］035-01、资［2005］033-01）和"南岭地区重要矿产资源综合评估（2006～2008）"工作项目（项目编号为1212010632108）。科学技术部、湖南省科学技术厅也先后设立了中澳科技合作特别资金项目"湖南地区隐伏矿产资源快速评价综合模型研究［国科外字（2000）第0270号］"、湖南省重点攻关项目"湖南地区隐伏矿产资源快速评价综合模型研究（02SSY2006）"、湖南省科技攻关项目"活化构造（地洼学说）成矿理论在湖南矿产资源预测评估中的应用"和湖南省自然科学基金项目"湘东北蛇绿岩存在的证据及构造成矿学意义（03jjy3066）"等。本书所反映的研究内容和成果，还得到了国土资源部公益性行业科研专项"南岭成矿带地壳岩浆系统结构探测试验技术研究（201011046）"、国家自然科学基金项目"赣南与陆壳重熔型花岗岩类有关典型矿床成矿过程的壳-幔相互作用（40572057）"和科学技术部973计划项目专题"大规模成矿作用与大型地区预测（G1999CB403209）"的资助。各类项目总投入经费约9700万元，其中：国家财政5125万元，地方和企业资助4575万元。

　　上述项目的总体研究目标是：①以千（千里山）骑（骑田岭）地区及近外围为重点，大致查明该区锡多金属矿产的分布、规模及资源远景，实现区位、类型和规模上的重大突破；②开展千骑地区锡多金属矿床的成矿条件、成矿规律和控矿因素等研究，建立成矿模式和找矿模型，开展成矿预测和找矿勘查与评价；③提交资源量：锡50万t，铅锌100万t，银1000t；新发现矿产地6处。

　　上述项目自20世纪80年代末陆续启动以来，各承担单位在项目来源单位的直接领导和监督下，根据统一工作部署（图1），首先对千骑地区及邻区的以往各种地质、科研和找矿勘查与开发等资料进行了二次开发；在此基础上，综合运用矿床学、构造地质学、岩石学、矿物学、矿物包裹体学、元素与同位素地球化学以及同位素地质年代学等学科知识和测试分析方法，采取地质填图、民窿调查、遥感找矿信息提取、地球物理和地球化学剖面测量及槽探、钻探、坑探等技术手段，系统研究和总结了区内不同类型锡多金属矿床的成矿条件、成矿机理、矿床成因和成矿规律，重点开展了枞树板、金船塘、白腊水和山门口地区成矿预测和找矿勘查，并对坪宝、千里山、瑶岗仙和八面山等成矿远景区进行了预查和资源潜力评价。

　　经过近30年的成矿学研究和找矿勘查，项目不仅在板内成岩成矿理论取得了一系列重要进展，而且在找矿勘查也取得了重大突破，发现和评价了一批大型-超大型矿床，提交了一批锡铅锌多金属资源量，取得了重大的社会和经济效益。

　　（1）将千骑地区钨锡铅锌多金属矿床划分为两个成矿系列：①与酸性中浅成花岗岩有关的钨锡多金

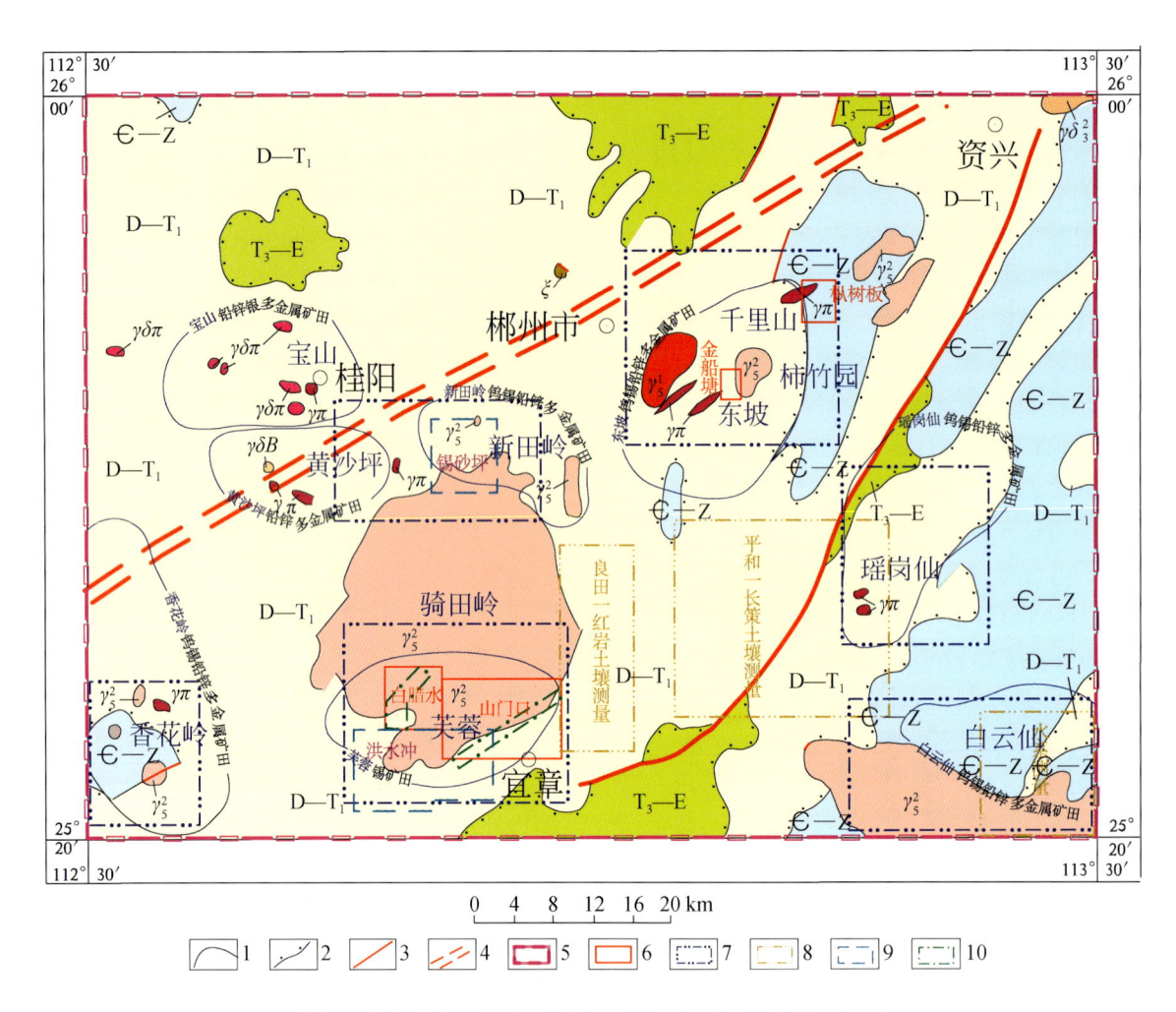

图 1 湘南千骑（千里山-骑田岭）地区地质工作部署略图

T_3—E-上三叠统—古近系；D—T_3-泥盆系—下三叠统；Є—Z-寒武系—震旦系；$\gamma\pi$-花岗斑岩；$\gamma\delta\pi$-花岗闪长斑岩；$\gamma\delta B$-花岗斑岩质隐爆角砾岩；ξ-正长岩；γ_5^2-燕山早期花岗岩；γ_5^1-印支期花岗岩；$\gamma\delta_3^2$-加里东期花岗闪长岩；1-地质界线；2-不整合地质界线；3-区域性断裂；4-重磁推断深大断裂；5-调查评价范围；6-矿区评价范围；7-区域潜力调查评价范围；8-1∶5万土壤测量或水系沉积物测量范围；9-1∶2万高精度磁测、土壤测量范围；10-1∶1万高精度磁测、土壤测量范围

属成矿系列；②与中酸性深源中浅成花岗闪长岩类有关的铜铅锌多金属成矿系列，并详细研究了与两个成矿系列有关的成矿岩体的地质学、岩石学、矿物学和矿物化学以及元素和同位素地球化学组成等特征。

（2）在对千骑地区花岗岩的成因进行分类基础上，论证了与两个成矿系列相对应的两类花岗岩（即陆壳改造Ⅰ型和同熔Ⅱ型）的成矿专属性，指出：钨锡多种金属成矿系列主要与Ⅰ型之I_3亚类花岗岩小岩体关系密切，而铜铅锌多金属成矿系列主要与Ⅱ型花岗闪长质小岩体、其次是与Ⅰ型之I_3亚类花岗质小岩体关系密切。同时，根据重磁异常推断了本区不同深度的隐伏花岗岩体的分布范围，提出了岩浆热液型锡多金属矿床是岩浆演化和岩体前缘成矿的结果，并认为：深部隐伏大岩基控制了矿带和矿田的展布；高分异高侵位小岩体对矿床形成则具有明显的控制作用。

（3）确认了炎陵-蓝山隐伏深断裂带在千骑地区的存在（即厘定的郴州深断裂带），并推断了六条深部隐伏的构造-岩浆活动带（如香花岭-彭公庙北东向构造岩浆岩带等），认为郴州深断裂带既是本区一级构造单元的分界线，也是成矿区带的分界线。区域性 NE、NW 和 SN 向断裂对区内成岩成矿起着联合复合控制作用。区内已知矿田均表现为受深部隐伏构造-岩浆活动带和高分异高侵位隐伏、半隐伏花岗质小岩体控制；而区内的一级、二级和三级构造则分别控制着成矿带、成矿亚带和矿田或成矿预测区。为成矿区带的划分和成矿远景区的圈定提供了依据。

（4）发现千骑地区所产生的区域地球化学异常由于受区域构造和岩浆岩控制而表现出分区现象，即北西部以铅锌、金、银、砷为主，南东部以钨、锡、铅锌、银、铌钽、铍为主；区域化探异常还揭示，平面上异常内带以钨锡为主，中带为锡、铅锌，外带为金、银、锑（铅锌），远外带为汞；并认为在板内花岗岩地区利用高精度磁测配合土壤测量对寻找与断裂构造有关的锡多金属矿产具有显著效果。这些对区内一级成矿带的划分、预测找矿远景区和选定找矿方向等具有重要的实用价值。

（5）通过地层含矿性、岩浆岩含矿性和 S、Pb、C-O-H 同位素组成等研究，并结合 He-Ar 和 Re-Os 同位素示踪以及矿物包裹体的相组成观察、均一温度和成分组成测试分析，认为千骑地区锡多金属矿床成矿物质主要来源于中晚侏罗世（ca. 160～145 Ma，ca. 表示大约，下同）花岗质岩浆热液，但震旦系、寒武系、泥盆系和石炭系等地层也具有一定的贡献；结合成矿高峰（ca. 156 Ma）稍晚于花岗质岩成岩高峰（ca. 160 Ma）约 4 Ma，据此划分了千骑地区锡多金属矿床的成因类型，并探讨了其成矿机理，认为由于中晚侏罗世不同系列高分异花岗质岩浆高侵位于震旦系至石炭系等地层，其含矿岩浆热液沿不同方向（主要是 NE 向）和不同性质的断裂或层间破碎带运移和充填，或交代碳酸盐岩等有利的赋矿围岩，从而形成不同矿床系列和不同类型矿种。

（6）首次建立了千骑地区锡多金属矿床的成矿模式和地质-地球物理-地球化学综合找矿模型，并创造性提出寻找锡铅锌多金属隐伏矿床的"探岩—圈区—找位—寻体"的找矿程序和方法。结合模型类比和综合信息矿产统计预测，提出不同级别预测区的成矿和找矿预测标志，并在千骑地区首次划分出两个锡铅锌多金属成矿带（Ⅳ级）、5 个成矿亚带和 7 个矿田预测区；在此基础上圈定出 25 个锡多金属找矿预测区（其中：A 类 8 个、B 类 6 个、C 类 11 个），并优选出 8 个锡铅锌多金属找矿预测区（其中：A 类 2 个、B 类 4 个、C 类 2 个）。这些研究成果为在千骑地区开展找矿预测与勘查、寻找隐伏的锡多金属矿田（床）提供了重要理论依据。

（7）首次提出"大岩休中后期高分异高侵位小岩体成矿"的观点。结合成矿条件研究、遥感解译、地球物理和地球化学探测等，在骑田岭复式岩体中找到了与断裂构造有关的超大型芙蓉锡矿田，实现了南岭成矿带锡多金属矿找矿的重大突破；同时，发现并评价了白腊水、山门口、金船塘、枞树板等找矿靶区，提出了洪水江、五里山（鸡脚山）、银水垅、大岭背、许家山、竹园里等一批具有找矿潜力的远景区。

（8）对重点预测靶区进行了钻探等工程验证，提交 333+334 锡金属量 72.8/65 万 t、铋金属量 10.48 万 t、铅锌金属量 101.08 万 t、银金属量 1186.54t。并评价了一批共（伴）生矿产资源量：如锡 0.75 万 t、铋 4.10 万 t、铜 16.60 万 t、铅 9.53 万 t、钨 9.10 万 t、银 2044.14t、硫 105.22 万 t 和萤石 109.05 万 t。

上述研究成果和认识是由湖南省地质矿产勘查开发局、中国科学院广州地球化学研究所、湖南省湘南地质勘察院、湖南省地质调查院等单位共同完成的，也是项目组全体参加人员共同智慧的结晶。本书即是上述研究成果的集成总结。

全书共 11 个部分，各部分执笔人如下：前言由许德如、符巩固、许以明共同撰写；第 1 章"勘查开发与研究现状"由许德如、符巩固、许以明、田旭峰共同撰写；第 2 章"区域成矿地质背景"由许德如、符巩固、吴传军、侯茂松共同撰写；第 3 章"矿床地质特征"由许以明、黄革非、许德如、符巩固、王智琳共同撰写；第 4 章"花岗质岩浆作用与成矿"由许德如、符巩固、田旭峰、许以明、王智琳共同撰写；第 5 章"构造作用与成矿"由许德如、许以明、雷泽恒、许世广共同撰写；第 6 章"控岩控矿因素"由张怡军、龚述清、蔡新华、侯茂松、吴传军共同撰写；第 7 章"成矿系列与成矿机理和找矿模型"由许以明、许德如、符巩固、乔玉生、许世广、姚军明共同撰写；第 8 章"成矿预测与资源量估算"由符巩固、许德如、许以明、张怡军、单强、王力共同撰写；第 9 章"重要预测区找矿勘查"由许以明、黄革非、张怡军、许德如、文一卓、张俊岭共同撰写；第 10 章"结束语"由许德如、符巩固、许以明共同撰写。全书最后由许德如、符巩固统编定稿。

本书的出版得到了中国科学院广州地球化学研究所、湖南省地质矿产勘查开发局、湖南省湘南地质勘察院、湖南省地质调查院等单位的资助；邱冠周院士、毛景文教授、蒋少涌教授、王克林研究员、戴塔根教授、柳建新教授、刘翔教授级高工、余德清教授级高工和赵亚辉教授级高工等，为本书质量的提高提出过大量宝贵的和中肯的修改意见。值本书出版之际，全体作者对上述单位和各位专家以及曾支撑本成果的各项目来源单位和领导，表示衷心的感谢！

由于研究水平有限，本书肯定存在不少问题，敬请广大读者批评指正！

目　　录

前言
第1章　勘查开发与研究现状 ··· 1
　1.1　研究区概况与资源形势 ·· 1
　　1.1.1　研究区概况 ··· 1
　　1.1.2　矿产勘查与开发现状 ·· 2
　　1.1.3　矿产资源形势 ··· 3
　1.2　以往勘查和科研简况 ·· 5
　1.3　以往工作存在的问题 ·· 7
　1.4　国内外研究现状 ·· 7
　　1.4.1　成矿理论研究趋势 ··· 7
　　1.4.2　花岗岩与成矿 ·· 10
　　1.4.3　构造-流体与成矿 ·· 17
　　1.4.4　岩相古地理研究 ··· 19
　1.5　关键科学技术问题 ·· 20
第2章　区域成矿地质背景 ··· 23
　2.1　区域地质背景 ··· 23
　　2.1.1　地层与岩性 ··· 23
　　2.1.2　褶皱和断裂构造 ·· 27
　　2.1.3　岩浆岩 ·· 29
　2.2　区域地球物理特征 ··· 30
　　2.2.1　物性参数特征 ··· 30
　　2.2.2　重力异常特征 ··· 33
　　2.2.3　航磁异常特征 ··· 34
　2.3　区域地球化学特征 ··· 36
　　2.3.1　地球化学参数特征 ·· 36
　　2.3.2　主要成矿元素异常的分布特征 ··· 43
　　2.3.3　综合地球化学异常特征 ·· 43
　2.4　区域重砂分布与异常特征 ·· 47
　　2.4.1　重砂矿物的分布特征 ··· 47
　　2.4.2　重砂异常及分区 ··· 49
　　2.4.3　重砂矿物和异常的空间分布、富集规律 ···························· 51
第3章　矿床地质特征 ·· 52
　3.1　区域矿产概况 ·· 52
　3.2　锡多金属矿床成矿特征 ··· 54
　　3.2.1　矿床成因类型划分 ·· 54
　　3.2.2　各类型矿床特征 ··· 55
　　3.2.3　典型矿床地质特征 ·· 60
　3.3　铅锌多金属矿床成矿特征 ·· 71

3.3.1 矿床成因类型划分 … 71
3.3.2 各类型矿床特征 … 72
3.3.3 典型矿床地质特征 … 82

第4章 花岗质岩浆作用与成矿 … 88
4.1 基本概述 … 88
4.2 岩浆侵入期次划分 … 91
4.3 岩浆岩成因类型与分布 … 99
4.4 花岗岩的基本特征 … 99
4.4.1 岩体形态、规模及产出特征 … 99
4.4.2 岩性及其结构构造特征 … 100
4.4.3 主要造岩矿物化学成分及微量元素 … 100
4.4.4 岩石化学特征 … 103
4.4.5 微量元素含量特征 … 103
4.5 成矿岩体特征 … 105
4.5.1 骑田岭岩体 … 106
4.5.2 千里山复式岩体 … 112
4.5.3 黄沙坪-宝山岩体 … 117
4.5.4 王仙岭岩体 … 119
4.6 隐伏岩体推断解译 … 121
4.6.1 隐伏-半隐伏岩体的定位推断 … 121
4.6.2 隐伏、半隐伏岩体边界的推断 … 121
4.6.3 岩体的定量计算 … 123
4.6.4 环形影像与隐伏岩体 … 124
4.7 岩浆作用与成矿关系 … 125
4.7.1 岩浆岩的分布特征 … 125
4.7.2 两类花岗岩特征 … 126
4.7.3 花岗岩类演化规律 … 127
4.7.4 岩浆作用与成矿关系 … 128

第5章 构造作用与成矿 … 132
5.1 隐伏地质体推断解译 … 132
5.1.1 遥感图像特征及推断解译 … 132
5.1.2 物探推断解译 … 134
5.2 构造层划分 … 137
5.2.1 区域大地构造基本特征 … 137
5.2.2 构造层划分 … 137
5.3 构造单元划分及其特征 … 138
5.3.1 基本构造格架 … 138
5.3.2 主要深大断裂及控岩控矿特征 … 140
5.3.3 构造单元划分 … 145
5.3.4 构造单元基本特征 … 145
5.4 构造分区及其基本特征 … 147
5.4.1 西区（拗陷区） … 147
5.4.2 中区（隆拗过渡区） … 148

5.4.3　东区（隆起区） ……………………………………………………………148
　　　5.4.4　构造区构造特征 ……………………………………………………………148
5.5　构造-沉积旋回与岩浆活动 ………………………………………………………………154
　　　5.5.1　雪峰构造旋回 ………………………………………………………………154
　　　5.5.2　加里东构造旋回 ……………………………………………………………154
　　　5.5.3　印支构造旋回 ………………………………………………………………155
　　　5.5.4　燕山构造旋回 ………………………………………………………………155
　　　5.5.5　喜马拉雅构造旋回 …………………………………………………………156
5.6　构造与成矿的关系 …………………………………………………………………………156
　　　5.6.1　构造对岩浆活动的控制 ……………………………………………………156
　　　5.6.2　构造与成矿的关系 …………………………………………………………156

第6章　控岩控矿因素 ……………………………………………………………………………158
6.1　构造控岩控矿作用 …………………………………………………………………………158
　　　6.1.1　基底构造控岩控矿 …………………………………………………………158
　　　6.1.2　推覆冲断构造控岩控矿 ……………………………………………………159
　　　6.1.3　多级构造联合复合控矿 ……………………………………………………161
　　　6.1.4　主要矿田构造与组合 ………………………………………………………163
6.2　岩层控矿作用 ………………………………………………………………………………167
　　　6.2.1　不同岩层中金属矿产的分布 ………………………………………………167
　　　6.2.2　矿源层 ………………………………………………………………………167
　　　6.2.3　地层和岩性组合的控矿性 …………………………………………………171
6.3　岩相古地理对成矿控制 ……………………………………………………………………173
　　　6.3.1　区域古地理 …………………………………………………………………173
　　　6.3.2　中泥盆世—早石炭世古地理与相带 ………………………………………173
　　　6.3.3　中泥盆世—早石炭世岩相古地理时空演化 ………………………………178
　　　6.3.4　控矿的岩相条件 ……………………………………………………………183
　　　6.3.5　控矿的古地理条件 …………………………………………………………184
6.4　岩浆活动与成矿关系 ………………………………………………………………………184
　　　6.4.1　岩体与成矿的空间关系 ……………………………………………………184
　　　6.4.2　岩体与成矿的时间关系 ……………………………………………………185
　　　6.4.3　成矿与非成矿岩体特征 ……………………………………………………185
　　　6.4.4　岩浆演化与成矿专属性 ……………………………………………………190

第7章　成矿系列与成矿机理和找矿模型 ……………………………………………………192
7.1　矿田矿床分布规律 …………………………………………………………………………192
　　　7.1.1　深部构造-岩浆与成矿 ………………………………………………………192
　　　7.1.2　矿田线型构造影像模式 ……………………………………………………206
　　　7.1.3　矿田矿床分布规律 …………………………………………………………207
7.2　成矿物质与成矿流体来源 …………………………………………………………………211
　　　7.2.1　地层的含矿性 ………………………………………………………………211
　　　7.2.2　岩浆岩含矿性 ………………………………………………………………212
　　　7.2.3　硫同位素特征 ………………………………………………………………212
　　　7.2.4　铅同位素特征 ………………………………………………………………217
　　　7.2.5　氢-氧同位素特征 ……………………………………………………………220

7.2.6　碳–氧同位素特征 ··· 223
　　　7.2.7　Re-Os 和 He-Ar 同位素示踪 ··· 224
　　　7.2.8　矿物包裹体特征 ·· 226
　　　7.2.9　熔融包裹体发现 ·· 227
　7.3　成矿机理探讨 ··· 229
　　　7.3.1　锡成矿机理：以白腊水为例 ·· 231
　　　7.3.2　铅锌矿成矿机理：以枞树板为例 ·· 238
　7.4　成矿系列与成矿模式 ·· 244
　　　7.4.1　成矿系列 ··· 244
　　　7.4.2　典型矿田矿床模式 ·· 246
　　　7.4.3　区域成矿模式 ·· 261
　7.5　综合找矿模型 ··· 262
　　　7.5.1　瑶岗仙矿田综合找矿模型 ·· 262
　　　7.5.2　香花岭矿田综合找矿模型 ·· 266
　　　7.5.3　宝山铅锌多金属矿田综合找矿模型 ·· 268
　　　7.5.4　锡多金属矿床综合找矿模型 ··· 270

第8章　成矿预测与资源量估算 ··· 274
　8.1　预测标志 ·· 274
　　　8.1.1　成矿预测标志 ·· 274
　　　8.1.2　找矿预测标志 ·· 275
　8.2　综合信息矿产统计预测 ·· 276
　　　8.2.1　概述 ·· 276
　　　8.2.2　单元的划分 ·· 276
　　　8.2.3　地质变量的选择和构置 ··· 277
　　　8.2.4　定位预测 ··· 282
　　　8.2.5　铅锌资源的定量预测 ··· 290
　　　8.2.6　预测方法可靠性评述 ··· 292
　8.3　成矿带和预测区划分与找矿远景 ··· 292
　　　8.3.1　成矿带划分 ·· 292
　　　8.3.2　矿田预测区划分 ··· 294
　　　8.3.3　找矿预测区与找矿远景 ··· 296
　8.4　锡铅锌多金属找矿预测区优选 ·· 326
　　　8.4.1　成矿背景 ··· 326
　　　8.4.2　预测区优选与找矿远景 ··· 326
　　　8.4.3　总体评价 ··· 350

第9章　重要预测区找矿勘查 ··· 351
　9.1　白腊水找矿靶区 ··· 351
　　　9.1.1　验证过程及工作方法 ··· 352
　　　9.1.2　靶区找矿依据 ·· 353
　　　9.1.3　工程验证与矿体特征 ··· 366
　　　9.1.4　矿石特征与质量 ··· 379
　　　9.1.5　资源量估算 ·· 401
　9.2　山门口找矿靶区 ··· 402

9.2.1	验证过程及工作方法	402
9.2.2	靶区找矿依据	404
9.2.3	工程验证与矿体特征	421
9.2.4	矿石特征与质量	430
9.2.5	资源量估算	440

9.3 金船塘找矿靶区 ... 441

9.3.1	验证过程及工作方法	441
9.3.2	靶区找矿依据	441
9.3.3	工程验证与矿体特征	448
9.3.4	矿石特征与质量	449
9.3.5	资源量估算	456

9.4 枞树板找矿靶区 ... 457

9.4.1	验证过程及工作方法	457
9.4.2	靶区成矿地质条件	458
9.4.3	工程验证与矿体特征	461
9.4.4	矿石特征与质量	466
9.4.5	资源量估算结果	473

9.5 理论和实际意义 ... 474

第 10 章 结束语 ... 479

参考文献 ... 481

第1章 勘查开发与研究现状

1.1 研究区概况与资源形势

1.1.1 研究区概况

千里山-骑田岭（简称千骑）地区位于湖南省南部（简称湘南），地理坐标为：东经112°30′~113°30′、北纬25°20′~26°00′，面积约10483 km²；其行政区划隶属于湖南省郴州市管辖。区内交通便利，京广铁路、京珠高速公路、107国道纵贯全区，与省、市及乡间公路形成较为发达的交通网络（图1-1）。

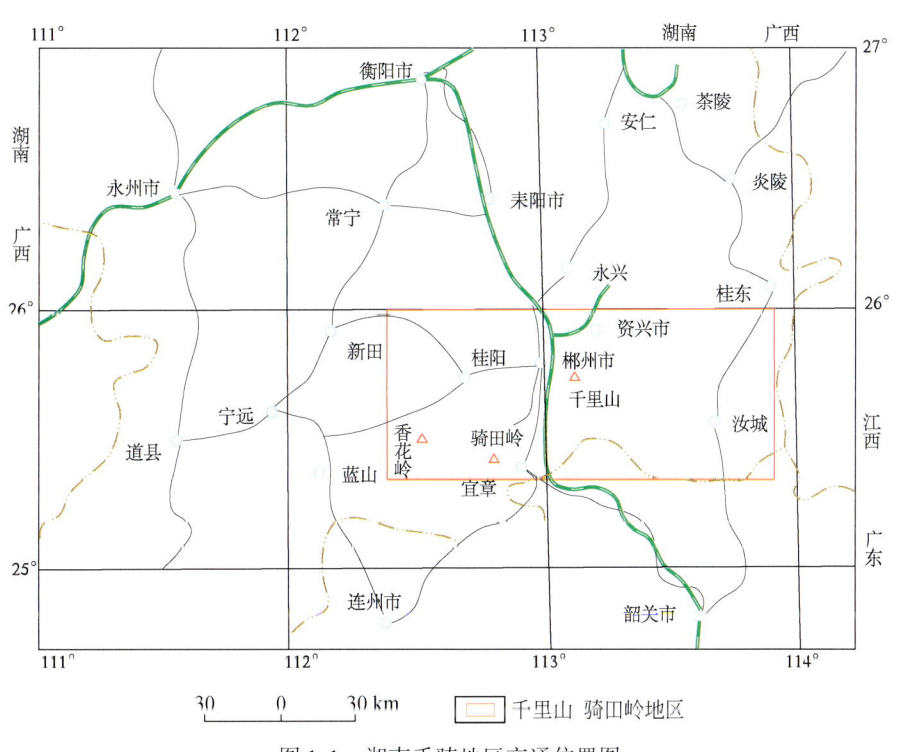

图1-1 湘南千骑地区交通位置图

自然地理上，千骑地区位于南岭山脉北侧。东南部以中低山区为主，狮子口—骑田岭—香花岭一带群山起伏，地势陡峻，"V"形谷发育，海拔多在1000 m以上，最高峰狮子口海拔达1913.8 m；北西部则以丘陵岗地为主，海拔在400~800 m。区内水系较为发育，主要溪河有湘江水系的郴江、西河、舂陵水，珠江水系的武水等。这些水系对调节气候、灌溉农田、发展小型水电创造了有利条件，但无舟楫之便。

本区属亚热带气候，温暖潮湿，四季分明，雨量充沛。夏季炎热，最高气温38 ℃，冬季寒冷，时有冰冻，最低气温为-10 ℃，年平均气温17.7 ℃；春夏雨水较多，年降水量为1187.3~2247.8 mm。区内居民以汉族为主，山区有少量瑶族居住。居民主要从事农业生产，少数从事手工业、商业和采矿加工业等；粮食作物主要有水稻、红薯、玉米，经济作物有花生、油菜、桐油、烟叶、药材、柑橘等，粮食基本能自给。区内建有多座中小型水电站，能满足居民用电及矿山等工业用电。

1.1.2 矿产勘查与开发现状

湘南千骑地区是我国华南成矿域南岭多金属成矿带的重要组成部分，矿产资源极为丰富。目前已发现矿产地共560多处，其中：大型矿床21处，中型矿床28处，小型矿床72处；已探明的矿种达50多种，其中又以有色金属矿产铅、锌、钨、锡、钼、铋等为主，其次为贵金属、黑色金属及稀有稀土矿产，如金、银、铁、锰、铀、钴、钒、铌、钽、锂、铍、铷、锶、镓、铟、镉、锗、稀土等，另外还有硫、萤石、水晶、砷、石灰岩（水泥、熔剂、电石灰岩）、石墨、钾长石、黏土、白云岩、大理岩、冰洲石、石棉等非金属矿产及固体可燃矿产煤等。现已普查和勘探的矿床（点）150个，占全区已发现矿产地的26.7%，探明了一批全国闻名的大型矿床，如柿竹园钨锡多金属矿、黄沙坪铅锌矿、野鸡尾锡多金属矿、宝山铜铅锌多金属矿等。从矿种而言，钨、锡、钼、铋矿种工作程度较高，已普查和勘探矿床（点）41处，占矿产地的40%；其次为铅锌矿，已普查和勘探矿床（点）43处，占总矿产地的26.1%。

研究区内生金属矿床在空间分布上具有明显的集群性，较集中分布于东坡、坪宝、香花岭、新田岭、瑶岗仙及白云仙等地区。矿床分布与岩浆岩关系密切，多产于岩体接触带及其附近。在矿种分布上，本区南东部以钨锡钼铋等有色金属矿床为主，如闻名于世的柿竹园钨锡钼铋多金属矿床，其次为铅锌和铁锰多金属矿产，并伴生银矿等；北西部则以铅锌矿和金银矿为主，伴生钨、钼、铜矿等。

据有关资料统计，全区内生金属矿床金属储量约645万t，其中钨锡钼铋金属储量315万t，占总储量的48.8%，铅锌金属储量330万t，占总储的51.1%，伴生银金属储量1433 t。铅锌矿床金属储量以岩体与碳酸盐岩接触交代型铅锌矿床和岩体外接触带的断裂充填型铅锌矿床为主，其储量占铅锌金属总储量的83.3%。

本区矿业开发历史悠久。据《中国古代矿业开发史》记载，早在明末清初便有人在东坡、金船塘、柿竹园、野鸡窝、安源一带开采过锡、铅锌矿，就地冶炼铅、锌、银等金属。如今在这些地段仍可见许多老窿、废石堆、炉渣等遗迹。

新中国成立后，东坡、黄沙坪、瑶岗仙、柿竹园、香花岭等国营矿山相继设立，并逐步形成规模生产，特别是柿竹园、黄沙坪已成为湖南省主要有色金属生产基地；过去十年还随着矿产品价格的持续上扬，区内矿业开发呈现出国营、集体、个体采选业齐头并进、共同发展的格局，为地方经济的发展、人民生活水平的提高作出了巨大的贡献。据不完全统计，湖南省郴州市现有矿山企业2000多个，其中国有独立核算矿山企业69个，独立开采的矿山（井）123个，矿产采、选业总产值（不变价）达50亿元，在经济构成中位居主导产业地位。但矿产开发在对振兴当地经济起强劲推动作用的同时，也引发了一系列问题：一是资源利用水平低下，破坏、浪费严重。如个别主要产区的资源综合回收率约为50%，其中伴生组分仅30%左右，采富弃贫、采大弃小、采厚弃薄、采主弃副现象在各类矿山中均不同程度存在；二是环境污染严重，地质灾害时有发生；三是产业结构不合理，大多为原材料粗放经济型，市场应变能力差；四是包括柿竹园、香花岭、瑶岗仙、白云仙钨矿等在内的大部分国有矿山出现后备资源严重不足的形势。据郴州市123个国有独立开采矿山统计结果，开采年限仅能维持5年的占50%左右，近年因资源枯竭闭坑的矿山达38个。随着浅部资源耗尽，近年关闭的乡镇矿山更是高达上百个。全市矿业开发，特别是小型矿山总体出现逐步萎缩的走势；五是非法开采屡禁不止，部分地区矿业秩序仍较混乱。

湘南地区因其特殊的地理位置现已成为西部大开发战略经济发达区与欠发达区的连接桥梁，代表该区主导产业的矿产开发必将在实施这一战略构想中发挥出其他产业无法替代的重要作用。但湘南矿业要从上述存在的问题中吸取经验教训，走可持续发展的道路，必须坚决贯彻执行资源、环境并重的发展方针，使湖南南部这一传统地理、人文屏障，真正成为保护湖南省环境的绿色源头。

1.1.3 矿产资源形势

1. 钨资源状况

我国钨资源储量长期占据世界第一位。据美国地质调查局 2011 年所公布的资料（USGS，2011），世界各国钨金属储量共为 190 万 t。其中：中国钨储量为 77 万 t，基础储量为 110 万 t，分别占世界总储量的 38.5% 和 35.5%，居世界第一位。其优势是极为明显的。因我国钨生产能力强，产量长期居世界第一；但因钨资源消耗速度快，近年又基本未进行钨矿的地质勘查工作，我国钨资源储量相对世界优势不断下降，虽然当前钨资源量仍居世界第一，但较以往已有快速下调趋势（图 1-2）。

我国探明的钨矿资源储量中，保有黑钨矿资源储量 195.8083 万 t，白钨矿资源储量 227.0787 万 t。由于我国长期以开采黑钨矿为主，对白钨矿开采近年才有所增长，因而我国保有的钨资源量中，黑钨占 24.6%、白钨占 71.4%、黑白钨混合矿占 4%。在基础储量中，白钨和黑钨分别占 70.4% 和 29%。白钨矿资源量和储量均超过黑钨矿，探明的资源量（WO_3）在 10 万 t 以上的钨矿床中大多为白钨矿矿床，说明我国与世界同样以白钨矿为主要钨资源。由于我国钨产量及资源量（主要是黑钨矿）消耗量增长快，资源量长期减少，我国钨矿开采强度已达 65%，大大超过世界平均水平；且因黑钨矿资源的迅速减少，黑钨矿仅可开采几年。

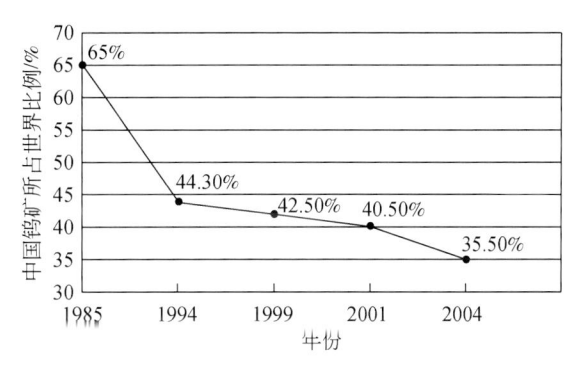

图 1-2 中国钨矿占世界比例变化图
（资料来源于中国钨业协会）

南岭是我国的钨资源主要分布区，从我国各省钨资源统计表（表 1-1）可见，南岭地区的湖南、江西、广东和广西四省区钨储量合计占全国钨总储量的 69% 左右。

表 1-1 我国主要钨矿资源储量（WO_3）分省统计表

省区	储量/t	基础储量/t	所占比例/%	资源量/t	资源储量/t	所占比例/%
湖南	556862	1313647	44.9	726215	2039862	35.3
江西	425167	630405	21.6	496632	1127037	19.5
河南	165890	296219	10.1	280462	576681	10.0
广东	12060	133419	4.6	239457	372876	6.4
广西	5610	79056	2.7	270349	349405	6.0
福建	146368	245489	8.4	58837	304326	5.3
云南	21912	48784	1.7	200049	248833	4.3
甘肃	3881	21444	0.7	216764	238208	4.1
黑龙江	35910	48830	1.7	147028	195858	3.4
内蒙古	21865	32101	1.1	123095	155196	2.7
湖北	34397	48530	1.7	24827	73357	1.3
山东	0	334	1.01	46761	47095	0.8
安徽	7854	12071	0.4	12653	24724	0.4
浙江	6099	7068	0.2	2670	9738	0.2
吉林	3653	5490	0.2	3610	9100	0.2

续表

省区	储量/t	基础储量/t	所占比例/%	资源量/t	资源储量/t	所占比例/%
贵州	0	0		7890	7890	0.1
青海	1356	1924	0.07	535	2459	0.04
北京	0	0		1458	1458	0.03
四川	0	0		1121	1121	0.02
河北	0	0		816	816	0.01
辽宁	0	0		397	397	0.007
合计	1449404	2924811	100	2861626	5786437	100

注：资料来源于中国钨业协会。

2. 锡资源状况

我国是锡矿资源大国，锡矿储量占世界的 12.4%，居世界第三。保有的锡矿基础储量为 184.3 万 t，占世界锡基础储量（770 万 t）的 23.94%，居世界首位（图 1-3）。但从 20 世纪 90 年代以来，随着对锡资源开采能力的不断提高，金属锡保有储量迅速减少。如果按照目前我国锡金属的年产量 11.7 万 t 估算，我国锡资源保障程度少于 9 年，低于世界的平均水平，国内锡矿资源短缺问题业已凸现。目前我国已经开始从南美和东南亚进口锡精矿，并开始在东南亚开采锡矿。

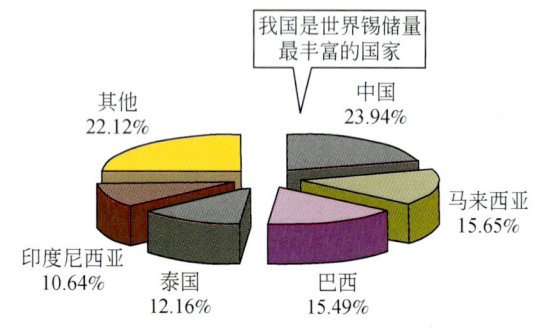

图 1-3 世界锡储量分布图（资料来源于统计年鉴）

南岭地区的锡矿占我国锡矿资源的大部分。据统计，我国锡矿分布于 15 个省、自治区，其中广西保有储量 134.04 万 t，占全国总保有量的 32.9%；云南保有储量 128.00 万 t，占总保有量的 31.4%；广东保有储量 40.82 万 t，占总保有量的 10.0%；湖南保有储量 36.25 万 t，占总保有量的 8.9%；内蒙古保有储量 32.87 万 t，占总保有量的 8.1%；江西保有储量 26.04 万 t，占总保有量的 6.4%。南岭地区湖南、广东、广西、江西四省区 114 处锡矿床保有储量就占了全国总保有储量的 58.2%（表 1-2）。

表 1-2 我国主要锡矿资源储量分省统计表

省份	广西	云南	广东	湖南	内蒙古	江西	其他	南岭地区	全国
锡金属储量/万 t	134.04	128.00	40.82	36.25	32.87	26.04	9.37	237.15	407.39
比例/%	32.9	31.4	10.0	8.9	8.1	6.4	2.3	58.2	100.00

注：资料来源于统计年鉴。

3. 铅锌资源状况

锌是重要的有色金属原材料，有色金属的消费中仅次于铜和铝。锌金属产品用途非常广泛，如镀锌、制造铜合金、铸造锌合金、制造氧化锌和制造干电池等。到 2005 年底，世界铅矿资源储量 15 亿多 t，其中基础储量 14000 万 t；锌矿资源储量 19 亿多 t，其中基础储量 45000 万 t。已查明的铅锌矿产资源主要分布在澳大利亚、美国、加拿大、秘鲁、南非、哈萨克斯坦、墨西哥等国家（表 1-3）。目前，一方面世界探明的铅锌储量按基础储量计，分别只占世界铅锌矿资源量的 9.3%，因此找矿潜力巨大。但另一方面，随着精铅和精锌消费需求稳定增长，全球铅锌市场供应出现短缺的局面。一是矿山精矿生产增长速度赶不上铅锌冶炼能力的增速，明显出现精矿供应严重不足（图 1-4）；二是随着国际有色金属市场的全面升温，铅锌金属市场的这种供应短缺的长期化所带来的市场价格暴涨的后果日益显现出来。2005 年精铅现货年平均价达到 976 美元/t，比 2001 年高 105%；锌金属市场供应短缺状况远逊于精铅，但 2005 年锌锭现货年平均价也达到 1342 美元/t，比 2001 年高 51%。

表1-3 铅锌矿产资源全世界分布表

国家	铅矿资源（金属量）		锌矿资源（金属量）	
	储量基础/万t	占世界/%	储量基础/万t	占世界/%
澳大利亚	2800	20.00	8000	17.78
美国	2000	14.29	9000	20.00
加拿大	900	6.43	3100	6.89
秘鲁	400	2.86	2000	4.44
南非	300	2.14		
哈萨克斯坦	700	5.00		
墨西哥	200	1.42	2500	5.56
世界	14000	100.00	45000	100.00

资料来源：Mineral Commodity Summaries，2005。

图1-4 1997～2005年世界铅产销及出口

总体来看，我国铅锌矿产资源相对于其他大宗金属矿产如铜、铁、铝、钾盐，还是比较丰富的。截至2005年底，铅矿查明资源储量3935万t，其中基础储量1393万t。锌矿查明资源储量9495万t，其中基础储量4269万t。所查明的资源储量主要集中分布在南岭、川滇、滇西、秦岭-祁连山及狼山-渣尔泰五大地区。然而，目前大约有75%以上的铅矿、79%以上的锌矿资源储量已被占用，可供规划利用的铅锌矿产地及其资源储量严重不足。按2005年铅锌精矿的实际产量，目前我国已查明的铅锌矿产资源，就其基础储量而言，只能分别满足13年与15年的开采需要，远低于世界平均水平。到2020年，国内铅锌原料的供应缺口将更大，而且锌的供需形势要比铅严峻得多。但相对而言，我国铅锌资源还是有较好的找矿前景，如得尔布干、华北克拉通北缘中段、鄂豫陕相邻地区、湖南郴州地区、昭通-六盘水地区、西南三江地区中段、北祁连西段、柴达木北缘、哈巴河-富蕴地区、天山西段、西昆仑西段等成矿区带。根据近年来完成的铅锌资源总量预测，估计目前全国铅锌未查明资源量达51800万t，已查明资源量13000万t，占铅锌资源预测总量的20%。然而，我国铅锌矿产资源具有矿石类型复杂、贫矿多、富矿少以及结构构造和矿物组成复杂等特点，给开采和选冶带来了一定的难度。

1.2 以往勘查和科研简况

湘南千骑地区地质和找矿勘查工作程度相对较高。自20世纪30年代起，丁文江、李四光、田崎隽、黄汲清等老一批地质学家先后到本区进行过矿产调查、基础地质研究工作，初步确定了区内地层层序、构造轮廓、矿产种类和分布特点，代表性成果见于李四光著的《南岭何在》（1942年）和《中国地质学》（1939年）、黄汲清著的《中国主要构造单位》（1954年）、黄汲清和张文佑主编的1:100万《中国地质图》等。新中国成立后，本区地质工作得到蓬勃发展，基础地质、地球物理和地球化学勘探、矿产普查及专题研究相继开展，在地学各个领域都取得了丰硕成果。

自 20 世纪 50 年代以来，原地质矿产部、原冶金工业部、原煤炭部、原核工业部等下属地勘单位先后在本区开展了地质、矿产及物化探工作。目前，1:20 万区域地质矿产调查、水系沉积物测量、重力测量、1:5 万航空磁测均已覆盖全区（图 1-5）；大部分地区已开展过 1:5 万区域地质矿产调查及 1:10 万重力测量工作，在部分成矿远景区还开展了 1:5 万~1:1 万不同比例尺的地面磁测、重力、电法、放射性测量、土壤测量、水系沉积物测量、溪流重砂测量等工作；矿产勘查从预查—普查—详查—勘探，发现了矿产地 560 多处，探明了柿竹园、黄沙坪、新田岭、野鸡尾、红旗岭、瑶岗仙、砖头坳、香花岭等一批全国知名的大型-超大型有色稀有金属矿床。

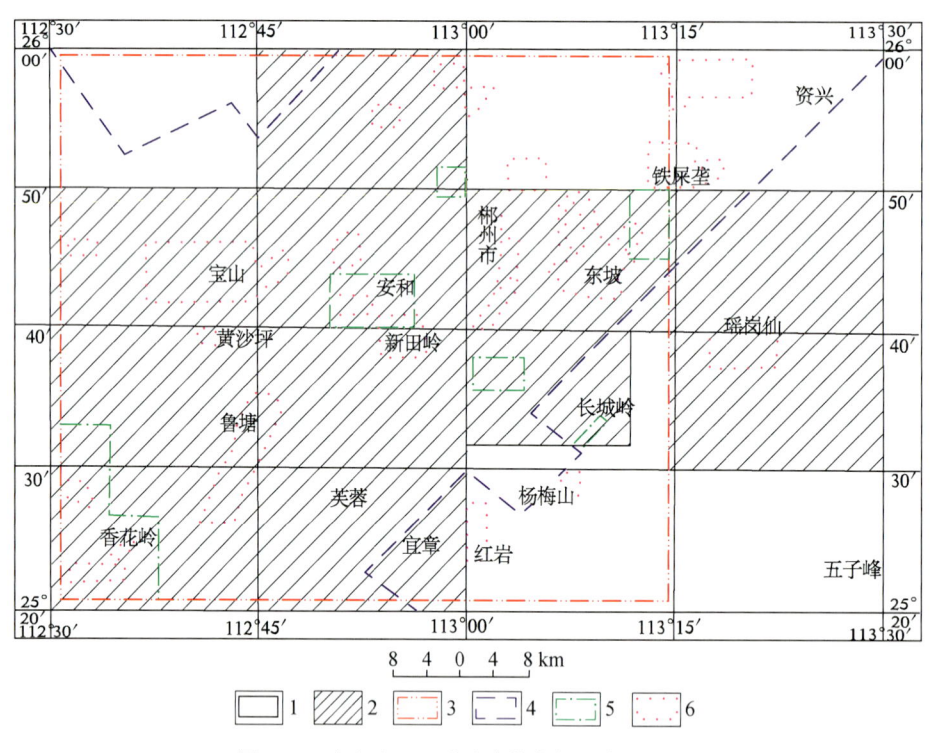

图 1-5 千骑地区地质矿产物化探研究程度图

1-1:20 万地质测量范围、水系沉积物测量范围，1:5 万航空磁测范围，1:20 万、1:50 万重力测量范围；2-已完成 1:5 万地质测量范围；3-1:10 万重力测量范围；4-1:5 万高精度航空磁测区范围；5-1:2 万地质工作区、1:1 万地形地质草测区；6->1:1 万地质工作区和部分物化探普查区

多年来，国内主要科研院所的专家学者及在湘的各地质矿产勘查单位，在本区基础地质、矿产地质、成矿预测等方面开展了众多研究工作。"六五"期间陈毓川、裴荣富等对包括本区在内的控岩控矿构造、成矿岩体、成矿系列、区域地球化学等问题进行了研究，著有《南岭地区与中生代花岗岩有关的有色及稀有金属矿床地质》。"七五"至"八五"期间由湖南省地质矿产勘查开发局湘南地质队为主完成的国家重点科技攻关项目"我国东部隐伏矿床研究"的子项目"东坡矿田锡矿成矿规律及找矿方向""柿竹园钨多金属矿床及野鸡尾锡铜多金属矿典型矿床研究""东坡矿田及其外围锡铅锌隐伏矿床预测"等，湖南省地质研究所完成的"湘南以铅锌为主多金属矿床研究""湘南地区与小岩体有关的铅锌钨锡隐伏矿床研究"，着重对本区钨锡铜铅锌矿床的形成条件、控矿因素、隐伏矿床的找矿标志、综合找矿方法进行了研究，并开展了隐伏矿床预测，提出了预测区及找矿靶区；原地质矿产部地质矿产司南岭铅锌矿专题组李洪昌等学者，对包括本区在内的南岭地区铅锌矿的控矿因素和成矿规律进行了专题研究，著有《南岭地区铅锌矿成矿规律》一书。"八五"至"九五"期间，湖南省地质矿产勘查开发局湘南地质勘察院在湘南地区开展了锡、铅、锌中大比例尺成矿预测，圈出了数十个找矿靶区。

近 30 年来，随着地质调查和找矿工作的加速推进，以及新的分析测试技术的发展和广泛应用，国内许多学者以构造作用、岩浆作用及其成矿系统为主要研究内容，采用矿物学、地质年代学、岩石地球化学、同位素地球化学和流体包裹体地球化学等方法和手段，对千骑地区代表性的成矿岩体和矿床进行了成岩成矿时代、成岩成矿物质来源、成矿流体来源和成矿作用过程与机理等大量研究（李红艳等，1996；毛景文等，1996，1998，2004a、b，2007；刘义茂等，1997，2002；华仁民等，1999，2005a、b；赵振华等，2000；Li X H et al.，2004；李金冬等，2005；姚军明等，2005，2006，2007；蔡明海等，2006，2008；谢磊等，2008；柏道远等，2005；车勤建等，2005；赵葵东等，2006；王汝成等，2008，2011；蒋少涌等，2006；朱金初等，2003，2008，2009；刘勇等，2010；单强等，2011；祝新友等，2012；全铁军等，2012a、b；李超等，2012；袁顺达等，2012；Zhang，1988；Liu et al.，1998；Yin et al.，2002；Peng et al.，2006；Yuan et al.，2008a、b；Xie et al.，2010；Li，2011；Laznicka，2010；Mao et al.，2013；Yang et al.，2013；Chen et al.，2014；Ding et al.，2015；Guo et al.，2015），所取得的研究成果，为揭示研究区构造-岩浆-成矿规律、开展找矿预测提供了大量资料和重要依据。

1.3 以往工作存在的问题

以往地质工作提供了丰富的地质、矿产、物化探和科研资料，为发展区域经济，解决一些重大的基础地质问题，研究区域成矿规律，进一步划分找矿远景区带打下了基础。但是受各种因素的制约，区内以往地质工作还存在以下主要问题：

（1）在基础地质方面，1:20万区调虽已覆盖全区，但都是"七五"以前完成的。因受当时的技术方法和传统理论的限制，其成果有待更新；1:5万区调只完成全区面积的70%左右，一些重要成矿远景区尚未覆盖，有待进一步加强。

（2）在物化探方面，一方面，1:5万~1:10万中大比例尺化探、重力、地面磁测没有覆盖重要成矿远景区；另一方面，已有的物化探资料没有很好地开发利用，许多异常没有查证，物化探成果与地质找矿结合不紧密。

（3）在矿产勘查方面，已有成果大都是"七五"以前获得的，"七五"后矿产勘查投入因严重不足，探明的保有资源储量逐年减少；"九五"以后虽加大了矿产勘查投入，但远远不能满足国民经济建设对矿产资源的需求。

此外，近20年来，国内外矿业界已将找矿重点转向深部（500 m以深）和外围，并在深部探测技术取得重要进展。但相对地表矿、浅部矿，深部找矿所存在的难度较大，例如，如何确定深部矿空间定位的主要控制因素、如何揭示深部矿的成矿规律以及如何采用有效探测技术识别深部地层、深部构造、深部隐伏岩体、深部矿体等地质体，仍制约着深部矿定位预测与勘查评价的突破。

（4）在综合找矿方法上，由于历史的原因造成不同行业勘查单位的地质、矿产、物探、化探数据及资料相互封锁，交流渠道不畅通，以往资料的二次开发力度欠缺；而区域成矿规律与找矿模型总结不够，不能及时指导矿产资源调查评价工作；综合研究则局限于单个独立矿床或小范围，缺乏宏观整体部署、面上展开。

（5）在成矿理论研究方面，以往研究要么只注意钨锡钼铋等矿产的成矿作用研究，要么仅重视了铅锌金银等矿产的成矿作用研究，尚未将不同类型矿产有机结合起来，研究它们成因上的内在联系和成矿作用机理。更为重要的是，大多数研究局限于矿床或矿田尺度，未能从区域、甚至全球构造背景对成岩成矿机理开展全面研究，因而缺少对成矿区（带）成矿作用和矿床成因的整体认识。

针对千骑地区的地质科学研究和矿产勘查与开发现状，应着力加强成矿理论和成矿模式与找矿勘查模型的创新研究，积极探索深部矿探测新技术新方法的应用，这是在千骑地区发现深部矿、边部矿的有效途径。

1.4 国内外研究现状

1.4.1 成矿理论研究趋势

自20世纪60年代末以来，随着对全球不同构造域或同一构造域不同时期或同一时期不同大地构造发展阶段大规模成矿作用研究的普遍深入，板块构造学说在解释板块边缘成矿、特别是阐明那些重要的或有特色的矿床的形成机理等已产生了深远的影响（Sillitoe，1972，2010；Hammond，1975；Wright，1977；Sawkins，1984；邓晋福，1990；陈衍景，1996，2013；Kesler，1997；Groves et al.，1998；Goldfarb et al.，2001；Bierlein et al.，2002；Cooke et al.，2005；Şener et al.，2005；Chen et al.，2007；Hou et al.，2007；Vos et al.，2007；Zaw et al.，2007，2014；Hou and Cook，2009；Mao J W et al.，2011a，2014；Bertrand et al.，2013；Deng et al.，2014；Griffin et al.，2013；Richards，2013；Wilkinson，2013；Wang et al.，2014），不仅推动了矿床学理论和找矿勘查模式的深刻变革，而且为揭示超大陆的聚合和裂解过程及动力学机制与成矿响应提供了基础（Zhai and Santosh，2013）。当前，被认为可与板块构造理论并列的第二种大地构造动力学模式——地幔柱构造假设（Wilson，1963；Morgan，1971）已得到越来越多的岩石学、地球化学、地球物理、实验模拟和构造地貌学等证据的支持（Schilling，1973；White et al.，1976；Cox，1989，1991；Griffiths and Campbell，1990；Larson，1991；Hill，1991，1993；Fuller and Weeks，1992；Nataf and VanDacar，1993；Stern and Hofmann，1994；Hofmann，1997；Wolfe et al.，1997；Sheth，1999；Foulger et al.，2000，2001；Condie，2001；Zhao，2001；DePaolo and Manga，2003；Kerr，2003；Humayun et al.，2004；Xu et al.，2004；Davies，2005；Bourdon et al.，2006；Cao et al.，2011；Ernst and Bleeker，2010；徐义刚等，2013）。地幔柱的起源和演化、组成类型和结构、表现形式和识别标志及与板块运动和资源环境效应的关系研究也日渐深入（Maruyama，1994；Barley et al.，1998；Tackley，2002；徐义刚，2002；Foulger and Natland，2003；肖龙，2004；徐义刚等，2007；Vos et al.，2005；Groves et al.，2005；Lin and van Keken，2005；Ren et al.，2005；Rost et al.，2005；Groves and Bierlein，2007；Laznicka，2010；Dobretsov and Buslov，2011；Sobolev et al.，2011；Ernst et al.，2013）。地幔柱构造理论不仅可解决板块运动的驱动机制或动力学来源问题（Nance et al.，2014），而且为阐明板内或陆内大规模构造变形、岩浆活动和成矿事件提供了新的动力学机制（毛景文等，1998，2012；Pirajno，2000，2010，2013a、b；谢桂青等，2001；李红阳等，2002；Burov et al.，2003；胡瑞忠等，2005；Niu et al.，2005；Borisenko et al.，2005；肖龙等，2007；Hu et al.，2008；Mao et al.，2008a；Hoa et al.，2008；葛良胜等，2008，2012；童航寿，2010；Begg et al.，2010；Zhang et al.，2010；Hou et al.，2011；Li J W et al.，2012；Pirajno and Hoatson，2012；Webber et al.，2013；Berge，2013；Cloetingh et al.，2013；Mitrofanov et al.，2013；Munteanu et al.，2013；Shi et al.，2013；Deb，2014；Li et al.，2014），对开拓新的找矿靶区、寻找大型-超大型矿床还具有重要指示意义（王登红，1998；李子颖，2006；Petrishchevsky and Yushmanov，2011；李文渊等，2012；Li and Santosh，2014）。地幔柱构造及其成矿理论已成为大陆板内成矿作用研究的又一热点（胡瑞忠等，2008）。

20世纪早期以来，基于我国大地构造本身特点与地壳演化规律，曾涌现了多种具有中国特色的大地构造学学说，如李四光先生的地质力学、黄汲清先生的多旋回学说、陈国达先生的活化构造理论（即地洼学说）、张文佑先生的断块构造学说以及张伯声先生的波浪状镶嵌构造说等（地球科学大辞典编委会，2005）。这些学说的提出曾为深入认识中国大地构造特征及演化的地球动力学机制，并阐明中国境内的成矿规律、服务于找矿实践作出过巨大贡献。为进一步分析中国境内成矿作用的独特性，结合国际大陆动力学和地球动力学及其成矿理论的研究进展，我国学者还先后提出并发展了矿床成矿系列理论（程裕淇等，1979，1983；陈毓川，1983，1990，1997；王登红等，2006，2011；陈毓川等，2014）和成矿系统理论（翟裕生，1999），深入研究了它们的组成特征和发育规律，初步实现了将矿床学与地球系统科学的有机结合。**矿床成矿系列**是指"在一定的地质历史发展阶段所形成的地质构造单元内，与一定的地质成矿作用有关，在一定的地质构造部位形成不同矿种、不同类型而且有成因联系的矿床组合"（陈毓川，1994）。矿床成矿系列是四维空间中具有内在联系的矿床自然组合——一个成矿整体或成矿体系，其研究内容是：建立在各地质历史发展阶段各地质构造单元中的矿床成矿系列及其成矿模式，研究其成矿规律；探索其在地球演化过程中的时空及成矿物质演化规律，同时，在此基础上探索地球演化规律，编制地区性、全国性、全球性矿床成矿系列图件；建立矿床成矿系列的成矿预测系统及信息系统，指导矿产勘查工作。**成矿系统**是指"在一定的时空域中，控制矿床形成和保存的全部地质要素和成矿作用动力过程，以及所形成的矿床系列、异常系列构成的整体，它是具有成矿功能的一个自然系统"（翟裕生，1999，2001，2004，2007）。这一概念包括了控矿构造体制、成矿作用过程、形成的矿床系列和异常系列，以及成矿后变化保存在内的五个要点，体现了矿床形成有关的物质、运动、时间、空间、形成、演变的整体观与历史观，是一个日益受到重视和应用的成矿学基本观点（翟裕生等，2008）。目前，成矿系统的分析已趋于与造山带、盆地或盆山系统的形成演化作为一个整体，并侧重于：①区域成矿地质背景包括深部作用背景；②成矿作用演化；③成矿系统动力学；④地质流体与成矿作用；⑤大型、超大型矿床形成的地质背景和控制因素；⑥全球性成矿规律等的研究。开展成矿系统的分析不仅有助于深化区域和矿区成矿规律、正确认识矿床的形成和分布规律，对发现大矿、富矿和（深部）新类型矿床/矿种，并有效地指导矿产勘查等均具重要理论和实际意义。

将矿床学研究纳入复杂的地球系统，强调了地球各圈层的相互作用与矿床形成间的关系。当前，国外在建立新一代地球科学知识体系方面，正瞄准地球系统各层圈之间相互作用这一核心前沿，围绕岩石圈、全球变化和地球深部三大主题，以解决资源、环境和灾害等问题为目的，重新部署科技力量；科学技术部、国家自然科学基金委员会在制定我国科学技术研究不同时期计划时，也将地球深部过程与多层圈相互作用列为地球科学领域中的重大课题。近年来，国内外学者对地球动力学与成矿关系进行了有益的探讨，发现壳幔多层圈相互作用在许多大型-超大型矿床和地区的形成中具有重要意义，认为壳幔多层圈相互作用是诱发成矿系统中各种地质作用的主要原因之一，是决定成矿系统物质组成、时空结构和各类矿床有序组合的主要因素。因此，以地球系统科学和地球动力学等新的地学理论为指导，从地球多层圈相互作用过程中的物质和能量迁移交换角度来探讨成矿机制，用地球系统演化过程控制的成矿地质环境的时空演化规律，来阐明成矿作用的时空演化规律，在此基础上建立成矿模式和找矿勘查模型，指导区域性大型-超大型矿床的寻找，已成为当今矿床学的一种重要发展趋势。

将矿床学研究与相关地质事件的研究密切结合，注重成矿过程的动力学背景。最近的研究发现，许多大规模的成矿作用往往与全球性的重大地质构造事件密切相关。成矿作用与多阶段大地构造演化或超大陆 Wilson（威尔逊）旋回的密切关系早已引起许多学者的关注，并为此做了大量研究（Zhai and Santosh，2013；Nance et al.，2014 及其中参考文献）。世界上一些重要矿床类型通常分布于地壳演化的特定时期，或其形成受特定大地构造或地球动力学环境所制约的事实也引起了国内外矿床学者的重视（Pirajno，2009；Laznicka，2010）。据此，Groves 和 Bierlein（2007）认为结合更多传统的构造和岩石成因信息，某些矿床类型的出现，不仅反过来能推断某种特定构造环境，而且可制约地球及其大气圈、水圈和生物圈环境的动力学演化。目前已知的重大地质构造事件包括缺氧事件、生物大爆发和大量绝灭、岩浆活动、造山运动、岩石圈伸展、海平面升降、大型陨石撞击，等等。这些重大地质构造事件的发生，均可能导致地球中各种不同地质作用的发生，使地球中的各种元素发生重新分配，从而导致一些有用元素的局部富集，形成有经济价值的矿床。最近几年，重大地质事件的研究在我国也开始得到了重视，人们也开始关注成矿作用与全球性重大地质构造事件之间可能存在的联系，以及区域成矿事件与相关区域地质事件的时空耦合关系。因此，将我国的大规模成矿置于全球或区域地质构造演化的背景条件下，探讨区域性的成矿事件与相关地质事件之间的时空和成因联系，确定成矿作用的驱动机制，已是矿床学的重要发展方向。

在继续重视板块构造与成矿关系研究的同时，板内成矿作用成了新的研究热点。板块构造理论极大地推动了矿床学理论和找矿工作模式的深刻变革。近十多年来，随着碰撞造山后大规模伸展、走滑、地幔底侵和地壳拆沉等板内地质过程对成矿作用意义的逐渐认识，板块构造理论已经无法解释这些成矿现象。因而地幔柱构造与大规模成矿作用的事实已引起了越来越广泛的研究（Pirajno，2000）。地壳发展演化过程，因常伴有多期地幔柱活动，不仅导致了板内不同时期或不同阶段的大规模岩浆作用，并以大火成岩省（LIPs）的出现为标志，而且在地壳发展的不同时期相应发生了世界级的正岩浆型 Cr、Ni-Cu-PGE 硫化物矿床及与其伴生的大陆斑岩型 Cu-Mo 成矿系统和 Ni-Co-As、Au、Sb-Hg 热液脉型矿床（Mao et al.，

2008a、b），因而这些成矿系统与地幔柱活动在时空分布上和成因上表现强烈的一致性，典型的实例如澳大利亚古太古代至现代不同时期的大火成岩省及相关的成矿系统（Pirajno and Hoatson，2012）。亚洲大陆二叠纪—三叠纪大规模的火成岩事件及丰富的大型 Cu、Ni、PGE、Au 和稀有、稀土矿床与超地幔柱活动也密切相关（Hoa et al.，2008）。Pirajno（2010）、Dobretsov 和 Buslov（2011）还认为，大规模的（如造山带规模）走滑断裂往往与俯冲构造环境无必然联系，而系碰撞后地幔柱活动结果或软流圈上涌结果，由于这些走滑断裂可延伸至岩石圈深度，从而为深部地幔物质进入陆下岩石圈地幔（SCLM）提供了通道，和/或诱导岩石圈物质熔融间接提供热能，引起板内大规模岩浆作用和沿走滑断裂带分布的岩浆-热液型 Ag-Sb、Ag-Pb-Sb、Ag-Pb、Ag-Hg-Sb、Sn-Ag 矿床和脉型、浅成热液型、再活化脉型 Au 矿床、镁铁-超镁铁质岩相关的 Ni-Cu-PGE 矿化。Begg 等（2010）则提出了一个克拉通-边缘成矿模式试图解释与地幔柱活动有关的岩浆型 Ni-Cu-PGE 矿床的成因，该模式认为当地幔柱冲击 SCLM 基底并与最薄的 SCLM 侧向连通时，SCLM 则减压熔融而产生富金属的硫化物熔体。Griffin 等（2013）最近也提出了相似的主张（图 1-6a），但认为 SCLM 对岩浆型矿床可能起有意义的作用，因为其本身实际上就含有成矿元素。类似 BIFs 的成因，某些深海 VHMS 型矿床（如 Isley and Abbott，1999；Slack et al.，2007；Taylor et al.，2008；Bekker et al.，2010；Rasmussen et al.，2012；Berge，2013）、斑岩型 Cu-Mo 矿床（Berzina et al.，2011）也被认为与地幔柱活动具有直接的和/或间接的关系。地幔柱对 Hg、Au-Hg 成矿系统（Borisenko et al.，2006）、稀有金属成矿系统（Yarmolyuk and Kuzmin，2012）和 Au 成矿系统（Webber et al.，2013）等也有重要的贡献。我国具有得天独厚的板内成岩成矿地质条件，以往大量研究成果证明，板内大规模伸展对成矿物质的活化-聚集同样具有重要意义，并极大丰富了矿床成因理论。地幔柱构造与成矿的关系也就成为了板内成矿作用研究的又一热点。

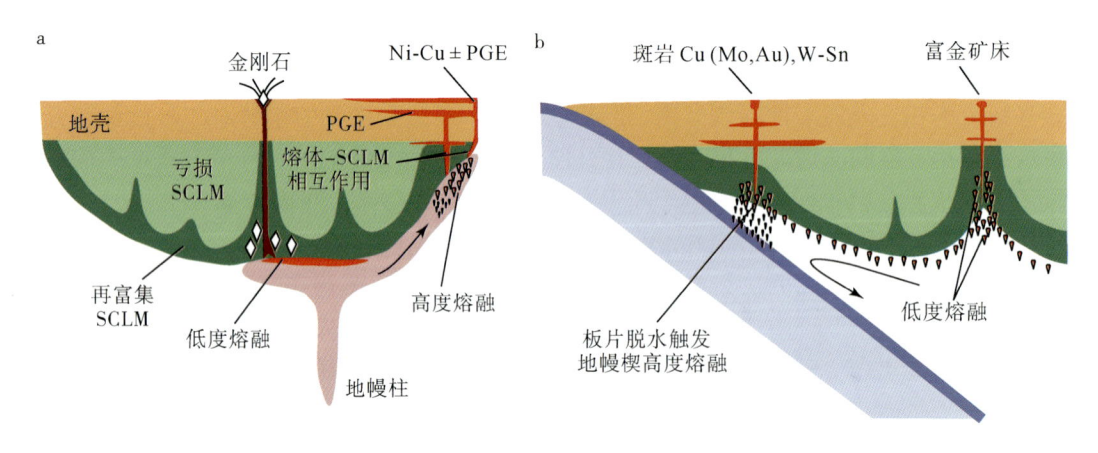

图 1-6　示岩浆与陆下岩石圈地幔（SCLM）相互作用（据 Griffin et al.，2013）

a-地幔柱触发金伯利岩形成，并流向更薄的、熔融集中的 SCLM 区域。熔体与地壳和 SCLM 可变的相互作用影响着 Ni-Cu 和 PGE 矿床成因。b-汇聚板块边缘成矿模式。主要来源于软流圈或地壳熔体（前者如富 Cu 斑岩、后者如 W-Sn 斑岩）的贫金的岩浆相关矿床。软流圈低度熔融、特别是在后撤弧环境能导致 SCLM 的富 Au 的交代再富化作用。随后或可能更晚，Au 贡献给岩浆系统，形成斑岩 Cu-Au 矿床、浅成热液 Au 矿床、铁氧化物 Cu-Au 矿床、侵入岩相关的造山型 Au 矿床或可能的卡林型和典型造山型 Au 矿床

1.4.2　花岗岩与成矿

20 世纪 60 年代，以板块构造理论为代表的地学革命几乎席卷了当代地球科学所有的领域，并深刻地改变了人们对地球的运动观、物质观和时空观。花岗岩的研究也不例外。花岗岩是大陆地壳和洋壳物质成分的重要组成部分，是来源于熔融地壳和地幔物质的混合体，随着板块理论的发展和大陆动力学研究的深入，花岗岩研究也掀起了热潮，出现了明显的进展。目前关于花岗岩的研究已经超出了岩石学本身的范畴，而是围绕大陆岩石圈的组成、结构和演变的多学科研究。

80年代花岗岩研究的重点是对花岗岩的成因类型、花岗岩形成的构造环境、花岗岩与成矿作用关系等问题的研究。近年来随着大陆动力学和地球动力学的普遍深入，花岗岩研究已将重点转移到深部地幔的性质、壳-幔相互作用及其对花岗岩形成的影响等方面。花岗岩岩浆作用与成矿事件的研究也产生了一系列重大成果。

1.4.2.1 花岗岩类型划分及其成因模式

有关花岗岩的分类，先后约有20种，其中大多是以岩石学（杨超群，1984）、伴生矿化（徐克勤等，1982）、化学成分特征和成因（Debon and Lefort，1983，1988；洪大卫等，1987）、构造环境（Pitcher，1983，1987）等为依据进行划分的，在众多的分类中都力图将其分类与物源挂钩，大致分出了与壳源、幔源和壳-幔混合相对应的三大花岗岩类。在这众多分类中，最流行的是I型/S型加上后来补充的A型和M型（H型）成因分类。但这一分类体系规则不甚统一，因此I、S、A、M所表达的内涵也不相同。如I型和S型主要表达花岗岩的源岩类型，M型主要表达源区类型，而A型则为非造山的，表明了其构造背景。显然对花岗岩的研究带来诸多不便，从而人们还在寻求更好的分类方法。

法国学者Barbarin一直致力于新的花岗岩分类研究，最终他在吸收了20世纪80年代以来化学元素与板块构造环境关系的研究成果基础上，根据矿物组合及野外标准、岩石学标准和侵位标准，将花岗岩进行了综合分类（Barbarin，1990，1999）。提出两种过铝质花岗岩：含白云母过铝质花岗岩（MPG）、含堇青石和富黑云母过铝质花岗岩（CPG）；两种钙碱性花岗岩：富钾和钾长石斑晶钙碱性花岗岩（KCG）和富角闪石钙碱性花岗岩（ACG）；岛弧拉斑玄武质花岗岩（ATG）；洋中脊拉斑玄武质花岗岩（YTG）；过碱性和碱性花岗岩（PAG）共7大类。如同其他20余种成因分类一样，该分类体系也可根据源区地球动力学特征，分为壳源、幔源和壳幔混合花岗岩类：两种过铝质花岗岩是纯地壳或主要是地壳成因的，产于大陆碰撞环境；拉斑玄武质、碱性和过碱性花岗岩是纯幔源或主要是幔源成因的，产于大洋扩张或大陆穹隆和裂谷构造环境；两类钙碱性花岗岩是壳幔混合成因的，其中ACG主要产于俯冲带，而KCG较复杂，存在于各种动力学环境中，或形成于碰撞事件中分隔顶峰时期的松弛阶段，或形成于由压性体制向张性体制转化的过渡时期。目前看来，花岗岩的成因分类组合和其他地质信息相结合，可以揭示不同的构造环境和地球动力学背景。Barbarin的分类法综合考虑各种因素，建立花岗岩类与地球动力学之间的联系，利用花岗岩作为示踪，反演大陆地壳的形成和再循环过程，壳-幔相互作用深部过程。由此，花岗岩类研究向前迈进了一大步，能解决许多壳-幔相互作用和地幔过程中的重要问题。

1. I型/S型花岗岩成因模式

目前应用最广、影响最大的I、S型花岗岩分类（Chappll and White，1974），是以单一物源（single source）熔融的残留体模式（Reatite model）为基础的，认为花岗岩均来源于独特的源岩（White et al.，1977）。它主要用来解释花岗岩套内元素间的线性关系。曾有Griffin等（1978）、Price（1983）等学者运用这一模式成功解释了拉克兰褶皱带的花岗岩问题，涂绍雄（1985）也应用这一模式解释了广东阳春地区两类花岗岩的成因问题，可见这一模式有一定的实用价值。

但随着对拉克兰褶皱带的进一步研究，发现残留体模式不能解释I型和S型花岗岩的化学和同位素特征的相似性以及它们之间锆石继承形式的相似性现象，对ε_{Nd}-Sr数据也无能为力。从而相继提出了二源组分混熔模式（Gray，1990）和三源组分混熔模式（Collins，1998）。前者认为拉克兰褶皱带花岗岩套可能是奥陶纪变沉积岩的熔融产物，它与不同成分的玄武质岩浆混熔形成，即从变沉积岩产生的长英质熔体分别与高钙玄武岩和低钙玄武岩混熔，就形成了含角闪石（I型）和不含角闪石（S型）的花岗岩套；而后者则认为拉克兰褶皱带先经历了玄武岩浆和绿岩层序的部分熔融体混熔，形成I型花岗岩浆，它又受到混合岩化变沉积岩的混染，若混染充分，则I性花岗岩就变成过铝质S型花岗岩，残留体组分可以被保留下来。可以说三源组分混熔模式很好地解决了化学和同位素数据的矛盾。但这里的二源组分和三源组分混熔模式只是针对拉克兰褶皱带的，具很大的局限性，很难推广使用，但它却启发和推动了混合成因模式的提出。

自然界花岗岩的成因是很复杂的，据目前的认识，最常见的混合方式为以下几种（王涛，2002）：①壳源岩浆与幔源岩浆混合，如幔源玄武岩浆与酸性岩浆混合；②幔源岩浆与固相地壳物质同化、混合，如玄武岩岩浆与地壳物质的同化混染；③壳源岩浆与固相地壳物质混合，如壳源岩浆对围岩的同化混染及交代；④混染源区再熔，即已经混合、混染的源区物质再熔融。根据此模式，I型花岗岩岩浆并不是纯的单一岩浆，而是幔源和壳源两个端元岩浆的混合产物，S型花岗岩也是岩浆混合作用的产物。事实上地球内部物质运动是很复杂的，壳-幔相互作用是间接的和多阶段的。花岗岩的成因或许比我们想象的复杂得多，因此，只有在特定条件特定环境下才可形成纯物源的花岗岩，大多数花岗岩应是混合物源的，至于是混合作用造成的，还是后期其他物源的加入形成的，是哪个起主导作用等问题还不清楚，有待进一步探讨。

2. A型花岗岩成因模式

A型花岗岩这一术语自从由Loiselle和Wone（1979）引入地质文献以来，对其的研究一直受到国内外地质学家们的高度关注。目前，A型花岗岩已扩展到非造山和造山期后构造环境，而且后造山的A型花岗岩分布更广。因为无论何地，只要具备一个脱水的、适度的硅铝质的地壳源区，一个足以造成地壳部分熔融的热源及一条能使岩浆上升的通道就可以形成A型花岗岩（Whalen et al.，1987）。

关于这类花岗岩的成因，主要有以下几种模式：①交代模式。认为非造山花岗岩是在侵入期间和侵入后由CO_2和富含卤素的挥发相的交代作用产生的（Taylor，1990）。②分异模式。认为是碱性、过碱性、钙碱性等岩浆在上升和定位过程中，受地壳混染、分离结晶、液态不混溶、热重力扩散等作用派生的产物（Clemens et al.，1986；王德滋等，1985）。③部分熔融模式。认为是由相对无水的下壳源岩石部分熔融产生的原生岩浆形成的（Collins et al.，1982）或上地幔部分熔融混染了地壳物质而形成（涂光炽等，1984；Martin et al.，1994）。

A型花岗岩由于其源区的物质组成，岩浆在演化、上升过程中都可能或多或少地影响到这类岩石的性质、特征，其形成过程应该是一种十分复杂的过程，故此不能用某一模式来概括其成因，应该根据成因与源区的特殊关系具体结合地质因素进行探讨。如澳大利亚拉克兰褶皱带的铝质A型花岗岩（King et al.，1997）；法国科西嘉岛的Tan a-Peloso杂岩体中铝质A型花岗岩与层状镁铁质岩及二长岩的复合体（Poitrasson et al.，1994）。Barbarin（1999）的分类中定义的PAG实际相当于A型花岗岩，认为碱性岩浆上升及碱性、过碱性花岗岩类（PAG）的侵位是由在大陆壳变薄及破裂过程中形成的巨大地堑和上地幔的上涌所致。不容否认，A型花岗岩的产出总伴随着岩石圈的拉张减薄，即产于拉张构造环境，而玄武岩浆底侵作用为A型岩浆的提取和侵位提供热动力，因此，岩石圈的减压卸载也与地幔物质的上涌底侵关系密切。

3. 碰撞造山带花岗岩成因模式

继20世纪80年代大陆边缘板块俯冲岩浆活动的研究，近年来特别加强了对于碰撞造山带花岗岩的研究，如欧洲海西造山带、喜马拉雅碰撞带、秦岭造山带等花岗岩的研究都取得了显著的成果。据Barbarin（1999）研究表明，在没有较多大洋壳存在和大陆碰撞取代俯冲作用的地方，大陆地壳的熔化会生成过铝花岗岩［白云母过铝质花岗岩（MPG）、堇青石过铝质花岗岩（CPG）］，而且会参与形成富钾的钙碱性花岗岩类（KCG）。其中CPG和MPG与造山作用鼎盛时期有关。在碰撞过程中，地壳增厚促使沉积岩和火成岩接近于熔融温度，部分熔融可由热或水的加入而诱发，从而为MPG和CPG的形成创造了有利条件。而KCG在碰撞造山带特别是在碰撞之后大陆上升过程中大量存在，也与PAG和CAG共生。关于含二云母或堇青石的过铝花岗岩的成因模式可用框图1-7表示。

对于与碰撞有关的强过铝花岗岩（或称SP花岗岩），Pither（1983）、Pearce（1984）和Harris等（1986）认为形成于地壳缩短和叠置的同碰撞早期，而富钾的钙碱性加里东期花岗岩则形成于抬升、拉伸和走滑断裂的碰撞晚期。而Sylvester（1998）认为，绝大多数与碰撞有关的SP花岗岩都是碰撞后的，因为他们的侵位在地壳缩短高峰之后。在诸如海西构造带和拉克兰褶皱带的高温碰撞带中，同碰撞的地壳增厚较少（≤50km），地壳深熔作用与碰撞后的岩石圈剥离和热软流圈的上涌有关，形成具低Al_2O_3/TiO_2

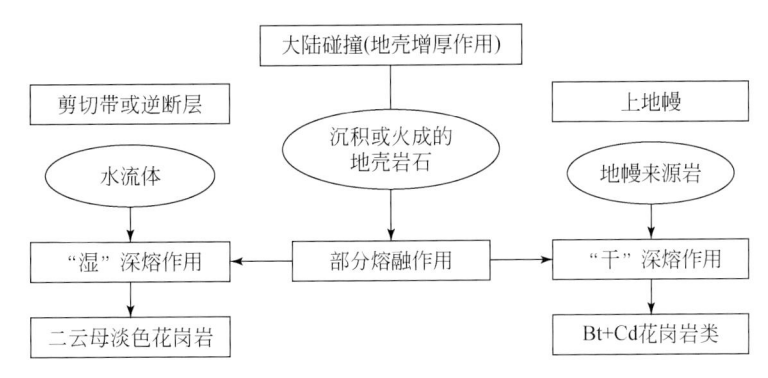

图 1-7 碰撞过程中产生的含二云母或堇青石过铝花岗岩成因模式（Barbarin，1990）

Bt-黑云母；Cd-堇青石

值的、大体积的热 SP 花岗岩熔体；而在阿尔卑斯和喜马拉雅高压碰撞带中，超厚地壳于碰撞后剥露，并被同碰撞过程中 K、U、Th 的放射性衰变导致加热，产生具高 Al_2O_3/TiO_2 值的小-中等体积的 SP 花岗岩。由此可见，在高温或高压等不同的环境中，形成不同性质的花岗岩，或许最主要的是由于它们的物源或热源的不同所引起的。

造山带花岗岩按造山作用发展进程可分为：同造山（syn-orogenic）、晚造山（late-orogenic）和后造山（post-orogenic）花岗岩。其演化规律一般为：碰撞前花岗岩→同碰撞花岗岩→碰撞后花岗岩（王德滋，1999）。但近年的研究表明，花岗岩的生成演化及其地球动力学背景极具多样性。如秦岭花岗岩的演化序列为：早期伸展拉张→俯冲碰撞→伸展抬升，印支期奥长环斑花岗岩则代表主造山阶段结束及向后造山阶段的转化（卢欣祥，1998）。而阿尔泰海西期造山带的演化序列为同碰撞 S 型花岗岩→碰撞后抬升 I 型花岗岩→后造山 A 型花岗岩（王式光，1994）。因此，必须根据岩浆作用、构造作用及构造背景等对不同造山带花岗岩的成因进行具体分析。

1.4.2.2 花岗岩岩浆作用

1. 花岗质岩浆的提取、运移与侵位

大陆花岗岩岩浆作用包括四个单独的且可以量化的发展演化阶段，即产生、分离、上升和侵位，这四个阶段在 $10^{-5} \sim 10^6$ m 的尺度范围内进行（Brown，1994；Petford，1997）。花岗岩岩浆可以通过多种生热机制形成。在加厚造山带的热松弛期间，少量体积的部分熔融可以在高水逸度（α_{H_2O}）情况下经含流体相熔融产生（Thompson，1995）；在玄武岩岩浆从下伏地幔将热流传递到地壳的地方引起局部熔融而产生花岗岩浆（Bergantz，1989）。对于有下部加热的地壳而言，由反应引起的体积变化会引起局部破裂作用，并伴有因孔隙流体压力增加所引起的岩石强度降低，在侵入的镁铁质热源附近也出现应力梯度，这些都有助于花岗岩岩浆的熔融分离。

熔体或岩浆在最终侵位前必须在源区内运移或移出源区。运移过程主要发生在分离和上升两种尺度。分离常常发生在源区范围内，表现为厘米或分米尺度的小规模运动。这种分离主要受熔体的黏度和密度等物理性质的制约。这种制约是反相关的，即黏度越低、变形作用越容易促使熔体从源区运移到局部扩熔区。而上升运动是可达数千米的大规模垂向运移，其主要驱动力为重力。传统理论认为花岗质岩浆主要以热岩柱底劈作用或顶蚀的形式上升，而目前研究表明花岗质岩浆在狭窄的通道内，作为自扩展岩墙沿先存断层上升，或作为相连的活动剪切带和扩容构造迁移上升（Marsh，1982；Petford，1993；Collins，1996）。这些模型有利于从热力学、运动学和流体动力学等方面对花岗质岩浆运移的研究。花岗质岩浆侵位是从岩浆的垂直流动向水平流动的转换，是花岗岩最后形成阶段的标志。它不但在拉张环境可以发生，在挤压环境也同样侵位。这种侵位受力学作用（先存的或侵位产生的围岩构造）和扩张流动与其围岩之间的密度效应等的综合制约（Hogan，1995；Hutton，1988）。

一般来说，花岗岩岩浆的生成、运移和侵位是连续的、多期次的过程。比如在岩浆弧附近，由于受洋脊推动、板片牵引、海沟处的俯冲、碰撞摩擦和角流作用等的影响，盆地、岛弧地区的挤压与拉伸作用不断变化，随着垂直岩浆弧板块的俯冲，在中、下地壳或更深层次产生垂直弧向的缩短，同时在垂直剖面上、下发生部分熔融，由于岩浆上升并有顶部载荷作用而产生地壳的垂向缩短，此时热流加强，而水平挤压应力减小，垂向挤压增大，导致高处浅层拉伸、岩浆上升侵位。岩浆上升后，垂向挤压应力变小，水平挤压应力增大，再次引起垂向缩短与岩浆上升，如此反复进行，导致岩浆多次上升侵位（Paterson，1988；杨坤光，2002）。

2. 岩浆混合作用

在花岗质岩浆生成、运移和侵位的过程中都伴有同化作用和混合作用，而混合作用则更普遍，它在地幔或地壳的岩浆源区、岩浆房，特别是在浅层岩浆房中一般都存在。周徇若（1994）根据国外研究进展，认为在岩浆房中常存在不同成分的岩浆，它们曾发生混合作用，即基性与酸性岩浆的混合，这种混合作用在安山岩的形成过程中起了重要作用。在 I 型花岗岩中普遍存在的具有各种塑性形态、火成结构及淬冷边的微花岗岩包体，大多认为是酸性岩浆和偏基性岩浆混合作用的产物（周新民等，1992）。包体岩浆与寄主岩浆发生混合作用，包体则很少仍保留基性岩浆成分，其成分的变化取决于混合作用进行的程度，混合程度低，则包体近似于原来的基性岩浆成分，颜色较深，与寄主岩浆成分差别大，若混合程度高，则包体颜色浅，与寄主岩浆成分相似甚至边界不清，混为一体。这种包体的存在为人们研究岩浆混合作用提供了很好的地质实例和线索。

花岗岩岩浆混合作用主要是指不同成分岩浆层，在岩浆房中相互混合的作用，混合方式以层状对流为主。同源同成分或非同源不同成分的岩浆注入同一岩浆房，由于其密度、温度等的差别而形成不同的岩浆层。一般情况下，由于岩浆房边部温度低，暗色组分结晶附着于边部，残余岩浆形成边界重力流垂直下沉，并顺岩浆底层向中心扩散，而下部岩浆层温度高，又使中部的浮力流向顶部集中，诱发岩浆的垂直与水平运动。显然这种混合方式的存在，使同一层内岩浆的密度和温度均一化。在不同层之间也同时进行着对流扩散，最终整个岩浆房中的岩浆混合均匀。但这只是最理想的结果，实际由于温度的降低、黏度的变化及重力等的影响，在某一阶段停止了这种混合作用而呈现出现在花岗岩的分布状态。

近年来，详细的火成岩与某些岩浆矿床的研究表明，岩浆混合对于某些矿床的形成具有重要意义。Irvine（1975）研究表明，基性层状侵入体中铬铁矿矿床及铂钯硫化物矿床的形成与岩浆混合密切相关。Stillwater 层状侵入体包括两个岩浆系列，超镁铁质岩浆和钙长岩岩浆。其中超镁铁质岩浆充满于岩浆房，而钙长岩母岩浆由岩浆房底部通道注入。由于密度的制约，注入的钙长岩岩浆位于超镁铁质岩浆层之下，两者之间形成明显的双扩散界面。上面的超镁铁质岩浆中辉石不断晶出，致使残余岩浆密度更小，从而残余岩浆沿结晶作用边界向上运移；而下面钙长岩岩浆中钙长石的不断晶出致使进化岩浆密度变大，从而沿边界向下运移。进化的超镁铁质岩浆和钙长岩岩浆在边界层相遇，并发生混合，导致铂钯硫化物矿床的形成。

3. 流体抽取作用与同岩浆期—岩浆期后岩浆作用

从与矿床有关的花岗岩中抽取出岩浆热液流体的抽取作用已受到了广泛重视。由于被封闭在间隙中的岩浆流体是通过与花岗岩中各种矿物的相互作用而进行演化的，因而不同时期的向下不断扩散的破裂将会抽出具有不同成分的流体。不同成因围岩蚀变造成的多次叠加相的发育、各种流体包裹体和多种同位素的特征，都是因裂隙发育而在岩浆库流体演化的不同阶段把库存的热液流体抽出造成的。比如南非扎伊普拉兹的弥散型蚀变现象，就与流体抽取作用有关。这些花岗岩中的流体沿着钾质蚀变、钠长石化蚀变、绢云母化蚀变和泥化蚀变等的途径演化。在伟晶岩体系中，也存在抽取作用，它是在几乎固结的具专属性熔体的顶部带，不断向下延伸的破裂将在不同时间里抽取出残留的间隙岩浆流体。这种流体释放方式对于 Sn 和 W 等稀有金属矿床的研究意义较大。

花岗岩的分布显示出一种垂向上有规律的分带，比较典型的分带顺序为从下到上依次有黑云母花岗岩、二云母花岗岩、白云母花岗岩到充分分离的顶部细粒花岗岩（Taylor，1990）。这一现象说明，一个有垂向液体分离能力的地质作用能以相当大的规模发生于岩浆房顶部。即在许多花岗岩内部曾发生成矿前熔融阶段的稀有金属和挥发分的富集作用，而且这种富集发生在岩浆作用晚期、分离产物的花岗岩顶部。伟晶岩就产于这一顶部源区。每个分带的花岗岩都有其地球化学专属性和成矿专属性。上文述及的对流分离模式能对这一现象做很好的解释。

1.4.2.3 花岗岩成矿作用

1. 矿化类型及成矿物质来源

花岗岩具有成矿专属性，但花岗岩成矿专属性的控制因素较多，主要有大地构造背景、花岗岩的环带构造、成矿流体可迁移性及自交代作用、矿物学、地球化学、热液流体释放时间、围岩的化学和固结性质、源岩深度、侵位深度、岩浆分离结晶作用程度等。花岗岩一般与热液矿床有关，且一定类型和成分的花岗岩中产生一定的成矿元素组合。由于源岩中的角闪石、黑云母、白云母等含水矿物分解提供水，促使岩石发生部分熔融作用，水使金属元素富集于局部岩浆中。这样，I 型花岗岩岩浆富集 Cu、Au、Mo、Pb、Zn 等，S 型花岗岩岩浆富集 Sn、W、Bi、Nb、Ta、REE 等。与 A 型花岗岩有关的矿化主要是 Sn、Nb、W、Zn、Zr、REE、Ta、U 和 Th 等（顾连兴，1990；邓晋福，1990；汪雄武等，2002），其成矿物质主要来自 A 型花岗岩岩浆，在晚期矿化过程中仅有少量地层物质和雨水加入。最近，王益红等（2014）进一步指出，我国华南地区南岭岩浆岩与金属矿产之间除了具有成分上的专属性之外，还具有空间上和时间上的专属性。其中，与酸性岩有关的矿产以钨锡钼铋等传统优势矿产最为发育，与中酸性岩浆岩有关的铅锌铜金银等矿产也广泛分布；在空间上，南岭东段北部的花岗岩类明显富集石英脉型的钨矿、南部富集铀矿、西段明显富集锡铅锌矿，而中段则钨锡钼铋铜铅锌均发育，具有叠加的特点；在时间上，南岭岩浆岩具有多旋回成矿特点，但以燕山期的成矿作用最为强烈。

2. 花岗岩浆成矿作用

岩浆的分异演化，成矿作用的发生，在一定程度上都是岩浆体系内流体的组成、压力及其性质演变的结果。而与岩浆作用有关的热液矿床的形成，在一定程度上也是岩浆体系内富含挥发分流体的组成、压力及其性质演变的产物（朱永峰，1994）。地表以下富挥发组分的花岗岩浆冷凝过程中的去气作用诱发岩体顶部发生裂隙和断裂，从而为成矿流体的运移及矿质沉淀提供了通道和空间（汪雄武等，2002）。在固相线下，挥发组分在熔体和晶洞中运移聚集到岩浆顶部，是成矿的关键，有时甚至决定矿床类型。关于花岗岩浆成矿的演化如图 1-8 所示，岩浆只有连续通过富气液分支进入良好气液分支和成矿准备良好才能达到成矿的目的（李人澍和朱华平，1999）。但地壳物质和雨水等环境物质对成矿进程的贡献也是不可忽视的。如斑岩矿床，就是花岗岩浆产生裂隙释放压力时侵入地壳，在偏低压条件下形成的网脉体系。斑岩顶部裂隙控制的开放体系中，流体与围岩间的化学和物理不平衡迅速产生大规模流体循环，而花岗岩浆所长期保持的封闭、宁静状态又使流体保存于晶间或晶洞中，最终形成矿床。如 A 型花岗岩的成矿作用，汪建明（1993）就以苏州 A 型花岗岩为例，认为岩浆侵入渗透性较差的地层后，因外干封闭环境，分异产生的富铁相熔体和富氟、水、碱质的残余岩浆受到地层屏蔽，成矿元素随岩浆分异程度的增高而富集在岩体顶部。随岩浆逐渐冷却，形成含有大量铌铁矿、锆石、萤石、锡石等富含 Nb、Ta、Sn、REE 副矿物的铌铁矿化黑云母花岗岩。

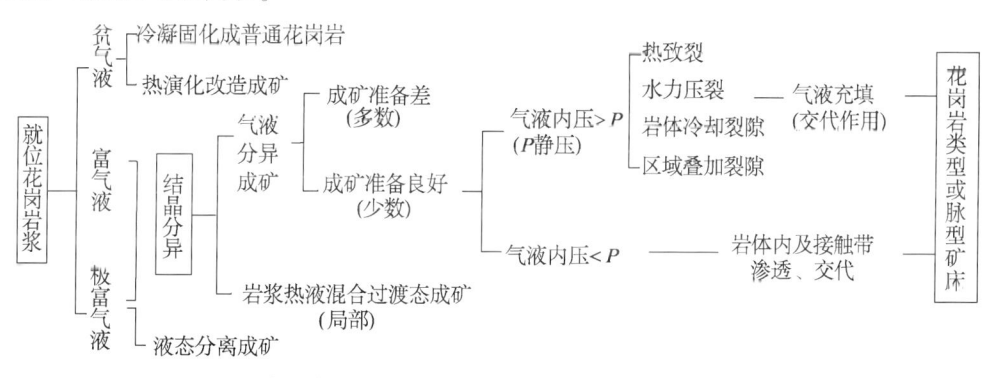

图 1-8 花岗岩浆成矿路径模式图（据李人澍和朱华平，1999 修改）

国内外许多学者还结合大地构造环境大量地开展了花岗岩成矿作用研究。世界上大多数斑岩型Cu-(Mo-Au)矿床在空间上主要产于岩浆弧环境（图1-6b），并与俯冲型钙碱性岩浆有关（Sillitoe，1972；Richards，2003；Cooke et al.，2005；Bertrand et al.，2013），典型的例子如产于安第斯山脉中部大陆弧环境（Cooke et al.，2005；Richards et al.，2001）和西太平洋岛弧环境内的斑岩型Cu铜矿床（Sillitoe，1972；Corbett and Leach，1998；Kerrich et al.，2000）。Wilkinson（2013）基于最大型的斑岩型铜矿通常仅产于特定的弧域与时间段的认识，还提出四个层次的关键动力学机制可能导致这些大型斑岩铜矿的形成。但Hou等（2011）对东特提斯成矿带斑岩型铜矿研究认为，这种类型矿床也可产于非岩浆弧环境，包括与造山期和非造山期有关的后碰撞或晚碰撞转换和伸展环境到陆内伸展环境，时空分布上受非岩浆弧环境下的走滑断裂、造山带横断正断层和线性构造及这些构造相交位置所控制。Hou和Cook（2009）进一步通过对西藏碰撞造山带成矿作用系统的研究，认为许多陆-陆碰撞系统可产生丰富的矿床，其中：主碰撞期成矿作用发生在板块碰撞汇聚带，表现以与低氧逸度（fO_2）花岗岩有关的Sn-W-稀有金属矿化、与高fO_2花岗岩有关的夕卡岩型Cu-Au多金属矿化和由富CO_2的变质流体产生的造山型金矿化；碰撞晚期成矿作用主要发生在构造转换环境，是造山带最具经济意义的成矿时期，形成了与钾质埃达克质熔体有关和受走滑断裂控制的斑岩型Cu-Mo-Au成矿系统、与大型左旋走滑韧性剪切有关的造山型Au成矿系统、与来源于岩石圈地幔碳酸岩-碱性岩有关的含REE成矿系统和产于前陆盆地、与盆地卤水有关并受逆冲构造及随后的走滑断裂控制的Zn-Pb-Cu-Ag成矿系统；碰撞后成矿作用与地壳伸展构造环境有关，所产生的成矿系统包括：与起源于新形成的加厚的镁铁质下地壳的高K埃达克质岩有关的斑岩型Cu-Mo矿化、受滑脱构造和变质核杂岩构造或受由淡色花岗岩侵位引起的热穹隆控制的热液脉型Sb-Au矿化、受正断层和逆断层联合控制的热液Pb-Zn-Ag矿化和与受上地壳熔体驱动的地热活动有关的喷泉型（spring-type）Cs-Au成矿系统。

3. 成矿系统聚矿功能

成矿作用是伴随着岩浆的上升、侵位发生的，即成矿作用就是在岩浆作用过程中，成矿流体活化、运移、聚集的过程。聚矿功能则反映把分散的成矿元素聚集于一体形成矿床的能力。成矿流体在携带成矿组分沿孔隙或裂隙等通道介质运移、聚集、沉淀、成矿的过程中，与围岩进行着复杂的相互作用，有时还有外界雨水的加入，从而使流体的成分和物理化学性质发生变异，并可能由此促进成矿物质的沉淀而有利于成矿。在此过程中，由于岩石组织是成矿系统的物质实体，其传输性质决定着成矿作用进程，而其组成、结构和致密程度等特性影响和制约着成矿系统的聚矿功能。花岗岩岩浆及成矿物质的输运受地热、放射热、构造力及岩浆自身热动力所构成的复合动力组合的控制，从而限制了系统所能利用的能源类型、强度、持续性和稳定性，进而影响系统成矿时间的长短、成矿元素的类型、数量、富集程度以及系统聚矿能力的大小。花岗岩岩浆成矿属于熔融成矿系统（李人澍和朱华平，1999），其成矿场的配置由深部向上，成矿物质向上运动，系统空间紧凑，其成岩成矿物质经历了与地球形成相似的近完全熔融态，同时由于同化混染作用承袭了母岩的一些基本特征，具有强烈的非线性成矿特征。这种强烈非线性系统的聚矿功能最高。首先岩浆具有强大凝聚力得以形成紧凑的近等轴状系统空间和半开放的系统边界，使岩浆组分得以充分接触加速化学反应，又得以缓慢降温实现完善的岩浆成分分异；其次在系统边界内水热矿源基本具备，无需环境长途输运供应，从而减少成矿环节，缩短成矿路径提高聚矿能力；最后，岩浆动热熔融体具有强大能量，在环境能量支持下上升侵位并与环境物质进行交换，获得丰富矿质的机会。庞大岩浆复杂体系又足以缓冲地球化学环境的干扰，保持岩浆成分的相对稳定。

聚矿能力也是随地史演化而增强的，它的一个辨认标志是形成矿床的规模和品位。矿床规模越大，品位越富，表示成矿强度越大（翟裕生，1997）。如果成矿物质能高度浓集，则能形成超大型矿床。但矿床形成后，在以后的地质演化中能否保存以及保存在何处，却基本受构造运动的控制。如在陆内造山带浅表环境生成的矿床，因山体迅速隆升，易受剥蚀而不易保存；而产在陆缘裂谷中的热液沉积矿床，则成矿后被上覆沉积物掩埋而易于保存，但后来常遭受不同程度的变质和变形作用。

花岗岩是大陆及地球特有的产物，蕴含着许多大陆动力学的信息，是大陆形成、再造的重要标志物。近年来，大陆动力学的蓬勃发展很大程度上促进了对花岗岩的研究。随着深部地幔地球化学及地球动力学、壳-幔相互作用的研究，花岗岩成因也进一步明朗化。花岗岩浆的生成、运移、侵位及其伴随的交代作用、同化作用、混合作用等影响和限制着花岗岩的性质，同时也制约着与花岗岩有关的各种矿床的发展演化及类型。花岗岩的生成、演化及其地球动力学背景极其复杂，近年来有关花岗岩壳源、幔源、壳幔混合成因研究，只是对花岗岩演化初始阶段的认识，而对于整个动力学演化过程，虽然有很多模型，如多元物质混合模型（Barbarin，1999；王涛，2000）、"走滑扩容泵吸"模型（Brown，1994）等，以及其伴随的成矿作用演化过程，却还存在很多问题。因此，今后的研究方向，应该结合地球化学、地球动力学等多学科做进一步的深入探讨，建立能解释花岗岩岩浆系统各方面的综合性模式。

1.4.3 构造-流体与成矿

成矿预测和找矿勘查的基础是对成矿动力学机制和矿床成矿规律的正确理解，构造则至关重要，涉及矿床形成、演化、破坏或保存的整个过程，深入研究构造与成矿的关系，不仅对认识区域成矿规律、从战略上指导区域普查找矿和资源潜力评价有重要的意义，而且对预测深部隐伏矿床/矿体的赋存部位和产状特征、提供找矿靶区、指导勘查和采矿均有实际价值。对世界范围内各类型铁矿床分析表明（许德如等，2015 及其内参考文献），绝大多数铁矿床，如内蒙古白云鄂博超大型 Fe-Nb-REE 矿、海南石碌铁矿、新疆蒙库铁矿、甘肃镜铁山铁铜矿、安徽长龙山铁矿、西澳 Hamersley 铁矿省、巴西南部巨型 Quadrilátero Ferrífero 铁矿等，均赋存于（复式）向斜的核部或两翼，反映了构造、特别是向斜褶皱与（高品位）（富）铁矿形成的密切相关。国内外一系列 MVT 型、SEDEX 型、SST 型、VMS 型和其他层控型铅锌矿床，如美国密西西比河谷铅锌矿、西班牙中北部 Picos de Europa 地区铅锌矿、加拿大魁北克阿巴拉契亚 Upton 铅锌钡矿、斯洛文尼亚 Topla-Mežica 铅锌矿、西班牙南部波罗的海科迪勒拉铅锌钡矿、瑞士加里东造山带层控型硫化物矿、挪威中北部 Helgeland 地区铅锌矿、瑞典 Laisvall 层控砂岩型铅锌矿、比利时 La Calamine 氧化物硫化物铅锌矿、欧洲伊比利亚黄铁矿带 Tharsis 块状硫化物矿、挪威 Trondheim 和 Sulitjelma 地区块状硫化物矿、澳大利亚巨型 Broken Hill 铅锌银矿、云南金顶铅锌矿、广东凡口铅锌矿等，它们的形成和定位也与碰撞造山过程所导致的逆冲推覆、走滑和伸展变形构造等有着密切的关系，矿床/矿体要么赋存于逆冲推覆系统内，要么赋存于原地系统中或其内所发育的晚期伸展断层的下盘（图1-9）。

由于构造变形与矿床的形成、演化有着密切的关系，我国历代地质学家、矿床学家和找矿勘查专家向来重视构造与成矿关系的研究，建立并发展了成矿构造学学科（陈国达，1978；翟裕生等，1981；曾庆丰，1982；杨开庆，1986；裴荣富等，1999；等等）。陈国达院士早在 20 世纪 50 年代末就把构造活动与成矿物质的运动结合在一起进行成矿学的研究，强调构造（包括大、中、小、微构造）不仅仅是作为控制因素，更重要的是它在成矿作用中所起的主导地位。近 30 年来，随着构造与成矿关系研究的逐步深入，一系列成岩成矿构造模式如制性剪切带模式、变质核杂岩或伸展构造模式、逆冲推覆和重力滑覆构造模式以及碰撞造山成岩成矿模式等均相继提出（Spencer and Welty，1986；Cameron，1989；Lister and Davis，1989；傅昭仁等，1992；Groves，1993；胡正国等，1994；陈衍景，1996，2013；何绍勋等，1996；Groves et al.，1998；陈柏林等，1999a，b；Goldfarb et al.，2001；翟裕生，2002；Hou and Cook，2009；侯增谦，2010；等等），为开展构造与矿床/矿体形成和定位关系的研究奠定了理论基础。构造成矿是阐明矿床可以通过构造作用及与之相关的岩浆活动、变质作用、沉积作用等过程，在一个统一的热动力构造-物理化学系统中形成。构造成矿实质上是成矿参量（如构造动力、温度、压力、深度、fO_2 等控矿物理化学参数）的临界转换的结果，具体表现为构造应力体制转换所诱发的不同尺度（如全球的、区域的、矿田/矿床的、露头的、显微的）的突发地质事件造成和改变了构造物理化学参量，导致有利的成矿环境和赋矿容矿空间（吕古贤，1991；吕古贤等，1999，2001；邓军等，1998，2000；翟裕生等，2001；范宏瑞等，2005），并包涵了在地壳演化过程中，由地幔热流驱动所引起的构造应力场、构造地球物理场和构造地球化学场对地壳物质的变形和流动以及变形过程中成矿物质的迁移和聚集的联合控制

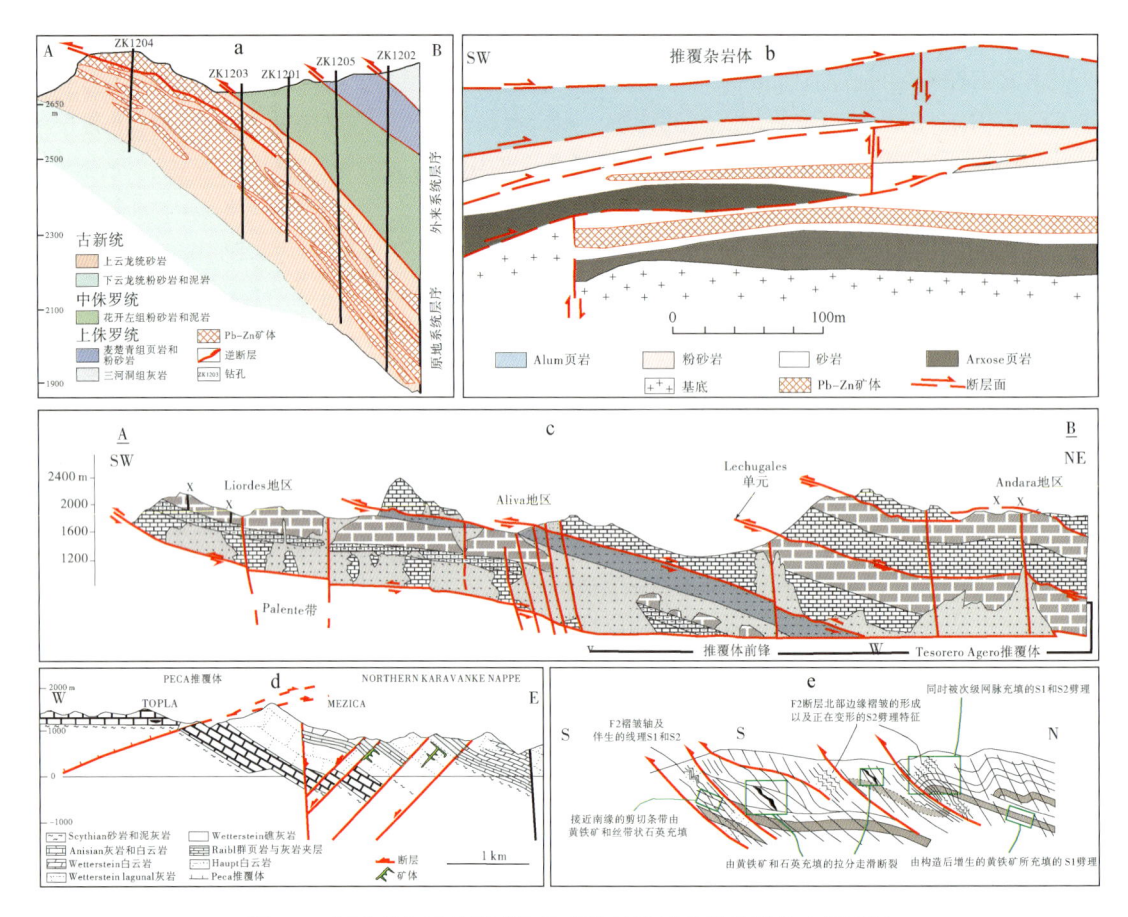

图 1-9 国内外与逆冲推覆构造有关的铅锌矿床地质勘查剖面图

a- 云南金顶铅锌矿床 E12 勘探线剖面图（据云南省地质矿产局第三地质大队）；b- 瑞典 Laisvall 层控砂岩型铅锌矿床（据 Rickard et al.，1979）；c- 西班牙中北部 Picos de Europa 地区铅锌矿床（据 Gómez-Fernández et al.，2000）；d- 斯洛文尼亚 Topla-Mežica 铅锌矿床（据 Spangenberg and Ursos Herlec，2006）；e- 欧洲伊比利亚黄铁矿带 Tharsis 块状硫化物矿床（据 Chauvet et al.，2004）

（陈国达，1978）。当前，随着找矿工作向矿区深部和外围的推进，成矿构造研究已由单个构造控矿向综合构造控矿、构造成矿和构造成矿动力学研究逐步深入，并将矿田构造与区域构造和深部构造相结合、将构造-流体-矿床（体）视为自然整体，采用矿田构造学、蚀变岩石学、矿物包裹体学、构造地球化学等多学科交叉的研究方法，结合构造-流体-成矿数值模拟实验，研究伸展、挤压、走滑等不同构造体制下或联合复合构造体制下所产生的成矿系统，以此厘定矿田构造应力场、热液流动系统、构造-热液的幕式活动、成矿阶段划分和蚀变矿化分带及含矿热液运移路径等，建立定量的动态的构造-流体-成矿模式、有效地指导隐伏矿床（体）的找寻。成矿构造系统的构建，已成为研究区域成矿规律与矿田构造的重要发展方向。

成矿构造研究的发展趋势，事实上还突出了构造和流体在成矿作用中的关键作用。大量研究成果表明，构造与流体是成矿作用过程中相互作用的一对基本控矿因素，构造是驱动和控制成矿流体运移和循环的主要因素，而流体通过水-岩反应等反过来又影响构造作用的物理和化学效应，诱发新的变形和新的矿化构造的产生（Fyfe and Kerrich，1985；Koons et al.，1998；Sibson and Scott，1998；Travé et al.，2000；Ghisetti et al.，2000；Craw，2000；Craw et al.，2002；Robl et al.，2004；Bellot，2007；万天丰，2008）。构造-流体这种相互作用过程实质上是成矿物质活化、迁移、聚集定位，即矿床形成的过程，体现了成矿系统时-空结构、聚矿功能和动力学及其耦合关系。构造应力驱动大规模流体运移及其成矿效应已成为当前矿床成因理论研究中的前沿课题和热点之一，并认识到碰撞造山带是产生大规模流体运移最为有利的地区，造山带一侧的盆地则是大规模流体运移、混合和成矿的有利场所。如国外研究者就认为，造山过程及伴随的构造作用所触发的大规模热液流体运移或周期性热液循环是形成有经济意义的巨型 BIF 型赤铁矿矿床的主控因素（如巴西的 Carajás 和 Quadrilátero Ferrífero 铁矿省、澳大利亚 Hamersly 铁矿省、乌克兰的 Krivoy Rog 铁矿省、印度的 Bailadila 铁矿省以及南非的 Thabazambi 铁矿省等；Powell et al.，1999；Taylor et al.，2001；Dalstra and Guedes，2004；Rosière and Rios，2004；Rasmussen et al.，2007；Dalstra and Rosière，2008）；大规模热液活动对 IOCG 型热液铁氧化物–铜–（金）–钴–稀土等矿产形成所起的关键作用，则源于其形成时期的伸展构造环境（如陆内非造山岩浆环境、俯冲相关的大陆边缘弧伸展环境、陆内造山垮塌环境）及触发的脆–韧性剪切变形有利于大规模流体和成矿物质运移（Hitzman et al.，1992；Porter，2002；Sillitoe，2003；Williams，2010）。目前，尽管对驱动不同类型铅锌矿床大规模成矿流体运移的机制有不同的看法，如或认为是推覆期间压应力作用的结果，或认为受造山后伸展环境的控制，或是挤压–伸展过渡环境下沿逆冲断层或晚期正断层的上升、运移结果，也反映了铅锌多金属成矿过程构造与流体运移的密切关系，马东升（1998）进而指出，有必要结合我国急需矿床的找矿，选择基础程度较高、成矿现象典型丰富的地区进行多学科交叉研究，以进一步阐明大规模流体运移的驱动机制及其与成矿的关系。因此，加强不同构造体制下或复合构造体制下构造–流体–成矿系统及其动力学的研究，尤其是大型、超大型矿床形成过程中流体的特殊作用的深入研究，不仅有助于正确理解成矿系统的组成特征和发育规律，深入揭示矿床的形成机理与时空演化，而且还有助于阐明其中的大矿、富矿、新类型矿床/矿种的时–空配置及成矿动力过程，进而深化矿床成因的认识。

1.4.4 岩相古地理研究

岩相古地理研究是重建地质历史中海陆分布、构造背景、盆地配置和沉积演化的重要途径和手段，其宗旨是通过重塑盆地在地球古地理中的具体位置、恢复沉积作用与成矿过程的关系，从而指导资源远景预测评价和勘探开发实践。岩相古地理研究经历了从定性到定量的发展变化，其方法包括地震相、测井相分析和物探多种信息法、微体化石、痕迹化石、生物群落和微相分析、黏土矿物的环境标志、同位素测定、微量元素测定和地球化学方法、数学模拟和数值分析方法，以及计算机辅助设计方法、阴极发光技术等。20 世纪 80 年代以来，古地理重建已经朝着"多信息、多尺度、多元化和数字化"的研究方向发展。例如，在重建规模较大的区域性岩相古地理时，更多学者倾向于考虑大地构造背景及其活动对沉积充填的控制作用，将构造活动论和发展阶段论、板块构造理论、盆地分析原理加入岩相古地理图的编制中，使图件所反映的岩相古地理内容更趋于客观和精确。在重建局部区块的古地理时，更多地采用高精度层序地层分析，试图建立时间域跨度较小的古地理特征，为精细储层描述和预测奠定重要基础。因此，层序地层学理论的提出和发展，客观上为开展大比例尺岩相古地理研究及图件编制提供了新的思路。目前，以层序地层学理论为指导，以层序内体系域或以相关界面为成图单元的层序–岩相古地理编图已成为第二代岩相古地理编图的标志。层序–岩相古地理编图具有等时性、成因连续性和实用性的特点，不仅能有效地反映盆地充填特征和盆地演化过程，而且可深入揭示沉积盆地的大地构造背景、沉积盆地动力学特征、盆–盆与盆山转换过程和成矿作用事件等，对沉积盆地充填、构造演化分析和资源勘探开发具有十分重要的理论实际意义。国内学者曾根据国内外主要碳酸盐岩油气田统计研究和沉积–成岩主控因素的分析，建立了层序地层格架内主要碳酸盐岩储集层成因类型及成藏模式（图 1-10）。

当前，人们对沉积体系和相序的研究主要集中在层序的识别、建立不同尺度的对比，但对于盆地动力学和沉积盆地演化以及重要构造变革期构造复原的研究还相对薄弱。层序地层是在一个等时地质年代格架内从三维空间上认识一个有成因联系的沉积组合体（即沉积体系），其上下被不整合面和与之相当的面（物性界面）所截切。因而一方面层序及层序界面的识别和确定（同时也包括层序内体系域的划分）是层序地层学的基础；但另一方面，沉积盆地动力学及其演变对于理解层序地层的形成机制也有着重要的意义。20 世纪 60 年代初，盆地分析首先为石油地质学家所重视，揭示了盆地沉积演化与岩相古地理特征；随后，随着地学领域的各学科发展，盆地分析已推进到一个新的阶段，通过研究盆地的形成史、充

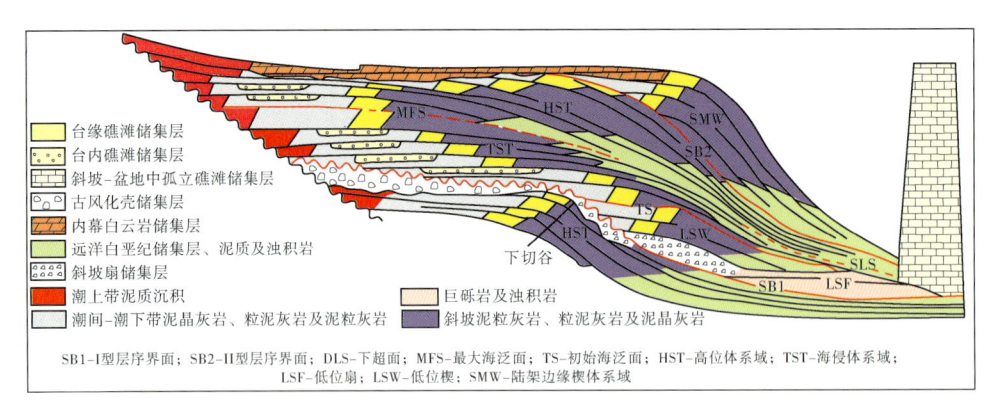

图 1-10 层序地层格架中主要碳酸盐岩储集层类型（据赵崇举，2008）

填史、埋藏史以及演化史，探索盆地形成和演化的动力学机制，分析盆山耦合及盆-山、盆-盆转换过程对沉积体系的制约，进而开展构造-沉积-成矿/成藏的相互关系研究。已有的初步研究结果显示，在不少矿区标志层的上、下沉积物的化学性质曾出现了强烈的变化，但对于导致这些化学成分变化的原因目前很不清楚，到底是反映沉积环境的变迁还是物源供给的差异引起的，抑或是其他原因如气候的变化、水体物理-化学性质的改变，还是多期构造-热事件（包括热流体事件）导致的结果？这些问题需要进行深入的研究。而盆地沉积期前、沉积期间、沉积期后三个时期的古构造格局对古地理恢复来说还至关重要。沉积期前古构造格局决定了沉积基底的构造格局、古地貌特征以及物源区母岩性质等，可采用地层回剥法以及地层不整合接触关系，编制沉积前古地质图和古构造纲要图。沉积期构造是地层堆积可容纳空间大小的主导因素之一，对沉积作用本身有一定的控制作用，重点关注地形、地貌以及大断裂对沉积作用与地层分布的控制作用。对于前陆盆地，造山带构造活动与盆地沉积之间耦合关系明显，因而盆山耦合的研究常常是人们关注的热点。沉积期后构造作用导致了沉积地层的剥蚀、变形等，要重点关注后期构造作用导致地层剥蚀、变形程度，采用构造平衡剖面技术，恢复冲断带构造的变形特征，为恢复地层变形提供定量化资料。可见，以盆地动力学及其演变为主线，以层序地层学原理和研究方法为指导，是进行岩相古地理研究的有效途径，对指导矿产资源预测和勘探具有特别重大的实际意义。

1.5 关键科学技术问题

中生代时期，中国大陆、特别是其中东部大陆经历了重大的构造转折，即从晚古生代—早中生代初板块边缘造山向中-新生代板内或陆内活化的转变（Wong，1927；陈国达，1956）。特别是，晚中生代因该重大变革事件而出现的陆内造山与岩石圈伸展的多期次交替，不仅强烈改造、甚至破坏了古老大陆岩石圈或克拉通，同时导致了大规模岩浆作用（如大花岗岩省产生、强烈火山喷发；Li and Li，1997；Zhou and Li，2000；Wang et al.，2003；Mao J R et al.，2014）、显著的陆内变形（如北东-北北东向深大断裂、韧性剪切变形、断块隆升和剥蚀、挤压逆冲推覆与褶皱、成群排列的断陷或凹陷盆地、独具特色的盆-岭式构造式样和变质核杂岩构造等；谢家荣，1936；Ye et al.，1985；Faure et al.，1996；Lin et al.，2008；陈国达等，2001；Wang D et al.，2001；马寅生等，2002；Li Z et al.，2004；Shu et al.，2007；张岳桥等，2007；Zhang et al.，2007，2011；Wang T et al.，2011；Li J H et al.，2012；Zhang et al.，2012；Li et al.，2013；Wang et al.，2013；Shi et al.，2015）和大规模的 W、Sn、Bi、Mo、Cu、Pb、Zn、Au、Sb 等有色稀有和贵金属及放射性金属（U）的爆发式成矿（Chen et al.，1998；华仁民和毛景文，1999；Zhai et al.，2001；Hart et al.，2002；Qiu et al.，2002；Hua et al.，2004，2005；毛景文等，2005；Zhu et al.，2015；Xu et al.，2016）以及生态环境的巨变（如燕辽生物群向热河生物群的更替；季强等，2004）。国内学者还认识到：晚中生代是中国东部一个最主要的成矿幕，造就了世界级的 W、Sn、Bi、Mo 和 Sb 矿床（毛景文等，2005；Zhou et al.，2002；Hua et al.，2003；Mao J W et al.，2003，2011a、b、

2013，2014）。

华南南岭地区是我国在世界上最具特色的重要成矿区带之一，也是世界上研究中生代板内成矿体系最典型的地区之一。我国大部分的钨、锡、铋、锑等特色金属矿产资源主要分布在南岭，在世界上也是举足轻重的。相当一部分的矿产资源正在快速消耗，在"老本"吃光之前如果不抓紧地质找矿以保证后备资源的供给，则不可避免地又会出现资源危机（陈毓川，2014）。因此，对南岭地区的有色、稀有、稀土、铀等矿产资源的成矿理论、勘查技术和资源潜力进行综合性研究，已经迫在眉睫。

南岭也是我国乃至于世界上罕见的大花岗岩省，大面积出露的中生代板内花岗岩以及与之有密切时空和成因联系的钨、锡、钼、铋、铜、铅、锌、银、稀土、稀有、铀等矿产资源，已吸引了国内外众多科学家开展研究。自1912年正式成立地质调查机构以来的100多年中，我国几代地质学家以此为基地，通过坚持不懈的努力，不但发现了一大批在国内外享有盛誉的大型-超大型矿床，也创立了一系列成矿理论，为我国现代地质学的建立与发展作出了巨大贡献。"南岭花岗岩"的概念早在1920年翁文灏发表的《中国矿产区域论》和1936年谢家荣发表的《中国之矿产时代及矿产区域》等论文中就正式提出来了，并沿用至今。翁文灏指出，我国南方的花岗石与钨、锡矿产有关，长江中下游的花岗闪长岩与铁、铜矿产有关，并认为两者形成于古生代之末—侏罗纪之初。谢家荣进一步将华南与钨、锡等矿产有关的花岗岩称为"香港式花岗岩"，将长江中下游一带与铁、铜矿产有关的花岗闪长岩称为"扬子式花岗闪长岩"，并认为白垩纪是我国南方最重要的成矿时代；而"香港式花岗岩"和"扬子式花岗闪长岩"均发育于该时期，因此将它们统称为燕山期花岗岩。谢家荣还将南岭地区划为一个独立的"矿产区域"，认为南岭矿产区域内的花岗岩产钨、锡、铋等矿产。后来，"香港式花岗岩"渐被"南岭花岗岩"所取代。1949年以来，我国具有自主创新特色的成矿理论，如"地质力学""地洼学说""成矿系列""三源成矿""成矿系统"等，都离不开南岭这一天然实验室。显而易见，无论是1920年还是1936年，世界上还没有形成成矿专属性的理论，槽台学说也还不成熟，更没有板块构造的概念，而翁文灏和谢家荣早在国外提出S型花岗岩和I型花岗岩理论之前半个世纪就提出了不同类型的矿产资源与不同类型花岗岩密切相关的思想。这一思想至今仍影响几代地质矿产工作者，并为此做出了大量工作（陈毓川，2014）。

然而，以往关于南岭地区的成矿作用侧重于成矿岩体、成矿环境和成矿物质与成矿流体来源，并往往将钨锡铋钼等矿产的成矿作用与铅锌金银等矿产的成矿作用分割开来单独研究，从而导致对南岭地区内生金属矿床的成矿地质条件和控制因素全面掌握的片面性，由此所揭示的成矿规律也具有一定局限性。钨锡铅锌多金属成矿作用是源—运—聚—储的动力学过程，与构造演化、岩浆作用过程和成矿流体系统演化息息相关。国内大量研究就已揭示，南岭成矿带不同类型内生金属矿床尤与华南中新生代强烈的陆内构造-岩浆活化密切相关，成矿机理上基本一致，均是一定地质历史时期一定阶段构造演化-岩浆作用-成矿流体系统的产物。因此，在开展南岭成矿带钨锡铅锌多金属矿成矿作用研究时，应以中生代"板内成岩成矿"这个地质背景作为基础，将构造演化-岩浆作用-成矿流体和成矿作用作为一个统一体，才能完整地理解南岭成矿带钨锡铅锌多金属成矿规律，为成矿预测和找矿勘查服务。

南岭成矿带钨锡铅锌多金属矿床还表现明显的深部地质构造背景和构造成矿作用。矿床、矿体在区域上通常位于隆起区或其边缘，不仅受区域性深大断裂所控制，而且受上地幔结构构造所制约，表现出矿床、矿田通常沿区域性环形及线性构造分布。此外，南岭成矿带不少内生金属矿床的形成与逆冲推覆构造也有密切关系。已有研究也表明，南岭成矿带在成矿构造体制和成矿地球动力学背景上具显著特色，但目前对该成矿带主要矿床类型的成矿构造体制和地球动力学背景仍存在不同的认识；特别是对不同内生金属矿床类型的深部成矿系统和成矿构造特征研究仍非常薄弱。因此，有必要开展南岭成矿带成矿系统的组成、性质和时空分布规律及形成和演变的地球动力学机制的深入研究，摸清其深部地壳组成和结构构造，为有效开展南岭成矿带钨锡铅锌多金属矿产资源的找矿预测提供科学依据。

南岭成矿条件独特，矿产资源调查程度较高，成矿理论研究深度较大，孕育了一批包括钨矿"五层楼"模式和"成矿系列"等具有中国特色的原创性成矿理论。这些成矿理论是在地质找矿实践与"六五"国家科技攻关的过程中逐步成形的。近30年过去了，仍然在指导着地质找矿工作。但也随着矿产资源的日益消耗、找矿难度和勘探深度的日益加大、新技术新思想的日益更新而需要不断地提高、深化乃至再次产生新的成矿理论，为新时期的地质找矿工作提供理论依据。从不认识地表露头矿（如黑钨矿）到大湖塘、朱溪这样的世界级钨矿的不断发现（丰成友等，2012；黄兰椿和蒋少涌，2012），从"五层楼"模式的自觉运用到"五层楼+地下室"模式的发展创新，从"成矿专属性"的深入与细化到"找矿专属性"的提出与实践，都说明华南南岭地区不但具有巨大的找矿潜力，成矿理论的创新也是完全可能的（陈毓川，2014）。

作为南岭成矿带的重要组成部分，湘南千骑地区是我国华南 W、Sn、Bi、Mo、Pb、Zn、Cu、Au 和稀有金属矿产的重要生产基地。燕山期是该区矿产形成的最重要时期，形成了一系列与酸性、中酸性侵入岩有关的内生金属矿床。其中，燕山早期以广泛分布的大规模岩浆活动为代表，形成一系列 W、Sn、Mo、Bi、U、Fe、Cu、Pb、Zn 矿床；燕山晚期以广泛分布的小规模岩浆活动为代表，形成一系列 Fe、Pb、Zn、Hg、Sb、Au、稀有金属等矿床，因而该区蕴藏的矿产资源十分丰富。然而，在这样一个国内外知名度很高、研究程度高的地区开展成矿预测与找矿勘查，起点高、难度大，因此其研究精度应高于一般精度才能有所进展。以往虽然在基础地质、成矿规律和成矿预测等方面做了大量的工作，获得较好的成果和进展，但尚存在一些关系到成矿预测与找矿勘查的关键科学技术问题：①华南南岭地区中生代大规模板内成岩成矿的地质背景与深部地球动力学过程；②千骑地区内与锡铅锌多金属成矿作用有着密切联系的花岗岩的成因类型与时空分布；③锡铅锌多金属矿产的成因类型、时空分布规律与关键控制因素；④构造-岩浆活动与锡铅锌多金属成矿系统的耦合关系；⑤地质-遥感-地球物理-地球化学等综合信息的优化组合与深部和边部矿的识别。这些问题都有待进一步研究，以创新和发展大陆动力学及其成矿理论，提高成矿预测能力。尽管本书对上述关键科学问题开展了积极探索，但基于研究条件和研究水平等，相关科学技术问题仍有待今后的深化。

第 2 章 区域成矿地质背景

2.1 区域地质背景

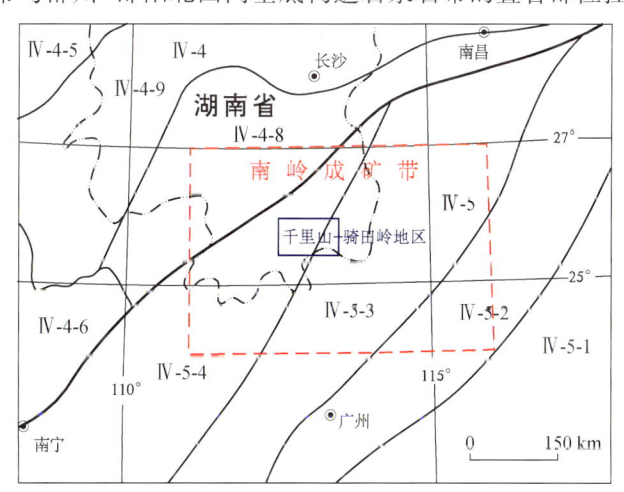

湘南千骑地区位于我国华南地区南岭中段，大地构造位置上横跨华南新元古代—早古生代造山带（Ⅳ-5）粤湘赣早古生代沉陷带（Ⅳ-5-3）和云开晚古生代沉陷带（Ⅳ-5-4）（图2-1）。以往研究表明，由北西部的扬子地块和东南部的华夏地块组成的华南板块（Li et al.，2002）至少经历了晚中元古代—早新元古代格林威尔或四堡期造山、早古生代的加里东期造山、三叠纪的印支期造山和侏罗纪—白垩纪的燕山期造山等四个构造–热事件（Wang Y et al.，2011）。因千骑地区大部分位于华南华夏板块一侧，其主要经历了志留纪加里东期造山、中三叠世末印支期造山、中侏罗世末早燕山期造山和古近纪后期早喜马拉雅造山等构造事件，这些构造事件不仅诱发了加里东期、印支期和燕山期多期次花岗质岩浆活动（湖南省地质矿产勘查开发局，2013），同时还交替发育青白口纪—南华纪裂谷盆地、震旦纪—早奥陶世被动大陆边缘盆地、中–晚奥陶世前陆盆地（缺失志留系）、泥盆纪—中三叠世陆表海盆地、晚三叠世以来的陆相盆地等。南岭地区中生代板内构造演化过程可细分为早三叠世—中三叠世早期前造山、中三叠世后期—中侏罗世初陆内造山、中侏罗世早期—晚侏罗世后造山和白垩纪板内裂谷等阶段（柏道远等，2005）。千骑地区内生成矿作用主要发生于中侏罗世早期—晚侏罗世板内后造山伸展环境（柏道远等，2007），因而构成著名的南岭多金属成矿带的重要组成部分，成矿作用则明显受湖南省境内炎陵–郴州–蓝山北东向基底构造岩浆岩带与郴州–邵阳北西向基底构造岩浆岩带的叠合部位控制（图2-2）。

图 2-1 千骑地区大地构造位置略图（据湖南省地质矿产勘查开发局，2013 修改）
Ⅳ-羌塘–扬子–华南板块；Ⅳ-4-扬子板块；Ⅳ-4-5-八面山陆缘盆地；Ⅳ-4-6-滇黔桂古生代克拉通盆地；
Ⅳ-4-8-桂湘早古生代陆缘沉降带；Ⅳ-4-9-江南新元古代造山带；Ⅳ-5-华南新元古代—早古生代造山带；
Ⅳ-5-1-东南沿海中生代岩浆活动带；Ⅳ-5-2-武夷–珠江古生代裂陷带；Ⅳ-5-3-粤湘赣早古生代沉陷带；
Ⅳ-5-4-云开晚古生代沉陷带。图内虚框示南岭区范围，实框示研究区范围

2.1.1 地层与岩性

千骑地区地层出露较全，除缺失奥陶系和志留系地层外，震旦系至第四系地层均有出露（图2-3）。不同时代地层的出露面积占全区总面积89.2%，地层总厚度大于17399 m。千骑地区内地层划分详见表2-1。

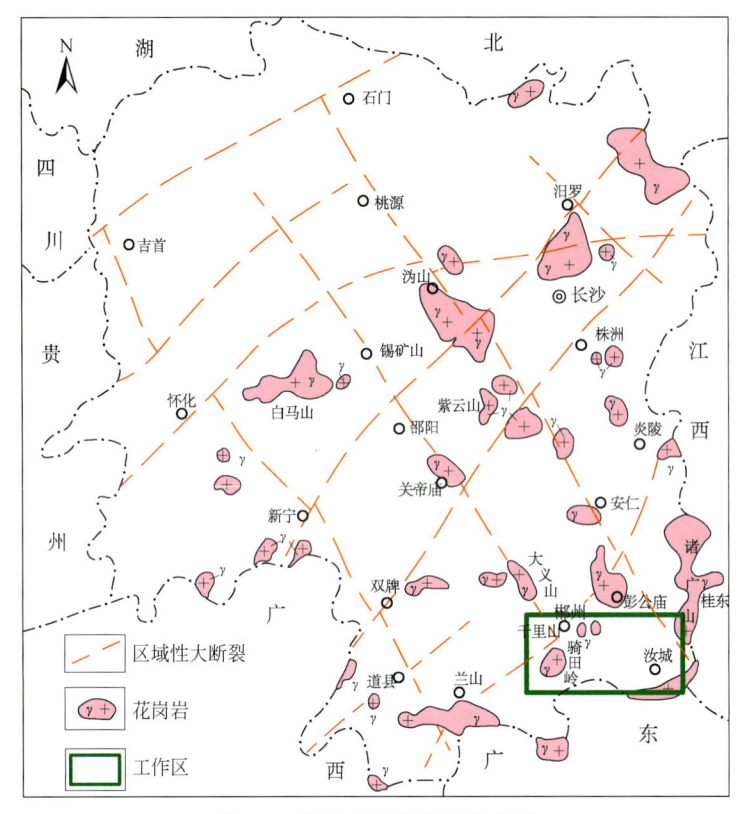

图 2-2 湖南省构造岩浆岩略图

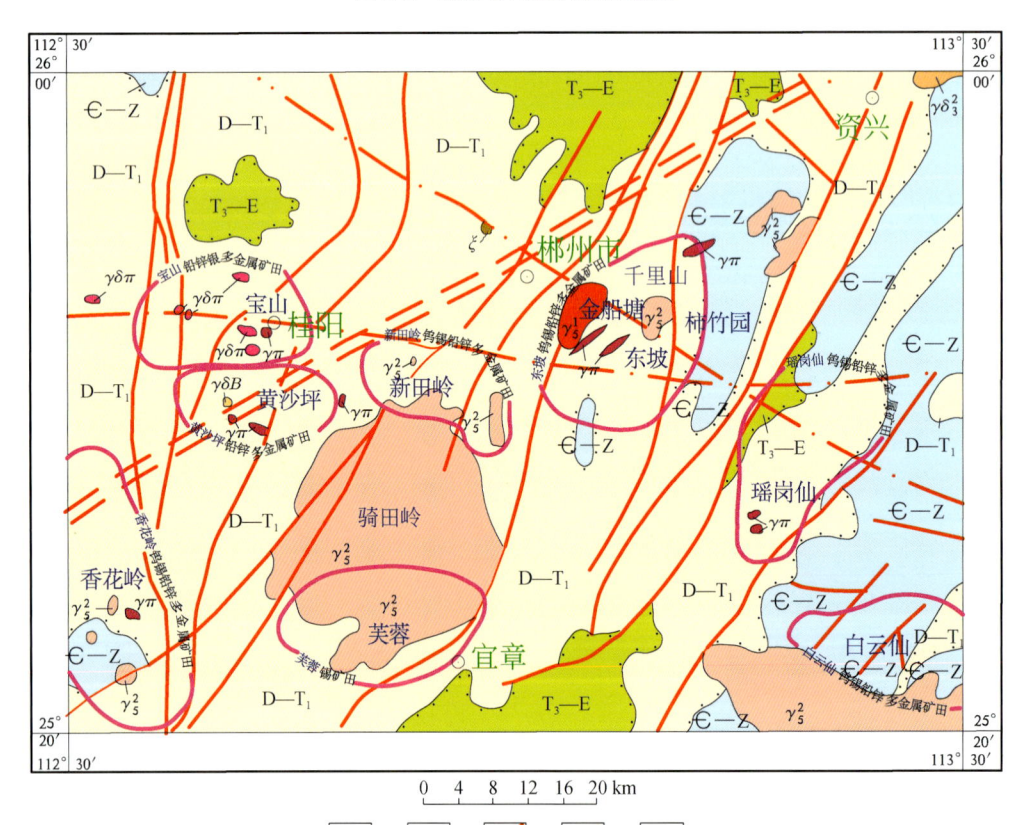

图 2-3 千骑地区地质矿产略图

T_3—E-上三叠统—古近系和新近系；D—T_1-泥盆系—下三叠统；ϵ—Z-寒武系—震旦系；$\gamma\pi$-花岗斑岩；$\gamma\delta\pi$-花岗闪长斑岩；$\gamma\delta B$-花岗斑岩质隐爆角砾岩；ξ-正长岩；γ_5^2-燕山期花岗岩；γ_5^1-印支期花岗岩；$\gamma\delta_3^2$-加里东期花岗闪长岩；1-地质界线；2-不整合地层界线；3-区域性断裂；4-重磁推断深大断裂；5-重磁推断基底断裂

表 2-1　千骑地区地层划分表及相关矿产

界	系	统	组	段	代号	厚度/m	有关矿产
新生界	第四系	全新统			Qh	0~70	砂锡、砂金
		更新统			Qp	0~45	
	古近系				E	570~1015	
中生界	白垩系	上统	戴家坪组		K_2d	>1000	
		下统	神皇山组		K_1s	450~1116	
			东井组		K_1d	450~500	
	侏罗系	中统			J_2	>96.40	煤
		下统			J_1	116~502	
	三叠系	上统			T_3	147.3~299	煤
		下统	大冶组		T_1d	85~395	钨、锡、钼、铜
上古生界	二叠系	上统	大隆组		P_3d	75~380	煤、石墨
			龙潭组	上段	P_3l^2	64~326	
				下段	P_3l^1	161~500	
		中统	孤峰组		P_2g	12~35	锰、金
			栖霞组		P_2q	18~180	
		下统	马坪组		P_1m	58~360	钨、锡
	石炭系	上统	大埔组		C_2d	116~400	铅、锌、铜、钼、钨、锡
		下统	梓门桥组		C_1z	40~127	
			测水组		C_1c	33~185	
			石磴子组		C_1s	250~470	
			天鹅坪组		C_1t	4~59	
			孟公坳组		$(C_1+D_3)m$	100~250	
	泥盆系	上统	锡矿山组	上段	D_3x^2	75~236	钨、锡、钼、铋、铅、锌
				下段	D_3x^1	72~432	
			佘田桥组	上段	D_3s^2	91~202	
				下段	D_3s^1	86~299	
			棋梓桥组		D_2q	194~452	铅、锌、钨、锡、铁、锰
		中统	跳马涧组	上段	D_2t^2	200~270	铁、锰、金
				下段	D_2t^1	100~200	
			半山组		D_2b	114	
下古生界	寒武系		小紫荆组		ϵ_3x	2178	钨、锡、铅、锌、金
			茶园头组	上段	ϵ_2c^2	834~1381	
				下段	ϵ_2c^1	1068~1201	
			香楠组	下段	ϵ_1x	303~588	
新元古界	震旦系	上统	天子地组	上段	Z_2t^2	9~217.4	钨、锡、铅、锌、金
				下段	Z_2t^1	371.8~539.7	
		下统	泗洲山组		Z_1s	754~778.4	

1. 震旦系（Z）

震旦系为本研究区内出露的最老地层。主要分布于区内东部西山、五盖山及岭秀—盈洞一带，西部仅在金字岭有少量分布。以海相复理式碎屑沉积为主要特征。属深海-次深海浊流沉积。岩性主要为灰绿色中厚层至块状浅变质石英砂岩、长石石英砂岩夹灰绿色板岩、粉砂质板岩、夹紫红色板岩及硅质岩。

2. 寒武系（∈）

主要分布于研究区东部的西山、天鹅顶—瑶岗仙一带及西部的香花岭、金字岭等地。属大陆边缘盆地型沉积，显示复理式、类复理式建造特征。与下伏震旦系地层呈连续沉积、整合接触。岩性主要为中厚层状石英砂岩、长石石英砂岩，浅变质厚至巨厚层石英砂岩、长石石英砂岩、板岩及碳质板岩。

3. 泥盆系（D）

泥盆系在区内分布较广，其中：东部主要分布在天鹅顶-瑶岗仙背斜两翼、西山背斜两翼、五盖山背斜翼部；西部主要分布在金字岭—桂阳—香花岭一带。区内仅出露中、上泥盆统，并以角度不整合覆盖于震旦系、寒武系之上。中泥盆统下部为滨海碎屑岩沉积，岩性为中厚层粉砂至细粒石英砂岩、长石石英砂岩夹泥质粉砂岩、页岩，底部为砾岩、含砾砂岩；中泥盆统上部及上泥盆统为浅海碳酸盐相，岩性为泥晶灰岩、灰岩、泥灰岩、云质灰岩及云岩等。

4. 石炭系（C）

石炭系在区内发育齐全，分布最广，其出露面积约占研究区图区面积的一半以上。上石炭统主要为碳酸盐建造，下石炭统为浅海碳酸盐夹滨海碎屑岩及含煤碎屑岩建造。石炭系是区内内生金属矿最主要的赋矿层位之一。

5. 二叠系（P）

二叠系在区内发育齐全，分布较广，特别是在羊市—桂阳一带发育完好。分布面积约占全区总面积的四分之一。由于海水进退频繁，沉积类型复杂，包括浅海碳酸盐沉积、硅泥质沉积和滨海沼泽含煤碎屑沉积。是本区重要含煤地层。

6. 三叠系（T）

三叠系在区内分布零星，出露不全，缺失中三叠统。

下三叠统大冶组主要分布于研究区的西部；研究区的北部见于桂阳县平和、大丘铺等地；中部见于大排冲，而南部见于宜章县麻田一带。岩性以薄层灰岩为主，夹中厚层灰岩及钙质粉砂质页岩。

上三叠统分布于研究区北部的三都—唐洞一带，南部见于宜章县杨梅山、长策等地，岩性为紫灰色粉砂质泥岩夹细粒石英砂岩和煤层、含砾砂岩、细砾岩、石英岩状砂岩，其上部为石英细砂岩与粉砂岩互层。

7. 侏罗系（J）

侏罗系零星分布于研究区东部，缺失上侏罗统。

下侏罗统分布于苏仙岭，资兴市唐洞、宜章县瑶岗仙、长策及汝城县文明圩等地。按岩性组合可分两段：下段为灰色石英岩状砂岩，灰黑色粉砂岩与粉砂质泥岩互层，夹细砂岩，中上部为富含菱铁矿结核粉砂质泥岩夹细砂岩；上段为灰白色中细粒长石石英砂岩，上部及下部均夹少量黑色泥岩。

8. 白垩系（K）

白垩系集中分布在许家洞盆地、白石渡盆地及文明圩盆地。属陆相沉积建造，为一套紫红色岩层，与下伏侏罗系地层呈角度不整合接触。岩性为暗紫红色泥岩、砾岩、中至薄层状钙质细砂岩与钙质粉砂岩互层，局部含钙质结核。

9. 古近系（E）

古近系地层主要分布在桂阳县城北部长江圩盆地内，属内陆盆地红色碎屑湖泊沉积。岩性为红色砾岩、砂岩、粉砂岩及泥质粉砂岩。

10. 第四系（Q）

第四系沉积物主要沿水系流域发育，沉积厚度不等。岩性主要为砾石层夹棕红色黏土层及冲积层、残积及残坡积层。

2.1.2 褶皱和断裂构造

千骑地区位于华南褶皱系湘南加里东—印支叠加褶皱带，构造变形强烈，褶皱断裂发育，演变历史悠久，至少经历了加里东期、海西—印支期、燕山期等构造发展阶段。与之相对应，形成了加里东构造层、海西—印支构造层和燕山构造层。每个构造层均有独特的沉积建造、岩浆建造和构造型相，构造层之间存在明显的角度不整合。不同构造变形阶段所形成的构造形迹彼此交截、叠加和改造，呈现出以东西向构造为基底，南北向、北北东-北东向、北西向构造为骨架的构造格局（图2-4）。

2.1.2.1 褶皱构造

由于研究区及邻区的西部为相对拗陷区而东部为相对隆起区，因此，千骑地区东、西部的褶皱构造表现出明显的差异（图2-4）。

在研究区的西部，加里东期褶皱的分布范围小，而印支期褶皱分布范围很广。加里东期褶皱轴向多为北东向，且大都表现为紧闭线状褶皱；而印支期褶皱轴向多近南北向，轴线呈反"S"状或弧状，并大多表现为过渡型梳状、拱状褶皱。在研究区西部自西向东主要褶皱有：金子岭-香花岭复式背斜、洋市-张家坪复式向斜、桂阳复式背斜、高车头-沙田复式背斜等。

研究区的东部，加里东褶皱分布范围很广，而印支期褶皱居次、燕山期褶皱分布零星。加里东期褶皱轴向主要为东西向至北西西向或转为北西向，其次为近南北向，为紧闭线型褶皱，局部倒转；印支期褶皱轴向主要为近南北向及北北东向的过渡型褶皱，背向斜宽展、对称，有箱状背斜、拱状背向斜等，背向斜间被印支期—燕山早期走向逆断裂所分割；燕山早期褶皱为分布零星的小型半地堑式或地堑式构造盆地，燕山晚期褶皱则属中型构造盆地的边缘。自西至东主要褶皱有：郴州-宜章复式向斜、五盖山-西山复式背斜、资兴-赤石复式向斜、板坑-盈洞复式背斜等。

2.1.2.2 断裂构造

按走向，研究区及邻区的断裂构造可分为南北向、北北东向、北东向、北西向、东西向和北西西向五组（图2-4）。

1. 南北向断裂

在研究区的西部南北向断裂分布广、规模大，个别已纵贯全区且延伸出图外。区内规模最大者达75 km，规模小者亦达20 km以上。断裂线多呈弯曲状，为总体倾向东的逆断裂，主要形成于印支期，稍晚于同期褶皱的形成，燕山早期仍有活动。个别截切印支期花岗岩体，或被燕山早期花岗闪长斑岩所贯入。主要断裂有：松木圩-普满圩逆断裂、小塘-排洞逆断裂、上兰田村-大塘逆断裂、界牌洞-黄沙坪逆断裂等近10条。其中，小塘-排洞逆断裂、东城圩-官溪逆断裂等8条断裂展布于洋市-张家坪复式向斜、桂阳复式背斜及其边缘，它们与过渡型及紧闭线型褶皱一起组成褶断带，褶皱轴线与断裂线均呈弯曲状，整体形态呈向北撒开、向南收敛的"帚状"，断裂面倾向东，倾角40°~70°，构成一个向西逆冲、推覆的叠瓦式断裂系统。这个规模较大的推覆冲断带，控制着燕山期骑田岭复式花岗岩体的向西拓展和大坊、黄沙坪、宝山等地区花岗闪长斑岩、花岗斑岩群的侵位及内生金属矿产的展布。

在研究区的东部，断裂走向略有弯曲，长约30~40 km，为断面倾向东或西的逆冲断裂，倾角60°~80°，断裂带常被燕山早期的花岗岩体所侵入，又为燕山晚期的花岗斑岩、石英斑岩所截切。断裂可能主要形成于印支期—燕山早期，但也有个别形成于加里东期和燕山晚期。代表性的断裂有：位于西山箱状

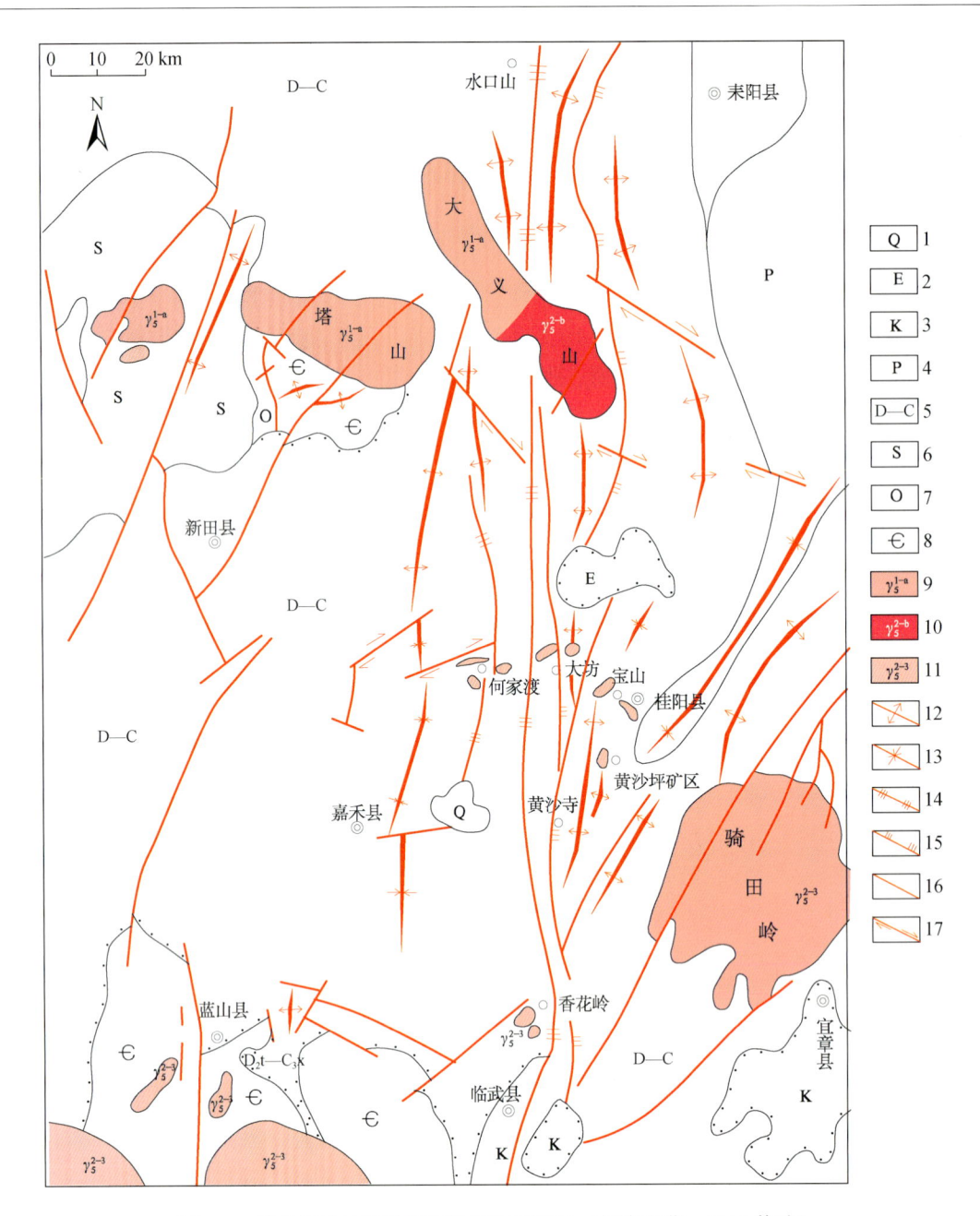

图 2-4　湘南千骑地区及邻区地质构造略图（据来守华，2014 修改）

1-第四系；2-古近系；3-白垩系；4-二叠系；5-泥盆系—石炭系；6-志留系；7-奥陶系；
8-寒武系；9-印支期花岗岩；10-燕山早期第一阶段花岗岩；11-燕山期早—晚阶段花岗岩；
12-背斜轴；13-向斜轴；14-挤压破碎带；15-压性断裂；16-扭性断裂；17-性质不明断裂

背斜核部的茅栗窝逆断裂、太平里断裂、小溪断裂、铁渣市-棉花垄断裂、鲤鱼江-狮子庵断裂、东坡-月梅逆断裂，它们常截切同走向的褶皱翼部。

2. 北北东向断裂

本组断裂在研究区的西部分布广、规模大，在区内展布长为 14～70 km 不等。断层线呈弯曲状，为断裂面倾向东的逆断裂。印支期开始形成，燕山早期有强烈活动，本组由六条断裂组成，但断裂被下白垩统神皇山组所覆，而其中的安和-六亩田逆断裂构成区域性茶陵-临武断裂带的南段部分。

研究区东部的断裂多延伸出本区，走向线略呈弯曲，长约 18～80 km，为断裂面倾向东或西的逆断裂。主要形成于印支期—燕山晚期。常被同期的北东向、北西向断裂截切。个别则截切了燕山早期第二阶段的花岗岩体，而截切的最新地层为上白垩统戴家坪组。主要断裂包括：木根桥-观音坐莲逆断裂、资兴-长城岭逆断裂、李家垄-曹田逆断裂等。其中，资兴-长城岭逆断裂为规模大、活动期长，为一波及深、控岩、控矿明显的大型剪切断裂带，与成矿作用有着密切的关系。在长城岭地段，沿断裂及旁侧次级断裂裂隙中，有燕山早期花岗斑岩脉和燕山晚期拉斑玄武质岩、橄榄玄武质岩脉侵入，并发现有强烈的锑、汞、铅、锌、铜矿化。

3. 北东向断裂

在研究区西部，北东向断裂集中分布于金子岭-香花岭复式背斜中，为一组扭性断裂，断裂走向长 5 ~ 20 km、断距约 100 ~ 1800 m，并截切了印支期—燕山早期南北向断裂组，或为后者所限，个别则已截切燕山早期花岗岩体并被上白垩统地层所覆盖。本组断裂呈雁行排列，自北向南主要有码头陈家断裂、大留断裂、雷家岭断裂、沙湖里断裂、茶山断裂等。其中，位于香花岭短轴背斜核部的茶山断裂和沙湖里断裂与南北向、北西向断裂复合处，有燕山早期的尖峰岭、香花岭花岗岩体侵入，与钨、锡、铅、锌多金属矿床有着密切的关系。

在研究区东部，本组断裂主要形成于加里东期和印支期—燕山早期，前者主要分布于西山箱状背斜及杉树下-盈洞背斜核部震旦系、寒武系地层中，为倾向南东之逆断裂，主要有黄家坳逆断裂等四条；形成于印支期—燕山早期的断裂则多为东南盘相对北西盘做逆时针扭动的扭性断裂，它们截切了印支期、燕山早期花岗岩体，同时又截切了印支期北北东断裂或为其所限，主要断裂有上罗豆塘断裂、南风坳逆断裂等。该组断裂对区内的铅锌银矿有重要的控制作用。

4. 北西向断裂

本组断裂在本研究区集中分布于东北部，北西盘向南东方向作顺时针方向扭动，亦有相反者。断裂走向长度约 3 ~ 15 km、断距 100 ~ 1500 m，截切了南北向、北北东向组的断裂，或为它们所局限。本组断裂被燕山早期花岗闪长斑岩、花岗斑岩、石英正长岩小岩体所侵入。实测断裂 20 余条，呈雁行排列。代表性的断裂有岔路口-敖泉断裂、双江口断裂等。该组断裂与中酸性岩浆活动及其相关的铜、铅、锌多金属矿的形成关系密切，如宝山铜矿。

在研究区东部，本组断裂走向长度约 5 ~ 9 km，为扭性断裂，北东盘相对南西盘作顺时针方向扭动，错距 200 m 以上，断裂有的被下侏罗统高家田组所覆盖，或截切高家田组和燕山早期花岗岩体。主要由西洋岭断裂等 5 条组成。

5. 东西向至北西西向断裂

本组断裂主要分布于研究区东部板坑-瑶岗仙背斜及杉树下-盈洞背斜核部的震旦系、寒武系地层中，走向呈东西向至北西西向，断裂长约 7 ~ 20 km，为断裂面倾向南、南盘上升的逆断裂。该组断裂形成于加里东期，又被加里东期北东向断裂所截切，并为中泥盆统跳马涧组所覆盖，如牛家印断裂、岭秀逆断裂等。

2.1.3 岩浆岩

南岭地区自早古生代以来，先后受到加里东期造山运动、印支期造山运动和燕山期构造-岩浆作用的强烈影响，形成了不同时代的花岗岩类和丰富的矿产资源。南岭花岗岩带的主体为燕山早期花岗岩，而该时期的早阶段花岗岩（ca. 180 ~ 145 Ma）主要分布在南岭北部，包含了都庞岭—九嶷山—骑田岭—诸广山—火埠—古田和花山—姑婆山—大东山—贵东—寨背—武平这两个近东西向的岩带（陈培荣等，2002），湘南千骑地区的黄沙坪、骑田岭、千里山等花岗岩岩体就位于上述的第一个岩带中。该区还产出若干花岗闪长质小岩体，如水口山、铜山岭、宝山等（图 2-5）。前人对本区花岗岩类型及其成矿作用研究的丰富资料和成果表明，以骑田岭、千里山为代表的花岗质岩体和以水口山、铜山岭、宝山为代表的花岗闪长质岩体虽然都属于广义范围的花岗岩类，但二者在岩石性质、年龄、成矿特征等方面都显示出较大的差异（童潜明，1984，1997；童潜明等，1986；范蔚茗，1987；庄锦良等，1988；涂光炽，1994；

於崇文，1994；毛景文等，1995a、b；钟正春，1996；申珊，1999；王岳军等，2001a、b），应属于不同的岩石类型和成矿系统（华仁民等，2003）。与花岗质岩体有密切关系的主要是钨、锡、稀土、铌、钽等矿床，而与花岗闪长质小岩体相关的矿床主要有铜、铅、锌、锑、金等。由此可见，湘南构造-岩浆-成矿带是理解南岭乃至整个华南中生代不同来源花岗岩类及其成矿系统的极有价值的区域。

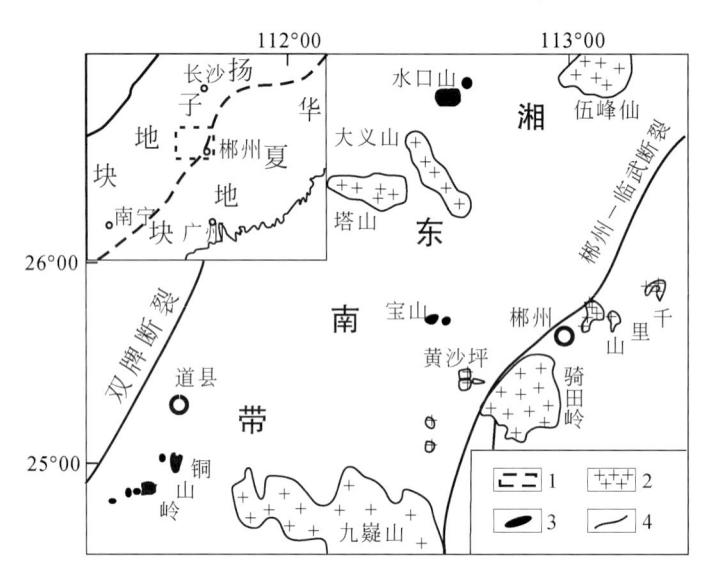

图 2-5 湘南地区花岗岩分布略图
1-研究区域；2-花岗岩体；3-花岗闪长质岩体；4-断裂

湘南千骑地区地处扬子板块和华夏板块的交接部位。两大板块的边界呈 NE-SW 走向，沿资兴-郴州-临武深大断裂展布（童潜明等，2000）。该断裂带也是湘南一条重要的岩浆活动带，湘南地区燕山期的花岗闪长质小岩体及花岗岩体都沿此带有规律地分布，其中，宝山、水口山和铜山岭等花岗闪长质小岩体分布在该断裂带的西侧，紧邻此断裂带的则是黄沙坪等花岗岩体（图2-5）。由于该区岩浆活动频繁，岩浆岩分布非常广泛。据初步统计，区内共出露大小岩体（或岩体群）61个，其面积约占全区面积的10.8%。据重力异常推断，深部还发育多处隐伏岩体（带）（详见图4-17）。岩体大致沿北东、北西两个方向呈"X"形展布。岩石类型以酸性岩为主，次为中酸性岩，局部还见碱性岩、中性岩、基性乃至超基性岩。岩体的产状和形态多样，既有中深成相的岩基、岩株，又有浅成-超浅成相的岩脉、岩枝、岩墙等，甚至还可见有小面积的喷出岩产出。岩体规模大小不等，个别相差还极为悬殊。据现有资料，区内许多岩体，特别是成矿岩体，多为复式岩体。

千骑地区也是与花岗质岩浆有关的金属矿床的密集分布区，主要包括与花岗闪长质小岩体相关的铜、铅锌、锑、金等多金属矿床，以及与花岗岩体相关的钨、锡、稀土、铌、钽等多金属矿床（华仁民等，2003）。因此，湘南构造-岩浆-成矿带是理解华南中生代大地构造演化、大规模花岗质岩浆作用及多金属成矿的重要研究区域。前人已对该区岩浆岩的类型、成因、侵位年龄及其成矿特征等各方面做了大量的工作，积累了丰富的资料（庄锦良等，1988；童潜明等，1995；王岳军等，2001a、b；Wang et al.，2001a、b；Wang et al.，2003；华仁民等，2003）。有关千骑地区花岗岩的基本特征及其与锡多金属成矿关系详见本书第4章和第6章等。

2.2 区域地球物理特征

2.2.1 物性参数特征

千骑地区曾系统开展过多次地球物理参数测定工作，本次重点对芙蓉锡矿田内各类岩（矿）石的磁参数进行了系统测定，对各次参数调查中的标本进行汇总统计，现将统计结果分述如下（详见表2-2、表2-3、表2-4）。

表2-2 沉积岩物性参数统计表

时代 界	时代 系	时代 统	代号	厚度/m	标本/块	密度 ρ/(g/cm³) 统	密度 ρ/(g/cm³) 系	密度 ρ/(g/cm³) 界	密度 ρ/(g/cm³) 构造层	磁参数 $K/(4\pi \cdot 10^{-6}\mathrm{SI})$	磁参数 $Jr/(10^{-3}\mathrm{Am}^{-1})$
中生界	白垩系	上统	K₂	1137	35	2.60	2.60	2.61	2.60	6.0	1.0
中生界	侏罗系	下统	J₁	261	30	2.58	2.58	2.61	2.60	30	4.0
中生界	三叠系	下统	T₁	198	91	2.71	2.71			0	0
上古生界	二叠系	上统	P₃	662	289	2.68	2.69	2.71	2.71	49	11
上古生界	二叠系	中下统	P₁₋₂	95	66	2.72	2.69			12.1	4
上古生界	石炭系	上统	C₂	323	151	2.71	2.73			0	0
上古生界	石炭系	下统	C₁	824	496	2.79	2.73			50.9	14.7
上古生界	泥盆系	上统	D₃	1074	699	2.71	2.71			2.1	6
上古生界	泥盆系	中统	D₂	1279	1331	2.70	2.71			10.6	3.1
下古生界	寒武系		Є	4863	4484	2.65	2.65		2.67	21	2.7
新元古界	震旦系		Z	1341	1697	2.76	2.76		2.67		

表2-3 花岗岩物性参数统计表

岩体名称	时代	标本/块	密度平均值/(g/cm³)	磁参数 $K/(4\pi \cdot 10^{-6}\mathrm{SI})$	磁参数 $Jr/(10^{-3}\mathrm{Am}^{-1})$
骑田岭	γ_5^2	31	2.56	2.56	
瑶岗仙	γ_5^2	41	2.61	2.61	
王仙岭	γ_5^{1-2}	86	2.58	2.58	
千里山	γ_5^2	89	2.56	2.56	
香花岭	γ_5^2	10	2.62	2.62	
全区		266	2.59		

表2-4 矿石、蚀变岩石物性参数表

矿石名称	采样地点	标本块数	密度 ρ/(g/cm³)	磁参数 $K/(4\pi \cdot 10^{-6}\mathrm{SI})$	磁参数 $Jr/(10^{-3}\mathrm{Am}^{-1})$
铅锌矿石	黄沙坪	73	4.02	105	16
铅锌矿石	东坡	7	4.25	430	290
铅锌矿石	野鸡尾	12	4.12	6762	6993
铅锌矿石	桥口	30	4.23	8398	2034
含铜夕卡石	宝山	6	3.09		
黄铜矿石	宝山	2	4.0		
钨矿石	瑶岗仙	1	2.8		
钨矿石	瑶岗仙	27	2.96		
钨矿石	瑶岗仙	22	2.85	380	245
钨矿石	香花岭	15	4.05	3200	2787
钨矿石	汝城	19	2.7		
钨矿石	汝城	25	2.99		
钨铋矿石	柿竹园	17	3.15	4683	460
钨铋矿石	柿竹园	13	3.08	43	48
钨铋矿石	柿竹园	5	2.81	65	157

续表

矿石名称		采样地点	标本块数	密度 ρ/(g/cm³)	磁参数	
					$K/(4\pi \cdot 10^{-6}\mathrm{SI})$	$Jr/(10^{-3}\mathrm{Am}^{-1})$
黄铁矿石		宝山	13	3.72	180	24
		野鸡尾	9	4.41	9539	5569
		东坡	10	3.28	730	400
磁黄铁矿石			273		8100	14500
		铁渣市	62		3800	3300
磁铁矿石		芙蓉	30		371~83789	130~76530
			397		124000	68000
含磁铁矿	大理岩	东坡	40		1200	2600
	夕卡岩		151		17500	3300
		铁渣市	39		25000	97500
	石英砂岩		22		15500	247700
	绿泥石岩	白露塘			8900	4000
	灰岩				1100	100
蚀变花岗岩		芙蓉	88		6648~66832	51~79279
铁锰矿石		铁渣市			48200	73700
锡矿	19号矿体	芙蓉	133		35~231382	71~82144
	10号矿体		31		48~2877	54~862

1. 岩（矿）石密度特征

（1）新元古界和下古生界浅变质碎屑岩系是本研究区最古老的基底，组成第一构造层，其密度值为 2.67 g/cm³，与上覆上古生界地层相应值相差 -0.04 g/cm³，构成了本区第一个密度界面。

（2）上古生界碳酸盐地层在研究区厚度较大、分布范围广，为本区第二构造层。密度值为 2.71 g/cm³，比其上、下构造层密度值高。

（3）中生界疏松沉积层密度值偏低、平均值为 2.60 g/cm³，比下伏上古生界的密度值低 0.11 g/cm³，但分布面积小，厚度不大。

（4）区内花岗岩密度值比新元古界和下古生界碎屑岩系还低，所以即使围岩为第一构造层时，在花岗岩基分布区仍可得到重力负异常的反映。

（5）研究区内钨、锡、铅、锌各类矿石、矿化岩石、夕卡岩等的密度值在 3.09~4.12 g/cm³，较之花岗岩和沉积岩普遍高。因此，当矿床规模较大时，运用高精度重力测量，可取得重力正异常反映。

2. 岩（矿）石磁性特征

（1）区内地层从第四系到震旦系均为无磁性或弱磁性，故全区大部分地区磁场平静，基底和盖层均未引起明显的磁异常。

（2）上述各时代地层受到区域性变质、沿断裂构造的动力变质以及受花岗岩侵入而引起接触变质等作用时，岩层中的含铁矿物多变为铁磁性矿物，在还原条件下形成的黄铁矿转化为磁黄铁矿，氧化环境下形成的赤铁矿、褐铁矿转化为磁铁矿，本区范围不等的航磁异常多数为以上因素引起。

（3）千骑地区内除骑田岭复式岩体外，中酸性侵入岩未见明显磁性。在地磁测量中，基性岩脉具中等磁性，多金属矿石、矿化蚀变岩石具有程度不等的磁性。尤以岩浆热液型钨、锡矿石具有较强的磁性，特别是当矿化蚀变规模较大时，能产生明显的航磁局部异常，如柿竹园多金属矿床、芙蓉锡矿田等。

3. 岩（矿）石电性特征

千骑地区的碳酸盐岩地层和岩浆岩在电性上呈现高电阻率、低极化率特征（ρ 为 $n \cdot 10^3 \sim n \cdot 10^4 \Omega \cdot m$、

$\eta<2\%$），碎屑岩系一般为中电阻率、低极化率，而矿石的电性特征则较复杂。块状硫化多金属矿石和部分氧化矿石为低电阻率，高极化率（$\rho<100\ \Omega\cdot m$、η 为 50% 左右）。浸染状硫化多金属矿具中等电阻率、高极化率（ρ 为 $n\cdot10^{-2}\sim n\cdot10^{3}\Omega\cdot m$、$\eta$ 为 20% 左右）。各种矿化蚀变岩石（主要为黄铁矿化）具高电阻率、中等极化率的电性特征。

上述电性特征表明区内铅锌多金属矿体与围岩存在明显的极化率差异，电阻率差异需视具体条件而定。钨锡矿体与围岩的电性差异次之。

2.2.2 重力异常特征

湘南地区布格重力异常最显著特点是（图 2-6）：图区北侧重力高、重力场平稳，在仙岛一带可达 $-29\times10^{-5}\ m/s^2$；南东部分重力低、重力场起伏变化较大，在千里山—骑田岭一线可降至 $-66\times10^{-5}\ m/s^2$，重力落差达 $37\times10^{-5}\ m/s^2$，分界线在资兴—香花岭一线。该带往北东、南西延伸出图区，称为炎陵-蓝山重力梯级带。宽度约 14 km，最大梯度值为 $-2.9\times10^{-5}\ m/s^2$。产生重力梯级带的可能地质原因是：区内北西出露以高密度的上古生界地层为主；南东部从彭公庙—香花岭分布大量的隐伏壳型花岗岩，形成大面积重力低；区内结晶基底在桂阳以北隆起，高垄山—香花岭一线降低；从湖南省莫霍面起伏图可知，研究区内南东部莫霍面降低、北西侧升高。这四个因素中，前三者是造成重力落差的主要原因。重力梯级带两侧地层不同的分布，侵入岩发育的差异和结晶基底起伏的变化均表明该区存在深断裂带（图 2-6）。

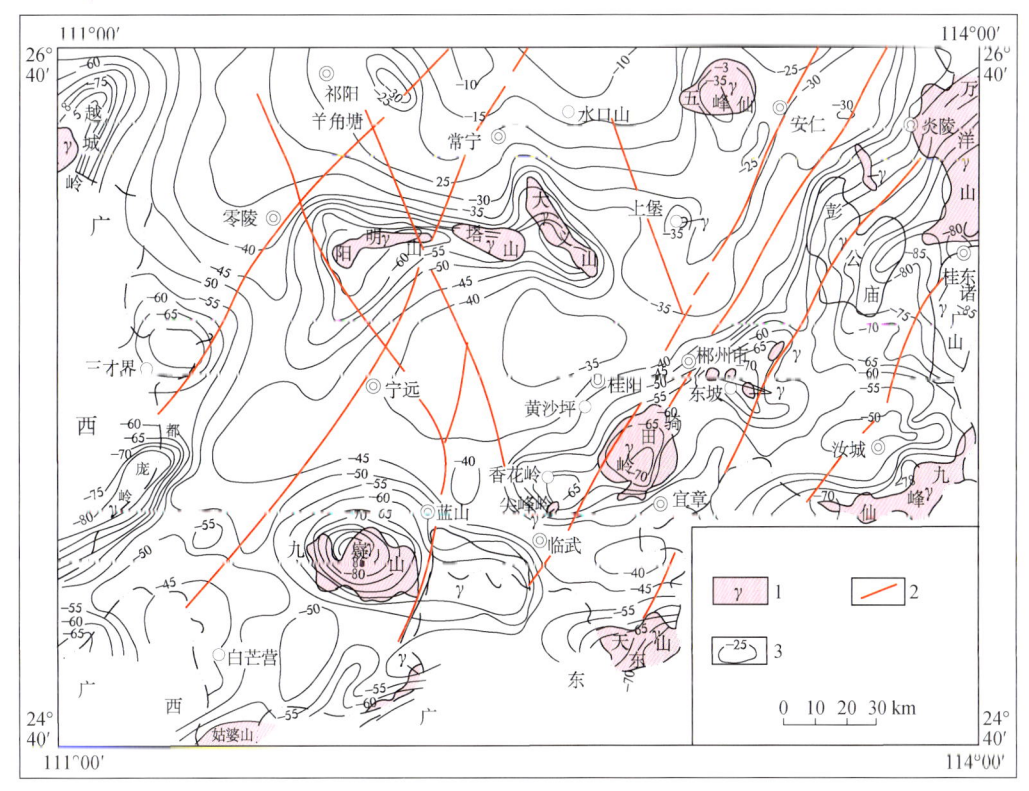

图 2-6 湘南地区重力布格异常平面图
1-花岗岩；2-断裂；3-布格异常等值线

区内局部重力低主要分布在炎陵-蓝山重力梯级带的南东侧，它可进一步划分为三个低异常区，即香花岭-彭公庙、瑶岗仙、九峰三个区。

（1）香花岭-彭公庙重力低异常区：呈北东 50° 走向，布格重力异常值为 $(-60\sim-55)\times10^{-5}\ m/s^2$。由香花岭、骑田岭、千里山、高垄山等一系列自行封闭的重力低呈串珠状排列而成。花岗岩的密度均匀，且较围岩低 0.1 g/cm³，可形成明显的负异常。该重力低异常区反映了香花岭-骑田岭-彭公庙构造-岩浆岩带的分布。利用负异常可圈定单个岩体边界和推断隐伏岩体的形态，如香花岭岩体地表仅有零星的三处出露，而布格异常呈明显的北西走向，异常区近 200 km²。

（2）瑶岗仙重力低异常区：呈北东 40°走向，-50×10^{-5}m/s² 等值线自行封闭，面积约 200 km²，最大负异常值达-63×10^{-5}m/s²，反映存在瑶岗仙大型隐伏花岗岩基。

（3）九峰重力低异常区：九峰重力低呈东西走向，但在北东和北西面呈羊角状延伸。该两个延伸端异常梯度缓，而北部和西部异常梯度陡，异常中心变化平缓。该异常为九峰岩体引起，反映九峰岩体为一厚板状、在北东、北西有较大延伸。

研究区重力高异常主要有两类，一类为断隆带上的重力高异常，另一类是由花岗岩基负异常衬托出来的相对重力高异常。前者规模大，后者规模小。属于断隆带的重力高异常主要有三处：仙岛、宜章和汝城。

本研究区重力低异常与区内花岗岩体基本吻合，而湘南千骑地区钨锡铅锌多金属矿床几乎都产于花岗岩体周围，因此，重力低异常区是千骑地区寻找钨锡铅锌多金属矿产的有利部位。

2.2.3 航磁异常特征

千骑地区位于"湘南高磁区"中部，以黄沙坪经新田岭至东坡、瑶岗仙的磁场 ΔT 零值线为界，全区磁场根据正、负磁场变化特征可分为两大部分：北西负值平稳场区和南东正值高异常区。区内主要有骑田岭、金船塘-柿竹园-红旗岭、瑶岗仙、九峰岩体北侧外接触带异常群、楠木峡-大脚岭、金银冲-寿竹园、黄沙坪-何家渡、香花岭和天鹅上-大路等 10 个异常区（图 2-7）。

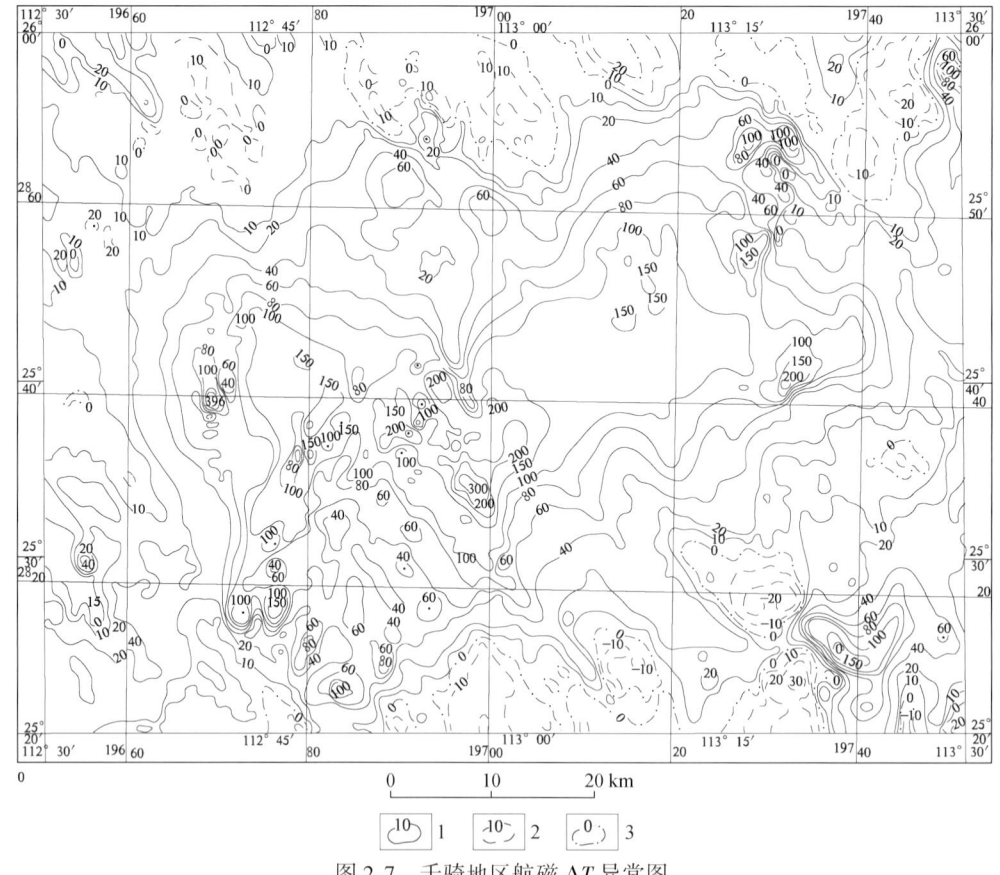

图 2-7 千骑地区航磁 ΔT 异常图
1-ΔT 正异常；2-ΔT 负异常；3-ΔT 零异常

（1）骑田岭异常区：为湘南地区最大的局部磁异常群体，总体呈北东走向，它由岩体磁异常区和外接触带磁异常区组成，其中岩体磁异常强度较低，ΔT 一般仅数十 nT，外接触带磁异常强度高，可达数百 nT。

（2）金船塘-柿竹园-红旗岭异常区：由三个局部航磁异常组成，沿千里山岩体南部和东部外接触带呈串珠状排列，异常强度较高。

（3）瑶岗仙异常：处于瑶岗仙出露岩株及北侧外接触带，异常呈北东走向，异常强度高，ΔT 一般为 200 nT，异常范围远大于已知岩体范围。

（4）九峰岩体北侧外接触带异常群：由 C-77～203、204、205、208、209、210 等一系列局部航磁异常组成，总体呈东西走向，主要异常为 208、209、210。

本区航磁异常绝大多数都是浅源产出，全区的局部航磁异常，当上延 1 km 后仅留下黄沙坪、新田岭等 10 余处（图 2-8）；上延 3 km 后仅留廖家湾、犁头山两处异常（图 2-9）。这种浅源异常的特征说明了

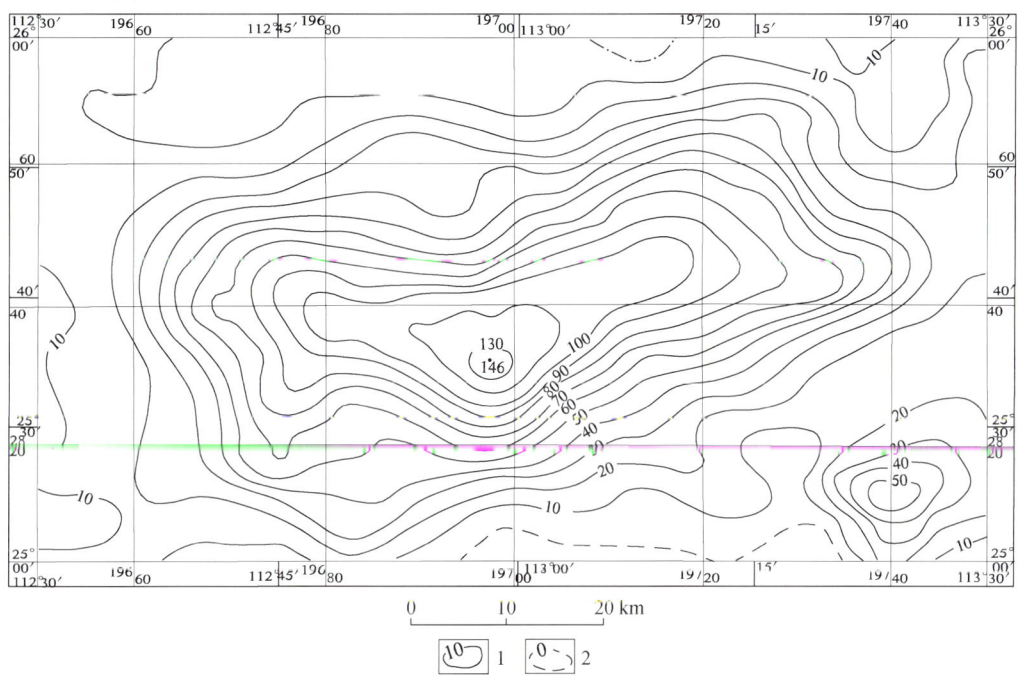

图 2-8　千骑地区 ΔT 化极后上延 1 km 异常图

1-ΔT 正异常；2-ΔT 负异常

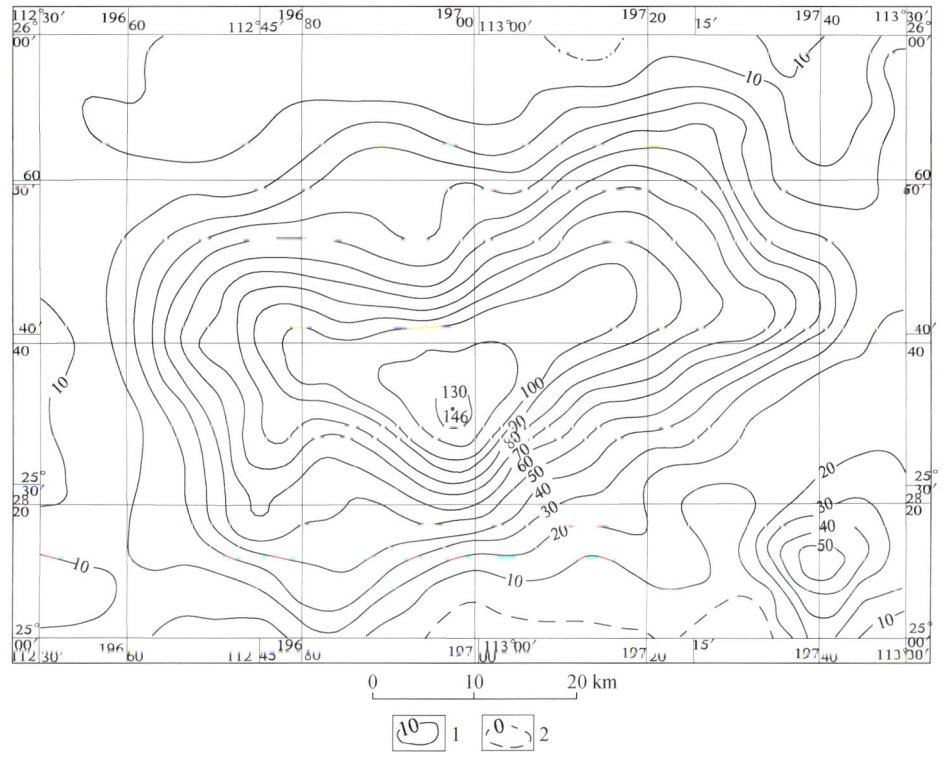

图 2-9　千骑地区 ΔT 化极后上延 3 km 异常图

1-ΔT 正异常；2-ΔT 零值线

本区局部航磁异常主要是岩体接触带、构造蚀变带等地质因素引起。这与本区磁参数测定结果表明的相一致。其局部航磁异常地段是寻找有色多金属矿产有利部位。

2.3 区域地球化学特征

在位于南岭多金属成矿带中段的湘南千骑地区，先后开展了大量的地球化学勘查工作，发现了一系列的水系沉积物及土壤地球化学异常。

水系沉积物测量和土壤测量资料显示（图2-10），在千里山、瑶岗仙、骑田岭、大义山、香花岭、宝山、黄沙坪等矿田及外围，分布有大面积W、Sn、Pb、Zn、Ag、As化探异常，这些异常组合复杂，范围大，强度高。从元素异常分布来看，从研究区的南东角到北西角，呈现出W、Sn异常由强到弱，Pb、Zn异常由弱至强的变化趋势，每个具一定规模和强度的综合异常，又都具有一定的水平分带特征，即由异常中心向外侧，组合元素呈现由高温元素到低温元素的变化趋势，即内带以钨锡为主，中带以锡、铅、锌、锌、银为主，外带为金银、锑（铅锌）。如骑田岭异常，在岩体内部及接触带为W、Sn强异常，往外侧则逐步变为F、As、Cu、Pb、Zn、Ag异常。一般来说，异常区内丰度最大的元素即为主要成矿元素，而银、砷、锑、氟、铍等异常是铅锌多金属矿床的重要指示元素。

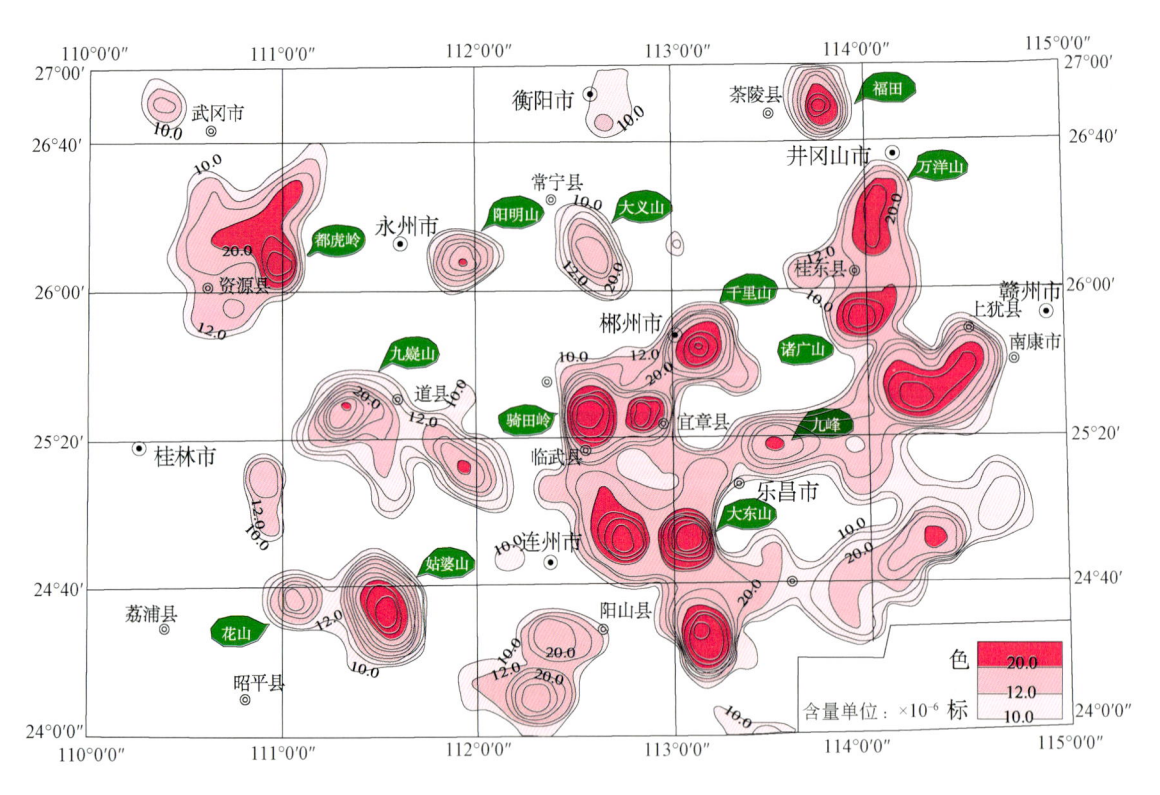

图2-10　南岭中段花岗岩分布及锡地球化学异常图（据伍光英，2005）

2.3.1　地球化学参数特征

2.3.1.1　水系沉积物特征

1. 元素在水系沉积物中的分布

将研究区水系沉积物样品进行统计，其元素丰度见表2-5。

表 2-5 千骑地区地球化学（水系沉积物样）参数表

元素名称	平均值 X	标准离差 S	变差系数 S/X	克拉克值（维式1962）	异常下限	含量单位
Ag	360.86	1521.33	4.22	70	221.8	10^{-6}
Au	3.72	11.44	3.08	4.3	4.97	
Hg	143.00	186.70	1.31	83	245.8	
As	76.73	328.41	4.28	1.7	85.1	
B	78.40	69.27	0.88	12	181.5	
Ba	285.17	120.55	0.42	650	450.8	
Be	4.87	9.03	1.85	3.8	9.9	
Cr	63.15	38.51	0.61	83	167.3	
Cu	39.81	52.37	1.32	47	66.0	
F	921.62	3021.57	3.28	660	1190	
Mo	2.76	5.86	2.13	1.1	7.1	
Nb	21.52	11.13	0.52	20	38	10^{-6}
Ni	45.65	34.85	0.76	58	97.8	
Pb	103.23	419.86	4.07	16	109.4	
Sb	6.78	16.07	2.37	0.5	9.1	
Sn	10.18	25.36	2.49	2.5	28.3	
V	125.80	51.03	0.41	90	230.7	
W	22.59	153.74	6.81	1.3	11.4	
Zn	140.13	240.89	1.72	83	198.5	
Zr	111.78	45.56	0.38	170	167.7	
Sr	49.80	25.72	0.52	340	102.7	
Y	23.98	10.57	0.44	20	28.5	
Al_2O_3	1183.14	392.25	0.33	80.5	1977	
CaO	170.38	228.28	1.34	29.6	278.2	
Fe_2O_3	538.34	217.42	0.40	46.5	975.6	10^{-6}
MgO	78.12	49.08	0.63	18.7	119.9	
TiO_2	71.22	24.32	0.34	4.5	119.1	
MnO	19.26	166.73	8.66	1.0	17.4	

（1）主要成矿元素 Ag、Pb、Zn、W、Sn 及与之紧密伴生的 As、Be、F、Mo、Sb、Hg、B 等元素的丰度均大于克拉克值，Au、Cu 等元素也与克拉克值相接近，其余元素则低于克拉克值。

（2）变差系数大于 1.7 者有 Au、Ag、Pb、Zn、W、Sn 等主要成矿元素，与之密切相关的 As、Be、F、Mo、Sb、MnO 等及 Hg、Cu、CaO 等元素的变差系数也为 1.3，而其余元素的变差系数均小于 1。

2. 主要地质单元中水系沉积物元素丰度

主要地质单元中水系沉积物元素丰度见表 2-6。

表 2-6 千骑地区主要地质单元中水系沉积物元素丰度

地质单元		元素（氧化物）平均含量/10^{-6}									
名称	代号	Ag	Al_2O_3	As	Au	B	Ba	Be	CaO	Cr	Cu
古近系	E	89.8	109627	34.1	2.50	37.9	287.4	2.67	48400	65.8	28.9
白垩系	K	138.0	718.44	21.8	0.93	78.9	309.4	3.14	3069	21.8	15.0

续表

地质单元		元素（氧化物）平均含量/10⁻⁶								
名称	代号	Ag	Al₂O₃	As	Au	B	Ba	Be	CaO	Cr	Cu
侏罗系	J	93.5	70225	47.3	1.38	59.5	275.3	2.00	1950	18.5	13.8
三叠系	T	121.3	112433	26.7	2.00	96.0	244.3	5.33	36733	56.4	35.0
二叠系	P	147.5	117466	43.2	2.36	85.1	283.5	3.51	5688	56.9	41.6
石炭系	C	106.7	124085	36.1	2.51	100.3	219.5	3.50	25946	89.2	34.4
泥盆系	D	103.6	98076	33.1	2.51	115.1	244.2	2.23	18761	52.7	28.6
寒武系	∈	123.9	76919	20.7	1.53	79.0	426.1	2.42	1772	34.0	22.2
震旦系	Z	73.6	79549	9.1	1.04	66.4	295.3	2.03	2041	43.9	23.8
骑田岭	γ_5^{2-3}	147.5	161411	21.7	1.82	8.5	447.4	9.14	4939	19.9	15.3
九峰圩	γ_5^{2-1}	117.4	153055	9.1	0.82	29.2	454.2	4.15	2777	9.9	22.7
全区		106.3	117812	30.5	1.92	66.0	276.1	3.49	8875	61.5	31.7
克拉克值		70	80500	1.7	4.30	12	650	3.8	29600	83.0	47

地质单元		元素（氧化物）平均含量/10⁻⁶								
名称	代号	F	Fe₂O₃	Hg	Mg	MnO₂	Mo	Nb	Ni	Pb	Sb
古近系	E	629.3	49400	62.0	12693	760	1.17	16.8	43.6	30.9	3.97
白垩系	K	312.4	22726	52.6	5912	409	0.44	10.7	15.5	18.9	2.37
侏罗系	J	502.0	25925	50.0	3800	475	0.26	20.8	20.0	14.2	2.70
三叠系	T	852.7	43967	110.0	6400	700	0.73	17.3	44.7	55.8	1.50
二叠系	P	436.8	47680	153.8	4932	1452	3.77	18.7	44.4	51.4	3.20
石炭系	C	792.9	61881	164.6	7272	1201	2.55	21.6	58.1	39.0	6.37
泥盆系	D	809.0	46663	151.8	8415	656	0.79	16.9	31.1	40.5	4.41
寒武系	∈	311.5	33400	67.7	6581	587	0.83	17.5	22.7	12.1	1.95
震旦系	Z	306.3	36725	76.9	6807	471	0.14	14.3	22.3	14.4	0.70
骑田岭	γ_5^{2-3}	642.4	59932	83.4	7257	895	1.43	48.6	17.6	60.6	0.59
九峰圩	γ_5^{2-1}	407.5	31577	75.9	5805	530	0.39	31.7	14.1	37.1	0.65
全区		603.5	53118	101.2	6983	803	1.63	19.7	39.7	36.1	2.89
克拉克值		660	46500	83	18700	1000	1.1	20	58	16	0.5

（1）区内各地质单元中的元素含量分布不均匀，如岩体中的Ba、Nb、W、Y、Zr及Al₂O₃含量高于地层，Cr、Sb含量则低于地层。这与岩石测量结果基本一致。

（2）区内各时代地层单元中，大多数元素在上古生界的含量要高于其他地层，这可能是因为在表生条件下，由于地层岩性的不同（上古生界以碳酸盐岩性为主，其他地层以硅酸盐岩性为主）所造成的地球化学分异的结果。

（3）与克拉克值相比，区内各地质单元中Ag、As、Sb、W含量均高于克拉克值，Au、Ba、Cu、Ni、Sr、Zr及MgO含量低于克拉克值。

2.3.1.2 表生作用下地球化学特征

利用水系沉积物中元素含量与相应地质单元中岩石的元素含量之比值（比例系数），可粗略地衡量元素的表生活动性，从比例系数表（表2-7）可以看出：

表 2-7 千骑地区主要地质单元中水系沉积物元素比例系数统计表

地质单元		比例系数（流样平均含量/石样平均含量）															
名称	代号	Ba	Be	As	B	Cr	Pb	Sr	Ti	Mn	Ni	Mo	V	Cu	Zn	Sn	F	Hg
古近系	E	2.40	2.05		3.70	4.11	6.25	0.78	7.16	2.75	6.23	1.93	7.61	2.36		1.53		
白垩系	K	0.88	0.90	0.51	3.34	0.29	0.56	1.04	4.62	0.78	0.89	0.56	2.02	0.67	0.78	0.31	0.91	2.39
侏罗系	J	1.64	0.98	0.68	1.92	0.51	1.12	1.42	8.12	4.92	1.31	0.27	3.55	0.68	1.10	0.17	1.99	2.78
三叠系	T	1.28	2.67	0.82	1.65	0.83	1.62	0.61	16.04	4.27	2.03	0.44	3.20	1.39	3.12	0.62	2.74	4.66
二叠系	P	1.81	1.08	1.72	2.23	1.64	2.03	0.61	12.67	1.47	0.93	15.33	2.30	1.69	2.03	1.27	1.23	4.05
石炭系	C	1.26	1.86	1.66	2.33	3.12	2.06	0.42	35.26	5.93	6.75	18.30	5.81	2.22	1.67	1.39	5.40	7.48
泥盆系	D	1.36	0.95	1.34	4.78	2.13	1.47	0.74	24.45	2.04	2.82	20.12	3.60	2.03	1.79	0.49	3.91	6.90
寒武系	∈	1.94	0.77	0.33	2.53	0.42	0.27	0.74	4.88	5.12	0.70	7.85	1.65	0.62	0.77	0.06	0.63	2.30
震旦系	Z	1.53	0.97	0.34	1.04	0.53	0.76	0.68	5.16	2.25	0.70	18.80	2.16	0.87	0.88	0.20	0.54	2.96
骑田岭	γ_5^{2-3}	2.68	3.52	0.56	1.42	0.80	0.90	3.15	22.39	4.05	3.52	48.60	3.91	0.96	1.51	0.93	1.08	8.34
九峰圩	γ_5^{2-1}	3.59	0.65	0.22	3.79	0.08	0.52	2.10	2.71	0.79	1.93	6.10	4.00	0.52	1.48	0.13	0.82	3.10

（1）该区比例系数总的特征是泥盆系—三叠系地层中比例系数较大，其值一般大于1，而震旦系及寒武系地层中比值较小，其值一般小于1，这是因为泥盆系—三叠系地层的主要岩性为碳酸盐岩，在表生条件下，其母岩的主要成分（钙和镁）大量流失，而杂质成分（微量元素）则部分残留沉积，同时母岩易风化，形成平坦的地形，冲刷作用弱而沉积作用强，加上污泥良好的吸附作用，能使上游冲刷下来的Pb、Zn、Cu、As等元素得以富集；而震旦系、寒武系地层为化学性质稳定的硅铝质岩石，母岩不易风化，微量元素与之比较更易流失，同时母岩抗风化，常形成陡峻的地形，冲刷作用强而沉积作用弱，使其中的微量元素大量流失，故比例系数小。

（2）由于元素本身活泼性的差异，即使在同一地层中，不同元素的比例系数也不相同，在泥盆系—三叠系地层中，以F、Hg元素的比例系数较大，一般为3~5，Pb、Zn、Cu、As次之，一般为1.5~3，Sn较小，一般为1左右；震旦系及寒武系地层中，除Hg比例系数为2.3~2.96外，F、Pb、Zn、Cu、As、Sn元素的比例系数均小于1，其中F为0.54~0.63，Pb、Zn、Cu、As为0.5左右，Sn仅为0.06~0.2。

（3）侏罗系—古近系地层在该区出露面积小，相对而言，古近系和新近系的比例系数较大，这可能是由于该地层本身元素含量低及外来元素所致。

2.3.1.3 元素组合特征

1. 全区元素组合特征

用郴州幅、桂阳幅1:20万区化探扫面中的水系沉积物测量成果，以千骑地区2035个样点为样本，28个定量分析元素（氧化物）为变量，进行R型的簇群分析和因子分析，其结果如下：

1) R型簇群分析

谱系图（图2-11）显示，本区28个元素在0.1的相似水平上分五组，每个组在0.3的相似水平上又可以进一步分群。

第一组为与岩浆热液矿床有关的成矿元素组合，在0.3的相似水平可分为三群：

①第一群为Ag、As、Sb、Cu、Pb、Zn、Au，是本区以铅、锌矿产为代表的热液矿床元素组合。其中金的相关性较前6元素要差，说明金的成因类型多样。实际上，金除与铅锌矿体伴生外，还可以产于富锰、钼的二叠系硅质岩等地层中。

②第二群为Be、F、Sn、W，是本区以钨锡矿产为代表的成矿元素组合。这里锡与铍、氟的相关性要

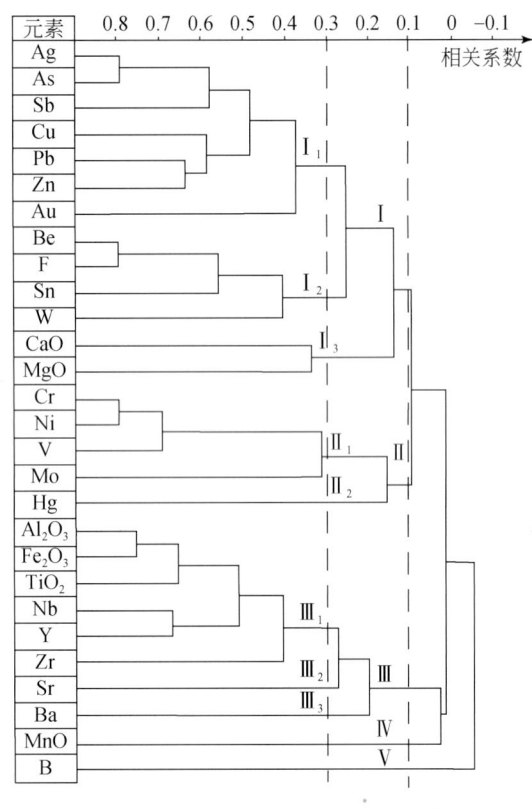

图 2-11 千骑地区水系沉积物元素 R 型簇群分析谱系图（全区）

比钨好，是本区钨、锡单独成矿的体现。

③第三群为 CaO、MgO，是本区热液矿床特别是夕卡岩矿床形成过程中不可缺少的围岩成分。同时它在本组中相关程度不高，说明它主要是碳酸盐岩地层中灰岩、白云岩的主要成分。

第二组为 Cr、Ni、Co、V、Mo、Hg，是碎屑沉积岩的元素组合。在 0.3 的相似水平上，前四者为一群，Hg 单独成一群；在 0.35 的相似水平上，Mo 也从中分出来，说明本区与碎屑沉积岩有关的元素实际上是 Cr、Ni、V，事实上钼除与含碳、铁、锰质岩石关系密切外，还与岩浆岩及岩浆热液矿床有关；汞除与上古生界某些地层有关外，还是构造活动和低温热液矿床的指示元素。

第三组为 Al_2O_3、Fe_2O_3、TiO_2、Nb、Y、Zr、Sr、Ba，是本区中酸性岩浆岩元素组合，在 0.3 的相似水平上 Sr、Ba 单独成群，说明 Sr、Ba 除与岩浆岩有关外，还与沉积岩有关，Ba 还与成矿作用有关。

另外 MnO 和 B 都单独成为一组（即分别为第四组、第五组），MnO 主要反映孤峰组等地层中的含锰层，也与热液成矿作用有一定的关系；B 可出现在隐伏岩体上方沉积岩中，也可出现在岩浆岩体中，如王仙岭岩体中 B 的含量就很高。

2) R 型因子分析

因子分析结果与簇群分析结果相近，它将 28 个元素分成 14 个因子团。其中 F_1、F_{12}、F_{14} 为高中温热液多金属矿床成矿因子；F_3、F_{13}、F_8 为岩浆岩及稀有、钨、锡矿化因子；F_4、F_{11} 为高温热液或夕卡岩型钨、锡矿床成矿因子；F_9 为低温热液矿化因子；F_2、F_5、F_6、F_7、F_{10} 为地层岩性及沉积锰矿因子。前 14 个因子累计方差贡献达 86%，方差极大旋转各因子载荷及方差贡献见表 2-8。

表 2-8 千骑地区成矿元素方差极大旋转因子解（全区）

分因子 变量	F_1	F_2	F_3	F_4	F_5	F_6	F_7	F_8	F_9	F_{10}	F_{11}	F_{12}	F_{13}	F_{14}
Nb	−0.0629	−0.0753	−0.8411	−0.1691	0.0269	−0.0136	−0.0186	−0.0391	−0.0103	0.0068	−0.0265	−0.0156	0.2608	0.0115
Y	0.0418	0.1176	0.8308	−0.0449	−0.0809	0.0157	−0.1344	−0.1469	−0.0029	0.1274	−0.0661	0.0019	0.0058	0.0018
W	0.6912	−0.0113	0.1181	−0.0499	−0.0809	−0.381	0.0143	−0.0266	−0.0203	0.1326	0.1357	0.0166	0.1491	0.0854
Sn	0.5533	−0.0916	−0.2572	−0.4196	0.2059	0.0156	−0.1906	0.1276	0.0358	−0.1726	−0.2624	0.1234	−0.1369	−0.1978
Be	0.2329	−0.0358	−0.1889	−0.8744	0.0397	0.0312	−0.0074	0.0676	0.0160	−0.0037	−0.1022	−0.0338	−0.0731	−0.1551
Cu	0.3786	0.2379	−0.0304	−0.1556	0.0100	0.0076	−0.4428	0.0077	−0.0170	0.0045	−0.1944	−0.0047	−0.0625	−0.5638
Pb	0.3586	−0.0082	−0.0069	−0.0832	0.0057	0.0264	0.0035	−0.0073	0.0398	−0.0253	−0.0803	−0.3071	−0.0266	−0.7617
Zn	0.2102	0.1038	−0.0285	−0.1628	−0.0598	0.0019	−0.1719	−0.0315	0.0123	−0.0680	0.0093	0.0266	−0.8414	
Hg	0.0203	0.2227	−0.0710	−0.0159	−0.0033	0.0010	0.168	−0.0065	−0.9514	−0.0746	−0.0788	−0.0001	−0.0043	−0.0374
Cr	0.0047	0.8888	−0.0528	0.0101	−0.0265	−0.0122	−0.0564	−0.0970	−0.0838	−0.2153	0.0218	0.0178	−0.0317	−0.0074
Al_2O_3	0.0209	0.5572	−0.7710	−0.0417	0.0016	−0.0102	−0.0563	−0.0286	−0.0852	0.0984	0.0038	0.0442	0.0563	0.0149
MgO	0.1088	0.1574	−0.0525	−0.1493	−0.1738	0.0163	−0.0206	−0.0016	−0.0866	0.0794	−0.8779	−0.0144	−0.0163	−0.1593

续表

分因子 变量	F_1	F_2	F_3	F_4	F_5	F_6	F_7	F_8	F_9	F_{10}	F_{11}	F_{12}	F_{13}	F_{14}
TiO_2	−0.0984	0.4318	−0.0745	0.0770	0.0458	−0.0098	0.2233	−0.0944	−0.0580	0.0833	0.0009	−0.0240	0.0828	−0.0625
Ba	−0.0147	−0.0747	−0.2464	0.0276	0.1436	0.0074	−0.0142	−0.0862	0.0771	0.8909	−0.0744	−0.0167	0.0625	−0.001
Ni	0.0189	0.8587	−0.1424	−0.0122	−0.0762	−0.0382	−0.2054	−0.1111	−0.0856	−0.0302	−0.0550	−0.0343	−0.0707	0.0177
Zr	−0.0576	0.0797	−0.4992	0.0514	0.0662	0.232	−0.0180	0.0377	0.0092	0.0864	0.0288	0.0200	0.7773	0.0098
F	0.2233	0.0058	0.0231	−0.9003	−0.1255	−0.0123	0.0054	−0.0172	−0.0352	−0.0383	−0.0721	0.0004	0.0294	−0.1192
Fe_2O_3	0.1644	0.7675	−0.4385	−0.0449	−0.0079	0.0015	0.0034	−0.0479	−0.1186	−0.0293	−0.1312	−0.0847	−0.0097	−0.2345
MnO_2	0.205	0.0402	−0.0021	−0.0105	−0.0055	0.9962	−0.0104	−0.0017	0.0007	0.0076	−0.0134	0.0155	0.0119	−0.0179
V	−0.0440	0.8750	−0.0163	0.0742	−0.0006	0.0352	−0.0759	0.1211	−0.0275	0.1579	−0.0731	−0.0571	0.1490	−0.0772
As	0.8170	−0.0123	−0.0069	−0.1586	0.0201	0.0434	0.0593	0.0252	0.0681	−0.0662	−0.1464	−0.2274	−0.0688	−0.1637
B	0.0237	−0.0970	0.1946	−0.0465	0.0533	−0.0019	0.0411	0.9527	0.0068	−0.0803	−0.0036	−0.0009	0.0217	0.0312
Au	0.2813	0.0978	0.0001	−0.0055	−0.0047	0.0171	−0.1809	0.0012	−0.0044	0.0209	−0.0055	−0.8744	−0.0108	−0.1803
Mo	0.0554	0.2625	−0.669	0.0185	−0.0567	0.0116	0.8206	−0.0529	0.0211	0.0159	0.0027	−0.1904	0.0257	−0.2281
Sr	−0.0291	0.1819	−0.5523	0.0666	−0.6234	0.0572	−0.0831	0.0626	0.0436	0.1930	0.1171	0.0202	−0.2786	−0.0176
Sb	0.7232	0.1811	0.0783	−0.0305	−0.0448	−0.0185	−0.1504	−0.0282	−0.1950	0.0232	0.0879	−0.0033	0.0298	−0.3277
Ag	0.8081	−0.0503	0.0037	−0.1334	0.0602	0.0264	−0.0440	0.0192	0.0543	−0.0270	−0.1251	−0.1929	−0.0878	−0.3286
CaO	0.0191	0.0065	0.0682	−0.1446	−0.7934	−0.0181	−0.0300	0.0479	0.0260	−0.3356	−0.3193	−0.0134	0.0417	−0.0557
方差贡献	0.2338	4.7152	2.5669	1.7748	1.3146	1.0469	0.9763	0.9714	0.9262	.8632	0.7170	0.7133	0.6327	0.6032
累计/%	22.1653	38.9963	48.1639	54.5023	59.1974	62.9361	66.4229	69.8922	73.2122	76.2949	78.8556	81.4030	83.6626	85.8170

2. 异常区内的元素组合特征

用 166 处水系沉积物异常为样本，28 个元素为变量作 R 型簇群分析和因子分析，簇群分析结果见图 2-12。因子分析结果中累计方差贡献达 86% 的前 12 个因子的方差极大旋转因子载荷及方差贡献见表 2-9。由此可见，异常区的元素组合情况与全区的基本一致。

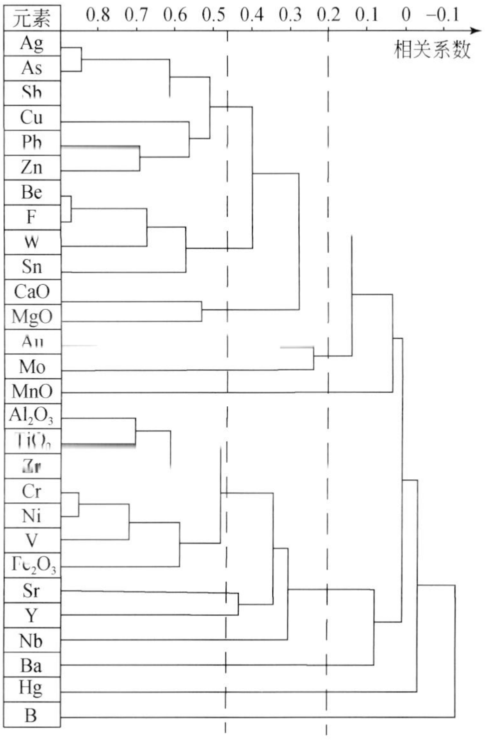

图 2-12　千骑地区水系沉积物元素异常 R 型簇群分析谱系图

表 2-9 千骑地区成矿元素异常区方差极大旋转因子解

公因子 变量	F_1	F_2	F_3	F_4	F_5	F_6	F_7	F_8	F_9	F_{10}	F_{11}	F_{12}
Ag	0.8727	−0.1249	0.2255	0.0231	0.0548	0.1833	−0.0274	0.0168	0.1696	−0.0221	−0.1200	−0.0364
Al_2O_3	−0.0207	0.7223	−0.0004	−0.0076	−0.0508	−0.4704	0.0301	−0.0826	−0.0442	0.3270	0.1400	0.0598
As	0.8478	0.0838	0.1943	0.0588	0.1409	0.0669	0.1000	0.0958	−0.0003	0.0026	−0.1378	−0.0167
Au	0.2650	0.0449	−0.0175	0.0757	−0.0322	0.0528	−0.0206	0.0229	0.1205	0.0168	−0.9002	−0.0199
B	−0.0106	−0.2620	0.0676	0.0831	−0.0157	0.0648	0.1129	−0.0108	−0.0768	−0.0655	0.0210	0.9268
Ba	−0.0203	0.0207	−0.0865	0.0726	−0.0550	−0.0524	−0.9630	−0.0030	0.0389	0.0374	−0.0212	−0.1026
Be	0.2383	−0.1180	0.8364	0.0340	0.2234	−0.1587	0.0589	0.0757	−0.0124	−0.0460	0.0024	0.0991
CaO	−0.0303	−0.0573	0.2788	−0.2041	0.7135	0.1740	0.2559	−0.0025	0.2137	0.2466	−0.1128	−0.0743
Cr	−0.1212	0.8919	−0.0358	−0.0727	0.0329	−0.0745	0.1156	−0.0356	0.0374	0.0781	−0.0169	−0.1719
Cu	0.4664	0.1361	0.1501	0.0722	0.3236	0.1801	−0.1702	0.0107	0.5831	0.1954	0.0188	0.0145
F	0.1356	−0.0587	0.9473	−0.0393	0.1745	−0.0194	0.0192	0.0061	0.0478	−0.0709	−0.0129	−0.0313
Fe_2O_3	0.3712	0.6939	−0.0544	−0.2798	0.1282	−0.3434	0.0322	−0.0142	0.1784	−0.0201	−0.0225	−0.0954
Hg	0.0270	0.1306	−0.0343	−0.9146	0.0634	−0.0332	0.0750	−0.0040	−0.0696	−0.0544	0.0716	−0.0741
MgO	0.2464	0.1077	0.1306	0.0272	0.8467	0.0017	−0.0552	−0.0619	0.0967	−0.0462	0.0937	0.0257
MnO_2	0.0714	0.0353	−0.0018	0.0074	−0.0534	0.0117	0.0019	0.9745	0.0191	0.0640	−0.0214	−0.0085
Mo	0.0266	0.1552	−0.0451	0.1511	0.0569	0.0038	0.0733	0.0164	0.8299	0.0860	−0.1264	−0.0783
Nb	−0.1839	0.0517	0.3819	0.0887	0.1501	0.7148	−0.0637	−0.0512	0.0101	0.3059	0.0467	−0.0223
Ni	−0.0752	0.8951	−0.0286	0.0196	0.0830	0.0034	0.0048	0.0625	−0.0035	0.2632	0.0071	−0.1273
Pb	0.6706	−0.0765	0.0437	−0.0999	0.1585	−0.0876	−0.0826	0.0714	0.4646	−0.1572	−0.1642	0.0080
Sb	0.6720	0.1257	0.2392	−0.2841	−0.2095	0.2880	−0.0092	−0.1184	0.2901	0.0832	−0.0855	−0.0256
Sn	0.5826	−0.1363	0.5340	0.1851	0.2539	−0.0185	0.0889	0.0884	0.0891	0.0486	0.2005	0.1779
Sr	−0.1651	0.2918	−0.0870	−0.1164	0.0891	−0.2136	−0.0406	0.1704	0.1536	0.7312	−0.1754	0.0697
TiO_2	−0.1400	0.4610	−0.1908	−0.1571	−0.1338	−0.6525	−0.0530	−0.0412	−0.0731	0.1781	−0.0180	−0.0247
V	−0.1117	0.8423	−0.1813	−0.0133	−0.0525	−0.0974	−0.2317	0.0824	0.1218	0.0324	−0.1212	−0.0106
W	0.2379	−0.0753	0.8042	0.0205	0.1096	0.2910	0.0422	−0.0888	0.1044	0.0289	−0.0054	0.0076
Y	0.1485	0.3030	0.0122	0.1905	0.0250	−0.1934	−0.0182	−0.0361	0.0023	0.7283	0.1206	−0.1642
Zn	0.3717	−0.0386	0.1519	−0.1116	0.0759	−0.0336	−0.0746	−0.0046	0.7914	−0.0209	0.0149	−0.0024
Zr	−0.1215	0.3649	−0.2085	−0.0293	−0.2375	−0.6704	−0.0236	0.6540	0.0168	0.0660	0.0346	0.0375
方差贡献	6.5425	5.1719	2.5002	1.5716	1.5050	1.1842	1.1383	1.0069	0.9724	0.8709	0.8067	0.6928
累计/%	23.3659	41.8370	50.7662	56.3790	61.7540	65.9832	70.0486	73.6445	77.1175	80.2279	83.1092	85.5836

3. 典型矿床元素组合特征

（1）13 个已知矿区异常元素在水系沉积物中的衬度由高到低排列如下。

①金银多金属矿

大坊：Ag、Au、F、Be、Pb、As、Zn、Sn、Cu、Sb、MnO（W）。

②铅锌多金属矿

桥口：Ag、Pb、Zn、As、Cu（Be、MnO、Ba、Sn、Hg）；

金狮岭：Ag、Pb、Sb、Hg、As、Zn（Fe_2O_3、Au）；

黄沙坪：Ag、Pb、Zn、As、MnO、Sn、W、Mo（Cu、CaO、Hg、Sb）；

宝山：Pb、Ag、Au、Sb、Zn、Cu、MnO、W、Mo、As、Ba（MgO、V、CaO、Sr、Ni、Fe_2O_3、Y）。

③钨锡多金属矿

柿竹园：Ag、W、As、Sn、Pb、F、Be、Cu、Sb、Au、Mo（CaO、Y、Zn）。

④锡多金属矿

红旗岭：Ag、Pb、As、Sn、W、Cu（Zn、Sb、Be、Au、F、MnO）；

香花铺：Ag、W、As、F、Pb、Sn、Be、Zn、Cu（Sb、Au、MgO）；

安源：Ag、As、Sn、Cu、W、Pb（MgO、F、CaO、Zn、Sb、Au）。

⑤钨多金属矿

瑶岗仙：W、Ag、As、Sb、Au、Pb、F、Sn、Cu、Zn（Be、Mo）；

新田岭：Ag、Pb、W、Sb、As、Au、Zn、Mo、Cu、Sn、F（MnO、Ba）；

砖头坳：W、Ag（Be、Pb、Y）。

⑥隐伏锡多金属矿

界牌岭：CaO、Be、F、Pb、Ag、As。

（2）几个已知矿区矿化岩（矿）石的元素含量情况如表 2-10。

①夕卡岩型钨锡多金属矿石，一般元素组合为 W、Sn、Bi、Mo、Cu、Pb、Zn、Ag、Be、F 等，特别是 F、Be 两元素的含量一般很高。

②钨锡矿石中，W、Sn 两元素不是密切相关的，即钨矿石中不一定含锡，锡矿石中也不一定含钨。

③铅锌矿石中元素组合也很复杂，特别是 Ag、Sn 含量一般很高。

综合研究区及邻区多个矿区资料，得知铅锌多金属矿床一般尾部元素为 Be、W、Mo、Bi，成矿元素为 Pb、Zn、Ag、Sn，前缘元素为 As、Sb、Ag、Hg、Ba、Pb；钨锡多金属矿床一般尾部元素为 Nb、Y、La、Be，成矿元素为 W、Sn、Bi、Mo、F，前缘元素为 Pb、Zn、Ag、Au、As、Sb。

2.3.2　主要成矿元素异常的分布特征

从图 2-13 看出，W、Sn 异常主要分布在东坡、香花岭、瑶岗仙、芙蓉、新田岭、砖头坳等地，在骑田岭、九峰、高垄山等花岗岩体中也有高背景出现。Pb、Zn 异常主要分布在香花岭、东坡、坪宝、瑶岗仙、桥口等地，在区内西部上古生界地层中有中等强度的异常分布，而且 Pb 在骑田岭等岩体中，Zn 在石炭系、二叠系地层中有弱异常或高背景存在。Ag、As 异常主要分布在东坡、香花岭、瑶岗仙、芙蓉、新田岭、砖头坳等地（图 2-14）。Au 异常除分布在坪宝、东坡、瑶岗仙及新田岭、香花岭等地外，在北部上古生界地层中还有大片中强度异常及高背景存在（图 2-15）。

2.3.3　综合地球化学异常特征

（1）从分布形式看，异常呈带呈片分布，主要异常一般都组分复杂，范围大，强度高，吻合性好，浓集中心明显，并呈北东走向分布于图区中部，如东坡、骑田岭、坪宝等几处综合异常。它们受香花岭-骑田岭-彭公庙构造岩浆岩带的控制；在其北西侧，分布着面积较大、强度不太高、组分较简单的 Pb、Zn 或 Au、Ag 异常，它们主要受地层岩性的控制；在南东侧，除分布具有一定规模和强度的瑶岗仙、砖头坳异常外，它们也受构造岩浆岩的控制，还有一些范围较小、强度较低、组合也较简单的异常零星分布，它们可能主要受地层岩性的控制。总之，本区具有一定规模和强度的综合异常都与岩浆岩有关，而且异常主体一般都沿岩浆岩的接触带分布。

表 2-10 千骑地区已知矿区矿化岩（矿）石元素丰度表

光谱半定量分析/10⁻⁶

矿区名称	岩（矿）石名称	样品数/个	W	Sn	Bi	Mo	Cu	Pb	Zn	Ag	Sb	As	Mn	Ti	Cr	Ni	Co	V	B	Li	Be	Nb	Yb	Y	Ba	Hg	F
香花岭锡矿	锡矿矿石	22	8	645	18	1	263	—	71	0.5	21	4959	313	148	5	4	4	12	4	50	10	25	5	25	74	0.02	7923
香花铺钨矿	白钨矿石	22	6964	4	3	0.3	11	57	115	0.3	15	61	300	106	3	3	3	10	3	53	516	25	5	25	112	0.04	306705
	铅锌铺矿石	5	428	428	863	14	1719	42273	71548	202	140	2460	2954	100	3	3	11	10	33	221	313	25	5	25	498	0.05	146961
黄沙坪铅锌矿	铅锌矿石	76	6	770	14	—	153	8374	19021	16.6	15	756	778	200	7	3	3	10	3	50	1	25	5	25	64	0.02	3587
宝山多金属矿	夕卡岩铜矿石	17	25	58	14	18	1306	104.7	174	1.8	26	510	1228	114	6	19	27	13	3	50	2	25	5	25	119	0.02	1735
	夕卡岩铅矿石	10	9	37	4	424	182	80	318	0.4	15	183	3437	100	11	11	11	10	3	50	2	30	5	30	104	0.29	2543
汝城钨矿	蚀变花岗岩	20	447	82	307	9.6	55	279	93	3.8	15	33	361	100	33	4	3	10	15	50	20	54	22	230	104	0.02	642
	石英脉型钨铅矿石	32	71679	13	691	33.8	—	350	—	0.8	15	—	5625	100	38	5	11	10	—	50	55	25	5	25	—	0.02	542
	含钨夕卡岩	16	75	28	159	5.9	16	111	34	1.1	19	35	1537	100	47	26	4	10	11	50	7	25	5	25	127	0.02	1875
	矿化灰岩	5	10	111	9	2.3	30	350	45	1.8	15	40	1546	359	22	12	4	12	30	50	10	25	5	25	116	0.02	4771
	含钼花岗岩	10	586	194	179	373	89	694	—	—	119	372	—	257	81	3	3	10	42	178	6	75	5	178	150	0.03	6565
	蚀变花岗岩	5	283	182	125	8.3	118	249	122	142	87	1005	2711	100	100	3	5	10	50	150	6	50	5	300	189	0.03	4535
瑶岗仙钨矿	黑钨矿石	34	23002	7799	1594	—	630	22507	3873	4	88	4243	10404	100	5	3	4	10	5	50	2	25	5	25	232	0.01	862
	细脉浸染型钨矿石	11	55	28	61	6.7	139	70	49	0.7	15	62	673	487	35	20	19	39	6	113	9	25	5	25	139	0.01	5281
	夕卡岩型钨铅矿石	33	502	422	867	71.4	113	3682	2033	47.1	15	32	25785	271	18	11	9	37	11	68	46	25	5	25	72	0.01	14389
	夕卡岩型钨矿石	17	440	244	20	16.2	52	117	140	0.8	15	38	26143	225	13	10	5	25	8	58	91	75	6	25	118	0.02	19671
东坡山矿区	黄铜矿石	7	2611	4309	292	—	9398	643	2000	91.3	286	1746	3562	142	8	5	20	10	70	5	3	50	5	25	201	0.03	5299
	铅锌矿石	6	14	1107	3	2.8	54	39417	49665	25.7	21	912	41074	100	12	3	6	10	13	50	173	25	5	25	200	0.01	34327
	黄铁矿石	14	8	391	4	4.1	53	19793	13432	29.7	20	1111	38086	100	19	11	5	10	4	50	27	25	5	25	200	0.01	8985
野鸡尾矿区	黄铁矿石	14	5	766	3	2.3	120	9144	441	34.2	132	6484	3338	100	11	3	5	10	4	50	12	25	5	25	208	0.54	8239
	铅锌矿石	16	5	2060	4	3.1	151	97099	2848	226.8	142	4964	4816	109	9	4	6	10	5	50	44	25	5	25	178	0.03	19290
	萤石	4	1125	366	4	7830	22	130	15	1.6	15	71	931	200	21	3	5	12	4	50	245	25	5	25	119	0.05	121823
柚竹园矿区	矿化灰岩	7	7	95	3	0.5	44	115	95	1.9	15	145	2225	305	19	6	7	22	17	55	28	25	5	25	203	0.02	3866
	钨锡矿石	15	29	739	34	10.4	19	132	15	0.4	15	51	8152	217	15	4	5	10	3	50	129	25	5	25	200	0.01	13567
	矿化大理岩	5	5	144	22	0.3	41	1484	66	12.6	15	306	3104	270	9	4	5	10	17	50	7	25	5	25	200	0.01	4033
	钨钼铋矿	18	538	1857	931	104	34	47	35	0.3	15	49	7658	230	26	3	5	10	3	50	333	25	5	25	200	0.01	4033
铁石垅矿区	铅锌矿石	30	5	524	3	0.9	371	95320	36521	475.5	116	179	1887	147	6	9	19	10	3	50	3	25	5	25	150	0.08	310

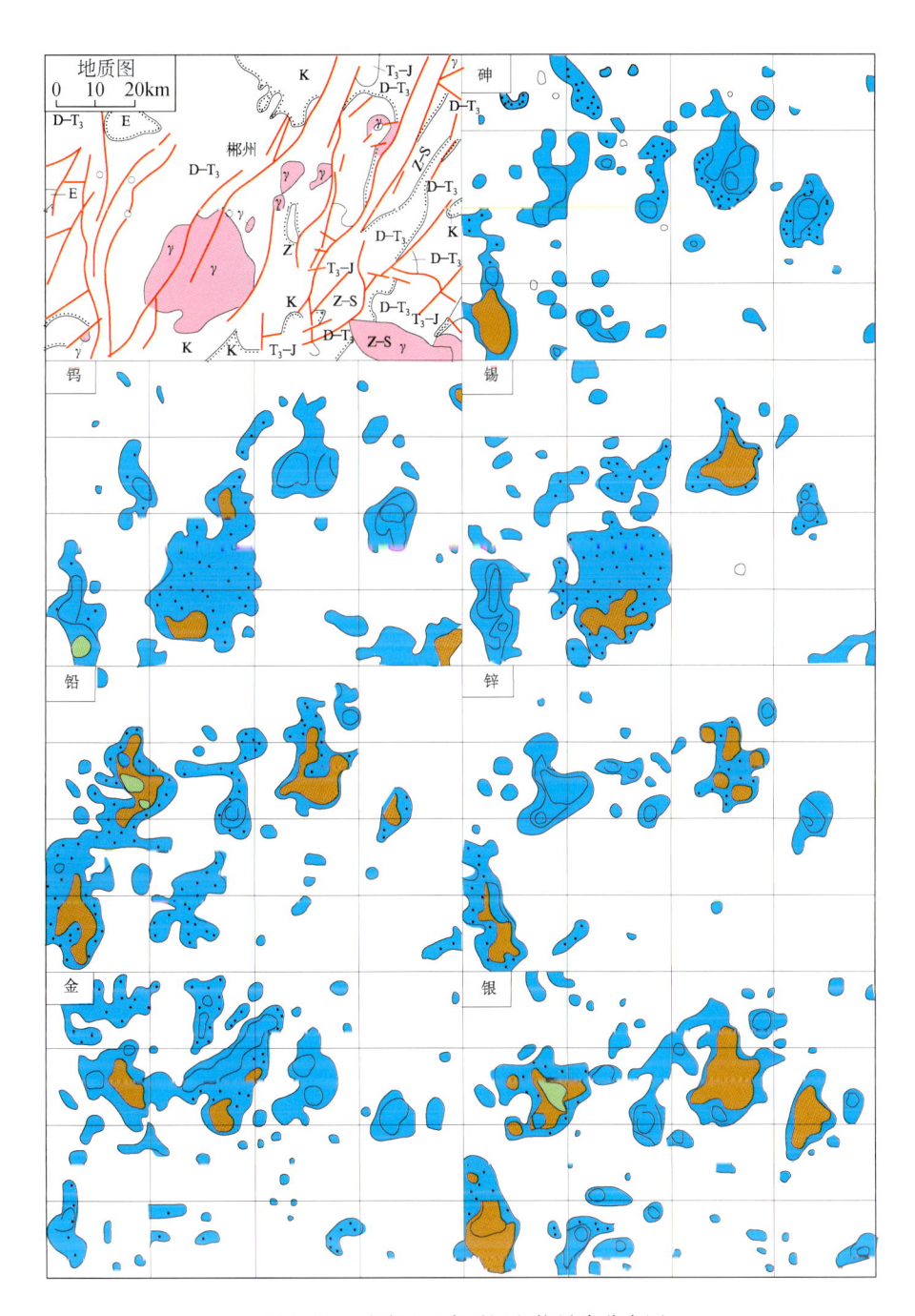

图 2-13 千骑地区水系沉积物异常分布图

异常等值线值（10^{-6}）：As 60，200，1200；W 10，50，300；Sn 10，40，100；Pb 70，400，1000；Zn 200，400，1000；Ag 0.2，0.5，2；Au 0.0004，0.001，0.008；图左上角系千骑地区地质图，左上角图例见表 2-1 和图 2-3

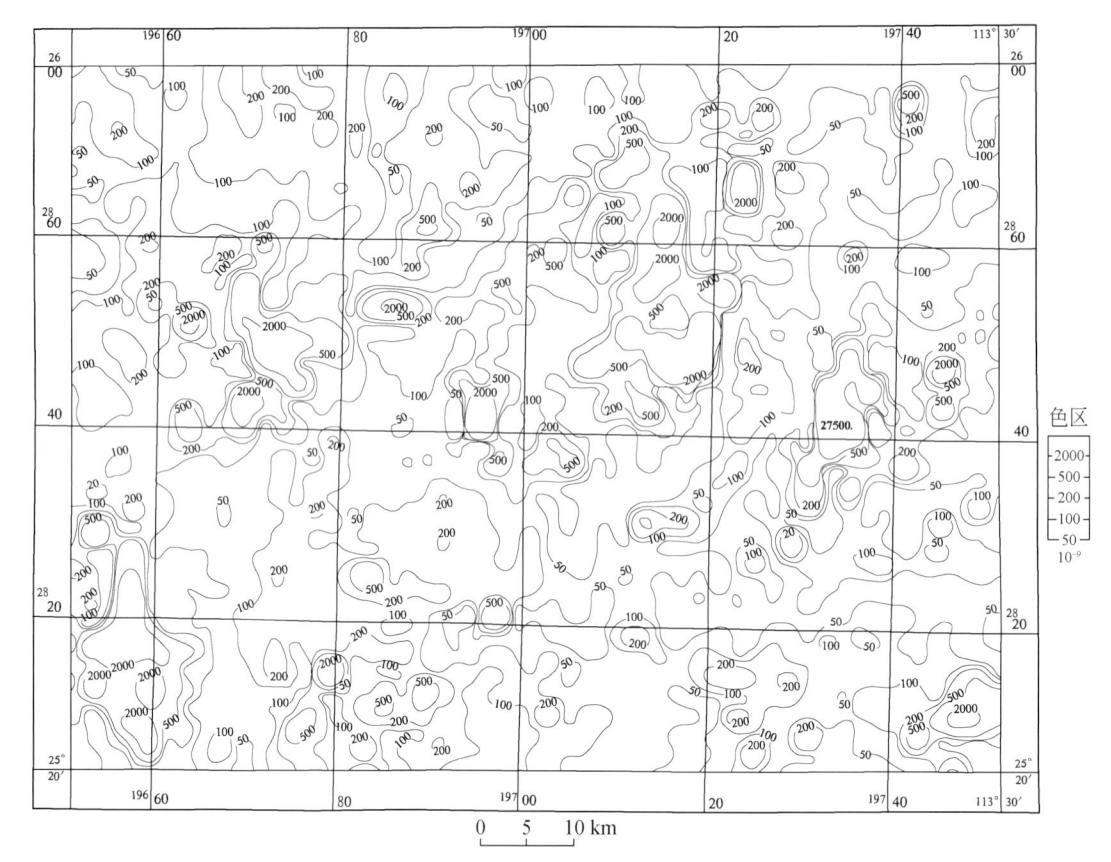

图 2-14 千骑地区水系沉积物 Ag 浓度图

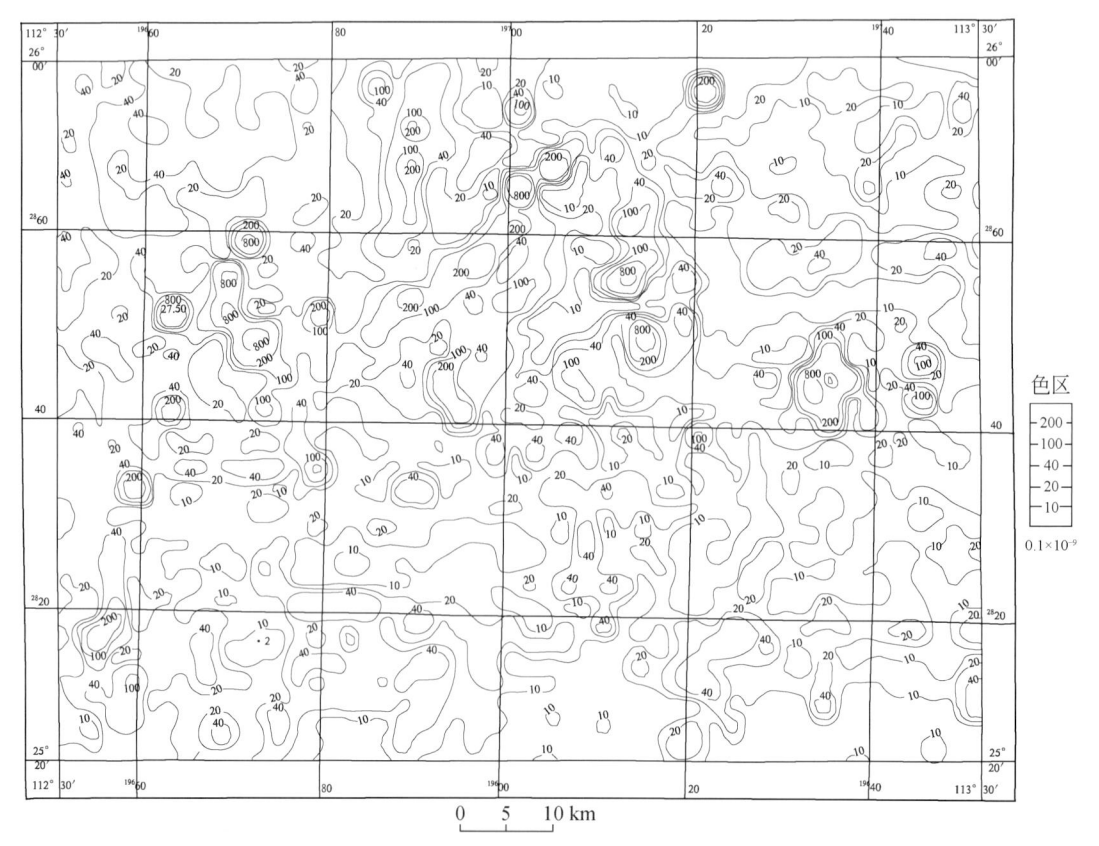

图 2-15 千骑地区水系沉积物 Au 浓度图

(2) 从元素组合看，从区内的东南角到北西角，呈现出 W、Sn 异常由强到弱，Pb、Zn 异常由弱到强的变化趋势，而 Ag、Au 异常的这种变化趋势尚不明显。如骑田岭异常是 W、Sn 为主，而千里山异常 Pb、Zn、W、Sn、Ag、Au 异常都比较好；往北西到坪宝地区，则以 Pb、Zn、Ag、Au 异常为主，W、Sn 异常就相对微弱。

(3) 区内每个具一定规模和强度的综合异常，几乎都具有一定的水平分带特征，即由异常中心向异常外侧，组合元素呈现由高温到低温元素的变化趋势，这是由于其成因与岩浆岩有关。一个广泛出露的岩体的异常就是如此，如骑田岭异常，特别是它的南北两端为 W、Sn 强异常和 F、As、Ag、Pb、Zn、Cu 异常；对于一个半隐伏岩体的异常也具同样特征，如千里山、瑶岗仙异常，在岩体的出露部位有局部的 Nb、Y 异常出现，在岩体接触带有 W、Sn、Cu、F、Be 异常和 Pb、Zn、As、Ag、Au、Sb 异常，且 Pb、Zn、As、Ag、Sb 异常的范围远大于其他元素异常范围。

根据这类与岩体有关的区化异常的上述水平分带特征，可以粗略判别岩体的剥蚀深度，从而判定该异常的找矿前景，即 As、Ag、Au、Sb 异常除可找 Sb、Ag、Au 外，还有可能找到 W、Sn；而 W、Sn 异常区内则只有找 W、Sn 矿产的可能；如 W、Sn 异常本身的强度也不大，且岩体已经出露，则其找矿潜力也就不是很大。

(4) 区内已知多金属矿田、矿床或矿化点都有相应规模和相应强度的多元素组合异常出现。

综上所述，千骑地区锡铅锌多金属矿田、矿床（点）上的主要地球物理、地球化学特征是："一低二高"，即矿田、矿床（点）上有重力低异常、高磁异常和高强度多元素组合的化探综合异常出现。

2.4 区域重砂分布与异常特征

根据 9 个 1∶5 万图幅溪流重砂测量和 7 个 1∶20 万图幅溪流重砂测量成果资料，选择铅矿物、金矿物、银矿物、辰砂、毒砂、锡石、白钨矿、黑钨矿 8 种矿物进行了系统整理和综合研究。研究区共利用 10948 个样点，其中，1∶5 万成果 9865 个采样点、1∶20 万成果 1083 个采样点。

2.4.1 重砂矿物的分布特征

千骑地区矿产资源丰富、水系发育，重砂矿物种类繁多，共有 50 余种。由于有用重矿物的空间分布和富集与成矿条件、矿产的分布、地貌及重矿物的物理化学性质等诸因素有着密切的关系，随着各地区成矿地质构造条件和矿产的差异，显示共性和特点。区内重砂矿物以锡石分布最广，样品出现率达 71.28%，其他依次是辰砂、白钨矿、铅矿物、黑钨矿、毒砂、黄金、银矿物。它们的空间分布和聚集与构造岩浆岩也有着明显的依存关系。本区西部的宝山-黄沙坪以铅矿物为主，伴有锡石、白钨矿、黑钨矿、辰砂、毒砂等矿物；大坊-黄庄以铅矿物、金、银为主，伴有辰砂、毒砂、白钨矿物。东部的香花岭以锡石为主，伴有铅矿物、白钨矿、黑钨矿、毒砂等矿物。高垄山-王仙岭-骑出岭以锡石为主，伴有铅矿物、白钨矿、黑钨矿、毒砂等矿物。瑶岗仙、砖头坳分别以黑钨矿、白钨矿为主，伴有铅矿物、锡石、毒砂等矿物。这一分布规律无疑是不同的成矿地质条件和矿床类型的客观反映。

现将有关重矿物的分布特征按顺序叙述如下。

1. 铅矿物

铅矿物种类较多，主要有方铅矿、铅黄、白钨矿，其次有钼铅矿、铋铅矿、钒铅矿、锡铅矿、硫锑铅矿、绿铜磷铅矿、磷氯铅矿、自然铅等。全区共有 3489 个含矿样点，出现率为 31.87%，含量 1~30 颗者占出现率的 74.41%，一般含量为 31~2000 颗，最高含量为 98723 颗。铅矿物分布面积较广，高含量区主要分布在宝山-黄沙坪、香花岭、骑田岭岩体西南部及王仙岭岩体和千里山岩体的内外接触带。全区共圈出单矿物异常 44 个，其中 I 级异常 8 个、II 级异常 18 个、III 级异常 18 个。

2. 黄金矿物

黄金呈金黄色，以柱状为主，次有片状、树枝状，粒径0.01~0.4 mm，最大粒径为1.2 mm×0.7 mm。全区只有224个含矿样点，出现率2.05%，1~5颗者占出现率的96.77%，最高含量为34颗。全区含矿样点的平均含量为2颗。黄金分布零散，高含量点主要集中分布在桂阳县的大坊、黄庄，郴州的苏木头、麻石垅-玛瑙山、白露塘、小溪、下垅江、塘洞、仓定岭等地。

全区共圈出异常13个，其中Ⅰ级异常1个、Ⅱ级异常2个、Ⅲ级异常10个。

3. 银矿物

银矿物主要为辉银矿，少数为自然银。辉银矿为灰黑色，金属光泽，不规则状、粒状、柱状，粒径0.1 mm×0.15 mm~0.1 mm×0.6 mm，最大者为0.6 mm×0.8 mm。全区只有153个含矿样点，出现率为1.4%，含量1~5颗者占出现率的96.7%，最高含量11颗，全区含矿样点的平均含量2颗。银矿物分布极零散，能圈出异常的只有5个，全部为Ⅳ级异常，异常主要分布在桂阳县的洞水塘、顶田、干村蒋家，郴州的腊下洞等地。

4. 辰砂矿物

辰砂矿物为朱红色，在香花岭地区偶有黑辰砂。呈不规则粒状，粒径0.25 mm×0.2 mm，最大者为1.2 mm×0.8 mm。全区共有含矿样点5224个，出现率为47.72%，1~10颗者占出现率的82.62%，最高含量1152颗。辰砂分布面广，但含量低，主要分布于郴州市的鲁塘、宋家洞，宜章县的长城岭、铁坑等地。

全区共圈出单矿物异常32个，其中Ⅱ级异常3个、Ⅲ级异常29个。

5. 毒砂矿物

毒砂为含砷黄铁矿，呈黄白色，粒状，柱状晶体，粒径0.1~1 mm。毒砂分布不普遍，主要集中区有临武县的香花岭至铺下圩一带，郴州的安源至宜章县的官田一带，这两个地区含量高，分布面积大，异常多。其他有宝山、大坊、黄沙坪、天王岭、华塘、瑶岗仙及骑田岭岩体内外接触带。这些地区异常规模小，含量低。

全区共有含矿样点2240个，出现率为20.46%，1~50颗者有1634个含矿样点，占出现率的72.95%，最高含量在宜章县的洪水江高达1866768颗。全区含矿样点的平均值为6929颗。

全区共圈出单矿物异常30个，其中Ⅰ级2个、Ⅱ级12个、Ⅲ级16个。

6. 锡石矿物

锡石类矿物主要有锡石（含隐晶质锡石）、木锡矿，少量的自然锡。锡石分布极普遍，含量较高，主要分布在各岩体内外接触带，如骑田岭、癞子岭、尖峰峰、高垄山、王仙岭、千里山、种叶山、瑶岗仙、九峰等岩体。全区共有含矿样点7804个，出现率为71.28%，含量1~50颗者有5226个，含矿样占出现率的66.79%。最高含量为5100000颗，全区含矿样点的平均值2113颗。

全区共圈出单矿物异常67个，其中Ⅰ级13个、Ⅱ级16个、Ⅲ级38个。

7. 白钨矿矿物

白钨矿为乳白色，油脂光泽，不规则圆角状颗粒和圆角状碎块。白钨矿分布极不均匀，主要分布地区有香花岭、会塘—新田岭一带，安源—铺下圩一带及瑶岗仙、砖头坳等地。千骑地区共有含矿样点3765个，出现率为34.39%，1~30颗者有含矿样点2813个，占出现率的74.71%，最高含量达259280颗，全区含矿样点的平均值1224颗。

全区共圈出单矿物异常43个，其中Ⅰ级9个、Ⅱ级13个、Ⅲ级21个。

8. 黑钨矿矿物

黑钨矿为褐黑色，半金属光泽，圆角板状，厚板状碎块、粒状、次棱角状碎块和不规则状碎块。黑钨矿分布不普遍，主要分布地区有香花岭、骑田岭岩体南部内外接触带、东坡、瑶岗仙、砖头坳等地。全区共有1693个含矿样点，出现率为15.46%，1~30颗者有含矿样点1058个，占出现率的62.49%，最高含量 1000000 颗，全区含矿样的平均值为 1224 颗。

全区共圈出异常 39 个，其中 I 级异常 5 个，II 级异常 17 个，III 级异常 17 个。

2.4.2 重砂异常及分区

全区共圈出各类单矿物异常 273 个，其中铅矿物异常 44 个，黄金异常 13 个，银矿物异常 5 个，辰砂异常 32 个，毒砂异常 30 个，锡石异常 67 个，白钨矿异常 43 个，黑钨矿异常 39 个。锡石分布最广，出现率最高，异常也最多，其次是辰砂、铅矿物、白钨矿。银矿物分布不普遍，异常最少，含量最低。

273 个单矿物异常中，与已知矿床（点）相吻合的 I 级异常 38 个，占异常总数的 13.92%；具有一定找矿意义的 II 级异常 81 个，占异常总数的 29.67%；III 级异常 154 个，占异常总数的 56.41%（图 2-16）。

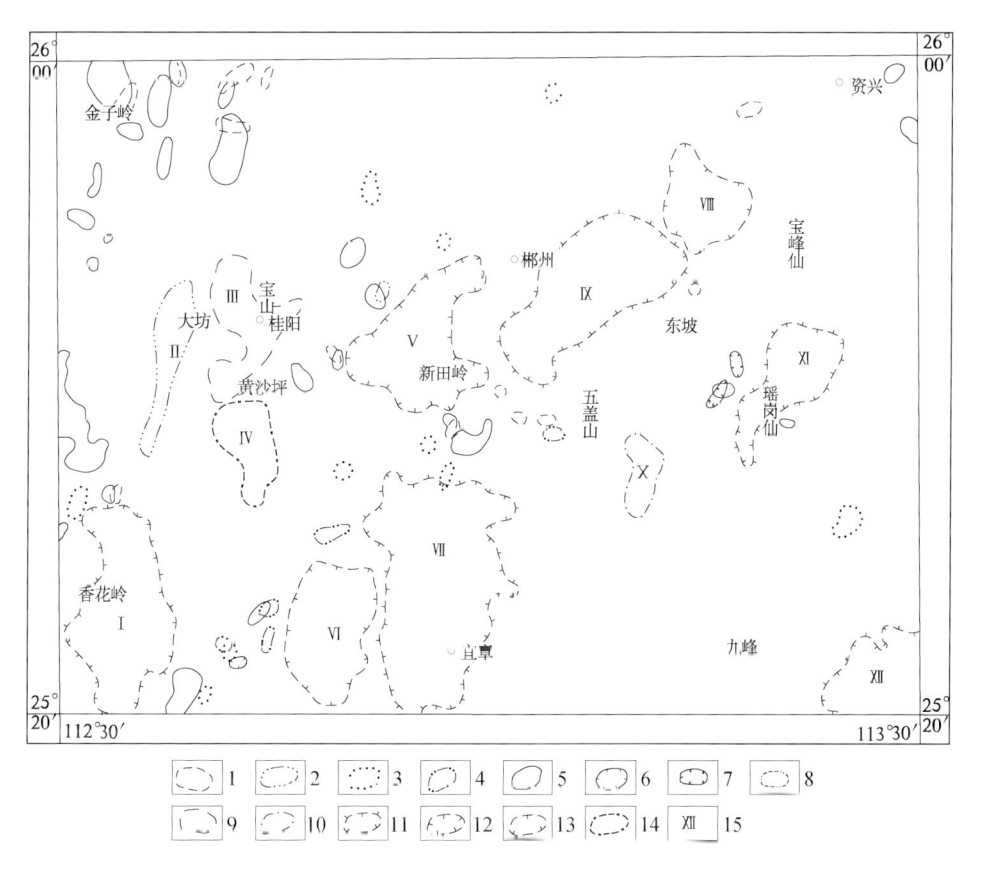

图 2-16 千骑地区重砂异常区示意图

1-铅矿物；2-金矿物；3-辰砂矿物；4-毒砂矿物；5-锡石；6-白钨矿；7-黑钨矿；8-金银矿物异常区；
9-铅矿物异常区；10-辰砂、金矿物异常区；11-锡石、白钨矿、黑钨矿异常区；12-锡石、白钨矿异常区；
13-锡石、白钨矿、铅矿物异常区；14-辰砂异常区；15-综合异常区及编号

36 个 I 级异常、74 个 II 级异常及 94 个 III 级异常，分布在 12 个综合异常中（总面积为 1318 km²，占全区面积的 17.77%）。

1. 香花岭锡石、白钨矿、黑钨矿物异常（I）

位于香花岭短轴背斜东翼。呈南北向不规则状，南北长 23 km，东西宽 7.5 km，面积约 174 km²。区内共有 48 个单矿物异常，其中 I 级异常 14 个，II 级异常 18 个，III 级异常 16 个。以锡石、白钨矿、黑钨矿异常为主，次有铅矿物、毒砂、辰砂异常。区内异常不仅多，且含量高，连续性好，锡石、白钨矿、黑钨矿、铅矿物、毒砂等异常相互叠。有香花岭等已知钨锡多金属矿床（点）多处。

2. 大坊–黄庄金银矿物异常区（Ⅱ）

位于上兰田村–下棋岭断裂带。呈南北向长条状，长19 km，宽1～4 km，面积约45 km²。区内共有9个单矿物异常，其中Ⅰ级异常1个、Ⅱ级异常3个、Ⅲ级异常5个。以金、银异常为主，次有铅矿物、辰砂异常。区内异常分散，只有大坊的金与铅矿物异常相重叠。已知有大坊、黄庄等铅锌金银矿床（点）。

3. 宝山–黄沙坪铅矿物异常区（Ⅲ）

位于桂阳复背斜中段，北北东向与北北西向两组断裂构造交汇部位。呈南北向不规则分布，长16 km，宽1～9 km，面积约73 km²。区内共有单矿物异常17个，其中Ⅰ级异常3个、Ⅱ级异常6个、Ⅲ级异常8个，以铅矿物为主，次有金、银、白钨矿、毒砂、辰砂、锡石异常。其铅矿物异常与辰砂、毒砂、白钨矿部分异常相互重叠，而与金银异常不重叠。已知矿床（点）多，有黄沙坪、宝山等铅锌多金属矿。

4. 肖家–鲁塘辰砂异常区（Ⅳ）

位于黄沙坪背斜东翼，呈北宽南窄的锥形，南北长0.5 km，东西宽2～5 km，面积约41 km²，有7个单矿物异常，均为Ⅲ级，以辰砂异常为主，次为铅矿物、毒砂异常。各异常互不重叠、交叉，呈单个异常，含矿点连续性差，且含量不高。

5. 华塘–新田岭锡石、白钨矿异常（Ⅴ）

位于骑田岭岩体北部内外接触带，安和–笔架岭复背斜中，呈东凹西凸的半圆形，南北长17.5 km，东西宽3～16 km，面积约165 km²，区内共有单矿物异常15个，其中Ⅰ级异常5个、Ⅱ级异常5个、Ⅲ级异常5个。以锡石、白钨矿异常为主，次有铅矿物、辰砂、银矿物、毒砂异常。在新田岭，锡石异常与辰砂、铅矿物异常重叠、交叉，在其他地方，辰砂、银矿物、白钨矿异常被包容在锡石异常中。锡石含量高，已知矿床（点）多，如新田岭钨矿床等。

6. 安源–麻田锡石、白钨、铅矿物异常区（Ⅵ）

位于骑田岭岩体南部内外接触带。呈不规则长方形，南北长15 km，东西宽4～9 km，面积约117 km²，区内共有17个单矿物异常，其中Ⅰ级异常3个、Ⅱ级异常6个、Ⅲ级异常8个，以锡石为主，次有白钨矿、铅矿物、毒砂、黑钨矿、辰砂异常。其铅矿物、毒砂、白钨矿、黑钨矿异常包容在锡石异常中，铅矿物与白钨矿、毒砂异常相互重叠，锡石含量较高。区内有锡铅锌多金属矿床（点）分布。

7. 永春–宜章锡石、白钨、黑钨矿物异常区（Ⅶ）

位于骑田岭岩体东南部内外接触带。呈不规则状分布，南北长25 km，东西宽5～15 km，面积约308 km²。共有单矿物异常25个，其中Ⅰ级异常3个、Ⅱ级异常6个、Ⅲ级异常16个。以锡石、白钨矿、黑钨矿异常为主，次有辰砂、毒砂、铅矿物异常。在黑山里、下邓家、新屋里等地，锡石、辰砂、毒砂、白钨矿、铅矿物异常互相重叠、交叉，其他地方各异常则互不重叠。锡石、黑钨矿含量高，矿点多。

8. 桥口铅矿物、锡石、白钨矿物异常区（Ⅷ）

位于西山背斜核部北端。异常区由两个近南北向异常带组成，南北长5～11 km，东西宽5～10 km，面积约25 km²。东带以锡石为主，次有黑钨矿、白钨矿异常；西带以白钨矿、锡石为主，次有黑钨矿、铅矿物、金矿物异常。共有单矿物异常9个，其中Ⅰ级异常1个、Ⅱ级异常2个、Ⅲ级异常6个，分布有已知的矿床（点）。

9. 东坡锡石、白钨、黑钨矿物异常区（Ⅸ）

位于千里山和王仙岭岩体内外接触带。呈北东向分布；长23 km，宽6～10 km，面积约196 km²。共有单矿物异常29个，其中Ⅰ级异常2个、Ⅱ级异常9个、Ⅲ级异常18个，以锡石、白钨矿、黑钨矿异常为主，次有黄金、铅矿物、辰砂异常。各矿物异常相互交叉、重叠。已知有东坡矿田，其钨锡铅锌等矿床（点）分布众多。

10. 长城岭辰砂、金矿物异常区（Ⅹ）

位于资兴–杨梅山大断裂南段的东侧，呈北向分布，南北长8 km，东西宽2～3 km，面积约22 km²。

共有单矿物异常4个,其中Ⅱ、Ⅲ级异常各2个,以辰砂异常为主,次为黄金异常。异常分散,互不重叠、交叉,分布有较多的铅、锌、银、锑、汞矿点。

11. 瑶岗仙黑钨、白钨、锡石矿物异常区(Ⅺ)

位于板坑-瑶岗仙背斜南段倾伏端,瑶岗仙岩体内外接触带上,呈北东向不规则锥状,长17 km,宽2～7.5 km,面积约76 km²。区内共有单矿物异常14个,其中Ⅰ级异常3个、Ⅱ级异常8个、Ⅲ级异常3个。以白钨矿、黑钨矿、锡石异常为主,次有铅矿物、毒砂异常。其白钨矿、黑钨矿、锡石异常相互交叉、重叠,矿物含量高。有瑶岗仙等钨多金属矿床。

12. 砖头坳锡石、白钨、黑钨矿物异常区(Ⅻ)

位于桂东-延寿大断裂带东侧,异常东南端未封闭,东西长10 km,南北宽8 km,面积约76 km²。区内共有单矿物异常11个,其中Ⅰ级异常1个、Ⅱ级异常8个、Ⅲ级异常2个。以锡石、白钨矿、黑钨矿异常为主,次有铅矿物异常。各矿物异常相互交叉、重叠,有砖头坳等钨铅锌多金属矿床(点)分布。

2.4.3 重砂矿物和异常的空间分布、富集规律

研究区重砂矿物的空间分布、富集与构造、岩浆岩、地层、矿产的相存关系十分明显,且与化探异常基本吻合。

(1)重砂矿物的空间分布,以炎陵-郴州-蓝山北东向深大断裂为界,分为南东、北西两大区。深大断裂的东部以锡石、白钨矿、黑钨矿为主,次有铅矿物、伴生辰砂、金矿物、毒砂等矿物;而深大断裂的西部以铅矿物为主,次为金、银矿物,伴有锡石、白钨矿、辰砂、毒砂等矿物。

异常主要受北东向和南北向断裂构造控制,受北东向断裂构造控制的异常占总数的54%。受南北向断裂构造控制的异常占总数的12%,尚有少数异常受北西西向、北东东向、北西向和北东向断裂构造控制。

(2)重砂矿物的分布、富集与各期次侵入体有密切关系。其异常分布于岩体中或接触带,占异常总数的64.47%;分布在岩体中或接触带的与燕山期侵入体有关的异常占异常总数的58.02%。与印支期侵入体有关的占异常总数的6.45%。

(3)异常主要分布在上古生界泥盆系至二叠系碳酸盐岩中,它们占异常总数的71.43%,其次是震旦系—寒武系碎屑岩中,占异常总数的18.78%。

(4)异常与矿床(点)相吻合的占异常总数的34.43%。其中占铅矿物异常的77.27%、占金异常的15.38%;占锡石异常的32.84%;占白钨矿异常的34.88%;占黑钨矿异常的53.85%。

(5)在锡石、白钨矿、黑钨矿矿床(点)周围,均伴生有铅矿物异常,如东坡、瑶岗仙、砖头坳和香花岭。

(6)铅矿物、金矿物、银矿物、辰砂矿物四者关系密切,如大坊-黄圫异常区,有铅矿物、金矿物、银矿物、辰砂矿物。又如长城岭异常区有金矿物、辰砂矿物,并有铅矿化点。因此,有铅矿物、辰砂矿物异常较好的地区,注意找金、银矿床。

(7)异常与化探异常基本吻合,特别是水系沉积物。共有175个异常与水系沉积物Au、Ag、Pb、Zn、W、Sn等异常吻合。占这6种矿物异常的82.94%,其中以白钨矿、黑钨矿最高,分别占异常数的93.02%、92.31%。其次是铅矿物、锡石、金矿物,分别占异常数的84.09%、74.63%、69.23%,最低为银矿,占银异常的60%。

第 3 章 矿床地质特征

3.1 区域矿产概况

千骑地区是南岭多金属成矿带的重要组成部分，矿产资源极为丰富，目前已发现矿产地共562处，其中大型矿床19处，中型矿床28处，小型矿床72处。矿种多达50余种，其中以有色金属矿产钨、锡、钼、铋、铅、锌等为主，其次为贵金属、黑色金属及稀有稀土矿产，如金、银、铁、锰、铀、钴、钒、铌、钽、锂、铍、铷、锶、镓、铟、镉、锗、稀土等，另外还有硫、萤石、水晶、砷、石灰岩（水泥、熔剂、电石灰岩）、石墨、钾长石、黏土、白云岩、大理岩、冰洲石、石棉等非金属矿产及固体可燃矿产煤等（表3-1）。

表 3-1 千骑地区矿产情况统计表

类别	矿种	大型	中型	小型	矿点	矿化点	合计
铅锌矿	铅锌矿、铅锌金银矿、铅锌多金属矿	2	6	25	65	68	165
金银矿	金矿、金银矿、银多金属矿、金银铅锌矿	1		2	4	12	19
铜矿	铜矿、铜钼矿、铜多金属矿		1	2	3	77	13
钨锡钼铋矿	钨矿、钨锡矿、钨钼矿、钨锡钼铋矿、钨多金属矿、锡矿、锡铋矿、锡多金属矿、砂锡矿、钼矿、钒钼矿	7	12	9	55	31	114
锑汞矿	锑（多金属）矿、汞（多金属）矿			1	18	12	31
稀有稀土矿	稀有、稀土矿、铀矿	1	1	1	2	7	12
铁锰矿	铁矿、褐铁矿、铁锰矿、锰矿		2	12	84	3	101
非金属矿	硫、萤石、水晶、砷、石灰岩、石墨、钾长石、黏土、白云岩、大理岩、冰洲石等	8	4	8	21	1	49
燃料矿产	煤		2	12	44		58
总计		19	28	72	302	141	562

区内地质矿产工作和研究程度较高，现已普查和勘探的矿床（点）150个，占全区已发现矿产地的26.7%。就矿种而言，以钨、锡、钼、铋矿种工作程度较高，已普查和勘探矿床（点）41处，占矿产地之40%；其次为铅锌矿，已普查和勘探矿床（点）43处，占总产地之26.1%（表3-2）。

表 3-2 千骑地区矿床（点）工作程度统计表

矿种	勘探	普查	踏勘	检查	矿种	勘探	普查	踏勘	检查
铅锌矿	16	27	70	52	铁锰矿	9	11	33	49
铜矿	1	1	10	1	非金属矿	7	11	11	20
钨锡钼铋矿	14	27	44	29	煤	7	5	43	3
锑汞等矿	2	1	38	2	合计	61	89	256	156

内生金属矿床在空间分布上具有明显的丛集性，较集中地分布于东坡、坪宝、香花岭、新田岭、瑶岗仙及长城岭地区。矿床分布与岩浆岩，特别是燕山期花岗质岩关系密切，多产于岩体接触带及其附近。以资兴–郴州–临武断裂构造为界，紧临该断裂带及其东部，岩浆活动以酸性花岗岩类为主，代表性岩体有千里山、骑田岭、黄沙坪等，而在该断裂带的西侧则分布以水口山、铜山岭和宝山等为代表的中酸性花岗闪长岩类。在矿种分布上，南东部则以钨锡钼铋等有色金属矿床为主，如闻名于世的柿竹园钨锡钼铋多金属矿床，其次为铅锌和铁锰多金属矿床，伴生银矿等；而北西部以铅锌、金银矿为主，伴生钨钼铜矿等，如黄沙坪铅锌矿床。

据资料统计（表3-3），全区内生金属矿床金属储量约645.1万t，其中钨锡钼铋金属储量315万t，占总储量的48.8%，铅锌金属储量330万t，占总储量的51.1%，伴生银金属储量1433t。其金属储量以岩体与碳酸盐岩接触交代型矿床和岩体外接触带之断裂充填型矿床为主，其储量占探明金属总储量的83.3%。

表3-3 千骑地区主要矿田基本特征（车勤建，2005）

矿田名称	主要矿床名称	矿床类型	矿化组合	储量
东坡钨锡多金属矿田	柿竹园钨多金属矿、野鸡尾锡铜矿、红旗岭锡矿、枞树板银铅锌矿、大吉岭钨多金属矿、大浪江砂锡矿、玛瑙山锰矿、金狮岭铅锌多金属矿、横山岭铅锌矿	夕卡岩–云英岩型、夕卡岩型、云英岩型、热液充填型、热液交代型、风化淋滤型	钨、锡、钼、铋、铍、铜、铅、锌、银、砷、锑、铁、硫等	WO₃ 90.95、Sn 71.03、Mo 11.35、Bi 41.27、Pb+Zn 23.36、Ag 998.88、Cu 21.40
黄沙坪铅锌多金属矿田	黄沙坪铅锌矿、柳塘岭银铅锌矿、上银山银铅锌矿	热液充填–交代型、夕卡岩型	铅、锌、银、钨、锡、钼、铋、铁、铜、硫	WO₃ 6.38、Sn 1.10、Mo 1.90、Bi 0.60、Pb+Zn 97.65、Cu 2.23、Ag 722.63
宝山铜多金属矿田	宝山铜多金属矿、宝山西铅锌矿、宝山北铅锌矿、宝山东铅锌矿	夕卡岩型、热液充填–交代型	铅、锌、银、铋、钼、钨、金、铁、锰	WO₃ 0.24、Sn 0.10、Mo 0.80、Bi 0.12、Pb+Zn 41.06、Cu 5.93、Ag 515.60
新田岭钨多金属矿田	新田岭白钨矿、秀峰钼铋矿、铜金岭锡矿	夕卡岩型、热液交代型	钨、锡、钼、铋、铜	WO₃ 30.45、Sn 0.20、Mo 0.67、Bi 1.07
瑶岗仙钨矿田	瑶岗仙黑钨矿、和尚滩白钨矿	夕卡岩型、热液充填型	钨、锡、铅、锌、银、砷、锑	WO₃ 23.29、Sn 0.55、Pb+Zn 2.02、Cu 0.65、Ag 172.4
香花岭锡多金属矿田	泡金山锡多金属矿、尖峰岭铌钽矿、香花铺铍矿、铁砂坪铍矿、万家坪砂锡矿、塘官铺锡多金属矿、铁砂坪多金属锡矿	岩体型、斑岩型、夕卡岩型、热液充填型、热液交代型	锡、钨、铍、铌、钽、铅、锌、银、铜、砷	WO₃ 2.83、Sn 13.40、Pb+Zn 17.18、Ag 180.25
芙蓉锡多金属矿田	白腊水锡矿、麻子坪锡矿、山门口锡矿、狗头岭锡矿、淘锡窝锡矿、安源锡多金属矿	云英岩型、蚀变岩体型、斑岩型、夕卡岩型、热液充填–交代型	钨、锡、铅、锌、铜	WO₃ 2.35、Sn 21.22、Bi 0.91、Pb+Zn 17.5、Cu 7.58、Ag 651.83
界牌岭锡矿田	界牌岭锡多金属矿	热液充填交代型	锡、铍、铅、锌、铜	WO₃ 0.10、Sn 5.70
白云仙钨多金属矿田	砖头坳白钨矿、将军寨黑钨矿、大山钨锡矿、图天门白钨矿、大围山黑钨矿、塘丘白钨矿、大莆黑钨矿	夕卡岩型、云英岩型、热液充填–交代型、热液充填型	钨、锡、铅、锌、铋、银	WO₃ 10.20、Sn 2.16、Mo 0.12、Bi 0.14、Pb+Zn 2.39、Cu 0.29、Ag 81.30
其他矿区	大坊金多金属矿、杨梅坑钨矿、圳口钨矿、铁屎垅铅锌矿	热液充填–交代型、热液充填型	钨、锡、铅、锌、银	WO₃ 88.10、Mo 0.40、Pb+Zn 19.41、Cu 1.81、Ag 769.93
全区特点	八个矿田为主，部分单个矿区	与中酸性与超酸性花岗岩相关的各类矿床	一般为多金属矿床	WO₃ 166.69、Sn 115.46、Mo 15.24、Bi 44.09、Pb+Zn 220.57、Cu 38.89、Ag 4092.82

注：表内资源储量单位，Ag计量单位为t，其余金属计量单位为万t。

3.2 锡多金属矿床成矿特征

3.2.1 矿床成因类型划分

湘南千骑地区锡多金属矿床在成矿空间、成矿时间上与燕山期花岗岩密切相关，且现有找矿重大进展还发现，有些矿床位于有成矿小岩体存在的大岩体内。为指导找矿勘查，根据赋矿围岩性质（主要指岩浆岩、沉积岩）、成矿岩体基本特征、容矿构造及其控制矿体形态等差别，本次对区内锡多金属矿床的成因类型进行了重新划分（表3-4）。其中，内生型划分为岩体型、热液接触交代型、热液充填交代型和复合型；而外生型包括洪、冲积型。在此基础上，对不同类型的矿床又进行了细分。

表3-4 千骑地区主要锡多金属矿床类型划分表

类	亚类	型	产出部位	赋矿层位及岩性	矿体形态及规模	主要矿物组合 金属矿物	主要矿物组合 非金属矿物	围岩蚀变	代表矿床
内生型	气化高温热液岩体型	斑岩型	岩体内	燕山期石英斑岩、花岗斑岩	似层状、脉状、不规则状中-大型	锡石、黑钨矿、黄铜矿、方铅矿	长石、石英、云母	云英岩化、绢云母化、绿泥石化	白腊水 野鸡尾 塘官铺
内生型	气化高温热液岩体型	云英岩型	岩体内	燕山期云英岩化花岗岩、花岗斑岩	似层状、透镜状、筒状、不规则状。小-大型	锡石、黑钨矿、辉钼矿、辉铋矿、黄铁矿	石英、长石、云母、萤石、黄玉	云英岩化、萤石化、绢云母化	柿竹园 野鸡尾 正冲
内生型	气化高温热液岩体型	蚀变花岗岩型	岩体顶部	蚀变花岗岩	似层状、透镜状、不规则状 中-大型	锡石、黑钨矿、黄铜矿及铌钽矿物	长石、石英、云母、电气石、绿泥石	绢云母化、云英岩化、绿泥石化、钠长石化	白腊水 小源
内生型	高-中温热液接触交代型	夕卡岩型	花岗岩与碳酸盐岩接触带	泥盆系—石炭系碳酸盐岩与燕山期花岗岩	似层状、透镜状、不规则状。中-大型	锡石、白钨矿、辉钼矿、辉铋矿、磁铁矿、黄铜矿	石榴子石、透辉石、符山石、角闪石、绿帘石、石英、萤石	夕卡岩化、云英岩化、萤石化、大理岩化	柿竹园 金船塘
内生型	高-中温热液接触交代型	云英岩脉型	岩体内外及接触带的裂隙中	花岗岩与硅铝质岩石	脉状 小-中型	锡石、黑钨矿、铁闪锌矿	石英、云母、萤石、黄玉	云英岩化、黄玉化、萤石化	大坳
内生型	高-中温热液接触交代型	石英脉型	岩体内外及接触带的裂隙中	花岗岩与硅铝质岩石	脉状 小-中型	锡石、黑钨矿、黄铁矿	石英、黑云石、白云母、电气石、毒砂	硅化、绢云母化、云英岩化、绿泥石化	红旗岭
内生型	高-中温热液充填交代型	锡石硫化物型	岩体内外及接触带的裂隙中	花岗岩与硅铝质岩石、碳酸盐岩	似层状、脉状、不规则状。小-大型	锡石、方铅矿、闪锌矿、黄铜矿、磁黄铁矿	绢云母、绿泥石、石英	云英岩化、绢云母化、夕卡岩化、硅化、绿泥石化	红旗岭 香花岭 界牌岭
内生型	高-中温热液充填交代型	网脉大理岩型	岩体外接触带大理岩中	泥盆系碳酸盐岩	似层状、透镜状。中-大型	锡石为主，伴有方铅矿、闪锌矿	绿泥石、绢云母、石英	硅化、绿泥石化、绢云母化	柿竹园 白腊水 野鸡尾
内生型	复合型	夕卡岩-破碎带蚀变岩复合型	花岗岩与碳酸盐岩接触	有碳酸盐岩块体的断裂带	大脉状 透镜状 似层状	锡石、磁铁矿、黄铜矿	石榴子石、透辉石、透闪石、石英、萤石	夕卡岩化、绿泥石化、硅化	白腊水 19号脉
外生型	洪、冲积型	砂锡矿	河床洪、冲积层中	第四系砂砾层		锡石			大浪江

3.2.2　各类型矿床特征

3.2.2.1　云英岩型矿床

1. 概况

云英岩型矿床是千骑地区的主要矿床类型。根据目前国内外研究进展，云英岩化岩石及云英岩是酸性侵入岩或其他成因的类似的长英质岩石在高温气液交代作用下的产物（贺同兴等，1980）。不同类型的云英岩是在不同的围岩和物理化学环境中形成的；在温度较高和酸度较大的条件下，还可形成石英-云母云英岩、石英-电气石云英岩、石英-黄玉云英岩。区内以柿竹园、野鸡尾、正冲矿床为代表。

苏联学者（斯密尔诺夫，1981）将产于花岗岩体顶端突出部位的以及因岩浆期后气液作用在岩体顶板的硅铝质岩（砂岩、页岩、喷出岩及凝灰岩）和超基性岩（少数情况）中产生的交代蚀变作用产物，都统称为云英岩，并归纳成各个云英岩相。为了区别两类云英岩在成矿作用和产出条件上的差异，本书将由花岗岩浆自变质交代作用为主形成的云英岩化花岗岩归入蚀变花岗岩，而云英岩型矿床则仅指岩浆期后气液作用形成的伴生云英岩化的矿床。

云英岩型锡多金属矿床主要分布于隆起区边缘或隆拗过渡带，一般产于花岗岩体顶部或岩体内的构造裂隙中。矿体以呈团块状的云英岩体或呈脉状为特征，可以明显地与那些细脉状、浸染状云英岩化相区别。主要金属矿物为锡石，伴有黑钨矿、辉钼矿、黄铜矿、方铅矿、闪锌矿等；脉石矿物主要是石英、白云母，其次是黄玉、萤石、微斜长石等。

2. 矿床特征

1）矿体产状、形态及规模

气化高温热液岩体型中的云英岩型矿床，受云英岩化花岗岩或云英岩化石英斑岩体控制，矿体的形态、产状往往与云英岩化花岗岩或云英岩化石英斑岩大体一致，并与花岗岩或石英斑岩呈过渡关系。矿体呈透镜状、凸透镜状、扁豆状、不规则脉状、筒状等。主矿体长 100~300 m，宽 50~200 m，延伸 140~390 m。

2）矿石物质组分

矿石矿物：已知矿石矿物数十种。金属矿物主要有锡石、黄铜矿、黄铁矿，次要有磁铁矿、辉钼矿、辉铋矿、闪锌矿、磁黄铁矿、黑钨矿、白钨矿、自然铋及方铅矿、毒砂、黝锡矿、斑铜矿、辉铋矿、白铁矿、锆石、尖晶石、绿柱石、金红石、尼日利亚石等。非金属矿物主要有石英、斜长石、钾长石、绢云母、白云母、萤石、黄玉，次有黑云母、石榴子石、绿泥石、电气石、方解石及绿帘石、鳞云母、黝黑石、磷灰石等。

矿石化学成分：主要金属元素为 W、Sn、Mo、Bi、Cu、Pb、Zn 等；非金属元素有 F、S 等。矿石的化学含量 Sn 为 0.2845%、WO_3 为 0.1795%、Mo 为 0.057% 及 CaF 为 26.5%、S 为 2.776%。

3）矿石结构、构造及矿石类型

矿石结构有细粒花岗变晶结构、斑状变晶结构、鳞片花岗变晶结构。

矿石构造有浸染状构造、条带状构造、脉状构造、块状构造等。

矿石类型有富石英云英锡钨钼铋矿石、黄玉石英云英岩锡矿石、白云母石英云英岩钨锡矿石等。

4）围岩蚀变

蚀变主要有云英岩化、萤石化和绢云母化等。云英岩化和早期萤石化钨锡矿化关系密切，早期绢云母化形成的岩石常见与锡石连生。

3.2.2.2　夕卡岩型或夕卡岩-构造蚀变带复合型矿床

1. 概况

接触交代夕卡岩型矿床，分布于岩体与围岩接触带，严格受接触带控制，常产于岩体的内弯、岩体的凸部或凹部，矿体常与夕卡岩体分布空间基本吻合。这类矿床以单独锡矿床产出甚少，多为与钨铋钼共生或伴生，形成共生矿床或伴生矿床，当与构造叠加形成夕卡岩-构造蚀变带复合型时，锡呈主要成矿元素存在。

这类矿床主要分布于千里山岩体东南和西南缘接触带，其次是姑婆山西岩体北西边缘以及骑田岭岩体和九峰岩体的接触带等。成矿时代以燕山早期第二、三阶段侵入体为主，少部分为印支期。具有此类成矿特征的矿区主要有水湖里锡铋矿、金船塘锡铋矿、野鸡尾矿区31号矿体、柿竹园矿区Ⅱ矿带、白腊水锡矿等。

2. 矿床特征

1）矿体产状、形态及规模

夕卡岩的形态、产状及规模严格受接触带控制，故产于夕卡岩中的锡多金属矿体的形态也随之而变化，既有简单的，也有复杂、较复杂的。其形态归纳起来有呈似层状、透镜状、扁豆状、新月状、不规则状等。其产状严格受接触带的制约，往往与夕卡岩的产状基本吻合。

矿体的规模相差悬殊。矿体长度由数十米至1000余米不等，宽十几米至850余米，厚度由数米至300余米。

2）矿石物质组分

（1）矿石矿物成分。接触交代型锡多金属矿床中矿物种类繁多，目前已查明近150种。常见的矿石矿物主要有锡石、黑钨矿、白钨矿、黄铁矿、磁黄铁矿、辉钼矿、磁铁矿，次要有黄铜矿、毒砂、闪锌矿、方铅矿、自然铋、白铁矿、黝锡矿、辉铅铋矿，还有赤铁矿、黝铜矿、木锡矿、日光榴石、辉铜矿、斜方砷铁矿、尼日利亚石、车轮矿、斑铜矿、铜蓝、硫锰矿、纤维锌矿、斜方辉铅铋矿、硫银铋矿、锑银矿、脆硫锑铅矿、绿柱石、硅铍石、羟硅铍石、塔菲石、金绿宝石、硼镁铁矿、硫碲铋矿、辉碲铋矿、碲铋矿等；常见的脉石矿物主要有石榴子石、透辉石、角闪石、硅灰石、符山石、绿帘石、萤石、石英、钙铁辉石、透闪石、斜黝帘石、方解石，次要有钠长石、白云母、绢云母、绿泥石、斜长石、正长石、黑云母、黑鳞云母、阳起石、黄玉、富铁钠闪石，还有磷灰石、电气石、锂云母、透长石、堇青石、水铝石、红柱石、钽易解石、硅铍钇矿、晶体铀矿、金云母、韭闪石、葡萄石、黑柱石、蔷薇辉石、氟硼镁石、钙镁橄榄石、斧石、方柱石、硅镁石、尖晶石、硬羟钙铍矿、刚玉、铍珍珠云母、硅硼钙石、褐帘石、榍石、蛇纹石、水镁石、菱锰矿等。

（2）矿石化学成分。矿床中以锡、钨、钼、铋、铜为主，但不同的矿床，其含量各异（表3-5）。从表中可以看出，主要有用成分含量中Sn较低、而WO$_3$中等或中偏低。

表3-5　主要有用成分含量表

矿区名称	主要有用组分含量/%							备注
	Sn	WO$_3$	Mo	Bi	Cu	Pb	Zn	
柿竹园	0.06~0.115	0.381~0.460	0.081~0.109	0.090~0.148				夕卡岩-云英岩复合型
野鸡尾	0.36~0.42				0.21~0.24	2.23	1.76	前者为32号矿体、后者为31号矿体
水湖里	0.138~0.354			0.140~0.198				
金船塘	0.22	0.15		0.20				
麻子湾	0.02~0.262	0.103~0.360						Sn矿体平均品位
石浪冲	0.111~2.931	0.183~0.601						
北沟	0.115~0.365							
塘丘	0.084~0.385	0.279~0.856						
安源	0.61					0.8		

3）矿石类型、矿石结构构造

矿石类型主要有：钨锡钼铋多金属矿石、锡铜矿石、锡铋矿石、钨锡矿石、锡矿石等。矿石矿物组合见表3-6。

表3-6 矿石矿物组合表

矿石类型	矿物成分				代表性矿区
	金属矿物		非金属矿物		
	主要	次要	主要	次要	
锡钨钼铋多金属矿石	白钨矿、辉铋矿、辉钼矿、锡石、黑钨矿	磁黄铁矿、黄铁矿、磁铁矿、自然铋、黝锡矿、闪锌矿、黄铜矿、绿柱石、金绿宝石	石榴子石、透辉石、符山石、角闪石、萤石	长石、绿泥石、云母、方解石、硅灰岩、绿帘石等	柿竹园矿区中部、岔路口矿区
锡铜矿石	锡石、黄铜矿	辉铋矿、辉钼矿、白钨矿、黑钨矿、磁铁矿、磁黄铁矿、铁闪锌矿、方铅矿、黄铁矿、黝锡矿	石榴子石、透辉石、斜长石、石英、萤石	绢云母、绿泥石、角闪石、符山石、帘石、电气石等	野鸡尾31号和32号矿体
锡铋矿石	锡石、辉铋矿	白钨矿、自然铋、磁黄铁矿、磁铁矿、赤铁矿、黄铁矿、铁闪锌矿等	透辉石、石榴子石、萤石、金云母	透闪石、绿帘石、绢云母、石英、绿泥石、符山石、斜长石、方解石	水湖里和金船塘矿区
锡钨矿石	白钨矿、磁铁矿、锡石、磁黄铁矿、黄铜矿	硼镁铁矿、毒砂、方铅矿、铁闪锌矿	透辉石、石榴子石、符山石、粒硅镁石、石英、方解石	透闪石、阳起石、硅线石、萤石、斜长石、金云母、水镁石、角闪石、绿泥石、绿帘石等	塘丘矿区
锡矿石	锡石	斜方辉铅铋矿、白钨矿、黑钨矿、方铅矿、闪锌矿、毒砂、磁铁矿、磁黄铁矿、黄铜矿、硅铍石	石榴子石、萤石、透辉石	绿泥石、方解石、黑云母、石膏、绿帘石、斜长石、钾长石、透闪石、绢云母等	仅见金船塘矿区

矿石结构：常见的有粒状变晶结构、交代结构、交代残余结构、环带状结构、筛状变晶结构，局部具鳞片变晶结构、花岗变晶结构、显微鳞片变晶结构、乳浊状结构、包裹结构等。

矿石构造主要有条带状构造、网脉状构造、块状构造和浸染状构造等。

4）围岩蚀变

接触交代型多金属矿床围岩蚀变种类较多，各矿区大同小异。主要有夕卡岩化、云英岩化、绢云母化、萤石化等，次为硅化、大理岩化、绿泥石化，部分矿区有白云母化、角岩化、钠长石化、叶蜡石化、滑石化、钾长石化、电气石化、透闪石化、蛇纹石化。其中夕卡岩化，特别是晚期（复杂）夕卡岩化、云英岩化、早期绢云母化、早期萤石化与钨锡关系密切。

根据东坡矿田等各矿区资料，本区夕卡岩化又可分为早期（简单）夕卡岩和晚期（复杂）夕卡岩两类。早期夕卡岩系第一阶段花岗岩侵入泥盆系佘田桥组、棋梓桥组灰岩产生接触交代形成的规模巨大的简单夕卡岩；晚期夕卡岩即简单夕卡岩形成后，又经多次热液活动交代蚀变而成。因此，两类夕卡岩的岩石类型和矿物组合存在一定的差异（详见表3-7、表3-8）。

表 3-7 简单夕卡岩矿物成分表

矿物种类	矿石名称			
	石榴子石夕卡岩	辉石石榴子石夕卡岩	符山石石榴子石夕卡岩	硅灰石符山石夕卡岩
主要矿物及含量/%	石榴子石 80~95	石榴子石 50~80 辉石 10~35	石榴子石 50~60 符山石 20~40	符山石 50~60 硅灰石 20~50
次要矿物	辉石、符山石	符山石	辉石、硅灰石	辉石、石榴子石
主要蚀变矿物	富铁钠闪石、绿帘石、绿泥石、方解石、石英、萤石、钾长石、斜长石、云母类	角闪石类、帘石类、葡萄石、黑柱石、萤石、方解石、石英、钾长石、斜长石、云母类	绿帘石、萤石、绿泥石、石英、方解石	绿帘石、方解石
主要金属矿物	白钨矿、辉铋矿、磁铁矿	白钨矿、辉铋矿、磁铁矿	黄铁矿、锡石	

表 3-8 复杂夕卡岩矿物成分表

矿物种类		岩石名称			
		富铁钠闪石石榴子石夕卡岩	绿泥石石榴子石夕卡岩	富铁钠闪石辉石石榴子石夕卡岩	绿帘石灰石石榴子石夕卡岩
原岩矿物	主要	石榴子石	石榴子石	石榴子石	石榴子石
	次要	辉石、符山石	辉石、符山石	符山石	符山石
蚀变矿物	主要	富铁钠闪石、萤石	绿帘石、萤石	富铁钠闪石、萤石	绿帘石、萤石
	次要	绿帘石、石英、钾长石、斜长石、云母类	褐帘石、斜黝帘石、葡萄石、钾长石、斜长石、云英、云母类	韭闪石、阳起石、透闪石、绿帘石、斜长石、钾长石、石英、云母类	褐帘石、斜黝帘石、葡萄石、斜长石、石英、绿帘石
主要金属矿物		白钨矿、磁铁矿、辉铋矿	白钨矿、磁铁矿	白钨矿、辉铋矿、磁铁矿	白钨矿、辉铋矿、磁铁矿

在野鸡尾矿区中，石榴子石透辉石夕卡岩、钠闪石石榴子石夕卡岩，是矿区夕卡岩锡多金属矿的主体，主要矿物有白钨矿、锡石、辉铋矿等。安源锡矿中，夕卡岩化与毒砂、锡石、黄铜矿关系密切。

云英岩化：是本区与钨锡成矿密切的重要蚀变之一。根据东坡矿田各矿区资料，云英岩化分为早期（面状）云英岩化和后期（脉状）云英岩化。

绢云母化：分布广，为主要蚀变之一。早期绢云母化常在岩体外接触带围岩中，常见与锡石连生。晚期绢云母化与矿化关系不大。

萤石化：早期者为白色或无色，呈粒状或粒状集合体，与钨锡矿化密切。晚期常与方解石石英共生，呈紫色、绿色，与矿化关系不大。

3.2.2.3 锡石硫化物型矿床

1. 概况

锡石硫化物型锡多金属矿床主要分布在苏仙区、临武及宜章等县，特别是千里山岩体外接触带。这类矿床产在岩体及其外接触带的断裂破碎带中，有用矿物以锡石为主，并与金属硫化物紧密共生。在千骑地区内该类型矿床主要产地有红旗岭、香花岭、界牌岭、铁沙坪、铜金岭、野鸡窝等地。

锡石硫化物型锡多金属矿床主要产于泥盆系中统跳马涧组石英砂岩，棋梓桥组灰岩、页岩的断裂带或层间破碎带，其次是震旦系上统上组浅变质长石杂砂岩和石炭系下统大塘阶石磴子组段灰岩、云灰岩、燧石灰岩等的断裂带、层间破碎带中。矿体严格受断裂构造控制。

2. 矿床特征

1) 矿体产状、形态及规模

本类矿床的矿体形态较复杂，主要为脉状（板脉、大脉、细脉状），次为透镜状、似层状、扁豆状，小部分为筒状、管状等。一般为陡倾斜，倾角在70°~80°。矿体沿走向或倾向有膨胀、收缩及分支、复合、侧现等现象。

矿体规模不一，一般规模较大。单个矿体长数十米至2600 m，斜深数米至500 m，厚0.1~5.11 m。

2) 矿石物质组分

矿石矿物成分：矿物种类繁多，共计50余种。金属矿物有锡黄铜矿、方铅矿、毒砂、闪锌矿、磁黄铁矿等；脉石矿物有石英、绿泥石、绢云母等（表3-9）。

表3-9 锡石硫化物型矿床矿物成分表

矿物种类	矿石矿物	脉石矿物
主要矿物	锡石、黄铜矿、方铅矿、闪锌矿、毒砂、黄铁矿	石英、绿泥石、绢云母
次要矿物及微量矿物	黑钨矿、白钨矿、穆磁铁矿、黄铁矿、辉铜矿、黝铜矿、蓝辉铜矿、斑铜矿、铜蓝、赤铁矿、白铁矿、辉钼矿、辉铋矿、黝锡矿、脆硫锑铅矿、钛铁矿、深红银矿、锆石、块硫银铋矿、褐硫铁矿、铌钽铁矿、孔雀石、褐铁矿、臭葱石、砷铅矿、白钛矿等	电气石、黄玉、萤石、白云母、黑云母、锂云母、蠕状绿泥石、钾长石、方解石、磷灰石、石榴子石、符山石、透辉石、阳起石、透闪石、锐钛矿、独居石、帘石、榍石、磷钇矿、刚玉

矿石化学成分：因矿区不同而有异，以Sn为主，此外还有W、Bi、Cu、Pb、Zn、Fe、Mn，伴生有分散元素Bb、Ta、Be、In、Ge、Se、Te、Cd、Ti，贵金属Au、Ag，主要非金属有As、S、F、B等。

3) 矿石结构构造及矿石类型

矿石类型有：锡石-黄铁矿矿石、锡石-方铅石闪锌矿矿石、锡石-磁黄铁矿矿石、锡石-毒砂矿石、锡石-石英矿石、锡石-绿泥石矿石等。

矿石结构有：自形、半自形、他形粒状结构、交代填隙结构、交代残余结构、乳浊状结构、包含结构、骸晶结构、压碎结构等。

矿石构造有：块状构造、浸染状构造、条带状构造、细脉状构造、细脉浸染状构造、网脉状构造、环带构造等。

4) 围岩蚀变

围岩蚀变种类较多，不同矿物，不同围岩，蚀变种类不同。归纳起来有云英岩化、夕卡岩化、绿泥石化、绢云母化、大理岩化、硅化、电气石化、萤石化、黄铁矿化、钠长石化、锂云母化等。蚀变往往围绕破碎带成线状分布。其中以云英岩化、夕卡岩化及绿泥石化、绢云母化与锡矿化关系密切。

3.2.2.4 石英脉型矿床

1. 概况

石英脉型锡多金属矿床在湘南地区分布甚广，但规模小，且常与其他类型矿床伴生，单独产出时多为矿点，个别为小型矿床。

本类矿床主要分布于千里山岩体边缘及岩体外接触带的NNE-NE向断裂和都庞岭东侧NE向断裂裂隙中。围岩为燕山早期第二阶段粗中粒斑状黑云母花岗岩或中细粒斑状黑云母花岗岩或黑云母花岗斑岩和震旦系下统浅变质砂岩等。

属此类型的矿床有红旗岭矿区石英脉型锡矿床。

2. 矿床特征

1) 矿床特征

矿脉产于浅变质砂岩，矿体受断裂裂隙控制，呈脉状产出。矿脉分单脉和细脉带两种。石英单脉长一般为 40～100 m，脉幅厚 0.1～0.2 m，最大厚度近 0.5 m。矿脉形态规整，与围岩接触界线清楚，石英脉与围岩接触处一般有微弱云英岩化、黄铁矿化，有的沿走向或倾向亦具有分支、尖灭、再现、膨胀、收缩等现象。细脉带长数百米至 1 km 以上，宽 20～140 m。细脉单脉宽仅数毫米，个别达 0.05～0.1 m。矿体产状严格受断裂裂隙产状控制。

矿体规模大小不一。细脉带矿体一般数百米，最长达 1120 m，延深由数百米至 600 m，厚度一般为 1～5 m。其他的规模很小，甚至只属于矿点。

2）矿石物质组分

矿石矿物成分：本类锡矿床的矿石矿物成分较简单，金属矿物主要有锡石、黑钨矿，次有黄铜矿、斑铜矿、辉钼矿等；脉石矿物有石英、黄玉、黑云母、白云母及少量黏土矿物，局部见有钾长石等。

矿石化学成分：以 Sn 为主，次有 Cu、Pb、Zn、Mo、Nb、Ta、Bi、Ag、Ga、Be、Li、Rb、Cs、U 等伴生元素，还有 Zr、Yb 等微量元素。矿体中 Sn 的平均品位为 0.24%～0.37%，WO_3 的平均品位为 0.02%～0.68%、个别矿体达 1.856%。锡在地表含量变化不大，向深部减弱，钨则相反，往深部有增高的趋势。

3）矿石结构构造

矿石结构主要有交代结构；矿石构造有星点状或浸染状构造、条带状构造、团块状构造、放射状构造等。

4）围岩蚀变

本类矿床的围岩蚀变以硅化、绿泥石化、绢云母化为主，并围绕断裂破碎带成线状分布。局部还有云英岩化、黄铁矿化等。其中硅化、绿泥石化、绢云母化等与锡、钨关系密切。

3.2.2.5 蚀变花岗岩型矿床

以岩浆自变质作用为主所形成的云英岩化、钠长石化、绿泥石化花岗岩统称为蚀变花岗岩，而产于蚀变花岗岩中的锡矿则称为蚀变花岗岩型锡矿。它们主要为岩浆晚期结晶分异—交代作用的产物。它们的自交代作用产物有的以云英岩化为主，有的以钠长石化为主，有的则以绿泥石为主，亦有几种蚀变同时存在的现象。

蚀变花岗岩型锡多金属矿床主要分布于隆起区边缘或隆拗过渡带，产于花岗岩顶部或高侵位岩枝蚀变带中。矿化岩体多为燕山早期"A-S"型花岗岩，一般呈岩株产出，剥蚀较浅。矿体形态与蚀变花岗岩一致，呈似层状、透镜状、扁豆状和不规则脉状。主要金属矿物有锡石、黑钨矿、辉钼矿、辉铋矿、黄铜矿、黄铁矿等，次有铁闪锌矿、闪锌矿；脉石矿物主要有钾长石、钠长石、石英、黄玉、白云母、萤石、电气石、黑云母和绢云母。

3.2.3 典型矿床地质特征

3.2.3.1 柿竹园钨锡钼铋多金属矿床

柿竹园钨锡多金属矿床位于郴州市南东 25 km 处，是东坡矿田中重要的钨锡钼铋矿床之一，1957 年发现，20 世纪 60 年代初期开采，至今已有近 60 年历史。矿床地处南岭中段，以矿种多、规模大、共生组分丰富、成矿条件复杂而闻名于世，探明的钨、锡、钼和铋的金属总储量已超过百万吨，为世界罕见的特大型钨多金属矿床（王昌烈等，1987；赵一鸣等，1990）。该矿床位于千里山花岗岩体南东内外接触带（图 2-3、图 3-1），共计探明多金属储量 166 万 t，其中：WO_3 75 万 t，Sn 48 万 t，Mo 13 万 t，Bi 30 万 t。中泥盆统棋梓桥组云质灰岩和上统佘田桥组泥质条带灰岩夹泥灰岩为主要赋矿围岩（图 3-2）。褶皱有泥盆系组成的北北东向柿竹园向斜、野鸡尾背斜等。断裂以北北东、北东向为主，次为北西向及近东西向。北东向断层多被花岗斑岩充填，近东西向断裂是铅锌、黄铁矿容矿断裂，南北向断裂为成矿后的石英斑岩、辉绿岩脉。千里山岩体出露面积不足 10 km²，时代为燕山早—晚期，从早至晚形成细粒斑状黑云母二长花岗岩（γ_5^{2-1}）和石英斑岩（$\lambda\pi_5^{2-1}$）、中粒黑云母二长花岗岩（γ_5^{2-2}）、中细粒黑云母二长花岗岩（γ_5^{2-3}）、二长花岗斑岩（$\gamma\pi_5^{3-1}$）、辉绿玢岩（$\beta\mu_5^{3-2}$）。以中细粒黑云母二长花岗岩（γ_5^{2-3}）与矿化关系最为密切。矿化蚀变有夕卡岩化、云英岩化、硅化、长石化、萤石化、电气石化、绿泥石化等。

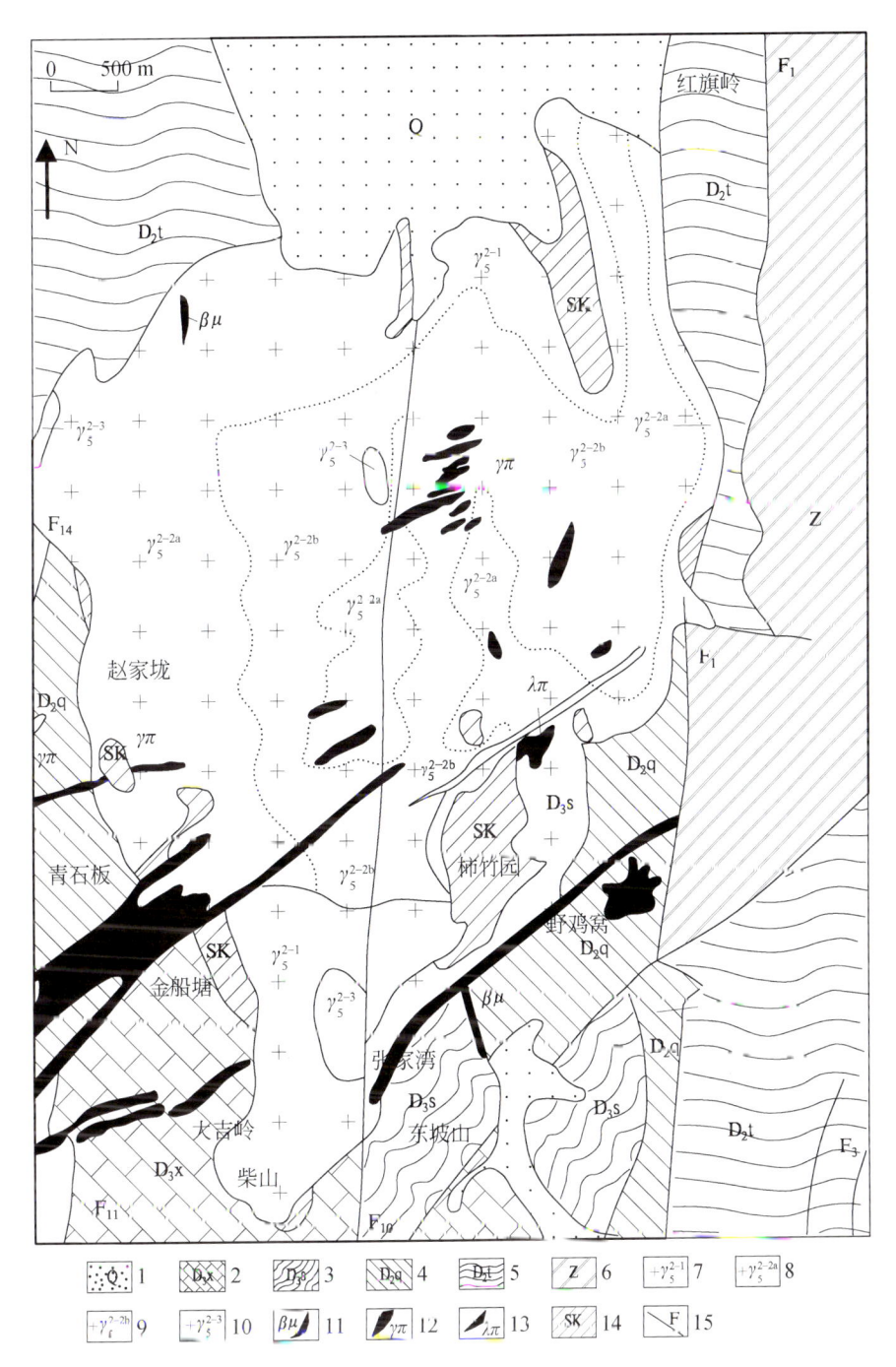

图 3-1 东坡钨锡多金属矿田地质略图（据王昌烈等，1987 修改）

1-第四系残坡积层；2-上泥盆统锡矿山组灰岩、含白云质灰岩；3-上泥盆统佘田桥组泥晶灰岩；4-中泥盆统棋梓桥组白云岩、含白云质灰岩；5-中泥盆统跳马涧组含砾砂岩和砾岩；6-震旦系长石石英砂岩；7-细粒斑状黑云母花岗岩；8-细粒云母花岗岩；9-中粒黑云母花岗岩；10-细粒花岗岩；11-辉绿岩；12-花岗斑岩；13-石英斑岩；14-夕卡岩；15-断层

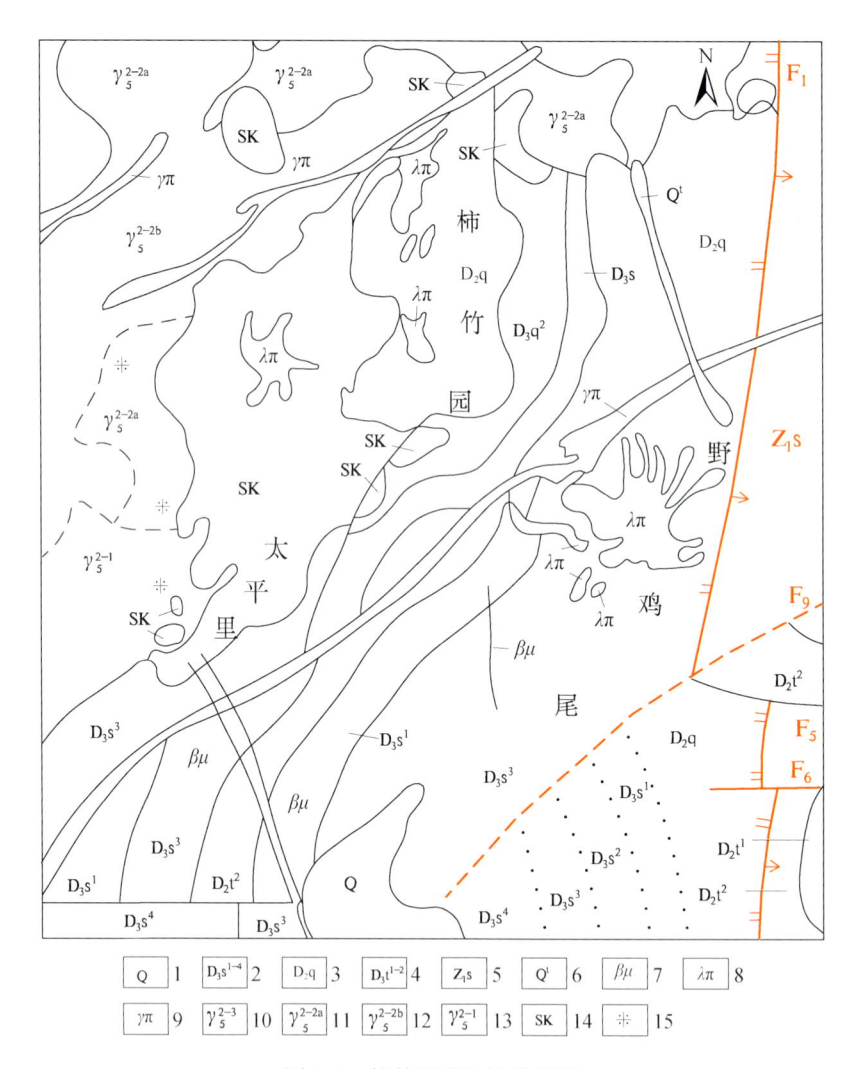

图 3-2 柿竹园矿区地质略图

1-第四系；2-佘田桥组 1~4 段；3-棋梓桥组上段；4-跳马涧组中下段；5-下震旦统泗洲山组；
6-石英脉；7-辉绿玢岩脉；8-石英斑岩；9-花岗斑岩；10-第三次花岗岩；11-第二次花岗岩边缘相；
12-第二次花岗岩中心相；13-第一次花岗岩；14-夕卡岩；15-云英岩化

1. 矿区地质概况

1）地层

矿区内出露的地层较简单，主要为中上泥盆统的棋梓桥组及佘田桥组的碳酸盐岩，东部有小面积的震旦系浅变质碎屑岩及中泥盆统跳马涧组石英砂岩出露。

下震旦统泗洲山组（Z_1s）：为一套浅变质碎屑岩，由细粒绢云母石英砂岩夹薄至中厚层绢云母石英粉砂岩、含泥质板岩及含砂质或含绿泥石千枚状板岩组成。与上覆泥盆系中统跳马涧组和棋梓桥组呈断层接触。

泥盆系中统跳马涧组（D_2t）：仅出露下段紫色和浅灰白色石英砂岩。

泥盆系中统棋梓桥组（D_2q）：主要由含白云质灰岩夹灰色灰岩或其互层组成。为区内钨锡铅锌矿的有利围岩之一。

泥盆系上统佘田桥组（D_3s）：出露矿区中部及西部，为矿床的主赋矿层位。区内可分为条带状灰岩、泥质灰岩，薄层泥质灰岩和厚层、中厚层含泥质灰岩，泥质条带灰岩三个岩性段。

以上 D_2q 和 D_3s 两地层，均因岩浆活动影响，已蚀变成为夕卡岩、夕卡岩化大理岩、大理岩和大理岩化灰岩。

2) 构造

矿区位于东坡-月枚复向斜北端翘起部位。东部为呈北北东向的柿竹园-野鸡尾背斜，西部为柿竹园-太平里向斜。柿竹园-太平里向斜北端为千里山花岗岩所侵，轴部和两翼地层极大部分已变成夕卡岩。

矿区断裂构造十分发育，按走向可分为北北东向、北东向、北北西向和东西向四组。其中北北东向断层（F_1）形成最早，活动时间延续较长，规模最大，断裂带中见多种蚀变，并伴有铅锌黄铁矿化，为本区主要导矿构造；北东向断层常被花岗斑岩充填；近东西向断层有铅锌矿体（脉）充填；北北西向断裂常见辉绿岩脉侵入。

3) 岩浆岩：燕山早期第二阶段侵入岩（γ_5^{2-2}）：为矿田内最主要的岩浆活动产物，系千里山花岗岩主体。根据岩石结构可以分为中心相中粒黑云母二长花岗岩（γ_5^{2-2b}）和边缘相细粒斑状黑云母二长花岗岩（γ_5^{2-2a}）。

燕山早期第三阶段侵入岩（γ_5^{2-3}）：呈小岩体或岩脉侵入第二阶段花岗岩及夕卡岩中，产于主体花岗岩中心相带内及其南部内外接触带，岩性为细粒少斑状黑云母二长花岗岩。

花岗斑岩（$\gamma\pi_5^{3-2}$）：走向北东（30°~50°），呈岩墙或岩脉群产出。为燕山晚期产物，侵入燕山早期各阶段花岗岩内。

辉绿岩脉（$\beta\mu_5^{3-2}$）：呈南北向或北西向侵入花岗岩体和泥盆系灰岩中。长数米至数百米，单脉厚一般数十厘米至数米，是区内最后一期岩浆活动的产物。

4) 围岩蚀变

区内围岩蚀变主要有夕卡岩化、云英岩化、钾长石化、钠长石化、萤石化以及大理岩化、绿泥石化和浅色云母化、硅化。

(1) 夕卡岩化：为分布最广、最发育的一种蚀变。可分为早晚两阶段：

①早期夕卡岩（简单夕卡岩）：主要矿物有钙铁-钙铝石榴子石、次透辉石-低铁次透辉石、符山石、硅灰石等。伴有白钨矿、辉铋矿、磁铁矿、黄铁矿等矿化。

②晚期夕卡岩（复杂夕卡岩）：在早期夕卡岩形成后，又经多次热液活动的交代蚀变作用，形成角闪石、帘石类、长石类和萤石等矿物，呈浸染状或脉状交代早期形成的夕卡岩矿物而形成复杂夕卡岩。伴有白钨矿、辉钼矿、锡石、辉铋矿、磁铁矿化。

(2) 云英岩化：分面状和脉状云英岩（化）两种。其中，面状云英岩化广泛发育于燕山早期第二阶段花岗岩侵入体的顶部及高侵位岩枝前峰部位。与花岗岩呈渐变过渡关系，为不连续的大小不等的透镜体、扁豆体产出。脉状云英岩化在夕卡岩中发育，系裂隙贯入所构成的网状脉，称网脉状云英岩。伴随云英岩化有强烈黑钨矿、白钨矿、辉钼矿、辉铋矿、锡石、磁铁矿化及黄铁矿、黄铜矿化等。

(3) 钾长石化：分布在夕卡岩中部及蚀变大理岩中，伴有白钨矿、辉钼矿、辉铋矿化等。

(4) 萤石化：是一种最常见的蚀变，分布最广。在云英岩中，与萤石紧密伴生的有白钨矿、辉铋矿、辉钼矿等。

2. 矿体地质特征与矿化分带

总体为一近南北向展布的似层状矿体，略向东倾，倾角5°~20°，长约1 km，宽600~850 m，厚150~300 m（最厚500 m），上部裸露地表，下界与燕山早期花岗岩顶面一致（图3-3、图3-4）。矿体具有西强东弱、西钨东锡、下钨上锡的富集规律。共查明有用矿物142种，矿石矿物主要有用组分为WO_3、Sn、Mo、Bi，伴生BeO、S、Cu、CaF_2、Nb_2O_5、Ta_2O_5等，且具有钨铋同步消长、接触带富集，从上至下锡变贫、钼变富、上白钨下黑钨的分布规律。矿化分带特征明显，花岗岩向上（外）依次为Ⅳ、Ⅲ、Ⅱ、Ⅰ矿带（图3-3、图3-4），大致呈晕圈式分布，各带间有时亦有相互穿插和包裹现象。各矿带总体特征简述如下：

Ⅰ矿带：产于外接触带网脉状大理岩、夕卡岩化大理岩（有时包括部分夕卡岩）中的网脉状大理岩型锡矿带。矿物及元素组合较为简单，主要有用矿物为锡石，赋存于黑鳞云母脉、电气石脉、斜长石脉、绿泥石脉以及硫化物细脉中。以矿化弱、品位低、矿物粒度细为特征。所圈矿体均为表外储量。

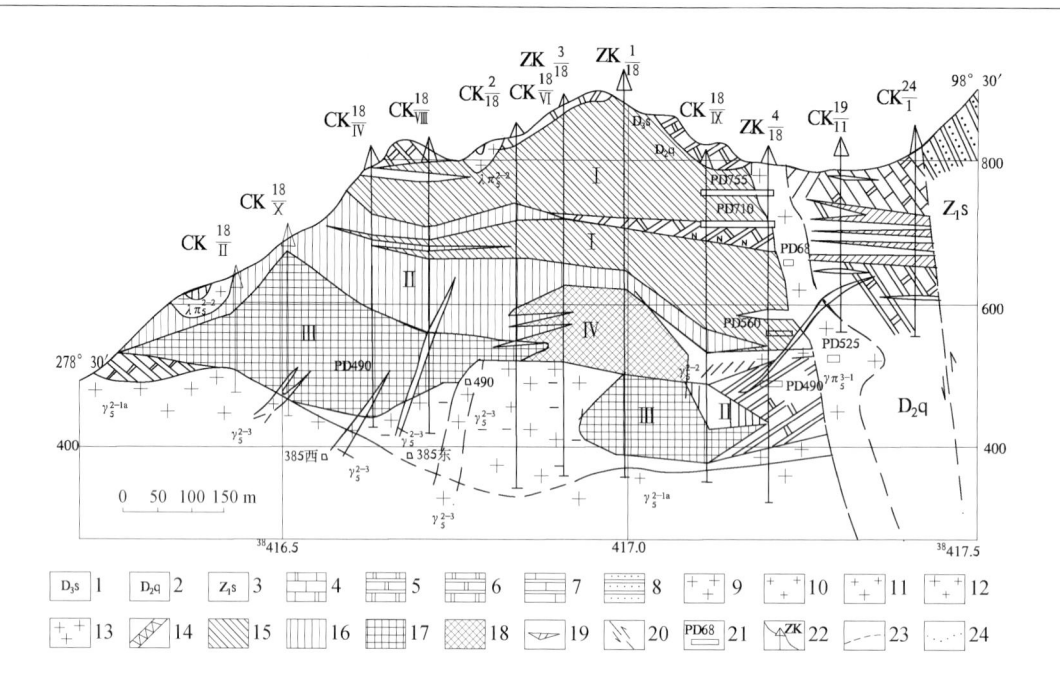

图 3-3　柿竹园矿区 18 线剖面图

1-泥盆系上统佘田桥组；2-泥盆系中统棋梓桥组；3-下震旦统泗洲组；4-云英岩；5-大理岩；6-白云石大理岩；7-夕卡岩；8-变质砂岩；9-中粗粒花岗岩（γ_5^{2-1}）；10-细粒少斑状黑云母花岗岩（γ_5^{2-2}）；11-细粒花岗岩（γ_5^{2-3}）；12-花岗斑岩（$\gamma\pi_5^{3-1}$）；13-石英斑岩（$\lambda\pi_5^{2-2}$）；14-石英脉；15-大理岩型锡矿体（Ⅰ）；16-夕卡岩型钨铋矿体（Ⅱ）；17-夕卡岩-云英岩复合型钨钼铋矿体（Ⅲ）；18-云英岩型钨钼铋矿体（Ⅳ）；19-铅锌矿体；20-断层；21-坑道及编号；22-钻孔；23-推断界线；24-渐变界线

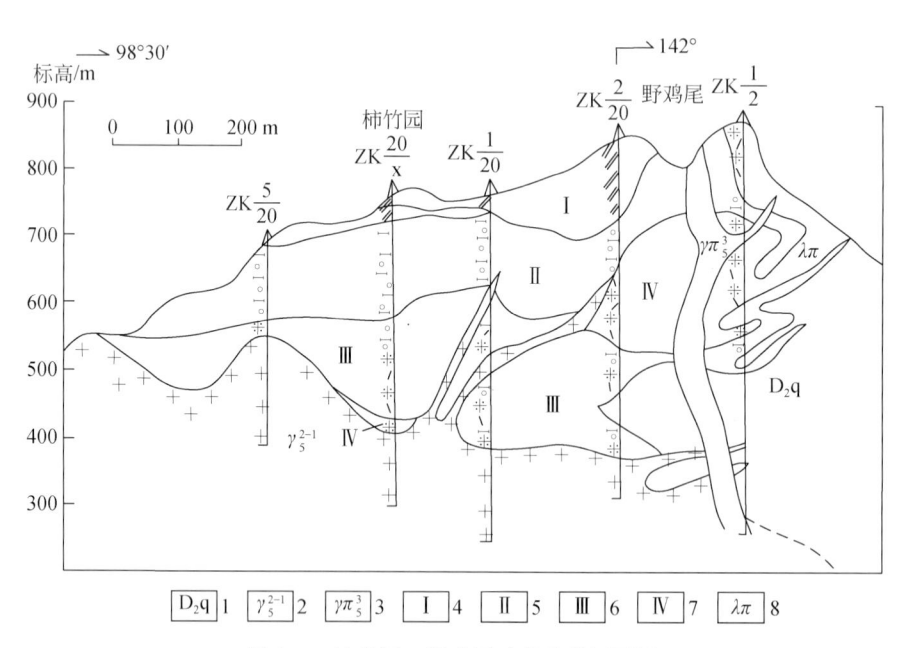

图 3-4　柿竹园、野鸡尾矿床示意剖面图

1-中泥盆统棋梓桥组；2-γ_5^{2-1}-燕山早期花岗岩；3-$\gamma\pi_5^3$-燕山晚期花岗斑岩；4-Ⅰ-硫化物网脉状大理岩型锡矿；5-Ⅱ-夕卡岩型钨铋矿；6-Ⅲ-云英岩-夕卡岩型钨锡钼铋矿；7-Ⅳ-云英岩型钨锡多金属矿；8-$\lambda\pi$-石英斑岩

Ⅱ矿带：产于正接触带上部及旁侧夕卡岩中的夕卡岩型钨铋矿带。矿物及元素组合较为复杂，主要有用矿物为白钨矿及辉铋矿。矿体规模大、矿化连续性好，且较为稳定，呈似层状、透镜状产出。边缘分支较多，矿化较弱，品位较贫。

Ⅲ矿带：产于正接触带下部紧贴花岗岩一侧的云英岩网脉-夕卡岩复合型钨钼铋矿带。矿物及元素组合复杂，主要有用矿物为白钨矿、黑钨矿、辉钼矿、辉铋矿及少量锡石。矿体呈大透镜体产出，厚度大、矿化强、连续稳定，品位较高，是本矿床的富矿体。

Ⅳ矿带：主要分布于γ_5^{2-2a}花岗岩隆起及分支的局部地段，为产于花岗岩内接触带云英岩或云英岩化花岗岩中的云英岩型钨锡钼铋矿体。矿体呈凸透镜状、扁豆状产出。矿化较为均匀，总体趋势是：西部矿化较强，以白钨矿为主，伴有辉钼矿、辉铋矿；东部矿化较弱，但不仅有黑钨矿、白钨矿，且锡石的含量较高。矿体下部以钨为主，上部以锡为主。

3. 云英岩型钨锡钼铋矿带（Ⅳ）特征

1）矿体产状、形态及规模

本矿带内共有矿体2个（Ⅳ2-1、Ⅳ2-2），其形态、产状和规模见表3-10。

表3-10 矿体形态、产状和规模表

矿体号	矿石类型	出露标高/m	规模/m 长	规模/m 宽	规模/m 厚	产状/(°) 走向	产状/(°) 倾向	产状/(°) 倾角	形态	顶底板围岩
Ⅳ2-1	LS-W、Sn、Mo、Bi	500~710	250	280	114	40	W	30~45	凸透镜状	矿体、花岗岩
Ⅳ2-2	LS-W、Sn、Mo、Bi	400~480	500	140	13	25	EW	10~40	透镜状	矿体、花岗岩

2）矿石物质组分

矿石矿物成分：主要有黑钨矿、白钨矿、辉钼矿、辉铋矿，次有锡石、磁铁矿、磁黄铁矿、黄铁矿、自然铋、黄铜矿、独居石、日光榴石、硅铍石、绿柱石、木锡矿等。其中黑钨矿与白钨矿之比为1:0.8。脉石矿物主要有石英、白云母、萤石，次要有黄玉、黑云母、绢云母、钾长石、钠长石、电气石等。

矿石化学成分及含量（%）：矿石中有30余种元素，其中金属元素W、Mo、Bi、Sn、Cu、Pb、Zn等，非金属S、F等，稀有分散元素Nb、Ta、Sc、Re、Ga、Cd等，贵金属元素有Au、Ag等。矿体平均品位（%）：WO_3 0.212、Sn 0.149、Mo 0.072、Bi 0.059。

3）矿石结构构造

矿石结构：主要有他形晶结构、半自形晶结构、自形晶结构、鳞片状结构、交代残余结构、交代假象结构等。

矿石构造：主要有浸染状构造、条带状构造、网脉状构造和块状构造等。

4. 构造-岩浆活动与成矿关系

以往对柿竹园矿床开展过系列的工作，相对来说，研究程度较高，涉及成矿作用、成矿条件、控矿因素、成矿规律、矿床成因、成矿模式以及有关的岩石、矿物和地球化学等方面。王昌烈等（1987）在系统介绍柿竹园矿床的成矿地质背景和矿床地质特征的基础上，将其归纳为云英岩-夕卡岩复合型钨锡钼铋多金属矿床，并将发育于夕卡岩中的各类脉体称"云英岩脉"或"云英岩网脉"，提出它们与矿化关系最为密切，是柿竹园矿床中分布最广、规模最大的矿体。此观点一直影响至今（程细音等，2012）。毛景文等（1996）进一步认为柿竹园矿床由三个阶段不同成矿作用复合叠加而成，它们分别与似斑状黑云母花岗岩、等粒黑云母花岗岩和花岗斑岩脉有着成因联系，第一阶段矿化包括含矿块状钙质夕卡岩和含矿退化蚀变岩，第二阶段为云英岩矿化，在空间上叠加于块状夕卡岩及外部的大理岩；第三阶段为与锰质夕卡岩相伴生的铅锌银矿化，他们据此建立了柿竹园矿床的多阶段成矿模式。刘义茂等（1998）在总结柿竹园矿床形成的有利地质地球化学条件的基础上，也提出了成矿作用与成矿条件模型和强调构造控制的振荡剪切熔融、活化模型。上述成因模型实质上均反映了"三源成矿论"思想，较好地解释了柿竹园矿床的形成机制。其后，龚庆杰等（2004）以前人地质地球化学研究为基础，从定量的角度进一步分析了成矿流体的物理化学条件，认为柿竹园矿床的形成具备持续的"热源"、充沛的"水源"和丰富的"矿源"，而且成矿流体对成矿物质具有超强的萃取和搬运能力，千里山花岗岩体的多次夕卡岩化和云英岩化围岩蚀变则是成矿流体中钨产生有效富集的重要机制，进而定量尝试了揭示柿竹园钨多金属矿床的形成机制。

由于该矿床与千里山花岗岩有着密切的成因联系，有关千里山花岗岩的起源、成岩时代及与蚀变和成矿的关系，也开展过大量研究。毛景文等（1995a、b）认为千里山岩体起源于古元古界地层的重熔，属于陆壳改造型花岗岩（沈渭洲等，1995），其主体花岗岩的成岩年龄为162.55±3.25 Ma（钾长石 Ar-Ar 法；刘义茂等，1997）、152±2 Ma（锆石 SHRIMP 法；Li X H et al.，2004）、160±1 Ma、156±1 Ma 和 155±2 Ma（锆石 LA-ICP-MS 法；Chen et al.，2014），反映了其为一个多期侵入的复式岩体（毛景文等，1995a，b；沈渭洲等，1995；刘义茂等，1997）。采用高精度锆石 SIMS U-Pb 定年方法，Guo 等（2015）进一步厘定了千里山复式岩体三阶段侵位年龄分别为154.5~152.3 Ma、153.4~152.5 Ma、152.4~151.6 Ma。赵振华等（2000）则认为，与柿竹园超大型矿床有关的千里山花岗岩属铝质碱性花岗岩，并根据矿区内玄武岩、碱性岩、花岗岩的时空组合及岩石化学、微量元素和 Nd、Pb、Sr、O 同位素组成特征，提出该超大型矿床形成过程中伴有较强烈的深源岩浆活动，壳幔相互作用对矿床的形成有重要贡献。对于与千里山花岗岩有关的柿竹园超大型钨锡多金属矿床的成矿年龄，刘义茂等（1997）得到的石榴子石、透辉石矿物 Sm-Nd 等时线年龄为160.8±2.4 Ma；而李红艳等（1997）的辉钼矿 Re-Os 等时线年龄为151±3.5 Ma。最近 Li 等（2004）利用两个石榴子石、两个萤石及两个黑钨矿进行 Sm-Nd 等时线定年，取得了很好的效果，确定柿竹园矿床的年龄为149±2 Ma，虽然三个成矿年龄数据相差不大，但考虑到不同测试方法的精度和误差，显然后两者的年龄更为可靠，而这两个成矿年龄与千里山花岗岩的锆石 SHRIMP 年龄（Li X H et al.，2004）基本吻合。

3.2.3.2 红旗岭锡矿床

矿区位于郴州市东15 km（图2-3），属郴州市苏仙区白露塘乡管辖，地理坐标：东经113°10′46″~113°11′58″，北纬25°45′57″~25°47′35″。

矿区位于东坡矿田千里山花岗岩体的北东外接触带（图3-1）。大地构造位置，位于湘南加里东褶皱带西南端，西山复式背斜西翼。出露地层有震旦系下统与泥盆系中统跳马涧组，二者呈角度不整合接触，锡多金属矿受断裂构造控制，主要产于震旦系硅化石英砂岩夹千枚状板岩中，其次是泥盆系中统跳马涧组石英砂岩。

区内褶皱属西山背斜西翼的次级构造，由红旗岭及其东北、西北部的短轴背向斜组成，断裂构造比较发育，主要有北北东、北东、北西向三组，成矿主要受北北东和北东向压扭性陡倾斜断裂控制。

区内岩浆岩可分为四个阶段：①燕山早期第一次侵入岩——千里山花岗岩体，出露于矿区南西边缘和隐伏于矿区深部，与成矿关系密切，岩性为中细粒斑状花岗岩；②燕山早期第二次侵入岩，呈不规则脉状，主要见于420坑道及坑口附近，为细粒花岗岩；③花岗斑岩，呈陡立的岩墙或岩脉群分布于矿区东南侧，为成矿后侵入，切穿矿体；④辉绿岩，呈脉状，主要见于 F_4 断裂带中，与 F_4 断裂带平行或呈锐角交切，是矿区最晚一期岩浆活动产物。

区内围岩蚀变有角岩化、钠长石化、云英岩化、硅化、萤石化、绢云母化和绿泥石化等，与矿化关系密切者有云英岩化和硅化。云英岩化分布很广，它不但出现于细粒花岗岩分布的地方，使细粒花岗岩局部或全部变成云英岩，或产生不同程度的蚀变，而且有些石英脉与长石石英脉也常常蚀变成云英岩脉。锡石、黑钨矿等矿产就是云英岩阶段的产物，是矿化富集形成的有用矿产。硅化，在矿体和断裂构造中，特别在 F_1、F_2、F_4 等多金属矿化断裂带上屡见不鲜，且非常强烈，与铜、铅、锌、锡石等的形成紧密相关，其余蚀变与矿化关系不明显。本矿床锡石表现环带的成分特征，反映出成矿物质从早到晚具有韵律性演化；锡石的 Nb、Ta 相对含量指示成矿流体属于弱酸性，In 含量反映成矿压力比较小（陈锦荣，1992）。

红旗岭矿床属断裂构造控制的裂隙充填型矿床。矿区内共发现大小矿脉15条，圈出12个矿体（含3个从属矿体），矿脉有两种产出形式：锡石-石英、锡石-硫化物混合型矿脉以及含钨、锡细脉带。

1. 锡石-石英、锡石-硫化物混合型矿脉

区内此类矿脉共发现14条，包含9个矿体，编号分别为4、4-2、3、3-1、3-2、15、12、2、1等，其中以4号矿体规模最大。

4号矿体：受F_4断裂的控制，矿体呈板状，走向25°～30°，倾向南东东，倾角80°左右。矿体总长2664 m，厚度最大26.40 m，平均厚5.11 m，延深最大525 m。矿体在走向和倾向上往往呈舒缓波状产出，有膨大、缩小、分支等现象。矿体大致可以分为锡石石英脉、锡石硫化物和锡石绿泥石石英岩三种矿化类型，但各类型不能单独圈定，锡矿体与围岩界线不明显。矿体平均品位：Sn 0.429%、Pb 0.24%、Cu 0.13%。主要金属矿物为锡石、方铅矿，次为毒砂、黄铁矿、黄铜矿、闪锌矿、磁铁矿、黑钨矿，脉石矿物以石英、绿泥石为主，矿石具自形、半自形、他形、交代、乳浊状、嵌晶、充填和镶嵌等结构，以及浸染状、脉状、块状、条带状构造。围岩蚀变有硅化、绿泥石化、云英岩化、绢云母化，其中硅化与锡矿关系密切，绿泥石化与铅矿化有关。

3号矿体：受F_3断裂的控制，矿体呈脉状，走向55°～70°，倾向南东，倾角61°左右。矿体总长914 m，厚度最大10.70 m，平均厚4.18 m，延深最大390 m。矿石特征与4号矿体基本相同，为混合型矿体，但石英脉不发育，主要含Sn。矿体平均品位：Sn 0.398%、Pb 0.05%、Cu 0.01%。

2. 含钨锡细脉带

位于矿区东部，分布于4号矿体东侧，总体产状与4号脉平行，呈20°～30°方向延展，走向延长大于1000 m，脉带宽数十米至140余m，倾向北西西，倾角80°左右。出露标高820～980 m。延深550余米。脉带地表主要是含锡、钨云母线或几毫米宽的石英细脉，往深部收敛，由地表细脉变深部大脉。矿化由地表以锡为主变为深部以钨为主。细脉带中有3个主要矿体，即101、102、103。单矿体长一般200～350 m，厚2～10.3 m，最厚13 m，呈左行右列式排列，一般含细脉密度2～8条/m，含脉率一般1%～3.9%。少数达6%和7.5%。主要矿物成分有黑钨矿、锡石和石英、黄玉、白云母，矿石品位：Sn 0.14%～0.26%，WO_3 0.03%～0.05%。

该类型矿石成因上属高中温热液裂隙充填型。

截至1986年底，矿区累计探明和保有锡金属储量属中型矿床，品位：Sn 0.35%。现已达大型规模。

3.2.3.3 香花岭锡矿床

香花岭锡多金属矿床位于湖南省临武县境内，距离郴州市80 km，是湘南地区一个以锡为主的大型Sn-W-Be-Pb-Zn-Ag多金属矿床，同时也是该区唯一的独立大型稀有金属Nb-Ta矿床。区域构造上，该矿床位于北东向郴（州）-临（武）深大断裂带与南北向耒（阳）-临（武）断裂带的交汇部位，湘南钨锡多金属成矿区的西南缘，整体上为一区域伸展作用背景下岩浆底辟上隆形成的北东向构造-岩浆穹隆（袁顺达等，2008）。矿床成矿作用复杂，矿化类型和成矿元素众多，矿化类型以癞子岭花岗岩为中心呈带状分布（图3-5），且该矿床的锡品位较高，锡矿石中SnO_2含量高达97%以上（张德全和王立华，1988）。国内许多学者在区内曾做了大量工作，尤其是20世纪80年代以来，围绕癞子岭、尖峰岭等代表性岩体开展了成矿地质背景（徐启东和章锦统，1993）、成矿时代（莫柱孙等，1980；胡永嘉等，1984）、地球化学（黄瑞华，1985；罗卫等，2010）、矿床分带（文国璋等，1984）、岩石学矿物学矿床学（黄蕴慧等，1988；张德全和王立华，1987；朱金初等，1993，2011；陈德潜，1987；Xiong et al.，2002）、流体热力学（周涛，2009）、花岗岩流体演化与成矿关系（邱瑞照等，1997，1998）、成岩成矿物质来源等研究（周涛等，2008，2009；邱瑞照等，1998，2002，2003；朱金初等，1993，2008，2011）。结合癞子岭、尖峰岭等代表性岩体的岩石地球化学特征，通过对区内花岗岩（$\varepsilon_{Nd}(t)=-6.7\sim-6.1$）和矿石（$\varepsilon_{Nd}(t)=-10.1\sim-7.8$）Nd同位素组成分析，邱瑞照等（2002）认为香花岭矿田的成岩成矿物质主要来源于中元古代地层重熔，但地幔物质有一定贡献，成岩成矿是华南中生代岩石圈减薄背景下的产物。来守华（2014）进一步研究认为，矿区癞子岭及其隐伏岩体为铁叶云母碱长花岗岩，并根据隐伏黑云母花岗岩、钠长石花岗岩和花岗斑岩的LA-ICP-MS锆石U-Pb年龄（分别为150.37±0.94 Ma，MSWD=0.113，150.88±0.55 Ma，MSWD=0.77，151.18±0.91 Ma，MSWD=0.14），认为成岩成矿均为晚侏罗世构造岩浆活动的产物。航磁及有关地质资料表明（图3-6），本区存在"香花岭环"，可能隐伏着与地表各岩体、岩脉相连的花岗岩岩基（邱瑞照等，2002）。

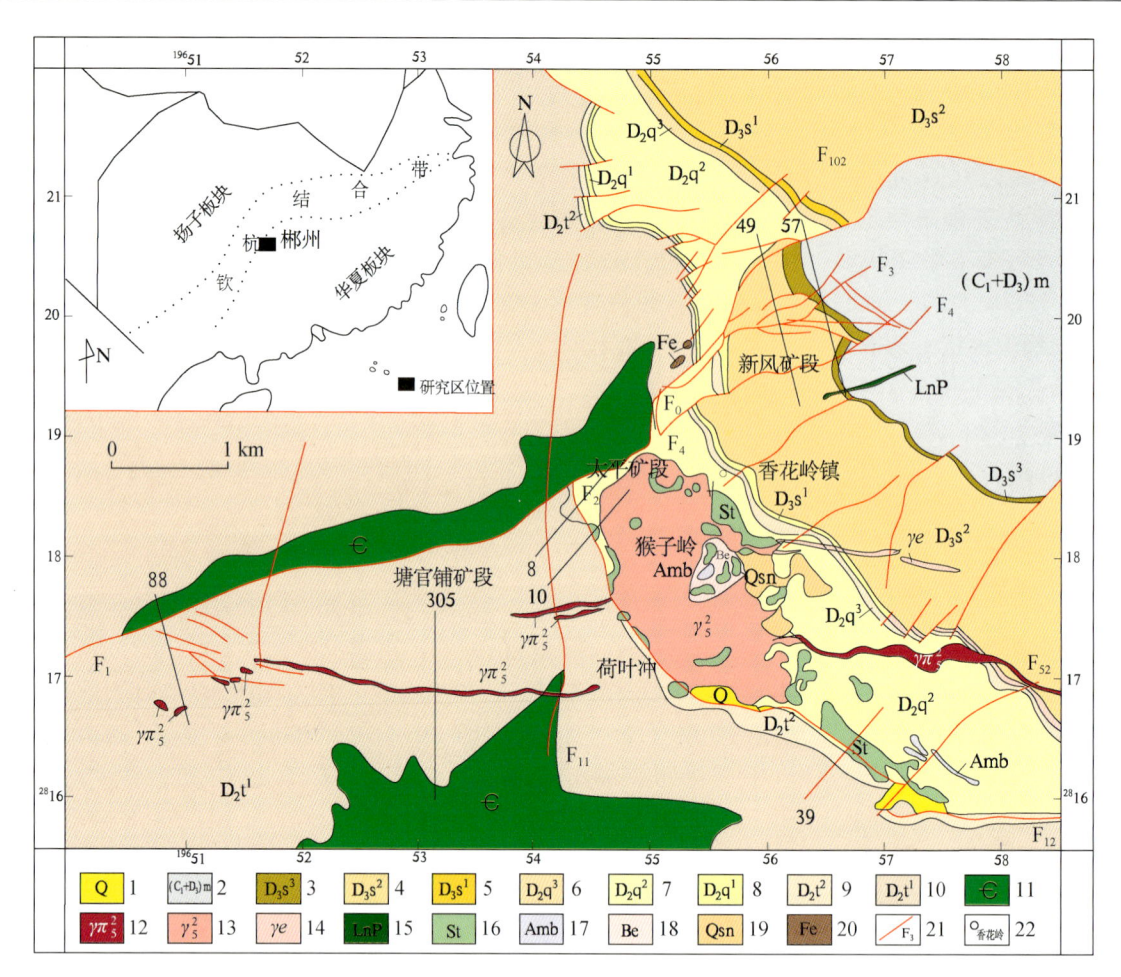

图 3-5　香花岭矿区地质简图（据来守华，2014 修改）

1-第四系；2-上泥盆统—下石炭统孟公坳组；3-上泥盆统佘田桥组上段；4-上泥盆统佘田桥组中段；5-上泥盆统佘田桥组下段；6-中泥盆统棋梓桥组上段薄层灰质灰岩；7-中泥盆统棋梓桥组中段粒状白云岩；8-中泥盆统棋梓桥组下段泥质灰岩；9-中泥盆统跳马涧组上段砂质页岩；10-中泥盆统跳马涧组下段砂岩；11-寒武系浅变质砂岩；12-黑云母花岗岩；13-花岗斑岩；14-香花岭岩；15-闪长煌斑岩；16-绿色条纹状交代岩；17-白色条纹状交代岩；18-含 Be 条纹状交代岩；19-砂锡矿；20-铁帽；21-断层及编号；22-地名

矿区位于香花岭背斜轴部，出露的地层有下寒武统香楠组和泥盆系、石炭系下统以及第四系，其中泥盆系地层与成矿有关（图 3-5）。泥盆系中统半山组和跳马涧组，岩性以砂岩和页岩为主，底部有砾岩和砂砾岩，下部石英砂岩中局部有含黑钨矿石英细脉，近断层处有星散状锡石分布。中统棋梓桥组分三段，下段由薄层泥灰岩夹少量灰岩和钙质页岩组成。具夕卡岩化、绿泥石化蚀变。其中有锡铅锌矿化，局部富集成矿体；中段为白云岩夹灰岩和白云质灰岩，具强烈硅化，为铍铅锌矿的主要含矿围岩；上段为薄层碳质灰岩夹钙质页岩。近岩体处具硅化、夕卡岩化蚀变。上统马鞍山组主要由竹叶状灰岩和薄层灰岩互层组成。

下石炭统分布于矿区外围，与成矿关系不大。第四系分布在山坡、沟谷中，在深坪一带的冲、洪积层中有钨锡砂矿赋存。

燕山早期癞子岭黑云母花岗岩（香花岭岩群的一部分）与泥盆系铝硅酸盐和碳酸盐岩接触，产出条纹岩、白云岩、大理岩、夕卡岩、石英岩、板岩等蚀变产物。花岗岩本身富含钨锡和金属硫化物，为本区主要的物质来源之一。

矿区由太坪矿段和新风矿段组成，前者位于矿区西南部，以锡石硫化矿床为重要；后者地处东北部，是以铅锌为主的铅锌锡矿床。

锡石硫化物矿体赋存于癞子岭花岗岩体外接触带的泥盆系碳酸盐岩中（图 3-7）。矿区处于东西向构造带与南北向构造带的交接复合部位，断裂非常发育，以 F_1 为主干断裂的"入"字形构造（图 3-5），控制

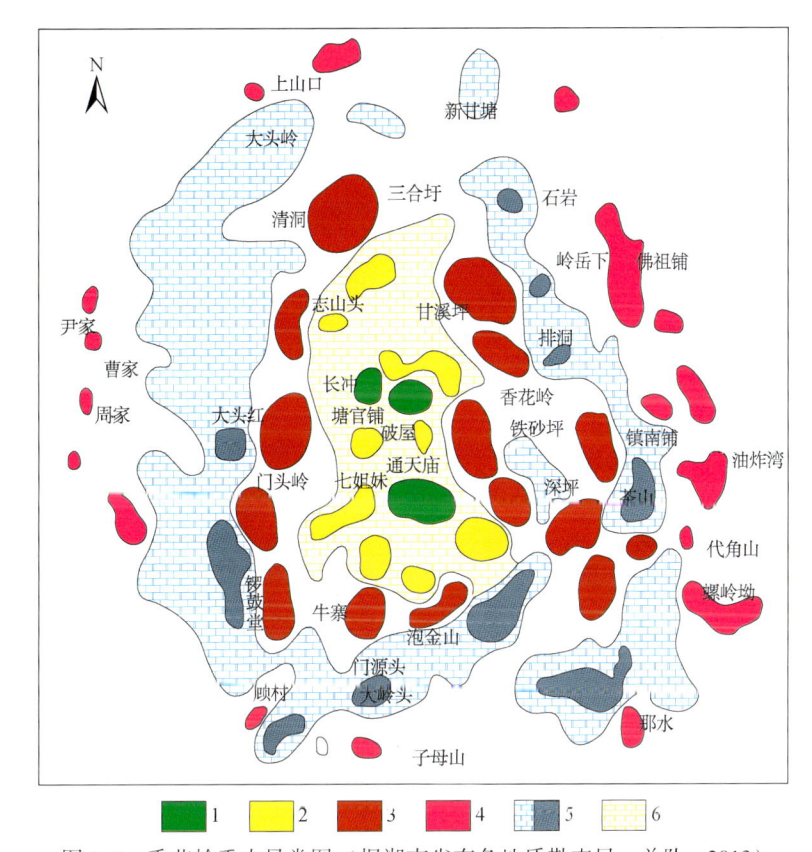

图 3-6 香花岭重力异常图（据湖南省有色地质勘查局一总队，2013）
1-核部斑状异常（正）；2-核部斑状异常（负）；3-内环正异常；4-外环负异常；5-中环负异常；6-核部负背景区

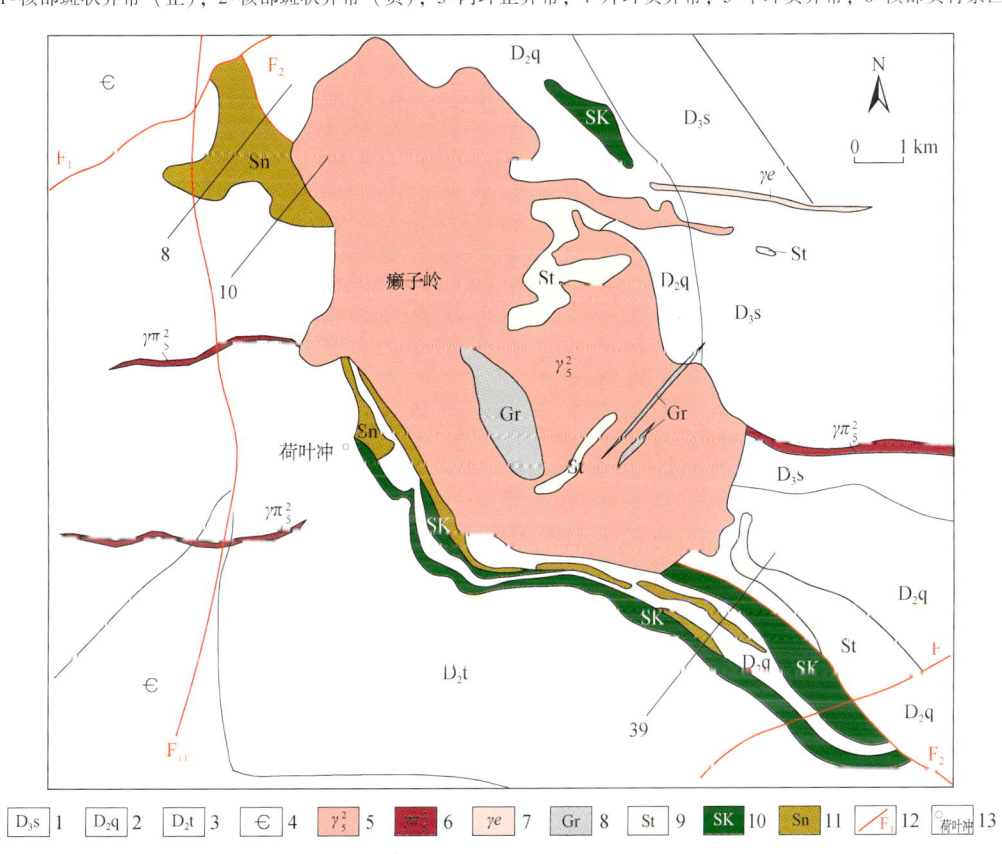

图 3-7 香花岭矿区夕卡岩型锡矿位置略图（据钟江临，2006 修绘）
1-泥盆系上统佘田桥组；2-泥盆系中统棋梓桥组；3-泥盆系中统跳马涧组；4-寒武系浅变质砂岩；5-黑云母花岗岩；6-花岗斑岩；7-香花岭岩；8-云英岩；9-绿色条纹状交代岩；10-夕卡岩；11-锡矿体；12-断层及编号；13-地名

了矿体的空间分布，产出形态和规模，是区内主要的控矿构造。矿体呈似层状和管状，前者的产状和断层产状一致（图3-8）。走向由北北东转向北东，倾向南东，倾角35°~45°。长约1600 m，平均厚度：南端0.82~1.31 m，变化系数0.4856~0.3786；北端0.72~1.26 m，变化系数0.3864~0.6647。矿体厚度大于0.8 m者占55.77%，其中547中段占21.12%。该中段南矿体厚度较大而稳定；矿体厚度小于0.8 m者占44.23%。矿体延深一般为86 m（砂子岭），最深710 m以上。管状硫化物矿体赋存于似层状矿体的上盘，斜交岩层层面和似层状矿体，斜交角20°~40°，沿北西西向、北西向和北东向节理裂隙充填交代。形态很复杂，呈管子状、肠状、脉状、囊状等，产状不一，规模一般都很小。大者断面可达10 m²以上（如110号），小的不到0.5 m²。此类矿体已基本采完。

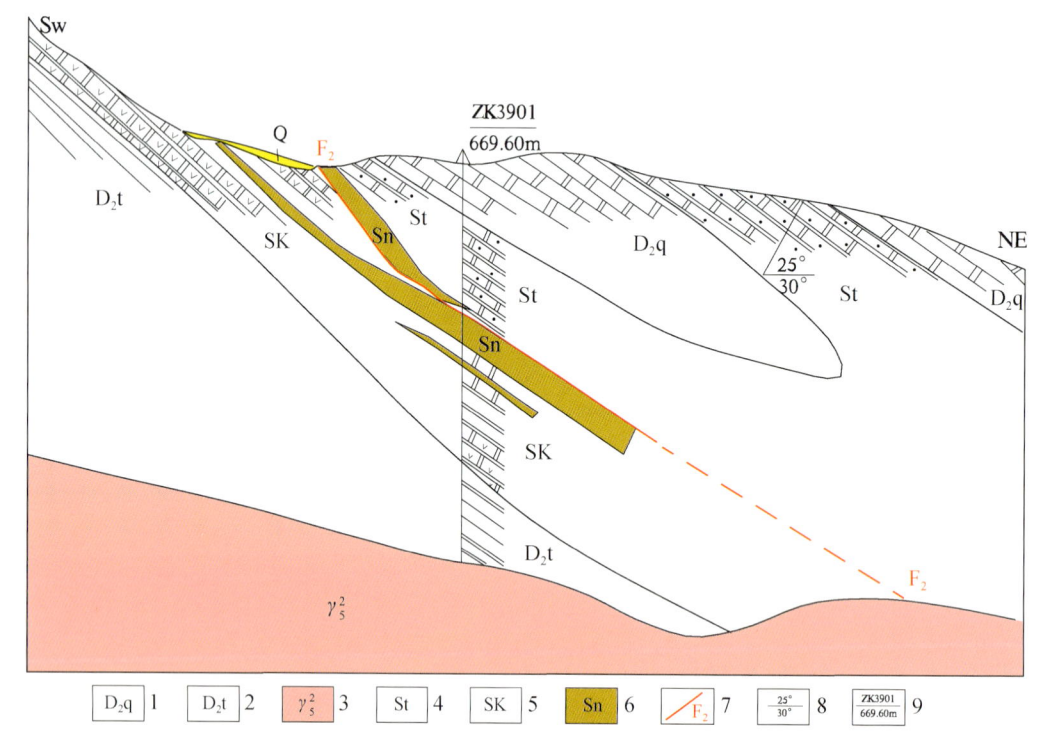

图3-8 香花岭矿区荷叶冲39线示意图（据来守华，2014）

1-泥盆系中统棋梓桥组灰岩；2-泥盆系中统跳马涧组砂岩；3-黑云母花岗岩；4-绿色条纹状交代岩；5-夕卡岩；6-锡矿体；7-断层及编号；8-地质体产状；9-钻孔

区内主要金属矿物有磁黄铁矿、磁铁矿、黄铁矿、毒砂、锡石、闪锌矿、方铅矿等。主要非金属矿物有阳起石、透辉石、符山石、硅灰石、绿泥石、方解石、白云石、石英等。此外，尚有日光榴石、香花石、金绿宝石、塔菲石、绿柱石、锂云母、铁锂云母等含铍锂矿物。

锡石呈不规则粒状，粒径一般0.044~0.15 mm，最大达0.528 mm、最小0.008 mm。主要出现在致密状硫化物矿体中，大部分嵌布于磁黄铁矿块及磁黄铁矿与绿泥石条带旁侧，产于磁黄铁矿中的锡石被磁黄铁矿所交代，部分锡石则出现在接触带非金属矿物以及大理岩和灰岩中。

矿石平均品位：矿体南端Sn 0.44%~1.17%，变化系数0.6070~1.4214；矿体北端Sn 0.70%~1.23%，变化系数0.5008~1.2874。矿区一般含锡1%~2%左右，最高达8.20%。全区锡含量在0.3%以上者占65.95%，其中锡石硫化矿体占该含量级总数的66.3%，最高含锡量达1%以上者。锡石硫化物矿体占33.25%，含锡量小于0.1%者，锡石硫化物矿体占11.34%。

矿区矿石类型主要有六种：

（1）绿泥石-硫化物锡石型，是似层状矿体的主要矿石，平均品位：Sn 1%~2%或大于2%。

（2）夕卡岩-硫化物锡石型，硫化物沿夕卡岩矿物颗粒间的孔隙交代成块状，锡石分布极不均匀，含量一般为万分之几，个别可达最低工业品位。

(3) 磁黄铁矿-硫化物锡石型，以锡石和磁黄铁矿为主；闪锌矿、黄铁矿次之，含锡砂岩即属此类型。

(4) 毒砂-锡石型，为管状矿体的主要矿石，锡石量随着毒砂的富集而增高，并出现较大的锡石颗粒。

(5) 粒硅镁石-磁铁矿锡石型，为似层状及管状矿体的一部分，一般含 Sn 1% 左右。

(6) 方铅锌、闪锌矿-锡石型和铅锌锡石型，矿物成分以方铅矿、闪锌矿为主，含锡量低。

此外，尚有含锡砂岩、含锡石英岩、含锡花岗岩、含锡钨铁锂云母脉及含锡天河石伟晶岩等含矿岩石，其品位：Sn 0.01%~0.1%，个别达1%。

锡石硫化物矿体均分布于构造带中及其附近，矿化以产于碳酸盐岩中者较富，生于硅酸盐中者较贫；水平方向接近于花岗岩部分的矿体锡品位较高，厚度较大，远离花岗岩部分的矿体则品位低，厚度小；垂直方向近花岗岩体的矿体含锡贫，锡石颗粒细，远离岩体的矿体则含锡较富，锡石颗粒较粗。花岗岩凹陷处和起伏不平的部位，对含锡交代岩和含锡、铅锌条纹夕卡岩形成有利。花岗岩产状与碳酸盐岩产状呈单向接触和不整合接触时，易于矿液沉淀和富集。产于碳酸盐岩中的管状锡矿体或铅锌硫化矿化多富集于裂隙交叉处及围岩破碎地段。赋存于白色细粒大理岩中的矿体具有工业价值。似层状和管状锡矿体常富集于同一部位。

铅锌锡矿体产于花岗岩体外接触带，呈似层状、筒柱状、扁豆状，不规则脉状等。共有矿体9个，锡矿化仅赋存于1号铅锌锡矿体和锡矿体中，倾向117°~130°，倾角20°~36°。铅锌锡矿体长180 m，平均厚3.11 m，平均品位：Pb 1.73%、Zn 2.22%、Sn 0.66%，Pb : Sn = 1 : 1.28。锡矿体长40~230 m，平均厚0.92~2.18 m，平均品位：Sn 1.72%。主要金属矿物有方铅矿、闪锌矿、黄铜矿、辉铜矿、黄铁矿、磁黄铁矿、毒砂、脆硫锑铅矿等，脉石矿物有白云石、方解石、绿泥石、萤石、石榴子石、符山石、辉石、阳起石等。矿石类型有块状铅锌硫化物矿石、细脉状铅锌硫化物矿石、磁黄铁矿、铅锌锡综合矿石、磁黄铁矿型铅锌硫化物矿石、黄铁矿型铅锌矿石、绿泥石型铅锌矿石、夕卡岩型铅锌矿石。

根据矿物的共生组合、围岩蚀变以及它们之间的相互关系，推测矿物的生成顺序和成矿阶段如下：

夕卡岩期形成夕卡岩矿物、磁铁矿、角闪石等。萤石是夕卡岩期-气成期-热液硫化物期第一阶段的产物。氟镁石、金云母、铁锂云母、氟硼镁石、电气石、塔菲石、粒硅镁石、金绿宝石、香花石等主要形成于气成-热液硫化物期第一阶段。热液硫化物期第一阶段生成的矿物有锡石、白钨矿、日光榴石、毒砂。热液硫化物期第一到第二阶段形成黄铁矿。第二阶段析出磁黄铁矿；闪锌矿、黄铜矿、方铅矿、斑铜矿、辉钼矿、脆硫锑铅矿、白铁矿、黝锡矿、水镁石、白云石等属热液硫化物第三阶段产物，绿泥石生成最晚，析出于第二阶段至第三阶段。

根据本区矿体形态、矿物共生组合、围岩蚀变、矿物包裹体测温和硫化物S、Pb同位素组成等（周涛等，2008），矿床成因类型应属高温热液裂隙充填交代型锡石硫化物矿床、中温热液充填交代型铅锌矿床，锡金属储量为中型矿床。

3.3 铅锌多金属矿床成矿特征

3.3.1 矿床成因类型划分

关于铅锌矿床类型的划分，许多著名的国内外专家提出了诸多不同的分类方案，概括起来大致可有成因分类和工业分类两大类。我国目前对于铅锌矿床还没有一个统一的分类方案，考虑到本项目的任务之一是要开展铅锌多金属的成矿预测，以采用成因分类为宜。我们根据千骑地区铅锌多金属矿床的地质特征，以成矿作用和成矿方式为主线，并结合成矿物质来源、控矿地质条件等因素，将本区铅锌多金属矿床分为岩浆期后热液型和层控型两个大类和五个亚类（表3-11）。

表 3-11 千骑地区铅锌多金属矿床分类表

矿床类型	亚类		分类主要依据	矿床实例
岩浆期后热液型铅锌多金属矿床	I_a	岩体与碳酸盐岩接触交代型	产于酸性、中酸性复式小岩体与碳酸盐类岩石接触带附近的有利构造部位，成矿作用以接触交代作用为主的矿床	桂阳县黄沙坪、宝山、大坊
	I_b	岩体外接触带碳酸盐岩中之断裂充填型	不受接触带构造控制，产于与成矿岩体相距较远的外接触带碳酸盐岩中，在容矿断裂构造部位形成的，成矿作用相对以填充作用为主的脉状矿床	临武县香花岭、炮金山；郴州东坡山、横山岭、柴山
	I_c	产于硅铝质岩石中之脉状矿床	矿床与酸性、中酸性岩浆岩有成因联系，产于碎屑岩、浅变质碎屑岩及花岗岩类岩石中，受有利容矿断裂构造控制，成矿作用以中温热液填充为主的脉状矿床	郴州铁石垅、红旗岭、野鸡窝、枞树板和南凤坳
层控型铅锌多金属矿床	II_a	沉积改造型	在沉积成岩阶段形成的矿源层或矿化层，经后期地质作用（构造、地下热卤水等）改造而形成的矿床	郴州金狮岭、铁渣市；宜章县田尾
	II_b	沉积改造、岩浆热液叠加型	沉积期形成的矿层或矿源层，除经后期改造作用外，还有岩浆热液叠加改造的矿床	郴州玛瑙山、玉皇庙、枫树下

3.3.2 各类型矿床特征

3.3.2.1 地质特征

1. 接触交代型矿床

矿床均赋存在酸性、中酸性小岩体接触部位的碳酸盐岩中，矿体一般产于小岩体的顶部，岩盘式岩墙的下部。矿体产状多变，形态复杂，主要为透镜状、似层状、囊状及其他不规则状，沿走向或倾向常有分支复合、尖灭再现等现象。矿体常成群出现，矿体个数多，但主矿体只有几个，如黄沙坪矿区，大小矿体多达347个以上，但主矿体仅有5个。单个矿体规模相差悬殊，小者一般走向长十几米至数十米，最大者达700余米；斜深小者一般十余米至数十米，最大者达500余米；矿体厚度零点几米至数米，最厚达20余米。矿床规模以大、中型居多。该亚类矿床已探明铅锌金属储量195万t，占已探明铅锌总储量的59.1%，是千骑地区最主要的矿床类型。该亚类矿床主要分布于坪宝地区（图3-9、图3-10）。

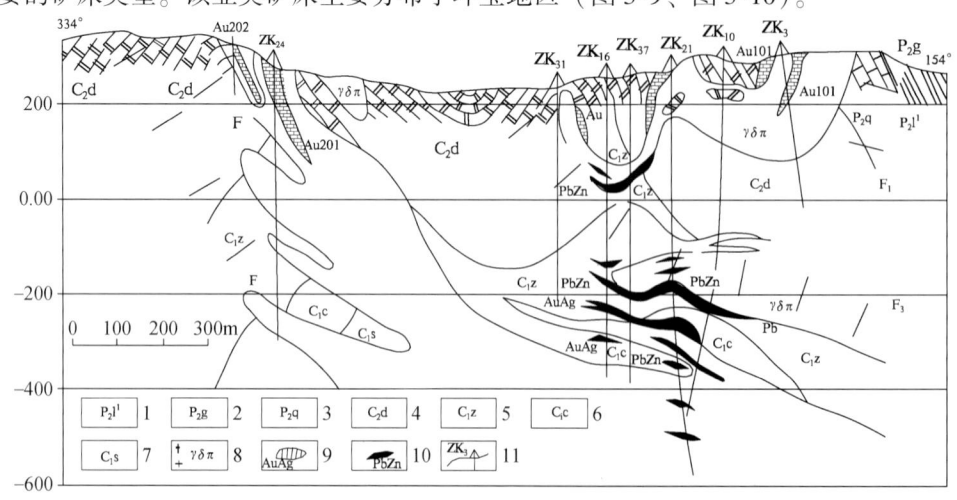

图 3-9 桂阳县大坊矿区 B 线地质剖面图

1-龙潭组下段砂页岩；2-孤峰组硅质岩；3-栖霞组灰岩；4-大埔组白云岩；5-梓门桥组白云岩；6-测水组砂页岩；
7-石磴子组灰岩；8-花岗闪长斑岩；9-金银矿体；10-铅锌矿体；11-钻孔及编号

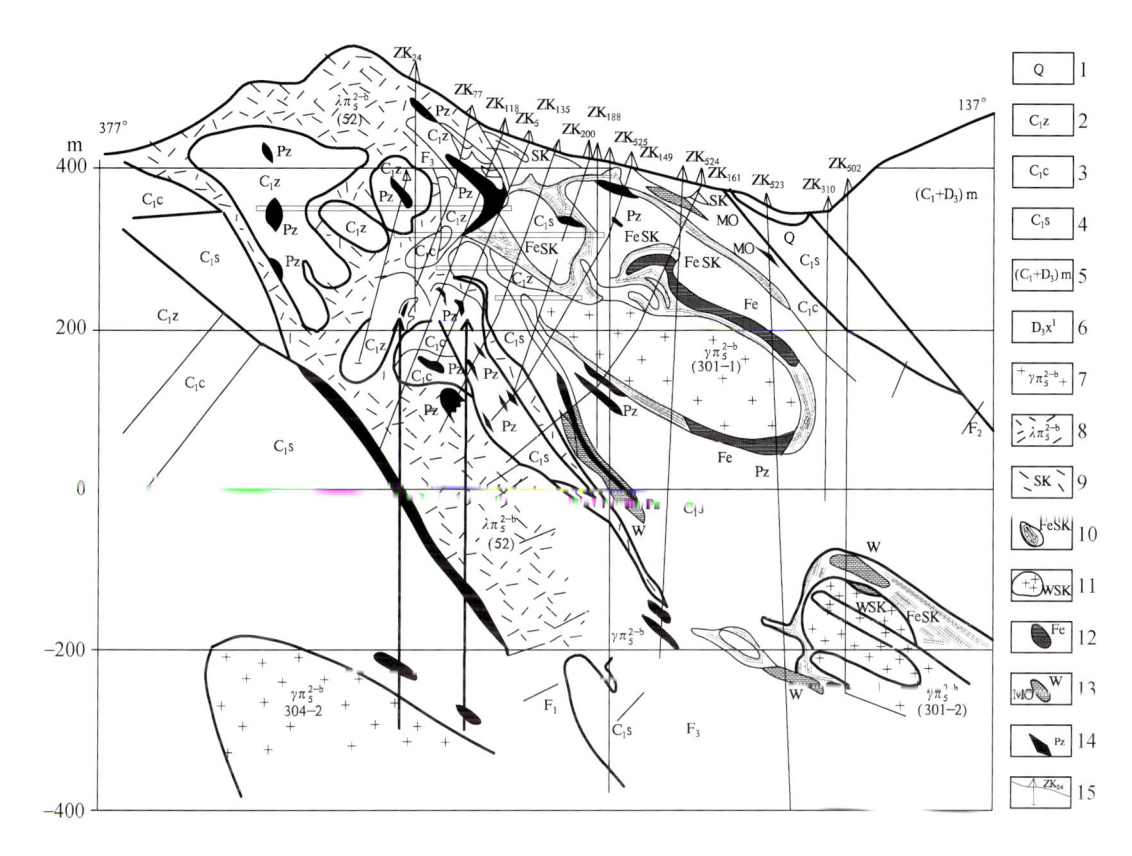

图 3-10 黄沙坪矿区 105 线地质剖面图

1-第四系；2-梓门桥组白云岩；3-测水组砂页岩；4-石磴子组灰岩；5-孟公坳组灰岩；6-锡矿山组粉砂岩；
7-花岗斑岩；8-石英斑岩；9-夕卡岩；10-夕卡岩铁矿体；11-夕卡岩钨矿体；12-磁铁矿体；
13-钨钼矿体；14-铅锌矿体；15-钻孔及编号

姚军明等（2007）曾通过对黄沙坪矿床与铅锌硫化物共生的辉钼矿 Re-Os 同位素分析，获得 150.9 ~ 156.9 Ma 的模式年龄、154.8±1.9 Ma 的 ^{187}Re-^{187}Os 等时线年龄（MSWD=1.5），相一致的模式年龄和等时线年龄为黄沙坪矿床提供了一个准确的形成时限。该成矿年龄也与黄沙坪花岗岩体的成岩年龄 161.6±1.1 Ma 基本一致（LA-ICP-MS 锆石 U-Pb 法；姚军明等，2005）。这些数据表明，黄沙坪花岗岩体与黄沙坪矿床，同区域内的骑田岭花岗岩体及其相关的芙蓉锡矿田、新田岭钨矿床，以及千里山花岗岩体与柿竹园钨锡钼铋矿床、金船塘锡铋矿床等都是燕山中期的产物，它们均为湘南岩浆-成矿带的重要组成部分，也是华南燕山中期大规模成矿作用在湘南地区的集中表现。黄沙坪矿床辉钼矿样品的 Re 含量普遍较低（$0.46×10^{-6}$ ~ $7.02×10^{-6}$），表明其成矿物质主要来自于地壳。

2. 产于岩体外接触带碳酸盐岩中断裂充填型矿床

矿体主要受断裂带控制，矿区内规模较大的断裂主要为控岩和导矿构造，规模较小的次级断裂则为直接控矿的容矿构造。矿体主要赋存于岩体外接触带或花岗斑岩和石英斑岩岩墙、岩体旁侧的碳酸盐岩中，部分矿体为隐伏脉状盲矿体。矿脉一般呈平行脉组出现，而在容矿断裂的交汇部位往往形成规模较大的矿柱。矿体形态复杂，常为不规则矿脉带，矿体有似层状、扁豆状、筒柱状、透镜状及囊状、瘤状等。矿体分支、复合、膨胀、狭缩现象较普遍。主矿脉旁侧往往出现支矿脉。矿体数量多，但规模小，最多者可达 200 多个（柿竹园-野鸡尾铅锌矿区）。矿体沿走向一般为数十米至数百米，最长可达 1 km（炮金山矿区）、斜深一般为数十米至 200 余米，最深者可达 500 m（香花岭矿区新风矿段）。矿体厚度一般由零点几米至数米，最厚的筒柱体可达 77 m（柴山矿区）。矿床规模以小型居多，少数达中型。该亚类铅锌多金属矿床主要分布于东坡矿田和香花岭矿田等处（图 3-11、图 3-12）。

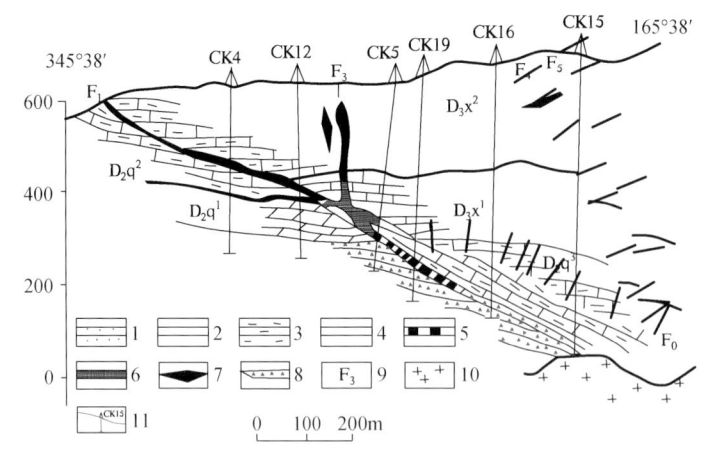

图 3-11 香花岭矿田新风矿段 49 线剖面图

1-砂页岩；2-泥质灰岩；3-白云质灰岩；4-灰岩；5-层状锡石硫化物矿体；6-锡铅锌矿体；
7-铅锌矿体；8-夕卡岩；9-断层；10-黑云母花岗岩；11-钻孔及编号

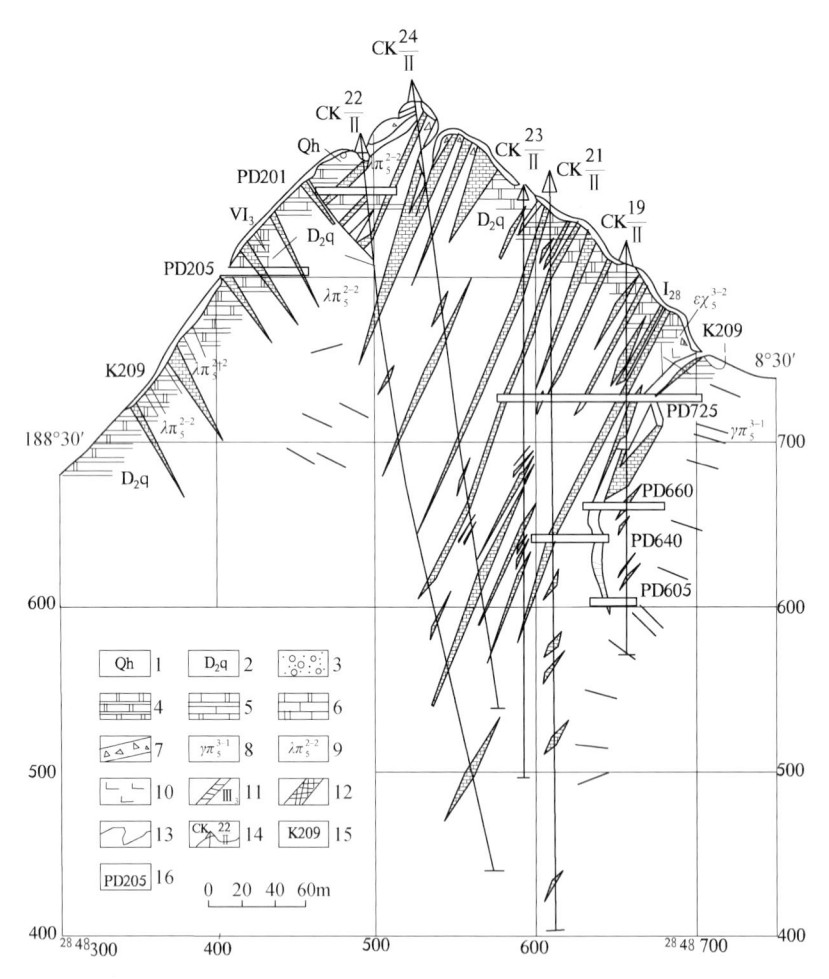

图 3-12 野鸡尾铅锌矿区 Ⅱ 排横剖面图

1-第四系全新统；2-泥盆系中统棋梓桥组；3-坡积物；4-大理岩；5-大理岩化云灰岩；6-云灰岩；
7-构造角砾岩；8-花岗斑岩（$\gamma\pi_5^{3-1}$）；9-石英斑岩（$\lambda\pi_5^{2-2}$）；10-闪斜煌斑岩（$\varepsilon\chi_5^{3-2}$）；11-铅锌矿
体及编号；12-黄铁矿体；13-采空区；14-钻孔及编号；15-探槽及编号；16-平硐及编号

3. 产于硅铝质岩中的脉状矿床

矿体主要产于花岗岩内或花岗岩外接触带的碎屑岩中，赋矿围岩为碎屑岩、浅变质碎屑岩及花岗岩类岩石。震旦系地层是本区此亚类铅锌多金属矿床的主要赋矿地层之一。矿体的产状和形态严格受断裂构造控制，是本亚类铅锌多金属矿床最明显的特征之一。矿体主要受扭性断裂构造控制，断裂一般走向长几百米至几千米，宽几米不等，由数量多、等距离并有规律展布的断裂构造带所组成。断裂带的形态产状复杂，相互间常构成一定的组合形式，区内控矿构造的主要形式有"入"字形断裂构造带，如红旗岭矿区；平行断裂构造带，如铁石垅矿区（图3-13）。矿体形态简单，严格受断裂构造控制，主要为复脉状（如铁石垅矿区）和脉状（如红旗岭矿区）。矿脉长度一般为数百米至上千米，侧伏延伸300余米，厚1 m至几米。由于容矿断裂在空间上组合形式的多种多样，矿体的形态产状变得更为复杂，矿脉常出现分支复合、尖灭再现、尖灭侧现、膨大缩小等现象，且常见矿脉在平、剖面上扭曲、转折。在断裂构造分支、复合部位，矿体厚度加大，品位往往变富。矿床的脉体呈侧伏状产出，且矿体在容矿断裂或脉体中有规律地呈等距分布。矿体的侧伏性和等距性是本亚类矿床的主要特点之一。矿床规模多属中、小型。该亚类矿床主要分布于东坡矿田内东部、骑田岭岩体内及香花岭一带。

4. 沉积改造型矿床

矿体产出明显受一定地层层位控制，泥盆系棋梓桥组地层是千骑地区主要的控矿层位。矿床都赋存在由碎屑岩向碳酸盐岩过渡的相变带附近，而又靠近碳酸盐岩一侧，主矿体一般距跳马涧组顶部向上10~80 m范围内产出。矿床的产出严格受岩性、岩石组合和岩相的控制；碳酸盐岩为主要的赋矿围岩，有利岩性为富含有机质、泥质、碳质的生物泥晶灰岩和白云岩，控矿岩相为局限-半局限海台地相。矿体形态简单，大多呈层状、似层状，少量为脉状。主矿体大致顺层产出，矿体具有多层性，矿体数量少，但单个矿体规模大。脉状矿体仅局限于含矿层或含矿系范围内的断裂构造中。本亚类矿床与岩浆热液型铅锌矿床相比较，构造相对比较简单，一般都为宽缓的褶皱，不少矿床基本上为单斜构造。矿体受层间错动、层间破碎和层间断裂等层状构造复合控制。多数铅锌矿床与岩浆侵入活动无关。矿床规模一般为中、小型。该亚类铅锌多金属矿床主要分布于隆拗交接带附近的拗陷区内。

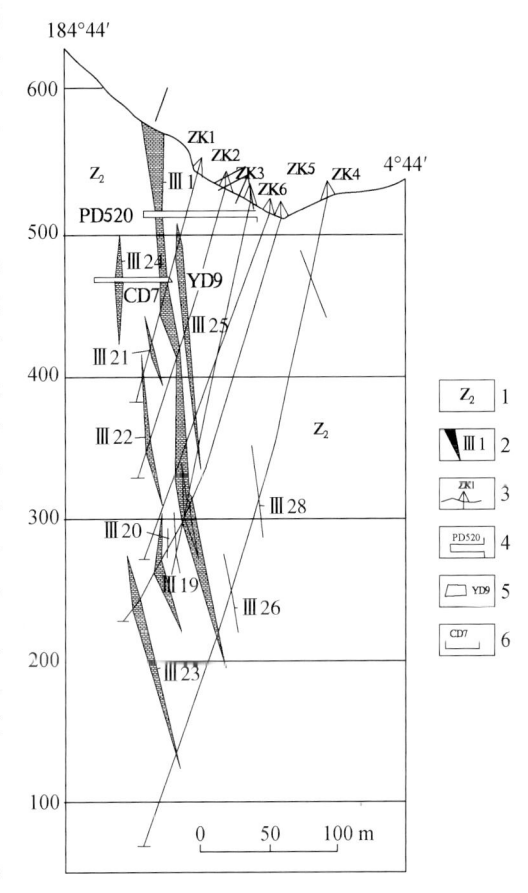

图3-13 铁石垅矿区7排横剖面图
1-上震旦统细粒石英砂岩夹板岩；2-铅锌矿体及编号；3-钻孔及编号；4-平巷及编号；5-沿脉及编号；6-穿脉及编号

5. 沉积改造岩浆热液叠加型矿床

矿体产出严格受一定的层位、岩性和岩石组合的控制，主要赋矿层位为泥盆系中统棋梓桥组，其次为泥盆系上统佘田桥组和锡矿山组，赋矿岩性为碳酸盐类岩石。矿床与岩浆活动关系密切，成岩期后的岩浆活动主要为燕山期，侵入体多呈岩墙、岩脉等形式沿断裂构造侵入，岩性主要为浅成-超浅成、中-酸性斑岩类，如石英斑岩、花岗斑岩等。岩浆热液活动起了叠加和富化的作用，因此，矿床具有沉积改造型和岩浆热液型矿床的过渡特征。矿体形态较简单，主要呈层状、似层状、透镜状、扁豆状等，局部有囊状、脉状。矿体一般顺层分布，多层产出，与地层同步褶皱。单个矿体长约数百米，斜深100~300 m，厚数米、数十米。矿床规模为中小型。该亚类矿床主要分布于东坡矿田距千里山岩体较远之外接触带中。

3.3.2.2 矿石物质组分及变化规律

千骑地区铅锌多金属矿床以岩浆热液型为主、层控型为次。总体来看，矿物组合较为复杂，据统计，组成矿床的各类矿物达百余种，其中：金属矿物约65种、脉石矿物约46种。金属矿物中以硫化物为主（占31%），其次为硫盐类矿物和氧化次生矿物。脉石矿物以硅酸盐矿物为主（占74%），但在矿石中则以方解石、白云石、石英和夕卡岩矿物为主。各亚类铅锌矿床主要矿物组成见表3-12。

矿物共生组合（表3-12）主要受区域地球化学背景、矿床形成条件和岩浆岩成矿的专属性控制。因而不同类型的铅锌多金属矿床表现出不同的矿物共生组合，但总体上具有以下变化规律（另可见：童潜明，1984，1985a、b，1986b）：

表3-12 千骑地区各亚类铅锌多金属矿床矿物组成表

矿床类型		金属矿物		非金属矿物	
		主要	次要	主要	次要
岩体与碳酸盐岩接触交代型	I_a	方铅矿、闪锌矿、铁闪锌矿、黄铁矿、磁黄铁矿、磁铁矿、毒砂	黄铜矿、白铁矿、辉钼矿、辉铋矿、白钨矿、锡石、斑铜矿、黝铜矿等	方解石、白云石、石英、绢云母、绿泥石、萤石	石榴子石、符山石、硅灰石、阳起石、透闪石
岩体外接触带碳酸盐岩中断裂填充型	I_b	方铅矿、闪锌矿、铁闪锌矿、黄铁矿、磁铁矿、磁黄铁矿、锡石等	黄铜矿、毒砂、黝锡矿、辉铜矿、斑铜矿、辉铋矿、硫锰矿、黑钨矿、辉硫锑银矿、白铁矿、白钨矿等	方解石、石英、白云石、绢云母、石榴子石、镁铝榴石、透辉石、透闪石	绿泥石、电气石、白云母、蔷薇辉石、绿帘石、阳起石、符山石、斜长石
产于硅铝质岩石中之矿脉	I_c	方铅矿、闪锌矿、铁闪锌矿	黄铁矿、黄铜矿、磁铁矿、磁黄铁矿、脆硫锑铅矿、毒砂、锡石等	石英	萤石、重晶石、绢云母、绿泥石、方解石、长石
沉积改造型	II_a	闪锌矿、方铅矿、黄铁矿	黄铜矿、菱铁矿、黝铜矿、毒砂	白云石、方解石、石英、重晶石、绿泥石	萤石
沉积改造岩浆热液叠加型	II_b	方铅矿、闪锌矿、硬锰矿、硫锰矿、铁菱锰矿、褐铁矿	磁铁矿、黄铁矿、磁黄铁矿、黄铜矿、毒砂、赤铁矿、铁闪锌矿、白铅矿、铅钛钒矿、淡红银矿	黏土矿物、石英、白云石、方解石	石榴子石、透辉石、透闪石、符山石、铁锰橄榄石、粒硅镁石、金云母、绢云母、方柱石

（1）矿物组合的复杂程度与矿床类型和围岩性质有关。产于碳酸质岩石中的岩浆热液接触交代型和断裂充填型铅锌多金属矿床，其元素和矿物组合均复杂；产于硅铝质岩石中的脉型矿床，其矿物组合相对较为简单；而沉积改造型矿床（除有热液叠加者外），矿物组合非常简单。

（2）矿物组合的复杂程度亦与距成矿岩体的远近有关。靠近岩体的接触交代-充填型矿床矿物组合复杂，以气成-高、中温组合为主；随着与岩体距离的增加，矿床的矿物组合趋向简单，且以中低温组合为主。

（3）岩浆热液型矿床的矿物组合与成矿岩体的岩浆源区性质有关。与陆壳改造或重熔型小岩体有关的铅锌多金属矿床，矿物组合为方铅矿、闪锌矿、锡石、白钨矿、黝锡矿、硫锑铅矿、辉铋矿、辉钼矿等；而与同熔型小岩体有关的铅锌多金属矿床，矿物组合为方铅矿、闪锌矿、黄铜矿、磁铁矿、自然金等。

（4）从矿物类别和矿物相的变化看，接触交代型和断裂充填型矿床，以复杂的硫化物、氧化物和硅酸盐、碳酸盐组合为主，硫盐类矿物次之，并有碲化物和自然金出现；脉型矿床则以硫化物、石英组合为主，硫盐和氧化物次之；而沉积改造型矿床则以简单硫化物、碳酸盐组合为主，其他矿物少见。

（5）特征矿物和标型矿物产出的特征和变化：岩浆热液接触交代型和断裂充填型矿床，除方铅矿、闪锌矿、黄铁矿大量出现外，以出现较多锡石、白钨矿、磁铁矿、毒砂等气成-高温矿物、脆硫锑铅矿、黝铜矿、黄锡矿等复杂硫盐矿物、碲化物、金、银独立矿物和自然元素等为特征。闪锌矿普遍为深色，黄铁矿结晶程度高，粒径较粗，多世代的并存；脉型矿床中，除铅锌矿物外，以黄铜矿、锡石、硫盐矿物开始出现为特征，闪锌矿颜色较深，黄铁矿结晶程度和粒度较前一类为次，银缺少独立矿物，以类质同象为主；层控型矿床矿物组分简单，以闪锌矿、方铅矿为主，有的以黄铁矿为主，闪锌矿多为浅色，黄铁矿粒较细且结晶程度较差。

3.3.2.3 矿床元素组合及变化规律

千骑地区铅锌多金属矿床中各类元素组合总的比较复杂，元素多达40余种，其中主要成矿元素有Pb、Zn、S、Cu、Au、Ag、W、Sn、Mo、Fe、Mn等11种，次要元素有Bi、Sb、As、Be、U等5种，伴生元素有Ga、In、Ge、Cd、Zr、Sr、Li、Nb、Ta、Ce、La、Se、Te、Co、Cr、Ni、V、Ti、F、B、Y、Yb、Ba等23种。由于成矿地质条件的差异，不同类型的矿床其元素组合的种类复杂程度又各不相同。各亚类铅锌多金属矿床的元素组合见表3-13。

表3-13 千骑地区各亚类铅锌多金属矿床元素组合表

矿床类型		元素组合		
		主要	次要	伴生
I$_a$	岩浆热液接触交代型	Pb、Zn、S、Cu、Fe、Au、Ag	W、Sn、Mo、Bi、Sb、As	Cd、In、Ga、Ge、U、Zr、Co、Cr、V、Ti、Se、Te
I$_b$	碳酸盐岩中的热液填充型	W、Sn、Pb、Zn、Cu、Mo	Ag、S、Bi、Fe、Be	Nb、Ta、Cd、Mo、Bi、As、S、F、B
I$_c$	硅铝质岩中的脉型	Pb、Zn	Cu、Au、Ag、Fe、Mn、S	Ga、In、Cd、Bi、As、W、Sn、Mo
II$_a$	沉积改造型	Pb、Zn、S	U	Cu、Ag、Ga、Cd
II$_b$	沉积改造岩浆热液叠加型	Fe、Mn、Pb、Zn	Cu、W、Sn、Bi、Mo、Be、Ag	Li、Zr、La、Ce、Sr、Y、Yb、Nb、Ta、Te、Ga、In、Cd、Cr、Ni、Co、V、Ti、B、Ba

1. 主要元素和伴生元素的组合变化规律

（1）元素组合的区域分布上，以香花岭—东坡一带矿化作用最强，金属元素种类最多，浓度最高，以W、Sn、Mo、Bi、Pb、Zn为主要成矿元素，伴生Au、Ag。坪宝地区为Pb、Zn、Cu、Au、Ag的主要富集区，其他元素矿化较弱；瑶岗仙—砖头坳一带则以W、Sn、Ag为主要成矿元素，而其他元素矿化不强。

（2）成矿元素组合与成矿岩体的岩浆性质关系密切：千骑地区的中部和东南部主要为重熔型岩浆，成矿元素组合以Pb、Zn、W、Mo、Bi、As为主，而且伴生元素种类复杂；而本区西北部主要为同熔型岩浆，主要成矿元素为Pb、Zn、Cu、Au、Ag，伴生元素种类相对较为简单。

（3）元素组合的复杂程度随矿床类型不同而异：岩浆热液接触交代型、充填型矿床，元素组合最为复杂，除Pb、Zn主要元素外，尚有Fe、W、Sn、Bi、Mo、Au、Ag等多种元素共生或伴生；硅铝质岩中的脉型矿床，元素组合较为简单，除Pb、Zn主要元素外，仅有Cu、Sn、Au、Ag等元素共生或伴生；而沉积改造型矿床除有热液叠加者元素组合较为复杂外，一般元素组合很简单，主要成矿元素为Pb、Zn、S，有Fe、Mn、U等元素共生。

（4）不同类型矿床中的Pb、Zn元素相对含量和比值变化规律是：在热接触交代和断裂充填型矿床中一般是Zn略大于Pb，Pb/Zn值一般<1；在硅铝质岩中脉型矿床，一般是Pb>Zn，Pb/Zn值为0.99～1.91；在典型的沉积改造型矿床中，一般Zn>Pb，但本区却为Pb>Zn，Pb/Zn值1.58～8.27，仅个别为Zn>Pb（如黄家坝）。这种异常情况的出现，可能为岩浆热液叠加影响所致（表3-14）。

表 3-14 千骑地区各类矿床中铅锌平均含量及比值统计表

矿床类型	矿区名称	矿床平均品位/% Pb	矿床平均品位/% Zn	Pb/Zn 值
接触交代型（I_a）	黄沙坪	4.20	6.75	0.68
	宝山东	7.42	8.46	0.88
	宝山西	3.57	3.78	0.94
	大坊	0.82~1.72	0.68~2.08	0.92
碳酸盐岩中断裂填充型（I_b）	香花岭（新风）	2.66	2.77	0.96
	炮金山	1.44	2.93	0.46
	茶山	2.70	4.40	0.61
	横山岭	2.41	4.16	0.58
	野鸡尾	1.98	1.77	1.12
	蛇形坪	3.52	3.90	0.90
	柴山	2.66	1.90	1.40
	东坡山	1.50	2.48	0.60
	金船塘	2.85	3.38	0.84
硅铝岩中脉型（I_c）	枞树板	5.29	3.98	1.33
	野鸡窝	0.575	0.578	0.99
	红旗岭	0.496	0.277	1.79
	铁石垅	2.44	1.28	1.91
沉积改造型（含岩浆热液叠加型）（II）	金狮岭	2.22	1.40	1.58
	大山门	3.09	1.49	2.07
	天字号	2.56	1.10	2.33
	玛瑙山	2.40	0.29	8.27
	黄家坝	1.53	2.45	0.68

2. 微量元素组合及变化规律

共搜集本区 18 个矿区 365 个样品的单矿物样品分析资料，其中黄铁矿 94 个、闪锌矿 158 个、方铅锌 113 个。其分析结果元素平均含量及比值见表 3-15。

表 3-15 各类矿床单矿物中部分微量元素平均含量及比值统计表

测定矿物	样数	微量元素及比值	各类型矿床的平均含量/10^{-6} I_a	I_b	I_c	II	资料来源
黄铁矿	94	Co	41	26.5	197	22.87	吴健民等（1985）、张声炎和吴健民（1988）
		Ni	34.3	41.1	85	80.13	
		Se	109.3	2.83	>2	1.35	
		Te	164.2	1.3	>1.7	1.10	
		Sn	333.8	756	183	129.15	
		Co/Ni	1.2	0.64	2.32	0.29	
		S/Se	$0.39×10^4$	$16.4×10^4$	$22.3×10^4$	$34.1×10^4$	
		Se/Te	0.67	2.18	1.18	1.23	

续表

测定矿物	样数	微量元素及比值	各类型矿床的平均含量/10⁻⁶				资料来源
			I_a	I_b	I_c	II	
闪锌矿	158	In	74	299	572.5	708.5	吴健明等（1985） 王育民（1983）
		Cd	3544	4968	9280	2620	
		Ge	1.27	1.66	<1	22	
		Ga	20.8	9	1.4	77.1	
		Ag	63.7	281.5	293.3	598	
		Ga/In	0.28	0.03	0.02	0.11	
		In/Cd	0.02	0.06	0.06	0.27	
方铅矿	113	Pb	848250	850325	842100		吴健民等（1985）、 张声炎和吴健民（1988）、 王育民（1983）
		Ag	1445	1461.5	560	1903	
		Sb	1007	1202	321		
		Bi	137.7	902.5	11		
		Sn	628	242.5	27	197	
		As	503.5	470.5	21	1476	
		Sb/Bi	13.7	1.43	29.2		
		Pb/Sb	449.5	657.6	2623		
		Pb/Ag	587	581.8	1503		

1) 微量元素在矿物中的分布特征

在黄铁矿中，主要富集 Se、Te、Sn、As、Ag、Au、Sb、In、Co、Ni、Tl，其次为 Cd、Bi；在闪锌矿中，主要富集 Cd、Cu、In、Sn、Te、Bi、Ag、Hg、Ba，其次为 Se、Ga、Ge、Tl、Ni 等；在方铅矿中，主要富集 Ag、Bi、Sb、Sn、Cd、In、Te、As，其次为 Se、Au、Mo、Ga、Ge、Tl 等。

此外，在不同类型铅锌多金属矿床单矿物中微量元素的富集情况也有所差异。从表 3-16 可以发现微量元素的变化规律：在岩浆热液接触交代型铅锌多金属矿床的黄铁矿中最富集 Se、Te、Tl、Au、In，方铅矿中最富集 Sb、Bi、Sn、Se、As、Au、Te、Tl；相对来说，这些矿物中元素含量在脉型矿床较低，在沉积改造型矿床中最低。Co、Ni、Ag 则正好相反，以沉积改造型矿床的黄铁矿中最为富集。闪锌矿中的 In、Ge、Ag 则以沉积改造型矿床最富集，而接触交代型的最低。

表 3-16 千骑地区不同类型铅锌矿床单矿物微量元素富集情况表

矿床类型	富集微量元素		
	黄铁矿	闪锌矿	方铅矿
接触交代型及碳酸盐岩中断裂填充型	Se Te Tl In Au Sn	Cu In Sn Bi Te Ag	Ag Au Sn Bi Sb Se Te Tl
硅铝质岩石中断裂填充型（脉型）	As Cu Sb	Cu In Bi Te Ag Ga Ge Tl Se	Ag Au Sn Bi Sb Se Te Tl Mo As
沉积改造型	Co Ni Ag	Cd Hg Ni Ga Ge Ag Ba	Ge Ag Ga

2) 单矿物中微量元素的标型特征

本区黄铁矿中 Co/Ni 值的变化：接触交代型矿床一般>1，沉积改造型矿床<1，与重熔型花岗岩浆有关者近于或等于 1。Se 和 Te 的含量，由岩浆热液型→沉积改造型，随着成矿温度逐步降低而同步降低，且前者往往比后者高出一个数量级。Se/Te 值，在接触交代型矿床中<1，在碳酸盐岩断裂充填型、硅铝质岩中脉型和沉积改造型矿床中都>1。S/Se 值，在接触交代型矿床中<5×10⁴，而在断裂充填型和脉型矿床中变化很大，

一般$5\times10^4 \sim 30\times10^4$，最高达$161\times10^4$；沉积改造型矿床中$>30\times10^4$，但S/Se平均值随成矿温度的降低而增高。

在闪锌矿中，Cd的含量虽然在不同类型矿床的闪锌矿中有一定的变化，但变化趋势不明显，因此难以作为成因分类指标。In、Ge、Ga在不同类型矿床的闪锌矿中变化较大，且有一定规律性，一般在接触交代型、断裂充填型矿床中Ge、Ga含量均低，$Ge<5\times10^{-6}$、$Ga<30\times10^{-6}$；在沉积改造型矿床的闪锌矿中Ge、Ga含量较高，可达数十至数百个10^{-6}。In在各类铅锌矿床中含量都较高，但其变化似有随成矿温度降低而增加的趋势。此外，在方铅矿中，Sb、As、Sn、Ag在与岩浆热液有关的各类型矿床中，含量变化似有随成矿温度降低而减少的规律，但各类矿床之间差异也很大，作为标型特征尚有困难。

3. 矿石结构构造

各亚类铅锌多金属矿床的矿石结构构造见表3-17。

表3-17 各亚类铅锌多金属矿床矿石结构构造特征

矿床类型	矿石结构 主要	矿石结构 次要	矿石构造 主要	矿石构造 次要
岩体与碳酸盐岩接触交代型	结晶结构，他形晶结构、交代溶蚀结构、交代残余结构	乳浊状结构、压碎结构、揉皱结构	致密块状结构、稠密浸染状结构	条带状结构、角砾状结构、细脉（网脉）状结构、环带状结构
岩体外接触带碳酸盐岩中断裂充填型	自形晶结构、半自形晶-他形晶结构、乳浊状结构、溶蚀结构、交代残余结构、填隙结构、嵌晶结构、固溶体分离结构	网状结构、压碎结构、揉皱结构、文象结构、包含结构	致密块状结构、条带状结构、浸染状结构、角砾状构造	脉状构造、细脉状构造、网脉状构造、揉皱构造、梳状构造
产于硅铝质岩石中之脉型	自形晶结构、他形晶结构、压碎结构	交代结构、交代残余结构、骸晶结构、嵌晶结构、溶蚀结构、填隙结构、固溶体分离结构、乳浊状结构	致密块状结构、条带状结构、浸染状构造、细脉状构造、角砾状构造	
沉积改造型	自形晶结构、半自形晶结构、他形晶结构、环带状结构、交代残余结构、溶蚀结构		条带状结构、浸染状构造、致密块状结构、角砾状构造、环状构造、脉状构造	
沉积改造岩浆热液叠加型	自形晶-他形晶结构、交代溶蚀结构、包含结构、填隙结构、胶状结构、固溶体分离结构、乳浊状结构		块状构造、条带状构造、浸染状构造、角砾状构造、脉状构造	

3.3.2.4 围岩蚀变及分带

在千骑地区两大成因类型铅锌多金属矿床中，岩浆热液型矿床以其围岩蚀变种类多、蚀变强度大，且相互叠加与层控矿床相区别。

接触交代型铅锌多金属矿床主要围岩蚀变包括硅化、绢云母化、绿泥石化、碳酸盐化、大理岩化、夕卡岩化、萤石化、白云石化和钾化等。围岩蚀变具有明显的水平分带和垂直分带性，但由于地质环境和围岩性质等的不同，在不同的矿床中其表现形式也有所不同。一般来说以岩体为中心，由岩体向外接触带，由下而上出现夕卡岩化→硅化→大理岩化→绿泥石化→碳酸盐化，并往往围绕岩体呈环带状分布。不同的蚀变类型，伴随有不同的矿化类型。自岩体向外依次为磁铁矿、白钨矿、毒砂、铁闪锌矿、磁黄铁矿→黄铁矿、黄铜矿→方铅矿、闪锌矿、黄铁矿等，在垂直方向上，上部相对富铅，下部富锌、铜。

碳酸盐岩中断裂充填型铅锌多金属矿床主要围岩蚀变有大理岩化、夕卡岩化、硅化、绢云母化、绿泥石化、白云石化，其次为铁锰碳酸盐化、透闪石化、萤石化、金云母化、云英岩化、碳酸盐化、萤石-金云母化和角岩化。

产于硅铝质岩石中脉型铅锌多金属矿床较接触交代型和断裂充填型矿床围岩蚀变相对简单。由于矿床的围岩性质不利于交代作用，成矿作用以充填方式为主，故近矿围岩蚀变沿成矿断裂带呈线型分布，蚀变范围小。主要围岩蚀变有硅化、绿泥石化、绢云母化，其次为角岩化、萤石化、云英岩化、碳酸盐化、电气石化、黄铁矿化、黄铁绢云母化、绿帘石化。主要围岩蚀变的有机组合，对铅锌成矿有利。

沉积改造型矿床围岩蚀变简单、微弱。主要有白云石化、铁锰碳酸盐化、方解石化、黄铁矿化、硅化，其次有重晶石化、绿泥石化、绢云母化和大理岩化。

沉积改造热液叠加型铅锌多金属矿床主要有铁锰碳酸盐化、大理岩化，其次有硅化和弱夕卡岩化。

3.3.2.5 矿床的原生分带性

在一个具体矿床中，由于受与成矿岩体有关的热液活动演化规律和成矿理化条件的影响，常常形成不同的矿化类型呈带状分布（表3-18）。其分带规律是：

表 3-18　千骑地区主要铅锌多金属矿床分带特征表

矿床名称	分带中心	分带方向	分带形式	矿化类型分带
黄沙坪	隐伏的304、301花岗斑岩	水平（内→外）	不完整环带状	花岗斑岩→夕卡岩型磁铁矿（含W、Sn、Bi、Mo）→毒砂、铁闪锌矿（可叠加在夕卡岩上）→微粒黄铁矿、闪锌矿、方铅矿→闪锌矿细脉→铁锰碳酸盐化
		垂直（下→上）		隐晶花岗斑岩→Sn、Fe→Mo、W、Cu、Zn→Pb、Zn
香花岭（新风）	黑云母花岗岩小岩株	水平（内→外）	半环带	花岗岩体→内带Nb、Ta、W、Sn矿化→接触带Be、W、Sn→外接触带Sn、Pb、Zn→Pb、Zn、Ag
		垂直（下→上）		岩体→夕卡岩→锡石硫化物→Sn、Pb、Zn→Pb、Zn
宝山	以倒转背斜核部夕卡岩为中心	水平（内→外）	半环带	背斜核部夕卡岩Cu、Mo、Bi、W→砂页岩中的Cu、Mo→碳酸盐岩中的Pb、Zn、Ag→Pb、Zn、Ag
大坊	花岗闪长斑岩体	垂直（下→上）		下部Pb、Zn、Sn、As→Au、Ag、Zn→上部Au、Ag
泡金山	黑云母花岗岩株	水平（内→外）	带状	花岗岩体→Sn矿体→Sn、Pb、Zn硫矿体→Pb、Zn矿体
天鹅塘	花岗斑岩	水平（内→外）	平行带状	花岗斑岩→夕卡岩、大理岩中的Fe、Mn、Sn、Bi（Pb、Zn）→大理岩化灰岩中的Fe、Mn、Pb、Zn
东坡山	黑云母花岗岩株	水平（内→外）	平行带状	花岗岩体→夕卡岩→磁黄铁铅锌矿→铅锌黄铁矿
横山岭蛇形坪	黑云母花岗岩株	垂直（下→上）		磁铁、磁黄铁矿石→铅锌黄铁、磁黄铁矿石→铅锌或铅锌黄铁矿石
野鸡尾	云英岩化花岗斑岩	水平（内→外）		云英岩化W、Sn→Sn、Cu、Be、Sn→碳酸盐岩中Pb、Zn→As、B
		垂直（下→上）		W、Mo→Cu、Bi、Ag、Mo、W、Sn、F、Be→As、B

续表

矿床名称	分带中心	分带方向	分带形式	矿化类型分带
柿竹园	黑云母花岗岩体	垂直（下→上）		岩体→花岗岩体W、Mo→W、Sn、Bi、Mo、Be、F→Sn、Bi→Pb、Zn→As、B
红旗岭	深部隐伏岩体及花岗斑岩脉体	水平（SE→NW）	平行带状	花岗斑岩脉→W、Sn细脉带→W、Sn、Pb、Zn、Cu矿脉→Sn、Pb、Zn矿脉
		垂直（下→上）	带状	隐伏岩体→大脉带W、Sn矿化→细脉、大脉混合带Sn、W、Bi、Mo矿→细脉、密脉带Sn、Cu、Pb、Zn、Mo、Bi矿体→上部云母石英微脉Sn、Pb、Zn矿化
铁石垅	深部隐伏岩体及断裂带	垂直（下→上）		含毒砂、磁铁矿、磁黄铁矿的铅锌矿石→致密块状、脉状铅锌矿石→浸染状铅锌矿石

（1）铅锌多金属矿床的原生分带，几乎都受浅成侵入的小岩株、岩盘控制，不同矿化类型的发育都以小岩体为中心，向外或向上做有规律地带状演变。即：在岩体顶部有蚀变花岗岩型Nb、Ta、W、Sn矿化；在正接触带的碳酸盐围岩中，发育有夕卡岩型Fe、Cu、W、Sn、Bi、Mo、Be矿化；在岩体外接触带则依次发育有接触交代型和断裂充填型的Sn、Pb、Zn、Cu→断裂充填型的Pb、Zn、Ag矿化→脉状的Pb、Ag、Sb、Hg矿化。但这种分带，对一个具体的矿床来说，往往是不完整的，这取决于矿床的具体地质条件。例如：当岩体侵入硅铝质岩石中时，就没有夕卡岩化带的发育，只在围岩的断裂裂隙中发育脉型铅锌矿。

（2）铅锌多金属矿床中矿化类型的原生分带序列，与矿化的矿物共生组合大体是一致的。即在蚀变花岗岩型矿化中，主要金属矿物为硅酸盐矿物和氧化矿物；在夕卡岩矿化中，主要金属矿物为氧化物和硫化物；在外接触带的交代-充填矿化中，主要金属矿物为硫化物和碳酸盐矿物。

（3）对于具体矿床而言，其原生分带形式也不尽相同。例如，在岩浆热液接触交代型和断裂充填型铅锌多金属矿床中，一般是以成矿岩体为中心，向四周作不完整的环带状分布；而在断裂控制的脉型铅锌多金属矿床中，一般是沿主要控矿断裂构造带呈平行带状分布，而且垂直分带更加明显。

3.3.3　典型矿床地质特征

3.3.3.1　黄沙坪铅锌多金属矿床

1. 地质概况

1）地层

主要为泥盆系上统至石炭系下统（图3-14），由下至上为：

锡矿山组（D_3x）：分布于矿区的南东F_4断层东侧，分为上、下两段。下段（D_3x^1）为灰黑色、灰色中厚层状至厚层灰岩、白云质灰岩及白云岩。厚度>100 m；上段（D_3x^2）主要为灰白色、黄褐色薄层-中厚层状钙质粉砂岩、细砂岩及钙质、砂质页岩组成。顶部见有泥质灰岩、白云岩或白云质灰岩透镜体。厚度25~40 m。

孟公坳组（C_1+D_3）m：分布于F_5断层的东侧。底部为灰黑色泥质灰岩夹薄层灰岩、白云岩透镜体；下部为灰黑色厚-中厚层状致密灰岩，厚约54 m；中下部为灰色-深灰色癞痢状白云质灰岩，厚约20 m；中部为灰色、深灰色中厚层状含燧石条带灰岩，局部夹白云质灰岩。厚约10 m；上部为灰色、浅灰色薄层状泥灰岩，底部有一层厚1~2 m的硅质页岩。厚约10 m。总厚度约109 m。

天鹅坪组（C_1t）：分布于矿区的南东F_5与F_4断层之间，岩性主要为灰色、灰黄色中薄层状钙质页岩、粉砂岩、粉砂质泥岩夹泥灰岩、泥质灰岩。厚度8~32 m。

石磴子组（C_1s）：是区内主要的含矿围岩，总厚度为 472 m。下部为灰色、深灰色中厚层-厚层状致密灰岩夹薄层状碳质泥岩，局部夹含灰质白云岩；中部为深灰色中厚层状灰岩夹含碳质生物碎屑灰岩，局部夹薄层状碳质或泥质灰岩，具微层理，含生物碎屑。厚约 45~60 m；上部为灰-深灰色中厚层致密灰岩。厚约 50 m。

测水组（C_1c）：下部为厚层钙质砂岩，厚度 4 m；中部以灰色页岩为主，夹钙质页岩及砂质页岩、粉砂岩，局部地段夹劣质煤层（0.5~1 m）。厚度 18.65 m。中厚层绢云母石英砂岩夹薄层云母质砂质页岩、绢云母石英砂岩；上部为绢云母粉砂岩与细粒石英砂岩互层。厚度 14.46 m。

梓门桥组（C_1z）：下部厚度 50~70 m，为黑色、灰黑色白云岩，底部夹一层厚 0.6~1 m 的白云质灰岩；上部厚度 50~80 m，为白色、灰白色白云岩，局部含燧石团块及条带。

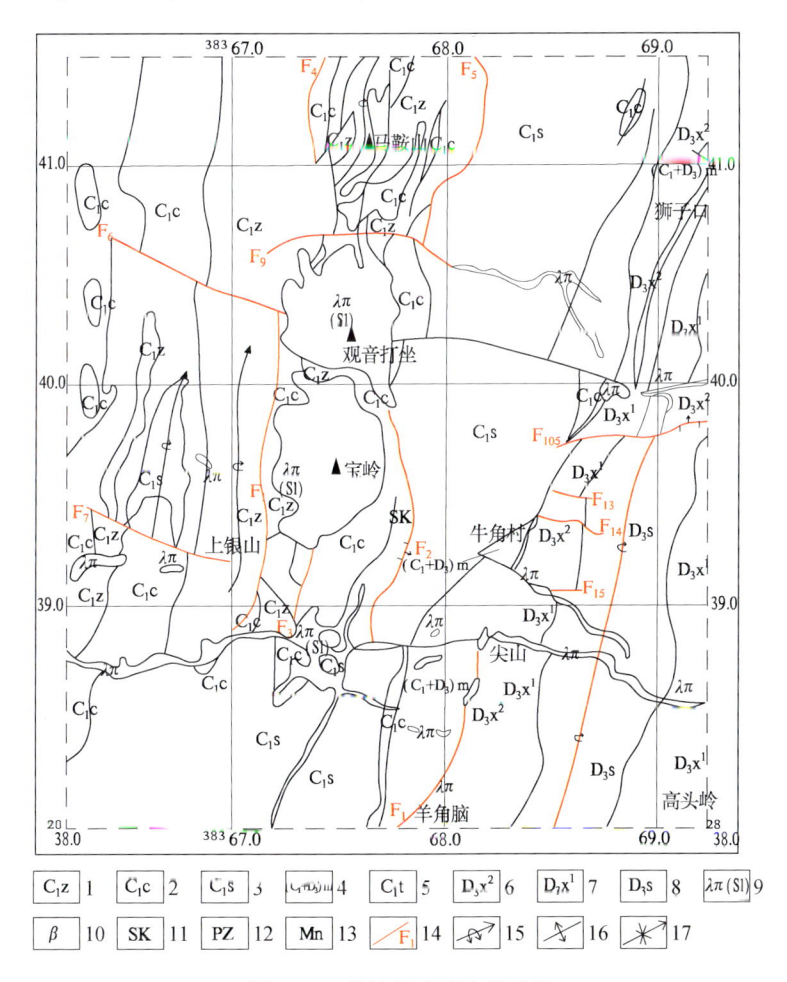

图 3-14 黄沙坪矿区地质略图

1-梓门桥组；2-测水组；3-石磴子组；4-孟公坳组；5-天鹅坪组；6-锡矿山组上段；7-锡矿山组下段；
8-佘田桥组；9-石英斑岩及编号；10-煌斑岩；11-夕卡岩；12-铅锌矿化；13-锰土；
14-断层及编号；15-倒转背斜轴；16-背斜轴；17-向斜轴

2）构造

矿区构造主要是以宝岭-观音打坐复式倒转背斜和近南北向的 F_1、F_2、F_3 走向逆冲断层构成"背斜加一刀"的构造型式为基础，配以近东西向的 F_0、F_6、F_9 断层，组成了矿区总的构造格局——"围限构造"。它控制着矿区现有岩体的产出，进而控制着区内的矿体类型及分布。

3）岩浆岩

矿区已知主要岩体有宝岭石英斑岩体（51#）和东南部隐伏花岗斑岩体（301#）两个，向深部逐渐过渡为黑云母钾长花岗岩。岩体一般呈岩枝（脉）状产出，少数呈岩豆、岩瘤产出。属浅成至超浅成相酸性岩体，其同位素年龄为164~152 Ma。此外，尚有零星辉绿岩脉、煌斑岩脉产出。

石英斑岩体（51#）：分布于观音打坐—宝岭—凤鸡岭一带，主要受F_1、F_3、F_0控制。地表在观音打坐、宝岭两地，呈现为两个岩瘤状小岩体，向地下不深处便连成为一个形态不规则的岩枝。岩枝总体走向南北，长约1200 m，东西宽400~1000 m；倾向东，倾角50°~88°。岩枝在水平方向和垂直方向都具有分支复合、尖灭再现。在空间上，岩枝与围岩接触界面常具宽缓波状，在其两侧部发育成侧凹，在顶部局部呈现顶凹。岩体颜色多为灰白-浅红-暗肉红色。按其侵入部位和岩性差异，有浅成相和超浅成相两种岩相。

隐伏花岗斑岩体（301#）：分布于矿区东南部380 m标高以下，受与F_1、F_3平行产出的近南北向隐伏逆冲断层控制，岩体呈近南北向展布，长约1 km，东西宽200~500 m，倾向东，倾角50°~80°。岩体接触带产状变化大，并有侧凹出现。岩体略向北北东倾伏，倾伏角约50°。岩体的颜色为灰白色-浅肉红色。属浅成相岩类。

隐伏花岗岩体：位于51#石英斑岩、301#花岗斑岩的深部，与上述两岩体在岩石类型上有一过渡带：51#石英斑岩体从浅部的石英斑岩→中深部石英斑岩（局部有花岗斑岩）、黑云母钾长花岗岩的混合带→深部黑云母钾长花岗岩体；301#花岗斑岩体从浅部的花岗斑岩→中深部花岗斑岩（局部有石英斑岩）、黑云母钾长花岗岩的混合带→深部黑云母钾长花岗岩体。

4）围岩蚀变

热液蚀变种类多而分布广，主要蚀变为夕卡岩化、大理岩化、硅化、角岩化，少量绿泥石化、绢云母化等。这些蚀变呈现出以岩体为中心向外（上）的水平（垂直）分带：岩体（花岗斑岩、石英斑岩、花斑岩）→蚀变岩（体）石→夕卡岩→夕卡岩化大理岩（重结晶灰岩）→大理岩化灰岩（重结晶灰岩）→正常灰岩。与成矿关系密切的蚀变为夕卡岩化、硅化、大理岩化。

2. 矿床特征

区内矿种和矿床类型复杂多样，归纳起来有：岩体接触带夕卡岩型（磁铁）钨钼多金属矿床（Ⅰ）、充填交代（脉）型铅锌多金属矿床（Ⅱ）、层间夕卡岩型铜矿床（Ⅲ）、石英斑岩型铜矿床（Ⅳ）等四大类。

其中，铅锌矿可分为两个既有一定联系，但也存在一定差别的成矿带：301矿带和304矿带。301矿带位于F_1断层上盘、F_2断层以下；304矿带位于F_1断层下盘、上银山背斜西翼测水组地层之下。301矿带铅锌矿占有全矿的绝大部分储量。两个矿带的矿体按其成因可大致分为热液充填交代型、夕卡岩型、斑岩型三大类，就各类型而言，热液充填交代型和夕卡岩型最具工业价值。矿区内已圈定的铅锌矿体475个（其中301矿带391个、304矿带84个），分布于21线与20线之间，长大于1 km、宽约500 m，走向近南北，倾向东（图3-15）。

1）1#矿体群

赋存于矿区内F_3断裂构造破碎带中的近下盘部分，产于F_3断层上盘或F_3断层的分支构造中，是矿区内最大的矿体群。矿体形态为似层状的大透镜状，展布于东部13至12线之间。最高侵位在1线左右的标高340 m，最低下延标高在5线左右的-96 m标高，矿体形态受F_3断层控制，受其他构造破坏影响较小，矿体基本上没有夹石。1_{1-1}是1#矿体群的主要矿体，该矿体分布于13~5线，矿体最大厚度27 m，赋存最低标高下延至-136 m标高，矿体倾向东80°~90°，倾角45°~60°，矿石品位为Pb 4.36%、Zn 10.41%、Ag 111.9g/t、Cu 0.34%、S 30.37%。

2）2#矿体群

产于F_3断层上盘或F_3断层的分支构造中，与1#矿体群几乎平行产出，位置在1#矿体群之上，从北至南不连续分布，展布范围北起13线，南至16线，最高侵位标高320 m，最低下延标高至-96 m标高。矿体形态为似层状的大透镜状、扁豆状。各矿体的产状、品位特征见表3-19。

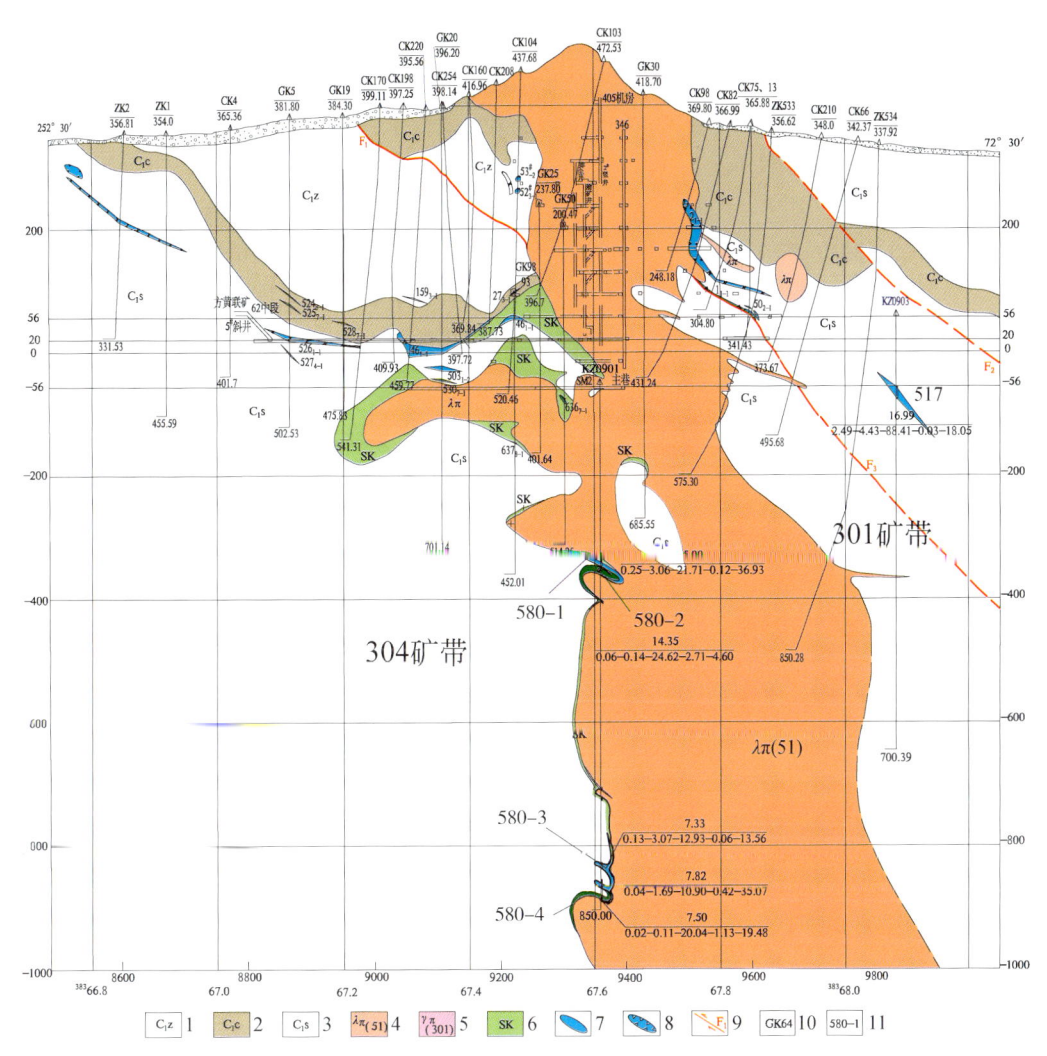

图 3-15 黄沙坪铅锌矿 9 线剖面图

1-石炭系下统梓门桥组；2-石炭系下统测水组；3-石炭系下统石磴子组；4-石英斑岩及编号；5-花岗斑岩及编号；6-夕卡岩；7-钨钼多金属矿体；8-铅锌矿体；9-断层及编号；10-钻孔及编号；11-矿体编号

表 3-19 2#矿体群各矿体形态规模表

矿体号	平面范围/线	标高范围/m	产状 倾向	产状 倾角	品位/% Pb	品位/% Zn	厚度/m	开采情况
2_{1-1N}	13~9	20~-56	75°~90°	45°~65°	1.04~3.36	6.45~7.33	1.20~10.07	20 中段以上采完
2_{1-2E}	1~4	-16~-56	75°~90°	45°~60°	1.02~23.24	4.30~10.55	1.83~7.0	-16 中段下未采
2_{1-2} 盲	1~4	-16 下	70°~80°	40°~60°	0.72~25.90	4.62~27.85	1.03~18.39	-16 中段下未开采
2_{1-4} Ⅲ	8~16	92~20	120°~145°	50°~60°	6.57	13.34	6.76	92 中段以上采完

3) 46#矿体群

产于石磴子组与测水组界面上及其上下的次一级裂隙面上，平面展布于 9 线至两侧，标高范围在 92 至-56 中段之间，走向上不连续。矿体南北延伸，形态为似层状，剖面上随向背斜而呈褶皱状。该矿体群走向 10°~20°，倾角 35°，走向长 50 m，倾斜宽约 25 m，平均品位 Pb 1.96%、Zn 5.67%、Ag 42.0 g/t、Cu 0.26%、S 23.18%。

4) 580#矿体群

分布于 17 与 20 勘探线间 51#石英斑岩枝西侧下盘与灰岩接触带的夕卡岩或硅化灰岩中，先后有 12 个钻孔控制到矿脉中的铅锌（铜）矿体，在实施全国危机矿山接替资源找矿勘查专项时已将580连接为一个大矿体，后通过查询加密施工钻孔，其实矿体并不能连接，因而将该矿体重新划分为13个，编号分别为580、580-1、580-2、580-3、580-4、580-5、580-6、580-8、580$_{5-1}$、580$_{3-6}$、580$_{3-3}$、580$_{5-3}$、580$_{5-6}$。580矿体群走向近南北，总体倾向东，倾角50°~80°（上缓下陡）。从矿区北部17至南部20勘探线，矿脉沿走向呈蛇形弯曲，走向长度大于900 m；从矿区中部标高-56 m至深部-900 m，矿脉沿倾斜呈波状、瓦楞状延深宽度亦大于900 m。铜、铅锌（铜）矿体或伴随或穿插斑岩接触带的薄层夕卡岩或硅化灰岩产出；矿体形态复杂，呈脉状、新月状、透镜状、扁豆状。主要矿石矿物为铁闪锌矿、黄铜矿、方铅矿。矿体平均厚度2.39~7.38 m，平均品位：Pb 0.02%~8.0%、Zn 0.09%~6.81%、Cu 0.11%~3.84%、Ag 7~36.36 g/t、S 4%~24.7%。580矿脉中各主要矿体特征见表3-20。

表3-20 580矿体群各主要矿体特征表

矿体号	范围（勘探线）	走向长/m	延深宽/m	矿体厚/m	矿体形态	Pb/%	Zn/%	Ag/(g/t)	Cu/%	S/%
580-1(PbZn)	17~5	260	200	4.91	脉状、新月状、透镜状、扁豆状	1.95	6.81	17.1	0.12	20.54
580-2（Cu）	17~3	300	240	3.94		0.3	0.46	36.36	2.18	4.0
580-3(PbZn)	3~11（界外）	170	220	3.67		0.08	2.36	11.9	0.25	24.7
580-4(Cu)	3~11（界外）	260	250	5.3		0.02	0.09	20.04	0.89	9.7
580-5(Cu)	2~7	300	150	2.39		0.02	0.10	7	0.88	6.7
580-6(PbZn)	8	100	150	4.34		8.00	4.49	11.43	0.11	24.22
580-8(Cu)	16	260	170	4.1		0.1	0.22	29.37	3.84	19.81
580	10~18	150	270	7.38		0.32	4.60	19.8882	0.722	21.91

5) 196#、197#、198#、199#矿体群

196#、197#、198#、199#矿体分布于矿区南部51#石英斑岩几条小岩脉接触带中，矿体呈北北东走向，走向长100~250 m，倾向南东东，倾角50°~80°，倾向延深50~200 m，矿体平均厚度0.68~17.34 m，平均品位Pb 0.70%~16.96%、Zn 1.16%~22.95%、Cu 0%~2.2%、Ag 2.1~203.76 g/t、S 2.35%~33.35%。196#矿体分布于105线，仅92中段见矿，上下中段均未见到此矿体，矿体规模小。197#矿体北段在其东侧有两条与其平行的分叉矿体，可分为197#、197#-1、197#-2A、197#-2B、197#-3；198#、199#矿体在中部有向北北西的分叉矿体，分叉处形成铅锌富矿包。该处所见的铅锌矿体均沿斑岩岩脉接触界面或结晶灰岩中断裂构造充填，局部形成厚大富矿包，属磁黄铁矿方铅矿铁闪锌矿矿体，致密块状、浸染状硫化富铅锌矿石。主要矿石矿物为铁闪锌矿、方铅矿。矿物颗粒粗大，多数达1 mm以上，磁黄铁矿呈他形粒状且常被铁闪锌矿包裹。矿体顶底板围岩为黏土化石英斑岩或结晶灰岩。各矿体分布位置及规模等特征详见表3-21。

表3-21 196#、197#、198#、199#矿体群各主要矿体特征表

矿体号	范围（勘探线）	走向长/m	延深宽/m	矿体厚/m	矿体形态	Pb/%	Zn/%	Ag/(g/t)	Cu/%	S/%
196#	105	45	50	17.34	脉状、新月状、透镜状、扁豆状	8.52	8.41	97.39	0.09	20.26
197#	104-107	250	200	4.07		5.92	10.52	93.11	0.16	21.66
197#-1	102	50	50	3.16		2.06	11.10	203.76	0.12	23.24
197#-2A	105	20	50	3.75		0.28	5.95	9.20	0.09	10.41
197#-2B	101	15	50	1.50		3.41	6.16	19.12	0.04	5.28
197#-3	108	40	40	0.94		2.24	1.16	2.1	0	2.35
198#-B	104	30	50	3.94		0.70	5.45	11.75	0.05	16.69

续表

矿体号	范围（勘探线）	走向长/m	延深宽/m	矿体厚/m	矿体形态	Pb/%	Zn/%	Ag/(g/t)	Cu/%	S/%
198#-2	105	30	50	1.65	脉状	16.96	3.84	37	0.283	33.35
199#-A	103	30	50	2.94		0.78	22.95	50.00	2.20	23.80
199#-C	104	40	50	0.97	脉状	4.03	5.19	96.54	0.19	23.5
199#₁₋₁	102-103	100	70	2.51		4.49	8.73	97	0.2	23.39

6）515#、517#矿体群

515#铅锌矿体群分布于7与10勘线（标高-150～-400 m）、517#铅锌矿体群分布于11与10勘探线（标高50～-500 m），均属于远离岩体接触带且隐伏于矿区东侧中深部、受层间断裂构造控制的充填交代型铅锌矿脉体。矿体走向北东，倾向南东，倾角40°～45°。全国危机矿山接替资源找矿勘查时自北至南在9线、5线、8线先后有6个钻孔揭露到515#、517#矿脉中铅锌矿体，矿体呈零星分布。

515#矿体群沿走向长400 m，沿倾斜延深宽380 m，矿体均呈脉状、透镜状产出，形态较简单。矿体揭露厚度1.2～16.19 m，平均厚度6.16 m，Pb品位为1.18%～6.11%、平均3.15%；Zn品位3.22%～11.08%、平均6.43%。

517#矿体群沿走向长500 m，沿倾斜延深宽>500 m，矿体均呈脉状、透镜状产出，形态较简单。矿体厚度4.07～16.99 m、平均8.21 m；Pb品位为0.43%～23.26%、平均3.59%；Zn品位为1.49%～17.47%、平均7.23%。

515#、517#矿体群均属黄铁矿方铅矿铁闪锌矿矿体，主要矿石矿物铁闪锌矿、方铅矿呈他形粒状，结晶颗粒粗大者达1 mm以上，黄铁矿呈半自形-他形粒状；致密块状、浸染状构造。矿体顶底板围岩为结晶灰岩或泥晶灰岩。GK0804钻孔在517#矿体群中见方解石胶结的角砾状铅锌矿石。

7）其他铅锌小矿体

主矿体之外的零星铅锌矿体大多形态复杂，有囊状、巢状、帽状、管状、扁豆状，品位及厚度变化较大。这些零星矿体大都赋存于倒转背斜轴部的虚脱部位、逆冲断裂带及其伴生的次生断裂、断裂产状变化的转折端、共轭断裂的追踪部位、断裂的交叉部位或入字形交接处以及侵入构造带、断裂构造带与接触带的复合部位。此外，砂岩与灰岩的层间滑动破碎带也是零星矿体赋存的有利空间。因主要由单工程见矿，矿体形态和规模等需进一步查明。表3-22描述了部分零星矿体主要特征。

表3-22 零星铅锌矿体特征表

矿体	平面范围/线	标高范围/m	产状倾向	产状倾角	平均品位/% Pb	平均品位/% Zn	平均厚度/m	开采情况
46₁₋₁	9～1	56～-56	85°～104°	12°～30°	1.01～20.94	1.09～23.04	0.88～56.89	-16以上采完
577₁₋₁	8	20～-56	70°～78°	64°～79°	0.09～9.67	1.73～17.98	0.83～7.26	采至-16中段
598₃₋₁	16	-16～-56	72°～76°	18°～28°	0.70～7.99	6.37～24.68	2～9.96	采至-16中段
351	4～8	-56	70°～75°	20°～37°	0.61～8.23	2.39～13.18	1.78～3.56	采至-20中段
579₁₋₁	8	-16～-96	73°～75°	30°～38°	0.32～2.12	3.60～16.55	0.89～5.42	开采完
593₁₋₂	14	-96	88°～93°	37°～43°	0.06～4.02	3.03～12.40	21.15	未开采
594₁₋₂	16	-136	90°～105°	36°～40°	0.38～4.80	5.82～17.83	25.94	未开采
613₃₋₂	5	-136	102°～110°	39°～47°	0.05～0.14	12.31～17.52	8.15	未开采
627	10～14	-310～400	SE	70°	3.06	4.83	2.20	未开采
277	20～24	92～20	SE	60°	19.13	5.45	6.11	已开采至-276中段

第4章 花岗质岩浆作用与成矿

4.1 基本概述

华南地区于中生代发生大规模板内花岗质岩浆活动，被称为花岗岩火成岩省。国内学者徐克勤等对华南花岗岩进行了长期的研究，并按照花岗岩的岩石学特征、岩浆源区、成岩方式、大地构造环境及其与成矿的关系，将花岗岩划分为三种类型：陆壳改造型、过渡型地壳同熔型和幔源型。目前，一般认为长英质花岗岩主要起源于壳源物质，由硅铝质地壳物质部分熔融形成（Walton, 1960; Hutton et al., 1990; Clemens, 1997），但其源区可能具有不同的成因类型（Xu et al., 2016）。

华南中生代岩浆岩分布广泛，形成时代范围广，且形成了特有的华南钨、锡、铋、钼、铜、银、锑、汞、稀有元素、重稀土、金和铅锌多金属成矿区，并以其独特的成岩成矿模式而成为国内外岩石学家和矿床学家研究的热点区域。半个多世纪前，对华南花岗岩及其大规模成矿作用的研究就已开始（徐克勤等, 1963；中国科学院贵阳地球化学研究所, 1979；莫柱孙等, 1980；南京大学地质学系, 1981；徐克勤和涂光炽, 1984）。华南大陆燕山期经历了从侏罗纪到白垩纪幕式挤压—拉张的陆内造山事件，伴随有一系列燕山期大规模的强烈花岗岩浆活动（图4-1），而广泛的岩浆-成矿事件被认为可能与中国东南部晚中生代发生的岩石圈减薄事件密切相关（邓晋福等, 1999；吴福元等, 2003；瞿泓滢等, 2010, 2011）。华南燕山期侵入岩以高钾钙碱性岩及钾玄岩系列为主，但准铝质及过铝质花岗岩仍占主体。华南大陆由东南部的华夏板块和北西部的扬子板块组成，燕山期，扬子板块逐渐克拉通化而匮乏岩浆活动，岩浆活动主要分布在华夏板块。空间上，岩浆活动时间有迁移，岩浆活动时代从东南沿海到西北内陆有逐渐变新的趋势。关于其成因，有部分学者认为可能与古太平洋板块的俯冲作用有关（周新民, 2003; Zhou et al., 2006; Li and Li, 2007），Zhou 和 Li（2000）计算得出岩浆活动每20 Ma向沿海（大洋）迁移150~200 km。时间上，燕山期花岗质岩浆活动分为燕山早期和燕山晚期（图4-1），燕山早期花岗岩在地理位置上位于政和-大埔断裂以西的内陆地区，燕山晚期花岗岩则分布于政和-大埔断裂以东的地区，包括福建沿海、浙江、皖南长江中下游地区及赣东北地区，呈大岩基产出，一般侵位于陆相酸性火山-地层中，另外还以次火山岩形式出现，如一些与成矿相关的浅成斑岩体（王德滋和沈渭洲, 2003）。

对于华南中生代大规模板内岩浆活动的成因还存在争论，归纳起来有三种（图4-2）：一种认为是加厚地壳拆沉作用或陆内加厚地壳造山后垮塌的结果（裴荣富和洪大卫, 1995）；另外一种观点认为是与碰撞作用有关，系华夏板块与扬子板块碰撞的后期效应，由此提出陆内俯冲模式（邓晋福等, 1992, 1995）；还有学者认为与俯冲有关，华南燕山期花岗岩是中国东部燕山期整个岩浆活动的一部分，可能是古太平洋板块对欧亚板块消减作用的产物，因而提出陆内伸展造山模式，认为太平洋平板俯冲板片断离和软流圈地幔物质上涌导致了燕山早期的板内岩浆活动（周新民, 2003；胡建等, 2005; Zhou and Li, 2000; Zhou et al., 2006; Li and Li, 2007）。此外，国外有些学者（Piragno et al., 2009）还引入地幔柱活动机制来解释中国大陆中生代所发生的大规模板内岩浆作用与相关钨锡等多金属成矿事件。因此，华南中生代，特别是燕山期大规模成岩成矿作用的大地构造背景尚有待深入探讨。

南岭地区自早古生代以来，先后受到加里东期造山运动、印支期造山运动和燕山期构造-岩浆作用的强烈影响，形成了不同时代的花岗岩类和丰富的矿产资源（图4-3）。南岭花岗岩带的主体为燕山早期花岗岩（陈培荣等, 2002）。北纬26°20′以南的湘南地区地处扬子板块和华夏板块的交接部位，两大板块的边界呈NE-SW走向，沿资兴-郴州-临武深大断裂展布（童潜明等, 2000）。该深大断裂带也是湘南一条重要的构造-岩浆-成矿带，湘南地区燕山期的花岗闪长质小岩体及花岗岩体都沿此带有规律地分布。紧临该断裂带及其

第4章 花岗质岩浆作用与成矿

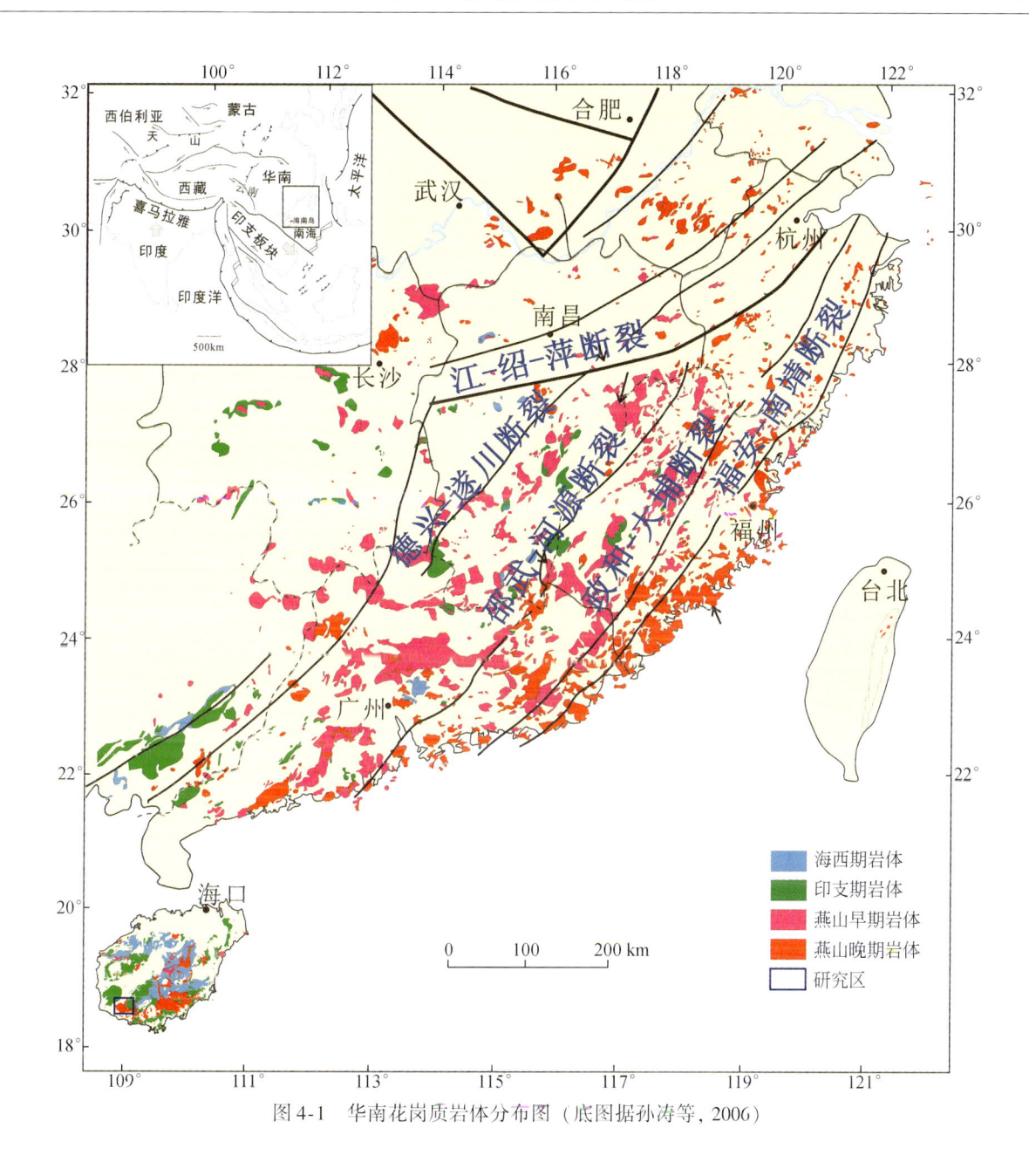

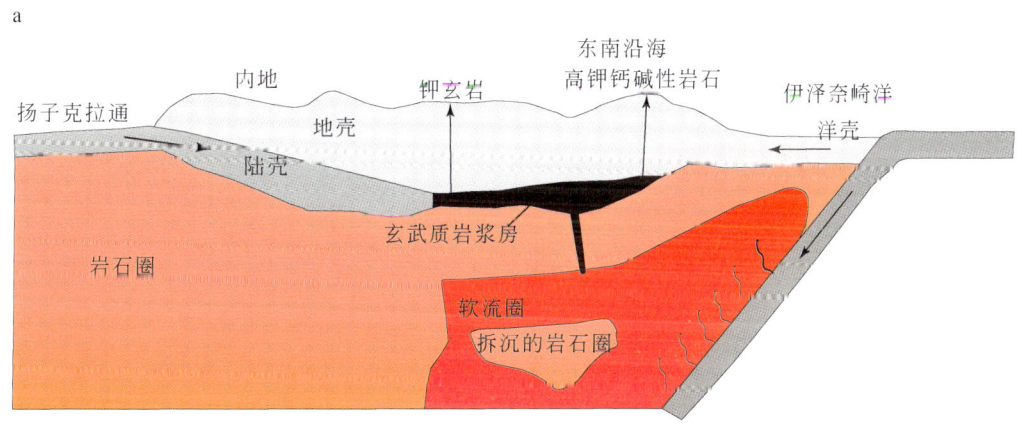

图4-1 华南花岗质岩体分布图（底图据孙涛等，2006）

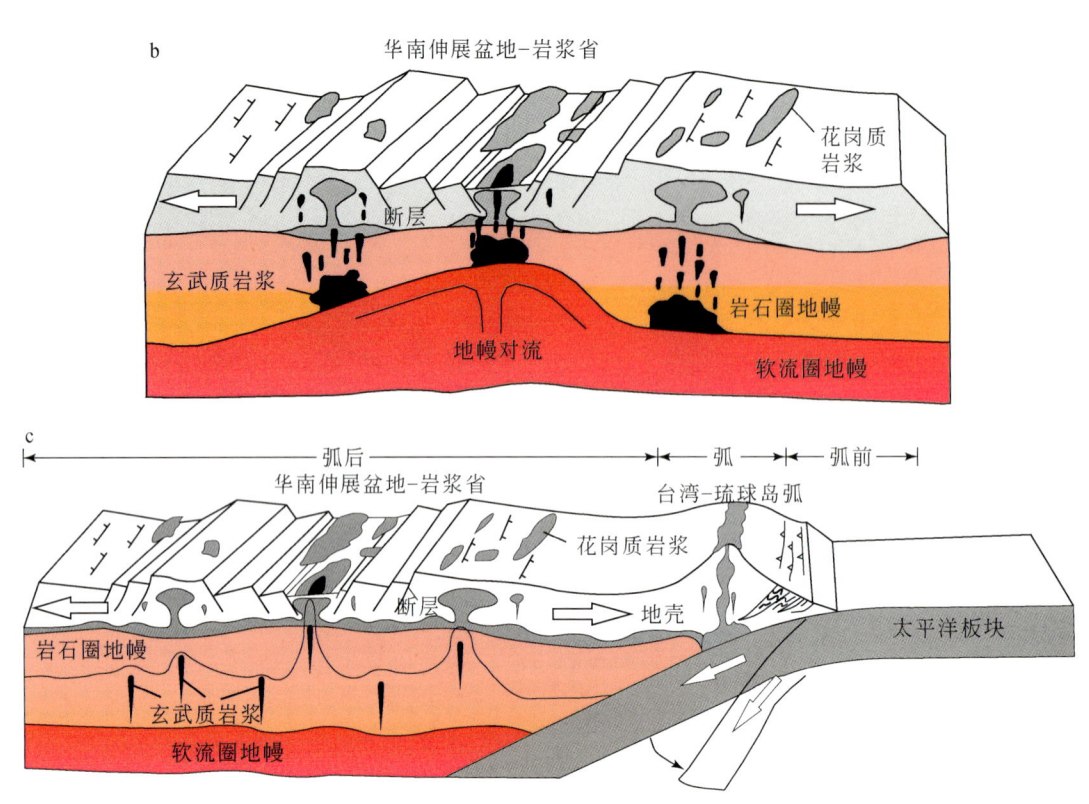

图 4-2 华南中生代花岗质岩地球动力学成因模式图
a-加厚地壳拆除模型;b-陆内岩石圈伸展模型;c-洋壳俯冲模型

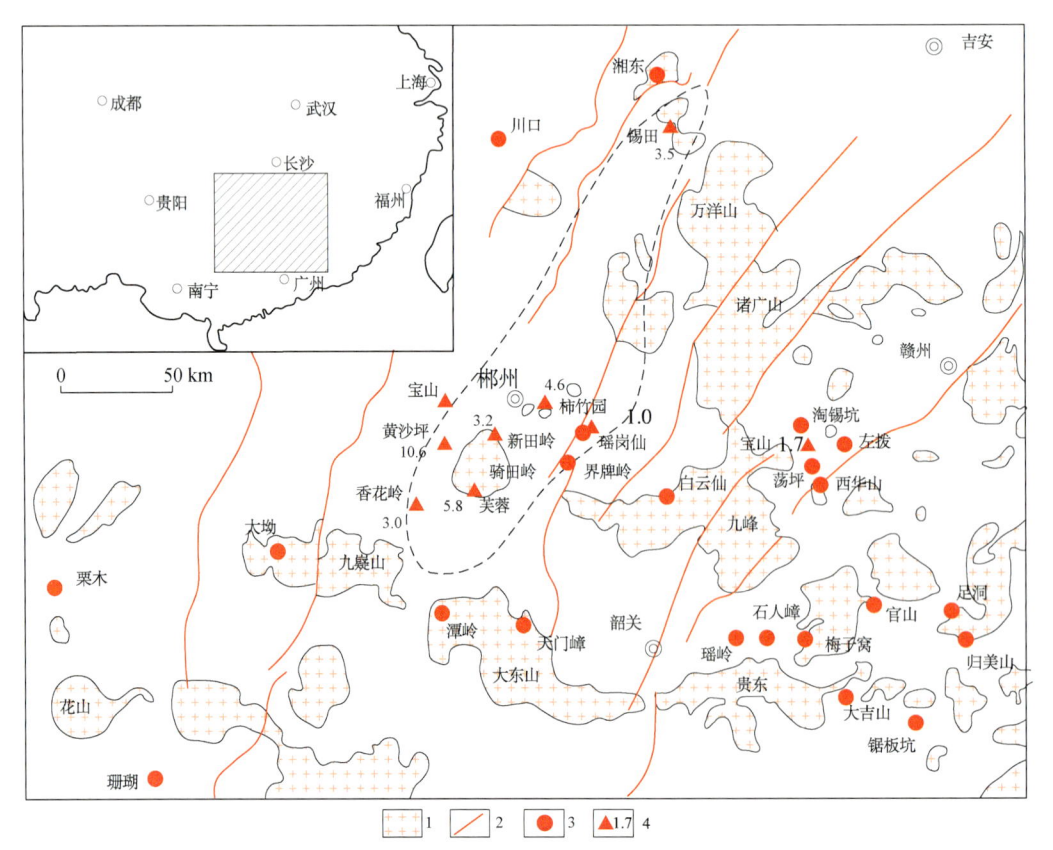

图 4-3 南岭钨锡多金属成矿带地质略图(祝新友等,2012)
1-花岗岩;2-断层;3-石英脉型钨矿;4-夕卡岩型钨锡矿与 $\delta^{34}S$ 平均值

东部，岩浆活动以酸性花岗岩类为主，代表性岩体有千里山、骑田岭、黄沙坪等，而在该断裂带的西侧则分布以水口山、铜山岭和宝山等为代表的中酸性花岗闪长岩类（图 2-3）。与此同时，该构造-岩浆-成矿带两侧发育着截然不同的成矿体系，东侧为以钨、锡、稀土、铌钽为主的成矿体系，西侧为以铜、铅锌、锑、金为主的成矿体系（华仁民等，2003）。

湘南地区花岗岩及成矿作用的调查研究始于 20 世纪初，新中国成立后，各专业地质队、大专院校和科研院所开展了大量的地质调查和研究工作（贵阳地球化学研究所，1979；莫柱孙等，1980；南京大学地质系，1981；湖南省地质矿产勘查开发局，1988；地质矿产部南岭项目花岗岩专题组，1989），获得了大量的 1∶20 万及 1∶5 万区调工作的基础地质资料。众多专家对湘南地区多金属矿床作过专门研究（童潜明等，1995，2000；童潜明，1997；王昌烈等，1987；王立华和张德全，1988；陈毓川等，1989；史明魁等，1993；毛景文等，1998），很多勘探单位在研究区也做过大量地质找矿和成矿预测工作，尤其是近年来骑田岭、大义山地区的地质找矿与成矿作用研究取得丰硕成果（许以明等，2000；陈民苏等，2000；魏绍六等，2002；黄革非等，2001，2003；伍光英等，2005a，b），发现了骑田岭、大义山等地的超大型锡多金属矿。

近年来，有关华南、南岭和湘（东）南中生代花岗岩成因、构造背景及其成矿作用的文献已有大量发表，其认识深度和理论水平较以前有了更大提高（陶奎元等，1998；邓晋福等，2000；沈渭洲等，2000；王岳军等，2000，2001a，b；洪大卫等，2002；邱瑞照等，2002；王德滋和沈渭洲，2003；朱金初等，2003；侯增谦，2004；侯增谦等，2003，2005；肖庆辉等，1988，2002，2003a，b；肖庆辉，1998，2001）。在花岗岩成矿作用研究方面，已从过去以探讨岩体的含矿性、岩体与矿（化）体的时空关系、岩体在矿源和热源方面对成矿的贡献等为主，转为重点探讨岩浆作用与成矿作用统一的深部构造背景，部分研究者还开始探讨了壳-幔作用、地幔柱与成矿的关系。

在湘南地区钨锡多金属矿床控矿作用、成矿机制研究方面，自 20 世纪 90 年代以来也取得不少新的成果（杨国高等，1998；陈柏林等，1998；黄革非等，2003；赵振华等，2000；伍光英等，2000；廖兴钰等，2001；崔彬和赵磊，2001；郑基俭等，2001；徐文炘等，2002；肖红全等，2003），部分研究者对湘南地区区域成矿、控矿规律进行了较系统的阐述（童潜明等，2000；张建新等，2000）。近年来大量研究表明，研究区含矿花岗岩形成的地质构造背景和物质来源，比过去想象的要复杂得多，因为研究区既位于扬子陆（板）块与华夏陆（板）块之间的钱塘江-绍兴-江山-吉安-茶陵-郴州-玉林-钦州深大断裂带上，又受到古亚洲、古特提斯和古太平洋三个构造域的联合作用。这是一个特殊的脆弱的构造部位，作为扬子和华夏两个陆块重要地质分界线的钦州-钱塘结合带，沿 NNE-SSW 方向穿过本区，几条东西向的深断裂亦在此通过，它们在地质、地球物理和地球化学上的明显标志是中生代线形陆相断陷盆地的发育，以及重力、磁性、ε_{Nd}、T_{DM}、ε_{Sr} 和 Pb 同位素组成变化梯度带的出现（朱炳泉，1998；Hong et al.，1998；Chappell，1974；徐克勤等，1984；湖南省地质矿产勘查开发局，1988；秦葆瑚，1984）。因此，将湘南地区燕山期岩浆活动与成矿作用作为统一的地球动力学过程进行研究，是深入揭示板内岩浆-成矿作用的构造背景和动力学演化过程、判别燕山期含矿与不含矿花岗岩体，并开展找矿预测的突破口。

4.2 岩浆侵入期次划分

千骑地区花岗质岩分布广泛、岩石类型多样（图 4-4）。其中，成矿岩浆岩主要是印支晚期—燕山期花岗质岩，因此，本书重点对这两个时期花岗质岩的年代学格架进行了总结。印支—燕山期花岗质岩的主要同位素年龄数据见表 4-1。该表系统收集了区内中生代花岗岩体（包括少量酸性岩脉）同位素年龄数据，包括了科研单位、生产单位公开或未公开发表的年龄数据；少数数据，如明显不合理的数据和加里东期年龄值未录入。为便于从整体上把握区内花岗质岩浆演化规律，表中数据以岩体为单位集中录列。根据岩浆岩与地层的侵入接触关系和花岗质岩的有关同位素年龄数据，并综合考虑不同年龄值或年龄区段的频度，初步厘定出区内花岗岩的年代格架（图 4-5），认为研究区尽管存在多期岩浆活动，从加里东期至燕山期都有，但以燕山期为主导，岩浆侵位时代集中于 180～145 Ma 之间、高峰 ca. 160 Ma。

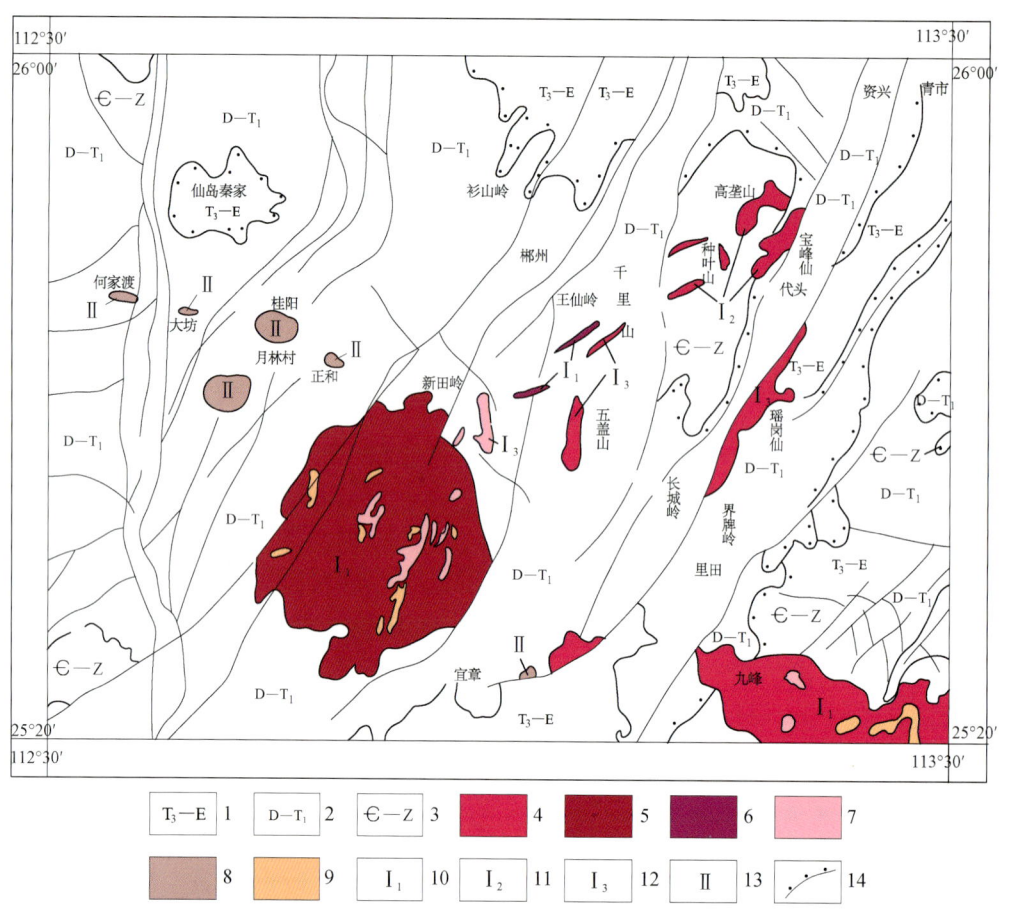

图 4-4 千骑地区岩浆岩分布略图

1-上三叠统—古近系；2-泥盆系—下三叠统；3-寒武系—震旦系；4-黑云母二长花岗岩；5-角闪石黑云母二长花岗岩；6-电气石黑云母花岗岩；7-细粒花岗岩；8-煌斑岩；9-花岗斑岩；10-Ⅰ系列I_1亚类花岗岩；11-Ⅰ系列I_2亚类花岗岩；12-Ⅰ系列I_3亚类花岗岩；13-Ⅱ系列花岗岩；14-不整合界线

表 4-1 千骑矿集区与锡铅锌矿有关的岩体同位素年龄值表

岩体名称	岩性	测试方法和同位素年龄值/Ma	资料来源
千里山	黑云母二长花岗岩 γ_5^{2-1}	全岩 Rb-Sr 162	内部资料
	黑云母二长花岗岩 γ_5^{2-2}	全岩 Rb-Sr 148	内部资料
	主体花岗岩	钾长石 Ar-Ar 162.55±3.25	刘义茂等，1997
	主体花岗岩	全岩 Rb-Sr 等时线 152±9	毛景文等，1995
	主体花岗岩	锆石 SHRIMP U-Pb 152±2	Li X H et al., 2004
	主阶段花岗岩	LA-ICP-MS 锆石 U-Pb 160.3±1.1 156±1.2	Chen et al., 2014
	高度分异的花岗岩	LA-ICP-MS 锆石 U-Pb 155±2	
	微细粒斑状黑云母花岗岩	SIMS 锆石 U-Pb 154.5~152.3	Guo et al., 2015
	细粒斑状黑云母花岗岩	SIMS 锆石 U-Pb 153.4~152.4	
	中粒等粒铁锂云母花岗岩	SIMS 锆石 U-Pb 152.4~151.6	
骑田岭	菜岭单元	黑云母 Ar-Ar 156.9±3.1	刘义茂等，2002
		全岩 Rb-Sr 159±1.2	朱金初等，2003
		单颗粒锆石 162±2	朱金初等，2003
		SHRIMP 锆石 U-Pb 160±2	付建明等，2004
		SHRIMP 锆石 U-Pb 156.7±1.7	李金东等，2005
		黑云母 Ar-Ar 法 157.5±0.3	毛景文等，2004

续表

岩体名称	岩性	测试方法和同位素年龄值/Ma	资料来源
骑田岭	芙蓉单元	锆石熔融法 U-Pb 151~158	黄革非，1992
		独居石熔融法 U-Pb 163	郑基俭等，2001
		黑云母 K-Ar 法 158	
		全岩 Re-Sr 161	
		锆石 SHRIMP U-Pb 155.5±1.3 157.1±1.2	赵东葵等，2006
		锆石 SHRIMP U-Pb 155±6 156±5	李华芹等，2006
	黑云母二长花岗岩	锆石 U-Pb 144	内部资料
	黑云母二长花岗岩	锆石 U-Pb 157	内部资料
	巨粒斑状角闪石黑云母二长花岗岩	黑云母 Ar-Ar 等时线 154.7±1.8	柏道远等，2005
	竹枧水超单元花岗岩	锆石 SHRIMP U-Pb 156.7±1.7	朱金初等，2006
	花岗岩岩基	LA-ICP-MS 锆石 U-Pb 155±1 149±2	朱金初等，2009
		锆石 SHRIMP U-Pb 156±4	
	芙蓉锡矿角闪石黑云母花岗岩	LA-ICP-MS 锆石 U-Pb 160.0±2.7	单强等，2014
	芙蓉锡矿黑云母花岗岩	LA-ICP-MS 锆石 U-Pb 156.5±1.8	
	仰天湖单元二长花岗岩	LA-ICP-MS 锆石 U-Pb 167.5±1.8	刘勇等，2011
	仰天湖单元细中粒斑状角闪石黑云母二长花岗岩	锆石 SHRIMP U-Pb 156.7±1.7	伍光英，2005
	仰天湖单元二长花岗岩中闪长质包体	LA-ICP-MS 锆石 U-Pb 155.4±4.3	刘勇等，2011
骑田岭	陈家单元细粒黑云母二（正）长花岗岩	全岩 Rb-Sr 等时线 151±5	伍光英，2005
		黑云母 Ar-Ar 等时线 154.7±1.8	
	角闪黑云花岗岩	黑云母 Ar-Ar 坪年龄 157.5±0.3	毛景文等，2004
王仙岭	电气石花岗岩	LA-ICP-MS 锆石 U-Pb 235.0±1.3	郑佳浩，2012
	黑云母二长花岗岩株	LA-ICP-MS 锆石 U-Pb 155.9±1.0	
	荷花坪花岗斑岩	LA-ICP-MS 锆石 U-Pb 154.7±0.5	童荣清等，2010，2011
	荷花坪黑云母花岗岩	LA-ICP-MS 锆石 U-Pb 157.1±0.8	
	细粒花岗岩	锆石 SHRIMP U-Pb 212±4	蔡明海等，2006
	早期花岗斑岩脉	锆石 SHRIMP U-Pb 160±3	
	晚期花岗斑岩脉	锆石 SHRIMP U-Pb 142±3	
癞子岭	云英岩化钾长花岗岩	全岩 Rb-Sr 102	陈德潜，1984
尖峰岭	云英岩化钾长花岗岩	全岩 Rb-Sr 104	
螃蟹木	二云母花岗岩	黑云母 K-Ar 155	内部资料
五峰仙	中粒斑状黑云母花岗岩	锆石 U-Pb 222	内部资料
大义山	斑状角闪石黑云母花岗岩	锆石 U-Pb 278	内部资料
	巨斑状角闪石黑云母花岗岩	黑云母 K-Ar 159	刘耀荣等，2005
	巨斑状角闪石黑云母花岗岩	黑云母 Ar-Ar 156.2±1.6	

续表

岩体名称	岩性	测试方法和同位素年龄值/Ma	资料来源
黄沙坪	花岗斑岩	LA-ICP-MS 锆石 U-Pb 161.6±1.1	姚军明等，2005
黄沙坪	花岗斑岩	LA-ICP-MS 锆石 U-Pb 179.9±1.3	全铁军等，2012
宝山	花岗闪长质小岩体	单颗粒锆石 U-Pb 173.3±1.9	王岳军等，2001a
	花岗斑岩	SHRIMP 锆石 U-Pb 161±1	伍光英，2005
	花岗斑岩	SHRIMP 锆石 U-Pb 158±2	路远发等，2006

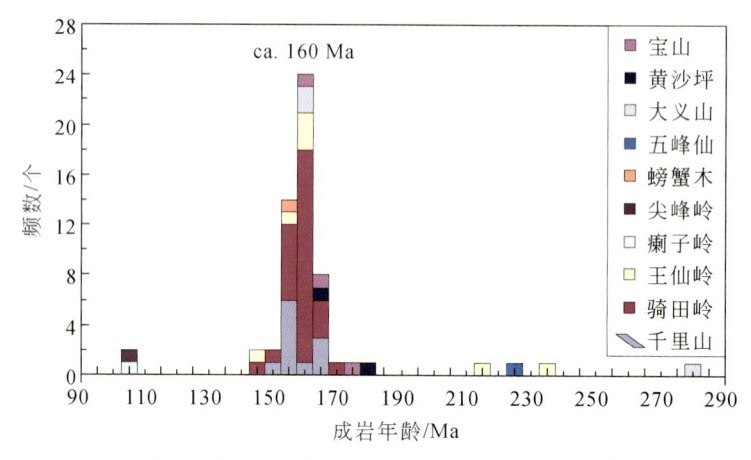

图 4-5 千骑地区主要花岗质岩侵位年龄直方图（数据来源见表 4-1）

各期花岗质岩分布情况见图 2-3、图 4-4，基本特征简述如下：

加里东期花岗岩类，主要分布于资兴至桂东一带，如彭公庙岩体、桂东岩体、赤水岩体和万洋山岩体。为黑云母花岗岩、二云母花岗岩、二长花岗岩和花岗闪长岩等，此时期形成的岩体，有色金属丰度不高，基本上不成矿。

印支期花岗岩类，主要分布在耒阳-宜章南北向印支褶皱带的两侧，产于 EW 向及 SN 向岩浆带中，主要岩体有诸广山岩体南部和中部、桂东、锡田、将军庙、五峰仙、王仙岭、大义山南体等。岩石类型主要有黑云母二长花岗岩、二云母二长花岗岩、黑云母花岗闪长岩等。产出形态以岩基为主，少数为岩株、岩枝，岩浆经演化初步分异，成矿元素初步富集，W 和 Sn 矿化较普遍，局部地带已富集成矿体。

燕山期花岗岩类，分布面积最大，占花岗岩类总面积的 75% 以上，燕山早期花岗岩在研究区内最为发育，主要有诸广山岩体大部分、万洋山岩体南部、川口、大义山北体、宝峰仙、千里山、瑶岗仙、骑田岭、香花岭、大东山、水口山等岩体及黄沙坪斑岩群。岩石类型主要有黑云母二长花岗岩、二云母二长花岗岩、二云母碱长花岗岩、黑云母正长花岗岩、黑云母花岗闪长岩等。燕山晚期花岗岩主要为一些花岗斑岩、石英斑岩等一些酸性岩脉，目前能确定的侵入花岗岩体仅有永兴北西面的上堡岩体，规模极小，面积仅 2.1 km²，为黑云母二长花岗岩。需要指出的是，长期认为是印支期的骑田岭岩体，近年来所开展的一系列测年数据显示，其形成时代应为燕山早期（表 4-1）。研究区燕山期花岗岩类产出形态不但呈岩基，而且有大量呈岩株、岩枝及岩脉形式，由于其岩浆演化充分、分异程度高，金属元素（W、Sn、Mo、Nb、Ta、REE 和 Cu、Pb、Zn、Bi、Sb 等）及矿化剂（F、Cl）等元素丰度值高，因而矿化富集程度高、矿化地段广，是有色金属矿产最主要的成矿期。

根据地层与岩体、岩体与岩体之间的侵入和接触关系、岩相分带特征，以及矿化特征，并参照同位素测年数据，将本区的岩浆活动大致划分为四个侵入期六个侵入阶段九个脉动侵入（单位），详见表 4-2 和表 4-3。

第4章 花岗质岩浆作用与成矿

表4-2 湘南地区岩浆岩一览表

侵入时代		岩体(群)名称	主要岩性	岩性代号	产状及形态	出露面积/km²	侵入地层	同位素地质年龄测定方法	对象	年龄值/Ma	成因类型	已知矿化类型
加里东期		彭公庙(菁市)岩体	中粒或中粒斑状黑云母花岗闪长岩	$\gamma\delta_3^3$	岩基	10	D_2	K-Ar	黑云母	393、382、369	I_1	
印支期	第二阶段	王仙岭(主)岩体	中细-中粗粒电气石黑云母花岗岩、细粒花岗岩	γ_5^{1-2b}	岩株	19.7	C_1	K-Ar、U-Pb(SHRIMP和LA-ICP-MS法)	白云母、锆石	235、222、212、206、192	I_1	Sn、Bi、Pb、Zn
		槐树下岩体	中细粒斑状白云母花岗岩	γ_5^{1-2b}	岩株	0.12	C_1				I_1	
		大地坪岩体	中细粒斑状黑云母花岗岩	γ_5^{1-2b}	岩株	0.07	D_2				I_1	
		大坪里-张家垄-大埔岩体群	隐晶质状花岗斑岩、富英石英斑岩、石英斑岩	$\gamma\pi_5^{1-2b}$, $\sim\pi_5^{1-2b}$	岩脉	0.6	C_1	U-Th-Pb	锆石	208	I_1	
		高垄山岩体	细粒斑状-粗中粒黑云母二长花岗岩	$\eta\gamma_5^{2-2}$	岩株	12.3	D_2	Rb-Sr	全岩	140	I_2	
		宝峰仙岩体	细-细粒-中粒黑云母二长花岗岩	$\eta\gamma_5^{2-2}$	岩株	9	D_3				I_2	
		种叶山岩体	细粒-中粒柱状黑云母花岗岩	$\eta\gamma_5^{2-2}$	岩株	1.65	Z_2				I_2	
		伐头岩体(大冲岭)	花岗岩	γ_5^{2-2}	岩株	0.1	C_1				I_2	
燕山早期	第一次	瑶岗仙岩体	中细粒斑状黑云母二长花岗岩	$\eta\gamma_5^{2-2}$	岩株	2	D_3	K-Ar	黑云母、白云母	178、177、178	I_2	W
		九峰(主)岩体	黑云母二长花岗岩	$\eta\gamma_5^{2-2}$	岩基	9		K-Ar	黑云母	160；153	I_1	
		千里山岩体	黑云母二长花岗岩、黑云母(锂云母)花岗岩	$\eta\gamma_5^{2-2a}$	岩株	9.9	D_3	Rb-Sr、K-Ar、U-Pb(SHRIMP、SHIS和LA-ICP-MS)	全岩、黑云母、钾长石、锆石	ca.162～148	I_3	W、Sn、Mo、Bi、Pb、Zn
		荒塘岭岩体群(骑田岭复式岩体)	中细粒花岗岩	γ_5^{1-2}	岩株	21		U-Th-Pb、Rb-Sr	独居石、锆石、黑云母、全岩	174、163、165、158、146	I_2	

续表

侵入时代	阶段	次	岩体(群)名称	主要岩性	岩性代号	产状及形态	出露面积/km²	侵入地层	同位素地质年龄测定方法	对象	年龄值/Ma	成因类型	已知矿化类型
燕山早期	第二	第一	香花岭(荆子岭)岩体	中细粒钠长石化黑鳞云母花岗岩	γ_5^{2-2a}	岩株	2.2	D_2	K-Ar、Rb-Sr	黑云母、全岩	167;155	I_3	Sn、W、NbTa、Be
			通天庙岩体	中细粒钠长石化黑鳞云母花岗岩	γ_5^{2-2a}	岩株	1.0	Z_2				I_3	
			鸡脚山岩体	中细粒钠长石化黑鳞云母花岗岩	γ_5^{2-2a}	岩株	0.3	Z_2				I_3	
			尖峰岭岩体	中细粒钠长石化黑鳞云母花岗岩	γ_5^{2-2a}	岩株	4.4	D_2	K-Ar	钾长石、黑云母	170;132、167;129	I_3	
			何家渡岩体群	花岗闪长斑岩	$\gamma\delta\pi_5^{2-2a}$	岩株	0.2	C_1	K-Ar	黑云母	167;149	II	Pb、Zn、Au、Ag
			大坊岩体	花岗闪长斑岩	$\gamma\delta\pi_5^{2-2a}$	岩株	0.2	P_1				II	
			马桥村岩体群	花岗闪长斑岩	$\gamma\delta\pi_5^{2-2a}$	岩株	0.1	C_1				II	
			阳家岩体群	花岗闪长斑岩、石英斑岩	$\gamma\delta\pi$、$\gamma\pi_5^{2-2a}$	岩株	0.05	P_1				II	
			火田岩体群	花岗斑岩等	$\gamma\pi_5^{2-2a}$	岩株	0.03	P_2	K-Ar		182(?)	?	
			宝山岩体群	花岗闪长斑岩、花岗斑岩	$\gamma\delta\pi_5^{2-2a}$、$\gamma\pi_5^{2-2a}$	岩株	0.6	C_{2+3}	K-Ar、U-Pb(单颗粒和SHRIMPi法)	黑云母、锆石	ca.173~158	II	Cu、Pb、Zn、W、Mo
			正和岩体	花岗闪长斑岩	$\gamma\delta\pi_5^{2-2a}$	岩株	0.04	C_1				II	
			下邓岩体	花岗(石英?)斑岩	$\gamma\pi_5^{2-2a}$	岩脉	0.05	C_1				II(?)	
			黄沙坪花岗斑岩群	花岗斑岩	$\gamma\pi_5^{2-2a}$	岩脉	1.0	P_1	K-Ar、LA-ICP-MS法U-Pb	黑云母、锆石	ca.180~162	I_3	Pb、Zn
			柳塘-吊准岭花岗斑岩群	花岗斑岩	$\gamma\pi_5^{2-2a}$	岩脉	0.2	P_1				I_3	
			村头岩体	花岗斑岩	$\gamma\pi_5^{2-2a}$	岩脉	0.02	C_1				I_3	
燕山早期	第二	第二	东坡石英斑岩群	石英斑岩	$\gamma\pi_5^{2-2b}$	岩枝	0.00	D_3	Rb-Sr	全岩	东坡山182、野鸡尾134	$I_3 - I_2$	Sn、Cu、W、Pb、Zn

续表

侵入时代	阶段	次	岩体(群)名称	主要岩性	岩性代号	产状及形态	出露面积/km²	侵入地层	同位素地质年龄测定方法	对象	年龄值/Ma	成因类型	已知矿化类型
燕山早期	第二阶段	第二次	金子仑岩体	细粒斑状花岗岩	γ_5^{2-2b}	岩株	0.004	D_2				I_3	W
			鸟蝎山岩体	细粒斑状花岗岩	γ_5^{2-2b}	岩枝	0.1	D_3	K-Ar	白云母	155	I_3	W、Pb、Zn
			卧树板岩体群	细粒斑状花岗岩	γ_5^{2-2b}	岩株	0.2	γ_5^{1-2b}				I_3	Sn、Pb、Zn、W
			新田岭岩体	细粒花岗岩	γ_5^{2-2b}	岩株	0.05	C_1	K-Ar	钾长石	149、143（矿区）	I_3	W、Pb、Zn
			顶上黄家岩体群	细粒花岗岩	γ_5^{2-2b}	岩株	0.08	C_1				I_3	W
			月林村岩体	花岗闪长斑岩质隐爆角砾岩	$\gamma\delta\pi B_5^{2-b}$	岩株	0.3	C_1				II	Cu、Pb、Zn
			黄沙坪岩体	花岗斑岩质隐爆角砾岩	$\gamma\pi B_5^{2-2b}$	岩株	0.7	C_1	K-Ar	黑云母	157	I_3	Pb、Zn、W、Cu
			骑田岭岩体(三体)	中粒斑状角闪石黑云母二长花岗岩	γ_5^{2-2}	岩基	420	T_1	Ar-Ar、U-Pb、熔融法、SHRIMP 和 LA-ICP-MS 法)Pb-Sr	黑云母、锆石、独居石、全岩	ca. 165～145	I_1	Sn、W、Bi、Pb、Zn
			王仙岭复式岩体	黑云母二长花岗岩、花岗斑岩	γ_5^{2-3}	岩株、岩脉		$\eta\gamma_5^{1,2a}$	U-Pb(SHR-IMP 和 LA-ICP-MS 法)	锆石	ca. 160～142		
燕山晚期	第二阶段	第三次	张家湾岩体	细粒花岗岩	$\lambda\pi_5^{2-3}$	岩株	0.45	D_3	Rb-Sr	全岩	138	I_3	Sn、W
			新墙下-铁渣市石英斑岩脉	石英斑岩	$\lambda\pi_5^{2-3}$	岩脉	0.08					I_2	
			杉山岭-金银冲岩体群	正长岩、正长斑岩	ξ_5^{2-3}	岩株	0.12	C_3				II	Cu
			金竹岩体	细粒花岗岩	γ_5^{2-3}	岩株	0.08	D_3	U-Th-Pb	锆石	132	I_2	
			桥头岩体群	隐晶花岗闪长斑岩、石英二长斑岩等	$\gamma\delta\pi_5^{2-3}$、$\lambda\pi_5^{2-3}$	岩株	0.4	P_1				I_2-I_3	?
			瑶冈仙岩岩群	花岗斑岩、石英斑岩	$\gamma\eta\pi_5^{2-3}$、$\lambda\pi_5^{2-3}$	岩脉	0.04	D_3				I_2	
			界牌岭斑岩群	花岗斑岩	$\gamma\pi_5^{2-3}$	岩株	0.4	C_1	K-Ar	全岩	75	I_2-I_3	Sn、Be
			小垒-长城岭岩体群	隐晶质花岗斑岩	$C\gamma\pi_5^{2-3}$	岩脉	0.02	J_1				I_2	

续表

侵入时代		岩体（群）名称	主要岩性	岩性代号	产状及形态	出露面积/km²	侵入地层	同位素地质年龄测定			成因类型	已知矿化类型
期	阶段							方法	对象	年龄值/Ma		
燕山晚期	第一	红旗岭-五马垅花岗斑岩群	花岗斑岩	$\gamma\pi_5^{3-1}$	岩墙		C_1	K-Ar		127、82.66	I_2	
		兆吉洞-蛇形坪花岗斑岩群	花岗斑岩，钾长文象斑岩	$\gamma\pi$、$k\gamma\pi_5^{3-1}$	岩墙	1.4	C_1					
		板田脚花岗斑岩群	花岗斑岩	$\gamma\pi_5^{3-1}$	岩墙	0.8	P_1				I_2	
		木洞-新塘花岗斑岩群	花岗斑岩	$\gamma\pi_5^{3-1}$	岩墙	0.5	P_2				I_2	
		井水头辉绿岩群	辉绿玢岩	$\beta\mu_5^{3-2}$	岩床		C_1				I_2	
		东坡辉绿玢岩群	辉绿玢岩	$\beta\mu_5^{3-2}$	岩脉		C_1					
		上庄塘岩体群	辉长辉绿岩、煌斑岩	$\nu\beta\mu_5^{3-2}$、χ_5^{3-2}	岩床		C_1					
	第二	上白菊-脚踏水岩体群	煌斑岩	χ_5^{3-2}	岩床		J_1					
		平和岩体群	正长闪长岩、煌斑岩等	$\xi\delta_5^{3-2}$、χ_5^{3-2}	岩床		C_1					
		里田煌斑岩群	煌斑岩类	χ_5^{3-2}	岩株	0.05	D_3					
		上寨-柔木湾煌斑岩群	煌斑岩类	χ_5^{3-2}	岩株		C_1					
		恋山下煌斑岩群	煌斑岩类	χ_5^{3-2}	岩株	0.061	C_3					
		花园里-活佛坳岩体群	煌斑岩类	χ_5^{3-2}	岩株	0.038	C_3					
		长城岭基性岩群	玄武岩类	β_5^{3-2}	岩株	0.03	C_1					

注：部分同位素年龄数据见表4-1；花岗质岩石成因分类及代号见表4-4；地层代号见表2-1。

表 4-3 千骑地区岩浆岩期次划分表

期	阶段	次（单位）	岩性代号
燕山期 — 燕山晚期	第二阶段（<100 Ma）	第二次	$\beta\mu_5^{3-2}$、$\nu\beta\mu_5^{3-2}$、χ_5^{3-2}、β_5^{3-2}、$\gamma\beta_5^{3-2}$
		第一次	
	第一阶段（135～100 Ma）		$\gamma\pi_5^{3-1}$、$Kg\gamma_5^{3-1}$
燕山期 — 燕山早期	第三阶段（145～135 Ma）		γ_5^{2-3}、$\lambda\pi_5^{2-3}$、$\gamma\pi_5^{2-3}$
	第二阶段（180～145 Ma）	第二次	γ_5^{2-1}、γ_5^{2-2}、γ_5^{2-2b}、$\gamma\pi B_5^{2-2b}$、$\gamma\delta\pi B_5^{2-2b}$、$\gamma_5^{2-2a}$、$\gamma\pi_5^{2-2a}$、$\gamma\delta\pi_5^{2-2a}$
		第一次	
印支期	第二阶段（235～192 Ma）	第二次	γ_5^{1-2b}、$\gamma\pi_5^{1-2b}$、(γ_5^{1-2a})
		第一次	
加里东晚期	ca. 400 Ma		

注：同位素年龄数据和岩性特征详见表 4-1 和表 4-2。

4.3 岩浆岩成因类型与分布

千骑地区岩浆岩主要为酸性及中酸性侵入体，基本属于花岗岩岩体。根据岩相学、矿物学、地球化学和同位素等特征，本区花岗岩在成因上可划分两个系列，即 I 型或陆壳改造（重熔）型系列和 II 型或同熔型系列。这两类型花岗岩大致以郴州至黄沙坪一线为界，可划分出南东与北西两个岩体分布区：南东区的花岗岩以陆壳改造（重熔）型即 I 系列为主，其分布最为广泛，数量也较多；北西区则以同熔型即 II 系列花岗岩为主，其分布范围局限，数量也少（表 4-4）。

表 4-4 千骑地区花岗岩成因分类表

型	亚型		典型岩体举例
陆壳改造型（I 系列）	I_3	陆壳硅铝质成分（主要为先形成的花岗质岩石）经重熔-再造作用为主形成的花岗岩类	千里山、香花岭、瑶岗仙、黄沙坪
	I_2	陆壳硅铝质成分（主要为成熟度较高的沉积变质岩系，火山变质岩系），经部分熔融与分离结晶作用形成的花岗岩类	高垄山、（蛇形坪）、荒塘岭
	I_1	陆壳硅铝质成分（主要为成熟度低的活动带堆积物，包括其中的火山岩系）经文代重熔或花岗岩化作用形成的花岗岩类	彭公庙、骑田岭、王仙岭、九峰
同熔型（II 系列）		由上地幔或下地壳硅镁层衍生的安山质岩浆岩沿基底断裂带上升引起大陆地壳硅铝质成分同熔形成的花岗岩类	宝山、大坊

4.4 花岗岩的基本特征

4.4.1 岩体形态、规模及产出特征

I 系列花岗岩的形态较为规则，规模也较大。根据其源岩的可能组成，又可分为三亚类。其中：I_1 亚类往往规模十分巨大，出露面积有的可达数百平方千米，多呈岩基（部分呈大岩株）产出；I_2 亚类者往往受北北东-北东向构造控制，呈拉长状的小岩株或是成群状的岩墙、岩脉等产出；I_3 亚类花岗岩的形态多呈浑圆状的小岩株，面积多在几至十几平方千米。而 II 系列花岗岩形态多不规则且变化大，其面积也很

小，多在 1 km² 以下，多呈岩株，大致沿北西向断裂或者是层间剥离面分布。除大部分 I_1 亚类花岗岩岩体的剥蚀深度较大外，其余各类花岗岩多属半隐伏状。

4.4.2 岩性及其结构构造特征

从本区主要岩体数据的 A-P-Q 三角图（图 4-6）上可以看出：本区 I 系列花岗岩类的组成岩性主要为二长花岗岩，部分为花岗岩、碱性长石花岗岩和富石英花岗岩。而 II 系列花岗岩岩类的岩性组成较为复杂，既有石英二长岩、石英正长岩，又有石英二长闪长岩和花岗闪长岩。总的看来，I 系列花岗岩类的岩性要偏酸性些，而 II 系列花岗岩类要偏中基性些。

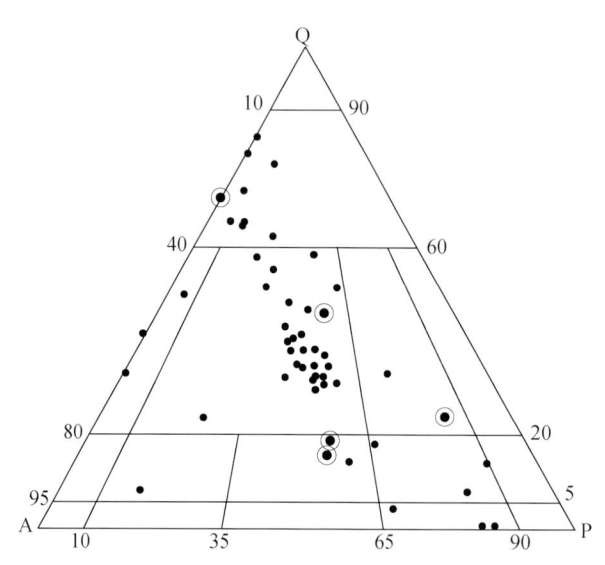

图 4-6　千骑地区岩浆岩 A-P-Q 投影图
黑点为 I 系列；圆圈为 II 系列

岩相学研究表明，I 系列花岗岩类多呈花岗结构或似斑状结构，部分还可见交代结构。而 II 系列花岗岩类往往以细粒-隐晶状或是细粒-细粒小斑状结构为主。二者的构造多为块状，部分可见隐爆角砾状。

4.4.3 主要造岩矿物化学成分及微量元素

对不同成因类型花岗岩的主要造岩矿物的主微量元素含量的分析和统计表明：各类岩体之间既存在明显的差异，又显示出一定的规律。

4.4.3.1 钾长石

从表 4-5 中可以看出：I 系列花岗岩中的钾长石较 II 系列的相对富 SiO_2、K_2O、Fe_2O_3，贫 Al_2O_3、Na_2O、CaO。而在 I 系列花岗岩中，I_1 亚类的钾长石相对富 Al_2O_3 和 K_2O；I_2 亚类相对富 Na_2O；I_3 亚类富 SiO_2 和 Fe_2O_3。

表 4-5　各类型花岗岩中钾长石主要化学成分平均含量表（括弧中为统计样品数）

类型	含量/wt.%					
	SiO_2	Al_2O_3	K_2O	Na_2O	CaO	Fe_2O_3
I 系列	65.2（30）	18.0（30）	13.7（30）	1.9（30）	0.3（30）	0.16（30）
I_1 亚类	64.1（3）	18.4（3）	14.1（3）	1.9（3）	0.4（3）	0.12（3）
I_2 亚类	65.2（9）	18.2（9）	13.5（9）	2.2（9）	0.3（9）	0.13（9）

续表

类型	含量/wt.%					
	SiO$_2$	Al$_2$O$_3$	K$_2$O	Na$_2$O	CaO	Fe$_2$O$_3$
I$_3$亚类	65.4（18）	17.9（18）	13.8（18）	1.7（18）	0.3（18）	0.19（18）
Ⅱ系列	64.5（1）	18.7（1）	13.5（1）	2.0（1）	0.8（1）	0.14（1）

从表4-6中可以看出：Ⅰ系列花岗岩中的钾长石相对富W、Pb、Zn；Ⅱ系列相对富Sn、Cu。而在Ⅰ系列的各亚类花岗岩中：I$_1$亚类钾长石中相对富Sn、Cu；I$_3$亚类相对富W、Pb、Zn；I$_2$亚类的钾长石中各主要微量元素含量均较低。

表4-6　各类型花岗岩中钾长石主要微量元素平均含量表（括弧中为统计样品数）

类型	含量/10^{-6}				
	W	Sn	Cu	Pb	Zn
Ⅰ系列	3.79（18）	13.61（18）	6.00（18）	70.51（18）	33.28（18）
I$_1$亚类	4.90（2）	18.50（2）	11.00（2）	65.00（2）	25.50（2）
I$_2$亚类	0.10（4）	12.25（4）	0.75（4）	55.50（4）	19.50（4）
I$_3$亚类	4.98（12）	13.58（12）	7.10（10）	75.25（15）	37.99（15）
Ⅱ系列	0.00（1）	16.00（1）	13.00（1）	28.00（1）	32.00（1）

4.4.3.2　斜长石

从表4-7可以看出：Ⅰ系列花岗岩中的斜长石相对富Al$_2$O$_3$、Na$_2$O，而贫K$_2$O、CaO。其中I$_1$、I$_2$、I$_3$亚类花岗岩的斜长石较富SiO$_2$、Na$_2$O；I$_1$亚类较富Al$_2$O$_3$、K$_2$O；I$_2$亚类较富CaO。表4-8则可见：Ⅰ系列花岗岩中的斜长石较Ⅱ系列的斜长石更富含W、Sn、Pb、Zn。在Ⅰ系列各亚类花岗岩中，I$_3$亚类的斜长石中相对较富W、Sn、Pb；I$_2$亚类富Zn；I$_1$亚类各主要微量元素含量均较低。

表4-7　各类型花岗岩中斜长石主要化学成分平均含量（括弧中为统计样品数）

类型	含量/wt.%				
	SiO$_2$	Al$_2$O$_3$	K$_2$O	Na$_2$O	CaO
Ⅰ系列	66.90（44）	21.32（44）	0.99（44）	9.31（44）	2.25（44）
I$_1$亚类	64.15（6）	23.01（6）	1.41（6）	8.63（6）	2.91（6）
I$_2$亚类	61.61（9）	22.82（8）	1.09（8）	8.16（9）	4.24（9）
I$_3$亚类	66.08（29）	20.50（29）	0.90（28）	9.81（29）	1.50（29）
Ⅱ系列	64.90（2）	18.90（2）	3.30（2）	3.70（2）	3.20（2）

表4-8　各类型花岗岩中斜长石主要微量元素平均含量表（括弧中为统计样品数）

类型	含量/10^{-6}			
	W	Sn	Pb	Zn
Ⅰ系列	0.49（9）	33.00（12）	61.47（13）	122.77（13）
I$_1$亚类	0.00（1）	9.50（2）	40.00（2）	48.50（2）
I$_2$亚类	0.00（2）	9.33（3）	49.67（3）	355.33（3）
I$_3$亚类	0.67（6）	49.86（7）	72.13（8）	54.13（8）
Ⅱ系列	0.00（1）	2.00（1）	37.50（2）	59.50（2）

4.4.3.3　云母类矿物

从表4-9可以看出：在Ⅰ系列花岗岩的黑云母中，相对富含SiO$_2$、Al$_2$O$_3$、K$_2$O、Na$_2$O、FeO、MnO、Li$_2$O、Rb$_2$O、F；而在Ⅱ系列中却相对富含CaO、Fe$_2$O$_3$、TiO$_2$、MgO、H$_2$O$^+$。在Ⅰ系列的各亚类花岗岩中，I$_1$亚类的云母相对富含TiO$_2$、MgO、H$_2$O$^+$；I$_2$亚类相对富含CaO、Fe$_2$O$_3$、FeO；I$_3$亚类相对富含

SiO_2、Al_2O_3、K_2O、Na_2O、MnO、Li_2O、Rb_2O、F。表4-10则反映：Ⅰ系列花岗岩云母中的主要微量元素W、Sn、Pb、Zn的含量均高于Ⅱ系列花岗岩。W、Sn可高出数倍到数十倍，Pb、Zn也可高出1~2倍。在Ⅰ系列的一类花岗岩中，I_1亚类的云母含W最高，I_2亚类含Pb较高，I_3亚类相对含Sn、Zn较高。

表4-9 各类型花岗岩中云母化学成分平均含量表（wt.%；括弧中为统计样品数）

类型	Ⅰ系列	I_1亚类	I_2亚类	I_3亚类	Ⅱ系列
SiO_2	40.44（77）	36.64（13）	36.59（10）	42.07（54）	35.27（3）
Al_2O_3	20.60（77）	18.05（13）	18.66（10）	21.58（54）	17.04（3）
K_2O	10.39（76）	7.85（13）	8.26（9）	11.36（54）	6.61（3）
Na_2O	0.32（76）	0.27（13）	0.29（10）	0.34（53）	0.22（3）
CaO	0.50（71）	0.62（13）	1.27（10）	0.31（48）	1.63（3）
Fe_2O_3	3.27（74）	3.82（13）	3.86（10）	3.02（51）	5.83（3）
TiO_2	1.26（72）	2.89（13）	2.03（10）	0.67（49）	4.30（3）
FeO	14.01（77）	17.81（13）	21.15（10）	11.78（54）	12.75（3）
MgO	2.62（72）	6.02（13）	2.36（10）	1.77（49）	8.93（3）
MnO	0.99（77）	0.45（13）	0.74（10）	1.17（54）	0.27（3）
Li_2O	1.53（71）	0.23（11）	0.32（9）	2.03（51）	0.014（3）
Rb_2O	0.36（38）	0.15（9）	0.18（8）	0.52（21）	0.033（2）
H_2O^+	3.01（68）	4.90（11）	4.02（8）	2.42（49）	4.20（2）
F	2.74（67）	0.97（11）	0.93（8）	3.72（48）	0.51（2）

表4-10 各类型花岗岩中云母主要微量元素平均含量表（括弧中为统计样品数）

类型	含量/10^{-6}			
	W	Sn	Pb	Zn
Ⅰ系列	32.36（24）	255.16（24）	43.22（23）	605.61（23）
I_1亚类	41.60（5）	93.60（5）	38.40（5）	428.40（5）
I_2亚类	22.13（8）	186.00（8）	52.88（8）	578.75（8）
I_3亚类	35.61（11）	378.89（11）	37.90（10）	715.70（10）
Ⅱ系列	6.00（2）	2.00（2）	37.50（2）	59.50（2）

将本区部分岩体的云母类矿物数据投点到Li-R^{2+}-R^{3+}+Ti化学分类三角图上（图4-7；原图见邱瑞照等，1998），发现本区绝大部分岩体中的云母为铁黑云母（占26%）、黑鳞云母（占21%）、铁锂云母

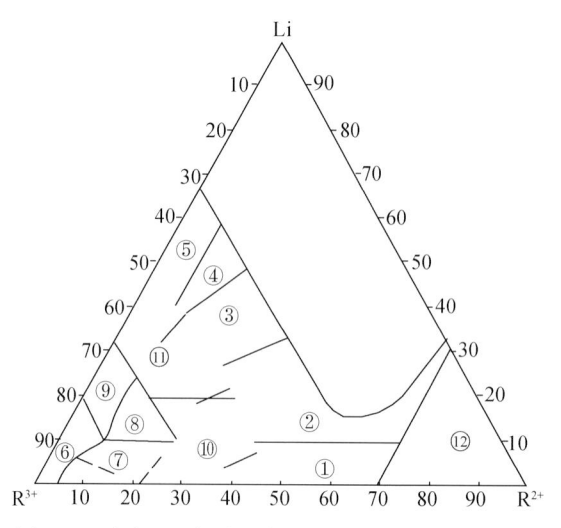

图4-7 千骑地区部分花岗岩含锂云母类矿物投影图
①黑云母；②黑鳞云母；③铁锂云母；④铁质锂云母；⑤锂云母；⑥白云母；⑦多硅白云母；⑧锂多硅白云母；⑨锂白云母；⑩高铁白云母；⑪铝质铁锂云母；⑫铁黑云母

（占 16%）和黑云母（占 15%）。

4.4.4 岩石化学特征

由表 4-11 可见，Ⅰ 系列花岗岩的化学成分相对富 SiO_2、K_2O、Na_2O；而 Ⅱ 系列花岗岩相对富 Al_2O_3、TiO_2、Fe_2O_3、FeO、MnO、MgO、CaO、P_2O_5。在 Ⅰ 系列的各亚类花岗岩中，I_1 亚类相对富 TiO_2、Al_2O_3、Fe_2O_3、FeO、MnO、MgO、CaO、P_2O_5；I_2 亚类相对富 K_2O、Na_2O；I_3 亚类相对富 SiO_2。

表 4-11 各类花岗岩岩石化学成分平均值

类型		Ⅰ 系列	I_1 亚类	I_2 亚类	I_3 亚类	Ⅱ 系列
化学成分/%	SiO_2	73.86	71.57	74.18	74.83	62.71
	TiO_2	0.16	0.34	0.10	0.12	0.60
	Al_2O_3	13.39	14.27	13.05	13.20	15.29
	Fe_2O_3	0.83	1.06	0.70	0.88	2.21
	FeO	1.38	1.82	1.36	1.17	2.49
	MnO	0.062（33）	0.083	0.057（11）	0.054（14）	0.095
	MgO	0.44	0.65	0.29	0.44	2.18
	CaO	0.86	1.09	1.03	0.61	3.28
	K_2O	4.44	4.16	4.56	4.50	3.55
	Na_2O	2.12	2.16	2.27	1.97	2.03
	P_2O_5	0.051（26）	0.098（7）	0.031（8）	0.035（11）	0.228
样品数		35	8	12	15	7

表 4-12 是本区不同成因类型花岗岩的岩石化学特征参数。从表 4-12 可看出，本区各花岗岩岩石化学参数之间的差异还是较为明显的。Ⅰ 系列花岗岩较 Ⅱ 系列花岗岩的 S、A·R、KNA、AI、DI 值均明显偏高，而 σ、SI、f_o、M/S 值却明显偏低。在 Ⅰ 系列各亚类花岗岩中，I_1 亚类花岗岩的 AI、SI、M/S 值相对较高；I_2 亚类花岗岩的 S、A·R、KNA、σ 值相对较高；I_3 亚类花岗岩的 DI、f_o 值相对较高。

表 4-12 各类花岗岩岩石化学特征参数统计表

类型	S	A·R	KNA	AI	σ	DI	SI	f_o	M/S
Ⅰ 系列	34.76	2.72	0.49	1.81	1.40	85.69	4.69	0.37	0.047
I_1 亚类	24.62	2.40	0.44	1.93	1.40	82.27	6.60	0.34	0.063
I_2 亚类	39.01	2.88	0.52	1.66	1.50	86.57	3.13	0.34	0.045
I_3 亚类	36.77	2.76	0.49	1.86	1.32	86.84	4.91	0.40	0.040
Ⅱ 系列	10.18	1.61	0.36	1.73	1.58	63.27	17.50	0.44	0.168

注：S-酸度指数；A·R-碱度指数；KNA-碱铝指数；AI-含铝指数；σ-里特曼指数；DI-分异指数；SI-固结指数；f_o-氧化指数；M/S-镁硅比。

4.4.5 微量元素含量特征

由表 4-13 显示，Ⅰ 系列花岗岩中相对富含 W、Sn、Mo、Bi；Ⅱ 系列花岗岩中相对富含 Cu、Pb、Zn。在 Ⅰ 系列各亚类花岗岩中，I_1 亚类相对富含 W，I_3 亚类相对富含 Pb、Zn、Sn、Bi、Cu、Mo，I_2 亚类情况居中。

表 4-13 各类型花岗岩主要微量元素平均值（10^{-6}）

类型	Ⅰ 系列	I_1 亚类	I_2 亚类	I_3 亚类	Ⅱ 系列	世界酸性岩
样品数	20	7	8	5	1	
Cu	21.0	23.3	14.7	28.0	35.3	20

续表

类型	Ⅰ系列	I₁亚类	I₂亚类	I₃亚类	Ⅱ系列	世界酸性岩
Pb	51.0	24.1	31.9	119.2	62.2	20
Zn	90.6	60.1	46.4	204.2	320.0	60
W	40.5 (15)	69.1 (5)	12.0 (6)	47.5 (4)	5.0	1.5
Sn	29.0	27.2	14.6	54.8	2.7	3
Mo	1.9 (19)	1.4 (6)	1.9	2.4	1.2	1
Bi	7.9 (13)	8.0 (4)	3.2 (5)	13.8 (4)	2.5	0.01

表 4-14 列出了本区各类不同成因类型花岗岩稀土元素的平均含量。由此表可见：Ⅰ系列花岗岩的稀土元素平均总量（ΣREE）为 360.13×10^{-6}，Ⅱ系列为 302.44×10^{-6}，它们均高于世界酸性岩的稀土元素的总量值（维诺格拉道夫，1962）292×10^{-6}。在Ⅰ系列各亚类花岗岩中，ΣREE 也有所差异，其中 I_2 亚类最高，I_3 亚类次之，I_1 亚类最低（甚至略低于维氏值）。

表 4-14 各类型花岗岩稀土元素平均含量（10^{-6}）

类型	Ⅰ系列	I₁亚类	I₂亚类	I₃亚类	Ⅱ系列	赫尔曼球粒陨石值
La	45.70	46.46	88.20	24.16	73.19	0.32
Ce	93.17	86.42	157.75	63.41	118.73	0.94
Pr	11.53	11.31	18.23	8.27	13.38	0.12
Nd	41.31	40.36	64.97	29.85	52.69	0.60
Sm	10.83	7.64	12.12	11.39	7.48	0.20
Eu	0.46	0.83	0.78	0.16	1.61	0.073
Gd	11.42	6.13	12.28	12.96	4.85	0.31
Tb	2.40	1.06	2.51	2.85	0.87	0.050
Dy	14.71	5.45	13.58	18.74	4.63	0.31
Ho	3.34	1.17	3.15	4.26	0.74	0.073
Er	9.33	3.07	8.52	12.08	1.66	0.21
Tm	1.50	0.51	1.29	1.98	0.36	0.033
Yb	11.03	3.26	8.51	15.20	1.82	0.19
Lu	1.54	0.47	1.14	2.16	0.28	0.031
Y	101.86	30.74	95.48	131.73	20.15	1.96
ΣREE	360.13	244.88	488.51	339.20	302.44	
δEu	0.16	0.38	0.21	0.05	0.84	
LREE/HREE	1.87	3.57	3.03	0.66	6.86	
样品数	15	3	4	8	6	

球粒陨石值标准化配分模式图显示（图 4-8），Ⅰ系列花岗岩的稀土元素均值分配型式为微向右倾斜的"V"形曲线。曲线以 Eu 为界，可明显分为两个部分，左侧 La—Eu 为向右的陡倾斜；右侧 Gd—Lu 为近于水平的波动。LREE/HREE 为 1.87，δEu 比值为 0.16，显示大的负铕异常。而Ⅱ系列花岗岩的稀土元素分配型式为一向右倾斜的曲线，曲线也大致分为两个部分：La—Eu 为陡斜，Eu—Lu 为缓倾斜；铕异常不明（δEu=0.84），但同样具有轻稀土相对富集特点。

Ⅰ系列各亚类花岗岩的稀土元素分配型式也显示一定的差异。I_1、I_2 亚类均为向右陡倾斜的"V"形曲线，δEu 值分别为 0.38 和 0.21；而 I_3 亚类的分配型式为近于对称的"V"形曲线，具有大的负铕异常（δEu=0.05）。

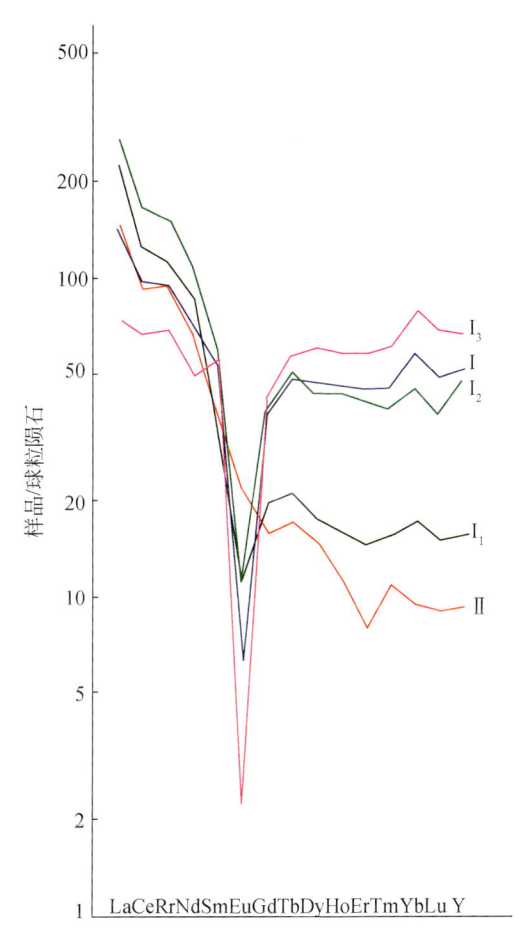

图 4-8 千骑地区各类花岗岩稀土元素均值球粒陨石标准化图式
（数据来源见表 4-14）

4.5 成矿岩体特征

湘南千骑地区矿产资源丰富，金属矿床（点）繁多。区内矿产的形成与广泛分布的中生代、特别是燕山期岩浆岩有着密切的成因联系，但并不是所有的岩浆岩都成矿，且岩浆岩成矿表现出专属性。

从成矿岩体的形成时间来看，区内绝大多数与成矿有关的岩体属于燕山早期第二阶段、第三阶段侵位的，其中，与钨锡成矿有关的岩体形成时间相对较晚，如千里山、瑶岗仙岩体；而与铅锌成矿有关的岩体形成时代相对较早，如宝山岩体。

从成矿岩体的产状来看，产于隆起区边缘的成矿岩体其形态较规则，在平面上常呈等轴状、椭圆状或扁豆状，出露面积小，一般为 0.1~1.0 km²，垂向上多呈岩株、岩瘤、岩枝等；而产于拗陷区中的成矿岩体规模更小，形态更复杂，一般呈岩脉、岩瘤、岩盆、岩盖或岩柱体。

不同成因类型的成矿岩浆岩其岩性组合也具有一定的差别。改造型（Ⅰ系列）成因的花岗岩体的岩石组合以二长花岗岩、钾长花岗岩、黑云母花岗岩、白云母或二云母花岗岩为主；而同熔型成因（Ⅱ系列）的花岗岩体的岩石组合比较复杂，以石英闪长岩、云英闪长岩、花岗闪长岩组合为代表。

区内岩浆岩还表现一定的成矿专属性：与钨锡多金属矿有关的岩浆岩为陆源改造重熔型酸性中浅成花岗岩，岩性组合主要为花岗岩、黑云母花岗岩、二长花岗岩、花岗斑岩、石英斑岩；主要矿床类型为伟晶岩型和云英岩型钨锡矿、夕卡岩型钨锡钼铋矿、硫化物型锡多金属矿、充填交代型铅锌矿（如千里山矿田、骑田岭矿田）。与铅锌多金属矿有关的岩浆岩为同熔型中酸性深源浅成花岗闪长岩类，岩性组合为花岗斑岩、石英斑岩、花岗闪长斑岩、石英闪长斑岩；主要矿床类型有夕卡岩型铜钼多金属矿产、产于碳酸盐岩中交代充填型铅锌黄铁矿、铅锌银矿（如坪宝）。

4.5.1 骑田岭岩体

骑田岭岩体位于研究区西南部（图2-3），出露面积达520 km²。该岩体为一复式岩体，具多期次、多阶段侵入的特点，从侏罗纪至早白垩世可能都有活动，但以中晚侏罗世为主，岩相以中深成为主，中浅成次之（图4-9）。据1:5万永春–宜章幅区调及近年来测年成果，岩体内部可分解出63个呈岩基、岩株、岩瘤状产出的侵入体，归并为燕山早期菜岭、千秋桥、芙蓉等三个超单元，枫树下、樟溪水、两塘口、青山里、牛头岭、白泥冲、邓家桥、礼家洞、五里桥、南溪、将军寨、荒塘岭、回头湾等十三个单元。其中燕山早期形成的芙蓉超单元与成矿有着密切关系。朱金初等（2009）认为骑田岭岩体是一个燕山早期多阶段形成的复式岩基，并将其划分为三个主要侵入阶段：第一阶段侵位于163~160 Ma、峰值 ca. 161 Ma，主要岩性包括角闪石黑云母二长花岗岩、少量为黑云母二长花岗岩，出露面积约占45%，分布在岩体东部、北部和西部的靠边缘部位；第二阶段侵位于157~153 Ma、峰值157~156 Ma，主要岩性为黑云母花岗岩，有时可含不同数量角闪石，出露面积约占40%，主要分布在岩体的中部和南部；第三阶段侵位于150~146 Ma、峰值 ca. 149 Ma，主要岩性为细粒（有时含斑）黑云母花岗岩，出露面积约占12%，分布在岩体的中南部位。其中，前两个阶段花岗岩构成岩基的主侵入相，第三阶段花岗岩为补充侵入相。

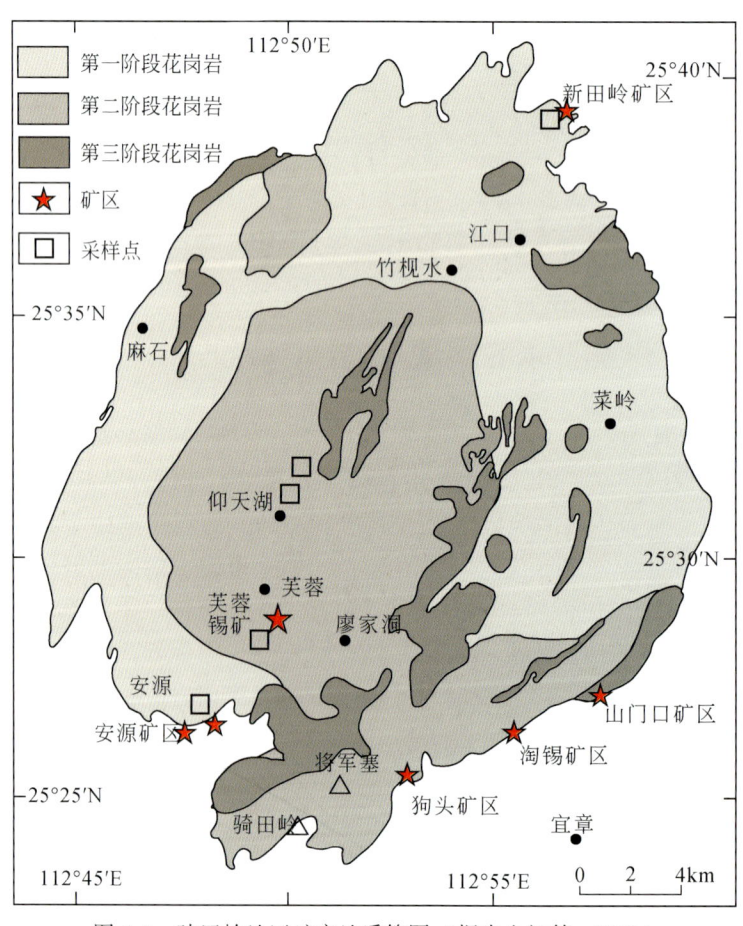

图4-9 骑田岭地区矿产地质简图（据朱金初等，2003）

骑田岭复式岩体岩石类型主要为粗-细粒斑状（角闪石）黑云母钾长（二长）花岗岩，局部为多斑和少斑，浅肉红色，似斑状结构、块状构造。矿物成分为钾长石（35%~45%）、斜长石（20%~

35%)、石英（25%~30%）、黑云母（3%~5%）、角闪石（0~2%）等。斑晶以钾长石为主，斜长石、石英次之，大小不一，长石斑晶多呈半自形板状，具环带构造，石英斑晶呈他形粒状；基质为花岗结构，由钾长石、斜长石、石英、黑云母、角闪石等组成。造岩矿物中斜长石相对较少，多为钾长花岗岩。但局部地段斜长石略有增加，可定名为二长花岗岩。各单元岩性特征详见表4-15。整体上，第一阶段的角闪黑云母花岗岩呈灰白色，似斑状结构，块状构造。斑晶含量在30%左右，主要由石英、钾长石、斜长石（An=18%~38%）、黑云母（铁云母）和角闪石（铁镁闪石）组成。基质为中粒，少量为细粒，由钾长石、斜长石、石英、黑云母和角闪石组成。第二阶段黑云母花岗岩呈灰黄、肉红色，主要为似斑状结构，也见有花岗等粒结构。斑晶含量在25%~30%之间，主要矿物为：钾长石（微斜长石）、斜长石（An=22%~33%）、石英和黑云母（铁云母）。基质以中粒为主，有部分粗粒和细粒结构，矿物成分与斑晶相同。钠长石（An=1%~4%）和铁叶云母出现在与锡矿化有关的中细粒黑云母花岗岩之中。

骑田岭复式岩体还被认为是南岭中西段NE向燕山早期含钨锡A型花岗岩带的重要组成部分，是岩石圈拉张减薄环境下壳幔混合的结果（朱金初等，2008）。其中，与成矿关系密切的骑田岭岩体芙蓉超单元岩石化学成分相对稳定（表4-16），SiO_2在66.64%~74.38%，且随着岩浆的演化逐渐增高；TiO_2在0.16%~0.68%、Al_2O_3在12.49%~14.25%；K_2O+Na_2O在7.32%~10.01%、平均值为8.17%；$Al_2O_3>CaO+Na_2O+K_2O$，属铝过饱和、钙碱性酸性岩；特征参数δ为2.27~3.18、DI为81.14~95.36、SI为1.73~6.94。该超单元岩石中副矿物种类，特别是有色金属矿物明显较多，其中白钨矿、黑钨矿、锡石、辉钼矿、辉铋矿、黄铜矿、方铅矿、铁闪锌矿等含量较高（表4-17）。可见，芙蓉超单元可能是整个骑田岭岩体南部钨、锡、钼、铅、锌矿最重要的成矿母岩。结合显微结构观察，通过电子探针（EMPA）和LA-ICP-MS原位分析，Xie等（2010）从骑田岭复式岩体的含Sn成矿母岩内进一步识别出三种不同类型的含Sn榍石，并认为前两种形成于高氧化条件下的岩浆结晶阶段，而第三种是岩浆期后热液作用产物，从而导致成矿元素Sn的迁移和富集及脉型Sn矿的形成。从表4-18还可见，各单元微量元素中Sn、Bi、Cu、F、Ni等含量较高，是维氏值的几倍至十几倍；元素比值中，Rb/Sr为1.69~8.74，Ba/Rb为0.42~1.70。

朱金初等（2003）对骑田岭岩体菜岭超单元花岗岩研究则表明，该超单元以角闪石黑云母二长花岗岩为主，其全岩Rb-Sr等时线年龄为159±1.2 Ma、单颗粒锆石熔融法U-Pb年龄为161±2 Ma；Sr同位素初始比值偏低（0.70854）、Nd同位素初始比值偏高（-5.8~-5.4）、Nd模式年龄偏低（0.94~1.49 Ga）。在岩石化学和微量元素方面，属钙碱性系列，准铝质、富含K、Rb等大离子亲石元素和Th、REE、Nb等高场强元素。常见具有岩浆混合特征的微型花岗岩类暗色包体。这些同位素、岩石学和微量元素特征，总体上反映了菜岭超单元花岗岩的成岩组成中有明显的幔源物质的参与。该花岗岩可能是在燕山早期华南地壳开始拉张减薄的构造背景下定位的，壳幔相互作用对本区大陆地壳物质的重熔和花岗岩浆的形成和演化起了重要的作用。

Re-Os同位素的研究，不仅能够为花岗岩物质来源与成因机制的研究提供新的手段，而且，对于获取南岭重点地区深部成矿的地球化学信息、探索南岭成矿带壳幔相互作用过程以及幔源岩浆在不同类型矿化花岗岩形成过程中的作用也具有重要意义。一般认为，南岭花岗岩属于地壳重熔成因，与花岗岩密切相关的钨矿、锡矿往往也被认为源于地壳（王联魁等，1982；徐克勤等，1984）。尽管Shu等（2011）通过对南岭西部包括骑田岭复式岩体和千里山花岗岩在内的花岗岩中锆石Lu-Hf同位素示踪研究，也认为南岭地区中生代花岗岩主要来源于因古太平洋板块俯冲的热扰动，而导致深部埋藏的与新元古代弧相关的火山沉积岩的改造，但是，近年来通过地球化学研究发现，骑田岭复式花岗岩中也存在地幔物质的痕迹（赵振华等，2000；毕献武等，2008；蒋少涌等，2006）。那么，哪些岩体存在地幔物质，地幔物质是否参与了成矿，对成矿的贡献多大？一直是国内外学者普遍关注的关键科学问题。骑田岭复式岩体三个阶段花岗岩全岩Re-Os同位素分析表明（李超等，2012），该岩体具有极低的Re、Os含量（Re=0.0053~0.4539 ng/g，Os=0.0011~0.0328 ng/g），且Os同位素初始比值波动较大（0.3543~1.728），显示成岩物质具有壳幔混合来源的特征。但早阶段与新田岭钨成矿关系密切的中粗粒似斑状角闪石黑云母花岗岩中

表 4-15 骑田岭岩体各单元岩石特征一览表

时代	超单元	单元	主要岩性	侵入体数	定位	产状	岩石结构	斑晶	基质	同位素年龄
中晚侏罗世	芙蓉	回头湾(J₃H)	细粒含斑钾长花岗岩	8	浅成	岩株(脉)	似斑状-斑状结构	钾长石、石英。含量5%,粒径0.5 cm	石英25%,钾长石45%,斜长石25%,黑云母3%	ca. 167~151 Ma
		荒塘岭(J₃H)	中细粒少斑黑云母钾长花岗岩	3	中浅成	岩株	似斑状结构	钾长石、石英。含量10%~20%,大小1~2 cm	石英30%,钾长石40%,斜长石25%,黑云母3%	
		将军寨(J₃J)	粗中粒斑状黑云母钾长花岗岩	1		岩株		钾长石、石英。含量30%,大小1~2 cm	石英30%,钾长石45%,斜长石20%,黑云母3%~5%	
		南溪(J₃N)	中粒斑状角闪黑云母钾长花岗岩	1	中深成	岩株(基)		钾长石、斜长石。含量30%,大小2~3 cm	石英25%,钾长石45%,斜长石25%,黑云母5%,角闪石2%	
		五里桥(J₃W)	中粒多斑角闪黑云母钾长花岗岩	3		岩基		钾长石、斜长石。含量30%~40%,大小2~3.5 cm	石英20%,钾长石35%,斜长石35%,黑云母3%,角闪石2%	
		礼家洞(J₃L)	细中粒斑状角闪黑云母二长花岗岩	1			似斑状结构	钾长石、斜长石、石英。含量25%~30%,大小1~2 cm	石英25%,钾长石35%,斜长石35%,黑云母3%,角闪石2%	
中侏罗世	千秋桥	邓家桥	细粒含斑黑云母钾长花岗岩	1	浅成	岩株		钾长石、斜长石、石英。含量5%±,大小2~3 cm	石英30%,钾长石47%,斜长石20%,黑云母4%	
		白泥冲(J₂B)	中细粒少斑黑云母钾长花岗岩	2	中浅成	岩福		钾长石、斜长石、石英。含量20%±,大小2~3 cm	石英30%,钾长石45%,斜长石22%,黑云母3%	
		牛头岭(J₂N)	中细粒斑状黑云母钾长花岗岩	1	中深成			钾长石、斜长石、石英。含量30%~35%±,大小2~3 cm	石英28%,钾长石40%,斜长石25%,黑云母4%,角闪石3%	
		青山里(J₂Q)	中粒多斑状黑云母二长花岗岩	1	中浅成	岩株		钾长石、斜长石、石英。含量20%,大小0.5~0.8 cm	石英25%,钾长石35%,斜长石35%,黑云母3%	ca. 160~156 Ma
中侏罗世	菜岭	两塘口(J₂L)	中粒多斑角闪黑云母钾长花岗岩	1	中深成			钾长石、石英。含量40%,大小2~4 cm	石英25%,钾长石45%,斜长石20%,黑云母5%,角闪石2%	
		樟溪水(J₂Z)	中粒斑状角闪黑云母钾长(二长)花岗岩	1				钾长石、斜长石、石英。含量30%±,大小2~4 cm	石英25%,钾长石35%,斜长石30%,黑云母3%,角闪石2%	
		枫树下(J₂F)	中粒多斑状角闪黑云母二长花岗岩	1				钾长石、斜长石、石英。含量30%±,大小2~5 cm	石英25%,钾长石38%,斜长石5%,黑云母5%,角闪石5%	

注:同位素年龄数据见表4-1。

第4章 花岗质岩浆作用与成矿

表 4-16 骑田岭岩体各单元岩石化学成分及有关参数

单元	样数	氧化物含量/%												CIPW值					
		SiO$_2$	TiO$_2$	Al$_2$O$_3$	CaO	MgO	Fe$_2$O$_3$	FeO	MnO	K$_2$O	Na$_2$O	P$_2$O$_5$	烧失	累计	Q	Or	Ab	An	C
细粒花岗岩	6	73.27	0.16	13.092	0.56	0.085	0.79	1.073	0.021	5.455	3.713	0.049	0.85	99.12	29.095	32.237	31.421	2.49	0.825
花岗斑岩	4	74.25	0.146	12.125	0.78	0.368	0.808	1.403	0.04	4.888	3.075	0.063	1.37	99.32	34.803	28.887	26.022	3.499	1.419
荒塘岭	15	73.77	0.16	12.74	0.46	0.23	0.85	1.16	0.039	5.23	3.22	0.16	1.17	99.19	33.56	30.58	26.92	1.84	1.82
回头湾	13	74.38	0.17	12.49	0.41	0.18	1.04	0.95	0.037	5.37	3.04	0.055	1.17	99.14	35.67	31.54	24.62	1.56	1.75
南溪	6	68.91	0.53	14.02	1.53	0.55	1.27	2.31	0.063	5.19	3.66	0.22	1.30	99.52	23.65	30.91	28.50	5.60	2.10
五里桥	4	68.55	0.53	13.90	1.49	0.75	1.26	2.36	0.060	4.83	4.43	0.19	1.23	99.43	19.94	28.67	36.75	4.86	0.65
礼家洞	8	66.64	0.68	14.25	1.94	1.01	1.81	2.61	0.082	4.54	4.01	0.24	1.18	98.99	18.25	28.20	34.27	5.47	0.33
将军寨	4	72.89	0.16	12.96	0.50	0.67	0.60	1.35	0.042	5.27	3.39	0.21	1.08	99.13	30.49	31.17	28.66	1.43	1.54
樟溪水	1	62.26	0.464	14.58	0.89	0.88	2.288	2.577	0.152	5.4	3.71	0.3	2.48	98.99	19.482	31.912	31.395	2.651	2.361
中国花岗岩 (黎彤, 1976)		71.28	0.25	14.25	1.62	0.80	1.24	1.62	0.080	4.03	3.79	0.16							
南岭花岗岩 (莫柱孙等, 1980)		72.65	0.27	13.56	1.36	1.60	0.92	1.97	0.070	4.76	3.11	0.11							

单元	样数	CIPW值								参 数 值								备注
		Di	Ap	Il	Mt	Hy	δ	DI	SI	FL	ANT	OX	LI	SAL	TS	FE	KN	KC
细粒花岗岩	6	1.27	0.107	0.304	1.145	1.304	2.777	92.73	0.765	94.40			27.428	5.597	2.184	92.83	362.02	14.03
花岗斑岩	4	1.05	0.138	0.277	1.172	2.653	2.029	89.71	3.491	95.34	62.77	0.39	26.32	6.124	1.966	91.29	411.61	15.28
荒塘岭	15	2.14	0.17	0.32	1.24	1.70	2.34	91.48	1.97	85.51	63.35	0.47	27.13	5.79	2.32	88.80	226.42	4.77
回头湾	13		0.13	0.32	1.26	1.33	2.27	91.98	1.73	86.14	21.23	0.30	27.71	5.97	2.35	82.92	221.76	4.20
南溪	6	2.36	0.42	1.00	1.85	3.84	2.84	82.90	3.61	81.73	18.24	0.33	22.94	4.92	7.48	82.67	166.37	3.28
五里桥	4	2.93	0.41	1.00	1.46	3.24	3.40	95.36	5.42	93.37	16.73	0.38	22.04	4.95	7.69	74.72	342.02	8.15
礼家洞	8		0.51	1.26	2.50	3.72	3.18	81.14	6.94		43.92	3.026	19.48	4.68	10.19			
将军寨	4	1.35	0.33	0.31	0.87	3.29	2.72	90.32	6.00				26.29	5.67	3.26			
樟溪水	1		0.656	0.881	1.46	3.317	3.728	82.79	5.924			2.843	20.595	4.476	7.11			

表 4-17　骑田岭岩体各单元副矿物成分平均含量（g/t）

单元	样数	有色金属矿物 磁铁矿	钛铁矿	锐铁矿	锆石	钍石	金红石	褐铁矿	赤铁矿	硬锰矿	黄铁矿	毒砂	磁黄铁矿	白钨矿	黑钨矿	锡石	辉钼矿	辉铋矿	黄铜矿	方铅矿
回头湾	5	280.29	103.53	0.58	109.69		0.21	16.15			3.16	4.75	3.54	0.08	0.06	1.05	0.06		0.083	0.18
荒塘岭	9	80.23	216.12	2.85	68.36	0.72	17.66	27.30	1.77	5.60	29.94	6.28	0.19	0.59	0.23	6.14	0.51	0.14	0.20	4.44
将军寨	2	53.39	211.48	4.88	107.37			14.24	6.48	0.11	2.66	0.84		0.06		62.78	0.14	0.37		0.09
南溪	6	1413.08	884.84	0.599	115.11		62.72	36.32	0.02	0.708	8.62	3.62		0.40		0.47				
五里桥	5	738.50	551.83	0.03	189.76		67.26	7.20	0.42	0.04	2.26	40.29		1.72		0.19	0.13		0.03	0.43
茶岭樟溪水	3	125	135	少	25	1	3	少						少		微		微		1.05
南岭花岗岩	15	4264	29	34			370				82									

单元	样数	稀有金属矿物 闪锌矿	铁闪锌矿	磷钇矿	铌钽铁矿	独居石	磷灰石	石榴子石	角闪石	电气石	绿帘石	萤石	黄玉	褐帘石	红柱石	非金属矿物 总量
回头湾	5		0.19	5.19		4.97	5.42	34.85	36.13	9.40		0.18	0.10	0.03	0.09	527.91
荒塘岭	9	0.57	0.14		24.20	38.18	0.89	38.62	169.28	0.32	2.46	3.10	1.34	51.58		561.20
将军寨	2					24.33	1.70		1.67	13.50	0.14	268.28	0.74	1.95		575.95
南溪	6	3.51		0.77	1.39		4.07	76.37	718.90	0.09	0.314	18.08	0.023	51.03	1.39	3298.29
五里桥	5			0.03			11.42	165.80	694.76	29.06	28.5	0.59	0.043	15.20	0.03	2354.10
茶岭樟溪水	3						1		55	微		微			—	
南岭花岗岩	15						98				67			20		

表 4-18　骑田岭岩体各单元主要微量元素统计一览表

单元	样数	平均值与标准离差	元素含量/10⁻⁶															Rb/Sr	Ba/Sr	Ba/Rb	Th/U	Zr/Sn
			F	U	Bi	Li	Sn	Ba	Nb	Zr	Sr	Rb	Cu	Ni	Cr	Th	Ta					
回头湾	7	平均值	1871.4	16.0	2.5	54.5	21.5	315.3	24.8	203.1	68.4	416.9	28.1	26.8	59.8	61.3	16.5	8.44	4.47	0.77	3.87	11.3
		标准离差	272.1	6.4	3.0	16.2	19.6	197.5	7.4	146.0	39.4	81.0	16.7	36.7	29.2	33.9	10.7	5.3	0.69	0.54	1.60	11.0
荒塘岭	6	平均值	1558.3	14.4	26.4	53.5	[illegible]1.1	181.7	19.0	153.0	60.5	404.3	39.2	14.0	52.5	62.7	15.6	8.42	3.19	0.47	4.47	10.1
		标准离差	188.2	4.2	46.9	25.3	24.9	70.2	5.44	43.6	31.6	50.6	38.2	[illegible].7	36.6	20.0	7.6	4.30	0.80	0.19	0.97	9.8
将军寨	1	平均值	2100	20.0	26.6	90.9	22.5	231	28.5	166	57	498	10.6	15.2	66	63.2	23.0	8.74	4.05	0.46	3.16	7.38
		标准离差																				
南溪	11	平均值	1884	12.9	1.72	74.3	20.4	429	24.1	236	122	334	45.4	13.7	49	45.[illegible]	11.2	2.97	3.56	1.31	5.05	16.38
		标准离差	454.5	7.5	0.78	24.2	20.7	118.7	8.3	80.1	30.1	29.4	20.8	3.4	45.3	7.8	3.0	1.1	0.7	0.42	5.4	6.8
五里桥	7	平均值	2977	10.3	16.8	87.5	89.5	410	24.1	226	137	347	61.3	15.1	58.4	43.9	10.9	2.60	2.98	1.17	4.36	11.31
		标准离差						12.3	6.1	35.1	24.3	53.3	34.7	3.0	74.5	1[illegible].9	5.6	0.47	0.74	0.30	0.83	7.04
礼家洞	3	平均值	1717	28.5	1.84	62.0	11.3	531	26.4	262	176	289	42.6	10.1	20.0	40.5	7.9	1.69	3.08	1.70	2.42	23.13
		标准离差	284.3	20.2	0.21	14.4	0.9	32.1	4.1	51.1	60.5	27.0	8.9	4.3	12.7	2[illegible].9	0.6	0.45	0.60	0.20	2.30	3.70
樟溪水	3	平均值	1520	23.8	4.54	82.43	34.4	445.3	25.8	259	122	350	27.0	15.0	115	5[illegible].3	8.5	3.06	3.66	1.32	3.01	9.3
		标准离差						12.3	6.1	35.1	24.3	53.3	34.7	3.0	74.5	1[illegible].9	5.6	0.47	0.74	0.30	0.83	7.04
维氏酸性岩平均值			800	3.5	0.01	40	3	830	20	200	300	200	20	8	25	18	3.5	0.67	2.77	4.15	5.14	66.67

表 4-19　千里山岩体岩石特征一览表

侵入期次	岩石相带	主要岩性	产状	岩石组构	斑晶	基质	主要蚀变作用
第三次 (γ_5^{2-3})		细粒花岗岩、中细黑云母二长花岗岩	岩株	似斑状结构、细粒花岗结构；块状构造	钾长石、斜长石、石英组成以石英较多	钾长石 30% ~40%，斜长石 20% ~30%，石英 30% ~35%，黑云母 1% ~4%	岩石蚀变较弱
第二次 (γ_5^{2-2})		细粒斑状黑云母二长花岗岩	岩株		钾长石和石英组成，含量5% ~10%，粒径 5 mm×8 mm	粒径 0.5 ~1.0 mm。钾长石 30% ~40%，斜长石 20% ~30%，石英 30% ~35%，黑云母 1% ~4%	局部有绿泥石化和绢云母化
第一次 (γ_5^{2-1})	中心相 (γ_5^{2-1b})	中粒多斑角闪黑云母二长花岗岩		等粒状，局部为似斑状结构；块状构造	以长石为主，石英次之，含量 3% ~10%，粒径多为 4 mm×2 mm，大者达 8 mm×5 mm	粒度一般约 2 mm。钾长石 27% ~33%，斜长石 25% ~30%，石英 26% ~30%，黑云母 2% ~3%，白云母 1% ~2%	岩石具弱的钠化和绢云母化
	边缘相 (γ_5^{2-1a})	细粒、细中粒斑状黑云母花岗岩	岩株	斑状、似斑状结构；块状构造	钾长石、更长石、石英组成，含量 10% 左右，最多达 35%，粒径多为 10 mm×15 mm，大者达 25mm ×30 mm	钾长石 25% ~32%，斜长石 25% ~30%，石英 25% ~30%，黑云母 2% ~3%	云英岩化、绢云母化、钠长石化、绿泥石化

壳源物质贡献更多一些，而晚阶段与芙蓉锡矿关系密切的细粒黑云母花岗岩幔源物质相对更多一些。仰天湖单元燕山期二长花岗岩及其中暗色闪长质微细粒包体的铪同位素研究也表明（$\varepsilon_{Hf}(t)$ 值分别为 $-13.2 \sim -1.9$ 和 $-8.3 \sim +6.7$；刘勇等，2010），仰天湖岩体是以古老地壳物质熔融为主体的壳源岩浆与幔源岩浆高度混合的产物。对产于骑田岭岩体北接触带的新田岭白钨矿床夕卡岩矿石中黄铁矿流体包裹体 He、Ar 同位素测定也表明（蔡明海等，2008），^{3}He/^{4}He 值为 4108 Ra，^{40}Ar/^{36}Ar 为 342，均反映了在夕卡岩矿床的成矿流体中亦有地幔流体的显著参与。这些研究结果与 Ding 等（2015）最近对南岭地区与 W、Sn、Pb、Zn、Cu 多金属成矿有关的包括骑田岭和千里山岩体在内的花岗岩中的磷灰石矿物成分和 Sr 同位素研究结果相一致，也与 Yuan 等（2008b）对与骑田岭岩体有密切成因联系的芙蓉锡矿田中热液成因的萤石的稀土地球化学特征（极低的 REE 总量、LREE 富集模式和显著负 Eu 异常）、（Sr（^{87}Sr/^{86}Sr）$_i$ = 0.7083 ~ 0.7091）和 Nd（$\varepsilon_{Nd}(t)$ = $-9.4 \sim +10.3$）同位素组成所得出的结果相一致。

  近年来，关于骑田岭岩体的成岩时代及与之有关的锡、钼矿成矿时代的研究也获得越来越多的年代学证据。朱金初等（2009）曾得到骑田岭岩体东北边缘的新田岭钨矿区花岗岩 163 Ma 的锆石 U-Pb 年龄，并与旁侧含白钨矿夕卡岩中辉钼矿 162 Ma 的 Re-Os 年龄相一致；朱金初等（2009）同时还获得骑田岭中南部的白腊水、山门口和淘锡窝锡矿区花岗岩 155 ~ 157 Ma 的锆石 U-Pb 年龄，也与骑田岭岩体角闪黑云花岗岩中的黑云母 Ar-Ar 年龄（157.5±0.3 Ma）和矿区含锡云英岩中白云母的 Ar-Ar 年龄（三门云英岩锡矿石的坪年龄为 156.1±0.4 Ma、淘锡窝云英岩锡矿石的坪年龄为 160.1±0.9 Ma）（毛景文等，2004a；彭建堂等，2007）以及骑田岭岩体主体仰天湖单元粗中粒斑状角闪石黑云母二长花岗岩黑云母 Ar-Ar 坪年龄 155.1±1.8 Ma（柏道远等，2005）相一致。利用 SHRIMP 锆石 U-Pb 定年，付建明等（2004）还获得了骑田岭岩体莱岭超单元 160±2 Ma 的年龄、李金冬等（2005）获得骑田岭岩体仰天湖单元细粒斑状角闪黑云二长花岗岩 156.7±1.7 Ma 的年龄、赵葵东等（2006）获得了骑田岭岩体主体芙蓉超单元两个花岗岩样品 155.5±1.3 Ma（MSWD=1.7）和 157.1±1.2 Ma（MSWD=1.7）的年龄。另外，毛景文等（2011）对骑田岭北部的新田岭钨矿床中夕卡岩退化蚀变岩的铁云母进行了 Ar-Ar 测年，结果为 157.1±0.3 Ma；蔡明海等（2008）运用石英 Rb-Sr 法获得该矿床成矿等时线年龄为 157.4±3.2 Ma（2σ）（MSWD=1.6），^{87}Sr/^{86}Sr 初始值为 0.71044±0.00012。袁顺达等（2012）则分别对新田岭大型夕卡岩-石英脉型钨钼多金属矿床夕卡岩型和石英脉型矿石内的辉钼矿单矿物进行了 Re-Os 同位素测年，结果显示，夕卡岩型矿石中 1 件辉钼矿的 ^{187}Re-^{187}Os 模式年龄为 159.1±2.6 Ma，6 件石英脉型矿石中辉钼矿的 ^{187}Re-^{187}Os 模式年龄为 160.2 ~ 159.1 Ma、加权平均值为 159.4±1.3 Ma，对应的等时线年龄为 161.7±9.3Ma，与上述年龄在误差范围内相吻合，指示新田岭钨钼矿床的成矿时限大致可限定为 161.7 ~ 157.1 Ma。结合已有的研究结果认为，新田岭大型钨钼矿床与骑田岭岩体早期侵位的角闪石黑云母二长花岗岩具有密切的时空联系，而南部的芙蓉锡矿与晚期侵位的黑云母二长花岗岩更为密切，整个骑田岭 A 型花岗岩的侵位及相关的钨锡多金属成矿作用应为一个连续的演化过程，均为南岭地区 160 ~ 150 Ma 钨锡多金属爆发式成矿作用的产物。该区在中-晚侏罗世（165 ~ 150 Ma）岩石圈的伸展减薄背景下，软流圈地幔物质沿着深大断裂上涌，强烈的壳幔相互作用可能为大规模的花岗质岩浆活动及钨锡多金属的成矿大爆发提供了主要的热动力和部分物源。这些数据一致表明芙蓉锡矿和新田岭钨矿与骑田岭花岗岩有成因联系，而且证明主期角闪黑云花岗岩就是成矿的母岩。

  在骑田岭复式岩体的北西部和南东部还分布有少量细微粒二云母正（碱）长花岗岩，其独居石 U-Th-Pb 年龄为 135 Ma（柏道远等，2005），且与仰天湖单元呈超动接触关系，结合刘义茂等（2002）获得的花岗岩中正长石 139.6±2.8 Ma 的 Ar-Ar 坪年龄，将其定为晚侏罗世荒塘岭序列的回头湾单元（图 4-8）。结合刘勇等（2010）所获得的骑田岭复式岩体仰天湖单元二长花岗岩及其中暗色闪长质微细粒包体 LA-ICP-MS 法锆石 U-Pb 年龄（分别为 166.0±2.0 Ma 和 169.8±4.1 Ma），表明骑田岭岩体形成于燕山期早期，并可分为中侏罗世和晚侏罗世两个世代，但以中侏罗世花岗岩为主体，且绝大多数矿体与角闪黑云花岗岩密切相关。

4.5.2　千里山复式岩体

  千里山复式岩体位于郴州东南约 30 km（图 4-10），平面上呈北宽南窄的倒葫芦状，南北长约 5 km、东西最宽处大约 3 km，出露面积约 11.0 km²，长轴方向近南北向，与区域构造线方向基本一致，整体位于五盖山 NNE 向复背斜东翼中的东坡–月枚复式向斜中，受红旗岭–野鸡尾南北向断裂带控制。岩体侵位于中泥盆统地层，根据地表接触面观察和矿区勘探剖面及坑道勘查资料，岩体西边侵入接触界面向西缓倾，倾角20°~40°，往深部有向西延伸的趋势；东边向东倾，倾角约50°，大部分地段（深部）为断层接触；南部边界亦呈高角度外倾。另据物探重、磁异常资料推测，岩体向深部延伸的断面形态为逐渐缩小的楔形，即以岩体中部太平里南北向断层为轴线，太平里北约 800 m 为中心，岩体东西向断面为三角形，南北向断面呈蘑菇形。围绕千里山复式花岗岩体呈环状分布有钨、锡、铋、钼、铜、锌、汞与锑等大小矿床（点）70 余处，已发现有东坡、柿竹园、野鸡尾、张家湾、金狮岭、柴山、大吉岭、金船塘、横山岭等数十个矿床。千里山岩体属燕山早期产物，由三次侵位的岩体组成（Guo et al., 2015）。千里山复式岩体的岩相岩性特征、矿物组成、化学成分和微量元素特征详见表4-19、表4-20、表4-21 和表4-22。

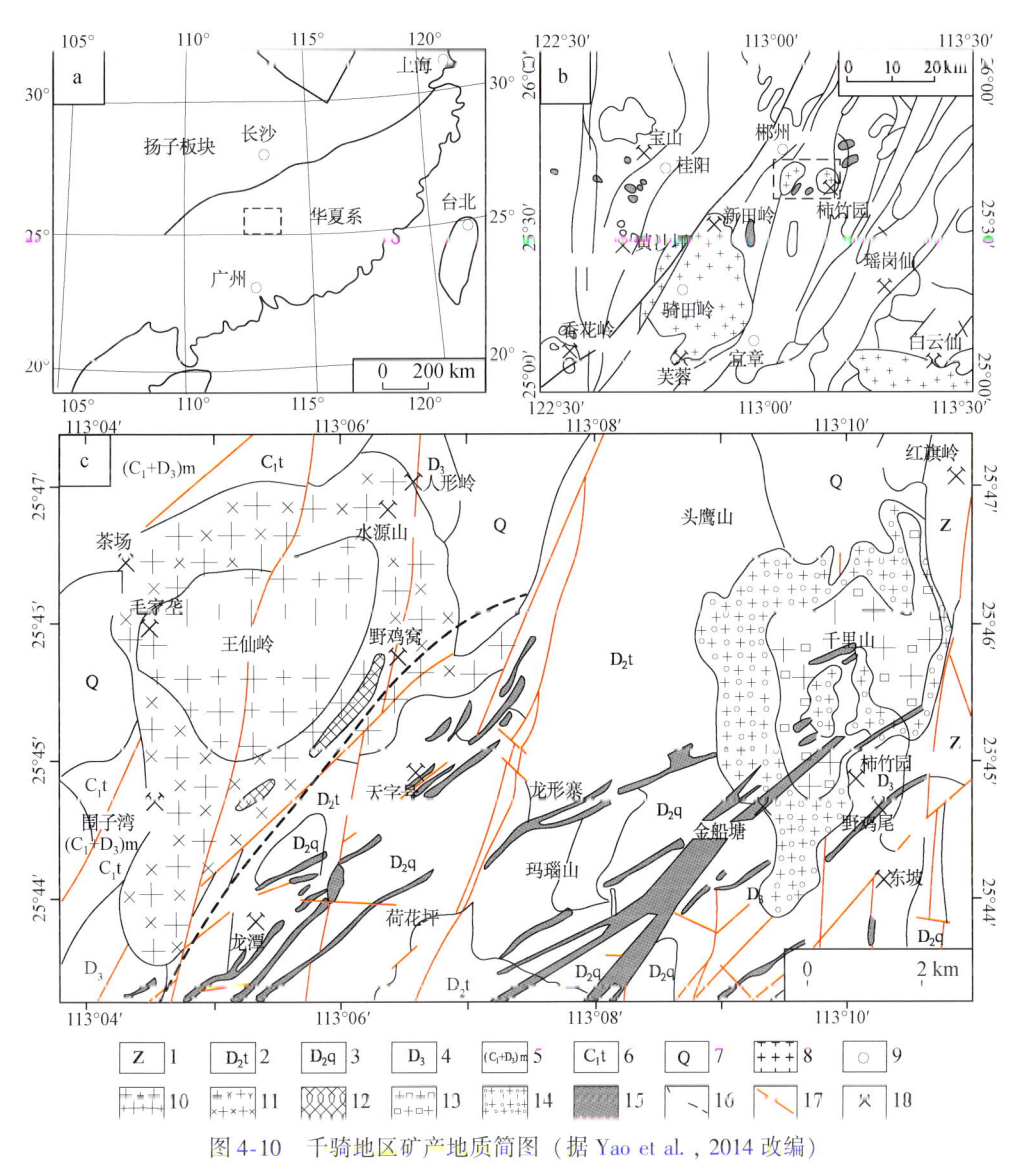

图 4-10 千骑地区矿产地质简图（据 Yao et al., 2014 改编）

1-震旦系砂岩；2-中泥盆统跳马涧组砂岩；3-中泥盆统棋梓桥组；4-上泥盆统灰岩；5-上泥盆统—下石炭统孟公坳组砂岩；6-下石炭统大塘坪组灰岩；7-第四系；8-花岗岩；9-城市；10-花岗斑岩；11-中粒电气石白云母花岗岩；12-细粒白云母花岗岩；13-中粒等粒黑云母花岗岩；14-斑状黑云母花岗岩；15-花岗斑岩；16-推测荷花坪花岗岩界线；17-断层；18-矿床（点）

表 4-20 千里山岩体岩石化学成分一览表

氧化物含量/%

侵入期次	岩石相带	样数	SiO$_2$	TiO$_2$	Al$_2$O$_3$	Fe$_2$O$_3$	FeO	MnO	MgO	CaO	K$_2$O	Na$_2$O	P$_2$O$_5$	灼失	累计
第三次（γ_5^{2-3}）		1	76.16	0.02	12.50	0.35	0.78	0.02	0.07	0.86	4.29	3.87	0.01	0.56	99.49
第二次（γ_5^{2-2}）		4	75.07	0.06	12.94	0.61	0.67	0.04	0.04	0.68	3.35	5.16	0.01	1.13	99.76
第一次（γ_5^{2-1}）	中心相（γ_5^{2-1b}）	6	74.56	0.08	12.58	0.71	1.26	0.03	0.09	0.92	3.01	5.17	0.02		98.53
	边缘相（γ_5^{2-1a}）	5	73.24	0.25	12.80	0.79	1.45	0.04	0.19	1.35	3.36	4.89	0.05	0.68	99.09
南岭花岗岩（莫柱孙等，1980）			72.65	0.27	13.56	0.92	1.97	0.070	1.60	1.36	4.76	3.11	0.11		
中国花岗岩（黎彤，1976）			71.28	0.25	14.25	1.24	1.62	0.080	0.80	1.62	3.79	4.03	0.16	0.89	100
世界花岗岩（戴里）			70.18	0.39	14.47	1.57	1.78	0.12	0.88	1.99	3.48	4.11	0.19	0.84	100

表 4-21 千里山岩体副矿物成分含量（g/t）

有色金属矿物

侵入期次	岩石相带	样数	磁铁矿	钛铁矿	锐钛矿	磁黄铁矿	黄铁矿	褐铁矿	赤铁矿	毒砂	白钛石	金红石	榍石	黑钨矿	白钨矿	锡石	辉钼矿	泡铋矿
第三次		3	38.14	几颗	9.23	4.77	1.34	25.38				少		少	几颗	几颗	微	微
第二次	中心相	1	6.11											1.83		1.63	2.31	
第一次	边缘相	15	984.61	126	29.7	几颗	803	607.3	68.8	微	84.9	几颗		147.1	1.1	43.3	几颗	

稀有金属矿物 / 非金属矿物

侵入期次	岩石相带	样数	方铅矿	铁闪锌矿	铌钇矿	铌铁矿	锆石	独居石	磷钇矿	硅铍钇矿	电气石	黑电气石	刚玉	磷灰石	石榴子石	黄玉	萤石	石英
第三次							258.52	108.71			67.22			27.39	16.4	9.96		
第二次	中心相		少	微	38.4		几颗	30.47	1.56	121.1	26.4			几颗	0.6	14	20	14
第一次	边缘相		少	几颗		微	418.2	59										

表 4-22 千里山岩体主要微量元素含量

元素含量/10⁻⁶

侵入期次	岩石相带	样数	平均值与标准离差	Mn	Cr	V	Pb	Zn	Cu	Co	Ni	W	Sn	Mo	Bi	Be	Nb	F	As	Ba	Ag	Li	Ga	Ge
第三次		7	平均值	70	5	3	13	26	19		4	9	16	4	4	5	41	6	27	30				
			标准离差	1.33	1.5	1.7	1.84	2.14	1.8		1.45	1.69	2.92	2.47	3.1	1.49	1.69	1.4	1.3	1.4				
第二次		37	平均值	63	3	3	19	23	11		3	9	14	4	3	6	29	11	21	30				
			标准离差	1.36	1.34	1.9	2.0	1.6	1.4		1.34	1.53	1.97	1.88	1.67	1.91	1.6	1.71	1.66	1.68				
第一次	中心相	67	平均值	103	7	7	23	25	12	12	6	24	19	5	13	9	44	11	26	79		67	14	2
			标准离差	2.0	1.5	1.9	2.3	1.9	1.8	1.6	1.5	1.6	2.1	3.4	2.7	2.3	2.0	2.0	1.3	1.7		2.3	2.0	1.5
	边缘相	51	平均值	94	5	10	40	30	19		5	56	37	13	26	10	54	10	30	60		245	14	3
			标准离差	2.9	1.4	2.08	3.4	2.2	2.2		0	4.3	3.8	5.6	6.7	2.8	1.6	2.1	1.4	1.4		3.6	2.0	1.2
维氏酸性岩平均值				600	25	40	20	60	100	5	8	1.5	3	1	0.01	5.5	20	15	1.5	830		40	20	1.4
维氏基性岩平均值				2000	200	200	8	130	100	45	160	1	1.5	1.4		0.4	20	6	2	300			8	

第一次侵位的侵入体（γ_5^{2-1}），组成千里山复式岩体的主体部分，出露面积9.9 km²，按结构又可分为边缘相和中心相。其中，边缘相（γ_5^{2-1a}）岩性多为细粒、细中粒斑状黑云母花岗岩；中心相（γ_5^{2-1b}）岩性为中粒-中粗粒黑云母二长花岗岩。岩石中SiO_2、Al_2O_3含量高，属铝过饱和酸性-超酸性岩石；$K_2O/Na_2O=1.68$，具富钾贫钠特点；岩石中成矿元素含量较高，其中Sn $223×10^{-6}$、Bi $165×10^{-6}$分别是维氏值的74倍、16500倍。第一次侵位的岩体与矿化关系最为密切，与碳酸盐接触部位常形成巨大的夕卡岩体，并形成特大型夕卡岩钨锡矿床。

第二次侵位的岩体（γ_5^{2-2}）岩性为细粒斑状黑云母二长花岗岩，岩石中SiO_2、Al_2O_3含量高，属铝过饱和酸性-超酸性岩石，$K_2O/Na_2O=1.92$，具富钾贫钠特征。岩石中成矿元素含量普遍较高，Sn、Bi分别是维氏值的35倍、715倍。

第三次侵位的岩体（γ_5^{2-3}）以细粒花岗岩、中细粒黑云母二长花岗岩为主，属铝过饱和酸性-超酸性岩石，W、Sn、Mo、Bi分别是维氏值的6、5.3、4、400倍。

根据SIMS锆石U-Pb定年，上述三阶段花岗岩侵入年龄分别为154.5～152.3 Ma、153.4～152.5 Ma和152.4～151.6 Ma（Guo et al., 2015）；千里山花岗岩同时还具有低的$\varepsilon_{Nd}(t)$值（-12.9～-7.9），其中的锆石$\varepsilon_{Hf}(t)$和$\delta^{18}O$值分别为-11.1‰～-5.14‰和7.97‰～10.35‰；全岩两阶段Nd模式年龄为1.9～1.2 Ga、锆石Hf模式年龄为1.9～1.5 Ga。结合全岩主量和微量元素特征，Guo等（2015）认为，千里山花岗岩来源于晚古元古代—早中元古代地壳物质的部分熔融；其中第一和第二阶段的侵入岩为分异的I型花岗岩，而第三阶段为高度分异的S型花岗岩。伍光英（2005）则系统地总结了燕山早期千里山复式岩体的基本特征，认为其由C型铝质（二长花岗岩、正长花岗岩、碱长花岗岩和酸（碱）性花岗斑岩等构成的岩石组合）和壳幔混合CM型（以二长花岗岩为主体，早期可出现花岗闪长岩、晚期有正长花岗岩和碱长花岗岩出现）花岗岩类构成，并分为3个侵入幕：第一幕（172～155 Ma）为CM型花岗岩，富含暗色包体，又分2次侵入，第一次为172～162 Ma的大吉岭细粒斑状黑云母二长花岗岩，第二次为162～155 Ma青蛇口细粒-细中粒少斑状黑（二）云母二长花岗岩；第二幕（155～148 Ma）为C型铝质花岗岩，又分2次侵入，分别为太平里中粒二云母花岗岩和邓家山中细粒二云母正长-碱长花岗岩；第三幕为148～131 Ma（燕山中晚期）的红旗岭微细粒二云母正长-碱长花岗岩和130～87 Ma的石英二长斑岩、花岗斑岩、闪长岩及辉绿（玢）岩。其中，在第二次侵入接触带附近形成了柿竹园式夕卡岩-云英岩复合型钨、锡、钼、铋矿床，在第三、四次高侵位岩枝中形成了野鸡尾式蚀变岩枝型锡、铜矿床，在隐伏第三、四次岩枝之上震旦系浅变质砂岩中形成了红旗岭式高中温热液钨、锡多金属矿床；在碳酸盐岩地层中形成了中低温热液铅锌矿床。尽管由于围岩性质差异形成了不同类型的矿床，但它们都与千里山花岗岩的演化有成因联系，构成了千里山钨锡多金属成矿系列（伍光英，2005）。徐文炘等（2002）通过对柿竹园矿区千里山岩体H、O同位素研究表明，从花岗岩侵入到成矿作用晚期阶段，$\delta^{18}O_{H_2O}$和δD_{H_2O}分别从+5.6‰～+11.4‰和-56.0‰～-62.3‰变化到-5.8‰～-8.5‰和-48.0‰～-69.7‰；花岗岩中石英的$\delta^{18}O$值较高，为8.4‰～12.1‰，岩浆水的$\delta^{18}O$为5.6‰～11.4‰，δD为-56.0‰～-62.3‰，但钾长石、黑云母的$\delta^{18}O$值较低，计算出的氧同位素平衡温度低于花岗岩结晶温度，表明花岗岩形成后受到岩浆水和雨水的交换作用和蚀变作用。据此，他们认为柿竹园矿床独特的流体氢氧同位素组成特征，可用沸腾去气作用和雨水混合作用进行解释。Chen等（2014）还提出千里山复式岩体由主阶段侵位的花岗岩和晚阶段侵位的高度分异的花岗岩组成。前者普遍显示正常花岗岩地球化学特征，而后者具有富氟、不饱和水、低氧逸度（fO_2）、碱性、REE四分组效应和某些微量元素含量行为变化特征，如非常高的K/Ba和低的K/Rb与Zr/Hf值，但两者均具有可变低的负$\varepsilon_{Nd}(t)$值（分别为-7.6～-4.0和约-8.0）。结合锆石Lu-Hf同位素组成，Chen等（2014）据此认为，高度分异花岗岩的母岩浆主要来源于因玄武质岩浆新一轮底侵所引起的下地壳物质部分熔融，而仅有少量玄武质岩浆和挥发分，如F（氟），可能对母岩浆有贡献。由于F的加入可降低花岗质岩浆固熔线温度和黏度，从而延长了岩浆演化过程，并导致极端的分异结晶和熔体与来自围岩的循环水间的强烈相互作用，从而表现出不寻常的地球化学特征；随后，高温的循环水以及从深部地壳释放的变质流体萃取围岩中含矿物质，并以含F络合物的方式形成多金属矿床。

总之，由于千里山花岗岩和地层岩石中所含的极其丰富的成矿元素和挥发组分，它们可能通过两种成矿作用方式参与成矿；即岩浆熔-流体系运矿及不混熔相分离聚矿作用，以及由于千里山岩体岩浆的上升，在区域热流背景上形成新的加热中心，驱动了地下水的对流循环，萃取地层中成矿物质和挥发组分的淋滤-蒸馏-对流作用，使稀热水变成含成矿元素和挥发分高的浓流体，它沿着平缓的断裂及层间构造进入岩浆-热液，即熔浆-液体体系中参与成矿（伍光英，2005）。另外，多期次岩浆-热液叠加成矿也是形成柿竹园超大型矿床的重要成矿作用之一。成矿流体大致经历了岩浆熔-流体系不混溶→接触变质→流体沸腾交代→湿夕卡岩化→流体混合等五个演化阶段。根据花岗岩中石英和夕卡岩中矿物包体的流体成分都显示早期 Cl^- 浓度高于 F^-，而晚期则反之，以及矿体中 W-F 相关性密切，白钨矿与萤石密切共生的特点推测，钨在成矿流体中的搬运形式可能以氟氧络合物 $(WO_3F_2)^{2-}$ 为主，这些络合物随热液的酸碱度和 Ca^{2+}、Fe^{2+} 的活度的变化而生成黑钨矿和白钨矿。千里山花岗岩体的几次侵入活动都产生成矿流体，它们一次次叠加和成矿流体酸碱度和 Ca^{2+}、Fe^{2+} 的活度的变化，而使矿床由含钼白钨矿沉淀→黑钨矿叠加→白钨矿沉淀和交代黑钨矿，以及辉钼矿、辉铋矿生成（伍光英，2005）。

李红艳等（1997）对柿竹园夕卡岩型矿石中的辉钼矿进行了 Re-Os 同位素测年，获得了 151.1±3.5 Ma 的数据，这与毛景文等（1995a、b，1998b）测定的千里山岩体第一期花岗岩的成岩时代（152±9 Ma）相吻合，但早于第二期花岗岩（136±6～137±7 Ma）和花岗斑岩墙（131±1 Ma）的形成时间。毛景文等（2004a，2011）还对柿竹园矿区的云英岩矿脉进行了云母的 Ar-Ar 测年，获得 153.4±0.2 Ma 和 134.0±1.6 Ma 的结果，与两期花岗岩的成岩年龄基本吻合。由此可见，柿竹园矿床有可能经历了两次成矿作用，这也是形成柿竹园超大型多金属矿床的原因之一。

4.5.3　黄沙坪-宝山岩体

黄沙坪-宝山花岗岩体位于湖南省东南部，南岭花岗岩带中段，骑田岭花岗岩体西北约 10 km 处（图4-11）。大地构造位置上位于耒（阳）-临（武）南北向构造带与炎陵-郴州-临武断裂带的交汇部位，岩体附近主要出露地层为古生界灰岩、碎屑岩。黄沙坪地区构造-岩浆作用强烈，岩浆岩成带状分布，由花岗闪长质的宝山-大坊-何家渡岩体组成北带，花岗质的黄沙坪村头岩体形成南带。地质工作者常以黄沙坪和宝山岩体为代表，将该区统称为"坪-宝"地区。

黄沙坪矿区已发现的岩浆岩有英安斑岩、石英斑岩、花岗斑岩等。其中与成矿密切相关的花岗斑岩为隐伏岩体，该岩石呈灰白色，斑状结构或者聚斑结构，斑晶含量24%左右，以石英和钾长石为主，少量斜长石和黑云母，斑晶粒径一般为 1～3mm，石英斑晶一般呈浑圆状，斜长石斑晶为钠更长石，粒径 0.5～1.5 mm，自形条板状，聚片双晶发育；基质为细粒花岗结构，矿物组成同斑晶部分，但斜长石略少；副矿物主要有锆石、磁铁矿及其他的不透明矿物等。岩石地球化学上，主量元素表现为高硅、高钾、高 K_2O/Na_2O 值（1.3～6.9）、低磷、准铝到弱过铝质（ACNK 平均为 1.01），微量元素以富集 Rb、Th、U、K、Ta、Nb，贫 Ba、Sr、P、Eu、Ti 为特征，具有明显的 Eu 负异常（$\delta Eu = 0.004～0.054$；图4-12）；姚军明等（2005）曾获得黄沙坪花岗岩的结晶年龄为 161.6±1.1 Ma（LA-ICP-MS 锆石 U-Pb 法），与区内千里山（162.55±3.25 Ma；Ar-Ar 法：刘义茂等，1997）、骑田岭（单颗粒锆石 161±2 Ma；朱金初等，2003；SHRIMP 160±2 Ma；付建明等，2004；黑云母 Ar-Ar 法 157.5±0.3 Ma；毛景文等，2004a）等花岗岩岩体的年龄基本一致，代表了湘东南乃至南岭地区燕山期花岗岩的主要形成时期。因此，黄沙坪花岗岩体与千里山、骑田岭等岩体应属于同一类型，岩石成因可能与印支造山运动后的岩石圈伸展有关，形成于地壳物质的部分熔融。宝山矿床是与花岗闪长斑岩有关的铜钼铅锌银多金属矿床。全铁军等（2012a、b）通过对花岗闪长斑岩全岩地球化学成分分析和 LA-ICP-MS 锆石 U-Pb 定年与 Lu-Hf 同位素组成测试，也认为该花岗闪长质斑岩系为古元古界基底地层部分熔融的产物，而岩浆的多阶段侵入带来充足的成矿物质，最终在地壳浅部层次形成多金属矿床。但据有关研究（王岳军，2001a、b），黄沙坪花岗岩体与水口山、铜山岭和宝山等花岗闪长质岩体在成因上有较明显差异，后者有幔源物质的参与，其源区可能受到了早

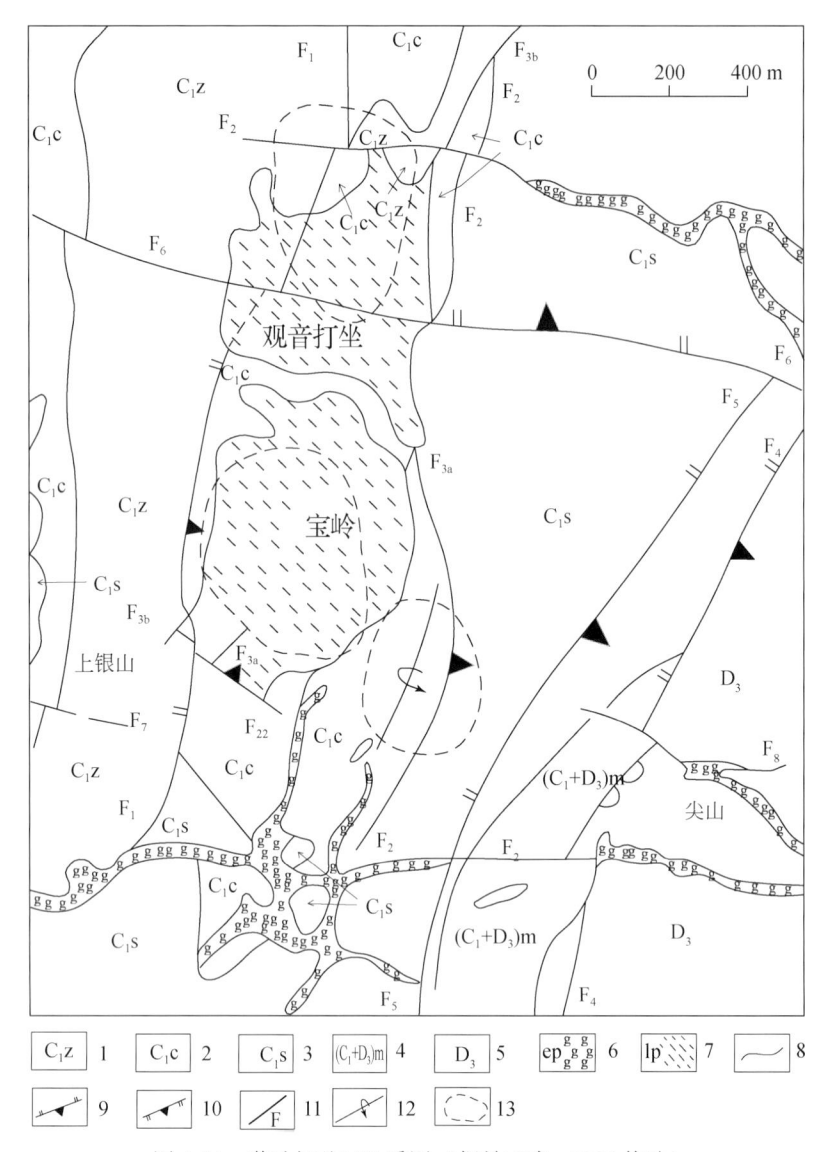

图 4-11 黄沙坪矿区地质图（据钟正春，1996 修改）

1-下石炭统梓门桥组；2-下石炭统测水组；3-下石炭统石磴子组；4-上泥盆统—下石炭统孟公坳组；5-上泥盆统；6-英安斑岩；7-石英斑岩；8-地层界线；9-逆断层及编号；10-正断层及编号；11-断层；12-倒转背斜；13-隐伏花岗斑岩投影

期俯冲组分的改造，或是软流圈物质与中下地壳混合作用的产物，其形成直接受控于该区中生代早期的岩石圈伸展-减薄作用。因此，姚军明等（2005）认为黄沙坪花岗岩属于陆壳重熔型花岗岩类，相当于改造型花岗岩系列（徐克勤等，1984）或 S 型花岗岩类（Chappell and White，1974），是以沉积岩为原岩的基底地壳部分熔融的产物，其形成可能与茶陵-临武断裂带的活动有关。单颗粒锆石 U-Pb 定年也表明（表4-1），湘南水口山、铜山岭和宝山花岗闪长质小岩体的结晶年龄分别为 172.3±1.6 Ma、178.9±1.7 Ma 和 173.3±1.9 Ma（王岳军等，2001），较千里山、黄沙坪和骑田岭岩体年龄偏老，说明两种花岗岩类形成于不同的时代及构造环境。

在成矿作用特征方面，与水口山、铜山岭和宝山花岗闪长岩体有关的矿种主要有铜、铅、锌等，在野外考察中还发现，在这几个岩体的外围都不约而同地存在一定规模的金矿；而与千里山、骑田岭花岗岩体有关的矿床主要是钨、锡和钼的成矿作用（如著名的柿竹园钨锡铋钼多金属矿床和芙蓉锡矿田等）。不过，尽管黄沙坪花岗岩体在岩石地球化学特征和成因上与千里山、骑田岭较相似，但是在成矿作用方面本身又存在特殊性，它不仅有钨、锡、钼矿化，同时还有铅锌、铁、铜等多金属矿化，或介于两类岩

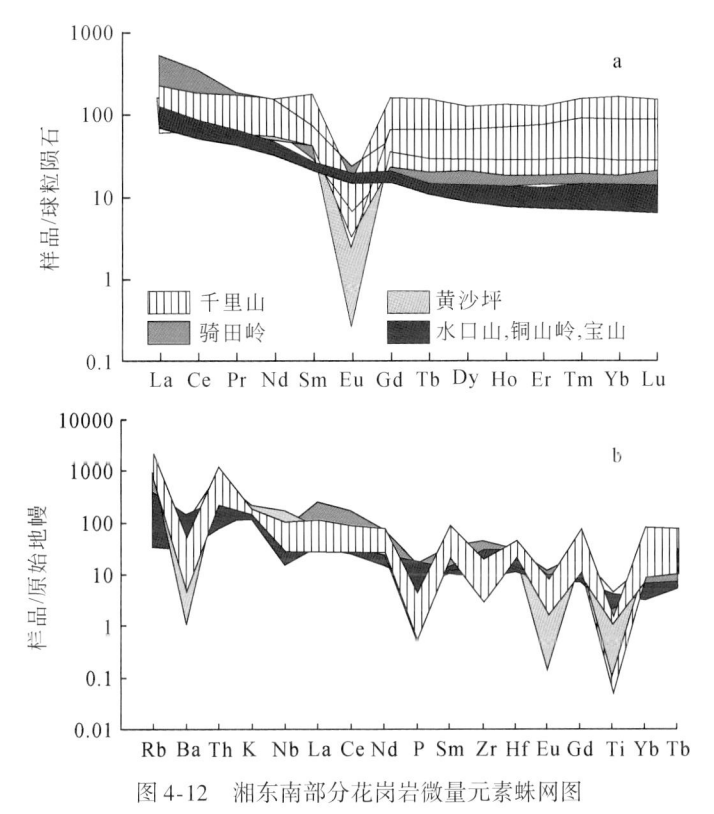

图 4-12 湘东南部分花岗岩微量元素蛛网图

球粒陨石标准化值取自 Taylor and McLemann, 1985; 原始地幔标准化值取自 McDonough and Sun, 1995

体成矿作用的过渡位置。

4.5.4 王仙岭岩体

王仙岭岩体和千里山岩体被称为湘南大型 W-Sn 多金属地区内的一对"孪生岩体"（蔡明海等，2006）。围绕千里山岩体已发现有柿竹园、野鸡尾、红旗岭、金船塘等多个大型或超大型矿床，但与之毗邻的王仙岭岩体及其周边的找矿工作长期以来没能取得突破。近年来，湖南省有色地质勘查局一总队在距郴州市南约 10 km 的王仙岭岩体的东南侧发现了荷花坪锡多金属矿床（图 4-10），初步估算 Sn 金属资源储量约 11 万 t、Bi 约 0.1 万 t、Pb 约 5 万 t、Zn 约 1 万 t（蔡明海等，2006）。

王仙岭岩体主要由浅灰色中细粒斑状花岗岩和深灰色细粒花岗岩组成，以前者为主体。细粒花岗岩呈小岩株侵位于中细粒斑状花岗岩体中。此外，在荷花坪矿区还发育有大量 NE 向的花岗斑岩脉（图 4-13）。花岗斑岩明显分为早、晚两期，早期斑岩脉无矿化和蚀变现象，而晚期斑岩脉边部普遍发育有绿泥石化、绢云母化、萤石化、电气石化和黄铁矿化等。蔡明海等（2006）曾用锆石 SHRIMP U-Pb 法测得其中细粒花岗岩的成岩时代为 212±4 Ma、早期花岗斑岩脉为 160±3 Ma、晚期花岗斑岩脉为 142±3 Ma。郑佳浩（2012）通过 LA-MC-ICP-MS 锆石 U-Pb 测年结果也显示，王仙岭岩体主体的电气石黑云母花岗岩的形成时代为 235.0±1.3 Ma，而黑云母二长花岗岩株的年龄为 155.9±1.0 Ma。章荣清等（2010，2011）则获得荷花坪花岗斑岩 154.7±0.5 Ma 和黑云母花岗岩 157.1±0.8 Ma 的锆石 U-Pb 年龄。这些均说明王仙岭岩体至少经历了两个期次岩浆活动，应是一个印支—燕山期的复式岩体。据柏道远等（2006）报道，王仙岭岩体高硅、高钾、富碱，其中 SiO_2 含量为 70.99% ~ 75.93%、K_2O 含量平均为 4.32%、Na_2O+K_2O 为 5.10% ~ 8.67%、K_2O/Na_2O 平均为 2.09。A/CNK 值为 1.07 ~ 2.44、KN/A 值为 0.37 ~ 0.86，属高钾钙碱性系列强过铝质花岗岩类。REE 含量低、平均为 $90.19×10^{-6}$、δEu 值为 0.23 ~ 0.38、$(La/Yb)_N$ 值为 6.17 ~ 14.1，具 Ba、Nb、Sr 和 Ti 负异常。I_{Sr} 值为 0.72074、$\varepsilon_{Sr}(t)$ 值为 30、$\varepsilon_{Nd}(t)$ 值为 -12.0、t_{DM2} 为

1.97 Ga。源岩成分的 A/MF-C/MF 图解判别显示为碎屑岩。结合区域岩石圈结构，上述特征表明王仙岭花岗岩体的源岩应为中地壳结晶片岩、片麻岩。同时根据多种氧化物与微量元素构造环境判别图解，结合地质特征、构造演化背景等，柏道远等（2006）还认为包括王仙岭岩体在内的湘东南印支期花岗岩形成于陆内同造山阶段的后碰撞构造环境。印支期花岗岩的具体形成机制为：在峰期变形之后挤压应力相对松弛，深部压力降低，因地壳增厚而升温的中地壳岩石因熔点降低而得以熔融，并在相对开放的环境下侵位成岩。蔡明海等（2013）对荷花坪矿区内不同花岗质岩石进行了系统的主量元素、微量元素、稀土元素和 Sm-Nd 同位素测试，他们的研究结果也表明，矿区内花岗质岩石富 Si（$SiO_2>70\%$）、富 Al（$Al_2O_3=11.06\%\sim18.26\%$）、富碱（$K_2O+Na_2O=3.51\%\sim8.18\%$），且 $K_2O>Na_2O$，贫 Ca、Mg 和 Fe，里特曼指数（δ）<3.3，A/CNK=0.93~2.85，微量元素 Ba、K、Sr、P 和 Ti 出现亏损，Rb、Ta、La、Nd、Zr 和 Hf 出现富集，$\delta Eu=0.06\sim0.34$，因而均属钙碱性过铝质花岗岩、具 S 型花岗岩特点。花岗质岩石 $\varepsilon_{Nd}(t)=-7.1\sim-11.2$，两阶段 Nd 模式年龄 $t_{DM2}=1509\sim1903$ Ma，也反映了源区主要为中元古代基底部分熔融产物。但花岗质岩石的 $\varepsilon_{Nd}(t)$ 均高于华南地壳端元的相应值-12.1，锆石 $\varepsilon_{Hf}(t)$ 变化于-10.14~+4.61 之间，显示成岩过程中应有少量地幔物质参与，且花岗质岩石的成矿能力可能与其成岩过

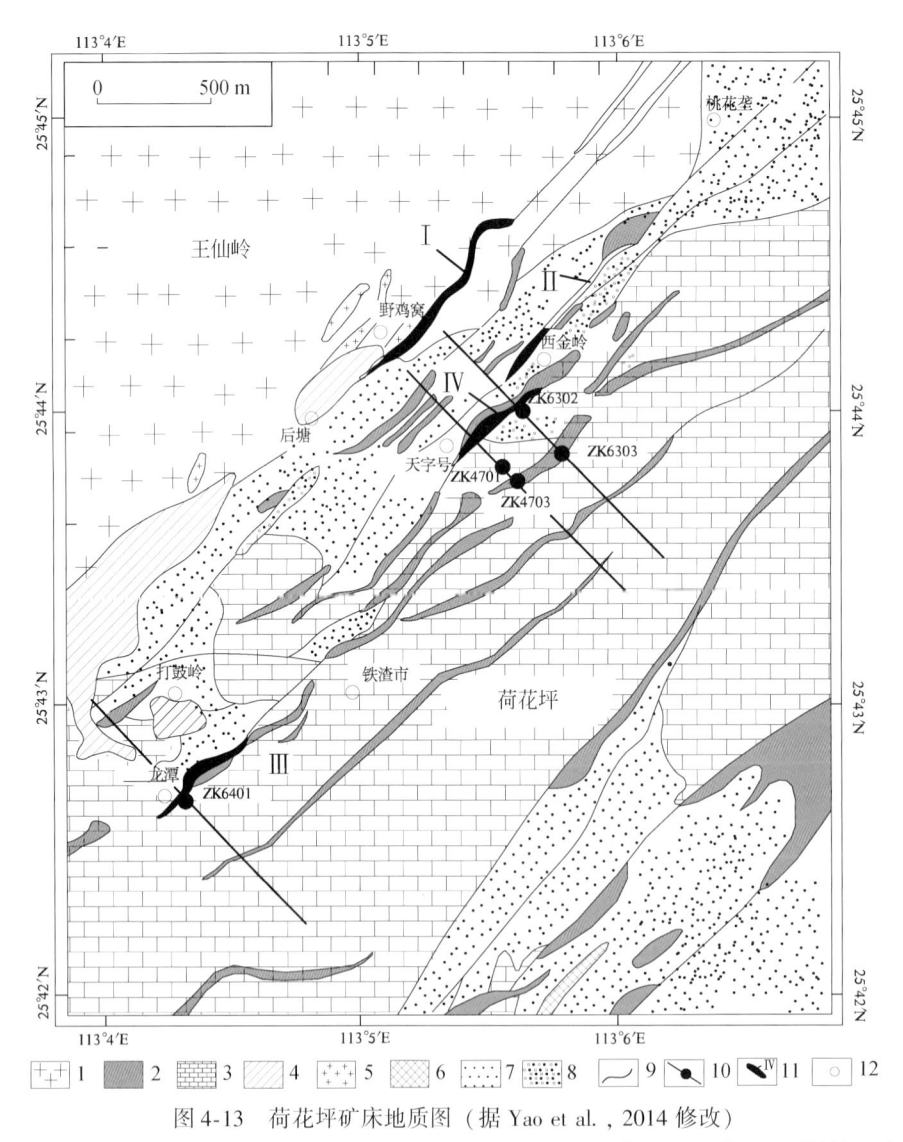

图 4-13 荷花坪矿床地质图（据 Yao et al.，2014 修改）

1-王仙岭粗粒电气石白云母花岗岩；2-花岗斑岩；3-泥盆系中统棋梓桥组灰岩；4-第四系沉积物；5-王仙岭细粒白云母花岗岩；
6-断裂带；7-泥盆系中统跳马涧组砂岩；8-浅成锰氧化物；9-断层；10-勘探线及钻孔；11-矿体及编号；12-地名

程中地幔物质的参与强度有关。郑佳浩（2012）进而认为，燕山期花岗岩主要源于下地壳物质部分熔融，并有部分幔源物质参与；印支期花岗岩相对燕山期花岗岩有更多地幔物质的贡献，并推测印支期电气石黑云母花岗岩形成于碰撞挤压作用间歇期岩石圈伸展的动力学背景下，而燕山期黑云母二长花岗岩形成于大陆边缘弧后伸展背景下。

Yao 等（2014）认为荷花坪矿床与中粗粒黑云母花岗岩有关，并在荷花坪锡多金属矿床识别出四个夕卡岩矿化阶段：第一个阶段为进变质阶段、第二个阶段为退变质阶段、第三个阶段为锡石-硫化物矿化阶段、第四个为碳酸盐阶段。他们同时认为该矿床是一个镁质夕卡岩锡石-硫化物矿床类型，晚期退变质阶段的锡矿化形成了锡石-磁铁矿-辉石夕卡岩，但锡石以锡石-硫化物脉主要沉淀于第三个阶段的裂隙和界层裂隙中，成矿流体来源于上地壳的岩浆热液，早阶段的无水夕卡岩形成了高温含矿岩浆热液，退变质阶段由岩浆水和大气水混合形成的流体具有低盐度（2%~10% NaCl）、中低温（220~300 ℃）的特征，而主要成矿阶段的流体具有较低的温度（170~240 ℃）和盐度（1%~6% NaCl），晚阶段的流体则具有最低的温度（130~200 ℃）和盐度条件（0.4%~1% NaCl）。通过对荷花坪锡多金属矿床含锡夕卡岩矿石中辉钼矿 Re-Os 年龄测定，蔡明海等（2006）还获得 224.0±1.9 Ma（$n=5$，MSWD=0.54）的等时线年龄，说明成矿作用发生在印支期。由于荷花坪矿区还存在晚期锡石-硫化物成矿作用，且燕山晚期的花岗斑岩脉被卷入其中，蔡明海等（2006）认为区内应存在燕山晚期的第二次叠加成矿作用或是晚侏罗世产物（Yao et al.，2014）。

4.6 隐伏岩体推断解译

4.6.1 隐伏-半隐伏岩体的定位推断

1. 利用重力异常对隐伏、半隐伏岩体定位的原则

（1）从地质背景和重力场区域背景考察，本次圈定隐伏岩体主要分布在雷坪、香花岭、骑田岭岩体北东及南西倾伏端，千里山、瑶岗仙岩体北东与北西延伸端。这些地区从已有岩浆岩的分布、地质构造背景考察，均是发育隐伏岩体的潜在地区。不同半径（$R=2.2\sim8$ km）剩余重力异常和垂向二次导数异常均是明显反映构造岩浆岩带的重力背景资料（图 4-14、图 4-15）。

（2）考虑到重力布点网度，圈定隐伏岩体须有多个测点，剩余异常一般需有二圈等值线以上，垂向二次导数异常亦应出现相应的异常。

2. 隐伏岩体的圈定

按上述原则，全区共圈出隐伏岩体和岩体隐伏部分共 40 处（图 4-16）。本区隐伏岩体主要呈北西和北东两个方向分布。北西方向分布的有香花岭、何家渡-坪宝、雷坪-东坡等隐伏岩体，这个方向的岩体出露面积很小，或为隐伏岩体；北东方向分布的有瑶岗仙岩体和骑田岭岩体的南西及北东端，千里山岩体的北东倾伏端。

4.6.2 隐伏、半隐伏岩体边界的推断

利用不同窗口剩余异常二分之一极小值，确定岩体的边界位置。利用窗口直径的三分之一估算边界深度。以此推断确定岩体边界，圈定了四个不同深度层次的花岗岩体边界（图 4-16）。第一个平面为地表花岗岩分布范围；第二个平面为利用 $R=2.2$ km 剩余异常，反映 1.5 km 深度花岗岩分布范围；第三个平面为利用 $R=4.5$ km 剩余异常，反映 3 km 深度花岗岩分布范围；第四个平面为利用 $R=8$ km 剩余异常，反映 5 km 深度花岗岩分布范围。

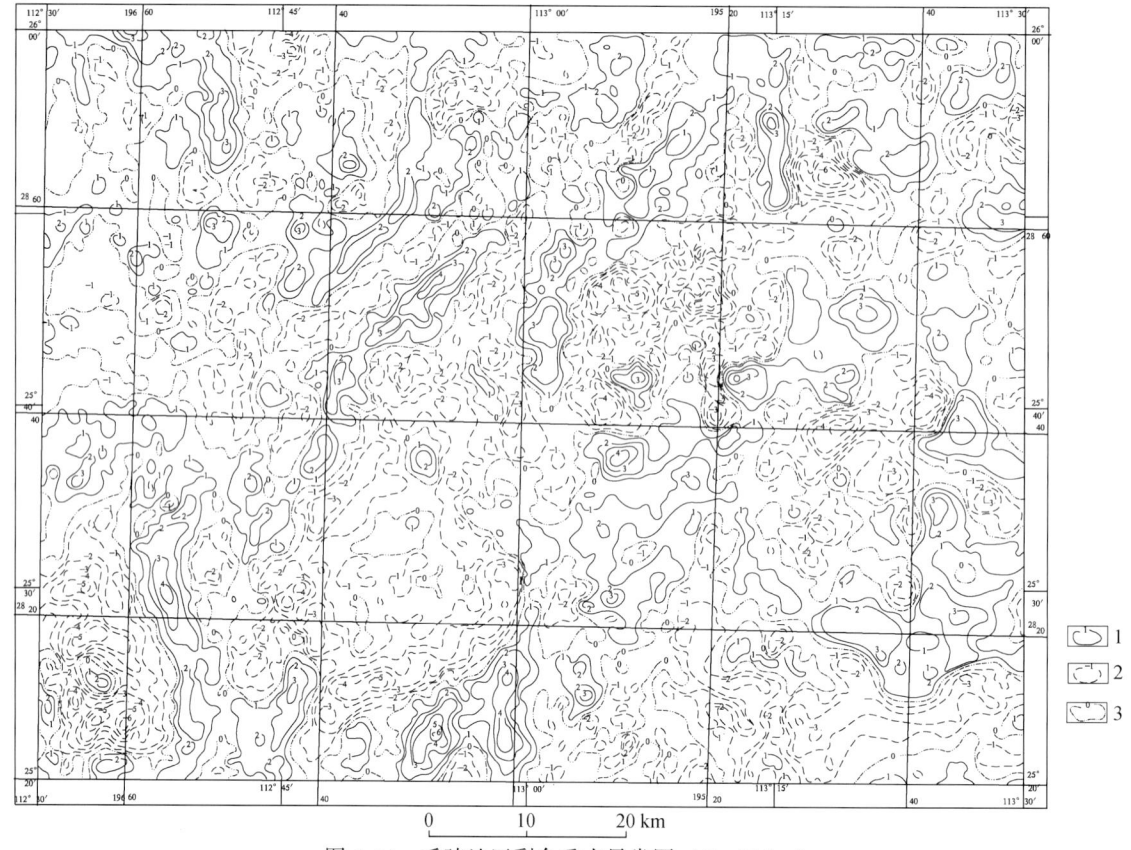

图 4-14 千骑地区剩余重力异常图（$R=45$ km）

1-正异常；2-负异常；3-零值线（单位均为 10^{-5} m/S^2）

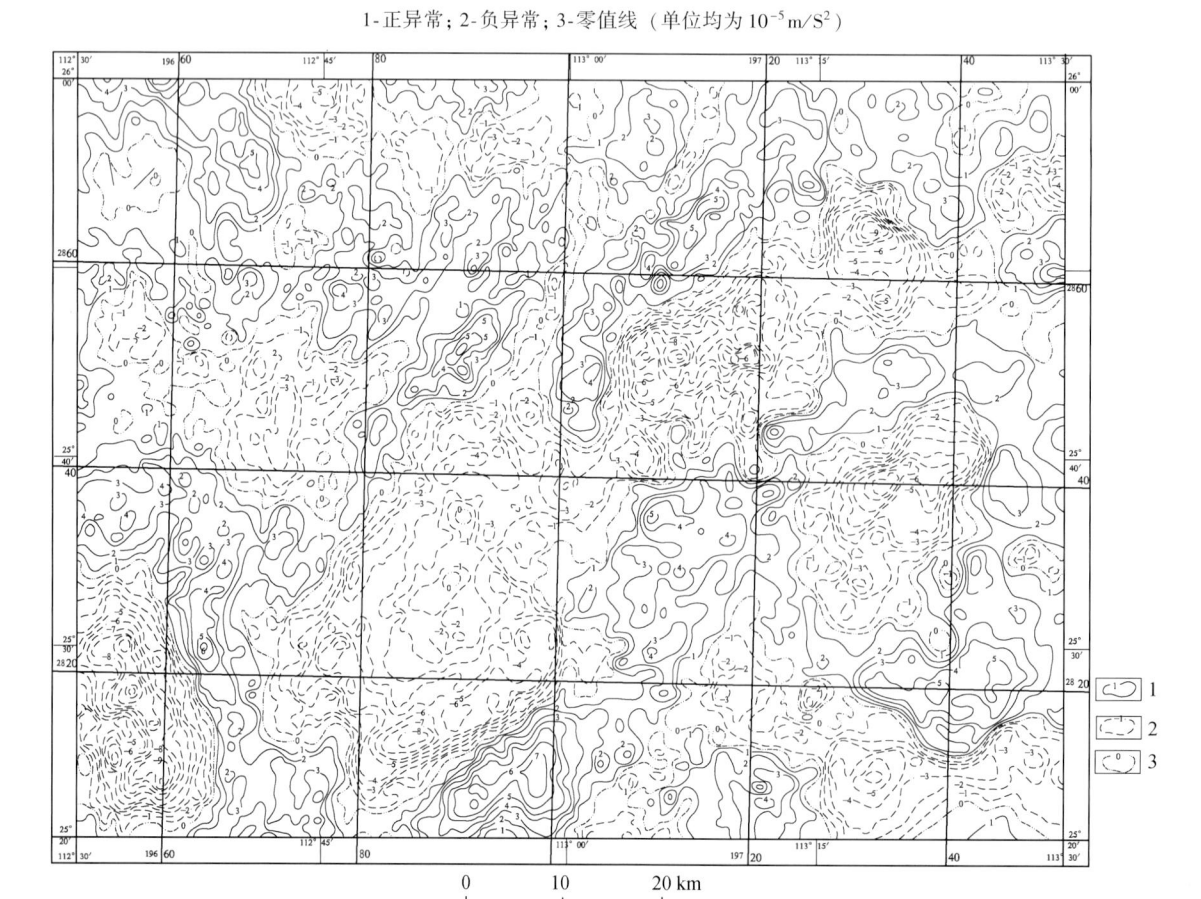

图 4-15 千骑地区剩余重力异常图（$R=8$ km）

1-正异常；2-负异常；3-零值线（单位均为 10^{-5} m/S^2）

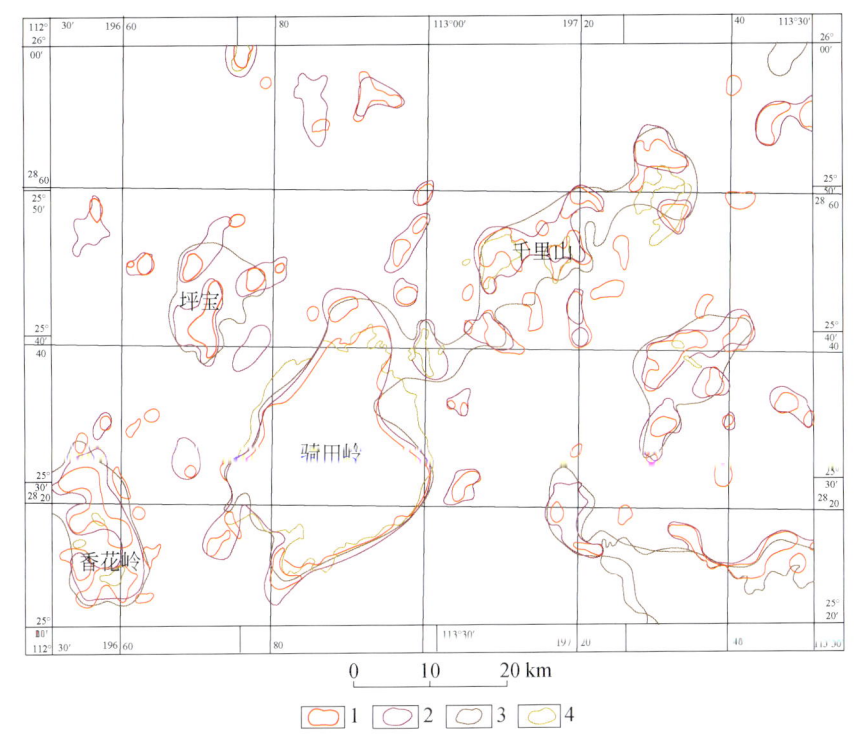

图 4-16 千骑地区花岗岩体形态推断图

1-1.5 km 深度岩体边界；2-3 km 深度岩体边界；3-5 km 深度岩体边界；4-地表岩体分布图

本区岩体的连接，自地表向深部逐渐加强。在圆周法 $R=16$ km 的剩余异常图上反映深度为 10 km，香花岭—高垄山各岩体联成一带，并与坪宝岩体勾连；5 km 深处分为香花岭、坪宝、骑田岭—高垄山三处；越往地表，越加分散。各地区具体情况如下：

坪宝地区：地表为星星点点，1.5 km 深处主要分布在黄沙坪、宝山一带；3 km 深处分布于黄沙坪、宝山、七里头、昭金寺一带；5 km 深处连成一片。

香花岭地区：地表为癞子岭、通天庙、尖峰岭三处，1.5 km 变为三个带；3 km 深处连成北西向的一条岩带；5 km 深处为一规则的北西向板体。

骑田岭地区：在岩体北西和南东侧，三个深度平面岩体界面与地表位置吻合，说明这两处岩体产状很陡，但在两侧的龙渡岭和廖家湾一带，1.5 km 深度以上，岩体边界向中心急速收缩，说明地表岩体为超覆。岩体北东铜金岭和南西温泉一带岩体向外倾伏延伸 5 km 左右。

各主要地区岩浆岩分布沿深度方向主要特征如下：

东坡地区：岩体东侧边界向南风坳和红旗岭一线深处有较大的推移，千里山岩体南北两端均有独立隐伏岩体存在。3 km 深度王仙岭、千里山岩体已连成一片。

瑶岗仙地区：地表仅出露瑶岗仙岩株和界牌岭岩脉，重力反映为很大的岩基。在 5 km 深处连成一体，呈北东走向；3 km 处为三个大的岩株；1.5 km 深处则进一步分散成 5 个小岩株。

从各岩体不同深度边界范围的对比可以鲜明地看出岩体有超覆、倾伏及更为复杂的接触带产状形态。同时也可以看出岩体的剥蚀程度，如骑田岭、王仙岭岩体地表范围和 1.5 km 深处面积相差无几，已属全暴露型岩体，但重力资料仍可提供局部的倾伏延伸资料（如骑田岭的北东、南西端）。本区其余岩体的剥蚀程度都很浅（如瑶岗仙、香花岭、坪宝），有的还是全盲岩体（雷坪）。

4.6.3 岩体的定量计算

（1）瑶岗仙岩体：采用计算机，选用地球物理探测所提供的二度体重力异常求解计算程序，在瑶岗仙剩余布格异常（$R=8$ km）图上切取了七条计算剖面。经整理得出花岗岩体水平截面等深度图（图4-17）。从此图可见：岩体形态十分复杂，大致为一北东向的船状体，岩体分南、北两支，产状陡立，北支规模较大，零米标高分布范围约40 km²，倾向南东；南支规模较小，零米标高分布范围仅10余km²，倾向北西。两支岩体均受北东走向断裂控制，在3 km以下两支岩体逐渐连接，构成岩基底部。结合平面上的重力、航磁、地球化学勘探资料，可以推测瑶岗仙岩体在北东、南西方向均有大范围的延伸。

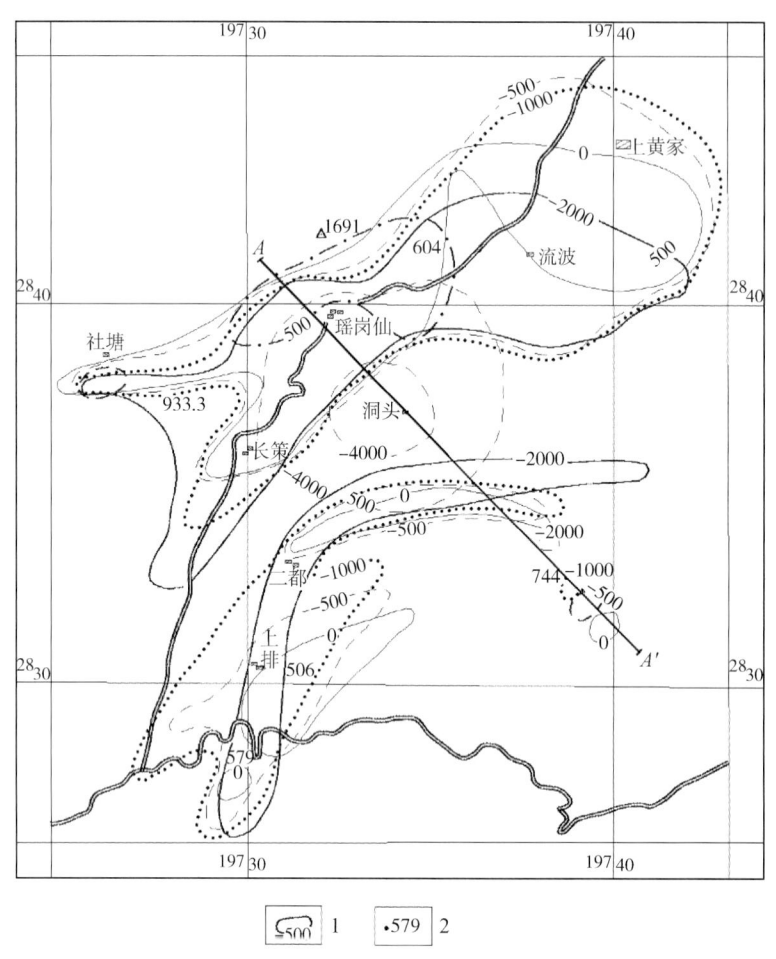

图4-17 瑶岗仙钨矿田隐伏花岗岩体水平截面等深度图
1-等深线（m）；2-地面海拔（m）

（2）雷坪隐伏岩体：为大义山岩浆岩带东南延伸端，经图切剖面定量计算，为一顶面埋深约500 m的隐伏岩体，在隐伏岩体正上方有水系沉积物As、F等异常。经钻探验证，深部已见花岗岩枝。

4.6.4 环形影像与隐伏岩体

图区内经钻孔验证存在隐伏岩体的地区有三处。桂阳县三合圩隐伏岩体位于地表下500～700 m深的跳马涧组砂岩之下；临武县铁砂坪隐伏岩体位于地表下350～450 m的跳马涧组砂岩之下；郴州市红旗岭隐伏岩体也位于地表下80～500 m的震旦系中下组浅变岩系中。它们的围岩蚀变微弱，也没有相应的隆起构造，在1∶10万TM4黑白图像中也未发现相应的环形影像；但是在某些岩体出露的地区，在1∶10万TM4黑白图像中又发现有环形影像。如桂阳县黄沙坪地区的观音打坐及宝岭岩体出露地区分布有呈圆形、色调浅而均一、周边环带沿色调变化界面分布的环形影像。在临武县香花岭地区的癞子岭、尖峰岭、通天庙等岩体出露地区，也有分布范围相同，色调和花纹不太明显的不规则环形影像。由上述可见，有隐伏岩基不一定存在相应的环形影像，有岩体出露的附近也有可能出现环形影像，因而可以说它们二者之间不存在必然的因果关联。

4.7 岩浆作用与成矿关系

千骑地区岩浆岩、特别是燕山期花岗质岩广泛发育，并表现出多期次多阶段、高分异高侵位的特征；与岩浆岩有关的热液蚀变发育而强烈，常形成各种蚀变岩（带）；伴随岩浆岩形成的有关矿产以内生有色金属钨、锡、铅锌为特色，具大中型矿床规模的矿产地多处，享誉中外的柿竹园超大型钨多金属矿床就位于本区内。

4.7.1 岩浆岩的分布特征

据现有资料，区内共出露大小岩体（或岩体群）60余个。岩体大致沿北东、北西两个方向呈"井"字形展布。最典型的是桂阳县黄沙坪-宝山地区的岩体展布：北北东向成岩带、北西西向成岩列、纵横交汇部位成岩群（图4-18）。北北东向岩带有仁义-大坊（Ⅰ）、宝山-黄沙坪（Ⅱ）和东塔岭-神下（Ⅲ）三个岩带；北西向岩列有仁义-石碗水岩列Ⅰ、大坊-宝山岩列Ⅱ和方元-神下Ⅲ三个岩列。

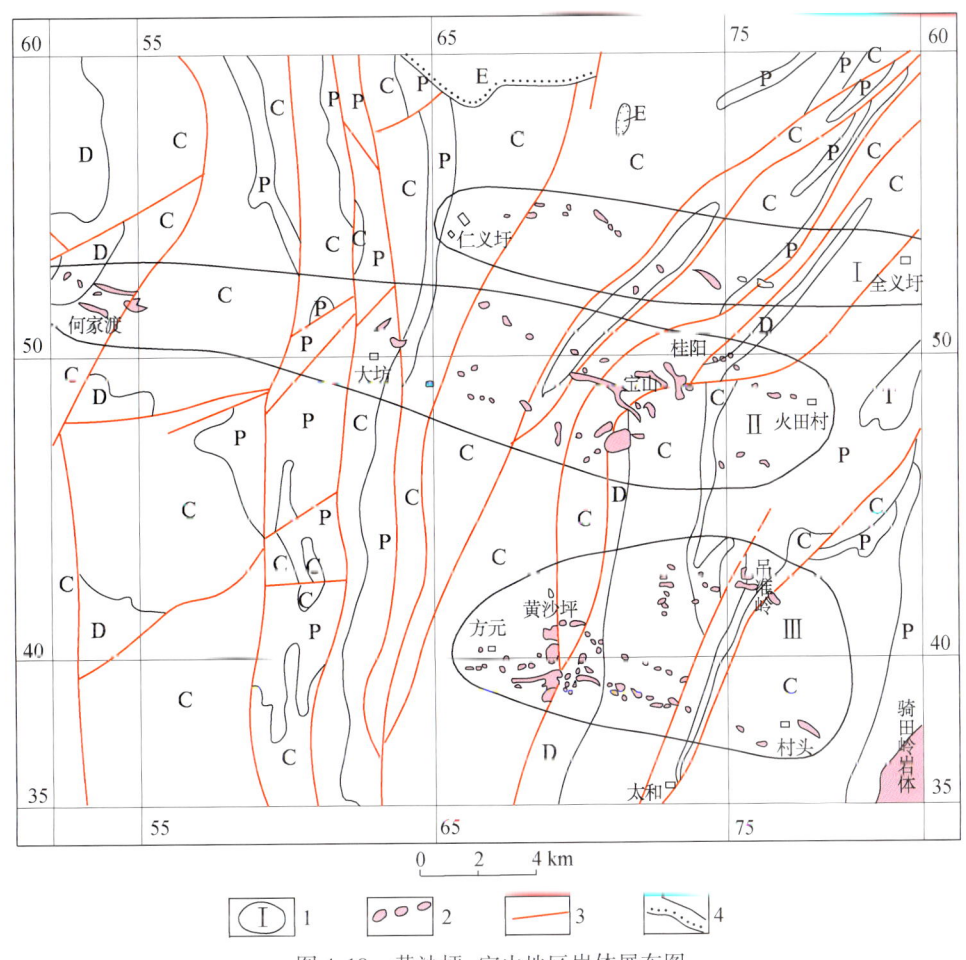

图4-18　黄沙坪-宝山地区岩体展布图

E-古近系；T-三叠系；P-二叠系；C-石炭系；D-泥盆系；1-岩体分带及编号；2-岩体；3-断层；4-地质界线

岩石类型以酸性岩为主，次为中酸性岩，局部还见有碱性岩、中性岩及基性岩。岩体的产状和形态以中深成相的岩基、岩株为主，次为浅成-超浅成相的岩脉、岩枝、岩墙。岩体规模以小至中等规模岩体为主，个别有较大的岩体，如骑田岭和彭公庙大花岗岩基。与成矿关系密切的岩体多为中小规模的复式岩体，而较大和少数中等规模的复式岩体与成矿关系则显得不那么密切。

区内岩体的分布大体以炎陵-蓝山深大断裂带为分界线。其西侧以同熔型（Ⅱ系列）中酸性小岩体为主，多呈岩株、岩脉、岩枝状产出于拗陷区内。按定位深浅，属"深源浅成"类花岗岩，伴随形成的矿产以铅锌为主，并伴有铜、钨、锡，如桂阳县黄沙坪-宝山地区的花岗闪长岩体、花岗斑岩、石英斑岩等。断裂带的东侧则以陆壳改造（重熔）型（Ⅰ系列）的酸性中小复式岩体为主，多呈岩基、岩株状产出于隆起区内。按定位深浅，属"浅源深成"类花岗岩，伴随形成的矿产以钨、锡为主，并伴有铅锌、铜等矿产，如千里山黑云母花岗岩体。

4.7.2 两类花岗岩特征

1. 地质学及岩石学特征

（1）岩体产出的大地构造单元：重熔型或改造型（Ⅰ系列）岩体，主要分布于加里东隆起与印支拗陷接触带或隆起带中部（背斜轴部），呈岩基、岩株或小岩枝产出，岩体成岩温度 750 ℃±，压力>2.5×10^8 Pa，岩浆源储库深度>7.5 km；同熔型（Ⅱ系列）岩体多分布于印支褶皱带之断裂中，呈小岩株或岩瘤产出，成岩温度 650~730 ℃，压力<2.5×10^8 Pa，岩浆源储库深度<7.5 km。

（2）岩浆分异演化程度：重熔型（Ⅰ系列）岩体，岩浆分异演化程度较好，在同一岩体中具有同源岩浆分异演化多次侵入特征，构成了同期多阶段、多次侵入的复式岩体。如燕山早期千里山岩体，为同源岩浆分异演化三次侵入（γ_5^{2-1}—γ_5^{2-2}—γ_5^{2-3}）的复式岩体；同熔型（Ⅱ系列）岩体，则不具上述特征。

（3）岩体类型：重熔型（Ⅰ系列）岩体，岩性上绝大多数为黑云母二长花岗岩、黑（白）云母花岗岩，岩体中暗色包体少见；同熔型（Ⅱ系列）岩体，则以花岗闪长岩为主，次为花岗闪长玢（斑）岩、石英斑岩、英安斑岩，岩体中常见暗色包体。

（4）造岩矿物特征：重熔型（Ⅰ系列）岩体，石英含量比同熔型高，钾长石含量高于斜长石含量，且随成岩时代变新两者差值增大。暗色矿物指数（Si+Na+K/Fe^{2+}+Fe^{3+}+Mg）>同熔型；同熔型（Ⅱ系列）岩体，斜长石高于钾长石，暗色矿物指数（Si+Na+K/Fe^{2+}+Fe^{3+}+Mg）<重熔型。

（5）副矿物特征：两类型岩体均含锆石和独居石，但重熔型（Ⅰ系列）岩体则常见磁铁矿、磷灰石，而同熔型（Ⅱ系列）岩体普遍含钛铁矿。

2. 岩石化学特征

（1）氧化物含量：重熔型（Ⅰ系列）岩体 SiO_2、K_2O 及氧化系数比同熔型（Ⅱ系列）岩体高，前者 SiO_2 为 70%~75%，K_2O/Na_2O 一般为 1.7~2.3、最高为 17.0，Fe_2O_3/（FeO+Fe_2O_3）一般为 0.35~0.48；后者 SiO_2 为 61.0%~69.95%，K_2O/Na_2O 一般为 1.1~1.6，Fe_2O_3/（FeO+Fe_2O_3）一般为 0.17~0.0.38。

（2）在 A-P-Q 三角图解中的位置：重熔型（Ⅰ系列）岩体大都位于二长岩区的中间部位或左上角，并向花岗岩区演化；同熔型（Ⅱ系列）岩体则大都分布在该区右下角及花岗闪长岩区、石英二长岩区及石英闪长岩区。

（3）岩石化学类型：重熔型（Ⅰ系列）岩体多为铝过饱和型；而同熔型（Ⅱ系列）岩体多为准铝质或过渡类型。

（4）分异指数（DI）：重熔型（Ⅰ系列）岩体，DI 为 79.49~91.49，A/CNK 大多>1；同熔型（Ⅱ系列）岩体，DI 为 41.59~4.7，A/CNK 大多<1、一般为 0.87~0.99，仅大坊岩体>1。反映出重熔型（Ⅰ系列）岩体比同熔型（Ⅱ系列）岩体分异程度高。

（5）在（Al-Na-K）-Ca-（Fe^{2+}+Mg）投点图上：重熔型（Ⅰ系列）岩体，绝大多数位于斜长石-黑云母-堇青石区；同熔型（Ⅱ系列）岩体，大多数位于斜长石-黑云母-角闪石区及斜长石-角闪石-透辉石区。

3. 微量元素特征

（1）有色金属元素：重熔型（Ⅰ系列）岩体，有色金属元素 W、Sn、Mo、Bi、Cu、Pb、Zn 等均高于维氏值,稀土、稀有元素及F含量都比同熔型(Ⅱ系列)岩体高;同熔型(Ⅱ系列)岩体,铁族元素含量高于维氏值,有色金属元素Cu、Pb、Zn比重熔型(Ⅰ系列)岩体含量高。

(2) 黑云母演化系列:重熔型(Ⅰ系列)岩体(主要指燕山早期),出现了Fe-Al、Fe-Li两种系列;同熔型(Ⅱ系列)岩体,仅出现Fe-Al系列。

(3) 单矿物微量元素含量:长石中Cu、Pb、Zn含量,重熔型(Ⅰ系列)岩体比同熔型(Ⅱ系列)岩体高,而W、Sn、Nb、Be诸元素含量在两种类型中正好相反;黑云母中Pb含量,重熔型(Ⅰ系列)岩体比同熔型(Ⅱ系列)岩体高,而W、Sn、Nb、Be、Mo等元素含量在两种类型中正好相反,其中W、Sn、Nb等元素含量,重熔型(Ⅰ系列)岩体比同熔型(Ⅱ系列)岩体分别高出22.1、44.4、6.8倍。

(4) 铷(Rb)、锶(Sr)含量:燕山早期重熔型(Ⅰ系列)岩体富Rb、贫Sr,Rb/Sr值为13.02~224.36、平均值为36.43;同熔型(Ⅱ系列)岩体则贫Rb、富Sr,Rb/Sr值为0.39~0.87、平均值为0.49。

4. 稀土元素特征

燕山早期重熔型(Ⅰ系列)岩体稀土元素球粒陨石标准化分布模式呈近似对称的"V"形曲线,δEu值为0.02~0.167,铕亏损极为明显,ΣCe/ΣY值为0.501~1.82,而同熔型(Ⅱ系列)岩体稀土配分模式为向右急倾斜形曲线,铕亏损不明显,δEu值为0.67~0.85,ΣCe/ΣY值为3.32~4.49。

5. 锶、钕、铪和氧同位素特征

(1) 锶(Sr)同位素:重熔型(Ⅰ系列)岩体($^{87}Sr/^{86}Sr$)初始值为0.7179~0.7551,相当于大陆Sr同位素组成;而同熔型(Ⅱ系列)岩体($^{87}Sr/^{86}Sr$)初始值为0.7071~0.7067,具有地幔与地壳的过渡源区的Sr同位素组成特征。

(2) 钕(Nd)同位素:据有关数据(Zhao et al., 2001;伍光英,2005;谢银财,2013;Chen et al., 2014;Gu et al., 2015),重熔型(Ⅰ系列)岩体的$\varepsilon_{Nd}(t)$值变化范围为-12.9.0~-4.0;而同熔型(Ⅱ系列)岩体$\varepsilon_{Nd}(t)$值变化范围为-7.3~-5.0。

(3) 铪(Hf)同位素:据有关数据(Shu et al., 2011;刘勇等,2011;全铁军等,2012a,b;谢银财,2013;Chen et al., 2014;来守华,2014;单强等,2014;Gu et al., 2015),重熔型(Ⅰ系列)岩体中锆石$\varepsilon_{Hf}(t)$平均值变化范围为-11.1~-1.35;而同熔型(Ⅱ系列)岩体中锆石的$\varepsilon_{Hf}(t)$值变化范围为-19.70~-9.0。

(4) 氧(O)同位素:重熔型(Ⅰ系列)岩体δ^{18}值大部分>10,而同熔型(Ⅱ系列)岩体δ^{18}值多数<10。

结合成矿岩体的成因分析,以上两类型岩体在岩浆源区上虽然均显示幔源成分,但仍有所差异:重熔型(Ⅰ系列)岩体的源区以陆壳成分为主,是由地壳硅铝质岩石重熔形成的岩浆向上侵位结果;而同熔型(Ⅱ系列)岩体来源于壳幔混合,是由同期幔源与地壳硅铝质岩石混熔形成的岩浆向上侵位结果。

4.7.3 花岗岩类演化规律

本区各期岩浆岩由于所处的地质构造背景不同,它们既有随时间演化的特征,也有随地区不同的变化特点。总的看来,区内中酸性岩类从加里东期→印支期→燕山期具有一定演化特征及规律。

从加里东期→印支期→燕山期岩体的岩石类型,总的变化趋势是:从角闪石黑云母二长花岗岩、花岗闪长岩→黑云母二长花岗岩、角闪石黑云母二长花岗岩→二云母花岗岩、黑云母二长花岗岩、花岗斑岩、石英斑岩;由老到新岩石中钾长石逐渐增多,斜长石及黑云母相对减少,斜长石从更中长石(An 20~40)、更长石(An 12~33)→钠更长石(An 8~30),斜长石牌号由高→低。

(1) 岩石化学成分及演化:各期岩体岩石化学主要成分详见表4-23。

表4-23显示,各期岩体中SiO_2含量均在70%以上。从加里东期→燕山早期含量逐渐增高,燕山晚期有所下降;总碱含量由加里东期→燕山早期逐步增高,Na_2O+K_2O由6.94%→7.74%,燕山晚期也有所

下降（6.92%），且 $K_2O>Na_2O$；TiO_2、Al_2O_3及暗色组分由加里东期→燕山早期含量逐渐减少，到燕山晚期有所回升。暗色组分总量（$FeO+Fe_2O_3+MgO$）由老到新则由 5.72%→2.36%。

表 4-23　各期岩体岩石化学成分表

期	岩性		化学成分/%									
			SiO_2	TiO_2	Al_2O_3	Na_2O	Na_2O	Na_2O	Na_2O	Na_2O	K_2O	Na_2O+K_2O
加里东	二长花岗岩		70	0.32	14.0	1.02	3.49	1.21	2.24	2.82	4.12	6.94
印支	二长花岗岩		71.26	0.35	1.38	0.95	2.54	0.66	1.50	2.98	4.51	7.49
燕山	早期	二长花岗岩、花岗岩	74.14	0.21	13.3	0.70	1.32	0.34	1.00	3.03	4.71	7.74
		花岗闪长岩	63.28	0.61	15.4	1.56	3.42	1.73	3.06	2.27	4.21	6.48
	晚期	花岗闪长斑岩、石英斑岩	72.58	0.22	13.42	0.86	1.30	0.44	0.85	2.15	4.82	6.97

（2）主要参数特征值及演化规律：K_2O/Na_2O，K_2O/SiO_2由老到新逐步升高，Al_2O_3/SiO_2则逐渐下降；暗色指数（CI）则明显增高，分异指数（DI）也具有同样的变化规律，两者呈同步增长；岩体的碱度率变异，加里东期岩体由钙碱质向弱碱质演化，印支期及燕山早期岩体则由弱碱质向碱质方向演化；岩石化学图解说明各期岩体绝大部分均落在二长花岗岩区，仅个别岩体分布于富石英花岗岩区、花岗岩区、花岗闪长岩区及石英二长岩区。从二长花岗岩区投点位置来看，加里东期及印支期岩体投点较集中，位于岩浆岩低槽中心部位，反映出岩体侵位较深，岩浆分异程度较差，演化规律不甚明显；燕山期岩体投点较分散，反映出由中酸性→酸性演化特征，即由花岗闪长岩→二长花岗岩→花岗岩演化。

（3）微量元素演化：铁族元素（Cr、Ni、Co、V）从加里东期→燕山期岩体依次降低，燕山早期岩体大多低于维式值；Cu、Pb、Zn 含量在各期中均较普遍，含量由老到新有逐步增高趋势，尤其是燕山早期小岩体（花岗斑岩、花岗闪长岩）含量高。如宝山岩体 Cu、Pb、Zn 分别高出维式值 1.35、10.5、2.6 倍，黄沙坪岩体分别高出维式值 4.3、15.3、10 倍，是本区大型铅锌矿床的主要成矿时期；W、Sn、Mo、Bi 元素含量从加里东期→燕山早期岩体逐步增高，尤其是燕山早期其元素含量均高于维式值 1～2 倍。如千里山岩体 W 高出 4～8 倍，Sn 高出 10～320 倍，Mo 高出 14～23 倍，Bi 高出 3000～8000 倍，显然燕山早期是千骑地区大型、特大型钨锡多金属矿床的主要成矿时期。

（4）稀土元素演化：由早期岩体到晚期岩体，ΣREE 总含量由 208×10^{-6}（γ^3）→316×10^{-6}（γ^1）→330×10^{-6}（γ^2）逐步增高；而 δEu 值则由 0.61（γ^3）→0.34（γ^1）→0.05（γ^2）逐步下降，燕山晚期 δEu 又有增高（δEu=0.27）；从稀土配分模式看，由早期岩体到晚期岩体，δEu 亏损由不明显→亏损中等→亏损较强。

（5）云母单矿物演化特征：在 R^{2+}-R^{2+}-L^+ 云母成分投点图上，加里东期岩体绝大部分位于铁黑云母区、印支期岩体位于铁黑云母与黑云母区；燕山早期岩体则反映了两个系列的云母演化规律：Fe-Al 系列由黑云母→黑鳞云母→铝质铁锂云母→锂多硅白云母→多硅白云母系列（钨锡系列）；Fe-Li 系列由黑云母→黑鳞云母→铁锂云母→锂云母系列（稀土系列）。从云母演化特征，进一步说明加里东期及印支期岩浆分异程度差，而燕山早期岩浆分异程度好。因而区内岩浆演化规律明显。

综上所述，本区中酸性岩浆岩从加里东期→燕山期不仅具有明显变化特征及演化规律；各时期岩体对比还说明，燕山早期岩体是区内有色金属成矿的主要母岩。

4.7.4　岩浆作用与成矿关系

千骑地区有色稀有金属矿床的形成，绝大部分与岩浆活动关系密切，不同时期岩浆活动及不同成因类型岩体，其矿化强度和矿种却不尽一致。

1. 岩浆岩矿化分区

从 Si、K+Na 投点图说明,与钨锡多金属及稀有金属成矿有关的岩体多属于燕山早期岩体,且位于图中矿化岩体区;与铅锌成矿有关的岩体则为燕山期不同阶段岩体,且多位于图中过渡型岩体区;加里东及印支期岩体多数位于图中不具矿化的岩体区内。显然,通过图中各类岩体的酸碱度关系,比较直观地说明了岩体含矿性特征。如千里山、骑田岭、瑶岗仙、香花岭等岩体均属于钨锡多金属矿化岩体区;黄沙坪岩体则位于过渡型岩体区。

2. 岩体矿化类型

a+b+c、S 特征投点可较明显地反映出千骑地区各类岩体矿化特征。W、Sn 区分布的岩体主要为燕山早期岩体,燕山晚期岩体亦有分布,加里东及印支期岩体则多数分布于 Mo、Cu 区内。

从整个燕山早期和晚期岩体分布情况看,反映了钨锡多金属及铜铅锌两个矿化系列特征。W、Sn 区分布的岩体属于钨锡多金属矿化系列,如千里山、骑田岭、瑶岗仙、香花岭、下村等岩体,这与区内大型钨锡矿床分布是一致的。Mo、Cu 区分布的岩体属于铜铅锌矿化系列,如黄沙坪、宝山等岩体,这与区内大、中型铜铅锌矿床分布一致。加里东期及印支期岩体 Mo、Cu 矿化系列,它反映了岩体固有的性质和特征,是否与成矿有关,尚待进一步研究。

3. 成岩成矿时代

为了更好地理解千骑地区燕山期的岩浆活动及与锡多金属的成矿关系,本书系统收集了区内不同类型矿床的成矿年龄数据(表4-24),并与区内具有代表性的黄沙坪-宝山、千里山和骑田岭等花岗岩岩体的侵位年龄数据进行了对比(见表4-1),反映两者主要形成于燕山中期165~145 Ma(图4-4、图4-19),成矿高峰 ca. 156 Ma,稍晚于成岩年龄 ca. 4 Ma。燕山中期也是华南一个成矿高峰期(毛景文等,2004b;华仁民等,2005a),除荷花坪矿床可能形成于印支期外、柿竹园钨锡多金属矿床、黄沙坪铅锌钨锡钼多金属矿床、东坡矿田金船塘锡铋矿床、芙蓉锡矿田山门口矿床、淘锡窝矿床和新田岭钨矿床等也都是在这一时期形成的(李红艳等,1996;刘义茂等,1997;肖红全等,2003;Li X H et al.,2004;毛景文等,2004a),因而是中国东部中生代板内成矿大爆发的重要组成部分(华仁民和毛景文,1999)。

表4-24 湘南千骑地区成矿年龄统计

矿床	测试对象	测试方法	年龄/Ma	文献
柿竹园矿床	石榴子石-萤石-黑钨矿	Sm-Nd 等时线	149±2	Li X H et al.,2004
	辉钼矿	Re-Os 等时线	151±3.5	李红艳等,1996
	石榴子石-透辉石	Sm-Nd 等时线	160.8±2.4	刘义茂等,1997
	云英岩矿脉云母	^{40}Ar-^{39}Ar	153.4±0.2	毛景文等,2004
	云英岩矿脉云母	^{40}Ar-^{39}Ar	134.0±1.6	毛景文等,2004
	云英岩中白云母	K-Ar	144.5±2.8 146.5±2.9 148.0±2.9	Yin et al.,2002
	石英脉中绢云母		92.4±1.8	
瑶岗仙钨矿	辉钼矿	Re-Os 等时线	154.9±2.6	Peng et al.,2006
		Re-Os 模式年龄	161.3±2.1	毛景文等,2007
	黑云母	^{40}Ar-^{39}Ar 坪年龄	159.0±1.5	
	金云母		153.0±1.1	Peng et al.,2006
	白云母		155.1±1.1	

续表

矿床	测试对象	测试方法	年龄/Ma	文献
香花岭锡矿田	白云母	Ar-Ar	154.4±1.1（坪年龄） 151.9±3.0（等时线）	Yuan et al., 2007, 2008a
	锡石	U-Pb	156±4（谐和年龄） 157±9.0（等时线）	
尖峰岭锡矿	白云母	Ar-Ar	158.7±1.2（等时线）	Yuan et al., 2007
金船塘矿床	矿石	Pb-Pb 等时线	164±12	毛景文等, 2004
白腊水锡矿	石英流体包裹体	Rb-Sr 等时线	177±39	蔡锦辉等, 2004
	锡石	LA-ICP-MS U-Pb 等时线	159.9±1.9	袁顺达等, 2010
		ID-TIMS 加权平均	158.2±0.4	
	角闪石	^{40}Ar-^{39}Ar 坪年龄	157.3±1.0	彭建堂等, 2007
			154.7±1.1	
			156.9±1.1	
	羟铁云母		150.6±1.0	
			159.0±1.3	毛景文等, 2007
芙蓉锡矿床	三门云英岩锡矿石白云母	^{40}Ar-^{39}Ar 坪年龄	156.1±0.4	毛景文等, 2004a
	淘锡窝云英岩锡矿石白云母	^{40}Ar-^{39}Ar 坪年龄	160.1±0.9	毛景文等, 2004a
黄沙坪矿床	辉钼矿	Re-Os 等时线	154.8±1.9	姚军明等, 2007
			153.8±4.8	
		Re-Os 模式年龄	154.2±2.2	毛景文等, 2007
			153.9±1.7	
荷花坪锡石-硫化物矿床	辉钼矿	Re-Os 等时线	224±1.9	蔡明海等, 2006
新田岭钨钼多金属矿床	石英脉型矿石辉钼矿	Re-Os 等时线	161.7±9.3	袁顺达等, 2012
	夕卡岩型辉钼矿	Re-Os 模式年龄	159.1±2.6	
	蚀变岩	K-Ar	142.57~149.38	毕承思等, 1988
	夕卡岩中铁云母	Ar-Ar 等时线	157.1±0.3	Mao et al., 2004
	石英脉型矿石中石英	Rb-Sr 等时线	157.4±3.2	蔡明海等, 2008
	辉钼矿	Re-Os 等时线	159.4±1.3	袁顺达等, 2011
	退化蚀变岩中黑云母	Ar-Ar 坪年龄	157.06±0.2	毛景文等, 2004a
界牌岭锡矿	黑云母	Ar-Ar 坪年龄	91.1±1.1	毛景文等, 2007

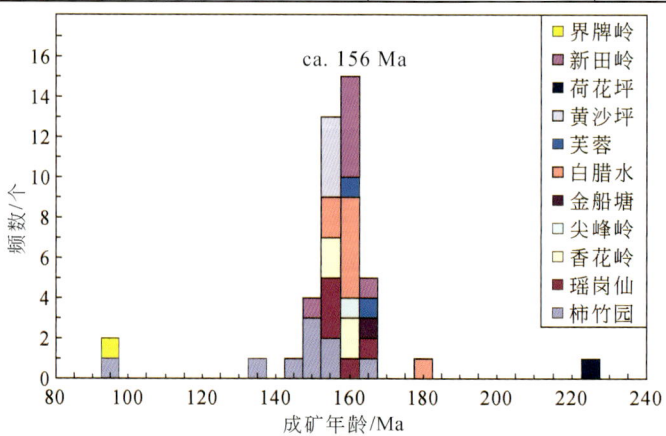

图 4-19 千骑地区代表性矿床成矿年龄统计直方图（数据来源见表 4-24）

4. 岩体成矿专属性

以上论述，说明了本区岩浆岩具有不同的成矿专属性，燕山期是形成钨锡多金属、铌钽稀有金属及铜铅锌矿床的重要阶段。从岩体类型看，重熔型（Ⅰ系列）岩体的斜长石-黑云母-堇青石型岩体，是钨锡多金属及铌钽稀有金属成矿岩体，如千里山、瑶岗仙、香花岭等岩体；同熔型（Ⅱ系列）岩体的斜长石-黑云母-角闪石及斜长石-角闪石-透辉石型岩体是铅锌及铜多金属成矿母岩，如黄沙坪、宝山等岩体。两类不同岩体揭示了成矿物质来源不同，即一种为壳源重熔型，另一种为幔源与壳源同熔型。从而构成了本区岩浆岩特定的成岩成矿专属性。

第 5 章 构造作用与成矿

5.1 隐伏地质体推断解译

研究中、深部构造，能大致了解研究区的基底起伏状况、构造基本格架、深部岩浆活动的规律和各种地质因素对成矿作用的制约关系等，因此，中、深部构造的研究在成矿预测中日益为人们所关注。在本章节中，我们依据遥感图像、重力场和磁场特征对千骑地区中、深部构造进行了相应的研究。

本次研究所使用的遥感图像为中国科学院遥感地面站提供的（1988 年 12 月 1 日）1:100 万 TM 图像放大而成，它是离地面约 700 km 高空鸟瞰地面的图像。该幅图像覆盖地面面积约 125 km×185 km，这是因为大面积覆盖的图像概括性强，有助于判断宏观要素。当日图像云盖极少，成像质量高，空间分辨率 30 m。因此，图像能满足区域地质构造研究的要求。

5.1.1 遥感图像特征及推断解译

千骑地区 1:10 万 TM 图像经地质构造解译，区内存在 3 条基底断裂带（图 5-1）：北东向下燕塘-资兴市基底断裂带（1）、北西向答家-柿竹园-瑶岗仙基底断裂带（2）和白市-上坊-长城岭-延寿基底断裂带（3）；区内存在的盖层（成矿）构造有 8 条：即北东东向香花岭-柿竹园-桃树垄断裂带（4）和下曹

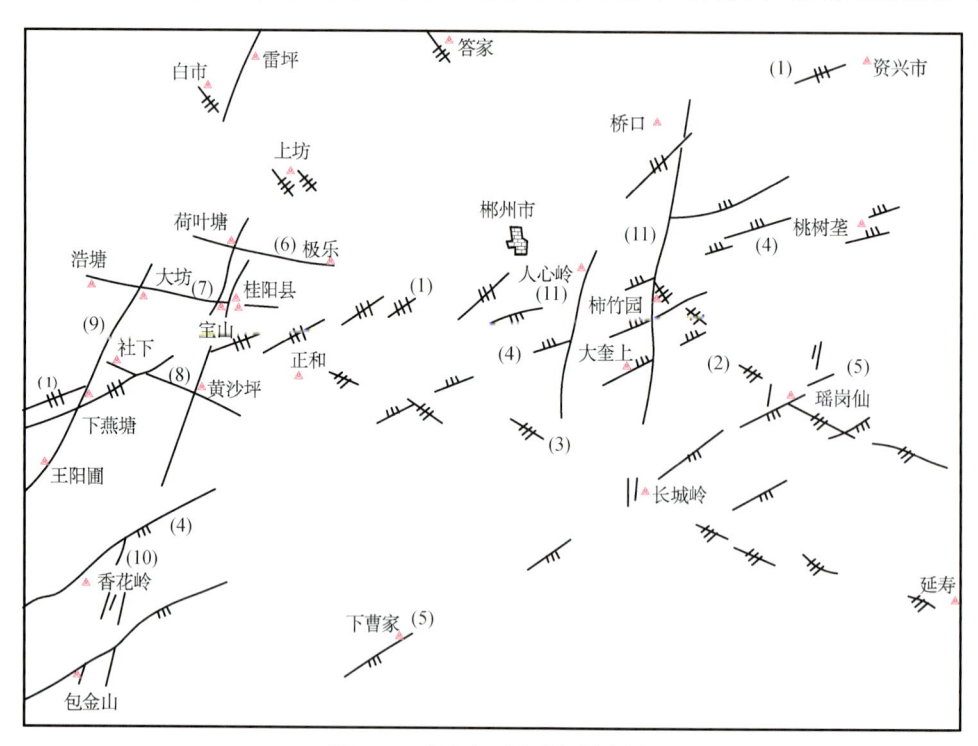

图 5-1 千骑地区遥感解译略图

基底断裂：(1) 下燕塘-资兴县基底断裂带；(2) 答家-柿竹园-瑶岗仙基底断裂带；(3) 白市-上坊-正和-延寿基底断裂带
成矿期构造：北东东向—(4) 香花岭-柿竹园-桃树垄构造带；(5) 下曹家-长城岭-瑶岗仙构造带；北西西向—
(6) 荷叶塘-极乐构造带；(7) 浩塘-大坊-宝山构造带；(8) 社下-黄沙坪构造带。北北东向—(9) 雷坪-大坊-
王阳圃构造带；(10) 荷叶塘-黄沙坪-包金山构造带；(11) 桥口-大奎上构造带

家–长城岭–瑶岗仙断裂带（5），北西西向荷叶塘–极乐断裂带（6）、浩塘–大坊–宝山断裂带（7）、社下–黄沙坪断裂带（8）、北北东向雷坪–大坊–王阳圃断裂带（9）、荷叶塘–黄沙坪–泡金山断裂带（10）和桥口–大奎上断裂带（11）。

区内上述基底和盖层断裂带在1:10万TM图像上的表现特征如下。

5.1.1.1 基底构造的表现特征

1. 北东向基底断裂带的表现特征

北东向基底断裂带1条，为下燕塘–资兴市基底断裂带（1）。它在1:100万TM卫星图像中的表现特征是：在相对拗陷的盖层发育区，当基底断裂横向穿越耒阳–宜章南北向构造带时，在盖层中呈现为区域构造干扰分隔带，两侧构造特征不同：在南侧当褶皱轴线靠近分隔带时，枢纽同步倾伏或仰起，在北侧则表现为轴线呈弧形转折及枢纽同步倾伏或仰起；在相对隆起区，则呈现为线性构造密集带（图5-1）。在放大的1:10万TM图像中，构造分隔带的影像特征仍然存在，并且可以看到该分隔带实际上由一系列侧羽状雁行断裂带组成（图5-2）。

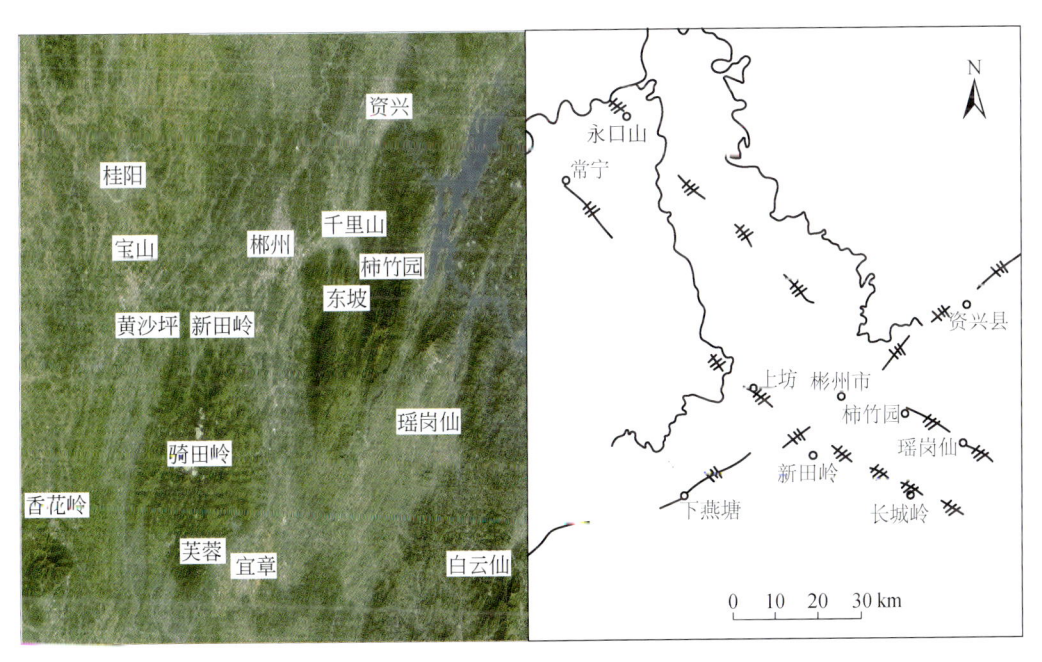

图5-2 千骑地区TM7卫星图像基底断裂解译分布略图

2. 北西向基底断裂带的表现特征

北西向基底断裂组成两个断裂带（图5-1）：答家–柿竹园–瑶岗仙断裂带和白市–上坊–长城岭–延寿断裂带，二者相互近于平行，图像特征相似。在1:10万TM图像中，它们属常宁–水口山基底断裂的南东延续部分（图5-2）。在基底构造层（Z—S）广泛分布区的影像特征，呈现为断续延伸的细线型构造；当穿越盖层构造层（D_2—T_1）组成的南北向构造带时，往往使褶皱线发生弧形弯曲，并使枢纽仰起或倾伏，对盖层褶皱产生限制作用。在图区东部基底构造层广布的相对隆起区，线性构造呈粗线带状连续延伸或侧列状分布，图像特征较明显，且在两基底断裂之间还展布有4~5条线性构造密集带，它们近乎平行；在湘南千骑地区西部盖层构造层（D_2—T_1）广布的相对拗陷区，基底断裂影像特征虽然微弱，但仍然存在着对盖层构造限制而引起的褶皱枢纽起伏的异常变化迹象。

5.1.1.2 盖层（成矿期）构造的表现特征

在千骑地区，盖层中的D—P_1亚构造层大面积分布，而T_3、J_1、J_2、K等亚构造层（详见本书5.3

节）大面积缺失，仅在断陷盆地零星分布。因此，区内出现的 2 条北东东向、3 条北西西向和 3 条北北东向共三个方向的 8 条盖层（成矿期）构造带，主要表现在 D—P$_1$ 亚构造层中。

在区内西侧的黄沙坪—宝山一带，各波段 TM 图像中，以 TM4 波段图像较明显。在地表 3 条北西西向岩浆岩带的相应位置，于 TM4 波段图像中展布有三条线性构造密集带，密集带在地表宽约 1~2 km、长约 20~25 km。该构造密集带的南东东段线性构造密度大，而北西西段线性构造密度则较小。线性构造密集带位于北东向下燕塘-资兴市基底断裂带附近，横向叠加在黄沙坪-宝山南北向构造带之上。结合侵位岩体同位素年龄资料，线性构造密集带形成于燕山早期。

在区内的香花岭—柿竹园—桃树坳一带，北东向线性构造带在各波段的 TM 图像中都非常明显，它们断续延伸长百余千米，往两端出图幅，构造带在地表宽约 8~10 km，往往由数条线性构造密集带组成，单条密集带宽约 1~5 km。它们横向叠加于耒阳-宜章南北向构造带之上，并有燕山早期岩体沿构造带侵入。

5.1.2 物探推断解译

本次在整理和研究工作区内的重磁资料中，我们将重力、航磁上延 5~10 km，以大窗口（$R=8$ km）求得的剩余重力异常，近似地作为中、深部构造的重磁信息。有关推断解译结果如下。

5.1.2.1 中深部区域构造的重力场和磁场特征

1. 上延 10 km 布格重力场特征

炎陵-蓝山重力梯级带更为醒目，梯度变缓、宽度加大，它仍将图区划分为北西、南东两部分。北西侧的仙岛重力高中心西移，南东侧的香花岭-彭公庙北东向构造岩浆岩带呈狭长展布，出现两个低重力异常，分别反映骑田岭花岗岩体和彭公庙花岗岩体。两个重力低的南东侧分别伸入宜章重力高和汝城重力高（图 5-3）。

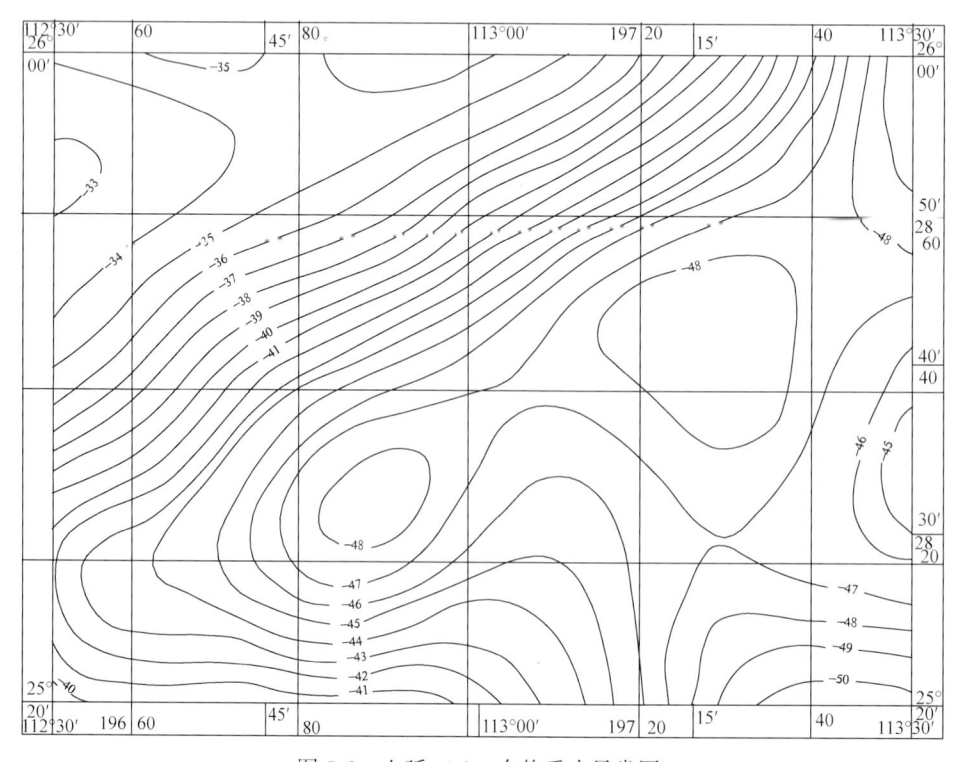

图 5-3 上延 10 km 布格重力异常图

2. 上延 5 km 航磁 ΔT 化极异常场特征

由于千骑地区基底由无磁性地层组成，故上延 $\triangle T$ 异常不能反映区域构造的全貌，但它确切地反映了香花岭-彭公庙构造岩浆岩带的磁壳。在各重力高异常上均为 0～10 nT 的平静磁场区（图5-4）。

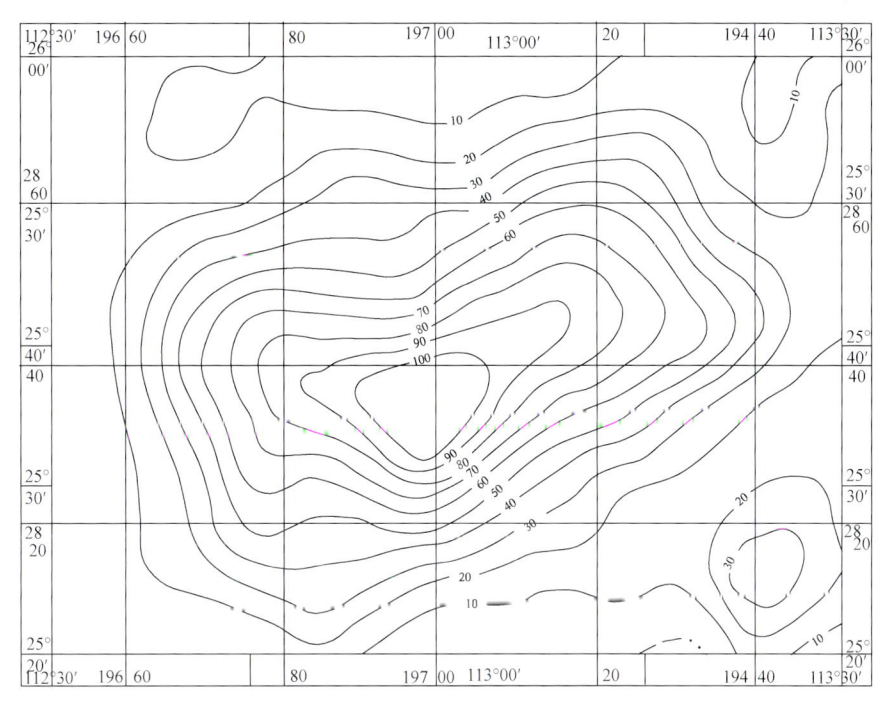

图 5-4 上延 5 km ΔT 化极异常图

5.1.2.2 中深部构造推断

（1）深大断裂带：上延 10 km 布格重力异常重力图（图5-3）和上延 5 km ΔT 化极异常图（图5-4）中的巨大梯级带两侧的重、磁场类型和特征不同，均系梯级带两侧地壳升降幅度、岩浆岩发育程度及岩浆岩类型不同而引起的重、磁场差异。造成这些差异的原因是因为地壳沿该巨大梯级带方向存在一个延长和延深巨大的长期活动的深大断裂带。根据上两图重、磁场异常特征圈出的深大断裂带，系北东向炎陵-蓝山深大断裂带的中段。

（2）基底断裂带：其重、磁场特征在布格重力异常图上有明显的梯级带，重力垂向二导零值线、剩余异常零值线呈线状展布，两侧为鲜明的正、负异常。航磁化极异常图上的梯级带，串珠状异常的连接线等。某些基底断裂在上延重、磁图上亦有明显的梯级带出现，其中北东向组断裂的条数多，长度大，且集中分布在图区中部和南东部；北西向组断裂则主要分布在图区北西和南东，它们醒目出现说明北西向构造在本区颇为发育，且具有深部控岩作用，如香花岭、坪宝 带；南北向组和东西向组断裂较少，尤其东西向组断裂均以断续形式出现，说明该组构造发育时间较早，被后期构造所遮掩（图5-5）。

（3）拗陷（断块）：被基底断裂和深断裂切割包围的地块，一般经受过上升的垂直运动，故结晶基底相对较浅，上延重力场表现为变化相对平缓的重力高，地块边部为重力梯级带所包围。断块中心 ΔT 上延 5 km 为 0～10 nT 的平稳场，边缘部分为磁场梯级带。全区共圈出断块两处；即新田-永兴拗陷和宜章断块。

（4）构造岩浆岩带：上延 10 km 布格重力异常图上出现明显的带状重力低异常，上延 5 km ΔT 化极异常图中表现为明显的高磁区。全区共圈出大义山、香花岭-彭公庙、长城岭-瑶岗仙等构造岩浆岩带。

（5）结晶基底：研究区域重力成果表明，湘南地区在地面以下 30 km 左右存在一密度界面，其上下的密度有一定的差异。以此密度界面圈出的等值线即可视为结晶基底等深线，在这等深线以下即为结晶基底。

图 5-5 物探解译断裂构造图

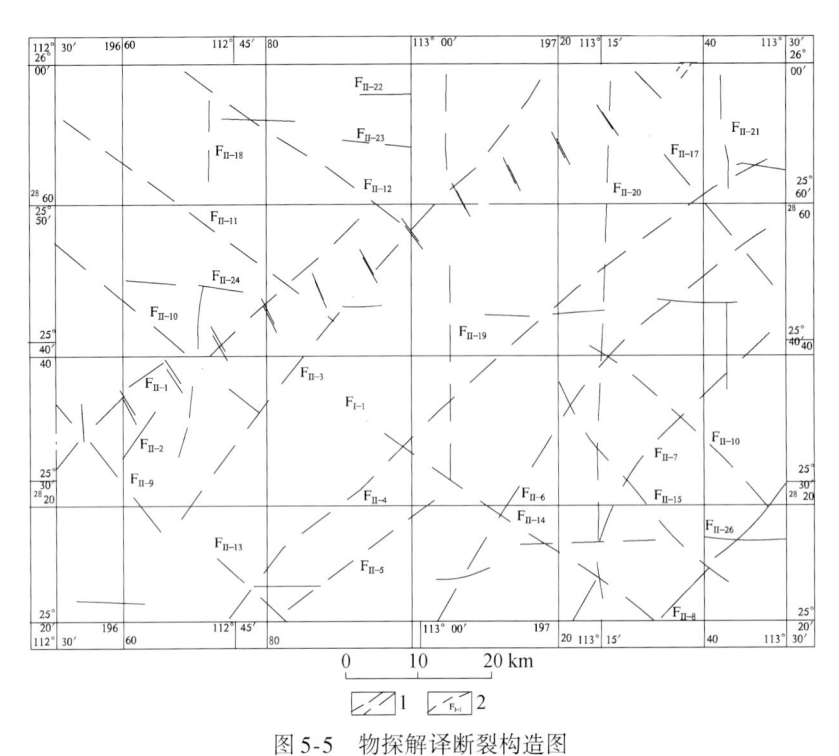

1-推断二级重磁断阶带（穿壳断裂带）；2-推断二级断裂（基底断裂）

依照上述重磁资料对中深部构造的推断，千骑地区中深部构造格架（图 5-6）可归纳总结如下几点：

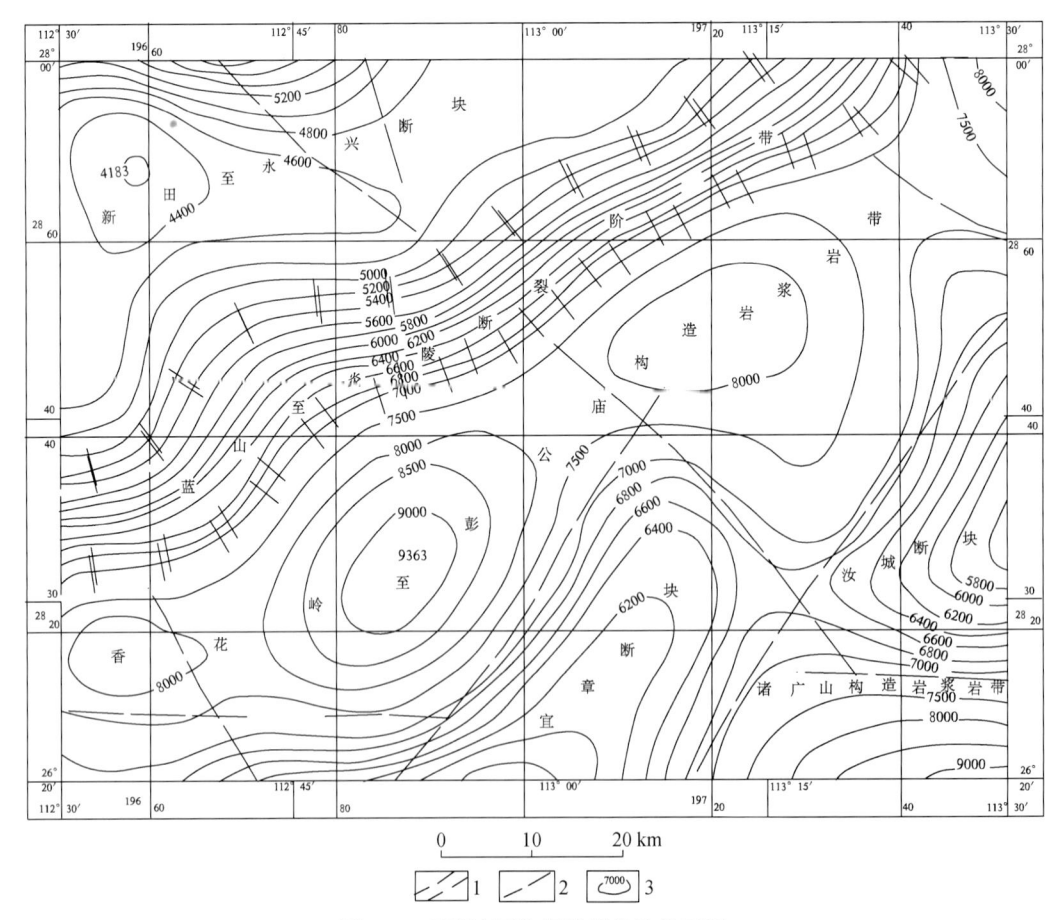

图 5-6 千骑地区物探推断构造分区图

1-推断穿壳断裂阶梯带；2-推断基底断裂；3-推断结晶基底顶板深度

①炎陵-蓝山深大断裂带将全区分为两个Ⅰ级单元，即新田-永兴拗陷和香花岭-彭公庙构造岩浆岩带。车勤建等（2005）曾认为炎陵-蓝山北东向构造岩浆岩带是两个地块的拼贴线，郴州-邵阳北西向构造岩浆岩带是地块拼贴时的应力集中带，两带交汇于此，是千里山-骑田岭地区形成的最本质的原因。

②新田-永兴拗陷可进一步划分出2个Ⅱ级单元：仙岛断隆和大义山构造岩浆岩延伸带。

③香花岭-彭公庙构造岩浆岩带可进一步划分出几个Ⅱ级单元：香花岭-彭公庙构造岩浆岩带、长城岭-瑶岗仙等构造岩浆岩带、永兴拗陷、宜章断块。

5.2 构造层划分

5.2.1 区域大地构造基本特征

湘南千骑地区地壳由基底和盖层两大部分组成。基底褶皱紧闭，构造线总体方向以北东向和北西向为主，少数为东西向和南北向；盖层褶皱以过渡型箱状、梳状及拱状为主要特征，也出现紧闭型褶皱，褶皱轴线方向以南北向为主，北东向和北西向也有出现；宽展型平缓褶皱见于断陷盆地及小型构造盆地中。断裂以规模较大的北东向为主，其次发育南北向、北西向和东西向断裂。

根据沉积建造、岩浆活动、变质作用、成矿作用及地球物理、地球化学等方面的特征，千骑地区的地壳发展历史分为五个构造阶段：雪峰期构造阶段、加里东构造阶段、印支构造阶段、燕山构造阶段和喜马拉雅构造阶段。其中，以加里东运动为转折点，地壳发展从挤压造山阶段转变成陆内造山或板内活动阶段。在各期主要构造作用中，又能分为若干个运动阶段及所伴随的相应的岩浆活动事件，导致古地理、古气候环境的变迁，地壳的下降与隆升、沉积与剥蚀作用的相互交替，形成了本区具有特色的内、外生矿产，并发展到至今的构造格局。

深部地球物理场，尤其是地震波（Pv）传播速度的研究结果表明，研究区地壳密度相对较大，上地幔密度相对较小。地壳内地震波（Pv）传播速度随深度增加而增大，分层清晰，具老低速层。地壳厚度变化平缓，平均32~35 km左右。因此，湘南地区构造较为稳定，热流值偏低，地震微弱，属于稳定的地壳类型。

5.2.2 构造层划分

1. 构造层划分原则

以地壳发展阶段内的地壳运动特征和强度、沉积建造、岩浆建造和变质建造、构造型相的本质区别及地层间的区域整合类型为依据，进行本区构造层的划分。

构造层：是指反映地壳变化的一个大的发展阶段中，地壳运动特征和强度的物质组合，在沉积建造、岩浆建造、区域变质作用及构造型相等方面均具有本质区别，且在地层间具有区域性角度不整合。

亚构造层：是指地壳在一个大的发展阶段中的不同时期地壳运动特征和强度、性质不同的物质组合，在沉积建造、岩浆活动、区域变质作用、构造型相及成矿特征（包括地层对外生、内生成矿的控制作用）均有显著差异，且在地层间具有区域性角度不整合或假整合接触关系。

2. 构造层划分

根据上述划分原则，将湘南地区内划分为四个构造层、八个亚构造层。各构造层、亚构造层特点见表5-1。

表 5-1 湘南构造层、亚构造层划分表

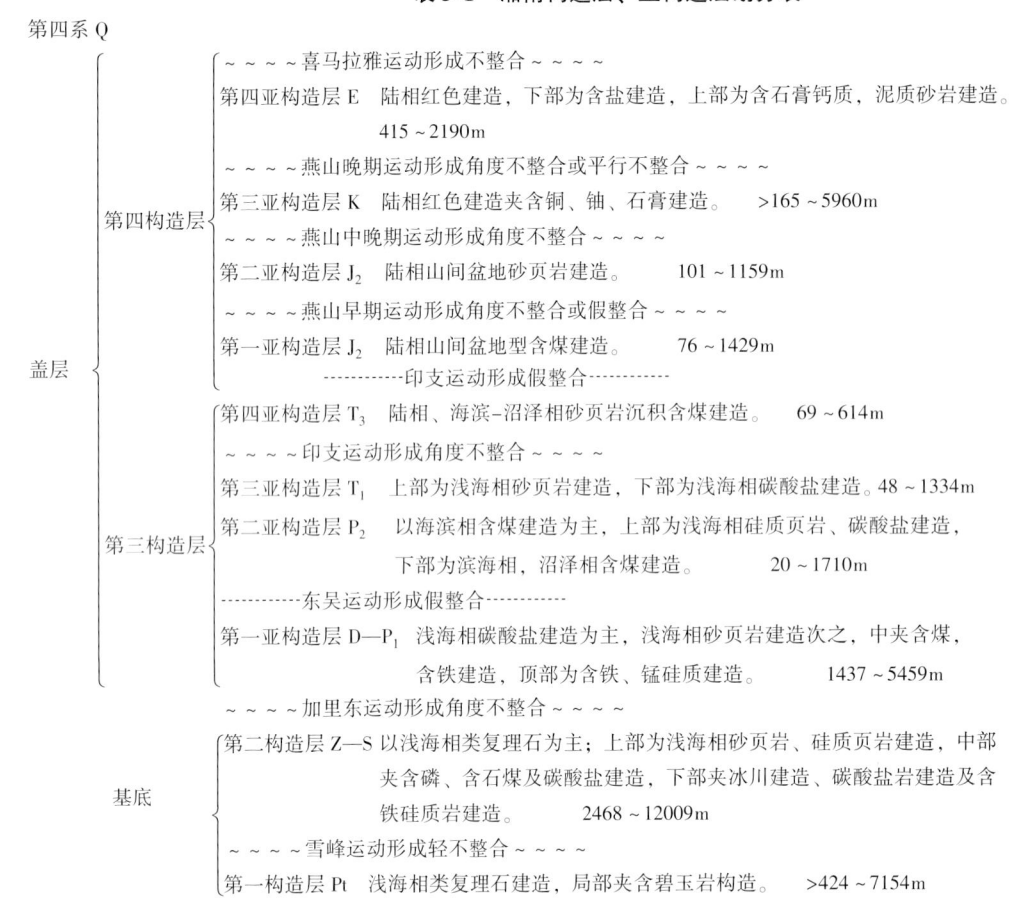

```
第四系 Q
         ┌ ~~~~喜马拉雅运动形成不整合~~~~
         │ 第四亚构造层 E 陆相红色建造，下部为含盐建造，上部为含石膏钙质、泥质砂岩建造。
         │                       415~2190m
         │ ~~~~燕山晚期运动形成角度不整合或平行不整合~~~~
   第四   │ 第三亚构造层 K 陆相红色建造夹含铜、铀、石膏建造。    >165~5960m
   构造层 ┤ ~~~~燕山中晚期运动形成角度不整合~~~~
         │ 第二亚构造层 J₂ 陆相山间盆地砂页岩建造。    101~1159m
         │ ~~~~燕山早期运动形成角度不整合或假整合~~~~
         │ 第一亚构造层 J₁ 陆相山间盆地型含煤建造。    76~1429m
盖层      └ ----------印支运动形成假整合----------
         ┌ 第四亚构造层 T₃ 陆相、海滨-沼泽相砂页岩沉积含煤建造。    69~614m
         │ ~~~~印支运动形成角度不整合~~~~
         │ 第三亚构造层 T₁ 上部为浅海相砂页岩建造，下部为浅海相碳酸盐建造。48~1334m
   第三   │ 第二亚构造层 P₂ 以海滨相含煤建造为主，上部为浅海相硅质页岩、碳酸盐建造，
   构造层 ┤        下部为滨海相、沼泽相含煤建造。    20~1710m
         │ ----------东吴运动形成假整合----------
         │ 第一亚构造层 D—P₁ 浅海相碳酸盐建造为主，浅海相砂页岩建造次之，中夹含煤、
         │        含铁建造，顶部为含铁、锰硅质建造。    1437~5459m
         └ ~~~~加里东运动形成角度不整合~~~~
         ┌ 第二构造层 Z—S 以浅海相类复理石为主；上部为浅海相砂页岩、硅质页岩建造，中部
         │        夹含磷、含石煤及碳酸盐建造，下部夹冰川建造、碳酸盐岩建造及含
基底      ┤        铁硅质建造。    2468~12009m
         │ ~~~~雪峰运动形成轻不整合~~~~
         └ 第一构造层 Pt 浅海相类复理石建造，局部夹含碧玉岩构造。    >424~7154m
```

在湘南地区，第一构造层（Pt）无分布；第二构造层（Z—S）仅在穹隆和隆起背斜区有分布；第三构造层（D—T₃）分布甚广，是最重要的构造层；第四构造层（J₁—E）零星分布于断陷盆地内。现将区内构造层的主要特征简述如下：

第二构造层（Z—S）：主要分布在湘中、湘南印支褶皱带中几个大型隆起区，如香花岭、泗洲山、五盖山、西山、瑶岭北麓等地。地层由下古生界的轻度变质岩系等组成，以复理石-类复理石建造和碧玉质含铁建造为特征，组成湘南地区褶皱基底。在湘东南加里东褶皱带内褶皱轴向为北西，而在湘中、湘南印支褶皱带中的穹降区褶皱轴向主要为北东，与上覆第三构造层为明显的角度不整合。

第三构造层（D—T₃）：该构造层广布于湘南地区内，是最重要的构造层。由上古生界地层组成，根据构造差异进一步分成四个亚构造层。主要为大陆稳定型沉积，以浅海相碳酸盐岩建造、滨海相含铁建造、大陆稳定型含煤建造为特征。岩层没有经受区域变质作用，褶皱轴向全区基本协调，即以南北向或北北东向为主，与上覆第四构造层成角度不整合接触。

第四构造层（J₁—E）：零星分布于断陷盆地内，为印支运动以后产物，由中生代地层组成，以陆相含煤建造、类磨拉石建造、复理石建造、含铜膏盐建造为特征。褶皱稀少，均为平缓褶曲，其长轴方向全受断陷、断层或向斜轴部所限。

5.3 构造单元划分及其特征

5.3.1 基本构造格架

千骑地区经历了雪峰期至喜马拉雅期的多次构造运动，形成了三个基本构造层，反映了本区地壳三

个大的发展阶段内地壳运动特征和强度的物质组合。加里东运动使前泥盆系基底构造层形成东西向紧闭型褶皱和东西向、北东向断裂，形成了本区基底的基本格架，控制了岩浆岩的带状分布。印支期形成了更为醒目的南北向为主的晚古生代沉积盖层褶断带，其上又叠加了燕山期北北东向第二沉积盖层断陷盆地及大型断裂，各期次构造互相牵制、干扰，构成了本区复杂的基本构造格架（图5-7）。

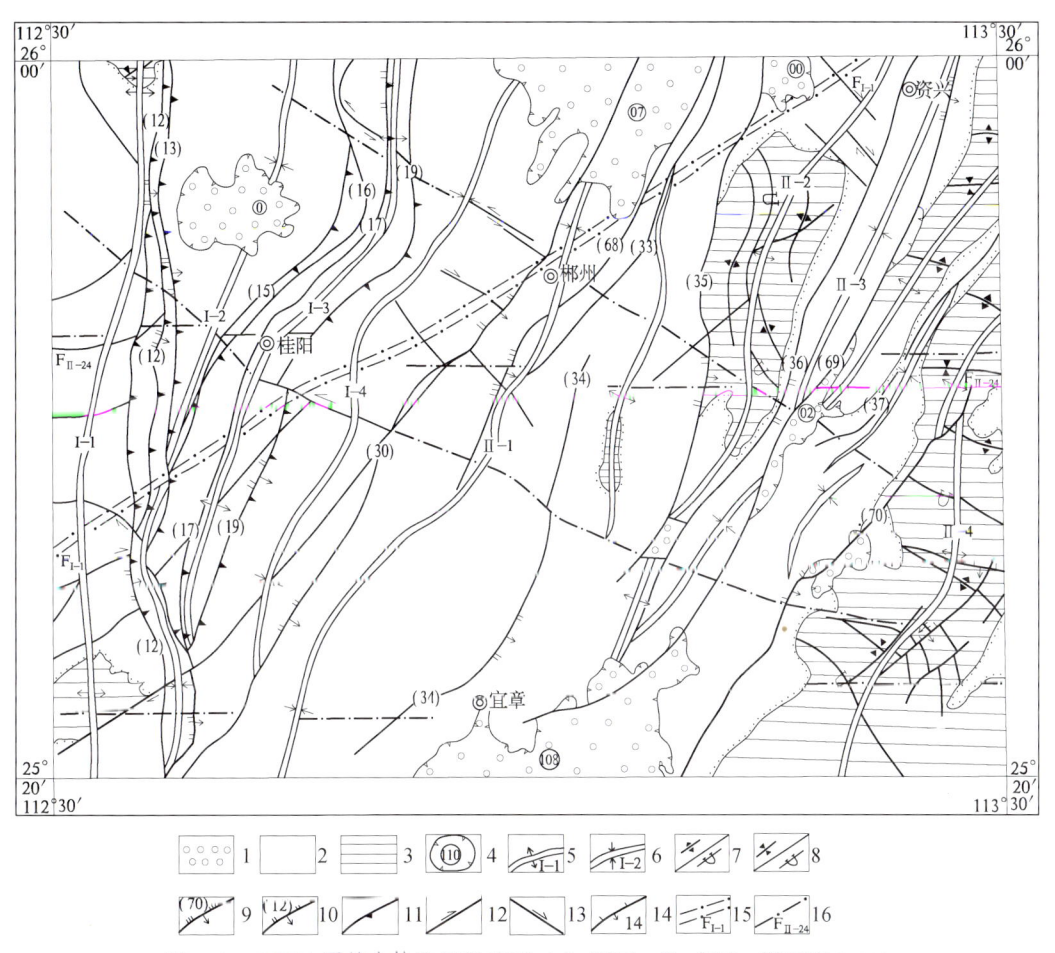

图5-7 千骑地区基本构造格架略图（Ⅰ-西区，Ⅱ-东区；详见图5-11）

1-第二沉积盖层（T₃—E）；2-第一沉积盖层（D—T₁）；3-基底（Z—∈）；4-燕山期构造盆地及编号；5-印支期复式背斜及编号；6-印支期复式向斜及编号；7-加里东期（倒转）背斜；8-加里东期（倒转）向斜；9-燕山晚期主要断裂及编号；10-印支期—燕山早期南北向、北北东向主要断裂及编号；11-印支期—燕山早期推覆冲断带；12-印支期—燕山早期北东向断裂；13-印支期—燕山早期北西向断裂；14-加里东期断裂；15-推断深断裂带及编号；16-重磁推断基底断裂及编号

1. 东西向构造

千骑地区东西向构造主要由两条东西向展布的构造带组成，即桂阳-郴州东西向构造带和香花岭-岭秀东西向构造带。组成各带的构造形迹，一是呈东西向展布的成串分布的隆起、拗陷以及加里东期东西向紧闭线型褶皱和相伴的走向断层；二是呈东西向带状断续出现的同一纬度带附近的岩浆岩；三是断续性出现的东西向断裂，如浩塘-滁口断裂和香花岭延寿断裂等。东西向构造在本区形成时间较早，活动时期长，加里东运动可能既已基本定型，尔后仍继续活动，由于受后期构造运动的破坏和干扰，故而形成断续分布。

2. 南北向构造

千骑地区印支期过渡型梳状、箱状、拱状褶皱及局部紧闭线型褶皱以及伴随的逆冲断裂呈近南北向展布，构成复式背斜、复式向斜及其间的断裂带、推覆冲断带，强度由西向东逐渐减弱，所卷入的地层有震旦系、寒武系及上古生界地层。主要构造带有金字岭-香花岭、洋市-桂阳-白石脚和鲤鱼江-五盖山-

宜章等南北向构造带，为本区最宏伟醒目的构造带，主要断裂有小塘-排洞、界牌洞-黄沙坪和鲤鱼江-狮子庵等断裂。

3. 北东向构造

北东向构造带在千骑地区主要表现为香花岭-彭公庙构造岩浆岩带，沿该带自西向东分布有燕山早期香花岭、尖峰岭和骑田岭、印支期王仙岭、燕山早期千里山、高垄山和宝峰仙以及加里东期彭公庙花岗岩体，构成北东向宏伟的构造-岩浆岩带。该带从加里东期，经印支期，至燕山期均有活动，对本区内生金属矿产的形成具有重要意义。在沉积盖层中发育印支期—燕山早期北东向扭断裂组，沿该断裂组有燕山晚期兆吉洞-蛇形坪-红旗岭-五马坳花岗斑岩岩脉群展布。

4. 北北东向构造

本区存在三个显著的北北东向构造带（实际上是三个大的剪切带），即郴州-白石脚、天鹅上-瑶岗仙-宜章和延寿北北东向构造带，主要断裂有安和-六亩田、资兴-长城岭、李家垄-曹田、山牛塘-白石和延寿-砖头坳等断裂。表现为印支期—燕山早期逆冲断裂及燕山早、晚期断陷盆地呈北北东向展布，其中安和-六亩逆冲断裂（图5-7中30）属茶陵-临武断裂南段，为本区的东、西两区之分界线。

5. 北西向构造

北西向构造在本区虽较发育，但地表形迹显露断续，航拍和重磁反映明显，以断裂构造为主，生成时间早，活动时间长，起着明显的控制作用。区内主要有雷坪-金银冲-岭秀、佘田-桂阳-九峰、香花岭-土地圩三条北西向断裂带。北西向与北东向构造带交会部位往往是矿田的赋存部位或寻找隐伏矿田最有利的地段。

6. 主要基底断裂

千骑地区主要存在北东-北北东向和北西向的四条基底断裂。炎陵-郴州-蓝山深断裂呈北东向沿大塘—郴州—资兴一带纵贯全区，不仅表现为炎陵-蓝山重力梯级带，两侧物化探背景有明显的差异。卫片图像上呈现为北东向的带状线型构造，湘南是莫霍面所反映的次级隆起边缘。加里东—燕山期花岗岩在断裂南侧带状分布，在震旦纪至寒武纪时为同沉积断裂。资兴-长城岭断裂是一条规模大、活动期长、波及深的大型剪切断裂带，有燕山期花岗斑岩、拉斑玄武岩、橄榄玄武岩等长城岭岩群分布。雷坪-金银冲-岭秀断裂、佘田-桂阳-九峰断裂有断续明显的重磁场梯级带、重力正负异常分界线和航磁带状异常显示，卫片图像有明显的带状线性构造，分布着印支—燕山期岩体及小岩体群。

5.3.2 主要深大断裂及控岩控矿特征

湘南千骑锡多金属地区是一个世界级的多金属成矿区，包含有三条有色多金属亚成矿带（唐朝永等，2007）。其成矿活动与深大断裂带关系密切，深大断裂为深部成矿物质提供了构造通道条件，控制了地区内多金属亚成矿带的形成和分布，深大断裂的交汇部位则控制了大型、超大型矿床（田）的产出。唐朝永等（2007）曾根据地区划分原则（徐勇，2003），将湘南地区内由NE向炎陵-蓝山断裂带（简称陵-蓝断裂带）、SN向耒阳-临武构造带（简称耒-临构造带）和NW向郴州-邵阳断裂带（简称郴-邵断裂带）所限定的包括水口山、柿竹园、香花岭等矿田在内的一个面积约$1 \times 10^4 \text{ km}^2$的三角形区域，圈定为湘南多金属矿集区（图5-8）。这是一个以钨、锡、钼、铋、铜、铅、锌等有色金属为主，含钽、铌、金、银等稀有、稀土及贵金属的大型多金属成矿区。其间分布有柿竹园超大型钨锡-铋-钼多金属矿、水口山大型铅-锌-金多金属矿、瑶岗仙大型钨矿、新田岭大型钨（钼）矿、香花岭大型锡-铅-锌矿、黄沙坪、宝山大型铅-锌矿等，以及众多中小型多金属矿床和矿点，该地区已拥有湘南目前探明的90%的有色金属资源储量。所形成的陵-蓝NE向钨-锡-铅-锌、郴-邵NW向钨-锡-铅-锌-锑-汞、耒-临SN向锡-（钨）-铜-钼-铋-铅-锌-（金-银）三条多金属成矿亚带分别对应三大成矿元素组合类型（钨-锡，铅-锌，稀有-稀土金属；赵一鸣等，2004）和三大成矿系列［铜、铅、锌、金、银深源同熔岩浆型成矿系列，钨、锡、钼、铋、钽、铌、(铅、锌)浅源重熔岩浆型成矿系列,铁、锰、铅、锌、金、银层控型成矿系列;练志强,1991]。根据地质、物探资料、航卫片显示情况,将区内北东向和北西向几条深大断裂综述如下。

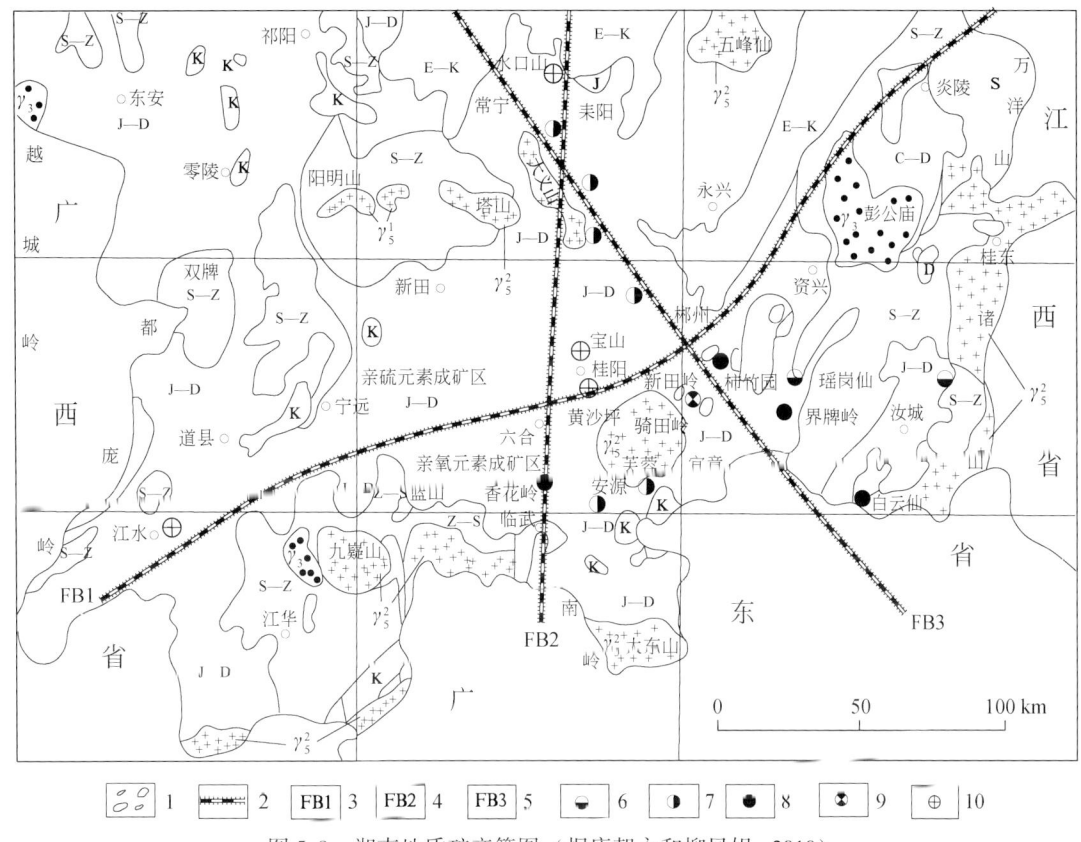

图 5-8 湘南地质矿产简图(据唐朝永和柳凤娟,2010)

E—K-古近系—白垩系;J—D-侏罗系—泥盆系;S—Z-志留系—震旦系;γ_5^2-燕山期花岗岩;γ_5^1-印支期花岗岩;γ_3-加里东期花岗岩。1-小岩体;2-断裂构造带中轴线;3-北东向炎陵-蓝山断裂带;4-南北向耒阳-临武构造带;5-北西向郴州-邵阳构造带;6-钨;7-锡;8-锡多金属;9-钨钼多金属;10-铅锌多金属

1. 茶陵-临武深大断裂 (图 5-8 中 FB1)

该断裂带为 NNE-NE 向郯-庐深断裂系南延又一分支,是一条从震旦纪—早古生代前陆盆地内的同沉积断裂,在加里东运动期达至全盛时期并在印支—燕山运动期继续活动的深大断裂,因而是一条活动时间长、规模大的基底切壳断裂构造。刘钟伟(1993)认为它是一条板片俯冲带。由此断裂两侧产生了大的位移、挤压和扭动作用,致使断裂带两侧加里东褶皱带构造线方向截然不同,西北部主要为北东向,东南则为北西向。骑田岭岩体系燕山早期随着断裂继续活动岩浆侵入形成。沿线可见该断裂切割印支期南北向构造。中新生界、白垩系、古近系和新近系地层沿断裂带呈条带状展布,标志着燕山晚期—喜马拉雅期断裂继承活动。足见该断裂带是区内影响最大、活动时间最长的断裂构造。在重力图上,断裂两侧出现了重力低异常,在航磁异常图上该断裂带均具明显反映(图 5-9)。在卫片上线性带清晰连续,北东可经湖南茶陵、江西萍乡至江西修水以北,南西经广东连县、怀集、八甲直到海南岛,区内带宽 15~16km,包括龙土市—临武、坪上—沙田圩、浣溪—麻田圩等主要线性段。断裂带两侧具有不同的沉积建造、岩浆活动及矿产分布特征(表 5-2、表 5-3),北西侧震旦系由冰碛层组成,夹有"江山式"铁矿,岩浆岩以同熔I型花岗岩为主(徐克勤,1984),在中泥盆统棋梓桥组底部,发现有火山玄武岩,南东侧震旦系是一套浅变质的石英砂岩和板岩,岩浆岩以陆壳改造S型花岗岩为主(徐克勤,1984)。该断裂带对区内钨锡铅锌多金属矿具明显控制作用,几个大型多金属矿田均分布于两侧。根据 1:20 万及 1:5 万区域化探资料,区内以炎陵-蓝山断裂为界,划分为两个截然不

同的两个地球化学分区（图 5-10）。北西侧为 Pb、Zn 高背景区，属构造地球化学弱分异区（张建新等，2000），成矿元素具亲硫性，相应地形成 Pb、Zn、Au、Ag 异常成矿区；南东侧为 W、Sn 高背景区，属于构造地球化学强分异区（张建新等，2000），成矿元素具亲氧性，相应地形成 W、Sn、Zn、Pb 异常成矿区。因而该构造带控制了陵-蓝 NE 向多金属亚成矿带的形成和分布。断裂带两侧的地质环境不同，导致了相应成矿环境的差异，形成了不同系列的矿床类型。北西侧为低氧、高硫的成矿环境，成矿活动与同熔型花岗岩关系密切，成矿岩体以富含 Cl 为特征（谢文安和谢玲琳，1991），属于深源同熔岩浆型成矿系列，成矿元素是亲硫及亲铁元素 Cu、Mo、Pb、Zn、Ag、Au 等，形成以铅、锌成矿元素为组合特征的铜-铅-锌-银多金属矿床，典型矿床有宝山铜-钼-铋-铅-锌-银多金属矿田、黄沙坪铅-锌-银多金属矿田；南东侧为高氧、低硫的成矿环境，成矿活动与陆壳改造型花岗岩关系密切，成矿岩体以富含 F 为特征（谢文安和谢玲琳，1991），属于浅源重熔岩浆型成矿系列，成矿元素是亲氧系列元素 W、Sn 等，形成以 W、Sn 成矿元素为组合特征的钨-锡-钼-铋-铅-锌多金属矿床，典型矿床有柿竹园超大型钨-锡-钼-铋多金属矿田、瑶岗仙大型钨矿田、新田岭大型钨-钼矿田、香花岭大型钽-铌-锡-铅-锌多金属矿田等。

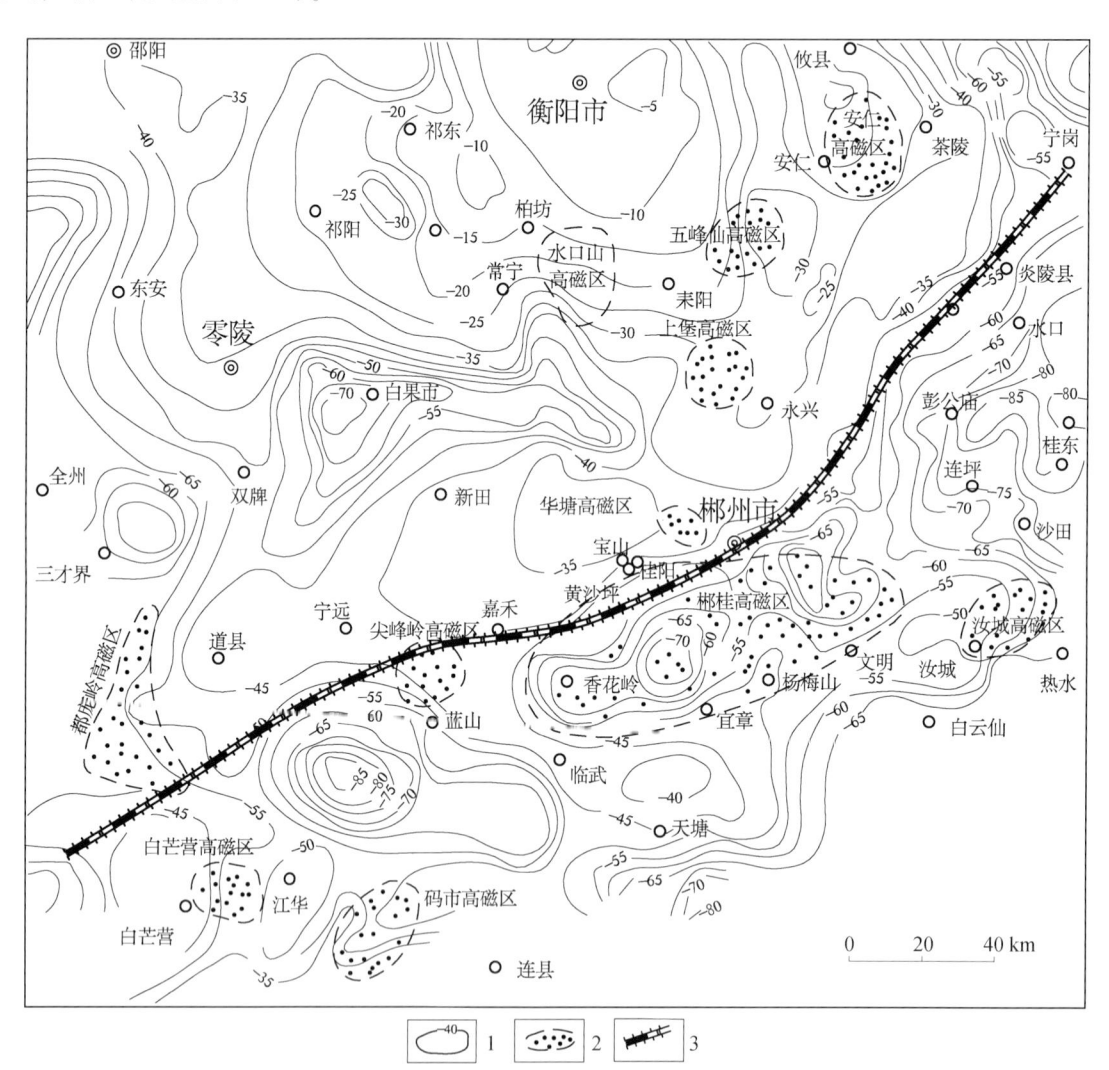

图 5-9 湘南重力与航磁异常图（据秦葆瑚，1984）

1-布格重力等值线；2-航磁异常高值区；3-炎陵-蓝山重力梯度带

表 5-2　炎陵-蓝山断裂带两侧沉积岩相特征对比表（据唐朝永和柳凤娟，2010）

地层		北西区	南东区
新生界	古近系和新近系	紫红色钙泥质粉砂岩、紫红色砂砾岩、红色砂泥岩。厚度1080 m	缺失
中生界	白垩系	紫红色砂砾岩、紫红色砂质泥岩、夹杂砂岩。厚度4200 m	紫红色砂砾岩夹紫红色砂质泥岩。厚度1300 m
	侏罗系	紫红色粉砂质泥岩。厚度1400 m	海陆交互相砂岩、黑色粉砂质泥岩。厚度1500 m
	三叠系	薄层泥灰岩夹砂页岩。厚度2600 m	长石石英砂岩、粉砂岩夹煤层。厚度450 m
晚古生界	二叠系	含生物碎屑灰岩、硅质岩、长石石英砂岩、页岩、夹煤层。厚度1900 m	硅质岩、含铁锰硅质岩、长石石英砂岩、页岩、夹煤层。厚度1900 m
	石炭系	灰岩、生物灰岩夹砂页岩。厚度1300 m	灰岩夹砂页岩。厚度1300 m
	泥盆系	泥灰岩、泥质灰岩、泥质页岩、长石砂岩夹硅质岩。厚度1800 m	石英砂岩、砂质灰岩、白云质灰岩、砂质页岩。厚度1300 m
早古生界	志留系	缺失	缺失
	奥陶系	板岩、页岩。厚度2000 m	变质砂岩、黑色板岩。厚度2500 m
	寒武系	泥灰岩、灰岩、钙质页岩。厚度1320 m	变质杂砂岩、板岩。厚度4000 m
元古宇	震旦系	主要由冰碛砾岩组成的冰碛层，夹有"洞口式"铁矿。厚度3700 m	变质石英砂岩、板岩。厚度2600 m

表 5-3　炎陵-蓝山断裂带两侧成矿区特征对比表（据唐朝永和柳凤娟，2010）

特征	北西区	南东区
地层	晚古生代地层分布区，基底为地壳稳定型沉积，出露地层主要为D—P，次为O、Z、C少见	早古生代地层分布区，基底为地壳活动型沉积，出露地层主要为Z、O，次为D—P
构造	印支褶皱带为主，加里东褶皱带次之，构造线为南北向，褶皱以宽展型箱状为主	加里东褶皱带为主，印支褶皱带次之，构造线为北东向，褶皱以紧闭型线状为主
岩浆岩	加里东期岩体少见，同熔型岩体发育，多为小岩株	为加里东期岩体分布区，重熔型岩体发育，多为大岩基
地球物理场	平缓高重力场，平稳弱磁场	重力低且变化大，磁场高且变化大
地球化学场	Pb、Zn、Ag、Au 等高背景场	W、Sn、Be 等高背景场
成矿系列	深源同熔型 Pb、Zn、Cu、Au、Ag 系列为主	浅源重熔型 W、Sn、Bi、Be、Ta、Nb、Pb、Zn 系列为主
矿床类型	接触交代夕卡岩型、中低热液充填与交代型、低温热液型	云英岩化、钠化化岗型、云英岩型、黄玉、萤石交代岩型、云英岩-夕卡岩复合型、石英大脉型、中高热液充填与交代型等
矿物组合	中低温矿物、硫化物组合、组合类型较南东区简单	中高温矿物、氧化物与硫化物组合、组合类型较北西区复杂
典型矿床	黄沙坪铅锌多金属矿、宝山铜钼铋钨铅锌银多金属矿、大坊金多铅锌金多金属矿、铜山岭铜铅锌多金属矿等	柿竹园钨锡多金属矿、芙蓉锡矿、香花岭锡多金属矿、瑶岗仙钨矿、新田岭钨矿、界牌岭锡矿等

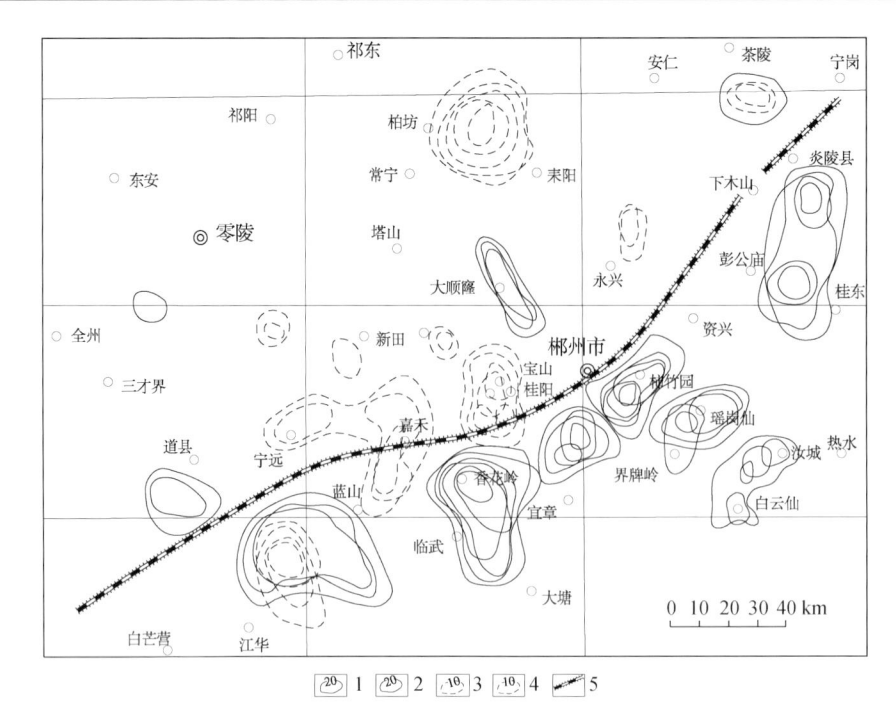

图 5-10　炎陵-蓝山断裂带两侧区域 W、Sn、Pb、Zn 异常等值线图
1-W 等值线；2-Sn 等值线；3-Pb 等值线；4-Zn 等值线；5-炎陵-蓝山断裂带

2. 耒阳-临武深大断裂（图 5-8 中 FB2）

SN 向耒-临构造带南起大东山，北止衡阳盆地南缘，西始宁远，东达耒阳—郴州一带，长度约为 150 km、宽度为 80 km。该构造带是印支运动期 EW 向挤压作用所形成的一条复杂构造带，是由一系列 SN 向的次级紧密梳状不对称褶皱和密集断裂群（肖大涛，1988）组成的规模较大的褶皱断裂构造带。构造带南端香花岭为陆壳改造 S 型花岗岩，往北自黄沙坪、宝山至水口山则为同熔 I 型花岗岩。该构造带控制了 SN 向耒阳-临武多金属亚成矿带的形成和分布。由南往北成矿系列由浅源重熔岩浆型→深源同熔岩浆型过渡，成矿元素由 W-Sn 组合→Pb-Zn 组合转变。南端以锡（钨）-铅-锌多金属矿床为主，如香花岭大型钽-铌-锡-铅-锌多金属矿田矿田，中部为铜-钼-钨-铋-铅-锌-银多金属矿床，如宝山铜钼-铋-铅-锌-银多金属矿田、黄沙坪铅-锌-银多金属矿田，北端则是铅-锌-（金）多金属矿床，如水口山大型铅-锌-（金）多金属矿田等。

3. 邵阳-临武深大断裂（图 5-8 中 FB3）

该深大断裂自瑶岗仙经郴州至大义山方向延伸，往北西延至湘中的雪峰弧形构造带，往南东伸入广东境内。区内断裂带全长 190 余 km、宽 30~50 km（邓松华等，2003），走向 NW20°，向西南倾斜，倾角 33°~53°。石家洞以南分成东、西两支，西支向南至神下以北与邵阳-蓝山大断裂复合；东支延伸至临武、石家洞北，见上奥陶统推覆于泥盆系之上，南段断裂主要发育于泥盆系地层中，造就地层重复和缺失，在骥村以南，见上泥盆统推覆于下白垩统之上。果市—陈家湾一段沿断裂带见硅化现象，推断其活动终止于燕山早期。它在航片上反映明显，卫片上线性影像清晰。该断裂带在加里东运动期的前地体构造阶段为一条转换断层带。震旦纪—奥陶纪，断裂带两侧具有明显的大地构造环境差异，北东一侧为活动陆缘近源浊积盆地，南西一侧为活动陆缘远源浊积盆地，出现深水碳、硅、泥质沉积并伴有海底基性-中酸性火山岩的建造，属岛弧-海沟环境。加里东运动期后，该断裂带发展成为控制泥盆纪沉积盆地的古斜坡带，石炭纪演变成为一宽广的继承性沉积盆地及深部热异常活动带（刘钟伟，1993）。该构造带控制了郴-邵 NW 向多金属亚成矿带（湘南区内为郴州-大义山 NW 向亚成矿带）的形成和分布。郴州-大义山 NW 向亚成矿带自南东往北西，成矿系列由深源同熔岩浆型→浅源重熔岩浆型→层控型转变，成矿元素由 W-Sn 组合→Pb-Zn 组合→Sb-Hg 组合转变。湘南区内主要形成 W-Sn 和 Pb-Zn 成矿元素组合的矿床，典型矿床有瑶岗仙大型钨矿田、柿竹园超大型钨–锡–钼–铋多金属矿田、新田岭大型钨–钼矿田、水口山大型铅–锌（金）多金属矿田；湘中区内则以 Sb-Hg 成矿元素组合的矿床为主，如锡矿山锑矿田。这种成矿系列与成矿元素组合的转变显示出成矿温度由高温向低温的变化。

4. 资兴深大断裂

属郴（州）怀（集）大断裂的一部分，它位于湘东南加里东褶皱带中部。断裂带呈北30°~40°东延伸，北端切割彭公庙岩体后分为两支，东支进入万洋山岩体，西支可定至霍家圩盆地，南端切入大东山岩体而入粤（图5-8）。断裂活动时间长，在加里东期已出现，使其两侧下古生界的构造线方向有所差异，且控制着上古生界地层呈北北东向条带状分布，到印支期—燕山期继续活动。在航磁异常图上该断裂带北部出现北东向异常群，卫片上影像也十分清晰。

5.3.3 构造单元划分

大地构造上，千骑地区主要属华南板块华南褶皱系（Ⅰ级单元），由加里东褶皱基底和印支褶皱盖层组成，两者呈角度不整合接触；在Ⅰ级单元中划分的Ⅱ、Ⅲ级构造单元，系以大地构造发展阶段中的构造体制为基础；划分的Ⅳ级构造单元，则是通过构造运动改造结果所形成的构造形体。结合以上原则，区内在Ⅰ级构造单元基础上大致以区域性的茶陵–临武断裂带为界，划分出两个Ⅱ级构造单元（即湘中、湘南印支褶皱带，湘东南加里东褶皱带），一个Ⅲ级构造单元（即湘南加里东—印支叠加褶皱带）和两个Ⅳ级构造单元（即耒阳–宜章印支褶皱带、东湖–上堡印支褶皱带）。湘东南加里东褶皱带为隆起带，湘中、湘南印支褶皱带为拗陷带。

5.3.4 构造单元基本特征

1. 湘中、湘南印支褶皱带（Ⅱ级）

该带分布于安仁—郴州市以西，大部分是泥盆系—二叠系地层组成的印支褶皱带，其中有少许隆起，由奥陶系及前泥盆系地层组成加里东褶皱。在区内仅有一个Ⅲ级构造单元——湘南加里东期—印支期穿插褶皱带。

湘南加里东期—印支期叠加褶皱构造带（Ⅲ）：位于千骑地区的大部分地方，该区基底大致呈北北东向串珠状隆起，而盖层作南北向展布，往南延伸进入粤北。该构造带又可分为两个Ⅳ级构造单元：

（1）耒阳–宜章印支褶皱带（Ⅳ）：该带大致东起京广线附近、西到泗洲山—香花岭东侧、北抵衡阳断陷、南跨湘粤边界止于广东大东山北麓，呈"S"形的长条状延伸，主要由泥盆系、二叠系地层组成，局部为三叠系，是千骑地区二叠纪煤系分布最广的区域之一。褶皱多为紧闭型线性褶曲，轴向主要为南北向或北5°~30°东，少数北西向。带内褶皱强度有差异，大致以仙岛秦家古近系和新近系构造盆地为界，以北褶皱不如以南发育，褶皱轴线成略向北倾伏之势，长一般10~30 km，庙下–大庙背背斜长约75 km，花台村–高桥背斜长约70 km，后者轴线弯曲，南北两段呈南北向，中段走向北为45°东，脊线起伏甚大，致背斜时隐时现，自南而北为高桥背斜、石碗水倒转背斜和花台村背斜，以后者长度最大。核部出露地层为棋梓桥组、锡矿山组、岩关阶。岩层倾角一般为40°~50°或更陡，南北两段为正常褶曲，中段石碗水背斜为向南东倒转的褶曲。两翼次一级褶皱发育，其中较重要的有方圆圩背斜、宝岭背斜。受南北向断层影响，高桥至老秀里段整个背斜西翼均被其所切。沿上述背斜核部及断裂破碎带，是后期岩浆活动和金属矿产赋存的有利地段，著名的黄沙坪铅锌矿位于该背斜的次级褶皱宝岭背斜中；带内断层发育，走向以南北向和近南北向为主，这组断层主要分布于褶皱翼部（即背、向斜的过渡带），走向常常随褶皱的弯曲而弯曲，次为北西向、少数走向东西，如下黄田平推断层组，多数断层倾向南东、倾角一般30°~50°，最大85°，少数倾向北西，倾角在60°~70°。断层长度一般为20~65 km，规模较大的断层有富溪山逆断层长70 km，小塘–排洞逆断层、上蓝田–下棋岭逆断层、界碑洞–土地圩断层等长达90 km，石羊铺–下料逆断层长140 km；构造盆地南部较发育，以罗昌-石村白垩系构造盆地规模较大。中部仙岛秦家构造盆地是区内单独由古近系和新近系构成的新生代盆地，盆地成不规则四边形，东西长约 13 km、南北宽达 8 km 以上，岩层倾向盆地中心，倾角一般 9°~13°左右，呈等轴型平缓向斜构造，边缘有规模稍大的高角度断层相隔。

褶皱：主要有虎头洞向斜、土地堂向斜、八斗丘向斜、西岭圩背斜、回龙山倒转向斜、鱼波洲背斜、胡家向斜、胡家南面背斜、西岭向斜、龙形圩向斜、梧桐岭向斜、流坡坳-张家坪向斜、梧桐村向斜、花台村背斜、双江村向斜、月洞村向斜、大庙背斜、曹家圩向斜、大排冲向斜、和平圩向斜、天堂岭背斜、鹿岭向斜、住它岭-大庙背斜、村头背斜、住它岭背斜、四郎桥-东江向斜、神冲-石桥头向斜、大冲背斜、奇石西向斜、奇石向斜、长村圩背斜、天堂复向斜、杨梅山向斜、马头庙复背斜、宝岭背斜、东塔倒转背斜、郴州背斜、石盖塘背斜、苏仙岭向斜、将军洞-青菜塘向斜。

断层：主要有常宁-土地堂逆断层、梅子堂逆断层、荫田-楼梯背逆断层、富溪山逆断层、石羊铺-下料村逆断层、小水铺-竹子冲正断层、狮子岭正断层、高治头平推断层、泥板田逆断层、下黄田平推断层组、大江边平推断层、岔路口-鳌泉圩断层、小塘-排龙逆断层、上蓝田-下棋岭逆断层、石蓝村-黄少坪断层、界碑洞-土地圩断层、花河里-潭溪断层、石山头-乐普桥逆断层、石山头-鲁塘断层、安和圩-六亩田逆断层、水东断层、江背-龙广洞正断层、牛头汾断层、满姑桥正断层、牛头山-到云庵正断层、太平里断层。

构造盆地：有尖峰岭上三叠统—下侏罗统构造盆地、临武白垩系构造盆地、罗昌-石村白垩系构造盆地、仙岛秦家古近系和新近系构造盆地。

（2）东湖-上堡印支褶皱带（Ⅳ）：分布于茶陵断陷以西、京广线以东、攸县断陷南侧的范围，形如不规则三角形，由泥盆系、石炭系、二叠系、三叠系且主要是后两者组成印支褶皱带，是湘南地区二叠纪煤系分布最广的区域之一，也是湘南地区重要的煤产地。褶皱以箱状开阔向斜为主，多数核部由三叠系组成，少数为二叠系地层，由石炭系—下二叠统组成翼部。轴向主要为北 20°~40°东，亦有北 10°东和南北向褶曲。褶皱向北东方向收敛，往南西方向撒开成扇形，且轴线有向南西略倾之势，轴长一般 7~30 km，规模最大的褶曲为导子洲-清水铺倒转向斜和上架桥-永兴倒转向斜，褶轴均长达 50 km。两者共同特点是：轴线弯曲呈"S"形，核部由下三叠统构成，二叠系组成翼部，核部开阔、东翼往西倒转。带内上堡背斜走向与众不同，其轴向近于南北，长约 20 km、宽 5 km 之短轴背斜。核部由上石炭统大埔组组成，较平缓开阔。东北部为上堡黑云母花岗岩所侵，在接触带蕴藏着以黄铁矿、钨锡矿为主的内生矿产。翼部由二叠系组成，倾角约 30°~60°，核部与两翼间被南北向正断层所切割，核部相对上升从而形成地垒式之背斜；断层以北 10°~30°东一组较发育，次为北 55°~70°东，少数走向北 40°西，倾向北西、南东者均有，倾角 40°~75°不等。断层长一般 16~39 km，茶陵-永兴断层最长，即为炎陵-蓝山深大断裂的一部分。安陵平推断层是带内唯一北西向规模较大的断层，断层线南东始于永兴县城北东侧的上白垩统中，往北西经田心铺、湘里桥，绝痕于耒阳与竹台圩之间。走向北 40°西、倾向北东，倾角 35°左右，长约 38 km。断层切割石炭系、二叠系、下三叠统及上白垩统等地层，错断了本带几乎所有的北东向褶皱和断层，推测为北东盘下降之正断层。断距大、地层缺失严重；构造盆地不发育、长轴方向有北东向和北西向两种，前者受控于向斜和断层构造，如夏塘圩白垩系构造盆地，后者分布于断层两侧，盆地由下侏罗统—白垩系构成，其中以高亭司白垩系构造盆地最大，该盆地分布于断层的西北侧，形似带柄的叶片状，长轴方向北 50°西、长 12 km、宽 1~4 km 左右，岩层不整合于二叠系和下三叠统之上，四周向中心倾，倾角 20°左右，形成一个开阔平缓的向斜，往东南通过狭道与茶陵断陷连通。

褶皱：主要有丹田背斜、军山向斜、安仁向斜、大龙岭向斜、六斗冲向斜、导子洲-清水铺倒转向斜、大桥背斜、三都向斜、马康倒转背斜、上架桥-永兴倒转向斜、南木塘背斜、上堡背斜、田心向斜、毛坪背斜。

断层：主要有安陵平推断层、中山坪断层、东湖断层、严家正断层、龙市断层、金盆形断层、彭源断层、高凸山逆断层、唐家冲断层、龙海塘断层、山下断层、茶陵-永兴断层。

构造盆地：有洣江口下侏罗统构造盆地、夏塘圩白垩系构造盆地、高亭司东缘下侏罗统—白垩系构造盆地、高亭司白垩系构造盆地。

2. 湘东南加里东褶皱带（II级）

该褶皱带分布于茶陵断陷东南的京广线以东广大地区，与江西南部连成一片。由震旦系—奥陶系地层组成加里东褶皱。根据加里东褶皱的出露情况，自西往东大致分为三个隆起带，即对环龙–五盖山隆起带、茶叶龙–大盈洞隆起带、蒙龙山–白云山隆起带。这三个隆起带在彭公庙岩体以南可以截然分开，以北则连成一体。在本区内只有前两个带。

(1) 对环龙–五盖山隆起带：展布方向北25°东，北西侧与茶陵断陷相邻，东南侧大致以炎陵逆断层和霍家圩向斜为界。包括西山穹隆和五盖山穹隆，断续长约150 km、宽1~18 km。褶皱构造强烈，均为紧闭型。除西山穹隆和五盖山穹隆中部褶皱轴向北北东或近南北外，其余均为25°~40°西。褶皱轴长一般1~12 km，其中以高垄山—狮子口向斜最长，为29 km；断层构造不发育，其走向与褶皱轴向基本一致。位于坳上断层以北的诸断层，以倾向北东为主，以南的断层倾向南西者多，倾角一般30°~70°。

(2) 茶叶龙–大盈洞隆起带：位于霍家圩、旧市–赤石向斜以东，水口向斜、田庄–延寿向斜以西，中部被彭公庙岩体侵入分成南北两段。展布方向北20°东，长约130 km，宽11~35 km，北窄南宽，为紧闭型褶曲。在彭公庙岩体以南轴向主要为北50°~70°西，长一般10~16 km，以北为25°~45°西，轴长在6~14 km。彭公庙岩体东南侧褶皱呈向东南略凸之弧形褶皱，个别褶曲轴向转为北东向。断层走向与褶皱轴向协调，但远不如褶皱发育。

(3) 主要褶皱、断层和构造盆地

褶皱：主要有九龙倒转背斜、对环垄倒转向斜、双江口背斜、五盖山背斜、大和岭背斜、高垄山–狮子口向斜、狮子口东侧背斜、五马垄南面向斜、曾家北东侧倒转向斜、曾家倒转向斜、垄兴坡向斜、香火塘山背斜、大麻洞背斜、叶河仙向斜、蒙龙山向斜、水口里倒转向斜、皮山里向斜、上安北侧向斜、寨坪界北侧向斜、寨坪界背斜、吊狗疗倒转向斜、西岭向斜、天山排倒转背斜、长活口向斜、雪山头向斜、塱圩向斜、焦坪倒转背斜、苟子倒转背斜、寒山倒转背斜、桥口–东坡向斜、资兴向斜、旧市–赤市向斜、浓溪向斜、二都向斜、南洞向斜。

断层：主要有双坑逆断层、石峰仙逆断层、同岭逆断层、豪山逆断层、坳上逆断层、黄泥坑逆断层、铁屎垄逆断层、种叶山断层、香火塘山断层、兴洞–南棚上逆断层、雷仙岭断层、蒙龙山断层、大盈洞逆断层、皮山里断层、花坪逆断层、塘家湾逆断层、肖家–观音坐莲逆断层、东坡月枚逆断层、鲤鱼汀–大湾断层、资兴–长城岭逆断层、浓溪–雪顶塞断层、圳口–老虎坳正断层、长岐岭逆断层、雷公仙正断层、南洞逆断层。

构造盆地：在湘南地区，主要分布有霍家圩下侏罗统–白垩系构造盆地、三都上三叠统—下侏罗统含煤构造盆地、苏仙岭下侏罗统含煤构造盆地、观音坐莲下侏罗统含煤构造盆地、杨梅山上三叠统含煤构造盆地、瑶岗仙下侏罗统含煤构造盆地、白石渡白垩系构造盆地。

5.4 构造分区及其基本特征

根据千骑地区地质特征，大体以区域性的炎陵–蓝山深大断裂带的中南段，即郴州–临武大断裂为界，把全区划分为西、中、东三个构造区，该断裂带界线与中泥盆世棋梓桥期的同沉积断裂和重磁推断的基底断裂带大体吻合。

5.4.1 西区（拗陷区）

该区为郴州–临武大断裂的西部地区（图5-8），为相对拗陷带。在区内，加里东期褶皱分布范围很小，轴向为北东向；印支期褶皱分布范围很广，轴向近南北向，轴线呈反"S"状或弧状，为过渡型梳状、拱状褶皱及紧闭线状褶皱，伴随方向一致的印支期—燕山早期逆断裂组，以及同期的北东向、北西向扭断裂组；燕山晚期小型构造盆地零星分布。岩浆活动较强烈，岩浆岩体规模较小而分布零星，以花岗闪长岩为主，次有花岗斑岩、石英斑岩等小岩株、岩枝、岩脉侵入，形成时代为燕山早期及晚期。内生金属矿产以铅、锌为主,伴有铜、银、金。

5.4.2 中区(隆拗过渡区)

该区为郴州-临武大断裂分布的地区(图5-8),亦是重力场和航磁场的梯度带跃变区(图5-9)。在区内,既有加里东期褶皱残片,轴向有东西向、北西西向、北西向,为紧闭线型褶皱,走向逆断层及北东断裂发育;又有印支期褶皱分布,轴向近南北向及北北东向,走向逆断裂发育;也见燕山早期、晚期构造盆地分布;岩浆活动频繁,以燕山早期形成的花岗岩为主,次为燕山晚期形成的花岗斑岩。以北东方向的断裂和酸性岩浆岩发育为特征,构成北东向构造-岩浆岩带,这就是千里山-骑田岭地区的主体。内生有色金属矿产以钨、锡、铅、锌为主,并伴生铋、钼、铜、银等。驰名中外的柿竹园超大型钨多金属矿和黄沙坪特大型铅锌多金属矿就发生在该构造区内。

5.4.3 东区(隆起区)

该区为郴州-临武大断裂以东的地区(图5-8),为相对隆起带。在区内,加里东期褶皱分布范围广,轴向由东西向至北西西向或转为北西向,其次为近南北向,为紧闭线型褶皱。伴随有走向逆断层及北东断裂;印支期褶皱分布在加里东期褶皱隆起周围,为轴向近南北向及北北东向的过渡型褶皱,有箱状背斜、拱状背、向斜等,背、向斜间被印支期—燕山早期走向逆断裂分割;燕山早期、晚期地堑式构造盆地零星分布,同期断裂以北北东向为主。岩浆活动较频繁,规模较大,主要有燕山早期骑田岭、九峰两个岩基,以及上述同时期的花岗岩株、岩脉,和燕山早期、晚期的花岗斑岩、石英斑岩脉等,加里东期彭公庙花岗岩基则侵入本区东北角。内生金属矿产以钨、锡、铋、钼多金属为主。

5.4.4 构造区构造特征

根据褶皱、断裂类型等特征,在西区(Ⅰ)自西向东可划分为:金子岭-香花岭复式背斜(Ⅰ-1)、洋市-张家坪复式向斜(Ⅰ-2)、桂阳复式背斜(Ⅰ-3)、高车头-沙田复式背斜(Ⅰ-4),Ⅰ-1、Ⅰ-2、Ⅰ-3亦为推覆冲断带。在东区(Ⅱ)自西而东可划分为:郴州-宜章复式向斜(Ⅱ-1)、五盖山-西山复式背斜(Ⅱ-2)、资兴-亦石复式向斜(Ⅱ-3)、板坑-盈洞复式背斜(Ⅱ-4)(详见图5-7和图5-11)。

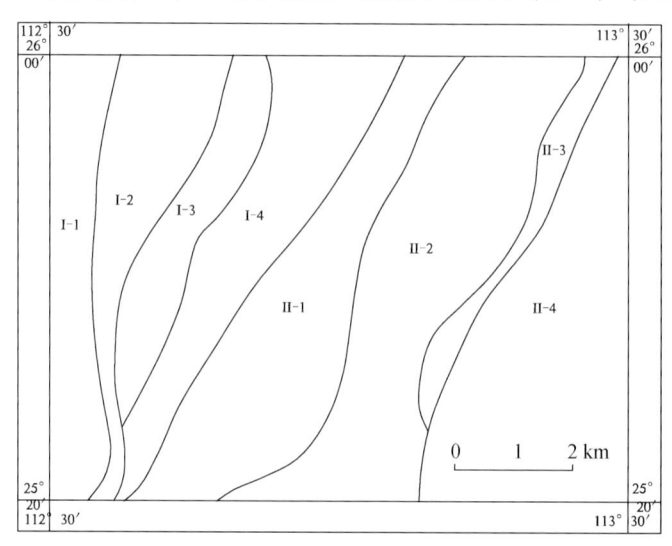

图5-11 千骑地区构造分区略图

Ⅰ西区:Ⅰ-1-金子岭-香花岭复式背斜;Ⅰ-2-洋市-张家坪复式向斜;Ⅰ-3-桂阳复式背斜(Ⅰ-1、Ⅰ-2、Ⅰ-3为推覆冲断带);Ⅰ-4-高车头-沙田复式向斜。Ⅱ东区:Ⅱ-1-郴州-宜章复式向斜;Ⅱ-2-五盖山-西山复式背斜;Ⅱ-3-资兴-亦石复式向斜;Ⅱ-4-板坑-盈洞复式背斜

现按西、东两个构造区，就褶皱、断裂类型及其特征分述如后（图5-11）。

5.4.4.1 西区

1. 褶皱构造（图5-7、图5-12）

本区褶皱构造主要由寒武系、泥盆系、石炭系、二叠系及下三叠统地层组成。轴线总体方向呈南北向，略呈反S形弯曲。

1) 金子岭-香花岭复式背斜（Ⅰ-1）

呈南北向，两端延伸出本区，东以小塘-排洞逆断裂（12）与洋市-张家坪复式向斜分界。由短轴背斜与较宽展的向斜组成，主要有枣子窝向斜①、上海螺塘背斜42、岔路口-高丰庵向斜43、金子岭背斜44、香花岭短轴背斜45等。

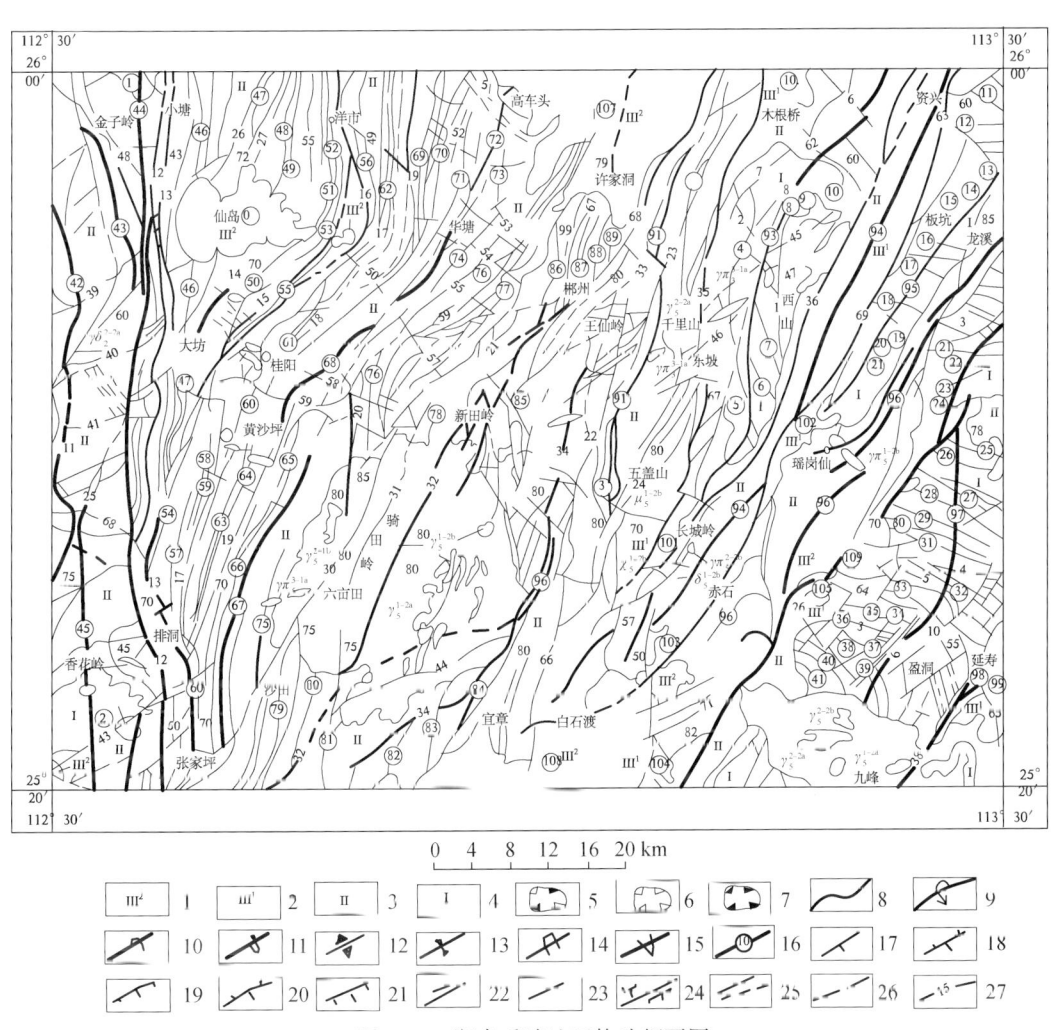

图5-12 湘南千骑地区构造纲要图

1-第三基本构造层、第二亚构造层（K—E）；2-第三基本构造层、第一亚构造层（T₃—J）；3-第二基本构造层（D—T₁）；4-第一基本构造层（Z—∈）；5-喜马拉雅期构造盆地；6-燕山晚期构造盆地；7-燕山早期构造盆地；8-印支期向斜；9-印支期倒转背斜；10-印支期倒转向斜；11-印支期倒转向斜；12-加里东期背斜；13-加里东期向斜；14-加里东期倒转背斜；15-加里东期倒转向斜；16-褶皱编号；17-喜马拉雅期正断裂；18-燕山晚期逆断裂；19-燕山晚期正断裂；20-印支期—燕山早期逆断裂；21-印支期—燕山早期正断裂；22-印支期—燕山早期平移断裂；23-印支期—燕山早期推覆断裂；24-加里东期逆断裂、正断裂；25-实测、推测断裂；26-侧视雷达解译推断断裂；27-断裂编号

香花岭短轴背斜：北起浩塘附近，南、西部出本区，区内长50 km，轴线呈南北向，脊线向南、北两端倾伏。核部为寒武系地层，翼部由泥盆系、石炭系地层组成，岩层倾角核部10°～15°，两翼25°～40°。

沿背斜核部发育北东、北西两组共轭剪切张扭性断裂裂隙，在其"结点"或北东向与南北向断裂交结处，有燕山早期通天庙、香花岭、尖峰岭等花岗岩体侵位，并控制钨、锡、铅、锌多金属矿床的分布。

在金子岭背斜44和香花岭短轴背斜45核部，有早、中寒武世地层组成的北东、北北东向紧闭型线状褶皱（如枣子窝向斜①）分布，因此，推测金子岭-香花岭复式背斜于加里东期就开始活动，并主要在印支期形成。

2）洋市-张家坪复式向斜（Ⅰ-2）

该复式向斜轴线呈南北向，两端延伸出本区，东以社塘许家-下料断裂（15）与桂阳复式背斜分界。北部宽阔，南部被断裂破坏而狭窄。主要由杉林下-张家坪向斜46、花园里-洞水塘背斜47等8个背、向斜组成。褶皱规模都较大，脊线总体南仰北俯。主要形成时代为印支期。

杉林下-张家坪向斜46：轴线弯曲，大致呈南北向，区内长75 km，向两端延伸出本区图幅，脊线起伏较大。由石炭系、二叠系、下三叠统地层组成，倾角30°~40°，有倒转现象。并因南北向断裂影响而保存不全。

3）桂阳复式背斜（Ⅰ-3）

东以东城圩-官溪逆断裂（19）与高车头-沙田工向斜分界。轴线弯曲，南北两端为南北向，且延伸出本区；中段北东向，轴面向北西倒转。该复背斜发育有规模较大的走向逆断裂而影响其完整性。主要由花台背斜56、大庙背背斜60、庙下背斜62等11个背、向斜组成。以背斜为主，核部为中、上泥盆统地层，翼部为石炭系地层。岩层倾角40°~55°。褶皱有倒转现象，且向南东倒转。宝岭背斜59北翼倾伏端，有燕山早期黄沙坪花岗斑岩及花岗斑岩质隐爆角砾岩侵位和钴矿等的形成。

上面所述的洋市-张家坪复式向斜、桂阳复式背斜两侧及内部发育的走向逆断裂，共同构成推覆冲断带。

4）高车头-沙田复式向斜（Ⅰ-4）

该复式向斜东以安和-六亩田逆断裂（30）与东构造区的郴州-宜章复式向斜分界。轴线弯曲，北段为北北东向，中段北东向，南段近南北向，两端延出本区，主要由下高山背斜65、清和圩-上故冲向斜66、正和-黄玉岗背斜67、大排冲向斜68、天王岭背斜76等13个背、向斜组成，以向斜为主，出露中-上石炭统、二叠系及下三叠统地层。为本区重要的煤田构造。沙田向斜75中段东翼被燕山早期骑田岭花岗岩体所占据，以及燕山晚期花岗斑岩脉侵入，还有燕山早期石英正长岩小岩体群分布，与铜多金属矿床关系密切。复式向斜可能形成于印支期。

除上述几个复式背斜、向斜外，在本区中北部还存在一个形成于喜马拉雅早期的仙岛构造盆地，东西长约13 km、南北宽约8 km，由古近系霞流市组组成，岩层倾向盆地中心，倾角10°~13°左右。

2. 断裂构造（图5-7、图5-12）

以形成于印支期—燕山早期断裂为主，仅下溪村断裂（72）可能形成于喜马拉雅早期。按断裂走向分南北向、北北东向、北东向、北西向四组。

1）南北向断裂组

该组断裂分布广、规模大，延伸长者纵贯全区且伸出本区图幅外，区内走向长度可达75 km，短者在20 km以上。断裂线呈弯曲状，总体南北走向，属断裂倾向东的逆断裂，主要形成于印支期，稍晚于同期褶皱的形成，燕山早期仍有活动。个别断裂已截切印支期花岗岩体，或被燕山早期花岗闪长斑岩所侵入。主要由松木圩-普满圩逆断裂（11）、小塘-排洞逆断裂（12）、上兰田村-大塘逆断裂（13）、界牌洞-黄沙坪逆断裂（17）等近10条断裂组成。

上兰田村-大塘逆断裂（13）：断裂线略呈弯曲状，两端延伸出本区，区内走向长75 km。断裂面向东倾，倾角55°~70°，为东盘上升并向西推覆的逆断裂。沿断裂弯曲的弧顶地段，破碎带宽达30 m，构造角砾岩、挤压透镜体、片理及小褶曲、次级北西、北东向小断裂发育。而且沿断裂带，冲断推覆体发育，高桥附近发现有长350 m、宽250 m的飞来峰。燕山早期大坊花岗闪长斑岩亦沿断裂侵入，并伴有大型金银及中型铅锌多金属矿床。在主断裂面西侧的次级断裂裂隙中，有黄庄小型金、银矿床。该断裂至少受到两次以上构造变动的影响，对成岩成矿有直接控制意义。

界牌洞-黄沙坪逆断裂（17）：断裂线在北段、南端呈南北向，中段呈北东-北北东向弯曲。区内沿走向长 70 km。东盘地层逆冲于西盘之上。断裂面倾向东，倾角 50°~75°。挤压揉褶皱较为发育，有次级小断裂呈叠瓦式状冲断推覆现象，推覆体发育。在黄沙坪及其以北，次级断裂发育，岩石破碎强烈，形成破碎带。该带经历了两个较大构造变动阶段，叠加和继承作用比较明显，构造线方向发生北北东向偏转，断裂面倾角较陡。从挤压到压扭或张扭转化。对岩浆活动及内生多金属矿有较为直接的控制意义。燕山早期黄沙坪花岗斑岩及花岗斑岩质隐爆角砾岩、宝山花岗闪长斑岩均沿断裂带侵入。黄沙坪及宝山多金属矿床，均产于该断裂破碎带中。

总之，南北向组断裂的小塘-排洞（12）至东城圩-官溪逆断裂（19）等 8 条断裂展布于洋市-张家坪复式向斜、桂阳复式背斜及其边缘，与过渡型及紧闭线型褶皱一起组成褶断带，褶皱轴线与断裂线均呈弯曲状，整体形态呈向北撒开、向南收敛的"帚状"。断裂面倾向东，倾角 40°~70°，构成向西逆冲、推覆的叠瓦式断裂组。断裂所通过地段，造成地层缺失，断裂破碎带发育。局部出现飞来峰。这个规模较大的推覆冲断带，控制着燕山期骑田岭花岗岩体的向西拓展和大坊、黄沙坪、宝山等地区花岗闪长斑岩、花岗斑岩群的侵位及内生金属矿产的展布。断裂具有从印支期至燕山期多次活动的特点。图 5-13 为大塘-高桥-珠塘推覆构造剖面图。

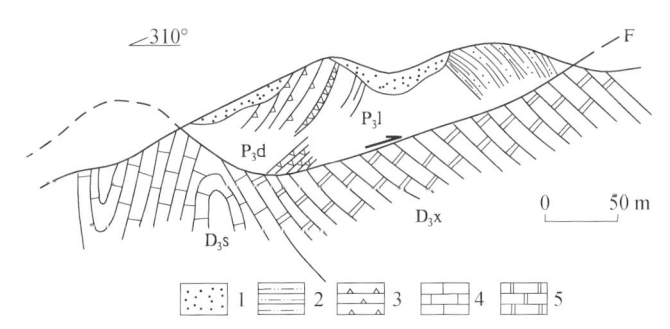

图 5-13 大塘-高桥-珠塘推覆构造剖面图（据贾宝华，1989）

1 表土；2-粉砂质页岩；3-硅质岩；4-灰岩；5-细晶灰岩；D_3s-上泥盆统佘田桥组；D_3x-上泥盆统锡矿山组；P_3l-上二叠统龙潭组；P_3d-上二叠统大隆组；F-逆断裂

2）北北东向断裂组

本组断裂分布广、规模大，区内走向长度约 14~70 km。断裂线呈弯曲状，为断裂面倾向东的逆断裂。印支期开始形成，燕山早期有强烈活动，本组断裂被上白垩统神皇山组所覆，由（26）至（30）号五条断裂组成。

安和-六亩田逆断裂（30）：为西、东两个构造区的分界。区内走向约 30°，长约 80 km，北段断裂面倾向南东东，倾角 60°，为东盘上升之逆断裂。东盘地层推覆于西盘之上，沿断裂岩层挤压破碎明显。中段截切了燕山期骑田岭花岗岩体西部，断裂面较陡。在中、南段，断裂东盘相对向北北东向位移，距离 2 km 左右，断裂具压扭性左旋特征，沿断裂断续可见角砾岩，花岗岩中见有硅化、绿泥石化现象，北段有燕山早期花岗岩体侵入。该断裂属区域性郴州-临武断裂带的南段。

3）北东向断裂组

该组断裂集中分布于本区西部金子岭-香花岭复式背斜中。为一组扭性断裂，顺、逆时针方向扭动俱存。断裂走向长 5~20 km，断距约 100~1800 m。截切了印支期—燕山早期南北向断裂组，或为后者所限，个别已截切燕山早期花岗岩体并被上白垩统地层所覆。本组断裂呈雁行排列，自北向南主要有码头陈家断裂（39）、大留断裂（40）、雷家岭断裂（41）、沙湖里断裂（42）、茶山断裂等。

位于香花岭短轴背斜核部的茶山断裂（43）和沙湖里断裂（42）与南北向、北西向断裂的复合处，有燕山早期的尖峰岭、香花岭花岗岩体侵入，与钨、锡、铅、锌多金属矿床有密切关系。

4）北西向断裂组

该组断裂集中分布于本区东北部，其北西盘向南东方向作顺时针方向扭动，亦有相反者。断裂走向长约3~15 km，断距100~1500 m，并截切了南北向、北北东向组的断裂，或为它们所局限。本组断裂被燕山早期花岗闪长斑岩、花岗斑岩、石英正长岩小岩体所侵入。实测断裂20余条，呈雁行排列。如（48）号至（60）号断裂，其中有岔路口-敖泉断裂（48）、双江口断裂（49）等。

在侧视雷达像片上，北西向线状影像显著，多密集成群出现在本区西部。可分为桂阳-仁义、太和-田尾渡、鲁塘-大塘圩等三带。

北西向断裂与中酸性岩浆活动及其相关的铜、铅、锌多金属矿的形成关系密切。本区有不少中酸性侵入体循北西向断裂侵入，如燕山早期宝山花岗闪长斑岩体，北西向延长约2 km、宽约100 m，较明显地顺断裂侵入。脉体倾向南，倾角70°~80°，有波状起伏。又如金银冲地区燕山早期石英正长岩小岩体沿黑石冲断裂侵入。

5.4.4.2 东区

1. 褶皱构造（图5-7、图5-12）

褶皱构造在东区分布很广，由震旦系、寒武系、泥盆系、石炭系、二叠系及下三叠统地层组成。褶皱轴向总体呈北北东向至南北向。

1）郴州-宜章复式向斜（Ⅱ-1）

东以背洞-郴州逆断裂（68）、新塘下-荷叶塘逆断裂（34）与五盖山-西山复式背斜分界。走向北北东，北、南延伸分别伏于许家洞、白石渡燕山晚期构造盆地白垩系地层之下。该复式向斜轴向长约50余km，西部被燕山期骑田岭岩基所占据，次级褶皱发育，以向斜为主，由中-上石炭统、上二叠统及下三叠统地层组成。主要有栏牛岭背斜78、南正街向斜79等13个背、向斜。形成时代为印支期。

2）五盖山-西山复式背斜（Ⅱ-2）

东以资兴-长城岭逆断裂（36）与资兴-赤石复式向斜分界。由五盖山背斜91、桥口-东坡向斜92、西山箱状背斜93组成，它们的特征如下。

五盖山背斜91：轴线近于南北，中段略向西突出呈弧形，南北两端倾伏，全长约26 km。核部由下震旦统泗洲山组组成，翼部地层为中上泥盆统，与核部地层呈角度不整合，背斜脊线起伏，轴面微向东倾、局部倒转，西翼陡（>45°）而东翼缓（20°~35°）。东、西两翼分别被南北向的铁渣市-棉花坳断裂（22）、北北东向木根桥-观音坐莲逆断裂（35）切截。北部倾伏端，有印支期王仙岭花岗岩体侵位，并有受北东向张扭性破碎带控制的燕山晚期花岗斑岩、石英斑岩脉群分布。

桥口-东坡向斜92：轴线弯曲，南北向，由上泥盆统、下石炭统和下二叠统地层组成。向斜较为舒缓，中段有燕山早期千里山岩体侵位，围绕岩体形成著名的东坡钨、锡、钼、铋、铅、锌多金属矿田。

在五盖山背斜91和西山箱状背斜93核部，均出露有下震旦统或下震旦统至中寒武统地层，并且组成南北向的紧闭线型褶皱，有直立、倒转现象。由五盖山单斜③、莲花洞背斜④等8个背、向斜组成，系加里东期形成。因此，我们推测五盖山-西山复式背斜应形成于加里东至印支期。

3）资兴-赤石复式向斜（Ⅱ-3）

东以李家垄-曹田逆断裂（69）与板坑-盈洞复背斜分界。轴线呈北北东向，已见出露长约70 km，由石炭系、下二叠统地层组成，轴面近于直立，两翼岩层倾角一般30°~50°，北段东翼倒转，南段东翼发育次一级褶皱。

4）板坑-盈洞复式背斜（Ⅱ-4）

该复式背斜总体呈北北东向，北部延伸出本区，南部被燕山早期九峰花岗岩体所侵入，已见轴向长65 km。次级褶皱以背斜为主，形成于加里东期和印支期。加里东期褶皱是由大面积出露于复背斜核部的震旦系、寒武系地层所组成，呈东西向至北西西向作紧密排列的紧闭线型褶皱，数量多（11号至41号），广泛分布于北起天鹅上南至盈洞一带。印支期褶皱主要有板坑-瑶岗仙背斜95，龙溪-二都向斜96、杉树下-盈洞背斜97、延寿倒转向斜98，两翼主要由中上泥盆统、石炭系地层所组成，背斜核部由震旦系、寒武系地层组成，局部有倒转现象。

该区除了上述四个主要复式背、向斜外，还发育有燕山期的褶皱。燕山早期褶皱主要为由晚二叠世、早中侏罗世含煤地层组成的构造盆地，计有苏仙岭99、资兴煤矿00、观音坐莲01、瑶岗仙02、杨梅山03、小水04、龙王岭05、仰天角06这8个盆地；燕山晚期为由白垩系地层组成的构造盆地，如许家洞07、白石渡08等盆地。燕山期构造盆地多为一侧被断裂截切的半地堑式盆地，其长轴为南北向至北北东向，岩层倾角10°~30°，为较宽缓型褶皱。

2. 断裂构造（图5-7、图5-12）

按走向可分为南北向、北北东向、北东向、北西向、东西向至北西西向五组。

1）南北向断裂组

南北向断裂沿走向略有弯曲、走向长约30~40 km，系断面倾向东或西的逆冲断裂，倾角60°~80°。该组断裂常被燕山早期的花岗岩体所侵入，又为燕山晚期的花岗斑岩、石英斑岩所截切。因此，推测该组断裂主要形成于印支期—燕山早期，但也有个别可能形成于加里东期和燕山晚期。

位于西山箱状背斜核部的茅栗窝逆断裂（1）在加里东期形成，走向长11 km，南端被中泥盆统跳马涧组所覆。而太平里断裂（66）则是燕山晚期的产物。其他断裂还包括有小溪断裂（21）、铁渣市-棉花垄断裂（22）、鲤鱼江-狮子庵断裂（23）、东坡-月梅逆断裂（24），它们常截切同走向的褶皱翼部。

2）北北东向断裂组

该组断裂多延伸出本区，走向线略呈弯曲，长约18~80 km，为断裂面倾向东或西的逆断裂。主要形成于印支期—燕山晚期。常被同期的北东向、北西向断裂截切。有的截切了燕山早期第二阶段的花岗岩体，截切最新地层为上白垩统戴家坪组。形成于印支期—燕山早期的断裂有（31）至（38）号，如木根桥-观音坐莲逆断裂（35）、资兴-长城岭逆断裂（36）等；可能形成于燕山晚期的则由（67）至（70）号断裂组成，如李家垄-曹田逆断裂（69）等。

木根桥-观音坐莲逆断裂（35）：该断裂向北已延伸出本区图幅，区内延长约50 km。断裂截切了硚口-东坡向斜92东翼和西山箱状背斜93西翼。断裂东盘的震旦系地层逆冲于西盘的中上泥盆统及下石炭统地层之上，缺失地层较多，断裂面倾向向东，倾角67°。断裂截切了下侏罗统地层。

资兴-长城岭逆断裂（36）：该断裂是一规模大、活动期长、波及深、控岩控矿明显的大型剪切断裂带，与成矿关系密切。区内走向长约70 km，南端被上白垩统戴家坪组所覆，它截切了西山箱状背斜93东翼和资兴-赤石向斜94西翼。断裂面倾向西，倾角45°~75°。西盘中上泥盆统地层逆冲于东盘下石炭统地层之上，与西山箱状背斜结合部位有燕山早期宝峰仙花岗岩体侵位。长城岭地段，沿断裂及旁侧次级断裂裂隙中，有燕山早期花岗斑岩脉和燕山晚期拉斑玄武质岩、橄榄玄武质岩岩脉侵入。并有强烈的锑、汞、铅、锌、铜矿化。断裂主要形成于印支期—燕山早期。

李家坳-曹田逆断裂（69）：走向30°，区内长约80 km，截切了印支期资兴-赤石向斜94东翼与板坑-瑶岗仙背斜95西翼，断裂面倾向南东东，倾角60°~80°，为东盘上冲的逆断裂。北东端截切加里东期彭公庙岩体。挤压破碎明显，形成花岗糜棱岩或片理带，内充填石英脉，沿断裂硅化带宽10~100 m，具绿泥石化、绢云母化、萤石化和黄铁矿化。该断裂截切了下侏罗统、上白垩统地层。

3）北东向断裂组

该组断裂主要形成于加里东期和印支期—燕山早期，前者主要分布于西山箱状背斜93及杉树下-盈洞背斜97核部震旦系、寒武系地层中，为倾向南东之逆断裂，主要有黄家坳逆断裂（7）等4条［（7）至（10）号］；形成于印支期—燕山早期的断裂多为东南盘相对北西盘作逆时针扭动的扭性断裂，它们不仅截切了印支期、燕山早期花岗岩体，还截切了印支期北北东断裂或为其所限，主要由上罗豆塘断裂（44）、南风坳逆断裂（46）等组成［（44）至（47）号］。此外，该组断裂也有形成于燕山晚期的，如乐家湾逆断裂（71）。

4）北西向断裂组

该组断裂走向长约5~9 km，为扭性断裂，北东盘相对南西盘作顺时针方向扭动，错距200 m以上，断裂有的被下侏罗统高家田组所覆盖，或截切高家田组和燕山早期花岗岩体。主要由西洋岭断裂（61）等 5 条组成 [（61）至（65）号]。另有鸿鹤岭断裂（2）分布于西山箱状背斜核部西北角，为加里东期所形成。

5) 东西向至北西西向断裂组

主要分布于板坑-瑶岗仙背斜 95 及杉树下-盈洞背斜 97 核部的震旦系、寒武系地层中。断裂走向呈东西向至北西西向、长约 7~20 km，为断裂面倾向南，南盘上升的逆断裂。该组断裂形成于加里东期，被加里东期北东向断裂错断及中泥盆统跳马涧组所超覆，主要由牛家印断裂（3）、岭秀逆断裂等组成 [（3）至（6）号]。

5.5 构造-沉积旋回与岩浆活动

湘南地区地壳构造运动发展过程可追溯到元古宙晚期，其间经历过多次构造运动。自新元古代至新生代地层中，存在着三个明显的不整合面，即前泥盆系与泥盆系间、中下三叠统与上三叠统间、侏罗系与白垩系间的三个不整合面。鉴于新元古代地层在本区仅局部出露，而第四系仅局限于河谷、山麓地段，因此反映本区的构造运动主要是加里东构造旋回、印支构造旋回及燕山构造旋回，而雪峰构造旋回及喜马拉雅构造旋回仅波及局部地区。本区构造-沉积旋回与岩浆活动特征如下。

5.5.1 雪峰构造旋回

晋宁运动是华南地区一次强烈的褶皱造山运动，结束了湖南西北部及其相邻省区中元古代造山型沉积。由于由挤压活动区向稳定区转化，从而奠定了扬子克拉通板块的基础。在该克拉通的南面，由于地壳活动带向大洋一侧迁移，从新元古代早期开始到早古生代，湘东南及其相邻的粤桂、赣中南部成为陆缘海海域。

震旦纪开始，本区接受了一套厚度大的砂质、铁质建造沉积，继之形成了一套与冰川有关的复杂边缘海沉积。其沉积厚度变化大，在其南部的郴州等地，震旦系地层沉积厚度可达 1356~1764 m，而西北部的泗洲山组其沉积厚度约 800 多米，说明当时沉积中心在南部。由于早震旦世时本区地壳震荡运动的结果，在泗洲山组下部沉积了"江口式"铁矿。晚震旦世，地壳运动相对平静，主要沉积一套较稳定浅海相硅质岩建造，厚度为几十米到 100 余米。

5.5.2 加里东构造旋回

继晚震旦世进入寒武纪时，海水再度由西南入侵，海域扩大，水体加深。本区处于陆缘海盆。早寒武世承袭着晚震旦世沉积环境，嗣后因拗陷幅度增大，形成了由粗到细的海进旋回，以复理石砂页岩建造为特征，早寒武世初期出现硫、磷、钒含碳页岩夹层。本区四周沉积厚度一般在 500~800 m，中部泗洲山一带厚度可逾 1000 m，反映了当时为碟状海底地形；中寒武世沉积中心向南东迁移，沉积了巨厚的砂页岩建造；晚寒武世时沉积条件略有差异，以浅海陆源碎屑岩为主，局部有碳酸盐岩沉积，厚 381~774 m。晚寒武世末，地壳上升，本区东部缺失该时期地层。

奥陶纪末本区地壳回返上升，海水退却，缺失了志留系沉积。在加里东运动（狭义）初始阶段来自南北方向的应力，使地壳受挤压作用产生东西向褶皱带，随着运动的加强，沿北东方向和北西的剪切应力方向逐渐产生裂隙而形成两组剪切破裂面，孕育了深大断裂的胚型，其中以郴州-临武断裂规模颇大，它将湘南地区分成东西两大"地块"。东南部为相对隆起区，地壳稳定，嗣后在南北向力偶的作用下，发生偏转，形成了保留至今的褶皱轴向北北西或近东西的基底骨架；西北部为相对拗陷区，由于炎陵-蓝山深大断裂活动和南北向力偶作用，使本区东西向的褶皱带发生解体、错动或偏转而成为北东向基底褶皱。

尔后再度受到南北向挤压作用及岩浆侵入活动，形成了泗洲山、香花岭两个南北向隆起，随着隆起的加剧，在其南北部和东西部的两侧则沦为凹陷区，对后来盖层的沉积环境、岩层厚度、岩性、岩相的分布和变化规律以及层控型铅锌矿床的萃集部位等有着深远的影响。

加里东期造山伴有大规模岩浆活动，如彭公庙等岩体都是本期产物。加里东运动结束了本区陆内造山，华夏和扬子板块再次聚合成为统一的华南大陆。

5.5.3 印支构造旋回

晚古生代—早中三叠世本区沉积了一套相对稳定的盖层沉积物，以浅海碳酸盐岩建造为主，次为海陆交替相泥砂质建造和潟湖含煤建造。

这一时期内，地壳震荡运动频繁，发生了两次大的海进、海退程序，第一次为泥盆纪至石炭纪，第二次于早二叠世末至早中三叠世。海水从广西向湖南及其邻区省推进。形成了大致呈南北向的耒阳–宜章的两条海槽。

早泥盆世至中泥盆世早期，沉积一套滨海相碎屑岩。中期至晚泥盆世早期则为浅海相碳酸盐岩建造，并伴随着铅锌铁锰矿物质沉积，形成区内重要的矿源层。晚泥盆世至早石炭世初期地壳回升，形成了浅海–滨海相碎屑岩建造，并夹有鲕状赤铁矿层，茶陵式铁矿系早石炭世初期形成。

早石炭世早期，地壳下降，沉积了一套浅海相碳酸盐岩建造。早石炭世末期到晚二叠世早期，区内曾发生过几次较小海进、海退，从而形成海陆交替相的滨海煤田（测水煤系及龙潭煤系），是本区煤矿重要形成时期。二叠纪中期发生的东吴运动（即印支运动早期）在本区只是表现地壳上升，影响不大。

早三叠世本区处于浅海状态，形成了一套碎屑岩、碳酸盐岩建造。

中三叠世末至晚三叠世早期，本区发生了强烈的印支运动，来自东西向的挤压应力，使晚古生代至早三叠世沉积物在加里东基底面上产生滑动，形成南北向褶皱与断裂，就全区而言，褶皱方向大体一致，早古生代基底主要表现为断裂形变。由于基底起伏不平，势必对盖层在形变过程中起着极其重要的影响，从而导致地区性构造差异。以炎陵–蓝山深大断裂为界，东南部盖层褶皱沿北北东向断裂凹陷带展布，形态单一；北西部因基底凸凹不平，相对高差较大，岩相各异，虽处于同一应力场的作用下，不同地段受压力的强弱不同，且在形变过程中所处自由度的条件不等。此时的应力主要来自于向东的部位。沉积盖层面对主动应力方向，在强大挤压作用下，地层向西推覆至阳明山–塔山及九嶷山–香花岭的"工"字形隆起区以东地段，因"工"字形隆起区的阻碍，从而形成耒阳–宜章"S"形紧闭褶皱带。

此外，印支运动还伴随强烈的酸性岩浆活动，如五峰仙、工仙岭等岩体都是本期产物。

5.5.4 燕山构造旋回

晚三叠世后，本区进入陆内造山发展阶段，沉积物以陆源为主，并发生频繁而强烈的冲断作用、断块作用、造盆作用及大规模的陆内岩浆活动。在印支运动形成的复式向斜低凹地带，晚三叠世—早侏罗世沉积了一套陆相、湖泊沼泽、海陆交互相含煤碎屑岩建造，区内资兴三都等地区煤矿都是此时形成。

早侏罗世后，早期燕山陆内造山波及全区，表现为以断裂为主的构造运动，使晚三叠世—早侏罗世沉积物平缓褶皱、块断成山，北北东向大断裂活动强烈，并伴随有强烈的酸性岩浆活动。千里山复式岩体中的 γ_5^{2-1}、骑田岭复式岩体中的 γ_5^{2-2} 及其中的小岩体（γ_5^{2-2}）就是此期形成的（见表4-2、表4-3和表4-19）。

中侏罗世末，燕山造山运动又强烈掀起，几条区域性大断裂继续活动，岩浆活动进入高峰期，导致区内 γ_5^{2-2}、γ_5^{2-3} 上百个大小岩体（群）生成，区内大型特大型内生金属矿产形成均与此有关，是本区有色稀有金属矿床的主要成矿期。

白垩纪时期，本区在早燕山运动造就出的山间构造盆地，接受了一套紫红色陆相碎屑岩沉积。沉积最大厚度>1000 m。部分地区形成石膏矿,并伴有铜、铀矿产。白垩纪末期,沿早期断裂带有少量岩浆活动,本区大量的中酸性斑岩脉(群)及基性岩脉(群)系此期产物。并伴有铜、铅、锌等矿产的生成。

古近纪和新近纪时期,在仙岛秦家构造盆地中接受了湖相碎屑岩沉积,并夹有盐、石膏等矿层,是本区主要膏盐矿产形成时期。

5.5.5 喜马拉雅构造旋回

古近纪和新近纪喜马拉雅运动发生,地壳上升,结束了以上断陷及裂陷盆地沉积。在喜马拉雅运动中主要表现为上升及断裂活动。其一新生断层出现;其二老断层重新活动,并伴有地震及温泉出现;其三形成"V"形河谷和侵蚀阶地,铸造成现代地貌景观。

在湘南千骑地区,经上述多次地壳构造运动,造就了区内现今的构造-岩浆基本格架:①在西部拗陷区,中酸性岩浆岩发育,并伴随其演化形成以铅、锌为主、伴生铜、银、金的多金属矿产;②在中部隆拗过渡区,酸性小岩株尤为发育,并伴随其演化侵位形成以钨、锡、铅、锌为主,共、伴生铋、钼、铜、银的多金属矿产;③在东部隆起区,酸性小-中等规模的岩基发育,并伴随其分异演化形成以钨、铋为主的多金属矿产。

5.6 构造与成矿的关系

5.6.1 构造对岩浆活动的控制

纵观千骑地区,其岩浆岩展布规律是:沿北东方向分布有骑田岭-千里山-锡田岩浆岩带,以及其间的北东向花岗斑岩群;沿北西方向分布有大义山岩体,以及黄沙坪-宝山地区的三个北西方向分布的岩体。它们的分布同区内大地构造单元及深大断裂的构造演化格局紧密相关。

(1)分布于印支期褶皱带的岩浆岩带:该岩带属于燕山期中、酸性岩体。这些岩体受深部构造(加里东褶皱带)及表层构造(印支褶皱带)联合控制。在印支期褶皱带形成过程中,相继伴随产生一系列冲断、推覆、层间破碎及褶曲滑脱、脱顶等构造活动,其冲断层向下则呈犁头式收于同一滑脱面上。这种冲断、推覆构造为岩浆的侵位提供了有利条件,造就岩体呈两种不同形式的分布。其一,在推覆过程中,触发了深部岩浆向浅部强行侵位,形成了同构造形变一致的高侵位斑岩体,如黄沙坪、大坊、下邓岩体等,且多为无根岩体;其二,岩体分布受侏罗式褶皱同心圆状控制,即沿泥盆系组成的短轴背斜虚脱部位侵位,形成小岩体。这些短轴背斜往往与基底多次活动的深大断裂相连接,它们是在岩浆上侵过程中连同基底上隆形成的,如香花岭、千里山、上堡等岩体。

(2)分布于加里东隆起与印支拗陷接壤部位的岩浆岩带:该区为湘东南加里东褶皱带与湘南印支期褶皱带两个Ⅱ级构造单元的接壤部位,沿北东向分布有骑田岭-千里山-宝峰仙等花岗岩体,这些岩体位于炎陵-蓝山深大断裂分布地段,在主断裂与次断裂交汇部位,岩浆沿断裂侵位,形成了岩体。

(3)北西向岩体:仅见有大义山岩体,以及黄沙坪-宝山地区的三个北西方向分布的岩带。大义山岩体位于阳明山-塔山加里东隆起带与耒阳-宜章印支褶皱带的接壤部位,岩体的形成与北西走向断裂有关;而黄沙坪-宝山地区的三个北西方向分布的岩带,则是在黄沙坪-宝山地区的北东向与北西向断裂的交汇部位所形的小岩枝或岩脉。

5.6.2 构造与成矿的关系

1. 构造层对矿产的控制

组成第二构造层(Z—S)的地层在岩性上均为下古生界的轻度变质岩系,该构造层发育有不同方向的断裂，其中又以北东向不同规模的断裂为特征，常控制着脉型钨多金属矿的产出；第三构造层（D—T$_3$）由上古生界地层组成，该构造层内的褶皱轴向多为南北向，控制着区内煤、铁等沉积矿产的产出，断裂方向则以南北向或北北东向为主，控制着区内与岩浆岩有关的钨、锡、铅锌、铁、铜、银等金属矿产的形成与分布；第四构造层（J$_1$—E）零星分布于断陷盆地内，以陆相含煤建造、类磨拉石建造、复理石建造、含铜膏盐建造为特征，其中下部的陆相含煤建造控制着区内部分煤矿产的产出。

2. 大地构造单元对矿产的控制

岩浆热液型高-中温钨锡铅锌多金属矿床和夕卡岩型钨锡多金属矿床主要分布于研究区的印支期拗陷带；中-低温热液充填型脉状矿床主要分布于加里东隆起带的断裂带中；层控型矿床受一定层位控制，泥盆系是重要的控矿层位，浅海台地相是主要控矿岩相，碳酸盐岩是主要赋矿围岩。Ⅱ级构造单元的含矿性以湘中-湘南印支期褶皱带为主要特征，湘东南加里东褶皱带次之。Ⅲ级构造单元的矿化强度以湘南加里东期—印支期叠加褶皱带最具特色。Ⅳ级构造单元控矿构造以耒阳-宜章印支期褶皱带最显著，次为东湖-上堡印支期褶皱带。耒阳-宜章印支期褶皱带内，根据控矿构造不同又可分为如下控矿构造带：

（1）泗洲山北西向控矿构造带：位于耒阳-宜章印支期褶皱带北西部的泗洲山背斜北段，与沿北西向断裂侵位的大义山岩体有关的为岩浆热液型锡、铜多金属矿产；控制的矿田有西岭锡矿田、大义山岩体东南侧锡、铜多金属矿田。

（2）宝山-黄沙坪北北东向、北西西向联合控矿构造带：位于耒阳-宜章印支期褶皱带西部中段的宝山—黄沙坪一带，与北北东向、北西西向断裂构造纵横交汇部位侵位的中酸性小岩株、岩枝有关的为充填交代型铅锌、铜、银矿产；控制的矿田有宝山铜、银多金属矿田、黄沙坪铅锌、银多金属矿田。

（3）香花岭南北向控矿构造带：位于耒阳-宜章印支期褶皱带西部南段的香花岭南北向穹隆构造区。在穹隆构造区内，以北东向断裂为主体控制的充填交代型锡、钨多金属矿产，构成了香花岭锡多金属矿田。

（4）千里山-骑田岭北东向控矿构造带：位于耒阳-宜章印支期褶皱带东部的中段，亦属炎陵-蓝山深大断裂带中段的东缘。该构造带内北东向断裂十分发育，因而为酸性岩浆岩及其相关的锡、钨多金属矿产的形成创造了很好的条件。在带内东西向隆起及北东向断裂的交汇复合部位，分布有王仙岭、千里山岩体及骑田岭岩体，以及沿北东向断裂侵位的花岗斑岩群。当侵入岩体的围岩为碳酸盐岩时，在岩体内接触带形成云英岩型锡多金属矿产；在岩体与围岩的接触带形成接触交代夕卡岩型锡、钨多金属矿产；在岩体外接触带则形成充填型脉状锡（钨）多金属矿产（围岩为碎屑岩）和充填交代型脉状铅锌、银多金属矿产（围岩为碎屑岩）。沿此带自北东向南西控制的矿田包括东坡矿田、芙蓉矿田。

第6章 控岩控矿因素

6.1 构造控岩控矿作用

6.1.1 基底构造控岩控矿

千骑地区的基底构造表现为加里东期褶皱及断裂。在该地的西区的金子岭-香花岭复式背斜核部，呈现北东向、北东东向紧闭型褶皱；而在该地东区的五盖山-西山复式背斜核部，表现为近南北向紧闭型褶皱，局部出现有倒转，并伴随有走向逆断裂等。板坑-盈洞复式背斜核部，发育东西向至北西西向紧闭型褶皱，往南则转为北西向，呈向北东突出的弧形，次级背向斜、倒转背向斜发育，并伴随有走向逆断裂等。上述三处的加里东期褶皱轴向迥异，推断其间被基底断裂所分隔。此外，根据重磁及岩相古地理等资料推断该区存在基底构造。

6.1.1.1 基底隆起的控岩控矿

（1）根据已往资料分析，湖南衡阳盆地结晶基底隆起和莫霍面隆起已跨入千骑地区北北西部，其边缘在耒阳南面呈弧形，而桂阳一带的结晶基底隆起则是衡阳盆地结晶基底隆起的向南伸展。若把衡阳盆地基底隆起当做一级隆起，则湘南桂阳一带的基底隆起便可称为二级隆起。二级隆起的边缘在新田县、香花岭北至郴州一带呈弧形展布，它控制了本区主要构造岩浆岩带及主要有色金属矿床的产出部位，如香花岭、黄沙坪、宝山、东坡等矿田，是成矿和找矿的有利部位（图6-1）。

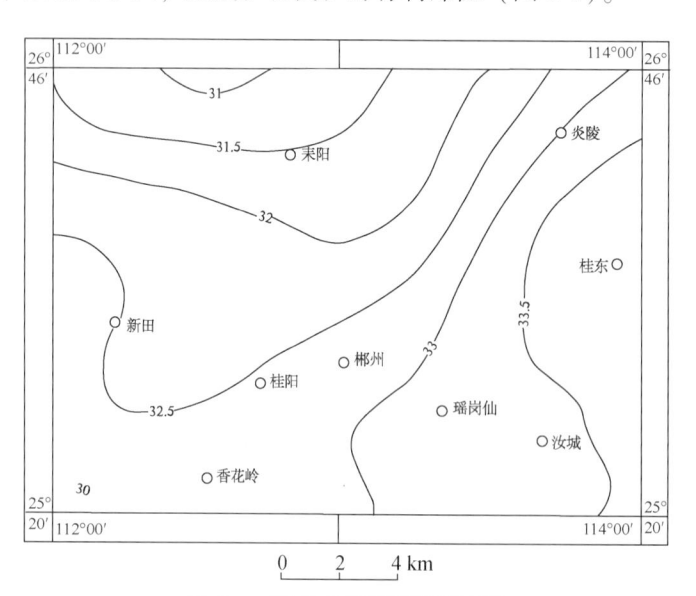

图6-1 湘东南莫霍面等深线图

（2）根据重力资料推断的湘南地区仙岛断隆、宜章断块、汝城断块，为相对刚性的块体，岩浆活动及相应的成矿作用弱，但在断块的边缘部分常有基底断裂通过，有利于岩浆活动和相应的成矿作用发生。如仙岛断隆，其南侧的何家渡—大坊—宝山一线呈弧形分布的中酸性构造岩浆岩带，并形成铅锌金银等矿床，以及北东端的雷坪重力低及其矿化。宜章断块东缘的中基性岩脉群及其铅锌银的矿化，均显示了结晶基底隆起带边缘的控矿作用。

(3) 湘南地区东部太和仙一带的中泥盆世跳马涧期、棋梓桥期，为北北东向古海岛隆起带或水下隆起带，在其周边，接受陆源区大量铁、锰、铅、锌、锡、硫等成矿元素的沉积，从而在隆起带边缘形成矿源层。

由于隆起带边缘为构造薄弱地段，而基底断裂具有长期活动特点，因而是花岗质岩浆上升侵位及含矿热液活动的有利部位，并使上述矿源层中成矿元素迁移、富集和沉淀，形成了丰富的内生多金属矿床，如东坡矿田。

6.1.1.2 基底断裂的控岩控矿

千骑地区基底断裂主体形成于加里东期，并在海西期、印支期、燕山早期继续活动，对沉积盖层构造、岩浆活动及含矿热液作用等均具有控制作用。

鉴于千骑地区沉积盖层分布广，而穿壳断裂带及基底断裂又多系重力和航磁资料推断的断裂，现就其控岩控矿作用概述如下：

(1) 重磁推断和卫片解译的一级断裂炎陵–郴州–蓝山深断裂（图5-6），呈北东向斜贯全区的大塘圩—郴州—资兴一带，区内展现的长度约100 km，与二级结晶基底隆起边缘地带相符合，是本区基底一级构造的分界线，两侧的地球物理、地球化学、岩浆活动和矿产均有明显的差异，它为岩浆活动和矿床的形成提供了良好的通道和场所，是区内主要的控岩控矿断裂，控制了成矿带的分布和已知的香花岭、坪宝、东坡等主要矿田的展布。断裂带及其旁侧是有利的找矿地段。

(2) 重磁推断二级基底断裂，可分为北东向、北西向、南北向、东西向四组（图5-5）。其中，北东向和北西向断裂具长期活动性，对印支—燕山期的岩浆活动和成矿亚带有着明显的控制作用。本区东南部以北东向断裂控岩控矿为主。

北东向断裂在本区发育（图5-5），多呈平行排列，其中大冲–许家洞（F_{II-3}）和麻田–油龙塘断裂（F_{II-4}）控制骑田岭花岗岩基的侵位和骑田岭–彭公庙构造岩浆岩带及其相伴的成矿带形成。白石渡–大路（F_{II-6}）和兰田–金滩断裂（F_{II-7}）则分别与印支—燕山早期的资兴–长城岭和燕山晚期的山牛塘–白石逆断裂（均为盖层断裂）位置大体相吻合，表明该组断裂从加里东期至燕山晚期长期活动，进而控制了长城岭一带中基性岩体群和瑶岗仙隐伏岩带及其相应的矿化。

北西组重磁推断的基底断裂（图5-5），在千骑地区东部与已出露于地表的同方向的加里东期断裂位置大体吻合；而在西部与沉积盖层中展布的印支期、燕山早期北西向断裂、侧视雷达像片解译断裂位置大体吻合。表明该组断裂在加里东期形成，至印支期、燕山早期继续活动。其中杨柳塘–大冲断裂（F_{II-9}）通过香花岭短轴背斜北东翼，控制着燕山早期香花岭花岗岩体侵位及钨锡铅锌多金属矿形成。何家渡–麻石断裂（F_{II-10}）、敖泉圩–保圩断裂（F_{II-11}）分别位于黄沙坪矿田南侧、宝山矿田北侧，并对上述两矿田起着重要的控岩控矿作用。两者间展布一组印支期—燕山早期北西向断裂，经侧视雷达像片解译，可能为同方向基底断裂的继续活动，并与卫片图像解译的正和–长城岭–延寿断裂相连，成为贯穿全区的余田–桂阳–九峰断裂带。雷坪–金银冲断裂（F_{II-12}）和狮子口–延寿断裂及航卫片图像解译的柿竹园–瑶岗仙断裂相吻合，形成北西向的雷坪–金银冲–岭秀断裂带，控制了雷坪–金银冲隐伏岩带和燕山早期石英正长岩小岩体群的侵位，显示与金银冲铜多金属矿关系密切，并对东坡、瑶岗仙矿田有一定的控制作用。

(3) 基底断裂的联合复合控岩控矿：相互平行的北东向、北西向构造相交构成的网格，形成圈闭构造，控制了矿田的分布范围。在它们与南北向或东西向构造的交汇部位，成矿更为有利，如分布的香花岭、坪宝、瑶岗仙、东坡等矿田。

6.1.2 推覆冲断构造控岩控矿

千骑地区西部的洋市–张家坪复式向斜、桂阳复式向斜（图5-7、图5-12），为印支期呈南北向并作弧形弯曲的较紧密的褶皱带，整体形态呈北宽南狭的倒三角形。西起小塘-排洞逆断裂、东至东城圩-官溪逆断裂，分布有八条规模较大的、向东倾斜（倾角40°~75°）、向西逆冲推覆的叠瓦式断裂，它们具有以压性为主导的多期次活动特点。此规模较大的推覆冲断带，是由于东西向挤压作用的结果，并在西侧受到金子岭-香花岭复式背斜的刚性基底阻挡，而小塘-排洞逆断裂是本带之前锋。又由于西北部仙岛断隆带的存在，使其东侧的（15）至（19）号逆断裂走向及桂阳复式背斜的轴线，均作反"S"形弯曲。

位于区内东坡-月梅向斜与西山箱状背斜间的印支期——燕山早期的北北东向木根桥-观音坐莲逆断裂，倾向东、倾角67°，显示自东向西的推覆冲断。

6.1.2.1 推覆冲断带的控岩作用

表现与内生多金属矿关系密切的燕山早期花岗闪长岩、花岗岩浆等沿该推覆冲断带的主干断裂面或旁侧次级断裂面及背斜虚脱空间，从深部向浅部减压上升，由东向西侵位，如黄沙坪宝岭燕山早期花岗斑岩质隐爆角砾岩，由东向西侵位于南北向界牌洞-黄沙坪逆断裂西侧的次级南北向断裂 F_1 上盘中（图5-5、图5-7、图5-13）。该 F_1 逆冲断裂的特点是：倾向东、倾角35°~60°，断面呈舒缓波状，东盘石磴子组推覆于西盘梓门桥组之上。燕山早期宝山花岗闪长斑岩亦沿界牌洞-黄沙坪逆断裂（压扭性）与北西向张扭性断裂复合处侵位。南北向上兰田村-大塘逆断裂（压扭性）及同向次级断裂，有燕山早期大坊花岗闪长斑岩侵位。

燕山期骑田岭花岗岩基可能系沿北东向重磁推断的蓝山-炎陵深断裂（F_{I-1}）、麻田-油龙塘基底断裂（F_{II-4}）、石子岭基底断裂（F_{II-5}）侵位（图5-5）。重力资料显示，岩基由南东向北西方向超覆（图5-3、图5-4、图5-5）。航磁资料亦表明（图5-7、图5-8、图5-9、图5-10），该岩基西北部埋藏浅、东南部埋藏较深，因此该岩基的侵位也受控于逆冲推覆构造。在该岩基北、西两侧围岩中高侵位的燕山早期花岗岩、花岗斑岩、花岗闪长斑岩小岩体，也受逆冲推覆构造的控制。

6.1.2.2 推覆冲断裂的控矿作用

千骑地区推覆冲断裂控矿表现为屏蔽、层间构造控矿及前锋构造带控矿。

（1）屏蔽构造控矿：侵位于黄沙坪 F_1 断裂上盘（东盘）的花岗斑岩质隐爆角砾岩呈岩盖产出（图5-5、图5-7、图5-13），与测水组砂页岩共同起到屏蔽作用，使稍晚沿 F_1 断裂下盘（西盘）次级背斜核部侵位的花岗斑岩及赋存于其接触带夕卡岩内的铅锌多金属矿体，位于上述屏蔽体之下。东坡矿田东缘的北北东向木根桥-观音坐莲断裂，其上盘（东盘）的震旦系浅变质砂岩、板岩向西推覆于下盘（西盘）的中上泥盆统及下石炭统灰岩之上，使上盘成为屏蔽层，阻挡与花岗岩浆活动有关的含矿热液的继续上升扩散，各成矿阶段的成矿作用受控于屏蔽构造，相互重叠改造，形成的多组分、多成因、多类型内生金属矿床赋存于同一部位的特大型复式矿床内，包括柿竹园钨锡钼铋矿床、野鸡尾铅锌多金属矿床等。

（2）层间构造控矿：由于挤压作用，在推覆冲断裂两侧，次级紧闭型、倒转、同斜褶皱发育，并形成层间褶皱，层间剥离及层间断裂。冲断裂为含矿热液通道，层间构造为容矿空间。如在黄沙坪铅锌矿床，铜矿体沿 F_1 断裂下盘（图5-5、图5-7、图5-13）的测水组砂页岩层间构造充填，铅锌矿体则沿 F_2 断裂下盘的石磴子组灰岩及测水组砂页岩的层间构造充填；宝山铜钼铅锌矿床的铅锌矿体也沿石磴子组、梓门桥组灰岩、测水组砂页岩层间构造充填。东坡矿田的金狮岭黄铁铅锌矿床的矿体，同样也赋存于冲断裂下盘的层间构造中。

（3）前锋构造带控矿：该带是应力集中部位，表现为线形展布的挤压褶皱断裂带。岩层、断裂产状变陡，低序次构造发育。矿化富集于前锋部位，向两侧减弱。如东坡矿田的前锋构造带位于西山箱状背斜西翼与东坡-月梅向斜东翼的木根桥-观音坐莲逆断裂带内。在岩浆热液作用下，东侧由碎屑岩组成的背斜（隆起）以热液充填成矿为主，形成红旗岭锡多金属矿床；西侧由碳酸盐岩组成的向斜（拗陷）以热液交代成矿为主，形成柿竹园钨多金属矿床、野鸡尾铅锌多金属矿床。又如千骑地区西部的推覆冲断裂带前锋构造带的小塘-排洞逆断裂西盘（上盘）与北东向茶山张扭性断裂的复合部位，就有铅锌矿床赋存，香花铺铅锌矿床也位于本带内。

6.1.3 多级构造联合复合控矿

千骑地区位于南岭有色金属成矿带的湘南–粤北成矿亚带的中部，受桂阳–郴州东西构造、耒阳–临武南北向构造、湘东南北北东向构造及重磁推断的北东向炎陵–郴州–蓝山深断裂的联合复合构造所控制。区内的一、二、三、四级构造，则分别控制着成矿带、成矿亚带、矿田、矿床，它们的控矿特征如下。

6.1.3.1 构造对成矿带的控制

千骑地区内的一级构造（复式背斜、向斜群及主干断裂带），控制着成矿带；二级构造（单个背、向斜及主干断裂）控制着成矿亚带。

区内的北西部、南东部分别隶属于洋市–桂阳铅锌多金属成矿带、资兴–东坡–宜章钨锡多金属成矿带，它们受构造控制的特征如下：

1. 洋市–桂阳铅锌多金属成矿带的控矿构造

本带主要受耒阳–临武南北向构造带控制，纵贯本区西部，在南、北部均延伸出图区外。区内由印支期南北向褶皱断裂带组成，从西至东（图5-11）包括金子岭–香花岭复式背斜（Ⅰ-1）、洋市–张家坪复式向斜（Ⅰ-2）、桂阳复式背斜（Ⅰ-3），高车头–沙田复式向斜（Ⅰ-4）。其中Ⅰ-2、Ⅰ-3的两侧及内部分布着规模较大的南北向逆冲断裂，构成推覆冲断带，与其配套的有北东向、北西向两组扭断裂。断裂活动期为印支期至燕山早期。在各组构造复合处控岩控矿。该成矿带包括雷坪–金银冲铅锌金成矿亚带、大坊–宝山铅锌金成矿亚带。

2. 资兴–东坡–宜章钨锡多金属成矿带的控矿构造

呈北东向斜贯于资兴—东坡—宜章一带，向北东、南西延出本区，受重磁推断的北东向炎陵–郴州–蓝山深断裂中段控制。其南侧平行展布于彭公庙至骑田岭构造岩浆岩带。本带与印支期南北向褶皱金子岭–香花岭复式背斜（Ⅰ-1）、高车头–沙田复式向斜（Ⅰ-4）、郴州–宜章复式向斜（Ⅱ-1）、五盖山–西山复式背斜（Ⅱ-2）、资兴–赤石复式向斜（Ⅱ-3）、板坑–盈洞复式背斜（Ⅱ-4），以及印支期—燕山早期南北向、北北东向断裂带呈斜截复合关系（图5-11、图5-12），从而控制了本成矿带上各成矿亚带及矿田、矿床的产出。本成矿带包括彭公庙–东坡–香花岭钨锡多金属成矿亚带、瑶岗仙锡钨多金属成矿亚带及盈洞–九峰钨锡多金属成矿区。

6.1.3.2 构造对矿田的控制

千骑地区的三级构造（由单个主要背斜、向斜及断裂组成）及其复合部位控制着矿田或成矿预测区。基底构造控矿方面，表现出受基底降起（含断隆带）边缘及北东向炎陵–蓝山深断裂、东西向浩塘–滁口、香花岭 延寿基底断裂以及北西向雷坪–金银冲–岭秀、余田–桂阳–九峰基底断裂的控制。盖层构造控矿方面，表现出矿田多位于印支期复式背斜的主要背斜或向斜中（如香花岭矿田位于金子岭–香花岭复式背斜的香花岭短轴背斜的中段；宝山矿田、黄沙坪矿田分别位于桂阳复背斜的盘塘倒转背斜西翼、宝岭背斜中段；东坡矿田位于五盖山–西山复式背斜的桥口–东坡向斜南段；瑶岗仙矿田位于板坑–盈洞复式背斜的板坑–瑶岗仙背斜南部倾伏端。上述各矿田还受次一级背斜的控制。

千骑地区锡多金属矿田还受到印支期—燕山早期南北向–北北东向推覆冲断带的控制。如黄沙坪、宝山、香花岭矿田，位于本区西部推覆冲断带上（图5-11）。香花岭矿田位于该带的前锋构造带的小塘–排洞逆断裂的西盘（下盘）；宝山矿田位于该带的界牌洞–黄沙坪逆断裂的西盘（下盘）。东坡矿田位于本区东部推覆冲断带的木根桥–观音坐莲断裂的西盘（下盘）。

构造对矿田的复合控矿作用，表现出东西向、北东向、北西向基底断裂，盖层中的南北向、北北东向褶断带以及北东向、北西向扭断裂的复合部位对矿田的控制。如位于东西向、北东向、南北向、北北东向构造复合部位的有东坡钨锡铅锌多金属矿田、新田岭钨锡铅锌多金属矿田；位于东西向、南北向、北北东向、北西向构造复合部位的有宝山铅锌金银多金属矿田、黄沙坪铅锌多金属矿田、瑶岗仙钨锡铅锌多金属矿田；位于东西向、南北向、北东向、北西向构造复合部位的有香花岭钨锡铅锌多金属矿田。徐水辉和姜瑞午（2001）还通过编制断裂构造等值线图在骑田岭岩体内部识别了多个断裂构造遥感异常，划分出明日峰-龙帽岭-黑山里、安源-铁婆岩-烧炉冲和安源-渣梨洞三个异常带（图6-2），这些异常带呈指状分布，每个异常带内又有若干个中心异常区，第一异常带有明日峰、龙帽岭、麻子坪-黑山里和摩背岭异常区，第二异常带有安源、铁婆岩和烧炉冲异常区，第三异常带有安源、白腊水和渣梨洞异常区；他们同时发现这些断裂构造遥感异常与芙蓉锡矿田区域水系沉积物 Sn 异常和锡石重砂异常相吻合（许以明等，2000）。

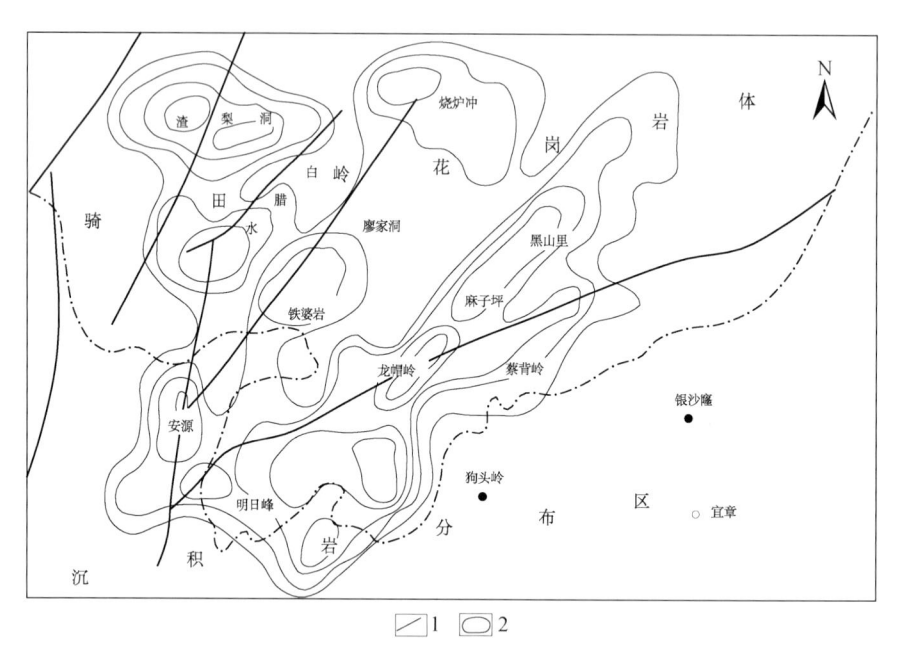

图 6-2 骑田岭锡矿田断裂构造等值线图（据徐水辉和姜瑞午，2001）
1-断裂构造；2-等值线

6.1.3.3 构造对矿床/矿体的控制

千骑地区控制矿床、矿体的局部构造主要表现为：

（1）背斜构造。背斜是构造应力集中的部位，有利于岩浆岩的侵入和成矿热液的集中与封闭，因而是成矿作用的有利空间。千骑地区大部分内生金属矿床（体）赋存于背斜中，如香花岭钨锡铅锌多金属矿床就位于香花岭短轴背斜核翼交界处或翼部；宝山、黄沙坪铅锌多金属矿床（体）赋存于次级背斜、倒转背斜核部；瑶岗仙钨多金属矿床也位于板坑-瑶岗仙背斜南部倾伏端。

（2）导矿断裂附近的次一级断裂及节理裂隙。这些构造裂隙是良好的容矿场所，明显控制了矿体的规模、产状、形态等。如宝山、黄沙坪铅锌多金属矿床产于导矿断裂南北向界牌洞-黄沙坪逆断裂旁侧的同向次级断裂与近东西向、北西向断裂交汇处；大坊金银多金属矿床也产于上兰田村-大塘逆断裂与次级近东西向断裂交汇处等。一般赋存于断裂与层间破碎裂隙中的矿体，多呈似层状、规模较大，如黄沙坪铅锌多金属矿床中的矿体；赋存于断裂或裂隙交叉处的矿体则多呈柱状、囊状、筒状，如香花岭、安源、金船塘等多金属矿床中的矿体；而赋存于节理裂隙中的矿体，呈细脉状、规模较小，如野鸡尾多金属矿床部分矿体。

（3）不同性质的导矿、容矿构造，控制的矿床产出特点也不同。一般有利的导矿构造为压扭性、张扭性断裂；有利的容矿构造以张性、张扭性断裂及其不同形式的交切、层间剥离构造、断裂型接触构造，以及背斜核部等为主。

一般以压扭性为主导配合张性断裂的叠加复合作用，控制着沿破碎带充填的宽脉状矿体；而张扭性配合的张性断裂，则控制着沿断裂充填的复脉状矿体为主。

复合断裂、尤其是具有多期多阶段的脉动性断裂容矿性好，它不仅破碎强烈，形成有利的容矿空间，且导致含矿热液的多次叠加作用，使矿化浓度加强。

千骑地区铅锌多金属富矿体赋存的构造部位主要有：断裂局部产状转折处，沿共轭断裂和裂隙组构造追踪部位，"X"形交叉处，"入"字形交结处，褶皱轴向"S"形弯曲处，短轴背斜核部，翼部次级褶皱部位，翼部层间剥离构造，容矿断裂中脉体顶底板附近，岩株（岩盖）超覆部位下侧等。

6.1.4 主要矿田构造与组合

6.1.4.1 黄沙坪铅锌多金属矿田

印支期的东西向挤压应力作用，形成了该矿田的南北向褶皱及界牌洞-黄沙坪逆断裂的同向次级逆断裂 F_1、F_2 等（图6-3），是区域上推覆冲断裂带的组成部分，并与同期形成的东西向 F_0、F_9 断裂构成本区的围限构造，具重要控岩控矿作用。

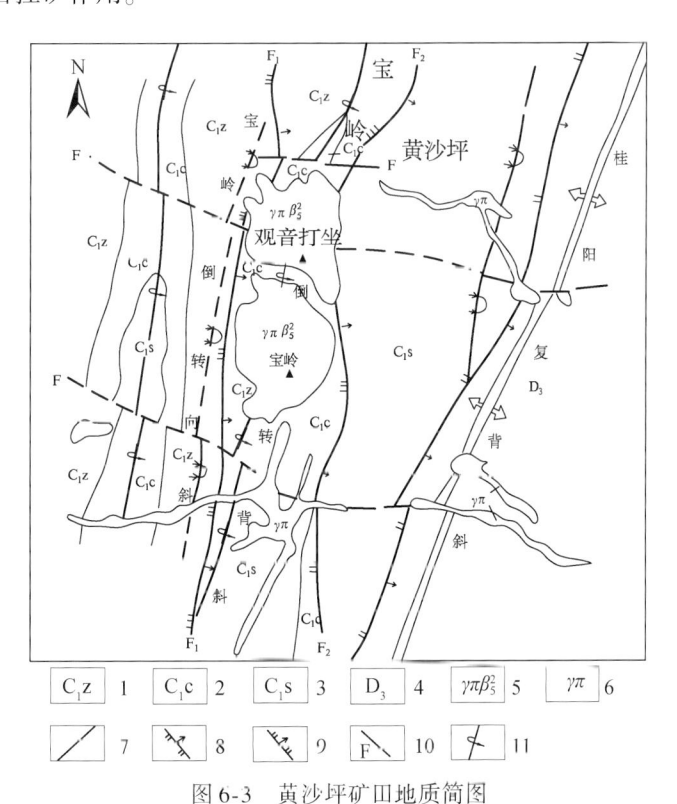

图6-3 黄沙坪矿田地质简图

1-下石炭统梓门桥组；2-下石炭统测水组；3-下石炭统石磴子组；4-上泥盆统；5-英安斑岩；
6-石英斑岩；7-地层界线；8-逆断层；9-正断层；10-断层；11-倒转背斜

燕山早期运动迟就和改造了印支期构造，使其在南北向力偶的扭动作用下，形成北北东向褶皱与断裂（如 F_{3a}、F_{30}、F_{31} 控矿断裂），其性质为压性、压扭性，印支期形成的南北向 F_1、F_2 断裂，在本期仍持续活动，性质有压性、张扭性多次转化，在张扭性时有利成矿物质充填。又由于印支期的围限构造再次活动，围岩岩石再度破碎，围限压力急剧下降，深部花岗岩浆及作为矿源的含矿热液随之上升。先有花岗斑岩质隐爆角砾岩侵位，其后有301号、304号花岗斑岩等含矿岩浆上侵，在渗透性差的测水组砂页岩等构成的背斜及花岗斑岩质隐爆角砾岩盖屏蔽构造下，含矿岩浆得以充分演化分异，成矿元素迁移富集，在次级断裂、裂隙、背斜虚脱空间、层间构造（层间褶皱、层间剥离及层间断裂）、岩性界面等部位容矿，在上述有利的构造条件下，形成了本区大而富的铅锌多金属矿田。

6.1.4.2 宝山铅锌多金属矿田

宝山矿田（图6-4）处于千骑地区印支期桂阳复式背斜轴向由北北东向转为北东东向的转折部位。次级褶皱宝岭倒转背斜及其南、北两侧的倒转向斜，以及财神庙倒转背斜等，轴向总体为北东东向，轴面倾向北北西。上述倒转背、向斜控制着本矿田。测水组砂页岩对成矿起屏蔽作用。倒转背斜顶部虚脱空间、层间裂隙、层间剥离面以及翼部（特别是倒转翼）层间剥离面、层间断裂面等，为铅锌等矿体主要赋存空间。本矿田断裂很发育，有下列几组：

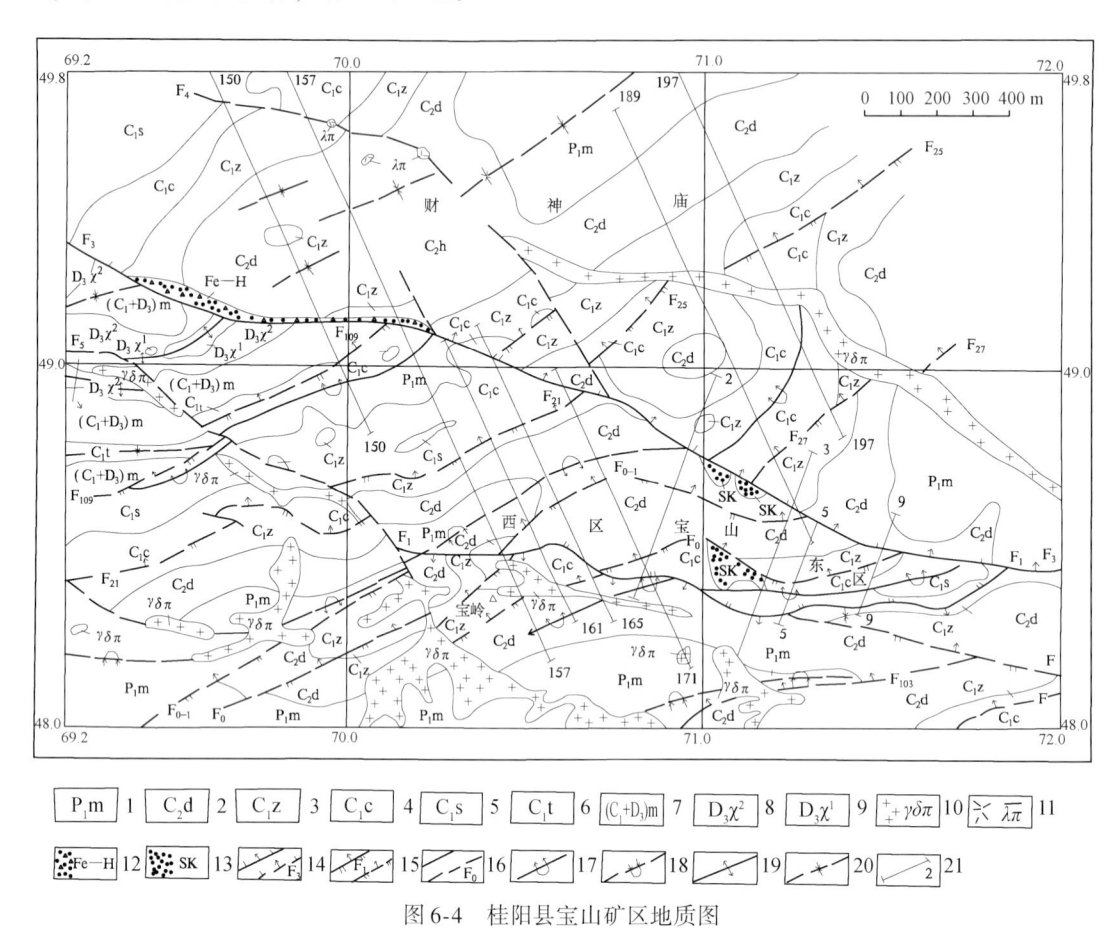

图 6-4 桂阳县宝山矿区地质图

1-马坪组灰岩；2-大埔组白云岩；3-梓门桥组白云岩；4-测水组砂页岩；5-石磴子组灰岩；6-天鹅坪组砂页岩；7-孟公坳组灰岩；8-锡矿山组上段砂页岩；9-锡矿山组下段灰岩；10-花岗闪长斑岩；11-石英斑岩；12-断层黑土带；13-夕卡岩；14-实测、推断正断层；15-实测、推断逆断层；16-性质不明断层；17-倒转背斜轴；18-倒转向斜轴；19-背斜轴；20-向斜轴；21-勘探线剖面位置

北东东向断裂：走向与倒转背、向斜轴向一致，为断面倾向北北西向的逆冲断裂，以压性、压扭性为主，属导矿构造。

北西-北西西向断裂：一般垂直或斜交褶皱轴向展布，以张扭性为主，走向北西者倾向北东，倾角70°～80°，为容矿构造。

展布于倒转背、向斜轴部及翼部的上述两组断裂，交织成网，控制着本矿田燕山早期花岗闪长斑岩的侵位和矿床的展布。

印支期的东西向挤压应力作用，形成了本区的南北向褶皱及界牌洞-黄沙坪逆断裂的次级逆断裂，是区域上推覆冲断带的组成部分。燕山早期的南北向左行直扭力偶作用，形成了北东东向褶皱和压性、压扭性断裂，它迁就和改造了印支期的南北向构造，使构造线方向发生"S"形偏转。在倒转背、向斜轴、翼部，与走向逆冲断裂（压性、压扭性）、北西-北西西向张扭性断裂复合部位，有燕山早期花岗闪长斑岩岩浆及含矿热液上升，在背斜顶部虚脱空间、层间剥离、层间裂隙及次级断裂、裂隙等有利构造空间容矿。

6.1.4.3 东坡钨锡多金属矿田

印支期东西向挤压应力作用，形成了本矿田的南北向东坡-月梅向斜及鲤鱼江-狮子庵逆断裂、东坡-月梅逆断裂和木根桥-观音坐莲推覆冲断带，以及北东、北西向两组共轭的扭断裂和东西向张性断裂，并有印支期王仙岭花岗岩株侵位（图6-5）。燕山早期南北向左行直扭力偶作用，形成了北北东向褶皱和压扭性断裂，它迁就和改造了印支期的南北向构造，使构造线方向发生"S"形偏转；又利用改造了印支期北东向扭性断裂，使本区出现密集的北东向断裂群及充填其间的燕山晚期花岗斑岩脉群。与内生金属成矿关系密切的燕山早期千里山花岗岩，是沿南北向与北东向两组断裂控矿的重要构造。在矿田东缘木根桥-观音坐莲推覆冲断裂上盘（东盘）的震旦系浅变质砂岩、板岩屏蔽层阻挡下，含矿花岗岩浆得以充分演化分异，成矿元素迁移富集，在北东向、北西向、东西向等次级断裂、裂隙及层间构造等部位容矿。且各成矿阶段的成矿作用受控于屏蔽构造，相互重叠改造，形成多组分、多成因、多类型内生金属矿床赋存于同一部位的著名东坡钨锡钼铋铅锌多金属矿田。

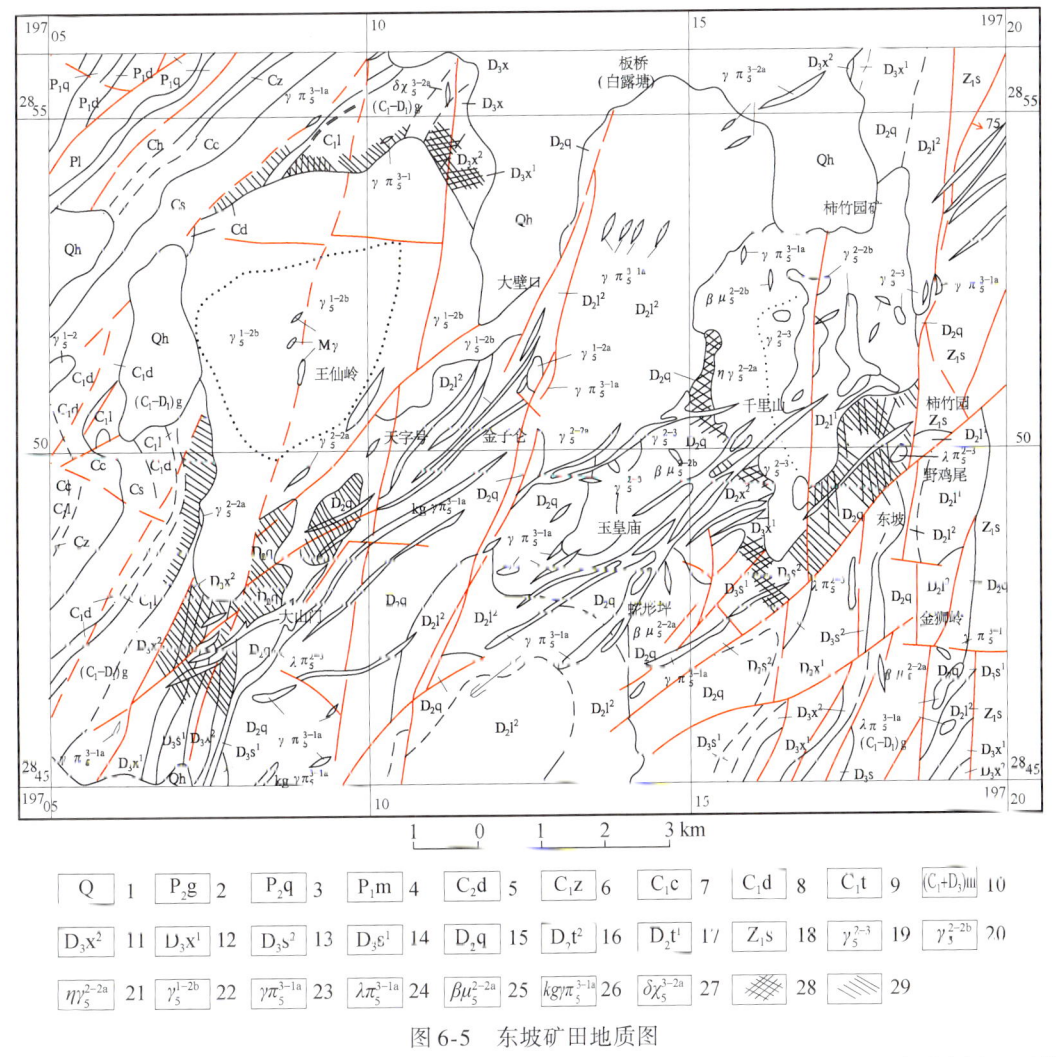

图6-5 东坡矿田地质图

1-第四系；2-二叠系孤峰组；3-二叠系栖霞组；4-二叠系马坪组；5-石炭系大埔组；6-石炭系梓门桥组；7-石炭系测水组；8-石炭系石磴子组；9-石炭系天鹅坪组；10-上泥盆统—下石炭统孟公坳组；11-泥盆系锡矿山组上段；12-泥盆系锡矿山组下段；13-泥盆系余田桥组上段；14-泥盆系余田桥组下段；15-泥盆系棋梓桥组；16-泥盆系跳马涧组上段；17-泥盆系跳马涧组下段；18-震旦系泗洲山组；19-燕山早期第三阶段花岗岩；20-燕山早期第二阶段花岗岩；21-燕山早期第二阶段二长花岗岩；22-印支期第二阶段花岗岩；23-花岗斑岩；24-石英斑岩；25-辉绿岩、辉绿玢岩；26-钾长象花岗岩；27-云斜煌斑岩；28-夕卡岩化；29-大理岩化

6.1.4.4 香花岭钨锡铅锌多金属矿田

受印支期的东西向的挤压应力作用，形成了本区南北向香花岭短轴背斜及推覆冲断带前锋的小塘–排洞压性断裂、北东向沙湖里断裂、茶山断裂和北西向深坪断裂等组成的两组扭性断裂及东西向张性断裂，构成了控制本矿田范围的一级封闭构造。

燕山早期的南北向左行直扭力偶作用，迁就和改造了印支期的南北向构造及其配套的北东向、北西向的扭性断裂与东西向张性断裂。燕山早期通天庙、香花岭、尖峰岭含矿花岗岩，沿香花岭短轴背斜核部及上述各组断裂复合部位侵入，在一级、二级封闭构造控制下，含矿花岗岩浆得以充分演化分异，成矿元素迁移富集，受接触带的控制，形成了由岩体向外、向上具典型水平、垂直分带特征的内生多金属矿床，即高温锡矿带–高中温锡、铅、锌矿带–中温铅、锌矿带。在推覆冲断裂西盘（下盘）及北东向、北西向等断裂、次级断裂、裂隙及层间构造等部位容矿。上述有利的构造条件，形成了香花岭钨锡铅锌多金属矿田（图6-6）。

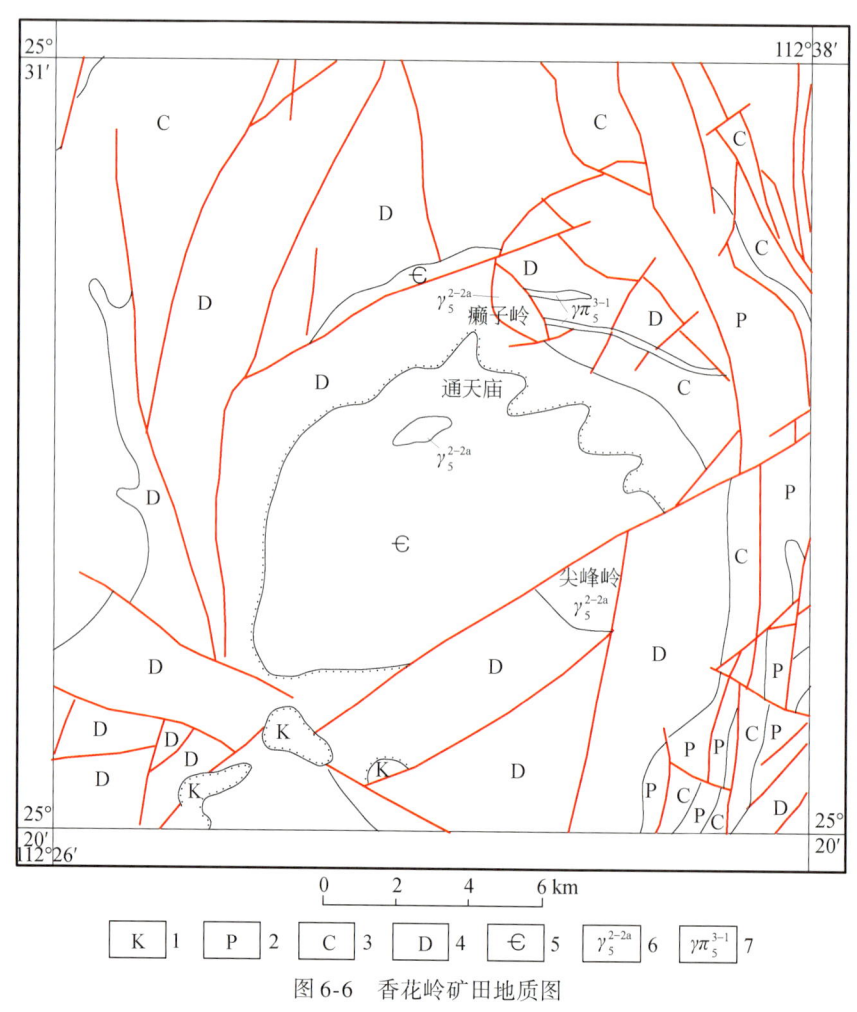

图 6-6 香花岭矿田地质图
1-白垩系；2-二叠系；3-石炭系；4-泥盆系；5-寒武系；6-燕山早期花岗岩；7-花岗斑岩

韩雄刚（1997）曾认为，千骑地区矿液的充填和成矿物质的沉淀多发生于多期次活动中断裂力学性质发生张性（张扭性）转变的阶段，并以黄沙坪铅锌多金属矿田为例讨论了矿田内主要控岩控矿断裂、岩浆岩的产出、构造体系的活动、矿体及其相互关系。韩雄刚（1997）的研究进一步表明，黄沙坪矿田内的断裂 F_2、BF_3 属印支—燕山期南北向构造带的压性结构面，AF_3 则属燕山期新华夏系压（压扭）性结构面，它们在燕山期东西向挤压作用和南北向反扭作用下，力学性质和两盘运动方向分别有过反复多次的改变，是典型的多期次活动断裂。在这些断裂的发展过程中，只有当它们转变为张性或张扭性的时候才有矿液充填、矿体形成，其他阶段则没有成矿作用发生，并据此认为香花岭等锡铅锌矿田具有同样的成矿机理。

6.2 岩层控矿作用

6.2.1 不同岩层中金属矿产的分布

千骑地区种类繁多的有色金属矿产，大多数均产于各时代地层中。如区内共有铅锌矿床（点）165处，就有124处是产在各时代地层中，占总数的75%，其中，中泥盆统棋梓桥组有53处，占总数的32.1%。区内31处铅锌矿床，产于棋梓桥组就有18处，占矿床总数的58.1%，产于下石炭统石磴子组4处，占12.9%，产于震旦系、寒武系3处，占9%。

岩层控矿作用首先表现在时、空因素对矿床的控制。不同时代的地层，控矿的重要性亦不同，按其排列顺序应是泥盆系、石炭系、震旦系、寒武系、二叠系。

随着各地层的空间位置、沉积环境及岩性等的不同，其矿床类型、规模也表现出明显的差异。震旦系—寒武系为基底构造层，主要岩性是碎屑岩，矿产则是以裂隙充填型脉状钨、锡、铅、锌为主，规模一般为中小型。泥盆系是本区最重要的赋矿地层，矿种多，有铅、锌、钨、锡及铁、锰等矿床，其类型有层控型及岩浆热液型，矿床规模大小不一，铅锌矿床以中、小型为主，钨、锡矿床多为大、中型。石炭系也是本区岩浆热液矿床的重要赋矿层位，矿种以铅锌为主，矿床规模多为大型，次有中小型规模的钨、锡、铜钼等矿床。二叠系岩层的金属矿化较弱，其中的孤峰组沉积型及风化残积型铁锰矿较发育。虽然近年来在本区西部于该地层中发现有金异常及矿化点，但至今尚未发现具有工业规模的矿床。

6.2.2 矿源层

千骑地区铅锌矿床的赋矿层主要是泥盆系的棋梓桥组和石炭系的石磴子组，其次是泥盆系佘田桥组和震旦系、寒武系。钨锡类矿床的主要赋矿地层是泥盆系、下石炭统、震旦系和寒武系。不同时代地层主量和微量元素特征如下。

6.2.2.1 各时代地层的岩石化学特征

从千骑地区赋矿地层岩石化学特征来看（表6-1）。

表6-1 千骑地区不同时代地层岩石化学分析结果统计表

地层代号	岩 性	样品个数	SiO_2	Al_2O_3	CaO	MgO	Na_2O	K_2O	Fe_2O_3	FeO	MnO	TiO_2	P_2O_5	灼失量
T_1d	灰岩，页岩，粉砂岩	33	16.16	3.66	41.20	1.06			0.75	1.004	0.07		0.02	33.63
P_2	粉砂岩，页岩	15	58.02	9.22	10.76	1.14			2.101	2.12	0.071		0.113	12.30
P_1d	硅质岩，页岩	3	67.94	10.02	0.41	1.81			6.14	0.23	4.56		0.09	6.06
P_1q	灰岩	7	3.23	0.47	49.59	3.51			0.18	0.12	0.005		0.00	42.62
C_2d	白云岩，灰岩	16	0.68	0.18	38.95	13.85			0.052	0.118	0.004		0.005	45.38
C_1z	云灰岩，云岩	3	1.447	0.587	43.15	9.42			0.09	0.077	0.001	0.00		44.37
C_1c	粉砂岩，页岩	3	69.08	15.53	0.36	0.3	0.538	2.603	3.367	0.95	0.159	0.93	0.014	4.356
C_1s	灰岩，云灰岩，云岩	30	3.53	0.87	45.39	4.62	0.19	0.276	0.33	0.117	0.015	0.006	0.014	42.09
C_1t	灰岩，云灰岩	13	3.86	0.53	49.32	3.29	0.10	0.056	0.57	0.05	0.002	0.02	0.022	42.11
C_1t	页岩	1	64.10	16.98	1.63	0.70	0.23	4.85	4.186	0.175	0.004	0.37	0.037	4.72

续表

地层代号	岩 性	样品个数	岩石化学组分含量/%										
			SiO_2	Al_2O_3	CaO	MgO	Na_2O	K_2O	Fe_2O_3	FeO	MnO	TiO_2	P_2O_5	灼失量
$(C_1+D_3)m$	灰岩,云灰岩	10	1.93	0.55	49.54	3.09			0.30	0.142	0.035	0.01	0.008	42.85
D_3x^2	粉砂岩	1	85.08	7.33	0.37	0.28			1.028	0.4	0.005		0.00	3.13
D_3x^1	灰岩	5	6.01	0.78	50.20	1.71	0.00	0.25	0.219	0.11	0.009	0.068	0.30	39.86
D_3s	泥灰岩,云灰岩	5	13.08	3.23	44.24	0.89	0.17	0.53	0.738	0.36	0.037	0.141	0.013	36.06
D_2q	灰岩,云灰岩	20	5.32	1.00	47.69	3.21	0.11	0.21	0.40	0.09	0.272	0.05	0.002	40.78
D_2q	石英粉砂云岩	3	40.95	10.03	11.87	7.99	0.26	2.91	2.37	2.64	0.273	0.407	0.057	18.50
D_2t	硅质岩	1	80.58	9.06	0.93	0.91	0.09	2.66	1.38	0.94	0.04	0.77	0.097	1.91
Z	粉砂岩,板岩	4	69.83	12.67	0.25	2.68	1.28	2.86	1.47	3.69	0.067	0.697	0.046	2.72

（1）震旦系—寒武系因是一套槽盆相碎屑岩沉积，SiO_2、Al_2O_3含量高，富镁贫钙、富钾贫钠，$FeO>Fe_2O_3$，反映出还原环境的特点，主要为构造裂隙控矿。

（2）中泥盆统至下三叠统为一套浅海台地相沉积。其中跳马涧组、锡矿山组上段、天鹅坪组和测水组为碎屑岩沉积，岩石化学表现为硅、铝含量高，SiO_2介于64.10%～85.08%间、Al_2O_3介于9.06%～16.98%间；钙镁含量低，CaO介于0.35%～1.63%间、MgO在0.3%～0.91%间；富钾贫钠、K_2O为2.6%～4.85%、Na_2O为0.09%～0.54%；Fe_2O_3（1.03%～4.19%）高于FeO（0.18%～0.95%）。孤峰组岩性以硅质岩、硅质页岩为主，在化学成分上除SiO_2、Al_2O_3、Fe_2O_3含量较高外，MnO的含量平均为4.56%。中泥盆统至下三叠统碳酸盐岩层最为发育，计有棋梓桥组、佘田桥组、锡矿山组下段、石磴子组、梓门桥组、大埔组、马坪组、栖霞组及大冶组。这些地层的岩石化学特征是CaO含量高（39%～50.2%）。其中棋梓桥组下段、锡矿山组下段、梓门桥组及大埔组白云岩成分较多，MgO含量较高，为4.62%～13.85%；佘田桥组泥质增加，硅、铝质增高，SiO_2为13.08%、Al_2O_3为3.23%。此外，棋梓桥组MnO含量较高。各碳酸盐岩地层中K_2O、Na_2O均为低含量。由于碳酸盐岩地层CaO含量高，常含MgO和SiO_2、Al_2O_3、铁锰质、碳质及硫化物，化学性质活泼，极有利于热液交代作用，控矿性最好。

（3）上二叠统则为煤系地层，岩石化学成分为硅、铝含量高，钙、镁较高。

6.2.2.2 各时代地层岩石的微量元素特征

系统收集了千骑地区以往各地层岩石微量元素的分析结果，共获数据6391个，同时计算了平均值（X）及浓集系数（Kc）值。Kc值为元素含量平均值与克拉克值（采用维氏1962年值）之比。$Kc>1$时，暗示元素富集；$Kc<1$时，说明元素亏损。由表6-2可见，区内普遍较为富集的元素有Pb、Sn、As、B，其中：Kc值在2～5范围的有Sn、B，Kc值大于5的是As。Pb元素在寒武系、泥盆系、三叠系及白垩系中含量较高，$Kc>2$。Zn元素在棋梓桥组、石磴子组、孤峰组富集，$Kc>1$。

局部富集度高的元素是：Mo在寒武系及二叠系富集；Mn在二叠系富集，如孤峰组Mn的Kc值达9.89。区内的亏损元素有Cu、Cr、Ni、Co、V、Be、Ba。

碎屑岩为主的地层较碳酸盐岩地层金属元素含量高，如天鹅坪组、测水组、跳马涧组等的金属元素含量值一般高于相邻的碳酸盐岩地层。

各地层金属元素丰度总的变化趋势是：由老到新，震旦系、寒武系高，泥盆系、石炭系低，二叠系、三叠系较高，侏罗系、白垩系、古近系和新近系较低（图6-7）。

表 6-2 千骑地区不同地层岩石中微量元素含量统计表

元素含量平均值(X: 10^{-6})及浓变系数 Kc($Kc = X/$维式克值)

地层		样品个数	Pb X	Pb Kc	Zn X	Zn Kc	Cu X	Cu Kc	As X	As Kc	Sn X	Sn Kc	Mo X	Mo Kc	Cr X	Cr Kc	Ni X	Ni Kc
古近系		64	4.54	0.31			12.27	0.26			3.3	1.32	0.60	0.54	16.00	0.19	7.00	0.12
白垩系		91	33.89	2.12	56.47	0.68	22.53	0.48	42.36	24.91	6.17	3.47	0.79	0.72	73.9	0.89	17.49	0.30
侏罗系		48	12.66	0.79	42.88	0.51	20.36	0.43	69.6	40.97	4.62	1.85	0.95	0.80	35.98	0.43	15.22	0.26
三叠系		111	34.40	2.15	49.00	0.59	25.20	0.53	32.53	19.10	13.36	5.33	1.67	1.52	68.15	0.82	22.07	0.38
二叠系	龙潭及大隆组	537	25.43	1.59	56.91	1.05	22.92	0.49	22.29	13.11	6.47	2.59	1.72	1.56	41.49	0.50	28.86	0.50
二叠系	孤峰组	169	31.58	1.97	134.76	1.62	35.87	0.72	27.95	14.44	4.81	1.92	1.22	1.11	39.25	0.47	92.89	1.60
二叠系	栖霞组	155	13.76	1.17	24.80	0.30	18.03	0.38			6.43	2.57	0.72	0.65	23.04	0.28	21.01	0.36
石炭系—二叠系	大埔及马坪组	290	24.50	1.53	26.16	0.32	14.75	0.31	18.5	10.90	3.37	1.35	0.33	0.30	14.26	0.17	6.40	0.11
石炭系	梓门桥组	108	8.89	0.56	33.69	0.44	15.26	0.32	20.11	11.83	3.16	1.26			10.74	0.13	5.53	0.10
石炭系	测水组	99	19.25	1.20	69.24	0.83	18.19	0.39	28.44	16.70	4.97	1.59	1.07	0.97	53.39	0.64	11.63	0.20
石炭系	石磴子组	472	10.05	0.62	132.56	1.60	11.14	0.24	19.46	11.45	3.18	1.27	2.69	2.45	11.78	0.14	5.66	0.10
石炭系	天鹅坪组	170	32.01	2.00	41.11	0.50	18.31	0.39	22.44	13.20	5.82	2.33	0.64	0.58	52.98	0.64	13.84	0.24
泥盆系—石炭系	孟公坳组	310	5.98	0.37	28.36	0.34	9.87	0.21	18.29	10.76	3.71	1.49	0.57	0.52	10.86	0.13	6.55	0.11
泥盆系	锡矿山组	393	25.89	1.62	42.16	0.51	14.92	0.32	23.1	13.59	5.26	2.1	0.51	0.46	32.71	0.39	7.45	0.13
泥盆系	佘田桥组	699	19.10	1.19	41.58	0.50	12.70	0.27	19.03	11.19	5.52	2.20	0.76	0.69	15.09	0.18	8.95	0.15
泥盆系	棋梓桥组	1637	43.35	2.71	93.68	1.13	14.40	0.31	20.9	12.30	6.31	2.52	1.26	1.14	12.97	0.16	7.45	0.13
泥盆系	跳马涧组	305	43.85	2.74	40.38	0.49	18.62	0.40	42.18	24.80	10.27	4.23	1.10	1.00	51.96	0.63	24.70	0.43
寒武系		91	45.13	2.82	82.70	0.99	35.80	0.76	61.84	36.40	10.50	4.20	2.23	2.03	80.4	0.96	32.62	0.56
震旦系		642	18.90	1.18	57.20	0.69	27.30	0.58	27.08	15.90	7.39	2.96	0.76	0.69	82.95	1.00	31.05	0.54

续表

地层		样品个数	元素含量平均值($X: 10^{-6}$)及浓度系数 $Kc(Kc=X/维式克值)$											样品个数	元素含量平均值($X: 10^{-6}$)及浓度系数 $Kc(Kc=X/维式克值)$						
			Co		V		Mn		Be		Ba		B			Hg		F		Sr	
			X	Kc	X	Kc	X	Kc	X	Kc	X	Kc	X	Kc		X	Kc	X	Kc	X	Kc
古近系		64	4.50	0.25	12.70	0.14	238.50	0.24	1.30	0.34	120.00	0.18	10.25	0.085	64	0.022	0.27			106	0.31
白垩系		91	6.23	0.35	33.51	0.37	570.49	0.57	3.49	0.92	353.45	0.54	23.60	1.97	52	0.022	0.27	342.3	0.52	49	0.14
侏罗系		48	5.95	0.33	22.78	0.25	101.64	0.1	2.04	0.54	157.35	0.24	30.94	2.58	14	0.018	0.22	251.7	0.38	25	0.07
三叠系		111	5.43	0.30	34.53	0.38	220.38	0.22	2.00	0.53	190.50	0.29	58.20	4.85	43	0.024	0.29	311.7	0.47	187	0.55
二叠系	龙潭及大隆组	537	5.76	0.32	69.64	0.77	501.73	0.50	6.18	1.63	136.40	0.21	67.26	5.61	51	0.021	0.25	414.8	0.63	90	0.26
	孤峰组	169	7.73	0.43	49.78	0.55	9871.75	9.89	2.27	0.60	147.71	0.23	38.83	3.24	45	0.075	0.90	290.8	0.44	25	0.07
	栖霞组	155	4.10	0.23	18.13	0.20	1094.9	1.09	1.33	0.35	185.50	0.29	8.54	0.71	5	0.090	1.08	75.9	0.12	46	0.14
石炭系—二叠系	大埔及马坪组	290	4.42	0.25	8.95	0.10	280.61	0.28	1.81	0.48	256.13	0.39	13.36	1.11	12	0.039	0.47	71.4	0.11	177	0.52
石炭系	梓门桥组	108	4.00	0.22	18.60	0.21	191.3	0.19	1.80	0.47	188.03	0.29	13.05	1.00	12	0.017	0.20	208.8	0.32	147	0.43
	测水组	99	4.24	0.24	44.93	0.50	171.56	0.17	2.49	0.66	153.90	0.24	59.99	5.00	22	0.021	0.25	250.2	0.38	25	0.07
	石磴子组	472	4.71	0.26	14.97	0.17	228.05	0.23	1.67	0.44	159.33	0.25	17.59	1.47	27	0.019	0.23	352.0	0.53	317	0.93
	天鹅坪组	170	7.38	0.41	37.58	0.42	625.06	0.63	1.65	0.43	113.25	0.17	111.5	9.29	7	0.076	0.92	1717.0	2.60	47	0.14
泥盆系—石炭系	孟公坳组	310	4.30	0.24	30.73	0.34	357.35	0.36	1.57	0.45	106.25	0.16	7.81	0.65	41	0.020	0.24	45.5	0.07	151	0.44
泥盆系	锡矿山组	393	5.23	0.31	28.37	0.32	504.89	0.50	2.10	0.55	139.19	0.21	47.31	3.94	46	0.020	0.24	423.0	0.64	68.7	0.20
	佘田桥组	699	7.29	0.40	24.33	0.27	231.57	0.23	1.81	0.48	275.83	0.42	18.7	1.39	13	0.020	0.24	112.7	0.17	93	0.27
	棋梓桥组	1637	4.48	0.25	26.73	0.30	804.95	0.80	2.50	0.66	165.10	0.25	15.00	1.25	25	0.026	0.31	172.2	0.26	77	0.23
	跳马涧组	305	12.45	0.69	54.72	0.61	355.44	0.36	3.74	0.98	215.17	0.33	31.36	2.61	14	0.028	0.34	409.6	0.62	25	0.07
寒武系		91	8.18	0.45	70.16	0.78	130.08	0.13	3.16	0.83	220.20	0.34	31.20	2.60	59	0.029	0.35	491.6	0.74	25	0.07
震旦系		642	7.69	0.43	54.24	0.60	186.10	0.18	2.10	0.55	192.80	0.30	64.12	5.34	51	0.026	0.31	563.0	0.85	25	0.07

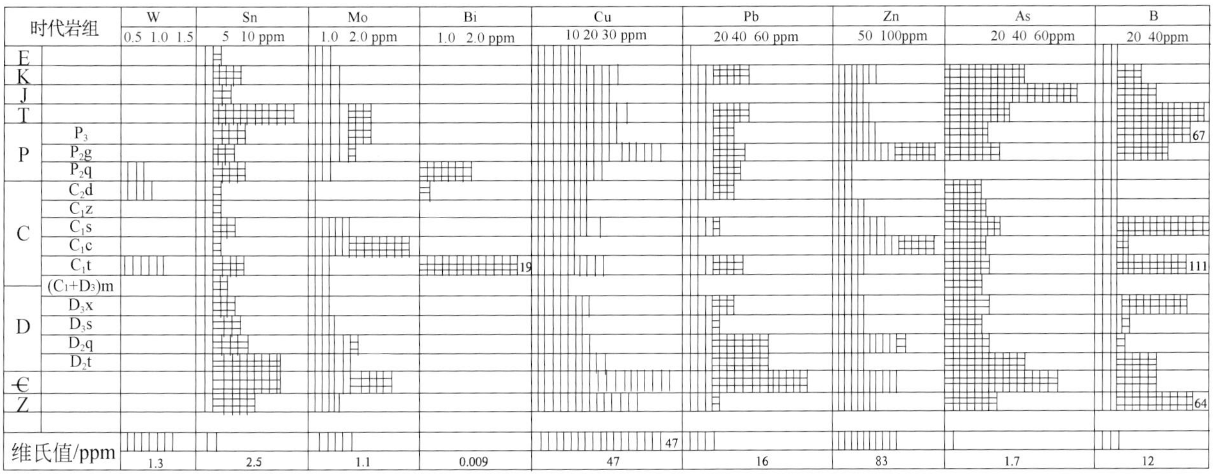

时代岩组		W 0.5 1.0 1.5	Sn 5 10 ppm	Mo 1.0 2.0 ppm	Bi 1.0 2.0 ppm	Cu 10 20 30 ppm	Pb 20 40 60 ppm	Zn 50 100ppm	As 20 40 60ppm	B 20 40ppm
E										
K										
J										
T										
P	P₃									67
	P₂g									
	P₂q									
C	C₂d									
	C₁z									
	C₁s									
	C₁c									
	C₁t				19					111
	(C₁+D₃)m									
D	D₃x									
	D₃s									
	D₂q									
	D₂t									
€										
Z										64
维氏值/ppm		1.3	2.5	1.1	0.009	47	16	83	1.7	12

图 6-7　千骑地区各地层单位主要微量元素丰度图

$1 \text{ppm} = 1 \times 10^{-6}$

矿源层可和赋矿层同期也可早于赋矿层，所含元素种类多、丰度值高，可以为成矿提供物质来源。千骑地区地球化学场总的背景特点是某些元素在部分地区的部分层位中，丰度值偏高，是成矿物质来源之一。区内含元素种类多、丰度值高的几个层位是震旦系、寒武系、中泥盆统的跳马涧组和棋梓桥组。主要富集 Pb、Zn、Sb、W、Sn、Mo、Bi、As、B 等元素，但这些元素在不同层位、不同地区的变化也十分明显。总的特点是：在以上几个层位中，Pb、Sn、Sb、W、B 元素浓集系数 Kc 一般在 2～5 之间，Bi、As 等元素 Kc 多在 10 以上，这种较高含量的元素可以在成矿过程中提供一定的物质。

此外，元素丰度在不同地区的差异远大于不同层位的差异。如震旦系中 Pb 平均含量：五盖山区 6×10^{-6}、金子岭区 10.3×10^{-6}、东坡区 67×10^{-6}，相差近 10 倍。又如棋梓桥组 Pb 平均含量：东坡区 26.2×10^{-6}、五盖山区 24.7×10^{-6}、鲁塘-桂阳区 28.2×10^{-6}、香花岭区 108.67×10^{-6}。寒武系及跳马涧组这种差异也很明显（图 6-8）。

上述说明，千骑地区的震旦系、寒武系、泥盆系跳马涧组和棋梓桥组地层可作为矿源层，其较高的元素含量可为成矿提供部分物质来源。而东坡和香花岭地区的元素高含量则属成矿期和成矿期后扩散作用引起，是良好的找矿标志（图 6-9）。

6.2.3　地层和岩性组合的控矿性

1. 基底构造层的碎屑岩组合控矿性

千骑地区震旦系—寒武系地层为一套浅变质碎屑岩组合，是新元古代活动大陆边缘阶段处于大幅度沉降状态的边缘海槽盆沉积产物，并经受了多期次的构造运动，沉积厚度大，成矿元素种类多、丰度较高，岩性简单，岩石性脆，易产生断裂裂隙，是裂隙型矿床主要的地层岩性组合。

2. 碳酸盐岩层组合控矿性

地壳构造运动由活动到稳定发展阶段的海侵序列中形成的第一个碳酸盐地层，如本区东部及香花岭区的泥盆系棋梓桥组和佘田桥组地层，为从陆源碎屑岩类向碳酸盐岩类转变的初期阶段，是元素地球化学环境的更换期，有利于元素的沉淀和富集，加之碳酸盐岩石化学活泼性强，是成矿的极有利的地层岩性组合。东坡矿田和香花岭矿田一系列的铅锌钨锡矿床都产于这种碳酸盐地层岩石组合中。

3. 容矿层与遮挡层组合控矿性

千骑地区的坪宝一带的主要容矿层位为石磴子组灰岩，而其上覆的测水组和下伏的天鹅坪组则为碎屑岩地层，化学活动性差，起着遮挡及封闭作用。这种容矿层和遮挡层的紧密组合特征，构成了极有利

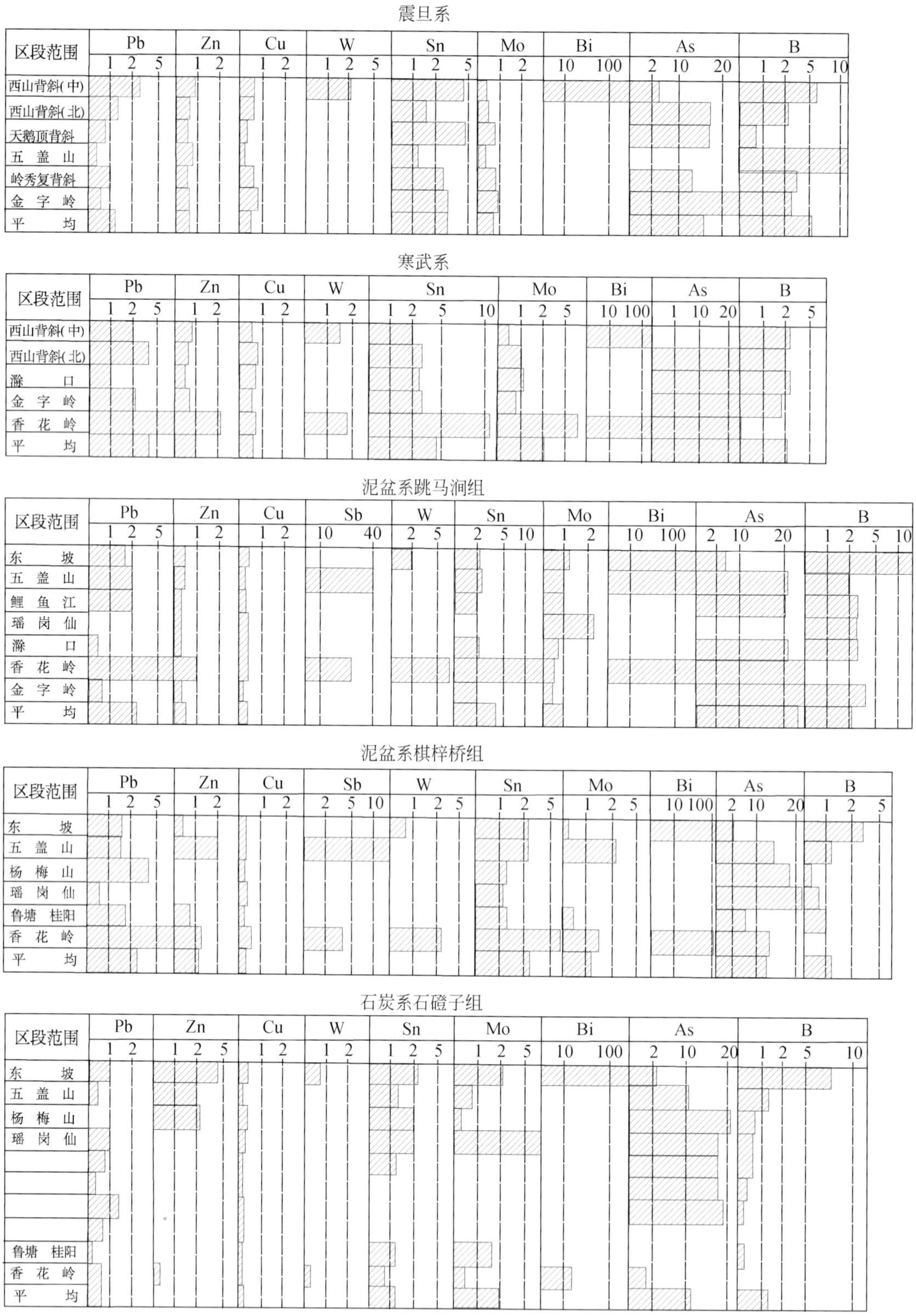

图 6-8 千骑地区主要地层微量元素浓度集系数 Kc 直方图

的空间，能促使成矿物质大量的聚集、封闭，从而形成了坪宝地区大而富的矿床。

上述的3种岩性组合中，以后两种更为重要，对于碳酸盐岩层组合，如果缺少上部的遮挡层，封闭条件不足，会导致形成的矿床数量多，规模相对较小。

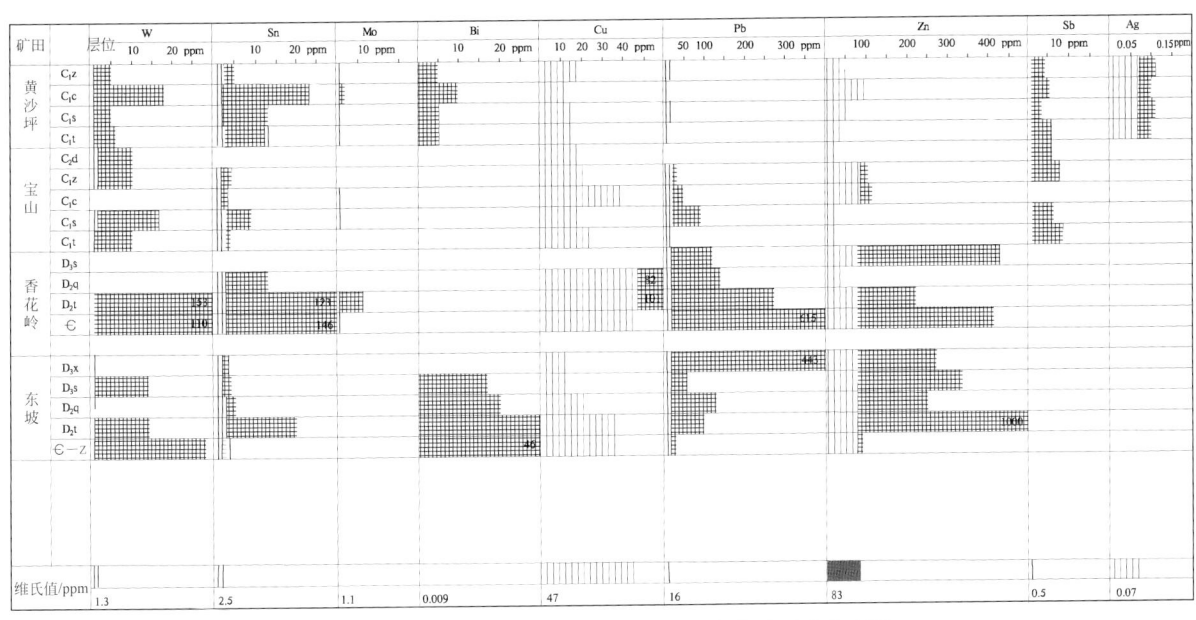

图 6-9　千骑地区各主要矿田赋矿地层中成矿元素丰度图

6.3　岩相古地理对成矿控制

6.3.1　区域古地理

加里东期造山作用使湘赣地区上升成陆后，还经受了一段较长时间的风化剥蚀阶段，在一定程度上改造了陆地地形地貌。泥盆纪海侵前，湘南大部分则可能为准平原区。早泥盆世时，湘南地区正好处于丘陵边缘地带，地势较高，故仍处于剥蚀区环境，跳马涧期由于沉降作用的继续进行，先期的丘陵地带已全部被海水淹盖。就整个研究区来看，可以宜章—郴州一线为界，界东地势较高，界西相对低平，故在古地理上反映为东部系海岸平原，西部为陆缘碎屑浅海潮坪环境。

棋梓桥期海盆的进一步沉降，导致陆源物质沉积向岸退缩，湘南地区由前期的陆缘海变为陆表海，碳酸盐台地已成为海域中主要的古地理单元，占据湘南大部分地域。棋梓桥期在海盆大幅度沉降的同时产生的古断裂活动，不但使台地解体，也导致解体后的台地内部次级古地理单元形成。湘南地区也不例外，由于地处解体后的郴州-攸县滨岸台地中部，除了具有碳酸盐台地的所有特征外，还不同程度地受到东侧武夷古陆产生的碎屑物的干扰，但由于研究区在形成古台地的初期，其原始地形即有差异，以郴州—宜章一线为界，界东有彭公庙、太和仙等岛屿及五盖山潜丘分布，地形较高，界西地形低平，在形成台地时，较高处为局限-半局限台地，低平处则为开阔台地。这种次级古地理单元在整个泥盆纪—石炭纪海域中是随时变迁的，引起这种演变的原因与古断裂的同沉积期有关。

6.3.2　中泥盆世—早石炭世古地理与相带

6.3.2.1　相带划分

千骑地区中泥盆世—早石炭世的岩石类型十分丰富，包括陆源碎屑岩类、碳酸盐岩类和碳硅泥岩石等。从时、空分布上看，碳酸盐岩类为本区的主要类型，次为陆源碎屑沉积岩类。碳硅泥岩石主要以碳酸盐岩的同期异相面貌出现于少数地区的局部地带，相类型虽然十分重要，但分布面积局部。

本区相分析的基础，主要是综合考虑岩石类型、结构构造及它们所含古生物群落和生态特征，同时也考虑了某些地球化学标志。根据相带在空间的展布规律,将本区沉积相进行五级分类,即相区、相系、相、亚相和微相。具体划分情况见表6-3。

表6-3 千骑地区中泥盆世—早石炭世沉积相划分简表

相区	相系	相	亚相
大陆相区	剥蚀区		
过渡相区	过渡相系	海岸平原相(Gb)	砂砾滩亚相(Gb)$_1$
			滩间砂泥坪亚相(Gb)$_2$
海洋相区	陆源碎屑岩相系	有障壁型海潮坪相(Tf)	混合坪亚相(Tf)$_1$
			砂坪亚相(Tf)$_2$
			潮下潜水亚相(Tf)$_3$
			砂坝亚相(Tf)$_4$
		无障型海岸滨岸相(N)	近滨亚相(N)
	碳酸盐岩相系	局限,半局限台地相(Rp)	潮上坪亚相(RP)$_1$
			潮间坪亚相(RP)$_2$
			潮下坪亚相(RP)$_3$
		开阔台地相(OP)	灰泥亚相(OP)$_1$
			礁滩亚相(OP)$_2$
			粒屑-生物浅滩亚相(OP)$_3$
		台棚相(Ps)	
		台盆相(Pb)	
		陆棚相(Sh)	混积陆棚亚相(Shm)
			广海陆棚亚相(Sh)
		台缘斜坡相(Pms)	

6.3.2.2 岩相及其特征

1. 过渡相

本相系仅可划分出一个海岸平原相,由一套含砾粗粒石英砂岩、中细粒石英砂岩、粉砂岩、粉砂质泥页岩、钙质页岩等组成。剖面上具有向上粒度变细的特点。砾石分选差,磨圆度不好,以脉石英为主,变质砂岩、硅质岩、长石等次之。

单向斜层理、小型双向交错层理分别表示为陆相(河流相)和潮坪相的构造。剖面底部以陆相为主,中部则以海陆相混生,上部为海相。生物稀少,有植物碎片、鱼碎片和小型厚壳腕足类。

可分海岸平原砂、砾滩亚相(Gb)$_1$和滩间砂泥坪亚相(Gb)$_2$。

1) 砂、砾滩亚相(Gb)$_1$

分为杂砾岩、纯砾岩和石英砂岩三个微相。

杂砾岩微相呈灰-杂色,厚层块状,砾石分选不好,成分复杂,呈棱角-半棱角状,由砂砾岩、含长石石英砂岩、含云母石英砂岩等组成,为河床滞流砾石沉积。

纯砾岩微相呈灰白、白色,具块状构造,砾石分选好,结构及矿物成熟度高,砾石由石英岩、硅质岩等组成,并具明显的叠瓦状排列,属滨岸环境产物。

石英砂岩微相呈灰白色或白色,砾石结构及矿物成熟度均高,一般石英含量达95%以上,属滨岸环境的砂坪或前滨相。有时除石英外,尚有少量长石、云母等矿物存在,与砾岩、含砾砂岩、泥页岩组成韵律。具大型板状交错层理,为蛇曲河的边滩沉积环境。

上述三种微相在本区常互相夹杂,故统称为砂砾滩亚相。

2) 滩间砂泥坪亚相（Gb）$_2$

呈凹槽状展布于砂砾滩亚相之间，代表着滩间低洼地形，岩性组合与砂砾滩相同，但砂、泥岩为本亚相的主体，砾岩、砂砾岩间有少量产出。脉状层理、透镜状层理、大型低角度楔状层理、板状层理、砂纹层理、水平层理、粒序层理发育。遗迹化石有针管迹（Skolithos）、根珊瑚迹（Rbizocorallirn）等。

2. 陆源碎屑岩相系

本相系仅指陆源碎屑滨岸浅海区的沉积相，包括有障壁型海岸的潮坪、潟湖相和无障壁型海岸的滨岸碎屑岩相，如后滨、前滨、近滨、滨外（陆棚）相等。

1) 有障壁型海岸陆源屑沉积潮坪相

是本区的主要相类型之一，细分为四个亚相：

①混合坪（砂泥混合坪）亚相（Tf）$_1$

为黄-浅灰白色石英砂岩和暗紫色、灰绿色砂质页岩。页岩含量>35%。临武九牛冲剖面石英砂岩中普遍发育双向交错层理，脉状、透镜状层理。生物稀少，仅见少量腕足类和植物碎片，具针管迹（Skolithos）和似海蚯蚓迹（Arenicolites）等代表潮坪环境的遗迹化石。

②砂坪亚相（Tf）$_2$

其沉积物主要为以床砂载荷形成的砂级物质，系较高能量环境的沉积。垂向和平面上与混合坪亚相互叠置成过渡。有小型流水沙纹层理。生物稀少，以腕足类和介形类为主。

③潮下浅水亚相（Tf）$_3$

线状展布于砂泥混合坪中地形较低洼的部位。由泥（页）岩组成，具暗色和中-薄层状，水平层理发育，为低能环境沉积，生物以有孔虫、腹足类、瓣鳃类、腕足类为主，保存完整，含量丰富。

④砂坝亚相（Tf）$_4$

以纯净的石英砂岩为主，细粒砂质物一般在70%以上，平面上常分布于砂坪向海一侧与近滨相毗邻，相特征与前滨相极为相似，不同之处在于沿走向常呈不连续出现，具低角度交错层理。

2) 无障壁型陆源碎屑岩相

位置上处于砂坝的向海一侧，且只见有近滨亚相（N）。

近滨是平均低潮线以下至常浪基面之上的地带，故常处于水下，主要为泥、砂质，其中细砂级仅占30%以下，由粉砂岩、粉砂质页岩和细砂岩组成，剖面上下细上粗，具有槽状交错层理、水平层理，具虫迹和生物扰动构造。

3. 碳酸盐岩相系

为本区主要岩相类型，可分为台地相、台棚相、混枳陆棚相、台缘斜坡相和台盆相五个相一级单元，本区各大型有色金属矿床均赋存在本相系中。

1) 局限-半局限台地相（Rp）

一般认为此相处于礁滩相的向陆一侧的潮下环境，水体因礁滩阻隔而不能与外海广泛交流，故表现为盐度偏高。关仕聪等曾将其称为闭塞台地。按照我省实际情况，本相类型向海一侧不一定有礁滩环境出现，多数情况下其相特征与潟湖或海湾相雷同，但它处潮汐环境，细分为潮上、潮间或潮下浅水三个亚相单元（图6-10）。

①潮上亚相（Rp）$_1$

为黄灰色泥晶泥质粉砂质云岩、微-粉晶云岩，偶夹薄层泥（页）岩。具发育的水平层理、鸟眼、雪花状构造，生物稀少。

②潮间亚相（Rp）$_2$

潮间亚相是高潮线到低潮线之间的沉积。岩石类型复杂，从泥晶灰岩到生物灰岩均有，一般泥质较少，有瘤状灰岩出现。亚相由各种岩石类型组合呈韵律剖面结构（图6-10），如郴州以东地区棋梓桥晚期常见为藻灰岩与层孔虫泥晶灰岩或粒序纹层灰岩与层孔虫灰岩组成二元结构，韵律厚3.5~5 m，佘田桥期则常以白云岩、藻灰岩、角砾状灰岩或云灰岩、藻屑灰岩、生物屑砂屑灰岩、叠层藻灰岩等组成三元

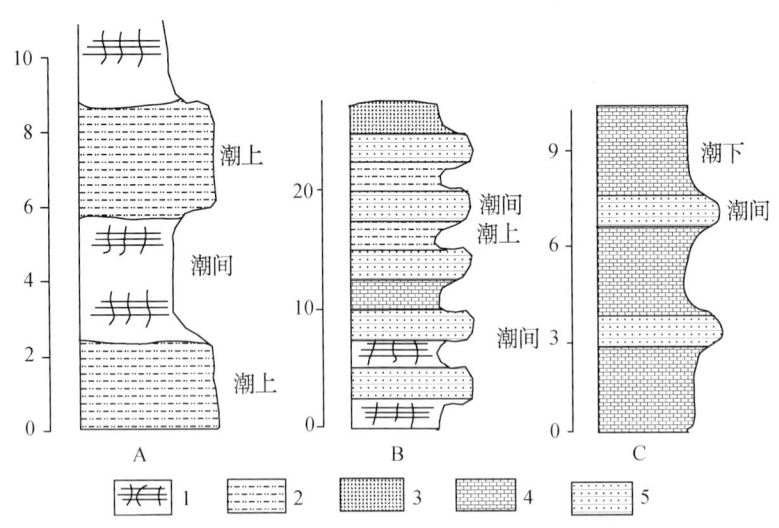

图 6-10 千骑地区局限-半局限台地潮坪韵律沉积结构剖面图
1-藻纹层灰岩；2-白云岩；3-泥晶灰岩；4-粒序纹层灰岩；5-小球状层孔虫灰岩

结构，韵律厚 2~5 m 不等。韵律在垂向和横向上常与礁滩相过渡。

以泥晶结构为主，偶有粒屑、球粒、凝块等结构。毫米级粒序层理、微波状水平层理、叠层石构造是常见构造类型。

③潮下静水亚相（Rp)$_3$

以暗色中厚层状泥晶灰岩、泥晶泥质灰岩为主体，夹泥灰岩薄层。泥晶结构和水平层理为主要结构构造类型。生物以广海底栖类（小个体薄壳型腕足类-中华伊孟贝）为主，并有藻包壳现象，保存完整，单体珊瑚、腹足类偶见。为较安静的潮下低能环境的产物。证明为局限环境。

2）开阔台地相（Op）

位于低潮线下、浪基面附近以上地带，除风暴作用可以影响到海底外，环境相对较安静，板状层理普遍且广，广盐度生物发育，红藻的出现是划分本相带的标志，开阔台地窄盐性生物较少是区别于广海陆棚相之处。

根据水体能量大小，可细分为三个亚相。

①灰泥亚相（Op)$_1$

主要由生物泥晶灰岩和泥粒灰岩组成，生物组合和岩石原生构造与开阔台地相相同。呈带状沿北东向展布。

②生物礁滩亚相（Op)$_2$

分布于灰泥亚相之间，生物礁和核形石滩极为发育。生物礁系指具骨架抗浪结构的原地生长的生物结构。但礁体常发育不良，多孤立出现且规模小，横向上与滩相或地层礁过渡，故统称礁滩亚相。

③粒屑-生物浅滩亚相（Op)$_3$

以滩相为标志，特别是核形石滩占多数。由两种组分构成，一种以核形石为主的生物滩，另一种以生物碎屑和鲕粒组成的粒屑滩。主要由泥亮晶生物屑灰岩、泥亮晶鲕粒灰岩、亮晶核形石灰岩、砾屑灰岩、泥晶灰岩及少量泥质灰岩组成。胶结物类型以亮晶胶结为主。生物有腕足类、腹足类、蓝绿藻及棘皮类、介形虫和群体珊瑚、球状层孔虫、板状层孔虫等。

3）台棚相（Ps）

碳酸盐岩台地相之间呈线状展布的较深水沉积区，相特征与广海陆棚相较相似，位于平均低潮线以下至浪基面附近。以泥晶灰岩、含硅质结核或硅质条带泥晶灰岩、泥灰岩、瘤状泥质灰岩、生物灰岩为主，具中薄层状水平微细层理构造、瘤状构造。以底栖生物为主，且保存完整，夹有浮游生物、牙形刺、竹节石、菊石等。剖面上底部为瘤状泥灰岩，向上依次为泥晶灰岩、生物灰岩，最后以泥晶云化灰岩结束，转化为台地潮坪相，当海水加深时，则变为台盆相。

4）混积陆盆相（Shm）

以碳酸盐岩和陆源碎屑沉积岩混生为特点，由泥晶灰岩、粉砂质泥（页）岩组成不等厚互层，或由泥晶灰岩与瘤状泥灰岩、粉砂质泥（页）岩组成韵律层。生物十分丰富，如腕足类、棘皮类、珊瑚、苔藓虫、腹足类、介形类、钙质海绵等，其中群体珊瑚、腕足类常构成生物层。代表处于浪基面之下的滨外陆棚环境，水体循环良好，盐度正常，环境安静。

5）广海陆棚相（Sh）

主要由粉砂质泥岩、泥质粉砂岩和少量细砂岩组成。其中，砂岩的成分成熟度和结构成熟度较高，钙质含量少。由于厚度不大，在图面上未表示。

6）台缘斜坡相（Pms）

有重力流、碎屑流和颗粒流、浊流沉积四种类型，它们彼此有规律地形成韵律，一般表现有三种：①滑塌（重力流）沉积-碎屑流组合；②碎屑流-浊流组合；③颗粒流-浊流组合。

完整剖面见于香花岭，自底至顶可分为滑塌沉积→碎屑流沉积→颗粒流沉积→浊流沉积。往西，上述完整的韵律有自底向顶依次缺失的现象，至临武麦市，仅有浊流沉积出现。该处往东则自顶层起依次缺失，紧靠台地处再往东，仅见滑塌沉积。细分为上斜坡和下斜坡：滑塌沉积至浊流沉积属上斜坡亚相；由微泥晶灰岩、泥质条带或硅质条带泥晶灰岩、泥晶灰岩等组成下斜坡亚相。具暗色、中薄层状、水平层理及同生石香肠构造发育，岩性稳定，以浮游竹节石、菊石为主，偶见小个体腕足类。其主体分布在西邻地区，且呈近南北向延伸数十千米，说明西部有较陡的线状倾斜面。同沉积期古断裂频繁活动，是触发形成这一特殊相类型及其成韵律多次出现的主因。

6.3.2.3 古地理单元划分

湘南千骑地区各级古地理单元划分，可细分为古海岛、海岸平原、潮坪、滨岸、台地、台棚、台缘斜坡及台盆等八种四级单元（表6-4）。

表6-4　千骑地区中泥盆世—早石炭世古地理单元分类简表

Ⅰ级	Ⅱ级	Ⅲ级	Ⅳ级	分布时代
大陆	剥蚀区	古海岛		D_2t　D_2q^1
海洋	陆缘碎屑浅海	海岸平原	砂砾滩	
			砂泥坪	D_2t
		潮坪		D_2t　D_2q^1　C_1s
		滨岸浅海		C_1c
	陆表海	台地	局限-半局限台地	$D_2q^1—C_1s—C_1z$
			开阔台地	$D_2q^1—D_3s$　D_3x^1
		台棚		D_2q^1　D_3s　D_3x^1
		台缘斜坡		D_3s^2
		台盆		D_3s^1

表6-4中所列各Ⅲ级古地理单元的特点本书不一一详述，现仅将几个特殊Ⅲ级单元的划分依据及涵义简述如后。

(1) 古海岛的确立依据。我们确立海岛存在及海岛边界的依据是：①是否有边缘相带存在；②是否有地层缺失或超覆；③不稳定陆源物和陆生生物存在与否；④是否有前海西期岩体或老地层出露。如符合上述2~3个原则，则视为可靠的海岛，否则仅作推测海岛处理。

(2)"台盆""台棚"的含义。台盆意指分布于台地之间呈线状延伸的低于喜氧相的深水盆地环境。台盆的形成与古断裂的同沉积期活动，特别是其张裂性质的活动有成因联系。台盆水体深度目前认识不一，我们暂按照 Byers 意见，把海水分为喜氧相（深约 50 m）、次喜氧相（深约 150 m）、滞水相-厌氧相（深 150 m 以上），并参考 Exon 等对现代海洋的调查结果，确定本区台盆水深约 150~500 m。本区台盆面积有限，仅展布在西南一隅，出现于佘田桥早期，佘田桥晚期即被台缘斜坡替代，锡矿山期即已消失，可见其延续时间不长。

台棚是台间陆棚的简称，指存在于台地之间，且基本上呈线状延伸的陆棚环境。相特征与广海陆棚雷同，但其展布范围受两侧台地限制，台棚沉积物组合，因受台地影响而与广海陆棚有较大差异，剖面上常向台盆或开阔台地发展。与台盆一样，其形成机理与断裂有关。

应该说明的是，关于厘定湘南千骑地区古地理单元的其他参数，限于条件，我们没有进行有关工作。上述古地理单元仅根据沉积物性质、沉积结构构造和古生物组合及生态特征等而加以判断。

6.3.3 中泥盆世—早石炭世岩相古地理时空演化

千骑地区中泥盆世—早石炭世的岩相特征已如前述，此处仅着重总结其时、空两方面的演变规律。

跳马涧期：跳马涧期沉积为本区加里东造陆运动后的第一个盖层沉积，其相特征在本区及至湘赣泥盆纪—石炭纪海域均表现为陆源碎屑沉积相，主要相类型包括：①剥蚀区，系加里东造陆运动后首次海侵时尚未被海水淹没的高地。它们作为孤岛出现于本区东北隅和太和仙—高垅山两地，面积大于 100 km²，是本区海岸平原相的主要物源区之一。②海岸平原相，分布于孤岛周边及其以南地区，其西界大致止于郴州—宜章一线。③碎屑岩潮坪相，分布于郴州—香花岭一线广大地区，其东与海岸平原相相接。亚相类型仅见（砂泥）混合坪和潮下浅水亚相两种（图 6-11）。

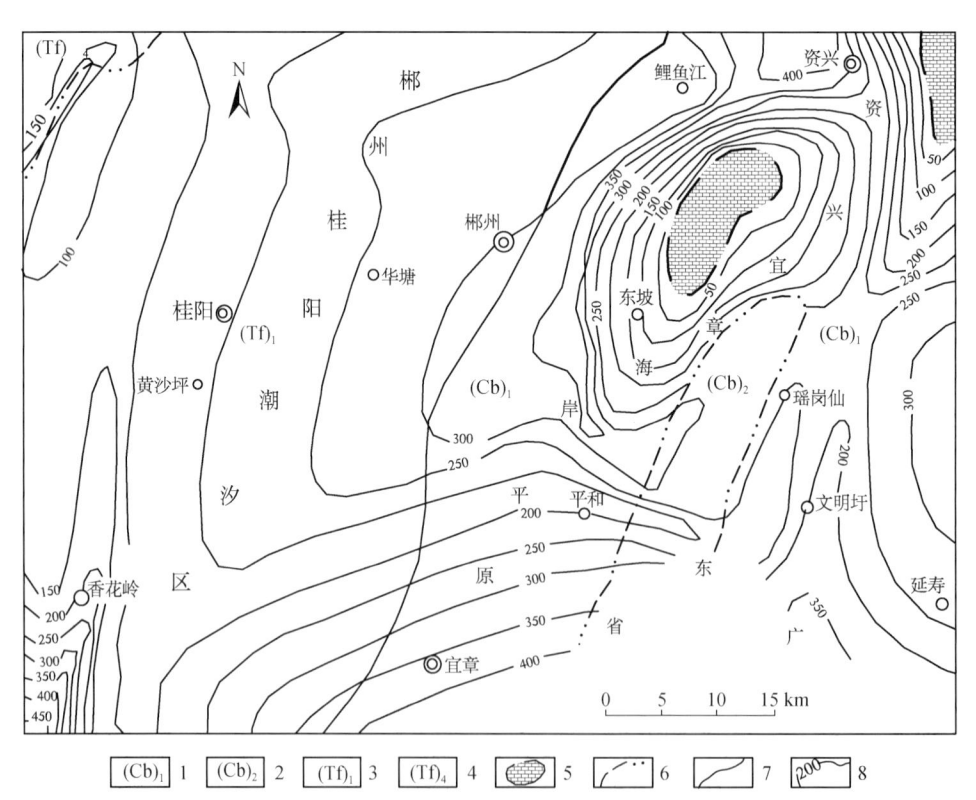

图 6-11 千骑地区中泥盆世跳马涧期岩相古地理图
1-海岸平原砂砾滩亚相；2-海岸平原滩间砂泥坪亚相；3-砂泥混合坪亚相；4-砂坝亚相；
5-古海岛（推测）；6-亚相界线；7-相界线；8-沉积等厚线.

棋梓桥期：此时期海盆底由于经过先期沉积物的填充，使之进一步平坦化，加之盆地沉降速率远大于陆源沉积物补给速率，导致水体变深，这些条件造就了在本时期的早期区域性的广海陆棚化阶段，尔后，在古断裂的同沉积期活化的情况下，在继续保持早期盆地沉降速率的基础上，基本统一了的广海陆棚开始解体，陆源碎屑沉积急剧向岸退缩，浅水碳酸盐台地开始形成，沉积环境也随之从早期的陆源碎屑海变为陆表海。因此可以说，棋梓桥期是本区泥盆纪海域岩相分异的变革期。就湘南地区而言，这种变革的结果是：①深水沉积相类型在早期即已向东收缩到袁家冲—延寿一带。先期海岸平原相、碎屑岩潮坪相分布区，已分别由碳酸盐岩局限台地、开阔台地相和台（间陆）棚相所代替。早期相带展布顺序自东至西为碎屑岩潮坪→局限台地相→开阔台地相→台（间陆）棚相这一空间组合特征。②晚期海岛可能沉没，浅水碳酸盐沉积在早期的基础上继续发育，深水沉积已退出本区。但此时古断裂的同沉积期活动十分活跃，从而使研究区不同地段的升降产生差异，岩相也随之改变，如资兴—宜章一带早期为局限台地潮上亚相，晚期则演变为潮间和潮下静水亚相，而郴州—宜章一线以西早期的开阔台地和台棚相分布区，由于地形的相对隆起，晚期演变为局限台地潮间亚相（图6-12）。

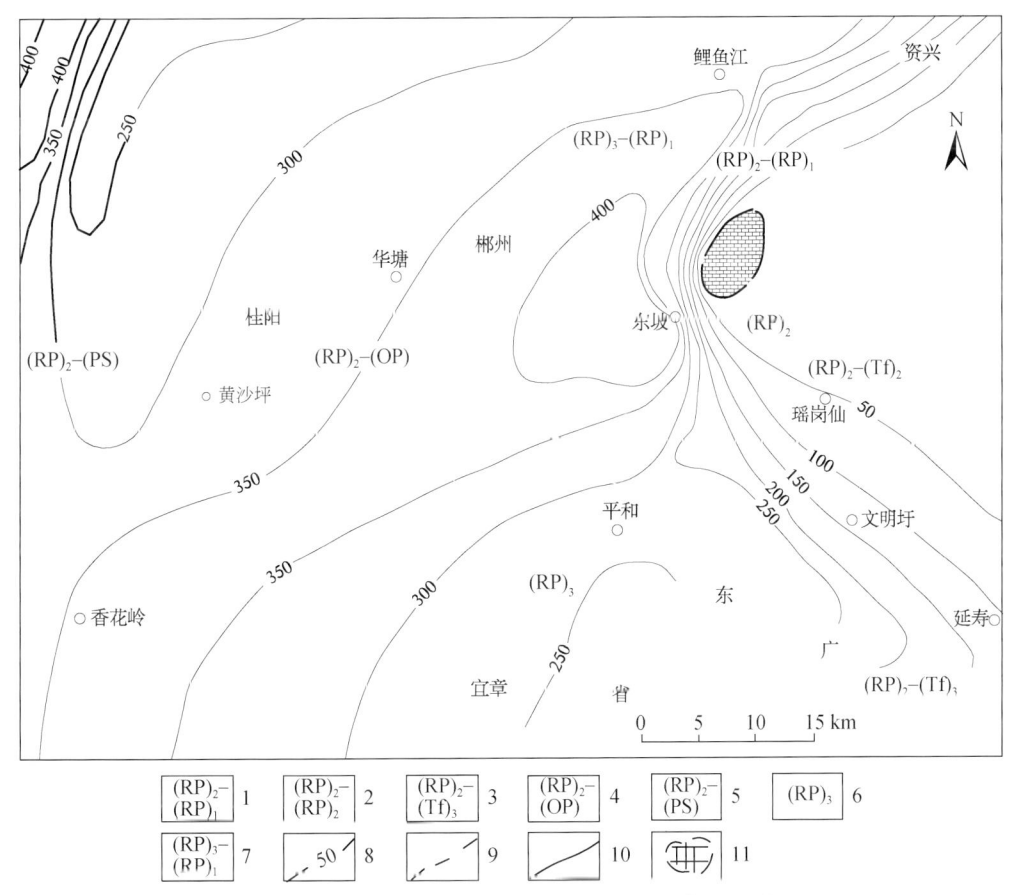

图6-12 千骑地区中泥盆世棋梓桥期岩相古地理图

1-晚期局限台地潮间–早期局限台地潮上亚相；2-晚期局限台地潮间–早期砂坪亚相；3-晚期局限台地潮间–早期潮下静水亚相；4-晚期局限台地潮间–早期开阔台地亚相；5-晚期局限台地潮间–早期台棚亚相；6-局限台地潮下亚相；7-晚期局限台地潮下–早期潮下亚相；8-沉积等厚线；9-相界线（推测）；10-相界线；11-推测古海岛

佘田桥期：古断裂的同沉积期活动仍方兴未艾，并且表现出扩张作用特点，其结果不但使碳酸盐台地相类型复杂多样，而且在扩张活动强烈区构成台（间陆）棚相类型，并使宜章—新市—背洞一线以西的碳酸盐局限台地一分为二。该线以东由先期的局限台地相演变为此时的开阔台地相，并以资兴—杨梅山一带浅滩亚相为中心，向东西两侧对称分布有生物礁滩亚相和灰泥亚相。所有亚相均为北东–南西走向且大致平行排列。值得指出的是，西部台棚相有由北东向南西逐渐变深的特征，至十字铺、下洞青一带突变为台（间海）盆相和台缘斜坡相结合（图6-13）。

锡矿山期：本时期岩相带的类型及空间展布格局与先期相比有较大的变化，这可能起因于华南海域全区性海退。其特点在于：锡矿山早期在文明圩—平和—宜章一带和华塘与桂阳之间出现混积陆棚相带。

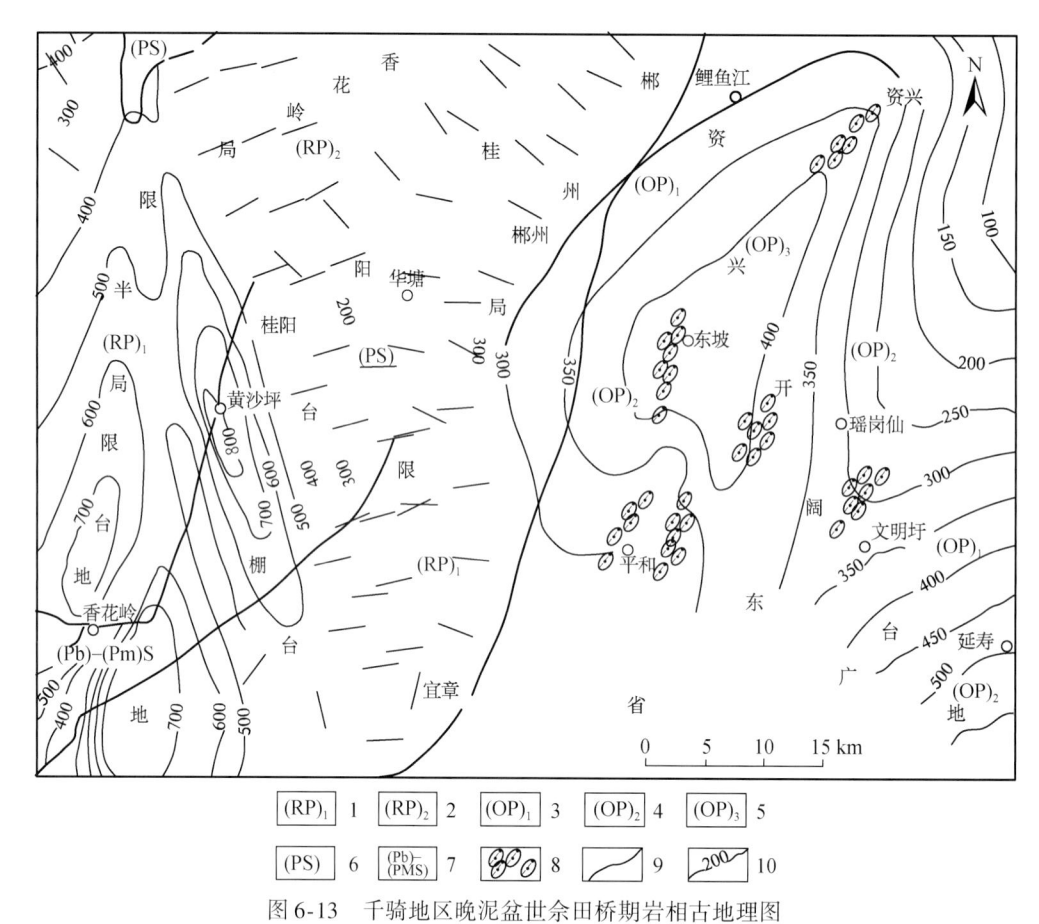

图 6-13 千骑地区晚泥盆世佘田桥期岩相古地理图

1-局限-半局限台地潮上亚相；2-局限-半局限台地潮间亚相；3-开阔台地灰坪亚相；4-开阔台地生物礁滩亚相；
5-开阔台地生物碎屑浅滩亚相；6-台（间陆）棚相；7-晚期斜坡早期台盆地；8-生物滩；9-相界线；10-等厚线

陆棚西侧先期的台棚相、局限台地相分布区，此时全被开阔台地相替代。陆棚东侧郴州一带先期的局限台地相区，此时仍继续保持，并向两侧稍有扩大。资兴-东坡地区亦继续保持其开阔台地相面貌，并向浅滩亚相发展。锡矿山晚期是本区相类型又一次剧变期，表现为先期的开阔台地相此时发展为局限台地相；先期的混积陆棚相此时演变为开阔台地相（图 6-14）。

早石炭世下部沉积阶段（图 6-15）：本时期岩相类型及空间展布与先期有较大差异，表现在：①先期的局限台地相在本时期演变为开阔台地相，且分布范围小，大部分地域被台棚相代替；②文明圩-宜章地区虽仍保持开阔台地相特点，但与台棚相接触部位出现了开阔台地浅滩亚相，台地内部为灰泥亚相。香花岭地区浅滩也较发育，但与灰泥亚相交替产出，难于划分。鲤鱼江地区则为灰泥亚相直接与台棚相相接，浅滩亚相极少在剖面上见到。应特别提及的是，本时期浅滩多以砾屑浅滩为主，含少量生物，这是与泥盆纪佘田桥期核形石滩和锡矿山期腕足类为主的生物浅滩的不相同之处，这一现象是否与泥盆纪、石炭纪之间存在的某种"事件"有必然联系，仍有待今后进一步研究。

早石炭世上部早阶段沉积时期：从相带空间布局上看，与先期的基本面貌相似。不同之处在于东部先期的开阔台地，此时向北西推进，边界已达资兴和东坡以南约 5 km 处。宜章以西的芙蓉镇至大冲一带以南广大地区为开阔台地灰坪亚相，与宜章以东开阔台地连成一片。先期香花岭-敖泉圩地区的开阔台地相区，本时期向北退缩到大塘圩、蛤蟆岭一带，而大塘圩至南部大冲之间已发展为台棚相区，鲤鱼江地区先期台地环境则消失。所有台地边缘均出现有发育程度不等的鲕粒浅滩或生物浅滩相类型（图 6-16）。

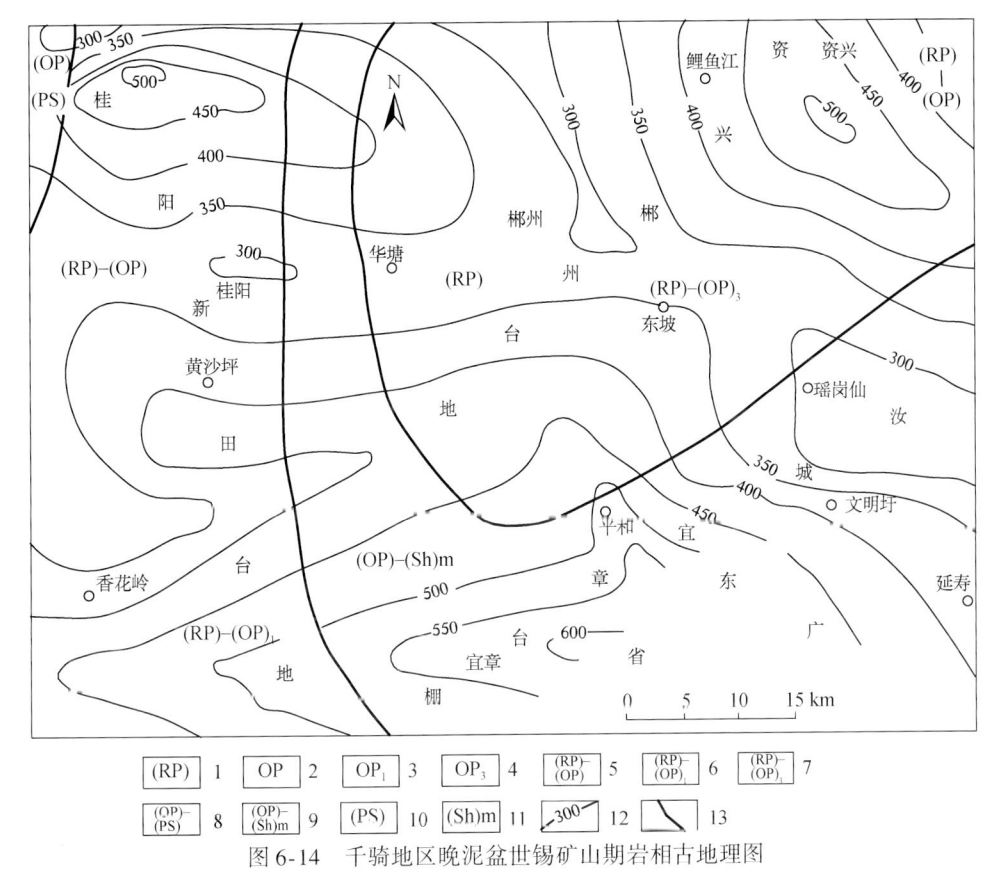

图 6-14 千骑地区晚泥盆世锡矿山期岩相古地理图

1-局限台地亚相；2-开阔台地亚相；3-开阔台地灰坪亚相；4-开阔台地浅滩亚相；5-晚期局限–早期开阔台地亚相；6-晚期局限–早期开阔台地灰坪亚相；7-晚期局限–早期开阔台地浅滩亚相；8-晚期开阔台地–早期台（间陆）棚相；9-晚期开阔–早期混积陆棚相；10-台（间陆）棚相；11-混积陆棚相；12-沉积等厚线；13-相界线

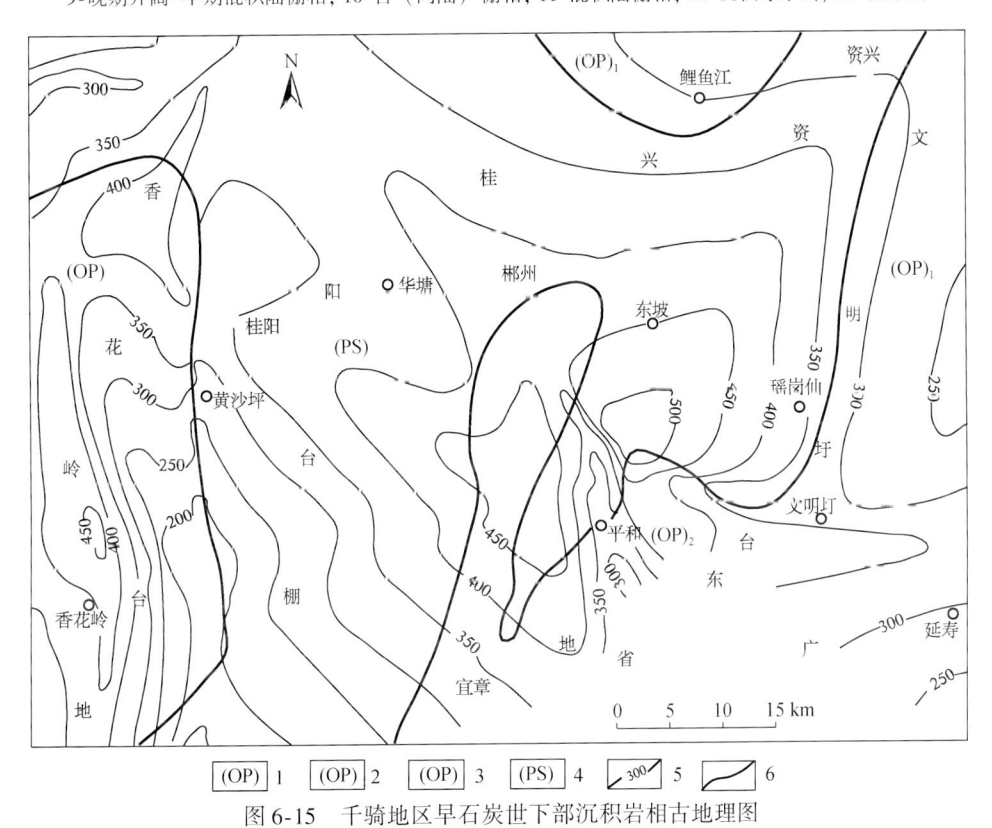

图 6-15 千骑地区早石炭世下部沉积岩相古地理图

1-碳酸盐开阔台地相；2-开阔台地灰坪亚相；3-开阔台地生物礁滩亚相；4-台（间陆）棚相；5-沉积等厚线；6-相界线

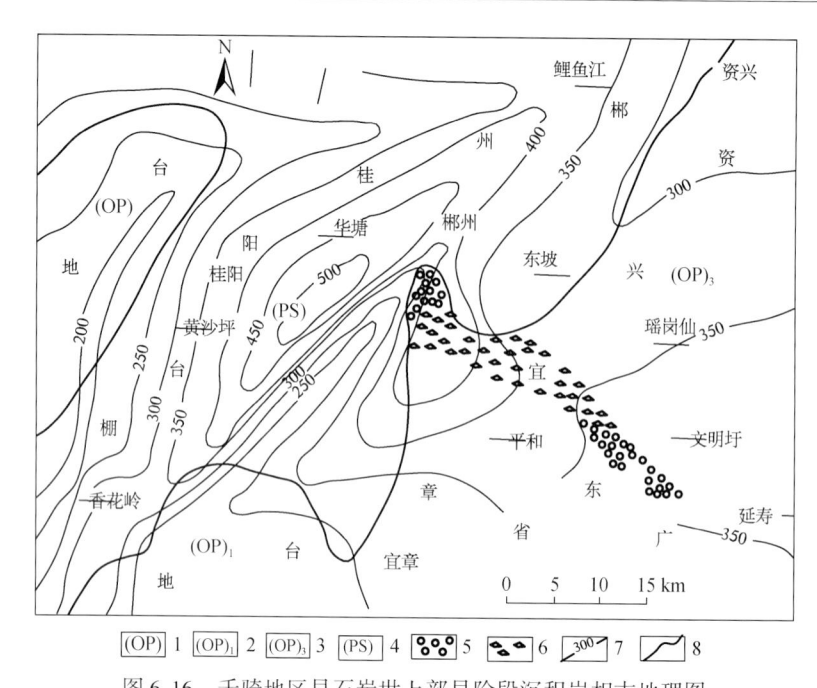

图 6-16 千骑地区早石炭世上部早阶段沉积岩相古地理图

1-碳酸盐开阔台地相；2-开阔台地灰泥亚相；3-开阔台地鲕粒滩、生物碎屑滩亚相；4-台（间陆）棚相；
5-主要为鲕粒滩；6-主要为生物碎屑滩；7-沉积等厚线；8-相界

早石炭世上部中阶段沉积时期：从区域上看，该时期代表了一次经暂短海退后的古地理沉积，其特点在于陆源碎屑岩相类型展布于整个湘赣石炭纪海域。就千骑地区来看，该时期沉积相为一套陆源碎屑浅海相，由于本区远离幕阜雪峰古陆，因此，其陆源沉积物可能来自东部的武夷古陆，所发生的沉积相类型应属潮坪相，并以郴州—宜章一带为潮坪沉积中心，向两侧对称展布有（砂泥）混合坪亚相和砂坝（西侧）亚相、砂坪亚相（东侧）。中心部位暂定为潮下浅水亚相，是本时期深水潮坪中相对较洼区域。砂泥混合坪亚相是本区主要含煤相类型，特别是桂阳-香花岭地区的混合坪亚相展布区具有的环境优势，更利于成煤物质的沉积，因此，湘南地区煤矿层多集中于此相类中（图6-17）。

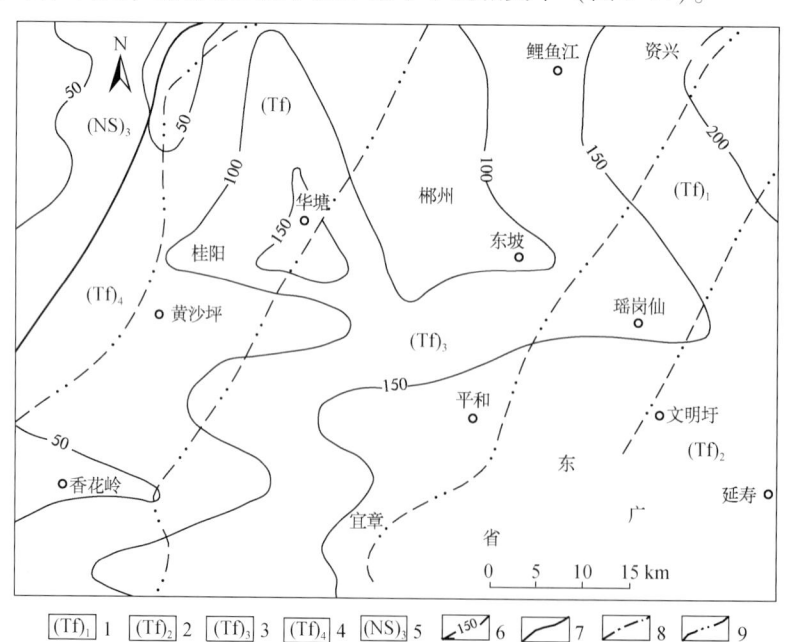

图 6-17 千骑地区早石炭世上部中期岩相古地理图

1-（砂泥）混合坪亚相；2-砂坪亚相；3-潮下浅水亚相；4-砂坝亚相；5-进滨亚相；6-沉积等厚线；
7-相界线；8-亚相界线；9-省界

早石炭世上部晚阶段沉积时期：该时期碳酸盐台地相类型，是经过先期短暂海退后的又一次浅水沉积，它是在先期陆源物将被同沉积期断裂活动所破坏了的海盆平坦地形的再次填充的基础上发生的，故具有相类型简单的特点，仅见有局限台地相和开阔台地相两种，其空间分布格局也与先期有内在联系，先期砂泥混合坪亚相分布区，是当时地形相对较高的区域，本时期则继承先期的地貌特点而接受了局限台地潮上和潮间亚相，其余相对低下的区域，因当时水体较深、环境较开放，故形成开阔台地相沉积。各相带的展布方向亦与先期类似，充分反映出该时期沉积前以地壳升降运动为主体、断裂活动比较宁静这一构造环境特色（图6-18）。

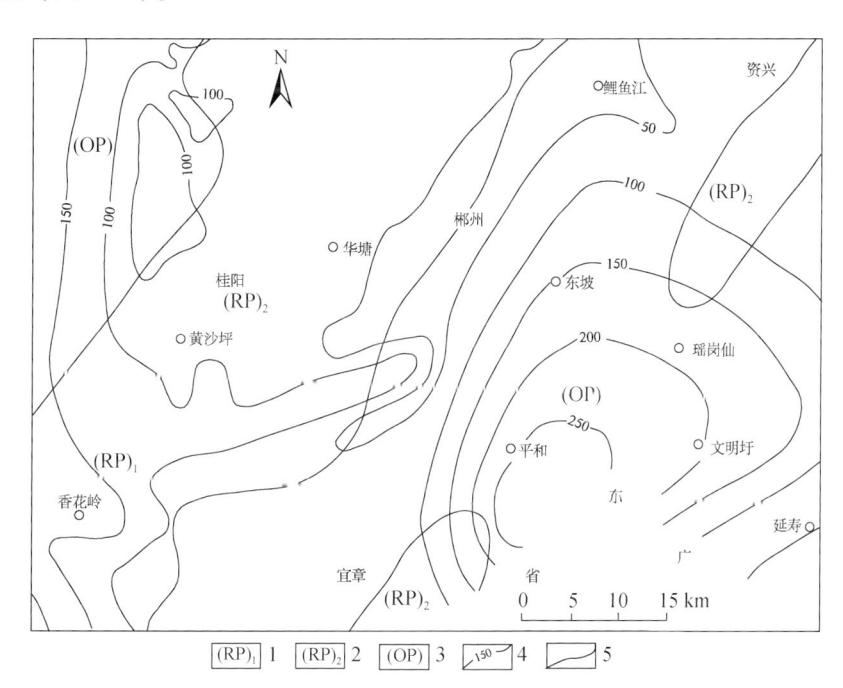

图6-18 千骑地区早石炭世上部晚期岩相古地理图
1-碳酸盐局限台地潮上亚相；2-潮间亚相；3-开阔台地相；4-沉积等高线；5-相界线

6.3.4 控矿的岩相条件

通过对千骑地区已知矿床（点）的资料归纳和综合分析可以发现，与成矿有关的岩相类型有两种，即局限、半局限碳酸盐台地相系列和台棚相系列。

6.3.4.1 局限、半局限碳酸盐台地相系列

1. 局限台地潮坪–潟湖相

相序剖面（详见图6-10）自底至顶为底部台棚相泥质灰岩泥（页）岩，向上为潮间灰泥坪亚相，部分地段演变为生物礁灰岩，再往上为厚层状白云岩、云化灰岩夹泥（页）岩薄层的潟湖亚相，矿体赋存于潟湖亚相中，是千骑地区棋梓桥组最重要的铅、锌储矿层（详见图6-13），香花岭铅锌矿床即为此类代表。

2. 局限台地潮上亚相–台棚相

相序以泥质灰岩、泥灰岩、页岩组合的台棚相为底板，其上为泥质白云岩，再上为微晶白云岩夹页岩薄层，矿体产于潮上微晶白云岩中（详见图6-11），泗洲山地区的矿床（点）为此相序控矿的代表。

3. 海岸平原相–台地潮上亚相

底板以海岸平原砂砾岩亚相为主，其上为潮上带的微晶白云岩夹页岩，泥灰岩组合，矿体赋存于白

云岩中（详见图6-11），属这一控矿相的典型代表矿床有东坡、瑶岗仙铅锌矿以及西山-五盖山古隆起周围许多小型矿床（点）。

6.3.4.2 台棚相

相序剖面反映为陆源泥砂质沉积与硅灰泥质沉积和灰质沉积组成不均匀韵律，灰岩沉积层常受后期云化及断裂活动破坏，形成白云岩、云质灰岩和砾屑（角砾状）云灰岩等，矿体赋存于灰质沉积中，坪宝地区有色金属矿床均受此相序控矿。

6.3.5 控矿的古地理条件

6.3.5.1 古海岛或水下隆起的周边

赋存于棋梓桥组的铅锌矿床，常常分布于古海岛或隆起带的周边。前者可以东坡矿田为例，该矿田在棋梓桥早期存在一个宽数千米的北东向水下隆起带，其北东端与彭公庙海岛相连，隆起带东部的太和仙附近，曾经历短暂时期小面积暴露而形成孤岛。这一特殊古地理环境的形成和改变，与同沉积期活动的郴州-临武深大断裂有着密切的成因联系。隆起和海岛的存在为本区周边诸多有色金属矿床（点）提供了部分矿源，而断裂构造的长期活动为深部含矿热卤水提供了通道。

6.3.5.2 不同沉积环境和亚环境之间的过渡地带

千骑地区大型多金属矿床，部分产于台地与台棚的过渡部位，部分产于局限-半局限台地内部各亚环境的过渡地段，前者如坪宝地区产于石磴子段中的矿床，后者的典型代表为东坡、瑶岗仙等矿床（点）。现分述如下：

1. 同环境之间的过渡地带

这是由于本区不同古地理环境之间常常是控制岩相形成与演化的断裂带所在的位置，它们的长期活动为矿床的形成、富集提供了通道和容矿空间，但这些地带的岩相控矿方面表现得并不明显。

2. 相区环境内部不同亚环境之间的过渡地段

矿床常赋存于相对局限的亚环境中，如东坡、瑶岗仙之间为潮间环境，在棋梓桥组沉积时期表现比较稳定，两侧则从早期潮上带演变为晚期潮间带，具有升降频繁、相对活动的特色。频繁演变的环境常常为成矿元素的聚集提供有利的物理化学条件。东坡、瑶岗仙地区的有关矿床，基本上均赋存于潮上环境中。

6.4 岩浆活动与成矿关系

在千骑地区，岩浆活动对有色金属成矿来说是十分重要的，不论是与铅锌成矿，还是与钨锡成矿，都有着紧密的联系。岩浆活动是本区各种气化-热液型矿床或叠加改造（活化再造）型矿床的主要成矿物质来源。可以毫不夸张地说：没有岩浆活动就不可能有本区如此丰富的钨锡铅锌多种金属的成矿作用。

6.4.1 岩体与成矿的空间关系

1. 岩体的侵位空间与成矿的关系

与成矿有关的岩体，首先在区域空间分布上，大致表现以下两种情况：其一，主要是分布在早古生代隆起区与晚古生代拗陷区接合部位的边缘地带或是隆起区的内部，原因是这些部位往往是构造薄弱带或是构造应力集中区。隐伏在深部大岩基的岩浆活动在其晚期、晚阶段沿这些部位上侵形成高侵位酸性岩株或者是岩枝，在本区东南部形成了香花岭–彭公庙、瑶岗仙、九峰三个主要岩浆岩带。小岩体往往与钨锡（及部分铅锌）等多种金属成矿关系十分密切，如千里山、瑶岗仙、香花岭等，I₃亚类的花岗岩即属此类。其二，主要是沿拗陷区中的断裂或是次级穹隆状短轴背斜侵位，即岩浆是在较高压力作用下沿断裂（有的可能切割很深，可直达上地幔）上升贯入到围岩裂隙或层间中，形成各种不规则的浅成、超浅成的中酸性或酸性小岩体。与推断的深部隐伏岩体组成本区北西部的大坊–坪宝和雷坪–金银冲岩浆岩带。这些小岩体往往与铜、铅锌（以及部分钨锡、金银）等成矿关系密切，如宝山、大坊、黄沙坪等Ⅱ系列或是部分I₃亚类的岩体即属此类。

2. 岩体形态空间与成矿的关系

从具体的岩体空间位置来说，岩体产状变化部位常常有利于成矿，存在以下情况：一般来说成矿岩体的外倾转折端及附近接触带产状急剧变化的地段，特别是水平或垂直方向上的内湾部位有利于成矿；岩体与碳酸盐岩围岩呈超覆接触，尤其是呈蘑菇状小岩体（株）颈部转向顶盖处或者是倒贯式岩枝的下接触带及与小岩株（体）交接部位有利于成矿。前者在东坡矿田常见，后者在坪宝地区较多。

3. 隐伏岩体的空间分布与成矿的关系

本次研究圈出的隐伏岩体（详见图4-13）主要分布在雷坪（大义山岩体东南侧）、香花岭一带；骑田岭岩体北东、南西延伸端，东坡一带；瑶岗仙一带以及九峰岩体北东、北西延伸端等。在上述地区的三合圩、铁砂坪、小溪、红旗岭等地已被工程揭露证实深部有隐伏岩体的存在。

隐伏岩体的空间分布受构造控制明显，主要呈北东和北西两组方向成带分布。自地表向深部岩体的连接逐渐加强，换句话说，越往地表岩体呈越分散的趋势。深部隐伏岩基控制了矿田的分布，其上高分异高侵位的小岩体对矿床的形成具有明显的控制作用，反映了本区岩浆演化和岩体前缘成矿的基本规律。

6.4.2 岩体与成矿的时间关系

统计结果（详见表4-1、表4-24）分析表明：千骑地区绝大多数与金属成矿有关的岩体形成时代相当于中晚侏罗世（其同位素年龄值大致是在160～145 Ma），即多属燕山早期第二、第三阶段侵入定位的。进一步分析表明，与钨锡成矿有关的岩体形成时代相对较晚，而与铅锌成矿有关的岩体形成时代相对较早。通过对一批典型的成矿岩体的研究，我们还发现其中不少是同期多阶段多次形成的复式岩体，如千里山、瑶岗仙等岩体。自岩体向外，可以出现钨锡铅锌等矿化分带现象（柿竹园→野鸡尾矿区就有此类分带），当然，这种矿化分带并不一定像国内外矿床学者所描述的那样在水平及垂直方向上均是钨锡→铅锌依次出现的理想分带现象。一般地说，伴随早阶段岩体侵位的矿化作用强度降低相对较弱，而重要的、大规模的成矿作用阶段往往与晚阶段岩体的侵位关系更为密切。另外，有时也可出现不同侵入阶段产生的矿化，在同一空间相互叠加而造成分带不明显的现象。

6.4.3 成矿与非成矿岩体特征

成岩作用过程的多阶段性、结晶分异的完善程度以及蚀变作用的强烈与否，是成矿岩体的重要特征，同时也是成矿与非成矿岩体重要的判别标志。

6.4.3.1 产状、形态及规模特征

一般来说，产在隆起区边缘的成矿岩体其形态较为规则，在平面上常呈等轴状、椭圆状或者是扁平状，但在垂向上则多有变化，往往是一些出露面积仅有0.1～10 km²的岩株、岩瘤、岩枝等小岩体。而产在拗陷区中的成矿岩体较之前者要复杂得多，无论是在平面上还是在垂向上来看，其形态多呈不规则的岩脉、岩瘤、岩盆、岩盖或岩株产出，规模均很小，多数为零点几个平方千米（表4-2）。

6.4.3.2 岩石学特征

1. 岩石组合

不同成因类型的成矿岩体有着不同的岩石组合：改造型成因（即Ⅰ系列）的花岗岩类岩体的岩石组合是以二长花岗岩、钾长花岗岩、黑云母花岗岩、白云母或二云母花岗岩为主。岩石结构早阶段为中细粒似斑状、中粗粒等粒状；晚阶段以中细粒-细粒等柱状为主。岩浆后期钾钠交代及期后的气液蚀变往往都比较强烈，并且自岩体顶部向深部渐次减弱，具分带现象。而同熔型成因（即Ⅱ系列）的花岗岩类岩体的岩石组合就比较复杂，结构构造、蚀变作用等特征也远不如前类显著，人们对该类花岗质岩的成因认识的分歧也很大（这可能是由于对这类岩石种属复杂的小岩体群来说，矿化与岩石组合关系的不确定性所致）。不过，总的来看，还是以石英闪长岩、云英闪长岩、花岗闪长岩组合为代表的花岗闪长质岩石组合为主。

2. 主要造岩矿物特征

运用花岗岩中主要造岩矿物（云母类、钾长石、斜长石）的化学特征来评价岩体的含矿性，以判别成矿和非成矿岩体，具有一定的理论和实际意义。

1）云母类

经对千骑地区已知的、具有代表性的成矿岩体和部分与矿化关系不太明显（包括非成矿）岩体中云母类矿物的主要化学成分、微量元素等方面的综合对比，表明两者的化学组成特征具有明显差异。

①主量元素成分

与铅锌矿化有关的岩体中的云母，其化学成分以富含 CaO、Fe_2O_3、TiO_2 及 MgO 为特征；而与钨锡矿化有关岩体的云母是以富含 SiO_2、Al_2O_3、K_2O、Na_2O、MnO、Li_2O、Rb_2O、F 为特征。与成矿关系不密切（或非成矿）岩体中云母的化学成分基本居于前两者之间，只是 FeO、H_2O^+ 含量似乎稍高些（表6-5）。

表6-5 千骑地区不同矿化类型岩体中云母化学成分对比表

云母化学成分/%	岩体矿化类型			云母化学成分/%	岩体矿化类型		
	与铅锌矿化有关的岩体 (3)	与钨锡矿化有关的岩体 (54)	与成矿关系不密切或非成矿岩体 (23)		与铅锌矿化有关的岩体 (3)	与钨锡矿化有关的岩体 (54)	与成矿关系不密切或非成矿岩体 (23)
SiO_2	35.27	42.07	36.61	FeO	12.75	11.78	19.26
Al_2O_3	17.04	21.58	18.31	MgO	8.93	1.77 (49)	4.43
K_2O	6.61	11.36	8.02	MnO	0.27	1.17	0.57
Na_2O	0.22	0.34 (53)	0.28	Li_2O	0.013	2.03 (51)	0.27 (20)
CaO	1.63	0.31 (48)	0.91	Rb_2O	0.115 (2)	0.52 (21)	0.15 (17)
Fe_2O_3	5.83	3.02 (51)	3.84	H_2O^+	4.20 (2)	2.42 (49)	4.53 (19)
TiO_2	4.30	0.67 (49)	2.51	F	0.51 (2)	3.72 (48)	0.95 (19)

②微量元素成分

从表6-6可以看出，与铅锌矿化有关的岩体，其云母中各主要微量元素含量均较低。而与钨锡矿化有关的岩体，其云母中各主要微量元素含量均较高。与成矿关系不密切的岩体其云母中的主要微量元素含量（除Pb含量较高外）均居中。

表6-6 千骑地区不同矿化类型岩体中云母微量元素含量表

岩体矿化类型	元素含量/10^{-6}			
	W	Sn	Pb	Zn
与铅锌矿化有关的 (2)	6.00	7.50	34.00	276.00
与钨锡矿化有关的 (11)	36.61	378.89	37.90 (10)	715.70 (10)
与成矿关系部密切的 (13)	29.62	150.46	47.62	520.93

关于云母的种属,在第4章4.4节已述及,表明本区云母类矿物主要为Li-Fe和Li-Al系列,尤以Li-Fe系列更为重要。因此,Li-Fe系列的黑鳞云母、铁锂云母、铁质锂云母在岩体中出现与否,可以作为含钨锡矿化岩体的判别标志。

2)碱性长石(钾长石)

①化学成分特征

从表6-7可见,不同矿化类型的岩体,钾长石化学成分的差异较为明显。钾长石化学成分的特征比值Si/Al在与钨锡成矿有关的岩体中变化范围较窄,一般可由2.93→3.19,大部分较连续,多集中在3.00~3.09、平均为3.02。Si/Al值在与铅锌成矿有关的岩体中,其值变化幅度较大,由2.88→5.06,且连续性较差,平均为3.37。在非成矿岩体中,钾长石的Si/Al值均较低,平均只有2.92。

表6-7 不同矿化类型岩体中钾长石化学成分特征比值及端元组分平均值表

岩体矿化类型	特征比值及端元组分				
	Si/Al	(K+Na)/Al	Or	Ab	An
与钨锡矿化有关的(22)	3.02	1.01	81.68	16.58	1.64
与铅锌矿化有关的(5)	3.37	0.95	77.27	19.58	3.15
非成矿的(4)	2.92	1.00	84.47	14.11	1.42

钾长石的(K+Na)/Al值,在与钨锡成矿有关的岩体中,变化较连续,由0.95→1.05,平均为1.01。在与铅锌成矿有关的岩体中,(K+Na)/Al值均较低,变化范围也较窄,由0.91→0.98,平均为0.95。在非成矿岩体中,(K+Na)/Al值变化较大且不连续,可由0.93→1.06,平均值为1.00。

按8个氧计算的钾长石阳离子数,其端元组分Or值,在与钨锡成矿有关的岩石中变化范围较宽,为67.02~99.52、平均值为81.68;而在与铅锌成矿有关的岩体中,变化范围较窄,为65.84~88.57、平均值为77.27;为非成矿岩体中,变化范围更窄,为74.00~94.94、平均值为84.47。

Ab值:在与钨锡成矿有关的岩体中,该值变化范围较宽,为0.48~25.74,但大部分大于12.50,平均值为16.58。在与铅锌成矿的有关的岩体中,该值变化较小,多为19.70~30.40、平均值为19.58。在非成矿岩体中,该值变化极不连续,为5.06~24.00、平均值为14.11。An值与Ab值情况相似(表6-7)。

②微量元素特征

从表6-8可以看出:与钨锡成矿有关岩体中的钾长石含W、Pb较高;与铅锌成矿有关的岩体中的钾长石含Cu、Zn、Sn较高;非成矿岩体中的钾长石几种主要微量元素的含量较之前两种成矿岩体均要低些。

表6-8 不同矿化类型岩体中钾长石主要微量元素平均含量表

岩体矿化类型	元素平均含量/10^{-6}				
	Cu	Pb	Zn	W	Sn
与钨锡矿化有关的(11)	4.17(6)	88.07	25.98	7.43(8)	11.13(8)
与铅锌矿化有关的(5)	11.80	37.60	63.20	0.06	18.00
非成矿的(6)	4.17	58.67	21.50	1.40	13.67

3)斜长石

由表6-9可见,在不同矿化类型岩体中,斜长石化学成分的端元组分(按8个氧计算阳离子数)存在明显区别。与钨锡成矿有关的岩体,斜长石的Or值变化范围较宽,可由0.04变化到35.68,但<10者居多,平均为5.32;与铅锌黄铁成矿有关的岩体,斜长石的Or值,变化范围极窄,由2.07→4.21,平均为2.82;非成矿岩体中,Or值变化范围也较宽,一般由0.00→10.87,最高可达20.24,平均为6.03。Ab值在与铅锌黄铁成矿有关的岩体的斜长石中最高,其次为与钨锡成矿有关的岩体,而在非成矿岩体中斜长石Ab值最低。An值情况与Ab值情况恰好相反。

表 6-9 斜长石化学成分端元组分平均值表

岩体矿化类型	Or	Ab	An
与钨锡成矿有关的（20）	5.32	87.10	7.68
与铅锌黄铁成矿有关的（3）	2.82	93.53	3.65
非成矿的（15）	6.03	75.01	18.96

从表 6-10 中还明显看出，W、Sn、Pb 在与钨锡成矿有关的岩体的斜长石中含量较高；非成矿岩体的斜长石相对富含 Zn；而铅锌矿化有关岩体的斜长石这几种主要微量元素含量相对居中。

表 6-10 不同矿化类型岩体中斜长石主要微量元素表

岩体矿化类型	元素含量/10^{-6}			
	Pb	Zn	W	Sn
与钨锡成矿有关的（8）	72.13	54.13	0.67（6）	49.86（7）
与铅锌成矿有关的（3）	50.00	66.67	—	—
非成矿的（5）	47.42	232.60	0.00（3）	9.40

6.4.3.3 岩石化学特征

（1）与成矿有关的花岗岩类一般是以钾长花岗岩、二长花岗岩为主。根据五个典型的成矿岩体（骑田岭复式岩体、千里山复式岩体、黄沙坪岩体、王仙岭岩体、宝山岩体）统计，其主要造岩组分的含量变化特征是：SiO_2 含量普遍较高，平均为 75.17%；酸度指数（S）变化于 36.29~55.00 之间、平均为 48.30；总碱量较高，K_2O+Na_2O 变化于 5.65%~9.02% 之间、平均 7.83%；碱铝指数（KNA）变化于 0.51~0.65 之间、平均 0.60，属钙碱性花岗岩；而 Fe_2O_3（0.17%~1.02%）、FeO（0.52%~1.47%）、MgO（0.18%~0.58%）、TiO_2（0~0.13%）、MnO（0.03%~0.09%）等组分含量普遍较低，平均值分别为 0.62%、1.07%、0.32%、0.06% 和 0.06%；CaO（0.49%~1.21%）和 Al_2O_3（10.98%~13.90%）的含量也相对较低，平均值分别为 0.85% 和 12.98%；分异指数（DI）主要集中于 87.54~92.88 之间，平均为 90.27，表明湘南千骑地区的成矿岩体其分异程度较高；固结指数（SI）变化于 1.66~5.64 之间、平均值为 3.25；长英指数（FI）一般为 86.66~94.85、平均值为 90.16；氧化指数（f_o）一般变化于 0.095~0.61 之间，平均值为 0.35；镁硅比（M/S）明显偏低，一般为 0.029~0.051，平均值为 0.037，表明该类成矿岩体富硅贫镁。根据岩浆演化从早期到晚期，固结指标降低、长英指数升高的规律，千骑地区成矿岩体应为花岗岩演化到晚期晚阶段的分异产物，这与前面所述的富碱贫镁铁的性质是一致的。

（2）与铜、铅锌成矿有关的花岗质岩类，在千骑地区占较大比例的是花岗闪长岩。根据对两个典型成矿岩体（宝山、黄沙坪）统计，其主要造岩组分含量变化特点是：SiO_2 含量普遍偏低、平均 62.04%，S 值平均为 10.55、表明其酸度低；总碱量（K_2O+Na_2O）平均为 6.90%。KNA 值为 0.39~0.51、平均为 0.45，仍属钙碱性花岗岩类；Fe_2O_3、FeO、MgO、TiO_2、MnO 等组分较前类岩体明显偏高，平均值分别为 1.85%、3.56%、1.81%、0.55%、0.11%；CaO 和 Al_2O_3 含量却相对较高，平均值分别为 3.63% 和 15.26%；分异指数（DI）一般较低，其值变化于 65.57~66.08 之间、平均 65.83，说明此类成矿岩体的成岩物质来源于深部基性程度较高的源区，且分异程度较低；固结指数（SI）较前类岩体也偏高、均值为 12.82，而长英指数（FI）较前类岩体低、平均值为 65.77；f_o 值（氧化指数）为 0.33；M/S 值（镁硅比）为 0.177，较之前类岩体明显偏高，说明此类成矿岩体更富镁贫硅。

6.4.3.4 稀土元素分布模式特征

本区花岗质岩的稀土元素配分模式大致分为以下四种类型（图 4-7、图 4-11）：

第一类稀土元素配分模式，即 I_1 亚类模式。δEu 为 0.302~0.435，平均为 0.375；LREE/HREE 为 2.984~3.943，平均为 3.573。此类岩体以骑田岭、王仙岭、九峰岩体为代表。其中，与成矿关系密切的包括骑田岭、王仙岭岩体。

第二类稀土元素配分模式，即 I_2 亚类模式。δEu 为 0.072~0.296，平均为 0.214；LREE/HREE 为 0.962~5.351，平均为 3.027。此类岩体以荒塘岭、高垄山、蛇形坪等岩体为代表。大部分与成矿关系不明显，个别可见 Pb、Zn 等矿化。

第三类稀土元素配分模式，即 I_3 亚类模式。δEu 为 0.019~0.057，平均为 0.046；LREE/HREE 为 0.323~1.007，平均为 0.658。此类岩体以骑田岭、千里山、瑶岗仙、香花岭、黄沙坪等岩体为代表。绝大多数与钨锡等成矿关系密切。部分铅锌成矿也与此类岩体具有较大紧密关系。

第四类稀土元素配分模式，即 II 系列模式。δEu 为 0.545~1.090，平均为 0.836；LREE/HREE 为 3.247~12.975，平均为 6.859。此类岩体以宝山、大坊等岩体为代表。绝大多数与铅锌铜成矿关系密切。

第一和第二类岩体可视为非成矿岩体，而第三和第四类为成矿岩体。但因骑田岭和千里山等均为复式岩体，该认识尚显粗弱。

δEu 与 DI 关系图解（图 6-19）明显地反映二者呈线性关系，即铕亏损程度随岩浆分异程度增高而增大。分异指数（DI）越高，铕亏损也越明显。分异指数高，铕亏损大的岩体往往与钨锡（及部分铅锌）成矿关系密切；这主要是指 I_3 亚类花岗岩。分异指数低，铕亏损小的岩体似乎与铜铅锌成矿关系密切；这主要是指 II 系列岩体。而 I_2、I_1 亚类岩体的 δEu、DI 均处于中等，故其成矿性也差。

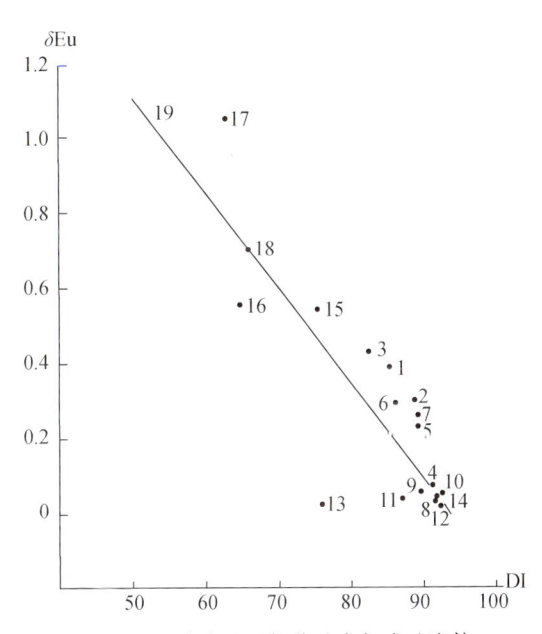

图 6-19 千骑地区部分矿床与成矿岩体 δEu 与 DI 关系图解

1-骑田岭；2-王仙岭；3-九峰；4-高垄山；5-荒塘岭；6-蛇形坪；7-五马坳；8-瑶岗仙；9-千里山；10-尖峰岭；11-香花岭；12-张家湾；13-黄沙坪（$\gamma\pi$）；14-黄沙坪（$\gamma\pi B$）；15-下邓；16-邓家渡；17-大坊；18-宝山；19-月亮村

6.4.3.5 微量元素特征

从表 6-11 和表 6-12 可见，千骑地区不同时代的岩体，其微量元素含量变化规律不大，但在不同矿化类型岩体中，表现出规律性。与钨锡成矿有关的岩体，W、Sn、Bi 含量最高，分别可达 55.0×10^{-6}、69.3×10^{-6}、15.3×10^{-6}，富集系数分别可达 42.31、2.77、1703.33（表 6-12）；与铅锌成矿有关的岩体，其铜、铅、锌、钼含量最高，分别可达 56.5×10^{-6}、258.0×10^{-6}、377.0×10^{-6}、5.2×10^{-6}，富集系数也最高，分别可达 1.20、16.13、4.54、4.73（表 6-12）。

表 6-11 千骑地区不同时代成矿与非成矿岩体微量元素表

元素/10^{-6}	时代					与钨锡成矿有关的岩体	与铅锌成矿有关的岩体	非成矿岩体	地壳丰度/10^{-6}（维氏值）
	γ_3^3	γ_5^1	γ_5^{2-2}	γ_5^{2-3}	γ_5^{3-1}				
V	18.0	11.0	18.0	21.0	6.4	19.0	15.5	12.7	90
Cr	78.0	13.0	49.6	20.0	8.4	34.0	117.5	20.0	83
Ni	9.0	5.30	12.1	5.0	4.4	18.0	16.5	6.3	58
Co	5.0	13.8	6.8	5.0	5.5	6.0	17.0	8.8	18

续表

元素/10^{-6}	时代					与钨锡成矿有关的岩体	与铅锌成矿有关的岩体	非成矿岩体	地壳丰度/10^{-6}（维氏值）
	γ_3^3	γ_5^1	γ_5^{2-2}	γ_5^{2-3}	γ_5^{3-1}				
Cu	49.0	19.4	24.3	5.0	15.7	16.3	56.5	17.9	47
Pb	18.0	23.1	98.3	25.0	37.3	88.3	258.0	28.1	16
Zn	81.0	57.4	151.0	50.0	37.6	123.3	377.0	52.6	83
W		83.8	30.8		14.0	55.0	27.5	38.0	1.3
Sn	8.0	34.5	36.9	1.0	19.7	69.3	48.0	19.8	25
Bi		10.0	8.4		4.7	15.3	9.0	5.3	0.009
Mo	0.8	1.2	2.6	0.8	2.2	1.9	5.2	1.6	1.1

表6-12 千骑地区不同时代成矿及非成矿岩体微量元素富集系数表

元素/富集系数	时代					与钨锡成矿有关的岩体	与铅锌成矿有关的岩体	非成矿岩体
	γ_3^3	γ_5^1	γ_5^{2-2}	γ_5^{2-3}	γ_5^{3-1}			
Cu	1.04	0.41	0.52	0.11	0.38	0.35	1.20	0.38
Pb	1.13	1.44	6.14	1.56	2.33	5.52	16.13	1.76
Zn	0.98	0.69	1.82	0.60	0.45	1.49	4.54	0.63
W		64.46	23.69		10.77	42.31	21.15	29.23
Sn	0.32	1.38	1.48	0.40	0.79	2.77	1.92	0.79
Bi		1111.11	933.33		522.22	1703.33	1000.00	588.88
Mo	0.73	1.09	2.36	0.73	2.00	1.75	4.73	1.45

注：表中的数据为富集系数。

非成矿岩体中，W、Bi、Mo、Pb 含量也普遍较高，均超过地壳丰度，但与成矿岩体相应值相比仍偏低。

6.4.4 岩浆演化与成矿专属性

前已述及，本区存在两类不同成因系列的花岗质岩类（即I系列和II系列）。由于各自所代表的地壳发展和上地幔卷入程度以及成岩物质来源、成岩作用方式等的不同，与之有关的成矿作用特征就有显著差别。其中，一类对于稀土、稀有及钨锡等矿床形成具有重要作用的是陆壳改造型花岗岩类（主要是指I系列花岗岩内中的I$_3$亚类）；另一类属地壳同熔型花岗岩类（即II系列花岗岩类），此类在本区为数较少，像宝山、大坊等处的花岗闪长斑岩体，其成矿作用与第一类迥然不同，这类岩体与铜（金）、铅锌（银）矿床的形成具有某种内在联系。

千骑地区与铌、钽、钨、锡等成矿有关的岩体均毫无例外是分异程度很高的超酸性、富碱、富氟、贫钙-铁-镁，且为多期或是同期多阶段的复式岩体。这类成矿岩体的成矿物质主要来自被熔融的沉积建造，但必须经过一个长期发展演化的过程，才能使成矿元素由分散而集中，以至形成高峰阶段。成矿作用之所以主要发生在晚期阶段岩体中，这主要是由于与改造型花岗岩有关的成矿元素多属半径小、电价高的离子，如 REE^{3+}、Nb^{5+}、Ta^{5+}、W^{6+}、Sn^{4+} 等，它们与 O^{2-}、F^- 形成络合物的能力明显大于 S^{2-}、Cl^-。由于地壳物质中富氧和氟以及碱金属钾等，因而这些成矿元素具有更大的活动能力，因此，当地壳物质通过多期、多阶段改造或分异演化，使这些亲花岗岩元素逐步随着低熔点或活动性大的组分（如：SiO_2、Na_2O、K_2O、F、B、H_2O 等）的集中而逐步富集于晚阶段岩体成矿。而这些组分的存在也为岩浆在高温熔融状态下，元素的分异创造了有利的条件。

同熔型花岗岩类之所以少有稀土、铌、钽、钨、锡矿化，可能存在两方面原因：一是由于初始岩浆中贫乏这类成矿元素；二是急速上升的岩浆分异程度低，不利于稀土、铌钽钨锡这类成矿元素集中。但同熔型花岗岩类由初始岩浆形成的偏中性花岗闪长岩、英云闪长岩等往往与铅锌矿化有密切关系。

从千骑地区来看，大型及特大型钨锡、铅锌多金属矿床的产出，在空间上无不与高分异高侵位的小岩体（<10 km^2）有关。从两类不同成因系列花岗岩的形成和发展来看，对于改造型（Ⅰ系列）花岗岩类而言，小岩体往往是岩浆演化至最高阶段的产物，且多是由大岩基派生的晚阶段小岩株、岩瘤或岩枝，不仅具有丰富的物质基础，并且随着岩浆演化而使成矿组分得以聚集，当富含挥发分及成矿元素的熔体，在断裂构造诱导下向扩容空间上侵运移，于构造薄弱地带形成小岩体。从岩浆中分离出来的挥发组分及含矿溶液，因具有较高的压力梯度，就能聚集于侵入体的顶部，在适当的围岩条件下则可在内外接触带附近形成不同类型矿化。另外，这种成矿小岩体往往又是深部大岩体的衍生物，因而它也是一个具有热量补给来源的热源体，可起"加热泵"作用。诚然，岩体冷却时释放的热流与岩体的质量或其半径平方成正比，规模小的岩体散发的热能就小。然而，小岩体往往是沿穿透上覆岩层的断裂空间定位的，这种地壳上部具开放性断裂是含矿热液运移渗透的重要通道，可使热流体蕴蓄的热能得以局部集中，并对侵入体附近围岩中的地下水加热或混合，使之产生循环的热液。当这种热液流经含有某些易于活化转移元素（如铅锌）的地层时，在对流热液热量影响下，成矿元素可被活化进入流动的热液体系，转移到有利构造部位富集成矿，或者当含矿流体中的成矿元素在适当的物理化学条件下叠加于先成的矿源层内而进一步富集成矿。另外，本区之所以常见某些铅锌富矿体产在小岩体与围岩接触带附近，是因为呈岩株、岩瘤、岩枝或各种不规则状脉体产出的小岩体所派生的热液流动通道，因其与围岩具有截然不同的物理化学性质，很自然地对流经其间的热水溶液起一种障壁或过滤作用，运移的含矿溶液因其渗透速率、浓度积、在裂隙内沉淀矿质形成的热液矿脉（体）、热能水泵量等的不同以及热液体系中不同来源溶液的混合，从而促使成矿物质从热水溶液中大量析出堆积成矿。

千骑地区主要类型钨锡矿床的形成，主要是与中晚侏罗世陆壳改造型花岗岩类关系密切。而铅锌矿床的产出则不如钨（锡）矿床那样具明显的专属性。就已知矿床而言，无论是改造型系列还是同熔型系列花岗岩类，在西区均可与之有成因联系。

第 7 章 成矿系列与成矿机理和找矿模型

千（千里山）-骑（骑田岭）地区是我国南岭成矿带稀有、有色金属重要产地，举世瞩目的柿竹园钨锡铋钼矿床就分布于本区。大中型矿床数以百计，重要者有柿竹园、黄沙坪、宝山、香花岭等。据全国累计探明矿产储量表统计，湘南地区钨铋锑铅汞锡等矿种居全国前列。由于该区域中新生代所具有的特殊构造环境，有关区内有色稀有金属等特色成矿系统的形成机理，国内外学者曾做过大量研究，并在矿床地质特征、成矿物质和成矿流体来源、成岩成矿时代、矿床成因类型和成矿模式以及指导找矿预测等方面已取得了一系列创新成果。但以往研究对象侧重于单个矿床和与之密切的单个岩体。湘南千骑地区构造-岩浆-成矿带是理解南岭乃至整个华南中生代不同来源花岗岩类及其成矿系统的极有价值的区域。因此，结合成矿岩体特征，通过对区内典型矿床成矿特征的系统解剖，以深入揭示区内 W、Sn、Bi、Mo 等有色金属和稀有金属以及 Cu、Pb、Zn、Sb、Au 等多金属成矿过程和富集机理，对正确理解南岭地区中生代板内大规模花岗岩侵位和大爆发成矿的内在成因联系及深部地球动力学过程具有重大的理论意义（贾大成等，2004；毛景文等，2007）。

7.1 矿田矿床分布规律

7.1.1 深部构造-岩浆与成矿

7.1.1.1 深部构造特征

1. 地壳和上地幔结构特征

根据泉州-黑水地学断面地球物理参数统计分析，华南与扬子板块地球物理模型虽然都存在纵向分层、横向分块特征，但在层速度、密度、电性、热结构、重磁场特征上却明显不同（表 7-1）。两大块体特征如图 7-1、图 7-2 所示。

表 7-1 扬子、华南板块深部地球物理参数特征

参数（单位）	扬子板块	华南板块
地壳速度/（km/s）	6.36	6.23
地壳密度/（kg/m³）	2.78~2.84	2.72~2.76
地壳厚度/km	42.92	31.05
下地壳厚度/km	19.85	10.72
岩石圈厚度/km	113~170	150~320
地表热流/（mW/m²）	33.05~48.50	25.11~63.84
深部热流/（mW/m²）	25.86~33.33	8.24~36.92
上地幔密度/（kg/m³）	3.32~3.36	3.30
地壳和上地幔电阻率/（Ω·m）	$n \times 10^2 \sim n \times 10^3$	$n \times 10 \sim n \times 10^2$

2. 深部面型构造特征

据图 7-3 所示，南岭地区莫霍面深度由东南 30 km 往北西加深至 41 km 上却明显不同（表 7-1），落差 11 km。华夏板块莫霍面落差仅 1~3 km。莫霍面凹陷在郴州-赣州为北东东向，并平缓延伸至赣州。双牌-城步莫霍面下降至 40 km（为南岭最深）。桂林-河池以西为莫霍面斜坡带，落差 10 km。衡阳—泰和

一带为莫霍面隆起区，深度 30 km 左右。

以往编制的华南莫霍面等深线图比较简单，湖南省新提供的莫霍面深度（地壳厚度）图（根据地震和重力资料编制）能较好地反映深部起伏形态（图7-4）。

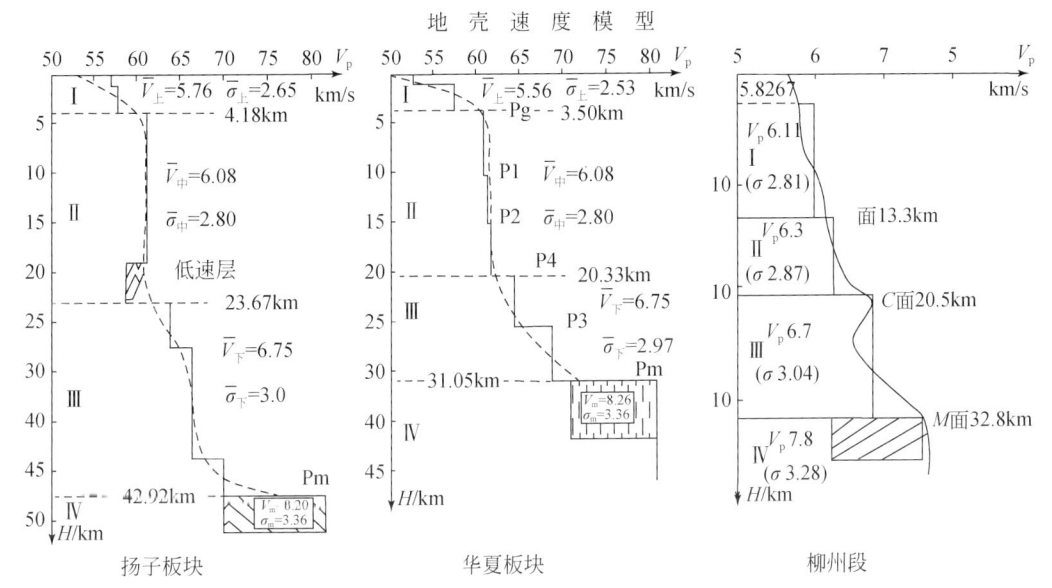

图 7-1 扬子、华南微板块地壳速度模型（据饶家荣等，1993）

Ⅰ-上壳层；Ⅱ-中壳层；Ⅲ-下壳层；Ⅳ-上地幔

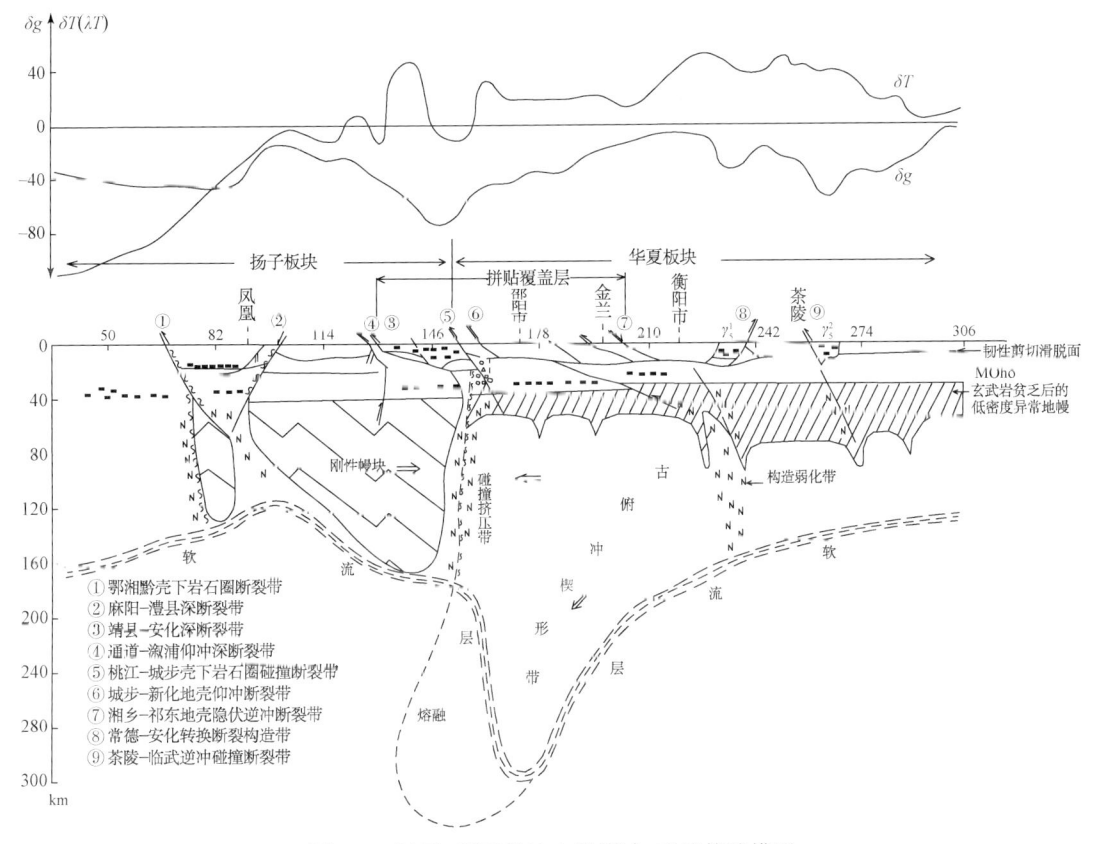

图 7-2 扬子-华夏板块中段俯冲-碰撞构造模型

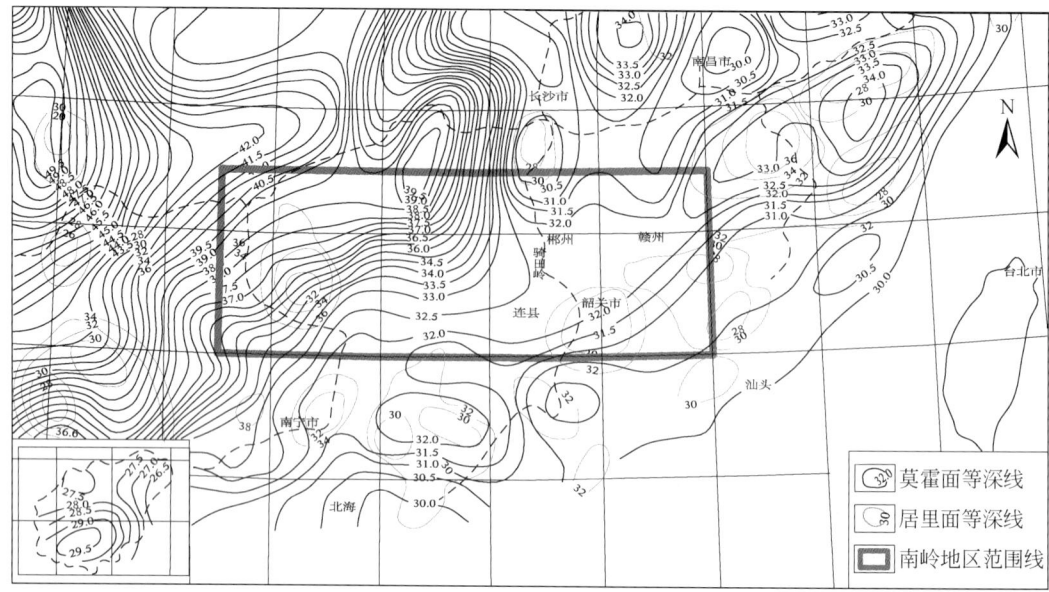

图 7-3 华南地区莫霍面-居里面等深线图

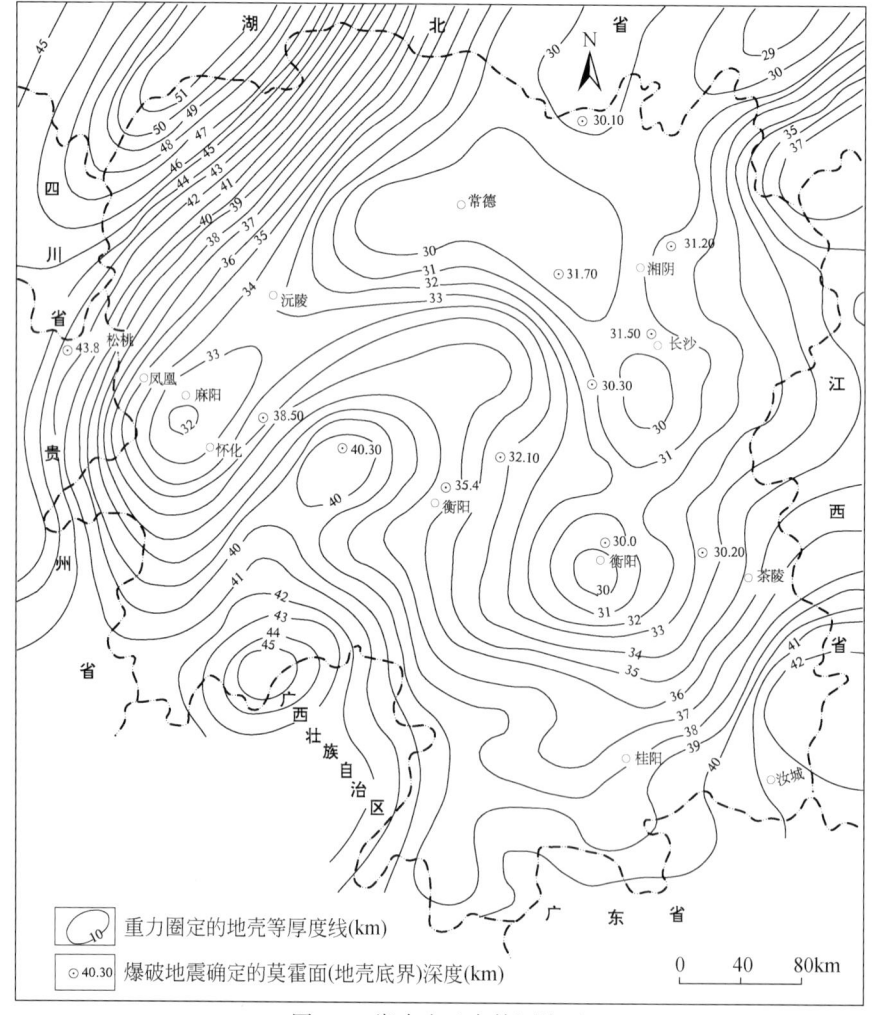

图 7-4 湖南省地壳等厚线图

3. 深部线性构造特征

在充分利用华南以往物探成果及泉州-黑水地学断面资料的基础上，本次通过研究，对南岭地区深部断裂重新进行了厘定，划分出三个方向的主要断裂 23 条（图 7-5），并根据推测下切深度，分为岩石圈、

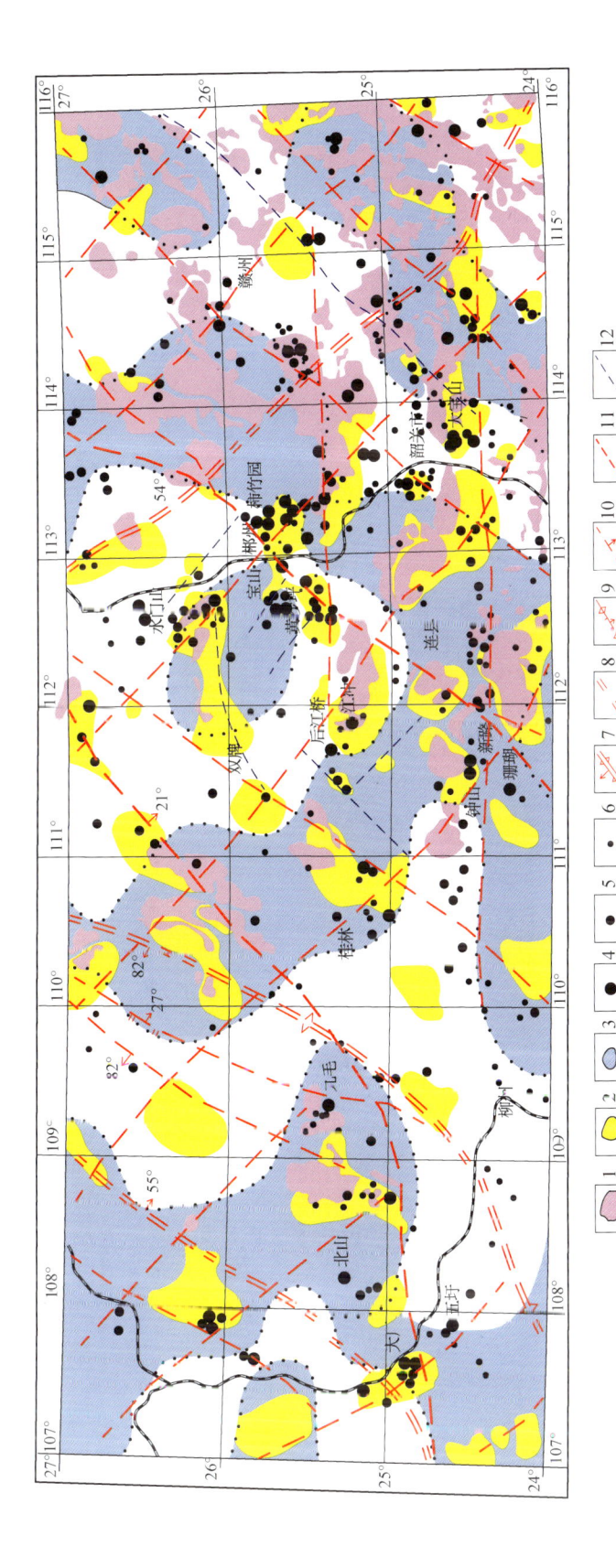

图7-5 南岭地区构造-岩浆岩推断图

1-出露花岗岩岩体；2-半隐伏-隐伏花岗岩体范围；3-深源花岗岩带范围；4-大型矿床；5-中型矿床；6-小型矿床；7-壳下岩石圈俯冲碰撞断裂缝合带；8-岩石圈断裂带；9-地壳仰冲逆冲推覆对接断裂带；10-地壳断裂；11-地壳断裂带；12-基底断裂带

地壳断裂两种类型。4条岩石圈断裂中有北东向3条（F_1至F_3）、北西向1条（F_4）；19条地壳断裂中有北东向8条（F_5至F_{12}）、北西向9条（F_{13}至F_{20}、F_{24}）、东西向2条（F_{22}、F_{23}）。另有基底断裂12条。岩石圈断裂一般为Ⅰ、Ⅱ级构造单元分界线；地壳断裂控岩、控相作用明显，常为Ⅲ、Ⅳ级构造单元的分界线；基底断裂对盖层沉积相、厚度具一定控制作用。现将主要深部断裂重磁特征及推断依据概述如下：

1) 北东向松桃-三都岩石圈断裂带（F_1）

该岩石圈断裂带位于大兴安岭-太行山-武陵山巨型重力梯度带南段，凤凰地震测深推断该断裂切穿地壳深达岩石圈底部，长数千米，倾向南东，倾角55°左右。断裂带软流层东侧抬升（莫霍面深40 km），西侧下降（莫霍面深45 km左右）。大地电磁测深西部为低中阻带（50～300Ω·m），东部为中高阻带（$n \times 10^2 \sim n \times 10^3$Ω·m），并向南东倾斜与西部低中阻带斜接。平面上断裂带两侧重磁场特征各异。航片上挤压密集影像带宽达3～5 km。

2) 北东向城步-罗城壳下岩石圈碰撞断裂缝合带（F_2）

该断裂缝合带北起湖南桃江，经锡矿山、城步至广西罗城、凭祥，长度大于850 km，走向北东30°～55°，倾向西，倾角约80°。断裂两侧地壳上地幔结构差异明显（表7-2），且具有东侧上地幔向西俯冲，地壳沿壳内低速层（韧性剪切带）向西低角度仰冲叠置的运动特点。东侧晚震旦世—早奥陶世为大陆活动边缘复理石建造的砂岩夹板岩，至上奥陶统天马山组厚度达670 m（湘中地区），缺失志留系；西侧于晚震旦世为稳定大陆边缘沉积，晚奥陶世才出现陆缘碎屑浊流沉积（奥陶系上统五峰组厚度十余米），并在湖南新化—洞口宽约20 km范围内，分布有由西侧志留系浊积岩（周家群）和东侧奥陶系沉积岩组成的混杂堆积体。综合上述，该断裂很可能为两大板块于加里东期碰撞拼贴的具体分界位置。

表7-2 城步-罗城岩石圈断裂特征表

位置	岩石圈厚度/km	密度	地壳平均速度/(km/s)	莫霍面速度/(km/s)	水平低速层深度/m	地壳厚度/km	地壳类型	上地幔电阻率/(Ω·m)	深部地热流值/(mW/m²)	莫霍面温度/°C
东侧	320（邵阳）280（涟源）	低区	6.23	8.09	11～15	小于36	硅铝质	$n \times 1 \sim n \times 10$（塑性）	8.0～11.0	268～295
西侧	180（隆回）183（新化）	高区	6.36	8.2	19～22	大于40	偏铁镁、偏硅铝质	$n \times 10^3 \sim n \times 10^4$（刚性）	25.8	560

3) 北西向诸广山-兴宁转换断裂构造带（F_4）

构造带位于安仁—诸广山—兴宁，南东至研究区外的汕头南，北西至常德、秦岭、宝鸡，全长>1000 km。走向310°～330°，推断倾向北东，倾角约54°（益阳段）。地表表现不明显，但重力局部异常、垂向二阶导数异常、区域异常、航磁区域异常均表现为重磁变异带（图7-6～图7-9）。卫星自由空气重力异常图为一宽80～100 km、强度（-30～-20）$\times 10^{-5}$m/s²的北西向负异常带，为一深达上地幔的巨型线性低密度构造弱化带。其南西侧为梯度变异带及带状高密度刚性地幔体，反映了地壳（30 km深）与地幔（100 km深）的密度差异。断裂带北东侧（洞庭湖）为一岩石圈厚度50～75 km的上地幔隆起，相邻地区（常德西南侧）岩石圈底界深度为300 km，相对落差在100 km以上。于衡阳东部有深达岩石圈底部的低阻（50～90 Ω·m）狭窄深延带（上地幔局部构造弱化带），其下地壳顶部的低速带下凹5 km左右，表明与构造变动有关。沩山-诸广山地区，重力垂向二阶导数图（图7-7）上的北西向负异常带长达470 km，是板块构造转换带中低密度半隐伏-隐伏花岗岩带缝合构造添加棱柱体的反映。

图7-6 南岭地区布格重力局部异常与矿床关系图

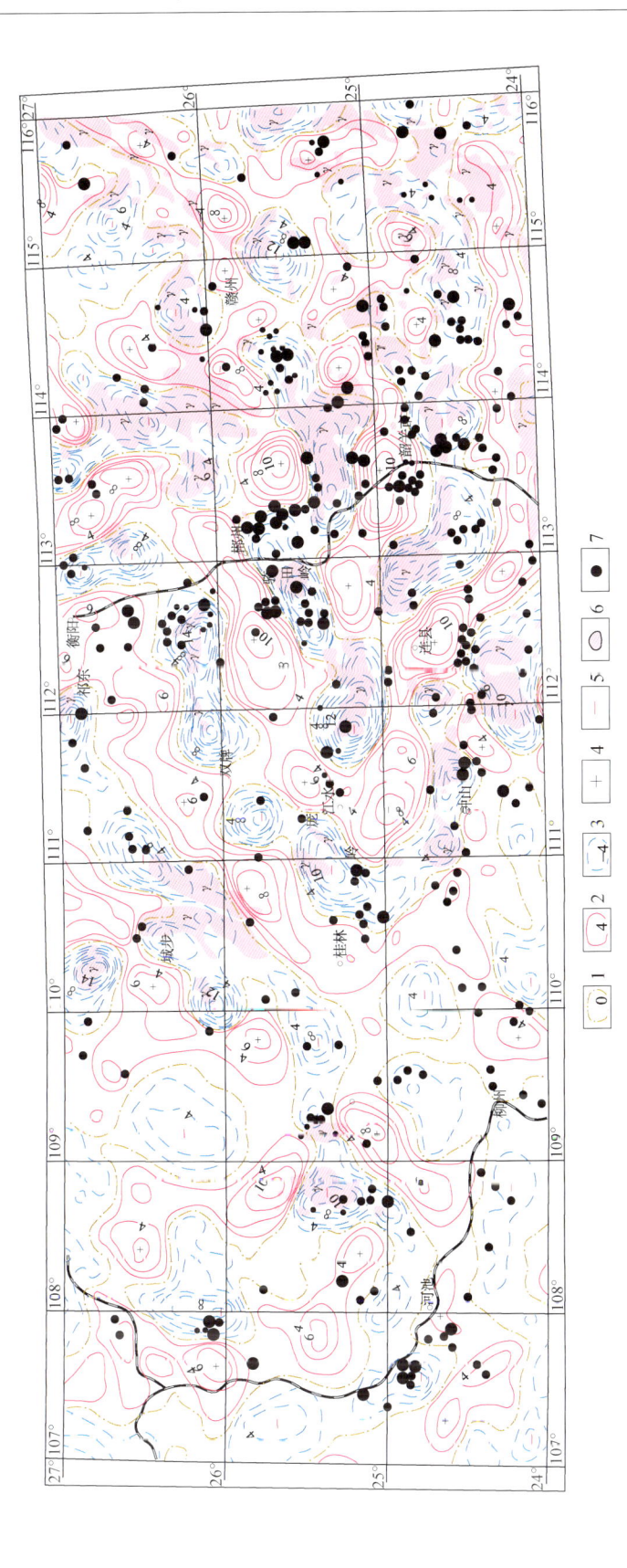

1-零值线；2-正等值线；3-负等值线；4-相对重力高；5-相对重力低；6-花岗岩（类）；7-矿床

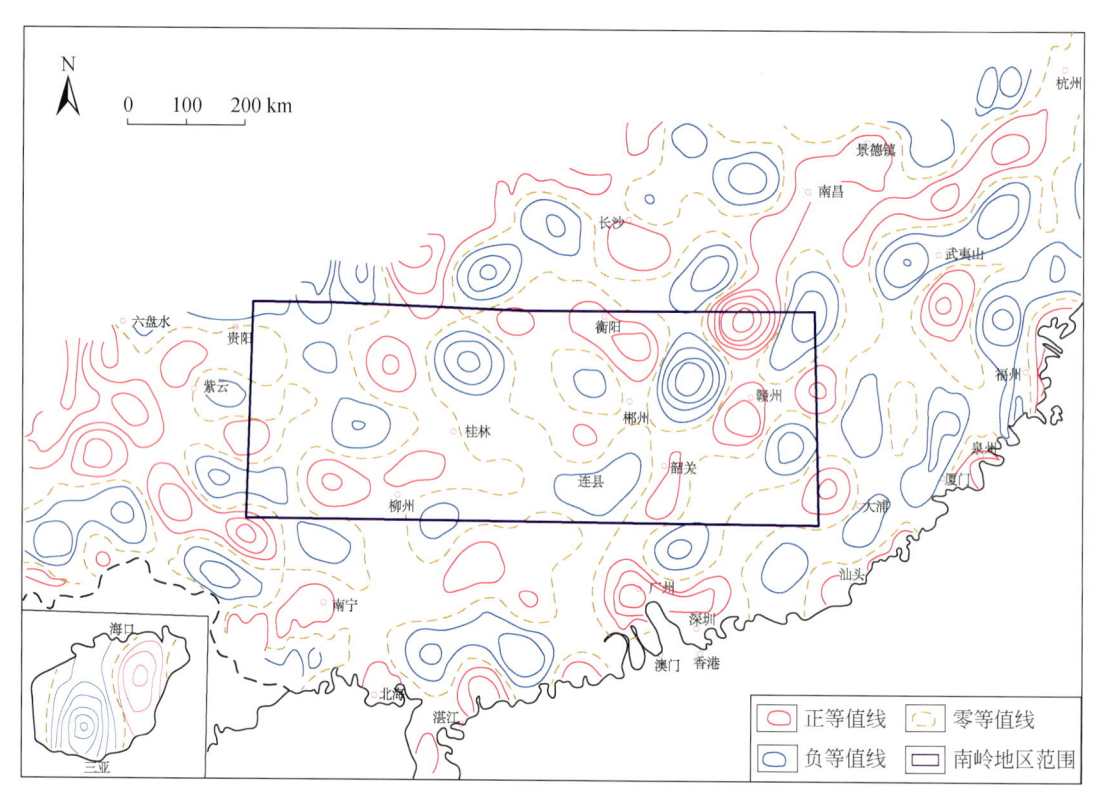

图 7-7 华南地区区域重力垂向二阶导数异常图

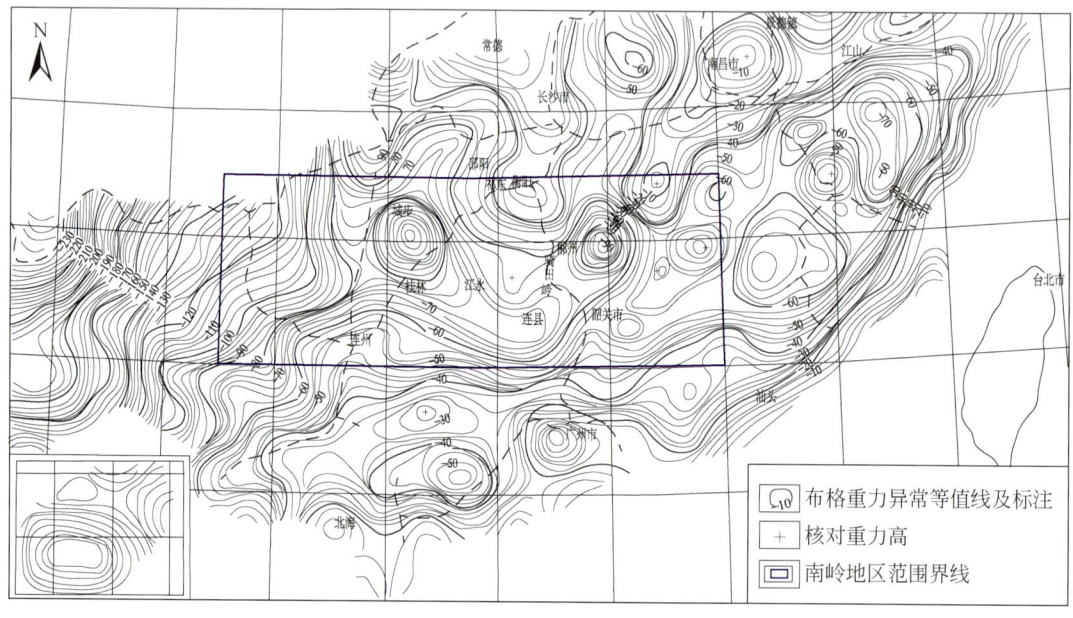

图 7-8 华南地区布格重力区域异常图

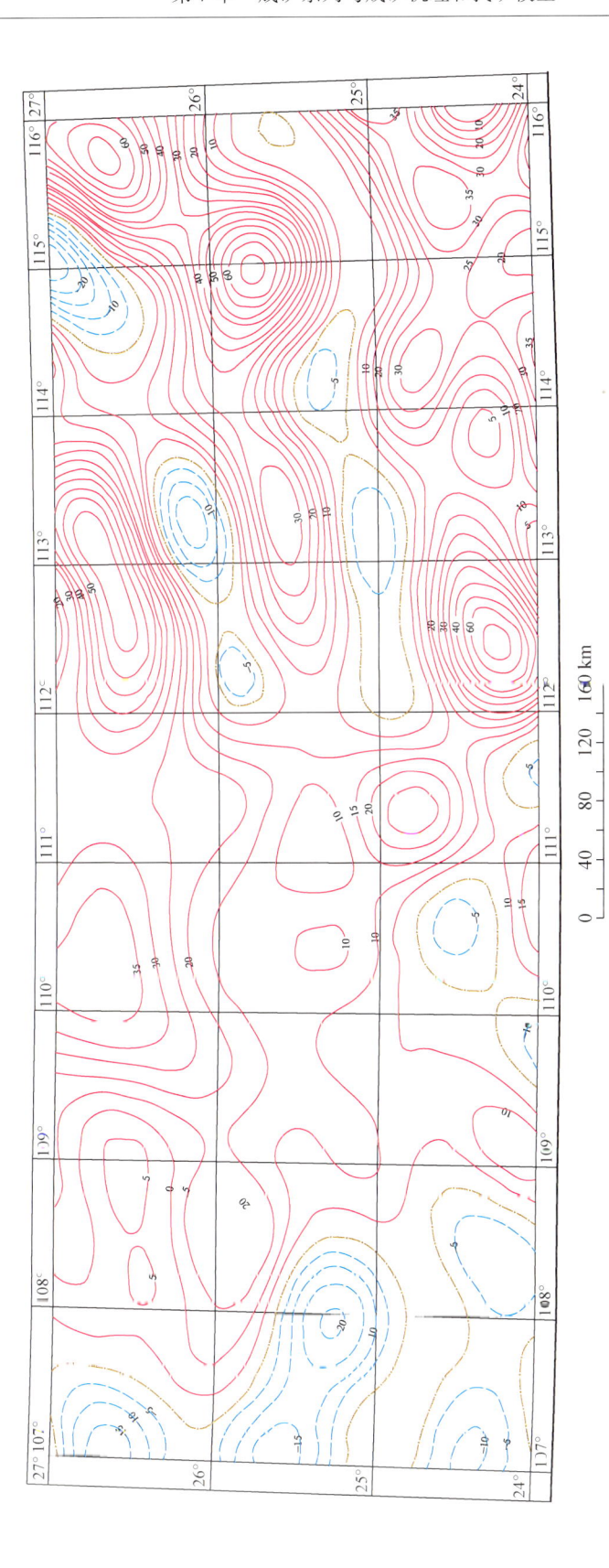

图7-9 南岭地区航磁区域异常图

4）北东向越城岭-泗顶-河池地壳逆冲推覆断裂带（F_8）

该断裂带为爆破地震在泉州-黑水地学断面湖南段衡南县（金兰）发现的一条切穿地壳最为明显的深断裂（东、西两侧地壳厚分别为 30 km、35 km），向南西至图区外，全长>600 km。断裂走向自西至东由近 EW—60°—35°—15°变化，平面上为一向南东突出的弧形，倾向南东，倾角 21°。区域重力场为明显的梯度带，局部重力异常和垂向二阶导数异常为连续负异常带（图 7-6 和图 7-7），属低密度花岗岩带的反映。该地壳逆冲推覆断裂带是诱发越城岭-泗顶-河池岩浆活动的主导因素。

5）北东向茶陵-郴州-连山地壳仰冲碰撞断裂带（F_3）

沿茶陵-郴州-连山重磁变异带分布，断裂两侧地球物理特征差异明显（图 7-6 ～图 7-8 和图 7-10）。北东向郴州-连山隐伏岩浆岩带重力负异常与断裂西侧北西向正负相间异常直角交切。茶陵地区两侧下地壳底部波速及厚度不同，大地电磁测深资料反映地壳电阻率较低，存在反映上地幔构造弱化的低阻带（$50 \sim 80$ Ω·m）。

6）北西向大义山-大宝山地壳断裂构造带（F_{18}）

该构造带位于白马山—邵阳—郴州—大宝山一线，全长大于 400 km，由白马山、关帝庙、羊角塘、大义山、金银冲、瑶岗仙、大宝山、新丰等半隐伏-隐伏花岗岩体形成的北西向重力低及重力变异带与位于西南盘的北东向正负重力梯度异常对接组成不同特征的重力区。该断裂带可能形成于加里东期，是一条极其重要的控岩、控矿断裂，锡矿山锑矿，水口山、黄沙坪、宝山铅锌矿，柿竹园、瑶岗仙钨锡多金属矿，凡口、大宝山铅锌矿，以及地质调查新发现的骑田岭、大义山锡矿等为数甚多的大型-超大型矿床均位于该断裂带上。

7）北东向赣州-韶关-四会地壳断裂带（F_{10}）

该断裂带在区域重力、局部重力、垂向二阶导数异常图上表现为北东向重力梯度变异带（图 7-6 ～图 7-10 和图 7-11），于赣州以北分为两支：东支经鹰潭与江山深断裂带相接，西支经南昌接郯庐断裂带并成为它的南延部分，全长大于 800 km，推断产状倾向北西。该断裂带控制了浅源半隐伏-隐伏及深源岩浆岩带的分布，并有钨锡、铅锌多金属矿带分布，为一主要控岩控矿断裂。

7.1.1.2 半隐伏-隐伏花岗岩带分布规律

中酸性、酸性岩浆岩不仅是锡、钨、铋、钼、铅、锌、银、铌、钽矿床的成矿母岩，也为层控矿床的形成提供了热源。在圈定半隐伏-隐伏岩体的同时了解其分布规律，对找矿工作选区布局具有十分重要的战略意义。

本次研究在南岭地区内共圈定产于上地壳浅层隐伏-半隐伏岩体（带）39 个，产于中地壳深 10 ～ 15 km 左右的岩浆岩带 8 条。

1. 由重力低反映的浅层及中深层岩体成群、成带分布

重力资料表明南岭地区地表分散岩体，一般向深部相连并形成数百至数千平方千米的规模巨大岩基（群）、岩带。东部地区出露岩体虽然分散、杂乱，但局部重力异常反映的半隐伏-隐伏岩体呈有规律的串珠状带状分布（图 7-5 和图 7-6），垂向二阶导数异常反映的深层岩浆岩带更为清晰（图 7-7）。

1）浅层岩体（带）（埋深 5 km 以内）

以赣州-仁化半隐伏-隐伏花岗岩带引起的北东向局部重力低为轴心，向西依次出现诸广山-骑田岭-九嶷山-韶关-连平和安仁-都庞岭-钟山-阳山（南）以及祁东-越城岭-泗顶-大瑶山等三条弧形重力低反映的半隐伏-隐伏岩带组成的内、中、外三个岩带，大致围绕赣州-韶关、云开、雪峰、衡阳等基底隆起边缘分布。

西部局部重力低反映的半隐伏-隐伏岩浆岩带，总体环雪峰隆起南缘呈弧形分带。瓦屋塘-城步-融安-三都半隐伏、隐伏花岗岩带引起的局部重力负异常带为内环，越城岭-罗城-河池-南丹半隐伏、隐伏花岗岩带引起的局部重力负异常带为外环。

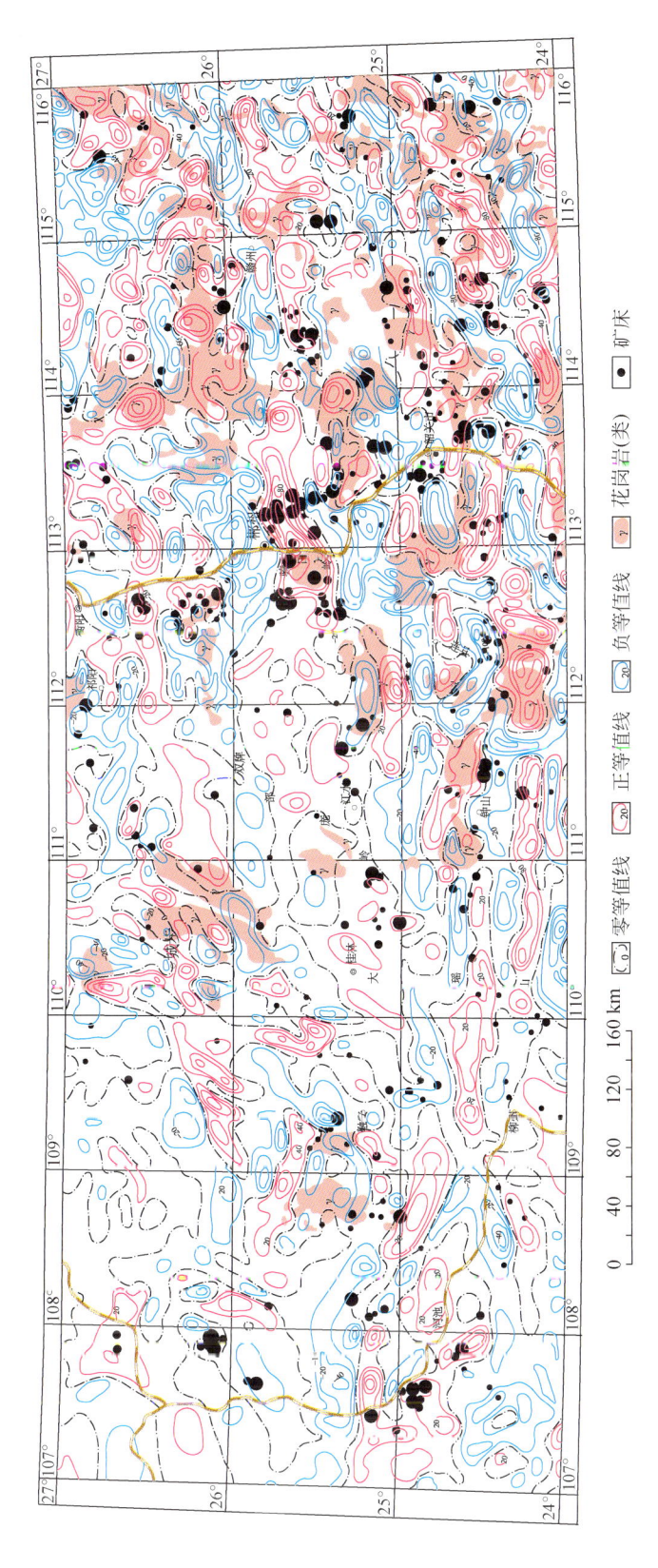

图 7-10 南岭地区航磁局部异常与矿床关系图

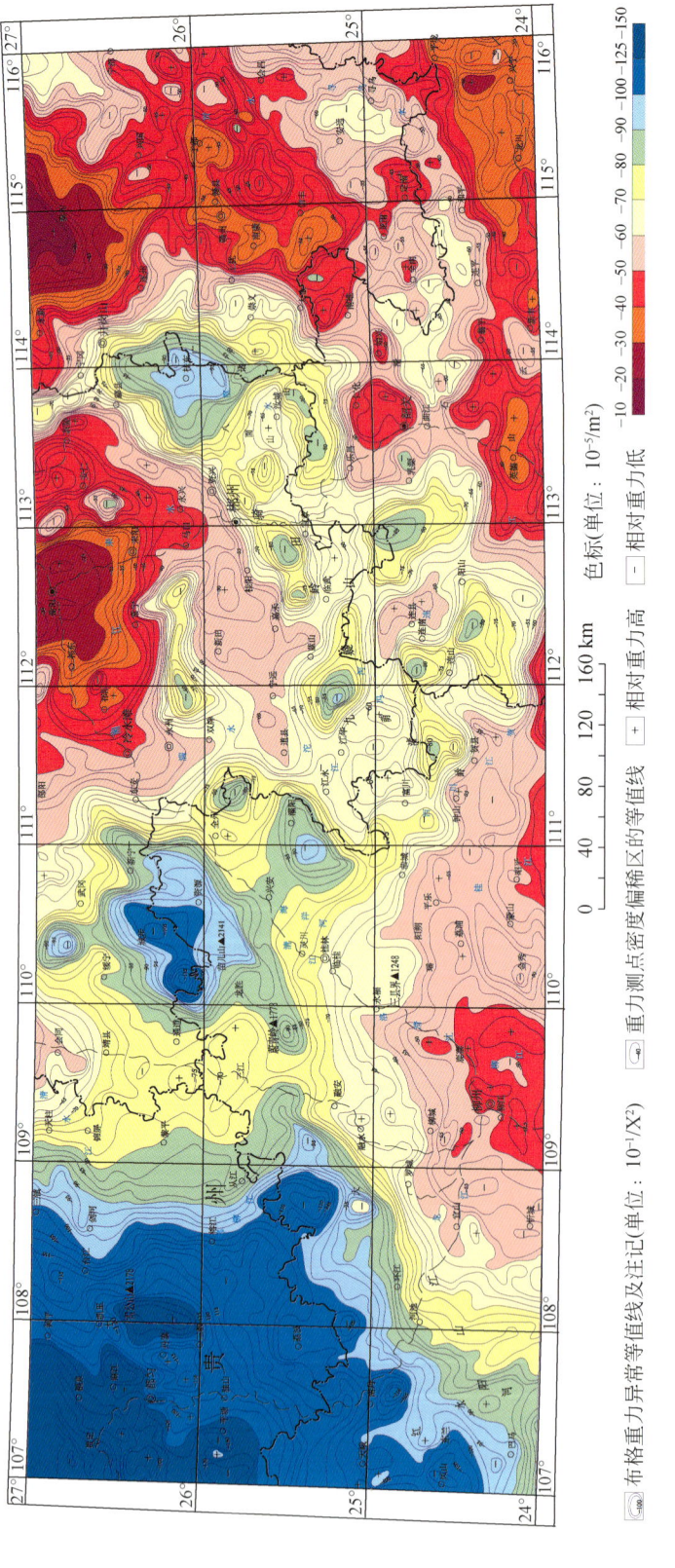

图7-11 南岭地区布格重力异常图

弧形岩带主要出现在基底刚性块体边缘或基底隆起核部，表明岩浆作用多沿结晶基底边缘、褶皱基底局部隆起核部发生，成为深部刚性块体的"焊接"带（构造岩浆岩带），或加里东复背斜、短轴穹隆核部的岩浆"填充剂"（构造隆起岩浆岩带，如越城岭、都庞岭、塔山-阳明山、香花岭等）。二者共同组成本区中浅层构造特殊的块状构造格架。

根据地球物理资料，本区共划分中浅层构造的岩浆岩带 17 个（含构造隆起岩浆岩带），矿田构造岩浆岩带 5 个。

北东向构造岩浆岩带：城步-柳城带、越城岭-罗城-河池带、都庞岭-金秀带、炎陵-骑田岭-连山带、兴国-韶关带、连平-安远带。

北西向构造岩浆岩带：平塘-南丹带、凤山-巴马带、三都-罗城带、恭城-钟山-小三江镇带、九嶷山-英德带、关帝庙-羊角塘-大义山-瑶岗仙-九峰-大宝山带、衡东-安仁带、锡田-宁冈带。

东西向构造岩浆岩带：塔山-阳明山带、汝城城口镇-大余带、姑婆山-大宝山-连平带。

受基底断裂带控制的次级矿田构造岩浆岩带：北西西向为水口山-上堡带、坪宝-大坊带、香花岭-嘉禾带、蓝山-宁远带；北东向为铜山岭-祥林铺带。

2）深源岩浆岩带

以北东向茶陵-连县断裂带（F_3）为界（图 7-5），南东盘诸广山-连山岩带和安远-连平岩带，带宽 60~110 km，延长大于 300 km。北西盘岩带走向北西。其中郴州-常宁岩带长 140 km，宽 45~90 km；城步-萌都岭岩带宽 40~330 km。鹿寨-钟山岩带为东西走向。不同方向、不同深度岩带相互重叠的区域，往往是成矿作用最强烈的资源富集区（千里山-骑田岭、钟县、贺县、大宝山及南丹-罗城）。

雪峰隆起南端西侧，由于受逆冲推覆断裂带（F_8）的制约，三都-罗城、凤山-巴马北西向岩带与南丹-元宝山北东东向岩带组成反"S"形深层岩浆岩带。

2. 地表岩体"中心"与重力确定的岩体"重心"有偏离

重力"重心"（重力负中心）代表隐伏岩体侵入中心，重力还可反映不同深度岩体的边界、判断岩体产状及超覆部位、岩浆侵入方向等。南岭地区中浅层岩体一般多呈上大下小的蘑菇状。

3. 面积差异

浅层隐伏岩体平面投影面积为出露岩体的数倍至数十倍，深源隐伏岩体则更大。

7.1.1.3 深部构造-岩浆与成矿

1. 北西向隐伏构造带控制了区内主要大型-超大型矿床（田）

南岭地区大型-超大型矿床多分布在常德-诸广山-兴宁转换断裂带（F_4）南西侧，大义山-大宝山北西向断裂带（F_{18}）与北东向深断裂带（F_{10}、F_{11}）交汇处的海西—印支构造层碳酸盐岩增厚区（图 7-12）。沿后者分布的大型-特大型矿产地有锡矿山锑矿、水口山、坪宝、凡口、大宝山铅锌铜矿、东坡（柿竹园）钨锡铋钼矿、新田岭白钨矿、香花岭、骑田岭、界牌岭锡多金属矿等（图 7-5）。大义山-大宝山北西向构造带面积仅 10000 km^2，占中国东部面积的 1.83%，共有矿床 8.3 万个，为东部其他地区矿床总和的 2.8 倍。该北西带又以南岭中段最为集中。

南岭地区就一个具体的矿床来说并不都表现为北西方向，这种浅部容矿构造与深部控岩控矿构造组合的复杂关系，正是南岭地区控岩、控矿的特殊性，矿田受隐伏北西向构造控制，组成北西向区域成矿带，但矿田、矿床中的多数矿体则受浅层构造线主体方向制约，主要表现为北东或北北东甚至近南北向。

2. 深部构造块体边缘成矿作用，在南岭地区表现十分明显和典型

湘南地区与岩浆热液成矿有关的 71 处大、中小型金属矿床全部分布在重力推断的断阶带及旁侧的构造岩浆岩带中。断块、断隆刚性块体不利于成矿，其间断裂多被岩浆岩（带）"焊接"，成矿作用从块体边缘发生和发展（图 7-13）。

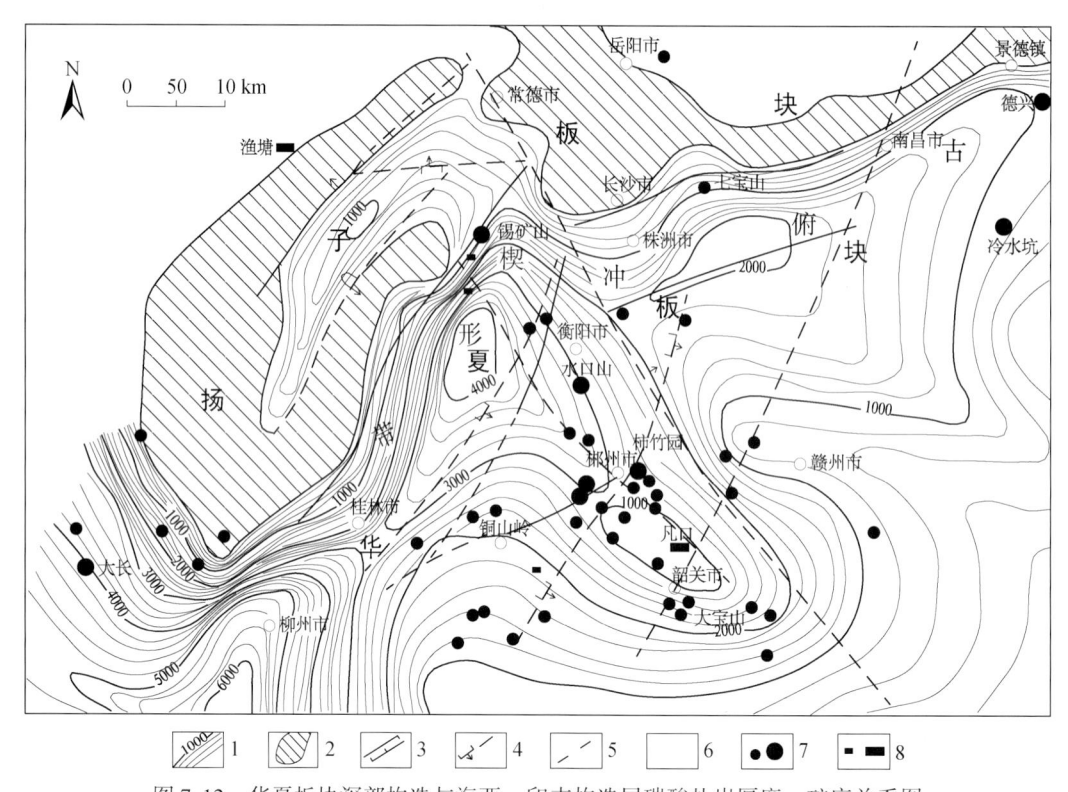

图 7-12 华夏板块深部构造与海西—印支构造层碳酸盐岩厚度、矿床关系图

1-碳酸盐岩等厚线（m）；2-古陆；3-岩石圈增厚区；4-莫霍面断裂带；5-基底断裂带；6-岩石圈俯冲-碰撞断裂带；7-大、超大型岩浆热液型矿床；8-中、超大型层控型铅锌矿床

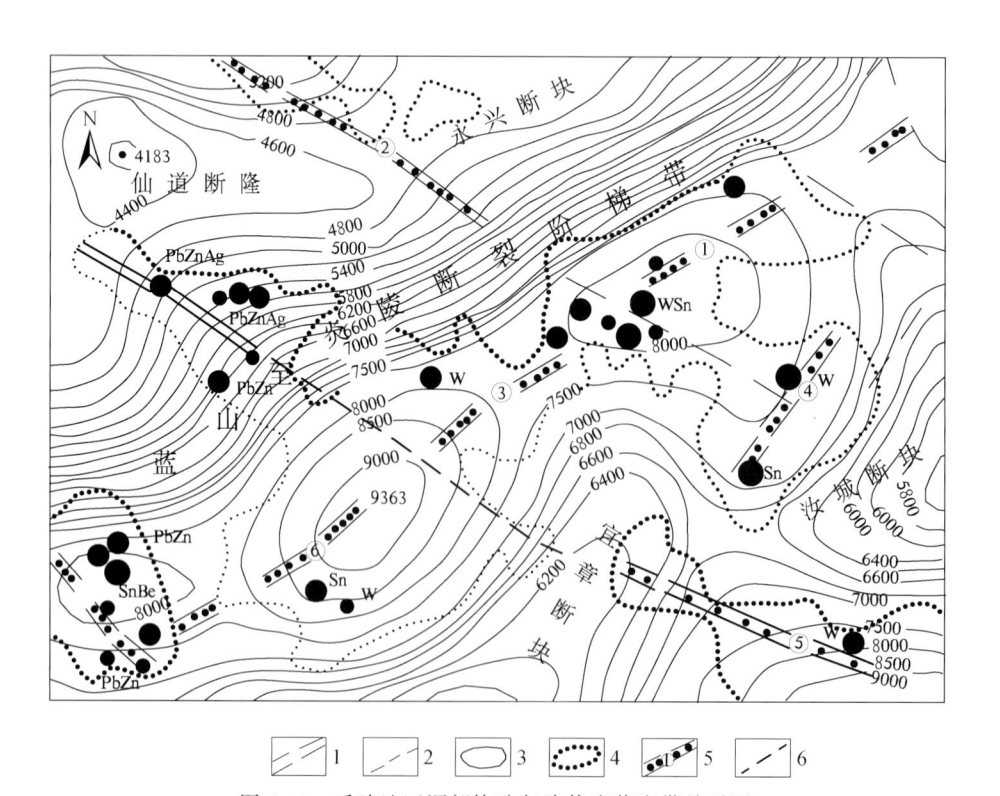

图 7-13 千骑地区深部构造与隐伏岩浆岩带关系图

1-推断地壳断裂阶梯带；2-推断基底断裂；3-推断结晶基底顶板深度（单位：m）；4-推断深部花岗岩分布区；5-构造岩浆岩带走向及编号：①骑田岭-彭公庙构造岩浆岩带，②大义山-郴州构造岩浆岩带，③坪宝构造岩浆岩带、④诸广山构造岩浆岩带，⑤瑶岗仙构造岩浆岩带，⑥香花岭构造岩浆岩带；6-断层

3. 成矿花岗岩体具磁性，非成矿岩体一般不具磁性

重（力）低、磁（场）高异常反映了隐伏、半隐伏酸性花岗岩基控制的钨锡多金属矿田；磁高或重磁变异带反映了隐伏中酸性花岗闪长岩体（群）控制的铅锌多金属矿田。隐伏岩体"重低磁高"异常或重磁变异带，反映了潜在内生多金属矿田的空间位置和形态范围，南岭地区有工业价值的多金属矿床大多位于"重低磁高"或重磁变异标志区(图7-14)。

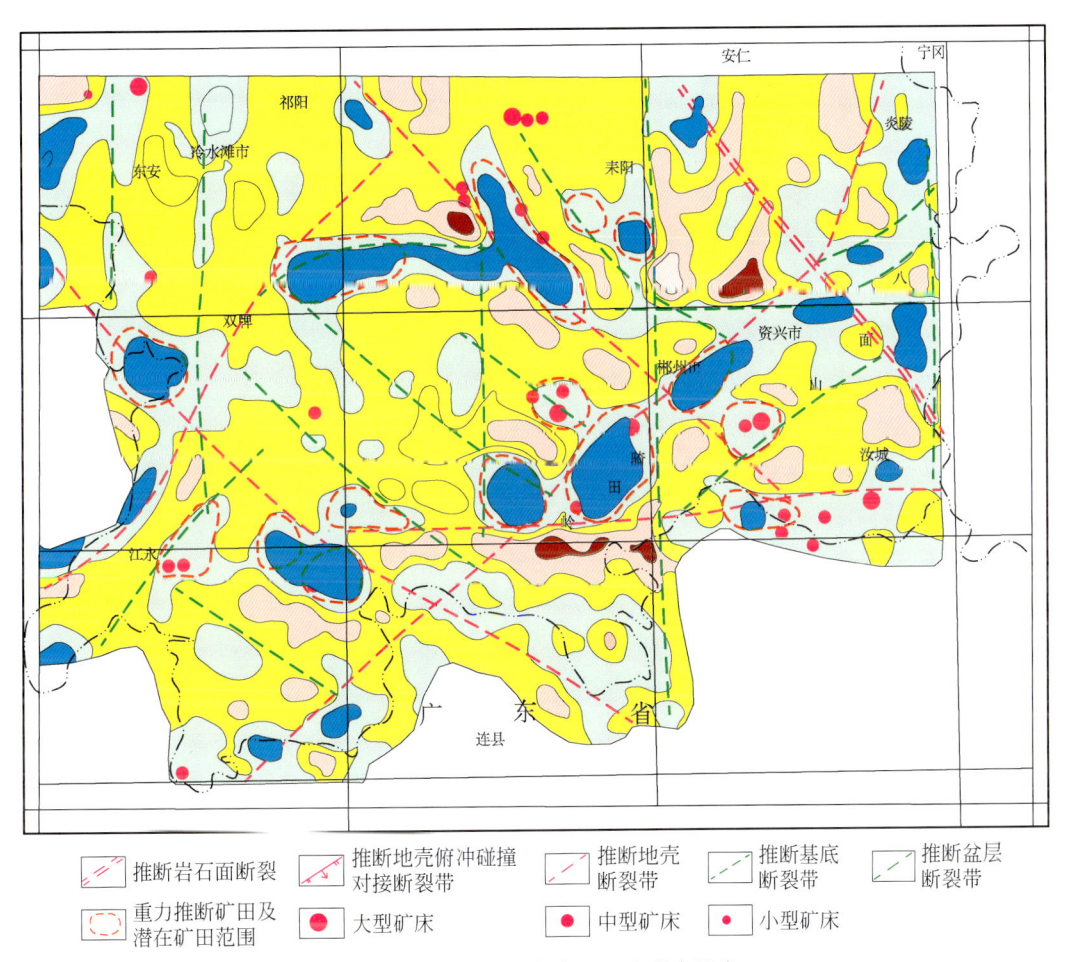

图 7-14　华南地区湖南段重力剩余异常

4. 隐伏、半隐伏大岩带控制区域成矿带，大岩体、大岩基控制矿田，大岩体上方的小岩体控制矿床

南岭地区许多大型–特大型矿床，成矿岩体出露面积仅为 $0.n \sim n\ km^2$，但重磁资料反映其深部均有隐伏大岩基存在（面积为 $100 \sim 1000\ km^2$）。据湖南省有关资料统计，形成大矿的隐伏岩体面积为 $100 \sim 300\ km^2$ 以上。

受逆冲断裂控制的"冷侵入"或无根"悬挂"小岩体对成矿不利。如湖南省宜章县长城岭地区，地表小岩体60余个，Hg、Pb矿点30余个，但重磁资料表明深部无大的隐伏岩基，至今也未找到有工业价值的矿床。

岩体出露面积巨大，但无重力低确定的岩体"重心"，表明剥蚀程度高，对找矿不利。有局部重力低反映的半隐伏岩体（带）分布区，是成矿的有利区域。

5. 深浅层构造岩浆岩带与浅表层构造的交叉复合部位，一般是多期次岩浆活动的中心。当有隐伏磁性块体存在时，是寻找大–特大型矿床（田）的信息标志

现有大中型内生金属矿床几乎全部落在这些磁块分布区，如水口山铅锌矿田，东坡、骑田岭、香花岭多金属矿田，坪宝、大宝山铅锌多金属矿田，瑶岗仙、界牌岭钨锡多金属矿田，大厂锡多金属矿田等。经综合研究认为，南岭地区姑婆山–钟山、连南–大坑口–英德–桃园镇、全南–连平、会昌–定南"磁块区"具有寻找岩浆热液系列大型矿床的潜在远景。

7.1.2 矿田线型构造影像模式

矿田线型构造影像模式是利用航天遥感卫星图像，在宏观的高层次分析深部构造、成矿前构造及成矿期构造等基础上，对千骑地区内黄沙坪、宝山、大坊及香花岭、东坡、瑶岗仙、界牌岭等已知矿田线型构造进行分析，按矿田线型构造影像性质的不同，大致将图区内线型影像特征对矿田的控制分为坪宝型和东坡型两类。

1. 坪宝型遥感线型构造影像模式

坪宝型线型构造影像模式表现为北北西向和北北东向压扭性断裂的叠加复合，组成平行格状的线形构造形态，其特点是在北东东向下燕塘–资兴县基底断裂附近，燕山早期由于基底断裂两盘相对左行错移，在盖层中形成北西西向雁行褶皱构造带；随后形成的北北东向构造带与雁行褶皱构造带交汇时形成复合构造。当复合构造部位又存在有利的成矿前构造及有利的成矿条件时，则是黄沙坪、宝山、大坊等矿床构造的位置（图7-15）。

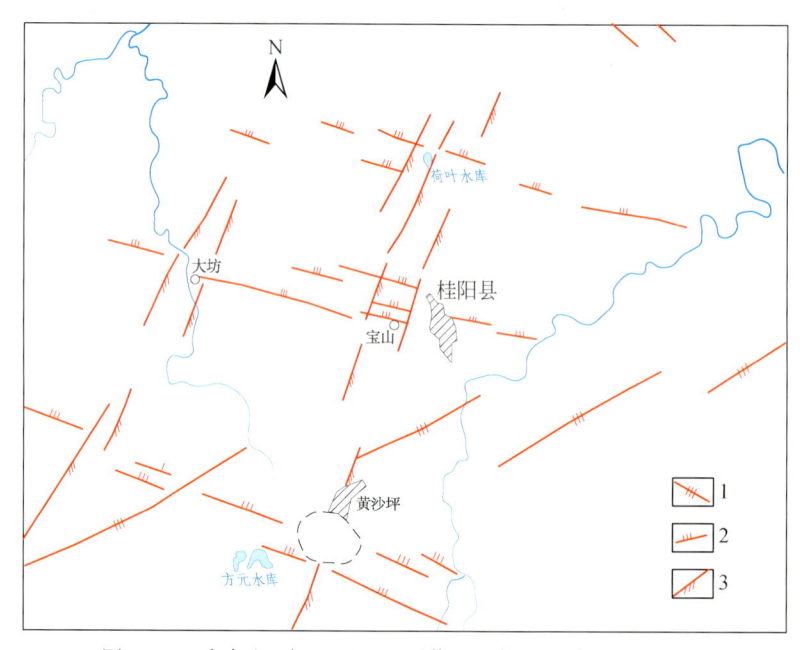

图7-15 千骑地区坪宝型TM$_4$图像矿田构造影像模式解译图
1-基底断裂带；2-北西向成矿期构造带；3-北北东向叠加成矿期构造带

2. 东坡型遥感线型构造影像模式

东坡型线型构造影像模式为北北东向断裂与北西西向基底断裂带交汇处并有近南北向的断裂叠加复合组成菱形或三角形影像形态。其特点是位于燕山早期巨型北东东向成矿期构造带之上。当成矿期构造穿越成矿前穹隆构造时，形成香花岭矿田；当成矿期构造横越北西向基底断裂时，形成瑶岗仙和界牌岭矿田；当成矿期构造横越北西向基底断裂，在交汇部位又有北北东向构造穿越，则形成叠加复合构造，复合构造部位即是东坡矿田部位（图7-16）。

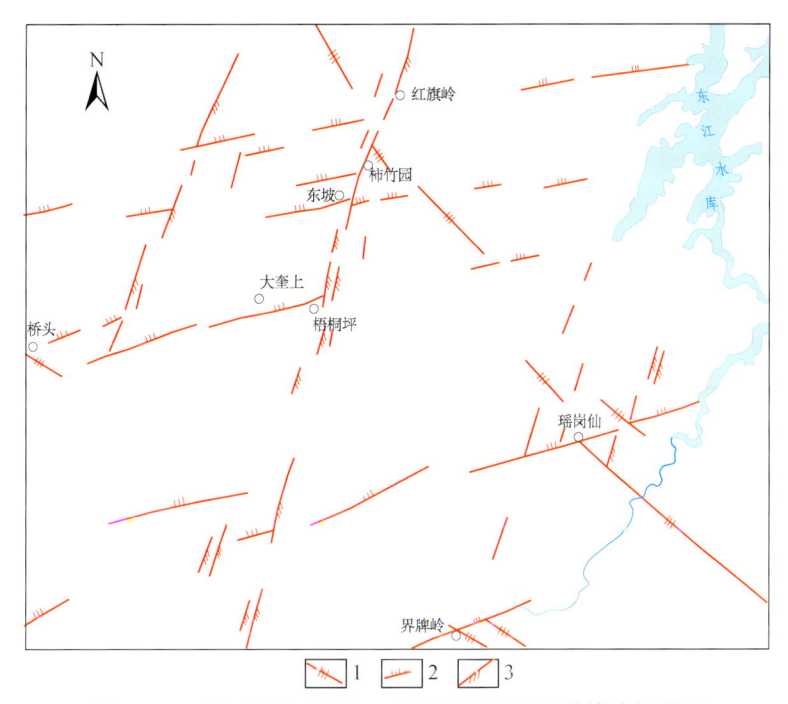

图 7-16　千骑地区东坡型 TM$_7$ 图像矿田构造影像模式解译图

1-基底断裂带；2-北东东向成矿期构造带；3-北北东向叠加成矿期构造带

7.1.3　矿田矿床分布规律

湘南千（千里山）–骑（骑田岭）地区位于南岭东段中部、扬子与华夏板块接合带部位（图 7-17），因而既具有扬子成矿省成矿特征，又表现华夏成矿省的成矿特点。区内矿产资源丰富，以钨、锡、钼、铋、铅、锌为主，除少数矿床外，其主要矿床成因类型均属岩浆热液型矿床，总体上看它们在成矿空间和时间上有着密切的联系，均是岩浆活动、构造作用和地层-岩性等综合控制的产物。千骑地区位于炎

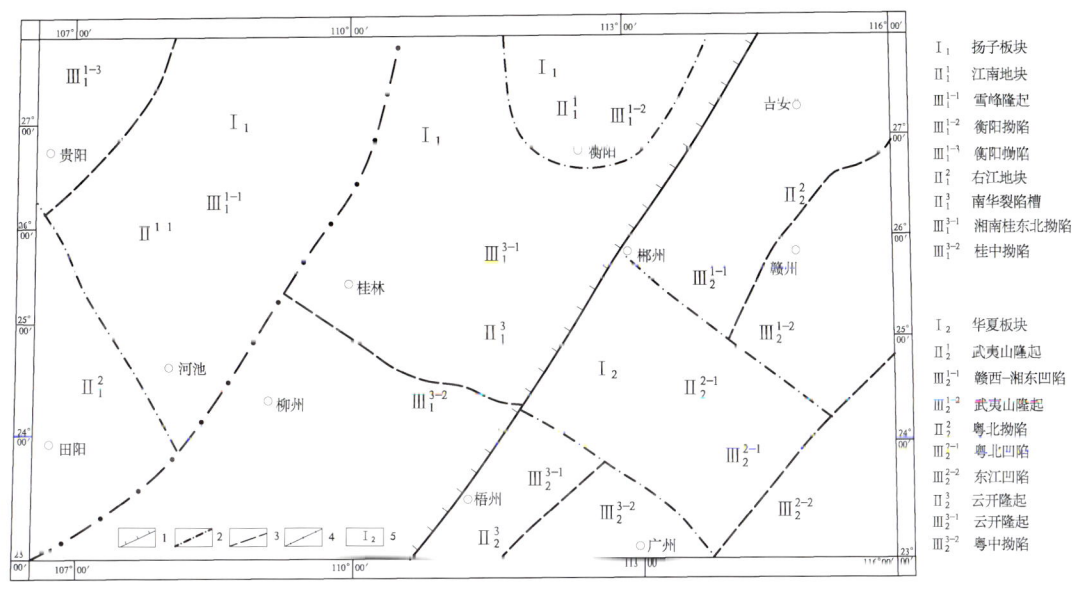

图 7-17　南岭地区大地构造单元划分图

1-一级单元界线；2-二级单元界线；3-三级单元界线；4-四级单元界线；5-五级单元编号

陵-郴州-蓝山北东向深断裂与郴州-邵阳北西向断裂带的交接部位,在主要成矿带与次级褶皱断裂带的相交部位分布着千里山、骑田岭等多金属矿田。千里山-骑田岭岩体汇聚了 40 多个钨、锡、铜、铅锌矿床;位于拗陷区的东坡矿田还集中了湖南省 99%的铋、67%的锡、50%的钼和 34%的钨。宝山、黄沙坪等铅锌银铜矿明显受燕山期同熔花岗岩控制,主要赋存于寒武系、泥盆系、石炭系碳酸盐岩中;大型-特大型东坡钨多金属、芙蓉锡矿田则与燕山期改造型岩浆作用有关。

7.1.3.1 矿床的时间分布规律

据以往资料和本次研究,湘南千骑地区的绝大多数与有色稀有金属成矿有关的岩体是相当于中晚侏罗世(其同位素年龄大致在 160~145 Ma)即多属燕山早期第二、第三阶段侵入定位的。区内成矿具有多期多阶段性,至少经历了三期五阶段,即岩浆期、夕卡岩期和石英硫化物期,成矿阶段有早夕卡岩阶段、晚夕卡岩阶段、氧化物阶段、早硫化物阶段和晚硫化物阶段。

总体看来,与钨锡成矿有关的岩体,形成时代相对较晚;而与铅锌成矿有关的岩体,形成时代相对较早。通过对一批典型成矿岩体的研究发现,不少同期多阶段多期次形成的复式岩体,如千里山、骑田岭等,在其周围的某一部分自岩体向外,可以出现有钨锡铅锌等矿化分带现象(柿竹园-野鸡尾矿区就有此类分带)。

一般地说,燕山早期第一次侵入活动在本区形成了较大范围的 W、Sn、Mo、Bi、Pb、Zn 矿化,但较弱;第二次侵入活动进一步扩大了前次矿化范围和强度,出现较强的 W、Sn、Mo、Bi、Pb、Zn 矿化;第三次侵入活动挥发分较前两次更加充分,进一步强化了锡的矿化,并出现大量的铍矿化。本区锡多金属矿化与燕山期第二、第三次岩浆侵入活动有关,主要成矿期为燕山早期中、晚阶段。另外,有时也可出现不同侵入阶段产生的矿化,在同一空间相互叠加而造成分带不明显的现象。

7.1.3.2 矿床的空间分布规律

区内不同种类的有色金属矿床的产出均以花岗岩岩体为中心,在平面上大致呈围绕岩体的同心环带状分布的规律。但由于受不同花岗岩岩体的侵入方向、产状以及围岩性质、构造环境因素的影响,所形成的矿床(点)数目、规模在空间上有一定的差别。总体来看,由岩体向外,出现磁铁钨锡钼铋矿化→锡铜铅锌矿化→铅锌矿化→锑矿化、由高温向中低温演化的典型晕圈式分布特征,即紧贴岩体为磁铁钨锡铋矿床(点)、钨锡钼铋矿床(点)构成最内圈矿化带,而离岩体稍远且紧靠内圈矿化带的则是锡铜铅锌矿床(点)、铅锌矿床(点),因而形成较为完整的以铅锌为主的环状矿化带;再向外是锰铅锌矿化带;更远的最外圈则出现了锑汞矿化带。不同成因类型的矿床在空间有着明显的分带性。

1. 云英岩型矿床

此类矿床定位于区内高侵位复式岩体顶部或边缘、小岩体、岩脉的前缘。矿床主要呈现两种产出形态和成矿方式:

(1) 面状云英岩型矿床。多呈缓倾斜透镜状、筒柱状产于岩体隆起部位顶面,岩体陡倾斜部位的顶部和分支的岩脉体侵入前锋部位为岩浆早期高温塑性封闭环境下气化作用,随着 W、Sn、Mo、Bi、Be 等矿化,在成矿有利部位富集成矿,典型的如柿竹园Ⅳ矿带(图 3-2、图 3-3 和图 3-4)、麻子坪矿段的黑山里一带等。

(2) 脉状云英岩型矿床。多呈脉状和网脉状产于岩体顶面围岩或岩体中断裂破碎带发育地段,晚期残余岩浆热液沿裂隙充填扩散交代,而形成云英岩或云英岩脉,围岩蚀变主要为云英岩化、硅化等,并伴随着 W、Sn、Mo、Bi 等矿化,矿体的形态较复杂,主要呈脉状,矿体规模小至中型,如大吉岭钨矿床(图 7-18)。

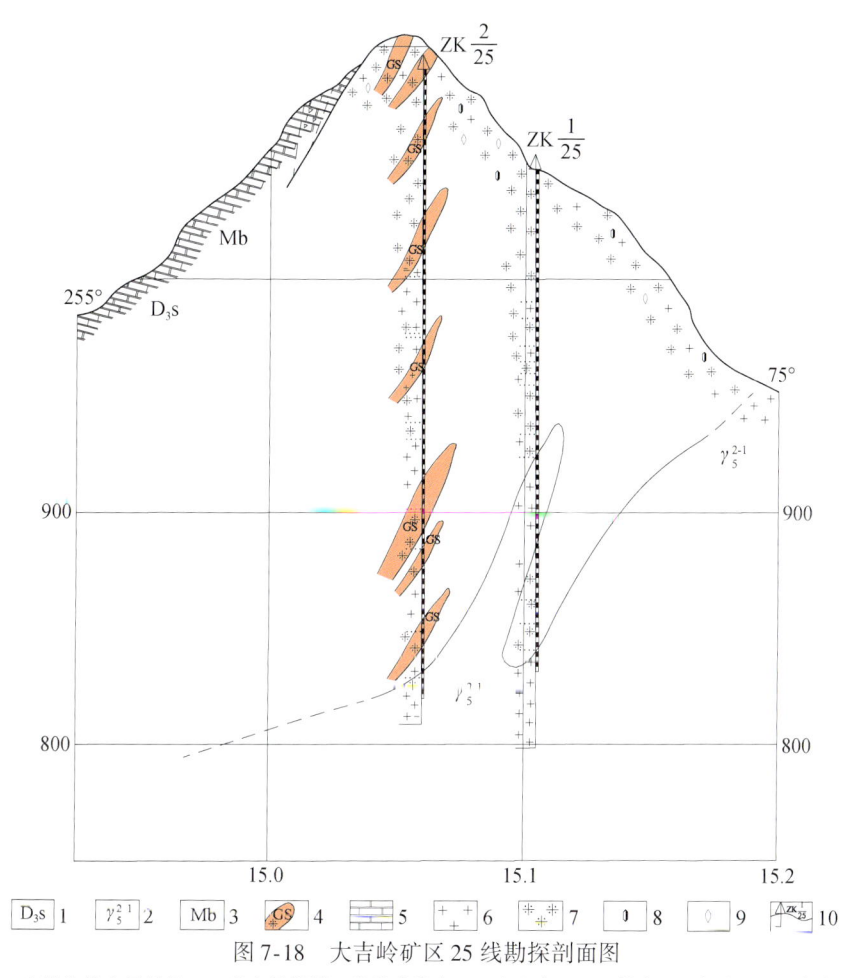

图 7-18 大吉岭矿区 25 线勘探剖面图

1-上泥盆统余田桥组；2-燕山早期第二阶段花岗岩；3-大理岩；4-云英岩；5-灰岩；6-花岗岩；7-云英岩化；8-锡石；9-白钨矿；10-钻孔及编号

2. 夕卡岩型矿床

该类型矿床是千骑地区主要矿床类型，均分布于岩体与碳酸盐岩接触带，其形态与规模主要受接触带构造控制。矿床规模以大、中型为主，集中分布于花岗岩体（千里山复式岩体、骑田岭芙蓉超单元）与泥盆系、石炭系中上统碳酸盐岩的接触带部位，因而矿体形态产状和规模受岩体接触带所控制，多呈似层状、透镜状和不规则脉状产出。矿床类型主要包括夕卡岩型钨锡钼铋矿、夕卡岩型磁铁矿锡铋矿、夕卡岩型磁铁锡矿和夕卡岩云英岩复合型钨锡多金属矿。主要矿床有柿竹园、野鸡尾、岔路口、金船塘、水湖里、白腊水矿区的 19 矿体、狗头岭矿区的 55 矿体以及黄沙坪矿区的夕卡岩型的铁锡钨钼矿和铜铅锌矿等。

3. 蚀变岩体型锡矿

此类矿床类型主要产于燕山期花岗岩中沿北东向断裂侵入的斑状花岗岩、花岗斑岩及细粒花岗岩脉中。它是由于岩浆期后的含矿热液沿断裂上升，对早先侵位的岩脉进行交代作用而形成的。围岩蚀变主要有钠长石化、云英岩化及黑鳞云母化等。矿体的形态多为似层状、大脉状、透镜体状。根据原岩的不同可以分为钠长石化斑状花岗岩型（白腊水矿区的 10、31、40 矿体）、蚀变花岗斑岩型（柿竹园IV矿带、白腊水矿区的 32、33 矿体）及蚀变细粒花岗岩型（白腊水矿区的 42 矿体）。其中以钠长石化斑状花岗岩型锡矿规模较大，工业意义较大。

4. 构造蚀变带型锡矿

此类矿床主要定位于燕山期花岗岩岩体内（如芙蓉超单位）以及岩体内外接触带中，矿体受近南北向、北东向断裂控制。矿体规模小至大型，矿体形态呈脉状、板脉状，具膨大缩小、分支复合现象。矿体厚度 0.80~5.30 m 不等，矿体倾角一般为 60°~80°。围岩蚀变主要有云英岩化、绿泥石化、绢云母化、萤石化及电气石化。该类矿床是骑田岭地区的主要类型，矿体数量多，资源量可观。但当控矿断裂通过岩体与灰岩的接触带时，此时形成构造蚀变带-夕卡岩复合型矿床，矿体的规模巨大，最大厚度达 46.37 m，矿床规模达大型以上，如白腊水矿区的 19 矿体。

5. 岩浆热液充填-交代型矿床

此类矿床定位于花岗岩体的外接触带夕卡岩型矿床的上部或外侧，加里东—印支期褶皱隆起带及其边缘拗陷带中之次级扇形褶皱群中。矿化沿北北东向-北东向断裂带及近南北向断裂带旁侧聚集，岩浆残余溶液在构造的作用下向应力释放的空间运移含矿溶液，经过充填、交代等成矿方式，在不同的围岩和构造条件下形成不同类型的矿床。在硅酸盐岩中形成脉状石英脉型、硫化物型锡铅锌矿床；在碳酸盐岩中形成充填交代型铅锌多金属矿床（如黄沙坪矿区的 301、304 矿带）。

（1）产于硅酸盐岩中的石英脉型、硫化物型锡铅锌矿和脉状铅锌矿。主要分布于木根桥-观音坐莲推覆冲断裂带东侧，千里山岩体北东侧西山箱状复式背斜两翼震旦系浅变质碎屑岩中。矿体主要受北北东-北东向断裂控制，呈脉状产出，地表有沿断裂充填的岩脉出露，深部有隐伏岩体存在，以充填成矿为主，主要成矿元素下部以锡为主、往上有递变为锡铅锌的分带趋势。石英脉型或硫化物型锡铅锌矿和脉状铅锌矿三者常相伴产出，如红旗岭的钨锡细脉带、4 号矿体，南风坳与枞树板铅锌银矿。

（2）碳酸盐岩中充填交代型铅锌矿床。一是产于岩体接触带以交代作用为主的铅锌矿。在岩体与碳酸盐岩接触带的附近有利构造部位、逆冲断裂的下盘具有阻挡封闭的条件下，含矿热液与围岩进行交代，形成透镜状、不规则状铅锌矿，如柿竹园铅锌矿。二是产于与成矿岩体相距较远的外接触带碳酸盐岩中的铅锌矿，是千骑地区较重要的铅锌矿床类型。多呈不规则脉状、透镜状、筒柱状产出，主要赋存于桥口-东坡向斜中次级背向斜褶皱的泥盆系碳酸盐岩地层中，矿床主要受北东向断裂或花岗斑岩群及北北东向逆冲断裂的旁侧次级东西向或北东向断裂控制，在断裂交汇处形成富矿或矿柱。主要矿床有野鸡尾、横山岭、蛇形坪等矿床。

6. 层控型矿床

此类矿床主要定位于南北向加里东期褶皱隆起带边缘，南北向或北东向断裂旁侧、印支期褶皱带次级背斜的轴部或翼部层间构造中。中泥盆统棋梓桥组是主要赋矿层位，矿体多呈似层状或透镜状产出，按成矿物质来源和成矿作用不同可分两类，即沉积-改造型和沉积改造岩浆热液叠加型（图7-19）。

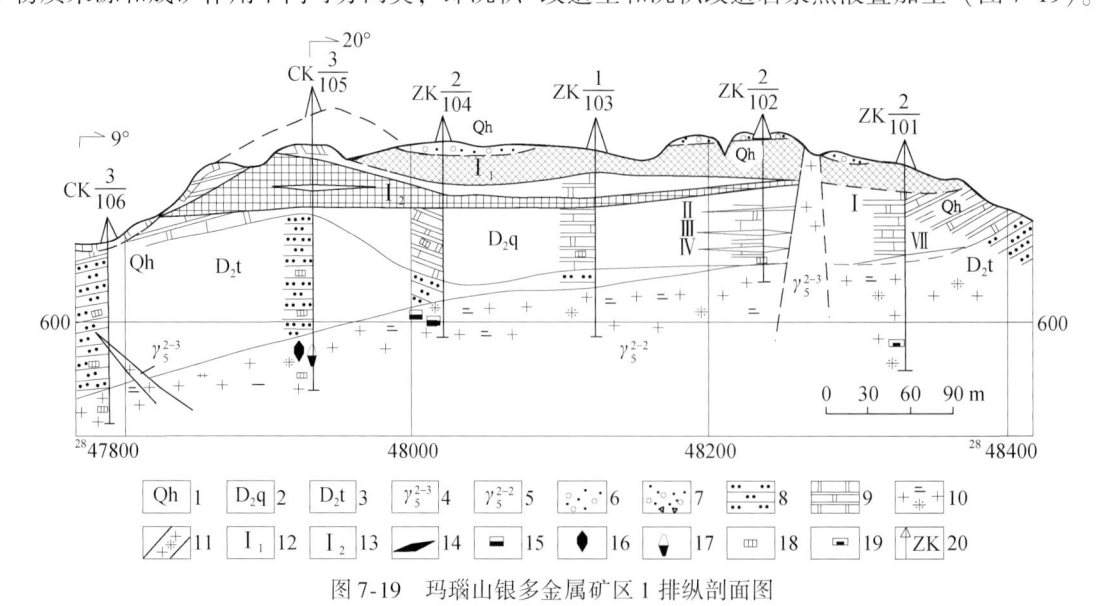

图 7-19 玛瑙山银多金属矿区 1 排纵剖面图

1-第四系全新统；2-泥盆系中统棋梓桥组；3-泥盆系中统跳马涧组；4-燕山早期第三次侵入体；5-燕山早期第二次侵入体；6-坡积层；7-坡积铁锰矿；8-石英砂岩；9-大理岩化云灰岩；10-云英岩化绢云母化细粒花岗岩；11-云英岩化细粒花岗岩脉；12-氧化铁锰矿及编号；13-铁锰矿体及编号；14-铅锌矿体及编号；15-辉钼矿；16-黑钨矿；17-锡石；18-黄铁矿；19-磁黄铁矿；20-钻孔及编号

（1）沉积-改造型铅锌矿床。主要分布于远离岩体的中泥盆统棋梓桥组下部，受层间错动、层间破碎和层间剥离等构造带控制，多为顺层产出的似层状铅锌黄铁矿体，如金狮岭黄铁铅锌矿。

（2）沉积改造岩浆热液叠加型。由于岩浆热液与地下水溶液的混流作用，含矿层中的元素活化转移或叠加富集，在棋梓桥组地层中形成沉积-改造岩浆热液叠加型铁锰铅锌银矿床。该类矿床一般在地表出露有小岩体（脉），深部有隐伏岩体，矿体呈似层状、透镜状、多层状产出，受层间构造和断裂所控制。此类型矿床常与岩浆热液型铅锌矿床相伴产出，多分布于其下部层位中，如玛瑙山铅锌矿。

7.2 成矿物质与成矿流体来源

随着测试分析技术的不断进步，国内外学者利用多种现代测试分析手段，对千骑地区花岗岩岩体及相关有色稀有金属矿床的成岩成矿物质来源、成矿流体特征已开展了大量工作，为探讨该区成岩成矿机理和矿床成因提供了重要依据。

7.2.1 地层的含矿性

第6章6.2节已指出，千骑地区震旦系中大于地壳元素丰度的有 W、Sn、Bi、Pb、As、B、F，接近地壳元素丰度的有 Zn、Cu、Mo、Be、Cr 等元素。

泥盆系是区内主要含矿、赋矿地层，平均含量高于地壳丰度的元素有 W、Sn、Bi、Pb、Sb、Ag、Mn、As、B、F 等（表7-3），其中 W、Sn、Sb、B 在跳马涧组石英砂岩和锡矿山组粉砂岩中的含量较高；Pb 主要富集于跳马涧组上段和棋梓桥组下段。石炭系和二叠系地层的 Sn 平均含量均高于维氏值。

表7-3 千骑地区地层中部分元素含量

地层	岩石名称	样品个数	W	Sn	Bi	Pb	Sb	Ag	Mn	As	B	备注
P_3l^2			<10	5.36	<5	22.53				12.13	68.33	
P_3l^1		26	<10	4.62	<5	23.20				10.32	72.66	
P_2g		7	<10	4.56	<5	10.77					14.50	
P_2q		36		2.78	<5	9.15					<10	
P_1m		31		<5	<5	9.21					<10	
D_3x^2	粉砂岩	6	4	8	8.6	24	25	0.04	63	68	309	
D_3x^1	灰岩	16	4	1.8	4.7	24	4	0.10	332	4.6	13	
D_3s^2	含泥灰岩	45	4	1.3	4	16.3	4	0.10	199	4.6	13	
D_3s^1	泥质条带灰岩	31	6	2.6	5.6	6.9	7.5	0.11	259	3.1	11.1	
D_2q^3	灰岩、白云岩	99	4.6	1.77	4.6	5.6	4	0.11	715	10	18	
D_2q^2	云灰岩、灰岩	38	4.7	1.36	5.5	5.5	4	0.11	536	4.6	14	
D_2q^1	白云岩	37	5.2	1.54	4.3	24	10.6	0.21	1600	4.3	22	
D_2t^2	石英砂岩	5	9	6.6	5.5	30	25	0.07	137	25	99	
D_2t^1	石英砂岩砾岩	8	1.3	7.7		7	25	0.1	86	38	47	
Z_1s	变质砂岩板岩		20	29		21	47					
地壳平均含量			1.3	2.5	0.009	16	0.5	0.07	1000	1.7	12	

因此，千骑地区不同类型金属矿床中的成矿物质可能部分来源于含矿热液在迁移过程中渗透、萃取地层中有用组分。

7.2.2　岩浆岩含矿性

千里山地区印支期至燕山期岩体中，成矿元素的含量与酸性岩中平均含量（维氏）相比，Sn 高 12 ~ 320 倍，Pb 高 2 ~ 5.9 倍；从印支期至燕山期呈规律递增，燕山早期晚阶段成矿元素达到富集高峰。芙蓉超单元花岗岩与其他超单元岩浆岩相比，Sn、W、Bi、Pb、Cu、As、Nb、F 等成矿元素及矿化剂明显变高，且离散度较大。其中 Sn 含量是维氏酸性岩平均值的 3 ~ 30 倍。在空间上，含矿岩体与矿床紧密伴生，尤其是锡矿床，成矿物质主要来自富锡的硅铝层重熔岩浆。

区内成矿元素在花岗岩中除呈分散状态分布于造岩矿物外，也有一部分呈独立矿物存在。在王仙岭花岗岩的重砂样品中，白钨矿的出现率 78.5%、锡石出现率 25.5%、方铅矿出现率 21.4%、铁闪锌矿出现率 28.5%；千里山岩体中，锡石的出现率上升到 60.3%。在强烈蚀变的花岗岩中，出现云英岩型钨锡矿床。

Sn、Pb、Zn 在岩体中主要呈分散状态赋存于石英、长石和云母类矿物中，Sn、Zn 载体矿物以黑云母为主，Pb 载体矿物以钾长石、斜长石为主，其次是黑云母。以王仙岭为代表的印支期岩体黑云母中含 Sn 100×10^{-6}，白云母中含 Sn 200×10^{-6}；而燕山期岩体的黑云母中含 Sn（310 ~ 470）$\times10^{-6}$，表明岩浆在深部演化过程中，从早期到晚期，Sn 含量不断增高。根据庄锦良等（1988）研究，骑田岭细粒斑状黑云母花岗岩中黑云母其 Sn 的含量高达 240×10^{-6}。区内与锡矿成因有关的花岗岩岩浆演化分异较完全；副矿物中锡石等有色金属矿物及富挥发分矿物种类多、含量高；与成矿有关的微量元素 Sn、W、Bi、Pb、Cu、As、Nb、F 等含量高。

7.2.3　硫同位素特征

不同类型的铅锌多金属矿床，其硫同位素组成具有一定的变化规律（表 7-4）。

表 7-4　千骑地区各类铅锌多金属矿床中硫同位素 $\delta^{34}S$ 值组成情况表

矿床类型	矿区名称	样品种类	样数	$\delta^{34}S$ 值/‰				$\delta^{34}S_{\Sigma S}$/‰
				最小	最大	极差	平均值	
接触交代型	黄沙坪	铅锌黄铁矿石	163	1.29	17.50	16.21	10.56	5.8 ~ 14.9
		围岩	39	−22.6	14.20	36.80	3.90	
	宝山	铅锌矿石	166	−1.68	8.27	9.95	4.34	1.8 ~ 7.25
		围岩	45	−22.60	17.80	40.40	0.002	
	大坊	铅锌矿石	12	−2.40	−6.60	4.20	−4.2	
		围岩	6	−3.30	−4.40	1.10	−3.73	
	平均	矿石	341	−2.40	17.50	20.20	3.57	1.8 ~ 14.90
		围岩	90	−22.60	17.80	40.40	0.06	
断裂填充型	香花岭	铅锌黄铁矿石	90	−1.00	6.73	7.73	2.63	1.3 ~ 6.4
		围岩	6	−0.10	6.10	6.20	2.20	
	炮金山	铅锌矿石	32	−0.72	4.80	5.52	1.74	1.55 ~ 5.10
		围岩	2	−0.90			−0.90	
	茶山	铅锌矿石	10	−0.70	15.93	16.63	2.39	
	东山	铅锌矿石	6	3.39	4.89	8.82	0.63	
	东坡（柿竹园）	铅锌矿石	35	5.27	7.816	13.086	3.57	
		围岩	8	5.33	6.97	1.64	6.13	

续表

矿床类型	矿区名称	样品种类	样数	δ^{34}S 值/‰ 最小	最大	极差	平均值	$\delta^{34}S_{\Sigma S}$/‰
断裂填充型	东坡山	铅锌矿石	16	−7.22	4.89	12.11	2.49	
	柴山	铅锌矿石	39	2.10	11.60	9.50	5.40	2.4~4.4
		围岩	3	3.40	11.20	7.80	8.00	
	蛇形坪	铅锌矿石	47	−1.60	12.33	13.93	5.68	4.05~8.40
	横山岭	铅锌黄铁矿石	39	1.30	9.77	8.40	6.50	2.70~3.20
		围岩	5	0.30	11.62	11.32	3.92	
	野鸡尾	铅锌黄铁矿石	47	−10.93	12.50	23.43	−0.51	
		围岩	11	−3.40	5.40	8.80	0.67	
	平均	矿石	361	−10.93	15.93	26.86	3.05	1.30~8.40
		围岩	32	−3.40	11.62	15.02	3.34	
脉型	铁石垅	铅锌矿石	13	−4.20	4.35	8.55	−2.02	
	红旗岭	铅锌矿石	5	−5.19	4.69	9.88	−2.27	
	平均	矿石	18	−5.19	4.69	9.88	2.15	
沉积改造型	金狮岭	黄铁矿石	8	7.08	11.98	4.90	10.38	
	清江	铅锌矿石	5	10.40	12.35	1.95	11.57	
	平均	矿石	13	7.08	12.35	5.27	10.83	
沉积改造热液叠加型	铁渣市	铅锌矿石	8	4.51	9.48	4.97	6.87	
	黄家坝	铅锌矿石	5	−1.09	4.86	5.95	11.57	
	玛瑙山	铅锌黄铁矿石	25	0.4	9.90	9.5	4.96	
	平均	矿石	38	−1.09	9.90	10.99	6.39	

1. 接触交代型和断裂充填型铅锌多金属矿床

接触交代型和断裂充填型铅锌多金属矿床矿石硫同位素组成总体上有较大的变化，δ^{34}S 值变化范围为 −10.93‰~+17.5‰、极差达 28.43‰。但就各单独矿床而言，除野鸡尾和黄沙坪矿区变化较大外，多数矿床其变化范围相对狭窄，硫同位素组成稳定，绝大部分为正值，平均值在 +4.2‰~+10.56‰。在频率直方图上（图 7-20、图 7-21），除少数矿床因样品太少不足以反映其特征外，均具塔式分布，且偏离零值线

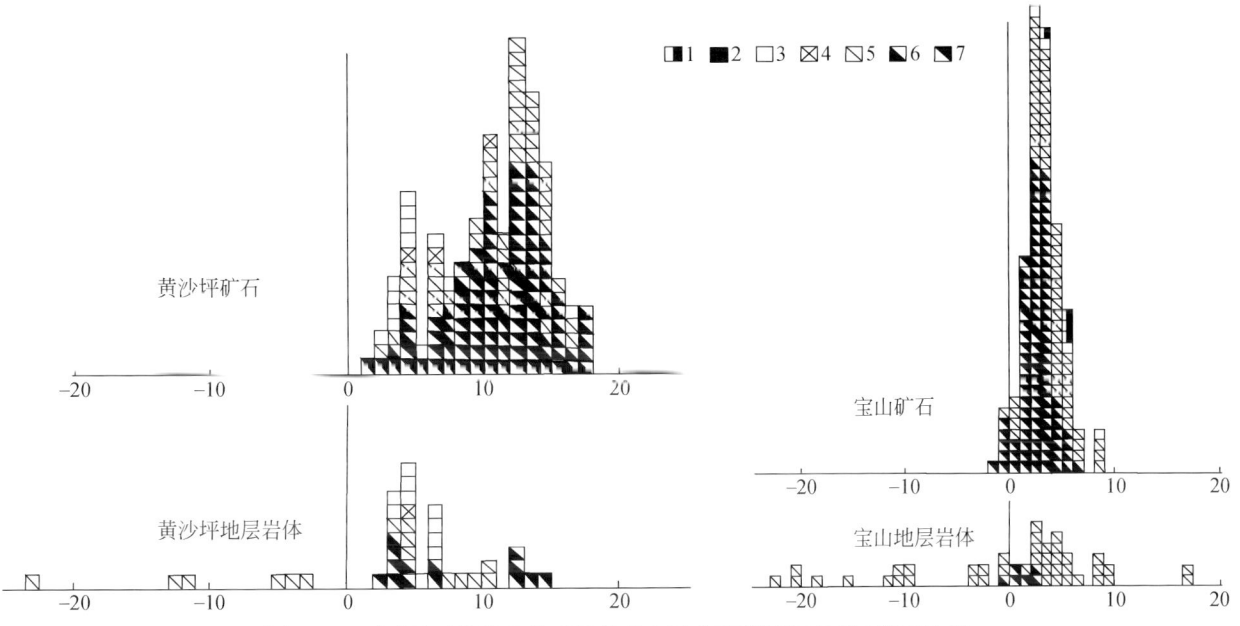

图 7-20 千骑地区热液交代型铅锌多金属矿床硫同位素 δ^{34}S 值对比图

1-辉钼矿；2-毒砂；3-黄铁矿；4-磁黄铁矿；5-黄铜矿；6-闪锌矿；7-方铅矿

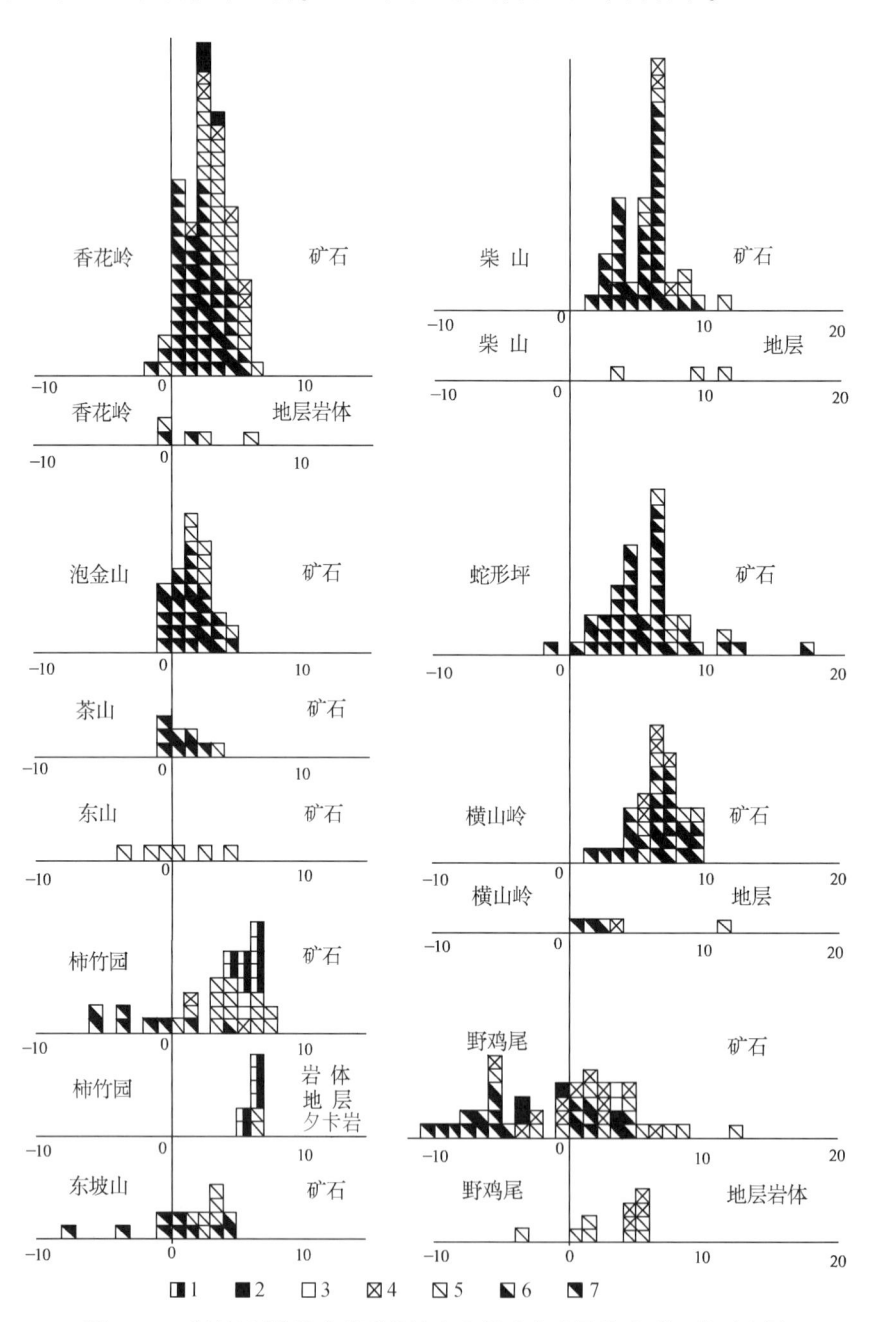

不远，显示其接近陨石硫特征。在同一矿床或矿田内不同部位、不同产状的矿体中，硫同位素组成变化一般不受赋矿层位和围岩性质的影响，而与距岩浆岩的远近有关，即靠近岩体者 $\delta^{34}S$ 值增大，远离岩体者则减小。如黄沙坪矿区以成矿岩体为中心，由下往上和由内向外 $\delta^{34}S$ 值均由大变小，呈现正向分带规律（图7-22、图7-23），反映了成矿温度的递减变化、热液活动中心和热液流向。在不同硫化矿物中，$\delta^{34}S$ 的变化也有明显差异，其变化规律大致是：按黄铁矿>闪锌矿>方铅矿的顺序递减，表明这些矿物沉淀是在热力学平衡的条件下进行的。利用硫同位素高温平衡外推法原理对本类矿床成矿介质水的硫同位素组成计算所得 $\delta^{34}S_{\Sigma S}$ 值在 1.3‰~14.9‰，这与各矿床矿石铅的 $\delta^{34}S$ 平均值变化范围（-4.2‰~10.56‰）相接近，说明与被沉淀的总硫同位素相符。这也表明成矿物质主要来自岩浆。

图7-21 千骑地区热液充填型铅锌多金属矿床硫同位素 $\delta^{34}S$ 值对比图

1-辉钼矿；2-毒砂；3-黄铁矿；4-磁黄铁矿；5-黄铜矿；6-闪锌矿；7-方铅矿

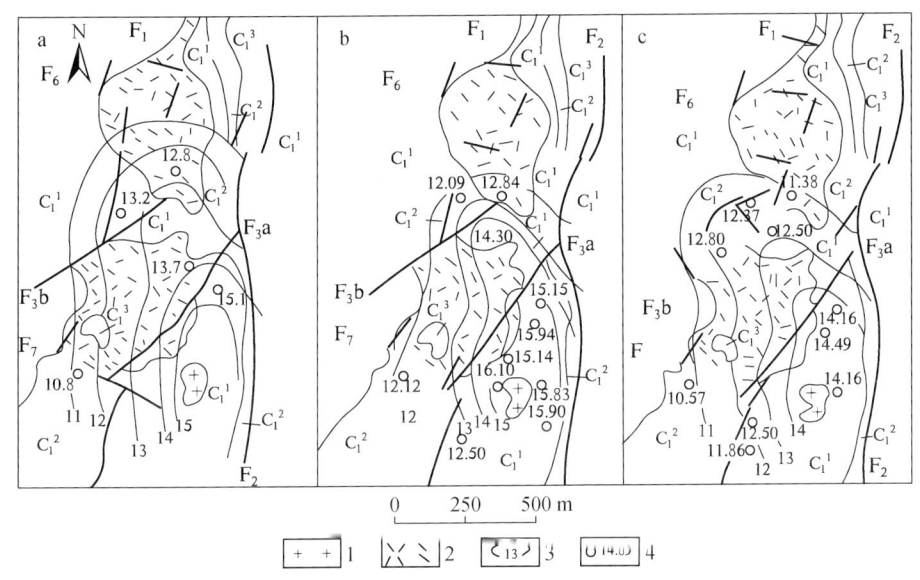

图 7-22 千骑地区黄沙坪矿区 $\delta^{34}S$ 值变异晕图（据童潜明，1986a、b）

1-花岗斑岩；2-花岗斑岩质隐爆角砾岩；3-$\delta^{34}S‰$ 等值线；4-采样点及 $\delta^{34}S‰$；a-黄铁矿（FeS_2）；b-闪锌矿（ZnS）；c-铅锌矿（PbS）。其余图例说明见表 2-1

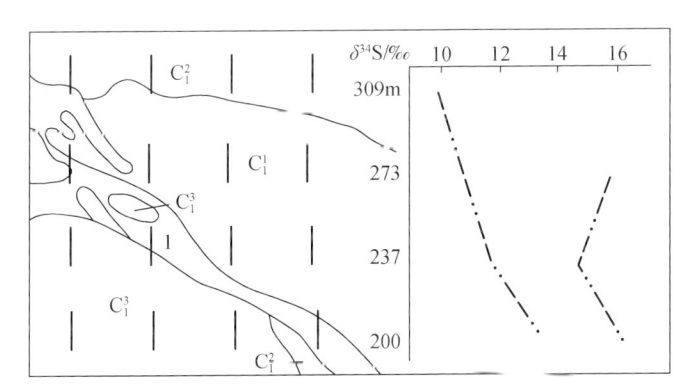

图 7-23 千骑地区黄沙坪铅锌矿 1 号矿体方铅矿、闪锌矿的硫同位素 $\delta^{34}S$ 值垂直变化图（据童潜明，1986a、b）

图例说明见表 2-1

2. 产于硅铝质岩石中的脉型铅锌多金属矿床

此类矿床 $\delta^{34}S$ 值变化范围较小（-5.19‰～+4.69‰），且绝大部分为负值，平均值为+2.02‰～-2.27‰，接近陨石硫，硫源单一，属岩浆硫。在频率直方图上（图 7-24），由于样品不多，难于确定其分布效应，但反映了本类矿床相对富轻硫的特点。在不同硫化矿物中，硫同位素组成的变化，多数仍按黄铁矿＞闪锌矿＞方铅矿的顺序递减。表明这些矿物沉淀也是在热力学平衡的条件下进行的。

3. 层控型铅锌多金属矿床

1）沉积改造型矿床

本亚类矿床的硫同位素 $\delta^{34}S$ 值组成，可以金狮岭和清江矿区为代表，$\delta^{34}S$ 最大值为 12.35‰、最小值为 7.08‰、极差 5.27‰、平均值为 10.83‰。从硫同位素 $\delta^{34}S$ 频数分布图（图 7-25）可见，由于样品较少，难于确定其分布效应。但 $\delta^{34}S$ 全为正值，且远离陨石硫值，其中绝大多数样品的 $\delta^{34}S$ 值大于 10‰，数据稳定，极差小，表明硫源单一，以富含重硫为其特点，故硫源主要应为海水硫。

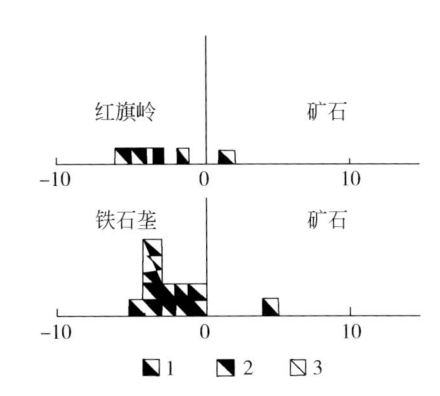

图 7-24 千骑地区脉型铅锌多金属矿床硫
同位素 δ^{34}S 值对比图

1-闪锌矿；2-方铅矿；3-黄铜矿

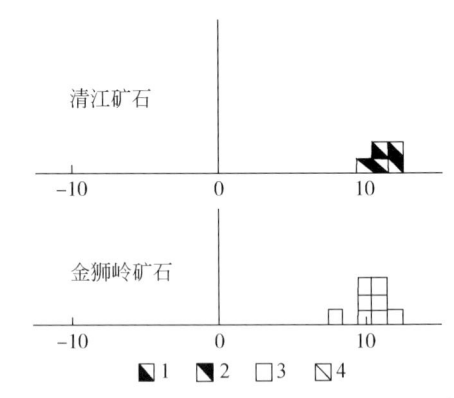

图 7-25 千骑地区沉积改造型铅锌多金属矿床硫
同位素 δ^{34}S 值对比图

1-闪锌矿；2-方铅矿；3-黄铁矿；4-黄铜矿

2）沉积改造热液叠加型矿床

本亚类矿床的硫同位素 δ^{34}S 组成可以玛瑙山、铁渣市等矿区为代表。硫同位素 δ^{34}S 最大值为9.9‰、最小值为-1.09‰，极差10.99‰、平均值为6.39‰。绝大多数样品 δ^{34}S 全为正值，δ^{34}S 值接近陨石硫。在 δ^{34}S 值频数分布图上（图7-26）可以看出呈波浪形分布效应。上述显示了硫源较为复杂，除海水硫外，岩浆源硫的叠加比较明显。

总体来说，东坡矿田 δ^{34}S 值变化较大，其范围从-10.93‰ ~ +17.30‰，极差高达28.23‰。其中有88%的 δ^{34}S 值是在±5 ~ ≤10‰区间、有7%的 δ^{34}S 值<-5‰、有5%的 δ^{34}S 值>+10‰（表7-5）。在 δ^{34}S 值频数直方图上，分布塔式效应不典型，塔基较宽，大致是在+6‰ ~ +7‰处为一突起高峰值，主峰值两侧均见有较低峰值突起。该特征表明区内硫源较复杂，主要来源是岩浆硫，同时混入一定数量的地层硫。

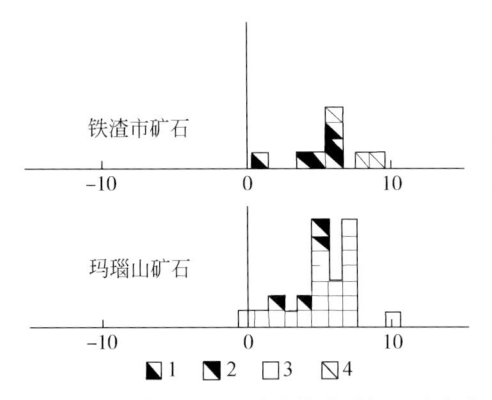

图 7-26 千骑地区沉积改造热液叠加型矿床硫
同位素 δ^{34}S 值对比图

1-闪锌矿；2-方铅矿；3-黄铁矿；4-黄铜矿

表 7-5 千骑地区不同类型铅锌多金属矿区硫同位素组成特征

序号	矿区	样品个数	δ^{34}S/‰变化范围	极差/‰	平均值/‰	测试矿物
1	柿竹园	41	+1.20 ~ +7.85	6.65	+5.48	Mo、Py、Bi、Pyr、Cp
2	野鸡尾	69	+10.93 ~ +12.50	23.43	-0.68	Gn、Sph、Pyr、Py、Ars
3	东坡山	18	+7.20 ~ +4.89	12.09	+1.15	Py、Gn、Sph
4	柴山	46	+1.80 ~ +11.62	9.82	+5.69	Py、Gn、Sph
5	横山岭	43	+0.30 ~ +11.62	11.32	+6.21	Gn、SpH、Py、Pyr、Apy
6	蛇形坪	44	-1.60 ~ +17.30	18.90	+5.75	Gn、Sph、Py
7	金狮岭	8	+8.06 ~ +11.98	3.92	+10.43	Py
8	红旗岭	5	-5.19 ~ +1.04	6.23	-2.72	Gn、Sph、Apy
9	枞树板	4	-8.7 ~ +0.18	8.58	-3.25	Gn、Sph、Cp
10	白腊水	10	+1.74 ~ +8.48	6.74	+4.269	Gn、Sph、Py、Ars

注：Gn-方铅矿；Sph-闪锌矿；Py-黄铁矿；Pyr-磁黄铁矿；Cp-黄铜矿；Mo-辉钼矿；Ars-毒砂。

7.2.4 铅同位素特征

由表7-6可见，与千里山岩体有关的矿区铅同位素比值变化范围较大，尤其是$^{208}Pb/^{204}Pb$变化更大。$^{206}Pb/^{204}Pb$的变化范围是17.45~19.24、极差为1.79；$^{207}Pb/^{204}Pb$为15.24~16.22、极差为0.98；$^{208}Pb/^{204}Pb$为37.35~42.03、极差达4.68；而与骑田岭岩体有关的矿区铅同位素组成均一，变化范围小，$^{206}Pb/^{204}Pb$为18.608~18.718。

表7-6　千骑地区不同矿区铅同位素组成表

序号	矿床名称	样品数量	$^{206}Pb/^{204}Pb$	$^{207}Pb/^{204}Pb$	$^{208}Pb/^{204}Pb$
1	柿竹园	1	18.18	15.54	38.73
2	野鸡尾	14	18.47~18.98	15.54~15.90	38.38~39.87
3	东坡山	7	18.52~18.70	15.61~15.87	38.63~42.03
4	柴山	11	18.34~19.24	15.53~16.01	38.27~40.61
5	横山岭	24	18.24~19.32	15.24~16.22	37.35~40.41
6	蛇形坪	14	18.36~18.90	15.55~16.16	38.44~40.28
7	金狮岭	3	17.45~18.54	15.50~15.65	37.53~38.63
8	红旗岭	3	18.52~18.59	15.62~15.72	38.52~38.83
9	枞树板	3	18.605~18.629	15.711~15.753	38.911~38.976
10	金船塘	1	18.50	15.64	38.62
11	天鹅塘	1	18.54	15.68	38.77
12	水湖里	1	18.72	15.68	38.73
13	白腊水	3	18.608~18.718	15.681~15.703	38.772~38.859

在铅同位素频数直方图上，$^{206}Pb/^{204}Pb$有90%以上的数据是分布在18.00~19.00区间，其中有61个数据，只分布在18.50~18.60的狭窄区间内；$^{207}Pb/^{204}Pb$的分布更为集中，有91%以上的数据是分布在15.50~16.00区间，有71个数据只分布在15.50~15.60的狭窄区间内；而$^{208}Pb/^{204}Pb$的分布较为分散，只有86%左右的数据较为集中地分布在38.50~39.20区间，余者分布得较为零散。因此，从区内铅同位素组成来看，成矿铅源多样，绝大部分铅来自岩浆，也有部分铅来自围岩。

由表7-7进一步可知，千骑地区各类型铅锌多金属矿床的铅同位素总体来看变化并不太大，但不同类型矿床之间存在一定差异。

表7-7　千骑地区各类铅锌多金属矿床铅同位素组成特征表（矿床类型详见表3-11）

组成特征	矿床类型		I_a 矿石	I_a 岩石	I_b 矿石	I_b 岩石	I_c 矿石	II_a、II_b 岩石
样品数/个			51	4	110	29	13	8
同位素比值	$^{206}Pb/^{204}Pb$	范围	17.942~19.05	18.66~19.31	17.99~19.341	18.36~19.63	18.46~18.655	17.448~18.59
		变化率/%	<6.00	1.71	7.53	6.71	1.05	6.22
	$^{207}Pb/^{204}Pb$	范围	15.239~16.06	15.57~15.86	15.24~16.452	14.10~15.887	15.53~15.719	15.43~15.70
		变化率/%	<5.23	1.85	7.94	11.43	1.21	1.73
	$^{208}Pb/^{204}Pb$	范围	38.137~40.26	38.14~39.35	37.35~44.167	38.12~39.984	38.52~39.05	37.528~38.79
		变化率/%	<5.45	3.12	17.48	4.8	1.36	3.26
μ		范围	9.15~9.98		9.42~10.08		9.23~9.75	
		平均值	9.41		9.72		9.38	

续表

组成特征		矿床类型	I_a		I_b		I_c	II_a、II_b
			矿石	岩石	矿石	岩石	矿石	岩石
ω	范围		44.58~44.63		38.34~49.57		38.73~40.77	
	平均值		44.60		44.35		39.17	
κ	范围		4.47~4.59		4.29~4.86		4.15~4.18	
	平均值		4.55		4.53		4.16	
模式年龄/Ma	Doe 年龄区间（所占比例/%）		391~200(43%) 195~65(39%) <65(18%)	$\gamma\pi$ 164	500~230(17%) 230~195(6%) 195~65(61%) <65(16%)	195~65(85%) <65(15%)		739(10%) 182~122(80%)
铅的类型	正常铅样点数（比例）		42(82%)	2(50%)	87(79%)	17(57%)	13(100%)	6(75%)
	异常铅	U 型样点（比例）		2(50%)	4(4%)	5(17%)		
		Th 型样点（比例）	8(16%)		13(12%)			2(25%)
		J 型样点（比例）	1(2%)		6(6%)	7(24%)		

1. 岩浆热液接触交代型铅锌多金属矿床

此类矿床铅同位素组成基本稳定，分布范围狭窄，变化率一般为 3%~6%，多数属于正常铅范围，放射性成因铅含量较低。在三角坐标图上（图 7-27），矿石铅的绝大多数点落在演化曲线靠近零等时线的狭小范围内，仅有 16% 的样点落在 Th 型铅区和 2% 的点落在 J 型铅区内，这可能是受围岩地层中的钍铅污染所致。与成矿有关的花岗斑岩长石铅落于正常铅范围，花岗斑岩质隐爆角砾岩中的铅偏于左侧 U 型铅区内。单阶段模式年龄为 ca.200~391 Ma 的样点占 43%，这部分铅应来自石炭系至三叠系地层；ca.195~65 Ma 的样点占 39%，这与矿区燕山期成矿小岩体的 K-Ar 法、U-Pb 法年龄（145~90 Ma）相近，也与花岗斑岩中的长石年龄 164 Ma 在误差范围内可对比，这部分铅显然来自岩浆；另有 18% 的样点模式年龄<65 Ma，这些铅应为后期热液演化和放射性元素衰变的产物。

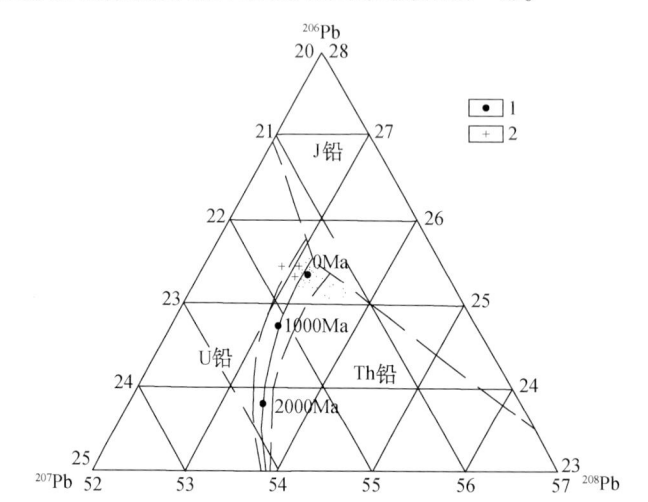

图 7-27 千骑地区热液交代型铅锌多金属矿床铅同位素三角坐标图

1-矿石铅；2-岩体铅

2. 岩浆热液断裂充填型铅锌多金属矿床

除横山岭和香花岭两矿区矿石铅的各种铅同位素组成变化较大（变化率 5.82%~15.96%）以及东坡山的钍铅（^{208}Pb）变化较大外（变化率 9.73%），其余各矿区矿石铅的铅同位素组成均比较稳定，变化率<6%。在三角坐标图上（图 7-28），79% 的矿石铅样点落在演化曲线靠近零等时线的狭小区域内，仅有 4% 和 6% 的样点落在 U 型和 J 型铅区域内，还有 12% 的样点落在 Th 型铅区域内。岩体中的长石铅多数偏于左上侧的 U 型铅区，少数为正常铅。地层铅绝大多数落于正常铅区。说明本类型矿床中仍以正常铅为主，但在部分

矿区中也有较多的异常铅，且以 Th 型铅为主。矿石铅单阶段模式年龄 ca.500~230 Ma 的样品占 17%；ca.230~195 Ma 的样点占 6%；ca.195~65 Ma 的样点占 61%；<65 Ma 和负值年龄的占 16%。花岗岩、花岗斑岩的年龄值大部分为负值，少部分为低正值年龄。上述表明本类型矿床中绝大部分年龄值属燕山期，与岩体侵入年代一致，少部分与古生代以来的地层年代吻合，花岗岩中多数为多阶段演化的异常铅，中上泥盆统碳酸盐围岩中的铅计算年龄与实际年龄不符，可能亦为多阶段演化的异常铅，因而不符合单阶段演化模式。

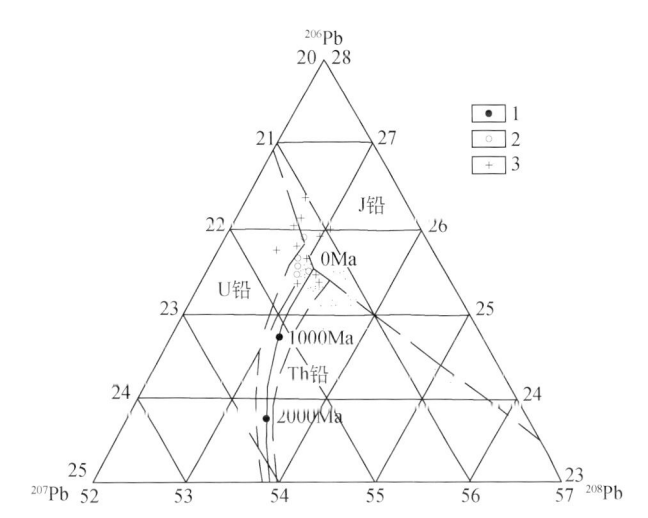

图 7-28　千骑地区热液充填型铅锌多金属矿床铅同位素三角坐标图
1-矿石铅；2-地层铅；3-岩体铅

3. 硅铝质岩的脉型铅锌多金属矿床

本类型矿床矿石铅的同位素组成十分稳定，变化率<1.5%，μ 值多在 9.25~9.75，为正常铅。在三角坐标图上（图 7-29），全部样点落在演化曲线靠近零等时线的极小区域内。矿石铅单阶段模式年龄 ca.195~65 Ma 的样点占 85%，<65 Ma 的样点占 15%。以上表明，本类矿床的铅绝大部分与燕山期岩浆有关。

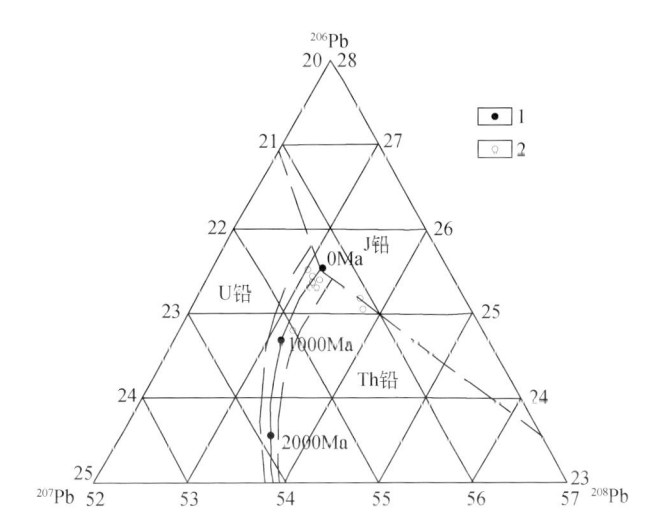

图 7-29　千骑地区脉型、层控型铅锌多金属矿床铅同位素三角坐标图
1-脉型矿石铅；2-层控型矿石铅

4. 层控型铅锌多金属矿床

矿石铅同位素组成有一定变化，变化率可达 6%，特别是 $^{206}Pb/^{204}Pb$ 和 $^{208}Pb/^{204}Pb$ 的变化较明显，而 $^{207}Pb/^{204}Pb$ 值变化率相对较低。在三角坐标图上（图 7-29）约有 75% 的样点落在演化曲线靠近零等时

线的狭小区域内，有25%的样点落在Th型铅区内。单阶段模式年龄绝大多数为182~122 Ma，与燕山期同时，仅个别年龄值达739 Ma。表明本类型矿石铅仅少部分来自地层，其主要部分仍为后期岩浆热液叠加所致，也表明了本区层控型矿床以沉积改造热液叠加为主的特点。

7.2.5 氢-氧同位素特征

7.2.5.1 氧同位素特征

据表7-8，千骑地区不同类型锡多金属矿石中氧（O）同位素组成可分为两类：Ⅰ类$\delta^{18}O_{石英}$值较高，平均值为+9.4‰~+12.68‰，多形成于高温气成-高中温热液阶段；Ⅱ类$\delta^{18}O_{石英}$值较低，平均值为+1.61‰~+8.7‰，多形成于中低温热液阶段。

表7-8 千骑地区矿石或矿脉$\delta^{18}O_{石英}$统计表

序号	矿石或矿脉	样品数/个	$\delta^{18}O_{石英}$/‰ 变化范围	$\delta^{18}O_{石英}$/‰ 平均值	分类
1	夕卡岩	5	+11.4~+14.3	+12.68	Ⅰ类
2	黑钨矿石英脉	5	+11.2~+12.8	+12.07	Ⅰ类
3	白云母石英脉	1		+12.0	Ⅰ类
4	萤石钾长石石英脉	1		+11.7	Ⅰ类
5	含辉铋矿黑钨矿石英脉	1		+11.6	Ⅰ类
6	云英岩（条带状、块状）	21	+6.67~+14.0	+10.26	Ⅰ类
7	伟晶岩	3	+8.79~+10.60	+9.40	Ⅰ类
8	黑鳞云母石英脉	1		+8.70	Ⅱ类
9	锡石石英脉	3	+7.99~+8.52	+8.32	Ⅱ类
10	毒砂石英脉	1		+7.71	Ⅱ类
11	萤石石英脉	2	+5.4~+3.34	+6.87	Ⅱ类
12	梳状硫化物石英脉	2	+4.2~+6.6	+5.40	Ⅱ类
13	绿泥石化石英脉	1		+5.01	Ⅱ类
14	黄铜矿方铅矿脉	1		+1.61	Ⅱ类

从成矿早期到晚期（即从Ⅰ类至Ⅱ类），不同的矿石或矿脉的$\delta^{18}O_{石英}$值明显呈现降低的趋势，这可能与成矿温度的下降及大气水的加入有关。

根据矿物-水平衡方程计算的成矿热液$\delta^{18}O$值见表7-9。由表可知，成矿热液$\delta^{18}O$值随成矿时间从早到晚呈降低趋势、即由+9.81‰下降到-10.15‰。产生这种现象的原因，可能与大气水的加入有关。

表7-9 千骑地区成矿热液氧同位素表

序号	岩性	样数/个	温度/℃	样品$\delta^{18}O$/‰	矿液$\delta^{18}O$/‰
1	云英岩化石英斑岩	8	700~288	+7.48~+11.37	+2.76~+8.91
2	条带状云英岩	6	556~385	+3.28~+14.00	+6.50~+8.99
3	黑钨矿石英脉	5	347~280	+3.28~+12.80	+4.20~+7.20
4	毒砂矿脉	2	327	+2.70~+10.00	+3.10~+3.90
5	块状云英岩	1	358~285	+7.71	-0.16~+2.03
6	锡石石英脉	5	298~225	+3.02~+8.48	-0.48~+1.60

续表

序号	岩性	样数/个	温度/℃	样品 $\delta^{18}O$/‰	矿液 $\delta^{18}O$/‰
7	含辉铋矿黑钨矿石英脉	1	250~223	+11.6	+1.30~+2.64
8	绿泥石化石英脉	1	262	+5.01	-3.39
9	黄铜矿方铅矿脉	1	358~247	+1.61	-4.07~7.77
10	梳状石英脉	1	200	+4.20	-10.15

7.2.5.2 氢同位素特征

表7-10可见，千骑地区内的主要矿区氢（H）同位素组成复杂。从现有数据来看，成矿流体大致至少可以分出两种组成类型：一种是温度较高阶段的成矿流体可能主要来自于钨锡系列花岗岩有关的再平衡岩浆水（如黑钨矿石英脉）；另一种是温度较低阶段的成矿流体可能主要来自大气降水（如梳状硫化物石英脉）。

表7-10 千骑地区氢同位素组成表

序号	样品号	矿区	岩性	测试对象	$\delta^{18}O$/‰	温度/℃	$\delta^{18}O_{H_2O}$/‰	$\delta^{18}D_{H_2O}$/‰	备注
1	C385-1		黑云母花岗岩	石英	+12.00	700	+11.28	-58	假定温度
2	514-1		伟晶岩	钾长石	+8.79	276	+2.55	-73.1	均一温度
3	柿9		490中段夕卡岩中	萤石				-72	
4	400-128		490中段云英岩	石英	+9.90	380	+4.80	-70.8	均一温度
5	558-33		黑鳞云母石英脉	石英	+8.70	380	+3.60	-70.2	均一温度
6	490-P₄-16		萤石石英脉		+1.85	255	-7.14	-69.7	均一温度
7	490-P₄-17	柿竹园	萤石石英脉	石英	+1.48	250	-7.48	-65.3	均一温度
8	柿15		块状黑钨石英脉	石英	+12.20	280~330	+4.20~+5.70	-61	平衡温度
9	490-131		萤石钾长石英脉	石英	+11.70	380	+6.60	-56.6	均一温度
10	490-P₄-15		萤石石英脉	石英	+2.75	245	-6.45	-54.4	均一温度
11	514-4		黑鳞云母石英脉	石英	+11.60	385	+6.50	-52.9	均一温度
12	柿14		梳状石英脉	石英	+4.20	200	-10.15	-52	平衡温度

注：数据自张理刚（1989）、康先济和黄惠兰（1997）、徐文炘等（2002）。

7.2.5.3 不同类型矿床氢-氧同位素特征

由于千骑地区流体包裹体H、O同位素测试资料有限，且主要分布在东坡、黄沙坪、宝山和香花岭几个矿区或矿田，现就有关分析结果简述如下：

1. 接触交代型铅锌多金属矿床

以黄沙坪和宝山矿区为例，δD_{H_2O}值分布范围是-47.5‰~74.9‰、$\delta^{18}O$值分布范围为10.26‰~14.97‰，并随温度的降低而增高；$\delta^{18}O_{H_2O}$值在0.86‰~8.71‰，并随温度的降低而缓慢降低。根据对照张理刚的研究成果（表7-11、图7-30）以及千骑地区锡多金属矿床H、O同位素值在δD_{H_2O}-$\delta^{18}O_{H_2O}$坐标图上的位置判别（图7-31），大多数数据落在岩浆水来源的含矿流体范围内。但随着成矿温度的降低，$\delta^{18}O_{H_2O}$值逐渐向雨水区域靠近，说明晚期成矿流体有较多的雨水加入。

表7-11 已知含矿流体（溶液）类型及其稳定同位素组成的主要变化范围表

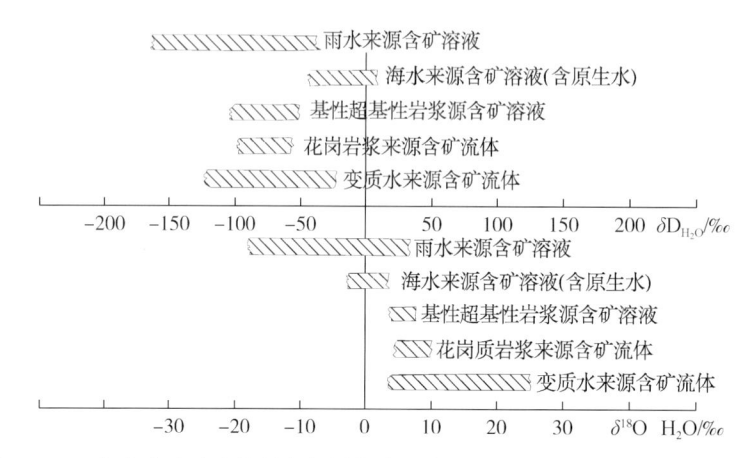

流体类型	$\delta D_{H_2O}/‰$（SMOW）	$\delta^{18}O_{H_2O}/‰$（SMOW）	$\delta^{34}S\sum S/‰$（SMOW）	$\delta^{13}C\sum C/‰$（PDB）
原生岩浆水	$-100 \sim -30$	$+6 \sim +9$	$-3 \sim +5$	$-8.5 \sim -4$
混合岩浆水	$-90 \sim -40$	$+5 \sim +10.5$	$-3 \sim +12$	$-9.5 \sim -4$
变质水	$-120 \sim -20$	$+4 \sim +25$	$-20 \sim +22$	$-16 \sim -1$
原生水	$-35 \sim -5$	$+3 \sim +6$	$+10 \sim +15$	
海水	$-20 \sim +10$	$+2 \sim +3$	$+15 \sim +30$	$-6 \sim 0$
雨水	$-160 \sim -40$	$-17 \sim +5$	$+15 \sim +20$	$-6 \sim -5$

图7-30 已知各种含矿流体的氢氧同位素组成总的变化范围（据张理刚，1989）

2. 断裂充填型铅锌多金属矿床

以香花岭和东坡矿田的野鸡尾、东坡山矿区为例，在温度高于300℃以上的各成矿阶段，$\delta^{18}O$值为2‰~12.3‰，$\delta^{18}O_{H_2O}$为2.76‰~13.38‰，表明含矿流体基本上是混合岩浆水；而低于300℃以下的中低温成矿阶段，δD_{H_2O}值为-51.00‰~-54.60‰、$\delta^{18}O_{H_2O}$值为-5.41‰~5.10‰，后者平均值为-2.7‰。香花岭矿区低温阶段的硫化矿物样品，在δD_{H_2O}-$\delta^{18}O_{H_2O}$坐标图上的投点落入了雨水区的范围内（图7-31），表明成矿晚期阶段有较多的雨水和地下热水的加入。

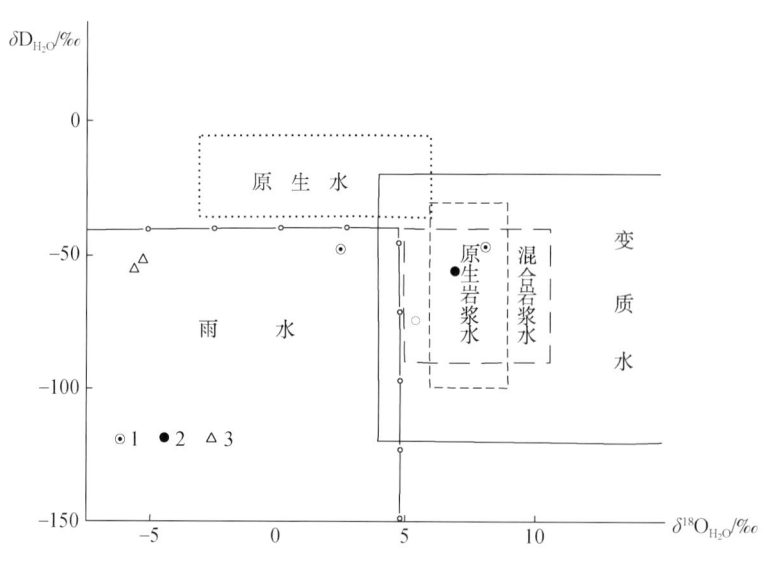

图7-31 千骑地区各类已知矿床流体δD_{H_2O}-$\delta^{18}O_{H_2O}$坐标图

1-宝山矿区；2-黄沙坪矿区；3-香花岭矿区低温阶段的硫化矿物

龚庆杰等（2004）通过对柿竹园矿床流体包裹体研究发现，矿物流体包裹体均一温度主要集中在 200~330℃、成矿流体的压力大约在 38~68 MPa；他们同时依据 34 MPa、w（NaCl）=4.0% 溶液中 WO_3 的溶解度数据计算了化学反应 WO_3（s）+ NaCl + H_2O——$NaHWO_4$+ HCl 在 250℃、300℃、350℃和400℃的 lg$K$ 分别为 -4.06、-4.05、-3.83 和 -3.49，此条件下 $NaHWO_4$（aq）的表观吉布斯自由能分别为 -1281.2 kJ/mol、-1291.3 kJ/mol、-1304.1 kJ/mol 和 -1319.7 kJ/mol，据此热力学数据计算了白钨矿在该体系中的溶解度，结果发现白钨矿的溶解度较相同条件下 WO_3 的溶解度低 2 个数量级以上。可见，柿竹园矿床的形成具备持续的"热源"、充沛的"水源"和丰富的"矿源"，而且成矿流体对成矿物质具有超强的萃取和搬运能力。千里山花岗岩体的多次夕卡岩化和云英岩化围岩蚀变是成矿流体中钨产生有效富集的重要机制。

3. 硅铝质岩中的脉型铅锌多金属矿床

以红旗岭矿区为例，$\delta^{18}O$ 值为 1.61‰~8.25‰、平均 5.17‰；$\delta^{18}O_{H_2O}$ 为 -7.77‰~2.03‰、平均 -1.55‰。表明在成矿作用中，有较多的雨水和地下热水的加入。

7.2.6 碳-氧同位素特征

千骑地区现有碳（C）同位素的测试分析资料并不多，现将仅有的黄沙坪和宝山两矿区碳酸盐矿物的碳、氧同位素变化特征叙述如下：

（1）矿体及其近侧围岩中方解石的 $\delta^{13}C$ 值绝大部分为负值；而矿体以外的碳酸盐围岩中的方解石 $\delta^{13}C$ 值则一般为正值。

（2）矿体中方解石的 $\delta^{18}O$ 值略低于碳酸盐围岩中的 $\delta^{18}O$ 值，前者一般为 10‰~17‰，后者一般为 15‰~20‰。

（3）由成矿岩体→矿体→远矿围岩方向，其 $\delta^{13}C$ 和 $\delta^{18}O$ 值均逐渐增高。表明成矿物质来源于岩体，而且成矿岩体也是成矿作用的热源中心。

周涛等（2008）最近对香花岭锡多金属矿床成矿期不同的矿物组合进行了矿物包裹体温度和硫、铅同位素测定，获得了锡石-硫化物阶段平均均一温度为 350℃、硫化物阶段平均均一温度为 250℃；锡石-硫化物中黄铁矿的 $\delta^{34}S$ 为 -1.0‰~+5.4‰、闪锌矿的 $\delta^{34}S$ 为 +0.8‰~+5.8‰、磁黄铁矿的 $\delta^{34}S$ 为 +1.5‰~5.2‰、方铅矿的 $\delta^{34}S$ 为 -1.0‰~+3.6‰；方铅矿的 $^{206}Pb/^{204}Pb$ 值为 17.785~19.341、$^{207}Pb/^{204}Pb$ 值为 15.416~16.452、$^{208}Pb/^{204}Pb$ 值为 38.357~42.579。这些数据表明，硫来源于岩浆、铅同位素具多来源特点。祝新友等（2012）对黄沙坪 Pb-Zn-Cu 多金属矿床的硫铅同位素进行了综合研究，认为该矿床规模大、矿种多、范围小、分带明显，是南岭有色金属成矿带的代表性矿床之一。成矿地质体为碱长花岗斑岩，与下石炭统灰岩接触带发生大规模夕卡岩化，形成大型钨、钼、铋、萤石以及铁的共生矿床。围绕夕卡岩向外，分布铜锌、铅锌、铅锌银的分带，对应的矿化组合分别为粗粒磁黄铁矿-闪锌矿-黄铜矿、中粗粒磁黄铁矿-闪锌矿-方铅矿、胶状黄铁矿-闪锌矿-方铅矿。围绕花岗斑岩，硫化物矿物的 $\delta^{34}S$ 值呈带状分布，其 $\delta^{34}S$ 总体变化为 2.3‰~17.5‰，花岗斑岩中浸染状辉钼矿 $\delta^{34}S$ 为 17.1‰，夕卡岩中硫化物 $\delta^{34}S$>15‰，夕卡岩附近及外侧的铅锌矿体 10‰<$\delta^{34}S$<15‰，外围的铅锌银矿体 $\delta^{34}S$<10‰。下石炭统中代表沉积特点的细粒浸染状黄铁矿 $\delta^{34}S$ 为 -3.1‰~-22.6‰。铅同位素 $^{206}Pb/^{204}Pb$ 为 18.525~18.603、$^{207}Pb/^{204}Pb$ 为 15.706~15.792、$^{208}Pb/^{204}Pb$ 为 38.889~39.178。综合研究表明，黄沙坪矿床成矿物质硫和铅主要来自花岗斑岩。经硫同位素热力学平衡计算，引起 $\delta^{34}S$ 值围绕花岗斑岩体分带的主要原因是随温度下降以及物理化学条件变化导致的热力学分馏作用，其次是沉积岩围岩中低 $\delta^{34}S$ 值硫的加入。对南岭地区花岗岩、古生代地层等的 $\delta^{34}S$ 值对比研究发现，引起花岗斑岩岩浆高 $\delta^{34}S$ 值的主要原因是深部富含硫化物（$\delta^{34}S$ 值高）地层对富含挥发分（Li-F）的碱长花岗岩岩浆的混染作用，其次是成矿作用过程中地层与岩浆的相互作用（包括同化混染）。围绕黄沙坪矿床，湘南地区夕卡岩型钨多金属矿存在一个较高的 $\delta^{34}S$ 值分布区。宝山夕卡岩型 Cu-Mo-Pb-Zn 矿床矿石硫化物 $\delta^{34}S$ 为 -1‰~3.6‰，$^{206}Pb/^{204}Pb$ 为 18.602~18.672，$^{207}Pb/^{204}Pb$ 为

15.693~15.780、$^{208}Pb/^{204}Pb$ 为 38.901~39.186。因此，宝山矿床与黄沙坪矿床的物质来源和成矿机制不同，宝山矿床硫、铅同位素组成集中，分布范围不同于黄沙坪，成矿物质来自岩浆岩。黄沙坪、宝山矿床代表了南岭地区燕山早期存在两类不同性质的岩浆活动与成矿组合。

7.2.7 Re-Os 和 He-Ar 同位素示踪

7.2.7.1 Re-Os 同位素示踪

造山带最为显著的特征是高钾钙碱性、弱铝质-弱过铝质 I 型花岗岩的广泛出现（Brasilino et al.，2011）。Collins（1998）、Barbarin（1999）、Altherr 和 Siebel（2002）、Janoušek 等（2004）、Karsli 等（2010）、Zhang 等（2011）和 Kaygusuza 等（2014）普遍认为该类花岗质岩系地幔来源的玄武质岩浆与由于玄武质岩浆的底侵和注入诱发部分熔融而形成的地壳来源的长英质岩浆相互混合的结果。此外，两种选择的成因模式，即地幔来源的玄武质母岩浆的晚期同化混染-分异结晶模式（AFC）和镁铁质-中性火成岩的部分熔融模式，也用于解释该类型花岗岩的成因（Roberts and Clemens，1993；Sisson et al.，2005；Njanko et al.，2006）。然而，要定量计算岩浆混合过程有关地壳和地幔端元成分的相对贡献，仍然是困难的（Gray and Kemp，2009；Topuz et al.，2010）。辉钼矿中 Re 的丰度不仅可示踪 Re 的源区，一定程度下，可以示踪矿床成因（Stein et al.，2001，2004；Stein，2006）。当 Re 丰度 > $250×10^{-6}$ 或达到 > $1000×10^{-6}$ 时，暗示金属源区有大量地幔或年轻地壳物质的加入，这种情况以与俯冲有关的斑岩 Cu-Au-Mo-(PGE) 成矿系统为特征；当 Re 的丰度 < $100×10^{-6}$、特别是 < $10×10^{-6}$ 时，暗示一个演化的地壳金属源区（Zimmerman et al.，2008）。而 Re 丰度 < $10×10^{-6}$、特别是低于 ppm 级的情况，更是暗示辉钼矿由变质作用产生（Bingen and Stein，2003；Stein，2006）。通过对国内与 Mo 有关的不同成因类型矿床中 Re 丰度的经验对比，Mao 等（2008b）发现 Re 丰度与金属 Mo 源区存在某种成因联系，随着辉钼矿 Re 丰度从几百个 ppm 到几十个 ppm、再到 ppm 级以下的逐渐降低，相应地金属 Mo 源区从以地幔为主变为以地幔和地壳混合源为主、直到以地壳为主。

为探讨千骑地区大规模金属成矿作用的源区，李超等（2012）对区内骑田岭复式岩体三个阶段 15 件花岗岩全岩样品进行了 Re-Os 同位素分析，结果认为该岩体成岩物质具有壳幔混合来源的特征；早阶段与新田岭钨成矿关系密切的中粗粒似斑状角闪石黑云母花岗岩中壳源物质贡献更多一些，而晚阶段与芙蓉锡矿关系密切的细粒黑云母花岗岩幔源物质相对更多一些，因而新田岭钨矿和芙蓉锡矿都是强烈壳幔相互作用的结果，地幔不仅为成岩成矿提供了热动力，而且还为成岩成矿提供了部分幔源物质。这与 Li 等（2006）对芙蓉锡矿田硫化物的 He 同位素研究结果相一致。姚军明等（2007）对黄沙坪铅锌钨钼矿床 6 个辉钼矿样品也进行了 Re-Os 同位素分析，Re 含量变化于 $0.46×10^{-6}$ 与 $25.9×10^{-6}$ 之间，与柿竹园钨锡铋钼多金属矿床中辉钼矿的 Re 含量（李红艳等，1996）基本一致。由此，我们可以初步推断黄沙坪矿床的物质来源以壳源为主，但有地幔物质参与。

7.2.7.2 He-Ar 同位素示踪

最近，我们分析测定了骑田岭芙蓉锡矿田黄铁矿、石榴子石流体包裹体的 He-Ar 同位素组成（表 7-12）。所采集的样品分别为芙蓉锡矿区和狗头岭矿区（详见图 4-9）最具代表性的夕卡岩型矿石中的黄铁矿和石榴子石。矿区内夕卡岩矿石的主要矿物有锡石、黄铁矿、黄铜矿、磁铁矿、闪锌矿、方铅矿、毒砂等。其中，测试了 5 个夕卡岩型矿石中的黄铁矿和 1 个石榴子石单矿物样品。所有的测试都是在中国科学院地质与地球物理研究所稀有气体实验室（Noblesse 稀有气体质谱仪）完成，详细的实验流程见 He 等文献（He et al.，2011）。由于矿物中氦含量很低，放射性元素 U、Th 衰变子体为 ^4He，微量的 U、Th 存在即可改变氦同位素组成。研究表明稀有气体在固相和气液相的配分系数差别很大，气液相包裹体中的稀有气体同位素可以很好地保存，而矿物晶格中的稀有气体则经常受热事件和放射性元素子体的干扰。用真空压碎样品方法释放出的稀有气体量不到加热熔样释放量的十分之一，但能释放出原生流体包裹体，而加热熔样则容易受岩体喷出或侵位以后 U-Th 或 K 衰变产生的放射性稀有气体子体影响，失去示踪的意义。

表 7-12　骑田岭芙蓉锡矿田黄铁矿、石榴子石流体包裹体的 He-Ar 同位素组成

样品编号	12QTK-11	12QTK-13	12QTK-07	12QTK-01	12QTK-05	QT-11
矿物	黄铁矿	黄铁矿	黄铁矿	黄铁矿	黄铁矿	石榴子石
^{4}He（E-8ccSTP/g）	86.12817152	4.196989779	159.4871238	57.76091816	669.8602683	125.4769065
^{3}He/^{4}He（Ra）	0.059233755	0.431530388	0.395220891	0.143649123	0.158938088	0.082206885
err	0.006115786	0.076125703	0.021663415	0.015269896	0.008253394	0.005079369
^{40}Ar（E-8ccSTP/g）	27.72251222	0.411935795	91.13658056	127.0457187	9.714300412	24.42746768
^{40}Ar*（E-8ccSTP/g）	3.136384398	0.07639799	30.45328853	22.1649553	1.587695473	3.230052777
^{40}Ar/^{36}Ar	338.2701711	368.3064516	450.5519271	363.4004404	358.6110246	345.7138683
^{38}Ar/^{36}Ar	0.184584352	0.177096774	0.183249011	0.187999371	0.181999377	0.180704189
^{4}He/^{40}Ar*	27.46097435	54.93586679	5.23710678	2.605956898	421.9072735	38.84670474

黄铁矿是芙蓉锡矿重要的矿石矿物，因此黄铁矿中流体包裹体反映了成矿流体的原始信息。又因为黄铁矿具有非常低的氦扩散系数，在扩散过程不易丢失（Trull et al.，1991；Baptiste and Fouquet，1996），可以排除后期扩散丢失的影响。与其他稳定同位素相比，在包裹体捕获和提取过程中稀有气体同位素不会产生明显的分馏（Podosek et al.，1980；Baptiste and Fouquet，1996）。所以，我们选取的黄铁矿和石榴子石样品中流体包裹体的 ^{3}He/^{4}He 的测定值基本上能代表成矿流体被捕获时的 ^{3}He/^{4}He 的初始值。大气中 He 的含量很低，对地壳流体中 He 的丰度以及同位素组成不会产生明显的影响（Marty et al.，1989；Stuart et al.，1994）。由此可知，成矿流体主要来自两个源区：地壳（^{3}He/^{4}He=0.01~0.05Ra）（Stuart et al.，1995）和地幔（^{3}He/^{4}He=6~7Ra）（Dunai and Baur，1995）。骑田岭芙蓉锡矿夕卡岩矿石中黄铁矿、石榴子石的 He-Ar 同位素组成的分析结果见表 7-12。

如表 7-12 所示，芙蓉锡矿黄铁矿、石榴子石流体包裹体的 ^{3}He/^{4}He 值均低于 1，变化范围为 0.059~0.432，介于地壳和地幔流体 ^{3}He/^{4}He 值之间。在图 7-32 上，芙蓉锡矿夕卡岩矿石的黄铁矿和石榴子石的投影点均落在地壳和地幔区域之间，高于地壳，低于地幔。这一特点表明芙蓉锡矿成矿过程中确实存在着地幔流体的参与。据 Ballentine 和 Burnard（2002）的计算公式，求得芙蓉锡矿成矿过程中地幔流体的参与量均小于 10%（0.8%~7.0%）。

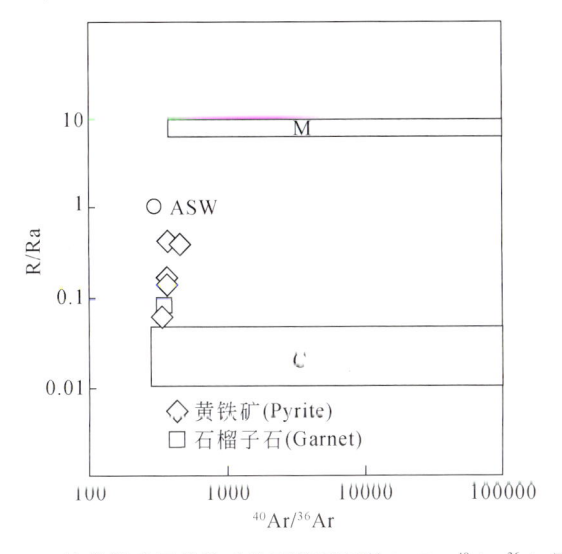

图 7-32　芙蓉锡矿田黄铁矿和石榴子石的 R/Ra-^{40}Ar/^{36}Ar 图解
C 代表地壳源区；M 代表地幔源区；ASW 代表大气降水

当对比南岭地区某些 W-Sn 矿矿床的 R/Ra 值时，我们会发现它们的 R/Ra 值变化很大，从接近地壳的 R/Ra 值一直变化到地幔比值（图 7-33）。其原因何在？首先，分析一下这些 W-Sn 矿床的类型。众所周知，华南钨矿主要为石英脉型钨矿，例如粤北瑶岭-梅子窝钨矿（翟伟等，2010），西华山钨矿（王蝶等，2011），江西漂塘钨矿（王旭东等，2009）等。这些石英脉型钨矿的 R/Ra 值都比较高，R/Ra 值变化范围为 0.69~4.36。这些特征足以证明石英脉型钨矿的成矿过程有地幔流体参与成矿作用。另外，赵葵东等（2002）认为大厂锡多金属矿床的长坡-铜坑层状矿体具有较高的 R/Ra 值（1.7~2.5），是在海底热液喷流活动中形成的，在成矿过程中也有地幔组分的混入。但是，在相邻不远的拉么夕卡岩矿床则显示出较低的 R/Ra 值（0.7）。这一现象可能反映在夕卡岩形成过程中成矿流体与石灰岩围岩发生反应，由于石灰岩组分的加入导致夕卡岩矿床的 R/Ra 值偏低。也就是说夕卡岩形成之前的成矿流体与石英脉钨矿的成矿流体是一样的，都存在不同程度幔源流体混入的影响。夕卡岩 W-Sn 矿较低的 R/Ra 值是成矿流体交代石灰岩所致。从本书测得芙蓉锡矿夕卡岩矿床以及柿竹园夕卡岩 W-Sn 矿床（王蝶等，2011）的结果可以看出它们的 R/Ra 值比石英脉钨矿要低（<1）。梅子窝石英脉型钨矿床成矿过程地幔流体的加入量较大，计算所得地幔 He 的含量平均为 22%，最高可达 67%（翟伟等，2010），其幔源 He 的含量相对较高，表明石英脉型钨矿床的成矿流体中有大量地幔 He 的混入。与之相反夕卡岩型钨锡矿床的成矿流体在就位时与周围的石灰岩发生反应，沉积岩的大量加入导致其幔源 He 的含量明显下降。虽然夕卡岩型钨锡矿床和石英脉型钨矿床的成矿流体主要来自地壳，但是由于有不同量的地幔物质混染，它们的幔源 He 的含量明显不同。

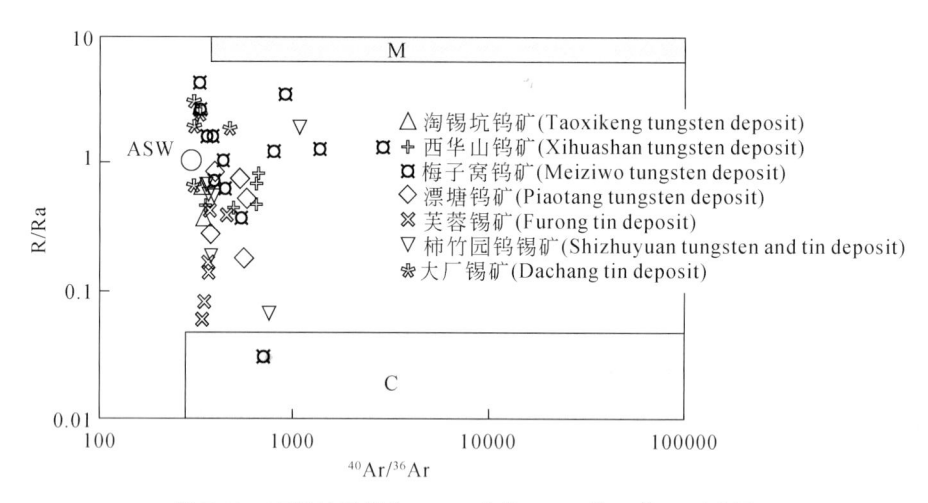

图 7-33　南岭地区部分 W-Sn 矿的 R/Ra-^{40}Ar/^{36}Ar 对比图
资料来源：梅子窝钨矿（翟伟等，2010），淘锡坑钨矿和西华山钨矿（王蝶等，2011），漂塘钨矿（王旭东等，2009），大厂锡矿（赵葵东等，2002）

总之，本次所研究的骑田岭芙蓉锡矿的黄铁矿和石榴子石的 He-Ar 同位素组成特点表明，岩浆晚期夕卡岩矿床的成矿流体主要来源于下地壳，同时在成矿流体的形成和运移过程中明显受幔源流体的不同程度的混入。

蔡明海等（2008）对产于骑田岭岩体北接触带的新田岭夕卡岩型白钨矿矿床矿石中黄铁矿也开展了 He-Ar 同位素研究，结果表明：^{3}He/^{4}He 值为 4.08 Ra，略低于地幔特征值（6~9 Ra），但大大高于地壳放射成因的 ^{3}He/^{4}He 值（0.01~0.05）。结合低的 ^{40}Ar/^{36}Ar 值（342），表明成矿流体中有大量地幔 He 的混入。夕卡岩矿床被认为是典型的岩浆热流体与围岩地层双交代的产物，蔡明海等（2008）的分析测试结果则说明了在夕卡岩矿床成矿过程中也可能有地幔流体的参与。

7.2.8　矿物包裹体特征

千骑地区内不同类型的锡多金属矿床在包裹体特征上存在一定差异。

根据区内矿物流体包裹体研究，成矿温度变化范围为 110~730 ℃。其中，千里山地区的均一温度变化范围为 110~730 ℃，其中又可划分为三个温度区间：400~730 ℃ 温度区间大致代表燕山早期第一、二次岩体早阶段夕卡岩和云英岩形成的温度范围，成矿流体呈气态和高盐度流体状态；250~400 ℃ 温度区间相当于后阶段云英岩化、复杂夕卡岩形成的温度范围，成矿流体以高-中温度盐度热液为主。110~250 ℃ 温度区间，相当于锡石硫化物阶段及石英、绿泥石化、绢云母化、碳酸盐阶段。骑田岭的成矿爆裂温度在 200~600 ℃。

石英流体包裹体液相成分测定结果显示，成岩阶段离子浓度总的情况是 $Si^{4+}>Na^+>Ca^{2+}>K^+>Mg^{2+}>Fe^{2+}$；阴离子 $Cl^->HCO_3^->F^-$。随着岩浆演化，晚期 K^+、Ca^{2+}、Na^+ 等阳离子和 F^- 阴离子浓度增加；Cl^- 离子浓度减小。在骑田岭地区 Na^+/K^+ 比值较高，为 2.93~9.98，成矿溶液特别富钠，这与矿田内各类型锡矿石均具有较强的钠长石化蚀变以及矿石化学分析结果中 Na_2O/K_2O 值明显高于围岩相吻合。

不同成矿阶段的矿液，化学组分有明显差异，从早期夕卡岩阶段至碳酸盐阶段，Cl^- 浓度和 Cl^-/F^- 值降低；SO_4^{2-} 浓度从早期到晚期逐渐升高，硫化物期达到高峰；HCO_3^- 从早期至晚期递减，硫化物期降至最低，在碳酸盐阶段又迅速上升。

锡的成矿作用从岩浆期开始，延续至岩浆期后中温阶段。矿床的形成以高-中温阶段为主。铅锌主要形成于中、低温热液阶段，以方铅矿、闪锌矿形式出现，二者紧密共生。

7.2.8.1 岩浆热液接触交代型铅锌多金属矿床

以黄沙坪矿区为代表，其包裹体的特征是：以液相为主，并含较多气相和少量 NaCl 子矿物晶体；形态以菱形、椭圆形、不规则形常见，多为无色透明，少量淡红色，成线状或成群分布。包裹体直径 10~35 μm、气液比 10%~35%。在矿石矿物包裹体中，Na/K=0.69、Ca/Mg=6.42、Cl/F=0.5；在成矿岩体石英包裹体中，Na/K=0.1、Ca/Mg=8.24。两者比值接近，均为 K-Ca-F 型介质。矿石中萤石的包裹体密度为 1.11~1.17 g/cm³、盐度为 13.9%~34% NaCl；岩体中长石的包裹体密度为 1~1.13 g/cm³、盐度为 34%~37.2% NaCl，两者十分相近。pH 为 5.62。这些数据表明，成矿热液应属同一岩浆源。据包裹体测温资料，矿石中萤石、方铅矿、黄铁矿等矿物均一温度范围为 110~350 ℃、峰值 240~320 ℃，属于中偏高温热液阶段。

综上所述，本类矿床成矿热液属于低-中等盐度和密度、中偏高温、富含 K-Ca-F 的弱酸性溶液。其变化规律是，由岩体接触带向外，温度、密度和盐度由高变低，包体直径和气液比由大变小，NaCl 子晶和气体包体由含少量到不含这两种包体。

7.2.8.2 断裂充填型和硅铝质岩中的脉型铅锌多金属矿床

以香花岭、东坡、铁石垅等矿区为代表。包裹体类型几乎全为液相包裹体，不含或极少含气相和 NaCl 子晶包体，形状多为他形和近圆形，无色，数量少，呈零星状分布，包裹体直径小（一般 1~10 μm）、气液比为 10%~20%。矿石矿物包体中 Na/K 值多数>1.7、最大达 39；Ca/Mg 值一般>2.36、最高达 222；Cl/F 值一般>1.24、最高达 92.73，为富含 Na-Ca-Cl 型介质溶液。在花岗斑岩和石英斑岩的石英中包裹体的 Na/K 值为 0.16~0.73、Ca/Mg 值为 15.36~43，为富含 K-Ca 型介质溶液，矿石与斑岩体的介质成分不一致。包裹体盐度为 13.5% NaCl。根据包裹体测温资料，矿石中铅锌矿、萤石、方解石的均一温度范围为 160~325 ℃、峰值为 191~260 ℃，属于中温阶段。这些特点表明，本类铅锌多金属矿床的成矿热液性质属于中偏低盐度、低密度、中温、富含 Na-Ca-Cl 的弱酸性溶液。

7.2.9 熔融包裹体发现

骑田岭花岗岩是燕山期花岗岩早期多阶段侵入复式岩体，岩石化学的研究表明它是富碱的、高分异的 A 型花岗岩，形成于板内拉张的构造环境。以往学者对骑田岭花岗岩和芙蓉锡矿田的流体包裹体进行了包括流体包裹体的类型、温度、盐度、成分和 He 同位素等方面研究（李兆丽等，2006；汪雄武等，2004；李桃叶和刘家齐，2005；毕献武等，2008），大多认为成矿流体是来自于花岗岩结晶过程中分异出来的岩浆热液。然而，骑田岭花岗岩的中细粒黑云母岩体内广泛发育着厘米级至米级似伟晶岩囊状体和石英晶洞，暗示它们是富挥发分岩浆固结的产物，代表着岩石形成过程经历了明显的岩浆-流体过渡阶段。为此，我们（单强等，2011）开展了中细粒黑云母岩体中包裹体显微岩相学研究，发现了熔体和流体包裹体共存现象（图7-34），这一结果证实骑田岭中细粒黑云母花岗岩中的似伟晶囊状体和石英晶洞是花岗质熔体在岩浆-热液过渡阶段的产物。

显微测温结果显示（图7-35），熔体-流体包裹体的捕获温度大于530 ℃，流体包裹体的均一温度为172~454 ℃，闪锌矿中流体包裹体的均一温度在285~417 ℃，盐度为11.7% NaCl，代表了成矿流体的温度和盐度。据此，我们提出：从中细粒黑云母花岗岩到似伟晶囊状体再到石英晶洞，岩浆体系经历了富挥发分熔体→熔体+高盐度流体→高盐度流体→低盐度流体的完整演化过程（图7-36），形成了 $CaCl_2$-NaCl-H_2O-CO_2 体系的岩浆热液流体。岩相学及激光拉曼探针分析结果也显示，在流体包裹体和多晶熔体-流体包裹体中含有长石、方解石、金红石及金属氧化物等矿物，暗示其所捕获的流体具有较强的成矿能力。

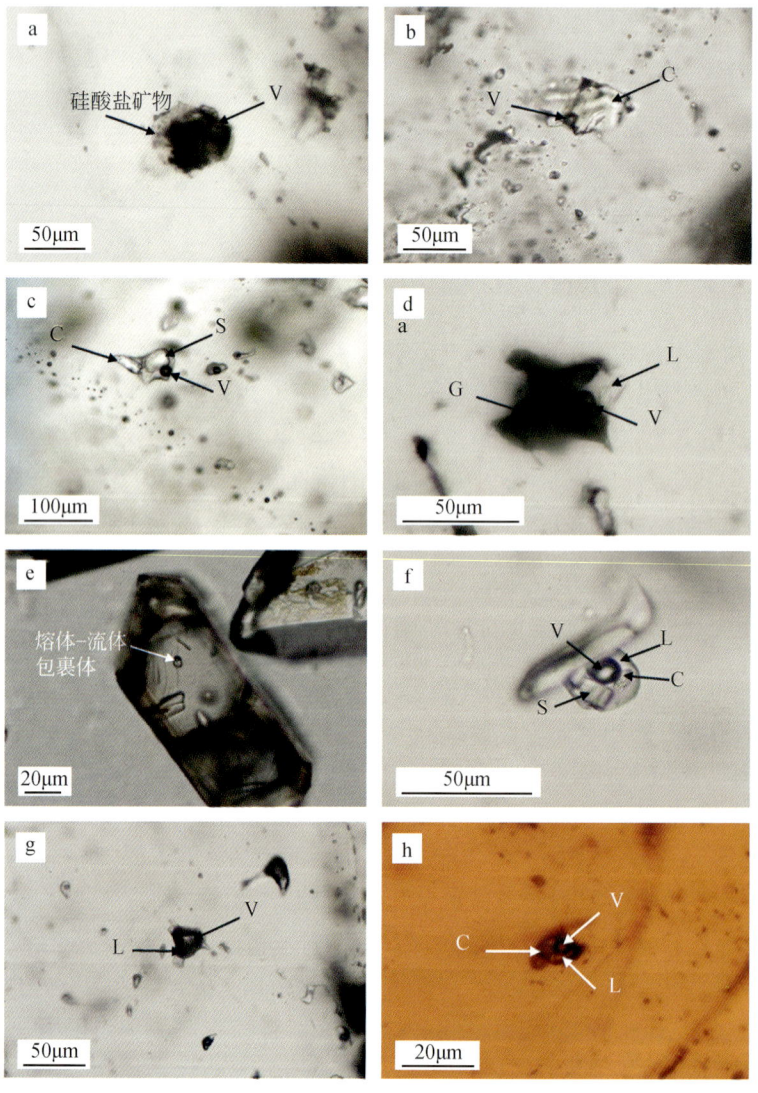

图 7-34 骑田岭花岗岩熔体包裹体、熔体-流体包裹体和流体包裹体

C-结晶矿物相；S-盐类矿物；L-液相；V-气相；G-玻璃质

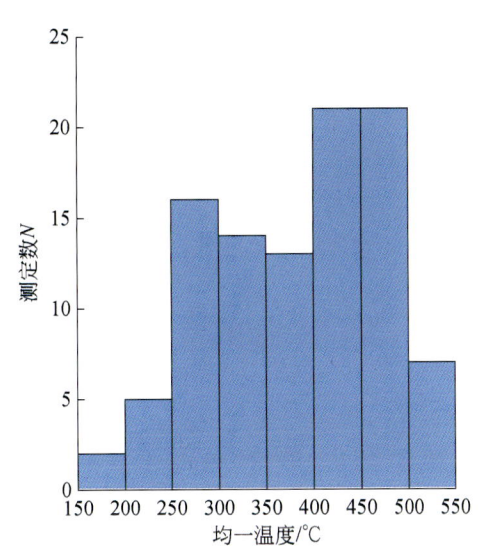

图 7-35　骑田岭花岗岩流体包裹体和熔体-流体包裹体的均一温度统计图

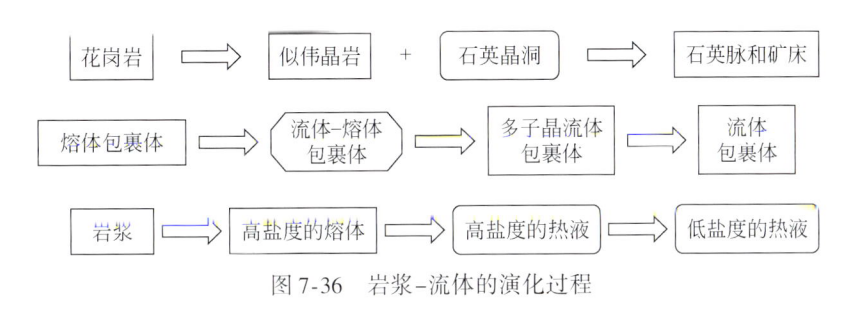

图 7-36　岩浆-流体的演化过程

7.3　成矿机理探讨

综前所述地层和岩浆岩中成矿元素的丰度、矿床内矿石矿物和成矿元素组合及其分带规律、S-Pb-H-O-C 和 Re-Os、He-Ar 同位素组成以及矿物包裹体的相观察和均一温度、组成成分分析等，千骑地区锡多金属矿床成矿物质主要来自中晚侏罗世高分异相侵位酸性-中酸性花岗质岩浆，部分来自震旦系—寒武系和泥盆系跳马涧组、棋梓桥组以及石炭系地层。成矿介质主要是原生岩浆水，其次是雨水和变质水组成的地下热卤水。成矿的热力来源于多阶段构造-岩浆活动，是驱动岩浆水与地下水混合的主要动力，成矿岩体是具有热量补给来源的热源体。

千骑地区锡多金属成矿作用具有"三源成矿"论的基本特征。成矿三要素，即热源、水源和矿源在有利的地质环境和地球物理、地球化学场中，通过运移、混合浓集和沉淀堆积成矿。具体过程如下：燕山期成矿岩体的多次侵入，形成了热源，造成了一个以成矿岩体为中心的"热晕圈"，其温度由岩体向外逐渐降低，同时加热了地下水；而围岩区的地下热卤水携带着因溶解、萃取矿源层的矿质对流循环，从常温区向高温区运移，逐渐靠近岩体时与经充分分异演化的晚期岩浆中富含多种成矿物质和挥发分的原生岩浆水热液混合，从而不断改变成矿溶液的成矿浓度和物理化学性质，导致溶解度加大、成矿物质越来越丰富，并在构造应力作用下，沿有利的构造空间运移或上升；同时，因水温下降、溶解度降低，在有利的构造、岩性组合的封闭环境，成矿物质经充分演化集中和在稳定适宜的物理化学环境下，混合热水溶液中所携带的丰富矿质急骤沉淀，不断堆积成矿。燕山期岩浆的多期（次）侵入，因而造成热液对流的往返循环，导致多次叠加成矿，从而使矿化更富集，形成矿化种类繁多的矿床。这个过程也是本区岩浆期后热液型铅锌多金属矿床的主要成矿方式和成矿作用，对层控型铅锌多金属矿床还起着改造、叠加富集作用。

地壳重熔型花岗质岩浆（千里山花岗岩及骑田岭芙蓉超单元）是富含成矿元素 W、Sn、Mo、Bi、Be、Cu 等的母岩浆，并含有大量的挥发分 H_2O、F^-、Cl^-、CO_2、S^{2-}、O^{2-}、SO_4^{2-}、CO_3^{2-}、BO_3^{2-} 等，这些组分与主要造岩元素Si、Al、K、Na、Ca、Fe等共同构成了区内成矿重要物质来源。第一次花岗岩浆侵入以后，由高达700℃以上熔融岩浆开始冷却，从而形成一个以岩体为中心向四周温度逐渐降低的热晕。同时加热了地层及地层层间水、岩石粒间水。随着岩浆的冷却结晶和结晶分异作用的进行，含有大量的成矿元素的挥发分，被岩浆主要成岩元素所饱和的高盐度成矿流体从岩浆中析出。由于岩浆侵入、构造活动，地层中形成了错综复杂的断裂系统，在不同的部位形成压力差。岩浆水、岩浆期后热液和被加热的地层水、粒间水在温度梯度和压力差的驱动下，沿着接触带和断裂带以及一切可以流通的通道流动。

岩浆冷却结晶析出的热液，开始时是呈碱性的、温度为400~500℃。在接触带上与围岩发生渗滤交代和双交代作用，形成夕卡岩。随着热液由碱性、经弱碱性、向酸性过渡，由早期夕卡岩向晚期夕卡岩转变，同时W、Sn、Bi、Mo、Cu在适合的环境下沉淀成矿。下部未固结的岩浆再次活动，从而产生第二次、第三次的岩浆侵入，在碳酸盐岩的接触带有利部位又形成夕卡岩（如柿竹园Ⅱ、Ⅲ矿体、金船塘Ⅴ矿体、白腊水19矿体、狗头岭55矿体等）。随着岩浆的冷却，不断地分离出气–液热质成矿流体，它是处于超临界状态下饱含成矿元素和各种矿化剂的成矿流体。这种流体对早先固结的花岗岩进行酸性淋滤，形成云英岩型的W、Sn、Bi、Mo、Be矿（柿竹园Ⅳ矿带、山门口54矿体）；随着温度的降低，pH的增高，进入中温阶段，继而形成黑钨矿石英脉（如红旗岭钨锡细脉带）；在云英岩化后期开始形成石英硫化物型的矿床（如红旗岭4矿体、白腊水19、43矿体及麻子坪8、26矿体；详见第9章）；随着热液的降温，到最后中低温阶段形成铅锌银矿（如枞树板、南风坳）。

当岩浆侵入的围岩不是碳酸盐岩，而是碎屑岩时，常形成脉状钨锡矿或铅锌银矿。当成矿岩浆侵入的围岩是裂隙发育的早期斑状花岗岩、细粒花岗岩脉、花岗斑岩脉等，成矿作用可在裂隙带附近很宽的范围进行，成矿方式以交代为主，充填作用次之，形成蚀变岩体型锡矿床（如白腊水10矿体）。

现以千骑地区芙蓉矿田内白腊水找矿靶区（图7-37）和东坡矿田外围的枞树板找矿靶区为例，对区

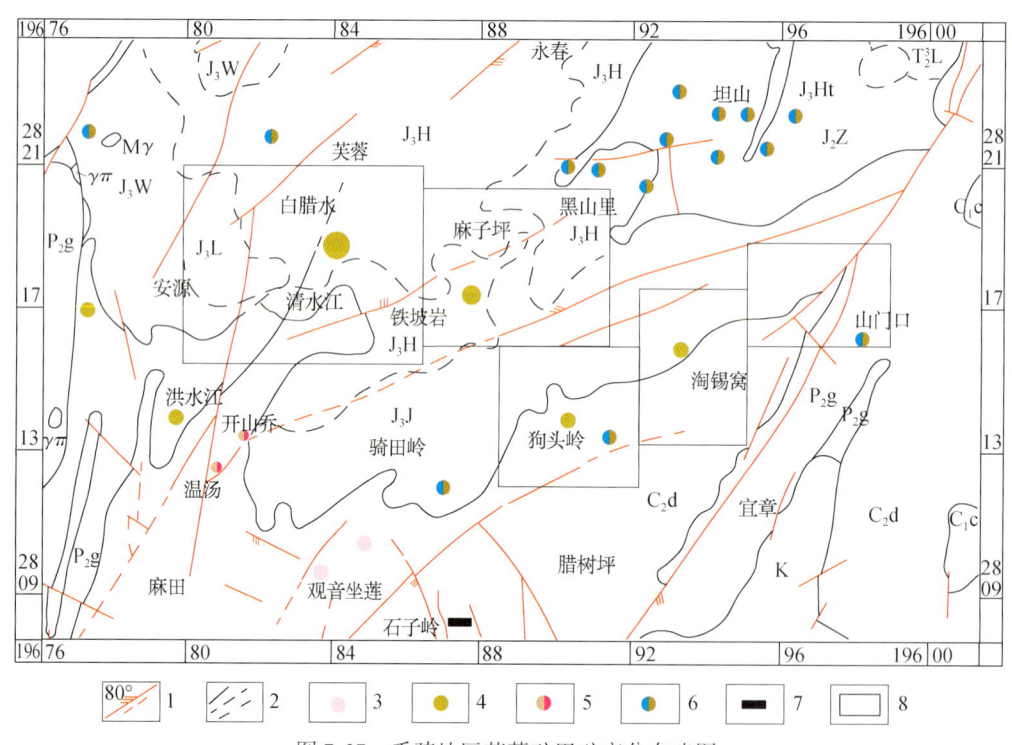

图7-37 千骑地区芙蓉矿田矿产分布略图

K-白垩系；P_2g-孤峰组；C_2d-大埔组；C_1c-测水组；J_3Ht-芙蓉超单元回头湾单元；J_3H-芙蓉超单元荒塘岭单元；J_3J-芙蓉超单元将军寨单元；J_3W-芙蓉超单元五里桥单元；J_3L-芙蓉超单元礼家洞单元；J_2Z-菜岭超单元樟溪水单元；$\gamma\pi$-花岗斑岩；$M\gamma$-细粒花岗岩；1-实、推测断裂及产状；2-地质界线；3-钨矿床（点）；4-锡矿床（点）；5-钨锡矿床（点）；6-铅锌矿床（点）；7-煤矿床（点）；8-矿区范围

内锡多金属矿床的成矿作用和富集机理作进一步探讨。有关芙蓉与东坡矿田地质特征及相关靶区找矿勘查情况详见本章节及第8章和第9章。

7.3.1 锡成矿机理：以白腊水为例

7.3.1.1 控矿因素

1. 地层岩性对成矿的控制

1) 地层的含矿性

据1:5万区域地质调查、地球化学分析和岩石测量结果，芙蓉矿田内石炭系—二叠系大埔组-马坪组的某些岩层和中二叠统孤峰组等岩层中Sn元素平均含量高于维氏值（表7-13），因此，它在有利的构造和岩浆活动等条件下有可能富集成矿。

表7-13 地层岩石部分元素平均含量表

地层代号	元素含量/10^{-6}										样数
	Sn	W	Bi	Cu	Pb	Zn	Ni	B	As	Mo	
C_2d	<5		<5	17.49	9.21	20	6.74	<10			31
P_1m	2.78		<5	16.23	9.15	20	5.50	<10			36
P_3l^2	5.36	<10	<5		22.53	49.76	13.81	68.33	12.13	0.71	
P_3l^1	4.62	<10	<5		23.20	31.02	12.23	72.66	10.32	0.73	26
P_2g	4.56	<10	<5		10.77	80.80	77.82	14.50	23.18		7
维氏值	2.5	1.3	0.009	47	16	83	58	12	1.7	1.1	

2) 岩性的控矿作用

芙蓉矿田内大埔组和马坪组（C_2d+P_1m）、栖霞组（P_2q）等碳酸盐岩石化学性质活泼，有利于矿液渗透交代，在与岩体接触带附近易形成接触交代型锡矿体（如安源一带）；在断裂构造附近易形成构造蚀变带锡矿（如43矿体南段）；当岩体接触带、有利的碳酸盐岩及发育的控矿断裂重叠时，易形成规模大、品位富的构造蚀变带-夕卡岩复合型锡矿体（如19矿体）。区内龙潭组砂页岩（P_3l）及孤峰组（P_2g）硅质岩，虽岩石性质不活泼，不利于矿化交代作用的进行，但其具有较高的刚性，在各种构造应力作用下易破碎，产生大量的节理、裂隙而成为岩浆期后矿液运输和沉淀的场所，从而形成构造蚀变带型锡矿（如11、10、45、40等矿体）。

2. 构造对成矿的控制

芙蓉矿田内断裂构造广泛发育，按其走向展布可分为北东、北西、近南北三组。每组断裂均有规模较大的区域性断裂（如F_{30}、F_{26}等），在其两侧又分布着众多的与之平行、分支的次一级断裂（如F_{19}、F_{10}等）。这些断裂总体为压扭性断裂，晚期表现为张扭性，具明显的多期活动标志。每次活动都使两侧岩石不断产生新的节理及裂隙，为矿液的上升和沉淀准备了良好的通道和空间。区内的控矿构造主要为北东向、近南北向断裂构造，它们呈斜接复合，与其他方向的断裂构造形成区内断裂构造格架。高序次的断裂构造（如F_{30}）是区内主要的导矿构造，控制着该区锡矿带、锡矿床的空间分布；次一级的伴生断裂构造（如F_{19}、F_{10}等）是区内的容矿构造，控制着矿体的形态、产状、规模等。一般来说，矿体的产状、形态与容矿断裂基本一致，矿体的规模与容矿断裂的规模成正比。

3. 岩浆岩对成矿的控制

(1) 岩浆活动是芙蓉矿田内生矿床形成的主要因素。骑田岭岩体是一个分异、演化较完全的重熔型复式花岗岩体，区内W、Sn、Pb、Zn等金属矿产主要与岩浆活动有关。不同阶段岩体的侵入均伴有不同类型和强度的矿化作用，岩浆活动不仅提供了成矿物质和气水热液，而且控制了矿床（点）的空间分布。

（2）岩浆岩的就位机制控制了锡矿带及矿床（点）的空间分布。据《1∶5万永春-宜章幅区调报告》及《湘南地区小岩体与成矿关系及隐伏矿床预测》的研究结果（内部资料），骑田岭复式岩体受炎陵-郴州-蓝山北东向基底断裂的控制，由南西向北东方向侵入，侵入中心在矿区南面观音坐莲、温汤一带。岩浆的多期次、多阶段活动，伴随着多次成矿作用，岩浆基底构造自南西向北东的侵入机制，控制了区内锡矿带、矿床（点）乃至锡矿体总体呈南西-北东向展布。

（3）不同期次岩体的成矿作用和成矿专属性具明显差异。骑田岭岩体是一个复式岩体，在燕山期各个阶段均有岩浆活动。不同阶段岩体的成矿作用与成矿专属性具明显差异。分布于岩体东部的燕山早期第二阶段菜岭超单元的岩浆岩矿化作用较弱，仅形成一些 Sn、Pb、Zn 矿（化）点。而分布于岩体南部的燕山早期第三阶段芙蓉超单元的岩浆岩成矿作用较强，能形成规模大的锡矿床（表7-14）。

表7-14 骑田岭岩体成矿专属性一览表

超单元	单元	代号	岩石名称	成矿专属性
		$M\gamma$	细粒花岗岩	
		$\gamma\pi$	花岗斑岩	弱 Pb、Zn
芙蓉	回头湾	J_3Ht	细粒含斑钾长花岗岩	弱 Sn
	荒塘岭	J_3H	中细粒少斑黑云母钾长花岗岩	W、Sn、Pb、Nb、Ta
	将军寨	J_3J	粗中粒斑状黑云母钾长花岗岩	Sn
	南溪	J_3N	中粒斑状角闪黑云母钾长（二长）花岗岩	Sn、Pb、Zn
	五里桥	J_3W	中粒多斑角闪黑云母二长花岗岩	
	礼家洞	J_3L	细中粒斑状角闪黑云母二长花岗岩	W、Sn
千秋桥	邓家桥	J_2D	细粒含斑黑云母钾长花岗岩	
	白泥冲	J_2B	中细粒少斑黑云母钾长花岗岩	
	牛头岭	J_2N	中粒斑状角闪黑云母二长花岗岩	
菜岭	青山里	J_2Q	中细粒斑状黑云母二长花岗岩	弱 W、Sn、Pb、Zn 矿化
	两口塘	J_2L	中粒多斑角闪黑云母钾长花岗岩	弱 W、Sn、Pb、Zn 矿化
	樟溪水	J_2Z	中粒斑状角闪黑云母钾长（二长）花岗岩	
	枫树下	J_2F	中粒斑状角闪黑云母二长花岗岩	

7.3.1.2 矿化分布及富集规律

1. 矿床的空间分布规律

1）矿床（点）的空间分布

芙蓉矿田内白腊水-安源、黑山里-麻子坪、山门口-狗头岭等三个锡矿带及其中的钨、锡、铅、锌矿床（点）受矿田中北东向的主干断裂构造的控制，总体呈北东向展布，各矿区内锡矿体受次一级北东向断裂构造的控制，多呈北东向平行排列分布。

2）矿化作用的分带性

白腊水找矿靶区（详见第9章9.1节）位于芙蓉矿田的西部（图7-37），其南部观音坐莲一带为岩浆侵入中心。平面上由岩浆侵入中心向外依次出现 W（预测区南部观音坐莲）—W、Sn（预测区南部温汤、开山寺）—Sn（本区）—Sn、Pb、Zn（预测区北东东部永春、坦山）的顺向分带现象，成矿温度呈递减的趋势。

3）锡矿类型的分布规律

芙蓉矿田内锡矿类型随矿床赋存的部位不同而有所变化，正接触带主要为夕卡岩型（如狗头岭、安源）；内接触带及岩体中主要为构造蚀变带-夕卡岩复合型、蚀变岩体型和构造蚀变带型（如麻子坪、白腊水）；外接触带主要为构造蚀变带型（如洪水江）；岩体隆起部位主要为云英岩型（如山门口、麻子坪的黑山里）。

2. 矿化富集规律

芙蓉矿田白腊水找矿靶区内锡矿体总体矿化较均匀，延伸较稳定。但各矿体的品位、厚度有一定的变化，在一些特定条件下，矿化可相对富集，形成厚度大、品位高的"富集包"。区内各民采坑道中"富矿包"普遍存在，其厚度可超出矿体平均厚度的 1~3 倍，品位可超出矿体平均品位的 5~10 倍，但一般延伸不大，在目前的工作阶段很难圈出独立的富矿体。通过本次研究可初步总结如下矿化富集规律：

（1）不同方向构造的交汇部位矿化往往相对富集。如北西向的 42 矿体（厚 6.54 m、Sn 品位 1.597%）与北东向的 15 矿体（厚 3.21 m、Sn 品位 0.450%）的交汇部位锡矿体厚度达 10.36 m、Sn 品位达 2.333%。

（2）容矿构造中的虚脱、转折部位，矿化相对富集。

（3）富 Cu、As、S 等元素的地段锡亦相对富集，如 19 矿体 80 线附近。

（4）一般来说，蚀变种类复杂、强度高的地段，特别是云英岩化、夕卡岩化、钠长石化、绿泥石化、萤石化等蚀变发育的地段，锡相对富集。

（5）不同成因类型锡矿体相互叠加、复合的地段，锡一般相对富集。例如，19 矿体浅部主矿体部分及 43 矿体 80 线附近的构造蚀变带-夕卡岩复合型锡矿；42 矿体中部细粒花岗岩型与花岗斑岩型锡矿的复合部位。

（6）沿矿体走向富矿包一般每隔 40~60 m 出现一次，其规模大小不一，小则数米，大则数十米。富矿包沿倾向延伸往往大于走向延伸的两倍以上。

7.3.1.3 成矿物质与流体来源

1. 物质来源

1）有用组分一部分可能来自赋矿地层

表 7-13 可见，矿田内出露的马坪组-大埔组、栖霞组灰岩以及龙潭组、孤峰组砂页岩 Sn 平均含量均高于维氏值。矿化可能与含矿热液迁移过程中渗透、萃取地层中有用组分有一定关系。如 19 矿体浅部、43 矿体南段及 11、12 矿体等。

2）有用组分主要来自燕山早期第三阶段的花岗岩

区内岩浆活动频繁，岩浆岩分布广泛。矿田出露的岩浆岩主要有燕山早期第二阶段菜岭超单元斑状花岗岩、燕山早期第三阶段的芙蓉超单元斑状花岗岩及晚期的细粒花岗岩、花岗斑岩脉等。其中芙蓉超单元是骑田岭岩体的主体，又可分为礼家洞、五里桥、南溪、将军寨、荒塘岭、回头湾等 6 个单元。岩浆的不断演化、分异形成了各超单元、单元的不同特性，也为成矿提供了丰富的物质来源。

区内芙蓉超单元花岗岩 SiO_2 在 66.64%~74.38%，属酸性岩类，Al_2O_3 在 12.49%~14.246%，属铝过饱和岩。与湘南地区成矿岩体岩石化学特征相比，其中的荒塘岭、回头湾、将军寨等单元岩浆岩的岩石化学成分和各种参数值更接近湘南成矿岩体，且与较早期的另三个单元差异明显，出现了一个突变带（表 7-15）。说明芙蓉超单元特别是荒塘岭、回头湾、将军寨单元岩浆岩是该区最有利的成矿岩体。芙蓉超单元花岗岩中副矿物种类多，组分复杂，除常见的磁铁矿、钛铁矿、锐钛矿、绿帘石、锆石等外，有色金属矿物有白钨矿、锡石、辉钼矿、辉铋矿、黄铜矿、方铅矿、闪锌矿以及富挥发分矿物磷灰石、电气石、萤石、黄玉等含量亦较高（表 7-16）。其中邻区的将军寨单元副矿物总量特别是磁铁矿、钛铁矿的含量明显低于其他单元，而锡石、萤石含量是所有单元最高的，分别达 62.78 g/t、268.28 g/t。本区荒塘岭、回头湾单元与将军寨单元基本相似，但矿物种类特别是有色金属矿物明显增多，达 32 种。说明芙蓉超单元花岗岩与成矿关系最为密切。

表 7-15 芙蓉超单元岩石化学参数对比表

岩石单元	SiO$_2$/%	Na$_2$O+K$_2$O/%	FeO+Fe$_2$O$_3$+TiO$_2$+MgO+MnO/%	CaO/%
回头湾 J$_3$Ht	74.26	8.346	2.40	0.439
荒塘岭 J$_3$H	73.62	8.598	2.51	0.477
将军寨 J$_3$J	72.89	8.661	2.82	0.503
南溪 J$_3$N	68.913	8.85	4.721	1.532
五里桥 J$_3$W	68.55	9.26	4.96	1.490
礼家洞 J$_3$L	66.643	8.549	6.185	1.944
湘南成矿岩体	>74	7.44~8.85	<2.22	0.54~1.32

岩石单元	Al$_2$O$_3$/%	Al$_2$O$_3$/SiO$_2$	Si（原子数）	K/Na（原子数比）	DI
回头湾 J$_3$Ht	12.596	71.57	1235	212	91.59
荒塘岭 J$_3$H	12.666	76.30	1225	218	91.75
将军寨 J$_3$J	12.963	80.02	1213	218	90.32
南溪 J$_3$N	14.015	26.34	1147	228	82.9
五里桥 J$_3$W	13.90	26.23	1141	246	85.36
礼家洞 J$_3$L	14.246	21.11	1109	226	81.14
湘南成矿岩体	12~13		>1235	>210	88.39~94.13

表 7-16 芙蓉超单元主要副矿物含量统计表

单元	样数	副矿物/（g/t）							
		白钨矿	黑钨矿	锡石	方铅矿	闪锌矿	锆石	独居石	磷钇矿	萤石
回头湾 J$_3$Ht	5	0.08	0.16	1.05	0.18	0.19	109.69	4.93	5.19	0.18
荒塘岭 J$_3$H	9	0.59	0.23	6.14	4.44	0.5	68.36	38.18		3.1
将军寨 J$_3$J	2	0.06		62.78	0.09		107.37	24.33		268.28
南溪 J$_3$N	6	0.4		0.47	0.43	3.51	115.11		0.77	18.08
五里桥 J$_3$W	5	1.75		0.19	1.05		189.67		0.03	0.59
礼家洞 J$_3$L	4	0.51			0.3	0.28	116.66		0.56	51.3

芙蓉超单元花岗岩与其他超单元岩浆岩相比，Sn、W、Bi、Pb、Cu、As、Nb、F 等成矿元素及矿化剂明显变高，且离散度较大。其中 Sn 含量是维氏酸性岩平均值的 3~30 倍（表 7-17），这些元素在成矿有利地段相对富集后，即可形成高中温热液矿床及接触交代型矿床。

表 7-17 芙蓉超单元主要成矿微量元素参数值对比表

单元	微量元素/10^{-6}								比值特征	
	W		Sn		Pb		Zn		Ba/Rb	Rb/Sr
	X	δn-1	X	δn-1	X	δn-1	X	δn-1		
回头湾（J$_3$Ht）	9.8	0.339	22	0.507	42	0.316	30	0.353	0.77	8.44
荒塘岭（J$_3$H）	33	0.754	11	0.347	32	0.215	19	0.258	0.47	8.42
将军寨（J$_3$J）	9.1	0.32	11	0.214	37	0.222	41	0.29	0.46	8.74
南溪（J$_3$N）	18	0.656	10	0.304	33	0.313	39	0.324	1.31	2.97
五里桥（J$_3$W）	9.2	0.269	12	0.403	40	0.579	41	0.338	1.17	2.60
礼家洞（J$_3$L）	7.1	0.163	10	0.274	30	0.286	30	0.289	1.70	1.69
维氏值	1.5		3		20		60			

注：X 为几何平均值；δn-1 为对数标准离差。

芙蓉超单元岩石稀土配分模式为右倾斜的"V"字形明显的曲线（图7-38）。并且随着岩浆的演化，各单元Eu逐渐减少，稀土配分模式"V"字形越来越明显。

此外，区内比芙蓉超单元花岗岩及含矿的花岗斑岩、细粒花岗岩相对晚侵入的隐伏的细粒花岗岩亦伴随有较强的矿化作用。庄锦良等（1988）对骑田岭花岗岩黑云母中Sn的含量进行了研究（表7-18）。从表中可以看出，细粒斑状黑云母花岗岩中的黑云母，Sn的含量最高，为$240×10^{-6}$。含矿气液沿区内已有的矿化构造上升，叠加于已有的矿体之上，或形成新的矿体。因而较芙蓉超单元花岗岩晚侵入的隐伏的细粒花岗岩也是区内锡矿的主要物质来源。

综上所述，芙蓉超单元及隐伏的晚期细粒花岗岩岩浆演化分异较完全；副矿物中锡石等有色金属矿物及富挥发分矿物种类多、含量高；与成矿有关的微量元素Sn、W、Bi、Pb、Cu、As、Nb、F等含量高。说明芙蓉超单元及隐伏的晚期细粒花岗岩的岩浆活动与区内锡矿有着成因上的联系，是区内锡矿床的主要物质来源。

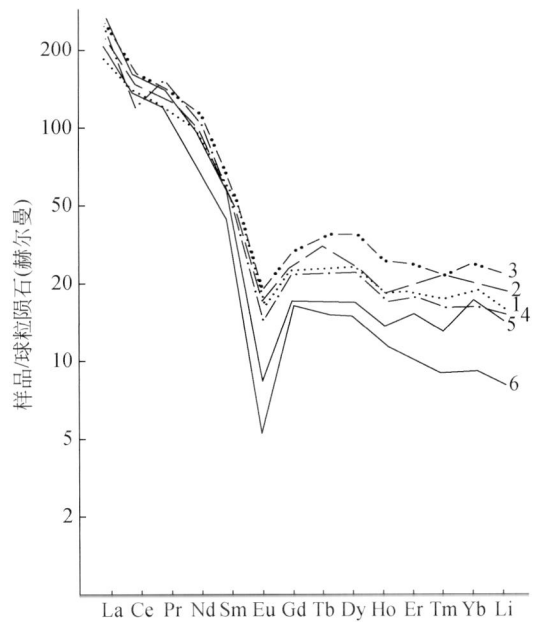

图7-38 芙蓉超单元岩石稀土元素配分模式图
1-礼家洞单元；2-五里桥单元；3-南溪单元；4-将军寨单元；5-荒塘岭单元；6-回头湾单元

表7-18 骑田岭花岗岩黑云母中Sn的含量表

样号	花岗岩种类	云母种类	$Sn/10^{-6}$	资料来源
46	中细粒斑状黑云母二长花岗岩	铁黑云母	60	庄锦良等（1988）
47	中细粒斑状黑云母二长花岗岩	铁黑云母	65	
48	中细粒斑状黑云母二长花岗岩	铁黑云母	41	
49	细粒斑状黑云母花岗岩	铁黑云母	240	

3）稳定同位素特征

(1) 硫同位素

白腊水找矿靶区硫同位素样品取自19、43矿体中的黄铁矿、方铅矿、闪锌矿、毒砂等。由表7-19可知，矿体中硫化物的$\delta^{34}S$值为1.74‰～8.48‰，平均值为4.269‰，其变化范围窄，偏离陨石值不大。这与岩浆期后热液矿床中硫同位素组成$\delta^{34}S$一般为±5‰、小于10‰相当一致。这表明矿床中的硫主要来自岩浆岩。

表7-19 硫同位素组成表

序号	实验室编号	原始样号	位置	样品名称	δ^{34}S-CDT	备注
1	402176	cd-016	19矿体60线	黄铁矿	8.23	
2	402177	040	19矿体70线	方铅矿	1.74	
3	402178	040	19矿体70线	闪锌矿	2.94	
4	402179	110	43矿体80线	黄铁矿	6.74	
5	80-1	110	43矿体80线	毒砂	3.83	
6	80-2	110	43矿体80线	毒砂	3.97	重复样
7	81	111	19矿体80线	黄铁矿	5.58	
8	2	366	19矿体80线	毒砂	4.37	
9	3-1	370	19矿体80线	黄铁矿	2.75	
10	3-2	370	19矿体80线	黄铁矿	2.54	重复样

注：测试单位为中国地质调查局宜昌同位素地球化学开放研究实验室。

（2）铅同位素

白腊水找矿靶区19矿体三个样品的铅同位素组成非常均一，变化范围小，$^{206}Pb/^{204}Pb$为18.608~18.718（表7-20），这与华南地区燕山期岩浆活动有关的高中温热液矿床铅同位素$^{206}Pb/^{204}Pb$为18.3~18.70相吻合，也与千骑地区千里山花岗岩成矿有关的长石铅同位素组成$^{207}Pb/^{204}Pb$-$^{206}Pb/^{204}Pb$、$^{208}Pb/^{204}Pb$-$^{206}Pb/^{204}Pb$在直角坐标上很一致（图7-39）。从图7-39也可见，矿石中铅同位素与本区内千里山花岗岩成矿有关的长石铅同位素成直线分布。从而表明，本矿床的形成与区内花岗岩密切相关，成矿物质主要来源于花岗岩。

表7-20 铅同位素年龄测定结果表（测试单位同表7-19）

序号	原送样号	样品名称	同位素比值 $^{206}Pb/^{204}Pb$	同位素比值 $^{207}Pb/^{204}Pb$	同位素比值 $^{208}Pb/^{204}Pb$	表面年龄/Ma	φ值	μ值	Th/U
1	Cd-110	黄铁矿	18.608±0.001	15.681±0.001	38.772±0.002	125	0.579	9.60	3.79
2	Cd-110	毒砂	18.624±0.001	15.703±0.002	38.859±0.007	140	0.581	9.64	3.82
3	Cd-111	黄铁矿	18.718±0.001	15.702±0.001	38.848±0.003	71.4	0.575	9.63	3.76

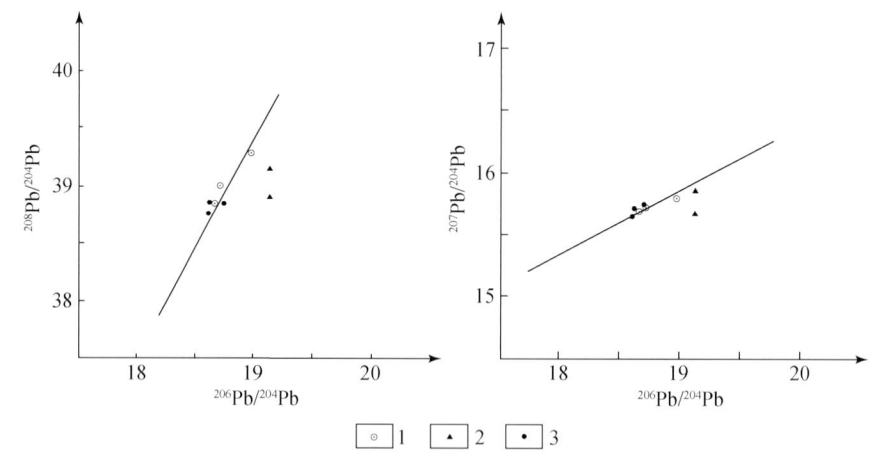

图7-39 矿石铅与岩体中长石铅同位素关系图

1-γ_5^{2-1}长石铅；2-γ_5^{2-2}长石铅；3-矿石铅

2. 矿物包裹体研究

根据19矿体包裹体化学成分测定结果及与千里山地区野鸡尾、红旗岭锡矿区的对比可见（表7-21），矿区19矿体成矿溶液阳离子以Na^+、K^+、Ca^{2+}为主，Mg^{2+}、Li^+的含量较低，Na^+/K^+值较高（2.93~9.98），而邻区野鸡尾、红旗岭锡矿区Na^+/K^+值较低（0.19~2.31），说明本区成矿溶液特别富钠，Na^+对本区的成矿具有重要作用。这与岩矿鉴定反映的区内各类型锡矿石均具有较强的钠长石化蚀变以及矿石化学分析结果中Na_2O/K_2O值明显高于围岩相吻合。成矿溶液的阴离子则是以Cl^-为主，其次有SO_4^{2-}、HCO_3^-，但分布不均匀。表中F^-的含量都<0.5×10^{-6}，但据野外观察及岩矿鉴定可知，区内各类型锡矿石中普遍含萤石且局部含量极高，并与锡矿关系密切，说明F^-对成矿具有一定作用。成矿溶液的气相成分则主要是CO_2、H_2O且含量相当高，其他成分含量极低。测温结果表明，成矿爆裂温度在200~600℃。这些说明本区成矿作用是以气化-高中温热液作用为主的多阶段、多期次成矿的。

表 7-21　19 矿体与邻区矿物包裹体化学成分对比表 （10^{-6}）

矿区 被测矿物 项目	19 矿体		似伟晶岩	红旗岭锡矿区			野鸡尾云英岩型锡矿区		
	锡矿石			锡石石英脉			早期	锡石石英脉	
	石英	石英	石英	石英	石英	石英	石英	石英	石英
K^+	2.47	7.53	1.54	26.80	15.60	26.80	2.38	2.98	3.57
Na^+	13.17	22.07	15.37	15.30	3.00	7.90	5.50	5.66	4.50
Ca^{2+}	14.55	28.50	0.33	11.10	2.90	13.20	27.26	22.61	17.14
Mg^{2+}	0.45	0.64	0.05	8.70	3.90	4.8	0.41	1.06	0.55
Li^+	0.006	0.01	0.064						
F^-	0.33	0.40	0.22	8.60	0.40	7.50	36.11	2.09	2.71
Cl^-	17.67	28.30	17.35	25.20	9.00	15	9.70	8.23	9.41
SO_4^{2-}	0.20	4.20	5.50				0.00	2.16	1.08
HCO_3^-	0.00	7.10	0.00				38.0	83	15
H_2O	260.00	272.5	700.20	388	1.65	129	1525	1200	190
CO_2	500.00	410.0	353.50	3.16	1.20	4	105	420	20
CO	0.07	0.07	1.00				0.00	0	0
CH_4	0.45	0.50	0.50	0	0	0	2.20	24.75	0.70
H_2	0.04	0.046	0.18				0.04	0.12	1.16
N_2							1.50	1.5	1.50
Na^+/K^+	5.33	2.93	9.98	0.57	0.19	0.30	2.31	1.90	1.20
pH	6.90	7.00	6.60				5.26	5.49	4.28
爆裂温度/°C	200~600			183~398			230~334		
资料来源	本次工作（测试单位为中国地质调查局宜昌同位素地球化学开放研究实验室）			《野鸡尾锡多金属矿床地质特征及成矿规律》（湖南省地质矿产开发局内部资料）					

7.3.1.4　成矿机理初探

白腊水找矿靶区花岗岩属骑田岭燕山期重熔型复合花岗岩体的一部分，其中的燕山早期第三阶段的芙蓉超单元及隐伏的细粒花岗岩含有高的 Sn、W、Bi、Pb、Cu、As、Nb、F 等成矿元素，是区内锡矿形成的主要物质来源。当这些岩浆从深处向上高侵位时，携带大量的矿化剂如 O_2、H_2S、CO_2、F、C、Cl 等，随着岩浆的冷却、结晶分异作用的进行，由于锡的分离结晶分配系数较低，锡在岩浆结晶作用过程中具有明显的向液相集中的能力，因而相当部分的锡随着岩浆的结晶而转入岩浆期后的流体相中。这些含矿气液在温度和压力梯度的作用下，集中于岩浆岩的顶部，并沿围岩（包括早期花岗岩）中的断裂带上升。上升过程中成矿岩浆热液还起着加热地层（早期岩浆岩）层间水、岩石粒间水的作用，并对其中的锡等矿物质进行溶解和迁移，使成矿溶液进一步富集。这些岩浆水、岩浆期后热液和被加热的地层水、粒间水等含矿气液沿着围岩断裂带及一切可能流通的渠道流动，在构造带及顶底板附近发生充填交代作用，并因所处环境物理化学条件的改变而析出锡石及其共生矿物石英、长石、云母、萤石、电气石等，形成本矿区的气化-高中温热液锡矿床。

根据办联学者的成矿实验得知，在含有 K_2O、Na_2O、F、Cl、SiO_2、BO_3^{3-}、CO_3^{2-} 的溶液中，在压力为 500 个大气压，pH 为 10 时，锡能形成 $[Sn(F_{6-X}OH_X)]^{2-}$ 等络阴离子，这些络阴离子在 pH 下降到 5~8 时，会发生水解析出锡石，同时形成 HF、NaF、H_2S 等。其反应式如下：

$$Na_2[Sn(F,OH)_6] \longrightarrow SnO_2(锡石) + 2NaF + 2HF \qquad (pH 为 7.5~8)$$

$$Na_2Sn(OH)_6 \longrightarrow SnO_2(锡石)+2NaOH+2H_2O \qquad (pH 为 6.7\sim7)$$
$$Na_2[Sn(F,OH)_6] \longrightarrow SnO_2(锡石)+2NaF+2HF \qquad (pH 为 6.7\sim7)$$
$$Na_2SnS_3+2H_2O \longrightarrow SnO_2(锡石)+2H_2S+Na_2S \qquad (pH 为 5\sim6)$$

本区的成矿条件与上述成矿实验的物理化学条件基本吻合，上述成矿实验能够证实区内热液锡矿床的成矿作用。区内各类型锡矿床是在相似的成矿地质作用和物质来源，在不同的演化阶段、不同的成矿条件及不同部位形成的具成因联系的一组矿床，构成了一个较完整的成矿系列。

当成矿岩浆侵入的围岩是砂页岩、裂隙不发育的早期花岗岩或较纯的碳酸盐岩（如大埔组灰岩、白云岩）等化学性质不活泼、不利于交代的岩石，成矿作用仅在断裂破碎带中及附近窄的范围进行，以充填作用为主，交代作用次之，形成构造蚀变带型（脉型）锡矿床（如43、11、22等矿体）。当成矿岩浆侵入的围岩是裂隙发育的早期斑状花岗岩、细粒花岗岩脉、花岗斑岩脉等，成矿作用可在裂隙带附近很宽的范围进行，成矿方式以交代为主，充填作用次之，形成蚀变岩体型锡矿床。当成矿岩浆侵入的围岩是化学性质活跃的不纯碳酸盐岩（如栖霞组灰岩）时，在接触带成矿作用以接触交代为主，能在局部形成夕卡岩型锡矿，但规模不大，品位较低。若夕卡岩型锡矿又位于导矿、容矿断裂构造带中时，则夕卡岩型锡矿又可叠加后期的构造蚀变带型锡矿，由于碳酸盐岩化学性质活泼，加上位于断裂带中，岩石裂隙发育，故早期夕卡岩均能叠加矿化，从而形成规模巨大的构造蚀变带-夕卡岩复合型锡矿床（如19矿体）。由于岩浆活动的多期性，成矿作用亦是多阶段的，同一矿体往往是多阶段成矿作用叠加的结果。并且同一矿体的同一部位可以是不同阶段、不同类型锡矿的叠加复合（如19矿体的构造蚀变带-夕卡岩复合型锡矿）；同一矿体（或同一容矿空间）的不同部位亦可有不同的锡矿类型出现（如42矿体南东端为细粒花岗岩型锡矿，北西端为花岗斑岩型锡矿）。

7.3.2 铅锌矿成矿机理：以枞树板为例

矿床的形成实质上是地壳中的有用元素从分散到聚集的地球化学过程。其中包括了矿质和矿液的来源、矿液迁移条件和迁移形式及析出、沉淀条件等。本节从研究东坡矿田北东侧的枞树板找矿靶区的成矿地质背景、成矿物理化学条件等入手，以此来探讨千骑地区铅锌矿床的成矿过程与富集机理。

7.3.2.1 成矿控制因素

1. 构造对成矿的控制作用

千骑地区经历了加里东期、海西—印支期、燕山期三个构造旋回。加里东期以近东西向基底褶皱变形和北东向深大断裂为主，海西—印支期以近南北向（北北东向）褶皱断裂变形为主，这两期为原始矿源层形成期，属成矿作用预富集阶段；而燕山旋回则是区内构造变动、岩浆活动最强的时期，也是本区主要成矿期，发育以北东向断裂构造为特色。在前两个旋回的基础上，由于燕山期强烈的构造-岩浆活动及由此产生的矿液活动，岩浆本身所携带的成矿物质与被热液作用而活化地层中的部分成矿物质相混合，从而形成大规模成矿热液，并在适当构造空间形成矿床。

枞树板找矿靶区内的北东向断裂构造是燕山旋回形成的极重要的控矿构造，严格控制了铅锌矿体的产状、规模、形态和分布状态。断裂带内的破碎带形式影响着矿化及其富集程度。富矿体的产出部位是构造破碎带较宽大的部位，即弧形构造发育且内部构造透镜体也较为破碎的部位。燕山晚期花岗斑岩脉与矿脉在空间上紧密平行相伴，矿脉多产于花岗斑岩的上、下盘或花岗斑岩的分支复合部位，一般认为是上述构造、岩浆活动的继续，它为铅锌的富集提供了物质来源和容矿空间。

2. 地层岩性对成矿的控制作用

1) 岩性的控矿性

枞树板找矿靶区内地层主要为震旦系浅变质砂岩及板岩，其次为泥盆系中统跳马涧组石英砂岩，岩石脆性较强，在地质历史过程中，在力的作用下易发生脆性断裂变形而形成断裂破碎带，为矿床形成提供了有利的导矿、储矿空间。

2) 矿源层的控矿性

区内震旦系和泥盆系中统跳马涧组地层富集 Pb、Zn、W、Sn 等成矿元素，在后来的成矿作用中，这些成矿元素将活化转移、并参与成矿。

3. 岩浆岩对成矿的控制作用

1) 岩体与矿床的空间关系

枞树板找矿靶区南东侧出露有千里山岩体（图 2-3），北东侧有高垄山和种叶山岩体，据重力和航磁异常反映，隐伏岩体在 5 km 深处连成一片，且呈中间窄，两头宽的哑铃状，3 km、1.5 km 处形态复杂。由于岩浆间歇性的侵入，形成不同期次岩体的相互穿插和矿化叠加复合现象。铅锌矿体产于复式岩体带侵位前缘上部，成矿分带的中带。不同期次侵入体及其侵位深度直接影响铅锌银矿床的分布范围和成矿的垂直深度，高侵位岩体的前锋是成矿的中心，铅锌银矿体的形成主要受前锋导矿、储矿构造的控制，在整个岩浆期后的热液成矿作用过程中，由岩体向外依次出现云英岩型-夕卡岩型-热液交代/充填型矿化。成矿分带明显，由岩体向外出现高中温矿床至中低温矿床，即 W、Sn、Mo、Bi-Sn、Pb、Zn-Pb、Zn、Ag-Mn、Pb、Zn。区内铅锌银矿床主要是分布于远离岩体接触带的中低温充填型矿床。

2) 花岗斑岩与成矿的关系

枞树板找矿靶区内花岗斑岩属燕山晚期侵入产物。其岩石学、岩石化学、微量元素含量、副矿物特征与燕山早期侵入岩体基本相同，但稀土含量及其配分模式则具有一定的差异，可能属于同源分异演化的产物，花岗斑岩与铅锌银矿脉在空间分布上具有集群性的特点，且成岩与成矿的时间差距不大，因此，初步认为，花岗斑岩为区内铅锌矿床的主要成矿控制条件。

7.3.2.2 成矿物质与流体来源

枞树板铅锌银矿找矿靶区内发育受构造裂隙控制的岩浆热液矿床，其形成主要是构造活动-岩浆活动-成矿作用共同作用的结果。

1. 成矿物质来源

根据同位素资料和地层岩石微量元素特征分析，成矿物质主要来源于地壳重熔花岗岩浆和含矿地层。

1) 稳定和放射性同位素特征

（1）硫同位素特征。硫同位素样品分别采自枞树板找矿靶区枞树板矿段的 24、27、31、43 号矿体中的铁闪锌矿、方铅矿、闪锌矿和黄铜矿（表 7-22）。矿体中硫化物的 $\delta^{34}S$ 为 $-0.18‰ \sim -8.7‰$，平均 $-3.24‰$，极差 $8.58‰$，与岩浆期后热液矿床中的硫同位素组成相一致（$\delta^{34}S$ 一般为 $\pm5‰$，并小于 $10‰$），显示出重熔型花岗岩浆源热液硫化物硫同位素组成特征。据硫同位素分布图（图 7-40），所有数值为负值，表明以富轻硫为主。矿床中共生硫化物中的闪锌矿和方铅矿的 $\delta^{34}S$ 组成有闪锌矿大于方铅矿的平衡条件下同位素分馏效应的表现，而黄铜矿则不然，显示出不平衡中存在相对平衡的物化介质条件下的硫同位素分馏趋势。而对闪锌矿 $\delta^{34}S$ 组成分析，矿区相对富轻硫。

表 7-22 枞树板找矿靶区硫同位素组成结果表

样号	取样位置	测试矿物	$\delta^{34}S/‰$
枞硫 1	24 号矿脉 CM470	铁闪锌矿	-0.18
枞硫 2	31 号矿脉 CM47	铁闪锌矿	-0.83
枞硫 3	31 号矿脉 CM47	方铅矿	-0.69
枞硫 4	43 号矿脉 CM109	方铅矿	-2.48
枞硫 5	27 号矿脉 CM21	方铅矿	-0.63

续表

样号	取样位置	测试矿物	$\delta^{34}S/‰$
枞硫6	27号矿脉 CM77	闪锌矿	-0.30
枞硫7	27号矿脉 CM77	黄铜矿	-5.85
枞硫8	27号矿脉 CM77	黄铜矿	-8.76

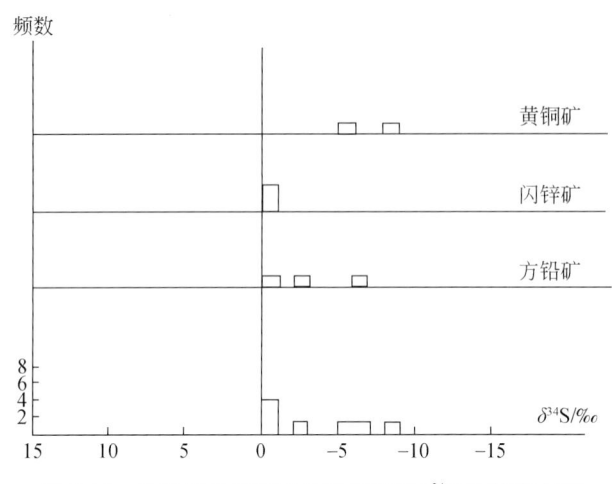

图7-40 枞树板找矿靶区枞树板矿段 $\delta^{34}S$ 频数直方图

（2）铅同位素特征。靶区内矿石铅同位素组成测试结果（表7-23）表明，其同位素组成 $^{206}Pb/^{204}Pb$：18.605~18.661，极差0.056；$^{207}Pb/^{204}Pb$：15.707~15775，极差0.068；$^{208}Pb/^{204}Pb$：38.804~38.976，极差0.172。具稳定、正常、变化小等特点，属单阶段演化历史和单一放射性生长普通铅。将其投影到 $^{206}Pb/^{204}Pb$-$^{207}Pb/^{204}Pb$ 坐标图上（图7-41），投影点都落在"与重熔花岗岩系列有关矿床中的铅"的范围内，说明矿石铅主要来源于岩浆。普通铅模式年龄147~98 Ma，表明铅锌成矿时期可能为燕山晚期，与该区花岗斑岩 K-Ar 法年龄128~63 Ma 相近，因此矿床的成矿作用与燕山晚期岩浆活动密切相关。

表7-23 枞树板找矿靶区铅同位素组成结果表

样号	取样位置	测试矿物	样品数	$^{206}Pb/^{204}Pb$	$^{207}Pb/^{204}Pb$	$^{208}Pb/^{204}Pb$
Pb-1	24号矿脉 CM470	方铅矿	1	18.629	15.753	38.976
Pb-2	31号矿脉 CM47	方铅矿	1	18.605	15.752	38.911
Pb-3	43号矿脉 CM109	方铅矿	1	18.608	15.741	38.911
Pb-4	27号矿脉 CM21	方铅矿	1	18.639	15.775	38.958
Pb-5	27号矿脉 CM77	方铅矿	1	18.620	15.739	38.885
枞树板矿段平均值		方铅矿	5	18.620	15.752	38.928
南风坳矿段		方铅矿	2	18.595	15.714	38.826
南风坳矿段		毒砂	1	18.618	15.707	38.804
南风坳矿段		闪锌矿		18.661	15.722	38.835

（3）锶同位素。根据热液蚀变矿物 Rb-Sr 等时线年龄测得成矿热液的初始锶比值 $(^{87}Sr/^{86}Sr)_i$ 为0.7048~0.7061，属于大陆壳源花岗岩的成矿热液类型。与燕山早期的高坡山岩体（0.7067）和燕山早期的骑田岭岩体（0.7087）相近。但比燕山早期千里山岩体主体（0.7318）及高坡山燕山晚期岩体（0.7199）偏低。

总之，从硫同位素、铅同位素及锶同位素组成特点看，本区成矿物质属多来源，但以岩浆源占明显

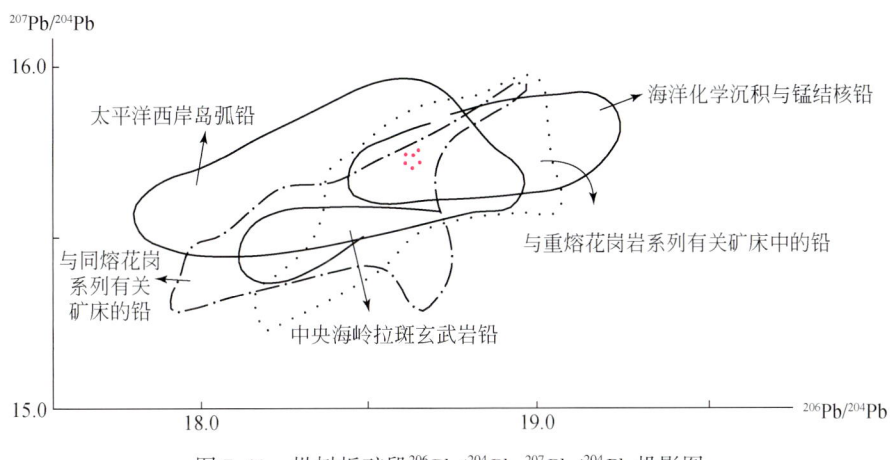

图 7-41 枞树板矿段 $^{206}Pb/^{204}Pb$-$^{207}Pb/^{204}Pb$ 投影图

优势，特别是与燕山晚期花岗斑岩密切相关。

2) 地层的含矿性

(1) 地层岩石的成矿元素丰度。枞树板找矿靶区出露地层主要为震旦系下统泗州山组，少量泥盆系中统跳马涧组。根据部分岩石光谱分析结果统计（表 7-24），该两组地层岩石中主要成矿元素的平均含量一般都高于维氏值的几倍、几十倍到几百倍，反映出该区的赋矿地层是成矿元素的高含量层位，可为铅锌等成矿元素的富集提供很好的物质条件。

表 7-24 枞树板找矿靶区地层岩石主要成矿元素含量统计表

地层代号	岩性	样品数/个	元素丰度/10^{-6}							
			W	Sn	Mo	Bi	Cu	Pb	Zn	Ag
Z_1s	浅变质砂岩	45	6.05	27.35	3.58	5.04	104.2	285.6	317.69	3.76
	板岩	12	9.53	28.92	5.24	4.5	136	291.5	277.58	5.42
D_2t	板岩		13.6	20	9.7	30	36	100	1000	0.1
维氏值			1.3	2.5	1.1	0.009	47.0	16.0	83.0	0.07

(2) 地层的岩石化学成分。地层的岩石化学成分见表 7-25。从表中可以看出，SiO_2、Al_2O_3 含量高，富钾贫钠，富镁贫钙，其化学活泼性差，有利于形成裂隙控矿。

表 7-25 枞树板找矿靶区地层岩石化学成分分析结果统计表

地层代号	岩性	样品数/个	分析元素及含量/%										
			SiO_2	Al_2O_3	Fe_2O_3	FeO	MgO	CaO	Na_2O	K_2O	TiO_2	P_2O_5	MnO	LOI
D_2t	砂岩	1	80.58	9.06	1.38	0.94	0.19	0.93	0.09	2.66	0.77	0.097	0.04	1.91
Z_1s	浅变质粉砂岩板岩	4	69.83	12.67	1.47	3.69	2.68	0.25	1.28	2.86	0.697	0.046	0.067	2.72

3) 岩浆岩的含矿性

枞树板找矿靶区内岩浆岩主要为燕山晚期的花岗斑岩，其岩石化学特征、稀土元素特征、同位素特征、成矿元素的丰度和组合特征与著名的千里山岩体相似，W、Sn、Pb、Zn、Mo、Bi、Ag、As、Sb 等元素的丰度都高于维氏值的若干倍（表 7-26），说明区内花岗斑岩与千里山岩体属同一超单元组合不同阶段的产物。因此从岩浆活动强度、岩体产出部位、岩体的含矿性及同位素特征分析，成矿物质一部分来源于千里山花岗岩远程热液，一部分则来自较晚期的花岗斑岩。

表7-26 花岗斑岩微量元素丰度表

样号	采样地点	岩石名称	元素含量/10⁻⁶										
			W	Sn	Mo	Bi	Cu	Pb	Zn	Ag	Au	Mn	As	Sb
028-7	CM24	花岗斑岩	1		4	16.56	23.96	449	232	7.1	0.0025	672.6		
031-5	CM27	花岗斑岩			6.7	10	22.41	143	101	0.2	0.0085	427.5		
枞-1	ZK2303	花岗斑岩	22	28.5	2	2.9	32	86	54	2.4		240	42	11.5
枞-2	ZK2303	花岗斑岩	8.4	24.2	3.66	3	32	98	88	2.4		230	46	1
枞-3	ZK2303	花岗斑岩	7.8	26.2	2.9	2.9	32	120	70	3.6		240	35	4.5
枞-4	ZK2303	花岗斑岩	5.6	42.8	2	3.3	110	190	162	2.92		310	46	9
枞-5	CM44	花岗斑岩	15.5	12.9	6.08	5	73	200	106	2.4		728	80	13.2
枞-6	CM44	花岗斑岩	5.6	18	4.74	2.7	63	94	81	2.88		270	63	4.2
枞-7	左家垅	花岗斑岩	12.9	14.6	1	2.4	41	136	368	1.92		668	57	5.4
枞-8	左家垅	花岗斑岩	8.6	15.4	1.85	1.6	52	116	106	2.4		428	68	4
95-3	ZK2303	花岗斑岩		130		150	100	300	200	7.62	0.35	390		1900
95-4	左家垅	花岗斑岩		100		250	100	200	200	0.56	0.24	390		5400
96-1	ZK1507	花岗斑岩		110		90	200	135	300	2.54	0.02	40		170
平均值			10.08	22.8	3.9	42	68	174	159	2.99				
维氏酸性岩值			1.5	3	1	0.01	20	20	60	0.05			1.5	0.26

2. 成矿物理化学条件

1）包裹体特征

矿石中矿物的原生气液包裹体是矿物形成时捕获的成矿溶液，是天然成矿溶液的样品，研究其特征能了解成矿热液的某些物理化学条件。

枞树板找矿靶区铅锌矿石中的原生气液包裹体形态多样，主要有椭圆形、圆形、眼球形、三角形、长条形及不规则形。长轴一般为3~5μm，最小2μm，最大6μm；短轴一般2~3μm，气液比2%~3%。反映出中低温条件下的气液包裹体特征。

矿物包裹体气相成分以H_2O、CO_2、N_2、H_2为主，次为CH、C_2H_2、C_2H_6，属于以H_2O和CO_2为主的多成分气相（表7-27）；液相成分中的阴离子以F^-、Cl^-为主，阳离子以Ca^{2+}、K^+、Na^+为主，Mg^{2+}次之，且$Ca^{2+}>K^+$、$Na^+>Mg^{2+}$。说明本区成矿热液是阳离子以Ca^{2+}、K^+、Na^+为主，阴离子以F^-、Cl^-为主，并含有大量CO_2为特征。

表7-27 枞树板找矿靶区矿物包裹体成分测定表

样号	标高/m	矿体及矿物	气相成分/10⁻⁶								液相成分/10⁻⁶					
			H_2	O_2	N_2	CH_4	CO	C_2H_2	C_2H_6	H_2O	K^+	Na^+	Ca^{2+}	Mg^{2+}	F^-	Cl^-
CM47-1	559	30号矿脉中的石英	7.038	痕	11.048	18.382	无	17.624	187.58	1770	0.38	0.28	2.55	0.25	0.98	0.94
CM21-1	852	27号矿脉中的石英	3.449	痕	5.547	痕	无	痕	140.36	1487	0.4	0.4	1.52	0.16	0.62	0.59
CM403-1	510	48号矿脉中的石英	4.656	无	12.635	2.862	无	0.776	116.72	1491	1.54	1.73	0.38	0.05	0.62	1.26
CM43-1	782	27号矿脉中的石英	4.917	无	22.359	5.408	无	痕	163.21	2305	0.4	0.59	1.14	0.05	0.58	0.84

2）成矿温度

气液两相包裹体是单相冷却的结果，利用两相包裹体加热后恢复到单相可以确定矿物的生成温度，为此，运用均一法测定矿物的生成温度。当包裹体捕获之后，基本上是相对封闭体系，即等容过程，等容过程中温度（T）和压力（P）存在着依赖关系，当温度小于300℃，且压力不大时，压力变化对温度影响不大，此时可将均一温度看作形成温度的近似值。对矿区包裹体采用均一法测温，其结果（表7-28）属中低温范畴，即表明区内铅锌银矿是中低温或中温条件下成矿。从表7-28中还可看出，成矿温度具有明显的水平分带和垂直分带现象。从矿区北部（枞树板）到南部（西河）、从下部到上部，其均一温度从244℃→196℃→168℃，显示逐渐变低的趋势，即从中温带向中低温带的变化，如标高559 m CM47的244℃→标高745 m CM77的203℃→标高826 m CM21的196℃。

表7-28 矿物包裹体均一法测温结果表

样号	取样位置	标高/m	矿物名称	包裹体均一温度			
				个数	温度范围/℃	最佳温度/℃	平均/℃
CM21-1	枞27号脉CM21	826	铅锌矿石中的石英	10	161~235	181~203	196
CM77-1	枞27号脉CM77	745	铅锌矿石中的石英	10	167~243	190~223	203
CM47-1	枞31号脉CM47	559	铅锌矿石中的石英	8	185~297	259~268	244
B-9	西河		铅锌矿石中的石英	10	147~195	166~174	168
B-11	枞树板		铅锌矿石中的石英	11	143~215	186~198	191

3）成矿压力、氧逸度

（1）成矿压力（P）。通过地质剖面法的研究，野鸡尾充填型铅锌矿的成矿压力小于75 MPa。而本区处于东坡矿田外围，矿体主要充填于发育在震旦系地层中的断裂破碎带内，如果说千里山岩体的形成深度为3 km左右，那么本区的成矿深度亦为3 km左右，按地深增压梯度25 MPa/km计，本区成矿压力亦为75 MPa左右。此外，野鸡尾矿区用二氧化碳包裹体测压，所得包裹体捕获时的临界压力为18.5~35.0 MPa，平均24.0 MPa。因此，我们推测，本区成矿期的成矿压力介于24.0~75.0MPa之间。

（2）氧逸度（fO_2）、酸碱度。根据对东坡矿田包裹体测温及成分分析数据统计计算的氧逸度后认为，成岩成矿期的锡石石英脉阶段的fO_2为$10^{-40.19}$~$10^{-44.44}$，而较晚期的铅锌矿化阶段的fO_2为$10^{-44.73}$~$10^{-50.25}$。利用包裹体化学成分的数据，可以计算成矿流体的pH，从而揭示成矿溶液的酸碱度。通过计算，中低温铅锌矿沉淀时热液的pH为5.39，说明大多在弱酸性至弱碱性转变过程中形成铅锌矿床。

7.3.2.3 成矿作用机理

1. 成矿物质的沉淀

金属元素在成矿溶液中主要以络合物形式搬运，在平衡条件遭到破坏时，就会产生化学反应而沉淀成矿。一般认为，当成矿溶液由导矿通道进入储矿构造时，成矿溶液的温度、压力、成分、浓度、pH等均发生变化，导致络合物平衡条件破坏。

1）温度、压力和组成浓度的变化

前已叙述，本区成矿溶液是一种中低温、中压、富含多种金属元素和挥发分的弱酸性混合热液，金属元素在成矿溶液中主要以络合物形式搬运。当成矿溶液运移到北东向断裂破碎带中时，温度、压力、浓度、pH等的改变，导致气液分离和不挥发化合物的浓缩，从而破坏了络合物的平衡而引起矿质沉淀，形成方铅矿和闪锌矿。其化学反应式如下：

$$[PbCl_4]^{2-}+4Na^++S^{2-}\longrightarrow PbS+4NaCl$$
$$[ZnCl_4]^{2-}+4Na^++S^{2-}\longrightarrow ZnS+4NaCl$$

2）pH的变化

许多络合物或其他易溶的化合物，只是在一定的pH范围内才能保持稳定，而当pH超过这个范围就会引起分解和沉淀，当成矿溶液进入储矿构造空间时，随着温度、压力的变化，以及储矿构造中岩石和围岩的作用等因素的相互影响，矿液的 pH 必然发生变化，据有关资料研究，本区铅锌矿是在 pH 为 4.28~5.39 区间这种弱酸性向弱碱性转变的介质条件下沉淀成矿的。

2. 矿化富集规律

1) 矿化富集的时间关系

本区属裂隙充填型铅锌银矿床，其成矿作用主要是伴随燕山期岩浆活动而发生，由于岩浆活动的脉动性，导致成矿作用的多阶段性，其中第一、第二次岩浆活动，可能产生一些微弱的矿化过程，主要铅锌银矿床的形成时代为 130~65 Ma，说明与燕山晚期的花岗斑岩就位有关。由于成矿活动频繁，矿床复杂化，矿化元素同生不共体、共体不同生现象常见，如矿床中可见到三个世代铅锌矿共体现象。

铅锌银成矿处于每次成矿作用过程中的中晚阶段，岩浆热液成矿过程中由于成矿元素自身的化学性质及介质的物化性质不同，决定了矿化元素经化学反应沉淀堆积成矿在时间上有先有后。高中温阶段不能形成独立铅锌银矿床，而在中、晚阶段，即中、低温阶段则是硫化矿床的最佳成矿时间。

2) 矿化富集的空间分布规律

(1) 矿化空间分布规律。枞树板找矿靶区内铅锌银矿床主要分布在北东向岩带高侵位岩体前峰部位的外接触带，具有顺向分带和集群性分布规律。铅锌银矿床处于东坡田成矿系列矿床分带中的中带（即铅锌矿带），其矿床元素组合主要是锡、铅、锌、银。而在同一矿床中这些矿化元素也同样具有分带性特征，如枞树板矿段中，从靠近岩体的外坑到中部的枞树板，再到南部远离接触带的两江口，元素组合为 Sn、Pb、Zn→Pb、Zn、Ag→Mn、Pb、Zn。区内矿脉受北东向构造、岩浆岩带控制，由于受基底构造控制的次级断裂成组分布，从而也控制了矿脉的集群性分布，如枞树板矿段从北部外坑到南部左家坡，地表发现的 34 条矿脉，按其产出部位和密集程度划分为 6 个脉组。

(2) 富矿包的空间分布规律。矿化沿矿脉分布不均匀，局部形成富矿包，单个矿包一般沿走向延伸几米至 30 余米，最大倾斜延伸枞树板矿段的 31 号矿体达 80 m，高宽比一般为 3:1~2:1，长轴方向略向 SW 侧伏，侧伏角 50°~60°，富矿包沿矿脉走向大致呈等距离出现，根据枞树板找矿靶区内枞树板矿段的三个富矿地段，即首家坡→横沟坡→大砂坑，相互之间的距离约 800 m，产出标高 500 m→700 m。

3) 富矿与构造破碎规模的关系

枞树板找矿靶区内北东向构造沿走向和倾向发育强度是不均匀的。有些部位以压碎岩及构造透镜体组成数米至十数米宽的构造破碎带，有些部位则表现为 1~2 条小裂隙面。当破碎带表现为多组弧形构造面，且由弧形而所夹持的构造透镜体也破碎时，矿化沿各方向的裂隙充填交代，形成网脉状铅锌矿石。如果伴有较强的硅化、绿泥石化，含矿热液的交代彻底，则多形成局部较富集的矿包。

4) 富矿包与围岩岩性的关系

富矿包的产出与围岩关系密切，当构造破碎带通过浅变质石英砂岩时，由于岩石性脆，在构造作用下，易破碎产生裂隙，有利于矿液充填而形成富矿包。而板岩地段，构造不发育，有的甚至只有几个裂隙面，故矿化不发育。

7.4 成矿系列与成矿模式

7.4.1 成矿系列

对千骑地区成矿系列的研究，其基本内容应着重于同一地质构造单元内具有相似的成矿物质来源和地质作用，在不同的地质背景和控矿条件下，形成一系列不同矿种和类型的矿床，各矿床具有密切的成因联系，在生成时间上有一定的顺序性，在空间分布上有一定的分带性（程裕淇等，1983；陈毓川，1983，1990，1997）。

根据千骑地区的基本构造格局和深部构造、岩浆岩的分布及其成因分类、地层岩性组合、矿化组合及分带特征和与之有成因联系的若干矿床在空间分布上的规律性以及成矿机理等分析，可将区内锡多金属矿床划分两个成矿系列：①与酸性中浅成花岗岩类有关的钨锡多金属矿成矿系列和②与中酸性深源浅成花岗闪长岩类有关的铅锌多金属矿床成矿系列，它们的基本特征详见表7-29。

表7-29 千骑地区两类不同矿床成矿系列的基本特征及对比

系列名称 基本特征	与酸性中浅成花岗岩类有关的 钨锡多金属成矿系列	与中酸性深源浅成花岗闪长岩类有关的 铜铅锌多金属成矿系列
代表性地区	千里山、骑田岭	宝山
构造环境	隆起区、拗陷区	相对拗陷区
容矿地层	Z—P	C
岩浆岩组合	花岗岩、黑云母花岗岩、二长花岗岩、花岗斑岩、石英斑岩	花岗斑岩、石英斑岩、花岗闪长斑岩、石英闪长斑岩
岩石化学征	酸度指数（S）36.77、碱度指数（AR）2.76、分异指数（DI）86.84~98.71、氧化指数（f_o）0.40、固结指数（SI）3.49~4.91、镁硅比（M/S）0.040	酸度指数（S）10.18、碱度指数（AR）1.61、分异指数（DI）63.27、氧化指数（f_o）0.44、固结指数（SI）17.50、镁硅比（M/S）0.168
稀土配分模式	明显铕亏损型	左倾斜型
岩体成因类型	陆源改造重熔型	同熔型
年龄/Ma	172~138	162
主要矿种元素	W、Sn、Mo、Bi、Be、Pb、Zn、Ag、Cu	Cu、Pb、Zn、Mo、Bi、W、Sn、Au、Ag
主矿种	W、Sn	Cu、Pb、Zn
矿床矿化系列	WSnMoBi—SnBi—SnBe—SnPbZn（Cu）—PbZnAg—PbZnSb	WMoBi—CuMo—CuPbZn—PbZn—AgAu
主要矿床类型	伟晶岩、云英岩型钨锡矿、夕卡岩型钨锡钼铋矿（局部为夕卡岩型磁铁锡铋矿）硫化物型锡多金属矿、充填交代型铅锌矿	夕卡岩型铜钼多金属矿、产于碳酸盐岩中交代充填型铅锌黄铁矿、铅锌银矿

7.4.1.1 与酸性、中浅成花岗岩类有关的锡多金属成矿系列

本系列矿床主要出现于相对隆起带，经受了加里东至燕山期的构造运动，褶皱和断裂发育，岩浆活动频繁且规模较大，深部推断有多个隐伏岩浆岩岩，地表出露的岩基、岩株体多为壳源型（I型）花岗岩，侵入时代为加里东期至燕山期，其中以燕山期最为发育，具有多期多阶段、高分异高侵入的特点。区域地球物理、地球化学特征为一区域性航磁正磁区和区域性重力低值区，具W、Sn、Pb、Zn、Nb、Ta、Be等地球化学高背景。已知有千里山、骑田岭钨锡多金属矿田（床）。

对该系列成矿作用起主导作用的为燕山早期次、多阶段的花岗岩岩浆活动，地表出露的岩体是深部大岩基有关的高侵位岩体，是岩浆不断演化物，具有丰富的物质基础，并且随着岩浆的分异演化使成矿金属元素组分得以聚集，从岩浆中分异挥发组分和含矿溶液具有较高的压力梯度，并向岩浆侵入前缘汇集，在构造断裂的诱导下向所开拓空间运移，于各种有利的空间（断裂构造、层间裂隙等）和岩性（如碳酸盐岩）条件下，含矿气水热液经过充填、交代、改造与叠加等成矿方式，在内、外接触带及其附近地区形成成因上具有同源演化的一系列不同矿种和类型的矿床，构成一个与酸性中浅成花岗岩类有关的岩浆演化成矿系列。

7.4.1.2 与中酸性、深源浅成花岗闪长岩类有关的铜铅锌多金属成矿系列

本成矿系列的矿床主要出现于千骑地区西部、郴州-桂阳断裂的北西侧，该地段为一相对拗陷带，岩浆活动规模较小，地表出露多属同熔型（Ⅱ型）的花岗闪长斑岩、花岗斑岩等小侵入体，时代为燕山早、晚期。地球物理、地球化学特征为一区域性重力高和负值平稳磁场区，区域化探异常以 Pb、Zn、Ag、As 异常为主，已知有宝山、大坊等铜铅锌金银多金属矿床。

矿床的形成主要与和基底断裂有成因联系的同熔型花岗岩浆有关，后者为成矿作用提供了丰富的物质来源，盖层的紧闭线型褶皱及其伴生产出的逆冲断裂则为成矿热液的运移提供了通道、为矿化富集提供了有利的储矿空间，因而在有利的岩性组合和构造部分，含矿气水热液经过交代、充填等成矿作用，形成不同的矿化组合和矿床类型，并且有明显的分带性。

尚需指出的是，千骑地区一些沉积改造岩浆热液叠加型矿床，虽具有叠加成矿系列的特点，但主要为岩浆活动使地层中的金属元素迁移富集而成，如玛瑙山铁锰多金属矿等，故未单独列为一个系列。

总之，成矿系列反映成矿作用的主导因素，掌握了成矿主要因素和矿床地质特征，就可以建立接近于客观实际的成矿模式，在类似的地质环境中可发现相似的成矿系列，在同一成矿系列中发现新的矿床类型，并可预见另一种矿床类型。因此，可根据本区出现的成矿系列，结合地质条件和其他找矿信息，预测矿田和矿床。

7.4.2 典型矿田矿床模式

通过对千骑地区内矿床的控制因素与成矿规律的研究和在建立两类矿床成矿系列的基础上，研究已知矿田内不同矿种、不同类型矿床的控制因素和在空间上的伴生规律，从而建立各种矿床的形成环境、定位机制和它们在空间上密切相关的矿床组合模式。在组合模式的基础上，研究其地球物理、地球化学条件和找矿标志，进而建立地质-地球物理-地球化学模式和综合找矿模式。用以指导成矿预测和普查找矿，并为成矿系列研究的深化、矿床成因模式的建立奠定基础、提供依据。

7.4.2.1 东坡矿田矿床组合模式

1. 成矿地质环境

东坡矿田位于炎陵-郴州-蓝山深断裂的南东侧，鲤鱼江-五盖山近南北向褶皱带与北东向彭公庙-香花岭构造岩浆岩带的交汇部位（图 2-3、图 5-7）。本矿田出露地层主要为震旦系和泥盆系。其中，震旦系是本区的基底岩层和矿源之一，中泥盆统棋梓桥组是本区铁锰铅锌多金属矿的矿源层和主要赋矿地层。

矿田处于褶皱隆拗交接带构造活动区内，控制矿田的主要构造为王仙岭-千里山东西向隆起带、南北向五盖山-西山复背斜及近南北向的木根桥-观音坐莲推覆冲断带和北东向扭断裂。控制矿床的主要构造为次级北北东-北东向层间褶皱构造；近南北向推覆冲断裂的次级断裂、裂隙构造和北东向扭断裂；岩体接触带构造。褶皱的层间破碎、层间虚脱构造、褶皱核部的断裂和裂隙，为成矿提供了重要的容矿空间和矿液通道，如金狮岭、玛瑙山等铅锌多金属矿，柿竹园、野鸡尾等钨锡多金属矿，均赋存于次级背向斜中。近南北向的推覆冲断裂和北东向扭断裂是主要导矿构造，也是成矿的良好阻挡屏蔽构造，控制了矿床的展布，其旁侧的次级北东、北西和东西向断裂裂隙是主要的容矿构造，控制了矿体的产状形态和规模，如近南北向的木根桥-观音坐莲、鲤鱼江-狮子庵、东坡-月梅、铁渣市-棉花坳等逆冲断裂和北东向断裂群的旁侧，是本区矿床分布的密集区，如柿竹园、野鸡尾、红旗岭、蛇形坪、玛瑙山、金子仑等钨锡铅锌矿床，均分布于上述断裂带旁侧。岩接触带构造，如在水平和垂直方向上的内弯部位，侵入体超覆围岩蚀变部位、小岩体颈顶部、岩枝、岩墙下盘接触带弧形弯曲的接触部位等，控制了云英岩型、夕卡岩型和交代型矿床的产出部位、产状形态和规模，如柿竹园、野鸡尾、蛇形坪、水湖里等矿床。

印支期王仙岭复式岩体和燕山期千里山复式岩体，沿南北向和北东向构造断裂复合部位侵入，成为

本区岩浆活动中心。岩体主要岩性为黑云母花岗岩、二长花岗岩、花岗岩、花岗斑岩、石英斑岩等，均属壳源重熔型花岗岩；另有辉绿岩和煌斑岩等岩脉出露。岩浆活动和岩体的侵入，控制了成矿温度、蚀变和矿化、成矿元素的分带性，围绕岩体形成具有成因联系和空间分带性的一系列不同矿种和矿床类型的矿床，属于与酸性中浅成花岗岩类有关的岩浆演化成矿系列。

成矿物质主要来自岩浆，其次来自相应时代的地层，具多成矿物质来源和成矿元素叠加特点。主要成矿过程为岩浆结晶分异、接触交代、气成热液和沉积再造。

2. 矿床定位和分布规律及产出特征

矿田内已知主要矿种和矿床类型，具有明显的酸性花岗岩类岩浆热液成矿的分带性。在岩浆内接触带及正接触带形成热液云英岩型和高温热液接触交代夕卡岩型钨锡多金属矿；在岩体外接触带，有围绕岩体分布的高-中温热液交代充填型铅锌多金属矿；在震旦系硅酸岩地层中以断裂充填型铅锌矿为主；在泥盆系碳酸盐岩地层中以充填交代型铅锌多金属矿为主；在跳马涧组砂岩之上、棋梓桥组底部形成沉积改造型或沉积改造-岩浆热液叠加型铁锰多金属矿。矿床中矿物组合随矿床的空间分布自岩浆活动中心向外，依次为稀有稀土—钨锡钼铋—锡铋铜铍—锡铅锌—铅锌银锑。

1）云英岩型矿床

此类矿床定位于东坡隐伏岩基王仙岭-千里山高侵位复式岩体顶部或边缘、小岩体、岩脉之前缘，并主要表现两种产出形态和成矿方式。一类是面状云英岩型矿床，多呈缓倾斜透镜状，筒柱状产于岩体隆起部位顶面，岩体陡倾斜部位的顶部和分支的岩、脉体侵入前锋部位为岩浆早期高温塑性封闭环境下气化作用形成，伴随着W、Sn、Mo、Bi、Be等矿化，在成矿有利部位富集成矿（图3-3、图3-4）。二类是脉状云英岩型矿床，多呈脉状和网脉状产于岩体顶面围岩或岩体中断裂破碎带发育地段，为晚期残余岩浆热液沿裂隙充填扩散交代而形成，伴随着W、Sn、Mo、Bi等矿化，在其外接触带有铅锌矿化。

2）夕卡岩型矿床

此类矿床定位于岩体与碳酸盐岩接触带，其形态与规模主要受控于接触带构造。夕卡岩型矿床是本区主要矿床类型，以大、中型规模为主，集中分布于千里山复式岩体与泥盆系碳酸盐岩接触带，以岩体东南侧为主，矿体形态产状和规模受岩体接触带控制，多呈似层状、透镜状和不规则脉状产出。矿床类型主要有夕卡岩型钨锡钼铋矿、夕卡岩型磁铁矿锡铋矿和夕卡岩云英岩复合型钨锡多金属矿。主要矿床有柿竹园、野鸡尾、岔路口、金船塘、水湖里等（图7-42）。

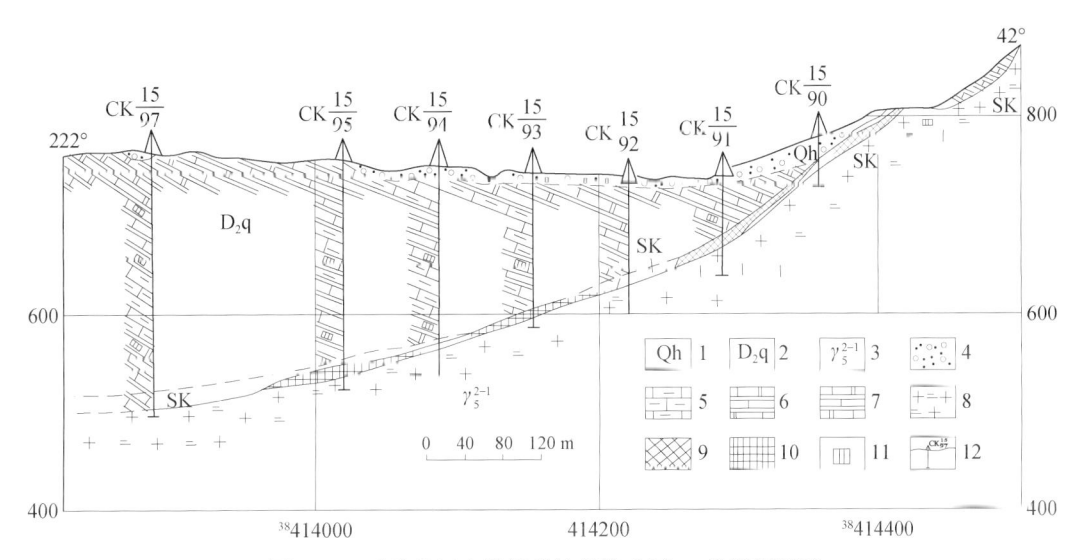

图7-42 千骑地区水湖里磁铁锡铋矿区15排横剖面图

1-第四系全新统；2-泥盆系中统棋梓桥组；3-花岗岩；4-坡积层；5-含泥灰岩；6-夕卡岩（SK）；7-大理岩化云灰岩；8-绢云母化斑状花岗岩（γ_5^{2-1}）；9-锡铋矿体；10-磁铁锡铋矿体；11-黄铁矿；12-钻孔及编号

3）岩浆热液充填-交代型矿床

此类矿床定位于王仙岭-千里山复式岩体的外接触带夕卡岩型矿床的上部或外侧，加里东—印支期褶皱隆起带及其边缘拗陷带中之次级扇形褶皱群。矿化沿北北东向-北东向断裂带及近南北向断裂带旁侧聚集，岩浆残余溶液在构造的作用下向应力释放的空间运移含矿溶液，经充填和交代等成矿方式，在不同的围岩和构造条件下形成不同类型的矿床：在硅酸盐岩中形成脉状石英脉型、硫化物型锡铅锌矿床；在碳酸盐岩中形成充填交代型铅锌多金属矿床。

产于硅酸盐岩中的石英脉型、硫化物型锡铅锌矿和脉状铅锌矿，主要分布于木根桥-观音坐莲推覆冲断裂带东侧，千里山岩体北东侧西山箱状复式背斜两翼震旦系浅变质碎屑岩中。矿体主要受北北东-北东向断裂控制，呈脉状产出，地表有沿断裂充填的岩脉出露，深部有隐伏岩体存在，以充填成矿作用为主，主要成矿元素下部以锡为主，往上有递变为锡铅锌或铅锌的分带趋势。石英脉型或硫化物型锡铅锌矿和脉状铅锌矿三者常相伴产出（图7-43、图7-44）。

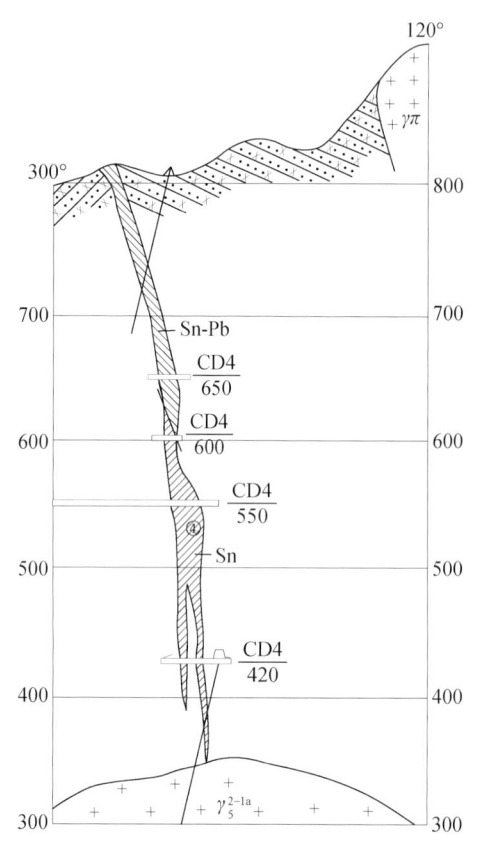

图7-43 红旗岭锡多金属矿第四线剖面图

1-锡铅锌矿体；2-锡矿体；3-变质砂岩；4-花岗斑岩；5-细粒黑云母花岗岩；6-钻孔；7-地层

碳酸盐岩中充填交代型铅锌矿床分两种：

一是产于千里山岩体接触带以交代作用为主的铅锌矿。在岩体与碳酸盐岩接触带的附近有利构造部位、逆冲断裂的下盘具有阻挡封闭的条件下，含矿热液与围岩进行交代，形成透镜状、不规则状铅锌矿，如柿竹园铅锌矿（图7-45）。

二是产于与成矿岩体相距较远的外接触带碳酸盐岩中的铅锌矿，是本区主要的铅锌矿床类型，多呈不规则脉状、透镜状、筒柱状产出，主要赋存于桥口-东坡向斜中次级背、向斜褶皱的泥盆系碳酸盐岩地层中，矿床主要受北东向断裂或花岗斑岩群及北北东向逆冲断裂的旁侧次级东西向或北东向断裂控制，在断裂交汇处形成富矿或矿柱。主要矿床有野鸡尾、横山岭、蛇形坪等矿床（图7-46）。

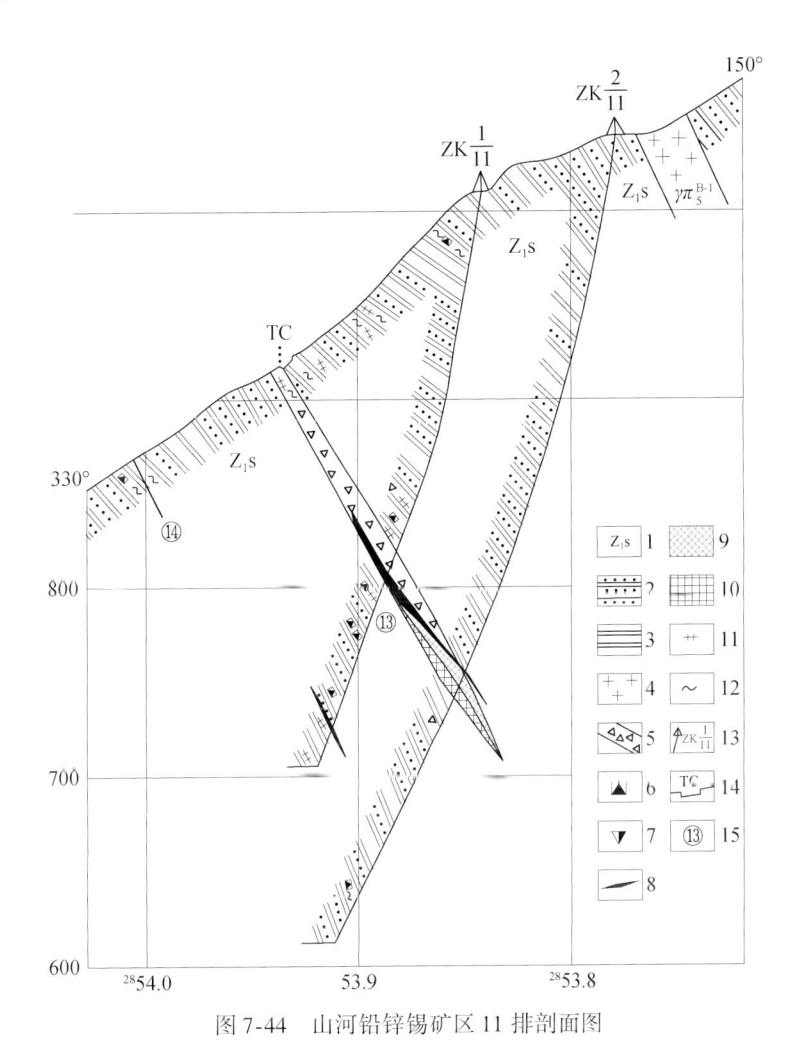

图 7-44　山河铅锌锡矿区 11 排剖面图

1-震旦系下统泗州山组；2-浅变质石英砂岩；3-板岩；4-花岗斑岩（$\gamma\pi_5^{3-1}$）；5-构造角砾岩；6-方铅矿；7-闪锌矿；
8-铅锌矿体；9-铅锌锡矿体；10-锡矿体；11-硅化；12-绿泥石化；13-钻孔及其编号；14-探槽；15-矿体编号

4）层控型矿床

此类矿床主要位于南北向加里东期褶皱隆起带边缘，南北向或北东向断裂旁侧、印支期褶皱带次级背斜的轴部或翼部层间构造中。中泥盆统棋梓桥组是主要赋矿层位，矿体多呈似层状或透镜状产出。按成矿物质来源和成矿作用不同，该类型可分两亚类，即沉积-改造型和沉积-改造岩浆热液叠加型。

沉积-改造型铅锌矿床：主要分布于远离岩体的中泥盆统棋梓桥组下部，受层间错动、层间破碎和层间剥离等构造控制，多为顺层产出的似层状铅锌黄铁矿体（图7-47）。但由于岩浆热液与地下水溶液的混合作用，进一步使含矿层中的元素活化转移或叠加富集，因而在棋梓桥组地层中形成沉积-改造岩浆热液叠加型铁锰铅锌银矿床。此类矿床一般在地表出露有小岩体（脉），深部有隐伏岩体，矿体呈似层状、透镜状、多层状产出，受层间构造和断裂控制。此类型矿床常与岩浆热液型铅锌矿床相伴产出，多分布于其下部层位中（图7-48）。

3. 地球物理、地球化学标志

矿田处于北东向区域重力梯级带南东侧的王仙岭-千里山重力负异常带上，重力垂向二次导数与矿床有较好的对应关系（详见第2章2.2节）。矿田处于郴州高磁区北东端，岩体外接触带形成明显的磁性壳层，是间接找矿的重要标志。

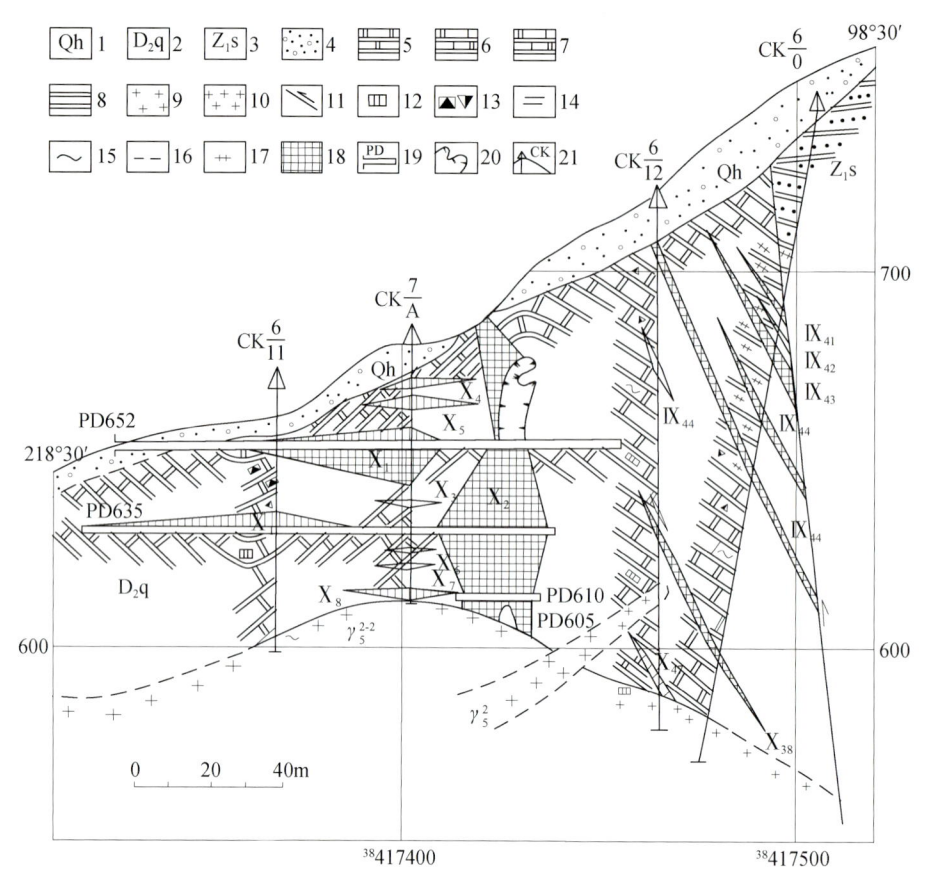

图 7-45 柿竹园铅锌矿区 6 排横剖面图

1-第四系全新统；2-泥盆系中统棋梓桥组；3-震旦系下统泗州山组；4-坡积物；5-大理岩；6-大理岩化云灰岩；7-夕卡岩化云灰岩；8-变质砂岩；9-细粒花岗岩（γ_5^{2-2}）；10-细粒少斑状花岗岩（γ_5^2）；11-断层；12-黄铁矿化；13-铅锌矿化；14-绢云母化；15-绿泥石化；16-绿帘石化；17-硅化；18-铅锌矿体及编号；19-坑道位置及编号；20-采空区；21-钻孔及编号

矿田地球化学异常表现为范围大、强度高，具有多个浓集中心的多元素组合异常。异常以 Pb、Zn、Au、Ag、As、W、Sn、F 为主，有 Be、Cu、Mo、Bi、Mn、Sb、B 等元素伴生。水系沉积物异常强度 Pb 和 As（1000~2000）$\times 10^{-6}$、Zn（500~1000）$\times 10^{-6}$、F（2000~20000）$\times 10^{-6}$、W、Sn（100~400）$\times 10^{-6}$、Cu（100~200）$\times 10^{-6}$、Ag（4~25）$\times 10^{-6}$、Au（0.02~0.15）$\times 10^{-6}$。异常分布范围围绕成矿岩体向外由小到大，大致为：Cu、Mo-Mn、Be、F-W、Sn、Au-As、Zn-Pb、Ag（图 7-49）。

4. 成矿模式

成矿物质来自燕山期高分异花岗质岩浆（图 7-50）。前寒武系、泥盆系跳马涧组成矿元素丰度高，使重熔型花岗岩富含钨锡等金属并随着演化逐步富集。千里山岩体高侵位于深部巨大岩浆岩带顶部，与化学性质活泼的碳酸盐岩呈侵入接触。当矿液运移至富钙镁围岩时物理化学条件发生变化，成矿元素于夕卡岩中沉淀成矿。而岩浆多次侵入则引起成矿作用叠加，从而形成规模巨大的多金属矿床（图 7-51）。

5. 找矿模型

综合成矿地质条件，结合地球化学和地球物理等综合信息，建立了千骑地区柿竹园锡多金属矿田典型矿床找矿模型（表 7-31）。

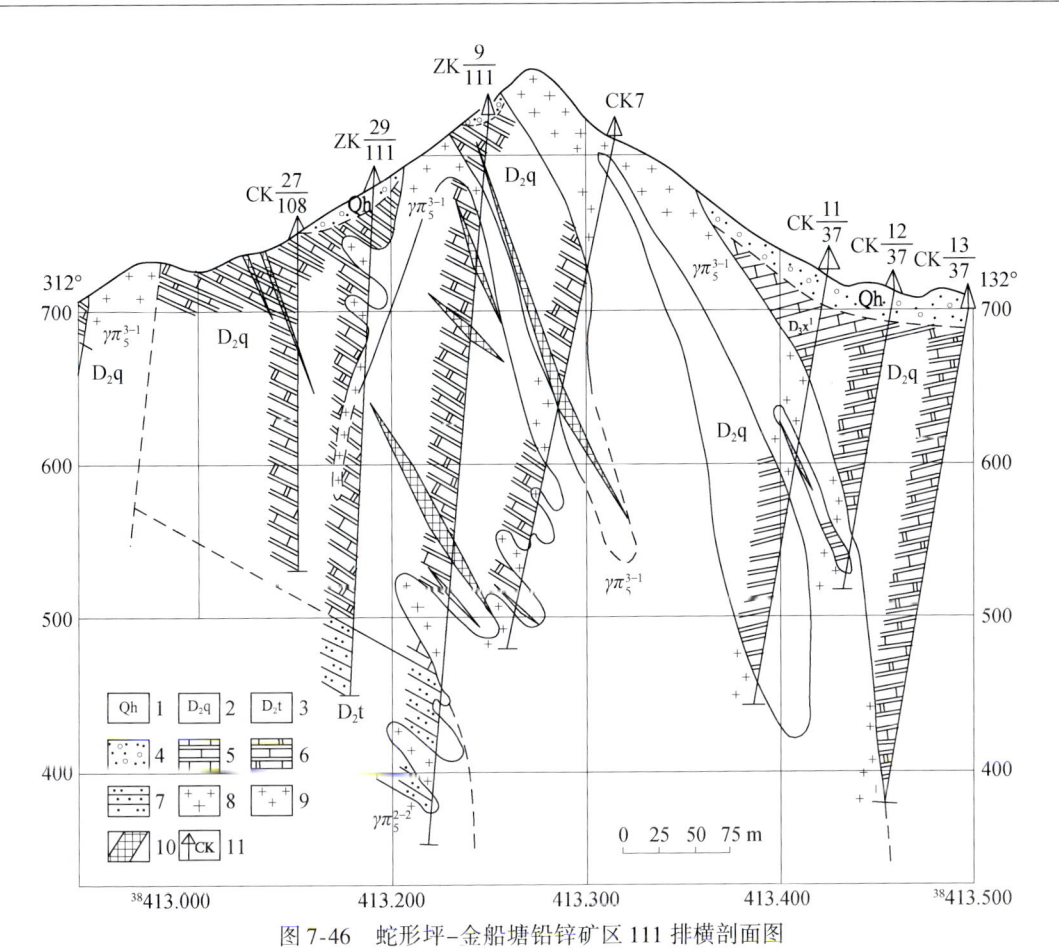

图 7-46 蛇形坪-金船塘铅锌矿区 111 排横剖面图

1-第四系全新统；2-泥盆系中统棋梓桥组；3-泥盆系中统跳马涧组；4-坡积层；5-含泥灰岩；6-大理岩化云灰岩；7-石英砂岩；8-细粒花岗岩（γ_5^{2-2}）；9-花岗斑岩（$\gamma\pi_5^{3-1}$）；10-铅锌矿体；11-钻孔

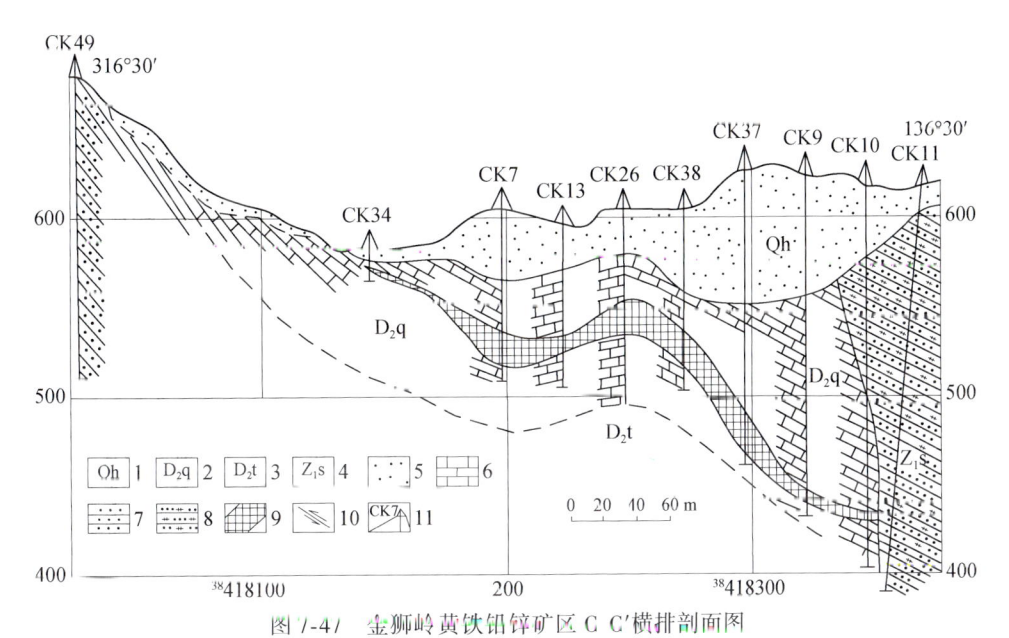

图 7-47 金狮岭黄铁铅锌矿区 C C' 横排剖面图

1-第四系全新统；2-泥盆系中统棋梓桥组；3-泥盆系中统跳马涧组；4-震旦系下统泗州山组；5-坡积层；6-灰岩；7-石英砂岩；8-浅变质杂砂岩；9-黄铁铅锌矿体；10-断层；11-钻孔及编号

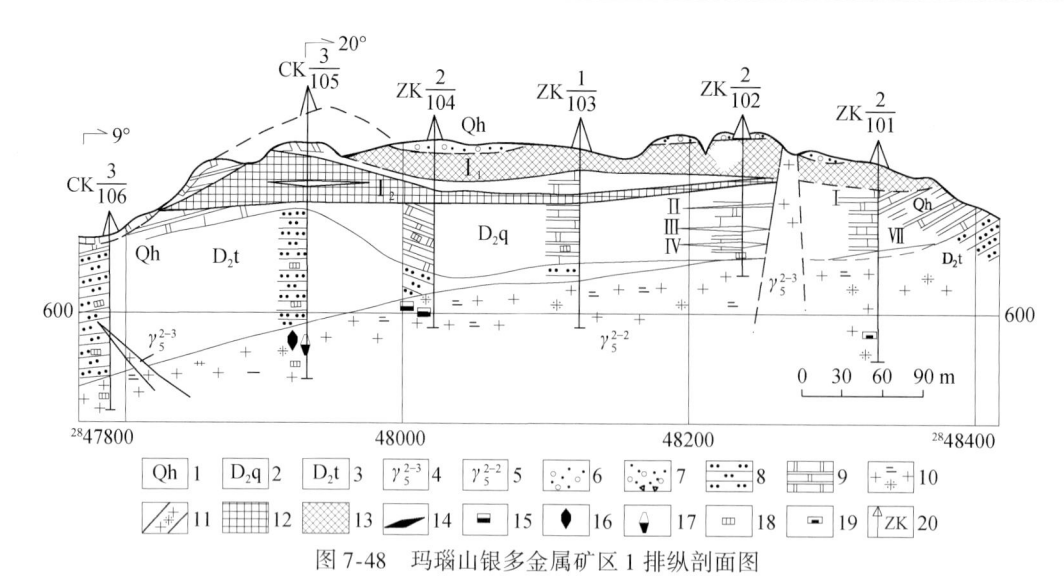

图 7-48 玛瑙山银多金属矿区 1 排纵剖面图

1-第四系全新统；2-泥盆系中统棋梓桥组；3-泥盆系中统跳马涧组；4-燕山早期第三次侵入体；5-燕山早期第二次侵入体；6-坡积层；7-坡积铁锰矿；8-石英砂岩；9-大理岩化云灰岩；10-云英岩化绢云母化细粒花岗岩；11-云英岩化细粒花岗岩脉；12-氧化铁锰矿；13-铁锰矿体；14-铅锌矿体；15-辉钼矿；16-黑钨矿化；17-锡石；18-黄铁矿；19-磁黄铁矿；20-钻孔及编号

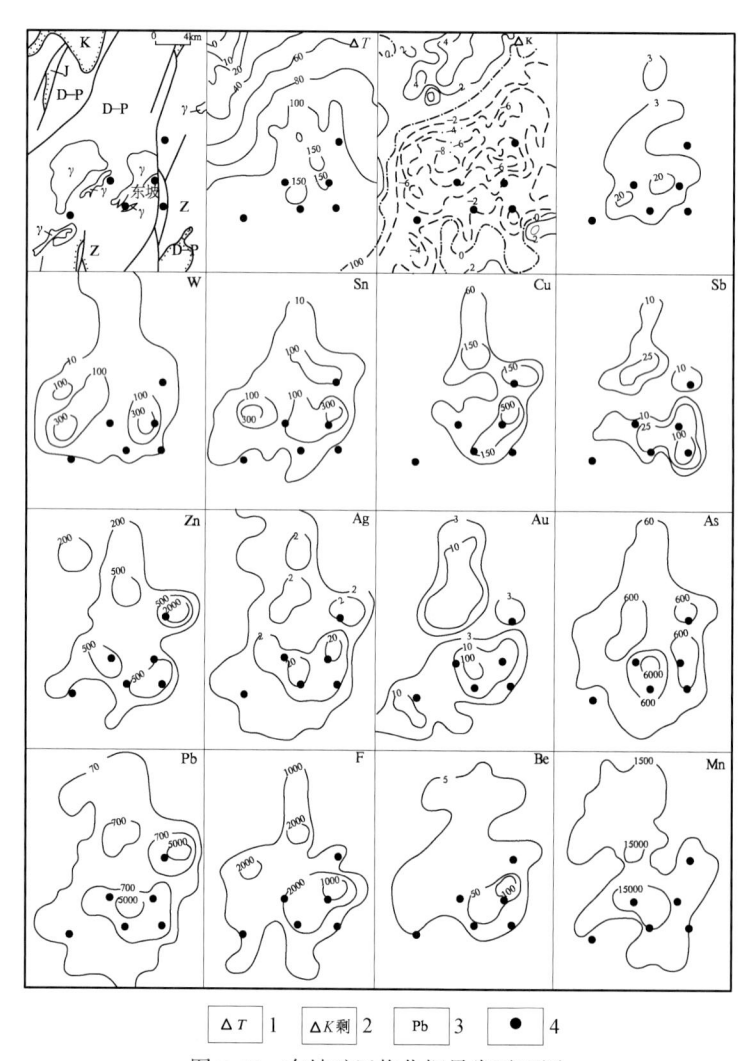

图 7-49 东坡矿田物化探异常平面图

1-航磁 $\triangle T$ 化极异常（nT）；2-$R=8$ km 重力 $\triangle g$ 剩余异常（10^{-5} m/s^2）；3-水系沉积物测量单元素异常（Au 为 ppb；其余为 ppm）；4-主要矿床位置

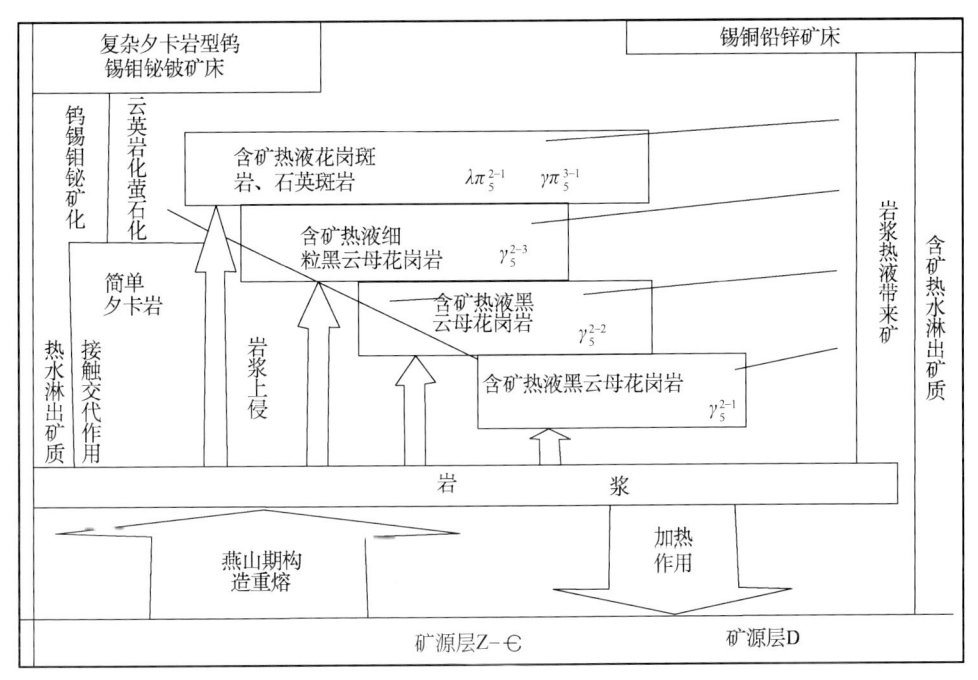

图 7-50 柿竹园钨锡钼铋多金属矿床成矿模式图

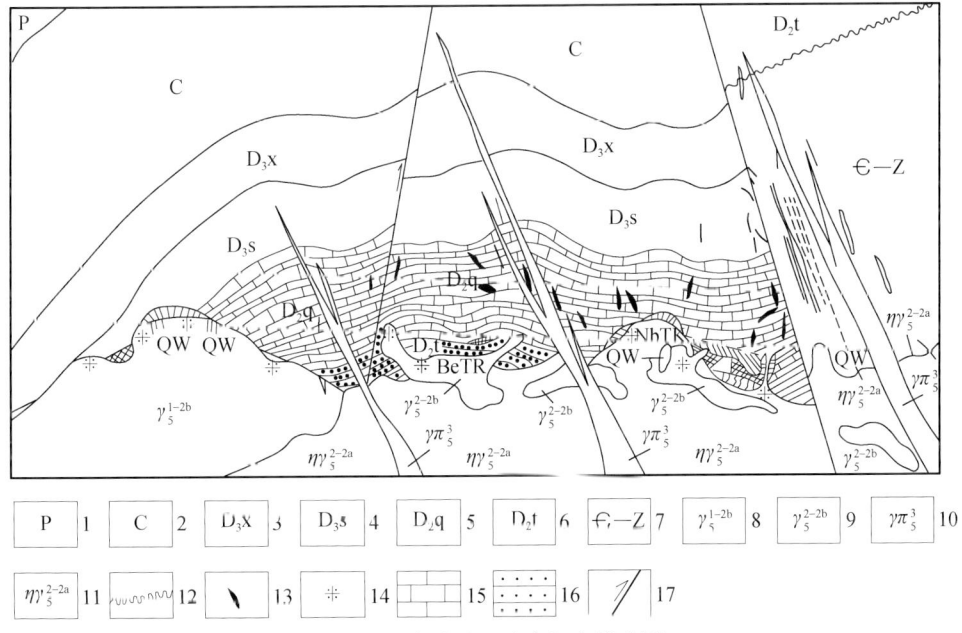

图 7-51 东坡矿田矿床组合模式图

1-二叠系；2-石炭系；3-泥盆系上统锡矿山组；4-泥盆系上统佘田桥组；5-泥盆系中统棋梓桥组；6-泥盆系中统跳马涧组；7-寒武系—震旦系；8-印支期第二阶段第二次侵入体；9-燕山早期第二阶段第二次侵入体；10-燕山晚期花岗斑岩；11-燕山早期第二阶段第一次二长花岗岩；12-不整合地质界线；13-矿体；14-云英岩化；15-灰岩；16-砂岩；17-逆冲断层

7.4.2.2 黄沙坪矿田矿床组合模式

1. 成矿地质环境

矿田位于炎陵-郴州-蓝山深断裂带耒阳-临武南北向紧密褶断带的桂阳复式背斜中段。出露地层为上泥盆统至下石炭统（见图3-14）。下石炭统石磴子组灰岩为本区主要赋矿层位，并与测水组砂页岩组成良好的容矿层和遮挡层的地层岩性组合。

桂阳复背斜的次级宝岭倒转背、向斜及断面东倾走向近南北的推覆冲断裂和北北西向断裂的复合部位，控制了岩体的侵位和矿田的展布。近南北向的紧密倒转褶皱和推覆断裂及其伴生的次级断裂控制着各类矿体的分布，其复合断裂破碎带、岩触面，层向剥离面和褶皱虚脱空间，是矿体赋存的有利场所（表7-30）。

表7-30 柿竹园锡多金属矿田找矿模型

标志分类		特征
区域构造	构造单元	处于扬子板块与华夏板块结合部的炎陵-蓝山北东向构造岩浆岩带上
	断裂	炎陵-蓝山北东向构造带与邵阳-汝城北西向构造带两个深大断裂相交处
区域地层	建造	巨厚前寒武系砂页岩建造与第一次不纯碳酸盐岩建造的界面附近
	岩性	浅变质砂页岩、砂岩、灰岩、白云岩
岩浆岩	性质	超酸性高侵位花岗岩小岩体，富Si、贫Mg、Ca，Al过饱和偏碱性花岗岩
	时代	燕山早期较晚阶段及燕山晚期
赋矿围岩		大理岩化不纯碳酸盐岩、夕卡岩、云英岩化花岗岩
地表直接找矿标志		网脉状大理岩及夕卡岩、云英岩
区域地球化学场		W、Sn、Bi、Pb、As、B高背景场
区域重力特征		反映矿区及外围深部有巨大隐伏花岗岩存在
矿区地球化学场		W、Sn、Mo、Bi、Cu、Pb、Zn、Ag、As、F等异常发育，异常丰值高，浓集中心明显，组合与分带好

矿田内有较多的燕山早期酸性小岩体出露（图3-14），岩性为花岗斑岩质隐爆角砾岩、花岗斑岩、花斑岩、英安斑岩等，地表出露主要有观音打坐和宝岭等几个小岩体，下部有隐伏的高侵位花岗斑岩体。岩体产状为蘑菇状、脉状和岩株状。岩浆活动与本区矿床的形成具有明显的成因联系。

矿床的形成是各种成矿条件最优组合的产物。本区南北向的推覆逆冲断层、下石炭统的有利地层岩性组合和燕山早期的成矿小岩体三者的组合，构成了本区最佳成矿条件。本矿田其四周为南北向推覆断裂和北西向断层所圈闭，其间为化学性质活泼并为复杂的断裂所破碎的石磴子组灰岩为主要围岩；其上有测水组砂岩组成背斜状"帽盖"或与花岗斑岩质隐爆角砾岩共同组成穹状"帽盖"；其下部有隐伏的花岗斑岩小岩体侵入等。当这些有利的构造、岩浆岩和围岩条件的组合相统一时，是成矿最有利的封闭环境，是成矿物质充分演化、富集的关键（图3-14、图7-52）。

2. 矿床定位和空间分布

本矿田不同类型的矿床、矿体的分布有着明显的规律性，即以隐伏的成矿小岩体为中心，由内向外依次为：夕卡岩型铁锡钼铋矿、夕卡岩型铅锌矿、热液交代（充填）型铅锌矿和铅锌锑矿化带等构成环带状分布（姚军明等，2007）。

（1）夕卡岩型铁锡钨钼矿。定位于小岩体接触带，严格受小岩体与灰岩的接触带控制，矿体主要产于花岗斑岩小岩株、岩瘤顶部接触带夕卡岩中，少数产于岩体凹兜夕卡岩中距岩体150 m范围内。下部主要为钨钼矿体，上部主要为铁锡矿体，两者为渐变过渡关系，并出现相互穿插（图7-53）。

（2）夕卡岩型铜铅锌矿。主要定位于夕卡岩外带和夕卡岩化大理岩的断裂破碎带中，少数产于岩体接触破碎带中，距岩体100～200 m范围内。主要为夕卡岩黄铜、方铅、闪锌硫铁矿石和铁闪锌、磁黄铁、毒砂矿石，部分为夕卡岩钨钼矿石。

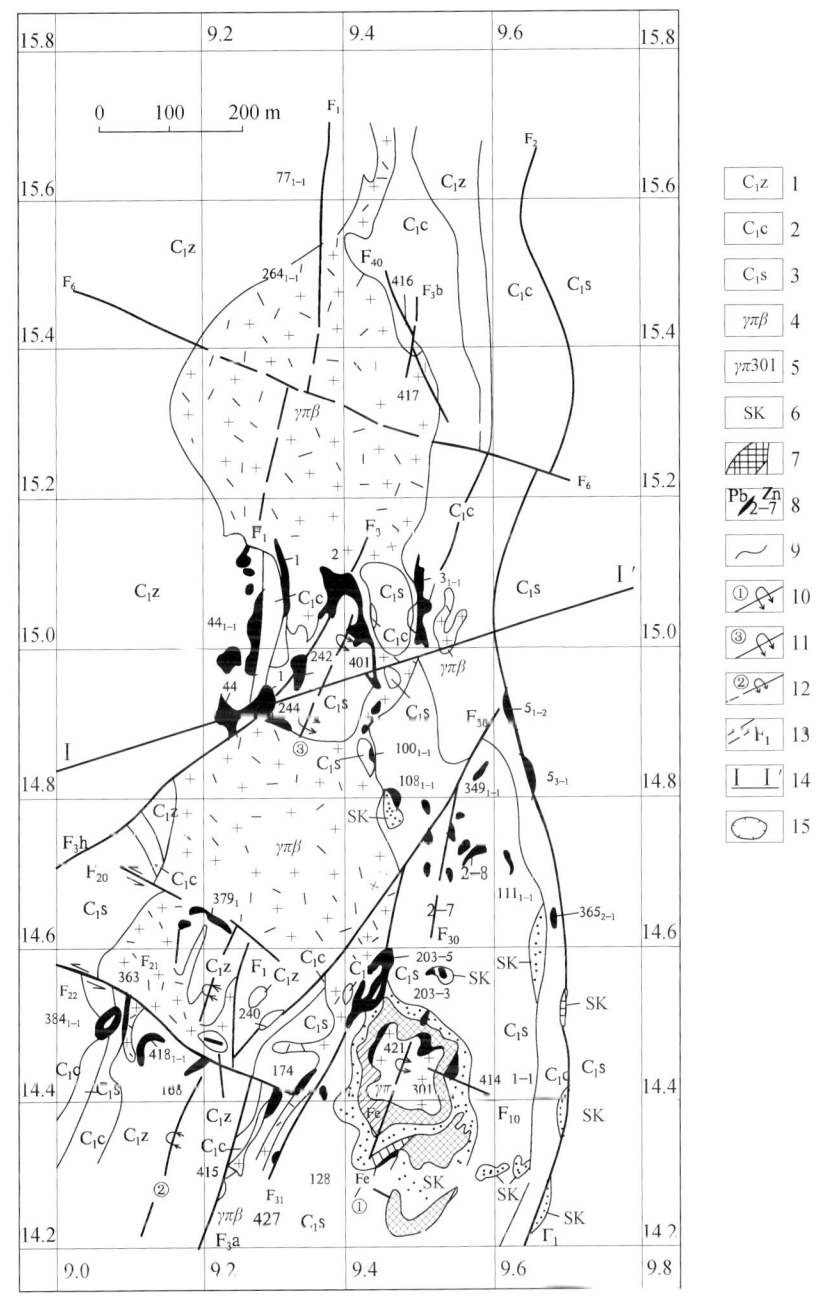

图 7-52 黄沙坪矿区 273 中段地质图

1-梓门桥组；2-测水组；3-石磴子组；4-花岗斑岩质隐爆角砾岩；5-花岗斑岩及编号；6-夕卡岩；7-磁铁矿体；
8-铅锌矿体及编号；9-地质界线；10-倾伏倒转背斜及编号；11-倒转背斜及编号；12-倒转向斜及编号；
13-实测、推断断层及编号；14-剖面线；15-采空区

（3）热液交代（充填）型铅锌矿。定位于岩体外接触带大理岩化灰岩和结晶灰岩中，距岩体 100～500 m 范围内。主要沿南北向、北东向推覆断层及其伴生的断裂破碎带而交代（充填）成矿，特别是在沿测水组和隐爆角砾岩组成的遮挡层下面的背斜核部虚脱空间常聚集形成厚大矿体。主要矿石类型为铁闪锌矿、方铅矿、黄（白）铁矿矿石；铁闪锌矿、毒砂矿石和含银、锡、方铅矿、闪锌矿、硫铁矿矿石。热液交代（充填）型铅锌矿是本区最重要的矿床类型（图 7-54）。

（4）铅锌锑矿化带。发育于岩体外接触带较远的结晶灰岩中，距岩体 350～1000 m 范围内。一般沿灰岩裂隙和破碎带充填（交代）形成脉状、浸染状铅锌锑矿化，局部有含银的闪锌矿、方铅矿、黄（白）铁矿小矿体。

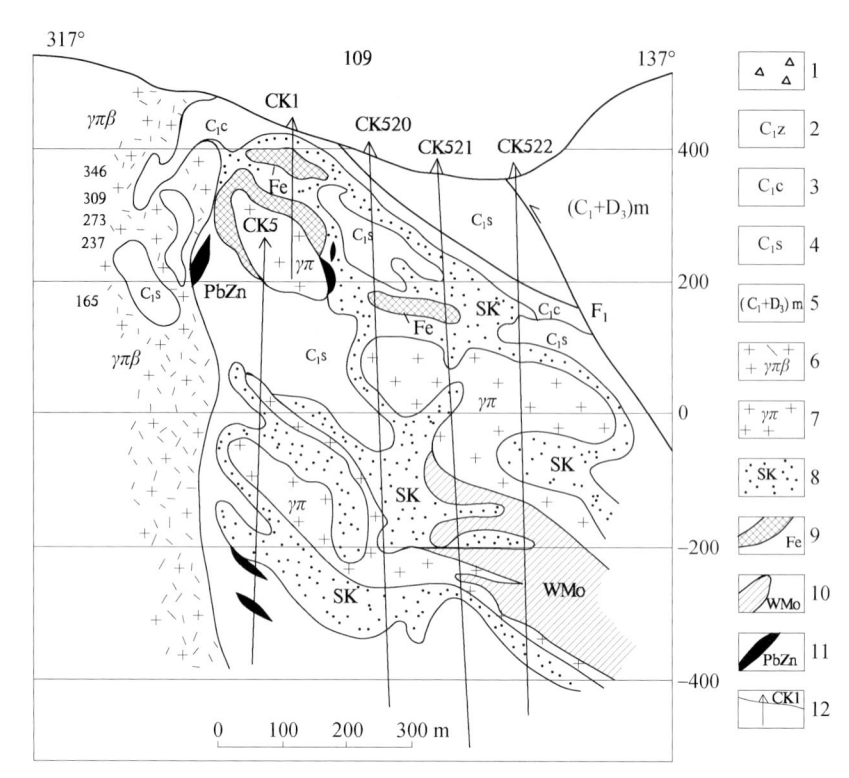

图 7-53 黄沙坪矿区 109 线地质剖面图

1-残坡积层；2-梓门桥组白云岩；3-测水组砂页岩；4-石磴子组灰岩；5-孟公坳组灰岩；6-花岗斑岩质隐爆角砾岩；
7-花岗斑岩；8-夕卡岩；9-磁铁矿体；10-钨钼矿体；11-铅锌矿体；12-钻孔及编号

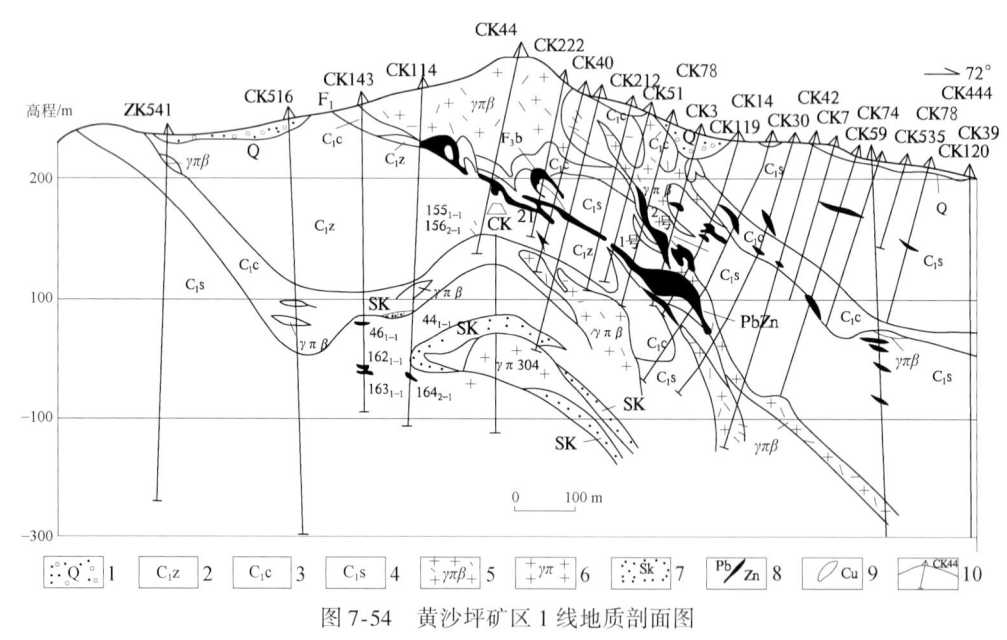

图 7-54 黄沙坪矿区 1 线地质剖面图

1-第四系残坡积层；2-梓门桥组白云岩；3-测水组砂页岩；4-石磴子组灰岩；5-花岗斑岩质隐爆角砾岩；
6-花岗斑岩；7-夕卡岩；8-铅锌矿体；9-铜矿体；10-钻孔及编号

此外，在花岗斑岩质隐爆角砾岩中，沿陡倾斜的裂隙带有浸染状、细脉状黄铜矿体发育，一般品位较低；在测水组砂岩页岩中有顺层发育的透镜状黄铜矿体，矿体规模不大，但品位较富。也是本区的一种矿化类型（图 7-55）。

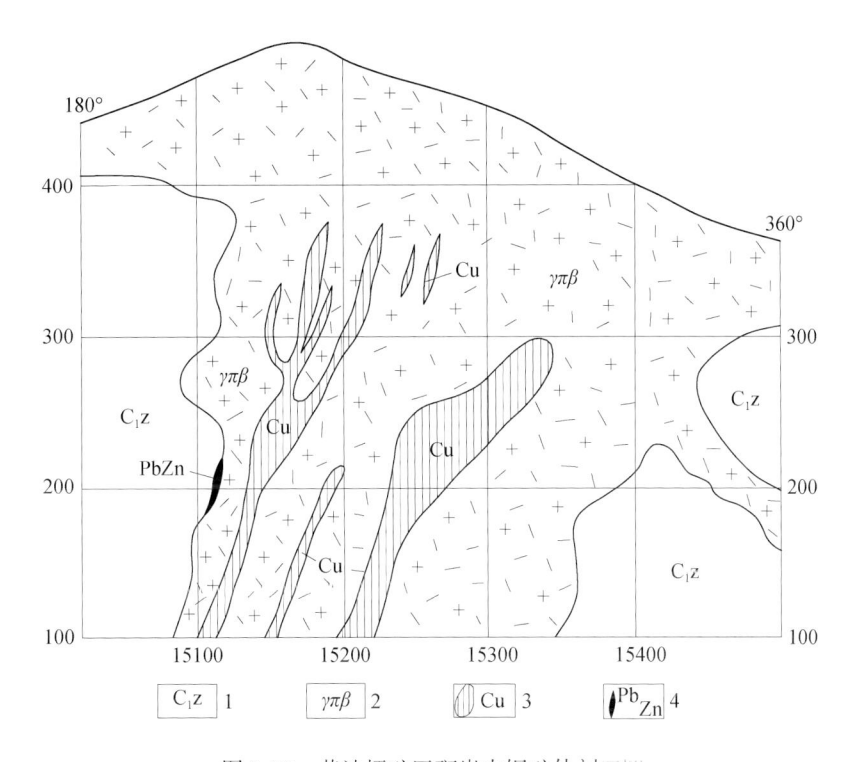

图 7-55 黄沙坪矿区斑岩中铜矿体剖面图
1-梓门桥组白云岩；2-花岗斑岩质隐爆角砾岩；3-铜矿体；4-铅锌矿体

3. 地球物理、地球化学标志

矿田处于北东向资兴–香花岭重力梯级带北西侧，坪宝重力剩余负异常的南部边缘，重力垂向二次导数负异常旁侧（详见第 2 章 2.2 节）。磁异常场表现为范围大、磁场强，有水平和垂直叠加、正负伴生的复合异常，由磁铁矿体和富含磁黄铁矿物的铅锌多金属矿体引起。

矿田能谱测量为 100 脉冲/秒的明显异常区，高出背景场一倍以上，钍异常反映明显。地球化学异常表现为多元素组合异常。异常元素组合以 Pb、Zn、Ag、As、Sn 为主，有 W、Cu、Sb、F、Mo、Mn、Hg 等伴生。异常规模由小到大，大致为 W、Mo、Cu-As、Sn-Pb、Zn、Ag。

4. 矿田矿床组合模式

千骑地区黄沙坪矿田矿床组合模式如图 7-56 所示。

7.4.2.3 宝山矿田矿床组合模式

1. 成矿地质环境

矿田位于炎陵–郴州–蓝山深断裂北西侧，耒阳–临武南北向紧密褶皱带中段的桂阳复式背斜向东转折处（图 2-3）。出露地层为泥盆系上统至石炭系上统（图 6-4），石炭系下统石磴子组灰岩、测水组砂页岩和梓门桥组灰岩是本区的主要赋矿层位，其岩性组合具有良好的容矿和遮挡层岩性条件。

本区由一系列紧密倒转褶皱和断面北倾的逆冲断裂组成（图 6-4），并与推断的余田–桂阳–九峰北西西向的基底断裂带交汇复合部位，控制了本区岩体的侵位和矿田的展布。桂阳复背斜在本地段发生"S"形扭曲，褶皱轴面由倾向南东东转为倾向北北西。在矿田范围内，由南至北依次由宝岭南倒转向斜、宝岭倒转背斜、宝岭北倒转向斜、牛心倒转背斜、财神庙倒转背斜及其北面的向斜等褶皱组成（图 6-4），其间被一系列断面倾向北北西的走向逆冲断裂破坏，又被一组走向北西和北西西的横断层切断，形成纵横交织的网格状构造形式，这种构造格局，控制了矿区高侵位小岩体的定位，也控制了宝山、财神庙等矿床的分布。发育于倒转背斜轴部和翼部的走向断裂破碎带、次级层间断裂破碎带、背、向斜轴部的虚

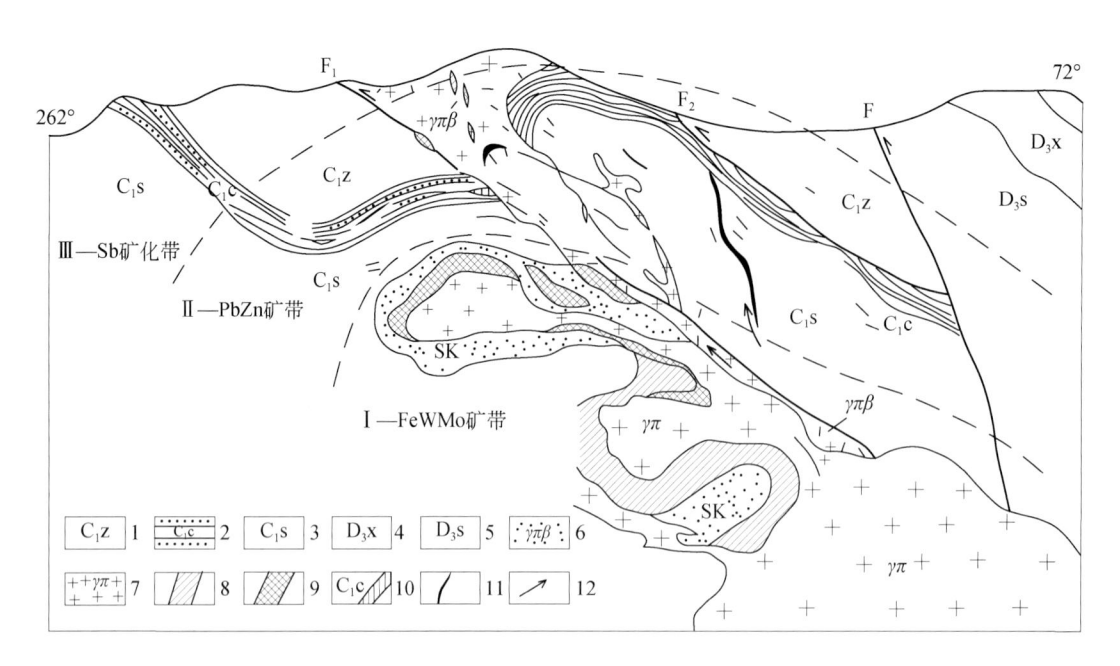

图 7-56 千骑地区黄沙坪矿田矿床组合模式图

1-梓门桥组白云岩；2-测水组砂页岩；3-石磴子组灰岩；4-锡矿山组灰岩；5-佘田桥组灰岩；6-花岗斑岩质隐爆角砾岩；7-花岗斑岩；8-夕卡岩钨钼矿体；9-夕卡岩铁锡矿体；10-铜矿体；11-铅锌矿体；12-矿液流动方向

脱空间及其张扭性裂隙是有利的储矿空间和赋矿场所。

出露的岩体主要为宝山花岗闪长斑岩群（图6-4），受北东向断裂制约，形态复杂的脉状、岩墙状、蘑菇状中酸性、深源浅成侵入体，其岩性为石英闪长斑岩、花岗闪长斑岩、石英斑岩等，岩体接触带一般较平整，少有接触交代现象，但深部隐伏岩体其接触带及其外围有夕卡岩化和铜钼矿化。侵入时代属燕山早期，属同熔型花岗岩成因系列（Ⅱ系列）。与成矿有密切的成因联系和空间关系。

本矿田由石炭系地层形成的同斜倒转褶皱，其轴部发育有叠瓦状逆冲推覆断裂，其翼部发育有一系列次级层间断裂和层间剥离面，并被一组陡倾斜的横断层切割。在这种网格状构造格局下，当其深部有高侵位的隐伏中酸性小岩体侵入，并与主干断裂沟通，其上又有测水组砂页岩组成遮挡层，在其背斜部分的穹状"帽盖"下为被复杂断裂所破碎的石磴子组灰岩时，是最有利的成矿环境。在岩体侵入前锋的接触带和远离接触带的背斜顶端，最有利于形成气热交代夕卡岩型多金属矿；在主干推覆断裂旁侧的层间断裂和层间剥离面上，最有利于铅锌成矿（图7-57）。

2. 矿床定位和空间分布规律

矿田内不同类型矿床的空间分布具有明显的分带性，即以隐伏的成矿小岩株、岩枝为中心，在岩浆活动前峰部位的岩体接触带或远离岩体的围岩有利构造部位，为夕卡岩型铜钼多金属矿床；向外稍远为产于大理岩化灰岩、白云岩中的交代-充填型铅锌矿床；再向外为零星的铅锌锑矿化；近地表浅部为氧化带铁帽型多金属矿。

（1）夕卡岩型铜钼多金属矿。主要定位于隐伏的成矿小岩株、岩枝前缓的岩体接触带和岩体侵入的前锋部位外带的倒转背斜顶端或层间裂隙中。如产于宝岭倒转背斜中段轴部被测水组砂页岩所覆盖的封闭环境下形成的气热交代夕卡岩中和蚀变砂页岩中，其下距隐伏岩体有一定距离，夕卡岩体及铜钼铋钨矿体沿背斜顶端形成新月状、大透镜状矿体。顶部矿体厚，向两侧变薄逐渐为铅锌矿代替。主要矿石类型为夕卡岩细脉浸染型铜钼矿石和蚀变砂页岩浸染型钼矿石，局部有块状铅锌矿石。此外，在深部小岩体接触带也有次要的小矿体（图7-58）。

（2）热液交代-充填型铅锌矿。此类型矿体主要定位于倒转背、向斜中的走向推覆冲断裂带及其附近的次级断裂或层间构造中。如产于宝岭倒转背向斜东部、西部和财神庙倒转背斜的石磴子组和梓门桥组

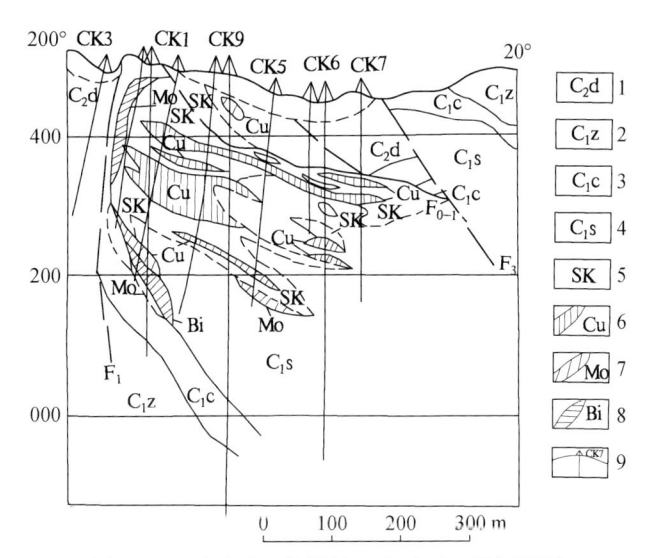

图 7-57 千骑地区桂阳县宝山矿区 2 线剖面图

1-大埔组白云岩；2-梓门桥组白云岩；3-测水组砂页岩；4-石磴子组灰岩；5-夕卡岩；6-铜矿体；
7-钼矿体；8-铋矿体；9-钻孔及编号

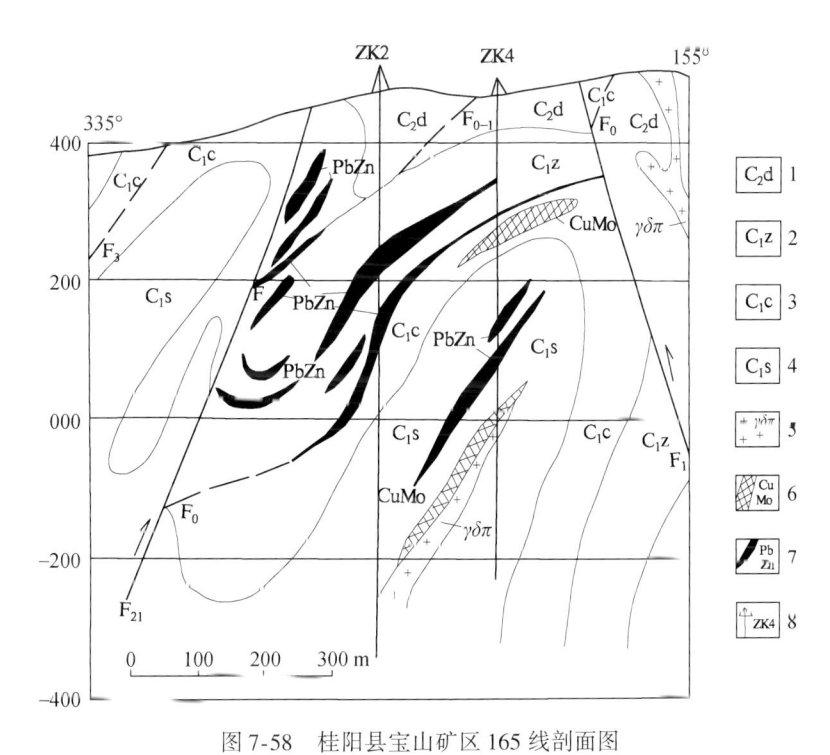

图 7-58 桂阳县宝山矿区 165 线剖面图

1-大埔组白云岩；2-梓门桥组白云岩；3-测水组砂页岩；4-石磴子组灰岩；5-花岗闪长斑岩；
6-铜钼矿体；7-铅锌矿体；8-钻孔及编号

灰岩、白云质灰岩、白云岩中，沿推覆断裂带及其近侧的次级层间断裂带和层间剥离面交代、充填成矿。主要为含银的铅锌矿体，常呈似层状、透镜状、囊状产出。多为块状、浸染状、条带状和角砾状黄铁铅锌矿石。此为本矿田铅锌矿床的主要类型（图 7-59、图 7-60）。

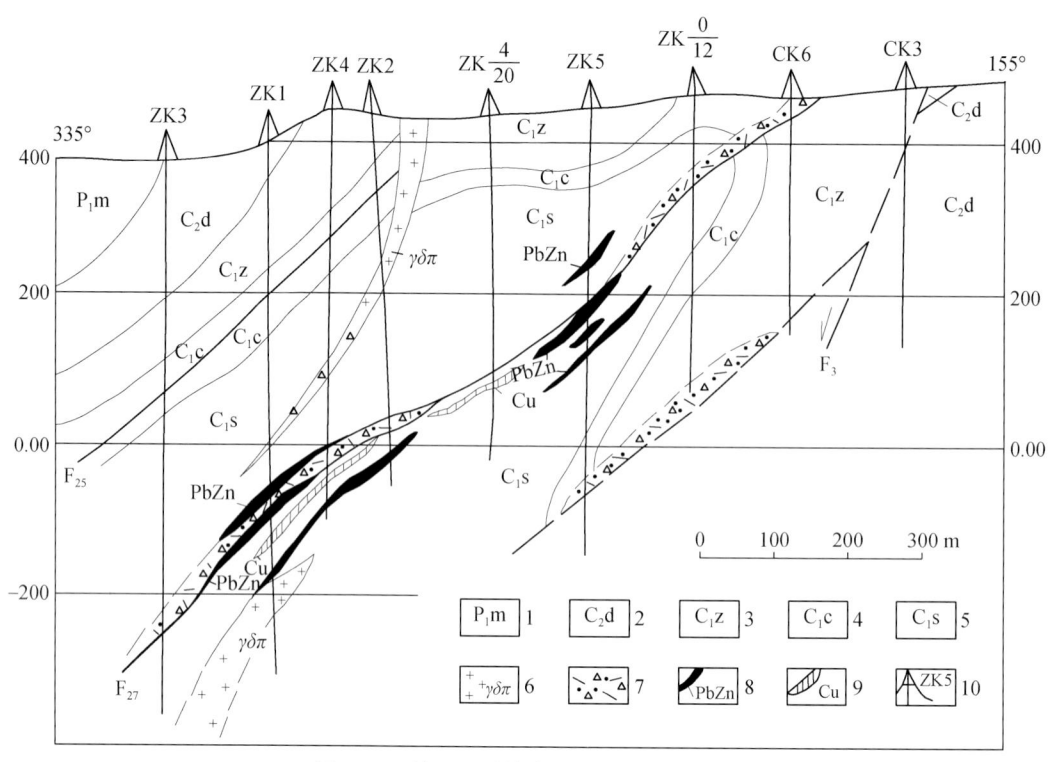

图 7-59 桂阳县财神庙矿床 189 线剖面图

1-马坪组灰岩；2-大埔组白云岩；3-梓门桥组白云岩；4-测水组砂页岩；5-石磴子组灰岩；6-花岗闪长斑岩；
7-断层破碎带；8-铅锌矿体；9-铜矿体；10-钻孔及编号

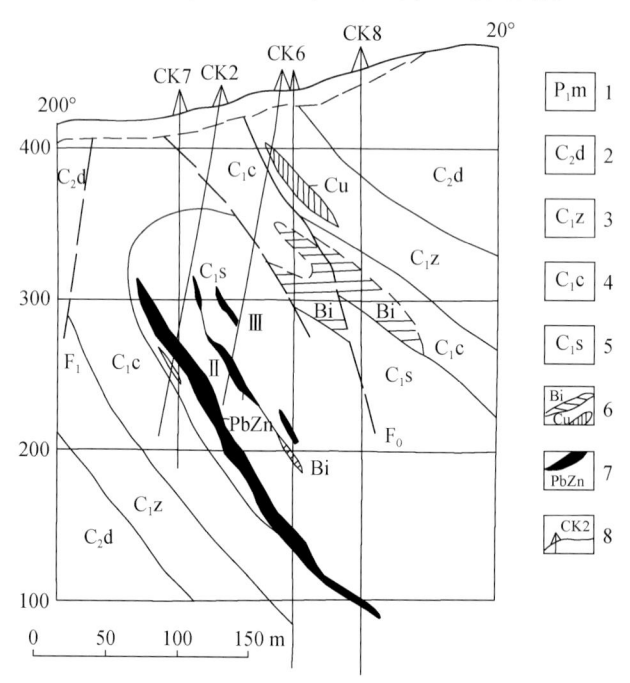

图 7-60 桂阳县宝山东区 5 线剖面图

1-马坪组灰岩；2-大埔组白云岩；3-梓门桥组白云岩；4-测水组砂页岩；5-石磴子组灰岩；6-铋铜矿体；
7-铅锌矿体；8-钻孔及编号

（3）铁帽型多金属矿。产于宝岭倒转背斜中部，为夕卡岩型铜钼多金属矿体的地表氧化带，其氧化深度可达 150 m。矿石主要由纤铁矿、针铁矿、赤铁矿和铜、钼、铋、钨的氧化矿物等组成。除含主金属 Cu、Mo、Bi 外，还伴生 Au、Ag、W、Pb、Zn 等多种金属元素。

3. 地球物理、地球化学标志

矿田处于北东向区域重力梯级带上，重力剩余异常强度约 $-3.10\sim 5$ m/s^2，矿田处于重力剩余异常的边部，重力垂向二次导数有明显的负异常。

矿田处于湘南高磁区北缘梯度带上，地磁异常表现为强度低、正负混杂的大面积磁场跳变区，这是寻找深部隐伏矿床的间接找矿标志。

矿田内放射线异常反映清晰，能谱总量异常达 80 脉冲/秒，高出背景场一倍左右。土壤地球化学异常表现为范围大、强度高、浓集中心明显的多元素组合异常。异常元素以 Pb、Zn、Cu、Au、Ag、As 为主，Mn、Sb、W、Mo 等元素相伴生。

4. 矿田矿床组合模式

千骑地区宝山矿田矿床组合模式如图 7-61 所示。

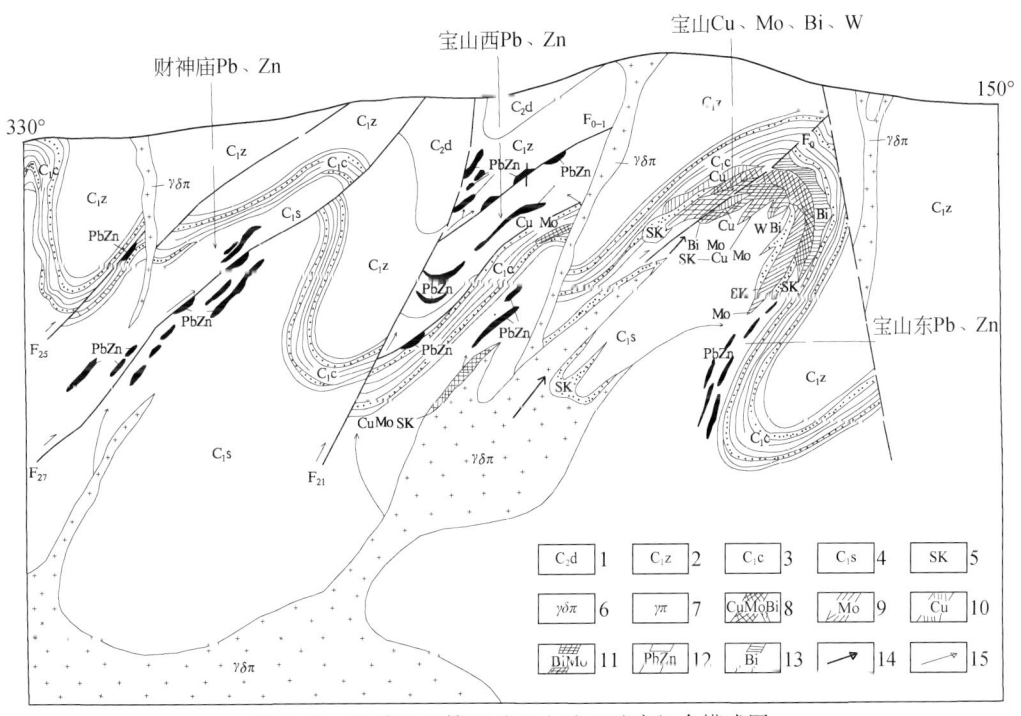

图 7-61 千骑地区桂阳县宝山矿田矿床组合模式图

1-大铺组白云岩；2-梓门桥组白云岩；3-测水组砂页岩；4-石磴子组灰岩；5-夕卡岩；6-花岗闪长斑岩；7-花岗斑岩；8-铜钼铋钨矿体；9-钼矿体；10-铜矿体；11-铋钼矿体；12-铅锌矿体；13-铋矿体；14-矿液主流方向；15-矿液分流方向

7.4.3 区域成矿模式

千骑地区锡多金属矿床，在成因上与燕山期岩浆岩、特别是高分异高侵位花岗质岩有着密不可分的联系，绝大多数矿床具有岩控性，少部分矿床的成矿物质同时来源于地层和岩体，因而表现复控成矿特征。

泥盆系—二叠系为本区主要赋矿层位，震旦系—寒武系浅变质岩是脉状矿产出的重要层位。炎陵-郴州-蓝山北东向基底断裂及邵阳-郴州北西向深断裂是区内重要的导矿构造，而北北东-北东向断裂及旁侧的层间破碎带、褶皱虚脱部位、岩体接触带等为重要的容矿构造。燕山早期岩浆活动最为强烈，分异演化最为完全，与锡铅锌等有色金属成矿最为密切；重熔型花岗岩类与钨锡铅锌关系密切，而同熔型花岗岩类则与铜铅锌有成因联系。随着岩浆的多次活动，在晚期岩体边缘或顶部形成面状花岗岩型、云英岩型、斑岩型矿床；在早期岩体节理裂隙发育地段形成蚀变岩体型矿床；当岩体与碳酸盐岩接触时在接触带形成夕卡岩型矿床，往外形成交代-充填型矿床；当岩体与碎屑岩接触时则在接触带附近形成裂隙充填型矿床。再加之不同构造单元控矿因素和矿化特征的差异造就了本区复杂的区域成矿模式（图7-62）。

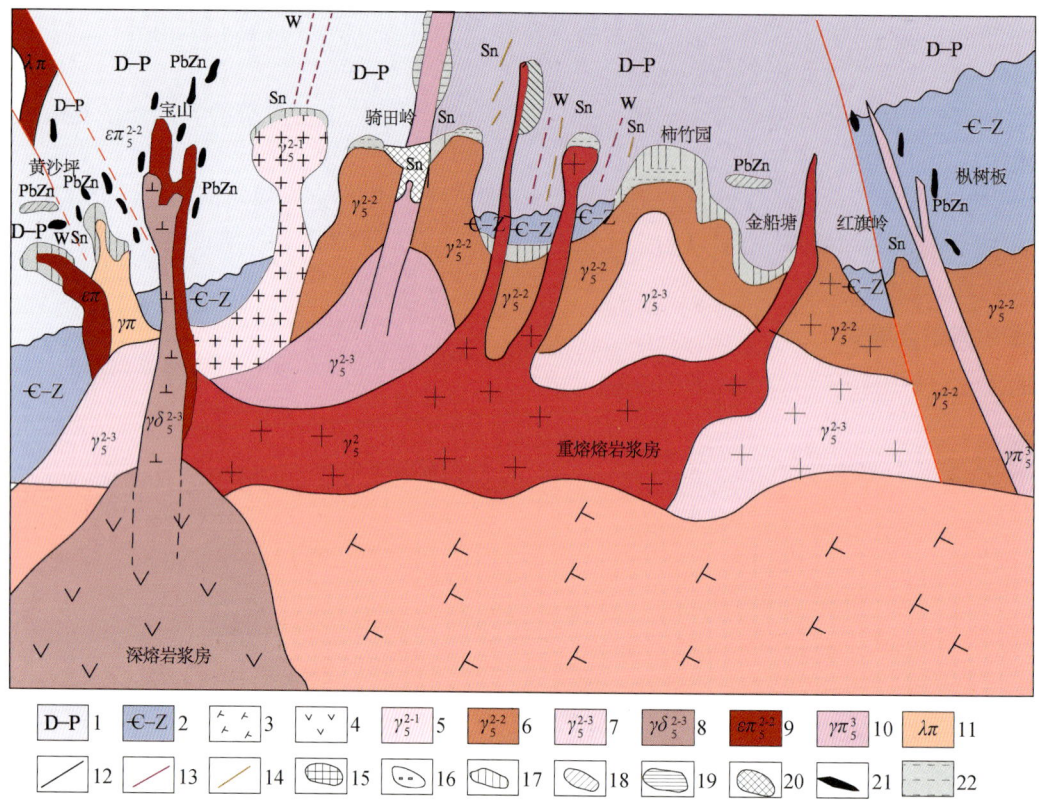

图7-62 千骑地区锡多金属区域成矿模式图

1-D—P（泥盆系—二叠系）；2-O—Z（奥陶系—震旦系）；3-下部地壳；4-基性火山岩；5-燕山早期第一阶段花岗岩；6-燕山早期第二阶段花岗岩；7-燕山早期第三阶段花岗岩；8-燕山早期花闪长岩；9-燕山早期第二阶段英安斑岩；10-燕山晚期花岗斑岩；11-石英斑岩；12-断层；13-石英脉型钨矿；14-石英脉型锡矿；15-蚀变花岗岩型矿体；16-斑岩型矿体；17-夕卡岩型矿体；18-充填交代型矿体；19-构造蚀变带型矿体；20-夕卡型-构造蚀变带矿体；21-裂隙充填（交代）型矿床；22-云英岩型矿床

7.5 综合找矿模型

结合矿床地质、地球物理和地球化学等资料，本节构建了瑶岗仙、香花岭和宝山等矿田的综合找矿模型；在此基础上，将千骑地区锡多金属矿床的找矿标志归纳为"划带、圈区、寻体、定位"，由此建立了该区综合找矿模型。

7.5.1 瑶岗仙矿田综合找矿模型

7.5.1.1 地质环境

位于郴州-桂阳大断裂带东侧布田-曹田、龙溪-上黄家北东向区域性断裂之间（图2-3、图5-1），印支期褶皱天鹅顶-瑶岗仙背斜的南部倾伏端。断裂构造发育，北北东向断裂是本区主要的控岩控矿构造。出露地层主要为震旦系、寒武系和泥盆系，其次是石炭系和侏罗系。深部隐伏岩浆岩带地表出露的瑶岗仙等岩体沿倾伏端侵入，东、西、北三面与中泥盆统跳马涧组接触，南面与中上泥盆统灰岩接触，主要岩性为黑云母二长花岗岩、花岗斑岩等，是燕山早期多阶段岩浆活动的产物，属陆壳重熔型花岗岩系列，围绕岩体在不同的围岩条件下形成不同的矿床类型（图7-63）。

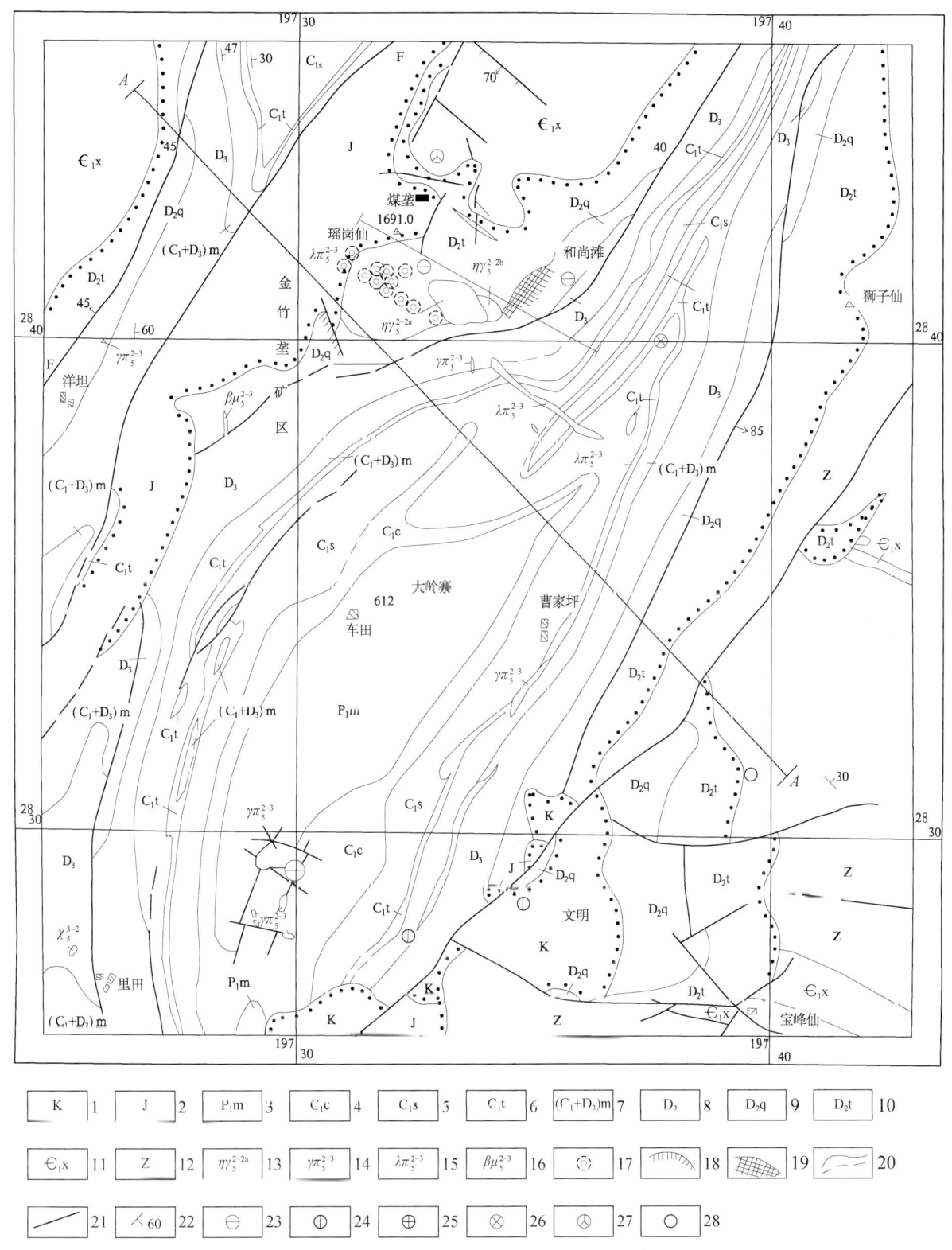

第 7 章 成矿系列与成矿机理和找矿模型 ·263·

图 7-63 千骑地区瑶岗仙钨多金属矿田地质图

1-白垩系；2-侏罗系；3-下二叠统马坪组；4-石炭系测水组；5-石炭系石磴子组；6-石炭系天鹅坪组；7-孟公坳组；8-上泥盆统；9-中泥盆统棋梓桥组；10-中泥盆统跳马涧组；11-下寒武统香楠组；12-震旦系；13-燕山早期黑云母二长花岗岩；14-燕山早期花岗斑岩；15-燕山早期石英斑岩；16-辉绿岩；17-硅化；18-大理岩化；19-夕卡岩化；20-实测、推测地质界线；21-断层；22-产状；23-钨矿床或矿（化）点；24-铜矿床或矿化点；25-铜锡多金属矿床；26-铅锌矿床或矿（化）点；27-银铅锌多金属矿床或矿（化）点；28-铁矿床或矿（化）点

7.5.1.2 矿床定位和空间分布规律

矿床的空间分布主要受岩体侵入空间的制约和断裂构造的控制，矿种和矿床类型主要受岩浆分异、分异交代、气成热液等成矿作用和硅铝质岩、碳酸盐岩等岩性所控制。在岩体内带主要为稀有矿化，如铷等，局部有钨钼矿化；自岩体至外接触带震旦系、寒武系、泥盆系硅酸盐岩中主要是石英脉型钨矿，上部出现石英脉型或破碎带型铅、锌、银矿化；岩体与泥盆系碳酸盐岩接触带形成夕卡岩及钨矿化，在外接触带泥盆系钙质砂岩、泥质及白云质灰岩中形成夕卡岩型白钨矿和浸染型白钨矿，在远离岩体接触带的碳酸盐岩或断裂带中出现铅锌银的矿化。

7.5.1.3 地球物理、地球化学标志

1. 地球物理标志

矿田处于北东向瑶岗仙重力负异常带北部，剩余重力异常极值为-8×10^{-5} m/s^2，负异常面积可达200余km^2（图7-11），可细分为南、北两支次级异常带。北支重力负异常中心为已知岩体出露处。经对重力资料的定量计算：隐伏岩体为北东向。走向长19 km、宽度10 km、延深7 km的形似"船状"岩体，它可分为南北两支，有如两个船边向上隆起，在深部两支会合，构成岩基底部。北支规模较大，距地表浅，零米标高分布范围可达50余km^2，沿瑶岗仙背斜核部呈北东向分布。瑶岗仙地区重力剩余负异常和垂向二次导数负异常的区域背景反映整个岩基的空间分布（图2-7、图7-11）。局部异常能很好反映高侵位岩株的分布。

本区为湘南高磁区北东端（图5-4、图7-10），近东西向的磁场梯级带将本区分为北部负磁场区和南部正磁场区。在磁场梯级带处叠加C-77-170航磁异常。该航磁异常系由一浅源和深源磁性体引起的叠加异常。采用三元分解反演求得浅源磁性体为一厚板状体。板顶距地表埋深0~500余m，沿隐伏岩体北部接触带分布。深源磁性体为板顶埋深2500 m的厚板状磁性地质体，该磁性体为南北两支岩体会合处的深部磁性帽。本区花岗岩和各时代地层均无明显磁性。上述浅源航磁异常的形成系寒武系中的同生黄铁矿遭受构造热液蚀变、岩浆烘烤等作用而形成磁黄铁矿化岩石。泥盆系地层遭受交代作用亦可形成含磁铁矿的夕卡岩。上述作用所形成的磁性蚀变带均与构造-岩浆作用紧密相关，它与重力推断的隐伏岩体北部接触带位置一致（图4-13），走向北东、长约12 km，是矿田的重要物探找矿标志之一。

瑶岗仙岩体地表出露部分长轴方向为北西，而重、磁异常反映的岩体走向为北东，沿背斜轴向侵入，它们反映了控制矿田的一级构造-岩浆岩条件，而地表北西走向的矿脉则为矿床控矿构造。

2. 地球化学标志

本区区北异常为郴州幅45号瑶岗仙和46号长策异常。这两异常连成一片，面积100余km^2，呈北北东方向的面状展布（图2-11）。该异常为W、As、Au、Ag、Sb、Pb、Zn、Sn、F、Be、Cu等多元素组合异常，且有Hg的负异常出现。异常强度F、W、As、Pb、Zn为数千ppm，Sn、Sb、Cu为几百ppm，Ag、Be为几十ppm，Au为几百ppb。与背景含量相比，W、Pb、As、Au、Ag、Sb异常峰值背景高出两个数量级，Sn、F、Be、Cu、Zn的异常峰值背景含量高一个数量级。而Hg只有10 ppb，比背景含量低了一个数量级。

上述异常元素中以Sn、F、Be、Cu的异常范围较小，它们的浓集中心与已知钨矿区对应较好，可将它们视为本异常的内带。Pb、Zn、Au元素异常范围较大，异常中心除与已知钨矿区对应外，在矿区北部还有较大的延伸，可能是已知钨矿床和北部裂隙充填型Pb、Zn矿和含Au石英脉的综合反映；W元素异常范围也较大，异常中心除与已知钨矿区对应外，在矿区南部仍有较大的延伸，可能反映矿区南部仍有找钨潜力，W和Pb、Zn、Au可视为本异常的中带。As、Sb、Ag异常范围最大，它们构成了本异常的外带。另外Hg在异常主体范围内含量很低，在异常主体范围之外有弱异常显示，可以说Hg是本异常的远外带。

据此，建立了瑶岗仙矿田地质-地球物理-地球化学综合找矿模型（图7-64）。

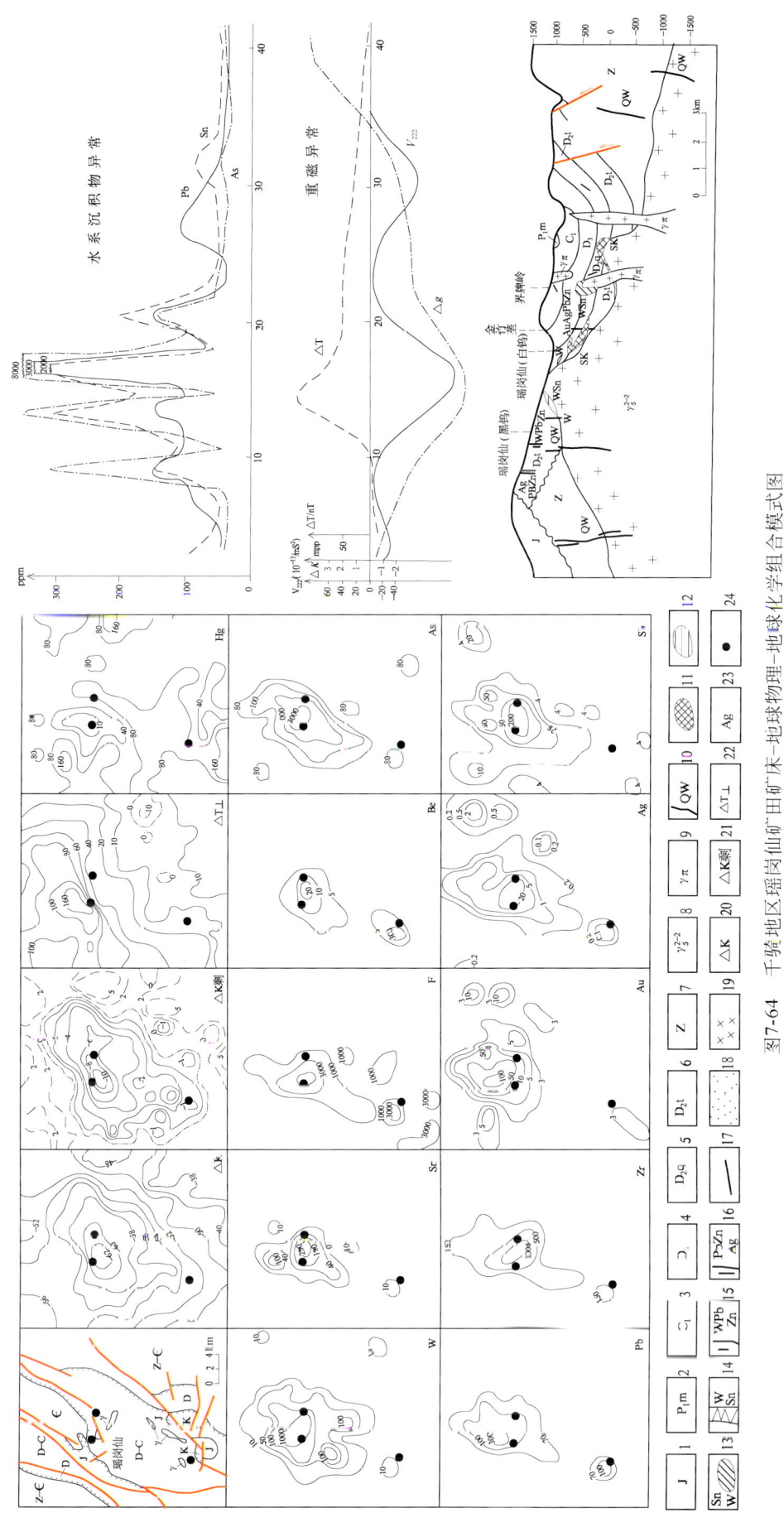

第7章 成矿系列与成矿机理和找矿模型

图7-64 千嶂地区瑶岗仙矿田矿床-地球物理-地球化学组合模式图

1-下侏罗统；2-下三叠统马坪组；3-下石炭统；4-上泥盆统；5-下泥盆统；6-中泥盆统棋梓桥组；7-中泥盆统跳马涧组；8-震旦系；9-燕山早期花岗岩；10-燕山晚期花岗斑岩；11-石英脉型黑钨矿；12-夕卡岩型白钨矿；13-细脉浸染型钨矿；14-云英岩型白钨矿；15-硅化破碎带型钨铅锌矿；16-硅化破碎带型银铅锌矿（化）；17-铅锌矿（化）；18-铍矿化；19-钇铷矿化；20-重力分布异常（10^{-5}m/S²）；21-R=8 km重力剩余异常（10^{-5}m/S²）；22-剩余磁力异常（nT）；23-水系沉积物测量单元素异常（Hg、Au单位为10^{-9}，其余为10^{-6}）；24-主要矿床位置

7.5.2 香花岭矿田综合找矿模型

7.5.2.1 地质环境

香花岭矿田（图 3-5、图 3-6）位于郴州–桂阳深断裂南东侧、香花岭–彭公庙构造岩浆岩带与南北向、北西向褶断带复合部位（图 2-3、图 5-1），金子岭–香花岭复式背斜的香花岭短轴背斜的中段，印支期—燕山早期南北向–北北东向推覆冲断带的前峰构造带的小塘–排洞逆断裂的西盘。出露地层主要为寒武系、泥盆系和石炭系，出露岩体主要有燕山早期侵入的癞子岭、尖风岭、通天庙、瑶山里等岩体，其成因属陆壳改造型 I_3 亚类，深部有大面积的隐伏岩基分布。

香花岭矿田钨锡多金属矿床（图 3-5），无论在空间上或成因上，主要与燕山期复式花岗岩体的分异演化密切相关，如通天庙、癞子岭等复式岩体，为本区的主要成矿母岩，地表高侵位岩体的形态展布及矿床、矿体的分布和产状，主要受北东向的沙湖里与茶山主干断裂和北北东向断裂控制，其派生的低序次构造，通常为容矿构造。地层的物理化学性质、成矿元素的丰度，对矿床的形成、矿床类型及矿物组合亦有较大的关系。钨锡多金属矿床主要产于泥盆系地层中，主要赋矿层是棋梓桥组和佘田桥组白云岩，以夕卡岩型、充填交代型为主。寒武系浅变质砂岩、板岩，半山组、跳马涧组砂页岩中的矿床规模小，以脉型为主。

7.5.2.2 矿床的定位和分布规律

本区以岩体为中心表现明显的分带性。在水平方向上，由岩体向外，依次出现 Nb、Ta、Sn、Be→Be、W、Sn、Pb、Zn→Sn、Pb、Zn→Pb、Zn→Pb、Zn、Ag 矿化；在垂直方向上以 Sn、Pb、Zn 矿化而言，表现为 Sn→Sn、Pb、Zn→Pb、Zn 矿化。而矿床类型及其定位上也具有一定的规律性，云英岩化、钠长石化花岗岩型（细晶岩脉型）铌钽矿和脉型钨锡矿，主要定位于岩体顶部或岩体中；棋梓桥组白云岩、灰岩受热液交代作用，发生夕卡岩化，形成香花岭所特有的绿色或白色含铍条纹岩（即香花岭石）和香花岭铍矿床，定位于岩体顶部接触带；硫化物型锡矿、锡铅锌矿、铅锌矿、铅锌银矿、夕卡岩型、萤石型白钨矿，多定位于岩体接触带、断裂带和断裂交汇部位，以及断裂带上部或旁侧的泥盆系棋梓桥组、佘田桥组白云岩中；石英脉型钨锡矿、铅锌银矿主要定位于岩体外接触带寒武系浅变质砂岩、板岩及泥盆系半生组、跳马涧组砂页岩断裂中。

7.5.2.3 地球物理、地球化学标志

1. 地球物理标志

矿田处于北东向重力梯级带北西侧，坪宝重力剩余负异常的南部边缘，重力垂向二次导数负异常旁侧（图 2-7、图 7-5）；磁性矿物高度集中，磁异常场表现为范围大、磁场强，有水平和垂直叠加，正负伴生的复合异常（图 7-10），由磁铁矿体和富含磁黄铁矿物的铅锌多金属矿体引起。矿田能谱测量为 100 脉冲/秒的明显异常区，高出背景场一倍以上，钍异常反映明显。

2. 地球化学标志

土壤地球化学异常表现为多元素组合异常。异常元素组合以 Pb、Zn、Ag、As、Sn 为主，有 W、Cu、Sb、F 及 Mo、Mn、Hg 等元素伴生（图 2-11）。

香花岭矿田地质–地球物理–地球化学综合找矿模型见图 7-65。

第 7 章　成矿系列与成矿机理和找矿模型

图 7-65　千骑地区香花岭矿田地质-地球物理-地球化学组合模式图

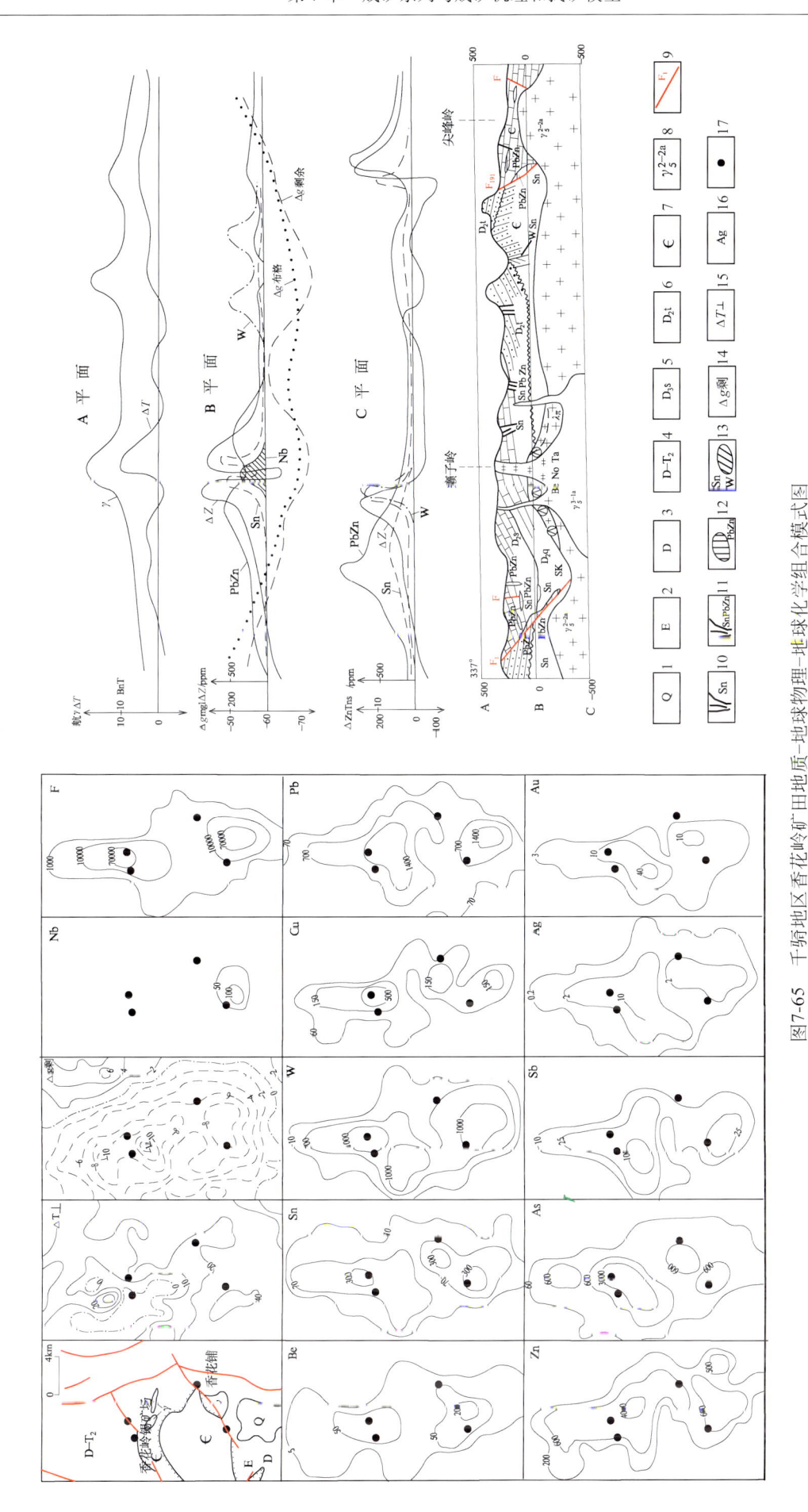

1-第四系；2-古近系和新近系；3-泥盆系；4-泥盆系-下三叠系；5-上泥盆统佘田桥组；6-中泥盆统跳马涧组；7-寒武系；8-燕山期花岗岩；9-断层及编号；10-构造破碎带型锡矿脉；11-构造破碎带型锡铅锌型铅锌多金属矿；12-浸染状铅锌矿；13-云英岩型钨锡矿；14-布格重力剩余异常；15-剩余磁化异常；16-水系沉积物测量单元素异常；17-主要矿床位置

7.5.3 宝山铅锌多金属矿田综合找矿模型

根据宝山矿田近40年的找矿勘探实践，在充分研究矿床成矿地质规律的基础上，提出了矿床组合模式和成矿模式；在充分研究各种找矿方法、手段的有效性、合理性的基础上，建立了本矿田的地质、物化探找矿标志。现根据上述研究成果提出本类矿床的地质-地球物理-地球化学综合找矿模式如下（图7-66）。

7.5.3.1 找矿模式的基本特点

（1）成矿构造与成矿结构面。深大断裂旁侧、近南北向的凹陷褶断带与北西向深断裂复合部位，控制隐伏的高侵位小岩体群的分布和矿田范围；倒转背斜轴部及其走向逆冲断裂、断层控制矿床；走向逆冲断裂、岩体接触带、次级层间断裂、层间剥离面、背斜头部的虚脱空间及其张扭性裂隙带控制矿体。

（2）成矿岩体。燕山早期浅成侵入的同熔型中酸性花岗岩浆是成矿的母岩。岩株状、岩盘状、蘑菇状小岩体对成矿更为有利。

（3）赋矿地层。主要赋矿地层为石炭系下统石磴子组灰岩，其次为梓门桥组白云岩和测水组砂页岩。特别是在背斜轴部含适量的碳泥质的灰岩之上覆有测水组作遮挡层时，对成矿更为有利。

（4）成矿物质与成矿流体来源。成矿物质主要来自深部岩浆分异演化产物，在上升过程中还萃取了深部围岩中的少量金属元素；成矿介质主要为岩浆水和围岩中循环雨水的混合热液，属于低-中等盐度和密度、高-中温、富含 K-Ca-F 的弱酸性溶液；成矿物质主要以离子化合物和可溶性络合物形式被搬运，在温度降低、H_2S 增加和有沉淀剂存在的条件下发生沉淀，并以交代和充填方式成矿。

7.5.3.2 找矿信息特征

（1）重力异常信息。本区花岗岩的平均密度为 2.59 g/cm^3，上古生界碳酸盐围岩的平均密度为 2.71 g/cm^3，两者存在 0.12 g/cm^3 的密度差异。故重力负异常可以指示隐伏岩体存在的位置。

（2）区内各地层均无磁性或仅具弱磁性，各花岗岩体除骑田岭具弱磁性外均无磁性，两者的接触蚀变带一般都含有不均匀分布的磁铁矿和磁黄铁矿而具磁性。宝山的夕卡岩型矿石（$K=89$）和黄铁矿石（$K=180$）都具有中等磁性。故航磁和地磁的跳变异常场，一般都反映了岩体顶部有蚀变磁性壳或磁性矿化体存在。

（3）区内各类型矿石以金属硫化物为主，具有良好的导电性和较高的极化率（$\eta = 15.7\% \sim 36.3\%$），浅部氧化带矿体还有-50 mV 至数百 mV 的自然电场产生。因而地面电法异常能有效地反映矿化体的存在。

（4）在各类型热液矿床中，一般都伴随有强度不高的铀矿化。因而在矿床上部有能谱异常反映，其中以 Tc 和 U 的反映明显。

（5）本矿田为部分暴露的多金属矿床，形成了多元素浓集的原生晕和次生晕，并具明显的元素组合分带，即以成矿岩体为中心，内带为 W、Mo、Bi、Cu、Zn 组合，外带为 Cu、Pb、Zn、Mn、As、Ag 组合，更远则出现 Pb、Au、Ag、Sb、Hg 组合。因此，在保存自然景观的条件下，土壤化探配合原生晕测量是寻找矿化带和确定矿化类型的有效方法。

（6）矿体附近有明显的围岩蚀变，多种蚀变叠加是矿化富集的重要标志。夕卡岩化、硅化、黄铁矿化与 Fe、Cu、Mo、Bi、W 矿化紧密相关；大理岩化、硅化、绿泥石化、方解石化、黄铁矿化等与 Pb、Zn、Ag 矿化关系密切。

（7）矿物共生组合。区内不同矿化具有不同的矿化组合。夕卡岩型铜钼多金属矿化主要为黄铜矿、辉钼矿、辉铋矿、白钨矿和石榴子石、透辉石、萤石组合；热液交代充填型铅锌银矿化则主要为闪锌矿、方铅矿、黄铁矿、银矿物与石英、方解石组合。其中，密度大、化学性质较稳定的矿物形成大面积分布的机械分散晕。白钨（锡石）及铋钼矿物常富集于矿床附近构成内带，范围较小；铜、铅、锌、毒砂矿

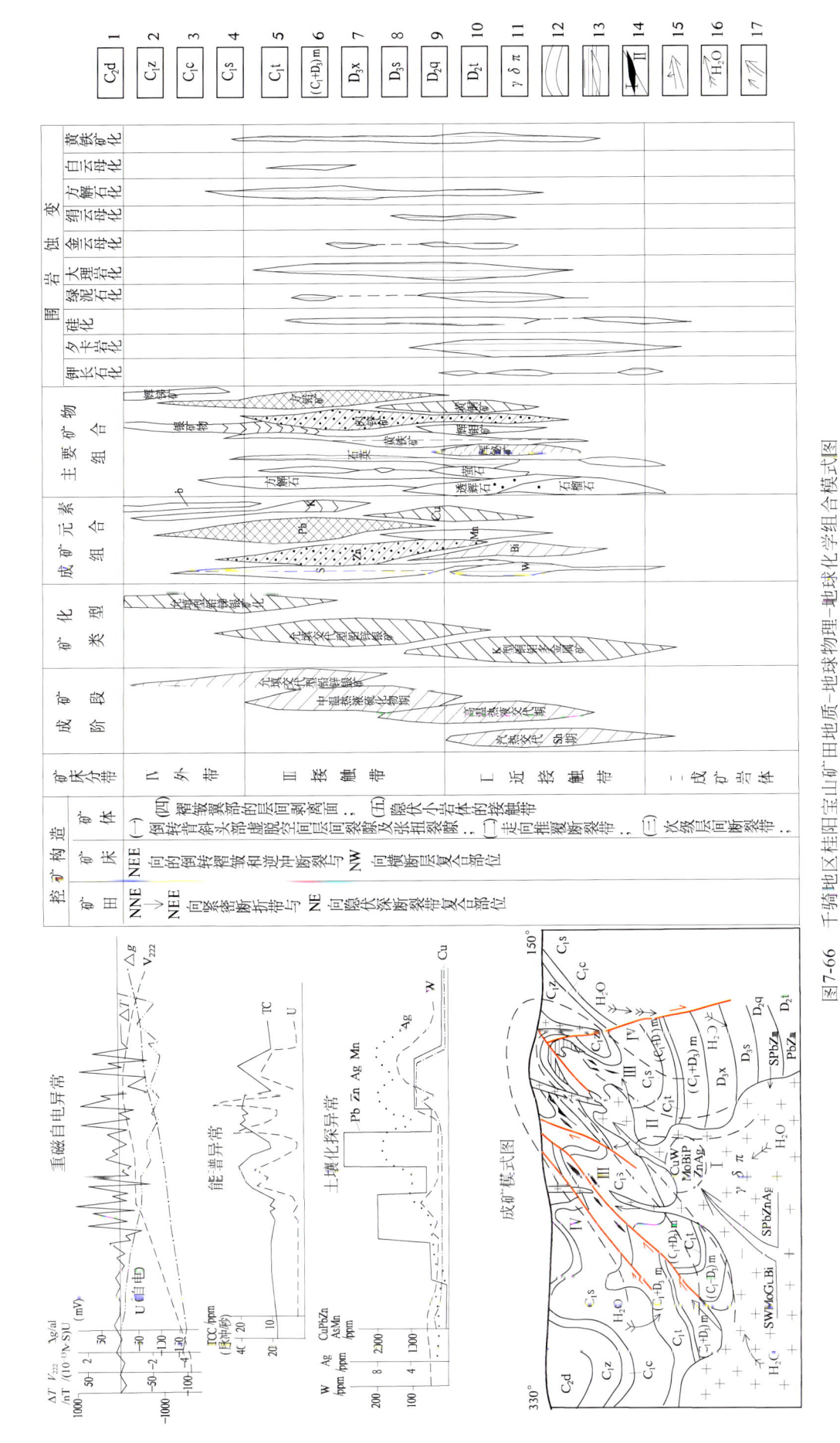

第7章 成矿系列与成矿机理和找矿模型

图7-66 千骑地区桂阳宝山矿田地质-地球物理-地球化学组合模式图

1-二埔组白云岩；2-样门桥组白云岩；3-测水组砂页岩；4-石磴子组灰岩；5-天鹅坪组粉砂岩；6-孟公坳组灰岩；7-锡矿山组灰岩；8-佘正桥组灰岩；9-棋梓桥组灰岩；10-跳马涧组砂岩；11-花岗闪长斑岩；12-铜钼多金属矿体；13-铅锌矿体；14-矿灰分带及编号；15-矿液运移方向；16-成矿介质水的来源；17-成矿物质来源

物常富集于矿床外带，范围较大；黄金、银、锑、辰砂、雄黄等矿物常分布于矿田外侧，分布零星。故用重砂测量可以圈出多金属矿的富集区。

7.5.3.3 合理的找矿程序和方法

根据上述成矿地质特点和各种信息特征，我们总结出探寻本类矿床的找矿程序和方法：即探岩—圈区—找位—寻体八字"方针"。其中：①探岩，就是通过重力、航磁测量和地面重磁检查，探寻深部隐伏岩体可能存在的位置。②圈区，就是通过分散流和重砂测量配合土壤化探，圈定出成矿元素（矿物）和指示元素（矿物）的富集区，选定找矿靶区。③找位，就是通过大比例尺地质填图，轻型坑探工程和浅钻，配合有效的物化探方法提供佐证，进一步查明靶区内地层岩性、岩体、褶皱和断裂的组合构式，找到高侵位隐伏岩体、背斜顶端的逆冲断裂带和横向断层三者的复合部位，作为寻找矿床的主攻部位。④寻体，就是通过少量深部构造控制钻孔和物化探异常验证钻孔，编制地质构造剖面和深部地质构造推断图。再根据已知控矿地质规律和矿化标志，寻找有利于矿体赋存的部位，部署第二批深部找矿钻孔，进一步寻找工业矿体。

7.5.4 锡多金属矿床综合找矿模型

湘南千骑地区是南岭多金属成矿带的重要组成部分，同时也是国内钨锡钼铋铅锌的重要基地，区内锡矿以内生为主，外生锡矿较少。内生锡矿的形成主要与岩浆侵入活动有关，是岩浆晚期含矿气水热液，在有利的成矿环境下有用组分聚集的结果。其成矿温度主要为气化高–高中温。矿床类型主要为蚀变岩体型、热液接触交代型和热液充填交代型三种，但各种类型的矿床因其产出部位不一样，寻找的方向也具有一定差异。通过研究湘南地区锡矿的地质背景，锡矿床的分布特征，各类型锡矿床特征与矿化规律、矿床成因及找矿信息和标志的基础上，结合多年找锡矿的经验，把湘南地区锡矿的找矿标志归纳为："划带、圈区、寻体、定位"。

"划带、圈区、寻体、定位"的基本特征如下：

1. 划带

该区锡矿床（点）具有一定的分布规律，它总是与构造岩浆岩带具有一定的内在联系，这反映了该区锡矿床形成的区域成矿作用，即构造-岩浆活动的演化与 Sn 等成矿元素，随其演化的地球化学特征与成矿。因此，湘南地区的各类型锡矿床（点）无一不是分布在这些构造-岩浆岩带内。所以划带是一次战略性的工作，它决定了找矿方向。根据湘南地区锡矿床（点）的分布与大地构造和花岗岩的时空分布关系，我们将湘南千骑地区锡矿床（点）的分布划分为三个锡多金属矿带（图2-3），即柿竹园-芙蓉锡多金属矿带、黄沙坪-香花岭锡多金属矿带、大义山锡多金属矿带。其中以柿竹园-芙蓉矿带最具找矿意义，千骑地区有名的锡多金属矿床都分布在该带内，如芙蓉矿田的白腊水锡矿床，东坡矿田的柿竹园、金船、野鸡尾、红旗岭等矿床，该矿带也是今后找矿潜力最好的成矿带之一。

2. 圈区

一个锡多金属矿带内并不是都存在锡矿床（点），它常出现在矿带被其他方向构造带交切的部位，或产于矿带内的薄弱空间。这些特定的部位或空间往往具有特殊的地质背景、遥感影像特征、地球物理场和地球化学场特征以及围岩蚀变特征等，因而也为深部岩浆的侵入提供了动力和空间，并具备了一系列直接的或间接的锡多金属矿找矿标志。利用这些特征和有关的遥感-地质-物化探标志能迅速圈出有利的锡多金属矿找矿远景区。其中，柿竹园-芙蓉成矿远景区是湘南千骑地区锡多金属成矿最好的远景区，金船塘锡矿、野鸡尾锡矿、红旗岭锡矿、白腊水、麻子坪、荷花坪锡矿都在该远景区内，已探明的锡资源量百余万吨。

3. 寻体

千骑地区的锡多金属矿床（点）无一不是分布在花岗岩体的内外接触带，其成因与花岗岩体有着密切的关系。但是，不是所有的花岗岩体内外接触带都能形成锡多金属矿床，那么，哪些花岗岩能形成矿床、哪些花岗岩不能形成矿床，寻体就是要寻找能形成矿床的花岗岩体，这是锡多金属矿找矿勘查的关键。

根据目前研究，与锡多金属矿床有关的成矿岩体，其特征如下：

(1) 主要分布于深大断裂带及其旁侧，其次在褶皱带中的隆起区；岩体形态主要为岩株、岩瘤、岩枝等形状的小岩体，出露面积一般数平方至十余平方千米；岩体形成的时间主要是印支期第一阶段至燕山早期第三阶段，但侵入越早的岩体，其形成锡多金属矿的可能性越小。

(2) 岩体类型以"S"型花岗岩为主，如目前所发现的大型锡多金属矿床其成矿母岩均为该类型岩体；岩性上，以酸性程度高的黑云母二长花岗岩、二云母二长花岗岩为主，具高硅、高钾、富碱、准铝–弱过铝的特征。

(3) 与锡多金属成矿有关的"S"型花岗岩岩体在侵位时代上，据有关测试结果（表4-1），介于ca. 224~90 Ma，因而属于印支期第一阶段至燕山晚期第三阶段侵入定位的；空间分布上，该类型岩体主要分布在早古生代隆起区与晚古生代拗陷区的接合部位的边缘或是隆起区内部，而成矿小岩体往往是隆起区深部隐伏大岩基晚期晚阶段岩浆沿这些薄弱地带或应力集中区上侵形成的。

(4) 岩石地球化学特征上，成矿岩体以黑云母二长花岗岩为主，少数为黑云母花岗岩。这些花岗岩以富 SiO_2、Al_2O_3、MnO、Na_2O、K_2O、Li_2O、Rb_2O、F，而贫 TiO_2、MgO、CaO、H_2O、Cl 为特征（表7-31）。

表7-31 千骑地区与锡多金属成矿有关的岩体岩石化学成分表（%）

矿化类型	SiO_2	TiO_2	Al_2O_3	Fe_2O_3	FeO	MnO	MgO	CaO
与锡钨矿化有关岩体(47)	38.45	0.30	22.15	2.54	14.25	0.89	0.44	0.19
非锡钨矿化岩体 (54)	36.14	3.13	14.68	3.95	20.17	0.37	6.90	0.78

矿化类型	K_2O	Na_2O	Li_2O	Rb_2O	P_2O_5	H_2O^+	F
与锡钨矿化有关岩体(47)	10.13	0.30	1.56	0.80	0.05	2.71	4.58
非锡钨矿化岩体 (54)	8.63	0.22	0.30	0.11	0.24	3.80	1.23

注：括号中为样品数。

(5) 主要成矿元素含量显示（表7-32），岩体中 Sn 的丰度为 $(4.4~91) \times 10^{-6}$，是维氏值 3×10^{-6} 的数十至数百倍。就一个复式岩体而言，晚侵入的比早侵入的岩体具有高的 Sn 丰度；岩体中 F 的含量也较高，为 $(6.70~23.79) \times 10^{-6}$，是维氏值的 2~4 倍；而 B 的含量一般高出 10~20 倍。因而这些花岗岩明显富集成矿元素和挥发组分。但 Pb、Zn 这类亲铜或亲铁元素在岩体中不具有这种富集趋势。

表7-32 千骑地区与锡多金属成矿有关的岩体主要成矿元素含量表（10^{-6}）

岩体名称	样品数	Sn	W	Pb	Zn	B	F
千里山	55	62.5	18.8	144.1	17.3	2.28	6.70
骑田岭	41	22.0	9.8	42	30.0	1.83	1.27
王仙岭	103	45.0	65.0	89.0	33.0	1.90	11.85
癞子岭	15	25	3.5	110	77	2.08	14.55
尖峰岭	7	91.0	89.0	69.0	179.0	1.86	23.79
螃蟹木	13	6.6	150.0	30.0	50.0	1.90	12.95
五峰仙	10	14		58			
大义山	157	15.0		27.0	74.0		

注：来源于内部数据。

(6) 与锡多金属成矿有关的花岗岩,其稀土元素总量较非成矿岩体及与铅锌矿化有关岩体的稀土总量要高(表7-33)。一般来说,与成矿关系最密切的某阶段或某期次侵位的岩体,稀土元素总量往往较高。与成矿有关的、具多阶段侵位的复式岩体中,其稀土元素总量一般随时代变新而表现增加的趋势。此外,轻稀土相对重稀土富集、Eu亏损强烈和Pb/Sr值高的岩体,显示其经历了强烈的结晶分异作用。

寻体的另一目的是寻找隐伏、半隐伏花岗岩体,进而寻找新的资源基地。以往勘探结果表明,富Sn岩体一般具有负重力异常、正磁异常和以岩体为中心成矿元素呈半球面分带等特征,因此采用重力和磁力、土壤和岩石地球化学等探测方法应是今后寻找隐伏、半隐伏含Sn花岗岩体以及新的锡多金属矿产地的主要途径。

表7-33 千骑地区与锡多金属成矿有关的岩体稀土元素含量表(10^{-6})

岩体名称	La	Ce	Pr	Nd	Sm	Eu	Gd	Tb	Dy	Ho	Er	Tm	Yb	Lu	Y
千里山	23.2	62.6	9.1	36.3	17	0.1	21	4.7	29	5.8	18	3.3	24	3.5	185
骑田岭	66.4	125	14.7	47.4	9.3	0.7	7.5	1.3	8.3	1.7	4.8	0.9	5.9	0.6	48
王仙岭	20.4	39.2	4.4	16.0	3.7	0.3	3.0	0.5	2.8	0.8	1.4		1.8	0.2	17
瘌子岭	41.4	95.6	11.6	39.3	10	0.1	10	2.7	18	4.7	12	2.2	14	1.9	92
尖峰岭	50.3	121	15.1	52	18	0.3	18	2.9	26	7.3	17	2.5	24	3.2	154
螃蟹木	13.3	36.0	3.8	13.9	4.7	0.1	4.7	1.5	9.6	2.4	5.8		5.9	0.8	53
大义山	46.7	90.0	10.4	35.1	6.7	0.5	5.8	1.0	6.0	1.1	3.1	0.5	3.0	0.5	33

4. 定位

定位就是在所圈定的成矿远景区内的花岗岩内外什么地方才能找到矿体,实际是寻找锡多金属矿床/矿体的方向问题。

定位首先要根据已知花岗岩体和围岩地层岩性特征、地质构造和热液蚀变特征等确定寻找什么类型的锡多金属矿后,再确定到什么地方去寻找。前者是确定是否具备形成某种类型锡多金属矿的条件,后者是确定找矿部位,只有具备了形成某种类型锡多金属矿床条件的部位,才是选择到了最佳的找矿位置,就能取得好的找矿效果。就千骑地区已知的锡多金属矿床,主要的找矿部位归纳起来有如下三种:

第一种是在花岗岩体内,当花岗岩体顶部凹陷内有碳酸盐岩地层,且该地层受到不同程度夕卡岩化和叠加有深断裂带,且热液蚀变发育,就可能找到构造蚀变带-夕卡岩复合型锡多金属矿;花岗岩体内发育有深断裂,且浅部裂隙发育并伴有较强烈的热液蚀变,就可能找到蚀变花岗岩体型锡多金属矿;在花岗岩体顶部或前缘具有较强的云英岩化,就可能找到云英岩体型锡多金属矿;但仅在花岗岩体接触带内侧发育一组或多组断裂,且沿断裂发育云英岩化,则只能寻找云英岩脉型锡多金属矿。

第二种是在花岗岩体与碳酸盐岩地层接触带,这是本区找锡多金属矿的主要部位。当接触带为内凹时,可形成大的夕卡岩,若后期多种热液蚀变不发育,则为矿物组合较简单的夕卡岩型锡多金属矿,锡矿品位较低;当接触带产状较缓时,形成中等厚度(一般数十到十余米)的夕卡岩,同时叠加有多种热液蚀变时,可形成矿物组合复杂的夕卡岩型锡多金属矿,锡品位较高,局部可形成富锡矿体。

第三种是在花岗岩体外围地层中,由于外围地层岩性可能不同,所形成的锡多金属矿类型也不同。地层是碳酸盐岩且发育较强的大理岩化并伴有其他热液蚀变细脉时,可形成网脉状大理岩锡多金属矿;当地层是硅铝质碎屑岩,且发育有大断裂和热液蚀变时,可形成断裂充填交代型锡多金属矿。

综上所述,我们将区内各典型矿床的成矿条件和找矿标志综合起来,归纳为湘南千骑地区锡多金属矿床的综合找矿模型图(图7-67)。

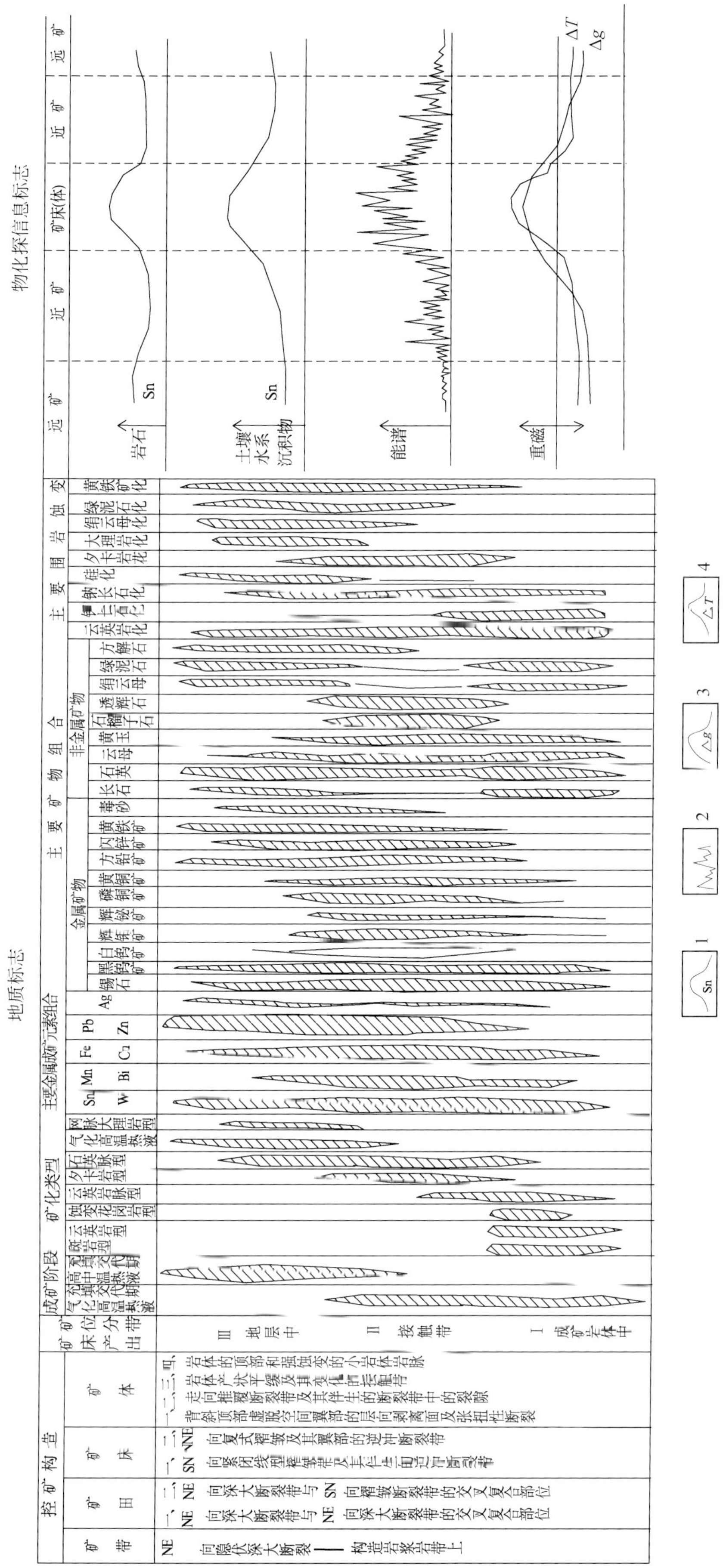

第 7 章 成矿系列与成矿机理和找矿模型

图 7-67 千骑地区锡多金属矿床综合找矿模型图

1-锡元素曲线；2-能谱曲线；3-布格直力异常曲线；4-磁法曲线

第 8 章　成矿预测与资源量估算

在深入研究千骑地区成矿地质背景的基础上，利用地质、地球物理、地球化学、重砂、遥感等各种信息和相应图系进行了相关性和综合地质解译；对已知的主要矿田或矿床进行了控矿因素、成矿物质来源、成矿机制和时空演化方面的研究；全面总结、提取了客观存在的各种找矿标志，按不同的矿床类型建立了各种矿床模式和综合信息找矿模型，编制了综合信息成矿预测图件。在此基础上，应用综合地质方法，通过模型类比和综合信息矿产统计方法进行成矿预测。

8.1　预测标志

8.1.1　成矿预测标志

（1）赋矿地层。千骑地区锡多金属矿产的矿源层包括震旦系、寒武系和泥盆系中统棋梓桥组。本区西部以石炭系下统石磴子组为主要赋矿地层，测水组为主要遮挡层；东部则以棋梓桥组为主要赋矿层位。

（2）沉积相。与成矿有关的岩相为局限-半局限碳酸盐台地相和台棚相。控矿古地理环境为古海岛或水下隆起区周边和不同沉积环境及亚环境之间的过渡地段。

（3）基底控矿构造。基底断裂对本区沉积盖层构造、岩浆活动和矿田的展布均具有明显的控制作用。炎陵-郴州-蓝山深断裂属炎陵-蓝山重磁梯级带的一部分，并与遥感影像解译的下燕塘-资兴基底断裂相一致，是由多组断裂组成的断裂系，呈北东向斜贯全区，为本区一级构造单元，也是Ⅳ级成矿带的分界线，这是本区主要的构造活动带。该断裂带两侧的地质、地球物理、地球化学特征有明显差异，成矿地质条件、主要矿种和矿床类型也不相同。宝山、黄沙坪、大坊等铅锌多金属矿田和矿床位于该断裂带内及其北西侧；东坡、香花岭等钨锡多金属矿田则位于该断裂带东南侧。这是本区最重要的控岩控矿断裂，其旁侧是有利的找矿地段。

次级北东向和北西向基底断裂控制岩浆岩带和成矿亚带的展布。其与东西向或南北向断裂的交汇部位控制了矿田的产出部位。西部的控岩控矿构造以北西向与南北向构造交汇部位为主；东部则以北东向与南北向断裂交汇部位控岩控矿为主。

（4）盖层控矿构造。南北向或北北东向盖层构造控制了矿床的产出部位，也提供了矿液运移通道和储存场所。在西部近南北向的紧闭线型褶皱带及其伴生的走向逆冲断裂带和层间断裂带是最主要的控矿构造；在东部北北东向至南北向的复式褶皱及其翼部的逆冲断裂带，对成矿起着明显的控制作用。

（5）成矿岩体。与成矿有关的岩体，主要为燕山早期第二、第三阶段侵入的中浅-浅成、中酸性-酸性小岩体，具有高分异高侵位特征。其成因类型主要为壳源重熔型（Ⅰ系列）第三亚类（I$_3$）和同熔型（Ⅱ系列）。

（6）矿体产出部位。根据重磁异常推断的隐伏岩基地表投影区是矿田之主要分布区。隐伏的高分异高侵位小岩体的上方及边缘和地表出露的小岩体（脉、墙）之内外接触带是矿床形成之有利部位。

（7）航磁异常。郴（郴州）桂（桂阳）高磁区反映了深部岩浆岩带上部的磁性壳层，叠加于区域场上的浅源磁异常群。范围较大的磁场跳变区往往是矿田的重要标志。单个局部磁异常则是找矿的间接标志。

（8）电性特征。电性特征是寻找金属硫化物矿床的重要标志。本区的铅锌多金属矿床一般都具有高视极化率和低电阻率异常并伴有自电负异常。

（9）地球化学异常特征。多元素组合的地球化学异常区，往往反映了成矿岩体和矿田（矿床）的分布区。异常具明显的水平分带，内带以 W、Sn 为主，中带以 Sn、Pb、Zn-Pb、Zn 为主，外带为 Au、Ag、Sb（Pb、Zn）。一般来说，异常区内衬度最大的元素即为主要成矿元素，而 Ag、As、Sb、F、Be 等异常是铅锌多金属矿床的重要指示元素。

（10）重砂综合异常。重砂综合异常分布反映了本区成矿亚带中已知或潜在矿田（矿床）分布区。重矿物的空间分布和富集程度，反映了不同的地质背景和不同的矿床类型，异常区的主要重矿物一般为本区的主要矿种。

（11）遥感特征。遥感影像解译的北西西向与北北东向构造的交汇部位，控制了西区已知矿田和预测区的分布；北东东向与北西向或北北东向构造的交汇部位控制了东区的已知矿田和预测区的位置。

（12）其他成矿标志。矿产分布具有明显的集群性和分带性，与铅锌金银有关的蚀变主要为夕卡岩化、大理岩化、硅化、绿泥石化和铁锰碳酸盐化。

8.1.2 找矿预测标志

8.1.2.1 地质标志

1. 岩浆岩标志

（1）燕山期复式岩体是形成区内多金属矿的首要条件，燕山早期晚阶段和燕山晚期早阶段的花岗岩与锡矿形成有着不可分割的联系，而铅锌矿的形成与燕山晚期的花岗岩关系密切。当大岩体中有高分异高侵位小岩体分布时对成矿更有利。

（2）北东向展布的花岗斑岩与铅锌矿在空间上紧密伴生。

（3）岩体侵位较高的突起部位及其附近是寻找蚀变岩体型（云英岩型）及裂隙充填型锡铅锌矿的重要部位。

2. 构造标志

（1）南北向断裂是千骑地区主要的导岩、导矿构造，锡多金属矿床往往发育在南北向与北东向两组断裂构造交汇的部位及其附近次级构造中。

（2）北北东向和北北西向断裂构造，往往是主要容矿构造，是寻找含锡石英脉、云英岩脉以及锡石硫化物及铅锌矿的有利部位。

（3）在花岗岩体与中、上泥盆统及二叠系栖霞组碳酸盐岩的接触带，捕虏体及岩体顶面凹陷，侧注或缓倾斜面，是厚大夕卡岩型矿体的产出部位。

（4）在岩体附近的中、上泥盆统碳酸盐岩中，节理、裂隙、层理、劈理等小构造特别发育的地段，有利于热液的渗滤交代，有利于成矿。

3. 地层标志

（1）与岩体接触的中、上泥盆统及中上石炭统及二叠系中统栖霞组的碳酸盐岩是寻找夕卡岩型和网脉大理岩型锡多金属矿的重要部位。

（2）震旦系浅变质砂岩、板岩是裂隙充填型锡石－硫化物矿床、含钨锡石英脉矿床及裂隙充填型的铅锌矿的主要控矿层位。

8.1.2.2 物化探异常标志

（1）物化探综合异常区往往是重要的矿化集中区。

（2）重力负异常是寻找夕卡岩矿床的间接标志；磁异常的存在与否是判别夕卡岩型多金属矿的典型标志；各种明显的电法异常是寻找硫化物多金属矿的重要标志。

(3) 当W、Sn、Mo、Bi、Pb、Zn化探异常与磁法、电法异常重叠时出现的综合异常，找矿效果好。

8.1.2.3 矿化蚀变标志

1. 矿化标志

（1）区内矿化水平及垂直分带较明显，由岩体向外依次为W、Sn、Mo、Bi-Sn、Cu、Pb、Zn-Pb、Zn-Hg、Sb矿化，因此，可以借助某一金属矿物组合大致预测另一种矿化的地段。

（2）地表或浅部含锡硫化物脉可直接预测深部蚀变岩体型及夕卡岩型锡矿床。

（3）地表网脉大理岩很可能预示着深部夕卡岩及云英岩的存在。

（4）在花岗岩与碳酸盐岩接触带附近的褐红色、黑色疏松土状物，或有铁帽存在是寻找夕卡岩型锡矿的标志。

2. 蚀变标志

（1）夕卡岩化是直接找矿标志。当夕卡岩中有云英岩脉穿插，则其下部有可能找到云英岩型矿体。

（2）云英岩是找云英岩型锡矿的直接标志，蚀变越强，则矿化越强。

（3）钠长石化、萤石化是寻找蚀变岩体型锡矿的重要标志。

（4）硅化、绿泥石化及绢云母化组合是寻找充填型铅锌银矿的间接标志。

8.1.2.4 其他标志

民窿、老窿及古炉渣均可作为找矿线索。

8.2 综合信息矿产统计预测

8.2.1 概述

综合信息矿产统计预测是中比例尺综合信息成矿预测的基本方法之一。王世称等（王世称和王於天，1989；王世称等，1990；王世称和陈永清，1994；王世称等，1999，2000，2001；王世称，2010）将综合信息定义为"控制矿产元素在地质体中不同空间区域上的聚集程度和形成的各种地质、地球化学、地球物理及遥感信息的综合"。综合信息矿产预测是以找矿模型为基础，充分运用地质、地球物理、地球化学和遥感等综合信息开展的预测工作。综合信息矿产统计预测工作是在综合信息成矿预测基础上进行的，是对综合信息成矿预测结果进行更深入细致的定量评价。

本次综合信息矿产统计预测是按矿种组合主要对区内铅锌及其伴生金、银进行定位预测，并对铅锌资源量作出定量评价，为该预测方法在全区的应用提供基础。

在定位预测中，以特征分析为主要方法，辅以信息量法进行验证对比。对铅锌资源潜力的估价，采用两种方法进行：一是进行铅锌矿床空间分布模型检验计算，对区内铅锌矿床的分布模型及其找矿潜力作出估价；二是采用逐步回归法对成矿远景区内的铅锌资源量作出预测。预测工作流程见图8-1。

8.2.2 单元的划分

将研究区划分为面积相等、形状相同的一定大小的网格——即"单元"，以此作为统一观测和取值范围的基本单元。对于单元的划分主要考虑预测比例尺和精度要求；研究区地质复杂程度和矿床的个数；能满足统计分析必要的单元数目；模型单元和预测单元尺度必须一致。

目前对单元大小的确定，尚无明确准则。前人根据研究区内矿点数量以及预测范围的大小，提出经验性的最优单元面积计算公式，即

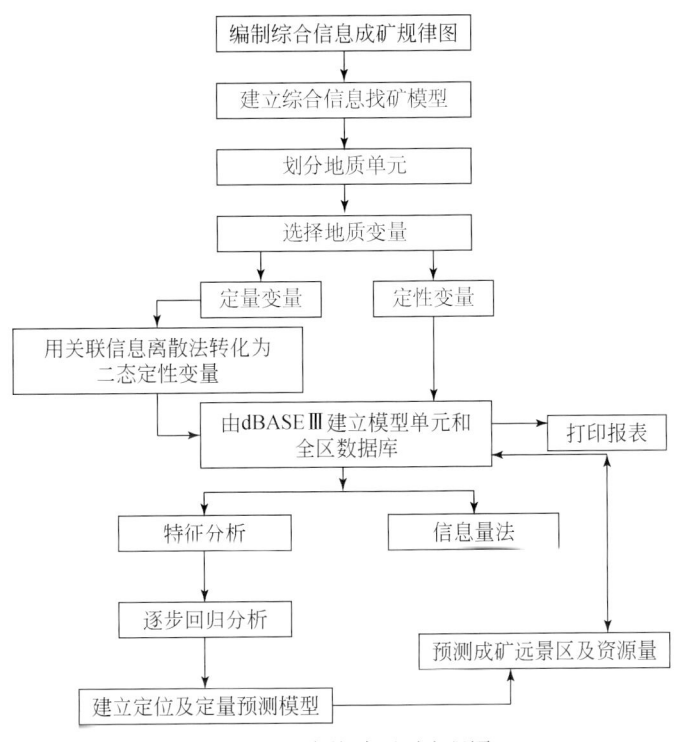

```
编制综合信息成矿规律图
        ↓
   建立综合信息找矿模型
        ↓
      划分地质单元
        ↓
      选择地质变量
      ↓         ↓
   定量变量    定性变量
      ↓
 用关联信息离散法转化为
     二态定性变量
        ↓
   由dBASEⅢ建立模型单元和  →  打印报表
        全区数据库
      ↓         ↓
   特征分析    信息量法
      ↓         ↓
   逐步回归分析  预测成矿远景区及资源量
      ↓
 建立定位及定量预测模型
```

图 8-1 矿产统计预测流程图

$$单元面积 = \frac{研究区总面积}{矿床（点）总数} \times L$$

式中，L 为期望矿点平均数，一般在 1~3。

参照上述公式，将区内划分为 2 km×4 km 的矩形网格单元（$L<1$）。考虑到湘南千骑地区的区域构造线方向主要为南北向、北北东向或北东向，因此，矩形单元的长边方向置为南北向。

8.2.3 地质变量的选择和构置

8.2.3.1 地质变量的选择原则

地质变量的选择、取值和变换是从原始数据到建立数学模型的一重要环节，地质变量的选取是否合理，关系到矿产统计预测工作的有效性。但选取地质变量的最基本原则是：要反映地质成矿规律和找矿标志，即应选取与成矿作用有着密切关系的直接的和间接的信息作为地质标志。

综合信息是由地质、物探、化探、重砂、遥感信息等诸多标志组成，而一种标志又由许多不同的状态组成，如本区的地层标志，可由矿源层、赋矿层、遮挡层和不同时代等地质标志状态所组成。因此，矿产信息是具有多层次的分支结构，由低层次的信息结构逐步组合构成较高层次的结构，最后形成预测的信息总体。可见，变量的选择并非定义在分支结构的末端，也并非多多益善，否则选择的变量会有很大的盲目性，且造成对某一与成矿关系不太密切的标志的变量选择过多而产生变量的先验赋权问题。R.R 麦克卡门在成因地质模型中曾采用了由低层次信息经过逻辑运算组成高层次信息，最后采用为数不多的变量进行运算，这是避免变量先验赋权的好方法。在本次综合信息矿产统计预测中，在变量的选择上我们注意了信息结构的分析，使各类标志有合理的比例，并较多地使用了综合变量。

定量变量采用关联信息离散法转化为二态变量。定性变量取值采用二态，即若某变量出现或满足某条件时取值为"1"；不出现或不满足某条件时则取值为"0"。综合变量的逻辑运算规则详见表 8-1。

表 8-1　综合变量逻辑运算规则表

A	B	逻辑与 $A \wedge B$	逻辑或 $A \vee B$
1	1	1	1
0	1	0	1
0	0	0	0

在初选地质变量时，与成矿有密切关系的一些地质因素和综合信息标志尽可能选入，以免漏掉有用信息，然后用数学方法进行筛选，使变量组合最优化，达到变量尽可能少，变量间相互独立。某些地质变量尽管重要，但由于预测区资料水平低等原因，某些变量在大部分单元无法取值时，则该变量不再入选。

8.2.3.2　地质变量的选取

本次预测选取的地质变量有定量变量和定性变量两种类型，现分述如下：

1. 定量变量

1）定量变量的选取

定量变量是指用数值表示取值的变量。伴随预测精度的提高和各种测试数据的不断增加，定量变量在预测中的作用显得日益重要，如何充分发挥定量变量在矿产统计预测中的作用，是预测工作中的重要课题之一。

本次综合信息矿产统计预测选取的定量变量有水系沉积物元素和重砂矿物两种，均为网格化（8 km^2）数据。

水系沉积物元素选用了区内主要成矿元素及伴生元素 Pb、Zn、Cu、Sn、Au、Ag、As、Sb、Hg、Ba、B、Sr、F 等 13 种元素作为定量变量，各变量命名如下：

x_1：Pb 元素（单位：10^{-6}，以下同）；

x_2：Zn 元素；

x_3：Cu 元素；

x_4：Sn 元素；

x_5：Au 元素；

x_6：Ag 元素；

x_7：As 元素；

X_8：Sb 元素；

x_9：Hg 元素；

x_{10}：Ba 元素；

x_{11}：B 元素；

x_{12}：Sr 元素；

x_{13}：F 元素。

河流重砂选用了铅、金、银、辰砂、毒砂五种矿物作为定量变量，各变量命名如下：

x_{14}：铅矿物（单位：颗，以下同）；

x_{15}：金矿物；

x_{16}：银矿物；

x_{17}：辰砂矿物；

x_{18}：毒砂矿物。

2）定量变量的离散化

对于上述连续变量，为了更清楚地表现它们对成矿的作用和在下述的预测方法中应用这些变量，就需要对这些变量进行离散化，使其转化为 0、1 状态。

化探和重砂在普查找矿中的作用是毋庸置疑的。但找矿实践证明，由于地质作用的复杂性，地球化学异常和重砂异常存在矿异常和非矿异常之分。换言之，某些异常与矿床值密切相关，另一些异常则与矿床值关系不大。以往的传统离散法的不足之处在于连续变量经转化为 0、1 状态后，该状态与储量之间的关系是不明确的。本次采用关联信息离散法对连续变量进行离散，此法的最大优点是使连续变量离散后的 0、1 状态与储量之间存有相关性，即可构造一个在数学上能刻画随机试验整体不肯定性的综合指标——关联信息，来比较对象之间的关联性。

关联信息离散法原理如下：

设有两个随机试验 $x \cdot y$，其可能结果分别用数值 x_i、y_j 表示，把它们可以看作随机变量，其联合分布率列于表 8-2。

表 8-2 联合分布率表

$x \backslash y$	$y_1\ y_2 \cdots y_s$	Σ
x_1	$P_{11}\ P_{12} \cdots P_{1s}$	$P_{1\cdot}$
x_2	$P_{21}\ P_{22} \cdots P_{2s}$	$P_{2\cdot}$
$\cdots$	$\cdots\cdots\ \cdots\cdots$	$\cdots$
x_r	$P_{r1}\ P_{r2} \cdots P_{rs}$	$P_{r\cdot}$
Σ	$P_{\cdot 1}\ P_{\cdot 2} \cdots P_{\cdot s}$	P_{ij}

其中：

$$P_{i\cdot} = \sum_{j=1}^{s} P_{ij}$$

$$P_{\cdot j} = \sum_{i=1}^{r} P_{ij}$$

式中，$i = 1, 2, \cdots, r$；$j = 1, 2, \cdots, s$。

于是，用香农（1948）所定义的熵来度量试验的不确定性，即

$$H(x) = -\sum_{i=1}^{r} P_{i\cdot} \log_2(P_{i\cdot})$$

$$H(y) = -\sum_{j=1}^{s} P_{\cdot j} \cdot \log_2(P_{\cdot j})$$

$$H(x, y) = -\sum_{i=1}^{r}\sum_{j=1}^{s} P_{ij} \cdot \log_2(P_{ij})$$

在试验 x 的实现条件下，试验 y 的条件熵为

$$H_{Y|X=x}(y) = H(x, y)/H(x)$$

在信息论中，互信息的定义是：$I(X; Y) = H(X) - H(X|Y)$。且有对称性：$I(X; Y) = I(Y; X)$，即 Y 隐含 X 和 X 隐含 Y 的互信息是相等的。

$$I(x; y) = H(x) - H(x|y) = -\sum_{i=1}^{r}\sum_{j=1}^{s} P_{ij} \log_2 \frac{P_{ij}}{P_i \cdot P_j}$$

$$I(y; x) = H(y) - H(y|x) = -\sum_{i=1}^{r}\sum_{j=1}^{s} P_{ij} \log_2 \frac{P_{ij}}{P_i \cdot P_j}$$

令 $RI(x; y) = I(x; y)/[H(x)H(y)]$

$$= [H(x) - H(x|y)]/\sqrt{H(x)H(y)}$$

$$= [H(y) - H(y|x)]/\sqrt{H(x)H(y)}$$

上式即为试验 x 与 y 的关联信息，并简记为 RI。显然，同等条件下 $H(x)$，$H(y)$ 一定，两个试验

相互包含的信息量越多,那么 $H(x|y)$ 或 $H(y|x)$ 越小,那么 RI 也就越大;说明它们之间的依赖性越强,反之则说明依赖性弱。

计算程序流程图见图 8-2。

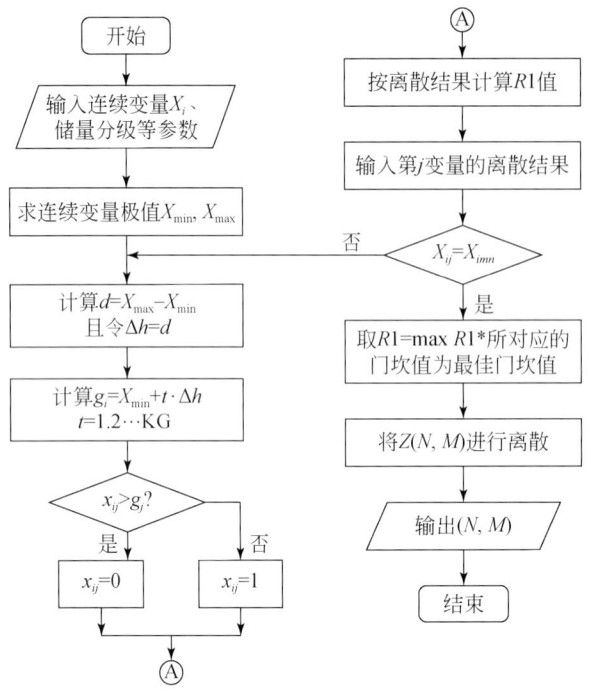

图 8-2 关联信息离散法 FORTRAN 程序框图

对水系沉积物元素和重砂进行关联信息离散,选用 16 个模型单元,按铅锌矿储量规模大小划分为大型、中型、小型及矿点四个储量级别,模型单元原始数据见表 8-3 及表 8-4。

表 8-3 水系沉积物元素模型单元原始数据表

顺序号	单元号	矿区名称	储量分级	Pb (x_1)	Zn (x_2)	Cu (x_3)	Sn (x_4)	Au (x_5)	Ag (x_6)	As (x_7)
1	450	黄沙坪	I	1202.1	1889.5	128.0	94.0	0.0030	1.780	590.0
2	350	宝山		2019.0	1112.0	412.5	16.3	0.0795	4.580	300.0
3	375	玛瑙山等七个矿区	II	5100.0	349.5	121.5	11.1	0.0875	18.650	6500.0
4	689	香花岭		1646.3	1500.5	456.0	242.5	0.0189	9.630	3375.0
5	836	泡金山		637.0	439.0	75.0	223.8	0.0044	1.685	550.0
6	328	野鸡尾、天鹅塘		1100.0	196.5	289.5	218.5	0.0087	12.330	900.0
7	376	柴山、东坡山		900.0	594.0	174.0	11.8	0.0113	3.435	420.0
8	300	大坊		96.0	146.5	51.0	8.1	0.1401	1.890	102.5
9	788	香花铺	III	602.5	452.0	225.5	175.4	0.0098	4.980	862.5
10	789	茶山		511.0	563.5	92.0	29.7	0.0029	1.715	400.0
11	449	方园		179.4	283.5	39.5	6.6	0.0021	0.455	146.5
12	831	茶山脚		69.9	84.5	36.0	7.8	0.0010	0.430	20.0
13	5	小塘		147.7	153.5	33.0	7.4	0.0044	0.111	35.5
14	216	王家坊	IV	69.2	139.0	31.5	4.9	0.0029	0.160	40.5
15	516	桥头		41.5	88.0	35.0	2.7	0.0038	0.151	44.0
16	480	金竹垄		31.0	76.0	28.0	1.5	0.0029	0.180	150.0

续表

顺序号	单元号	矿区名称	储量分级	Sb (x_8)	Hg (x_9)	Ba (x_{10})	B (x_{11})	Sr (x_{12})	F (x_{13})
				\multicolumn{6}{c	}{元素含量/10^{-6}}
1	450	黄沙坪	I	10.2	0.440	201.0	29.5	57.0	945.0
2	350	宝山	I	72.3	0.068	950.5	26.0	98.5	1045.0
3	375	玛瑙山等七个矿区	II	40.6	0.020	209.0	81.0	50.5	5716.5
4	689	香花岭	II	92.0	0.305	150.0	66.5	49.0	57250.0
5	836	泡金山	II	31.1	0.115	329.5	147.5	30.5	9225.0
6	328	野鸡尾、天鹅塘	III	37.0	0.020	257.5	65.0	29.5	10125.0
7	376	柴山、东坡山	III	18.1	0.020	236.0	71.5	65.0	4291.5
8	300	大坊	III	29.9	0.120	263.5	38.0	56.5	585.0
9	788	香花铺	III	19.7	0.090	371.5	48.0	21.0	10950.0
10	789	苓山	III	8.9	0.140	298.5	85.0	33.0	5825.0
11	449	方园	III	2.4	0.115	187.0	32.5	52.5	680.0
12	831	茶山脚	III	0.7	0.085	253.5	78.0	21.5	554.0
13	5	小塘	IV	5.5	0.185	451.0	27.5	25.0	475.0
14	216	王家坊	IV	2.5	0.133	307.5	80.5	65.0	387.5
15	516	桥头	IV	3.4	0.010	212.5	194.0	63.0	1175.0
16	480	金竹垄	IV	9.4	0.115	284.0	95.5	37.0	638.0

表 8-4 重砂矿物模型单元原始数据表

顺序号	单元号	矿区名称	储量	Gal x_{14}	Ci x_{15}	Ars x_{16}	Au x_{17}	Ag x_{18}
				\multicolumn{5}{c	}{重砂矿物含量/颗}
1	450	黄沙坪	I	4084	3	7	0	0.14
2	353	宝山	I	58	1	3	0.05	0
3	375	玛瑙山等7个矿区	II	63	4	0	1.50	0
4	689	香花岭	II	3070	1	80129	0	0
5	836	泡金山	II	86	0	3864	0	0
6	328	野鸡尾、天鹅塘	III	12	2	9	0	0
7	376	柴山、东坡山	III	15	1	0	0.14	0
8	300	大坊	III	20	1	5	1.72	0.04
9	788	香花铺	III	1203	0	7281	0	0
10	789	苓山	III	1939	0	9149	0	0
11	449	方园	III	23	2	2	0	0
12	831	茶山脚	III	65	0	0	0	0
13	5	小塘	IV	8	0	0	0	0
14	216	王家坊	IV	0	1	6	0	0
15	516	桥头	IV	2	2	0	0.07	0
16	480	金竹垄	IV	4	0	6	0	0

2. 定性变量

定性变量是指用 1、0、-1 等符号表示取值的变量。本次预测所采用的为 0、1 二态变量。根据所编制的成矿规律图、成矿规律和找矿标志以及矿床组合模式等综合信息的研究结果，共选用了 17 个定性变量如下：

（1）地层：

x_{19}：矿源层——寒武系或震旦系；

x_{20}：含矿层——棋梓桥组或石磴子组；

x_{21}：遮挡层——跳马涧组或测水组。

（2）岩相：

x_{22}：成矿有利的岩相区。

（3）构造：

x_{23}：隆拗交接带；

x_{24}：北东向基底断裂或北西向基底断裂；

x_{25}：南北向断裂与北东向断裂交汇或南北向断裂与北西向断裂交汇；

x_{26}：印支期背斜与断裂交汇。

（4）岩浆岩：

x_{27}：燕山早期第二阶段或第三阶段中酸性岩体或岩脉；

x_{28}：第Ⅰ成因系列第Ⅰ₃亚类或第Ⅱ成因系列岩浆岩。

（5）围岩蚀变：

x_{29}：成矿有利的围岩蚀变（铁锰碳酸盐化或硅化或绿泥石化或夕卡岩化）。

（6）地球物理：

x_{30}：浅源高磁区；

x_{31}：推测隐伏高侵位岩体；

x_{32}：推测隐伏岩基地表投影区；

x_{33}：航磁 $\triangle T$ 化极异常区。

（7）遥感影像：

x_{34}：遥感影像线形构造模式有利区。

（8）含矿性：

x_{35}：单元内出现铅锌、金、银矿床或矿点。

8.2.4 定位预测

8.2.4.1 特征分析

特征分析又称决策模拟，此法是根据已知矿床的成矿地质特征、成矿条件及找矿标志等建立矿床模型，然后分析研究预测区的地质特征与矿床模型的相似程度或关联程度。因此，该方法的实质是成矿地质条件的类比法。

1. 模型单元

建立模型单元的目的是根据已知矿床建立找矿模型和数学模型，以便由模型区外推到预测区。但选择模型单元应考虑以下三个重要条件：

（1）地质工作程度和地质研究程度均比较高；

（2）模型单元有足够的代表性，应是性质相同的同母体样品；

（3）模型区与预测区具较强的类比性。

虽然千骑地区矿床类型复杂、成因多样，但铅锌矿床以接触交代型占优势，因此，模型单元将建立于此种矿床类型上。为保证模型区与预测区有较强的类比性，模型单元全部都选择在千骑地区内。我们选择了16个有代表性的有矿单元作为模型单元，其中有的模型单元包含数个矿床。16个模型单元的单元号、单元内所包含的矿床（点）及储量见表8-5。

表8-5 特征分析模型单元表

单元号	矿床（点）名称	储量/万 t
353	宝山	81.4530
375	玛瑙山、水湖里-玉皇庙、金船塘、横山岭、蛇形坪、百步窿、蛇形坪-金船塘	25.2188
689	香花岭	13.2341
836	泡金山	10.4430
328	野鸡尾、天鹅塘	9.9370
376	柴山、东坡山	7.4200
300	大坑	6.0400
788	香化铺	2.8888
789	茶山	2.4700
449	上银山	2.0000
831	茶山脚	1.0000
5	小塘	（矿点）
216	王家坊	（矿点）
516	桥头	（矿点）
480	金竹垄	（矿点）

2. 地质变量的选择

选择 $x_1 \sim x_{35}$ 35个地质变量参加计算。模型单元的原始数据见表8-6。

表8-6 特征分析模型单元原始数据表

变量 单元号	x_1	x_2	x_3	x_4	x_5	x_6	x_7	x_8	x_9	x_{10}	x_{11}	x_{12}
480	1	1	1	1	0	1	1	1	1	0	0	1
353	1	1	1	1	1	1	1	1	0	1	0	1
375	1	0	1	1	1	1	1	1	0	0	1	0
689	1	1	1	1	1	1	1	1	0	0	1	0
836	0	0	1	1	0	1	1	1	0	0	1	0

续表

变量\单元号	x_1	x_2	x_3	x_4	x_5	x_6	x_7	x_8	x_9	x_{10}	x_{11}	x_{12}
328	0	0	1	1	1	1	1	1	0	0	1	0
376	0	0	1	1	1	1	1	1	0	0	1	1
300	0	0	1	1	1	1	0	1	0	0	1	0
788	0	0	1	1	1	1	1	1	0	0	1	0
789	0	0	1	1	0	1	1	0	0	0	1	0
449	0	0	1	1	1	0	0	0	0	0	0	0
831	0	0	0	1	0	0	0	0	0	0	1	0
5	0	0	0	1	0	0	0	0	0	0	0	0
216	0	0	0	0	0	0	0	0	0	0	1	1
516	0	0	0	0	0	0	0	0	0	0	1	1
480	0	0	0	0	0	0	0	0	0	0	1	0

变量\单元号	x_{13}	x_{14}	x_{15}	x_{16}	x_{17}	x_{18}	x_{19}	x_{20}	x_{21}	x_{22}	x_{23}	x_{24}
450	0	1	1	0	0	1	0	1	1	1	0	1
353	0	1	0	0	0	0	0	1	1	1	0	1
375	1	1	1	0	1	0	0	1	1	1	1	1
689	1	1	0	1	0	0	1	1	1	1	1	1
836	1	1	0	0	1	0	0	1	1	1	1	1
328	1	1	0	0	0	0	1	1	1	1	1	1
376	1	1	0	0	1	0	1	1	1	1	1	1
300	0	1	0	0	0	0	0	1	1	1	0	1
788	1	1	0	1	0	0	1	1	1	1	0	1
789	1	1	0	1	0	0	1	1	1	1	1	1
449	0	1	0	0	0	0	0	1	1	1	0	1
831	0	1	0	0	0	0	1	1	1	0	0	1
5	0	0	0	0	0	0	1	1	1	1	1	0
216	0	0	0	0	0	0	0	0	1	0	0	0
516	0	0	0	0	0	0	0	0	1	0	0	1
480	0	0	0	0	0	0	1	1	0	1	1	1

变量\单元号	x_{25}	x_{26}	x_{27}	x_{28}	x_{29}	x_{30}	x_{31}	x_{32}	x_{33}	x_{34}	x_{35}
450	1	1	1	1	1	0	1	1	1	1	1
353	1	1	1	1	1	0	0	1	1	1	1
375	0	0	1	0	1	1	1	1	1	1	1
689	0	0	1	1	1	0	1	1	1	1	1

续表

续表

变量单元号	x_{25}	x_{26}	x_{27}	x_{28}	x_{29}	x_{30}	x_{31}	x_{32}	x_{33}	x_{34}	x_{35}
836	0	0	1	1	1	0	1	1	1	1	1
328	1	0	1	1	1	0	1	1	1	1	1
376	1	0	1	1	1	1	0	1	1	1	1
300	1	0	1	1	1	0	1	0	0	1	1
788	1	0	1	1	1	0	1	1	1	1	1
789	1	0	1	1	1	0	0	1	0	1	1
449	0	0	1	1	1	0	0	1	1	1	1
831	0	0	1	0	1	1	1	1	1	0	1
5	1	1	0	0	0	1	0	0	0	0	1
216	1	0	0	0	1	1	0	0	1	0	1
516	1	0	1	1	0	1	1	1	1	0	1
480	0	0	0	0	1	1	1	1	1	1	1

3. 变量权系数的确定

在特征分析中，确定各变量的权系数的方法有乘积矩阵的平方和法、乘积矩阵的主分量法和概率矩阵主分量法。概率矩阵主分量法由于观点上的不同，对同一问题求出的权系数与前两种方法相比较可能会有较大出入。因此，在本次计算中采用乘积矩阵的平方和法和主分量法两种方法，详细计算结果见表 8-7。

表 8-7 特征分析变量权系数表

变量号	乘积矩阵平方和法	乘积矩阵主分量法	变量号	乘积矩阵平方和法	乘积矩阵主分量法	变量号	乘积矩阵平方和法	乘积矩阵主分量法
x_1	0.015025	0.077026	x_{13}	0.026223	0.138223	x_{25}	0.029020	0.152820
x_2	0.011429	0.057229	x_{14}	0.040710	0.217210	x_{26}	0.009031	0.041631
x_3	0.038413	0.205013	x_{15}	0.007732	0.038332	x_{27}	0.04236	0.22606
x_4	0.04227	0.22527	x_{16}	0.015025	0.077625	x_{28}	0.040012	0.213712
x_5	0.024624	0.129624	x_{17}	0.011030	0.056530	x_{29}	0.04522	0.24122
x_6	0.035815	0.190915	x_{18}	0.004134	0.018534	x_{30}	0.012328	0.057428
x_7	0.032818	0.174718	x_{19}	0.028522	0.149522	x_{31}	0.033017	0.175617
x_8	0.029021	0.153521	x_{20}	0.04581	0.24491	x_{32}	0.04139	0.22079
x_9	0.004134	0.018534	x_{21}	0.04483	0.23913	x_{33}	0.035616	0.188316
x_{10}	0.003935	0.018035	x_{22}	0.04198	0.22398	x_{34}	0.040411	0.215911
x_{11}	0.036114	0.191414	x_{23}	0.029819	0.157119	x_{35}	0.04425	0.23615
x_{12}	0.014527	0.070827	x_{24}	0.04434	0.23694			

由表 8-7 可知，两种计算方法中，变量权系数从大到小的排序是一致的。我们选用了平方和法的一组系数作为变量的权系数。

4. 远景区预测模型

预测模型为

$$y_i = \sum_{j=1}^{m} b_j \times x_{ij}$$

式中，m 为变量个数；x_{ij} 为第 i 个单元在第 j 个变量上的取值，$x_{ij} \in \{0, 1\}$；b_j 为第 j 个变量的权系数；y_i 为第 i 个单元的关联系数，$y_i \in \{-1, 0\}$ 正规化后的关联系数为

$$y_i = (y_i+1)/2, \quad y \in \{0, 1\}$$

模型关联系数见表8-8。

表8-8 特征分析模型单元关联系数表

单元号	矿床规模	关联系数	单元号	矿床规模	关联系数
450	大型	0.8125	788	小型	0.8180
353	大型	0.7921	789	小型	0.8177
375	中型	0.8681	449	小型	0.6119
689	中型	0.9043	831	小型	0.5363
836	中型	0.8533	5	矿点	0.3514
328	小型	0.8919	216	矿点	0.2265
376	小型	0.8968	516	矿点	0.3860
300	小型	0.7088	480	矿点	0.4784

计算程序流程见图8-3。

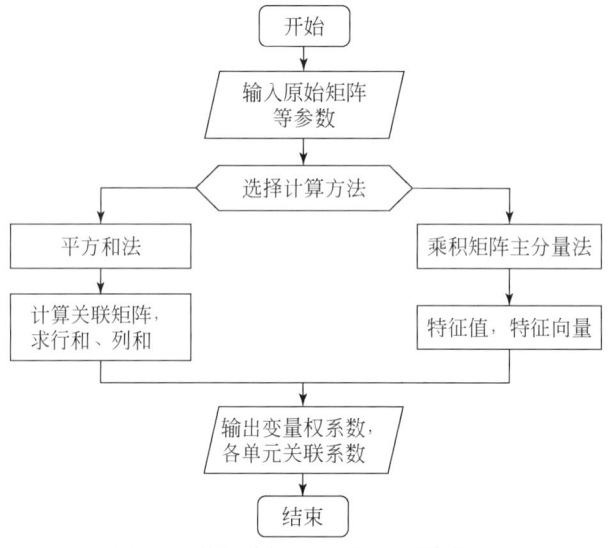

图8-3 特征分析FORTRAN程序框图

全区各单元关联系数（>0.3）见图8-4。由关联系数的计算公式可知，y 值越大，说明有利度越多，因而对成矿越有利。

8.2.4.2 信息量法

信息量计算法属于单变量统计方法。在矿产预测中，控制成矿的某种地质条件和找矿标志对研究对象的作用，可以通过这些成矿地质条件和找矿标志所提供的信息量来进行评价，也即用信息量的大小来定量地评价成矿地质条件和找矿标志与研究对象的关系之密切程度及其相对作用，借以选择与矿化关系密切的变量。同时，根据每个单元中各标志信息量总和的大小来评价每个单元相对的找矿意义，用以对成矿远景区进行预测。其计算方法和步骤如下：

1. 计算各标志指示有矿的信息量

$$I_j = \lg\left(\frac{N_j/N}{S_j/S}\right) \quad (j=1, 2, \cdots m)$$

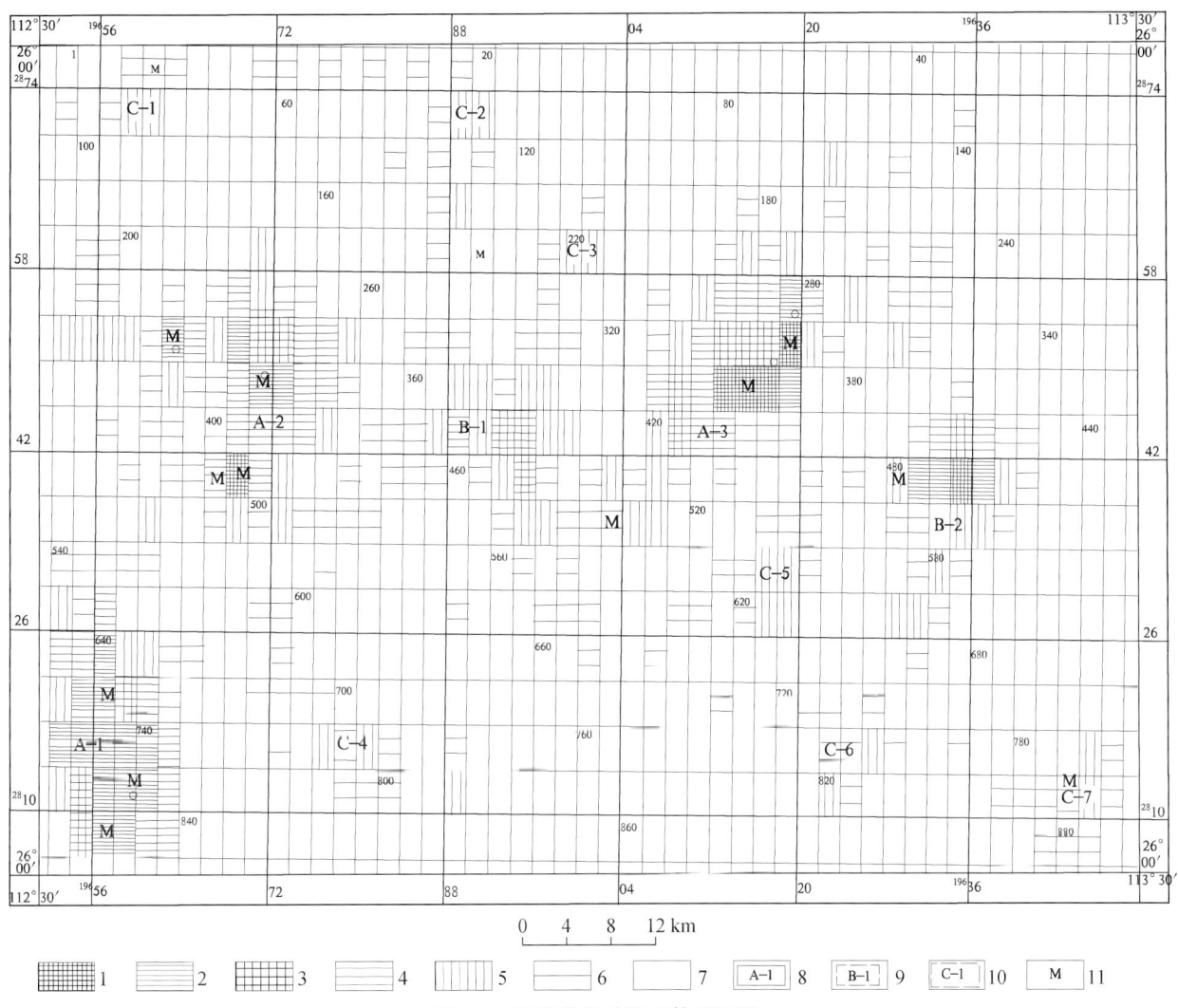

图 8-4 特征分析关联系数平面图

1-关联系数>0.8；2-关联系数 0.7~0.8；3-关联系数 0.6~0.7；4-关联系数 0.5~0.6；5-关联系数 0.4~0.5；6-关联系数 0.3~0.4；7-关联系数<0.3；8-A 数成矿远景区及编号；9-B 类成矿远景区及编号；10-C 类成矿远景区及编号；11-模型单元

式中，I_j 为标志 x_j 指示有矿的信息量；m 为地质标志的个数；N_j 为具有标志 x_j 的含矿单元数；N 为研究区内含矿总数；S_j 为具标志 x_j 的单元数；S 为研究区总体单元数。

具体计算时，计算了 $x_1 \sim x_{34}$ 共 34 个地质标志的信息量，x_{35} 地质标志为含矿性参数。计算结果如表 8-9。

表 8-9 地质标志信息表

地质标志	信息量	地质标志	信息量	地质标志	信息量	地质标志	信息量
x_1	0.6741	x_{10}	0.1973	x_{19}	0.0969	x_{28}	0.4531
x_2	0.4905	x_{11}	-0.0700	x_{20}	0.0267	x_{29}	0.6019
x_3	0.1251	x_{12}	-0.0286	x_{21}	-0.0480	x_{30}	0.3630
x_4	0.2311	x_{13}	0.5767	x_{22}	0.4335	x_{31}	0.3136
x_5	0.4539	x_{14}	0.4077	x_{23}	0.2231	x_{32}	0.3179
x_6	0.5235	x_{15}	-0.0610	x_{24}	-0.0118	x_{33}	0.1411
x_7	0.6649	x_{16}	0.4393	x_{25}	0.2075	x_{34}	0.4497
x_8	0.2405	x_{17}	0.1533	x_{26}	-0.1644		
x_9	0.1559	x_{18}	-0.2421	x_{27}	0.3648		

2. 有用信息量的计算

计算公式：

$$\triangle I^+ = K \sum_{j=1}^{n} I_j$$

式中，$\triangle I^+$ 为有用信息量；K 为有用信息水平（$K=0.75$）；n 为信息量为正值的标志个数。

计算结果：$\triangle I^+ = 6.9952$。

3. 筛选地质标志

按各标志信息量由大到小排序，累计到 $\triangle I^+$，则累计的若干地质标志即为有利的找矿标志，详见表 8-10。

表 8-10 地质标志信息累计计算表

地质标志	x_1	x_7	x_{29}	x_{13}	x_6	x_2	x_5	x_{28}	x_{34}
I	0.6744	0.6649	0.6019	0.5767	0.5235	0.4905	0.4539	0.4531	0.4497
累计 I	0.6744	1.3393	1.9412	2.5179	3.0414	3.5319	3.9858	4.4389	4.8885
地质标志	x_{16}	x_{22}	x_{14}	x_{27}	x_{30}	x_{32}	x_{31}	x_8	x_4
I	0.4393	0.4335	0.4077	0.3648	0.3630	0.3179	0.3136	0.2405	0.2311
累计 I	5.3279	5.7614	6.1691	6.5339	6.8969	7.2148	7.5284	7.7689	8.0000
地质标志	x_{23}	x_{25}	x_{10}	x_9	x_{17}	x_{33}	x_3	x_{19}	
I	0.2231	0.2075	0.1973	0.1559	0.1533	0.1411	0.1251	0.0969	
累计 I	8.2231	8.4306	8.6279	8.7838	8.9371	9.0782	9.2033	9.3002	
地质标志	x_{20}	x_{24}	x_{12}	x_{21}	x_{15}	x_{11}	x_{26}	x_{18}	
I	0.0267	−0.0180	−0.0286	−0.0480	−0.0610	−0.0700	−0.1644	−0.2411	
累计 I	9.3269								

由表 8-10 依次序可知：x_1、x_7、x_{29}、x_{13}、x_6、x_2、x_5、x_{28}、x_{34}、x_{16}、x_{22}、x_{14}、x_{27}、x_{30} 这 14 个标志状态为最有利的找矿标志。

4. 计算单元找矿信息量临界值

计算公式：$I_r = \dfrac{1}{r} \sum_{i=1}^{n} c_i$

式中，I_r 为单元找矿信息量临界值；c_i 为含矿单元信息量；r 为有矿单元个数。

计算结果：$I_r = 0.77668$。

5. 计算各单元信息量

计算公式：$c_i = \sum_{j=1}^{m} I_j (i=1, 2, \cdots s)$

式中，c_i 为各单元信息量；m 为研究区地质标志个数；I_j 为标志 x_j 的信息量。

信息量法计算程序见图 8-5。

全区各单元信息量计算结果见图 8-6。

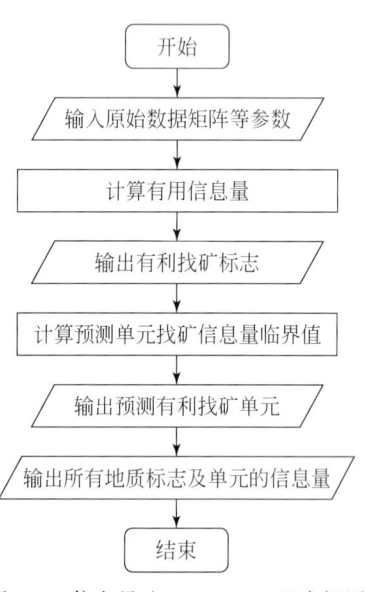

图 8-5 信息量法 FORTRAN 程序框图

图 8-4 特征分析关联系数平面图

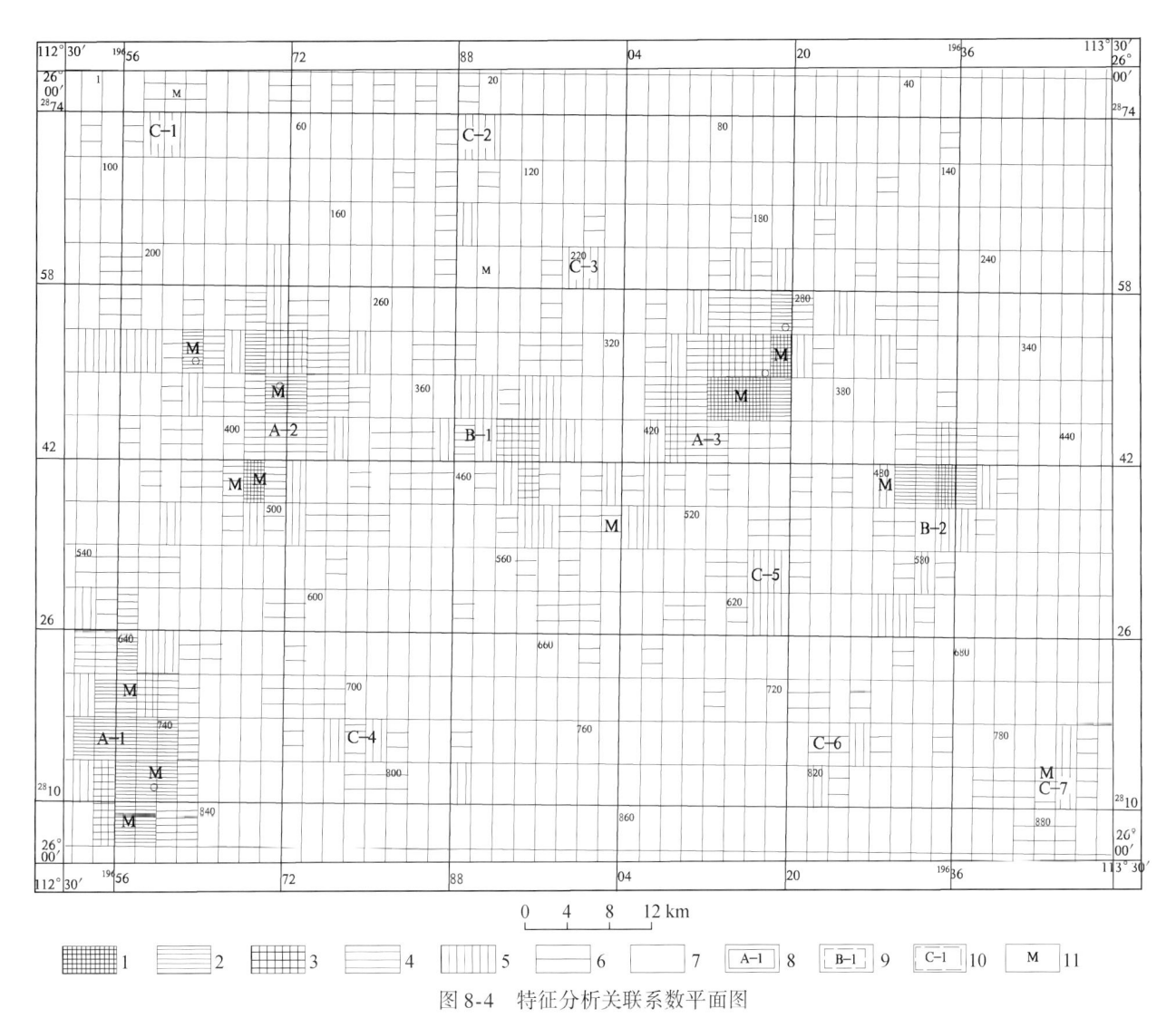

1-关联系数>0.8；2-关联系数0.7~0.8；3-关联系数0.6~0.7；4-关联系数0.5~0.6；5-关联系数0.4~0.5；6-关联系数0.3~0.4；7-关联系数<0.3；8-A 数成矿远景区及编号；9-B 类成矿远景区及编号；10-C 类成矿远景区及编号；11-模型单元

式中，I_j 为标志 x_j 指示有矿的信息量；m 为地质标志的个数；N_j 为具有标志 x_j 的含矿单元数；N 为研究区内含矿总数；S_j 为具标志 x_j 的单元数；S 为研究区总体单元数。

具体计算时，计算了 $x_1 \sim x_{34}$ 共 34 个地质标志的信息量，x_{35} 地质标志为含矿性参数。计算结果如表 8-9。

表 8-9 地质标志信息表

地质标志	信息量	地质标志	信息量	地质标志	信息量	地质标志	信息量
x_1	0.6741	x_{10}	0.1973	x_{19}	0.0969	x_{28}	0.4531
x_2	0.4905	x_{11}	−0.0700	x_{20}	0.0267	x_{29}	0.6019
x_3	0.1251	x_{12}	−0.0286	x_{21}	−0.0480	x_{30}	0.3630
x_4	0.2311	x_{13}	0.5767	x_{22}	0.4335	x_{31}	0.3136
x_5	0.4539	x_{14}	0.4077	x_{23}	0.2231	x_{32}	0.3179
x_6	0.5235	x_{15}	−0.0610	x_{24}	−0.0118	x_{33}	0.1411
x_7	0.6649	x_{16}	0.4393	x_{25}	0.2075	x_{34}	0.4497
x_8	0.2405	x_{17}	0.1533	x_{26}	−0.1644		
x_9	0.1559	x_{18}	−0.2421	x_{27}	0.3648		

2. 有用信息量的计算

计算公式：

$$\triangle I^+ = K \sum_{j=1}^{n} I_j$$

式中，$\triangle I^+$ 为有用信息量；K 为有用信息水平（$K=0.75$）；n 为信息量为正值的标志个数。

计算结果：$\triangle I^+ = 6.9952$。

3. 筛选地质标志

按各标志信息量由大到小排序，累计到 $\triangle I^+$，则累计的若干地质标志即为有利的找矿标志，详见表 8-10。

表 8-10　地质标志信息累计计算表

地质标志	x_1	x_7	x_{29}	x_{13}	x_6	x_2	x_5	x_{28}	x_{34}
I	0.6744	0.6649	0.6019	0.5767	0.5235	0.4905	0.4539	0.4531	0.4497
累计 I	0.6744	1.3393	1.9412	2.5179	3.0414	3.5319	3.9858	4.4389	4.8885

地质标志	x_{16}	x_{22}	x_{14}	x_{27}	x_{30}	x_{32}	x_{31}	x_8	x_4
I	0.4393	0.4335	0.4077	0.3648	0.3630	0.3179	0.3136	0.2405	0.2311
累计 I	5.3279	5.7614	6.1691	6.5339	6.8969	7.2148	7.5284	7.7689	8.0000

地质标志	x_{23}	x_{25}	x_{10}	x_9	x_{17}	x_{33}	x_3	x_{19}
I	0.2231	0.2075	0.1973	0.1559	0.1533	0.1411	0.1251	0.0969
累计 I	8.2231	8.4306	8.6279	8.7838	8.9371	9.0782	9.2033	9.3002

地质标志	x_{20}	x_{24}	x_{12}	x_{21}	x_{15}	x_{11}	x_{26}	x_{18}
I	0.0267	-0.0180	-0.0286	-0.0480	-0.0610	-0.0700	-0.1644	-0.2411
累计 I	9.3269							

由表 8-10 依次序可知：x_1、x_7、x_{29}、x_{13}、x_6、x_2、x_5、x_{28}、x_{34}、x_{16}、x_{22}、x_{14}、x_{27}、x_{30} 这 14 个标志状态为最有利的找矿标志。

4. 计算单元找矿信息量临界值

计算公式：$I_r = \dfrac{1}{r} \sum_{i=1}^{n} c_i$

式中，I_r 为单元找矿信息量临界值；c_i 为含矿单元信息量；r 为有矿单元个数。

计算结果：$I_r = 0.77668$。

5. 计算各单元信息量

计算公式：$c_i = \sum_{j=1}^{m} I_j (i=1, 2, \cdots s)$

式中，c_i 为各单元信息量；m 为研究区地质标志个数；I_j 为标志 x_j 的信息量。

信息量法计算程序见图 8-5。

全区各单元信息量计算结果见图 8-6。

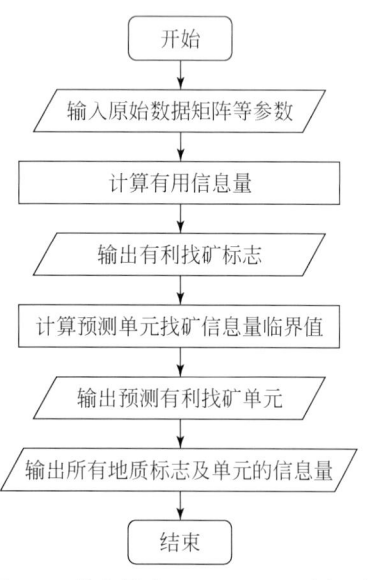

图 8-5　信息量法 FORTRAN 程序框图

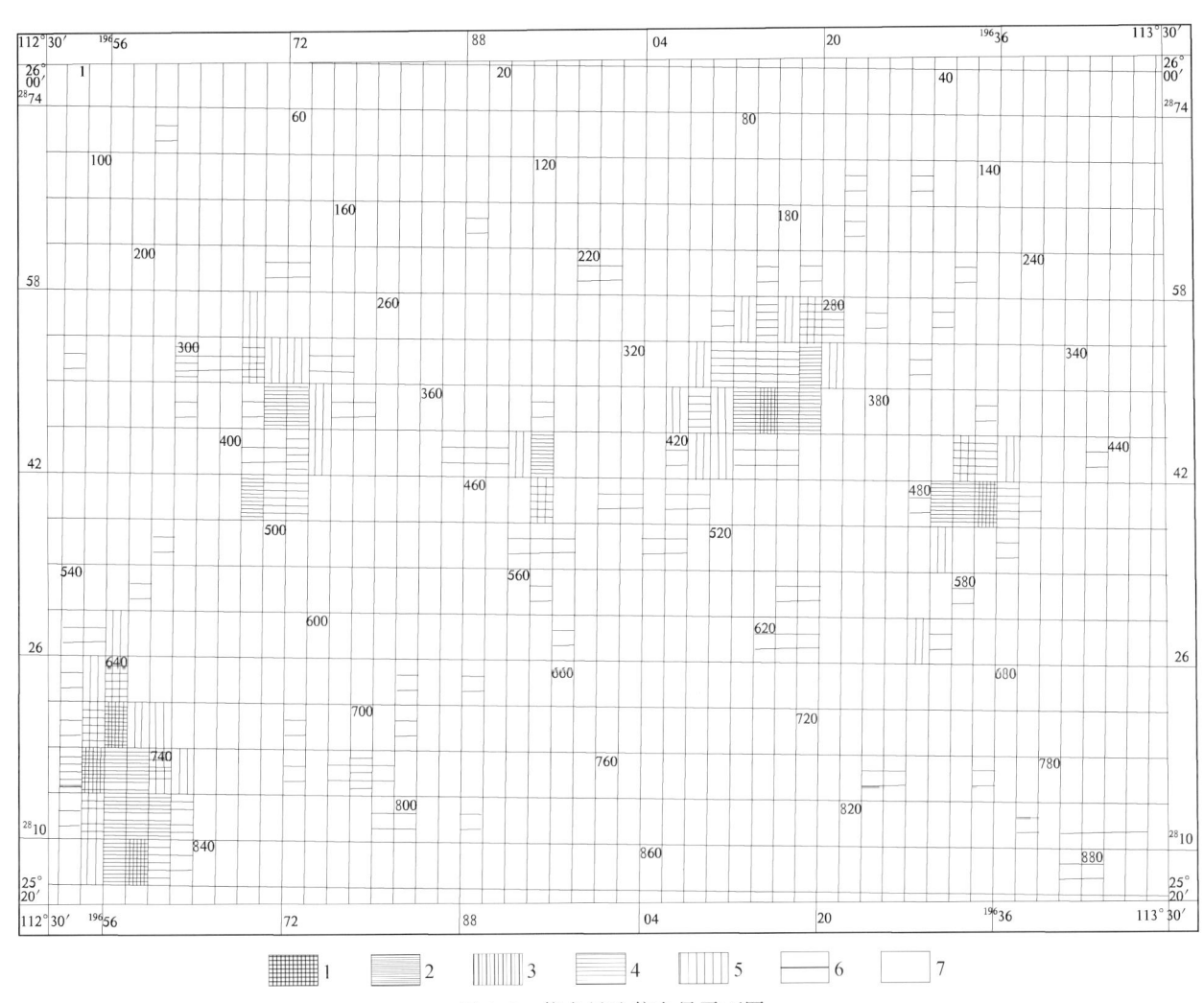

图 8-6　信息量法信息量平面图

1-信息量>7；2-信息量 6~7；3-信息量 5~6；4-信息量 4~5；5-信息量 3~4；6-信息量 2~3；7-信息量<2

8.2.4.3　铅锌矿成矿远景区的划分

1. 成矿远景区的划分原则

对成矿远景区的划分，采用以矿产统计预测结果为主，并与成矿地质条件分析相结合的原则进行，在矿产统计预测中，以特征分析定位预测的结果为主，部分参考信息量法定位预测结果。原则上把关联系数大于 0.40 的单元作为成矿有利区域，对于有利区域附近成矿地质条件比较相似而关联系数仅在 0.30~0.40 或信息量较高的少数单元也划入了成矿远景区内。

对预测区划分为 A、B、C 三类。

A 类成矿远景区——区内有较多单元的关联系数大于 0.7，已知矿床（点）较多，并至少有中型以上矿床出现，综合信息依据充分，资源潜力大。关联信息离散后的水系沉积物元素和重砂对成矿有利。

B 类成矿远景区——有较多单元的关联系数在 0.6~0.7，有已知矿床（点）出现，综合信息对成矿较有利，有一定的资源潜力。关联信息离散后的水系沉积物元素和重砂对成矿较有利。

C 类成矿远景区——区内有较多单元的关联系数在 0.4~0.6，有已知矿点出现，具备一定的成矿地质条件。

2. 成矿远景区的划分结果

根据上述划分原则，将区内铅锌成矿远景区划分为 3 类 12 区，划分结果如下：

（1）A 类成矿远景区：

①香花岭成矿远景区（A-1）；

②坪宝成矿远景区（A-2）；
③东坡成矿远景区（A-3）。
（2）B类成矿远景区：
①新田岭成矿远景区（B-1）；
②瑶岗仙成矿远景区（B-2）。
（3）C类成矿远景区：
①金子岭成矿远景区（C-1）；
②东里成矿远景区（C-2）；
③金银冲成矿远景区（C-3）；
④新塘成矿远景区（C-4）；
⑤长城岭成矿远景区（C-5）；
⑥黄圃成矿远景区（C-6）；
⑦砖头坳成矿远景区（C-7）。

8.2.5 铅锌资源的定量预测

8.2.5.1 铅锌矿床空间分布模型检验计算

1. 计算方法和步骤

（1）由矿产图上，统计全区882个单元含不同类型矿床（点）数的观测频数（fi^*），并计算它们的基本特征参数（均值、方差等）。

（2）用泊松分布和负二项分布的数学模型分别计算相应的期望频数。

（3）泊松分布数学模型：

$$P(x) = e^{-\lambda} \cdot \frac{\lambda^x}{x}$$

式中，$P(x)$为x取不同值时的期望频率；x为单元内所含矿床（点）数；λ为总体平均数，用样本平均值x估算。

（4）负二项分布数学模型：

$$P(x) = \frac{(r+x-1)!}{x!(r-1)!} \cdot \frac{P^x}{q(x+r)}$$

式中，$P(x)$为x取不同值时的期望频率；r为用r估计$r=x/s^2-x$；P为用P估计$P=x/r$；q为用q估计$q=1+P$。

（5）用泊松分布和负二项分布数学模型求出的期望频率乘以样品大小，分别得到泊松分布和负二项分布的期望频数，计算结果见表8-11。

表8-11 泊松分布、负二项分布模型检验计算结果表

单元内矿床（点）数	观测频数（fi^*）	期望频数 泊松分布	期望频数 负二项分布	期望频数（fi^{**}） 泊松分布	期望频数（fi^{**}） 负二项分布	$(fi^{**}-fi^*)^2/fi^{**}$ 泊松分布	$(fi^{**}-fi^*)^2/fi^{**}$ 负二项分布
0	784	0.828	0.882	730.2	777.9	3.964	0.048
1	53	0.157	0.076	138.5	67.0	52.782	2.925
2	30	0.015	0.024	13.2	21.2	21.382	3.653
3	10	0.001	0.009	0.9	7.9	92.011	0.558
4	4	0.000	0.004	0.0	3.5		0.071
8	1	0.000	0.002	0.0	1.8		0.356
							Σ7611

(6) x^2 适度检验：

分别求出泊松分布和负二项分布的 x^2 值。

给定信度 $\alpha=0.05$，泊松分布自由度=4，查 x^2 分布表，泊松分布 $x^2_{0.05}=9.488$，查表值显然小于计算值，$x^2_{泊}$ 落在定义域外，原假设经验分布不符合泊松分布。

给定信度 $\alpha=0.05$，负二项分布自由度=3，查 x^2 分布表，$x^2_{0.05}=7.815$，计算结果 $x^2_{负}=7.611$，即 $x^2_{负}$ 落在定义域区，经验分布符合二项分布。

2. 铅锌矿床空间分布模型检验计算结果的解释

从以上计算结果，可得出两点认识：

由于区内大部分铅锌矿床（点）受岩浆岩及与其成因有关的主导因素控制，矿床（点）的空间分布具"丛集性"特点，故其空间分布不服从泊松而服从二项分布。

经计算，千骑地区内找到至少含一个矿床（点）的单元的理论概率为 11.50%，稍高于实测概率 11.11%。概率计算结果表明，由于区内铅锌地质工作程度较高，大量的铅锌矿床（点）已被发现，因此，新发现矿床（点）的可能性尽管有，但概率较小。从特征分析及信息量计算结果来看，某些已知单元仍有较大的找矿潜力，以特征分析的模型单元为例，从表 8-8 中可以很清楚地看出，模型单元中一些中小型矿床的关联系数较高，某些单元的关联系数与已知储量出现反序现象，说明这些模型单元仍具较大的找矿潜力。

8.2.5.2 铅锌储量定量预测

本次对铅锌储量的定量预测仅选择 A、B 两类成矿远景区计算表内储量。考虑到模型单元内各矿床的勘探深度均大致在 1 km 以内，故以此作为储量计算最大深度。根据对中比例尺成矿预测储量计算级别要求，全部计算为 G 级预测储量。

（1）根据特征分析结果，对个别模型单元用储量系数修正后，用模型单元的铅锌储量与关联系数呈指数关系的特点，采用逐步回归的方法建立如下定量预测模型：

$$W_i = A \cdot B^{yi}$$

式中，W_i 为单元内储量；yi 为关联系数。

由计算得出：$A=253.6333553$；$B=1817.840563$。

储量与关联系数之间的相关系数 $R=5.7949$。相关系数检验结果，在信度 $\alpha=0.05$ 时的相关系数临界值 $R_{0.05}=0.5766$，可见储量与关联系数之间是相关的，预测方法有实用意义。

$$回归方程的 F 检验：F = \frac{U/1}{Q/N-2} = \frac{8.4280/1}{16.6694/12-2} = 5.055$$

式中，U 为回归平方和，自由度为 1；Q 为剩余平方和，自由度为 $N-2$；N 为有储量的模型单元个数。

在信度 $\alpha=0.05$ 时的 F 临界值为 $F(1,10)_{0.05}=4.96$，$F>F(1,10)_{0.05}$，故回归方程可用于预测。

（2）成矿远景区的储量预测。

成矿远景区的储量计算公式为

$$W = \sum_{i=1}^{N} A \cdot B^{yi}$$

式中，N 为成矿远景区内的单元数；W 为成矿远景区储量；yi 为成矿远景区内各单元关联系数。

用上式计算区内 5 个成矿远景区的储量如表 8-12。

表 8-12 主要成矿远景区储量计算结果表

远景区名称	已探明储量/万 t	预测 334 储量/万 t	小计/万 t
香花岭	30.3858	148.1044	178.4902
坪宝	194.4930	53.0847	247.5777

续表

远景区名称	已探明储量/万 t	预测 334 储量/万 t	小计/万 t
新田岭	3.1019	69.1508	20.7967
东坡	70.0752	53.9241	139.2260
瑶岗仙			53.9241

8.2.6 预测方法可靠性评述

在综合信息矿产统计预测的定位预测中，我们采用了以特征分析为主，信息量法为辅的两种方法。前已所述，此两种方法在原理上是迥异的。特征分析属于矿床模型法之一，是从变量中提取各变量所具有的综合特征；而信息量法则属于单变量统计分析方法，是用条件概率来计算的。尽管两种方法的原理不同，但定位预测结果（图8-4、图8-6）是基本一致的，两种预测方法互为佐证后，提高了可信度。

在主要预测方法特征分析中，保留了一部分与模型单元具有相似性的已知单元不参与建模，用以验证数学模型的优劣。这些已知单元的计算结果如表8-13所示。从该表可知，这些小型矿床的关联系数均在 0.4 以上，说明所建模型预测效果较好。

表 8-13 已知单元储量及关联系数表

单元号	矿区名称		已探明储量/万 t	关联系数
324	天字号	野鸡窝	1.6687	0.5884
325	金子伦		0.2913	0.6245
372	大山门		5.6559	0.6357
513	铁坑		6.3834	0.4662
573	板田脚		3.1019	0.4893
638	南海塘		1.3500	0.5486

在铅锌储量定量预测中，采用了逐步回归法建立定量预测模型，模型本身经相关系数及 F 检验通过，模型可用于预测。但预测结果表内储量可能偏少，原因是从模型单元的关联系数来看，相当一部分模型单元尚有找矿潜力，导致以现有储量建立的定量预测模型所预测的储量偏少，故在应用定量预测资料时应考虑上述因素。

8.3 成矿带和预测区划分与找矿远景

8.3.1 成矿带划分

根据千骑地区地质、地球物理、地球化学背景、成矿系列、矿床组合、矿床成因和控矿条件与成矿机理等研究，以炎陵-郴州-蓝山北东向深断裂为界（图2-3），将本区的内生矿床划分为两个成矿带（Ⅳ级）及五个成矿亚带。

8.3.1.1 洋市-桂阳铅锌多金属成矿带（Ⅳ$_1$）

该带位于千骑地区北西部，为相对拗陷带，主要由洋市-张家坪复式向斜、桂阳复式背斜和高车头-沙田复式向斜组成。出露地层主要为泥盆系、石炭系和二叠系碳酸盐岩、砂质页岩建造。南北向或呈反"S"形弧形弯曲的紧密褶皱和逆冲断裂发育，燕山期中-酸性侵入岩成群成带出露，多为浅成-超浅成的石英斑岩、花岗斑岩和花岗闪长斑岩等，呈小岩株、岩墙或岩脉产出。

本带位于炎陵-蓝山北东向重力梯级带的北西侧（图5-6），地球物理、地球化学场为区域性重力高的平稳场和平稳的负磁场区。重力梯级带向西突出，平面上形成三个重力台阶，是北西西向构造岩浆岩带的反映，航磁则表明为局部正异常，其地球化学多元素组合异常以Pb、Zn、Au、Ag为主，分带清楚。

南北向构造带控制了本成矿带的分布。北西西向的构造控制了岩浆岩和成矿亚带的展布。该成矿带与南北向构造的交汇部位，控制了呈平行等距展布的矿田和矿床，如已知的宝山铅锌多金属矿田、黄沙坪铅锌多金属矿田等。本区以岩浆热液型铅锌银矿床为主，已有大型铅锌矿床2处，中型矿床6处及一些小型矿床和矿点，是湘南地区铅锌矿的主要成矿带。

本成矿带可划分为两个成矿亚带，即金银冲-雷坪铅锌金银成矿亚带（IV_{1-a}）和大坊-宝山铅锌金银成矿亚带（IV_{1-b}）：

1. 金银冲-雷坪铅锌金银成矿亚带（IV_{1-a}）

位于重磁推断的雷坪-金银冲基底断裂的北东侧（图5-1），为一呈北西向展布的构造岩浆岩带，属区域性雷坪-金银冲-岭秀北西向断裂带的北西部，地表南北向构造与之横跨相接。地表出露岩体较少，尚未发现主要矿床，为一潜在的成矿亚带。

2. 大坊-宝山铅锌金银成矿亚带（IV_{1-b}）

位于重磁推断的何家渡-麻石基底断裂与敖泉圩-保和圩基底断裂之间（图5-5），为一呈北西向展布的构造岩浆岩带，属余田-桂阳-九峰北西向断裂带的北西部，地表南北向构造与之横跨相接，已知的有宝山、黄沙坪矿田等。

8.3.1.2 资兴-东坡-宜章钨锡多金属成矿带（IV_2）

该带位于千骑地区南东部，为相对隆起带，主要由郴州-宜章复式向斜、五盖山-西山复式背斜、资兴-赤石复式向斜和板坑-盈洞复式背斜组成。自震旦系以来各时代地层均有出露，以泥盆系地层出露较全。褶皱、断裂十分发育，岩浆活动频繁，侵入时代为印支期至燕山期，具有多期多阶段的特点，如骑田岭、千里山、瑶岗仙等复式岩体及其各种岩脉，其岩性主要为酸性-超酸性的黑云母二长花岗岩、花岗斑岩、石英斑岩等，其次有辉绿岩、煌斑岩等基性岩脉。

该带位于炎陵-蓝山北东向重力梯级带东南侧（图5-6），属区域性正值高磁区。区域性重力低，重力场起伏变化大，主体重力低所反映的隐伏、半隐伏岩基，与高磁区相互叠合。本带也为一地球化学高背景区，具W、Sn、Pb、Zn等多元素组合异常，异常强度大，多围绕岩体分布，并有明显的分带性。

北东向构造控制了岩浆岩带和成矿亚带的展布，在与南北向、东西向构造的交汇部位控制着矿田的分布，如东坡钨锡多金属矿田等。

本成矿带矿种多，矿床类型复杂，主要矿床为钨、锡、钼、铋矿，次为铅、锌矿，其矿床类型主要有具成因联系的云英岩型、夕卡岩型、石英脉型和热液充填交代型。本带已有大型钨锡矿床6处，中型钨锡铅锌矿床13处，以及众多的小型矿床和矿点，为湘南内生金属矿床最集中的地带。

本成矿带可分如下三个亚带：

1. 彭公庙-东坡-杏花岭钨锡多金属成矿亚带（IV_{2-a}）

位于炎陵-郴州-蓝山深断裂与重磁推断的麻田-油龙塘基底断裂之间（图5-5），为一呈北东向展布的构造岩浆岩带。地表主要由印支期郴州-宜章复式向斜、五盖山-西山复式背斜和香花岭短轴背斜组成，处于资兴-长城岭逆断裂北西侧。包括已知的东坡矿田、香花岭矿田等。

2. 瑶岗仙-长策钨锡多金属成矿亚带（IV_{2-b}）

位于重磁推断的白石渡-大路基底断裂与兰田-金滩基底断裂之间（图5-5），为一呈北东向展布的瑶岗仙构造岩浆岩带。地表属印支期板坑-盈洞复式背斜西部的龙溪-二都向斜，李家垄-曹田逆断裂与山牛塘-白石逆断裂之间。加里东期北西西向褶皱在此段北部有显示。已知有瑶岗仙矿田。

3. 盈洞-九峰钨锡多金属成矿亚带（IV_{2-c}）

位于印支期板坑-盈洞复式背斜的东翼，延寿-砖头坳断裂的两侧，加里东期北西向褶皱和北东向断裂构造发育。已知有砖头坳大型钨矿床。

8.3.2 矿田预测区划分

8.3.2.1 矿田预测区划分依据

（1）成矿亚带中由统一的地质作用形成，成因上近似的矿床、矿点分布集中区。
（2）具有范围大、强度高、组合好的化探、重砂异常和局部航磁异常群分布区。
（3）存在由大面积的重力负异常所推断出来的隐伏花岗岩体在地表的投影区。
（4）地层、构造、岩浆岩等成矿地质背景条件有利地区。
（5）结合模型类比和综合信息矿产统计预测方法，关联系数在0.4以上的成片单元分布区或A、B类成矿远景区。

8.3.2.2 矿田预测区

根据上述预测依据，本区共圈定七个矿田预测区，其基本特征如下。

1. 宝山铅锌金银多金属矿田预测区

位于炎陵-郴州-蓝山深断裂带北西侧，大坊-宝山铅锌金银成矿亚带东部，面积170 km²。矿田处于物探推断的北西向深断裂带与桂阳复背斜的复合部位。该复背斜由一系列紧密倒转褶皱和走向逆冲断裂带组成，轴向由北北东拐向北东的转折处，次级北北东向褶皱和北西向断裂十分发育。地表出露岩体为燕山期的花岗闪长斑岩及其隐爆角砾岩等小岩群。重磁资料推断深部有隐伏岩基，在桂阳以南，米筛井及官溪北东等处有隐伏的高侵位小岩体。赋矿地层主要为石炭系下统石磴子组、测水组和梓门桥组，其岩性组合和构造条件对成矿十分有利。区内已知有宝山、财神庙和大坊等大中型矿床和多处内生金属矿田。有大面积分布的重力异常和正负跳变磁异常。有彼此重叠的W、Mo、Bi、Cu、Pb、Zn、Au、Ag、As等化探异常和相应的重矿物异常。综合信息矿产统计预测结果，坪宝地区划为A类成矿远景区，其特征关联系数多在0.5～0.8，统计信息量多在4～7，定量预测尚有334铅锌资源量53万t。而本区位于坪宝预测区的北半部。

2. 黄沙坪铅锌多金属矿田预测区

位于炎陵-郴州-蓝山深断裂带上，大坊-宝山铅锌金银成矿亚带之东南部，面积125 km²。矿田处于物探推断的北西向深断裂与北北东向桂阳复背斜的复合部位。由一系列紧密倒转褶皱和走向逆冲断裂组成，次级近南北向和近东西向断裂十分发育。地表出露岩体为燕山期的花岗斑岩及其隐爆角砾岩等小岩体群。重磁资料推测其深部有隐伏花岗岩基，在黄沙坪以北及东部柳塘等地有多个隐伏的高侵位小岩体。赋矿地层主要为石炭系下统石磴子组、测水组和梓门桥组，其岩性组合及构造条件对成矿十分有利。区内已知有黄沙坪大型矿床一处和多处内生金属矿点。有明显的重力异常和强度高、正负伴生的航磁异常。有彼此重叠的W、Sn、Bi、Mo、Cu、Pb、Zn、Ag、As等化探异常和相应的重矿物异常。综合信息矿产统计预测结果，为坪宝A类成矿远景预测区的南半部，具有找铅锌矿的潜力。

3. 香花岭钨锡铅锌多金属矿田预测区

位于炎陵-郴州-蓝山深断裂带东南侧，香花岭-彭公庙构造岩浆岩带和钨锡多金属成矿亚带之西南端，面积330 km²。矿田处于金子岭-香花岭复式背斜南部，南北向的香花岭短轴背斜与北东向的断裂带复合部位。背斜中心为寒武系地层形成近东西向的紧密型褶皱。背斜外侧为泥盆系—石炭系地层形成近南北向的复式褶皱和逆冲断裂。此外，尚有北东向、北北东向和北西向多组断裂发育，为本区控矿断裂。

地表出露岩体主要有癞子岭、通天庙、尖峰岭等几个小花岗岩体和花岗斑岩脉。据物探资料推断其深部有一个北北西向展布的隐伏花岗岩基，在三合圩、香花岭、尖峰岭、鸡脚山等处有隐伏的高侵位小岩体。赋矿地层主要为寒武系砂页岩、跳马涧组砂岩、棋梓桥和佘田桥组云灰岩。区内已知有香花岭（太平和新风）中型锡铅锌矿、铁矿坪中型锡矿、香花铺和东山中型钨矿、炮金山、茶山、麦市、门头岭等小型铅锌矿，还有大型铌钽矿和含铍条纹岩等矿床和数量众多的多金属矿点。区内有面积达 300 km² 的重力异常和成片分布的十余个航磁局部异常相叠合，有分带清楚的 Nb、Ta、Be、W、Sn、Cu、Pb、Zn、As、F、B 等多元素组合的化探异常和水系沉积物异常及与元素相对应的重砂异常相互吻合。综合信息矿产统计预测其特征关联系数多在 0.5~0.8，统计信息量多在 5~7，定量预测结果本区尚有 334 铅锌资源量 148 万 t，资源潜力很大，故划为 A 类成矿远景区。

4. 新田岭钨锡铅锌多金属矿田预测区

位于炎陵–郴州–蓝山深断裂带东南侧，香花岭–彭公庙构造岩浆岩带和钨锡多金属成矿亚带之中部，面积 160 km²。矿田处于郴州–宜章向斜紧密断褶带与北西向深断裂带的复合部位以及骑田岭花岗岩体之北端外接触带。区内由上古生界地层组成的一系列北北东向的紧密倒转褶皱和走向逆断裂组成，还有南北向和北西向断裂发育。区内岩浆岩除南部为骑田岭主体黑云母花岗岩外，在顶上黄家、花园里、活佛坳等地还有较多的细粒花岗岩、花岗斑岩、煌斑岩等小岩体、岩脉成群分布。据物探资料推断骑田岭岩体往北东深部倾伏延伸较远，其上部在邓家、严塘王家和新田岭等地有隐伏的高侵位小岩体分布。区内赋矿地层主要为石炭系的灰岩、白云岩、泥质灰岩和砂页岩，岩性组合对成矿有利。区内已知有新田岭大型钨矿床，尚有众多的钨、锡、钼、铋、铅、锌等多金属矿点和矿化点，主要矿床类型为夕卡岩型和热液交代、充填型。本区位于蓝山–炎陵重力梯度带上，湘南高磁区北缘中部。骑田岭岩体的重力负异常明显向北东隐伏延伸，一系列航磁局部异常沿接触带分布。本区亦为湘南地球化学高背景区，W、Sn、Pb、Zn、As、Ag、Au、Sb 等元素的化探组合异常强度高，范围大，浓集中心明显，分带性好。综合信息矿产统计预测其特征分析关联系数多在 0.4~0.7，统计信息量多在 4~6，定量预测结果本区尚有 334 铅锌资源量 17 万 t，故划属 B 级成矿远景区。

5. 东坡钨锡铅锌多金属矿田预测区

位于炎陵–郴州–蓝山深断裂带南东侧，香花岭–彭公庙构造岩浆岩带和钨锡多金属成矿亚带的中部，面积 325 km²。矿田处于王仙岭–千里山东西向隆起带与南北向的五盖山–偷营山复背斜的复合部位。区内主要为上古生界地层形成的近南北向的褶皱、断裂群与北东向的断裂、岩脉群相交织，东北部伸入震旦系地层中。北北东向和南北向的断裂为主要控矿构造，本区岩体主要有王仙岭和千里山两个较大的黑云母二长花岗岩体，此外，沿北东还有大量花岗斑岩脉和岩墙充填。根据物探资料推断，本区深部为一个北东向延伸的大花岗岩基，并在青山头、白露塘、南风坳和塘头等地有隐伏的高侵位小岩体分布。震旦系和泥盆系地层是本区的主要矿源岩层，岩性组合有利于富集成矿。本区矿产已知以钨锡钼铋铅锌等有色金属为主，已探明有柿竹园、野鸡尾、红旗岭等特大型、大型钨锡多金属矿床和金狮岭、蛇形坪、东坡山、柴山、横山岭等一批中小型铅锌矿床，还有更多的星罗棋布的多金属矿点。矿床主要为夕卡岩、云英岩型和岩浆热液交代充填型，其次为层控改造型，本区位于蓝山–炎陵重力梯级带和区域磁异常带上，有明显的重力负异常和航磁局部异常分布。又处于湘南地球化学场高背景区，有大面积分布的 W、Sn、Bi、Pb、As、B 组合化探异常和相应元素的重矿物异常，强度高，浓集中心明显。综合信息矿产统计预测其特征分析关联系数多在 0.6~>0.8，统计信息量多在 4~7，定量预测结果，本区尚有 334 铅锌资源量 69 万 t，故划属 A 类成矿远景区。

6. 瑶岗仙钨锡铅锌多金属矿田预测区

位于本区东部瑶岗仙–长策钨锡多金属成矿亚带之中部，面积 210 km²，矿田处于北东向与北西向两组深断裂的复合部位。地表处于李家坳–曹田与山牛塘–白石两条北东向的区域大断裂之间，区内主要有板坑–瑶岗仙背斜南部倾伏端和龙溪–二都向斜两个次级褶皱以及多组复杂的断裂构造，其中北西西向、北西和北北东向三组断裂为主要容矿构造。本区出露岩体主要有瑶岗仙小花岗岩体和北西向的花岗斑岩脉以及界牌岭小花岗斑岩体，属燕山早期多次侵入的复式岩体。根据物探资料推断，其深部为一个呈北东向展布的隐伏大花岗岩基，其上部在观音山、大毛窝、瑶岗仙和排上等地有隐伏的高侵位小岩体分布。矿田北部的赋矿地层主要为寒武系石英砂岩、板岩和跳马涧组砂岩，矿田中部、南部主要为泥盆系—石炭系的碳酸盐岩和砂页岩。本矿田内已探明有瑶岗仙钨矿和矿化点。矿田内有大面积分布的重力负异常，在瑶岗仙岩体周围为浅源高磁区，航磁、地磁异常明显，有大面积分布的 W、Sn、Pb、Zn、Au、Ag 多元素组合的化探异常和重砂矿物异常，其分带清楚，浓集中心明显，特别是金银异常分布较为普遍。综合信息矿产统计预测其特征分析关联系数多在 0.4~0.8，统计信息量多在 4~7。定量预测结果尚有 334 铅锌资源量 54 万 t，但至今尚未找到工业矿床。故划属 B 类成矿远景区。

7. 白云仙钨锡铅锌多金属矿田预测区

位于本区东南角九峰岩体北侧外接触带，面积 120 km²。矿田处于板坑-盈洞复式背斜与北西向的深断裂带复合部位。矿田内主要由震旦系—寒武系地层形成的北西向褶皱带和北东向、北北西向断裂带组成复杂的构造带，在延寿-砖头坳大断裂附近有泥盆系地层分布。区内岩体主要为九峰岩体，分布于矿田南部。据物探资料推测，九峰岩体北部和西部接触带外侧有隐伏的高侵位小岩体分布。赋矿地层主要为震旦系—寒武系砂岩、板岩，泥盆系跳马涧组砂岩和棋梓桥组灰岩。成矿作用主要受岩体接触带内外的断裂构造控制，主要矿床类型为夕卡岩型和岩浆热液充填型。已探明的有砖头坳大型白钨矿床，白云仙、塘垟、小垣等中小型钨矿床，还有清江、茶山脚等小型铅锌矿床和矿点多处。矿田位于九峰重力负异常北部，剩余重力负异常和垂向二导异常均有两个负心，岩体北部外接触带为浅源高磁区，并有北东向磁力梯级带，其上有两个航磁局部异常。本区还有大范围分布的 W、Sn、Be、Cu、Pb、Zn、F、As、Au、Ag、Sb 等化探组合异常和相应元素的重砂矿物异常，相互重叠且强度高，综合信息矿产统计预测其特征分析关联系数在 0.4~0.6，统计信息量在 2~3，故划属 C 类找铅锌的远景区。

8.3.3 找矿预测区与找矿远景

在已圈定的矿田范围内所包含的成矿亚带中，根据成矿地质条件、已知矿床模型类比和综合信息矿产统计预测结果，进一步圈定了不同类别的、可开展大比例尺成矿预测和普查找矿的找矿预测区。

8.3.3.1 预测区级别的划分

根据成矿条件的有利程度、预测依据的可信度、资源潜力大小和工作条件的好坏，将成矿预测区划分为 A、B、C 三类。

A 类：位于矿田范围内，成矿地质条件与已知大、中型矿床类似，综合标志明显，地表已有矿化显示，具有找矿潜力，工作基础条件好，可优先安排地质找矿工作的地区。

B 类：位于矿田或成矿亚带内，其成矿地质条件与已知矿田类似，综合信息找矿标志较明显，地表已有矿化显示，具有找矿潜力，工作基础条件较好，可安排地质找矿工作的地区。

C 类：位于成矿亚带范围内，成矿地质条件较好，有综合信息标志，工作基础条件较差，但有一定找矿潜力的地区。

8.3.3.2 找矿预测区找矿远景

千骑地区共圈出锡多金属找矿预测区 25 个，其中，A 类 8 个、B 类 6 个、C 类 11 个，表 8-14 和图 8-7 表述了预测区划分结果及其基本概况和预测依据。

表 8-14 千骑地区锡多金属预测区划分总表

成矿带	成矿亚带	矿田预测区	找矿预测区级别、编号及名称
洋市–桂阳铅锌多金属成矿带（IV1）	大坊–宝山铅锌金银成矿亚带（IV$_{1-b}$）	宝山铅锌金银多金属矿田预测区	A-1 金子岗铅锌银预测区
			A-2 昭金祠铅锌金银预测区
			B-9 大坊金银铅锌预测区
		黄沙坪铅锌多金属矿田预测区	A-3 上银山铅锌金银预测区
			A-4 柳塘铅锌银预测区
			B-10 黄庄金银铅锌预测区
	金银冲–雷坪铅锌金银成矿亚带（IV$_{1-a}$）		B-11 王家坊铅锌金银预测区
			B-12 金银冲铜铅锌金预测区
			C-15 金子岭铅锌预测区
			C-16 雷坪锡铅锌金银锡铜预测区
			C-20 东里金预测区
资兴–东坡–宜章钨锡多金属成矿带（IV2）	彭公庙–东坡–香花岭钨锡多金属成矿亚带（IV$_{2-a}$）	香花岭钨锡铅锌多金属矿田预测区	A-5 塘官铺锡铅锌银预测区
			C-17 王阳圃锡铅锌预测区
		新田岭钨锡铅锌多金属矿田预测区	C-18 新塘锡铅锌预测区
			C-19 铜全岭锡铅铜预测区
		东坡钨锡铅锌多金属矿田预测区	A-6 桥头钨锡铅锌银预测区
			A-7 狮子庵锡钨铅锌银预测区
			A-8 南风坳锡钨铅锌银预测区
			C-22 大奎上铅锌预测区
			C-21 磕树崎锡铅锌金银预测区
	瑶岗仙–长策钨锡多金属成矿亚带（IV$_{2-b}$）	瑶岗仙钨锡铅锌多金属矿田预测区	C-23 长城岭铅锌铜预测区
			B-13 瑶岗仙钨锡铅锌金银预测区
			C-24 界牌岭锡多金属预测区
			C-25 黄圃锡金银预测区
	盈洞–九峰钨锡多金属成矿亚带（IV$_{2-c}$）	白云仙钨锡铅锌多金属矿田预测区	B-14 砖头坳钨锡铅锌金银预测区
合计	5	7	25

1. 金子岗铅锌银预测区（A-1）

本预测区位于宝山矿田的北部，地理坐标：$X=2853\sim2857$，$Y=19669\sim19674$，面积 15 km^2，其成矿条件与宝山类似，预测的主要目的是寻找与中酸性小岩体有关的岩浆热液交代–充填型铅锌银矿床，主要依据是：

1）地质环境

本区出露地层有灰岩、天鹅坪组粉砂岩及页岩、孟公坳组和石磴子组灰岩、测水组砂页岩和梓门桥组白云岩等。在背斜核部的之上覆有天鹅坪组砂页岩构成良好的遮挡层，有可能成为又一套有利赋矿的岩性组合。

位于洋市–张家坪复式向斜南部，北北东向的逆冲断裂带与物探推断的北西向基底断裂带复合部位。区内主要构造为两条北北东向的次级倾伏背斜和发育于背斜轴部偏西翼的两条走向逆断层 F_1 和 F_2，此外尚有北西向的横断层发育。这些构造特征构成宝山矿床的构造控矿模式。

区内出露的岩体有燕山早期的花岗闪长斑岩小岩体群，多沿北西西向横断裂侵入，深部推断有隐伏岩体，具备了成矿的岩浆岩条件（图8-8、图8-9）。

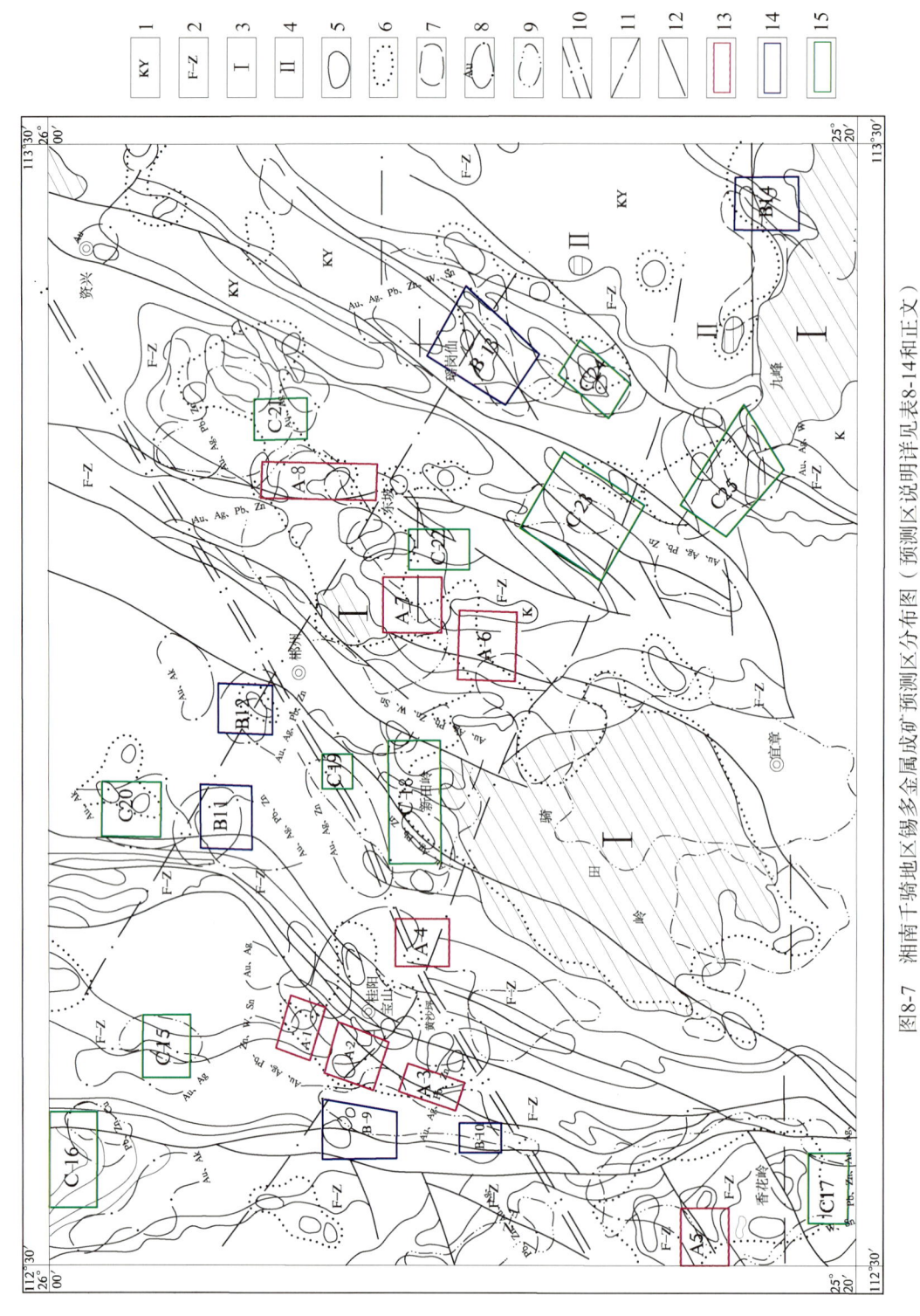

图8-7 湘南千骑地区锡多金属成矿预测区分布图（预测区说明详见表8-14和正文）

1-矿源层；2-赋矿层及遮挡层；3-I系列花岗岩；4-II系列花岗岩；5-推测高侵位岩体地表投影区；6-推测隐伏岩体地表投影区；7-浅源高磁区；8-水系沉积物组合异常；9-重砂组合异常；10-推测基底正干断裂带；11-推测基底断裂带；12-地表断裂；13-A级找矿远景区及编号；14-B级找矿远景区及编号；15-C级找矿远景区及编号

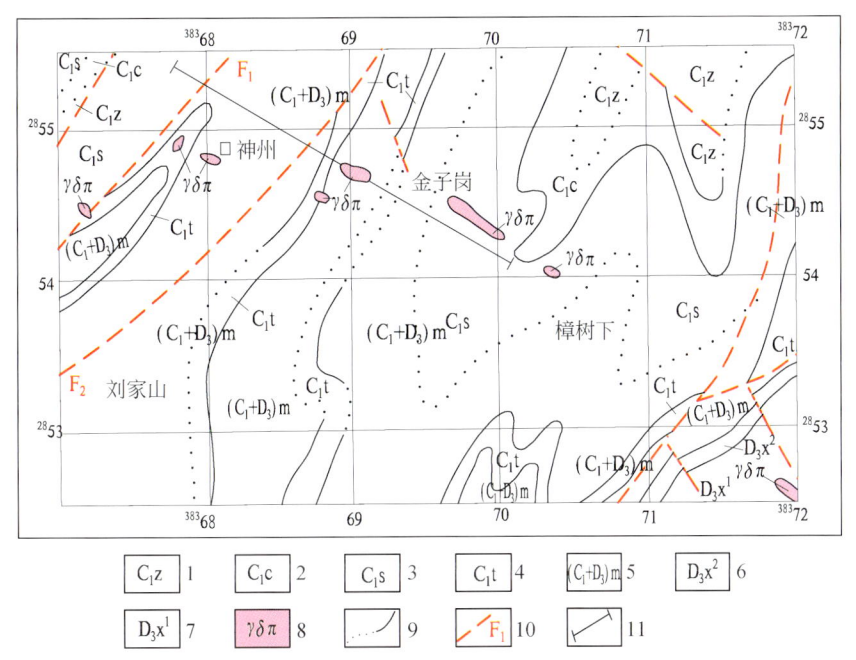

图 8-8 桂阳县金子岗预测区地质图

1-梓门桥组白云岩；2-测水组砂页岩；3-石磴子组灰岩；4-天鹅坪组砂页岩；5-孟公坳组灰岩；6-锡矿山组下段灰岩；
7-锡矿山组灰岩；8-花岗闪长斑岩；9-地质界线；10-断层及编号；11-剖面线位置

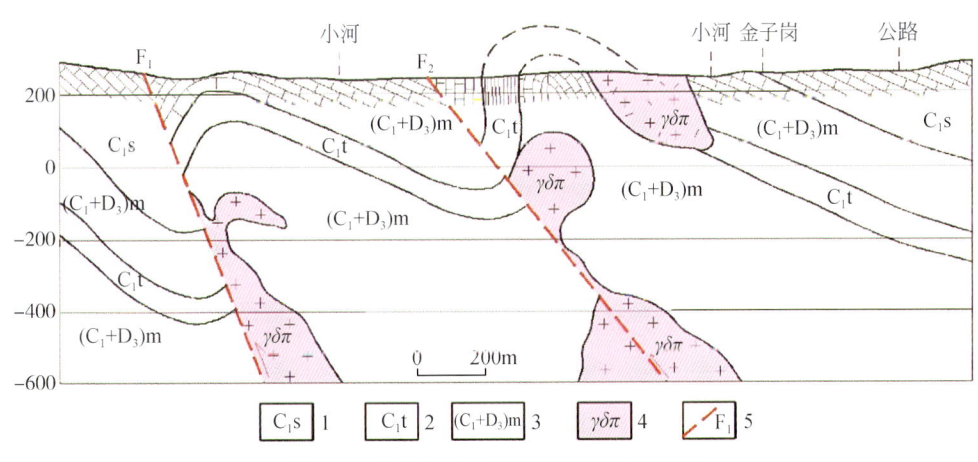

图 8-9 桂阳县金子岗预测区推断剖面图

1-石磴子组灰岩；2-天鹅坪组砂页岩；3-孟公坳组灰岩；4-花岗闪长斑岩；5-断层及编号

2) 蚀变与矿化

在石碗水有汞矿化点一处；在北部李子坪有 Au、Ag、Pb、Zn 矿化点一处，产于石磴子灰岩的断裂带中有弱硅化和矿化发育，长 150 m、厚 2 m，含 Au 0.1g/t、Ag 0.44g/t、Pb 0.23%、Zn 0.005%，该断裂南延进入本区。

3) 物化探异常特征

本区处于坪宝重力梯级带上，昭金祠剩余负异常边部，重力垂向二导仅有弱负异常；$\triangle T$ 化极异常图上本区处于东西向梯级带上，1 : 5 万航磁测量有 C86—25 号航磁异常，推断为坪宝隐伏岩体之北部边缘高侵位部分，经 1 : 2 万地面磁测，在总体负磁场背景上出现较多的正负跳变的小异常群在金子岗一带密集分布，且多与已知小矿体相对应。这种磁异常特征与宝山矿区也极为相似。

化探异常有明显的浓集中心，1 : 20 万水系沉积物测量在本区有多种元素组合异常重叠吻合，在金子岗和北部的李子坪有浓集中心，其含量峰值为 W 120×10^{-6}、Sn 18×10^{-6}、Be 9×10^{-6}、Cu 538×10^{-6}、Pb 7500×10^{-6}、Zn 1912×10^{-6}、F 1750×10^{-6}、As 400×10^{-6}、Au 0.11×10^{-6}、Ag 1.53×10^{-6}、Sb 70×10^{-6}。1 : 5

万土壤测量异常之元素种类和范围与水系沉积物异常完全吻合。经 1∶2 万土壤化探，在本区西部的梧桐—马市一带有大片的 Pb、Zn、Cu 异常呈北北东向展布，此异常带与源于宝山的一条小河相吻合，可能为宝山矿区污染造成。但在本区中部的金子岗、项田、田心和锦冲等地也有 Pb、Zn、As 局部异常出现，无其他污染因素，可能为原地异常，应予以重视。此外，在进行 1∶1 万填图时于地质露头点采原生晕样分析结果，在金子岗—项田一带也发现有 Cu、W、Pb、Zn 异常，应是矿化作用的显示。

4) 重砂异常

重砂矿物异常明显，在宝山-黄沙坪重砂异常区内有麦市坪-黄沙坪铅矿物Ⅲ级异常（Ⅲ-6）、项田辰砂Ⅱ级异常（Ⅱ-1）及银矿物Ⅲ级异常（Ⅲ-2）等，这些异常相互交叉重合。其中，Ⅱ-1号辰砂异常面积 6 km^2，辰砂含量一般 3~30 颗，最高 75 颗；Ⅲ-2 号银异常的银矿物含量均为 3 颗。

5) 遥感影像解译结果

本区处于北西向荷叶塘-极乐构造带与北北东向荷叶塘-黄沙坪成矿期构造带的交汇处，具有坪宝型遥感型构造影像模式特点。

6) 综合信息矿产统计预测结果

本区为坪宝 A 类成矿预测区的一部分。其特征分析关联系数为 0.3~0.5，统计信息量<4，有一定的潜力和找矿前景，正继续开展大比例尺成矿预测工作。

2. 昭金祠铅锌金银预测区（A-2）

位于坪宝矿田中部财神庙矿区西部，地理坐标：$X=2847~2852$，$Y=19667~19671$，面积 15 km^2。为宝山矿区的西侧附近，成矿条件与宝山相似，其主攻目标是寻找与中酸性小岩体有关的岩浆热液交代-充填型铅锌金银矿床。预测的依据是：

1) 地质环境

本区地质环境有利，与宝山矿区可以类比。出露地层主要为石炭系下统，各组层位齐全，与赋矿有关的为石磴子组灰岩和测水组砂页岩。石磴子时期的岩相为开阔台地相-台棚（间陆）相。

位于洋市-张家坪复式向斜南端之两路口向斜南段和桂阳复式背斜的石碗水倒转背斜中，南北向的社塘许家-下料逆断裂、老屋里-排下断裂纵贯全区，并向北偏转，次一级的北北东向、北东向倒转褶皱和推覆断裂极为发育，并有北西向横断层复合相切。

出露岩浆岩有昭金祠、早禾田、米筛井等几处花岗闪长斑岩、花岗斑岩等小岩体群，与宝山同处于一条构造岩浆岩带上。

2) 矿产概况

本区东侧邻近宝山大型铜铅锌多金属矿床，区内有已知的米筛井铅锌多金属矿点和昭金祠金银多金属矿化点各一处，均为与断裂有关的热液型矿点。

3) 物化探异常特征

本区处于坪宝重力负异常中部偏西侧，垂向二导负异常以米筛井为中心呈北东向的长条状异常。航磁处于北西向深源磁异常的边缘，在 $\triangle T$ 化极图上本区处于南北向的磁场梯度带上。据此推断在米筛井深部有一个北东走向的隐伏高侵位小岩体，可能为成矿之母岩。

化探异常范围大，浓度高，本区处于坪宝化探多元素组合大异常区西部，水系沉积物异常在昭金祠有一个浓集中心，其含量峰值：W 130.4×10^{-6}、Sn 12.3×10^{-6}、Be 7×10^{-6}、Cu 612×10^{-6}、Pb 2377×10^{-6}、Zn 1835×10^{-6}、F 610×10^{-6}、As 600×10^{-6}、Au 0.1090×10^{-6}、Ag 2.25×10^{-6}、Sb 88×10^{-6}。土壤测量在昭金祠亦有 Pb、Zn、Ag 异常存在。这些异常不仅范围大，强度高，而且相互重合，浓集中心明显，是找矿的重要标志。

4) 重砂异常

有多种重矿物异常重合，据 1∶5 万重砂测量成果，本区位于宝山-黄沙坪重砂异常区北部偏西侧，区内有马桥市-梧桐铅矿物Ⅰ级异常（Ⅰ-7）、麦市坪-黄沙坪铅矿物Ⅲ级异常（Ⅲ-6）、梧桐白钨矿Ⅱ级异常（Ⅱ-1）等重砂异常，其中Ⅰ-7 号铅矿物异常面积约 8 km^2，铅矿物含量一般 3~5500 颗，最高达

5800 颗，而且与 Ⅱ-1 号白钨矿异常相互交叉、重叠较好。

综合信息矿产统计预测结果，本区为坪宝 A 类成矿远景区的一部分，其特征分析关联系数为 0.5～0.7，统计信息量为 4～6，有较大的资源潜力和找矿前景，正继续开展大比例尺成矿预测工作。

3. 上银山铅锌银预测区（A-3）

位于黄沙坪矿田南部黄沙坪矿区西侧，地理坐标为：$X=2839～2845$，$Y=19665～19669$，面积 16.5 km²。其成矿条件与黄沙坪矿区相似，综合信息标志明显。其主攻目标是寻找与酸性小斑岩体有关的热液型铅锌银矿床，其主要依据是：

1）地质环境

成矿地质条件与黄沙坪矿区相似。出露地层主要为石磴子组灰岩、测水组砂页岩和梓门桥组白云岩，在背斜轴部石磴子组之上覆有测水组砂页岩作"帽盖"，这种组合利于成矿。

本区位于桂阳复背斜中南段，北北东向的逆冲断裂带与近东西向断裂复合部位。区内由一个倒转背斜和两个倒转向斜组成，在背斜轴部有一条与 F_1 平行的 F_{25} 推覆断裂存在，其构造控矿模式与黄沙坪相似。

本区南部地表出露有几个花岗斑岩小岩体，其东侧 F_1 断层下部已证实有隐伏的 304 号花岗斑岩体存在，此岩体为黄沙坪矿区的主要成矿岩体之一，而本区则处于该岩体侵入的前峰部位。

2）矿产概况

在本区东北部已经钻探发现有上银山铅锌银矿床一处，目前开采情况较好，为产于背斜东翼石磴子灰岩层间裂隙中的富矿体，特别是银含量达 169～1960 g/t；在本区东部黄沙坪矿区深部钻探于 F_1 下盘已发现有与 304 号岩体有关的中型铅锌矿体；在中部地表已发现有含铅锌银的硅化带数条和已开采的锰帽。

3）物化探异常特征

有较好的物探异常，本区位于坪宝剩余重力负异常的西南边缘、黄沙坪重力垂向二导负异常的西延部分。

在航磁图上，本区受深源磁异常和黄沙坪局部磁异常的双重影响，其磁场特征表现为南北向的磁场梯度带，其中黄沙坪 $\triangle T$ 局部异常呈明显的三度异常展布，正负伴生，面积 10 km²，确认为是由一个埋藏在不同深度层次上磁性体引起的叠加型异常，推断在黄沙坪矿床西侧深部应有一个隐伏的磁性体存在，埋深约 700～1100 m（图 8-10）。根据重磁资料推测和 1985 年湖南省地质矿产勘查开发局湘南地质队在北

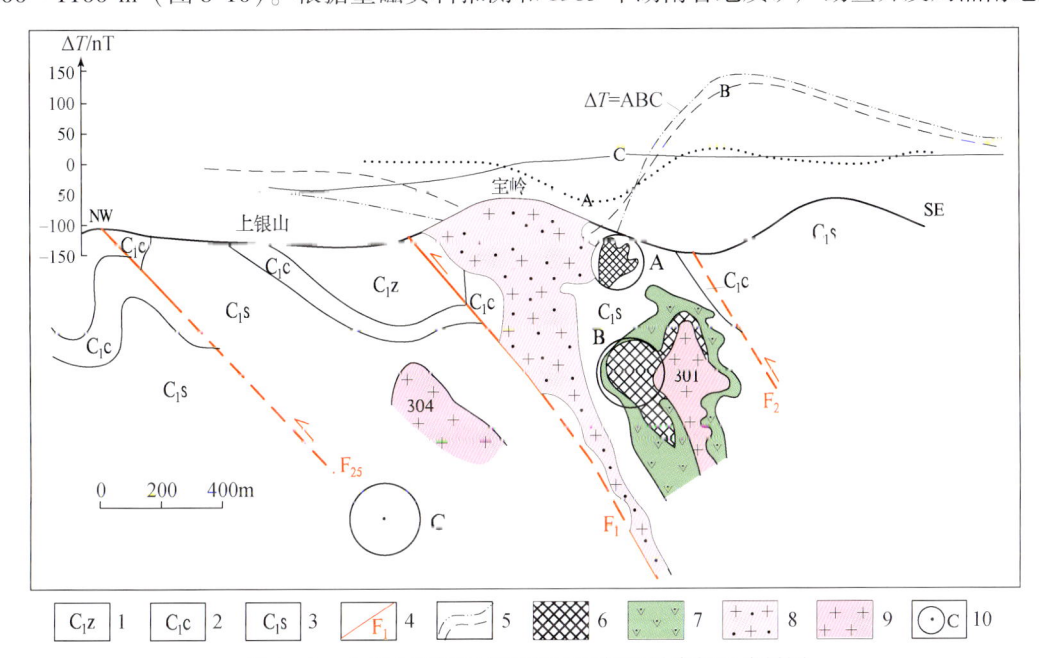

图 8-10 上银山预测区推断剖面及航磁异常解释成果图

1-梓门桥组白云岩；2-测水组砂岩；3-石磴子组灰岩；4-断层及编号；5-航磁 $\triangle T$ 曲线；6-磁铁矿体；7-磁铁矿化夕卡岩；
8-石英斑岩；9-花岗斑岩；10-A、B、C 是磁异常分解后的浅、中、深异常（据有关解译资料汇编）

部施工的普查钻孔所见的花岗斑岩体中发现有细粒花岗岩包体的实际资料推断，其深部应有隐伏岩体。此外，本区已知多次地面物探工作，均发现有一批自电、激电和地磁异常，表明深部可能有较大的金属矿体或矿化体存在。

据1：20万水系沉积物测量结果，本区处于坪宝多元素组合的大化探异常区西南边部，其含量峰值为：Pb 2787×10^{-6}、Zn 453×10^{-6}、F 840×10^{-6}、As 240×10^{-6}、Ag 0.79×10^{-6}。土壤测量也有上述元素的异常与之相对应、吻合性好。

4) 重砂异常

据1：5万重砂测量成果，本区位于宝山-黄沙坪异常区之西南侧，有麦市坪-黄沙坪铅矿物Ⅲ级异常（Ⅲ-6）、黄沙坪铅矿物Ⅰ级异常（Ⅰ-14）和西溪铅矿物Ⅲ级异常（Ⅲ-13）等，其中Ⅰ-14号异常面积约 $4.50\ km^2$，铅矿物含量平均16614颗，最高达61035颗。

综合信息矿产统计预测结果反映出，本区为坪宝 A 类成矿远景区的一部分。其特征分析关联系数为 0.5～0.8，统计信息量 3～6，有大的资源潜力。目前已在本区开展普查找矿工作，施工了部分验证钻孔。

4. 柳塘铅锌银预测区（A-4）

本预测区位于黄沙坪矿田黄沙坪矿区的东部，地理位置：$X = 2839～2846$，$Y = 19671～19676$，面积 19 km^2。其成矿条件与黄沙坪矿区相似，综合信息标志明显，预测的主攻目标是寻找与酸性小斑岩体有关的热液交代-充填型铅锌银矿床，其主要依据如下：

1) 地质环境

本预测区出露的地层主要为石炭系的石磴子组、测水组、梓门桥组、大埔组和马坪组，东部尚有二叠系地层出露。除测水组和龙潭组为滨海相砂页岩外，其余各组均为浅海碳酸盐岩，特别是在背斜核部石磴子灰岩之上覆有测水组砂页岩时，这种组合对成矿更有利。

本预测区位于桂阳复背斜湾塘背斜北部倾伏端北北东向的推覆断裂带与北西向断裂的复合部位。区内由一系列北北东向的次级紧密背向斜褶皱和 F_{26}、F_{28} 等走向逆冲断裂所组成，一般背斜西翼倒转，背斜轴部明显为走向逆断层所破坏，褶皱轴面及断裂面均向南东倾斜。此外，近东西向和北西西走向的横断层也较发育，有的被岩脉充填。

地表出露的各类岩脉（体）十余个，一般多沿背斜轴部走向断裂近侧分布，组成柳塘-吊准岭斑岩群，单个岩脉（体）一般近东西走向，规模不大，岩性主要为花岗斑岩，属燕山早期第二阶段的浅成-超浅成侵入体。

因此，从本区地层岩性、地质构造模式和岩浆活动特点看，均与黄沙坪矿区极为相似（图8-11、图8-12）。

2) 已知矿点和矿化

在柳塘村原二三八队施工的普查钻孔中已发现有铅锌矿体（资料未获）；南部蒋家村在石磴子组灰岩中开采过锰矿；在测水组中有黄铁矿；东部吊准岭有钴矿点一处，在岩体接触带普遍大理岩化。

3) 物化探异常特征

本区位于坪宝重力负异常边部，重力垂向二导负异常呈南北向有闭合圈。推断在黄腊塘、禾茂村、金狮岗以南等处有几个高侵位的隐伏岩体，其顶面埋深分别在-200 m 和 0 m 左右（图8-13）。

本区位于黄沙坪局部航磁异常东缘，在区内有 C86-26 号低缓航磁异常群存在。经 1：2 万至 1：5000 地磁测量发现有多个南北向的正负跳变的弱磁异常群带，这种特征与宝山矿区极为相似，也表明深部有隐伏岩体。

本区位于坪宝多元素组合异常区东南部，1：20万水系沉积物测量揭示存在浓集中心，其峰值为：W 27.8×10^{-6}、Sn 100×10^{-6}、Cu 236×10^{-6}、Pb 299×10^{-6}、Zn 749×10^{-6}、F 820×10^{-6}、As 1000×10^{-6}、Au 0.013×10^{-6}、Ag 0.749×10^{-6}、Sb 10.7×10^{-6}。

1：5万土壤测量反映本区存在有 Pb、Zn、Ag、As、Sb、Mo 等元素组合异常。经 1：5000 土壤测量，沿 F_{26} 断裂带有带状展布的 Pb、Zn、Mn 异常分布，柳塘—蒋家一带等还伴生有 Au、Ag、Sb、As 等多元素组合异常；根据采样钻原生晕分析结果，沿 F_{26} 断裂带和小岩体周围也有明显的 Pb、Zn、Ag 异常。

能谱测量结果显示，本区 U、Th、K 和 Tc 异常与磁异常紧密伴生，特别是 U 和 Tc 异常更明显，表明其深部有岩浆热液金属矿化发育。

通过对金狮岗Ⅲ线综合剖面研究，结合土壤测量和 C、O 同位素分析，在推测的金狮岗隐伏岩体上还出现 Pb、Zn、Sn 的高背景（含量分别为 120×10^{-6}、100×10^{-6}、5×10^{-6}）和 $\delta^{13}C$、$\delta^{18}O$ 的负异常，也表明其下有隐伏的岩浆热液活动。

4）重砂异常

据 1∶5 万重砂测量成果，本区位于宝山-黄沙坪异常区东南缘，区内有麦市坪-黄沙坪铅矿物Ⅲ级异常（Ⅲ-6）、才八塘毒砂Ⅱ级异常（Ⅱ-2）、酒厂白钨矿Ⅲ级异常（Ⅲ-2）等重矿物异常相互交叉重叠。在预测区西南角还存在雷家黄金Ⅲ级异常（Ⅲ-4），面积约 0.5 km²，含矿样点 2 个，含黄金 1 颗。

综合信息矿产统计预测结果，本区属坪宝 A 类成矿远景区的一部分，特征分析关联系数为 0.4~0.6，统计信息量为 3~5，表明资源潜力大，具有较好的找矿远景。

本预测区目前正继续开展大比例尺成矿预测和找矿验证工作。

5. 塘官铺锡铅锌银预测区（A-5）

本预测区位于香花岭矿田北西部，地理坐标：$X=2815$~2820；$Y=19651$~19656，面积 24 km²，成矿条件与香花岭矿区相似，综合信息标志明显。预测的主攻目标是寻找与酸性花岗岩体有关的断裂充填交代型锡铅锌银矿床。

1）地质环境

区内出露地层有下寒武统，中泥盆统半山组、跳马涧组和棋梓桥组，上泥盆统佘田桥组。其中寒武系浅变质砂岩、板岩，跳马涧组石英砂岩、粉砂岩，棋梓桥组含泥质白云岩、白云岩、灰岩为本区的主要赋矿层。

本区位于香花岭短轴背斜北西翼近核部处，寒武系与泥盆系呈明显的不整合或断层接触，泥盆系地层的产状一般倾向北西，倾角较缓，另有倾向北西西，倾角较陡。本区北东向和北西向断裂发育，主要有塘官铺-沙湖里断裂、深坪断裂、门头岭-黄梅江断裂等。

塘官铺-沙坪里断裂纵贯全区，其走向为北东 60°左右，局部地段为北东 45°，倾向南东，倾角较缓，在太平矿段为 32°，新风矿段为 25°~30°。该断裂具多次活动性质，印支期为南北向构造的一组扭裂；燕山早期再次活动，先期为压扭性，后为张性。该断裂是本区重要控矿构造，香花岭地区两个最重要的矿床即新风和太坪矿段，均受该断裂控制，在本预测区内，沿断裂有锡、铅锌矿化。

区内岩浆岩出露很少，但其周围 2~4 km 范围内有较多的岩体出露，预测区北东侧有癞子岭岩体、南东侧有通天庙岩体，岩性主要为中细粒钠长石化黑云母花岗岩，呈岩株状产出，侵入时代属燕山早期。此外，在区内北西侧等还可见到花岗岩呈岩墙状分布。

2）矿产概况

本区东侧为香花岭锡铅锌多金属中型矿床，区内有铅锌多金属矿床（点）4 处，主要产于塘官铺-沙湖里大断裂及其旁侧的次级断裂中，多呈脉状产出，主要矿物成分为方铅矿、闪锌矿、锡石、毒砂、黄铁矿、磁黄铁矿、黄铜矿、石英等。锡品位较高，但不均匀，铅锌含量一般，但银含量较高，37.5~93.75 g/t。围岩蚀变主要为硅化和云英岩化。

3）物化探异常特征

重磁异常反映明显：本区位于香花岭重力负异常区的北西延伸端，剩余重力异常和垂向二导异常在总体上呈北北西向延伸，但其中的局部异常则呈北东南西向条带状出现。据重力资料推断，在北北西向隐伏大岩基之上有北东向的高侵位小岩体，预测区内则为癞子岭小岩体向南西隐伏延伸部分。

本预测区沿塘官铺断裂分布有 C-77-243 等局部航磁异常，磁异常强度低、范围小，推断系较强的热液矿化作用所致。

预测区位于香花岭区域化探多元素组合异常的西北部,在癞子岭与塘官铺之间分布一个明显的浓集中心,其元素含量峰值为: W 4920×10^{-6}、Sn 76.9×10^{-6}、Be 25×10^{-6}、Cu 74×10^{-6}、Pb 1695×10^{-6}、Zn 672×10^{-6}、F 9600×10^{-6}、As 4500×10^{-6}、Au 0.045×10^{-6}、Ag 13×10^{-6}、Sb 157×10^{-6}。经1:5万土壤化探亦有相应的多元素组合异常与之重叠吻合。

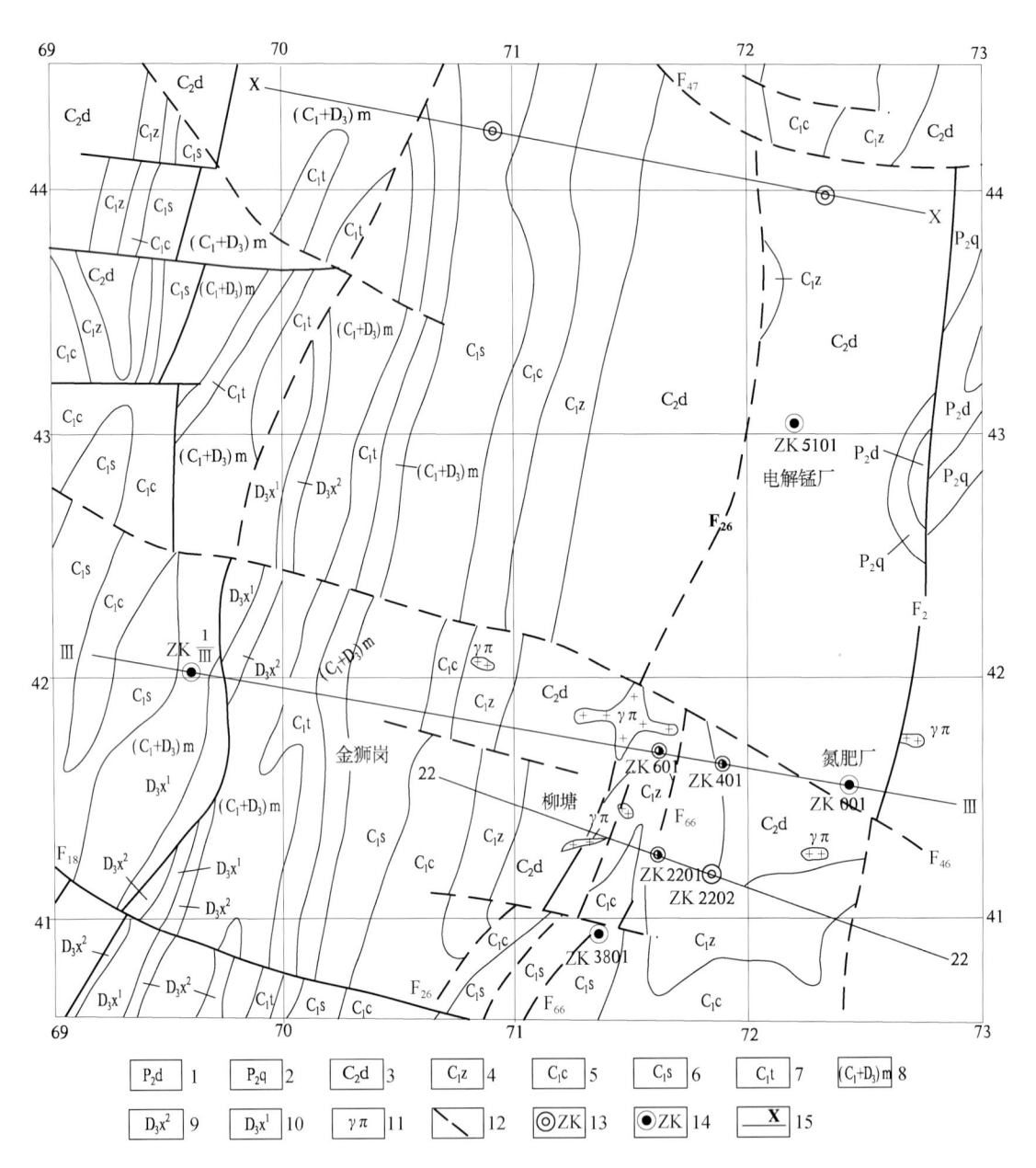

图 8-11 桂阳县柳塘预测区地质图

1-中二叠统孤峰组;2-中二叠统栖霞组;3-上石炭统大埔组;4-下石炭统梓门桥组;5-下石炭统测水组;6-下石炭统石磴子组;7-下石炭统天鹅坪组;8-上泥盆统—下石炭统孟公坳组;9-上泥盆统锡矿山上段;10-上泥盆统锡矿山下段;11-花岗斑岩体;12-断层位置及编号;13-设计验证钻孔;14-完工验证钻孔;15-剖面线位置

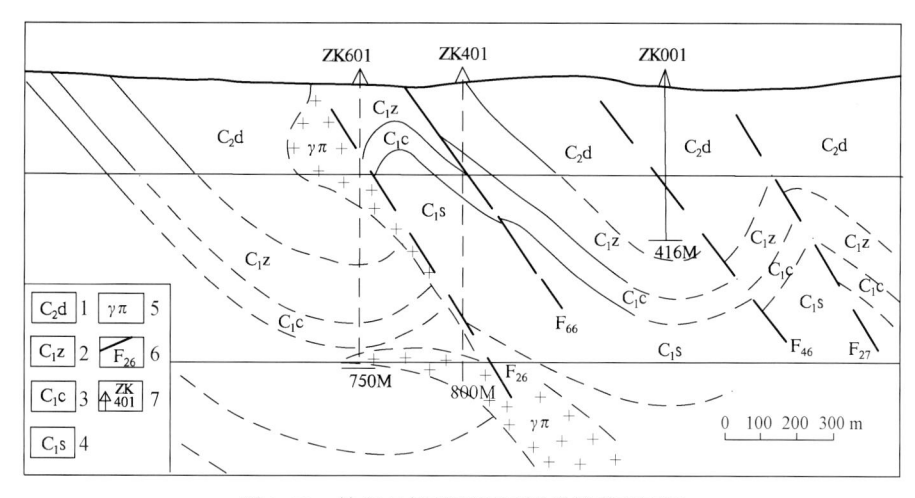

图 8-12 桂阳县柳塘预测区Ⅲ线推断剖面图

1-上石炭统大埔组白云岩；2-下石炭统梓门桥组白云岩；3-下石炭统测水组砂页岩；4-下石炭统石磴子组灰岩；
5-花岗斑岩；6-断层及编号；7-设计钻孔及编号

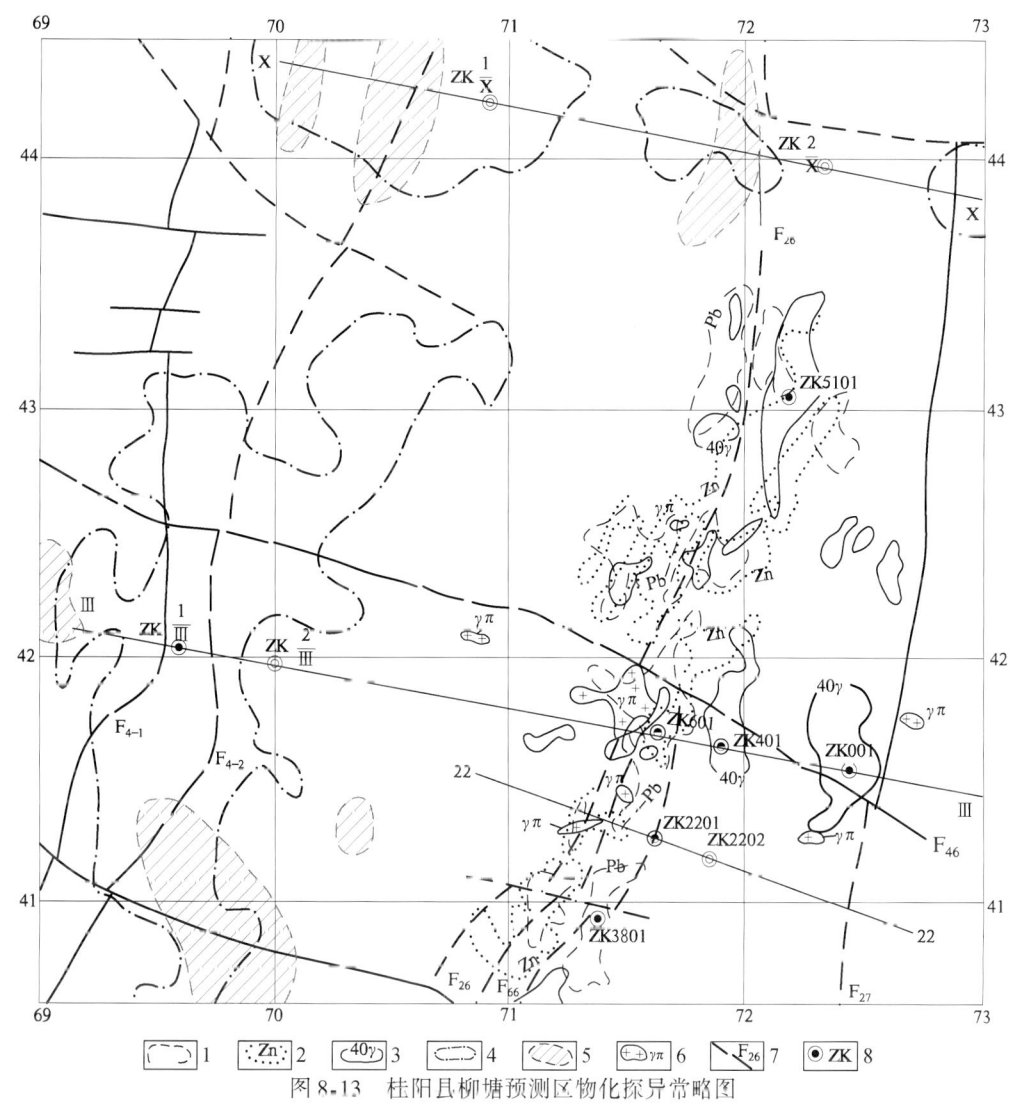

图 8-13 桂阳县柳塘预测区物化探异常略图

1-土壤化探 Pb 异常；2-土壤化探 Zn 异常；3-地磁异常（40~150 γ）；4-重力剩余异常（-0.5 mGal）；5-推断隐伏岩体；6-出露花岗斑岩；7-主要断裂及编号；8-验证钻孔位置

4）重砂异常

本区处于香花岭锡石、白钨矿、黑钨矿异常区西北部，区内及其附近有香花岭铅矿物Ⅲ级异常（Ⅲ-7）、棕叶山铅矿物Ⅱ级异常（Ⅱ-18）、香花岭毒砂Ⅱ级异常（Ⅱ-6）、香花铺-铺下坪锡石Ⅱ级异常（Ⅱ-19）、梨树湾白钨矿Ⅲ级异常（Ⅲ-8）、通天庙黑钨矿Ⅰ级异常（Ⅰ-3）等，这些异常相互重叠。

5）综合信息矿产统计预测

结果表明，本区为香花岭 A 类成矿远景区的一部分，其特征分析关联系数为 0.7~0.8，统计信息量 5~7，具有较大的资源潜力。

综上所述，本预测区因位于香花岭矿田范围内，成矿条件与已知的香花岭锡铅锌多金属矿床类似，各类找矿标志明显，地表已有矿化显示，沿塘官铺-沙坪里断裂带及其附近对寻找锡铅锌矿或铅锌银矿产有利，因而具有较好的找矿前景。

6. 桥头钨锡铅锌银预测区（A-6）

本预测区位于东坡矿田西南端，地理坐标：$X = 2836 \sim 2841$，$Y = 19703 \sim 19708.5$，面积 27.5 km²，成矿地质条件有利，综合信息标志较明显，预测的主要目标是寻找与中酸性岩体有关的钨锡铅锌银矿床。

1）地质环境

区内出露地层主要为中泥盆统跳马涧组至下石炭统。主要赋矿地层为中泥盆统棋梓桥组和上泥盆统锡矿山组。有利于成矿的遮挡层有中泥盆统的跳马涧组、下石炭统的天鹅坪组。

岩相古地理环境对成矿也十分有利，本预测区位于水下隆起的边缘，棋梓桥期其岩相为局限-半局限碳酸盐潮上-潮下亚相。

预测区处在五盖山倒转背斜西翼的倒转翼，地层倾向南东东，倾角平缓，一般在20°~50°。次级褶皱发育，与五盖山倒转背斜轴向一致。区域性北北东向新塘下-荷叶塘逆断层纵贯本区西部，东部有南北向铁渣市-棉花垄逆冲断裂通过。次一级北北东向逆断裂及北西向横断裂也极为发育。

区内岩浆活动频繁，从基性至酸性和碱性岩均有分布，岩性复杂，主要有花岗斑岩、细粒花岗岩、石英斑岩、花岗闪长斑岩、石英霏细岩、流纹质凝灰岩、正长斑岩、煌斑岩、辉绿岩等，多呈岩墙或岩脉状产出。地表出露范围较大者主要有金竹花岗闪长斑岩体，其次为桥头花岗斑岩群。属燕山早期浅成-超浅成小侵入体。

其中，金竹岩体产于南北向和北西西向两组断裂的复合处，地表出露面积为 0.37 km²，出露形态其主体为椭圆形，呈小岩株状产出。地表围岩蚀变不强，仅仅大理岩化，经钻孔揭露，深部见有绿泥石化、碳酸盐化、硅化、钾化及简单夕卡岩化，岩体内黄铁矿化普遍（图8-14）。

2）矿产概况

区内主要产有桥头、黄庙下等四处铅锌多金属矿床（点）。黄庙下铜铅锌矿床产于棋梓桥组地层中，受断裂带构造所控制。桥头铅锌矿化点，地表矿化强，范围大，矿化面积达 2.5 km²，矿化主要赋存于泥盆系锡矿山组和下石炭统石磴子组、天鹅坪组的节理裂隙和石英脉中，铅锌呈细脉状产出，脉幅一般为 1~3 cm，延伸不大，矿物组合简单，主要有方铅矿，次为黄铁矿、闪锌矿，个别有黄铜矿，脉石矿物有石英、方解石，个别有长石，铅锌品位较低，含银较高。

3）物化探异常特征

本预测区位于骑田岭-王仙岭剩余重力负异常中，在区内的东北部分布一重力垂向二导负异常，推测深部存在隐伏岩体。

该预测区还位于东西向的区域性磁场梯度带上，骑田岭东侧的浅源高磁异常区伸入本区的西南部，表明其深部岩浆热液活动较强。

化探结果显示，区内存在区域性多元素组合异常，其含量峰值：$W\ 8.8 \times 10^{-6}$、$Pb\ 91 \times 10^{-6}$、$Zn\ 107 \times 10^{-6}$、$F\ 990 \times 10^{-6}$、$As\ 50 \times 10^{-6}$、$Au\ 0.007 \times 10^{-6}$、$Ag\ 0.2 \times 10^{-6}$、$Sb\ 6.8 \times 10^{-6}$。在桥头地区以 Ag、Pb、Au 为主，有 As、Sb、F 伴生。土壤测量结果也显示区内存在范围大、强度高、重叠性好的 W、Pb、Zn、As、Ag、Bi、Cu、Mo 等元素异常。

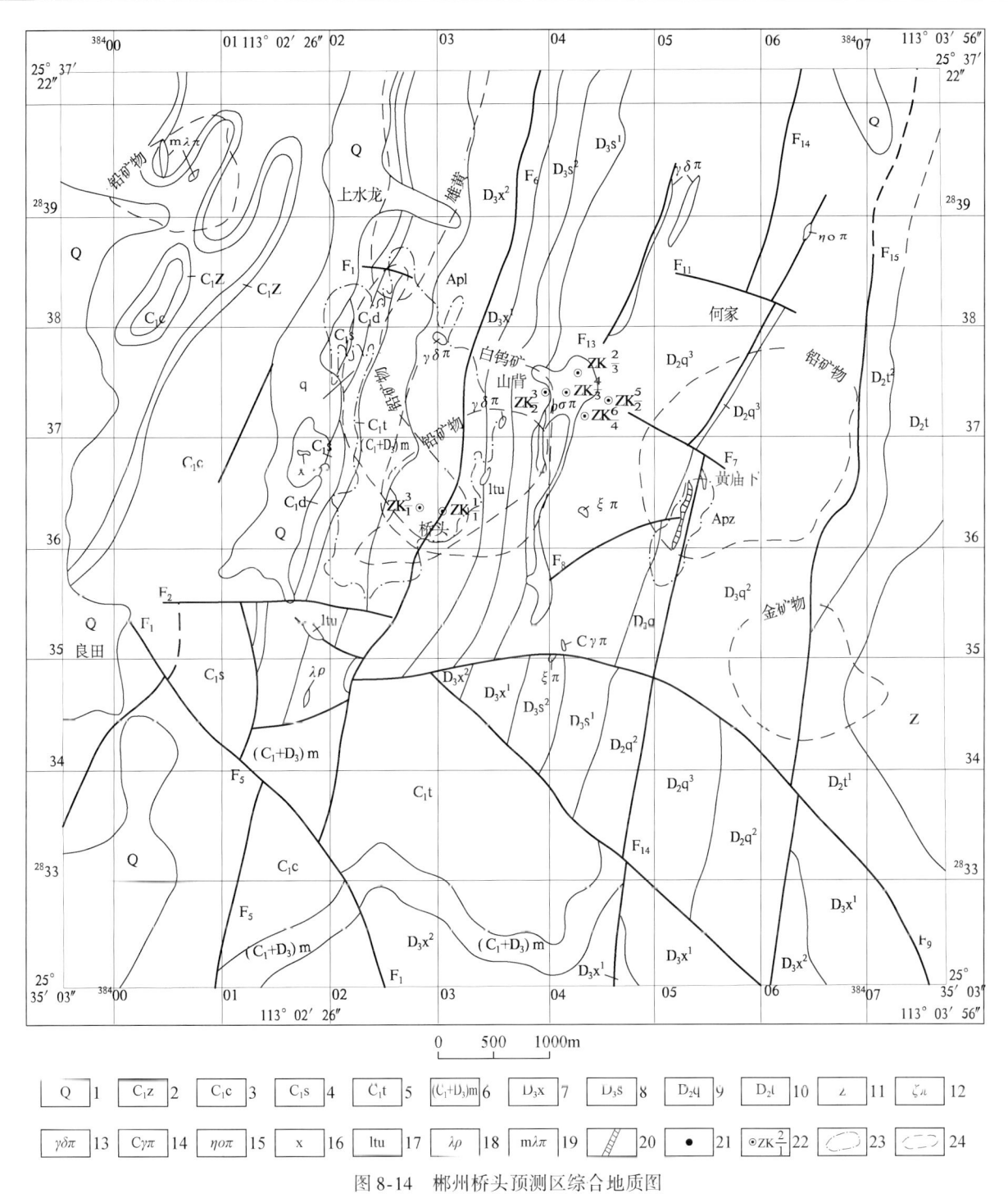

图 8-14 郴州桥头预测区综合地质图

1-第四系；2-下石炭统梓门桥组；3-下石炭统测水组；4-下石炭统石磴子组；5-下石炭统天鹅坪组；6-下石炭—上泥盆统孟公坳组；7-上泥盆统锡矿山组；8-上泥盆统佘田桥组；9-中泥盆统棋梓桥组；10-中泥盆统跳马涧组；11-震旦系变质砂岩；12-正长斑岩；13-花岗闪长斑岩；14-隐晶状花岗斑岩；15-隐晶状石英二长斑岩；16-煌斑岩；17-流纹质凝灰岩；18-石英霏细岩；19-富斑石英斑岩；20-破碎带；21-矿点；22-钻孔及编号；23-Pb、Zn、Ag 综合化探异常；24-重砂异常

此外，本预测区内多数地段还进行过 1:2.5 万至 1:5000 物化探综合普查，发现了数十个局部物化探异常。如 1989 年湖南省地质矿产勘查开发局湘南地质队所进行的 1:2 万土壤测量工作，经综合分析后圈出了 Ap1 仙鸡岭和 Ap2 老四亿两个综合异常，前者为桥头矿点分布区，后者规模小，为已知黄庙下矿化点所引起。

Ap1 仙鸡岭综合异常的特征如下：

①Ap1 物化探综合异常约 3 km²，呈不规则长条状近南北向分布于桥头—仙鸡岭一带，其元素组合复杂，但以 Pb 和 Ag 为主，W、Zn、Bi、Cu、Mo 为主要伴生元素。其特征如表 8-15。

表 8-15 Ap1 号仙鸡岭综合异常特征表

元素组合	Pb	Ag	W	Zn	Bi	Cu	Mo	As	B	Sn	Sb	Be
异常平均含量/10⁻⁶	632	1.85	105	526	105	130	5.5	154	374	32	39	9.3
异常最高含量/10⁻⁶	10000	30	600	3500								
	7500				800	400	20	500	1000	200	50	20
	6000	25	500	3000								
异常面积	2.64	1.096	1.296	1.248	0.768	0.768	0.744	0.49	0.6	0.22	0.2	0.08
NPA 值	16.47	7.03	4.84	3.03	2.83	2.83	1.69	0.89	0.86	0.45	0.3	0.14

②异常组分分带、浓度分带及浓集中心都明显，Pb、Ag、W、Zn、Bi、Cu、Mo、As 八种元素的异常大致相吻合。

③在异常北部浓集中心的 TC17 探槽中采取了土壤和岩石样进行半定量分析，结果显示，D_3x^2 层位中的 Pb 和 Ag 两元素特别高。尤其是 Ag，在 94 个样中，其含量大于或等于 10×10^{-6} 的有 17 个，最高含量为 100×10^{-6}，取其副样做定量分析，Ag 含量更高，最高达 127×10^{-6}（表 8-16）。

表 8-16 TC17Ag 元素分析结果表

样号	分析结果/10⁻⁶	
	半定量	定量
TC17-5	15	19.3
6	10	63.7
7	30	31.8
10	10	14.8
24	10	56.3
33	10	16.0
44	80	127.0
47	15	37.2
48	15	36.5
49	20	39.9
57	30	57.4
58	20	29.3
59	20	44.5
60	10	23.8
104	12	11.9
112	100	67.0
126	10	10.6

4）重矿物异常

预测区内存在有桥头铅矿物Ⅱ级异常（Ⅱ-43）、棉花垄铅矿物Ⅱ级异常（Ⅱ-44）、桥脑上黄金Ⅲ级异常（Ⅲ-11）等，局部见有白钨矿和雄黄。

5）遥感影像解译

预测区位于北西向的白市–上坊–延寿基底断裂带上，受北东向香花岭–柿竹园–桃花垄构造带与北北东向桥口-大奎上构造带的交汇部位的人心岭-牛头岭断裂控制，控矿构造条件较好，与东坡型遥感线型影像模式相似。

6) 综合信息矿产统计预测

结果表明，本区属东坡A类成矿远景区的一部分，其特征分析关联系数为0.3～0.5，统计信息量2～3。具有一定的资源潜力。

综上所述，桥头预测区位于东坡矿田的边缘地段，根据东坡矿田矿床模式的分带性特征，本区属Pb、Zn、Ag矿化范围，地表矿化强度大、范围广，化探异常明显，特别是银和铅异常强度大、浓集中心显著。同时，本区还处于香花岭-彭公庙构造岩浆岩带东南部的北西向佘田-桂阳-九峰断裂带之中，与北西部的坪宝地区和南东部的长城岭地区，均是湘南千骑地区已知的中酸性岩、杂岩体和有铜矿化分布地区之一，是寻找铅锌银矿的潜在地区。

本区自1970年以来，相继有湖南省地质矿产勘查开发局408地质队等单位曾多次进行过物化探、普查找矿工作，并进行了小量钻探工程，深部揭露尚未找到较大的工业矿体，但进一步开展大比例尺成矿预测和普查工作，寻找与中酸性岩浆活动有关的铅锌银矿，是有充分依据的。

7. 狮子庵锡钨铅锌银预测区（A-7）

本预测区位于东坡矿田的西南部，坐标位置是 $X=2841～2849$，$Y=19706～19712$，面积23 km²。成矿地质条件较好，综合信息标志明显。预测的主要目的是寻找热液充填-交代型锡钨铅锌银矿床，其主要依据是：

1) 地质环境

区内出露的地层为中泥盆统跳马涧组砂岩、棋梓桥组白云质灰岩、白云岩，上泥盆统佘田桥组灰岩、泥质灰岩。其中，棋梓桥期为局限-半局限碳酸盐岩台地相潮上-潮下亚相。有利于成矿、赋矿地层主要为棋梓桥组。

本区位于五盖山背斜北段西翼，南北向铁渣市-棉花垄断裂与次级北东向断裂的复合部位，区内北北东-北东向逆冲断层发育，东盘向西推覆呈叠瓦状排列，形成冲断推覆挤压构造带及层间构造，具有良好的导矿条件和容矿空间。

本区位于王仙岭岩体的南东侧，地表呈北北东和北东向展布的花岗斑岩脉和石英斑岩脉发育，区内北部所揭露的大山门和肖梨山两处隐伏细粒黑云母花岗岩和斑状花岗岩可能向本区延伸。

2) 矿产概况

本区已发现铅锌多金属矿床或矿（化）点11处、锡矿点1处、铁锰矿（化）点4处。铅锌矿床（点）主要产于棋梓桥组地层中，其次为跳马涧组砂岩，矿体呈似层状、透镜状及脉状产出，矿石类型有铅锌矿石、铅锌银矿石、铁锰铅锌矿石等，围岩蚀变主要有铁锰碳酸盐化、硅化、夕卡岩化，本区矿石中含银较高，其中大山门和铁渣市铅锌矿体中银含量可达到银矿的工业要求。

预测区位于王仙岭岩体的剩余重力负异常区的南西延伸部位，在牛头岭一带尚有圈闭的重力负异常中心和重力垂向二导异常分布，反映王仙岭岩体向南西作倾伏状延伸，并在牛头岭一带有高侵位岩体，推断其深部有隐伏的花岗岩基。

本区位于航磁区域性负磁场区内，地磁测量在大开湾一带有浅源磁异常，表明其下有隐伏的磁性体。预测区化探异常明显，为区域性化探异常区，其含量峰值：W 81×10^{-6}、Sn 66×10^{-6}、Pb 770×10^{-6}、Zn 402×10^{-6}、F 1240×10^{-6}、As 200×10^{-6}、Au 0.0134×10^{-6}、Ag 2.42×10^{-6}、Sb 1.12×10^{-6}。该异常往北东与东坡异常连成一片。Pb、Zn、Au、Ag异常强度高、规模大，有明显的浓集中心。1:5万土壤测量结果也显示元素异常的范围、强度和元素组合均与之类似。

3) 重砂矿物异常

预测区位于东坡重矿物组合异常的东南侧，区内有铁渣市铅矿物Ⅱ级异常（Ⅱ-34）、锡石Ⅰ级异常（Ⅰ-50）、鸦市坪-麻田浪锡石Ⅱ级异常（Ⅱ-48）、铁渣市白钨矿Ⅲ级异常（Ⅲ-31），上述异常相互重叠、交叉。此外，还存在有苏木头黄金Ⅲ级异常（Ⅲ-9），面积约3 km²，黄金含量约1～2颗。

4）遥感影像解译

本区位于遥感解译的北西向基底断裂带上，受北东向香花岭-柿竹园-桃花垄构造带与北北东向桥口-大奎上构造带的交汇部位的人心岭-牛头岭断裂控制，控矿构造条件较有利。

5）综合信息矿产统计预测

结果表明，本区位于东坡A类成矿远景区内，其特征分析关联系数为0.5~0.7，统计信息量为3~5，因而具有较大的资源潜力。

综上所述，本预测区位于东坡矿田南西部，根据东坡矿田矿床模式分带性特征，属钨锡矿化带与铅锌矿带的过渡地段，也是岩浆热液与层控改造型成矿作用的交替地段，已知矿点较多，矿化普遍，特别是银的含量较高，在棋梓桥组地层和北北东向断裂中，进一步寻找铅锌银矿或独立银矿，具有较好的前景。

8. 南风坳锡铅锌预测区（A-8）

本预测区位于东坡矿田的北东部，地理坐标为：$X=2849~2860$，$Y=19718~19722$，面积32 km²。成矿地质条件有利，综合信息标志明显。本区已有红旗岭大型锡铅锌矿床，预测的主要目标是继续寻找与已知矿床相类似的断裂充填型脉状矿床。

1）地质环境

预测区出露的地层主要为震旦系的浅变质砂岩、板岩，其西侧有中泥盆统跳马涧组砂岩和棋梓桥组云灰岩分布，并与震旦系地层呈断层接触。震旦系砂岩、板岩是区内主要的赋矿岩层，其次为跳马涧组砂岩。

本区位于西山背斜西翼与桥口-东坡向斜东翼的毗邻区，是北东向构造与近南北向构造的复合部位。木根桥-观音坐莲逆断裂位于本区西部，贯穿全区，为一走向北北东、倾向东、倾角65°左右的推覆冲断裂带，使东盘震旦系地层逆冲于西盘中泥盆统地层之上，沿断裂带有挤压破碎带、构造角砾岩和透镜体发育，具有硅化和大理岩化，一些地段具有脉岩充填和钨锡铅锌矿化，具有多期活动的特点，是本区的主要控矿导矿构造。本区北东向断裂最为发育，如上梧桐断裂、南风坳断裂等一系列断裂，走向40°~60°，倾向多为南东，倾角80°左右，断裂呈舒缓波状，长100~800 m，沿断裂有燕山晚期花岗斑岩脉充填，地表具有明显的硅化带，挤压、破碎现象明显，并有绿泥石化、黄铁矿化和铅锌锑矿化，是本区的主要容矿构造。区内近北北东向主干断裂与旁侧的一系列近似平行的北东向断裂带组成本区的断裂格架，成为本区的主要控矿因素。

本区位于千里山花岗岩体东侧，区内出露岩体主要为花岗斑岩，呈脉状产出，北东向平行展布，在红旗岭矿区深部钻孔中见有隐伏的黑云母花岗岩。

2）已知矿床和矿点

区内已探明有大型锡多金属矿床两处，中型铅锌银多金属矿床一处，铅锌多金属矿点和矿化点五处，锡、铋矿点一处和小型铁矿床一处。其中，产于泥盆系地层中的夕卡岩型和云英岩型的野鸡尾锡多金属矿床和产于泥盆系棋梓桥组云灰岩中的铅锌矿床，矿体均赋存于断裂破碎带中，其产状严格受断裂破碎带控制，走向局部曲转，倾角陡，地表有明显的硅化，次有绿泥石化和黄铁矿化，主要矿物成分为方铅矿、闪锌矿、锡石、磁黄铁矿、黄铁矿。

3）物化探异常特征

南风坳预测区位于千里山岩体剩余重力负异常的东北延伸部位，异常总体呈北东走向延伸。在青山头的北东部、南风坳和村木山北部所出现的几处重力垂向二导负异常的闭合中心，被推断为由隐伏的高侵位小岩体引起。

本区处于航磁东西向梯度带北侧，C77-167、C77-168、C77-169三个局部异常均沿北北东向断裂带分布，依次对应为红旗岭锡多金属矿床、南风坳铅锌矿床和柿竹园钨锡钼铋多金属矿床。这些航磁异常组合成为一个北北东向的浅源高磁区，是寻找岩浆热液矿床的有利地段。

高浓度的化探异常显示本区为区域化探红旗岭多元素组合异常，元素含量峰值为：W 82×10^{-6}、Sn $390\times$

10^{-6}、Be $104×10^{-6}$、Cu $291×10^{-6}$、Pb $7500×10^{-6}$、Zn $2721×10^{-6}$、F $3929×10^{-6}$、As $200×10^{-6}$、Au $0.015×10^{-6}$、Ag $7.41×10^{-6}$、Sb $65.6×10^{-6}$。该异常往南与东坡异常连成一片，但 Pb、Zn、Ag、As、Au、Sb、Cu 几个元素有明显的浓集中心。1∶5 万土壤化探也显示有相应元素的组合异常存在。

4）重砂异常

预测区位于东坡锡石、黑钨、白钨矿重砂异常区北段东侧，区内存在有百沙垄锡石Ⅲ级异常（Ⅲ-55）、左家垄铅矿物Ⅱ级异常（Ⅱ-36）、南风坳黑钨矿Ⅲ级异常（Ⅲ-22）等，这些异常相互重合。其中Ⅱ-36 号异常面积约 5 km²，铅矿物含量一般为 12～60 颗，最高 345 颗。

5）综合信息矿产统计预测

结果表明，本区属东坡 A 类成矿远景区的一部分。其特征分析关联系数为 0.5～0.8，统计信息量为 4～7，具有较大的资源潜力。

综上所述，南风坳预测区位于东坡矿田的北东侧，按照东坡矿田矿床模式矿化分带特征，属铅锌矿化区，是产于硅铝质岩石中的断裂充填型锡铅锌矿的集中分布区，在本区南北向主干断裂带的旁侧、北东向断裂分布区及已知矿床的外围和矿点进一步开展普查找矿工作，尚具有较好的前景。

9. 王家坊铅锌金银预测区（B-11）

本预测区位于雷坪–金银冲成矿亚带的中部，地理坐标：$X=2860～2865$，$Y=19687～19693$，面积 27 km²。该区成矿地质条件有利，存在较多的综合信息标志，经初步验证已取得可喜进展。其主攻目标是寻找全隐伏的岩浆热液交代–充填型铜铅锌金银矿床。其主要依据是：

1）地质环境

区内出露的地层主要为石炭系人埔组的白云岩、灰岩，中二叠统栖霞组灰岩和孤峰组硅质岩，上二叠统龙潭组砂页岩。大埔组和栖霞组一般位于背斜核部，孤峰组和龙潭组则分布于两翼和向斜中心。在背斜核部沿断裂带近侧灰岩大多被强烈破碎、硅化改造成为硅化石英岩和硅化硅质岩组成角砾岩带，形成高峰和陡岩，有的褪色、重结晶形成大理岩。局部见石英细脉和黄铁矿化。

本预测区位于高车头–沙田复式向斜的西北侧与桂阳复背斜的毗邻处，北北东向断褶带与北西向断裂的复合部位。该预测区也正好位于北北东向褶断带的轴向由北东拐向南北的弧形转折处，这与宝山矿区所处构造部位极为相似。区内次级褶皱和断裂极为发育，主要的有柿竹园向斜、神岭坳背斜、九子仙背斜等，在这些背向斜之间又被神岭坳断裂（F_1）等三条北北东向的逆断层所破坏，构成一系列叠瓦状推覆体，导致部分地层缺失。

区内地表虽未见岩体出露，但在 1989 年施工的验证钻孔中，于 469～692 m 深处陆续见到花岗闪长斑岩，最厚达 16.95 m，并有绢云母化、硅化和黄铁矿化，证明本区确实存在岩浆侵入和热液活动。

花岗闪长斑岩的岩石地球化学成分为：SiO_2 59.45%、TiO_2 0.64%、Al_2O_3 14.49%、CaO 2.41%、MgO 3.25%、Fe_2O_3 1.96%、FeO 2.75%、MnO 0.144%、K_2O 4.90%、Na_2O 2.80%、P_2O_5 0.403%。微量元素含量：Pb $37.5×10^{-6}$、Zn $361.1×10^{-6}$、Cu $75.6×10^{-6}$、Mo $8.9×10^{-6}$、Bi $17.9×10^{-6}$。

2）已知矿化情况

在王家坊西江河南岸栖霞组灰岩的硅化石英岩中（图 8-15）见有方铅矿、闪锌矿、砷黝铜矿、黄铁矿等金属矿化，含 Pb 0.11%、Zn 0.004%。在背斜核部大埔组重结晶灰岩中也发现有含方铅矿的石英网脉露头，宽仅 0.60 m，采样分析含 Pb 4.08%、Zn 0.38%、Ag 146 g/t。1989 年在施工的验证钻孔 ZK01 中（图 8-16），在 F1 断层破碎带上于孔深 246～746 m 孔段见到矿化，其中一段达到工业要求，其厚度 11.5～3.29 m，金属品位：Pb 0.0125%～0.38%、Zn 0.0675%～1.18%、Cu 0.02%～0.77%、Ag 7.8～45.9 g/t。在 ZK1V 钻孔，孔深 112.45～307.37 m 处的大埔组白云岩中也见到了铜、钼、铋矿化，其含量为 Cu 0.11%～0.31%、Mo 0.26%、Bi 0.125%～0.235%。此外，在曹家田有金矿化点一处，产于含硅化角砾岩的残坡层中，平均含金 0.28～0.35 g/t，最高单样 4.4 g/t（图 8-17）。

3）物化探异常特征

本预测区位于重力梯度带北侧，其剩余重力异常为正值，垂向二导负异常为弱异常。航磁出现一个较大的局部异常——C77231，该异常近等轴状、面积 9 km²，处于区域性负磁场背景中，ΔT 正负极值差 30 nT，解译为深源磁异常，经定量计算为一厚板状磁性体，顶板埋深约 1600 m，可能由隐伏岩体顶部接触蚀变壳所引起。根据航磁资料二次解译，其异常中心为原 C-77-231 航磁异常中心，稍向北而靠近王家坊，其化极异常则基本上落在双龙庙—王家坊一带。

由于重力异常反映不明显，推测隐伏岩体可能为密度上比酸性岩高的中性岩体。该异常已经地磁检查，证明其存在，面积约 4 km²，仅在双龙庙—王家坊地段。表现为叠加在低缓异常上的局部异常，呈长

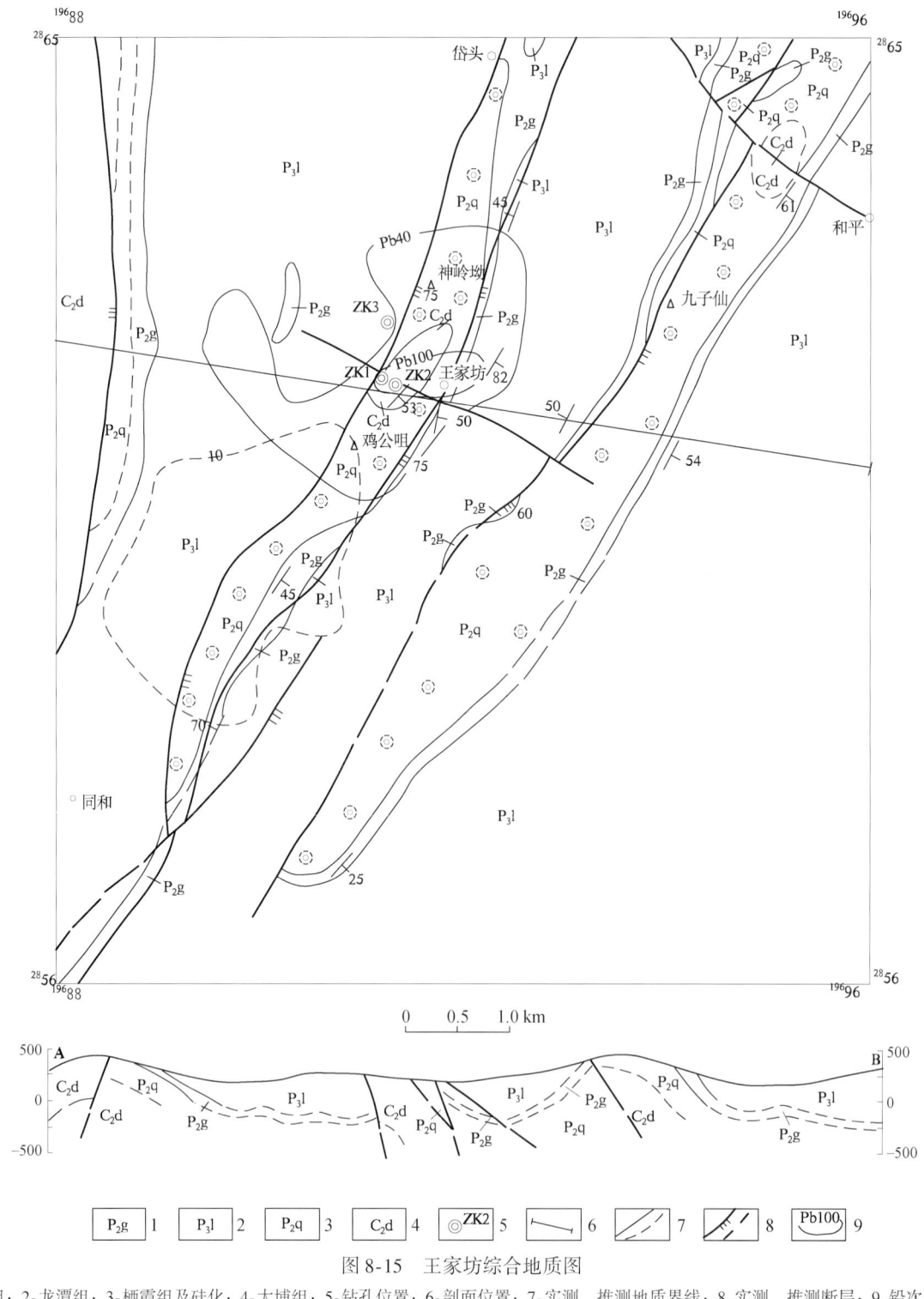

图 8-15　王家坊综合地质图

1-孤峰组；2-龙潭组；3-栖霞组及硅化；4-大埔组；5-钻孔位置；6-剖面位置；7-实测、推测地质界线；8-实测、推测断层；9-铅次生晕异常

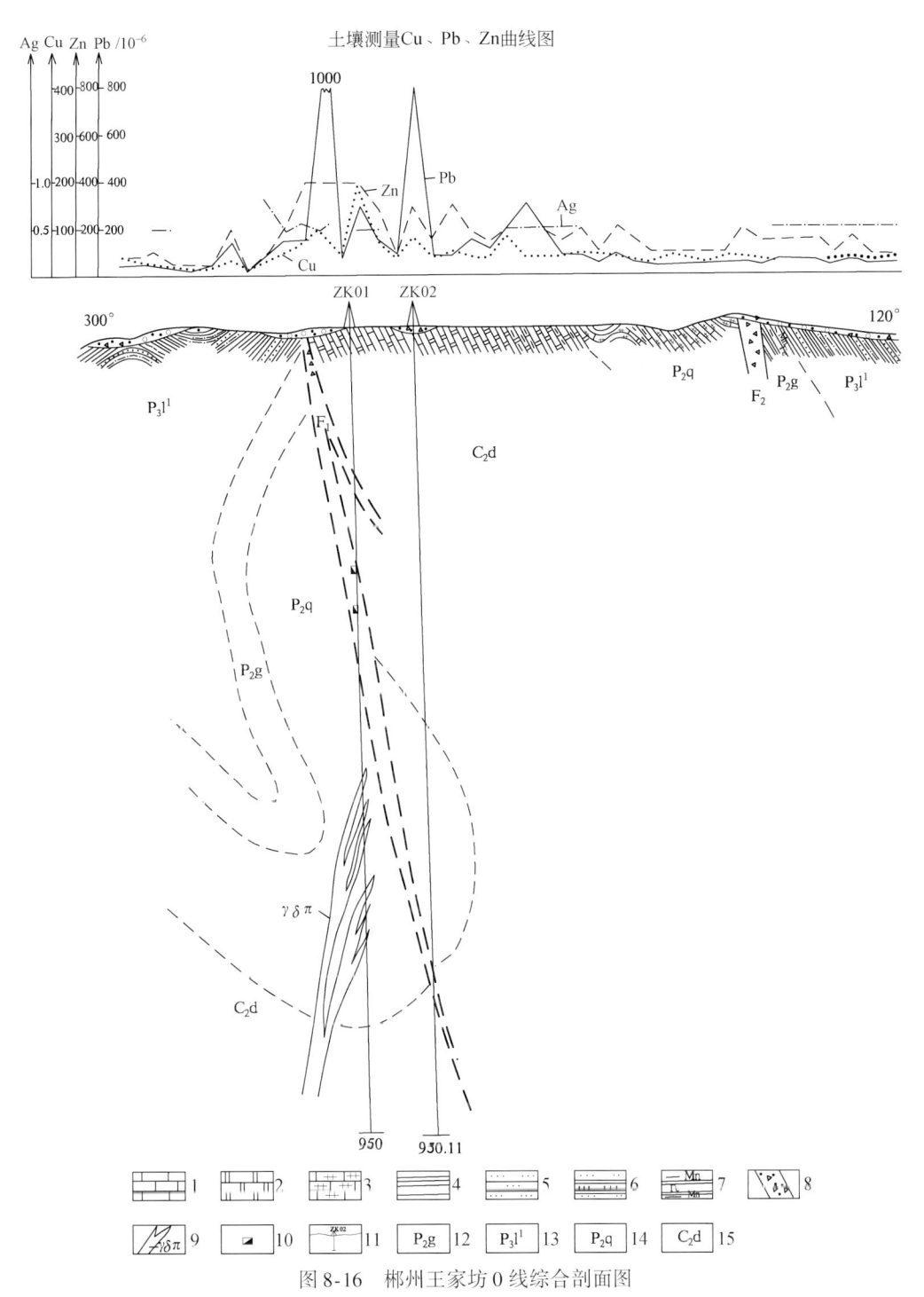

图 8-16 郴州王家坊 0 线综合剖面图

1-灰岩；2-白云岩；3-硅化灰岩；4-页岩；5-粉砂岩；6-粉砂质页岩；7-含铁锰泥质硅质岩；8-断裂破碎带；9-花岗闪长斑岩；10-铜铅锌矿化；11-钻孔及编号；12-中二叠统孤峰组；13-上二叠统龙潭组；14-中二叠统栖霞组；15-上石炭统大埔组

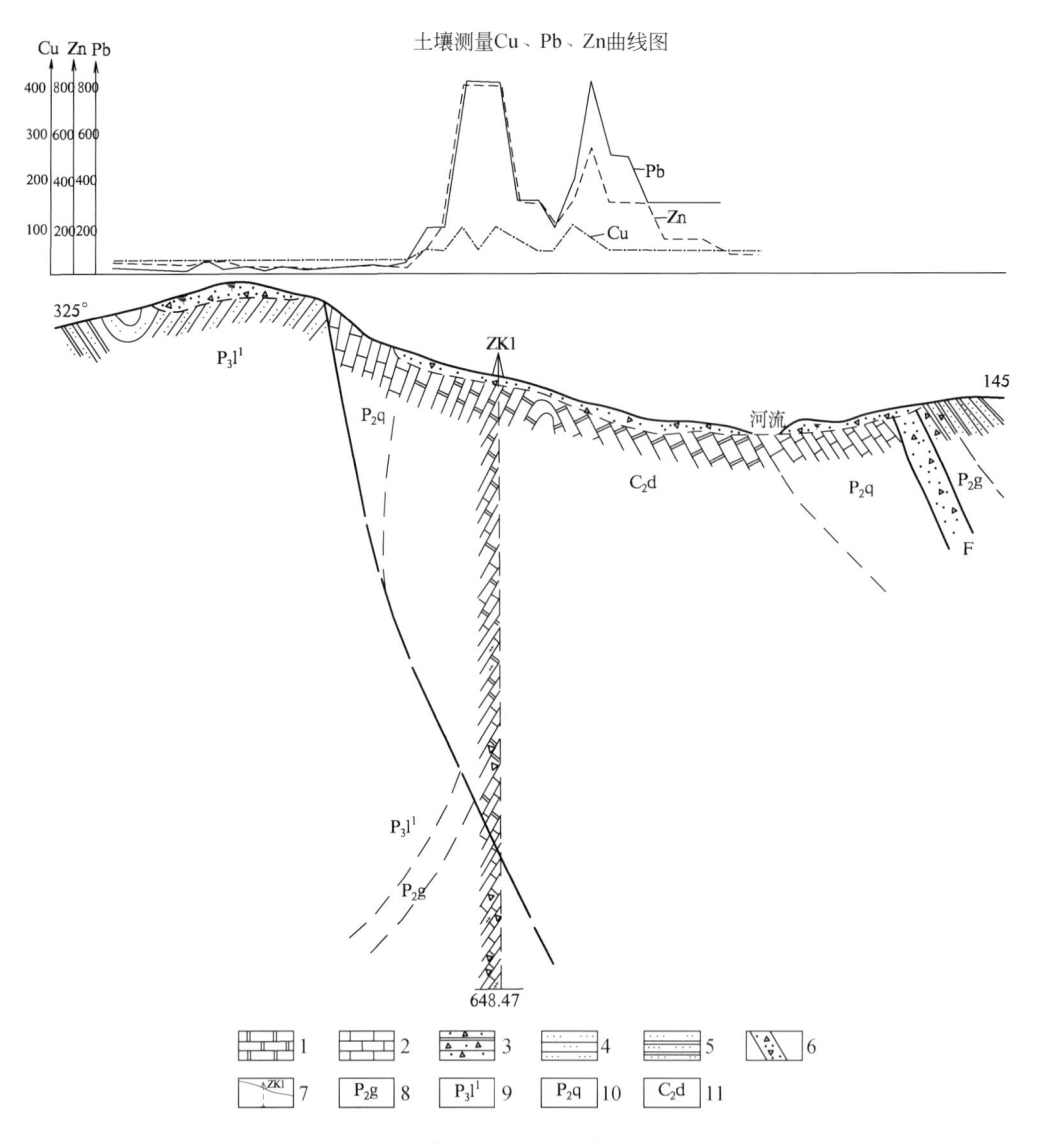

图 8-17 郴州王家坊 V 号综合剖面图

1-白云岩；2-灰岩；3-硅质岩；4-粉砂岩；5-页岩夹砂岩；6-断裂破碎带；7-钻孔及编号；8-中二叠统孤峰组；
9-上二叠统龙潭组；10-中二叠统栖霞组；11-上石炭统大埔组

条状分布，峰值 150 nT 左右，异常两翼不对称，西陡东缓，北部出现负值，与化探异常和能谱异常基本吻合。

本区为区域化探曹家田 Pb、Zn、Au、Ag 异常的一部分，其含量峰值：Cu $60×10^{-6}$、Zn $323×10^{-6}$、As $60×10^{-6}$、Au $0.11×10^{-6}$、Ag $0.59×10^{-6}$、Sb $8.6×10^{-6}$。

1∶5 万土壤地球化学测量也显示 Cu、Pb、Zn、As 等异常，面积 3.5 km²，其含量峰值：Cu $39.6×10^{-6}$、Pb $93×10^{-6}$、As $141.8×10^{-6}$。

我们进行了大比例尺物化探详查，发现明显的化探异常分布于神岭坳一带，总体呈椭圆状，走向北北东，严格受断裂控制，与硅化带分布大体一致。横向断层 F₃ 将化探异常分为南北两部分，北部异常元素组合为 Cu、Pb、Zn、As、Mn、Bi、Mo、Ag，具明显的浓度分带和浓集中心，含量峰值为 Cu $(100\sim300)×10^{-6}$、Pb $(200\sim1000)×10^{-6}$、Zn $(300\sim1500)×10^{-6}$、As $(100\sim500)×10^{-6}$、Mn $(1000\sim5000)×10^{-6}$、Bi $(10\sim80)×10^{-6}$、Mo $(8\sim40)×10^{-6}$、Ag $0.5×10^{-6}$；南部异常元素组合为 Pb、Zn、Mo、Mn，强度稍低。

验证钻孔的原生晕测量结果表明：主要成矿元素 Cu、Pb、Zn、Ag 在花岗闪长斑岩岩脉附近围岩中和硅化破碎带中明显偏高，且有由地表往深部递增的趋势。

综上所述，本预测区处于北西向雷坪-金银冲-岭秀断裂带中的雷坪-金银冲隐伏岩带的中部，深部所见花岗闪长斑岩其岩性、微量元素含量和稀土配分模式与宝山相类似，构造条件有利，虽地表矿化、蚀变微弱，但深部已见到了矿化，故本区是一个潜在的有利找矿地段。

湖南省地质研究所和湖南省地质矿产勘查开发局物探大队以及湘南地质队，自1983年以来在本区做了大量的综合研究和物化探工作及普查验证工作，获取了大量的找矿信息，为进一步工作奠定了基础。

10. 雷坪铅锌金银和锡铜预测区（C-16）

本预测区位于雷坪-金银冲成矿亚带的北西部，大义山岩体的南东侧，地理坐标：$X = 2874 \sim 2878$、$Y = 16972 \sim 16977$。面积20.0 km²，该区成矿地质条件有利，与大顺窿、宝山铜多金属矿床有相似之处，且有找矿标志的显示，预测目的是寻找与隐伏岩体有关的铅锌银和铜锡矿产。

1) 地质环境

区内出露的地层有上泥盆统锡矿山组，上泥盆统—下石炭统孟公坳组、天鹅坪组、石磴子组、测水组、梓门桥组；上石炭统大埔组；中二叠统栖霞组、孤峰组、上二叠统龙潭组，还有第四系广泛分布。赋矿地层和岩性主要是石磴子组灰岩，局部夹薄层泥灰岩或钙质页岩。

本区位于仙岛构造盆地北缘，洋市-张家坪复式向斜的北部宽阔地段，由一系列轴线呈南北向的次级褶皱组成，脊线起伏较大，总体南仰北俯，由花园洞水塘背斜、上坊向斜、杨柳坪背斜等组成。主要断裂包括北北东向的段家断裂、雷坪断裂和下溪村断裂；北西向的双江口断裂延伸入本区。

区内未见岩体出露，但其西北部8 km处就是大义山岩体的南部和侵入其中的泥板田岩体。前者为印支期巨斑状黑云母花岗岩，后者为燕山早期深成岩株，其岩性中心为细粒黑云母花岗岩，向边缘变为花岗斑岩和石英斑岩（图8-18）。

2) 蚀变与矿化

灰岩中有方解石脉、石英脉、大理岩化、硅化等围岩蚀变。石英脉中见铜、铅、锌、锡、铁、银等多金属矿化现象，在石英脉旁的围岩中也见有锡矿化、铜矿化和黄铁矿化。如将军岭南东可见南北走向的矿化石英脉带长1 km、宽400 m，单脉以南北向为主，倾向东或西，倾角多在60°以上，脉体一般长10～40 m，厚1～10 cm，最厚30 cm，脉体间距5～10 m和10～30 m不等，脉体成群成带，平行排列，尖灭再现或尖灭侧现。

石英脉中含黄铁矿、黄铜矿、孔雀石、蓝铜矿、黄锡矿、黔锡矿、锡石、辉铅铋矿、斜方辉铅铋矿、含银辉铅铋矿、泡铋矿、自然铋、硫铜银矿、硫碲银矿等十几种金属矿物。矿化石英脉中金属元素含量：Cu 0.05%～0.14%、Pb 0.05%～0.77%、Bi 0.04%～0.75%、Ag 30～232 g/t、Sn 0.04%～0.2%。

3) 物化探异常特征

本区处于大义山岩体重力负异常带南东延伸端，剩余重力负异常达-5 mGal，总体呈北西走向，垂直二导负异常呈北北西向，由四圈等值线封闭而成。推测可能为埋深数百米的高侵位隐伏岩体所引起，经图切剖面定量计算，顶面埋深仅500 m。重力异常周边有弱ΔT化极磁异常。

本区还位于区域化探老屋异常西部，异常强度Ag 0.46×10⁻⁶、As 11.4×10⁻⁶、F 200×10⁻⁶、Au 0.0035×10⁻⁶、Cu 45×10⁻⁶、Zn 116×10⁻⁶、W 8×10⁻⁶、Sn 11.4×10⁻⁶、Sb 16.2×10⁻⁶、Pb 39.7×10⁻⁶，其中Sb、Ag、As、Au异常范围较大且重叠较好（图8-19）。

综上所述，雷坪预测区处于雷坪-金银冲-岭秀断裂带的北西端，大义山岩体隐伏南东延伸端，地表已有矿化显示，并以孔雀石等硫盐矿物和黄锡矿等锡矿物为主，其矿物组合与大义山岩体周围已知的铜锡多金属矿床地表矿化相类似，是寻找与岩体有关的铜锡和铅锌银矿的潜在区域，具有较好的找矿前景。

其他成矿预测区基本概况及预测依据见表8-17。

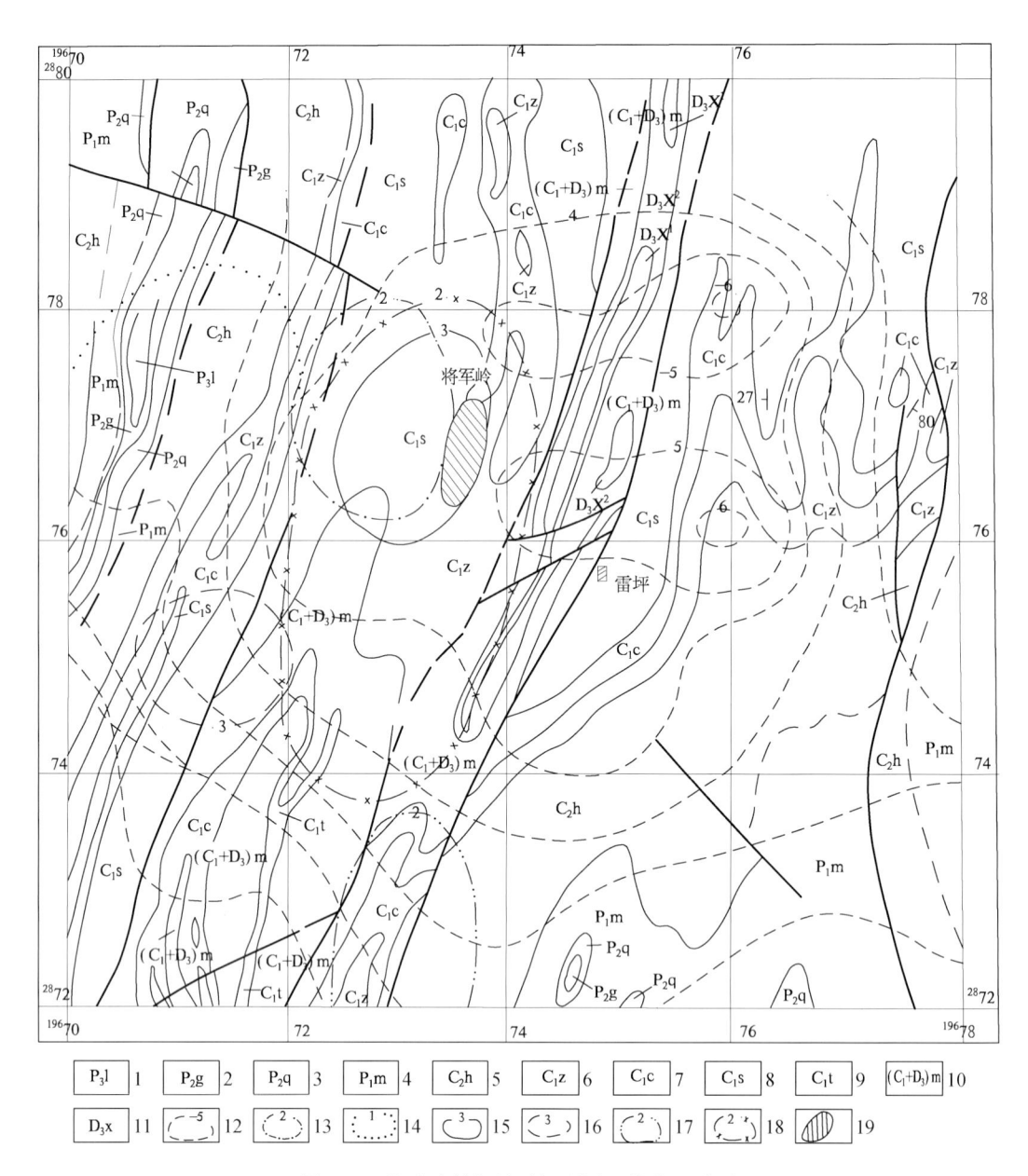

图 8-18 湖南省桂阳县雷坪预测区综合地质图

1-上二叠统龙潭组；2-中二叠统孤峰组；3-中二叠统栖霞组；4-上石炭统马坪组；5-中石炭统大埔组；6-下石炭统梓门桥组；7-下石炭统测水组；8-下石炭统石磴子组；9-下石炭组天鹅坪组；10-上泥盆统—下石炭统孟公坳组；11-上泥盆统锡矿山组；12-剩余重力异常(mGal)；13-锡元素衬值异常；14-锌元素衬值异常；15-砷元素衬值异常；16-汞元素衬值异常；17-金元素衬值异常；18-氟元素衬值异常；19-矿化石英脉分布区

图 8-19 雷坪物化探综合剖面图

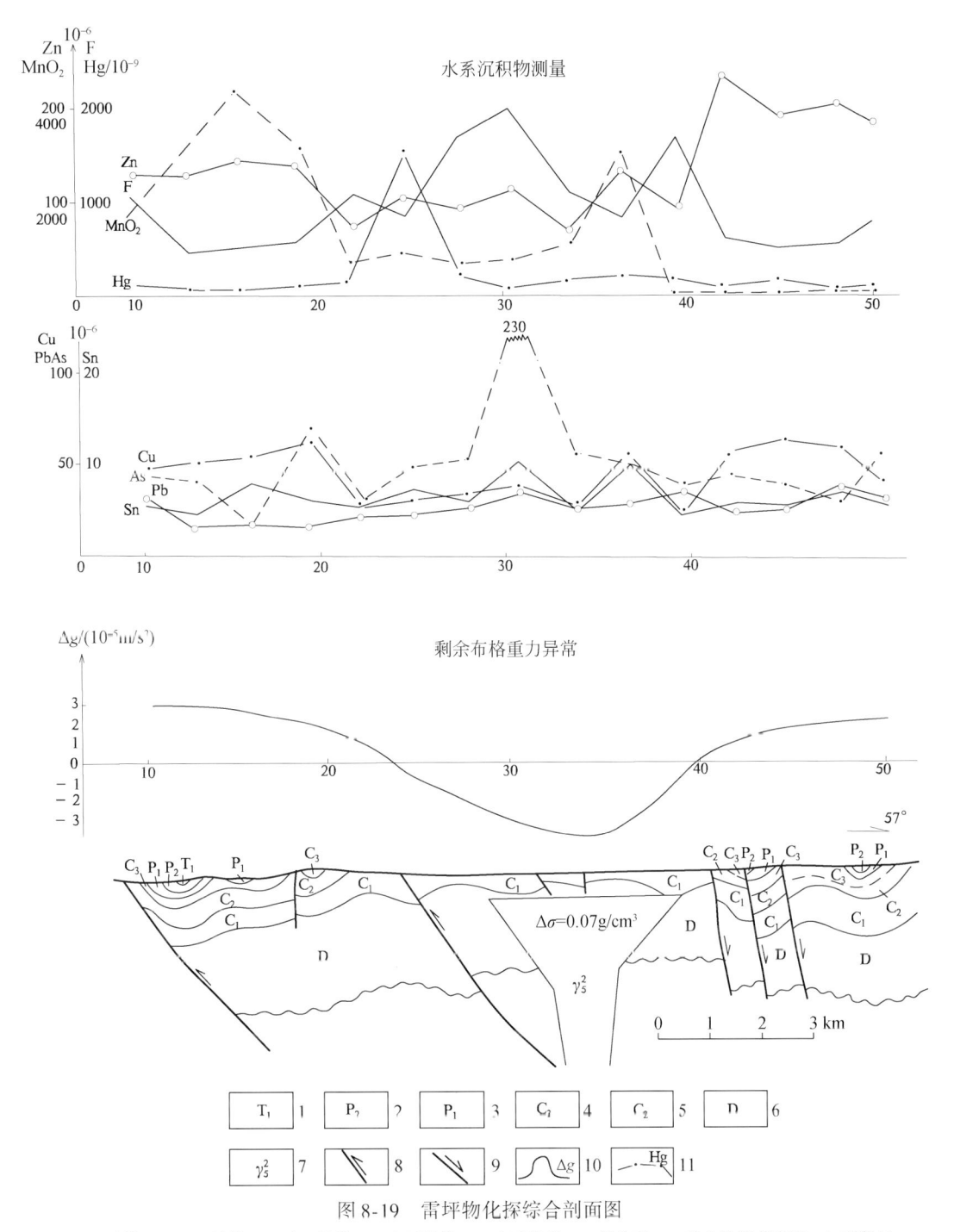

1-下三叠统；2-上二叠统；3-下二叠统；4-上石炭统；5-中石炭统；6-泥盆系；7-燕山早期花岗岩；8-逆断层；9-正断层；10-剩余布格重力异常曲线；11-单元素水系沉积曲线

表 8-17 千骑地区中比例尺锡多金属找矿预测区简表

级别编号 名称	面积坐标	地质构造	地层及岩相	岩浆岩	已知矿床及矿点	物探异常	化探异常	重砂异常	统计预测结果	综合评述
B-9 大坊金银铅锌预测区	32km² X=2846.0~2853.0 Y=19660.0~19665.0	位于洋市－张家坪复式向斜中的杉树下－张家坪向斜中段，南北向的上兰田村－大塘向山－何家渡构造岩浆岩带与北西向宝山－荷家坪断裂带的交汇部位。区内主要有四条褶皱和一系列NNE-SN向逆冲断裂，北东向和北西向次级断裂，为主要容矿构造	出露地层自石炭系下统石磴子组至二叠系上统龙潭组均有分布，主要赋矿地层为石磴子组，梓门桥组和壶天群，岩相为碳酸盐岩相至开阔台地相	出露有燕山早期的猫儿岭、鼎树下两个小花岗闪长斑岩体，深部连为一体，推断深部有隐伏花岗岩基	已知有大坊Au、Ag、Pb、Zn多金属大型矿床一处，其他矿化点三处	有剩余重力负异常，其值为-3×10⁻⁵ m/s²，有重力垂向二号负异常，其值为-60×10⁻¹³ m/s²，航磁ΔT无局部异常图，在化极深源磁异常图坪深源磁异常西侧北部梯度带上	水系沉积物异常为大坊异常，其峰值为W 13.1×10⁻⁶、Sn 12.8×10⁻⁶、Be 5×10⁻⁶、Cu 56×10⁻⁶、Pb 222×10⁻⁶、Zn 1613×10⁻⁶、F 620×10⁻⁶、As 160×10⁻⁶、Au 0.275×10⁻⁶、Ag 3.64×10⁻⁶、Sb 48×10⁻⁶，以Ag、Pb、Sb、Au、As、Zn为主，外围还有较大范围的As、Au、Ag、Sb异常	1:5万重砂测量为大坊－黄庄异常北部，区内有：I-1、III-2号黄金、II-10、II-11、III-12等铅矿物异常；本区东侧有III-3号银矿物异常和III-2号辰砂异常	特征关联系数0.4~0.8，统计信息量2~5，为坪区A类成矿远景区之西部，向推覆冲断带与北西向宗口－桂阳断裂带交汇处，具有一定的资源潜力	位于宝山矿田西部，成矿地质条件有利，综合信息标志较明显，是寻找与中酸性小岩体有关的金银铅锌矿的有利地段
B-10 黄庄金银铅锌预测区	14km² X=2836.0~2840.5 Y=19661.0~19664.0	位于洋市－张家坪复式向斜中的杉树下－张家坪向斜中段，南北向的上兰田村－大塘向山断裂带与北东向断裂带的复合部位，区内为一次级的向斜构造，南北向和北东向次级断裂发育	出露地层有石炭系下统二叠系，主要赋矿地层为梓门桥组及石磴子组，测水组和当冲组为次要含矿层，石磴子组为开阔台地相－合（同陆）棚相	本区西缘有燕山早期花岗斑岩小岩体出露，区内无岩体出露	区内已知有黄庄小型金银矿床一处	重力剩余异常图上为正值区，但重力垂向二号导图上有一条北东向的负异常延入本区，推断为基底深断裂引起	水系沉积物磁测成果，本区为六合坪异常，其峰值为Cu 59×10⁻⁶、Pb 115.5×10⁻⁶、Zn 125×10⁻⁶、F 810×10⁻⁶、As 61×10⁻⁶、Ag 1.55×10⁻⁶、Sb 24.7×10⁻⁶。元素组合与大坊异常相似	本区位于大坊－黄庄重砂异常区南段，其中黄庄II-3号黄金异常面积4.5km²，金含量4~14颗，最高20颗	特征关联系数0.3~0.5，划入成矿远景区内，具有一定的资源潜力	位于宝山成矿带中，南北向推覆冲断带与北东向郴州深断裂的交汇处，成矿地质条件有利，综合信息标志明显。断裂破碎带发育，并有金银矿化和锰矿化。沿断裂带及当冲组和栖霞组界面是找金银矿的有利地段

续表

级别编号名称	面积坐标	地质构造	地层及岩相	岩浆岩	已知矿床及矿点	物探异常	化探异常	重砂异常	统计预测结果	综合评述
B-12 金银冲铜铅锌金预测区	16km² X=2858.5～2861.0 Y=19697.5～19701.5	位于高车头－沙田复式向斜东翼，天王岭背斜北段，北北东向断裂褶皱带与北西向的基底断裂带的复合部位。区内北北东向的逆断层和北西向的横断层极为发育。如北北东向堆官铺断裂、北西向黑石冲断裂等	出露地层自石炭系梓门桥组至二叠系龙潭组，石炭系中上统壶天群白云岩、灰岩为主要赋矿岩层	地表出露有燕山早期金银冲石英正长岩小岩群。重磁资料推断深部有高侵位的隐伏岩体	已知有金银冲Cu、Mo矿小型矿床一处，金矿化点一处，铁锰矿化点两处。主要为岩浆热液交代、充填型Cu、Mo矿	本区位于北东向的布格重力异常梯度带上，剩余重力负异常走向北北东，强度$-2\times10^{-5}m/s^2$，垂向二导负异常亦为北北东向，由四圈等值线闭合而成。ΔT化极图上，有似等轴状航磁异常作北西延长，强度70nT	水系沉积物测量成果，本区为金银冲异常，其峰值为：W 18.4×10^{-6}、Sn 11.8×10^{-6}、Be 7×10^{-6}、Cu 124×10^{-6}、Pb 208.4×10^{-6}、Zn 130×10^{-6}、F 840×10^{-6}、As 80×10^{-6}、Au 0.018×10^{-6}、Ag 0.3×10^{-6}、Sb 20.2×10^{-6}，以Au、Ag、Sb、Pb、Zn为主，作北东向分布	无异常	特征关联系数0.4～0.5，统计信息量2～3。划为C类找矿远景区	位于雷坪－金银冲成矿亚带与北东向郾县－郴州－蓝山深断裂带交汇处，成矿地质条件有利，综合信息标志较明显，是寻找与中碱性岩有关的铜铅锌矿和金矿的有利地段
B-13 瑶岗仙铅锌金银预测区	62km² X=2834.0～2845.0 Y=19727.0～19738.0	位于板坑－瑶岗仙背斜南西倾伏端，北北东向断裂与北西向断裂交汇处，北西西－北西向和北北东向次级断裂为主要容矿构造	出露地层主要为中泥盆统跳马涧组和棋梓桥组，其次是震旦系和侏罗系。主要赋矿岩层为棋梓桥组灰岩、白云岩，其次是跳马涧组砂岩	地表出露有燕山早期瑶岗仙花岗岩体和北西向的花岗斑岩脉。重磁资料推断深部为高侵位隐伏岩体	区内已知有大、中型白钨、黑钨矿床各一处，银多金属矿点一处，主要为夕卡岩型和断裂充填型	本区有布格重力负异常作北东向延伸长达10km。并有相应的剩余重力负异常，其值为：$-5\times10^{-5}m/s^2$。还有明显的垂向二导负异常。本区为浅源高磁区，有C77-170号航磁局部异常。解释为板状磁性体顶板埋深931m	水系沉积物测量成果，本区为瑶岗仙－长策异常区，含量峰值为：W 1720×10^{-6}、Sn 250×10^{-6}、Be 22×10^{-6}、F 14100×10^{-6}、Cu 610×10^{-6}、Pb 8160×10^{-6}、Zn 1190×10^{-6}、As 3600×10^{-6}、Au 0.094×10^{-6}、Ag 27.5×10^{-6}、Sb 275×10^{-6}。各元素重合好，含量高、范围大。大比例尺土壤测量亦有相应元素异常重合，水系沉积物加密取样有四个Au、As异常好	为瑶岗仙异常区南东部，本区有Ⅱ-28号铅矿物、Ⅱ-63号锡石、Ⅱ-33号黑钨、Ⅰ-62号锡石、Ⅰ-34号黑钨、Ⅰ-40、Ⅰ-41、Ⅰ-42号白钨、Ⅱ-30号毒砂、Ⅱ-38号铅矿物等异常重合，铅矿物平均含量112颗，最高505颗	特征关联系数0.5～0.8，统计信息量4～7，为瑶岗仙B类成矿远景区。具有一定的资源潜力	位于瑶岗仙矿田北西部，具有东坡型遥感线型构造影像模式特征，成矿地质条件有利，综合信息标志较明显，根据瑶岗仙模式类比，除钨矿外，是寻找铅锌银矿的潜在地区和有利地段

续表

级别编号 名称	面积坐标	地质构造	地层及岩相	岩浆岩	已知矿床及矿点	物探异常	化探异常	重砂异常	统计预测结果	综合评述
B-14 砖头坳铅锌金银预测区	24km² X=2812.0~2818.0 Y=19744.0~19748.0	位于九峰岩体之北侧外接触带上，杉树下—盘洞背斜部位。北东向斜贯与延寿—砖头北东向断层与北西向断裂复合部位。这两组断裂及层间裂隙为主要矿矿构造	出露地层有震旦、寒武系浅变质碎屑岩、泥盆系跳马涧组砂岩及棋梓桥组云灰岩。D_3q 为主要赋矿层，其岩相属于局限—半局限碳酸盐台地相、潮间亚相—潮下浅水亚相	本区南部出露九峰花岗岩体。据重磁资料推断其北部和西部有隐伏高低位小岩体分布。与成矿密切相关	已知区内有砖头坳大型矽卡岩型白钨矿床一处，钨矿点四处，银多金属矿点一处，铅锌多金属矿点六处	本区位于九峰岩体负异常北部，剩余重力负异常有两个负心，强度为-3×10⁻⁵ m/s²。垂向二导异常亦有两个负心相对应。本区西部为浅源高磁区，有C77-210、213 航磁异常，推测为接触带蚀变磁性矿物所引起	水系沉积物为区化五指峰异常之西部，其含量峰值为：W 1864×10⁻⁶，Be 28×10⁻⁶，Sn 26.5×10⁻⁶，Cu 252×10⁻⁶，Pb 155×10⁻⁶，Zn 215×10⁻⁶，F 13920×10⁻⁶，As 600×10⁻⁶，Au 0.0066×10⁻⁶，Ag 2.67×10⁻⁶，Sb 41.5×10⁻⁶。以 W、Ag、As、F 为主。异常范围大、强度高、重合性好	重砂成果：本区为砖头坳异常之北部，区内有 Ⅱ-39 铅矿物，Ⅱ-64 锡石，Ⅱ-43 白钨，Ⅱ-37 黑钨，Ⅱ-65 锡石等异常互交叉重叠	特征关联系数 0.4~0.6，统计信息量 2~3。划属 C 类成矿远景区	位于白云仙矿田中，成矿的地质条件有利，综合信息标志较明显。在已知的夕卡岩型、石英脉型钨矿外侧，寻找断裂型充填型和产于碳酸盐岩中的次代型铅锌、金银矿具有一定前景
C-15 金子岭铅锌预测区	34km² X=2873.5~2878.5 Y=19655.5~19664.0	位于金子岭短轴背斜南部倾伏端北西向推覆裂带中的小垱—排洞、上兰田村—大塘逆断裂组成的推覆断裂带与次级北西向断裂交汇部位	在背斜核部出露寒武系浅变质岩。其外缘为中泥盆统跳马涧组砂岩、棋梓桥组灰岩、白云岩，和上泥盆统灰岩。棋梓桥组为主要赋矿的层位，岩相主要为局限—半局限碳酸盐合地相	区内无岩浆岩出露。北距大义山岩体约10km	区内已知有铅锌矿化点，矿点两处，均产于棋梓桥层位中的层控型矿化	位于仙人岛重力高与大义山重力低的过度部位。在上兰田村—大坊一线有重力剩余异常值呈线呈南北向扭动，反映仙人岛西侧有大型推覆断裂构造	水系沉积物测量本区为金子岭异常区，其含量峰值为：W 8.6×10⁻⁶，Sn 8.1×10⁻⁶，Cu 78×10⁻⁶，Pb 260.9×10⁻⁶，Zn 229×10⁻⁶，F 860×10⁻⁶，As 56×10⁻⁶，Au 0.009×10⁻⁶，Ag 0.15×10⁻⁶，Sb 12.9×10⁻⁶，以 Pb、Zn、Au 为主。南部有 W、Sn、F、As、Cu、Sb、Ag 弱异常	重砂成果有 Ⅲ-1 号铅矿物，Ⅲ-1 号锡石，Ⅲ-2 号锡石，Ⅲ-3 号锡石等异常重合。Ⅲ-1，2 号异常面积 4.5km²，含量均为 50 颗	特征关联系数 0.3~0.5，统计信息量 2~3。划属 C 类成矿远景区	位于仙人岛断隆西侧、短轴背斜倾伏端、南北向推覆裂带的前锋部位，有较好的赋矿地层，成矿条件有利，有综合信息标志，寻找层控型或裂隙型铅锌矿有一定前景

续表

级别编号名称	面积坐标	地质构造	地层及岩相	岩浆岩	已知矿床矿点	物探异常	化探异常	重砂异常	统计预测结果	综合评述
C-17 王阳闸铅锌预测区	45km² $X=2827.0\sim2834.0$ $Y=19651.0\sim19658.0$	位于香花岭短轴背斜偏西翼,南北向松木圩-普满牙大断裂及近东西向上木湾北东向石坡头断裂东西向三组断裂交汇部位。区内地震褶皱三局限,轴向有北东,岩层倾角10°~25°	出露地层在东部主要为上泥盆统锡矿山组、余田桥组,西部主要为石炭系下统。深部棋梓桥组白云质灰岩中已见到铅锌矿体。其变质相为局限-半局限碳酸盐台地相,湖间-台间陆棚相	区内无岩浆活动	已有铅锌矿点两处,地表产于余田桥组的铅锌矿化,原二三大队普查钻孔子深部棋梓桥白云质灰岩中已见到铅和铜矿体顺层产出	位于香花岭北东布格异常上主梯度带上,剩余重力异常属于北东向二号带,垂直于三合圩二号岩体的北部边缘。航磁ΔT化极磁场负岩部有一个-20nT的低缓异常,可能为深部隐伏岩体之边缘	水系沉积物测量为王阳闸异常区,其含量峰值:W 41.6×10⁻⁶、Sn 14.2×10⁻⁶、Pb 997.6×10⁻⁶、Zn 434×10⁻⁶、Cu 73×10⁻⁶、Be 9×10⁻⁶、F 990×10⁻⁶、As 79×10⁻⁶、Au 0.004×10⁻⁶、Ag 2.70×10⁻⁶、Sb 16.3×10⁻⁶、Hg 1.5×10⁻⁶。范围大,强度中等,W、Sn、Mo、Pb、Zn、As异常1:5万土壤化探异常,1:1万土壤化探圈出3cm<1.1cm的异常带,其峰值Pb为10000×10⁻⁶,Zn 5000×10⁻⁶	位于香花岭北端重砂异常区,区内有Ⅲ-13号锡石等砂Ⅲ-4号辰砂、Ⅲ-4号锡石等重砂Ⅲ-4号异常面积5km²,辰砂含量一般4~23颗,最高30颗	特征关联系数0.4~0.6,统计信息量A 2~3,属于香花岭北部C类远景区北部。区成矿已到的层控-热液改造型铅锌矿,有一定的资源潜力	本区位于香花岭矿田边缘,属铅锡矿床的外带铅锌矿化,地表有铅锌矿化显示,深部已见到的铅锌矿体,具有较好的层控-热液改造型铅锌矿床成矿条件,伴有找矿前景
C-18 新塘铅锌预测区	40km² $X=2814.0\sim2820.0$ $Y=1967.0\sim1978.0$	位于驷田岭岩体之西南端外接触带,沙田向斜南端与西向正断岭北端斜贯部位。北北东向的安和一西岭向逆断裂切穿驷田岭岩体通过本区,区内岩体的次大倾褶坡并北东向的断裂发育,与成矿有关	出露地层有中上石炭至至上二叠统,其中栖霞组灰岩为主要赋矿层,其次大倾量山斗灰岩、斗冲组和龙潭组为盖挡层	本区东部和北部出露地层支期驷田岭花岗岩,据重磁资料推断,区内有两处高侵位小岩体	已知有铅锌矿化点一处,锡矿化二处	位于驷田岭南延伸端,重力异常负异常,重力异常是北西走向分布,其值为-2×10⁻³m/s²,垂向二号异常有三条等值线附合,磁力深源洼磁区,有C77-2.0,221两处局部异常,推断为驷裂带底侧磁地层的磁性矿化引起	水系沉积物测量为区化沙田异常,含量峰值:W 17.6×10⁻⁶、Sn 86.5×10⁻⁶、Be 8×10⁻⁶、Cu 117×10⁻⁶、Pb 131×10⁻⁶、Zn 323×10⁻⁶、F 73×10⁻⁶、As 800×10⁻⁶、Au 0.0043×10⁻⁶、Ag 0.29×10⁻⁶、Sb 22.7×10⁻⁶。面积虽不大,但各元素重叠较好	位于安源-麻田岭重砂异常区西侧外缘,区内有Ⅲ-25号锡石、Ⅲ-16号毒砂等异常,其中Ⅲ-16号毒砂含异常面积2km²,毒砂含量一般75~2700颗,最高7500颗	特征关联系数0.4~0.6,统计信息量2~4,划属C类成矿远景区	位于香花岭-东坡-彭公庙成矿亚带之西南端,是构造和岩浆活动强烈的地段,具有综合信息标志,寻找岩浆热液交代型锡铅锌矿床的条件,伴有找矿前景

续表

级别编号 名称	面积坐标	地质构造	地层及岩相	岩浆岩	已知矿床及矿点	物探异常	化探异常	重砂异常	统计预测结果	综合评述
C-19 东里金预测区	18km² X=2868.0~2873.0 Y=19688.5~19692.5	位于高车头－沙田复向斜中的寿竹园向斜,刀山坪背斜同向断裂带和中段,近南北向断裂带与北西向断裂带交汇部位	出露地层为坎天群至二叠系龙潭组,其中当冲组和栖霞组中段为主要赋矿地层,一般都受到程度不同的硅化蚀变	地表未见岩浆岩出露,据重力资料西向有两处隐伏高侵位小岩体	已知有金矿点和矿化点各一处	位于天大又山岩体重力负异常向南东的远程延伸端,有-2×10⁻⁵m/s²的剩余重力负异常呈北西向分布,垂向二导异常由四条等值线圈闭。ΔT化极图上本区位于北西向磁场梯度带上	水系沉积物测量为区化曹家田异常带之北部,其含量峰值:W 6.3×10⁻⁶,Sn 8.4×10⁻⁶,Be 5×10⁻⁶,Cu 85×10⁻⁶,Pb 59×10⁻⁶,Zn 110×10⁻⁶,F 570×10⁻⁶,As 60×10⁻⁶,Au 0.22×10⁻⁶,Ag 0.22×10⁻⁶,Sb 20.4×10⁻⁶。其中,以Au、Ag、Sb异常范围大、强度高,物合性好		特征关联系数 0.4~0.5,统计预测信息量<2,划属C类远景区	位于雷坪－金冲成矿亚带的中段,有明显的金化探异常,且范围大,在寿竹园、东华山、曹家田三处浓集中心,经地表和钻孔验证均见到金矿化,矿化主要产于当冲组硅化破碎带中,伴生轴,是寻找金矿的有利地段
C-20 铜金岭锌铜预测区	54km² X=2842.0~2847.0 Y=19686.5~19697.0	位于骑田岭岩体北端外接触带,高车头－沙田复武向斜与郴州－宜章复式向斜毗邻区,北北东向斜穿北、北北东向大断裂和六甫向大断裂发育,与成矿关系密切	出露地层自石炭系下统－二叠系上统各组比较齐全。中石磴子组为主要赋矿岩层,测水组和斗岭组为陆相煤遮挡含页岩作遮挡层,棚相	本区南部为印支期骑田岭花岗岩大片分布。区内有顶上黄家、花园里－活佛塘等小岩体群、岩性为细粒花岗岩,烟斑岩等,多呈岩枝、岩豆、岩脉产出。物探资料推测深部有三处隐伏的高侵位小岩体	已知有钨、锡、钼、铍矿点,矿化点五处,金铝、锌矿化点一处,还有铜铝、锌矿卡岩出,主要为矽卡岩型和高－中温液充填交代型	位于骑田岭矿重力异常之北东延伸端,剩余重力二导负异常和垂向二导负异常均呈东轴为封闭合圈。航磁有C73-29号弱号异常,面积6km²,正负伴生,呈北东向延伸。叠加区域性负磁场异常之上	水系沉积物测量为顶上黄家异常区和新田岭异常区的一部分,其峰值为:W 354×10⁻⁶,Sn 554×10⁻⁶,Be 14×10⁻⁶,Cu 187×10⁻⁶,Pb 6000×10⁻⁶,Zn 1740×10⁻⁶,F 2080×10⁻⁶,As 2500×10⁻⁶,Au 0.046×10⁻⁶,Ag 17.5×10⁻⁶,Sb 201×10⁻⁶。异常范围大,特别是三个浓集中心,具有多个浓集中心异常	1:5万重砂成果为华塘－新田岭大异常南段,区内有I-26号铝矿物,II-31号,I-34号锡石,I-17号III-16号台钨矿,I-19号等异常相互交叉重叠。I-26号辰砂异常面积2km²,铝矿物含量为5000颗	特征关联系数 0.4~0.7,统计预测信息量 3~5,划属B类成矿远景区,具有一定的资源潜力	位于新田岭矿田铜钨矿之外围,北东向的错断带与北西向构造的交汇部位,成矿条件有利,综合信息标志较明显,是寻找岩浆热液型铝铜矿床的有利地段

第8章 成矿预测与资源量估算 ·323·

续表

级别编号名称	面积坐标	地质构造	地层及岩相	岩浆岩	已知矿床及矿点	物探异常	化探异常	重砂异常	统计预测结果	综合评述
C-21 楂树岭锡铅锌金银预测区	17km² X=2855.0~2860.0 Y=19724.0~19727.5	位于三盖山背斜西翼近南北向褶皱核部，与北东向的断裂十分发育，与成矿关系密切	出露地层为震旦系武冈组浅变质砂岩、板岩，也是赋矿的层位	出露岩体有燕山早期的种叶山黑云母二长花岗岩小岩体。还有沿北北东向断裂充填的花岗斑岩脉群大量分布。深部可能有与高垄山岩体相连的隐伏岩体	已知有铅锌矿点两处，钨、锡、钼、铋矿点三处，均为断裂充填型矿体或矿化	位于高垄山岩体侧西南剩余重力负异常之南西延疆端。重力异常呈北东向，强度-30×10⁻⁵ m/s²。本区高磁北东向种叶山岩体接触带北西端外接触带有C77-151，乙2，164几个氟磁异常分布	水系沉积物测量显为高弯异常区西部，其峰值为：W 14.2×10⁻⁶, Sn 14×10⁻⁶, Be 4×10⁻⁶, Cu 42×10⁻⁶, Pb 84×10⁻⁶, Zn 118×10⁻⁶, F 560×10⁻⁶, As 67×10⁻⁶, Au 0.0031×10⁻⁶, Ag 0.3×10⁻⁶。以 W, Sn, Au等为主。强变较弱，范围不大	重砂测量成果位于桥口异常区南段东侧。区内有Ⅲ-35号铅矿物、Ⅲ-52号锡石、Ⅲ-53号白钨矿、Ⅱ-34号黑钨矿、Ⅲ-10号黄金等异常相互交叉重叠	特征关联系数0.3~0.5,统计信息<2	位于香花岭-东坡-彭公庙成矿亚带的东北段,北西向断裂与北东向断裂交汇部位,成矿地质条件有利,具有寻找断裂型和金矿型锡铅锌矿的条件
C-22 大奎上铅锌预测区	23km² X=2839.5~2846.0 Y=19712.5~19716.0	位于五盖山背斜西翼断层二-东坡向斜南支,区内北北东向断裂带反向西北向二级断裂发育,与矿产富集有关	出露地层有泥盆系跳马涧组、棋梓桥组和石炭系,棋梓桥组灰岩、白云岩为主要赋矿地层。其局限与局限-半局限相、局限蒸发台地相、潮上-滑间亚相,是重要布源层	区内无岩浆岩出露。据重力资料推测本区北部有隐伏的高温小岩体分布	已知有大奎上小型铅锌矿床一处,铅锌铜矿点(化)共五处。多为产于棋梓桥组内的层控型铅锌矿点	位于里山岩体侧西南剩余重力负异常区部远距延伸南端-黄家坝有重力负异常,强度大-50×10⁻⁵ m/s²。航磁位于东坡西向的磁场楼极上	水系沉积物测量为金船塘异常区南河,含量峰值:Sn 13×10⁻⁶, Cu 57×10⁻⁶, Pb 350×10⁻⁶, Zn 299×10⁻⁶, F 1360×10⁻⁶, As 80×10⁻⁶, Au 0.0078×10⁻⁶, Ag 1.27×10⁻⁶, Sb 21.2×10⁻⁶, Mn 3200×10⁻⁶,异常往北延伸范围很大,有局部浓集中心	位于东坡重砂异常区内侧外缘。预测东坡南侧区内无重砂异常	特征关联系数0.3~0.6,统计信息量2~3。为东坡A类成矿远景区,有一定的资源潜力	位于东坡矿田南部,五盖山背斜东侧,同沉积下段断裂发育,棋梓桥组下段保存较全,普遍发育有含碳斜坡相,滑塌角砾岩带,是寻找层控改造型或热液叠加型铅锌矿的有利地段

续表

级别编号 名称	面积坐标	地质构造	地层及岩相	岩浆岩	已知矿床及矿点	物探异常	化探异常	重砂异常	统计预测结果	综合评述
C-23 长城岭铅锌铜预测区	50km² X=2826.6~2836.0 Y=19712.0~19721.0	位于西山箱状背斜南部倾伏端。北北东向逆冲断裂带及次级北东向、北西向断裂极为发育。特别是北东向断裂带与根桥-观音座连、资兴-长城岭断裂带穿全区,遥感影像线型构造密切,属于东坡型	出露地层主要为中、上泥盆统及下石炭统碳酸盐岩。测水组为主要赋矿地层,其岩相为局限-半局限碳酸盐台地相潮间-潮下亚相	区内无主体岩浆岩出露,但小岩体和岩脉极为发育,如小垒一长城岭酸性斑岩群,岩性主要由花岗斑岩、辉绿岩、拉斑玄武岩等	区内矿点及矿化点沿北东向断裂带密集分布,其中铅锌铜矿(化)点共有10处	位于九峰岩体重力负异常带北西远延伸端,亦剩余重力异常东部边部。区内为北西向深源磁异常分布区,东邻瑶岗仙,西邻九峰磁异常,西邻磁场平稳区。推测块与瑶岗仙、九峰岩带的交接部位,有受深断裂控制的混熔岩浆活动迹象	水系沉积物测量为长城岭-太阳冲异常区。其含量峰值 W 9×10⁻⁶、Be 1070×10⁻⁶、As 65×10⁻⁶、Au 0.0028×10⁻⁶、Ag 0.23×10⁻⁶、Sb 25×10⁻⁶、Hg 0.63×10⁻⁶,其中Hg和Sb异常范围大,强度高,浓集中心明显。其东南侧有F异常,南西侧有Ag异常中心,区内还有Pb、Zn、As弱异常	重砂成果有长城岭异常,区内有II-29号、II-30号辰砂、III-12、III-13号黄金等异常单独出现,互不重合。辰砂异常面积约3.5平方公里,含量3~23颗,一般含量1~2km²,金异常面积2颗,最高6颗	特征关联系数 0.3~0.5,统计信息量2~3,划属C类成矿远景区	位于东坡矿田与瑶岗仙矿田之间,资兴-长城岭逆断裂带,控岩控矿波及深浅。岩性控矿浅显的剪切活动具有深切的特点,岩性条件有利,成矿地质条件有利,是寻找铅锌银铜矿的潜在地区和有利矿段
C-24 界牌岭锡多金属矿预测区	24km² X=2825.5~2832.5 Y=19727.0~19733.0	位于龙溪-二郎向斜南端,北北东向的山牛塘-白石逆冲断层通过本区东侧。区内次级断裂北东向和北西向断裂发育,与成矿关系密切	出露地层从石炭系下统石磴子组到上石炭统均有出露。石磴子组为主要赋矿地层,测水组水组为造挡层。石磴子组为开阔台地相浅海相亚相	出露有界牌岭花岗斑岩群。据重力资料推测深部有一个隐伏的高倾位小岩体	已知有界牌岭锡多金属矿大型矿床一处。最近在深部又发现铜矿体。矿床类型属于热液交代-细脉充填型	位于瑶岗仙隐伏岩基重力负异常中心强度为-4×10⁻⁵ m/s²,剩余二号负异常有南北两侧,垂向二号异常线均有等值线吻合。推测岩体理深高北内岩体理深高北为0m左右,长5km,宽1.5km,南面岩体范围较小	水系沉积物测量为矿常异常区,含量峰值有 W 9.8×10⁻⁶、Sn 9×10⁻⁶、Be 30×10⁻⁶、Pb 235×10⁻⁶、Zn 160×10⁻⁶、F 2800×10⁻⁶、As 90×10⁻⁶、Au 0.0038×10⁻⁶、Ag 0.47×10⁻⁶、Sb 3.9×10⁻⁶,各元素互相重叠,范围较小	本区内无重砂异常,仅在西侧外缘有Ⅲ-36黑钨矿异常,面积1.5km²,含量65~150颗	特征关联系数 0.3~0.5,统计信息量2~4,位瑶岗仙成矿远景区之B类成矿远景区南部	位于瑶岗仙矿田南部,成矿地质条件有利,在已知矿床外围,寻找与高倾位隐伏矿体有关的锡铅锌矿有一定前景

续表

级别编号 名称	面积坐标	地质构造	地层及岩相	岩浆岩	已知矿床及矿点	物探异常	化探异常	重砂异常	统计预测结果	综合评述
C-25 黄圃锡金银预测区	54 km² X=2813.0~2822.0 Y=19716.0~19723.0	位于枧坑-盘洞复式背斜南段西侧，北东向的新裂构造发育，地层产状多为北东走向，作北西倾的单斜层	出露地层从石炭系下统石磴子组至中泥盆统棋梓桥组均有分布。棋梓桥组和石磴子组为赋矿地层。测水组为局限-半局限碳酸盐台地相潮间亚相，石磴子组为开阔台地相浅滩亚相	本区东部为燕山期九峰岩体分布。据重磁资料推断，本区北部和南部为九峰岩体向西延隐伏部分。在本区南部和北部均有隐伏的岗位小岩体分布	不清	在九峰岩体重力负异常的西延部分，剩余重力负异常强度为-2×10⁻⁵ m/s²，垂向二号异常有两个负心分别立于本区北部和南部。ΔT化极异常弱上。有C77-204号航磁异常，中心在青石岐之南西约1km，强度为+30nT，剩余异常大，主位置偏北。整个预测区均为浅缘屏磁区	水系沉积物测量结果，有Au和Ag异常，呈北东向延伸，累加积其度为4，还有W、Sn异常叠加其上。范围较小，累加积其度为5。此外在北部黄泥圫尚有Pb、Zn异常，范围也小，累加积其度为4	无异常	特征关联系数0.3~0.5，统计信息量2~3，划属C类远成矿靶区	本区位于瑶岗仙成矿亚带的南段，北西向余田-桂阳-九峰断裂带中，九峰岩体北西向前锋部位，具有一定的找矿标志。成矿条件有利，是寻找铅锌金银的潜在地区和有利地段

8.4 锡铅锌多金属找矿预测区优选

8.4.1 成矿背景

构造位置上，千骑地区处于华夏、扬子板块拼贴接合部的华夏板块一侧（图7-17），跨武夷隆起、粤北拗陷（二级单元）与赣西-湘东凹陷、粤北凹陷（三级单元）。深部构造位于北东向岩石圈断裂 F_3（板块分界）与北西向郴州-邵阳地壳断裂（F_{18}）交汇部，规模巨大的深部北东、北西岩浆岩带于区内交汇（图7-5）。

出露地层以泥盆系、石炭系、二叠系等有利赋矿的碳酸盐岩为主。构造主要有早期北西向（基底）与晚期北东向（盖层）两组，其交汇处控制了区内主要岩浆岩和有色金属矿产分布。印支期褶皱以北北东-近南北向为主，并沿北东60°方向平行斜列组成褶断带。香花岭、骑田岭、王仙岭、千里山、瑶岗仙岩体呈北东向展布（深部连为一体），控制了区内矿产聚散、分布；多期次岩浆活动形成的复式岩体主要侵入于印支盖层的碳酸盐岩中，次为加里东基底寒武系浅变质砂岩（香花岭岩体）；成矿作用与燕山早期花岗岩相关，钨锡钼铋矿化岩体具钾长石化、云英岩化，铅锌银为同熔型高侵位酸-中酸性小岩体。

千骑地区位于 W、Sn、Bi 地球化学高背景区，并以 Bi 为全球性高背景为特色。1:20万水系化探综合异常与出露岩体分布基本一致（图2-11、图2-14），具有锡钨铋钼（高温）-铅锌银铜砷（中温）-锑（低温）-锂氟（矿化剂）四类特征元素组合及围绕岩体正向分带的特点，且强度、规模最大的元素类与矿床（田）主矿种对应（图8-20、图8-21）。已知矿产地数量多、规模大。特大型矿产地有柿竹园（钨锡多金属），大型的包括野鸡尾（锡铜多金属）、金船塘（锡铋）、枞树板（铅锌银）、红旗岭（锡）、黄沙坪（铅锌多金属）、宝山（铜铅锌多金属）、瑶岗仙（钨银）、香花岭（锡多金属）、新田岭（白钨）、砖头坳（白钨）、界牌岭（锡铅锌）、大坊（土型金）等近20处，以东坡矿田最为集中；中型以下矿床（点）560余处。

8.4.2 预测区优选与找矿远景

本书在对千骑地区成矿地质条件进一步研究基础上，结合锡多金属找矿预测区的划分与预测依据，采用地质类比和综合信息矿产统计预测等方法，在区内重新优选出香花岭钨锡铅锌多金属找矿预测区（A-1）、白云仙钨锡铅锌多金属找矿预测区（A-2）、东坡钨锡铅锌多金属找矿预测区（B-1）、坪宝铅锌金银多金属找矿预测区（B-2）、骑田岭南部锡多金属找矿预测区（B-3）、瑶岗仙钨锡铅锌多金属找矿预测区（B-4）、骑田岭北部钨锡铅锌多金属找矿预测区（C-1）和长城岭铅锌铜多金属找矿预测区（C-2）等八个锡铅锌多金属找矿预测区。有关预测区分布详见图8-22。

8.4.2.1 香花岭钨锡铅锌多金属找矿预测区（A-1）

1) 地质环境

该预测区位于炎陵-郴州-蓝山北东向构造-岩浆带西南段的东南侧，香花岭锡多金属矿田南部。区内除缺失奥陶系和志留系地层外，寒武系、泥盆系、石炭系、二叠系、三叠系和白垩系均有出露。其中，寒武系为一套复理石碎屑岩建造；泥盆系中统下部为滨海碎屑岩相沉积，中统上部及上统为浅海碳酸盐相沉积。

第 8 章 成矿预测与资源量估算

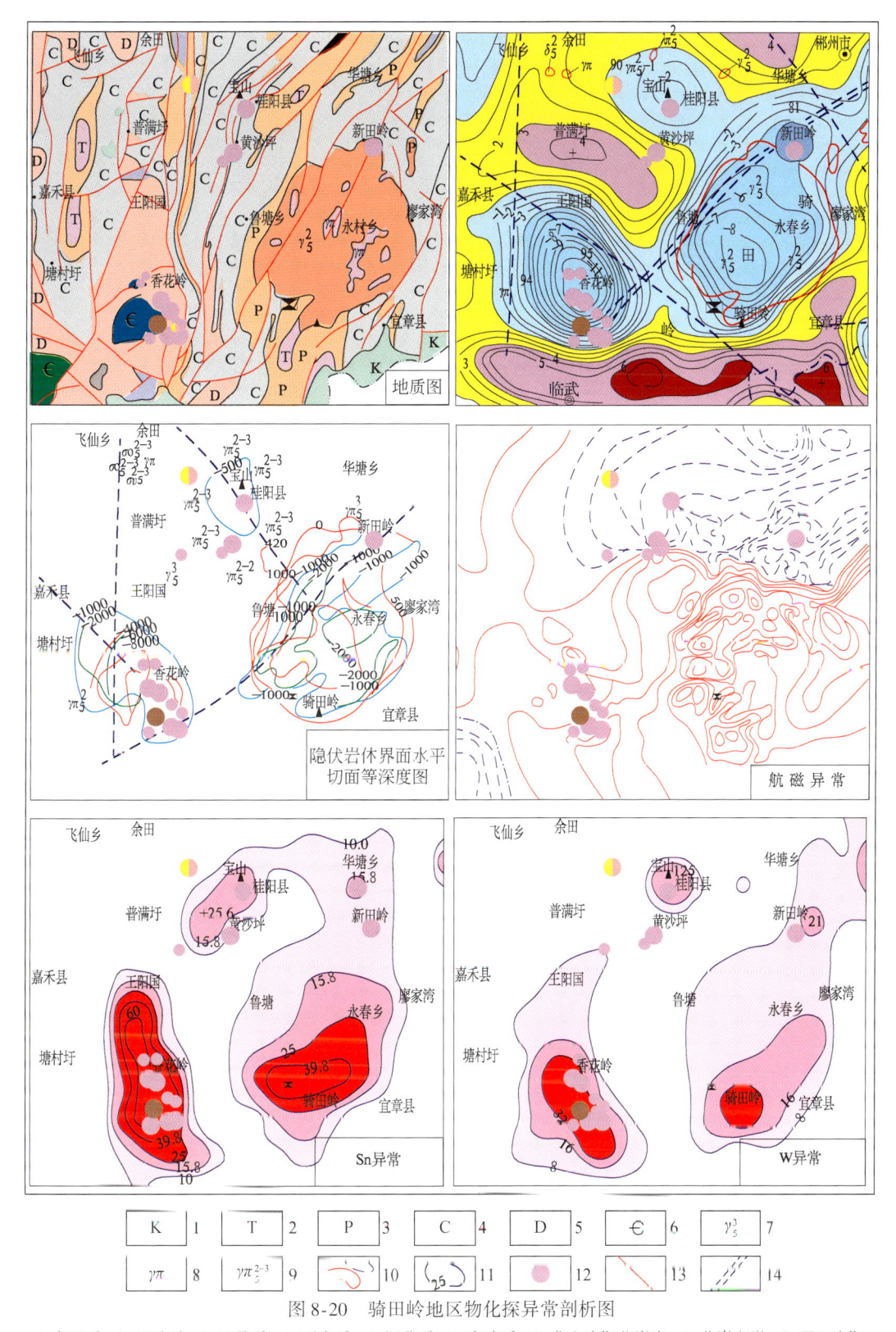

图 8-20 骑田岭地区物化探异常剖析图

1-白垩系；2-三叠系；3-二叠系；4-石炭系；5-泥盆系；6-寒武系；7-燕山晚期花岗岩；8-花岗斑岩；9-燕山晚期花岗斑岩；10-航磁异常等值线（红为正蓝为负）；11-土壤元素异常等值线；12-矿点；13-地质界线；14-推测断裂

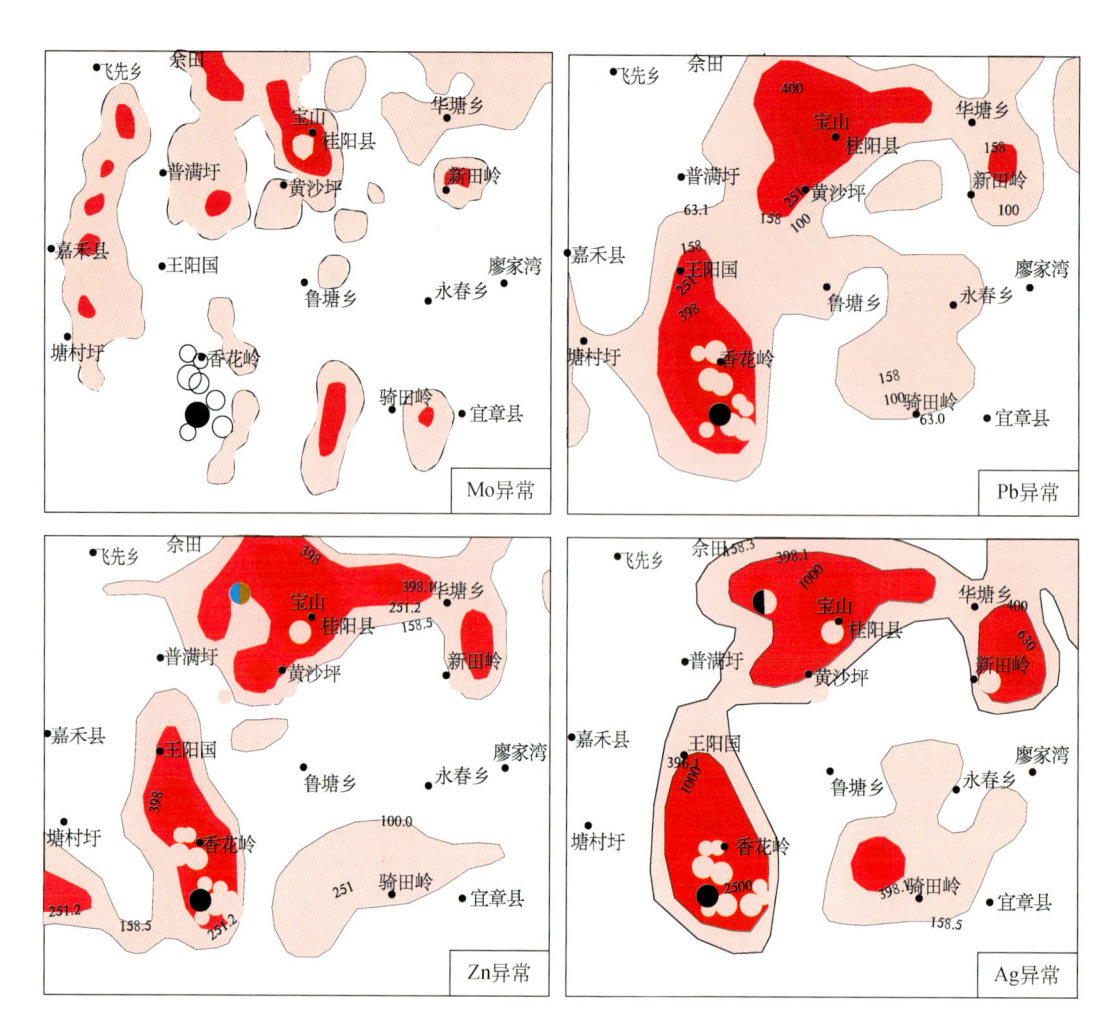

图 8-21 骑田岭地区 Mo、Pb、Zn、Ag 化探异常图

区内构造复杂，主要有近东西向、南北向及北东向三组构造。其中东西向构造为寒武系地层中呈近东西向展布的单斜构造，主体形成于加里东期，属该区的基底构造。南北向构造主要表现为香花岭复式背斜及其同期形成的走向断裂，主体形成于印支期，该复式背斜控制了香花岭矿田的分布。北东向构造以断裂构造为主，主要形成于燕山期，与成矿关系极为密切，为区内主要的导矿及容矿构造。

区内出露有癞子岭、通天庙、五里山、火峰岭等岩体，它们呈岩株状产出，单个岩体出露面积0.3～4.4 km²，为燕山早期第二阶段第一次侵入产物，岩性为中细粒铁锂云母二长花岗岩，岩体中富含 Nb、Ta、Li、Rb、Cs 等稀有元素，局部富集可构成工业矿体。另外区内晚期侵入的花岗斑岩脉呈东西向分布，岩脉中含 Sn 较高，局部富集可形成斑岩型锡矿。

2）物化探异常特征

香花岭钨锡铅锌多金属矿预测区位于炎陵-郴州-蓝山北东向重力梯度带中部，布格重力异常表现为轴向北北西向的重力低异常，异常值（-63～-46）×10 g.u，为未封闭的椭圆形，长 20 km，宽 14 km。梯度带南东陡北西缓，反映了隐伏岩浆岩的分布特征。地表出露的岩体在 1.5 km 深处形成三个带，3 km 深处连成一条带，反映了同源岩浆演化及分布特征（图 8-23）。

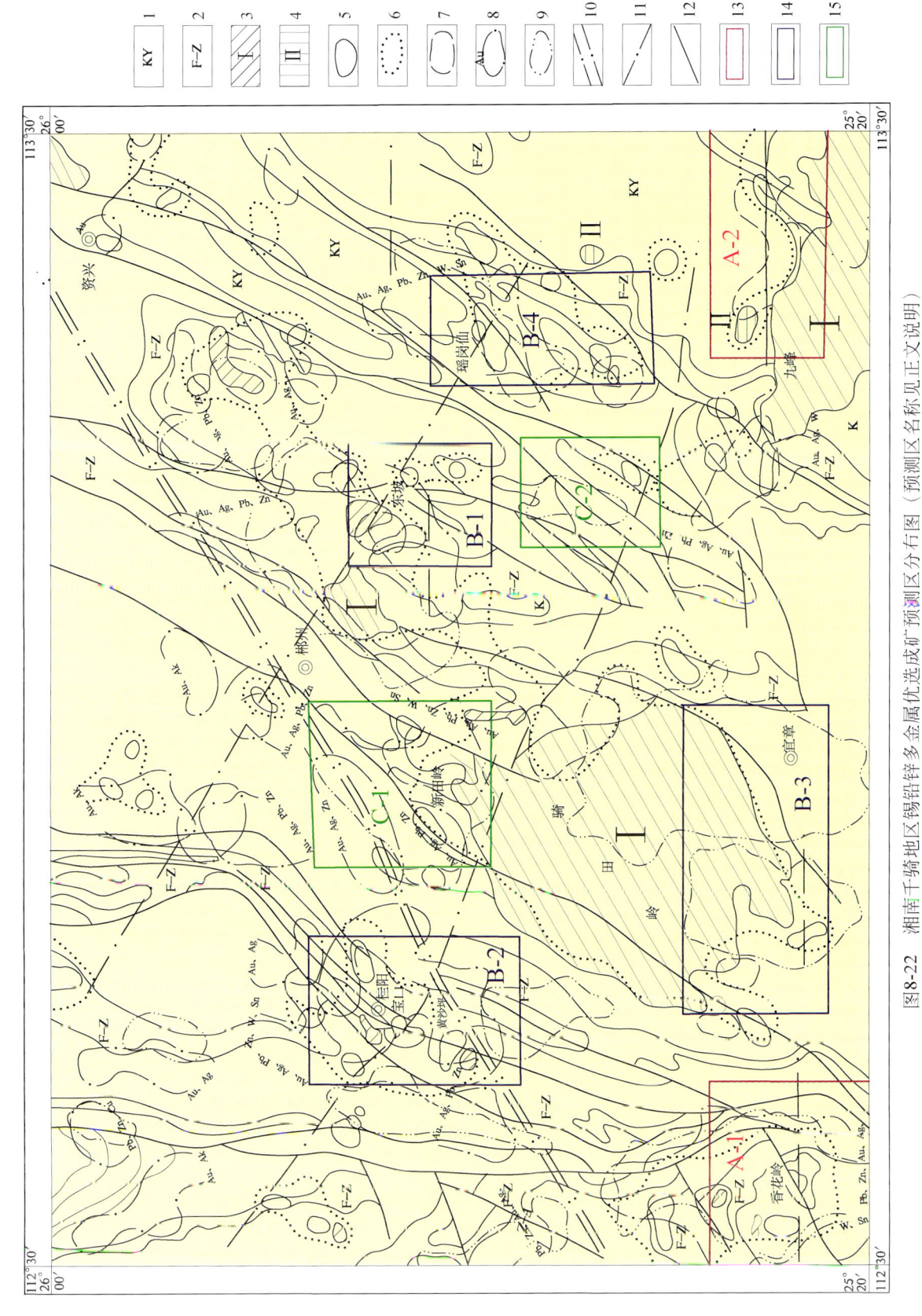

图8-22 湘南干烈地区锡铅锌多金属优选成矿预测区分布图（预测区名称见正文说明）

1-矿源层；2-赋矿层及盖档层；3-Ⅰ系列花岗岩；4-Ⅱ系列花岗岩；5-推测高位小岩体；6-推测隐伏岩体地表投影区；7-浅源高磁区；8-水系沉积物组合异常；9-重砂组合异常；10-推测基底主干断裂带；11-推测基底断裂带；12-地表断裂；13-A级找矿远景区及编号；14-3级找矿远景区及编号；15-C级找矿远景区及编号

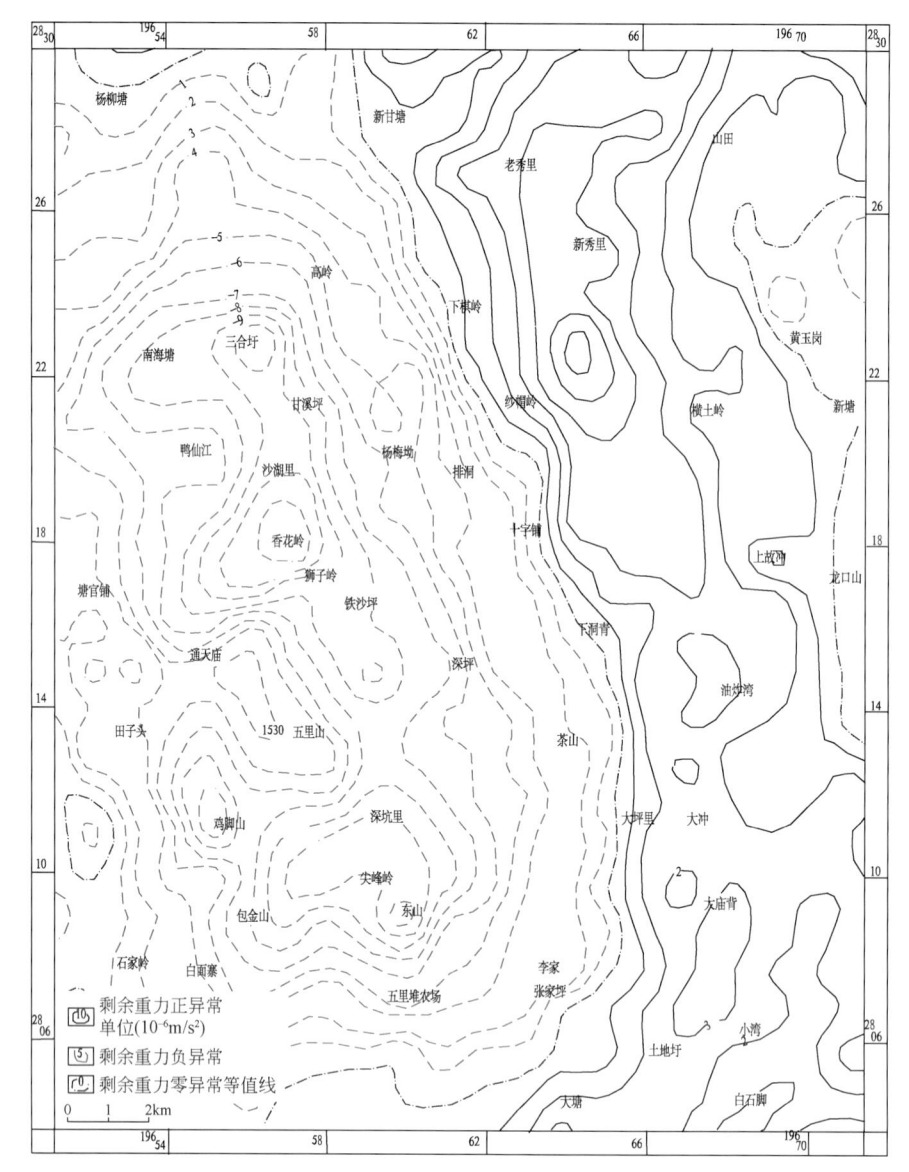

图 8-23 香花岭矿田重力异常图

区内局部航磁异常成群分布于香花岭短轴背斜中，以正磁为主，共有 14 个异常（图 8-24），其中 C-74-24 规模最大，长 2 km、宽 1.8 km，ΔT_{max} = 40~50 nT。轴向以北西为主，亦有北东、东西向。异常展布具一定的方向性，大都沿构造带及岩体接触带定向分布，反映了岩浆岩的分布以及热液蚀变的强度及矿化情况，对找矿有一定的指导意义。

区内岩石、土壤地球化学异常发育，主要分布于香花岭背斜核部，主要异常元素有 W、Sn、Pb、Zn、Sb、Ag、Mo、Bi、Cu、Nb、Ta 等，具有异常规模大、强度高、浓集中心明显、空间分布上自岩体向外依次出现稀有（Be、Nb、Li）-高温（W、Sn、Bi）-中温（Pb、Zn、Ag、Cu）-低温（As、Au、Sb）元素的分带特征。

区内水系沉积物及重砂矿物异常也较发育，并集中分布于香花岭背斜核部及岩体内外接触带。具有分带明显，强度高，与已知矿点相吻合等特点（图 8-25）。

3）矿产概况

区内主要矿产有 W、Sn、Pb、Zn、Nb、Ta 等，目前发现有内生金属矿产大型 1 处，中型 15 处，小型 29 处，矿点、矿化点 49 处。主要矿床类型有岩浆晚期交代分异型（Nb、Ta）、斑岩型（Sn）、接触交代

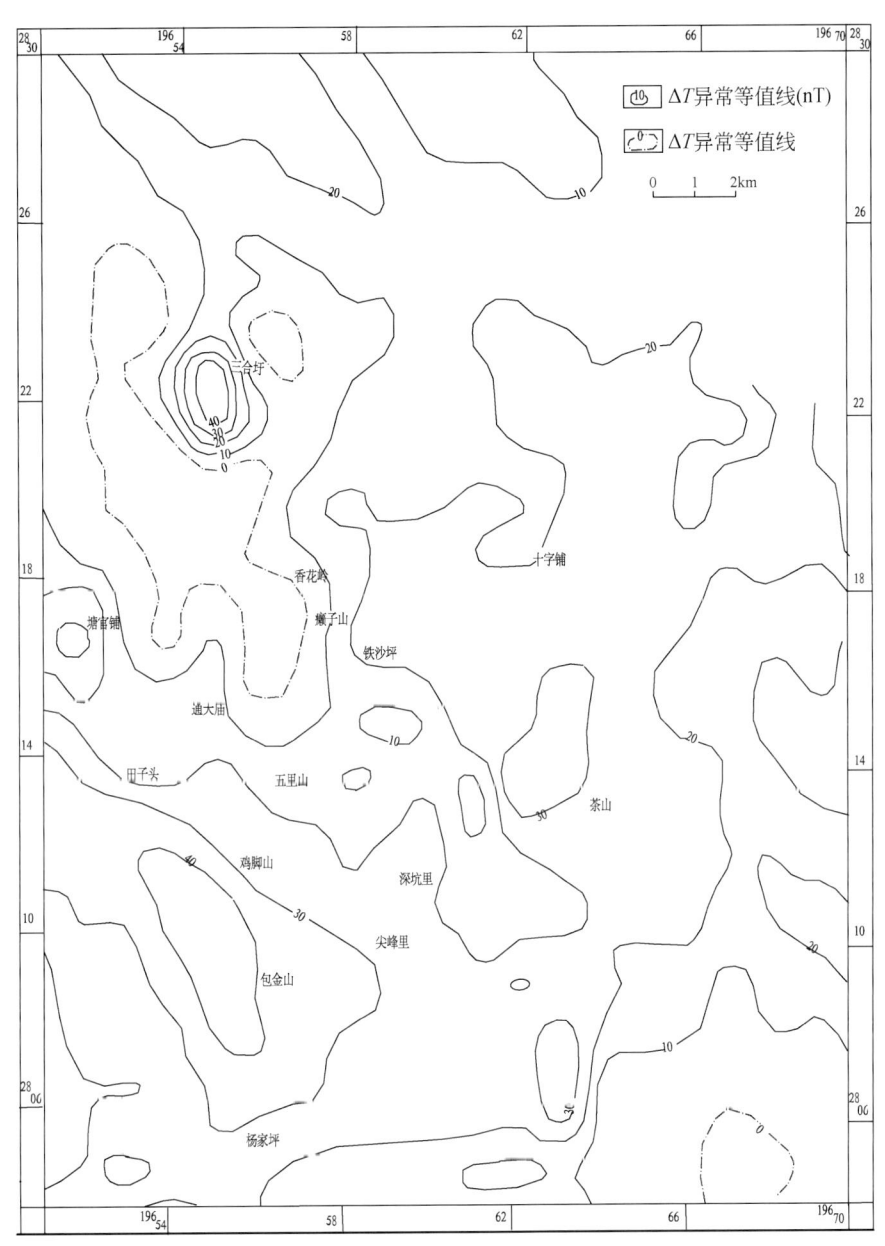

图 8-24 香花岭矿田航磁异常图

型（W、Sn、Pb、Zn）、热液充填交代型（W、Sn、Pb、Zn）、冲积型（Sn）等，典型矿床如五里山钨锡矿、三十六湾大型锡矿、香花岭中型锡、铅锌矿、香花铺中型锡矿、泡金山中型锡铅锌矿等。

五里山钨锡铅锌矿区：矿区出露的地层主要为下寒武统香楠组及泥盆系中统半山组、跳马涧组、棋梓桥组等（图8-26）。区内构造以断层构造为主，按其展布方向可划分为：北东、北西、东西向三组，其中，北东向断层规模最大，为区内主要的导矿、容矿构造。区内岩浆岩较发育，有通天庙、瑶山里、苦菜榜、梨树榜等岩体，它们同属燕山早期第二阶段产物。区内钨锡矿赋存于下寒武统香楠组浅变质砂页岩中，受北东向、近南北向、近东西等断裂构造控制，可分为云英岩脉型钨锡矿和构造蚀变带型钨锡铅锌矿两个亚类。其中，云英岩脉型钨锡矿主要分布于矿区通天庙一带，走向北西，倾向北东，倾角63°~85°。矿脉成群成带分布，目前发现矿脉有编号3、4、5、6、7、8、9、10共8条矿脉，其中以4、6、8为主。矿脉延长400~600 m不等，矿脉厚度0.63~2.5 m。主要矿石类型有黑钨矿石、黑钨锡石矿石。矿石中含 WO_3 0.257%~4.74%、平均1.20%，含 Sn 0.193%~0.665%；构造蚀变带型钨锡铅锌多金属矿主要分布于矿区南部五里山—黄泥榜一带，目前发现规模较大的矿脉有编号1、12、13、17、18等5

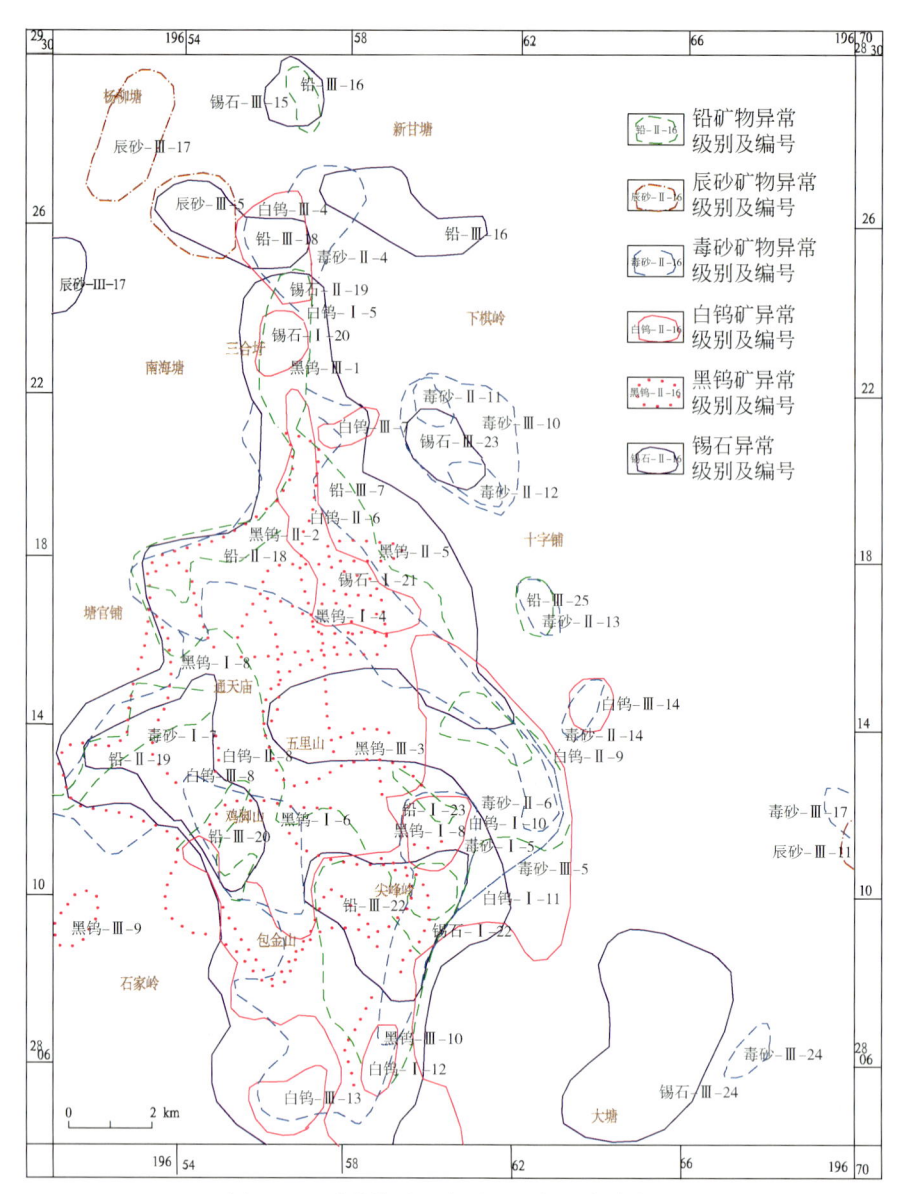

图 8-25 香花岭矿田水系沉积物异常分布图

条，矿脉延长 400～1980 m 不等、矿脉厚度 0.4～4.5 m，多数矿脉沿走向北东段为 W、Sn、Sb 矿化，中段为 Sn、Pb、Zn 矿化，南西段为 Pb、Zn、Ag 矿化，主要矿石类型有黑钨矿石、黑钨锡石矿石、黑钨辉锑矿石、方铅闪锌矿石。含钨段 WO$_3$ 0.326%～14%、平均 3.33%，含锡段 Sn 0.264%～4.585%、平均 1.98%，含铅锌段 Pb 0.3%～9.29%，Zn 0.79%～31.97%，Ag 34.84～490.01 g/t。

综上所述，该预测区赋矿地层发育，岩性有利，构造活动强，岩浆活动频繁，深部有北北西向的隐伏花岗岩，地表出露有小花岗岩体及花岗斑岩，成矿地质条件有利；物化探异常强度高，并具有分带清楚的 Nb、Ta、Be、W、Sn、Cu、Pb、Zn、As、F、B 等多元素组合的化探异常和水系沉积物异常及与元素相对应的辰砂异常相互吻合；预测区内蕴藏的锡资源量 20 万 t，钨资源量 10 万 t，铅锌资源量 50 万 t。开展这一地区的地质找矿工作可望取得新的突破。

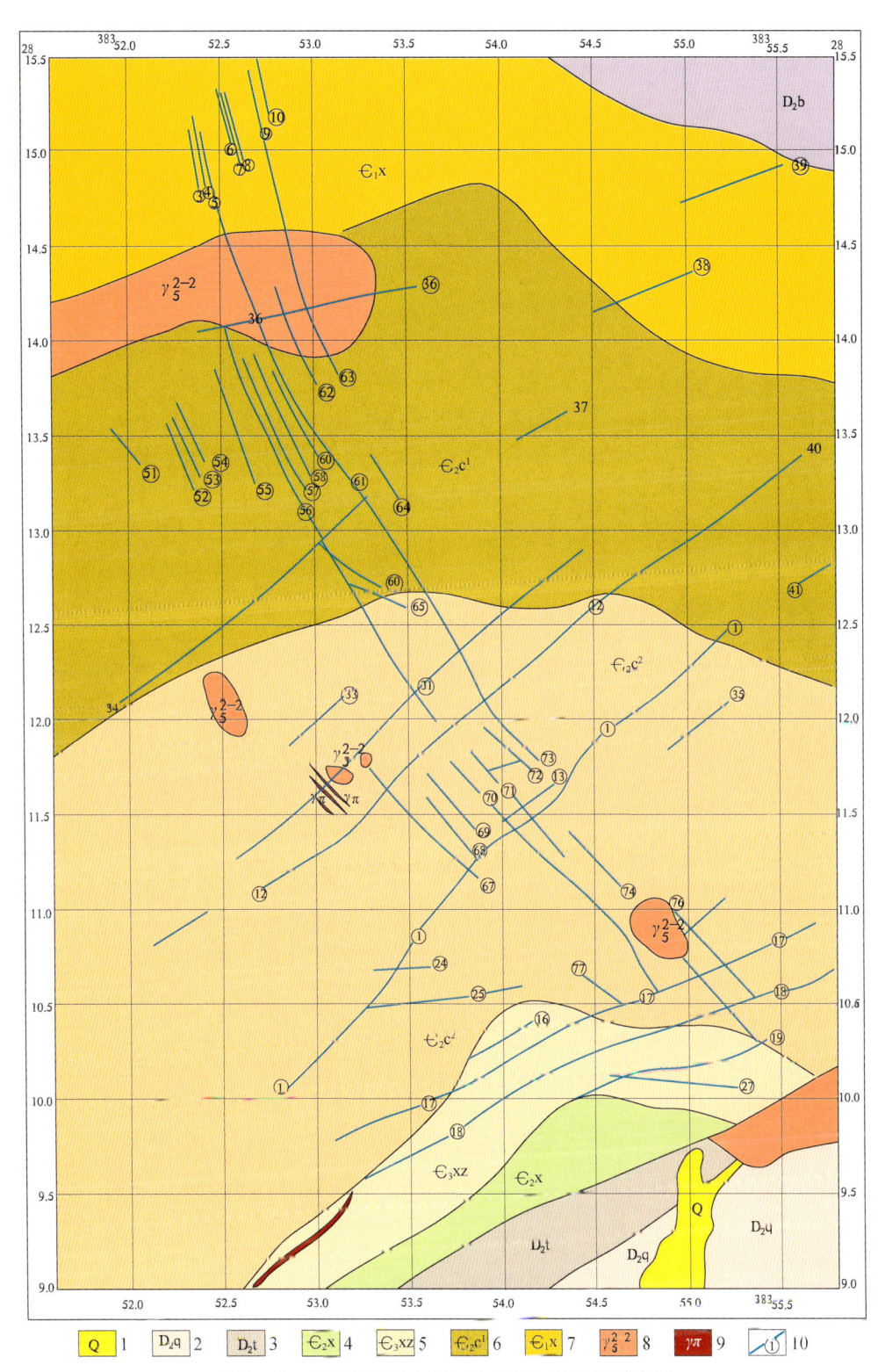

图 8-26 临武县五里山矿区钨锡多金属矿地质略图

1-第四系残坡积物层；2-泥盆系棋梓桥组白云岩、灰岩夹泥灰岩；3-泥盆系跳马涧组石英砂岩、粉砂岩、页岩；4-寒武系小紫荆组浅变质长石石英砂岩夹板岩；5-寒武系小紫荆组浅变质粉砂岩夹粉砂质板岩；6-寒武系茶园头组上段浅变质石英砂岩；7-寒武系茶园头组下段浅变质长石石英砂岩夹砂质板岩；8-寒武系香楠组浅变质石英砂岩夹砂质板岩；9-燕山早期第二阶段花岗岩；10-花岗斑岩

8.4.2.2 白云仙钨锡铅锌多金属找矿预测区（A-2）

1）地质环境

本预测区位于千骑地区东南角九峰岩体的北侧外接触带，处于板坑–盈洞复式背斜与北西向的深断裂带复合部位。区内主要由震旦系—寒武系地层形成的北西向褶皱带和北东向、北北西向断裂带组成的复杂构造带，在延寿–砖头坳大断裂附近有泥盆系地层分布。区内岩体主要为九峰花岗岩岩基，分布于南部。据物探资料推测，九峰岩体北部和西部接触带外侧有隐伏高侵位小岩体分布。主要赋矿地层为震旦系—寒武系砂岩、板岩，泥盆系跳马涧组砂岩和棋梓桥组灰岩。

2）物化探异常特征

该预测区位于九峰重力负异常北部，剩余重力负异常和垂直二导异常均有两个负心，外接触带为浅源高磁区，并有北东向磁力梯度带，其上有两个航磁局部异常。区内有大范围分布的 W、Sn、Be、Cu、Pb、Zn、F、As、Au、Ag、Sb 等化探组合异常和相应元素的重砂矿物异常，相互重叠且强度高。

3）矿产概况

本预测区内的主要矿床类型为夕卡岩型和岩浆热液充填型。现已探明有砖头坳大型白钨矿床，大围山、将军寨等中小型钨矿床，以及新近发现的上山钨矿床，还有清江、茶山脚等小型铅锌矿床和矿点多处。

上山钨多金属矿区：位于汝城县西南 33 km 处（图 8-27），区域地层主要有震旦系中下统，中泥盆统

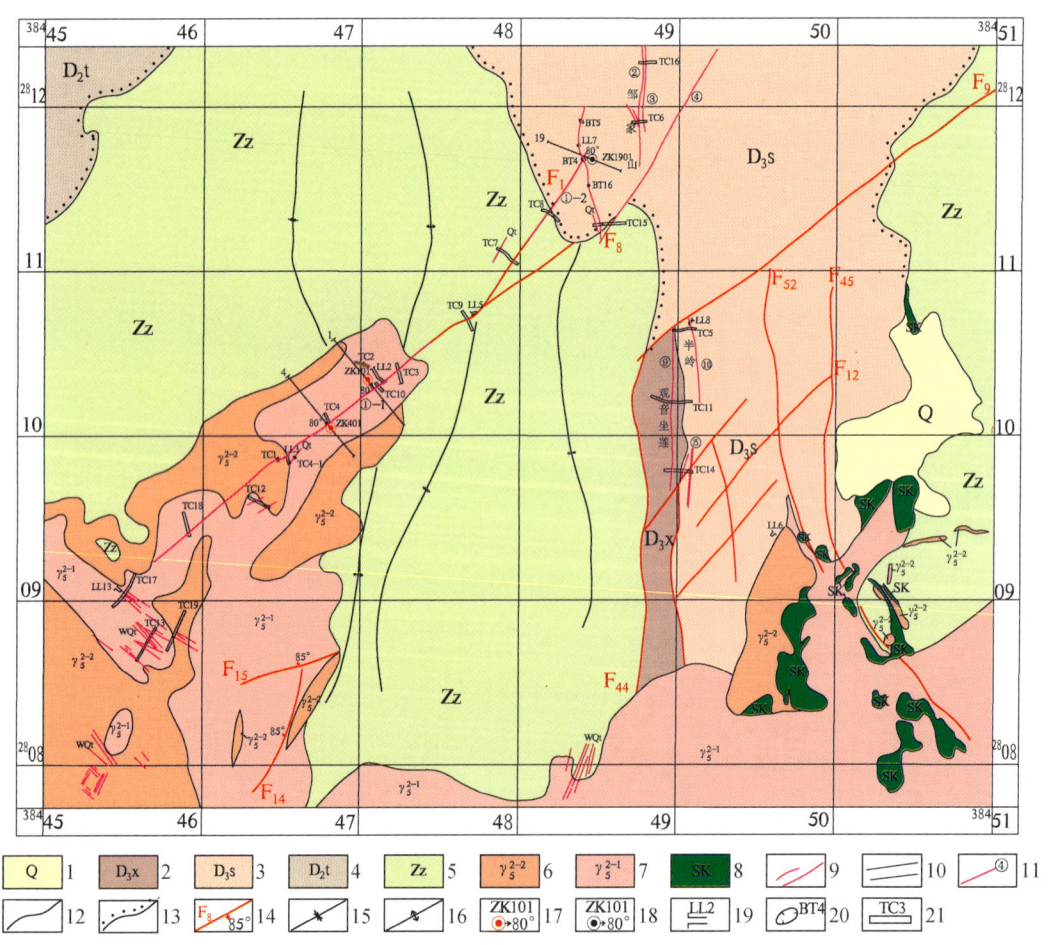

图 8-27 汝城县上山矿区地质图

1-第四系；2-上泥盆统锡矿山组；3-上泥盆统佘田桥组；4-中泥盆统跳马涧组；5-下震旦统；6-燕山早期第二次花岗岩；7-燕山早期第一次花岗岩；8-夕卡岩；9-含钨石英脉；10-含钨矿脉；11-石英白钨方解石脉；12-地质界线；13-不整合界线；14-断层及编号；15-向斜；16-背斜；17-见矿钻孔及编号；18-未见矿钻孔及编号；19-坑道位置及编号；20-采矿区；21-探槽位置及编号

跳马涧组、棋梓桥组、上泥盆统佘田桥组、锡矿山组、侏罗系下统等地层。区内发育有北西西向，南北向及北北东向三组构造。尤以北北东向构造最为发育，与本区成岩、成矿作用的关系也最为密切。区内岩浆活动频繁，具有多期多次侵入的特点，所出露的岩浆岩均属诸广山南体的一部分（即九峰岩体）。

区内见有四种类型的钨锡矿，即破碎带型白钨矿、石英脉型黑钨矿、岩体型黑钨矿和构造破碎带型锡矿。①破碎带白钨矿：产于九峰岩体中-细粒黑云母花岗岩（γ_5^{2-2}）中，受北东向断裂破碎带控制，现已控制矿脉长度1450 m，矿脉走向北东45°～55°，倾向北西，倾角65°～80°。地表破碎带宽度在2～5m左右，据老窿调查，由地表至深部矿化变强，品位0.714%。②石英脉型黑钨矿：产于九峰岩体中-细粒黑云母花岗岩中（γ_5^{2-2}），呈组分布。共发现矿（化）脉十余条，脉体长度100～200 m，脉幅0.1～0.4 m，品位WO_3 0.146%～0.793%。③岩体型黑钨矿：位于白云仙矿田以西杨东山一带，矿体产于九峰岩体中-细粒黑云母花岗岩（γ_5^{2-2}）中，在含钨石英脉两侧1～5 m的范围内见有分布不均匀强弱不等的云英岩化，云英岩化多呈团块状分布，目前已控制矿化分布范围大约为长100～150 m、宽50～100 m。据采样分析，品位WO_3 3.648%、Mo 0.113%、Bi 0.035%。④构造破碎带型锡矿：位于白云仙矿田以西下山一带，矿体产于九峰岩体中-细粒黑云母花岗岩（γ_5^{2-2}）中，目前已发现三条含锡构造破碎蚀变型矿带，走向北西西-北西，倾角63°～84°，现已控制长200 m左右，宽2.0～6.5m。据采样分析，品位Sn 0.062%～0.571%。

综上所述，白云仙钨锡铅锌多金属找矿预测区成矿地质条件好，矿床类型较多，物化探异常发育，存在大面积的W、Sn、Be、Cu、Pb、Zn、F、As、Au、Ag、Sb等化探组合异常。近年来在上山、大岭背等矿区已发现了可供进一步工作的云英岩型钨锡矿、石英脉型钨锡矿及构造蚀变带型钨锡矿等矿产地，找矿潜力大，预测本区钨资源量30万t，锡资源量10万t，铅锌资源量50万t。

8.4.2.3 东坡钨锡铅锌多金属找矿预测区（B-1）

1）地质环境

该预测区位于炎陵-郴州-蓝山深断裂带南侧（图5-8、图7-15），香花岭-彭公庙构造岩浆岩带和钨锡多金属矿成矿带的中部，王仙岭-千里山东西向隆起带与南北向的五盖山-偷营山复式背斜的复合部位。区内主要为由上古生界地层组成的近南北向的褶皱、断裂群与北东向的断裂、岩脉群相交织的构造式样，东北部伸入震旦系地层中。北北东向和南北向的断裂为主要的控矿构造。岩体主要有王仙岭和千里山两个较大的黑云母二长花岗岩体，此外沿北东向断裂系有大量的花岗斑岩脉和岩墙充填。根据物探资料推断，本区深部为一个北东向延伸的大花岗岩基，并在青山头、白露塘、南风坳及塘头等地有隐伏的高侵位小岩体分布。震旦系和泥盆系是本区的主要矿源层和赋矿岩层，岩性组合有利于富集成矿。

2）物化探异常特征

本区位于蓝山-炎陵重力梯度带和区域磁异常带上，有明显的重力负异常和航磁局部异常分布。蓝山-炎陵重力阶梯带经由圳上—王仙岭—偷营山—青山头一带，贯穿整个区域，区内主要的内生矿床多集中分布在此带上；王仙岭-千里山局部重力低异常呈椭圆形，北东东走向，长轴12 km，短轴6 km，它与岩体在空间分布上关系甚密切，但异常范围远比现有出露岩体面积大，表明了王仙岭和千里山等岩体下还存在着近东西向分布的规模较大的隐伏岩基，这些岩体在深部可能是相连的。区内航磁异常为大片负异常覆盖，仅在东南部出现一部分正异常，它们的梯度变化不大，强度一般在±20～40 γ；在这低缓的区域异常背景上，叠加着6个局部航磁异常，多呈北东走向，规模大小不一，强度在30～60 γ，主要分布在千里山岩体周围及塘溪-椿木山断裂带附近，通过土壤、水系沉积物及岩石等综合化探方法测量，分别圈定了钨锡、钨锡铋钼铅锌、铅锌锡、铅锌等主要元素组合的地球化学异常总计50处，根据这些主要异常的空间分布特点和地质构造成矿条件，划出6个可能与找矿有关的地球化学异常区，6个异常区中有2个Ⅰ级异常区，2个Ⅱ级异常区，2个Ⅲ级异常区。异常元素组合复杂，强度高浓集中心明显。

3）矿产特征

以钨锡钼铋铅锌矿产为主，已探明的有柿竹园、野鸡尾、红旗岭、枞树板（图8-28）及金船塘等特大、大型钨锡铅锌矿及南风坳、金狮岭、东坡山、横山岭等中小型铅锌矿，区内多金属矿点星罗棋布。

主要矿床类型有夕卡岩型、云英岩型、热液交代充填型，次为层控改造型。除已探明的矿床外，还有以下两个远景区段：

野鸡尾–牛角坳区段：位于柿竹园–野鸡尾铅锌矿区南东部（图8-28），面积约12 km²。区内出露地层东部为下震旦统泗洲山组浅变质砂岩，西部出露中泥盆统跳马涧组石英砂岩和棋梓桥组灰岩，佘田桥

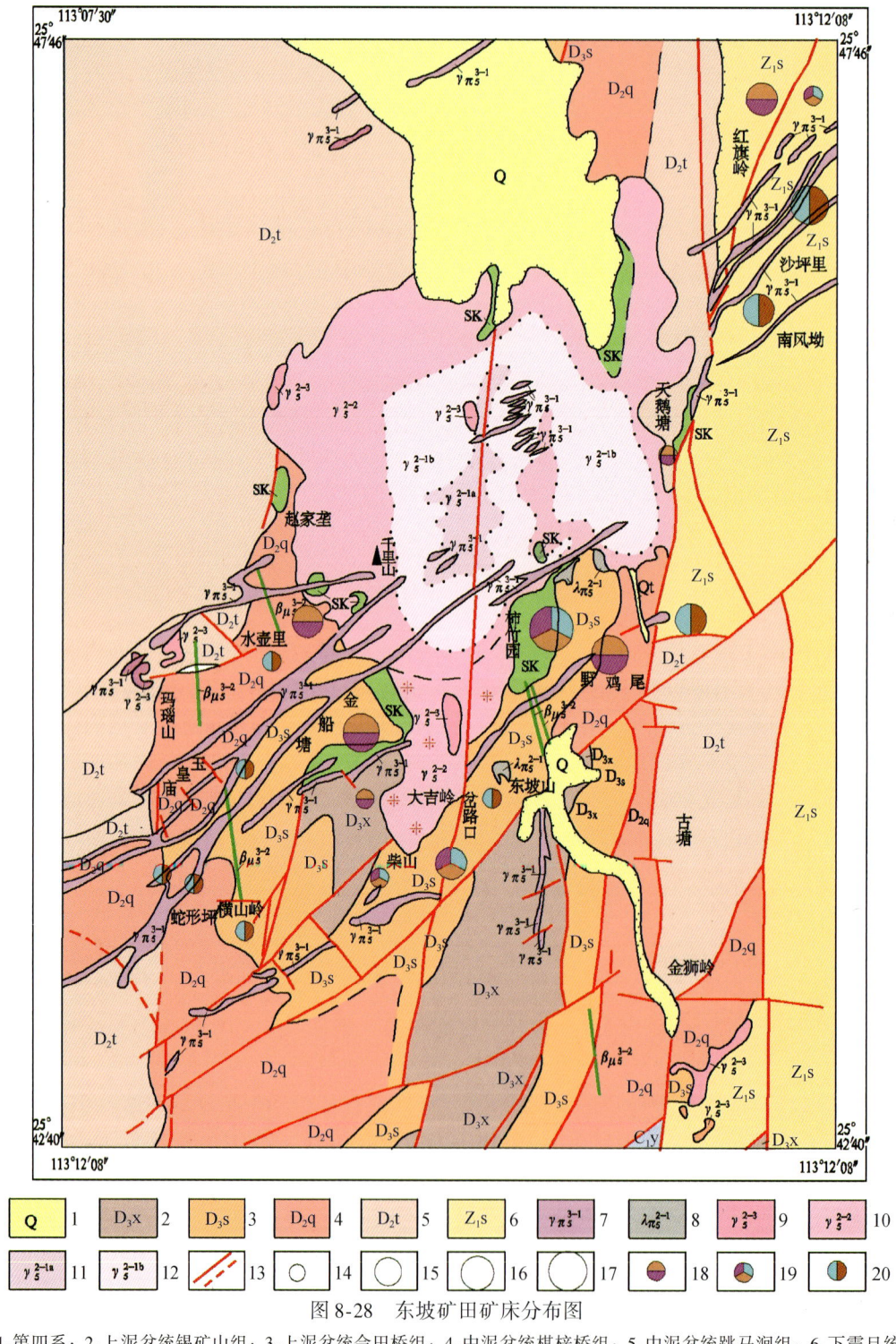

图 8-28 东坡矿田矿床分布图

1-第四系；2-上泥盆统锡矿山组；3-上泥盆统佘田桥组；4-中泥盆统棋梓桥组；5-中泥盆统跳马涧组；6-下震旦统泗洲山组；7-花岗斑岩；8-石英斑岩；9-细粒花岗岩；10-细粒斑状花岗岩；11-中粗粒黑云母花岗岩；12-细中粒斑状黑云母花岗岩；13-实、推测断层；14-小型矿床；15-中型矿床；16-大型矿床；17-特大型矿床；18-钨锡多金属矿；19-锡多金属矿；20-铅锌矿

组泥质条带灰岩和锡矿山组不纯灰岩,其中棋梓桥组和佘田桥组灰岩在岩体接触带附近,多蚀变为夕卡岩,中部为第四系浮土覆盖区,北西角上出露有千里山岩体,此外区内花岗斑岩、石英斑岩、辉绿玢岩脉非常发育,区内 F_1 断裂呈近南北向分布,为区内主要的导矿和容矿构造,其旁侧的次级断裂和层间破碎带十分发育,为区内矿床的形成提供了有利的空间。该区以往地质工作程度不高,除对北东部的柿竹园-野鸡尾铅锌矿做过勘探外,仅在野鸡尾南部矿区稀疏地施工了几个探索性钻孔,几乎孔孔都见到了铅锌矿体,在牛角垅一带,近几年施工了几个钻孔,多数钻孔也见到了矿。由于该区地表矿化微弱,矿化深度大,同时隐伏岩体埋藏较深,一般深度达 400 m 以上,所以区内找矿工作难度大,从而导致了前人工作未深入下去。1999 年起柿竹园矿山在此区域的 400 中段进行了生产探矿工作,施工了部分坑探工程,已见到两条矿体,矿体厚度大 (3~8 m),由于涌水大,水文地质条件复杂,施工进度慢。2003~2004 年中南大学地质系运用物探磁法在野鸡尾-牛角垄发现了七个异常分布带,通过对异常的分析及本区成矿的研究,预测本区铅锌找矿有较大远景。

蛇形坪-塘渣水区段:位于矿田南部,全区南北长 3.2 km,东西宽 3.5 km,面积 11.2 km^2。该区位于千里山岩体南西部外接触带,水平距离相距 2~3 km。地表出露地层主要是泥盆系中、上统棋梓桥组、佘田桥组、锡矿山组,岩性以碳酸盐岩为主,局部含少量粉砂岩及粉砂质页岩。北东向花岗斑岩成群成带斜贯全区,北东向和东西向构造相当发育,灰岩中的层间破碎带控制着花岗斑岩旁侧铅锌矿体的分布。结合区域铅锌成矿条件分析,铅锌矿的分布与花岗斑岩带密切相关,若斑岩带穿过棋梓桥组和佘田桥组地层则成矿更有利,所以本区成矿条件十分优越。在千里山地区矿体沿构造带成群成组出现。将所有已知矿体投至地质平面图上,矿体集中在三个北东向构造带上,这三个矿带自北向南依次为:A. 金船塘-蛇形坪铅锌矿带,B. 大吉岭-横山岭铅锌矿带,C. 塘渣水-龙头岭铅锌矿带。各铅锌矿带具向南西方向侧伏的规律,将矿带中的各已知矿体投至同一垂直投影面上,发现矿体群总体上有向南西方向侧伏,矿带的北东端矿体底板投影标高比南西端高出 250 m。这与千里山花岗岩接触带有关,铅锌矿带产在接触带的外带,接触带西倾斜,矿带向南西方向侧伏。铅锌矿带上叠加有北西向控矿构造,导致矿带上的部分矿体沿北西方向成群出现。

由上可知,该找矿预测区成矿地质条件优越,隐伏的高侵位岩浆岩较多,与区内大中型矿床地质条件相似的矿点较多,物化探异常强度高,浓集中心明显,区内工作程度及研究程度高,近年来发现有新矿点,具有较大的找矿潜力。预测钨资源量 30 万 t,锡资源量 30 万 t,铅锌资源量 200 万 t。

8.4.2.4 坪宝铅锌金银多金属找矿预测区 (B-2)

1) 地质环境

该预测区位于炎陵-郴州-蓝山深断裂带及北西侧、北西向深断裂(邵阳-郴州)与北北东向桂阳复式背斜的复合部位(图 5-8、图 7-15)。区内由一系列紧闭倒转褶皱和走向逆冲断裂组成,次级北北东向褶皱及近南北向、近东西向、北西向断裂十分发育。地表出露有燕山期的花岗闪长斑岩、花岗斑岩及隐爆角砾岩等小岩体群。重磁资料推测其深部有隐伏的花岗岩基,并在黄沙坪以北,柳塘等地有多处隐伏的高侵位的小岩体。区内主要赋矿地层为石炭系下统石磴子组、测水组和梓门桥组(图 8-29),岩性组合及构造条件对成矿十分有利。

2) 物化探异常特征

坪宝铅锌金银多金属找矿预测区处于北东向资兴-香花岭重力梯度带北西侧、坪宝重力负异常南部边缘。磁异常范围大、磁场强,正负异常相伴。地球化学异常为多元素组合异常,异常元素以 Pb、Zn、Ag、Sn 为主,伴生有 W、Bi、Mo、Cu、As 等,异常规模由小到大为 W、Mo、Cu、As、Sn-Pb、Zn、Ag。

3) 矿产特征

区内矿产丰富,主要有 Pb、Zn、Cu、Ag,次为 W、Sn、Mo、Fe、Sb 等,已知有黄沙坪、宝山、财神庙、大坊等大中型多金属矿床以及柳塘等矿点。矿床类型主要为热液交代(充填)型,其次为夕卡岩型,次为裂隙充填-交代型。不同类型的矿床以隐伏的成矿小岩体为中心,由内向外依次出现夕卡岩型铁锡钼铋矿、夕卡岩型铅锌矿、热液交代(充填)型铅锌矿和铅锌锑矿化带的环带分布。

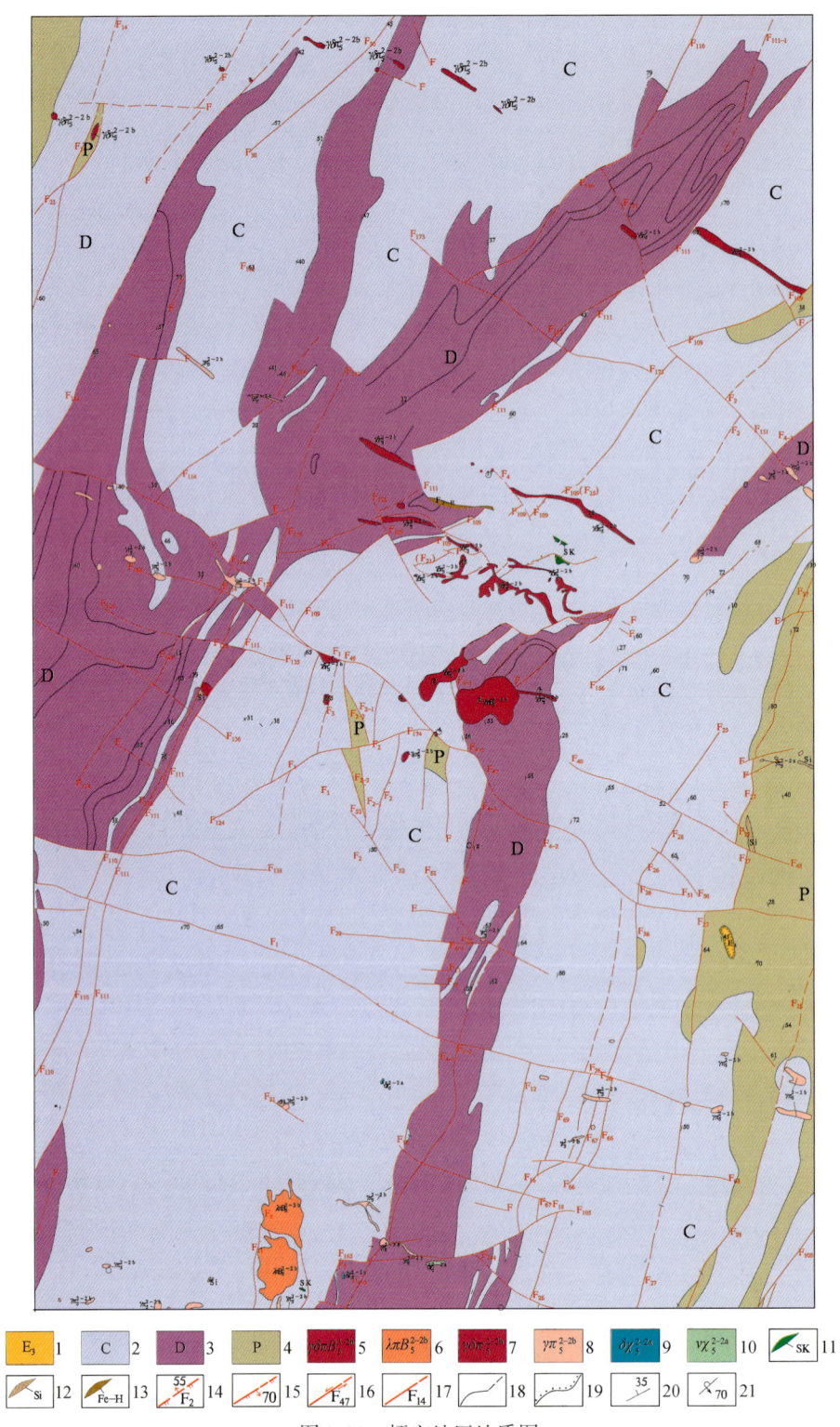

图 8-29 坪宝地区地质图

1-渐新统；2-石炭系；3-泥盆系；4-二叠系；5-燕山早期第二阶段第二次花岗闪长斑岩质隐爆角砾岩；6-燕山早期第二阶段第二次石英斑岩质隐爆角砾岩；7-燕山早期第二阶段第二次花岗闪长斑岩；8-燕山早期第二阶段第二次花岗斑岩；9-燕山早期第二阶段第一次云斜煌斑岩；10-燕山早期第二阶段第一次煌斑岩；11-夕卡岩；12-硅化；13-断层黑土带；14-实测/推测逆断层及产状；15-实测/推测正断层及产状；16-实测/推测平移断层；17-实测/推测性质不明断层；18-实测/推测地质界线；19-实测/推测不整合界线；20-地层产状；21-倒转地层及产状

柳塘铅锌银矿区：位于黄沙坪铅锌矿东边 2 km 处，区内出露的地层为石炭系石磴子组、测水组、梓门桥组、大埔组及二叠系栖霞组、孤峰组、龙潭组等浅海相碳酸盐岩及碎屑岩，其中石磴子组地层为区内主要赋矿层位。区内构造较为复杂，主要由黄腊塘-太和复式向斜中次级背斜、向斜（倒转）和走向逆冲断层及北西西向横断层组成。区内岩浆岩发育，主要为燕山早期第二阶段的酸性浅成、超浅成侵入体，地表出露 8 条呈东西向或北东东向展布的花岗斑岩脉，在深部已发现隐伏的斑状花岗岩脉。岩浆岩与矿化关系密切。

区内铅锌银矿体全为隐伏矿体，有 5 个钻孔揭露到隐伏的铅锌银矿体 21 个、黄铁矿体 4 个。它们分别分布在隐伏斑状花岗岩脉附近的围岩中，构成两个富集矿带。分布在岩脉上盘的 I 矿带有 16 个矿体，其中铅锌银矿体 14 个，黄铁矿体 2 个，I 矿带走向长 750 m。II 矿带有 9 个矿体，其中铅锌银矿体 7 个，黄铁矿体 2 个，分布于岩脉的前锋部位及下盘围岩中。在 25 个矿体中，I-3、I-4、I-5、I-6、I-7、I-8、I-9、I-11、I-12 等 9 个矿体规模较大，单个矿体走向长 300~550 m，倾斜延深 150~275 m，属延展规模中等的矿体，矿体真厚度 1.56~7.48 m、平均 2.48 m。其中，I-1 矿体见矿标高 -73.53 m，距地表 300 余米，I-16 矿体见矿标高 -435.65 m，距地表约 700 m。

综上，坪宝铅锌金银多金属找矿预测区成矿地质条件优越，区内有与黄沙坪、宝山等已知大中型矿床的成矿地质条件相似的矿点，深部有隐伏的岩基，物化探异常强度高，W、Sn、Pb、Zn、Cu、Au、Ag、As 化探异常重叠性较好，近年来成矿预测及验证工作成果突出，具有较大的找矿潜力，综合预测区内铅锌资源量 200 万 t，钨资源量 30 万 t，锡资源量 20 万 t。

8.4.2.5 骑田岭南部锡多金属找矿预测区（B-3）

1）地质环境

本区位于炎陵-郴州-蓝山深大断裂的南侧，骑田岭花岗岩体的南部及内外接触带，耒阳-临武南北向构造带东缘与茶陵-临武断陷带的复合部位（图 5-8、图 7-15）。东自沙坪里，西至黄泥坪，北起田池洞，南到石子岭，面积约 450 km^2。区内出露的地层以石炭系、二叠系及白垩系为主。其中，石炭系及二叠系的灰岩、白云质灰岩是本区的主要赋矿围岩。区内褶皱、断裂构造十分发育，构造线多呈北东向。区域性褶皱主要分布在该区的南部，有黄泥坪-金坪复式背斜、麻田-石子岭复式向斜、宜章复式向斜等。区内断裂纵横交错，组合复杂，可分为东西向、南北向、北东向及北西向等几组。其中，东西向断裂主要位于预测区北部，具有演化历史长、多期活动等特点，属基底构造，盖层也有明显反映，主要表现为对岩浆活动及后期构造的制约，盖层形迹以断裂为主；南北向断裂属耒阳-临武南北向构造带南段部分，是矿田内主要构造形迹之一，主要分布于骑田岭花岗岩体的北西部及南部，印支运动完成了构造带的基本轮廓，燕山运动仍有活动，断裂以压性为主，兼具扭性，具规模较大，高角度仰冲，多期活动等特点，对岩浆活动及矿产的形成起着一定的控制作用，由于受东西向基底构造的制约和新华夏系的归并，区内南北向构造的北段东偏、南段西偏，呈北北东-南南西之趋势；北东向断裂属茶陵-临武断陷带南西段部分，断裂较发育，规模较大。构造线以北东 18°~25°方向展布，北东向构造多在南北向构造上经归并复合而成，大都斜贯找矿预测区，属区域性大断裂，具多期次活动，同向倾斜，倾角较陡，以压性为主，兼具扭性，多呈舒缓波状产出的特点，与主干断裂相伴生的低序次构造形迹非常发育；北西向断裂位于常宁-桂阳北西向隆起带的东南端，成生早，作用时间长，较发育，加里东期构造层至古近系和新近系均有其形迹。北西向构造主要分布于区内南部和南西部，以压性断裂为主，总体上较平直，疏密相间，多数形迹隐晦，仅在航、卫片上显示其线形影像特征。

预测区内岩浆活动频繁，具多期次，多阶段侵入的特点，从中侏罗世至晚侏罗世都有活动，但以中晚侏罗世为主，岩体以中深成为主，浅成相次之。属骑田岭复式岩体的一部分（表 8-18）。岩石种类较多，以酸性岩为主，少量为中酸性岩。可分解为数十个呈岩基、岩株、岩豆、岩脉等产出的侵入体，归并为燕山早期菜岭、芙蓉二个超单元，樟溪水、两塘口、青山里、礼家洞、五里桥、南溪、将军寨、荒塘岭、回头湾等九个单元以及燕山晚期形成的各类脉岩。其中燕山早期形成的芙蓉超单元及燕山晚期形成的花岗斑岩、石英斑岩、细粒花岗岩脉与成矿关系密切。局部成矿有利地段岩体（脉）本身即可构成矿体。

表 8-18 骑田岭南部锡多金属矿找矿预测区岩浆岩特征一览表

时代	岩石超单元	岩石单元	主要岩性	侵入体数	定位	产状	岩石结构	斑晶	基质	同位素年龄
晚侏罗世	芙蓉	Mr	细粒钾长花岗岩			岩脉	细粒花岗岩结构		钾长石60%,石英25%,斜长石5%~10%,黑云母<2%	
		γπ	花岗斑岩		浅成	岩脉(豆)	斑状结构	钾长石、石英。含量10%~20%,粒径1~5 mm		RK118
		λπ	石英斑岩			岩脉	斑状结构	石英、钾长石。含量10%~20%,粒径0.05~0.25 mm	石英,钾长石,斜长石	
		回头湾(J₃Ht)	细粒含斑钾长花岗岩	8		岩株(脉)	似斑状-斑状结构	钾长石、石英。含量5%,粒径0.5 cm	石英25%,钾长石45%,斜长石25%,黑云母3%	
		荒塘岭(J₃H)	中细粒少斑黑云母钾长花岗岩	3	中浅成	岩株		钾长石、石英。含量10%~20%,粒径1~2 cm	石英30%,钾长石40%,斜长石25%,黑云母3%	
		将军寨(J₃J)	粗中粒斑状黑云母钾长花岗岩	1		岩株	似斑状结构	钾长石、石英。含量30%,粒径1~2cm	石英30%,钾长石45%,斜长石20%,黑云母3%~5%	
		南溪(J₃N)	中粒斑状角闪黑云母钾长花岗岩	1		岩株(基)		钾长石。含量30%,粒径2~3 cm	石英25%,钾长石45%,斜长石25%,黑云母5%,角闪岩2%	ca. 167~151 Ma
		五里桥(J₃W)	中粒多斑状角闪黑云母二长花岗岩	3	中深成	岩株		钾长石、斜长石。含量30%~40%,粒径粒径2~3.5 cm	石英20%,钾长石35%,斜长石35%,黑云母3%,角闪岩2%	
		礼家洞(J₃L)	细中粒斑状黑云母二长花岗岩	1		岩基	似斑状结构	钾长石、斜长石、石英。含量25~30%,粒径1~2 cm	石英25%,钾长石35%,斜长石35%,黑云母3%,角闪岩2%	
中晚侏罗世	菜岭	青山里(J₂Q)		1				钾长石、斜长石、石英。含量20%,粒径0.5~0.8 cm	石英25%,钾长石35%,斜长石35%,黑云母3%	
		两塘口(J₂L)	中粒多斑角闪黑云母钾长花岗岩	1		岩株		钾长石、石英。含量40%,粒径2~4 cm	石英25%,钾长石45%,斜长石20%,黑云母5%,角闪岩2%	ca. 160~156 Ma
		樟溪水(J₂Z)	中粒斑状角闪黑云母钾长(二长)花岗岩	1				钾长石、斜长石、石英。含量30%左右,粒径2~4 cm	石英25%,钾长石35%,斜长石30%,黑云母3%,角闪岩2%	

注:RK 为全岩 K-Ar 法年龄;其他单元同位素年龄及测试方法见表 4-1。

2) 物化探异常特征

本区位于茶陵-蓝山重力梯度带中部西缘，分布有骑田岭布格重力低和宜章重力高两个异常（图2-7）。其中骑田岭布格重力低异常走向北东，呈椭圆形，其形态与岩体基本相似；重力低中心位于骑田岭岩体南部，重力异常值为-65×10^{-5} m/s^2，剩余重力异常均有此反映。预测区处于湘南区域性"高磁区"西段（图2-8），正异常大面积分布，其上叠加着众多的局部异常，岩体西部条带状异常发育，多沿四亩田北东向断裂带及其西侧接触带分布。磁参数资料表明，区内大面积分布的沉积岩基本无磁性，各种变质、蚀变及矿化岩石，如角岩、夕卡岩和矿化灰岩等具有一定磁性，且变化范围较大，J_r值在$n \times 10^2 \sim n \times 10^4$（$10^{-3}$A/M）、$K$值在$n \sim n \times 10^5$（$10^{-6} 4\pi$SI）范围内变化。正常花岗岩基本无磁性，岩体边缘相局部磁铁矿化和因后期岩浆活动、构造动力变质作用形成的含磁铁矿化蚀变花岗岩具较强的磁性。特别是受断裂构造控制的锡矿体在地面高精度磁测中反映明显，磁铁矿化（锡矿）尤为突出，较好地反映了矿脉的展布位置，显示出弱磁背景下因构造蚀变而形成较强磁性的地球物理场特征。航磁异常主要是由岩浆热液活动和区域性构造动力变质作用形成的矿化蚀变带所引起，指示本区是寻找气化-高中温热液矿床的有利地区。地面高精度磁测异常（图8-30、图8-31）主要分布在岩体的内外接触带，异常整体走向北东，磁异常正负相

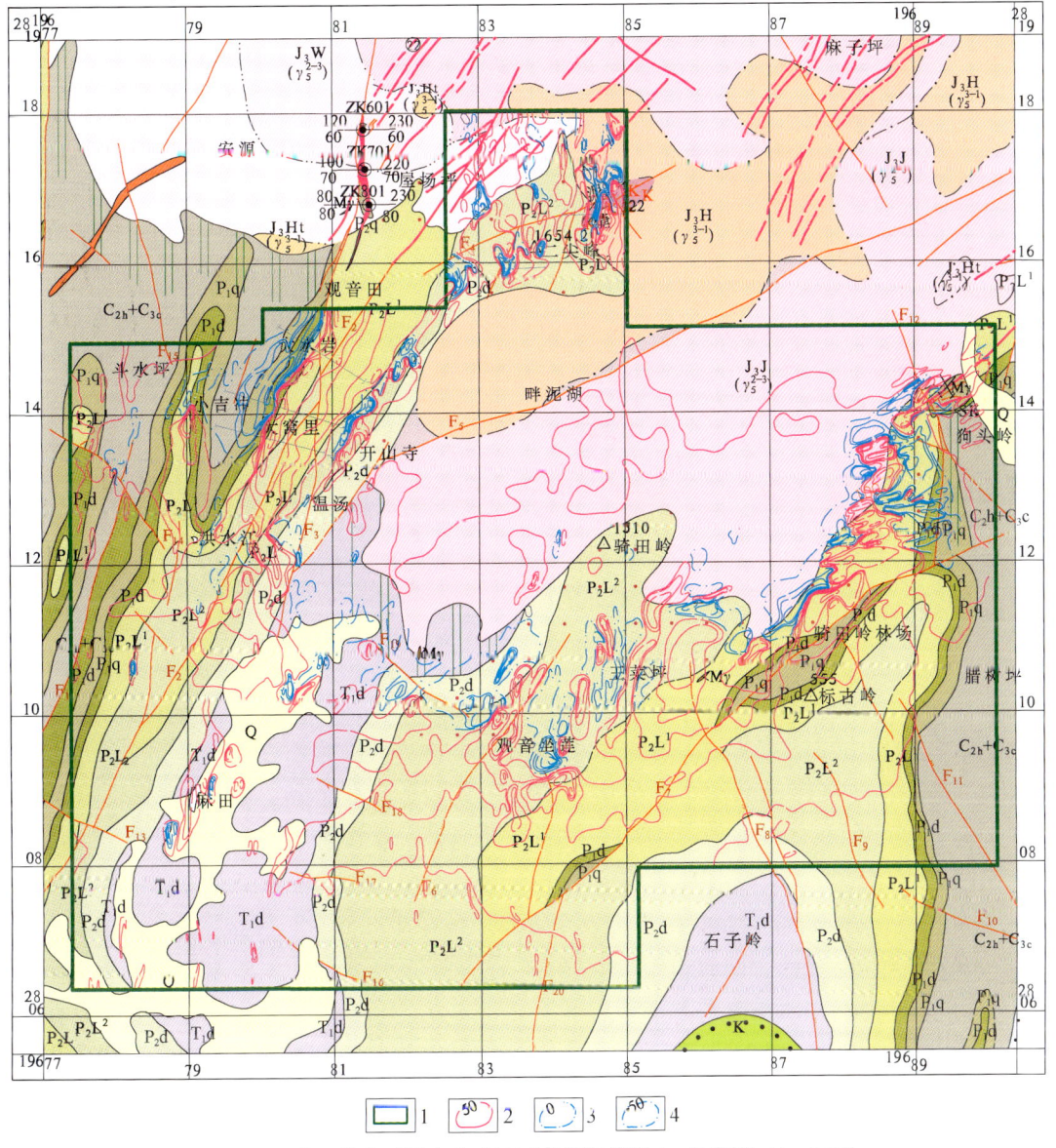

图8-30 骑田岭南西部小吉冲地区高精度磁测ΔT异常图（1:2万）

1-磁测工作区范围；2-ΔT正磁异常等值线（nT）；3-ΔT零值线（nT）；4-ΔT负磁异常等值线（nT）；地层和岩性代号详见表2-1、表4-2和4-15

伴，以负异常为主，局部为正异常，正异常与夕卡岩及蚀变带相对应。

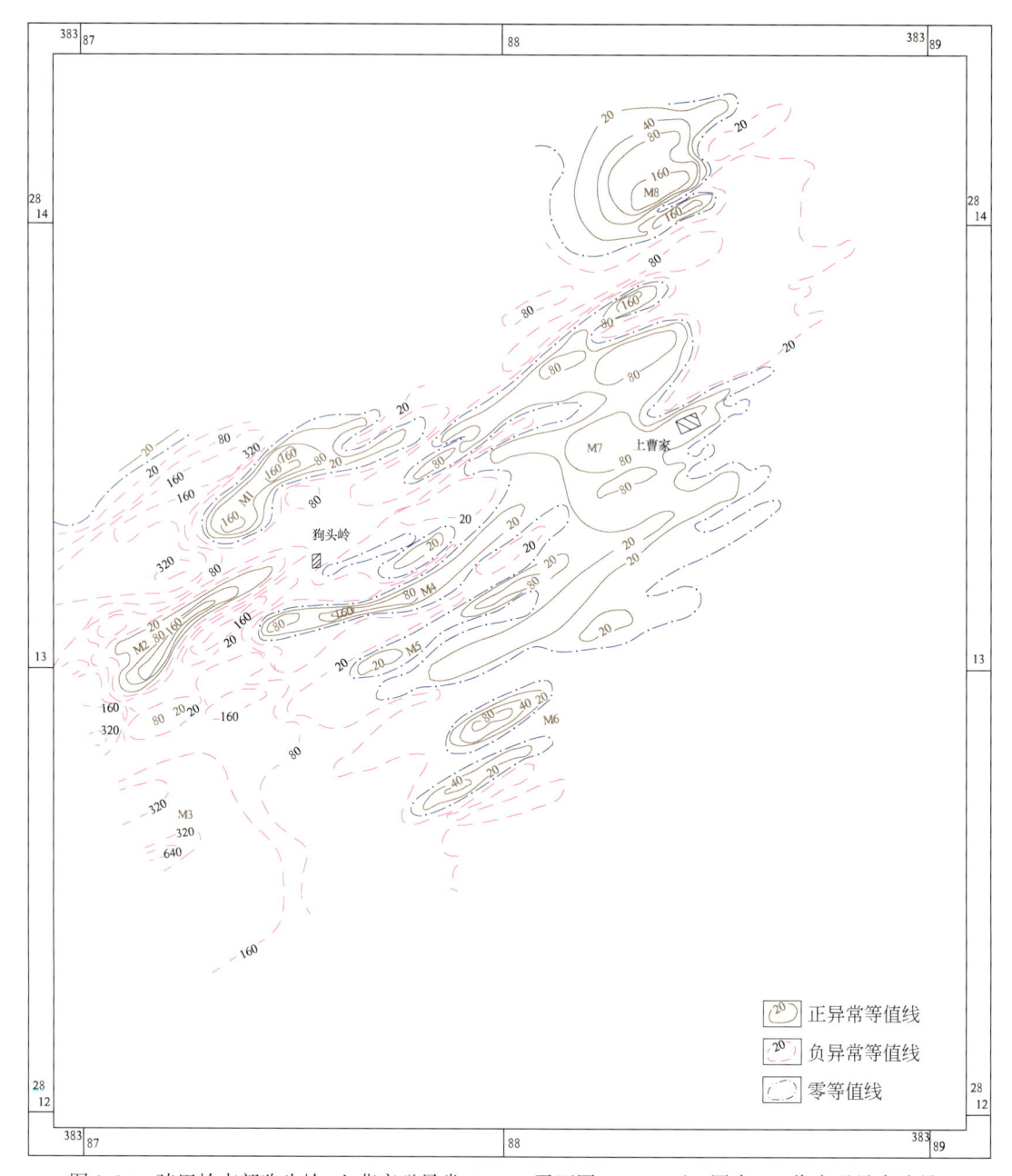

图 8-31 骑田岭南部狗头岭-上曹家磁异常（ΔT）平面图（1∶1万，图中 M8 代表磁异常编号）

各种化探异常相互重叠，覆盖全区。其中水系沉积物 Sn 元素异常及锡石重砂异常发育（图 8-32），且呈现出三个明显的北东向异常带，即银砂窿-兰家山-狗头岭、黑山里-麻子坪-龙帽岭-铁婆岩和白腊水-铁婆坑-安源异常带；这三个异常带与区内三个北东向锡矿带相吻合，异常带中各浓集中心与已知的锡矿床（点）基本相对应，异常中心长轴方向及各浓集中心的展布呈北东向，与本区锡矿脉及锡矿床（点）呈北东向展布相一致。土壤异常元素组合（图 8-33）以 Sn、Bi、Pb 为主，伴有 Ag、Zn、Cu 等元素。Sn 元素异常规模大、强度高，Sn 最高含量为 7740×10^{-6}，浓集中心明显，主要分布在花岗岩体内外接触带，也与已知的锡矿床（点）基本相对应。

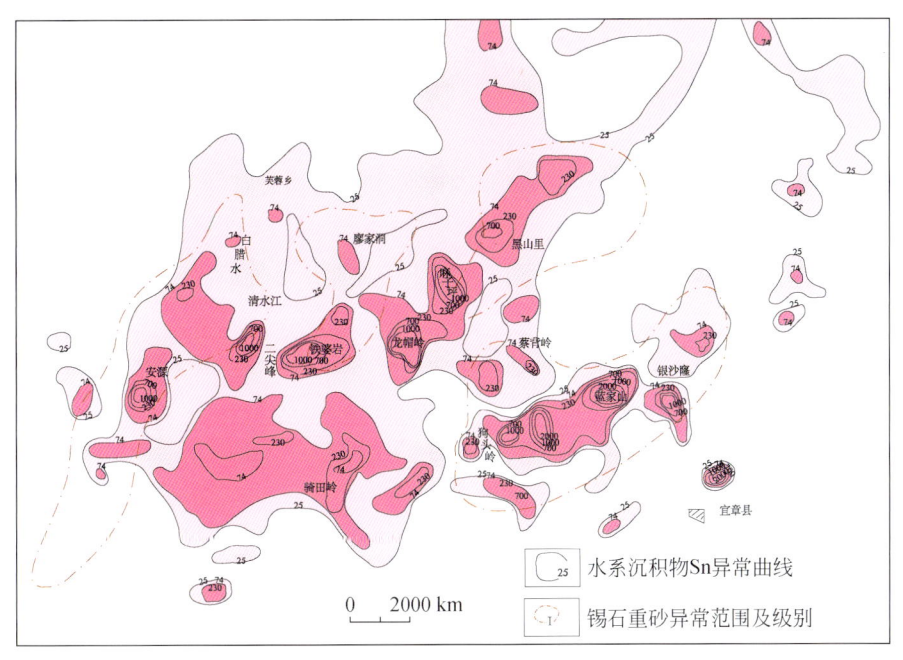

图 8-32 骑田岭南部水系沉积物 Sn 元素异常和锡石重砂异常平面图

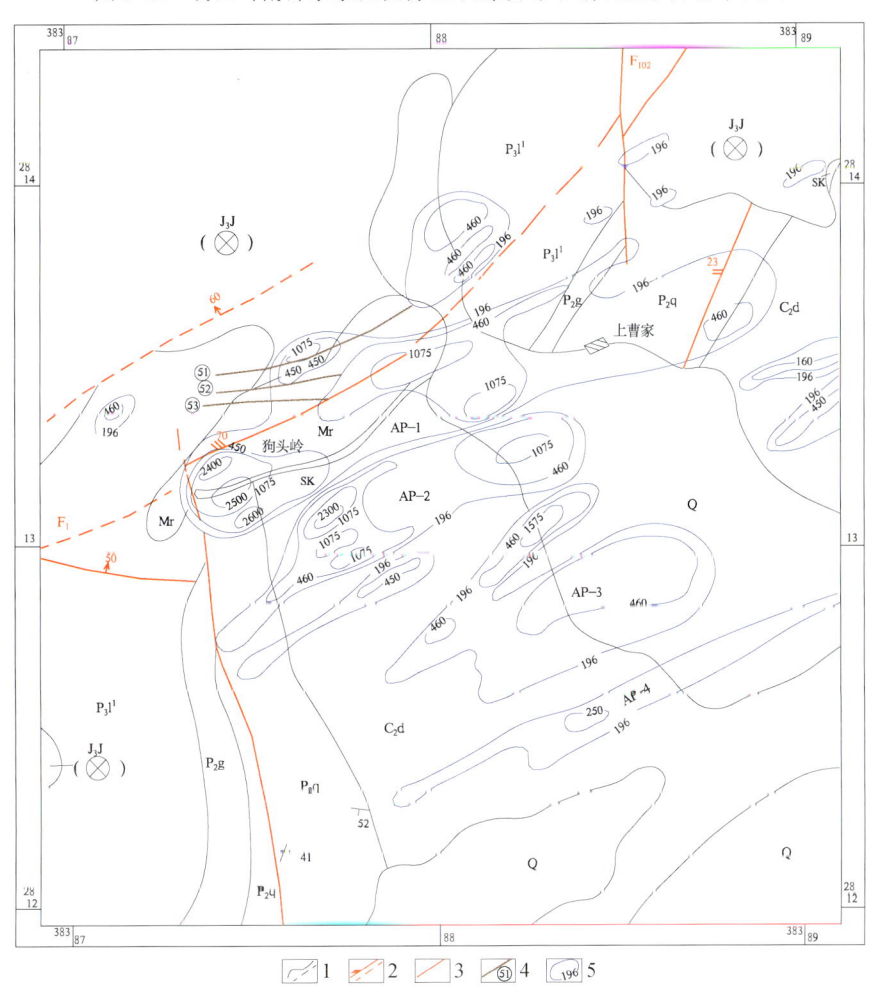

图 8-33 骑田岭南部狗头岭-上曹家土壤测量 Sn 元素异常图

Q-第四系；P_3l^1-上二叠统龙潭组下段；P_2g-上二叠统孤峰组；P_2q-中二叠统栖霞组；C_2d-上石炭统大埔组；J_3J（γ_5^{2-3}）-芙蓉超单元将军寨单元（燕山早期第三阶段花岗岩）；Mγ-细粒花岗岩；SK-夕卡岩；AP-5 异常及编号。1-实、推测地质界线；2-实、推测压扭性断层编号及产状；3-实、推测性质不明断层；4-锡矿脉及编号；5-土壤测量 Sn 元素异常等值线

3) 矿产特征

骑田岭南部是茶陵-郴州-蓝山北东向钨锡铅锌成矿带的重要组成部分。区内已发现锡矿床（点）25个、钨（锡）矿点15个、铅锌（锡）矿点42个，其中锡矿具重要的工业价值，已探明的矿床有白腊水特大型锡矿床，山门口、麻子坪、狗头岭大-中型锡矿床，另外还有洪水江、淘锡窝锡矿点（详见第9章）。因区内强烈的构造-岩浆活动，所形成的以锡为主的多金属矿产均产于岩体内外接触带及岩体中。

区内已发现的不同类型锡矿体大都成群成带分布，成因上与骑田岭复式花岗岩体密切相关，属气成-高、中温热液锡矿床。根据空间分布、产出特征、控矿因素及物化探异常特征等，可大致分为白腊水-安源、黑山里-麻子坪、山门口-狗头岭等三个长4~8 m、宽1~2 km的北东向锡矿带，矿带间由区域性断裂构造分开，各锡矿带中锡矿类型、成矿条件等各有差异。白腊水-安源锡矿带以白腊水矿区为代表，锡矿主要赋存于岩体中及内外接触带，锡矿类型以构造蚀变带-夕卡岩复合型、蚀变岩体型为主。黑山里-麻子坪锡矿带以麻子坪矿区为代表，锡矿主要赋存于岩体中，锡矿类型以构造蚀变带型为主。山门口-狗头岭锡矿带以狗头岭、山门口、淘锡窝矿区为代表，锡矿主要赋存于岩体内外接触带，锡矿类型以夕卡岩型、云英岩型为主。不同矿床类型产出也有明显差别。其中，构造蚀变带型锡矿为区内的主要锡矿类型，受北东向断裂构造控制，成群成带分布于各矿区内，矿体呈大脉状、脉状、透镜状产出；蚀变岩体型及斑岩型锡矿为区内另一重要的锡矿类型，主要分布于白腊水矿区，空间上受北东向断裂构造控制，该类型锡矿床规模较大，单矿体规模可达大型以上；构造蚀变带-夕卡岩复合型锡矿也是区内重要的锡矿类型，空间上受南北向断裂构造控制，矿床规模巨大，单矿体可达特大型以上；云英岩型锡矿则主要分布于黑山里及山门口、淘锡窝等地，受北东向构造及云英岩化蚀变带的控制，矿床规模中-大型；而夕卡岩型锡矿主要分布于矿田南部银砂窿—狗头岭一带，受岩体接触面构造的控制，呈似层状、不规则状产出。此外，于宜章县城西杨家堆还有一处大型的冲积型砂锡矿，其含矿岩系主要为第四系的坡积物、冲积物、残积物。

骑田岭南部钨矿、铅锌矿也具有一定的工业价值。钨矿多分布于矿田西南部岩体中及外接触带，其成因主要与燕山期岩浆活动有关，其次与印支期有关。矿床类型可分为夕卡岩型、云英岩型、石英脉型等。矿体受接触带、岩体凹陷带及捕虏体构造控制，呈脉状、透镜状、似层状、扁豆状、不规则状产出。WO_3的含量一般为0.1%~0.4%，矿化富集地段可>1%，矿床规模小-中型。铅锌矿主要分布于矿田东部岩体中及岩体外接触带，矿床规模均较小。矿体受断裂破碎带控制，控矿构造以北东向、北北东向为主，其次为北西向、南北向。矿体形态较复杂，呈不规则脉状、透镜状，常具分支复合现象。Pb含量一般为0.3%~3.5%，少数地段>5%；Zn含量一般为0.5%~4.5%，少数地段>6%。除上述几种主要的矿产资源外，矿田内金属矿产还有铜、铁、锰、银、稀土等，非金属矿产有萤石、煤、石墨、大理石、硅石、石棉、石灰石等，但规模均较小，工业价值不大。

洪水江矿区：区内出露地层较为简单（图8-34），从老到新有大埔组（C_2d）、马坪组（P_1m）、孤峰组（P_2g）、龙潭组下段（P_3l^1）、龙潭组上段（P_2l^2）、栖霞组（P_2q）、大隆组（P_3d）、大冶组（T_1d）。区内褶皱、断裂构造较发育，构造带方向一般呈北北东走向，少量的呈北西走向。北东向断层为矿区主要控矿断层。矿区位于骑田岭复式花岗岩体南西侧，在矿区北东侧出露有岩浆岩，其岩性为芙蓉超单元将军寨单元粗中粒斑状黑云母钾长花岗岩。

该区是白腊水矿区主要矿化带的南延地段，成矿地质条件较为有利。已圈定出一北东走向的矿化带，其中控制程度稍高的有一个矿体，矿体形态为透镜状，总体产状：走向北东，倾向南东，倾角75°。钻孔中见到的矿体厚2.11 m，工程控制长约700 m。围岩中普遍具绿泥石化、硅化及绢云母化等。矿体与围岩界线较清楚。属构造蚀变带型锡矿床。矿石中有用元素主要为Sn，次有Pb、Zn、Ag。矿石含Sn 0.209%~7.21%、平均3.294%，含Pb 0.4%~3.01%、平均0.86%，含Zn 0.7%~6.69%、平均2.48%，含Ag 211.33~369.31 g/t、平均278.49 g/t。

综上所述，该预测区位于茶陵-蓝山重力梯度带上，成矿地质条件比较有利，物化探异常与已知矿点较吻合，具有较大的找矿潜力，预测锡资源量25万t。

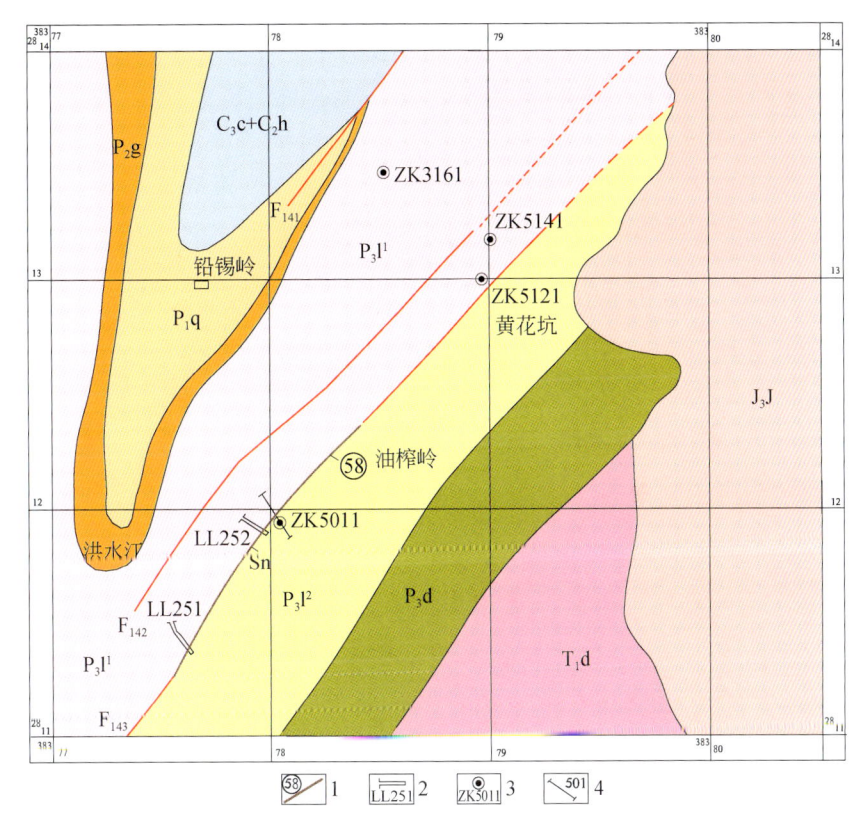

图 8-34 湖南省宜章县洪水江矿区地质略图

T_1d-二叠系大冶组；P_3d-二叠系大隆组；P_3l^1-二叠系龙潭组下段；P_3l^2-二叠系龙潭组上段；P_2g-二叠系孤峰组；P_2q-二叠系栖霞组；J_3J-芙蓉超单元将军寨单元粗中粒斑状黑云母钾长花岗岩；1-锡矿脉及编号；2-老窿位置及编号；3-钻孔位置及编号；4-剖面及编号

8.4.2.6 瑶岗仙钨锡铅锌多金属找矿预测区（B-4）

1）地质特征

本预测区位于瑶岗仙-长策钨锡多金属矿成矿带中部，构造上处于北东向与北西向两组深断裂的复合部位。地表处于李家坡-曹田与山牛塘-白石两条北东向区域大断裂之间。区内主要有板坑-瑶岗仙背斜南部倾伏端和龙溪-二都向斜两个次级褶皱以及多组复杂的断裂构造，其中北西西向、北西和北北东向三组断裂为主要容矿构造。根据物探资料推断，其深部为一个呈北东向展布的隐伏大花岗岩基，其上部在观音山、大毛窝、瑶岗仙和排上等地有隐伏的高侵位小岩体分布。区内北部赋矿地层主要为寒武系石英砂岩、板岩和跳马涧组砂岩，中部、南部主要为泥盆系—石炭系的碳酸盐岩和砂页岩。

2）物化探异常特征

区内大面积分布的重力负异常，在瑶岗仙岩体周围为浅源高磁区，航磁、地磁异常明显；有大面积分布的 W、Sn、Pb、Zn、Au、Ag 多元素组合的化探异常和重砂异常，其分带清楚，浓集中心明显，金银异常分布较为普遍。

3）矿产特征

已探明的有瑶岗仙钨矿床和界牌岭锡多金属矿两个大型矿床，还有多处钨、锡、铅、锌、金、银矿点（如银水垄等）。

银水垄银铅锌矿区（图8-35）：位于瑶岗仙矿田北部瑶岗仙背斜之西南倾伏端，区内出露地层自东向西有中寒武统茶园头组（ϵ_2c）石英砂岩夹硅质板岩、浅变质长石石英砂岩夹板岩、碳质板岩；中泥盆统跳马涧组（D_2t）中细粒石英砂岩、砂质页岩及石英砾岩，上三叠统唐垄组（T_3t）石英砂岩、页岩。区内褶皱构造主要为瑶岗仙短轴背斜，断裂构造极为发育，主要有 NE 向，次为近 EW 向和 SN 向两组。NW

向断裂为区内的主要赋矿构造，现已发现了 10 余条，走向 NW-NWW，长数百米至 2400 m，破碎带宽 0.5~3.0 m 不等，倾向 NW-SSW，倾角 50°~85°，多为压扭性。区内岩浆岩不甚发育，仅见有 3 条 NW 向短小的石英斑岩脉，在本区南 1.5 km 处为瑶岗仙中细粒黑云母二长花岗岩岩株，属酸性-超酸性铝过饱和钙碱系列花岗岩。岩体中微量元素含量普遍高于维氏值，特别是 W、Sn、Cu、Pb、Zn 等成矿元素则高于维氏值数倍至数十倍；瑶岗仙岩体与成矿关系密切，为区内的主要成矿母岩。区内已发现银矿脉 16 条，具一定规模的达 10 条，矿脉受北西向压扭性断裂控制，倾向西，矿脉间距数十米至 400 m 余，脉长 400~2400 m 余，单个矿脉厚 0.8~2.6 m，地表出露高差 300~600 m。据采样分析，Ag 品位 70.47~247.97 g/t、Pb+Zn 0.4%~4.61%，初步估算 334 资源量 Ag 1000 t、Pb+Zn 22 万 t。

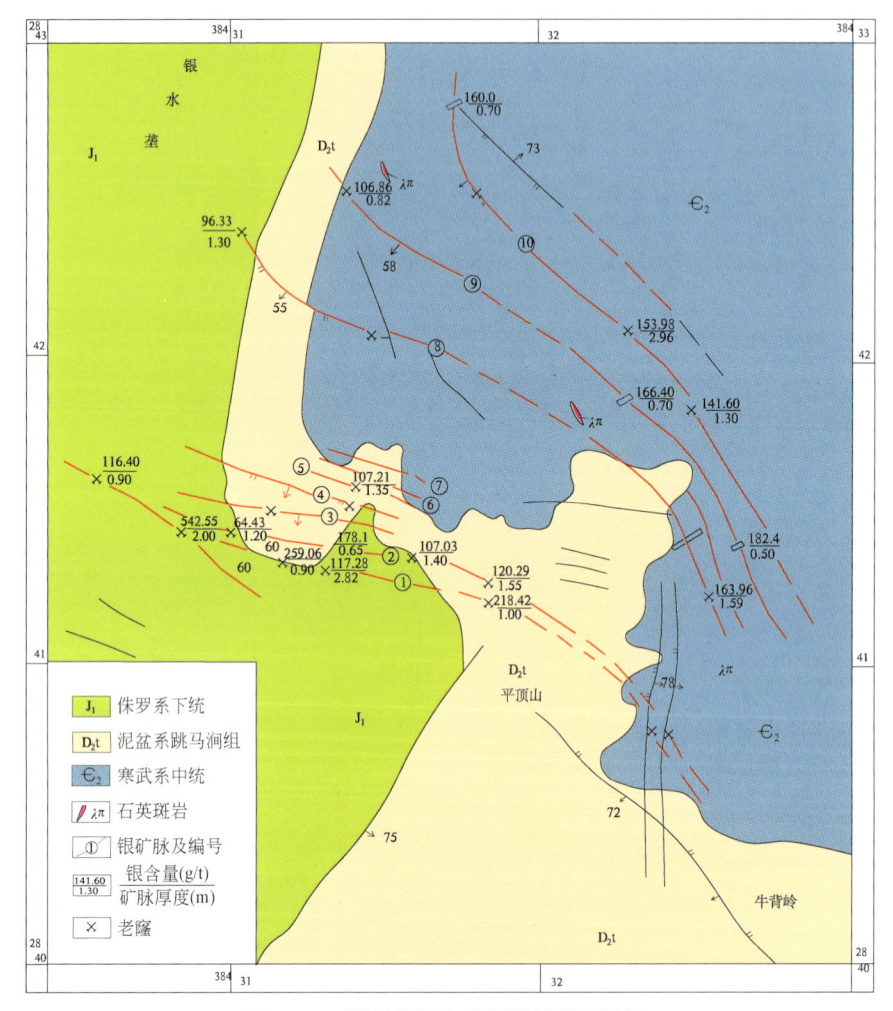

图 8-35 资兴市银水垄银铅锌矿地质图

瑶岗仙钨锡铅锌多金属找矿预测区成矿地质条件比较有利，有大面积分布的重力负异常、航磁、地磁异常明显，有大面积分布的 W、Sn、Pb、Zn、Au、Ag 多元素组合的化探异常和重砂矿物异常。区内地质工作程度与研究程度较高，近年来也出现一些石英脉型的钨矿点及构造蚀变带型的铅锌银矿点。找矿远景较好，预测区内蕴藏钨资源量 20 万 t，锡资源量 15 万 t。

8.4.2.7 骑田岭北部钨锡铅锌多金属找矿预测区（C-1）

本预测区在本次调查评价期间做过物化探异常查证工作。

1. 地质环境

本区位于骑田岭岩体的北面，炎陵-郴州-蓝山断裂带东南侧，香花岭-彭公庙构造-岩浆带和钨锡多金属成矿带的中部；构造上处于郴州-宜章向斜紧密褶皱带与北西向深断裂带的复合部位以及骑田岭花岗岩体北端外接触带。区内出露的地层为石炭系和二叠系的浅海相碳酸盐岩及少量的碎屑岩（图8-36）。其中，石炭系石磴子组为该区主要赋矿层位。区内褶皱和断裂构造发育，其中，褶皱由一系列北东向的背、

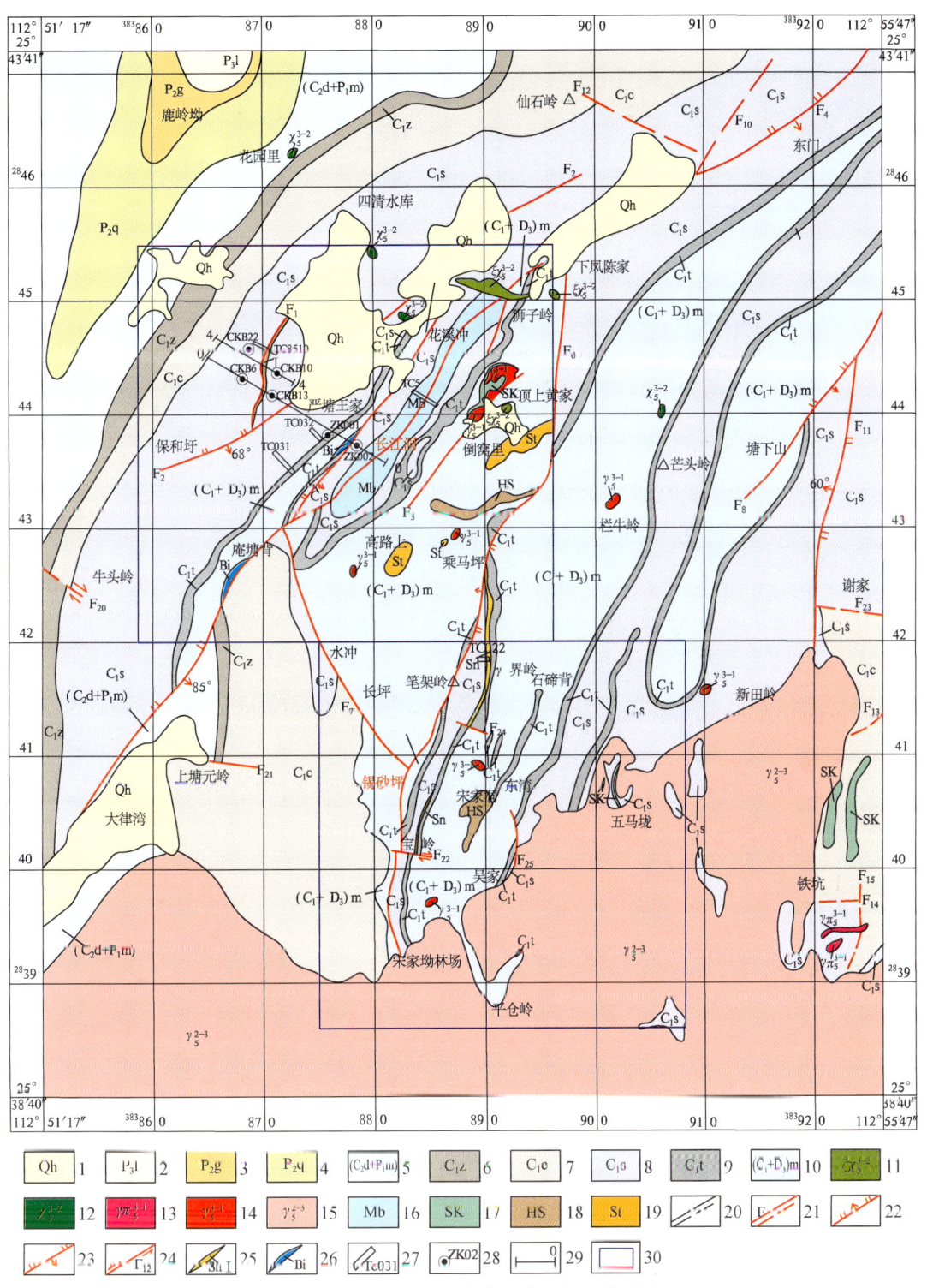

图 8-36 湖南省郴州市骑田岭北部地质略图

1-第四系；2-二叠系龙潭组；3-二叠系孤峰组；4-二叠系栖霞组；5-二叠系—石炭系大埔组—马坪组；6-石炭系梓门桥组；7-石炭系测水组；8-石炭系石磴子组；9-石炭系天鹅坪组；10-泥盆系—石炭系孟公坳组；11-云斜煌斑岩；12-角闪煌斑岩；13-花岗斑岩；14-燕山晚期第二次侵入体；15-燕山早期第三次侵入体；16-大理岩；17-夕卡岩；18-角岩；19-砂页岩夹层；20-实、推测地质界线；21-实、推测性质不明断层；22-正断层及编号；23-逆断层及编号；24-平推断层及编号；25-锡矿化带；26-铋矿化带；27-槽探位置及编号；28-钻孔位置及编号；29-勘探线剖面及编号；30-矿区范围

向斜组成，而断裂主要表现为北北东向、北东向、北西向三组，其中北的北东向断裂为该区主要控矿构造。区内岩浆岩主要为燕山早期第三次侵入的细-中粗粒斑状黑云母花岗岩（γ_5^{2-3}），并有多处燕山晚期细粒花岗岩（γ_5^{3-1}）及煌斑岩（γ_5^{3-2}）出露，深部推测有隐伏岩体存在。

2. 物化探异常特征

区内存在航磁异常 C73-29，覆盖于石炭系石磴子组灰岩和测水组砂岩之上，ΔZ 测量虽出现两个正异常，但以负异常为主。异常最大值 ΔZ_{max} = 248 nT，最小值为 -245 nT，而该异常区地表岩石均无磁性，推测该区异常是由深部具有弱磁性的蚀变体（如夕卡岩）引起。1∶20 万水系沉积物测量，在该区出现异常 2 个（AS51 和 AS52），为 Be、W、Sn、Cu、Pb、Zn、As、F、Hg、B 等元素组合异常；1∶5 万土壤地球化学测量圈出的 AP12 和 AP13 两个异常分别与 AS51、AS52 基本吻合，它们均位于矿床（点）位置或成矿有利地段，具有重要的找矿意义。

通过对骑田岭北部锡砂坪地区 1∶2 万物化探扫面资料的初步整理，圈出磁异常 26 个、物化探综合异常 7 个，可圈出春和寺-庵堂背、锡砂坪两个综合异常区。春和寺-庵堂背综合异常区主要有 AP1、AP3 土壤异常和 M_1、M_2、M_{10} 磁异常，异常面积约 1.3 km²，异常区地层为下石炭统石磴子组（C_1s）灰岩。该灰岩具大理岩化、夕卡岩化，地表见开采民窿，推测异常由 Sn、Bi 等多金属矿体引起。锡砂坪综合异常区主要有 AP7 土壤异常和 M_{12}、M_{13}、M_{14}、M_{20} 磁异常，在 AP7 异常北部丫界岭施工探槽，见含 Sn 0.16% 的矿（化）体，在锡砂坪附近，见开采民窿，以 Sn 矿体为主，伴有 Pb、Zn 矿化、夕卡岩化、大理岩化强烈，推测异常由 Sn 多金属矿（化）体引起。

3. 矿产特征

区内矿产丰富，主要有 W、Sn、Mo、Bi、Cu、Pb、Zn 等矿产，其次为 Be、Au、S、萤石等，已发现矿床（点）9 个。其中，新田岭为特大型白钨矿床，铜金岭锡矿、锡砂坪锡矿、五马坳铋矿均具中型找矿前景，其余都是一些矿点和矿化点。区内矿床成因类型主要为夕卡岩型，其次为裂隙充填-交代型。矿产的空间分布则具有较为明显的水平分带性。

(1) 长江洞锡铋矿区：长江洞矿区位于骑田岭岩体北西约 5 km 处，根据矿化体的分布位置和矿化特征，可分为三个矿化带，即铜金岭锡多金属矿化带、顶上黄家钨锡矿化带和长江洞-庵堂背铋矿化带，并以铜金岭锡多金属矿化带为主。

①铜金岭锡多金属矿化带：带内共圈出 20 余个矿体，其中主要矿体 6 个，严格受北北东向断裂破碎带和层间裂隙、节理控制。矿体的形态主要为脉状、似层状、透镜状和扁豆状等。按控制因素可分为 I、II 两个矿带。I 矿化带受北北东向断裂控制，矿化带走向 NE10°～25°，倾向南东东，倾角 75°～80°，局部近于直立。矿化带走向长 1066 m，出露宽 5～30 m，最大厚度 35 m。赋矿标高 395～100 m，相对高差近 300 m。从中圈出两个矿体，即 I-1、I-2 矿体。其中 I-1 号矿体长 623 m，矿体厚 0.8～4.55 m、平均 1.73 m，平均含锡 0.209%；I-2 号矿体长 1066 m、矿体厚度 1.0～4.6 m、平均厚 2.59 m，锡含量在 0.1%～1.37%、平均含锡 0.313%。II 矿带受节理裂隙控制，主要分布在 I 矿带北西侧，以铜矿化为主，其次为铅锌矿化，局部有锡矿化。所有矿化大多含矿品位较低，皆为表外矿体，锡矿化连续性差。沿走向控制长 150～200 m，倾向沿深 15～180 m、厚度 3.5～5.5 m。该矿带矿石结构以自形-他形晶粒状结构为主，其次为交代结构。矿石的构造主要有浸染状构造、条带状构造及团块状构造。其成因类型应属高-中温热液充填交代型锡多金属矿床。

②长江洞-庵塘背铋矿化带：位于长江洞矿区中部，该带沿天鹅组砂页岩分布，走向北东，在该带上按 400～500 m 间距施工了三个探槽，在其中一个探槽中连续 5 个样品中的金属 Bi 达到边界品位，Bi 最高品位为 0.37%。

③顶上黄家钨锡矿化带：位于区内北东部的顶上黄家，发现夕卡岩型 W、Sn 矿化，产于细粒花岗岩顶部与灰岩接触的凹陷带夕卡岩中，呈透镜状、扁豆状产出。其中已发现有三个矿体：I 矿体在顶上黄家岩体的西部，呈 NE 向展布，矿体长约 500 m、宽约 100 m、厚 3.5 m，平均品位 WO_3 0.122%、Sn 0.024%、BeO 0.004%～0.136%；II 矿体产于顶上黄家岩体的东部接触带，矿体呈 NE40° 方向展布，产

状不稳定，形态复杂，矿体长约200 m、厚0.2~2 m，平均品位 WO₃ 0.07%，Sn 0.019%，BeO 0.0403%；Ⅲ矿体长约90 m、厚1~7 m、含 WO₃ 1.78%、Sn 0.026%。

（2）锡砂坪锡矿区：锡砂坪矿区位于长江洞矿区南部，区内锡矿赋存于天鹅坪组含钙质的砂页岩中，受北东向断裂构造控制。已发现了锡砂坪-丫界岭锡矿化带。该矿化带走向为20°~30°、倾向290°~300°、倾角75°~85°，沿走向长大于2000 m，宽5~25 m，含 Sn 0.13%~0.282%，最高达0.932%（在裂隙发育地段），大多沿天鹅坪组含钙质的砂页岩中的细小的裂隙充填，其矿化不均匀，且连续性较差。矿物种类较多，金属矿物主要为锡石、毒砂、磁黄铁矿等，次为黄铁矿、铁闪锌矿、方铅矿、白铁矿、白钛矿、白钨矿、磁铁矿、硫锑铅矿、褐铁矿等；非金属矿物主要为透闪石、透辉石、方解石、长石等，其次为石英、镁电气石、石榴子石、榍石、角闪石、绢云母、磷灰石、独居石等。其矿化可能属高-中温热液裂隙充填交代型。

骑田岭北部钨锡铅锌多金属找矿预测区成矿条件较好，地层岩性有利，构造发育，骑田岭岩体倾伏于该区，同时有分布广泛的高侵位小岩体；钨锡铅锌等多元素异常强度大，浓集中心明显，分带性好，区内已有锡矿点及铜锡矿点，综合信息找矿标志较明显。具有一定的找矿潜力，预测锡资源量10万 t、钨资源量10万 t。

8.4.2.8 长城岭铅锌铜多金属找矿预测区（C-2）

1. 地质环境

该预测区位于东坡-宜章钨锡金属成矿带中，西山箱状背斜南部倾伏端。出露主要地层为中、上泥盆统及下石炭统碳酸盐岩，中部有侏罗系砂岩覆盖。棋梓桥组为主要赋矿地层，其岩相为局限-半局限碳酸盐台地相潮间-潮下亚相。木根桥-观音坐莲、资兴-长城岭逆冲断裂带贯穿全区，遥感影像线型构造模式属东坡型。区内北北东向逆冲断裂带及次级北东向、北西向断裂极为发育。特别是北北东向断裂与成矿关系密切。区内无主体岩浆岩出露，但小岩体和岩脉极为发育，如小垒-长城岭酸性斑岩群，岩性主要有花岗斑岩、辉绿岩、拉斑玄武岩等。

2. 物化探异常特征

该预测区位于九峰岩体重力负异常带北西远程延伸端，赤石剩余重力负异常边部。区内为一北西向深源磁异常分布区，东邻瑶岗仙、九峰磁异常，西邻磁场平稳区。推测本区为宜章断块与瑶岗仙、九峰岩带的交接部位，表现出受深断裂控制的混熔岩浆岩活动的迹象。

区内水系沉积物测量结果表现出长城岭、太阳冲异常区。元素含量峰值 W $9×10^{-6}$、Be $1070×10^{-6}$、As $65×10^{-6}$、Au $0.0028×10^{-6}$、Ag $0.23×10^{-6}$、Sb $25×10^{-6}$、Hg $0.63×10^{-6}$。其中，Hg、Sb 异常范围大、强度高、浓集中心明显，其东西侧有 F 异常，南西侧有 Ag 异常中心，区内还有 Pb、Zn、As 弱异常。

区内长城岭重砂异常有Ⅱ-29号、Ⅱ-30号辰砂，Ⅲ-12、Ⅲ-13号黄金等，这些异常单独出现、互不重合。辰砂异常面积约有3.5 km²，含量3~23颗；金异常面积2 km²，一般含量1~2颗，最高达6颗。

3. 矿产概况

区内矿点、矿化点沿北东向断裂带密集分布，其中铅锌铜矿（化）点达10处之多。矿化类型主要为构造蚀变带型，层控型。

铁坑铅锌矿：位于背首-铁坑-长城岭多金属成矿带，矿化带长2500 m以上、宽度10余米，矿体产于北东向 F_3 压扭性断层中，断层倾向130°、倾角64°~80°。目前发现矿体有4个，矿体呈脉状、扁豆状产出，具有明显的尖灭再现特征。单个矿体长度200~500 m、平均厚度1.9~3.4 m，最大厚度5.7 m。矿体倾向110°~145°、倾角50°~85°。矿体围岩为泥盆系佘田桥组的泥质灰岩、白云质灰岩。矿物成分较简单，主要金属矿物为方铅矿、闪锌矿、黄铁矿，次为赤铁矿、车轮矿、毒砂及黄铜矿；脉石矿物主要为方解石、白云石及石英等。经取样分析，矿石中 Pb 0.471%~2.09%、Zn 0.25%~1.928%、Ag 9.03~103.52 g/t。经调查，矿石品位由地表往深度变富。该矿床属构造蚀变带型铅锌矿，初步估算

Pb+Zn 资源量 1 万 t。由于该矿点所处的区域成矿地质条件好，矿床规模尚未查明，故具有很好的找矿前景。

田尾银铅锌矿：位于刘家-平和复式背斜北西翼倾伏端，为一层控型矿床，受棋梓桥组控制，区内褶皱简单、断裂发育，岩浆岩活动较弱。铅锌矿体主要赋存于泥盆系中统棋梓桥组中上段的含铁、锰泥质白云岩中，个别产于泥盆系上统佘田桥组白云岩中。铅锌矿化长 2000 m、宽数米至百余米。目前已发现有 4 个矿化层。单个矿化层出露长 300～700 m、宽度 100～500 m、厚度 2～9 m，矿化层产状与岩层一致。矿石矿物主要为方铅锌、闪锌矿、黄铁矿；其次为黄铜矿、黝铜矿、辉银矿、毒砂、磁铁矿等。脉石矿物主要为石英、方解石、白云石、重晶石等。地表氧化矿石品位：Pb 0.19%～0.57%、Zn 0.26%～0.52%、Ag 17.70～148.50 g/t。

本预测区位于东坡与瑶岗仙矿田间，区内资兴-长城岭逆断裂为波及深、控岩控矿明显的剪切断裂带，岩浆岩具有深源浅成和岩性复杂的特点，成矿条件有利，物化探异常发育，是寻找铅锌铜金银锑矿的有利地段，预测铅锌资源量 50 万 t。

8.4.3 总体评价

综上所述，千里山-骑田岭地区钨锡铅锌多金属资源潜力巨大。加强已评价矿区的深边部找矿地质工作，可望扩大已知矿体的规模、发现新矿体。区内八个找矿预测区的成矿地质条件有利，物化异常发育且强度高、面积大、异常分带明显，新发现较多的矿（化）点与已知大中型矿床具有相似性，每个预测区均具有寻找大型以上规模矿床的潜力。采用地质类比和综合矿产信息统计预测方法，对八个找矿预测区的钨锡铅锌的金属资源量进行了预测，其预测结果见表 8-19。

表 8-19 预测区预测资源量统计表（万 t）

预测区名称	锡资源量	钨资源量	铅锌资源量	备注
香花岭钨锡铅锌找矿预测区	30	10	50	
白云仙钨锡铅锌找矿预测区	10	30	50	
东坡钨锡铅锌多金属找矿预测区	30	30	200	
坪宝铅锌金银找矿预测区	20	30	200	
骑田岭南部锡找矿预测区	25			
瑶岗仙钨锡铅锌找矿预测区	15	20		
骑田岭北部钨锡铅锌找矿预测区	10	10		
长城岭铅锌铜找矿预测区			50	
合计	140	130	550	

上述 8 个找矿预测区内金属锡资源总量可达 140 万 t、金属钨资源总量 130 万 t、铅锌金属资源总量 550 万 t，开展这些地段的找矿工作有望取得突破性进展。

第 9 章 重要预测区找矿勘查

根据成矿预测结果，我们重点对千骑地区骑田岭南部锡多金属找矿预测区内（见图 8-22 中的 B-3）的白腊水和山门口、东坡钨锡铅锌多金属找矿预测区内（见图 8-22 中的 B-1）的金船塘和枞树板四个找矿靶区相继开展了找矿勘查验证和资源潜力评价工作。

9.1 白腊水找矿靶区

白腊水找矿靶区位于骑田岭复式花岗岩体南部内外接触地带，面积约 40.87 km²，是芙蓉矿田的重要组成部分（图 9-1）。地理坐标：北纬 25°25′40″～25°29′26″，东经 112°47′14″～112°51′05″。平面直角坐标：$X=2814060～2820940$、$Y=38378000～38383940$。行政区划上属郴州市北湖区芙蓉乡管辖（图 9-2）。

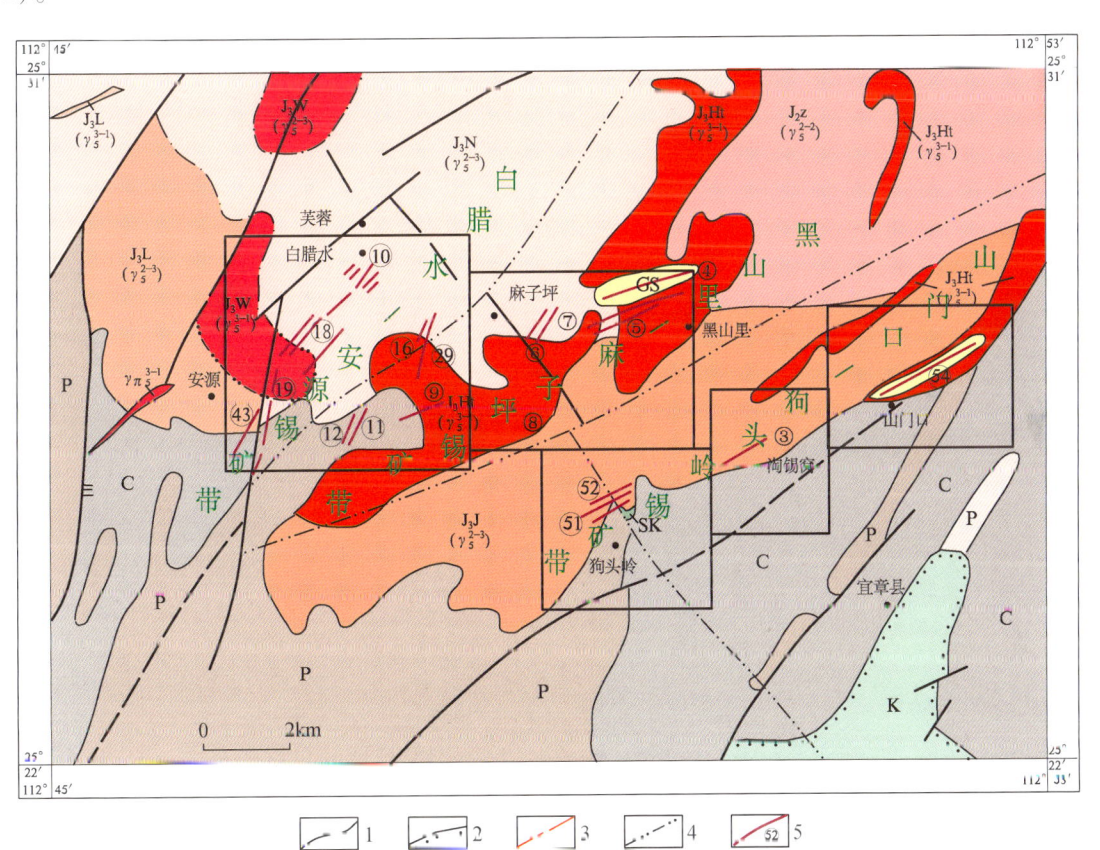

图 9-1 芙蓉矿田地质略图

K-白垩系；P-二叠系；C-石炭系；J_3Ht（γ_5^{3-1}）-芙蓉超单元荒塘岭单元（燕山晚期第一阶段花岗岩）；J_3H（γ_5^{3-1}）-芙蓉超单元回头湾单元（燕山晚期第一阶段花岗岩）；J_3N（γ_5^{2-3}）-芙蓉超单元南溪单元（燕山早期第三阶段花岗岩）；J_3W（γ_5^{2-3}）-芙蓉超单元五里桥单元（燕山早期第三阶段花岗岩）；J_3J（γ_5^{2-3}）-芙蓉超单元将军寨单元（燕山早期第三阶段花岗岩）；J_3L（γ_5^{2-3}）-芙蓉超单元礼家洞单元（燕山早期第三阶段花岗岩）；J_2Z（γ_5^{2-2}）-菜岭超单元樟溪水单元（燕山早期第二阶段花岗岩）；SK-夕卡岩；GS-云英岩；1-地质界线；2-不整合地层界线；3-实、推测断层；4-锡矿体及编号；5-找矿靶区范围

图 9-2 行政区划及交通位置图

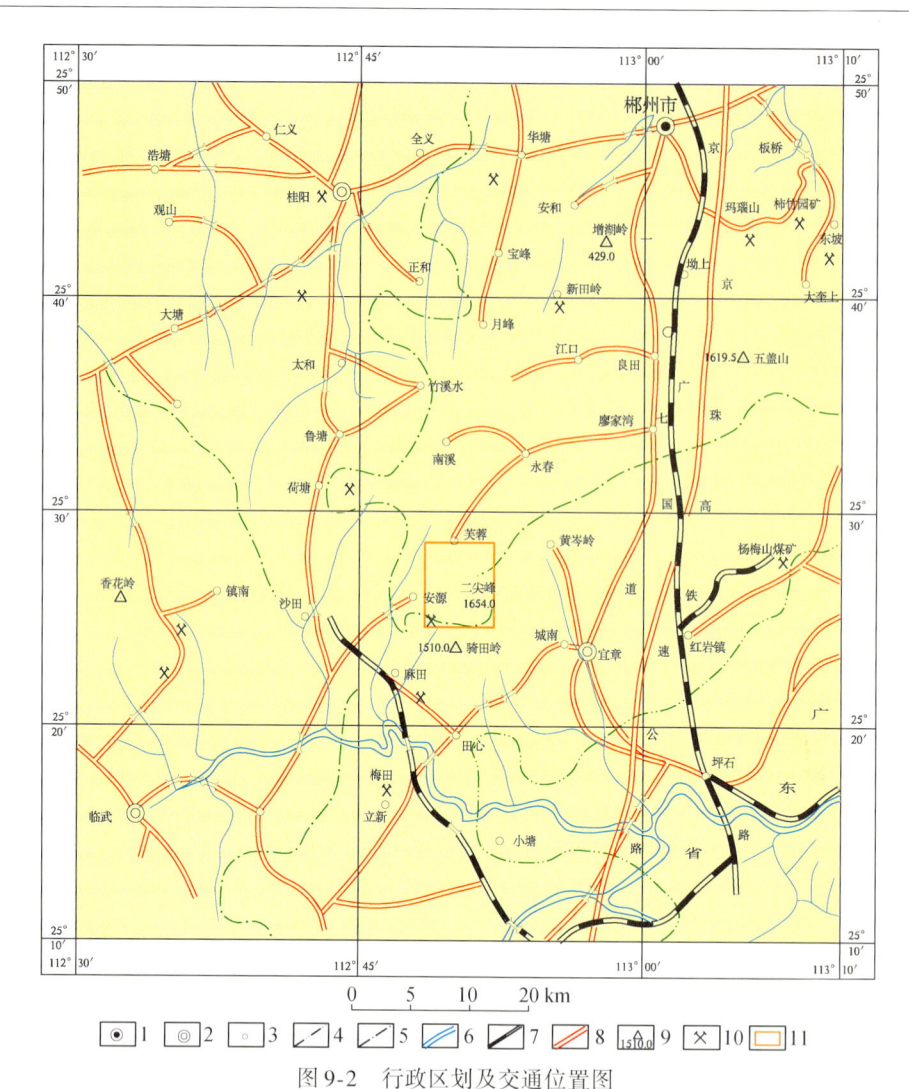

1-市政府驻地；2-县政府驻地；3-乡镇村庄；4-省界；5-县界；6-河流；7-铁路；
8-公路；9-山峰及高程注记；10-矿山位置；11-找矿靶区位置

9.1.1 验证过程及工作方法

9.1.1.1 勘查过程

根据成矿预测结果，湖南省湘南地质勘察院在 1996～1998 年间对骑田岭岩体南部地区开展了踏勘调查、地质填图、老窿调查清理及少量地表工程揭露等工作，在岩体南部内接触带或岩体中先后发现了白腊水-安源、山门口-狗头岭、黑山里-麻子坪三个北东向锡矿带；白腊水、蔡背岭、狗头岭、蓝家山、麻子坪、黑山里、奇古岭、五里桥、屋场坪等十多个锡矿点 30 多条锡矿脉，共预测 334 锡资源量 30 万 t 以上，其中，白腊水找矿靶区具大型以上规模的前景。

由于骑田岭岩体南部已初步显示了超大型锡矿床的找矿潜力，1999 年 9 月中国地质调查局批准将白腊水找矿靶区列为首批国土资源大调查项目 "湖南千里山-骑田岭锡铅锌矿评价" 项目的重点矿产子项目，先后投入 1:1 万地质草测 60 km²、1:5000 地质简测 40.87 km²、1:1 万土壤测量 20.73 km²、1:2 万高精度磁测 15 km²、1:1 万高精度磁测 20.73 km²、1:5000 高精度磁测和土壤精测剖面各 15.24 km、1:5000 汞气剖面测量 1.72 km、1:5000 激电测深/视电阻率联合剖面测量 135 点、槽探 10649.81 m³、钻探 5666.64 m、坑探 591.80 m、老窿调查清理 7471.05 m、各种样品 4164 个等工作量，至 2003 年野外工作结束共发现了构造蚀变带型、构造蚀变岩-夕卡岩复合型、蚀变岩体型等不同类型的锡矿（化）体27个，初步圈定了18个锡矿体，提交了一处可进一步进行详查工作的超大型锡矿床。

9.1.1.2 主要工作方法

勘查工作中运用了成矿系列等新理论指导区内找矿工作，以地质、地球物理、地球化学和遥感相结合的综合找矿法对区内矿体进行了探索及控制：

(1) 工作初期，通过资料二次开发，综合研究了区域地质、地球物理、地球化学和遥感等资料，并开展必要的野外踏勘调查工作，以确定工作的重点区段。

(2) 通过1:1万~1:5000地质测量工作大致查明区内地层、岩浆岩、构造、热液蚀变的分布及与成矿的关系，并发现、追索锡矿化带（脉）。

(3) 通过1:2万~1:1万物化探扫面、1:5000地质物化探综合剖面测量等手段圈出异常，进一步圈定、缩小找矿靶区，寻找成矿最有利地段，并为探矿工程的部署提供依据。

(4) 系统开展老窿调查清理、槽探、剥土等地表工程揭露等工作，对区内已知矿脉按一定间距进行了揭露、控制；并选择编号为10、19、43、42、35、18等主要锡矿脉的成矿有利部位及较好的物化探异常，利用钻探、坑探进行了深部验证工作。大致查明了区内锡矿体的分布、数量、形态、产状、规模及矿石质量等。

9.1.2 靶区找矿依据

9.1.2.1 成矿地质条件

1. 地层条件

区内出露的地层较简单，仅有石炭系大埔组、二叠系马坪组、栖霞组、孤峰组和龙潭组以及第四系出露（图9-3）。其中马坪组-大埔组（C_2d+P_1m）岩性以灰白、浅灰色厚至巨厚层状泥-粉晶灰岩夹云灰岩、灰云岩和白云岩为主；栖霞组（P_2q）主要由灰、深灰色至灰黑色中至厚层状泥粉晶灰岩、生物碎屑灰岩组成；孤峰组（P_2g）为一套台盆相硅质岩建造；龙潭组（P_3l）为一套滨海潟湖-沼泽-三角洲相砂、泥质及含煤建造，岩性主要为细中粒长石石英砂岩夹黄褐色粉砂岩，粉砂质页岩，黑色页岩及碳质页岩；大隆组（P_3d）为一套台盆相硅质砂泥质建造，岩性为浅灰色薄层硅质页岩、深灰色薄层状硅质泥岩夹硅质岩、粉砂质泥岩、泥晶泥质灰岩。

2. 构造条件

由于区内岩石以花岗岩为主、地层分布范围小（面积约7 km²），因此，区内褶皱构造不发育或被破坏，但断裂构造十分常见。按展布方向可划分为北东向、北西向和近南北向三组断裂（图9-3）。区域性大断裂有F_{26}、F_{27}、F_{30}、F_{36}等，为区内的导矿构造，次一级的断裂为区内的容矿构造。

(1) 北东向断裂：为区内主要导矿、容矿构造，具多期次活动、同向倾斜、平行分布等特点。以压扭性为主，多呈舒缓波状产出。其相伴生的低序次构造形迹较发育，具一定规模的断裂共有41条，与锡矿化关系密切的断裂有F_9、F_{10}、F_{11}、F_{12}、F_{13}、F_{14}、F_{15}、F_{16}、F_{18}、F_{20}、F_{68}、F_{74}、F_{78}、F_{79}、F_{93}、F_{95}、F_{80}、F_{105}、F_{96}等19条。

(2) 近南北向断裂：主要分布在屋场坪—安源上区一带，平行发育有4条断裂，分别为F_{19}、F_{30}、F_{82}、F_{83}，为区内的主要容矿构造，断裂以压性为主，兼具扭性，具规模较大、高角度仰冲和多期活动等特点，其相伴生的低序次构造形迹较发育。

(3) 北西向断裂：区内具规模的有三条，即F_{26}、F_{42}、F_{28}，以压性为主，属区域性深大断裂，断裂形迹隐晦，航、卫片上线性影像清晰，表现为不同色调的影像界面和串珠状负地形，实地较难见其形迹。其中F_{42}与锡矿化关系密切。

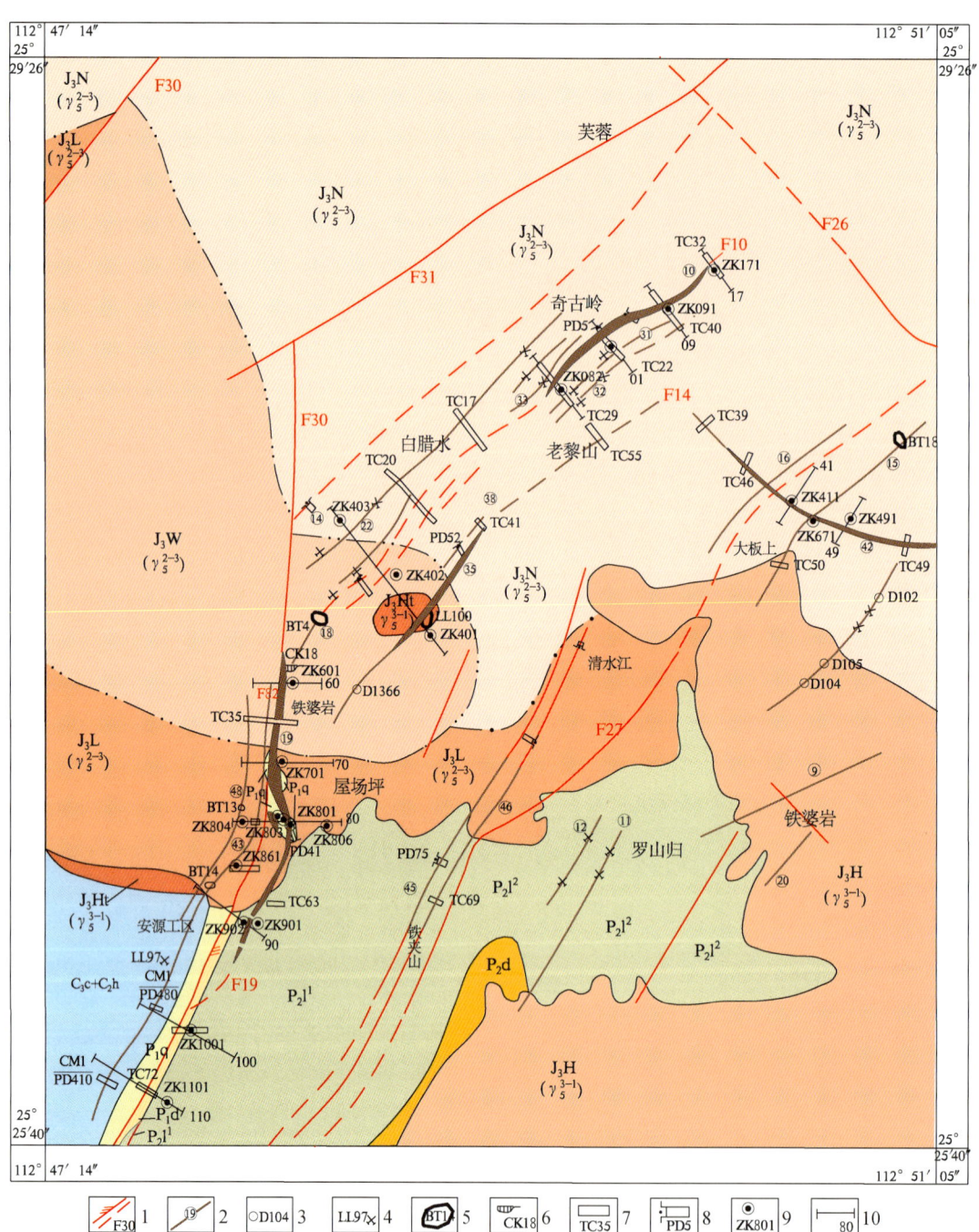

图 9-3 白腊水找矿靶区地质略图

P$_3$d-二叠系大隆组；P$_3$l^2-二叠系龙潭组上段；P$_3$l^1-二叠系龙潭组下段；P$_2$g-二叠系孤峰组；P$_2$q-二叠系栖霞组；(C$_2$d+P$_1$m)-石炭系—二叠系大埔组和马坪组；J$_3$Ht（γ_5^{3-1}）-芙蓉超单元回头湾单元（燕山晚期第一阶段花岗岩）；J$_3$H（γ_5^{3-1}）-芙蓉超单元荒塘岭单元（燕山晚期第一阶段花岗岩）；J$_3$N（γ_5^{2-3}）-芙蓉超单元南溪单元（燕山早期第三阶段花岗岩）；J$_3$W（γ_5^{2-3}）-芙蓉超单元五里桥单元（燕山早期第三阶段花岗岩）；J$_3$L（γ_5^{2-3}）-芙蓉超单元礼家洞单元（燕山早期第三阶段花岗岩）；1-实、推测断裂及编号；2-锡矿体及编号；3-地质点及编号；4-老窿及编号；5-剥土及编号；6-采坑及编号；7-探槽及编号；8-平硐及编号；9-钻孔及编号；10-勘探线及编号

3. 岩浆岩条件

白腊水找矿靶区位于骑田岭岩体南部，岩浆活动强烈。区内岩浆岩出露面积为 33.87 km^2，占矿区总面积的 82.87%。主要有芙蓉超单元燕山早期的礼家洞、五里桥、南溪三个单元和燕山晚期的荒塘岭、回

头湾两个单元；脉岩有细粒花岗岩脉及少量的花岗斑岩脉和石英斑岩脉。

1) 礼家洞单元（J_3L）

本岩浆岩单元呈不规则条带状、近东西向主要分布于屋场坪—清水江一带。岩体与石炭系—二叠系的碎屑岩、碳酸盐岩呈侵入接触（图9-4）。沿接触带沉积岩出现宽窄不一的角岩化带及大理岩化带。岩石类型主要为细中粒斑状角闪石黑云母二长花岗岩，岩石由斑晶和基质组成（表9-1），其中长石斑晶偶见环带构造（图9-5）。

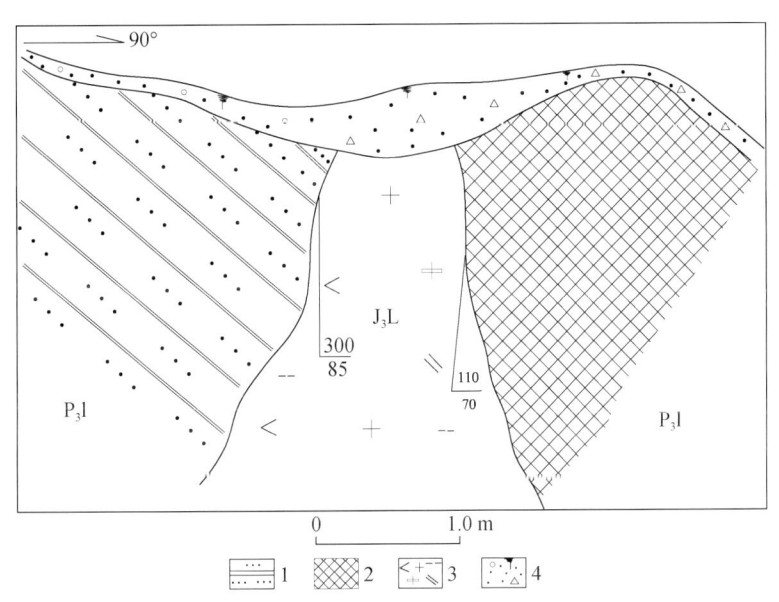

图 9-4 白腊水找矿靶区龙潭组与礼家洞单元接触关系素描图（探槽 TC67）
P_3l-龙潭组；J_3L-礼家洞单元；1-变质粉砂岩；2-角岩；3-斑状二长花岗岩；4-残坡积层

表 9-1 芙蓉超单元矿物成分及特征统计表

单元	岩石名称	样数	石英	钾长石	斜长石	黑云母	角闪石	钾长石 ΔZ	钾长石 ΔY	斜长石 An
回头湾	细粒含斑钾长花岗岩	15	27.5	47.5	22.5	2.5				7~13
荒塘岭	中细粒少斑黑云母钾长花岗岩	19	29.4	45.2	22.4	3.1		0.842 0.870 0.832 0.828	0.626 0.833 0.714 0.524	15~30
南溪	中粒斑状角闪石黑云母钾长（二长）花岗岩	23	27.5	45.2	21.1	4.0	2.0	0.926	0.959	29~35
五里桥	中粒多斑角闪石黑云母二长花岗岩	21	28.0	37.0	27.1	6.4	1.5	0.823	0.564	27~38
礼家洞	细中粒斑状角闪石黑云母二长花岗岩	25	26.4	40.3	27.4	3.4	2.5	0.759	0.000	26~46
将军寨	粗中粒斑状黑云母钾长花岗岩	13	29.1	44.8	21.6	3.3	0~1			28~30
樟溪水	中粒斑状角闪石黑云母钾长（二）长花岗岩	9	25.8	46.1	20.1	5.2	2.7	0.904	0.854	28~33

图 9-5 白腊水找矿靶区斑状花岗岩中具浅色环（a）和暗色环（b）的长石斑晶

J₃W-五里桥单元斑状花岗岩；Fp-长石斑晶；硬币和铅笔示比例

本单元地球化学成分及有关参数值详见表 4-16 和表 4-18。与中国花岗岩及南岭花岗岩相比（表 4-16），平均值 SiO_2 偏低、而 Al_2O_3、CaO 含量较高，$K_2O+Na_2O>8.5\%$；δ 为 3.091、A·R 为 2.967，属钙碱性系列，DI 为 80.75、SI 为 7.219。有关成矿元素含量及标准离差处于中等状态（表 4-18），Sn 为 10×10^{-6}，是维氏值的 3.3 倍，W 为 7.1×10^{-6}，是维氏值的 4.8 倍，Bi 为 3.7×10^{-6}，大大高于维氏值，As 为 21×10^{-6}，是维氏值的 14 倍。此外，Pb、Cu 亦高于维氏值，而 Zn、Ba、Sr 等低于维氏值。

本单元共有副矿物 24 种（表 4-17），主要有磁铁矿、钛铁矿、磁黄铁矿、金红石、白钨矿、锡石、辉钼矿、辉铋矿、方铅矿、锆石、磷灰石、角闪石、萤石、褐帘石等。此外，角闪石普遍含量较高，个别特高品位>10000 g/t。另外，尚有个别样品中见有钍石及磷钇矿，含量不高、均为 0.56 g/t。

2）五里桥单元（J₃W）

主要分布于白腊水找矿靶区西部细老鸦窝—五里桥一带，侵入礼家洞单元之中，但两者与晚期南溪单元呈涌动接触。本单元岩石类型为中粒多斑角闪石黑云母二长花岗岩，与礼家洞单元岩性特征基本相似（表 9-1），但两者在基质结构、斑晶粒度和含量、钾长石有序度（ΔY、ΔZ）、斜长石环带发育度（前者一般见有 2~3 个环带，且多为正环带）、黑云母含量（前者平均达 6.4%）等方面具有较大差别。此外，五里桥单元局部地段岩石中暗色包体较发育（图 9-6a）。

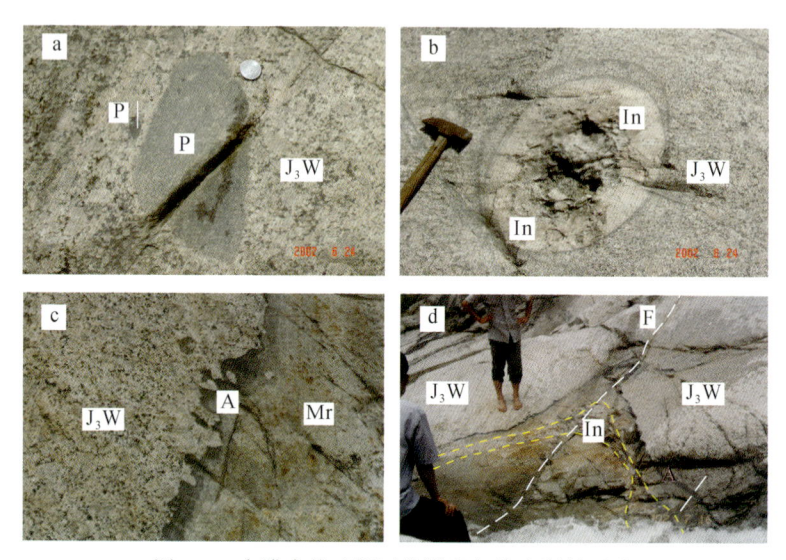

图 9-6 白腊水找矿靶区花岗岩与脉岩野外照片

a-斑状花岗岩中的暗色包体；b-五里桥电站似伟晶岩壳上拱环带；c-五里桥电站细粒花岗岩与斑状花岗岩接触关系；d-五里桥电站细粒花岗岩与斑状花岗岩接触关系全景；J₃W-五里桥单元斑状花岗岩；P-暗色包体；Mr-细粒花岗岩；In-似伟晶壳；A-暗色边；F-裂隙

本单元全岩主、微量元素含量及相应参数见表 4-16 和表 4-18。CIPW 标准矿物计算表明，大部分侵入体中出现 Di 值且较高。分异指数 DI 较礼家洞单元高，为 85.88；固结指数 SI 为 5.503。本单元 F、Sn、Cu、Zn、W、Pb、As 等含量均较高。本单元钛矿物除锐钛矿、钛铁矿外，副矿物组合与礼家洞单元相似

(表4-17)。

3) 南溪单元（J_3N）

本单元主要分布于本靶区北部芙蓉洞—奇古岭—大板上一带，出露面积最大，约占矿区面积的40%，呈岩基、岩株状侵入五里桥单元与礼家洞单元之中。与礼家洞单元接触大部分地段呈渐变关系，过渡带几十至上百厘米不等，在部分地段为细粒花岗岩所隔，呈脉动接触，与五里桥单元呈涌动接触，与荒塘岭单元呈脉动接触。本单元岩石类型主要为中粒斑状（角闪石）黑云母钾长（二长）花岗岩，与五里桥单元基本相似（表9-1），但是造岩矿物中，斜长石比例明显减少，钾长石占长石总量可达65.1%，因而成为钾长花岗岩。另外斑晶含量相对较少、钾长石有序度要高。

相对来说，本单元化学成分稳定（表4-16）。CIPW计算表明，标准矿物C含量很低，仅0.04左右，反映出从正常类型向铝过饱和类型过渡的特征。特征参数δ为3.02、A·R为2.778、DI为84.65、SI为4.225。本单元W含量较高（表4-18），为维氏值的12倍，但离散度较大、部分样品中W高达500×10^{-6}。其他元素含量与礼家洞单元相似。本单元共有副矿物26种（表4-17），个别样品中出现铌钽铁矿、红柱石等。副矿物总量3298.29 g/t，铁、钛矿物含量比五里桥单元要高。

4) 荒塘岭单元（J_3H）

主要分布于白腊水找矿靶区内东南部边缘平头寨—大山里—丫脊岭一带，呈不规则状侵入早期礼家洞单元与南溪单元中，界线清楚，呈脉动接触；与石炭系碎屑岩呈侵入接触。岩石类型为中细粒少斑黑云母钾长花岗岩。岩石由斑晶和基质组成，矿物组成、平均含量及有关参数见表9-1，钾长石单斜有序度较稳定，但三斜有序度变化较大，部分斜长石可见不完整的环带。

本单元化学成分稳定（详见表4-16），为铝过饱和类型；CIPW标准矿物计算C>1，个别样品出现Di值。δ在2.158~2.934之间、平均2.321，DI在91左右、SI为2.152。本单元W、Sn、Bi、Cu含量较高，而F、As含量相对较低（表4-18）。本单元副矿物种类特别是有色金属矿物明显增多，共有32种（表4-17），其中有色金属矿物可见白钨矿、黑钨矿、锡石、辉钼矿、辉铋矿、黄铜矿、方铅矿、闪锌矿、铁闪锌矿等九种，是本区钨、锡、钼、铅、锌矿最重要的成矿母岩。

5) 回头湾单元（J_3Ht）

本单元呈不规则长条状、椭圆状分布于安源工区和老屋脚两处附近，出露面积很小，侵入于早期礼家洞单元与五里桥单元之中，呈脉动接触。本单元岩石类型主要为细粒含斑钾长花岗岩。岩石由斑晶和基质组成，斑晶含量约5%、粒径0.5 cm左右。矿物组成、平均含量及相关参数见表9-1。

本单元岩石化学成分稳定（详见表4-16）。CIPW计算表明C值较高、C>1，偶见Di。δ大都在2左右、DI在92左右、SI较小（平均1.703）。本单元Sn、W、Bi、Cu、Pb、Zn、As、F等元素含量较高（详见表4-18），Cu、Pb、Zn尤其富集，丰度明显较高。本单元副矿物种类有26种（详见表4-17），与荒塘岭单元基本特征相似，但有色金属矿物从种类到含量都有所减少。

6) 脉岩

白腊水找矿靶区内脉岩分布广、数量多，但规模不大，以细粒花岗岩脉最为普遍。此外，仅见六条花岗斑岩脉及一条石英斑岩脉。细粒花岗岩一般沿断裂构造侵入早期斑状花岗岩之中，在局部地段细粒花岗岩顶部尚可见有似伟晶岩壳（图9-6b~d）。花岗斑岩大都以北东向展布，安源处则为北西向。石英斑岩仅在屋场坪至羊牯町一带以西见有一条。这些脉岩的岩石化学成分及有关参数值见表4-16。

9.1.2.2 围岩蚀变标志

白腊水找矿靶区内岩石普遍地发生了强弱不等、类型不一的变质作用。同时，由于区内多期次岩浆热液的影响及围岩性质的不同，在不同的地方出现了各种不同的蚀变作用。岩体中破碎带及其两侧多见有钠长石化、黑（绿）鳞云母化、云英岩化、绿泥石化、绢云母化、硅化、钾长石化、萤石化等；岩体与地层接触部位则主要发育有夕卡岩化、大理岩化、角岩化等。其中钠长石化、黑（绿）鳞云母化、绿泥石化、云英岩化、夕卡岩化、萤石化等与矿化关系密切。

(1) 钠长石化。是本区最为常见、且与锡矿化有密切成因关系的围岩蚀变之一。它的形成至少有两种方式，一种是通过气化-高温热液交代作用形成了主要由钠长石等碱性硅酸盐矿物组成的交代蚀变岩-钠长石岩或钠长石化花岗岩；另一种方式是花岗岩中的斜长石在热液作用下发生分解形成钠长石。可能以前一种方式为主。钠长石可能至少生成于两个期次，因为晚期钠长石经常被绿泥石、绢云母、方解石等交代，而早期钠长石有被黑云母交代的现象。通过骑田岭花岗岩、矿体顶底板中细粒斑状角闪石黑云母花岗岩与钠长石化矿化花岗岩的化学成分对比（表9-2），可见：①骑田岭花岗岩及矿体顶底板的花岗岩其化学成分最大的特点是$K_2O>Na_2O$，而钠长石化矿化花岗岩的化学成分最大特点是$K_2O<Na_2O$；②钠长石化矿化过程常从花岗岩中带出SiO_2、K_2O或CaO，从成矿溶液中则带进Al_2O_3、Na_2O、FeO等；③若后期没有如绿泥石化等蚀变叠加，锡的品位与Na_2O的含量似有成正比例的趋势。因此，钠长石化与锡矿化的关系非常密切。从成矿角度来看，第一种方式形成的钠长石化，其成矿溶液对锡的搬运、沉淀起了非常重要的作用，因为钠长石化过程中，许多以含氯的碱性络合物搬运的金属物质，如$SnCl_4$、$Na_2Sn(OH)_6$、Na_2SnCl_6等，当成矿溶液的酸碱度、温度、压力等发生变化时，在有利的条件下通过高温水解，会使锡石沉淀下来，发生锡矿化。因此，钠长石化是区内重要的找矿标志。

表9-2　白腊水找矿靶区花岗岩与钠长石化矿化花岗岩化学成分对比表（%）

岩性	骑田岭花岗岩	顶底板花岗岩	细粒花岗岩	钠长石化矿化花岗岩				钠长石化花岗岩		
样号\成分	1 (11)	2 (4)	3	4	5	6	7	8	9	10
SiO_2	69.69	70.54	74.49	63.73	61.74	59.54	60.79	69.02	71.18	62.82
TiO_2	0.52	0.475	0.091	0.796	0.712	0.71	0.37	0.597	0.268	0.698
Al_2O_3	13.74	14.28	12.74	17.78	17.30	17.07	19.09	14.12	13.42	12.17
Fe_2O_3	0.70	1.20	0.418	0.408	0.872	0.62	1.27	3.591	1.94	2.04
FeO	3.32	1.61	1.468	6.616	6.134	7.08	3.30	0.83	0.41	4.17
MnO	0.05	0.08	0.028	0.026	0.038	0.62	0.14	0.548	0.25	0.211
MgO	0.59	0.32	0.11	0.46	0.48	1.08	0.50	1.65	0.40	2.95
CaO	2.28	1.18	1.00	1.59	1.93	1.62	1.87	2.37	0.42	3.51
Na_2O	3.16	2.07	2.25	4.40	3.93	7.34	8.19	5.00	6.25	5.71
K_2O	5.18	4.86	4.74	1.98	1.84	0.25	1.01	2.33	1.76	4.22
P_2O_5		0.183	0.105	0.375	0.339	0.24	0.11	0.172	0.08	0.15
CO_2						0.89	0.79			
H_2O^+						2.37	1.74			
灼失		2.13	0.73	2.38	3.34			0.56	1.47	1.46
总和	99.23	98.93	98.17	97.52	98.655	99.43	99.17	100.79	97.90	98.80
Sn		0.024	0.02	0.05	0.146	0.11	0.35			
CaF_2		1.18	0.68	1.40	1.33	1.21	2.05			
资料来源	庄锦良等(1988)	本次工作				王登红等(2003)		本次工作		

注：(11) 表示11个样平均值；1号样为骑田岭花岗岩化学成分平均值；2号样为10号矿体（PD33、BT6）顶底板，岩性为中细粒斑状角闪石黑云母花岗岩；3号样采自PD35；4、5号样采自PD33；6、7号样采自茨古岭；8、9号样采自五里桥；10号样采自ZK011孔。

(2) 黑（绿）鳞云母化。靶区内黑（绿）鳞云母化非常普遍，虽其强度比钠长石化、绿泥石化稍弱，但与锡矿化也有非常密切的成因关系。该类蚀变大致可分为两种产状：①第一种是产在钠长石化花岗岩型锡矿石中的黑鳞云母，呈绿色-黑褐色，常呈团块状或不规则状出现，与锡石、钠长石、电气石、萤石、磷灰石等矿物密切共生，有交代钠长石的现象。其粒度一般≥0.10 mm，光谱分析 Li>0.10%。②第二种是产在花岗岩与夕卡岩的接触部位及磁铁锡石矿石中的绿色云母，其粒度一般为 (0.05~0.5) mm× 1.10 mm，光谱分析 Li>0.1%。这种绿色云母与柿竹园、野鸡尾夕卡岩矿床中的绿鳞云母，无论从产状、矿物组合等方面都极为相似。但夕卡岩中的绿鳞云母与钠铁闪石、阳起石、钠长石、萤石等矿物共生，而磁铁锡石矿石中的绿鳞云母则与磁铁矿、金云母、萤石等共生，两者都与锡矿化同时存在。初步认为该蚀变主要发生在钠长石化之后、云英岩化之前，与锡矿化的关系密不可分。

（3）云英岩化。云英岩化较为普遍，蚀变体的规模一般不大，根据产状不同，可分为两种：①面状云英岩化——分布在花岗岩顶部的局部地方，一般呈小的透镜体，规模不大，主要是钾长石分解成白云母及石英的蚀变过程，形成白云母石英云英岩，往深部逐渐过渡到花岗岩，且矿化不好；②透镜状或似岩脉状云英岩化——分布在构造断裂带或附近的裂隙中，当成矿溶液沿着裂隙上升，在有利部位与花岗岩发生交代作用，当热液的酸碱度等方面发生变化时，通过高温水解作用，使热液中的锡沉淀下来，形成锡石和与其共生的黄玉、白云母、萤石、石英等，根据主要矿物组合不同，形成的岩石类型常见有白云母石英云英岩、电气石白云母石英云英岩、黄玉白云母石英云英岩、萤石黄玉白云母石英云英岩等。云英岩化与锡矿化的关系十分密切，是本区寻找锡矿的重要标志。

（4）绿泥石化。靶区内非常发育，主要分布于断裂破碎带及两侧，是一种中低温热液蚀变作用。其成因可能有两种情况：①一种是主要在低温热液作用下，由花岗岩中的角闪石、黑云母和夕卡岩中的透闪石、阳起石、透辉石、金云母及黑云母等铁、镁硅酸矿物直接分解形成；②另一种是由含矿溶液带入铁、镁组分，对岩石中的矿物进行交代，常见的是花岗岩中的长石等被绿泥石交代。发生在中低温热液阶段的绿泥石化，经常叠加在与锡矿化密切相关的夕卡岩化、钠长石化、黑（绿）鳞云母化、云英岩化等蚀变岩石之上。但发生在中温热液阶段的绿泥石化，除与硫化矿矿化有关系外，与锡矿化也有一定的关系。在硫化物锡矿石及夕卡岩磁铁锡石矿石中，绿泥石与锡石、萤石、石英等呈小脉状穿插在岩石中，有的则与低温闪锌矿、方铅矿、黄铁矿等呈小脉状穿插在岩石或矿石的裂隙中，有的则与黄铜矿、黄铁矿共生。与绿泥石化有关的锡矿化，其锡石的颜色一般为浅黄色–黄色，淡棕色。

白腊水找矿靶区内绿泥石成分比较复杂（表9-3）。如产在蚀变花岗岩型锡矿石中的绿泥石具有高 Fe 低 Mg 的特点，主要化学成分上与蠕绿泥石相似；产在花岗岩与夕卡岩接触带附近及产在硫化物型锡矿石中的绿泥石，Mg 含量明显升高，主要化学成分上与叶绿泥石、斜绿泥石相似。由于靶区内不同成分的绿泥石均伴随有锡矿化，因此绿泥石（花岗岩中的蚀变绿泥石）不但可以用作找矿标志，而且可以帮助判断矿化类型。总的趋势是，蚀变花岗岩型锡矿石铁高镁低，而与硫化物尤其是当出现黄铜矿时绿泥石的 Mg 含量明显升高。

表9-3 绿泥石的电子探针分析结果（%）

矿石	蚀变花岗岩型锡矿石							硫化物型锡矿石	
样号	17-2	15-4	17-4	15-2	11-6	11-4	11-5	73-1	73-4
SiO_2	23.060	23.827	24.351	24.528	26.017	26.443	26.786	27.550	25.639
TiO_2	0.02	0.076	0.030	0.027	0.058	1.198	0.607	0.012	0.064
Al_2O_3	18.478	18.579	19.806	19.112	17.119	17.480	15.750	17.448	13.180
FeO	35.667	36.889	36.219	37.020	35.599	33.557	34.232	2.946	18.153
MnO	0.524	0.501	0.583	0.474	0.277	0.140	0.242	0.111	0.080
MgO	6.727	6.442	6.930	6.577	7.957	6.430	7.777	17.448	17.596
CaO	0.026	0.031		0.006	0.009	0.027	0.024		0.002
Na_2O	0.100	0.017	0.031	0.060		0.019	0.025		0.018
K_2O	0.004	0.009	0.001	0.012	0.014	0.240	0.080	0.004	3.579
Cr_2O_3	0.078	0.036	0.060	0.106	0.029	0.049	0.044	0.062	0.077
P_2O_5	0.002								

（5）绢云母化。区内广泛发育，属中低温钾质交代作用的一种热液蚀变。其形成主要由含钾的溶液交代花岗岩中的硅酸盐矿物如钠-更长石、钠长石等而形成，也可由钾长石分解而生成，或交代花岗岩中暗色矿物形成绢云母和少量的白云母。蚀变后岩石呈现淡黄色-浅灰绿色，具鳞片粒状变晶结构。预测矿区内花岗岩及绿泥石化钠长石化锡矿化花岗岩及云英岩，绢云母化作用都很强，且绢云母化与绿泥石化常常在一起。绢云母化是一种中低温热液蚀变，且常伴有碳酸盐化，因此与锡矿化没有成因关系，但可作为间接的找矿标志。

（6）萤石化。萤石化在白腊水找矿靶区内各种蚀变岩石中均有出现，萤石呈无色或紫色、浅绿色，半自形-他形粒状。从气成—高温—中低温热液作用阶段都出现有萤石化，但强度比较弱，只出现在局部地方。在夕卡岩中，萤石一般与钠铁闪石、阳起石、绿帘石和白钨矿等同时出现，说明萤石化与白钨矿化关系密切。在云英岩中，萤石通常与黄玉、白云母、锡石等共生；在磁铁锡石矿石中，普遍见有萤石化。在中温热液作用生成的绿泥石石英锡石脉中，萤石也普遍存在。本找矿靶区内萤石化虽然很普遍，但矿石中的含量一般都比较低，说明蚀变强度弱，因此其与锡矿化的关系就显得不十分重要，但可作为靶区内寻找锡矿的指示矿物。

（7）钾长石化。广泛分布于花岗岩体中及断裂破碎带两侧，属于碱质交代作用，其蚀变作用主要是由于含钾的成矿溶液沿裂隙上升的过程中，成矿溶液在碱度、温度、压力有利的条件下，对周围的花岗岩进行交代形成的一种蚀变作用。蚀变后岩石呈肉红色至红褐色，往往含有大量的钾长石矿物（如蚀变花岗岩的钾长石含量高达70%~80%）。由于钾长石化发生的时间比较早，许多钾长石后来又被比它晚的钠长石等矿物所交代，且经常成为残余状，特别明显的是钾长石斑晶被钠长石广泛交代，有的甚至成为假象。钾长石化的另一种表现是钾长石呈脉状、团块状穿插在夕卡岩等岩石中，但规模小，往往与萤石、板钛矿同时出现。此外，钾长石化后的花岗岩往往又叠加了钠长石化、黑鳞云母化、萤石化、绿泥石化、绢云母化，因此常导致蚀变花岗岩中钾长石的含量偏低而钠长石含量则较高。钾长石化与锡矿化的关系不大，但往往与板钛矿、锐钛矿、钛铁矿在一起，说明它们有一定的关系。

（8）夕卡岩化。主要分布在花岗岩与灰岩的接触带附近，由双交代作用形成；少量分布在白腊水找矿靶区花岗岩体内的构造断裂带中，但规模小。根据矿物成分把夕卡岩分为简单夕卡岩（早夕卡岩）和复杂夕卡岩（晚夕卡岩）。①简单夕卡岩化：分布在芙蓉超单元燕山早期花岗岩体与二叠系栖霞组灰岩的接触带中，按其主要矿物成分含量，岩石的种类有：透辉石夕卡岩、透辉石石榴子石夕卡岩、符山石透辉石夕卡岩、透闪石透辉石夕卡岩、透辉石粒硅镁石夕卡岩、金云母透辉石夕卡岩等，其中以透辉石夕卡岩为主，从矿物成分看，岩石多数属于镁夕卡岩类。早期夕卡岩没有出现锡矿化。②复杂夕卡岩化：早期简单夕卡岩形成后，由于后期含矿溶液活动的影响，含矿溶液中有较多的Na^+、K^+、Ca^{2+}、Mg^{2+}、Li^+阳离子和Cl^-阴离子，因此使早期简单夕卡岩又叠加了钠铁闪石化、阳起石化、透闪石化、绿帘石化、绿鳞云母化、萤石化、绿泥石化等。这些蚀变作用主要呈不规则的细脉状、网脉状、团块状或大致的条带状对简单夕卡岩进行交代、穿插，形成复杂夕卡岩化。伴随着复杂夕卡岩化，岩石中出现了磁铁矿化、硼矿化、锡矿化、锡石硫化物矿化及弱的白钨矿化、辉铋矿化等，其中以磁铁矿化、锡矿化较强。由于多次蚀变和多次矿化的叠加结果，锡矿石的品位逐渐变富、矿床规模变大，因而形成了本区重要的构造蚀变带-夕卡岩复合型锡矿床（体）。夕卡岩是本区良好的找矿标志。

（9）大理岩化。广泛分布于岩体外接触带碳酸盐岩分布地段，多为纯白色、灰白色，灰色及灰白-深灰色相间的杂色等，以普通大理岩最为发育，在安源附近可见夕卡岩化大理岩、透闪石金云母大理岩等，这些成分复杂的大理岩一般离岩体较近，有的分布于夕卡岩的外侧，远离岩体则为成分简单的普通大理岩，岩石具细-中粒花岗变晶结构，部分为不等粒的变晶结构。

（10）角岩化。角岩化广泛分布于岩体外接触带碎屑岩分布地段，主要有红柱石角岩、石英角岩，岩性与原岩成分较密切。其中，红柱石角岩原岩多为泥质岩石；石英角岩出现较多，原岩为石英砂岩、硅质岩。

9.1.2.3 物化探标志

通过 1:10000 地面高精度磁测和土壤测量,在白腊水找矿靶区发现 11 处 ΔT 磁异常和 118 处土壤异常,异常总体走向北东,主要沿花岗岩体内外接触带分布。

1. 地面高精度磁测 ΔT 异常

白腊水找矿靶区所圈出的 11 处磁测异常(图 9-7)特征详见表 9-4,全区异常存在北弱南强的总趋势,北区最高为 344 nT、最低为-636 nT,南区最高为 2257 nT、最低为-9452 nT。矿区异常反映明显,异常强度、形态、规模各异,异常走向为北东向,北区以正异常为主、南区正负相伴产出,异常内有多处峰值出现,平面图上曲线东陡西缓、北陡南缓,表明了磁性体总体倾向东。因受岩性、构造、热液活动期次等多种因素的控制,磁性体具多种形态及强度不均匀、沿走向不连续的磁异常特征。同时,个别异常梯度较大,正负异常相伴产出,反映磁性体埋深不大,延深有限而倾角较陡的特点。南北两个小区存在物性差异,即北区以花岗岩岩浆活动与构造成矿为主,为蚀变花岗岩锡矿石,而南区要比北区复杂得多,与花岗岩、灰岩、砂岩及其内外接触带有关,以夕卡岩、磁铁矿化锡矿石为主,次为蚀变花岗岩锡矿石,这一类矿石异常强度、形态、规模要比前者大得多和复杂得多。磁测异常中,尤以 1、7、8 号异常较为突出,其中:1 号异常分布面积大,呈北东走向展布在奇古岭—上白腊水之间,以正异常为主,该异常为蚀变花岗岩锡矿体引起,与 10、31、32 等矿体相吻合;7 号异常分布在铁婆坑一带,异常强度高,

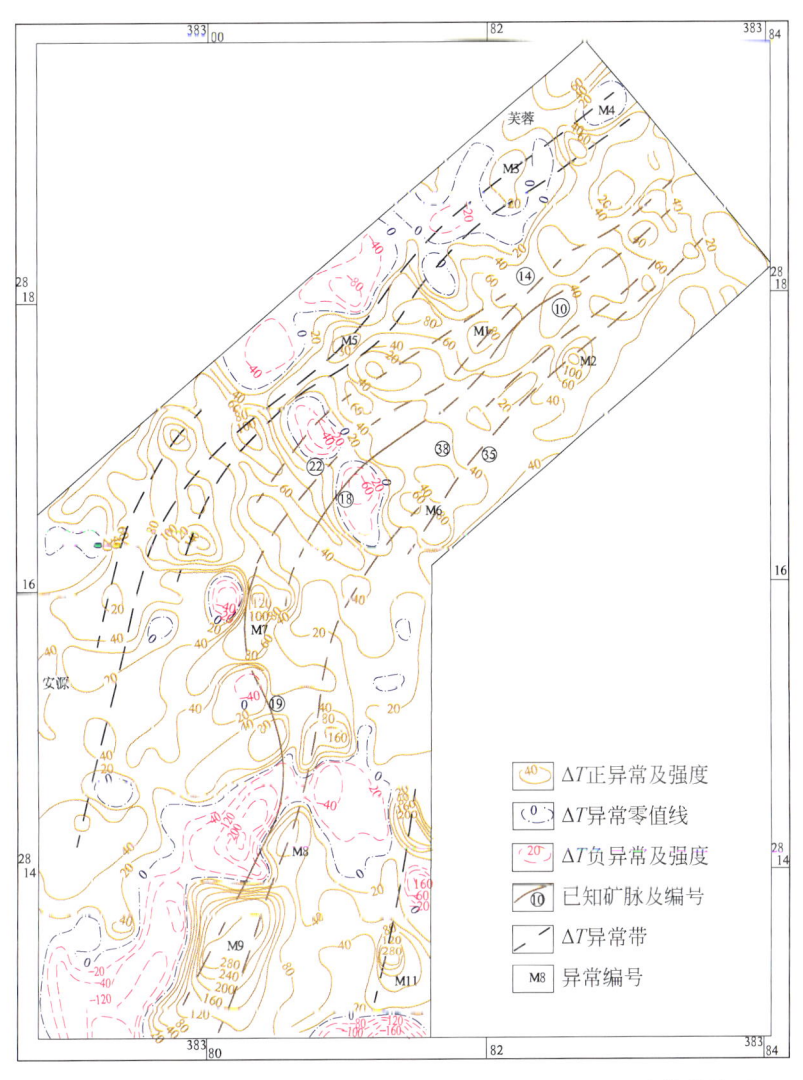

图 9-7 白腊水找矿靶区芙蓉-安源地面高精度磁测 ΔT 异常等值线图

正负相伴产出,由磁铁矿化锡矿引起,与19号矿体相吻合;8号异常分布在屋场坪—王家头一带的花岗岩、灰岩及其接触带附近,正负相伴产出,异常强度高、梯度大、形态复杂、分布面积大,该异常与磁铁矿化、锡矿化及破碎带有关,与矿区19号矿体相吻合。

表 9-4　白腊水找矿靶区芙蓉–安源磁测 ΔT 异常特征表

异常编号	异常分布位置	异常分布面积/m²（长×宽）	异常幅度/nT 最高	异常幅度/nT 最低	地质简述	备注
M1	奇古岭	宽200~600 m,长1000 m,南接M5异常	277	-157	花岗岩分布区,F_{10}等北东向断裂通过该异常,构造比较发育,有锡矿带分布	矿异常,有10、31、32等锡矿脉分布
M2	砒灰厂	宽80~150 m,长1000 m,走向北东	344	-258	为花岗岩分布区	非矿异常,乃砒灰厂矿渣引起
M3	中八亩	宽200 m,长约400 m	91	-57	为花岗岩分布区	
M4	芙蓉乡东约500 m	宽约200 m,长约400 m,北未完全封闭	91	-73	为花岗岩分布区	
M5	下白腊水一带	宽约400 m,长约1000 m,南未封闭,北接M1异常	275	-636	花岗岩分布区,F_{68}等断裂在该异常区出露,有锡矿脉分布	矿异常,有22等锡矿脉分布
M6	老屋脚北	宽约300 m,长约400 m,南未封闭	206	-361	花岗岩分布区,F_{14}等断裂过该异常区,有锡矿脉分布	矿异常,有35、38等Sn矿脉分布
M7	铁婆坑	宽约300 m,长约1000 m,走向北西转北东	1167	-355	花岗岩分布区,F_{30}、F_{19}等断裂通过该异常区,有锡矿脉分布	矿异常,有19（北端）锡矿脉分布
M8	屋场坪南	异常形态较规则,宽约200 m,长约400 m,走向北东	517	-276	为花岗岩、砂岩、灰岩及其内外接触带上,F_{19}、F_{30}、F_{82}等断裂通过该异常区,有锡矿脉产出	矿异常,有19、43等锡矿脉分布
M9	展布在安源工区东侧的山上	异常规模大,形态规则,梯度较大,宽约500 m,长1100 m,南未封闭	346	-613	分布在灰岩、砂岩、花岗岩及其接触带上,西南面为香花岭锡矿安源工区	矿异常,有19、43等锡矿脉分布
M10	马井背东	异常梯度较陡,磁性极不均匀,异常宽约200 m,长约600 m	1509	-9452	分布在砂岩区,有角岩化等蚀变现象	经验证为非矿异常,乃接触带附近砂岩中的铁锰质引起
M11	安源工区的东南角	异常形态较规则,梯度大,宽约200 m,长约400 m	1439	-431	分布在砂岩区	

2. 土壤测量各元素异常特征

区内共圈出单元素异常118处,各元素含量变化范围及异常下限见表9-5。异常总体呈北东向带状展布,具明显的浓集中心,除Hg以外,其他元素都有一定的分布空间。其中,①Sn元素异常区（表9-6）呈带状展布在奇古岭—上白腊水—铁婆坑—安源工区一带,老黎山—浪岭上一带有弱异常显示（图9-8）。异常有不同的分带和浓集中心,内带>200（单位10^{-6},下同）、中带100~200、外带<100。而南北两区

在强度上存在明显的差异，南区异常范围大，强度高。②Bi 元素异常有 9 处，与 Sn 元素存在相同的分布空间。③As 元素异常有 6 处，异常呈北东走向展布，强度高，分布范围大，除西北角零星分布外，几乎覆盖全区。④Cu 元素异常有 6 处，异常南强北弱，分布空间小于 Sn 元素异常，主要分布在铁婆坑—安源工区一带，为 Sn 元素的中—内带元素。⑤Pb 元素异常有 10 处，分布在 Sn 元素的外带。⑥Zn 元素异常有 12 处，空间分布上要比 Sn 元素异常大，为 Sn 元素的中-外带元素。⑦Be 元素异常有 10 处，为 Sn 元素的中—外带元素，异常北强南弱，在花岗岩分布区异常较高。⑧W 元素异常为尾晕。从综合异常特征整体看：①在分布形式上，异常组合复杂、范围大、强度高，分带好的元素异常基本上都集中在图区的中部，呈北东向展布，包括奇古岭、老黎山、铁婆坑、安源等几个综合异常区。②在元素组合上，Bi、Sn、Cu 异常由北往南呈现出由弱到强的变化趋势，而 Ag、Hg、Zn 异常变化趋势不明显。③在异常强度上，主要成矿元素异常呈现南强北弱特征，这可能与白腊水找矿靶区内复杂的地质与地球化学作用过程有关。

表 9-5　白腊水找矿靶区土壤测量各元素含量变化范围及异常下限表

元素	变化范围/10^{-6}	平均值/10^{-6}	异常下限/10^{-6}	均方差	异常数处
Sn	8.50~6286	39.84	50	2.616	16
W	1.96~5006	11.22	15	2.123	7
Bi	1.41~2151	2.59	6	1.746	9
Mo	0.21~250	1.434	4	1.914	12
Cu	4.90~23890	16.10	38	1.690	6
Pb	43.2~17131	90.41	153	1.380	10
Zn	56.0~8633	125	128	1.474	12
Be	0.60~100	7.07	10	1.945	10
Hg	0.008~4.14	0.096	0.28	1.725	9
As	7.00~134190	56.42	60	2.118	6
Ag	0.01~95.6	0.150	0.2	1.120	15
B	6.80~5000	28.10	35	4.114	8

表 9-6　白腊水找矿靶区芙蓉-安源土壤测量 Sn 元素异常特征表（见图 9-8）

异常编号	异常面积/m²　长/m	异常面积/m²　宽/m	异常强度/10^{-6}	异常简述
I	1200	50~200	50~350	位于奇古岭及其南西方向，分布在花岗岩出露区，西侧有一平行该异常的带状异常产出，长约 800 m，宽 20~1100 m，强度为 50~132。区内有锡矿产出，有 ΔT 异常（M1）在该区产出
II	600	50~200	50~5000	位于羊角冲东南，花岗岩分布区，有 F_{10} 断裂通过，有 ΔT 异常（M1）在该区产出
III	600	50~250	50~110	位于老黎山西侧的花岗岩分布区，有 ΔT 异常展布
IV	1600	60~140	50~2750	位于白腊水以北的花岗岩分布区，有 F_{10} 断裂通过，ΔT 异常的 M6 异常通过该区
V	1200	40~160	50~3025	位于长冲里花岗岩分布区，F_{30} 断裂在其西侧通过，由四个异常组成
VI	2000	40~1400	50~6280	该异常分布范围广，形态复杂，有多处分带及浓集中心，在铁婆坑、大坑里、马井背、安源工区分别有强度不等的浓集中心，与 ΔT 异常的 M7、M8 异常相吻合，分布在灰岩及其接触带上，异常的西南部有香花岭锡矿安源工区。异常中部施工有 ZK601、ZK701、ZK801 钻孔，分别见到了厚度不等的锡矿体
VII	240	40~280	50~600	位于亳井冲南，F_{13} 断裂的西侧，为花岗岩分布区

续表

异常编号	异常面积/m² 长/m	异常面积/m² 宽/m	异常强度/10⁻⁶	异常简述
Ⅷ	500	60~170	50~2212	为花岗岩分布区
Ⅸ	800	20~300	50~474	展布在Ⅳ号异常东侧,浪岭上以南到毫井冲一带的花岗岩分布区,为弱磁异常分布区
Ⅹ			50~667	分布在马井背北,异常近等轴状产出,东未封闭,砂岩分布区,与磁测异常的M10相吻合
Ⅺ	900	20~260	50~1050	展布在安源工区的东南角至马井背南,见砂岩出露,未封闭
Ⅻ	400	20~250	50~677	分布在安源工区的西南角,灰岩及花岗岩分布区
ⅩⅢ	1400	20~100	50~97	分布在Ⅲ号异常的东侧,花岗岩分布区
ⅩⅣ	700	20~150	50~93	分布在安源工区的北东角,花岗岩分布区
ⅩⅤ	800	40~200	50~1120	分布在Ⅴ号异常的北侧,花岗岩分布区
ⅩⅥ	400	20~60	50~850	分布在Ⅳ号异常的西侧,花岗岩分布区

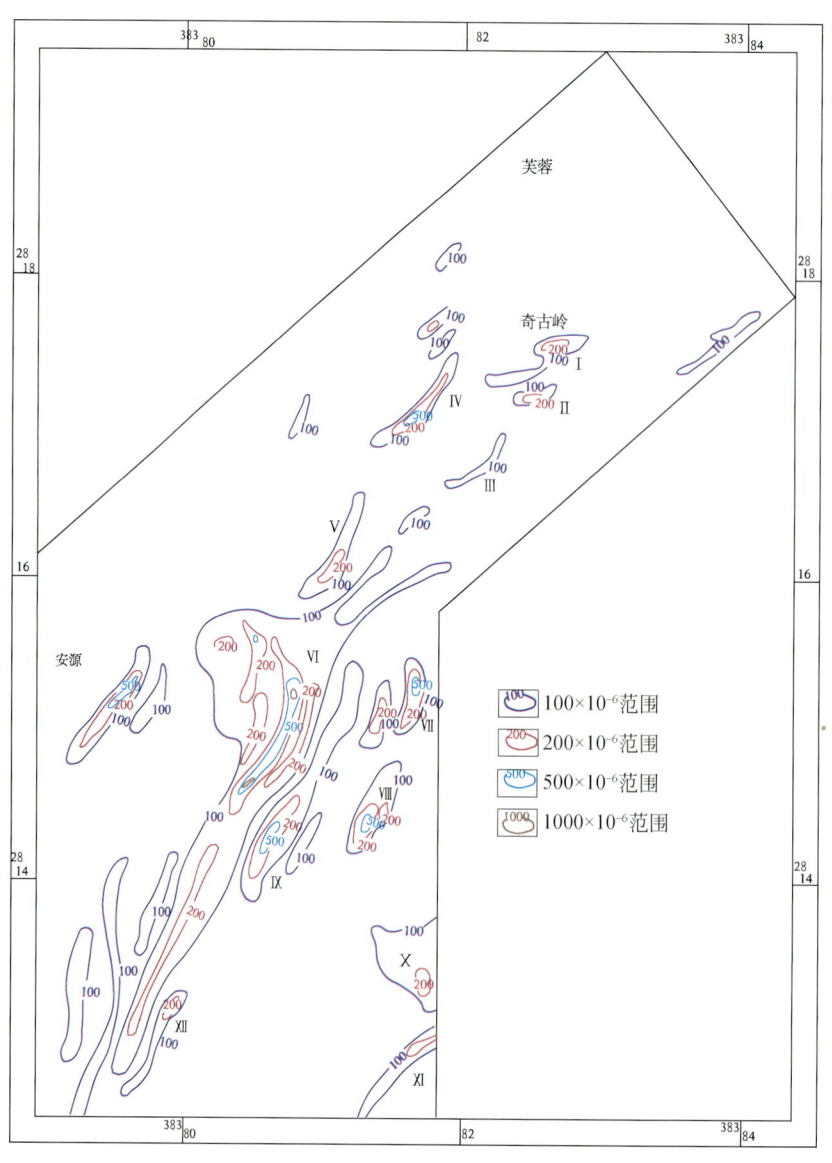

图 9-8 白腊水找矿靶区芙蓉-安源土壤测量 Sn 元素异常图

9.1.2.4 地质-地球物理-地球化学综合标志

地质物探精测剖面成果进一步表明，在白腊水找矿靶区 80 线 19 号脉以东有隐伏低阻、高极化体存在，其特征与 19 号脉相似（图 9-9）；向南至外带沿断裂分布的 1∶1 万土壤及地磁异常，它们的强度、规模不减（图 9-10），说明能扩大 19 号矿脉的资源潜力。再如沿已知 10 号脉带地磁异常与锡多元素综合异常发育（图 9-11），其南东清水江、石山下、凤伸山、滴白水等地分布有正、负相伴的地磁异常，尚有找到平行蚀变花岗岩型锡矿带的较大可能。

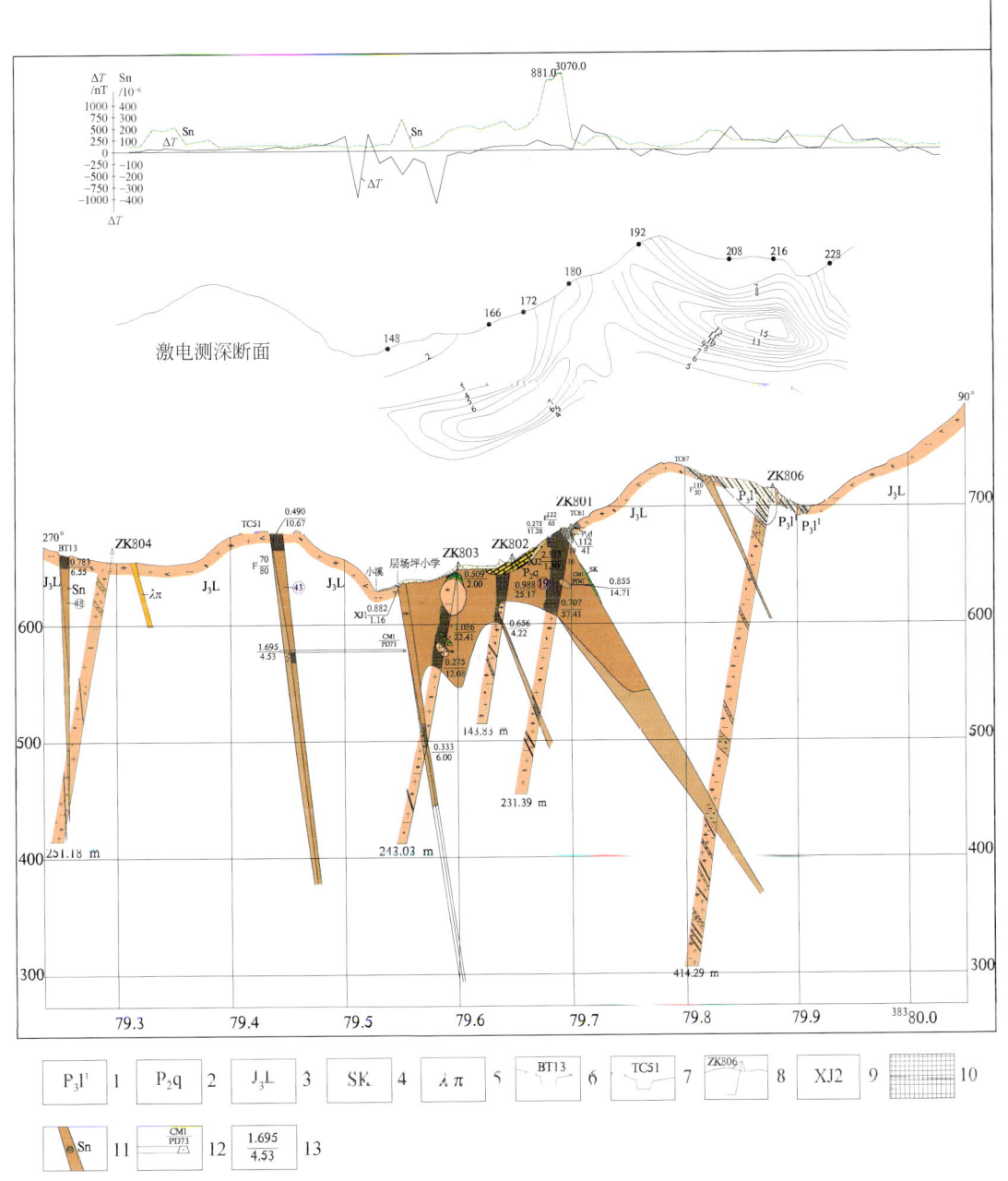

图 9-9 白腊水找矿靶区 80 线综合剖析图

1-二叠系龙潭组下段；2-二叠系栖霞组；3-芙蓉超单元礼家洞单元花岗岩；4-夕卡岩；5-石英斑岩；6-剥土位置及编号；7-探槽位置及编号；8-完工钻孔及编号；9-斜井及编号；10-矿化蚀变带；11-锡矿体及编号；12-平硐位置及编号；13-Sn 平均品位（%）/厚度（m）

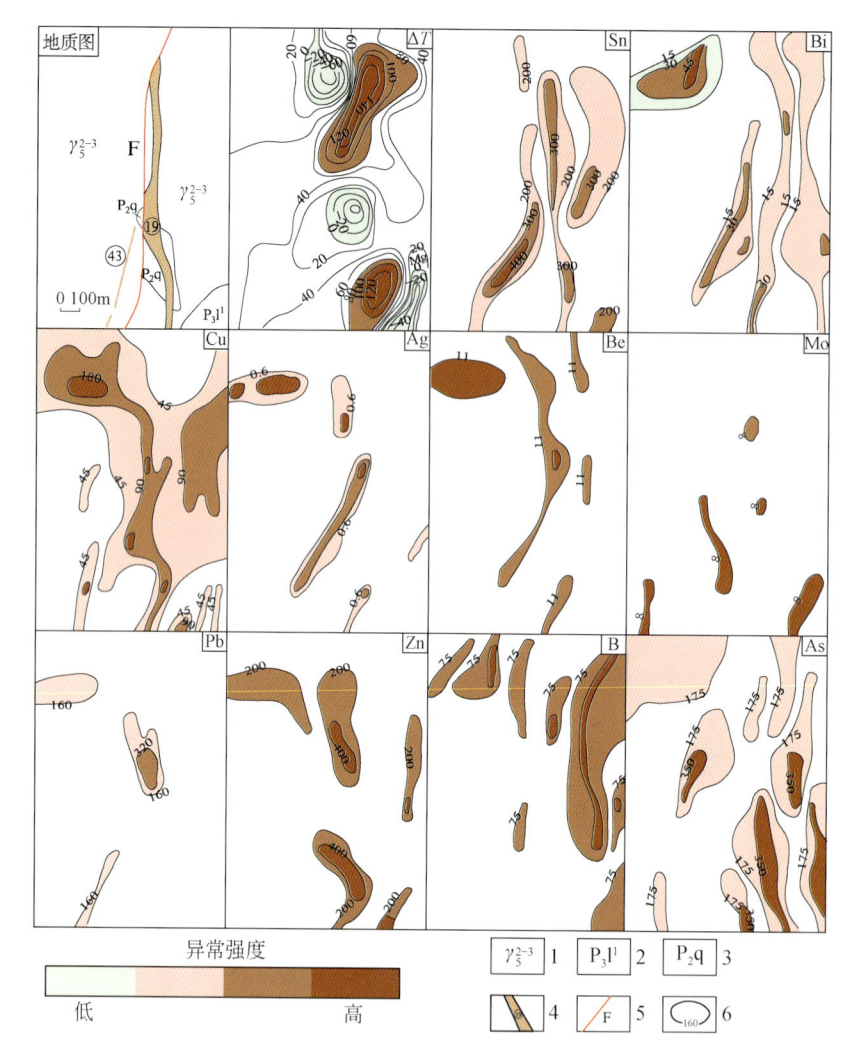

图 9-10　白腊水找矿靶区 19 号脉地质物化探综合剖析图

1-燕山早期第三次花岗岩；2-二叠系龙潭组下段；3-二叠系栖霞组；4-锡矿体及编号；5-断层；6-异常等值线

初步形成扩大外围远景区位、类型方面的新认识。根据岩体南西外接触带局部区域重力负异常，推断盖层下可能存在位于岩体上隆顶面岩体型或复合型锡矿体；骑田岭岩体西南部航磁异常沿北东向断裂分布，极有可能存在沿构造产出的隐伏夕卡岩型矿体；岩体东南高精度磁异常尚未圈闭，其强度规模较大。现已针对这些新认识进行了部署上的调整，并安排了物化探及地表检查工作。

9.1.3　工程验证与矿体特征

白腊水找矿靶区位于芙蓉矿田的西部。区内锡矿主要赋存于中粒斑状角闪黑云母钾长（二长）花岗岩内，少量赋存于岩体接触带附近的灰岩、砂页岩中，矿体的空间展布主要受北东向断裂的控制。在不同的赋矿围岩中产生了不同的蚀变类型，与锡矿化关系密切的主要有钠长石化、黑（绿）鳞云母化、绿泥石化、云英岩化、夕卡岩化、萤石化等。因此，控矿构造特征、围岩性质、围岩蚀变的种类和强度对矿体的形态、产状、规模、矿化强度等起直接的控制作用。

白腊水找矿靶区内目前已发现锡矿（化）体 27 个（表 9-7），其中矿体 18 个，主要分布于奇古岭-白腊水-安源及大板上-清水江-铁夹山两条北东向展布的锡矿带内（图 9-3），其中奇古岭-白腊水-安源锡矿带长达 7000 m、宽 500~1000 m，由 17 个各类型矿（化）体组成，单矿体长 200~3145 m、厚 0.57~46.37 m，最大矿化宽度达 180 m 以上，Sn 品位 0.372%~1.349%；大板上-清水江-铁夹山锡矿带长>4000 m、宽>

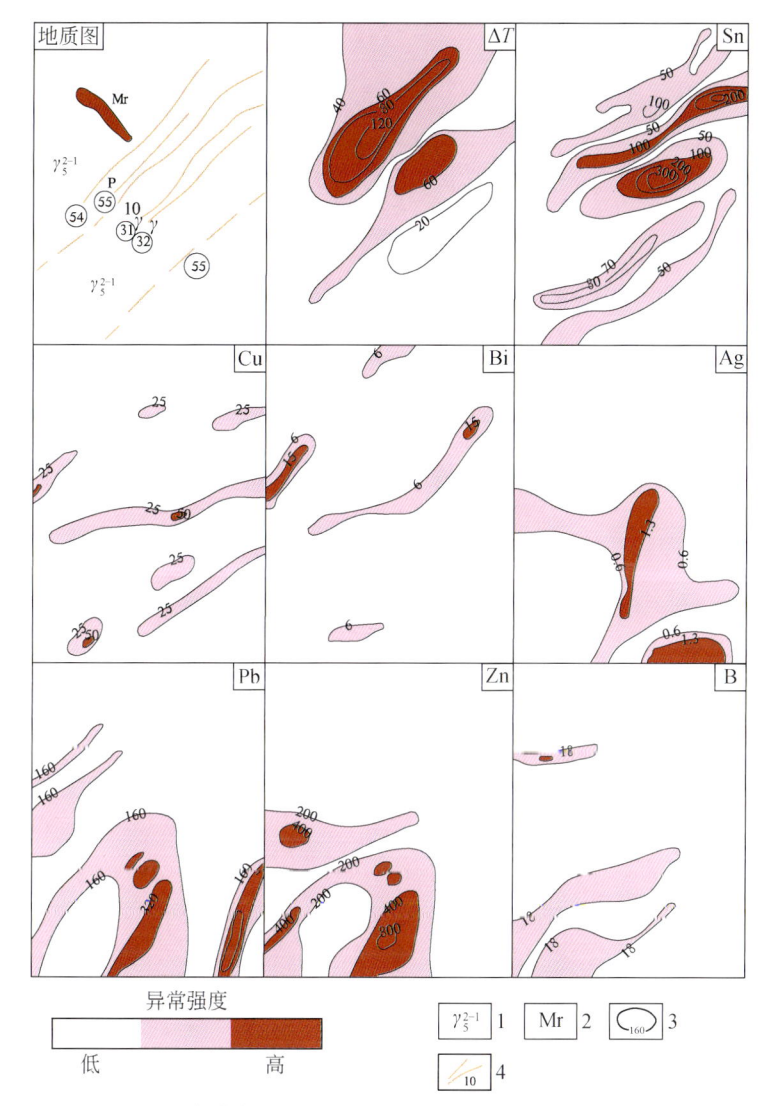

图 9-11 白腊水找矿靶区 10 号脉带地质物化探综合剖析图
1-燕山早期第一次花岗岩；2-细粒花岗岩；3-异常等值线；4-锡矿脉带及编号

1000 m，由 10 个各类型矿（化）体组成，单矿体长 200~1865 m、厚 1.29~6.54 m，Sn 品位 0.237%~3.096%。根据成因类型，白腊水找矿靶区内锡矿类型可划分为构造蚀变带-夕卡岩复合型、蚀变岩体型、构造蚀变带型等多种，蚀变岩体型锡矿按原岩成分又可划分为钠长石化斑状花岗岩型、蚀变花岗斑岩型、蚀变细粒花岗岩型三个亚型。其中，以构造蚀变带-夕卡岩复合型锡矿最为重要。

表 9-7 白腊水找矿靶区锡矿体产出特征一览表

锡矿化类型		矿体号	产状/(°)(倾向/倾角)	走向长/m	厚度/m	Sn 品位/%
构造蚀变带-夕卡岩复合型		19	70~120/70~80	2050	9.6~46.37	0.852
蚀变岩体型	钠长石化斑状花岗岩型	10	125~150/60~80	1310	13.01	0.582
		31	135~150/70~80	825	4.39	0.371
		40	220~225/75~88	710	1.81	0.646
	蚀变花岗斑岩型	32	135/75	610	1.36	0.663
		33	130/67	520	3.53	0.363
	蚀变细粒花岗岩型	42	37~53/80~85	1120	6.54	1.597

续表

锡矿化类型	矿体号	产状/(°)（倾向/倾角）	走向长/m	厚度/m	Sn品位/%
构造蚀变带型	43	100~130/70~80	3145	5.33	0.967
	35	125~140/75~85	2680	4.36	0.436
	48	110~130/70~80	780	4.74	0.664
	11	115/50~70	725	1.49	1.325
	12	115~120/50~70	740	1.30	3.096
	15	140/75~80	1530	3.21	0.450
	16	130~140/85~88	1250	1.59	0.261
	22	125~135/70~85	2175	0.90	1.267
	29	135/80	290	1.14	0.741
	18	110~130/60~75	800	1.11	0.852
	45	120/70	1865	1.54	0.615
	46	120/70	1030	2.19	0.237
	30	132/80	450	0.57	0.451
	38	310~323/85~88	430	1.69	0.467
	44	305/75	200	1.00	0.517
	14	318/75	200	0.84	0.683
	39	130/88	200	2.80	0.834
	34	315/87	680	2.87	0.195
	20	300/70	500	1.07	0.271
	9	330/40~70	650	0.8~2.0	0.11~0.25

9.1.3.1 构造蚀变带-夕卡岩复合型锡矿

构造蚀变带-夕卡岩复合型锡矿是区内最重要的新类型锡矿，该类型锡矿赋存于岩体内外接触带，受近南北向断裂构造蚀变带及夕卡岩的双重控制。区内规模最大的矿体——19矿体即属此类型锡矿。

19矿体（图9-12）：位于铁婆坑—屋场坪一带，矿体展布受近南北向压扭性断裂构造F_{10}、F_{19}的控制，赋存于岩体接触带附近两断裂之间的构造蚀变带中（图9-13a~c），走向长2050 m，总体倾向东、倾角70°~80°。矿体出露标高625~792 m、出露高差167 m。该矿体形态较为复杂，平面上总体呈带状，在近地表构造破碎带与夕卡岩复合地段往往形成形态不规则的厚饼状厚大矿体，矿体宽度达50~170 m。而往深部矿体逐渐仅受F_{30}、F_{19}断裂蚀变带的控制，多呈脉状、大脉状产出（图9-14）。70-80线400 m范围内矿体宽100~170 m，厚大连续，品位较富（图9-9、图9-15），往北至60线CK18一带F_{30}、F_{19}断裂蚀变带逐渐收敛、汇合，锡矿体厚46.37 m，之上具很薄的花岗岩顶盖（图9-16）。60-70线之间的66线地表槽探TC35E其高程虽达790 m（高出两侧的60、70线矿体高程约100 m），其中揭露出花岗岩，却普遍具绿泥石化、绢云母化并构成工业矿体。80线以南，矿体收敛，并逐渐转为南西向，BT10中见矿厚9.26 m，90线PD72见矿厚2.02 m，并慢慢尖灭。据物化探资料显示，19矿体与异常重叠完好，且矿体以南尚有较好的带状异常存在，推测矿带往南很可能还有延伸，有一定的找矿前景。

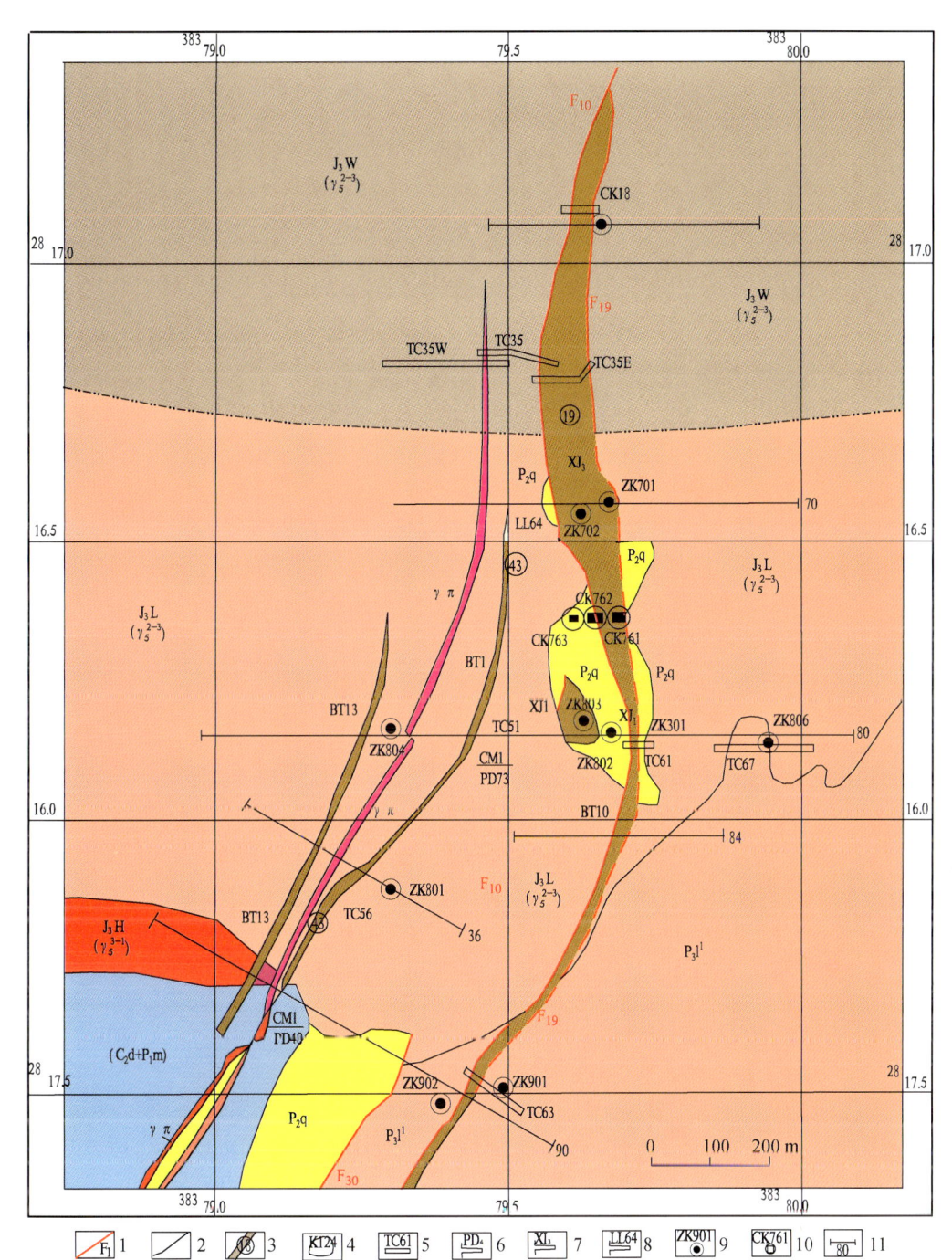

图 9-12 白腊水找矿靶区 19 矿体平面分布图

P_3l^1-二叠系龙潭组下段;P_2q-二叠系栖霞组;(C_2d+P_1m)-石炭系—二叠系大埔组和马坪组;$\gamma\pi$-花岗斑岩;J_3Ht(γ_5^{3-1})-芙蓉超单元回头湾单元(燕山晚期第一阶段花岗岩);J_3W(γ_5^{2-3})-芙蓉超单元五里桥单元(燕山早期第三阶段花岗岩);J_3L(γ_5^{2-3})-芙蓉超单元礼家单元(燕山早期第二阶段花岗岩);1-断层及编号;2-地质界线;3-锡矿体及编号;4-剥土及编号;5-探槽及编号;6-平硐及编号;7-斜井及编号;8-老窿及编号;9-钻孔及编号;10-取样钻及编号;11-勘探线及编号

该矿体矿石类型比较复杂,在北端铁婆坑 CK18 一带以磁铁矿-锡石矿石为主,在南部 70、80 线一带以透辉石-透闪石-锡石矿石和硫化物-锡石矿石为主。矿体 Sn 平均品位 0.852%,有独立富锡矿产出,单样 Sn 品位一般 4%～5%,最高可达 20.86%。矿石中伴生组分主要有 Cu、Pb、Ag、WO_3 等,经组合分析,含量分别为 0.2%、0.33%、17.19 g/t、0.062%。矿体不同地段围岩性质及其与矿体的接触关系也均不相同。赋矿围岩主要有花岗岩、灰岩(图 9-13d～e)、砂页岩等,在矿体北端 60 线附近,矿体围

岩为灰岩及花岗岩，二者界线比较清楚；60-70线之间，矿体围岩为花岗岩，二者界线一般也较清楚，

图 9-13 白腊水找矿靶区 19 号锡矿体产出特征

a- 采坑 CK18 南壁 19 矿体矿化构造破碎带全景；b- 采坑 CK18 北壁 19 矿体中的牵引构造；c-19 矿体断裂带中的透镜体；d 和 e-19 矿体中的灰岩团块；f-XJ3 坑道中 19 矿体与围岩的接触关系；J$_3$W- 芙蓉超单元五里桥单元斑状花岗岩；19- 锡矿体及编号；Pn- 牵引面；F- 断裂面；T- 透镜体；J$_3$L- 礼家洞单元斑状花岗岩；SK- 矿化夕卡岩；Ls- 灰岩团块

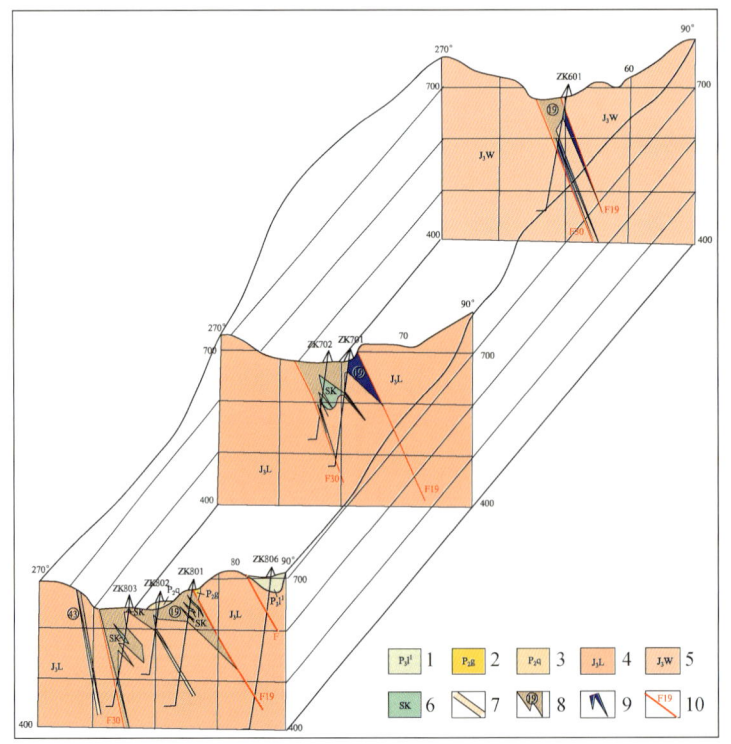

图 9-14 白腊水锡矿找矿靶区 19 矿体剖面立体图

1- 二叠系龙潭组下段；2- 二叠系孤峰组；3- 二叠系栖霞组；4- 芙蓉超单元礼家单元；5- 芙蓉超单元五里桥单元；6- 夕卡岩；7- 构造蚀变带；8-333 资源量范围；9-334 资源量范围；10- 断裂及编号

但局部地段呈渐变接触关系；在矿体中部 70-84 线间，矿体与两侧花岗岩或灰岩捕房体为突变接触关系（图 9-13f），而与上部的大理岩化灰岩顶盖则呈渐变接触关系；矿体南端 84-90 线，围岩主要为砂页岩，其接触关系一般都很清楚。矿体围岩蚀变较强，主要有夕卡岩化（图 9-17a~c）、钠长石化（图 9-17d）、黑（绿）鳞云母化（图 9-17e~g）、云英岩化（图 9-17h）、绿泥石化、绢云母化、硅化、萤石化等，其中前四种蚀变与锡矿化关系密切。

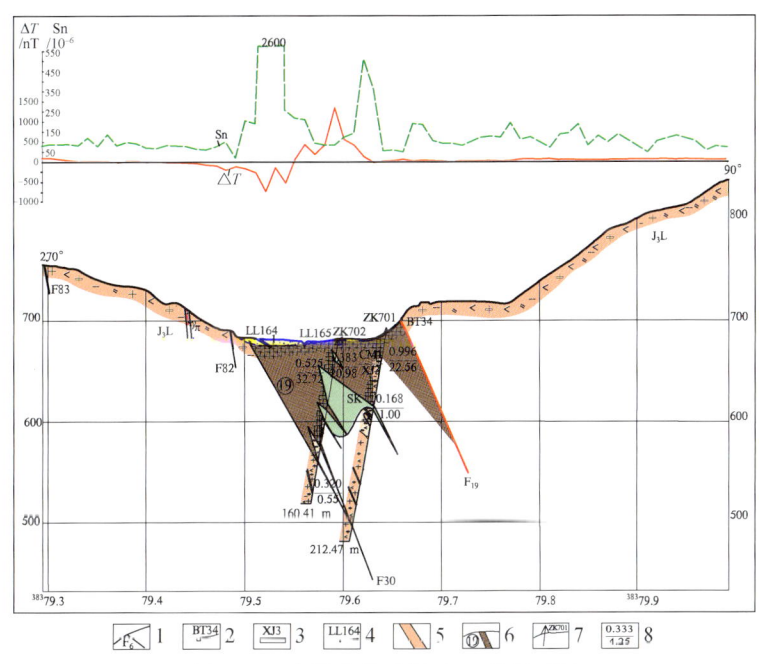

图 9-15 白腊水找矿靶区 70 线剖面图

Q-第四系；J_3L-芙蓉超单元单元礼家洞单元；$\gamma\pi$-花岗斑岩；SK-夕卡岩；1-断裂及编号；2-剥土及编号；
3-斜井及编号；4-老窿及编号；5-矿化蚀变带；6-锡矿体及编号；7-钻孔及编号；8-Sn 平均品位（%）/厚度（m）

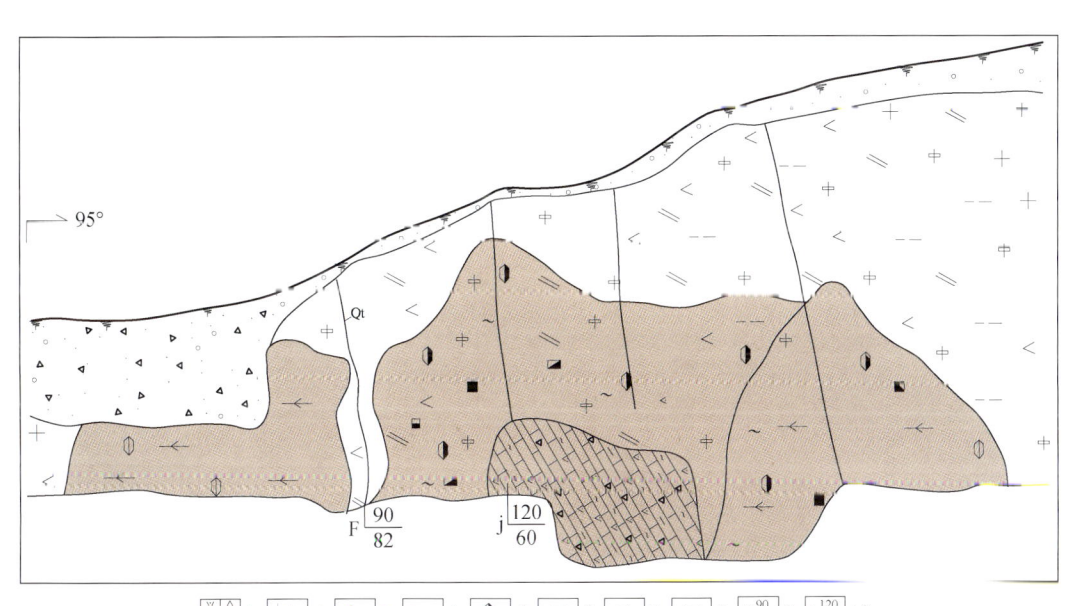

图 9-16 白腊水锡矿找矿靶区 CK18 采坑北壁素描图

1-夕卡岩化碎裂灰岩；2-中粒多斑角闪石二长花岗岩；3-透闪石夕卡岩；4-绿泥石；
5-锡石；6-磁铁矿；7-黄铁矿；8-黄铜矿；9-断层及产状；10-节理及产状

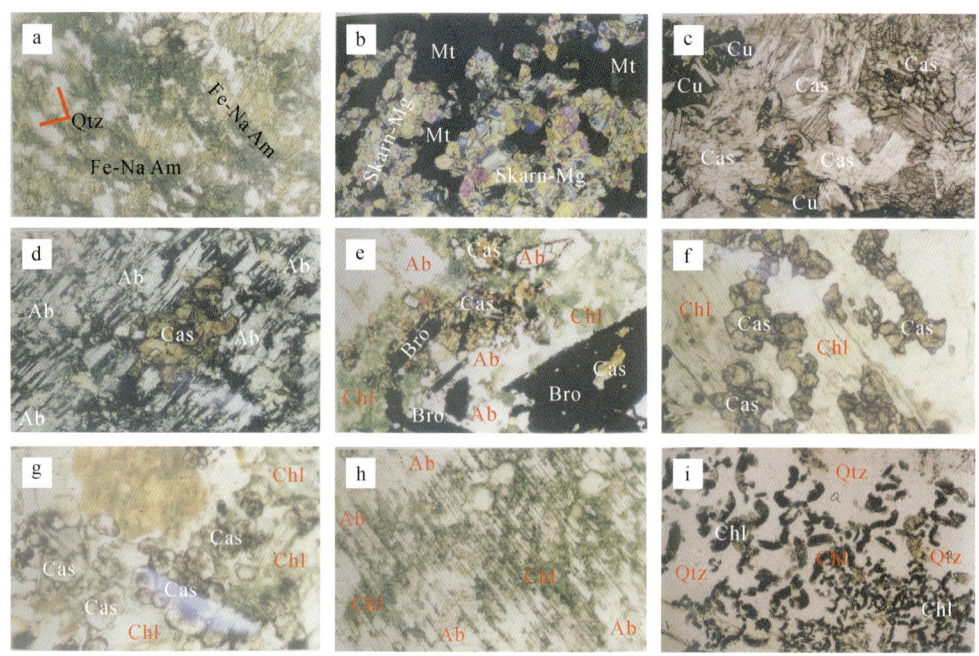

图 9-17 白腊水找矿靶区 19 和 10 矿体及围岩蚀变特征

a-复杂夕卡岩化形成的钠铁闪石（Fe-Na Am）与石英（Qtz）等共同出现于透辉石夕卡岩的局部地方（样品 ZK601-b3，正交偏光）；b-磁铁矿化硅镁石夕卡岩样品 PD73-b4 中的磁铁矿（Mt）和粒硅镁石（Skarn-Mg），正交偏光；c-透辉石夕卡岩样品安-b6 中呈点状的黄铜（Cu）和锡石（Cas）矿化，单偏光；d-强钠长石化花岗岩型锡矿石样品 LL67-B85 中他形粒状的锡石集合体（Cas）呈小团块状分布在具有定向排列的小板状钠长石（Ab）颗粒间，正交偏光；e-他形粒状锡石（Cas）与板钛矿（Bro）等产在绿泥石化（Chl）钠长石化（Ab）花岗岩型锡矿石样品 BT6-B49 中，锡石被板钛矿包裹，单偏光；f-样品 CK18-B101 中结晶他形粒状的锡石（Cas）与粗大片状的绿鳞云母（Chl）紧密在一起，单偏光；g-样品 CK18-B91 中锡石（Cas）呈大致的等轴粒状与绿鳞云母（Chl）等共同出现在复合型矿石中，锡石的中心几乎都有黑色的杂质，单偏光；h-样品 B1 中交代结构：绿泥石（Chl）沿颗粒粗大的钠长石（Ab）解理缝进行蚕食交代，使钠长石发生绿泥石化，单偏光；i-钠长石化花岗岩型锡矿石样品 BT6-B43 中的蠕状绿泥石（Chl）对热液石英（Qtz）进行交代，单偏光

9.1.3.2 蚀变岩体型锡矿

蚀变岩体型锡矿是区内重要的新类型锡矿之一，按原岩成分又可划分为钠长石化斑状花岗岩型、蚀变花岗斑岩型、蚀变细粒花岗岩型等三类。

1. 钠长石化斑状花岗岩型锡矿

该类型锡矿产于斑状花岗岩中，受北东向构造控制，矿化与钠长石化、黑（绿）鳞云母化、绿泥石化密切相关。矿体在平面上多呈条带状分布，在倾向上呈脉状、透镜状、厚板状及不规则状产出。矿体长 710~1310m，平均厚 1.81~13.01m，最厚 45.27m，大多倾向南东，倾角 70°~80°。矿体单体规模较大，矿石中矿物成分较简单，矿化较均匀，Sn 品位一般在 0.35%~1.139% 之间，伴生组分主要有 Cu、Ag 等。区内已发现有 10、31、40 等几个矿体，其中以 10 矿体为代表。

10 矿体：位于区内北部奇古岭—羊角冲一带，受北东向断裂构造 F_{10} 控制，矿体走向北东 45°~60°，倾向南东、倾角 70°~80°。该矿体有 17、13、09、05、01、08 等 6 条勘探线控制，控制间距约 200 m，沿走向多有沿脉坑道控制，控制程度高，矿体连续性好。已控制矿体走向长 1310 m，控制最大斜深近 100 m，矿体厚 1.68~45.27 m，平均 13.01 m。该矿体地表出露标高 1035~1140 m，出露高差 105 m。

矿体倾向上呈脉状、透镜状、厚板状产出，在平面上呈条带状分布。中部于 01 线附近膨大，厚达 45.27 m，往两端逐渐变窄，北端于 13-17 线尖灭，南部过 08 线与 30 号矿体相呼应。矿主体分布在近地表 900~1000 m 标高范围，往深部则变为一至数个小脉状矿体或矿化构造蚀变岩脉（图 9-18）。矿体 Sn 品位变化较小、平均 0.582%。矿石中伴生组分主要有 Cu、Ag，经组合分析，含量分别为 0.05%、2.72 g/t。

矿体普遍具强烈钠长石化、黑（鳞）云母化、绿泥石化（图 9-17i）、绢云母化，局部绿泥石化蚀变极强者过渡为含锡绢云母绿泥石岩，Sn 品位与早期钠长石化等蚀变呈正相关关系，当与云英岩化、萤石化及黄铜矿化叠加时锡矿化最好。矿体与围岩界线一般较清晰，局部地段与围岩呈渐变过渡，同时，在某些地段矿体上部，可见有弱蚀变或无蚀变的花岗岩顶盖，顶盖厚一般小于 10 m（图 9-19、图 9-20a）。

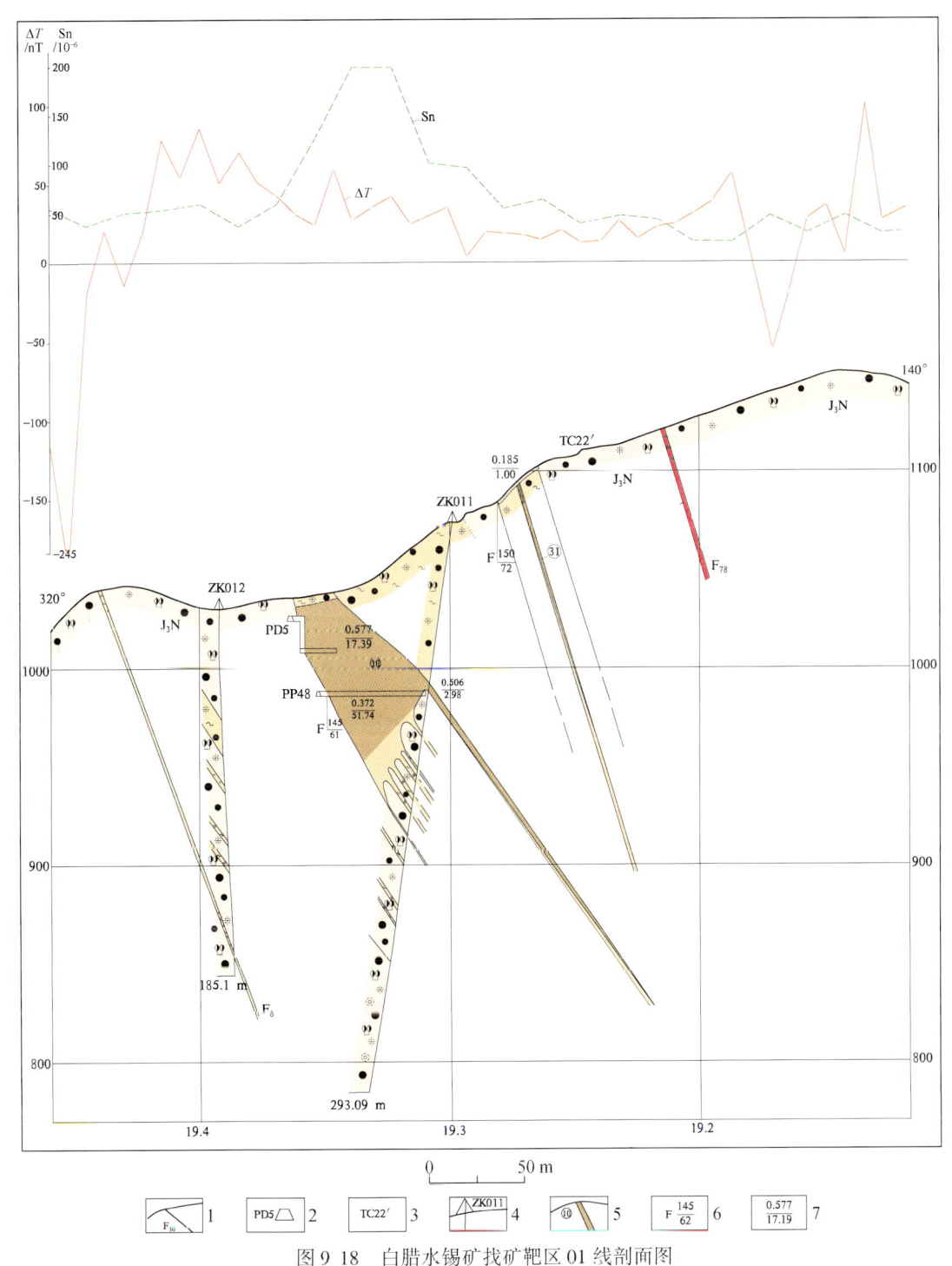

图 9-18 白腊水锡矿找矿靶区 01 线剖面图

J_3N-英基超单元单元南溪单元；1-断裂及编号；2-平硐及编号；3-探槽及编号；4-钻孔及编号；5-锡矿体及编号和蚀变带；6-断层产状；7-Sn 平均品位（%）/水平厚度（m）

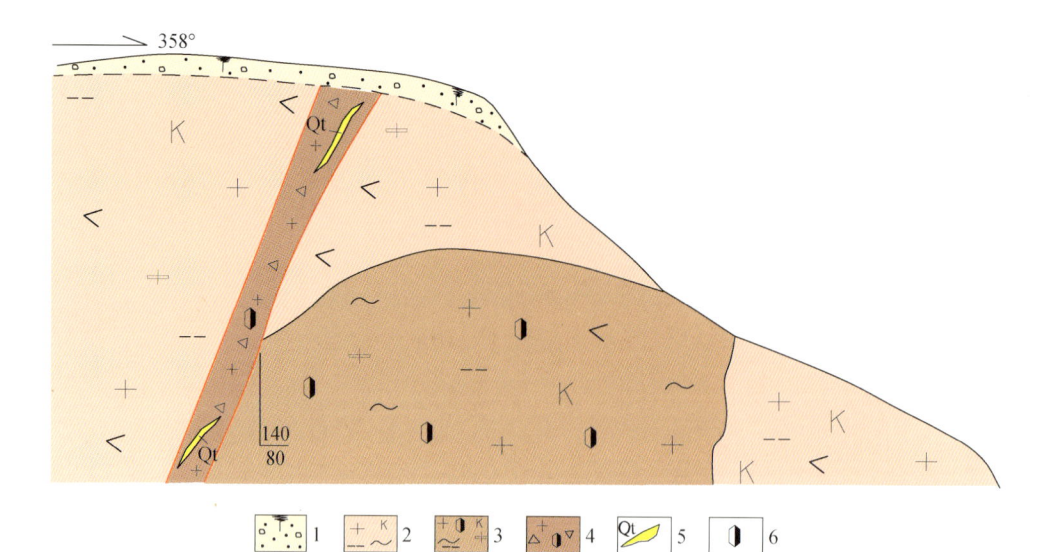

图 9-19　白腊水找矿靶区 10 矿体 BT6 剥土素描图

1-残积层；2-中粒斑状角闪石黑云母钾长花岗岩；3-绢云母化绿泥石化锡矿化斑状花岗岩；4-矿化碎裂花岗岩；5-石英脉；6-锡石

图 9-20　白腊水找矿靶区 10 号（a）和 32 号（b）矿体野外照片

a-剥土 BT6 南壁隐伏的钠长石化斑状花岗岩锡矿；b-老窿 LL78 南壁花岗斑岩型锡矿；
J_3N-南溪单元斑状花岗岩；10-锡矿体及编号；32-锡矿体及编号；F-断裂；Q-石英细脉带

2. 蚀变花岗斑岩型锡矿

该类型锡矿产于花岗斑岩脉中，花岗斑岩本身即为矿体，呈脉状产出，一般走向北东，倾向南东，形态较稳定，矿化较均匀，围岩蚀变相对较弱，有钠长石化、绿泥石化、绢云母化等。单矿体长 520～610 m，平均厚 1.36～3.53 m，Sn 平均品位一般在 0.363%～0.663%。区内已发现有 32、33 矿体及 42 矿体北西段，其中以位于矿区北部羊角冲—棉花冲一带、受北东向断裂 F_{78} 中的花岗斑岩脉控制的 32 矿体为代表（图 9-20b）。矿体出露标高 1078～1140 m、出露高差 62 m。

矿体围岩主要为中细粒斑状花岗岩，矿体与围岩界线清晰，围岩局部具弱绿泥石化、绢云母化。矿体中"角砾状"构造清晰可见。"角砾"成分主要为中细粒斑状花岗岩捕虏体及花岗斑岩两种。矿体呈脉状产出，往深部厚度明显增大，已知最厚处大于 5 m，因此，32 矿体深部还有较大的找矿潜力。

3. 蚀变细粒花岗岩型锡矿

蚀变细粒花岗岩型锡矿在区内分布较少，矿化产于细粒花岗岩脉中，细粒花岗岩体本身即为矿体。区内发现的该类型独立矿体仅有 42 矿体。此外，区内蚀变花岗岩型锡矿 10 矿体 LL67、PD35 等工程中也见有该类型锡矿呈小脉状穿插，其中的锡石颗粒粗大，Sn 品位较富。

42矿体受北西向断裂构造控制，走向217°~233°，总体倾向北东，倾角80°~85°，矿体连续，长1120 m，呈大脉状、透镜状产出（图9-21），平均厚6.54 m，矿化不均匀，单工程Sn品位0.167%~2.333%，平均品位1.597%。矿体出露标高1110~1220m，出露高差110m。深部经ZK411、ZK491钻孔了解，矿化蚀变体依然存在，并伴有铅锌矿化。矿体围岩主要为中细粒少斑黑云母花岗岩及粗中粒斑状角闪石黑云母花岗岩。具云英岩化、弱绿泥石化、绢云母化等蚀变。

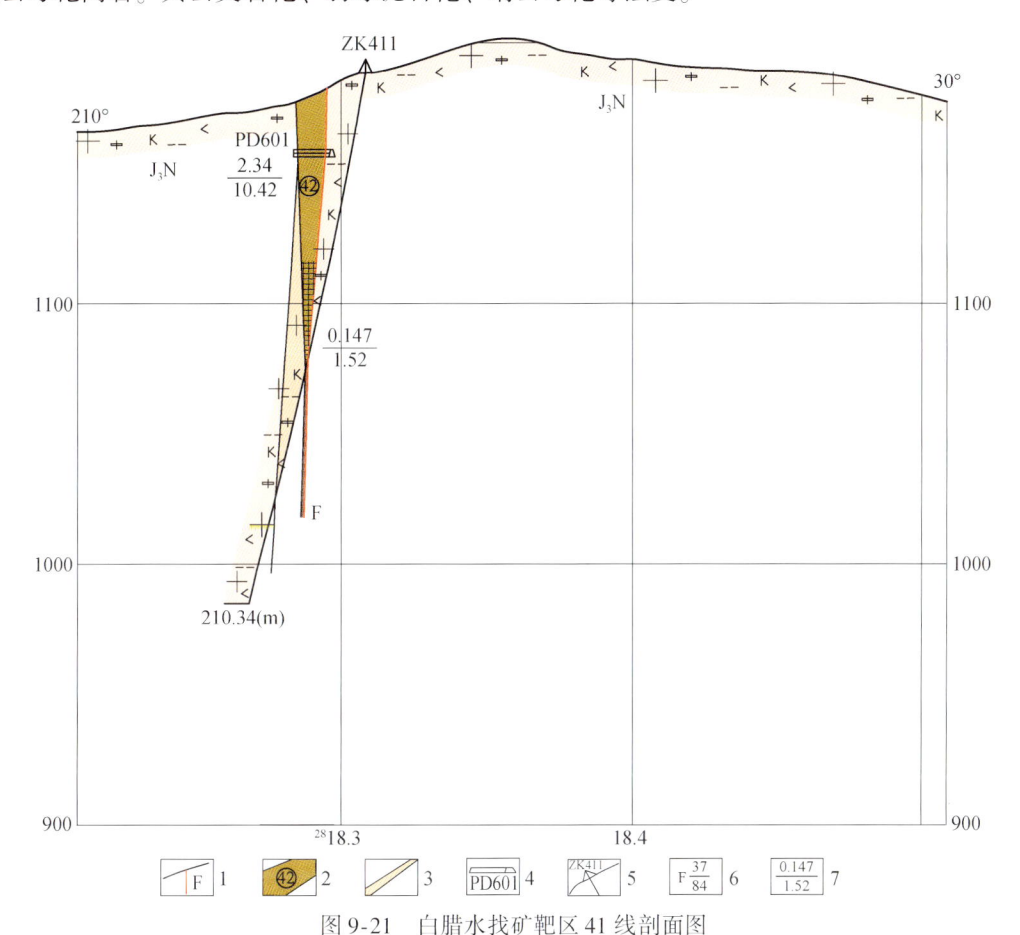

图9-21 白腊水找矿靶区41线剖面图

J_3N-芙蓉超单元南溪单元；1-断裂；2-锡矿体及编号；3-蚀变带；4-平硐及编号；5-钻孔及编号；6-断层产状；7-Sn平均品位（%）/水平厚度（m）

9.1.3.3 构造蚀变带型锡矿

该类型锡矿多赋存于花岗岩中，少数产于大理岩、砂页岩中，受北东向断裂构造控制。矿体多呈脉状、透镜状，走向北东，长200~3145 m，厚0.57~5.33 m，多数倾向南东，倾角50°~88°，局部倾向北西，倾角40°~88°，沿走向、倾向均呈舒缓波状产出。矿体围岩主要为中细粒少斑黑云母花岗岩、中粗粒斑状角闪石黑云母花岗岩，局部有灰岩、大理岩、砂页岩等。围岩中普遍具云英岩化、钠长石化、黑（绿）鳞云母化、绿泥石化、绢云母化、萤石化、硅化及电气石化等，局部有夕卡岩化。矿石类型以磁黄铁矿-黄铁矿-锡石矿石及毒砂-锡石矿石为主，单矿体Sn平均品位0.11%~3.096%。矿体与围岩界线一般较清楚。区内已发现该类型锡矿（化）体20个，编号分别为43、35、22、11、12、48、15、16、29、18、45、46、30、44、14、38、39、34、20、9等，其中以43、35、22号矿体为代表。

（1）43矿体：位于屋场坪—安源工区一带，矿体赋存于岩体接触带附近，其空间展布受北北东向压扭性断裂F_{82}控制，与19矿体处同一组断裂带。矿体总体走向北北东-南南西，倾向东、倾角75°~80°，其北段走向近南北向，80线以南逐渐扭转成北东-南西向。矿体走向长3145 m（图9-22），单工程矿体厚0.35~22.32 m，矿体平均厚5.33 m。矿体出露标高434~784 m，出露高差350 m。

图9-22 白腊水锡矿"找矿"靶区43"矿"体资源量估算垂直纵投影图

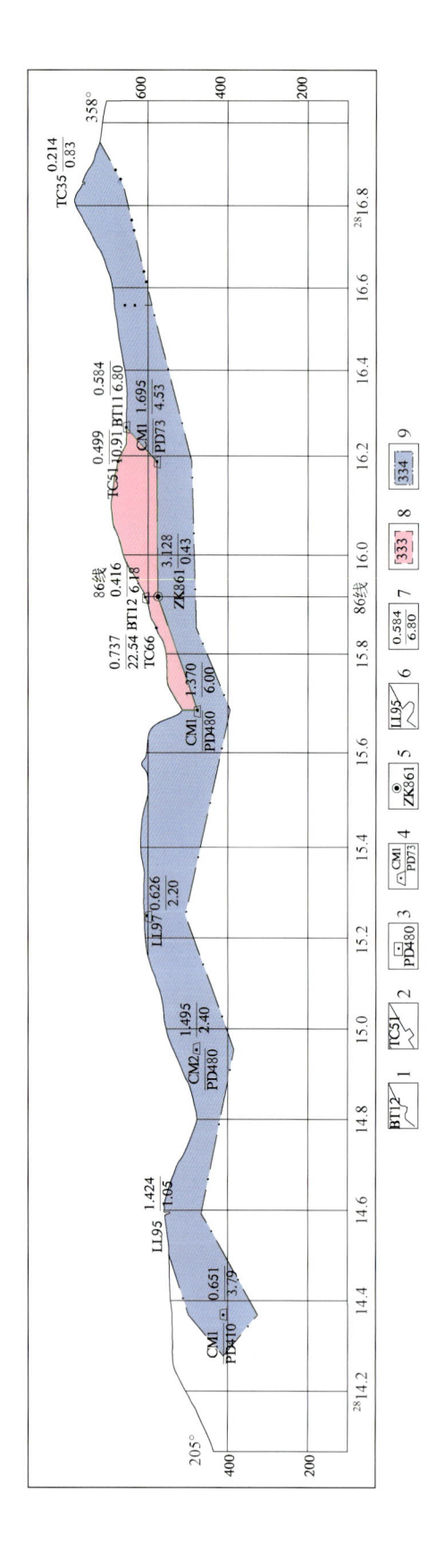

1-剥土及编号；2-探槽及编号；3-平硐及编号；4-穿脉及编号；5-钻孔及编号；6-老窿及编号；7-工程Sn平均品位(%)/水平厚度(m)；8-333资源量估算范围；9-334资源量估算范围

赋矿围岩有花岗岩、灰岩、大理岩等，围岩蚀变较强，主要有云英岩化、钠长石化、黑（绿）鳞云母化、绢云母化、夕卡岩化、大理岩化等。矿体呈大脉状、透镜状产出，但在灰岩或大理岩区以及花岗岩区的局部地段有时可与夕卡岩复合形成大脉状、柱状矿体（图9-23）。矿体厚可达22.32 m。深部经ZK861钻孔验证，矿体连续，品位较富，但厚度明显变薄，仅0.35 m，沿倾向矿体形态变化较大（图9-24）。矿体Sn平均品位0.967%。伴生组分主要有Cu、Pb、Ag、WO_3、Bi等，矿体平均含量分别为0.42%、0.35%、45.83g/t、0.053%、0.126%。

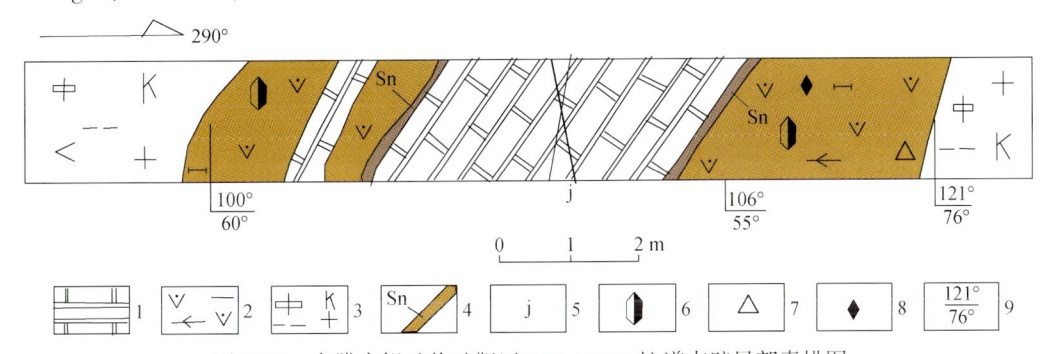

图9-23 白腊水锡矿找矿靶区CM1/PD73坑道南壁局部素描图

1-大理岩；2-含锡夕卡岩；3-细中粒斑状黑云母钾长花岗岩；4-锡矿体；5-节理；6-锡石；7-方铅矿；8-闪锌矿；9-产状

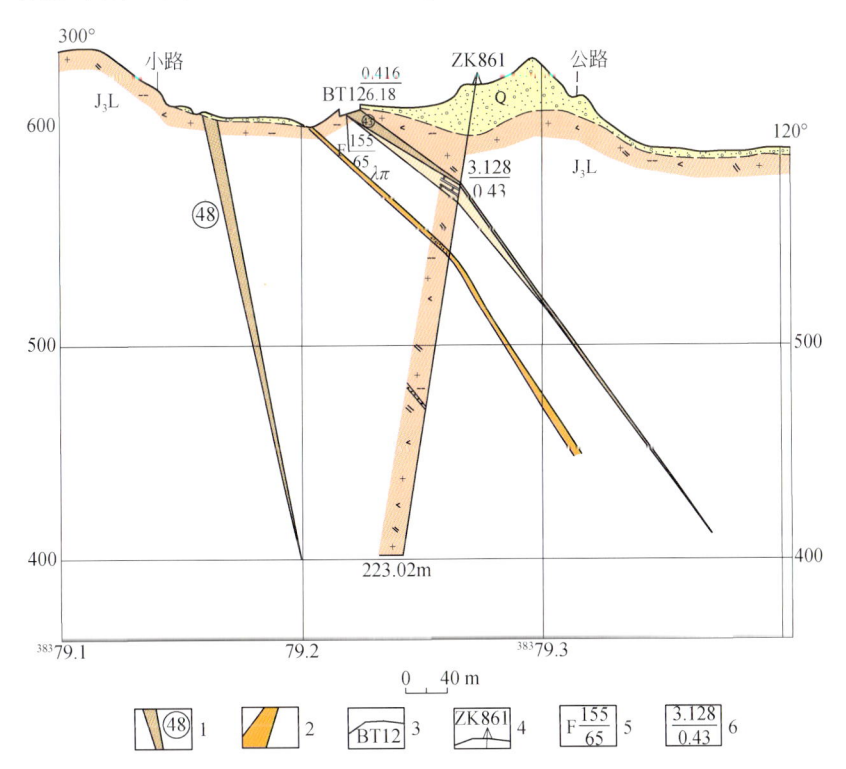

图9-24 白腊水锡矿找矿靶区86线剖面图

Q-第四系；J_3L-芙蓉超单元礼家洞单元；λπ-石英斑岩；1-锡矿体及编号；2-蚀变带；3-剥土及编号；4-钻孔及编号；5-断裂及产状；6-Sn平均品位（%）/水平厚度（m）

（2）35矿体：位于矿区中部老黎山—下郭家—浪岭十一带，为构造蚀变带型锡矿。受北东向断裂构造控制，矿体走向北东35°～50°，总体倾向南东，倾角75°～85°，局部扭转倾向北西（如TC55）。已控制走向长2680 m，单工程矿体厚0.8～12.96 m，矿体平均厚度4.36 m。矿体出露标高786～1208 m，出露高差422 m。

矿体普遍具强烈绿泥石化、绢云母化、钠长石化、磁铁矿化等，往南磁铁矿化逐渐加强。围岩主要为花岗岩，矿体与围岩界线一般较清晰，局部地段呈渐变过渡。矿体呈大脉状产出、局部呈透镜状，沿走向矿体连续，但形态不稳定，呈明显的膨大收缩现象。矿体沿倾向矿化不均匀，个别钻孔只见构造蚀变带，但无矿化（图9-25）。矿体Sn平均品位0.436%，低含量伴生组分有Fe、Cu、Bi、WO_3、Ag等。

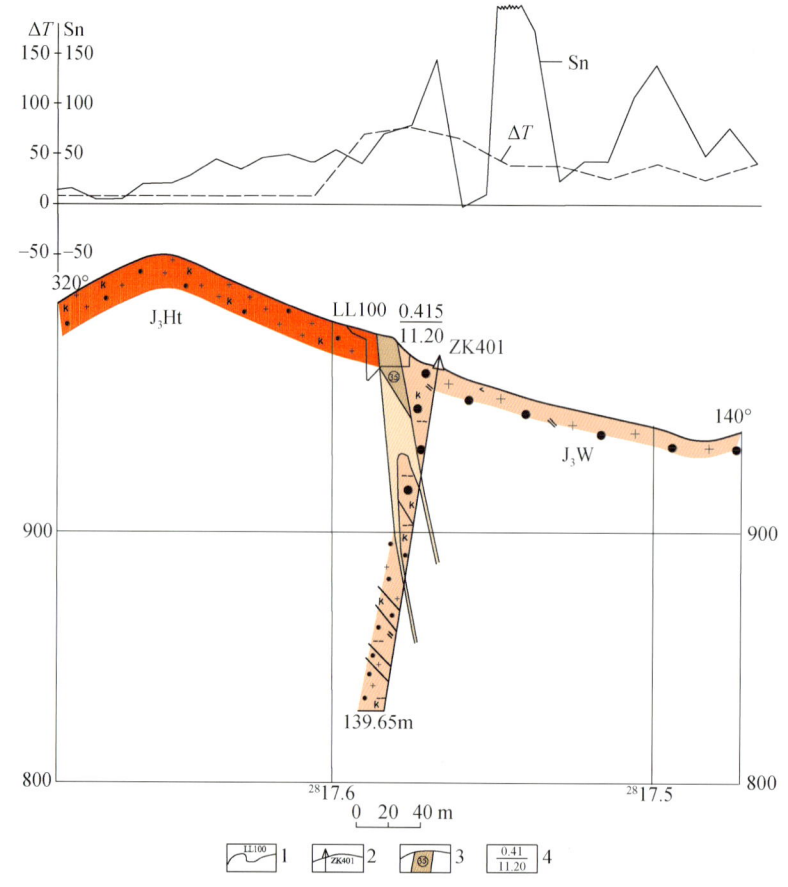

图9-25 白腊水锡矿找矿靶区40线剖面图

J_3Ht-芙蓉超单元回头湾单元；J_3W-芙蓉超单元五里桥单元；1-老窿及编号；2-钻孔及编号；
3-锡矿体及编号；4-Sn平均品位（%）/水平厚度（m）

（3）22矿体：位于区内西部观音打坐—下白腊水—五里桥一带，受断裂构造F_{68}的控制，走向北东35°～45°，总体倾向南东，倾角70°～85°，往南逐渐扭转倾向北西（如LL64、PD70）。目前有LL64、PD70、PD6、LL68、LL119、LL62、TC17等工程控制，控制间距160～380 m，控制走向长2175 m，单工程矿体厚0.79～0.98 m，矿体平均厚度0.90 m（图9-26）。矿体出露标高680～1020 m，出露高差340 m。

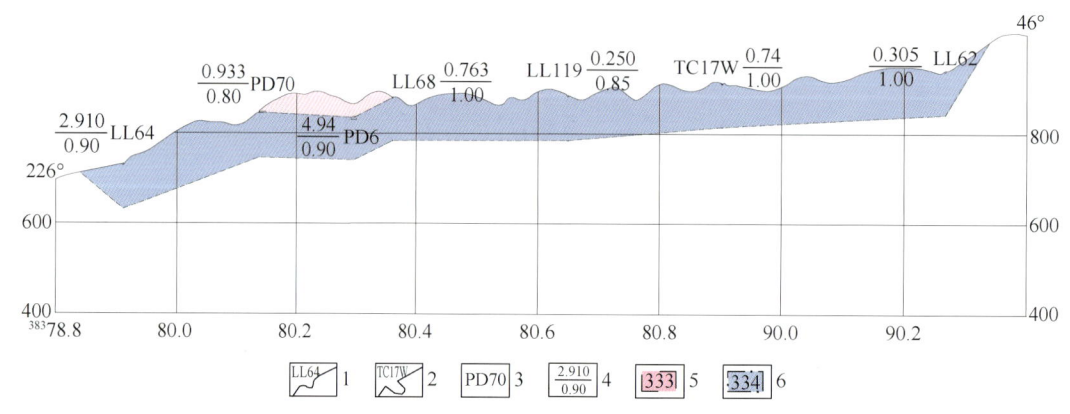

图9-26 白腊水锡矿找矿靶区22号矿体垂直纵投影图

1-老窿及编号；2-探槽及编号；3-平硐及编号；4-工程Sn平均品位（%）/水平厚度（m）；
5-333资源量估算范围；6-334资源量估算范围

矿体围岩为中细粒少斑黑云母花岗岩及中粗粒斑状角闪石黑云母花岗岩，具云英岩化、绿泥石化、绢云母化、萤石化、硅化等蚀变，矿体与围岩界线清楚。矿体呈脉状产出，沿走向地表老窿成壕沟状分布，连续稳定，形态呈舒缓波状，变化不大。矿体单工程 Sn 品位 0.250%～4.940%，平均 Sn 品位 1.267%。

9.1.4 矿石特征与质量

9.1.4.1 矿石的物质组分及特征

1. 矿石的矿物组合特征

白腊水找矿靶区锡矿床类型多样，各类锡矿中的矿物种类亦较多，且组合复杂。根据野外观察和镜下鉴定，已查明的矿物共计 66 种，其中矿石矿物 25 种、脉石矿物 41 种。由于各类型锡矿所处地质环境和形成条件等差异，形成了不同矿石类型，反映在矿物组合特征上既有相似性，又有明显差异。其中构造蚀变带–夕卡岩复合型锡矿的矿物组合最复杂，主要有透辉石–透闪石–锡石、毒砂–锡石、磁铁矿–锡石、磁黄铁矿–黄铁矿–锡石等几种矿石类型；构造蚀变带型锡矿主要有石英–锡石、黄铜矿–锡石、方铅矿–闪锌矿–锡石、毒砂–锡石等几种矿石类型；蚀变岩体型锡矿主要为绿泥石–钠长石–锡石矿石。区内各类型锡矿中不同矿石类型的矿物成分详见表 9-8。

表 9-8 锡矿床主要矿石类型矿物共生组合表

矿床类型	矿石类型	矿石矿物 主要矿物	次要矿物	微量矿物	脉石矿物 主要矿物	次要矿物	微量矿物
构造蚀变带–夕卡岩复合型锡矿床	透辉石–透闪石–锡石矿石	锡石	毒砂、黄铁矿、黄铜矿、磁黄铁矿、磁铁矿、白铁矿	钛铁矿、板钛矿、锐钛矿、楣石、白钛石、辉铋矿、辉铜矿、自然铋、硼镁铁矿、铜蓝、黝铜矿、闪锌矿、方铅矿、赤铁矿、褐铁矿、泡铋矿	透辉石、透闪石、钠长石	阳起石、钠铁闪石、绿鳞云母、粒硅镁石、金云母	石英、绿泥石、萤石、石榴子石、符山石、氟硼镁石、电气石、绿帘石、黑鳞云母、褐帘石、黝帘石、蛇纹石、滑石、磷灰石、独居石、锆石、水镁石、黑云母、更–中长石、方解石、白云石、菱铁矿、绢云母、黏土矿物、白云母
	磁铁矿–锡石矿石	锡石、磁铁矿	毒砂、黄铜矿、磁黄铁矿、方铅矿、闪锌矿	蓝辉铜矿、白铁矿、白钨矿、钛铁矿、板钛矿、锐钛矿、楣石、白钛石、辉铜矿、淡砷铜矿、硼镁铁矿、铜蓝、黝铜矿、赤铁矿、褐铁矿、自然铋、泡铋矿、软锰矿	石英、透辉石、透闪石	钠长石、钠铁闪石、金云母	绿泥石、萤石、钾长石、石榴子石、符山石、氟硼镁石、电气石、绿帘石、黑鳞云母、褐帘石、黝帘石、蛇纹石、滑石、磷灰石、独居石、锆石、硬石膏、水镁石、黑云母、更–中长石、方解石、白云石、菱铁矿、绢云母、黏土矿物、白云母、刚玉
	磁黄铁矿–黄铁矿–锡石矿石	锡石、磁黄铁矿、黄铁矿	毒砂、黄铜矿、闪锌矿、磁铁矿、白钨矿	辉铜矿、辉铋矿、蓝辉铜矿、铜蓝、自然铋、赤铁矿、钛铁矿、板钛矿、锐钛矿、楣石、金红石、斑铜矿、褐铁矿	钠长石、透辉石、透闪石	蠕绿泥石、叶绿泥石、萤石、绢云母	更–中长石、阳起石、石榴子石、符山石、电气石、黑鳞云母、褐帘石、黝帘石、蛇纹石、滑石、磷灰石、独居石、锆石、水镁石、黑云母、方解石、白云石、菱铁矿、白云母、金云母
	毒砂–锡石矿石	锡石、毒砂	黄铜矿、黄铁矿、磁铁矿、磁黄铁矿、方铅矿、闪锌矿	辉铜矿、辉铋矿、蓝辉铜矿、铜蓝、白钨矿、白钛石、钛铁矿、楣石、白钛石、自然铋、硼镁铁矿、黝铜矿、赤铁矿、褐铁矿、泡铋矿	钠长石、石英、透辉石	蠕绿泥石、叶绿泥石、绿帘石、萤石	绢云母、透闪石、阳起石、石榴子石、符山石、电气石、黑鳞云母、褐帘石、黝帘石、蛇纹石、滑石、磷灰石、独居石、锆石、水镁石、黑云母、方解石、白云石、菱铁矿、白云母、黏土矿物、粒硅镁石、金云母

续表

矿床类型	矿石类型	矿石矿物			脉石矿物		
		主要矿物	次要矿物	微量矿物	主要矿物	次要矿物	微量矿物
蚀变岩体型锡矿床	绿泥石-钠长石-锡石矿石	锡石	黄铜矿、黄铁矿、方铅矿、闪锌矿、磁铁矿、磁黄铁矿	毒砂、白钨矿、辉铜矿、辉铋矿、蓝辉铜矿、铜蓝、自然铋、赤铁矿、钛铁矿、板钛矿、锐钛矿、榍石、金红石、斑铜矿、辉钼矿、褐铁矿	绿泥石、钠长石、更-中长石	钾长石、叶绿泥石、黑鳞云母	石英、黑云母、萤石、角闪石、磷灰石、锆石、独居石、磷钇矿、电气石、方解石、白云石、石榴子石、白云母、绢云母、透闪石、黏土矿物、褐帘石
	石英-锡石矿石	锡石	黄铜矿、黄铁矿、方铅矿、闪锌矿、磁铁矿、磁黄铁矿、毒砂	白钨矿、辉铜矿、辉铋矿、蓝辉铜矿、铜蓝、自然铋、赤铁矿、钛铁矿、板钛矿、锐钛矿、榍石、金红石、斑铜矿、辉钼矿、褐铁矿	石英钾长石、更-中长石	钠长石、蠕绿泥石、叶绿泥石、黑鳞云母	绢云母、黑云母、萤石、角闪石、磷灰石、锆石、独居石、磷钇矿、电气石、方解石、白云石、石榴子石、白云母、透辉石、透闪石、黏土矿物、褐帘石、菱铁矿
构造蚀变带型锡矿床	黄铜矿-锡石矿石	锡石黄铜矿	毒砂、黄铁矿、磁黄铁矿、磁铁矿	辉铜矿、辉铋矿、斑铜矿、蓝辉铜矿、铜蓝、孔雀石、自然铋、赤铁矿、白铁矿、锐钛矿、钛铁矿、辉钼矿、褐铁矿、榍石、白钛石、硼镁铁矿、金红石、辉钼矿、泡铋矿	石英、透辉石、透闪石、钠长石	钠铁闪石、绿鳞云母、钾长石、绿泥石、绢云母、阳起石、萤石	石榴子石、符山石、电气石、黑鳞云母、褐帘石、黝帘石、蛇纹石、滑石、磷灰石、独居石、锆石、水镁石、黑云母、更-中长石、方解石、白云石、菱铁矿、白云母、黏土矿物、粒硅镁石、金云母、绿帘石
	方铅矿-闪锌矿-锡石矿石	锡石、方铅矿、闪锌矿	黄铁矿、黄铜矿、磁铁矿、磁黄铁矿、毒砂	白钨矿、辉铜矿、蓝辉铜矿、铜蓝、辉铋矿、自然铋、赤铁矿、钛铁矿、板钛矿、锐钛矿、榍石、斑铜矿、辉钼矿、褐铁矿	石英钾长石、更-中长石	绢云母、钠长石、萤石	黏土矿物、黑云母、角闪石、磷灰石、锆石、蠕绿泥石、叶绿泥石、黑鳞云母、磷钇矿、方解石、白云石、白云母、黏土矿物、方解石、菱铁矿

2. 主要有用矿物的物理、化学特征

白腊水找矿靶区主要有用矿物有锡石、黄铜矿、磁铁矿，其次有黄铁矿、毒砂、磁黄铁矿、方铅矿、闪锌矿、白钨矿、辉铋矿等。兹将其特征分述如下：

1）锡石（SnO_2）

它是矿石中最主要的锡矿物，密度为 6.889 g/cm³，颜色多种，从深褐到无色，主要呈棕褐色、黄褐色、黑褐色，其次为深褐色、浅黄色至无色。单偏光镜下则常为红褐色、红色、浅黄褐色，部分无色。其颜色深浅与颗粒大小及含铁量的多少密切相关，通常颗粒大的锡石颜色较深，含铁较高，反之颜色较浅。有时同一颗锡石，其颜色亦可不均匀。颜色的多样性，说明可能与其形成地质环境、形成温度及锡石中所含杂质多少不一样有关。产在与钠长石化、黑鳞云母化、绿鳞云母化、云英岩化有关的锡石，其颜色一般较深，在单偏光下常呈棕褐色、红棕色、黑褐色，粒度也较粗。锡石的内部环带状结构及内部双晶结构比较常见，最多的环带有 35 环左右（图 9-27a）。锡石中的包裹物也比较常见，常见的包裹物有锐钛矿、板钛矿、铁质、绿鳞云母等（图 9-27b）。而锡石有时又被板钛矿、磁铁矿、绿鳞云母等包裹，

有时还可见锡石被钠长石溶蚀的现象（图9-27c）。与黄铁矿-黄铜矿-锡石矿化阶段有关的锡石其颜色亦较深，常为棕色、棕红色、黄棕色等，且多为不规则粒状。锡石的内部环带状结构也常见，但环带的环数比较少（图9-27d），并常被黄铜矿包裹。与绿泥石-石英-锡石矿化阶段有关的锡石，主要见于19号矿体南部PD41及43号矿体PD73等坑道中，锡石主要产于各种小脉或网脉中（图9-27e），如绿泥石（萤石）石英锡石脉、阳起石石英锡石脉、绿帘石萤石锡石脉等，脉幅一般≤1mm。脉中的锡石颜色最浅，一般为浅黄色、黄色、浅黄棕色、浅棕色，有的为无色。锡石晶体常呈针状、长柱状、短柱状或不规则粒状（图9-27f）。

图9-27 白腊水找矿靶区锡石矿矿相学特征

a-半自形晶结构、内部环带结构、结晶为1.2 mm的半自形晶锡石（Cas），其内部环带有30余环，与钠长石（Ab）共生。黑色为锐钛矿（Ana）。单偏光。b-强钠长石化花岗岩型锡矿石中具有包含结构的锡石（Cas）集合体包含有针状的锐钛矿（Ana）及钠长石（Ab），单偏光。c-强烈钠长石化花岗岩中结晶粗大的锡石（Cas）与板状钠长石（Ab）晶体具有共生边，而锡石又有被钠长石溶蚀的现象，说明二者几乎同时结晶。正交偏光。d-产在锡石黄铜（Cu）矿石中具内部环带状结构、结晶半自形的锡石（Cas），单偏光。e-锡石（Cas）与萤石、绿帘石呈细脉状穿插在透辉石夕卡岩中。单偏光。f-19矿体大理岩（Mb）中的粗颗粒锡石（Cas）

产于花岗斑岩型锡矿中的锡石，单偏光下颜色最深，一般呈黑褐色、棕褐色、深棕色，锡石的粒度也很小，粒径0.005~0.10 mm不等，一般<0.05 mm，锡石主要分布于锡矿化蚀变花岗岩捕虏体（或团块）中，且多与黑鳞云母或黑云母密切在一起，常沿云母的解理分布（图9-28a）。

靶区内锡石形态多样，晶形大多为他形晶、半自形晶，自形晶比较少见（图9-28a、图9-28b~d）。其单体有粒状、短柱状、长柱状、针状、板状、碎屑状等，其形态与粒度大小有关，往往是颗粒越粗，其晶形则越好；集合体有团粒状、浸染状、斑状、鲕粒状、放射状（图9-28e）、纤维状、脉状、条带状、串珠状等。概括起来，矿石中锡石多呈以下几种形式产出：①不规则粒状集合体，常由多个较粗的锡石晶体组成，偶见解理或环带。集合体粒度大者可达2 mm左右，一般介于0.1~0.6 mm之间，部分与脉石的接触界线不平直，粒度较粗的锡石集合体内部包裹粒度0.02~0.3 mm的透辉石、锆石等（图9-28f~h）。②呈细粒星散浸染状嵌布在脉石中，部分沿毒砂等金属矿物集合体边缘分布，但绝大部分锡石仍嵌布在脉石矿物中（图9-29a）。此外，亦见锡石沿黄铜矿、黄铁矿或磁铁矿边缘交代的现象（图9-29b~

图 9-28 白腊水找矿靶区锡石矿野外与矿相学特征

a-斑岩的蚀变花岗岩小团块（或捕虏体）中微粒状锡石（Cas）沿黑鳞云母（Mic）的解理分布，Qtz=石英，正交偏光。b-锡石（Cas）呈他形粒状集合体出现在钠长石化（Ab）花岗岩型锡矿石中。其颜色亦不均匀。单偏光。c-锡石（Cas）结晶成半自形的短柱状、粒状与阳起石（Act）等共生穿插于阳起石化透辉石夕卡岩中。单偏光。d-结晶粗大的自形晶锡石（浅棕色）产在钠长石（白色）化花岗岩型锡矿石中。单偏光。e-锡石柱状集合体的放射状结构。单偏光。f-钠长石化斑状花岗岩型锡矿（10矿体，10-锡矿体及编号）；Fp-长石斑晶；Cas-长石斑晶的锡石集合体；Chl-绿泥石；g-粗粒锡石集合体（Cas）内部包含细粒脉石（Qtz）。反射光；h-粗粒锡石集合体（Cas）与脉石（Qtz）接触界线不平直。反射光

c)。③呈细粒包裹体嵌布在毒砂或磁铁矿内部（图9-29d），粒径0.02~0.15mm不等。④呈微粒状分布在脉石中，这实际上是第二种类型中的特殊嵌布形式，其特点是锡石粒度极为细小，大多在0.005~0.02mm。⑤呈脉状、细脉状、细脉浸染状及少量网脉状等，为晚期成矿形成（图9-29e）。矿石中锡石分布广泛，但不均匀，多成群出现，较为富集的部位，细小锡石常达数十至上百颗之多。粒度变化大，为0.005~1.20mm不等，一般的为0.03~0.30mm，集合体的颗粒可达5mm左右，可分为粗粒、中细粒和微细粒三种粒级，以中细粒锡石分布最广。

靶区内锡石的化学成分与千骑地区野鸡尾、柿竹园、红旗岭、铁砂坪、香花岭太平等矿区锡石的化学成分相对比（详见表9-9），明显可以看出有些差别：

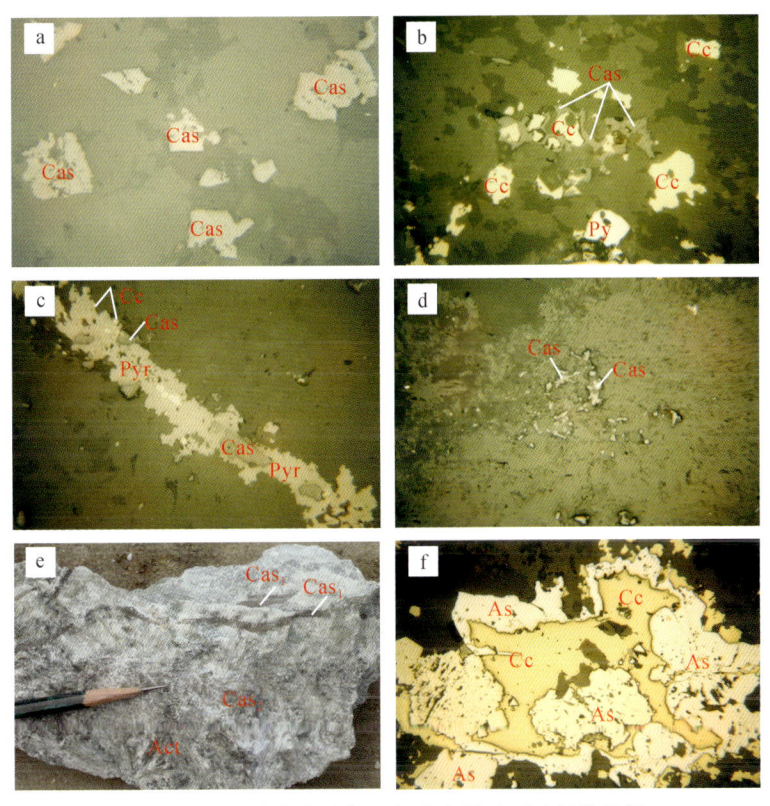

图 9-29 白腊水找矿靶区锡多金属矿石矿相学特征

a-细粒锡石（Cas）集合体呈星散状嵌布在脉石中，反射光；b-不规则状锡石（Cas）集合体沿黄铜矿（Cc）边缘交代，Py-黄铁矿，反射光；c-锡石（Cas）沿磁铁矿（Pyr）细脉零星分布，部分包裹在磁铁矿中，Cc-黄铜矿，反射光；d-微细粒锡石（Cas）呈星散状嵌布在脉石中，部分锡石呈针状产出，反射光；e-19 号矿体的锡石脉，Cas$_1$-锡石脉，Cas$_2$-浸染状锡石，Act-阳起石，反射光；f-不规则状黄铜矿（Cc）集合体沿毒砂（As）粒间、裂隙交代

表 9-9　19 矿体锡石电子探针成分分析表（%）

样号\成分	SnO$_2$	FeO	MnO	TiO$_2$	Nb$_2$O$_5$	Ta$_2$O$_5$	WO$_3$	总计	资料来源
19-1	98.32	0.38	0.01	0.20	0.05	1.04		100.00	
2	97.81	0.73	0.00	0.07	0.05	1.34		100.00	
3	97.91	0.67	0.01	0.11	0.21	1.09			
4	97.65	0.98	0.01	0.00	0.00	1.36			
5	97.70	0.88	0.21	0.12	0.12	1.04			
6	94.88	2.43	0.04	0.10	0.00	2.55			
7	91.23	6.44	0.20	0.12	0.00	2.01			
8	93.27	4.98	0.06	0.03	0.00	1.66			本次选矿试验报告
9	95.76	2.00	0.16	0.03	0.00	1.78			
10	97.47	1.32	0.00	0.00	0.00	1.21			
11	96.33	1.62	0.04	0.15	0.07	1.79			
12	95.44	2.20	0.06	0.02	0.00	2.28			
13	92.58	5.46	0.02	0.06	0.00	1.88			
14	93.29	2.92	0.14	1.19	0.01	2.45			
15	98.43	0.10	0.00	0.07	0.05	1.36		100.00	
平均	95.87	2.21	0.06	0.17	0.03	1.66		100.00	

续表

成分 样号	SnO$_2$	FeO	MnO	TiO$_2$	Nb$_2$O$_5$	Ta$_2$O$_5$	WO$_3$	总计	资料来源
野鸡尾（6）	97.81	0.36	—	0.52	0.08	0.67	0.35	99.79	姜胜章和罗仕徽，1992
柿竹园（14）	98.90	0.22	0.01	0.08	0.03	0.02	0.10	99.36	
红旗岭（2）	99.50	0.03	0.01	0.17	0.03	0.15	0.17	100.06	
铁砂坪（2）	98.95	0.31	0.17	0.01	0.03	0.13	0.13	99.72	
香花岭太平（2）	99.18	0.31	0	0.49	0.02	0.12	0.07	100.19	

（1）白腊水找矿靶区锡石的化学成分 SnO$_2$ 含量由 91.23%~98.43%，平均为 95.87%，低于上述五个矿区 2~3.5 百分点。

（2）锡石中杂质 FeO、Ta$_2$O$_5$ 的含量明显高于上述五个矿区 6~12 倍，特别是白腊水找矿靶区锡石含 Ta$_2$O$_5$ 1.04%~2.55%，其含量之高，是上述五个矿区所没有的，这说明它们的成矿地质条件可能有一些差别。

（3）根据锡石中杂质 FeO 的含量，白腊水矿区的锡石包括低铁的（<1%）锡石和高铁的（>1%）锡石两种。其中，低铁锡石中 FeO 含量 0.10%~0.98%、平均 0.62%，SnO$_2$ 平均含量 97.99%；高铁锡石中 FeO 为 1.32%~6.44%、平均 3.26%，SnO$_2$ 平均含量仅 94.47%。

（4）上述五个矿区的锡石含 WO$_3$ 0.10%~0.35% 不等，白腊水找矿靶区锡石含 WO$_3$ 较低，为 0.01%~0.151%。

根据姜胜章和罗仕徽（1992）对湖南金属矿物的研究结果认为：成矿温度高的锡石，SnO$_2$ 含量较低，锡石中杂质含量较高；成矿温度低的锡石，SnO$_2$ 含量较高，锡石中杂质含量较低。气化-高温热液交代型锡矿床中的锡石，SnO$_2$ 平均含量为 97.17%，而白腊水找矿靶区高铁锡石中 SnO$_2$ 平均含量只有 94.57%，明显比 97.17% 低，而杂质的含量则明显偏高，其中 FeO 的含量平均为 3.26%。由此说明白腊水靶区内高铁锡石的成矿温度是相当高的，应该由气化-高温热液作用形成，其形成温度远有可能高于上述五个矿区，但有一部分低铁锡石（FeO 含量平均为 0.62%）在薄片下呈浅黄色、黄棕色、浅棕色、无色的，其晶形常呈针状、长柱状的锡石，应是在较低的温度下结晶的，估计这种锡石应在中温热液阶段形成的。根据包裹体测温资料，19 号矿体的成矿温度为 200~600 ℃。

2）黄铜矿（CuFeS$_2$）

是主要的含硫铜矿物，此外还有少量铜的次生矿物如辉铜矿、斑铜矿、铜蓝等。黄铜矿呈黄铜黄色，表面可见有蓝、紫褐色的斑状锖色。绿黑条纹痕，金属光泽，不透明，硬度较低（3~4）且性脆。矿物结晶程度较差，多为他形粒状，在各类型矿石中多呈不规则粒状集合体星散分布或浸染状分布，有时与黄铁矿、毒砂、石英呈细脉状出现，有时与磁铁矿、黄铁矿、锡石等组成块状构造，并有包裹锡石的现象，有时黄铜矿呈填隙状分布在黄铁矿或磁铁矿的粒间，形成填隙结构，并交代毒砂、黄铁矿等（图9-29f），但可被晚期形成的黄铁矿或锡石交代，粒径一般 0.04~0.3 mm，少数可达 0.5 mm 左右，此外，还有部分黄铜矿呈细小的乳滴状、叶片状作为闪锌矿、黄铁矿或磁黄铁矿的固溶体析出物出现，乳滴粒径通常在 0.002~0.04 mm。有极少数的黄铜矿由于氧化作用的结果，其边缘变成了铜蓝、褐铁矿。

3）方铅矿（PbS）

呈铅灰色，金属光泽，阶梯状立方体解理完全，部分为半自形晶，他形粒状晶。粒径一般 0.01~1.2 mm，多呈星点状，小团块状产出，局部呈团块状、细脉状。方铅矿往往与闪锌矿相伴产出，可见方铅矿交代闪锌矿现象。反光镜下方铅矿三角孔结构普遍发育，在 19 号矿脉中常与钛铁矿分布在萤石脉中。

4）闪锌矿（ZnS）

呈褐红色、深黄褐色、棕褐色至黑色，半金属光泽，镜下为半自形晶或他形晶粒状，常呈不规则的粒状集合体和细脉沿裂隙充填分布，局部呈团块状，与方铅矿共生，可见其包裹黄铜矿。

5) 磁铁矿（Fe_3O_4）

铁黑色，条痕黑色，半金属光泽，性脆，具强磁性，单体少量呈等轴粒状、半自形八面体，多数呈半自形-他形粒状，形态一般极不规则。磁铁矿在矿石中分布不均匀，多呈不规则粒状集合体嵌布在脉石中，与脉石的接触界线不平直，集合体边缘可见微细粒锡石分布（图9-30a），粒径大小0.01~0.26 mm，一般的粒度约0.15 mm。局部见包裹锡石、金云母的现象，反过来被黄铜矿等硫化矿物交代，在氧化带见显微鳞片状的赤铁矿沿磁铁矿的边缘或八面体解理进行蚕食、交代，形成交代结构、交代残余结构。它的形成时间比较长，早生成的与粒硅镁石、氟硼镁石、透辉石在一起，晚生成的有的呈大致的脉状穿插在矿石中，呈浸染状、团块状、细脉状产出，并与锡石、黄铜矿密切共生在一起（图9-30a）。极少量呈豆状、鲕粒状产出。

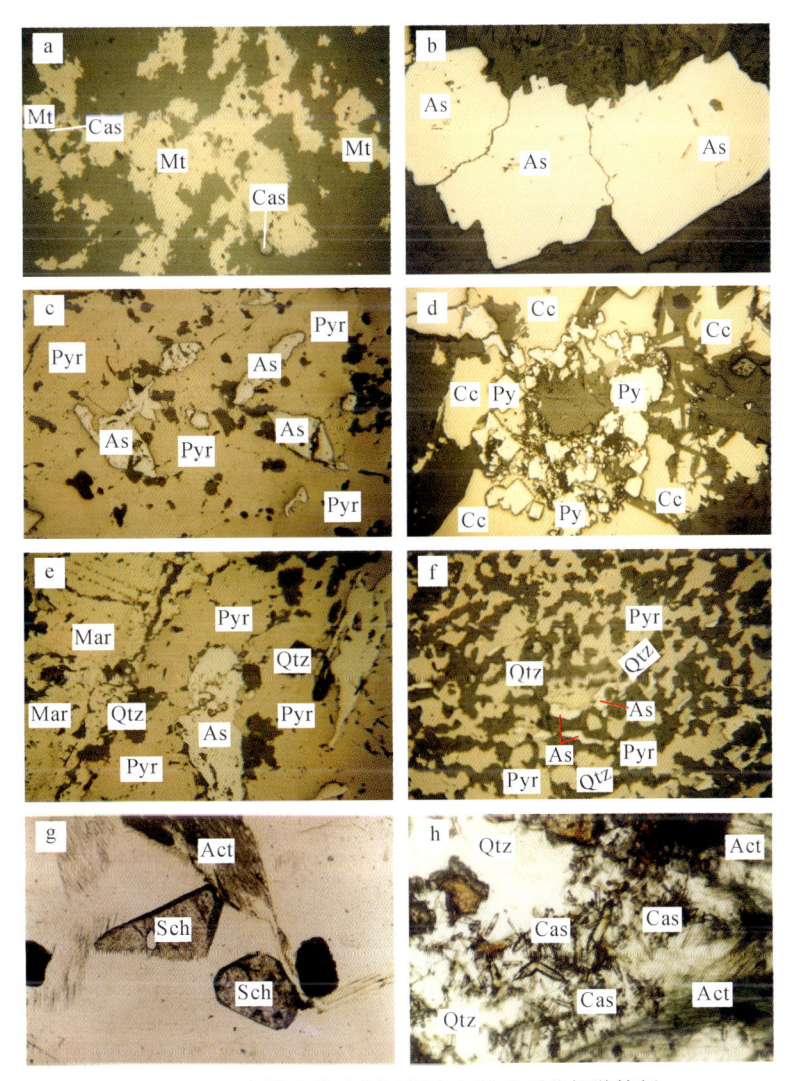

图9-30 白腊水找矿靶区锡多金属矿石矿相学特征

a-不规则磁铁矿（Mt）集合体呈星散状嵌布在脉石中，边缘可见细小的锡石（Cas）分布，反射光；b-粗粒毒砂（As）集合体，内部清净，反射光；c-自形板条状、粒状毒砂（As）呈交代残余包裹在磁黄铁矿（Pyr）中，反射光；d-黄铜矿（Cc）被晚期形成的自形-半自形黄铁矿（Py）交代，反射光；e-白铁矿（Mar）与磁黄铁矿（Pyr）紧密镶嵌，毒砂（As）则呈包裹体出现在磁黄铁矿中，Qtz-脉石，反射光；f-不规则状磁黄铁矿（Pyr）集合体呈星散浸染状嵌布在脉石（Qtz）中，As-毒砂，反射光；g-自形-半自形晶的白钨矿（Sch）出现在萤石化蛇纹石化阳起石化透闪石（Act）、粒硅镁石夕卡岩中，单偏光；h-结晶自形呈针状的浅黄色-无色锡石（Cas）与阳起石（Act）、石英（Qtz）等共生、呈脉状穿插在透辉石夕卡岩中，单偏光

6）毒砂（FeAsS）

呈钢灰色，条痕灰黑色，金属光泽，不透明，硬度中等，性脆，锤击发蒜臭味。镜下呈亮白反射色，非均性明显。毒砂在矿区矿石中分布广泛，但不均匀，以构造蚀变带-夕卡岩复合型矿石最为常见，而蚀变岩体型矿石则相对较少。单体为自形、半自形粒状或板条状，多呈粗粒集合体产出，或以星散浸染状的形式嵌布在脉石中，沿粒间、裂隙或边缘可见黄铜矿、闪锌矿或方铅矿充填交代（图9-29f、图9-30b）。粒度变化较大，小者0.05 mm左右，大者>5.0 mm，一般0.1~3.0 mm。在磁黄铁矿出现的矿石中，毒砂往往呈包裹体出现（图9-30c）。

7）黄铁矿（FeS$_2$）

浅黄铜色，强金属光泽，是矿区分布最广泛的含硫矿物，分布不均匀。多呈自形、半自形或他形粒状，集合体呈浸染状、团块状、细脉状、星点状分布在矿石中，交代黄铜矿、毒砂等（图9-30d）。粒度变化较大，细小者<0.01 mm，最大可达5 mm，一般0.02~0.5 mm。

8）磁黄铁矿（Fe$_{1-x}$S）

暗青铜黄色，表面常具暗褐锖色，金属光泽，性脆，具较强磁性。镜下呈浅玫瑰红色及粉红带棕色，非均质性。半自形板片状，聚片双晶发育，集合体粗者为不规则状，交代毒砂、黄铁矿、白铁矿等（图9-30c、e），粒度一般0.3~5.0 mm。在粗粒集合体邻近部位，常见云朵状、火焰状磁黄铁矿呈星散状浸染分布（图9-30f）。

9）白钨矿（Ca［WO$_4$］）

是矿区较少见的金属矿物，呈乳白色或微带灰色，半透明，油脂光泽。一轴晶，正光性，正极高突起，自形-半自形晶，表面平净，粒径0.05~0.40 mm（图9-30g），与透闪石、阳起石、钠铁闪石、粒硅镁石、透辉石、萤石、蛇纹石等在一起，与萤石的关系特别密切。零星分布在19号、43号等矿体中。

10）辉铋矿（Bi$_2$S$_3$）

它是主要的含铋矿物，在矿石中含量极低。呈铅灰色，少数为片状，小板状，多为不规则粒状，粒径0.2~0.04 mm，性软，易碎。常与黄铜矿、磁铁矿、闪锌矿在一起，有时与黄铜矿连生，还有的则分布在萤石脉中或脉旁，与金属硫化物呈细脉浸染状产出。10号、19号矿体中均有少量分布。

11）自然铋（Bi）

偶见于黄铁矿或毒砂颗粒边缘及孔洞中。镜下粉红至浅棕色。形态不规则，粒度细小，多在0.02~0.05 mm之间。

3. 矿石化学成分特征

矿石的光谱半定量分析结果、化学分析结果及矿石微量元素分析结果分别详见表9-10、表9-11、表9-12。初步统计矿石中含有用元素30多种，其中：有色金属元素主要有Sn、Cu、W、Bi、Pb、Zn、Mo等，黑色金属元素主要有Fe、Ti等，贵金属元素主要有Au、Ag等，非金属元素主要有B、As、F、S等，稀有金属元素有Nb、Ta、Be、Li、Th等。其中，可利用的主要是Sn，构造蚀变带型锡矿的Cu、Pb、Ag、Bi、WO$_3$，蚀变岩体型锡矿的Cu、Ag，构造蚀变带-夕卡岩复合型锡矿的Cu、WO$_3$、Pb、Ag等可考虑综合回收利用。

表9-10 矿石光谱半定量分析（%）

样品 元素	10矿体			19矿体
	选矿试验样	PD48	顶板	选矿试验样
Be	0.0005	0.002	—	0.50
B	—	—	0.005	0.005
Sn	0.40	1.5	0.20	0.40
Al	1.5	6	3	>5
Ti	0.05	0.10	0.20	0.10

粒状集合体和细脉沿裂隙充填分布，局部呈团块状，与方铅矿共生，可见其包裹黄铜矿。

5) 磁铁矿（Fe₃O₄）

铁黑色，条痕黑色，半金属光泽，性脆，具强磁性，单体少量呈等轴粒状、半自形八面体，多数呈半自形–他形粒状，形态一般极不规则。磁铁矿在矿石中分布不均匀，多呈不规则粒状集合体嵌布在脉石中，与脉石的接触界线不平直，集合体边缘可见微细粒锡石分布（图9-30a），粒径大小 0.01~0.26 mm，一般的粒度约 0.15 mm。局部见包裹锡石、金云母的现象，反过来被黄铜矿等硫化矿物交代，在氧化带见显微鳞片状的赤铁矿沿磁铁矿的边缘或八面体解理进行蚕食、交代，形成交代结构、交代残余结构。它的形成时间比较长，早生成的与粒硅镁石、氟硼镁石、透辉石在一起，晚生成的有的呈大致的脉状穿插在矿石中，呈浸染状、团块状、细脉状产出，并与锡石、黄铜矿密切共生在一起（图9-30a）。极少量呈豆状、鲕粒状产出。

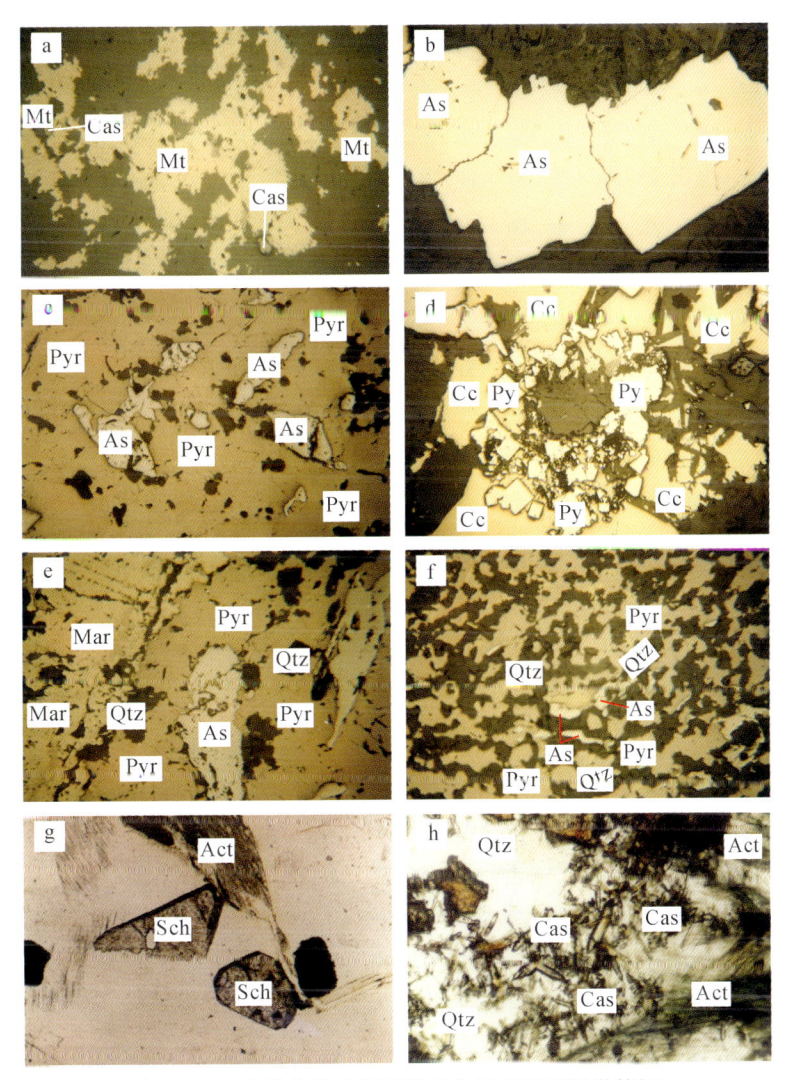

图 9-30　白腊水找矿靶区锡多金属矿石矿相学特征

a-不规则磁铁矿（Mt）集合体呈星散状嵌布在脉石中，边缘可见细小的锡石（Cas）分布，反射光；b-粗粒毒砂（As）集合体，内部洁净，反射光；c-自形板条状、粒状毒砂（As）呈交代残余包裹在磁黄铁矿（Pyr）中，反射光；d-黄铜矿（Cc）被晚期形成的自形–半自形黄铁矿（Py）交代，反射光；e-白铁矿（Mar）与磁黄铁矿（Pyr）紧密镶嵌，毒砂（As）则呈包裹体出现在磁黄铁矿中，Qtz-脉石，反射光；f-不规则状磁黄铁矿（Pyr）集合体呈星散浸染状嵌布在脉石（Qtz）中，As-毒砂，反射光；g-自形–半自形晶的白钨矿（Sch）出现在萤石化蛇纹石化阳起石化透闪石（Act）、粒硅镁石夕卡岩中，单偏光；h-结晶自形呈针状的浅黄色–无色锡石（Cas）与阳起石（Act）、石英（Qtz）等共生，呈脉状穿插在透辉石夕卡岩中，单偏光

6）毒砂（FeAsS）

呈钢灰色，条痕灰黑色，金属光泽，不透明，硬度中等，性脆，锤击发蒜臭味。镜下呈亮白反射色，非均性明显。毒砂在矿区矿石中分布广泛，但不均匀，以构造蚀变带-夕卡岩复合型矿石最为常见，而蚀变岩体型矿石则相对较少。单体为自形、半自形粒状或板条状，多呈粗粒集合体产出，或以星散浸染状的形式嵌布在脉石中，沿粒间、裂隙或边缘可见黄铜矿、闪锌矿或方铅矿充填交代（图9-29f、图9-30b）。粒度变化较大，小者0.05 mm左右，大者>5.0 mm，一般0.1~3.0 mm。在磁黄铁矿出现的矿石中，毒砂往往呈包裹体出现（图9-30c）。

7）黄铁矿（FeS$_2$）

浅黄铜色，强金属光泽，是矿区分布最广泛的含硫矿物，分布不均匀。多呈自形、半自形或他形粒状，集合体呈浸染状、团块状、细脉状、星点状分布在矿石中，交代黄铜矿、毒砂等（图9-30d）。粒度变化较大，细小者<0.01 mm，最大可达5 mm，一般0.02~0.5 mm。

8）磁黄铁矿（Fe$_{1-x}$S）

暗青铜黄色，表面常具暗褐锖色，金属光泽，性脆，具较强磁性。镜下呈浅玫瑰红色及粉红带棕色，非均质性。半自形板片状，聚片双晶发育，集合体粗者为不规则状，交代毒砂、黄铁矿、白铁矿等（图9-30c、e），粒度一般0.3~5.0 mm。在粗粒集合体邻近部位，常见云朵状，火焰状磁黄铁矿呈星散状浸染分布（图9-30f）。

9）白钨矿（Ca[WO$_4$]）

是矿区较少见的金属矿物，呈乳白色或微带灰色，半透明，油脂光泽。一轴晶，正光性，正极高突起，自形-半自形晶，表面平净，粒径0.05~0.40 mm（图9-30g），与透闪石、阳起石、钠铁闪石、粒硅镁石、透辉石、萤石、蛇纹石等在一起，与萤石的关系特别密切。零星分布在19号、43号等矿体中。

10）辉铋矿（Bi$_2$S$_3$）

它是主要的含铋矿物，在矿石中含量极低。呈铅灰色，少数为片状，小板状，多为不规则粒状，粒径0.2~0.04 mm，性软，易碎。常与黄铜矿、磁铁矿、闪锌矿在一起，有时与黄铜矿连生，还有的则分布在萤石脉中或脉旁，与金属硫化物呈细脉浸染状产出。10号、19号矿体中均有少量分布。

11）自然铋（Bi）

偶见于黄铁矿或毒砂颗粒边缘及孔洞中。镜下粉红至浅棕色。形态不规则，粒度细小，多在0.02~0.05 mm之间。

3. 矿石化学成分特征

矿石的光谱半定量分析结果、化学分析结果及矿石微量元素分析结果分别详见表9-10、表9-11、表9-12。初步统计矿石中含有用元素30多种，其中：有色金属元素主要有Sn、Cu、W、Bi、Pb、Zn、Mo等，黑色金属元素主要有Fe、Ti等，贵金属元素主要有Au、Ag等，非金属元素主要有B、As、F、S等，稀有金属元素有Nb、Ta、Be、Li、Th等。其中，可利用的主要是Sn，构造蚀变带型锡矿的Cu、Pb、Ag、Bi、WO$_3$，蚀变岩体型锡矿的Cu、Ag，构造蚀变带-夕卡岩复合型锡矿的Cu、WO$_3$、Pb、Ag等可考虑综合回收利用。

表9-10 矿石光谱半定量分析（%）

样品 元素	10矿体			19矿体
	选矿试验样	PD48	顶板	选矿试验样
Be	0.0005	0.002	—	0.50
B	—	—	0.005	0.005
Sn	0.40	1.5	0.20	0.40
Al	1.5	6	3	>5
Ti	0.05	0.10	0.20	0.10

续表

元素\样品	10矿体 选矿试验样	PD48	顶板	19矿体 选矿试验样
V	0.001	0.005	0.04	0.002
Mn	0.03	0.10	0.01	0.10
La	0.01	0.01	—	Ni 0.005
Ag	0.0001	0.0001	0.0001	Cr 0.01
Fe	2	2	1	>10
Si	>10	>10	>10	>10
Bi	0.002	0.01	0.002	0.03
Na	>1	>1	>1	>1
Ca	1	3	1	5
Mg	0.30	0.50	0.30	10
Pb	0.002	0.02	0.005	0.05
Cu	0.02	0.005	0.01	Ge 0.30
Yb	0.01	0.01	—	0.30
Y	0.01	0.01	—	Ba 0.30
As	—	—	—	0.20
Mo	—	—	—	0.005
W	—	—	—	0.003
K	—	—	—	<1
Ga	—	—	—	0.005

表 9-11 矿石的化学成分分析结果表（%）

	锡矿类型	钠长石化斑状花岗岩型锡矿				构造蚀变带-夕卡岩复合型锡矿		花岗斑岩型锡矿
	样品	BT6-4	BT6-3	PD33-14	奇-7	19矿体选矿样	CK18	LL81
化学成分	SiO_2	65.78	65.84	61.46	68.68	42.06	20.41	73.49
	Al_2O_3	15.10	15.32	17.39	18.53	6.97	1.85	15.08
	Fe_2O_3	4.24	5.44	0.51	0.01	TFe：12.48	42.00	0.48
	FeO	0.20	2.52	6.456	0.83	11.31	14.23	1.949
	TiO_2	1.225	0.832	0.746	0.17	0.17	0.032	0.087
	CaO	0.10	0.27	1.69	0.33	12.90	3.11	0.22
	MgO	0.61	1.08	0.29	0.20	5.91	12.50	0.22
	K_2O	4.75	2.53	2.09	0.01	1.38	0.15	3.60
	Na_2O	0.09	2.12	4.03	10.50	0.72	0.07	0.42
	MnO	0.089	0.141	0.02	0.02	0.35	0.439	0.088
	P_2O_5	0.033	0.174	0.329	0.07	P：0.37	0.053	0.082
	灼失	7.66	3.81	2.99	0.51	4.29	4.00	4.41
	总和	99.907	100.077	98	99.84	98.91	98.844	100.126
	Sn	0.505	0.482	0.202	1.996	0.68	0.283	0.10
	Bi	0.035	0.007	0.005		0.033	0.004	0.007

续表

锡矿类型		钠长石化斑状花岗岩型锡矿				构造蚀变带-夕卡岩复合型锡矿		花岗斑岩型锡矿
样品		BT6-4	BT6-3	PD33-14	奇-7	19矿体选矿样	CK18	LL81
化学成分	Cu	0.09	0.02	0.01	0.01	0.42	0.01	0.01
	Pb	0.06	0.04	0.02		0.055	0.08	0.06
	Zn	0.03	0.04	0.02		0.25	0.04	0.04
	S	0.10	0.04	0.04	0.06	2.18	0.04	0.06
	As	0.001	0.001	0.001		0.44	0.10	0.001
	WO_3					0.045		
	Mo					0.11		
	Au/(g/t)	0.15	0.13	0.12		0.11	0.21	0.15
	Ag/(g/t)	3.81	2.73	2.35		10.0	4.94	9.5

表 9-12　矿石微量元素含量（10^{-6}）

锡矿类型	钠长石化斑状花岗岩型锡矿			构造蚀变带-夕卡岩复合型锡矿			
样品	奇-7	奇-17	奇-18	19-1	19-2	19-3	19-4
Li	17.3	91.0	27.6	38.4	350.4	59.7	5.8
Be	10.4	18.	8.6	41.3	260.2	74.0	7.9
Nb	27.4	40.8	21.7	1.0	1.0	1.0	1.0
Ta	2.1	5.6	4.5	0.5	0.5	0.5	0.5
U	21.4	10.3	19.9	8.5	12.0	8.2	7.2
Th	176.9	55.9	76.1	0.5	0.9	0.5	0.5
Rb	14.	60.	235	93	1325	44	3
Sr	340	260	340	23	54	8	63
Ba	87	72	116	51	82	55	41
Cu	104.3	68.0	204.6	11.5	59.7	18.6	12.2
Sn	19968	1098	3508	5525	8792	3692	4274
B	6.8	3.9	7.2	6510	95.3	221	3862
F	210	3900	6600	48500	53700	59200	13300
S	600	200	400	300	300	300	100

注：测试单位为中国地质调查局宜昌同位素地球化学开放研究实验室。

4. 矿物生成顺序

1）成矿期及成矿阶段的划分

从岩浆活动、矿石的物质组分、矿石矿物的共生关系、矿石的结构构造、围岩蚀变等特征来看，区内锡矿的形成经历了一个比较长的时间，从气化-高温热液作用的夕卡岩化、钠长石化、云英岩化、黑（绿）鳞云母化到中温热液作用的硫化矿化、绿泥石化的整个过程都有矿化作用发生，但矿化作用比较简单，主要为锡矿化，其中以气化-高温热液作用成矿为主。不同矿化期或同一矿化期或不同矿化期不同矿化阶段的矿化作用有时候叠加在一起，可使矿床的规模变大，矿石的品位变富，如19矿体就是由于多次矿化的叠加，因此使矿石品位变富。根据上述因素，白腊水找矿靶区锡矿床的形成可以划分为五个成矿期九个矿化阶段（表9-13）。

表 9-13 成矿期及成矿阶段划分

成矿期			成矿阶段	主要岩（矿）石	主要矿化	蚀变作用
I	夕卡岩期	1	早夕卡岩阶段	透辉石夕卡岩、透闪石粒硅镁石夕卡岩、金云母岩		简单夕卡岩化
		2	晚夕卡岩磁铁锡石矿化阶段	钠铁闪石透辉石夕卡岩、阳起石透闪石透辉石夕卡岩	锡石、磁铁矿化，并有弱的白钨矿、硼矿化	钠铁闪石、阳起石、绿帘石、萤石、绿鳞云母化
II	碱质交代期	3	钾长石化阶段	钾长石化花岗岩、钾长石脉	板钛矿、锐钛矿	钾长石化、萤石化
		4	钠长石锡石矿化阶段	钠长石化花岗岩型锡矿石	锡石矿化、板钛矿化	钠长石化、黑鳞云母化、萤石化
III	云英岩期	5	黄玉白云母石英岩锡石矿化阶段	云英岩型锡矿石	锡石矿化	云英岩化、萤石化
IV	硫化物期	6	毒砂黄铁黄铜锡石矿化阶段	毒砂锡石矿石、黄铁黄铜锡石矿石	锡石矿化、毒砂矿化、黄铁、黄铜矿化	绿泥石化、萤石化、硅化
		7	绿泥石石英萤石锡石矿化阶段	绿泥石（萤石）石英锡石矿石（脉）	锡石矿化	绿泥石化、萤石化、硅化
		8	方铅闪锌矿化阶段	闪锌矿石（脉）	闪锌、黄铁、方铅矿化	绿泥石化、碳酸盐化
V	表生期	9	褐铁赤铁矿化阶段	褐铁矿石	褐铁、赤铁、铜蓝矿化	绢云母化、绿泥石化、泥化

2）矿物生成顺序

根据矿物的共生组合及矿物之间的关系，将矿物生成顺序列在表 9-14 中。

表 9-14 矿物生成顺序表

成矿期成矿阶段矿物	主体岩浆期	夕卡岩期		补充岩浆期	碱质交代期		云英岩期	硫化物期			表生期
	γ_5^{2-1}花岗侵位	早夕卡岩阶段	晚夕卡岩磁铁锡石矿化阶段	γ_5^{2-3}细粒花岗岩侵位	钾长石化阶段	钠长石锡石矿化阶段	黄玉白云母石英锡石矿化阶段	毒砂黄铁黄铜锡石矿化阶段	绿泥石石英萤石锡石矿化阶段	方铅闪锌矿化阶段	褐铁赤铁矿化阶段
锆石	—			— —							
独居石	—			— —							
锡石		—	—	—	—	—	—	—	—		
磷钇矿	— —										
磷灰石	— ·										
褐帘石	—			—							
榍石	—			— —							
金红石	— —			— —							
钛铁矿	—										
磁铁矿	—		●	— —				— — —	—		

续表

成矿期	主体岩浆期	夕卡岩期		补充岩浆期	碱质交代期		云英岩期	硫化物期			表生期
矿物 \ 成矿阶段	γ_5^{2-1}花岗侵位	早夕卡岩阶段	晚夕卡岩磁铁锡石矿化阶段	γ_5^{2-3}细粒花岗岩侵位	钾长石化阶段	钠长石锡石矿化阶段	黄玉白云母石英锡石矿化阶段	毒砂黄铁黄铜锡石矿化阶段	绿泥石石英萤石锡石矿化阶段	方铅闪锌矿化阶段	褐铁赤铁矿化阶段
板钛矿	— —				— — — —	—					
锐钛矿	- - -				— —						
普通角闪石	▬▬										
黑云母	▬▬			▬							
更-中长石	▬▬			▬							
钾长石	▬▬										
石英	▬▬			▬	—	— —	▬▬	▬▬	▬▬	— —	
钠长石	- - -			- - -	— —	▬▬					
白云母	— —			— —							
透辉石		▬▬									
粒硅镁石		▬▬									
石榴子石		— —									
符山石		— —									
透闪石		— —									
金云母		— —									
硼镁铁矿			— —								
氟硼镁石			— —								
阳起石			—								
钠铁闪石											
绿帘石		— — —			— - —						
黝帘石		— —									
萤石		— —			— —	— —				— —	
白钨矿		— — —									
绿鳞云母		— — —									
黑鳞云母											

续表

续表

成矿期 成矿阶段 矿物	主体岩浆期 γ_5^{2-1}花岗侵位	夕卡岩期 早夕卡岩阶段	夕卡岩期 晚夕卡岩磁铁锡石矿化阶段	补充岩浆期 γ_5^{2-3}细粒花岗岩侵位	碱质交代期 钾长石化阶段	碱质交代期 钠长石锡石矿化阶段	云英岩期 黄玉白云母石英锡石矿化阶段	硫化物期 毒砂黄铁黄铜锡石矿化阶段	硫化物期 绿泥石石英萤石锡石矿化阶段	硫化物期 方铅闪锌矿化阶段	表生期 褐铁赤铁矿化阶段
黄玉							━				
电气石							— —				
毒砂								——	—		
黄铁矿								—	— —	— —	
磁黄铁矿								—	— —		
辉铋矿								-- -- -- --			
自然铋								— — —			
辉钼矿								— —			
白铁矿								—			
黄铜矿									— — —	-- -- --	
辉铜矿								— —			
斑铜矿								— —			
叶绿泥石								—	—		— — —
蠕绿泥石									— — —	—	
闪锌矿										—	
方铅矿										—	
菱铁矿										━	
铁白云石										—	
方解石										—	
蛇纹石										—	
滑石										—	
水镁石										—	
绢云母										━	
水云母										—	
白钛石										—	
赤铁矿											—

续表

续表

成矿期	主体岩浆期	夕卡岩期		补充岩浆期	碱质交代期	云英岩期	硫化物期			表生期
成矿阶段 / 矿物	γ_5^{2-1}花岗侵位	早夕卡岩阶段	晚夕卡岩磁铁矿锡石矿化阶段	γ_5^{2-3}细粒花岗岩侵位	钾长石化阶段	钠长石锡石矿化阶段	黄玉白云母石英锡石矿化阶段	毒砂黄铁矿黄铜锡矿化阶段	绿泥石石英萤石锡石矿化阶段	方铅闪锌矿化阶段	褐铁赤铁矿化阶段
褐铁矿											
铜蓝										——	
泡铋矿										——	

5. 矿石的结构构造

多期次岩浆活动使区内多次成矿，且矿床类型繁多。有用矿物生成的方式各异，反映到较为复杂的矿石结构、构造。根据野外调研和镜下观察结果，矿石结构以他形粒状和半自形粒状结构为主，矿石构造以浸染状、细脉状和星点状构造为主。

1）矿石结构

矿石结构按成因分为结晶结构、乳滴状结构、交代结构、压碎结构等。其中结晶结构为本靶区矿石基本结构。

（1）结晶结构包括以下6种。

①自形晶结构：在矿石中可见锡石、白钨矿、磁铁矿、黄铁矿、毒砂、板钛矿等结晶成自形的长柱状、短柱状、针状、板状或粒状晶体出现。是矿石中常见的结构之一（见图9-28d~e和图9-30g~h）。

②半自形晶结构：矿石中锡石、毒砂、黄铁矿、磁黄铁矿、闪锌矿、锐钛矿多以这种形式出现，特征是矿物结晶形态较为规则，同种矿物间或不同矿物间的接触界线比较平直（图9-30b），是矿石中常见结构之一（图9-27a、图9-28c、图9-31a）。

③他形晶结构：是矿石中最常见的结构，锡石、磁铁矿、黄铜矿、磁黄铁矿、闪锌矿、辉铋矿等呈他形粒状分布在矿石中（图9-28b、图9-31b）。矿石中锡石、黄铜矿和毒砂粒度不均匀，特别是锡石晶体粒度悬殊较大，粗者可达2.0 mm左右，细小者<0.01 mm（图9-28g、图9-29d）。

④包含结构：少量细粒锡石、氟硼镁石包裹在毒砂和磁铁矿内部（图9-29c），在石英、长石中，锡石往往呈针状、柱状包裹其中（图9-31c），其粒度通常在0.01mm以下。也可见黄铁矿包含锡石的现象，而锡石又包含有镁钛矿、板钛矿等矿物的现象（图9-27b、图9-31d~e）。

⑤镶嵌结构：富含磁黄铁矿、白铁矿、毒砂、黄铜矿、磁铁矿的矿石中，各种金属矿物彼此紧密镶嵌构成较粗的集合体（图9-30c、e）；在绿泥石、绢云母微细片状矿物中，锡石以微细粒的鱼子状集合体嵌布其表面，与片状矿物紧密相连，有的亦呈花瓣状，放射状集合体形式产出（图9-28e、图9-31f）。

⑥填隙结构：在硫化物磁铁矿锡石矿石中，见黄铁矿呈填隙状分布在磁铁矿粒间；黄铜矿也呈填隙状分布磁铁矿粒间（图9-31g）。

（2）乳滴状结构。主要表现为黄铜矿呈细小的乳滴状分布在闪锌矿和磁黄铁矿中。

（3）交代结构。是矿石中最为常见的结构类型。主要见于含硫化物的矿石中，见黄铜矿交代毒砂、黄铁矿、磁铁矿；黄铜矿被铜蓝、褐铁矿交代；磁铁矿被褐铁矿交代；磁铁矿交代阳起石等。有时候由于交代作用强烈，出现有交代残余结构（图9-31h、图9-32a）。近地表的锡石被褐铁矿、赤铁矿等矿物交代亦均属此种结构类型。

（4）压碎结构。由于黄铁矿、毒砂等性脆，方铅矿具有三角孔结构，受应力影响常被压碎，形成碎

图 9-31 白腊水找矿靶区锡多金属矿石矿相学特征

a-浸染状磁铁矿石中半自形晶磁铁矿（Mt）与金云母（Phl）共生，单偏光；b-黄铜矿（Cc）呈他形粒状分布在结晶自形的钠铁闪石粒间（Am），单偏光；c-石英（Qtz）中长柱状、柱状锡石（Cas）的包含结构，正交偏光；d-钠长石化花岗岩型锡矿石中石英（Qtz）晶粒中包含有不规则的锡石（Cas），正交偏光；e-他形粒状锡石（Cas）与板钛矿（Bro）等产生强绿泥石（Chl）化钠长石化花岗岩型锡矿石中，锡石被板钛矿包裹，单偏光；f-条状、针状锡石集合体（Cas）的花瓣状、放射状结构，单偏光；g-黄铁矿（Py）呈他形粒状充填在磁铁矿（Mt）粒间，单偏光；h-黄铜矿（Cc）沿毒砂（As）的边缘蚕食交代，毒砂成为穿孔状，二者的接触界线呈港湾状、锯齿状，单偏光

屑结构。矿石中有时还可见磁铁矿因受力作用产生碎裂与压碎的现象。

（5）矿物结晶颗粒内部结构。矿物晶粒的内部结构是指矿物结晶颗粒内部所显现出来的环带、解理、双晶等形态特征，矿石中最常见的矿物结晶颗粒内部结构有：①内部环带结构——最常见的是锡石的环带结构，这种结构既可以对称也可以不对称。最多的锡石环带有 35 环之多，说明锡石结晶时，环境动荡比较厉害（图 9-27a~b 和 d）。②内部双晶结构——最常见的也是锡石具有简单的双晶结构，有时候也可见有聚片双晶结构（图 9-27）。③内部解理结构——常见的是方铅矿，具有两组解理。

2）矿石构造

主要有细脉浸染状构造、星点状构造、网脉状构造、团块状构造、角砾状构造、条带状构造、块状构造、豆状构造及皮壳状构造。

（1）浸染状构造。为矿区矿石主要构造类型。具此构造的矿石在各类型矿体中均有分布，大部分锡

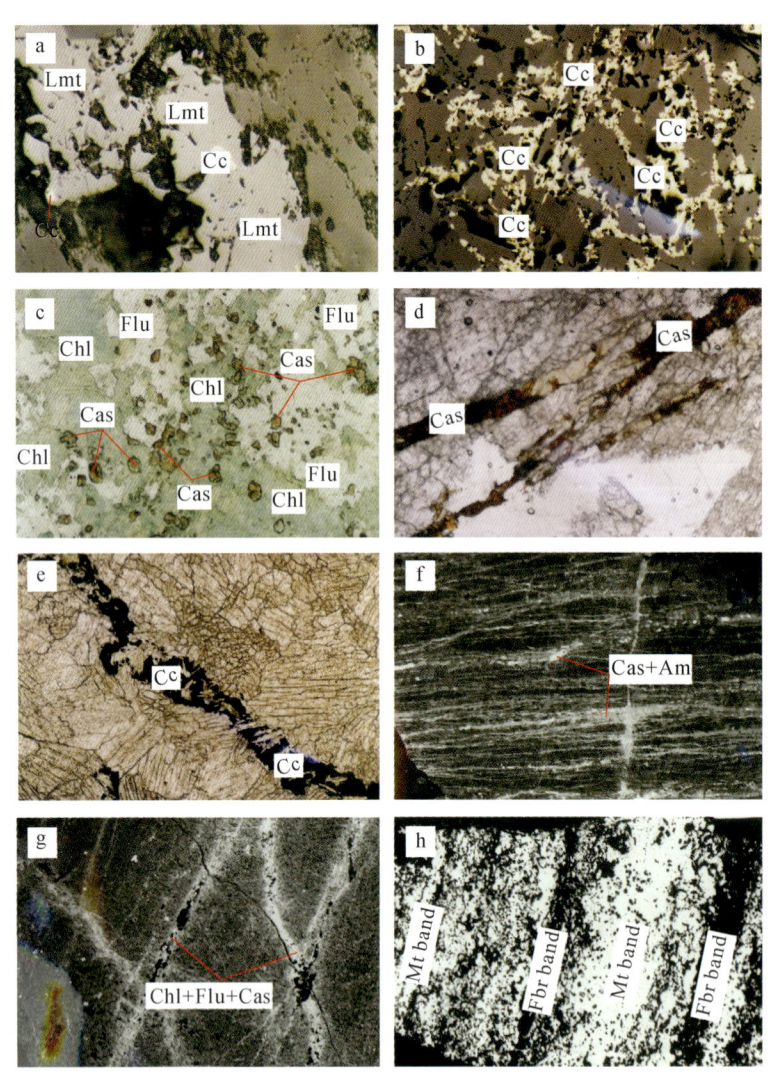

图 9-32 白腊水找矿靶区锡多金属矿石矿相学特征

a-交代残余结构：黄铜矿（Cc）被褐铁矿（Lmt）交代，使黄铜矿呈残余状，单偏光；b-浸染状构造：黄铜矿（Cc）呈不规则的星散状分布在铜锡矿石中，单偏光；c-浸染状构造：粒度细小的锡石（Cas）呈星点状与绿鳞云母（Chl）、萤石（Flu）等产于复合型锡矿石中，单偏光；d-细脉状构造：锡石（Cas）呈细脉状穿插在透辉石夕卡岩中。锡石脉有分叉复合的现象，脉幅≤0.15 mm，单偏光；e-细脉状构造：黄铜矿（Cc）呈细小的脉状充填在透辉石夕卡岩的裂隙中，单偏光；f-平行细脉状构造：钠铁闪石（Am）、锡石（Cas）呈平行细脉状（Cas+Am）分布在透辉石夕卡岩中，并有交代夕卡岩的现象，单偏光；g-网脉状构造：绿泥石（Chl）、萤石（Flu）、锡石（Cas）呈网脉状（Chl+Flu=Cas）穿插在透辉石夕卡岩中，单偏光；h-磁铁矿（Mt）与氟硼镁石（Fbr）相间排列，组成条带状构造，单偏光

石和黄铜矿、毒砂、磁铁矿、辉铋矿、黄铁矿、闪锌矿、方铅矿多呈浸染状分布于矿石中。根据矿石矿物含量的多少，又可以分为稠密浸染状、稀疏浸染状及星点浸染状等三种构造（图 9-32b ~ d）。

（2）细脉状构造。矿区常见的矿石构造之一，本书把矿石的微脉（<1 mm）与细脉（1 ~ 10 mm）统称为细脉，是由含矿热液沿岩石裂隙进行充填而形成。矿石中常见<3 mm 的含锡石的各种细脉。亦可见闪锌矿绿泥石细脉穿插在夕卡岩、细粒花岗岩及其他岩石中（图 9-28e、图 9-32e）。

（3）平行细脉状构造。常见<2 mm 的钠铁闪石锡石细脉呈平行排列的细脉状充填在花岗岩、夕卡岩及其他岩石中，形成了平行细脉状构造（图 9-32f）。

（4）网脉状构造。有时可见<3 mm 的含锡石的各种细脉沿岩石的两组彼此相切的裂隙进行充填、形成交叉状、树枝状（图 9-32g）。

（5）大脉状构造。在矿石中见有含锡石云英岩脉或其他各种含锡石岩脉，其脉幅>100 mm 的称为大脉状构造。

（6）团块状构造。在夕卡岩中，有时可见低温的闪锌矿呈团块出现，团块的大小>10 mm。在局部成矿有利地段，可见锡石呈团块状出现。

（7）角砾状构造。矿区所见有两种情况：一是含锡石、毒砂、方铅矿、闪锌矿等有用矿物的矿液直接充填胶结构造带中的岩石角砾，形成角砾状矿石。二是形成后的锡石、方铅矿、闪锌矿矿石，在构造活动中形成角砾，经过再胶结形成的角砾状矿石。此种构造在构造蚀变带型锡矿中较为常见。

（8）块状构造。主要分布于各民窿坑道及老窿中，钻孔内少见。磁铁矿、毒砂、锡石、方铅矿、闪锌矿在矿脉的局部地段富集，或者集合体呈大脉状产出，形成致密块状矿石。

（9）条带状构造。矿石中见磁铁矿、粒硅镁石、氟硼镁石、萤石或磁铁矿与硫化物呈大致的条带状出现（图9-32h、图9-33a~d）。

（10）豆状（或斑点状）构造。磁铁矿的粒状集合体呈豆粒状、斑点状、出现在矿石中，粒径一般5~15mm，有时见锡石呈微细粒状分布在豆粒中或豆粒的周围，脉石矿物主要为石英、金云母透闪石等（图9-33e~f）。

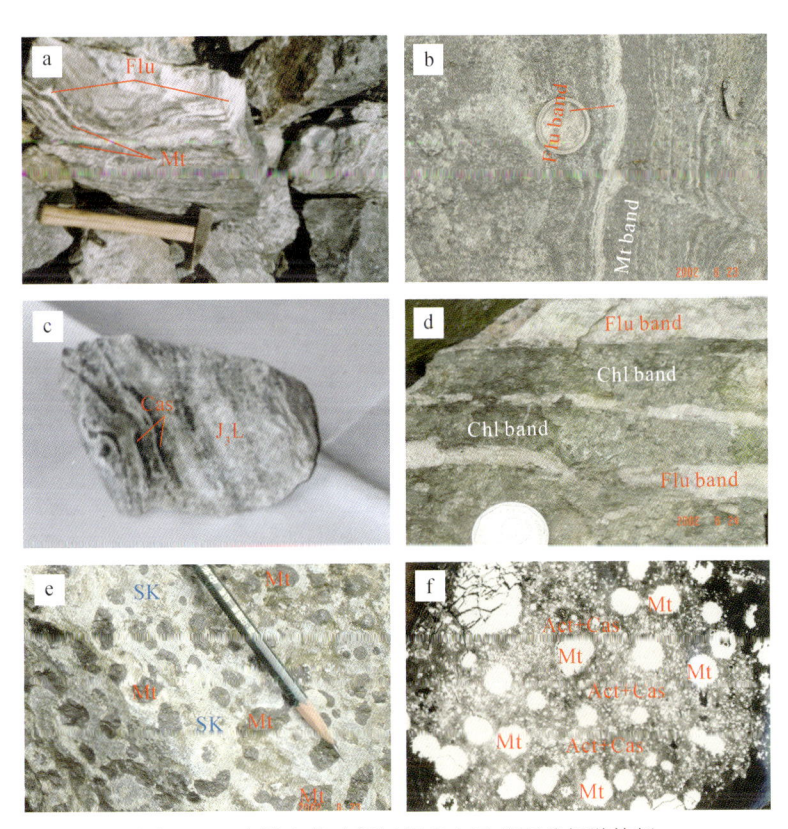

图9-33 白腊水找矿靶区锡多金属矿石矿相学特征

a-19号矿体条带状锡矿石中磁铁矿（Mt）、萤石（Flu）分别呈黑色和白色的条带；b-19号矿体中的条带状锡矿石，Mt-磁铁矿，Flu-白色萤石条带；c-19号矿体中条带状锡矿石，J₃L-矿化花岗岩，Cas-锡石脉；d-10号矿体钠长石化斑状花岗岩型锡矿中的萤石脉（Flu）和绿泥石（Chl）脉；e-采坑CK18北壁19矿体中的豆状磁铁矿，SK-夕卡岩，Mt-豆状磁铁矿；f-斑点状（或豆粒状）构造：磁铁矿（Mt）集合体呈斑点状与透闪石、锡石等（Act+Cas）共同出现在矿石中，单偏光

（11）皮壳状构造。近地表的矿石中常可见到此类构造，锡石、铁闪锌矿分布于褐铁矿、赤铁矿之中，后者则像皮壳一样裹在前者周围。

9.1.4.2 有益组分含量、赋存状态及变化规律

1. 主要有益组分含量

矿石中主要有益组分 Sn 在不同类型的矿体中或矿体的不同部位，矿化强度有较大的差异。现将 Sn 元素在矿体中的含量变化情况，按<0.15%、0.15%~<0.25%、0.25%~0.5%、0.5%~<1%、1%~<2%、≥2%等几个品位区间，进行元素含量区间样品所占百分数的统计，其结果详见表 9-15。可以看出：

表 9-15 各锡矿体化学样品锡含量分级统计表

矿床类型	矿体号	样品总数	样品数百分数	品位分级/% <0.15	0.15~<0.25	0.25~<0.5	0.5~<1	1~<2	≥2
复合型	19	298	个	36	53	79	64	49	17
			%	12.08	17.79	26.51	21.48	16.44	5.70
蚀变岩体型	10	133	个	9	18	59	38	9	0
			%	6.77	13.53	44.36	28.57	6.77	0.00
	31	18	个	1	7	7	2	1	0
			%	5.56	38.89	38.89	11.11	5.56	0.00
	40	6	个	0	0	3	2	1	0
			%	0.00	0.00	50.00	33.33	16.67	0.00
	32	2	个	0	0	0	2	0	0
			%	0.00	0.00	0.00	100.00	0.00	0.00
	42	23	个	1	5	6	2	2	7
			%	4.35	21.74	26.09	8.70	8.70	30.43
	小计	218	个	15	37	90	53	16	7
			%	6.88	16.97	41.28	24.31	7.34	3.21
构造蚀变带型	43	70	个	5	10	16	19	14	6
			%	7.14	14.29	22.86	27.14	20.00	8.57
	35	36	个	4	7	15	7	3	0
			%	11.11	19.44	41.67	19.44	8.33	0.00
	48	14	个	1	2	3	5	3	0
			%	7.14	14.29	21.43	35.71	21.43	0.00
	15	10	个	0	2	4	4	0	0
			%	0.00	20.00	40.00	40.00	0.00	0.00
	16	3	个	0	1	2	0	0	0
			%	0.00	33.33	66.67	0.00	0.00	0.00
	29	2	个	0	0	1	1	0	0
			%	0.00	0.00	50.00	50.00	0.00	0.00
	45	9	个	1	5	1	1	1	0
			%	11.11	55.56	11.11	11.11	11.11	0.00
	46	5	个	1	1	3	0	0	0
			%	20.00	20.00	60.00	0.00	0.00	0.00

续表

矿床类型	矿体号	样品总数	样品数百分数	品位分级/%						
				<0.15	0.15~<0.25	0.25~<0.5	0.5~<1	1~<2	≥2
构造蚀变带型	11	4	个	0	0	0	1	3	0
			%	0.00	0.00	0.00	25.00	75.00	0.00
	12	4	个	0	0	1	0	1	2
			%	0.00	0.00	25.00	0.00	25.00	50.00
	18	3	个	0	0	2	0	1	0
			%	0.00	0.00	66.67	0.00	33.33	0.00
	22	7	个	0	0	2	3	0	2
			%	0.00	0.00	28.57	42.86	0.00	28.57
	小计	131	个	8	21	35	34	23	10
			%	6.11	16.03	26.72	25.95	17.56	7.63
合计		647	个	59	111	204	151	88	34
			%	9.12	17.16	31.53	23.34	13.60	5.26

(1) 整个找矿靶区中，Sn 含量等于或大于 0.25% 的样品数所占比例达到了 73.72%；Sn 含量等于或大于 0.5% 的样品数所占比例达 42.19%；而 Sn 含量等于大于 0.5% 的样品数又占等于或大于 0.25% 样品数的 57.23%。可见整个矿区 Sn 元素的矿化强度总体上是很强的。

(2) 在构造蚀变带-夕卡岩复合型、蚀变岩体型及构造蚀变带型三种不同类型的矿体中，等于或大于 0.5% 的样品数所占比例分别为 43.62%、30.93% 及 49.23%。由此可见，构造蚀变带型锡矿矿化强度最强；而在蚀变岩体型矿体中所占比例则较小，且品位等于大于 1% 的样品数所占比例很小，Sn 含量主要分布在 0.2%~1% 区间内，这说明蚀变岩体型锡矿石的矿化强度是最均匀的。

(3) 虽然就整个靶区而言，锡的矿化强度总体上是比较均匀的，但不同的锡矿类型之间、同一类型的不同矿体之间甚至同一矿体的不同部位，各含量区间内所占比例数亦存在一定的差异，这说明区内锡矿化强度亦存在一定的不均匀性。

2. 主要有益组分的赋存状态

矿石中的主要有益组分为 Sn。经光学显微镜鉴别、电子探针分析及物相分析等多种手段查明，矿石中 Sn 元素主要以锡石 Sn 状态存在，仅有少量硫化锡、硅酸锡及胶态锡产出，锡石 Sn 在矿石中的占有率达 91.85%~97.77%，其他状态仅为 2.23%~8.15%，不同锡矿类型锡的物相分析结果详见表 9-16。

表 9-16 锡的化学物相分析结果（%）

锡矿类型	锡相	锡石锡	硫化锡	胶态锡	硅酸锡	合计
构造蚀变带-夕卡岩复合型	含量	0.6889	0.0058	0.0041	0.0512	0.7500
	分布率	91.85	0.77	0.55	6.83	100
蚀变岩体型	含量	0.4450	0.0005	0.0017	0.0144	0.4616
	分布率	96.40	0.11	0.37	3.12	100
构造蚀变带型	含量	1.0988	0.0055	0.004	0.0155	1.1238
	分布率	97.77	0.49	0.36	1.38	100.00

3. 主要有益组分的变化规律

鉴于靶区内不同锡矿类型的矿体数量众多，因此，在讨论有益组分变化规律时，对每种锡矿类型只选择 1 个有代表性的矿体进行论述。

1) 19 号矿体 (构造蚀变带-夕卡岩复合型)

19 号矿体单工程锡 Sn 品位 0.168%~4.20%，矿体 Sn 平均品位 0.852%，Sn 品位变化系数 107.28%，较均匀。从走向上看，矿体中部 70-80 线间 Sn 含量较高，平均在 0.7% 以上，向南向北品位则逐渐降低 (图 9-34)。从垂向上看，矿体在 590~680 m 标高段内 Sn 相对富集 (图 9-35)，由于该矿体受断裂构造及夕卡岩形态的双重控制，在近地表 (600~700 m) 矿体厚度 (或宽度) 大，往深部 (550 m 或 600 m 以下) 则只受断裂构造的控制，矿体厚度明显变小；沿走向在 70-80 线间矿体厚度 (或宽度) 大，往南向北厚度逐渐变小。矿体厚度与品位大致呈正相关关系，即厚度增加，品位亦升高。但在某些地段，上述变化趋势亦不很明显，甚至相反。

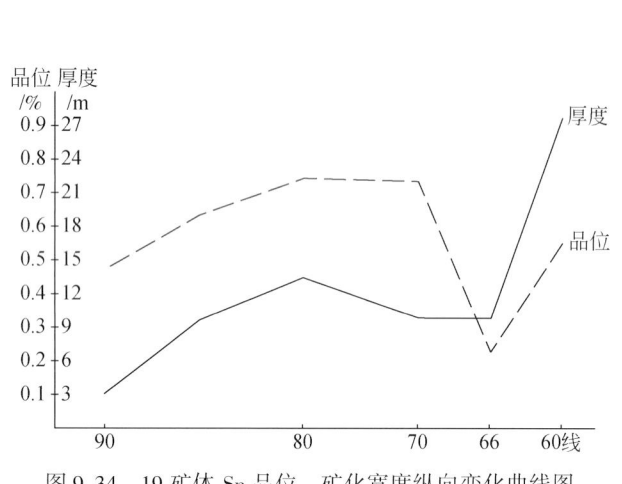

图 9-34 19 矿体 Sn 品位、矿化宽度纵向变化曲线图

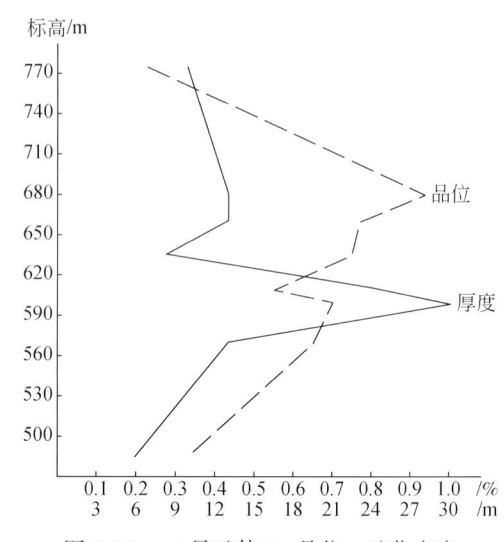

图 9-35 19 号矿体 Sn 品位、矿化宽度垂向变化曲线图

2) 10 号矿体 (蚀变岩体型)

10 号矿体单工程 Sn 品位 0.362%~0.783%，矿体 Sn 平均品位 0.582%，Sn 品位变化系数为 35.78%，均匀。单工程矿体厚度 1.68~45.27 m，矿体平均厚度 13.01 m，厚度变化系数为 94.62%，较稳定。从走向上看，矿体在 01 线附近最为厚大，平均厚度在 21 m 以上，而在 09 线附近，Sn 品位较为富集，达 0.7% 以上 (图 9-36)。从垂向看，Sn 品位呈跳跃性变化，在 1085 m 标高段较为富集，并且在 1000 m 标高以下有富集的趋势，厚度则在 1010 m 标高段最大，在局部 (01 线) 矿体厚度达 50 m。厚度与品位大致呈正相关关系，但关系亦不是很明显 (图 9-37)。

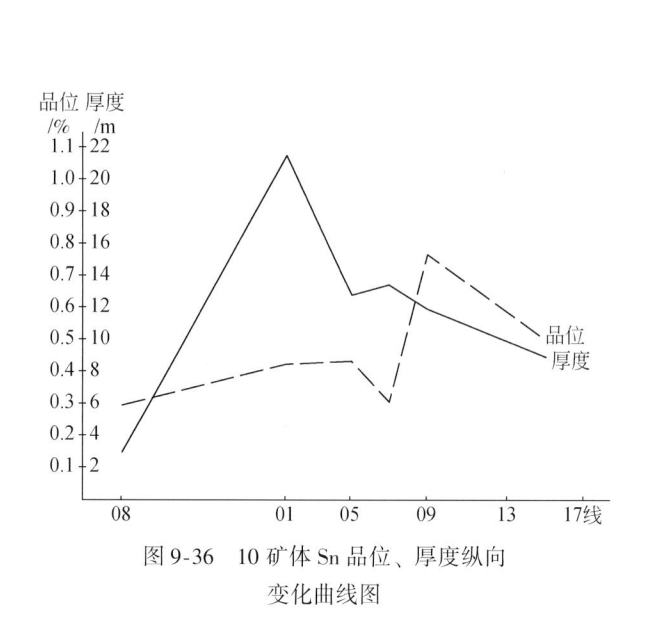

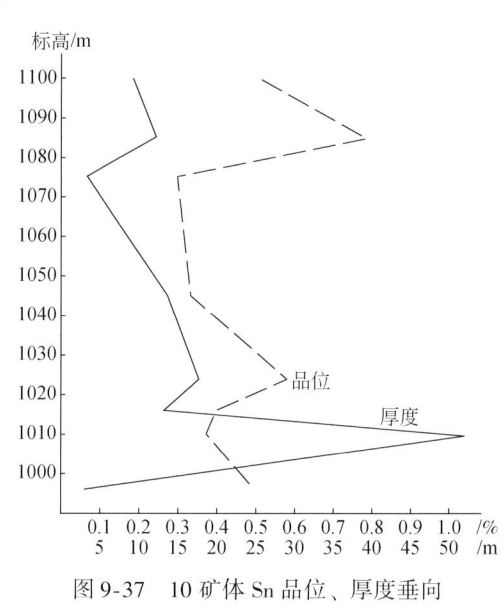

图 9-36 10 矿体 Sn 品位、厚度纵向变化曲线图

图 9-37 10 矿体 Sn 品位、厚度垂向变化曲线图

3）43号矿体（构造蚀变带型）

43号矿体单工程Sn品位0.214%~3.128%，矿体Sn平均品位0.967%，Sn品位变化系数75.85%，较均匀。单工程矿体厚度0.35~22.32 m，矿体平均厚度5.33 m，厚度变化系数108.80%，较稳定-不稳定。从走向上看，Sn品位呈跳跃性变化，在90线及100线附近相对富集，Sn平均品位在1.3%以上，而厚度则在86线附近较大，平均厚度近10 m。从垂向上看，厚度呈跳跃性变化，在570 m及660 m标高段较为厚大，平均厚度大于8.8 m，而Sn品位则在480 m标高段较为富集，平均达1.4%以上。该矿体厚度与品位大致呈正相关关系（图9-38、图9-39）。

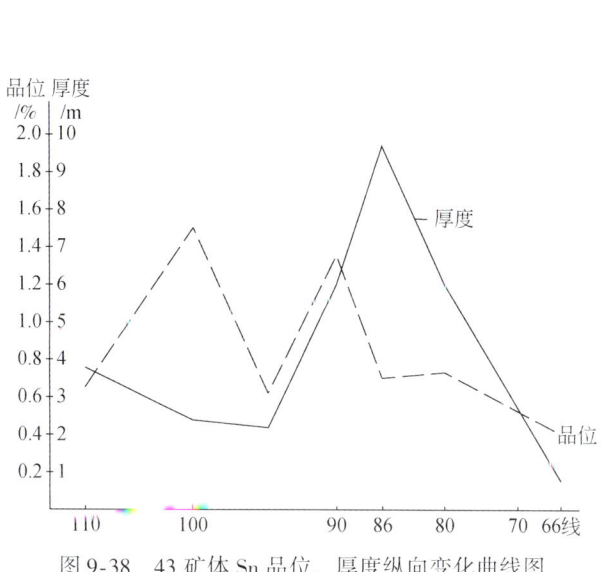

图9-38 43矿体Sn品位、厚度纵向变化曲线图

图9-39 43矿体Sn品位、厚度垂向变化曲线图

4. 伴生有益组分的含量及赋存状态

矿体中除主要有用组分Sn外，尚伴生有一定量的WO_3、Cu、Ag、Bi、Fe等有益元素，现将几种主要的伴生有益元素简述如下。

（1）WO_3：主要分布在构造蚀变带-夕卡岩复合型锡矿中，多以白钨矿的形式出现，WO_3含量一般在0.029%~0.662%，最高可达2.91%，在锡精矿中WO_3含量可达3.15%，可综合回收利用。

（2）Cu：主要呈黄铜矿出现，次呈铜蓝、辉铜矿等产出，呈星点状、细脉浸染状及小团块状分布于各类型锡矿中，以构造蚀变带-夕卡岩复合型矿石含量为最高。在矿石中Cu含量0.05%~1.26%，最高可达1.46%。经选矿流程试验，Cu是主要的综合回收利用对象之一。

（3）Ag：主要分布于铅锌矿石中，一般含量5.65~86.63 g/t，其赋存状态及利用价值尚不清楚。

（4）Bi：主要呈辉铋矿及自然铋出现，呈不规则粒状、细脉浸染状产出，在矿石中Bi含量0.037%~0.845%，其利用价值尚不清楚。

（5）Fe：主要以磁铁矿、磁黄铁矿、钛铁矿、褐铁矿等形式存在，在各类型锡矿中均有分布，其含量在各类型锡矿中变化较大，在3.19%~34.0%之间，最高可达46.75%，以构造蚀变带-夕卡岩复合型锡矿中含量最高（平均达12.48%）。经选矿流程试验，可获得含Fe 65.92%的铁精矿，在局部地段如60线有致密块状磁铁矿分布，可单独开采。

5. 有害元素种类及含量情况

能回收的部分有益组分，一旦回收不好，进入其他精矿，就会影响到精矿质量，该元素就变成有害组分。本区影响精矿质量的有害杂质有：S、As、Bi、Sb、SiO_2等，若用D2/T 0201-2002一类三级（四级）锡精矿国家标准衡量，个别样品中的个别指标超过国家标准。这有待今后工作的进一步研究，不断总结经验，逐步提高除杂水平，以获得更好质量的锡精矿。

9.1.4.3 矿石类型

1. 自然类型

根据组合样品及选矿大样的物相分析资料，锡主要是以锡石锡的形式存在，分布率为 91.85% ~ 97.77%，其他状态分布率仅为 2.23% ~ 8.15%。因此，白腊水找矿靶区的矿石自然类型属原生锡矿石。

2. 工业类型

根据矿石主要矿物的组合特征，可把本区锡矿石划分为以下八种主要矿石类型：

1) 石英-锡石矿石

主要分布于 11、12、22 等构造蚀变带型锡矿体中。矿石矿物主要为锡石，次为黄铜矿、黄铁矿、磁黄铁矿、方铅矿、闪锌矿、毒砂、磁铁矿等。脉石矿物主要为石英、长石，次为绢云母、绿泥石、电气石等。Sn 含量达工业品位，锡石、黄铁矿等分布于石英颗粒之间，与之彼此镶嵌。该类矿石中石英含量高，并常伴有石英脉穿插及云英岩化、硅化等蚀变。

2) 透辉石-透闪石-锡石矿石

主要分布于构造蚀变带-夕卡岩复合型 19 号锡矿体南段 70-80 线，少量分布于构造蚀变带型 43 号锡矿体中段，多位于灰岩与花岗岩接触带附近。矿石矿物主要为锡石，次为毒砂、黄铁矿、黄铜矿等硫化物，脉石矿物主要为透辉石、透闪石、钠长石，次为绿泥石、石榴子石、阳起石等，Sn 品位一般在 0.2% ~ 1.5%。

3) 绿泥石-钠长石-锡石矿石

广泛分布于蚀变岩体型锡矿体中（如 10、32 等矿体），少量分布于构造蚀变带型（如 35 矿体）及构造蚀变带-夕卡岩复合型锡矿（如 19 矿体）中。主要矿石矿物为锡石，次为黄铜矿、黄铁矿、毒砂、方铅矿、闪锌矿、板钛矿等，主要脉石矿物为钠长石、绿泥石，次为绢云母、斜长石、石英、黑云母等。Sn 的矿化强度与钠长石化、绿泥石化、云英岩化的强弱有关，蚀变越强，Sn 含量越高，反之，则低。

4) 黄铜矿-锡石矿石

此类矿石类型分布广泛，区内各类型锡矿体中均可见到。矿石矿物主要为锡石、黄铜矿，次为磁黄铁矿、黄铁矿、毒砂等（图 9-40a ~ b）。脉石矿物主要为斜长石、石英、绿泥石、透辉石、透闪石、黑云母等。锡达工业品位，Cu 局部达工业品位（如 PD73、XJ3 等工程中所见之矿石）。

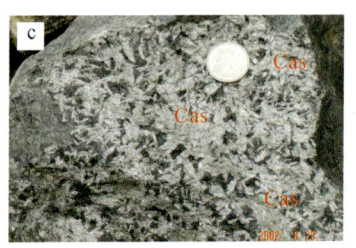

图 9-40 白腊水找矿靶区锡多金属矿石野外照片

a-19 号矿体中的黄铜锡石矿石，Cc-黄铜矿，Mt-磁铁矿，Flu-萤石；b-19 号矿体中的黄铜锡石矿石，As-毒砂，Cc-黄铜矿，Mb-大理岩，SK-夕卡岩；c-19 号矿体中的毒砂锡石矿石，Cas-锡石

5) 毒砂-锡石矿石

矿区内此类矿石较为常见，但在构造蚀变带-夕卡岩复合型锡矿体中发育最好（图 9-40c）。主要矿石矿物为锡石、毒砂，次为黄铜矿、黄铁矿、磁黄铁矿等，脉石矿物主要为石英、钠长石、透辉石等。毒砂与锡石关系密切，一般情况下有毒砂出现，就有 Sn 矿化；毒砂含量越高，则锡石含量亦越高。

6) 磁铁矿-锡石矿石

主要分布于构造蚀变带-夕卡岩复合型锡矿（如19矿体北段）及构造蚀变带型锡矿（如35矿体中段）中。矿石矿物主要为锡石、磁铁矿，有少量的黄铁矿、黄铜矿、方铅矿、闪锌矿等。脉石矿物为石英、透辉石、透闪石、钠长石、金云母、绿泥石、符山石、电气石等。有用组分主要为锡石，Sn含量达工业品位，锡石往往呈星散浸染状沿磁铁矿边缘交代分布或呈包裹体嵌布在磁铁矿内部。伴生有用矿物为磁铁矿，Fe局部达工业要求，磁铁矿含量极高时，形成块状磁铁矿石。

7) 磁黄铁矿-黄铁矿-锡石矿石

此类矿石在矿区分布广泛，各类型锡矿体中均可见到。矿石矿物主要为锡石、磁黄铁矿、黄铁矿，次为黄铜矿、白钨矿、方铅矿、闪锌矿、毒砂等。脉石矿物主要为绿泥石、绢云母、钠长石、透辉石、透闪石、阳起石、金云母、符山石、电气石等。矿石中磁黄铁矿、黄铁矿往往呈稠密细脉浸染状、团块状分布。主要有用矿物为锡石，Sn达工业品位。

8) 方铅矿-闪锌矿-锡石矿石

矿区内此类矿石较为少见，主要分布在清水江45、46矿体的北东段。矿石矿物主要为锡石、方铅矿、闪锌矿，次为磁黄铁矿、黄铁矿、黄铜矿等。脉石矿物主要为石英、长石、绢云母、绿泥石等。主要有用矿物为锡石，Sn达工业品位。伴生有用组分有Cu、W、Pb、Zn、Ag、Bi等，Pb、Zn在局部达工业要求。

9.1.5 资源量估算

经资源量估算（表9-17），白腊水找矿靶区内共求得333+334矿石资源量5094.87万t（其中333资源量2623.8万t），Sn金属资源量42.2万t（其中333资源量23.65万t）、Sn平均品位0.828%；伴生资源量Cu 12.08万t、WO_3 2.97万t、Bi 2.60万t、Ag 1191.33t。其中：

表9-17 白腊水找矿靶区主要锡矿体资源量估算表

锡矿类型	矿体编号	Sn品位分级/%	锡资源量/t 333	锡资源量/t 334	锡资源量/t 333+334
构造蚀变带-夕卡岩复合型	19	≥0.25	210138.14	53498.92	263637.06
蚀变岩体型	10	≥0.25	6085.70	10725.19	16810.89
	31	≥0.25		2673.17	2673.17
		<0.25		46.52	46.52
		合计		2719.69	2719.69
	42	≥0.25	10496.74	16048.98	26545.72
	40	≥0.25		3768.06	3768.06
	32	≥0.25		747.14	747.14
构造蚀变带型	43	≥0.25	8765.70	50598.23	59363.93
		<0.25		194.80	194.80
		合计	8765.70	50793.03	59558.73
	48	≥0.25		3748.71	3748.71
	22	≥0.25	884.38	6495.70	7380.08
	11	≥0.25		2609.52	2609.52
	12	≥0.25		5647.85	5647.85
	35	≥0.25		14325.94	14325.94

续表

锡矿类型	矿体编号	Sn 品位分级/%	锡资源量/t		
			333	334	333+334
构造蚀变带型	18	≥0.25		1976.24	1976.24
	46	≥0.25		278.61	278.61
		<0.25		938.42	938.42
		合计		1217.03	1217.03
	45	≥0.25		4313.76	4313.76
		<0.25	109.24	1142.65	1251.89
		合计	109.24	5456.41	5565.65
	16	≥0.25		944.92	944.92
		<0.25		116.37	116.37
		合计		1061.29	1061.29
	29	≥0.25		336.99	336.99
	15	≥0.25		4197.33	4197.33
		<0.25		153.96	153.96
		合计		4351.29	4351.29
全区		≥0.25	236370.66	182935.26	419305.92
		<0.25	109.24	2592.72	2701.96
		总计	236479.90	185527.98	422007.88

(1) 构造蚀变带-夕卡岩复合型矿体（19号矿体）共求得333+334矿石资源量3092.86万t（其中333资源量2317.96万t），Sn金属资源量26.36万t（其中333资源量21.01万t）、Sn平均品位0.852%。

(2) 蚀变岩体型矿体共求得333+334矿石资源量598.13万t（其中333资源量186.57万t），Sn金属资源量5.06万t（其中333资源量1.05万t），Sn平均品位0.846%。

(3) 构造蚀变带型矿体共求得333+334矿石资源量1403.88万t（其中333资源量119.27万t），Sn金属资源量10.78万t（其中333资源量0.98万t），Sn平均品位0.768%。

9.2 山门口找矿靶区

山门口找矿靶区位于骑田岭复式花岗岩体南部内外接触地带，白腊水找矿靶区的东部（图9-1），面积106.25 km²。地理坐标：北纬25°24′22″~25°28′55″、东经112°51′05″~112°58′35″；平面直角坐标：X为2811500~2820000、Y为38384500~38397000，该靶区可分为山门口、麻子坪、淘锡窝及狗头岭四个矿段，是芙蓉矿田的重要组成部分。靶区中心位于湖南省郴州市南偏西7°方位，直线距离约40 km。行政区划分主要属宜章县城南乡，部分属郴州市北湖区芙蓉乡管辖（图9-41）。

9.2.1 验证过程及工作方法

9.2.1.1 勘查过程

山门口找矿靶区的勘查工作与白腊水找矿靶区同步进行，也是国土资源大调查项目"湖南千里山-骑田岭锡铅锌矿评价"的重点矿产子项目之一。区内先后投入1:1万地质草测42.50 km²、1:5000地质简测52 km²、1:1万土壤测量22.80 km²、1:1万高精度磁测22.80 km²、1:5000高精度磁法和土壤精测

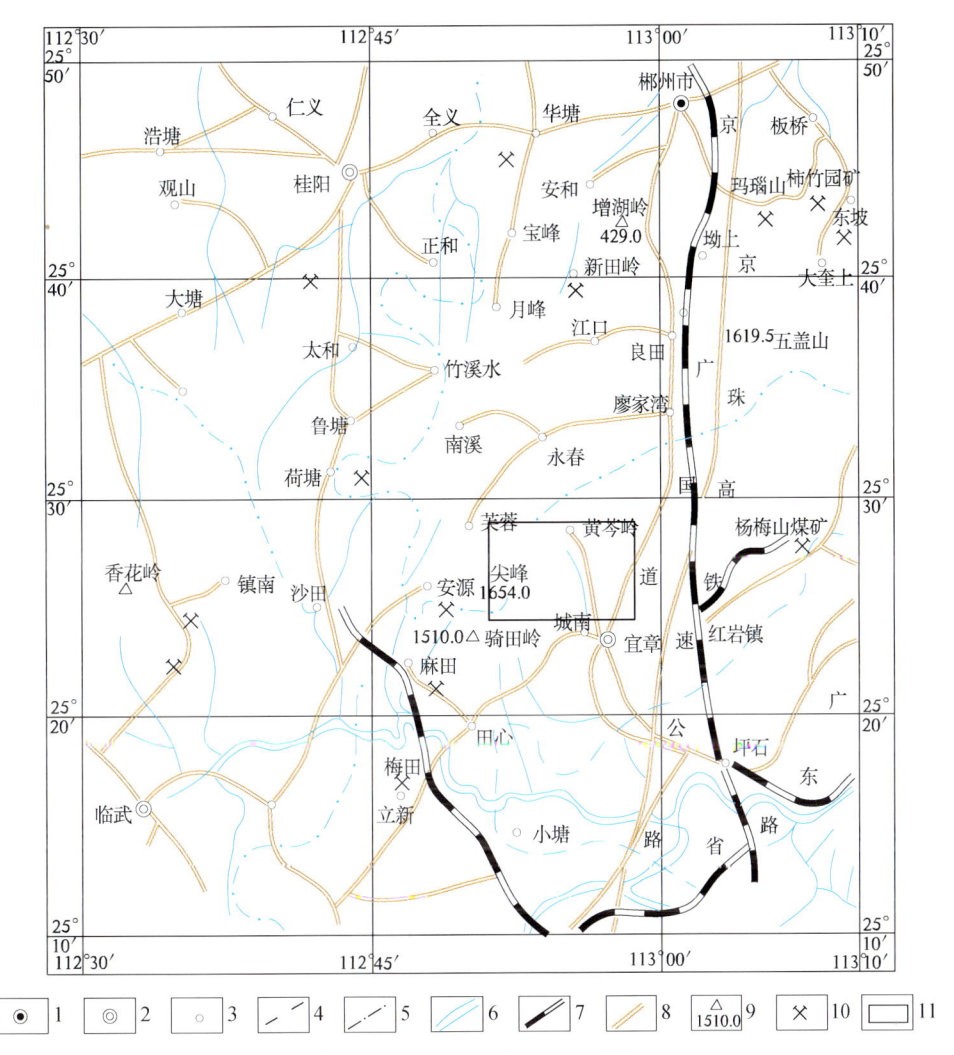

图 9-41 行政区划及交通位置图

1-市政府驻地;2-县政府驻地;3-乡镇村庄;4-省界;5-县界;6-河流;7-铁路;
8-公路;9-山峰及高程注记;10-矿山位置;11-找矿靶区位置

剖面各 4.76 km、槽探 11663.50 m³、钻探 6994.78 m、坑探 684.50 m、老窿调查清理 2741.70 m,以及各种样品 3984 个等工作量,至 2003 年野外工作结束共发现了构造蚀变带型、夕卡岩型、脉状云英岩型等不同类型的锡矿(化)脉 29 条,初步圈定了 27 个锡矿体,提交了一处可进一步进行详查工作的大型锡矿床。

9.2.1.2 主要工作方法

勘查工作方法主要是类比相邻白腊水找矿靶区进行,以地、物、化、遥相结合的综合找矿法对区内矿体进行了探索及控制:

(1) 在山门口找矿靶区内首先完成了 1:1 万地质草测和 1:5000 地质简测工作,以大致查明区内地层、岩浆岩、构造、热液蚀变的分布及与成矿的关系。

(2) 借鉴毗邻的白腊水找矿靶区进行的土壤化探、磁法、电法、汞气测量等方法试验、效果对比的成果,对本靶区东南部成矿条件较好的山门口—狗头岭一带开展了 1:1 万土壤化探和磁法面积性测量、并测制了 4 条 1:5000 地质物化探综合剖面,发现 15 个磁异常、14 个土壤综合异常,进一步圈定、缩小了找矿靶区。

(3) 在本靶区重点地段系统开展了老窿调查清理、槽探、剥土等地表工程揭露,对各重点地段内已知矿脉按一定间距进行了初步的揭露、控制,解决各矿脉的地表连接问题;并选择 54、55、3、62、8、

28等主要锡矿脉的成矿有利部位或较好的物化探异常区，利用钻探、坑探进行了深部验证工作。大致查明了区内各矿段锡矿体的分布、数量、形态、产状、规模及矿石质量等。

9.2.2 靶区找矿依据

9.2.2.1 成矿地质条件

1. 地层条件

山门口找矿靶区位于芙蓉矿田南东部，其出露地层及岩性与相邻白腊水矿区相似，有大埔组-马坪组（C_2d+P_1m）、栖霞组（P_2q）、孤峰组（P_2g）、龙潭组（P_3l^1）及第四系（Q），主要分布于区内南东部及南部的留军洞、饶钵井、草坪里、松山里、上吴家一带（图9-42），面积约39 km^2，占矿区总面积的36.7%。

2. 构造条件

山门口找矿靶区位于耒阳-临武南北向构造带东缘与茶陵-临武深断裂带的复合部位，构造发育，纵横交错，以北东向构造为主，北西向构造、近东西向构造、南北向构造次之。构造类型以断裂为主、褶皱次之。区内褶皱见有红毛塘-株树冲向斜、狗头岭倒转向斜等，褶皱较紧闭；因岩浆侵入及断裂破坏，个别钻孔中可见到老地层孤峰组位于新地层龙潭组之上（图9-43）。断裂构造数量达50余条，多延伸稳定，其中北东向断裂与矿化关系也最为密切，区域性大断裂如F_{60}、F_{26}、F_6、F_{59}等为区内的导矿构造，其次一级的断裂为区内的容矿构造。

1）北东向断裂

北东向断裂为区内主要控矿构造，已发现30多条多为新华夏系、华夏式构造，具多期次活动，同向倾斜、平行分布等特点。以压扭性为主，多呈舒缓波状产出，相伴生的低序次构造形迹亦较发育。其中：①F_6断层位于欧家洞—畔泥湖一带，长约21 km，为区域性深大断裂，贯穿整个骑田岭岩体南部。区内其北东端发育有4~20 m宽的角砾岩带，角砾呈次棱角状，次圆状、透镜状等，成分多为花岗岩、硅质、铁质胶结（图9-44）。②F_7断层位于满堂红—麻子坪—东边岭一带，走向长近2 km，为区内主要容矿构造之一。显示压扭性特征，破碎带宽0.82~2.50 m，为矿化构造角砾岩及碎裂花岗岩，角砾多呈扁豆状、透镜状，具定向排列，胶结物为铁质、硅质、泥质等。为控制6号矿体的控矿构造。③F_8断层位于龙帽岭一带，走向长近1200 m，为区内主要容矿构造之一。破碎带宽0.40~1.50 m，由碎裂花岗岩及构造角砾岩组成，局部可见断层泥。角砾大小不一，呈透镜状、扁豆状、具定向排列，胶结物为泥质、硅质等。属压扭性断层。为控制8号矿体的控矿断层。④F_{71}断层位于黑山里至乱石窝一带，为区内容矿构造。破碎带宽0.80~1.20 m，多由碎裂花岗岩、少为构造角砾岩组成。破碎带附近围岩普遍绢云母化、云英岩化等，为控制26矿体的控矿断层。⑤F_1断层发育于老容冲—桐木窝一带，破碎带宽1~4 m，其构造角砾岩和断层上下盘1~5 m内的岩石有硅化、绿泥石化等蚀变，并伴有锡矿化、黄铁矿化。局部地段形成了锡矿工业矿体（狗头岭矿区段的1号锡矿体）。⑥F_{122}断层发育于寿福林场—告公田一带，主要地段发育在细粒花岗岩中。断层破碎带宽1~4 m，其构造角砾岩和断层上下盘1~5 m内的岩石有硅化、绿泥石化等蚀变，并伴锡矿化、黄铁矿化，有的地段形成锡矿工业矿体（图9-45），61号锡矿体即是受其控制。⑦F_{128}断层分布于淘锡窝矿区中部，走向长约1900 m，南西段为细粒花岗岩充填，北东段为矿化构造破碎带。该断层为压扭性断层，是3号矿体的控矿断层。⑧F_{132}断层地表出露不明显，仅在深部钻孔中见其形迹。根据钻孔、地质剖面资料分析，该断层破碎带宽10~50 m，由构造角砾岩组成。构造角砾岩为碎裂结构、角砾状结构，有硅化、绿泥石化、云英岩化、绢云母化等蚀变，矿化主要为锡矿化、次有少量方铅矿、铁闪锌矿及黄铁矿化，局部可形成锡的工业矿体，为54、63号矿体控矿断层。⑨F_{59}断层为区域性断层，见于矿区东部牛栏湾、李家坳、李木塘一带。破碎带宽约1.5 m，构造角砾多由大理岩、花岗岩组成，钙、硅质及铁质胶结紧密。属压性断层。该断层发育于花岗岩中时，其上下盘岩石有硅化、绿泥石化现象。据已有的资料分析山门口矿段控矿断层均为与F_{59}断层有成生联系的低序次断层，因此，F_{59}断层为本区的导矿构造。

图 9-42 山门口找矿靶区地质图

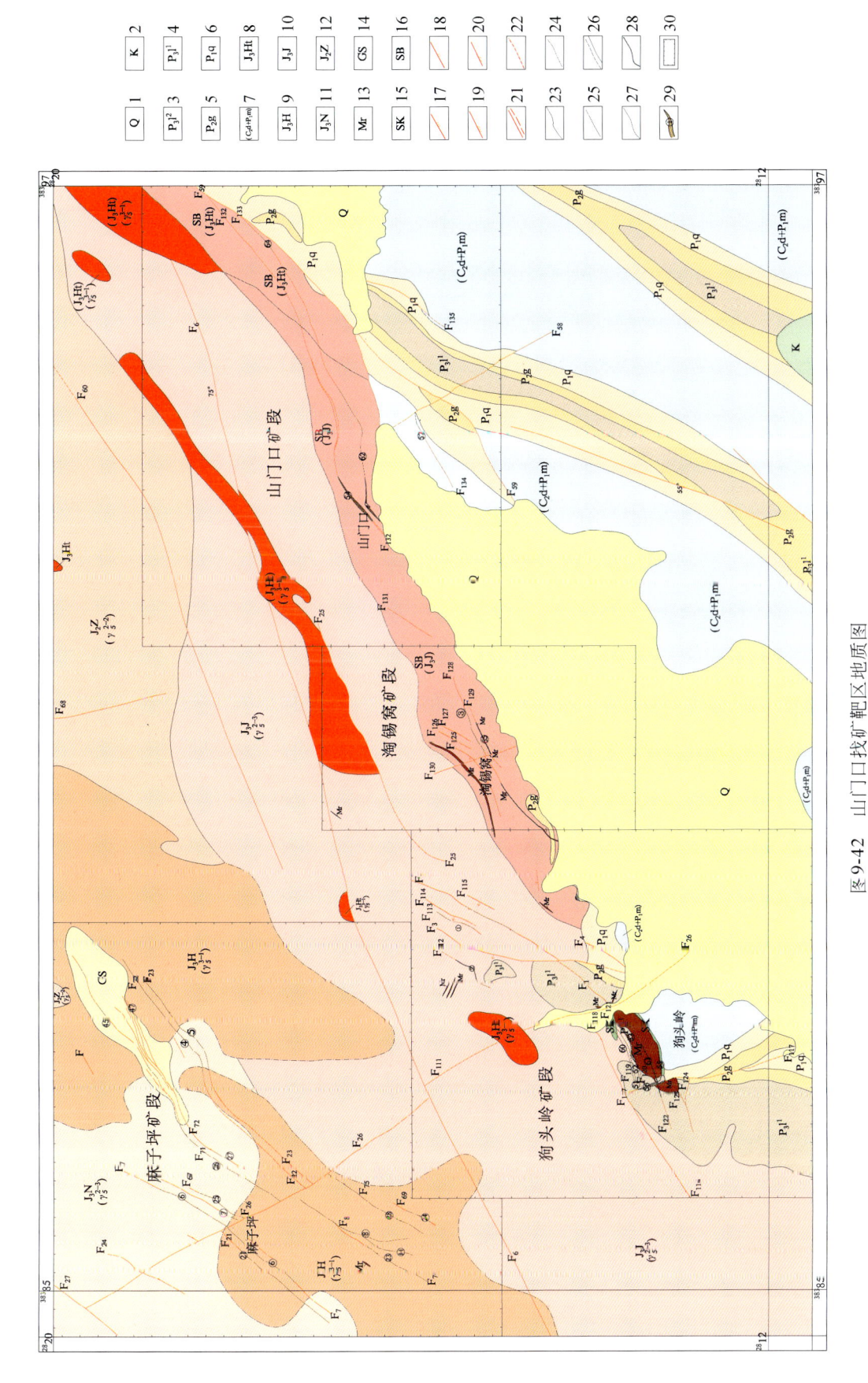

1-第四系；2-白垩系；3-二叠系大隆组；4-二叠系大隆组下段；5-二叠系孤峰组；6-二叠系栖霞组；7-石炭系—二叠系大埔组—马坪组；8-回头湾单元（燕山晚期第一阶段）；9-荒塘岭单元（燕山晚期第三阶段）；10-将军寨单元（燕山早期第三阶段）；11-横溪单元（燕山早期第二阶段花岗岩）；12-细粒斑花岗岩；13-细粒花岗岩；14-云英岩；15-夕卡岩；16-蚀变带；17-压扭性断层及产状；18-张扭性断层及产状；19-压性断层及产状；20-扭性断层及产状；21-性质不明断层；22-韧性剪切断层；23-花岗岩超动接触界线；24-花岗岩脉动接触界线；25-花岗岩涌动接触界线；26-实、推测地质界线；27-渐变地质界线；28-角度不整合接合界线；29-矿脉及编号；30-矿段名称及范围

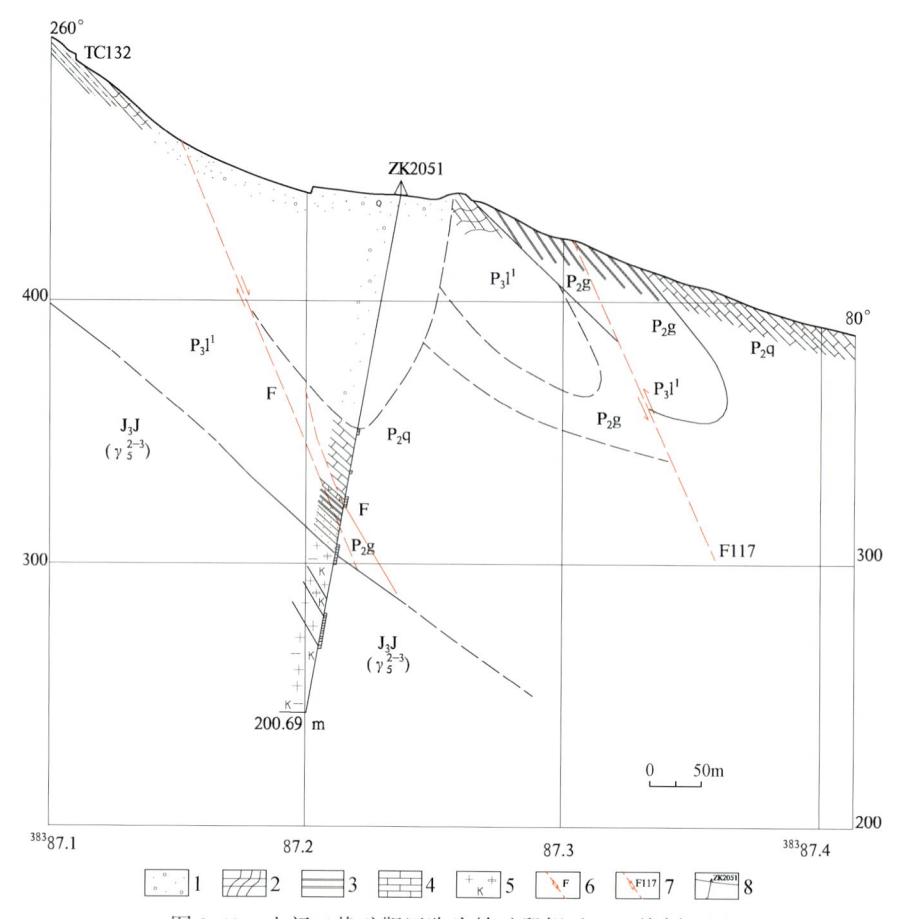

图 9-43 山门口找矿靶区狗头岭矿段锡矿 205 线剖面图

Q-第四系；P_3l^1-二叠系龙潭组下段；P_2g-二叠系孤峰组；P_2q-二叠系栖霞组；J_3J（γ_5^{2-3}）-将军寨单元（燕山早期第三阶段）。1-残坡积物；2-角岩；3-硅质岩；4-灰岩；5-中粗粒斑状角闪石黑云母钾长花岗岩；6-正断层F；7-逆断层；8-钻孔及编号

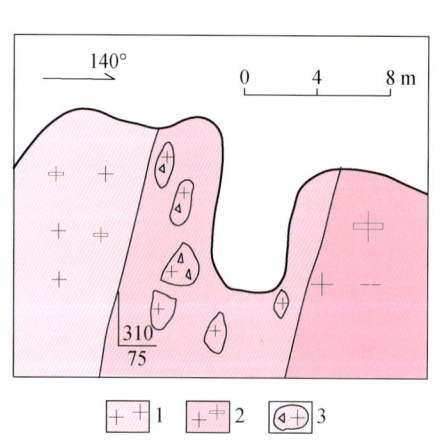

图 9-44 F_6 断裂破碎带素描图

1-细粒含斑状正长花岗岩；2-中粒斑状黑云母正长花岗岩；3-碎裂花岗岩

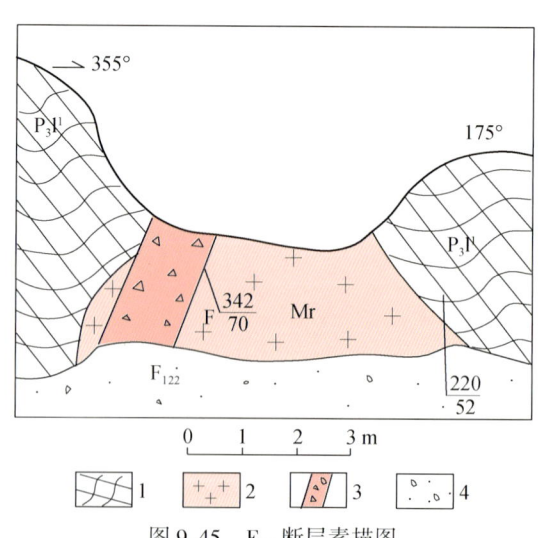

图 9-45 F_{122} 断层素描图

P_3l^1-龙潭组下段；Mr-细粒花岗岩；1-角岩；2-细粒花岗岩；3-破碎带；4-残坡积物

2）北西向断裂

该组断裂在区内不发育，具规模有 F_{26}、F_{130}、F_{58} 断层等，属压扭性，多错动北东向构造，其北东盘南移、而南西盘北移。其中，F_{26} 断层位于麻子坪—鸡公嘴—楼梯岭至狗头岭一线，断层破碎带宽 1~2 m，多由碎裂花岗岩组成，局部可见构造角砾岩。破碎带中常可见 2~3 条石英脉，脉幅 5~10 cm，产状与破碎带一致（图9-46）。F_{26} 断层两侧均分布有低序次的北东向控矿断层组，可能是本区导矿构造。

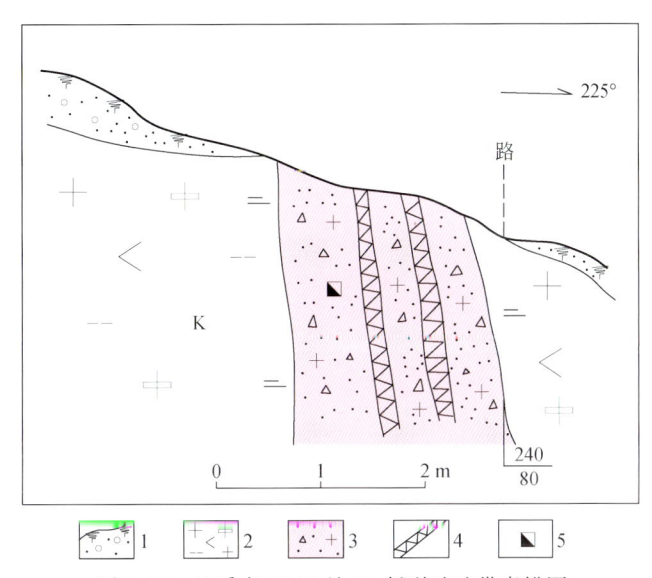

图9-46 地质点 D012 处 F_{26} 断裂破碎带素描图

1-腐殖土层；2-中粒斑状角闪石黑云母花岗岩；3-碎裂花岗岩；4-石英脉；5-褐铁矿

3）东西向断裂

该组断裂在区内不发育，仅见 F_{124}、F_{136} 断层。其中，F_{124} 断层分布于狗头岭矿段告公田南侧、平头岭西部，走向延伸 500 m。断层破碎带宽 0.1~0.5 m，发现有石英脉充填其中。破碎带及其上下盘的岩石有硅化、绿泥石化、黄铁矿化、锡矿化等，局部地段构成锡矿体。

4）南北向断裂

本区仅见一条编号为 F_{117} 的南北向断裂，分布在狗头岭矿段的平头岭西侧的江湾电站—告公田一带，走向长约 1700 m。该断层形迹压扭性特征明显，断层破碎带及其上下盘岩石有硅化、绿泥石化、黄铁矿化、磁铁矿化、锡矿化等，局部地段构成锡工业矿体。56号矿体受此断层控制。

3. 岩浆作用条件

山门口找矿靶区岩浆岩广泛发育，出露面积 67.25 km²，约占靶区总面积的 63.3%，岩性上均为花岗质岩浆岩。本区岩浆岩具多期次、多阶段侵入的特点，从早侏罗世到晚侏罗世都有活动，但以中晚侏罗世为主，岩相以中深成相为主，浅成相次之。根据 1:5 万永春-宜章幅区域地质调查成果及目前研究进展，本区的岩浆岩主要可归为菜岭、芙蓉两个超单元。其中菜岭超单元仅出露燕山早期第二阶段（γ_5^{2-2}）的樟溪水一个单元；芙蓉超单元出露有燕山早期第三阶段（γ_5^{2-3}）的南溪、将军寨单元和燕山晚期第一阶段（γ_5^{3-1}）的荒塘岭、回头湾单元等四个单元；脉岩主要为细粒花岗岩脉，也有少量的花岗斑岩脉。其中芙蓉超单元与成矿关系密切。

1）樟溪水单元（J_2Z）

樟溪水单元呈一岩株分布于山门口找矿靶区北部的东侧，出露面积约 7.5 km²。据 1:5 万永春-宜章幅区域地质调查成果及最新研究进展，属中侏罗世产物。其岩性主要为中粒斑状角闪黑云母钾长花岗岩、其次为二长花岗岩。岩石呈似斑状结构、块状构造，基质为中粒结构，其矿物成分等特征详见表9-1。其中，岩石中斜长石局部可见环带构造；石英略具波状消光；黑云母大都已绿泥石化。

岩石化学成分和 CIPW 计算及有关参数值详见表 4-16。从表中可看出：SiO_2 明显低于芙蓉超单元，更低于中国花岗岩及南岭花岗岩平均值，属中酸性-酸性岩类；Al_2O_3 接近于中国花岗岩及南岭花岗岩平均值，而 TiO_2、Fe_2O_3+FeO、K_2O+Na_2O、P_2O_5 均高于中国花岗岩及南岭花岗岩平均值，可能与单元中存在闪长质包体有关。$Al_2O_3>CaO+Na_2O+K_2O$，δ 为 3.728、A·R 为 2.843、DI 为 82.79、SI 为 5.924，属铝过饱和钙碱性系列岩体。在 CIPW 标准矿物中，出现 C 值（2.361）。本单元主要微量元素的定量光谱分析详见表 4-18。其中，F、Sn、Bi、U 等元素含量较高，远远大于维氏值；Ba、Sr 等明显低于维氏值；其他元素在维氏值上下波动。

副矿物组合属磁铁矿-钛铁矿-钍石-磷灰石型（表 4-17），除出现常见的磁铁矿、钛铁矿、榍石、锆石、磷灰石、角闪石外，还出现了钍石，但很少见独居石。

2) 南溪单元（J_3N）

仅分布于靶区北西部麻子坪矿段廖家洞村、东边岭、廖家洞电站等地，出露面积约 6.5 km^2，呈岩基、岩株状侵入于早期岩浆岩中，区域上与早期岩浆岩呈渐变关系，过渡带几十至 100 cm 不等，既有脉动接触也有涌动接触。岩石类型为中粒斑状（角闪石）黑云母钾长（二长）花岗岩，矿物组成及相关参数见表 9-1。据薄片鉴定，岩石中钾长石有序度较高，ΔY 为 0.959、ΔZ 为 0.926，为最大微斜长石。

本单元岩石化学成分稳定（表 4-16），标准矿物 C 含量很低、平均 0.03 左右，反映出本单元岩石从正常类型向铝过饱和类型过渡的特征。特征参数 δ 为 3.02、A·R 为 2.778、DI 为 82.91、SI 为 3.61。微量元素中 W 含量较高（表 4-18），为维氏值的 12 倍，且离散度较大，部分样品中 W 高达 500×10^{-6}。其他元素 Sn、Bi、Pb、Cu、As、Nb 等也高于维氏值，而 Mo、Zn、B、Ba、Cr、Ni、Co、V 等则低于维氏值。

副矿物共有 26 种（表 4-17），总量 3298.29 g/t。主要有磁铁矿、钛铁矿、锐钛矿、榍石、黄铁矿、褐铁矿、金红石、白钨矿、锡石、方铅矿、铁闪锌矿、锆石、磷钇矿、磷灰石、石榴子石、角闪石、萤石、褐帘石等，个别样品中出现铌钽铁矿、红柱石等。该单元铁、钛矿物、榍石、石榴子石、角闪石等含量较高。

3) 将军寨单元（J_3J）

组成该单元的岩浆岩广泛分布于靶区中部，呈北东向贯通全区，出露面积约 40 km^2，约占花岗岩出露面积的 59%。岩体呈岩株状侵入早期岩浆岩中。在山门口找矿靶区东南部山门口、西南部狗头岭一带，该单元与大埔组-马坪组灰岩及龙潭组砂页岩的接触带及附近，岩石强烈大理岩化、硅化、角岩化等。在山门口、淘锡窝一带离接触带 200～1000 m 范围内的内接触带花岗岩有强弱不一的云英岩化、绿泥石化、绢云母化、硅化等蚀变，在其间的断裂带中局部地段锡矿化较强而构成构造蚀变带型锡矿体。如山门口矿段的 54 号矿体。岩石类型以粗中粒斑状黑云母钾长花岗岩为主，局部地段为细粒、细中粒钾长花岗岩，岩石中包体极少见。岩石呈似斑状结构、块状构造。主要矿物成分及相关参数见表 9-1。

该单元中岩石化学成分较稳定（表 4-16），属铝过饱和、钙碱性酸性岩。岩石中微量元素 W、Sn、Bi、Pb、Zn、F、As 含量较高，其中 Bi 达 26.6×10^{-6}，是所有单元中含量最高的。但 Cu 含量较低，是维氏值的 0.5 倍（表 4-18）。

岩石中共发现副矿物 22 种（表 4-17），主要有磁铁矿、钛铁矿、褐铁矿、赤铁矿、锡石、锆石、独居石、萤石等，副矿物总量 575.95 g/t。但该单元副矿物总量特别是磁铁矿、钛矿物的含量明显低于南溪等早期单元，而锡石、萤石等含量特别高，分别达 62.78 g/t、268.28 g/t，是其他单元的数十倍甚至数百倍，这说明将军寨单元与本区及至骑田岭岩体南部众多的原生锡矿及砂锡矿有着成因上的联系。

4) 荒塘岭单元（J_3H）

主要分布于区内北东部的满堂红、黑山里等地，出露面积约 12 km^2。呈岩株状侵入早期侵入体或早期侵入体之间的接触地带，在接触带附近靠荒塘岭单元一侧往往形成细粒花岗岩冷凝边（图 9-47）。在靶区的西侧，该单元与龙潭组砂页岩接触的外接触带及附近的岩石强烈硅化、角岩化等，蚀变强烈地带或断裂构造发育部位常伴随锡矿化作用,并可形成工业矿体。岩石类型为中细粒少斑黑云母钾长花岗岩,似斑状结构、块状构造,矿物组成及相关参数见表9-1。

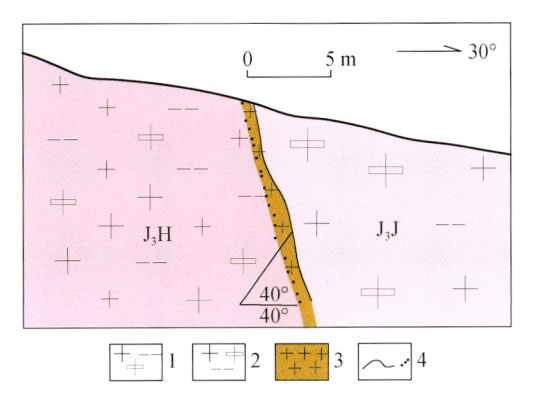

图9-47 D045点荒塘岭单元与将军寨单元接触关系示意图

J_3H-荒塘岭单元;J_3J-将军寨单元;1-中细粒少斑黑
云母正长花岗岩;2-粗中粒斑状黑云母正长花岗岩;
3-细粒花岗岩冷凝边;4-突变、渐变地质界线

岩石化学成分稳定(表4-18),主量元素显示该单元岩石类型为铝过饱和类型,标准矿物中C(1.82)>1,个别出现Di值。参数中δ在2.158~2.934、平均2.34;DI为91.48、SI为1.97。该单元岩石中微量元素W、Sn、Bi、Cu含量较高,其中W达33×10^{-6};F、As含量相对较低,是维氏值的2倍和9倍(表4-18)。

岩石中副矿物种类特别是有色金属矿物明显较多,共有32种(表4-17)。其中有色金属矿物白钨矿、黑钨矿、锡石、辉钼矿、辉铋矿、黄铜矿、方铅矿、铁闪锌矿等九种是所有单元中含量最多的,由此可见荒塘岭单元是本区乃至整个骑田岭岩体南部钨、锡、钼、铅、锌矿最重要的成矿母岩。

5)回头湾单元(J_3Ht)

该单元呈豆状或北东向的不规则长条状分布于本靶区中部;个别呈带状分布于北东部的岩体边缘,与外接触带地层呈断层接触,出露面积较小,约2 km^2。侵入早期将军寨单元之中或将军寨与围岩之间。岩石类型为细粒含斑钾长花岗岩,似斑状-斑状结构、块状构造。矿物组成和含量及相关参数见表9-1。

组成该单元的岩石化学成分稳定(表4-16),SiO$_2$大都在74%左右,C值较高(>1),偶见Di(0.311~1.765),δ大都在2左右、DI在92左右、固结指数SI较小(平均为1.73)。岩石中微量元素Sn、W、Bi、Cu、Pb、Zn、As、F等元素含量较高(表4-18),其中Cu、Pb、Zn尤为富集。岩石中副矿物种类有26种(表4-17),与荒塘岭单元相比,种类有所减少、有色金属矿物从种类到含量也都有所减少。

6)脉岩

山门口靶区内脉岩广泛分布于花岗岩体中,但规模一般不大且仅有细粒花岗岩脉,主要分布于狗头岭矿段、淘锡窝矿段中部,山门口地段北东部也有少量分布。岩脉一般沿构造薄弱地带侵入早期斑状花岗岩之中,断层破碎带及其附近的岩石则显示较强的云英岩化,并伴有锡矿化、黄铁矿化,局部形成了具工业价值的锡矿体,如52、53、61号等矿体。岩石呈细粒化岗结构、块状构造,岩石化学成分及有关参数值见表4-16。其中,SiO$_2$和K$_2$O+Na$_2$O含量偏高;CIPW值中大部分样品中出现C值;参数中δ为2.777、DI为92.73、SI为0.765,表明岩浆分异程度高。

9.2.2.2 围岩蚀变标志

受岩浆热力及构造应力的影响,区内岩石蚀变十分普遍,蚀变类型包括云英岩化、绢云母化、绿泥石化、夕卡岩化、钾化、萤石化、电气石化、大理岩化、角岩化、硅化等，各种蚀变常互相叠置。其中云英岩化、绿泥石化、绢云母化、萤石化与成矿关系密切。但靶区内各矿段的蚀变种类和发育程度有所不同：从狗头岭矿段至山门口矿段，在内接触带100~800 m范围内，发育一呈北东走向的蚀变花岗岩带（图9-42），总长约11.4 km，北东端延伸出图幅，该带中岩石蚀变种类和强度变化较大，蚀变种类有绢云母化、绿泥石化、硅化、云英岩化等，往往在断裂构造发育地段蚀变强烈，并伴随有锡矿化，局部地段可形成构造蚀变带型锡矿体；在外接触带500~1500 m范围内，主要为大理岩化、角岩化、夕卡岩化和硅化等蚀变，在有断裂构造发育地段蚀变较强，局部还伴随有锡铅锌矿化。麻子坪矿段（图9-42），则以云英岩化最为发育，在黑山里一带发育有一云英岩蚀变体，宽100~400 m，长约2.5 km，经初步工作证实，该蚀变体伴随有锡铅锌矿化，但品位较低，仅其中的矿化构造破碎带局部可构成脉状云英岩型小矿体。

（1）绢云母化。该蚀变在靶区内广泛发育，主要分布在花岗岩内接触带、侵入体的接触部位及断裂破碎带附近。成因上，绢云母化可以由含钾的溶液交代花岗岩中硅酸盐矿物如斜长石、钠长石、石英等形成，也可由钾长石分解而形成。花岗岩中的暗色矿物如角闪石、黑云母等也可被绢云母交代。区内绢云母化多由花岗岩中的长石蚀变造成，常表现长石假象。绢云母化常伴有绿泥石化、碳酸盐化。区内54号矿体的花岗岩赋矿围岩绢云母化较为强烈，局部伴有硅化，可形成绢英岩。

（2）绿泥石化。区内最为常见，常具黑云母、透闪石假象。主要分布于断裂破碎带及两侧，特别是含矿破碎带及附近的花岗岩中。通过综合研究，区内的绿泥石化大体上有两种成因：①由退变质作用生成的绿泥石化。常由花岗岩中的黑云母、角闪石和蚀变岩中的阳起石、钠铁闪石、透辉石、黑鳞云母等铁镁硅酸盐矿物在低温热液期发生退变质或分解而形成，绿泥石往往保留了原始矿物的外形或者仍残留有原始矿物。此种成因类型的绿泥石与锡矿化没有生成关系。②中低温热液期由交代作用形成的绿泥石化。该成因类型的绿泥石化是由含矿溶液带进铁、镁组分，对花岗岩、钠长石岩等岩石中的钾长石、斜长石及蚀变岩中的钠长石等进行交代和蚕食而形成，强烈交代花岗岩中长石后往往形成假象。低温期由交代作用形成的绿泥石粒度细小，且常伴有绢云母化、碳酸盐化；而中温期发生的绿泥石化主要生成于硫化物矿化阶段，且这种绿泥石多呈叶片状，与黄铁矿、磁黄铁矿、锡石、黄铜矿、石英等共生，有的绿泥石则形成绿泥石石英锡石脉。靶区内的1、8、51、52、53、54号矿体中这种含矿脉较为发育，蚀变较强部位、锡矿化往往较好。因此，绿泥石化与锡矿化有密切成因关系。据此，可用作找矿标志之一。

（3）云英岩化。云英岩化是区内较广泛的蚀变之一，主要分布于不同期次岩浆岩接触界面、岩体隆起部位及断裂破碎带附近，如麻子坪矿段黑山里、山门口矿段至狗头岭矿段蚀变花岗岩带、狗头岭矿段的细粒花岗岩区等。云英岩化常见锡石、黄铁矿、黄铜矿、毒砂等矿化，但锡品位一般较低。构造裂隙发育部位，蚀变则往往增强，甚至可形成云英岩脉，脉体中锡品位提高，局部地段可形成脉状云英岩型矿体。因此，云英岩化是本区寻找锡矿的重要标志之一。根据产状，区内云英岩化可以分为两种：①面状云英岩。是指在侵入体的顶部或凸起部位由自变质作用形成的白云母石英云英岩，主要见于矿区麻子坪矿段黑山里一带，蚀变岩带长约2.5 km、宽约100~400 m，蚀变岩厚度一般不大，向深部变为未蚀变的花岗岩，一般不含矿或者是矿化极弱，个别地方由于叠加了后期萤石云母黄玉石英云英岩脉才出现脉状或透镜状的锡矿体。②脉状云英岩。即产在构造断裂带中的云英岩，它是由富气相含矿溶液沿着花岗岩等岩石的构造断裂面或裂隙进行渗滤和交代的结果，所形成的云英岩除了石英和白云母外，还有铁锂云母、黄玉、萤石，有时还有电气石等矿物。如麻子坪的26号矿体。脉状云英岩中的锡石有的呈浸染状分布在黄玉黑鳞云母（或白云母）石英云英岩中，有的则呈细小的粒状沿黑鳞云母的解理缝分布或者是环绕黑鳞云母分布。这种现象有可能说明矿床中的锡，有的是由于蚀变作用使花岗岩中的黑云母中所含的锡释放出来，形成锡石矿化。

（4）钾长石化。是岩浆后期含矿溶液在沿着岩石中断裂或裂隙上升迁移过程中，与断裂带两侧的岩石（如花岗岩）发生化学反应所形成的一种交代蚀变岩——钾长石岩或钾长石化花岗岩。钾长石化过程中从花岗岩中带出的组分主要有 Na_2O、CaO、Fe_2O_3 等，而从成矿溶液中带进的组分主要有 SiO_2、Al_2O_3、K_2O 等。本靶区内的钾长石化广泛分布于花岗岩体中及断层破碎带两侧，矿物成分中往往含有大量的钾长石。局部蚀变较强处还可形成钾长石岩带，但其与锡矿化的关系不大。

（5）夕卡岩化。分布在花岗岩与灰岩的接触带附近，广见于狗头岭矿段，主要发育于告公田细粒花岗岩体南缘与大埔组-马坪组白云质灰岩及栖霞组灰岩的正接触带内，在寺山门北也有零星分布。夕卡岩体呈似层状、透镜状产出。根据岩矿鉴定，本区存在透辉石硅灰石夕卡岩、金云母透辉石夕卡岩、透辉石夕卡岩、透辉石符山石夕卡岩、符山石透辉石夕卡岩。夕卡岩呈粒状变晶结构、块状构造；矿物成分主要为透辉石、硅灰石、符山石、金云母，局部地段的夕卡岩发生黄铁矿、方铅矿、铁闪锌矿或锡矿化。55号矿体即属夕卡岩化形成的。

（6）大理岩化。广泛分布于岩体外接触带碳酸盐岩的分布地段。在狗头岭矿段，可见有夕卡岩化大理岩、金云母大理岩等，这些成分复杂的大理岩一般离岩体较近，有的分布于夕卡岩的外侧，远离岩体则为成分简单的普通大理岩。

（7）角岩化。广泛分布于岩体外接触带的龙潭组砂页岩分布地段，蚀变强时可形成红柱石角岩、石英角岩等。岩性与原岩成分较密切，其中，红柱石角岩原岩多为泥质岩石，主要矿物成分为红柱石、石英、黑云母；石英角岩最为普遍，其原岩为石英砂岩、硅质岩，主要矿物成分为石英，次为黑云母、少量透辉石、长石等。

（8）硅化。区内硅化作用主要分布于断裂破碎带及其附近的围岩中，如麻子坪矿区8号矿体等地。硅化较强部位在地表常形成正地形，并伴有褐铁矿化。区内硅化大致分为三个阶段：高温热液期的硅化主要表现为一些含锡石石英脉及其脉边的硅质交代作用；中温热液期沿断裂发生的硅化，表现为隐晶质或微细粒石英形成的硅质岩，主要与无色萤石、绿泥石、黄铜矿、黄铁矿、辉铋矿、锡石等一起形成脉状构造蚀变带型锡矿体，区内多数脉型锡矿属此种类型，说明在中温热液期硅化作用与锡石矿化及硫化物矿化的关系非常密切；低温热液期出现的硅化，经常与紫色萤石共生，往往是构造角砾岩的胶结物（详见图9-48a），但与锡矿化的关系不大。

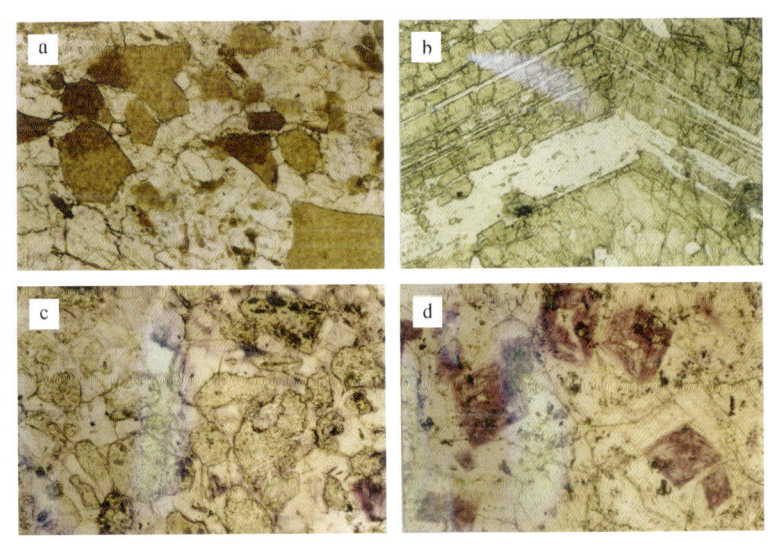

图9-48 山门口找矿靶区矿物蚀变特征

a-萤石化硅化构造角砾岩，角砾成分为绿泥石黏土岩碎块（黄棕色），胶结物主要为硅化石英（白色、灰白色）及萤石等，单偏光，麻子坪矿段PD18；b-萤石化石榴子石夕卡岩，萤石（灰白色）沿结晶粗大的石榴子石（淡黄棕色）生长环带进行蚕食交代，狗头岭矿段ZK2011，单偏光；c-强烈紫色萤石化构造角砾岩，角砾成分为交代石英岩碎块，由于强烈萤石化，角砾的棱角几乎不存在，形成不规则的粒状，麻子坪矿段PD18，单偏光；d-结晶自形的紫色萤石，生长环带非常清楚，是一种低温的萤石，与锡石矿化没有关系，麻子坪矿段PD18，单偏光

（9）萤石化。主要分布于含矿破碎带中，与电气石化、云英岩化关系密切。矿化富集地段，萤石、电气石两种矿物含量往往较高，因而它们可作为该区锡矿找矿的指示矿物。矿石中的萤石多呈自形晶粒状、柱状，集合体呈脉状、团粒状，有时局部富集成块状，但多呈星散浸染状产出。根据萤石的颜色，分为无色萤石化与紫色萤石化。无色萤石化生成时间早，出现在气化-高中温热液期，在夕卡岩阶段萤石化与矿化有关，常可见萤石交代石榴子石的现象（图9-48b）；在云英岩锡石矿化阶段及硫化物锡石矿化阶段，无色萤石化与锡石矿化的关系非常密切，如在麻子坪矿段8号矿体，萤石化最强、矿体中锡品位较富；紫色萤石化生成的时间较晚，往往与低温硅化石英一起组成构造角砾岩的胶结物（图9-48c），有时候可见非常清楚的生长环带，如图9-48d所示，但它与矿化作用的关系不大。

9.2.2.3 地球物理地球化学异常标志

在山门口找矿靶区南东部的老罗家—竹山里一带分布有 C-77-201 航磁异常，呈北东向展布；另在上曹家一带有一局部的航磁异常。这些异常均位于岩体接触带附近。本次工作，选择在这些航磁异常区中的山门口—狗头岭一带，开展了1:1万地面高精度磁测和土壤测量，共圈出15处 ΔT 磁异常和14处土壤元素综合异常，异常总体走向北东，主要沿花岗岩体内外接触带分布。

1. 地面高精度磁测 ΔT 异常

区内各类岩石、蚀变体及部分矿石的磁参数特征见表9-18。从表中可见，大面积分布的花岗岩、沉积岩基本无磁性，各种变质、蚀变及矿化岩石，如角岩、夕卡岩和矿化灰岩等具有一定磁性。本区岩石除灰岩、白云岩外，均以剩磁为主。

表9-18 山门口找矿靶区岩石磁参数特征表

岩石名称	块数	$K/(10^{-6}\times4\pi SI)$ 变化范围	平均值	$Jr/(10^{-3}A/m)$ 变化范围	平均值	$Q(Jr/Ji)$ 变化范围	平均值
花岗岩	25	61.99~0	7.339	24~0	4.126	2.48~80.7	16.5
蚀变花岗岩	24	14.05~0	4.567	23.31~0	2.181	0~145.4	13.46
角岩	28	1067.4~0	227.19	2438.1~0	505.76	1.07~111.8	39.6
大理岩	11	3.38~0	0.31	5.46~0	0.496		34.66
灰岩、白云岩	11	10.92~0	0.99	2.34~0	0.21		4.6
砂岩	10	12.95~0	3.08	7.12~0	1.31	2.8~28.3	10.16
夕卡岩	7	7203.74~0	1364.6	5099.4~0.2	1046.3	0.31~46.7	14.67
云英岩、硅质岩	15	81.57~1.72	20.296	644.5~0.31	100.07	0.97~300.4	59.6

通过1:1万地面高精度磁测，在山门口—狗头岭一带共圈出磁测异常15处，各磁异常特征见表9-19。从南西—北东，磁场值由负变正逐渐增加，异常主要分布在岩体的内外接触带。其中：

表9-19 狗头岭-山门口区段 ΔT 磁异常特征表

编号	位置	磁异常特征	解释与推断	进一步工作建议
M1	告公田北	为正负伴生的似带状异常，走向NE60°，面积约0.16 km²，异常强度高，梯度变化大，$\Delta T_{max}=262$ nT，$\Delta T_{min}=-407$ nT。以20 nT等值线圈定的正异常为中心四侧伴生有负异常，且北西侧梯度较南东侧陡	该异常与AP-1（Ⅰ）土壤元素异常吻合，与1、51、52、53号锡矿体赋存位置完全对应，而锡矿体中伴有明显的磁铁矿化、锡石矿化。推断该异常为锡矿体中磁铁矿化所引起	采用大比例尺的物化探测网，详细查明异常形态，研究异常与矿体的关系

续表

编号	位置	磁异常特征	解释与推断	进一步工作建议
M2	狗头岭	为正负伴生的扁椭圆状异常,异常长轴走向约 NE60°,异常面积约 0.1 km²,异常强度高,$\Delta T_{max}=208$ nT,$\Delta T_{min}=-391$ nT 异常梯度变化大。且北西与南东两侧负异常近于对称分布,南西侧负异常未封闭	该异常位于 AP-1(Ⅰ)土壤异常西南端,推测该异常为磁黄铁矿化角岩及夕卡岩引起	采用大比例尺物化探测网,详细查明异常形态,研究磁异常与土壤异常的关系,以利找到有意义的矿体
M3	江湾	为负异常形状和走向因南西侧未封闭而难以确定。以-80 nT 等值线为异常范围,控制的异常面积约 0.5 km²,负异常强度明显,ΔT 一般为-100 nT~220 nT。剖面图上呈多谷出现,梯度变化大,$\Delta T_{min}=-720$ nT	推断该异常为角岩引起。不具找矿意义	不需进一步工作
M4	平头岭东	为正负伴生的条带状异常,走向长约 800 m,宽约 100 m,面积约 0.08 km²,异常走向 NE65°强度明显,$\Delta T_{max}=264$ nT,$\Delta T_{min}=139$ nT。沿走向两侧较对称地出现负异常,异常梯度变化明显	ZK2011 从 121~137m 见有 3 层夕卡岩累计厚 16 m。推断该异常为磁黄铁矿化夕卡岩所引起。具有找矿意义	采用大比例尺物化探测网,详细查明异常形态,研究其磁异常与土壤异常的成因关系,寻找成矿有利部位
M5	下吴家北	异常为两个独立的椭圆状异常,异常规模小,异常走向不明显,近似于等轴状,异常强度中等,$\Delta T_{max}=141$ nT,$\Delta T_{min}=38$ nT 为正负伴生异常	鉴于异常规模小,异常距离接触带较远,土壤异常性质不明显等特征,该异常找矿意义不大	进一步工作意义不大
M6	兰家门	为正负伴生的似圆状异常,异常规模小,其异常面积约 0.04 km²,异常强度高,$\Delta T_{max}=146$ nT,$\Delta T_{min}=115$ nT 异常梯度变化大,在正异常的东南伴生有明显的负异常	该异常位于 AP 3(Ⅲ)土壤异常的北东端,鉴于异常规模小,地质条件单一,异常远离接触带,土壤异常性质不明等特征,该异常找矿意义不大	进一步工作意义不大
M7	上曹家	平面图上异常形状极不规则,为正负伴生的异常,异常面积的 0.4 km²,异常强度较高,在剖面图上呈多峰点出现,$\Delta T_{max}=268$ nT,$\Delta T_{min}=-212$ nT。北部异常强度较南部异常强度大,在正异常的 NW 侧伴有明显的负异常	该异常形态和强度受地面构筑物影响,叠加一定的干扰成分,但 ZK2021 钻孔在 78~117 m 见有 6 层夕卡岩,累计厚度 20 余米。因此推断该异常为磁黄铁矿化夕卡岩和角岩所引起	进一步工作意义不大,但进行一定的综合地质研究,对寻找夕卡岩型锡矿的有利部位是很有必要的
M8	桐木窝	为正负异常伴生的似圆状异常,异常面积约 0.12 km²(400m×300m),异常强度大,$\Delta T_{max}=288$ nT,$\Delta T_{min}=57$ nT,异常梯度大,在剖面上其正异常峰值东南侧梯度较西北侧梯度陡	推断异常区内龙潭组砂页岩下存在磁性体或成矿有利部位,异常为深部磁黄铁矿化角岩所引起,而土壤异常不明显很可能是龙潭组地层屏蔽作用所致	详细查明异常分布特征,研究地质成矿规律,选择异常有利部位进行深部验证
M9	上罗家	异常为扁椭圆状,走向东西,面积约 0.06 km²,异常强度较低,$\Delta T_{max}=87$ nT 梯度变化小	该异常位于岩体内接触带上,没有土壤异常伴生,推断该异常为花岗岩中局部铁磁性矿物富集所引起	不需进一步工作

续表

编号	位置	磁异常特征	解释与推断	进一步工作建议
M10	寿福林场	异常为正负异常伴生椭圆状异常，走向近于南北，面积约 0.24 km²，异常强度较低，$\Delta T_{max} = 73$ nT，$\Delta T_{min} = 52$ nT，在剖面图上，正异常呈低缓多峰出现，梯度变化小，在正异常的东西两侧伴生有低缓的负异常	该异常位于 AP-8（Ⅱ）土壤异常内，但土壤异常仅为单一的 As 元素异常，再者异常距岩体接触带较远，并非成矿有利部位，推断该异常为花岗岩中局部铁磁性矿物富集所引起	进一步工作意义不大
M11	毛家浪上北	异常为正负伴生的条带状异常，走向 NE62°，面积约 0.07 km²。异常强度较低，ΔT 一般为 50 nT，$\Delta T_{max} = 105$ nT，梯度变化小以 40 nT 等值线为异常范围，其西部伴生有强度较低的负异常，$\Delta T_{min} = 48$ nT	该异常的西端和北东端分别有 AP-7（Ⅱ）和 AP-9（Ⅱ）土壤异常分布，其异常强度较低，规模较小，但异常走向明显，与岩体接触带平行。故该异常应为蚀变花岗岩局部铁磁性矿物富集所致，具有进一步找矿意义	采用大比例尺的物化探测网，详细查明异常的分布特征，研究分析磁异常与土壤异常及地质成矿规律，确定成矿有利部位，进行适当的工程验证
M12	铁钉寺	异常位于毛家浪-老湾里 ΔT 高背景磁场区中部，为低缓的透镜状异常，异常走向 NE62°，面积约 0.16 km²，异常强度低，ΔT 一般为 40～50 nT，$\Delta T_{max} = 66$ nT，梯度变化小，异常峰值不明显	异常位于岩体正接触带上，但异常区内土壤异常强度低，梯度变化小，表明异常为岩石中局部磁性不均匀所引起，其找矿意义不大	不需进一步工作
M13	王家上	异常为正负伴生的条带状异常，异常走向 NE61°，面积约 0.18 km²，异常强度高、梯度变化大，$\Delta T_{max} = 230$ nT，$\Delta T_{min} = 125$ nT；在剖面图上峰谷反映明显，沿正异常的北西侧伴生有明显的负异常	异常位于 AP-12（Ⅱ）土壤异常北东端。异常区见有锡矿化、铅锌矿化及磁黄铁矿化，因此推断该异常为蚀变花岗中局部铁磁性矿物富集所引起，具有较好找矿意义	采用大比例尺综合物化探方法，查明异常的分布特征，选择有利部位进行必要的工程验证
M14	盖木岭	异常规模大，形态极不规则，具明显的分支复合特征，走向 NE60°，长约 2400 m，宽 100～1000 m，$\Delta T_{max} = 139$ nT，异常呈多峰出现，为梯度变化较缓的正异常	该异常沿岩体内接触带产出，东南侧有 AP-14（Ⅱ）土壤异常分布。推断该异常为岩体中局部铁磁性矿物富集所引起，具有较大找矿意义	采用大比例尺物化探测网，详细查明异常的分布特征，选择成矿有利部位进行工程验证
M15	贺家港	异常为椭圆状正异常，规模小，面积约 0.024 km²，异常强度高，$\Delta T_{max} = 191$ nT，峰值明显，ΔT 曲线近于对称分布	该异常位于外接触带第四系残坡积土层上，推断异常为下伏灰岩受岩浆热液作用蚀变而使铁磁性矿物局部集而引起，其找矿意义不大	不必进行进一步工作

（1）告公田 ΔT 磁异常（M1）：该异常位于告公田北，为正负伴生的似带状异常，走向 NE60°，面积约 0.16 km²，异常强度高，梯度变化大，$\Delta T_{max} = 262$ nT、$\Delta T_{min} = -407$ nT。北西侧梯度较南东侧陡。异常区位于岩体内接触带上，出露的主要岩石为将军寨单元中的粗中粒斑状黑云母正长花岗岩，局部地段可见二叠系龙潭组砂页岩，断裂构造发育，围岩蚀变及锡矿化强烈，与 AP-1（Ⅰ）土壤异常吻合，且与 1、51、52、53 号锡矿体赋存位置完全对应。

（2）平头岭 ΔT 磁异常（M4）：该异常位于平头岭以东，为正负伴生的条带状异常，走向约 NE65°，长约 800 m、宽约 100 m、面积约 0.08 km²，异常强度高，$\Delta T_{max} = 264$ nT、$\Delta T_{min} = -139$ nT。沿走向，在正异常的两侧较对称地出现负异常，异常梯度变化明显。该异常位于大埔组-马坪组白云质灰岩上，局部夕卡岩化较强。与 AP-2（Ⅱ）土壤元素异常吻合。经验证，在 ZK2011 钻孔夕卡岩中具有较强的磁黄铁矿化，局部伴有锡矿化和铅锌矿化。

(3) 上曹家 ΔT 磁异常（M7）：该异常位于平头岭—上曹家一带。平面图上，异常形状极不规则，为正负伴生的异常，走向约 NE60°，面积约 0.4 km²。异常强度较高，在剖面图上呈多峰谷出现，ΔT_{max} = 268 nT、ΔT_{min} = -212 nT，北部异常强度较南部大。异常区内地层为栖霞组白云质灰岩、孤峰组和龙潭组砂页岩及第四系冲坡积物，在其北西部出露细粒花岗岩脉，断裂构造发育，主要蚀变有大理岩化、夕卡岩化、角岩化等，主要矿化有磁黄铁矿化、锡矿化。异常与 AP-1（Ⅰ）土壤元素异常北东端吻合，其形态和强度受地面构筑物影响，叠加一定的干扰成分，但大致能反映异常区内磁性体的存在，经 1:5000 地质物化探综合剖面测量，并利用切线法估算磁性体的埋深为 56 m。后经 ZK2021 钻孔验证，在 78~117 m 见有 6 层夕卡岩，累计厚 20 余米，有磁黄铁矿和锡矿化。

2. 土壤元素异常

通过 1:1 万土壤测量，在山门口找矿靶区内共圈定 14 个土壤元素综合异常，并主要分布在狗头岭、老罗家—竹山里一带。异常主要沿岩体内外接触带分布，异常元素以 Sn、Bi、Pb 为主。Sn 为直接找矿元素，在土壤中 Sn 最高含量达 8565×10^{-6}。按照异常的意义可分为甲、乙、丙三大类。其中，甲类异常（Ⅰ）为矿异常，由含矿花岗岩及各种蚀变岩石（夕卡岩、角岩、云英岩）引起；乙类异常（Ⅱ）为推断的矿异常或对解决其他地质问题有意义的异常；丙类异常（Ⅲ）为性质不明异常。区内各土壤元素综合异常特征见表 9-20。其中：

(1) AP-1（Ⅰ）异常。位于山门口找矿靶区南西狗头岭一带，走向北东，顺接触带分布。异常元素组合以 Sn、Bi、Pb 为主，且单元素异常浓集中心重叠，并与 M1 磁异常吻合。异常强度高，Sn 和 Pb 最高含量分别为 1500×10^{-6}、1660×10^{-6}。异常区出露的岩石为将军寨单元中的粗中粒斑状黑云母正长花岗岩、细粒花岗岩及呈残留顶盖的二叠系龙潭组下段砂页岩，围岩蚀变及矿化强烈，在异常中心已发现构造蚀变岩型锡矿脉 7 条，因此，异常由锡矿体、矿化蚀变体引起。

表 9-20 狗头岭-山门口地段土壤地球化学异常特征表

编号	位置	异常特征					解释推断
AP-1（Ⅰ）	狗头岭	元素组合	Sn	Bi	W	Pb	Ag	异常由锡矿体、矿化蚀变体引起。通过 1:1 万地质填图、地表工程揭露和民隆调查，在异常中心已发现构造蚀变岩型锡矿脉 7 条
		面积/km²	0.23	0.15	0.11	0.17	0.13	
		平均含量/10^{-6}	666	149	331	693	0.72	
		最高含量/10^{-6}	1500	1374	3840	4660	2.8	
		异常走向北东，与 F₁ 断裂走向一致，异常强度高，Sn、Bi、Pb 等元素异常浓集中心吻合						
AP-2（Ⅱ）	平头岭	元素组合	Sn	Bi	W	Pb	Ag	通过 1:1 万地质填图、地表工程揭露北西部岩体接触带发现含锡夕卡岩带长 1000 m，厚 3~10m，地表锡品位 0.51%。根据异常施工的 ZK2011 钻孔资料表明，该孔从 121~137m 见有 6 层含锡夕卡岩，累计厚 16 m。因此异常是由夕卡岩型矿（化）体引起
		面积/km²	0.22	0.22	0.06	0.21	0.2	
		平均含量/10^{-6}	1116	145	309	556	1.15	
		最高含量/10^{-6}	7740	1430	3840	2700	8.4	
		异常元素组合较全，浓集中心明显，强度高，土壤中锡元素含量在 0.1%~0.7%，异常带宽 30 m						
AP-3（Ⅲ）	下吴家	元素组合	Sn	Pb	Ag			异常区多被第四系浮土覆盖，地表工程难以揭露，故未进行查证。异常面积虽然较大，但异常强度低，浓集中心不明显，异常可能由大理岩化灰岩中的夕卡岩化和局部矿化引起
		面积/km²	0.22	0.19	0.2			
		平均含量/10^{-6}	424	393	0.59			
		最高含量/10^{-6}	1100	796	1.2			
		Sn、Pb、Ag 等到元素异常吻合较好，但无明显浓集中心，且强度低						

续表

编号	位置	异常特征						解释推断
AP-4（Ⅲ）	廖家湾西侧	元素组合	Sn	Pb	Ag	Zn		鉴于异常规模小，又无其他物化探异常，且异常区多被第四系浮土覆盖，地表工程难以揭露，故未进行查证
		面积/km²	0.08	0.15	0.1	0.05		
		平均含量/10⁻⁶	385	493	0.58	691		
		最高含量/10⁻⁶	1070	1920	1.2	3328		
		Sn、Pb、Ag 等到元素异常浓集中心明显，但异常规模较小，异常处于地势较低的浮土覆盖区						
AP-5（Ⅱ）	曹家坪	元素组合	Sn	Bi	W	Cu	Zn	经地质观测和采样分析，发现曹家坪铁矿中含有够品位的锡矿，异常是由夕卡岩和断裂构造中的矿（化）体引起
		面积/km²	0.1	0.07	0.04	0.05	0.08	
		平均含量/10⁻⁶	365	54.4	128	187	459	
		最高含量/10⁻⁶	941	375	218	300	780	
		异常由内至外带具有分带性，内带为 Sn、Bi、W，外带为 Zn、Cu、Ag 等。异常强度低，规模较小，浓集中心不明显						
AP-6（Ⅰ）	铲子平东侧	元素组合	Sn					异常由杨家堆砂锡矿床引起。根据《宜章县城西杨家堆砂锡矿地质勘探工作总结报告》（1959年湖南省有色地质勘查局206地质队），砂锡矿中锡平均含量为 271.02 g/m³
		面积/km²	0.18					
		平均含量/10⁻⁶	362					
		最高含量/10⁻⁶	1204					
		以 Sn 元素异常为主，Pb 有零星散点异常，W、Cu、Hg 有单点异常出现，且强度较弱						
AP-7（Ⅱ）	毛家浪	元素组合	Sn	Bi	W	Pb	Ag	异常可能由岩体中局部矿化引起
		面积/km²		0.02				
		平均含量/10⁻⁶		62.2				
		最高含量/10⁻⁶		138				
		以 Bi 元素异常为主，W 有零星散点异常，Ag、As 有单点异常出现，且强度较弱，其他元素无异常						
AP-8（Ⅱ）	桐木窝	元素组合	As					异常由花岗岩岩体局部不均匀矿化引起
		面积/km²	0.16					
		平均含量/10⁻⁶	374					
		最高含量/10⁻⁶	726					
		主要为长条状的 As 元素异常，Ag 有单点异常出现						
AP-9（Ⅱ）	淘锡窝	元素组合	Sn	As	Pb			异常由锡矿（化）点引起
		面积/km²	0.08	0.09	0.04			
		平均含量/10⁻⁶	410	391	607			
		最高含量/10⁻⁶	1333	885	1336			
		Bi、W、Zn、Cu、Ag 有零星异常出现，强度较弱						
AP-10（Ⅰ）	杨家堆	元素组合	Sn					异常由杨家堆砂锡矿床引起。根据《宜章县城西杨家堆砂锡矿地质勘探工作总结报告》（1959年湖南省有色地质勘查局206地质队），异常为大型砂锡矿的一部分。砂锡矿含矿岩系为第四系的冲积物、残积物，锡平均含量为 271.02 g/m³
		面积/km²	0.42					
		平均含量/10⁻⁶	351					
		最高含量/10⁻⁶	1294					
		以 Sn 元素异常为主，Pb、Bi、Hg、Cu 有异常出现，异常点较零散，强度弱，其他元素无异常出现						

续表

编号	位置	异常特征					解释推断
AP-11（Ⅱ）	山门口北东	元素组合	Sn	Bi	Ag	As		异常由云英岩型锡矿引起。通过1:1万地质填图、地表工程揭露发现了云英岩型锡矿，地表控制矿化体长大于400 m，宽10~50 m；经TC103刻槽取样分析，矿体水平宽度36.5 m，锡平均品位0.254%；ZK3011钻孔验证见厚20.1 m，锡平均品位0.566%
		面积/km²	0.07	0.04	0.08	0.02	
		平均含量/10⁻⁶	1347	58	0.52	393	
		最高含量/10⁻⁶	8565	106	1.6	780	
		异常以Sn、Bi、Ag为主，浓集中心明显，各元素异常吻合性好，Sn元素异常强度高，具浓度分带					
AP-12（Ⅱ）	山门口南	元素组合	Sn	Bi	As	Pb	Ag	通过1:1万地质填图及地质物化探综合剖面测量，证实异常存在。F58断层之南西异常以Sn、Bi、As、Ag为主，且异常位于接触带，推测异常是由夕卡岩型锡矿（化）引起；异常北东与M13磁异常、花岗岩蚀变带三者吻合，推测异常是由云英岩型锡矿（化）引起
		面积/km²	0.38	0.1	0.09	0.06	
		平均含量/10⁻⁶	399	45.1	650	413	
		最高含量/10⁻⁶	1017	134	2030	840	
		异常呈北东走向长带状分布，异常规模较大，但浓度分带不明显，元素组合Sn、Bi、As、Ag为主，Pb元素异常仅出现在异常北东部					
AP-13（Ⅰ）	银砂窿	元素组合	Zn	As	Ag	Sn		根据《宜章县银砂窿钨锡矿普查报告》（湖南地质局郴州地质队，1959年12月），异常由矿点引起
		面积/km²	0.28	0.03	0.13	0.04	
		平均含量/10⁻⁶	481	2355	0.71	618	
		最高含量/10⁻⁶	665	3630	1.48	2280	
		元素组合以Zn、Ag为主，次为As、Sn。异常走向北东					
AP-14（Ⅱ）	竹山里南	元素组合	Sn	Pb	Ag	As	Zn	通过1:1万地质填图及地质物化探综合剖面测量，在蚀变带中发现方铅矿，Pb含量为0.41%，Ag为8.2×10⁻⁶。异常是由铅矿化引起
		面积/km²	0.08	0.4	0.28	0.04	0.03
		平均含量/10⁻⁶	424	429	0.53	559	462
		最高含量/10⁻⁶	1000	2040	1.46	870	642
		异常元素组合以Pb、Ag为主，Pb元素异常规模大、强度高					

（2）AP-2（Ⅱ）异常。位于山门口找矿靶区南西平头岭东侧，异常元素组合以Sn、Bi为主，W、Pb、Ag次之。浓集中心明显，强度高，Sn最高含量为7740×10⁻⁶，土壤中Sn元素0.1%~0.7%的异常带宽30 m。异常位于细粒花岗岩与大理岩化灰岩的外接触带上，局部有夕卡岩。在夕卡岩上有M4磁异常与之对应。区内小断裂和层间裂隙发育。经ZK2011钻孔验证，见有6层含锡夕卡岩，累计厚16 m。因此，该元素异常是由夕卡岩型矿（化）体引起。

（3）AP-11（Ⅱ）异常。位于山门口一带，异常元素以Sn、Bi、Ag为主，浓集中心明显，各元素异常吻合性好，Sn元素异常强度高，最高为8565×10⁻⁶，具浓度分带。该异常位于将军寨单元之中粗粒斑状黑云母正长花岗岩内的蚀变花岗岩带上。蚀变类型包括云英岩化、绿泥石化、硅化等，蚀变带含锡，为矿异常。后经普查工作圈定的54矿体即呈北东向穿过异常区。

（4）AP-14（Ⅱ）异常。位于山门口找矿靶区北东老罗家—竹山里一带，异常元素组合以Pb、Ag为主，Pb元素异常规模大、强度高。Pb元素异常面积达0.4 km²，最高含量为2040×10⁻⁶。异常区出露回头湾单元中的细粒含斑钾长花岗岩，岩石蚀变作用强烈，在异常区形成以云英岩化、绿泥石化、硅化为主的蚀变花岗岩带，在蚀变带中则发现方铅矿，含Pb 0.41%、Ag 8.2×10⁻⁶。且该异常与M14磁异常吻合。后经普查工作，圈定的64号矿体即产在该异常区内。

3. 异常综合分区

山门口找矿靶区狗头岭—山门口一带 ΔT 磁异常和土壤元素异常的综合分区有狗头岭、毛家浪-铁钉寺、山门口-竹山里等三个，各综合分区的综合特征如下：

（1）狗头岭综合异常区。该异常区主要由 AP-1（Ⅰ）~ AP-4（Ⅲ）等四个土壤异常和 M1 ~ M8 等八个 ΔT 磁异常组成（图 9-49、图 9-50）。异常整体走向北东，ΔT 磁异常正负相伴，以负异常为主，局部为正异常，正异常与夕卡岩及蚀变带相对应，负异常主要分布矿区南西部砂页岩分布区，$\Delta T_{max} = 288$ nT，$\Delta T_{min} = -407$ nT。引起磁异常的原因主要为夕卡岩、含磁黄铁矿角岩、云英岩等蚀变岩。土壤异常元素组合以 Sn、Bi、Pb 为主，伴有 Ag、Zn、Cu 等元素。Sn 元素异常规模大、强度高，Sn 最高含量为 7740×10^{-6}，浓集中心明显，异常主要分布在花岗岩体（脉）内外接触带。经后期普查工作证实，即为狗头岭矿段矿体集中分布区。

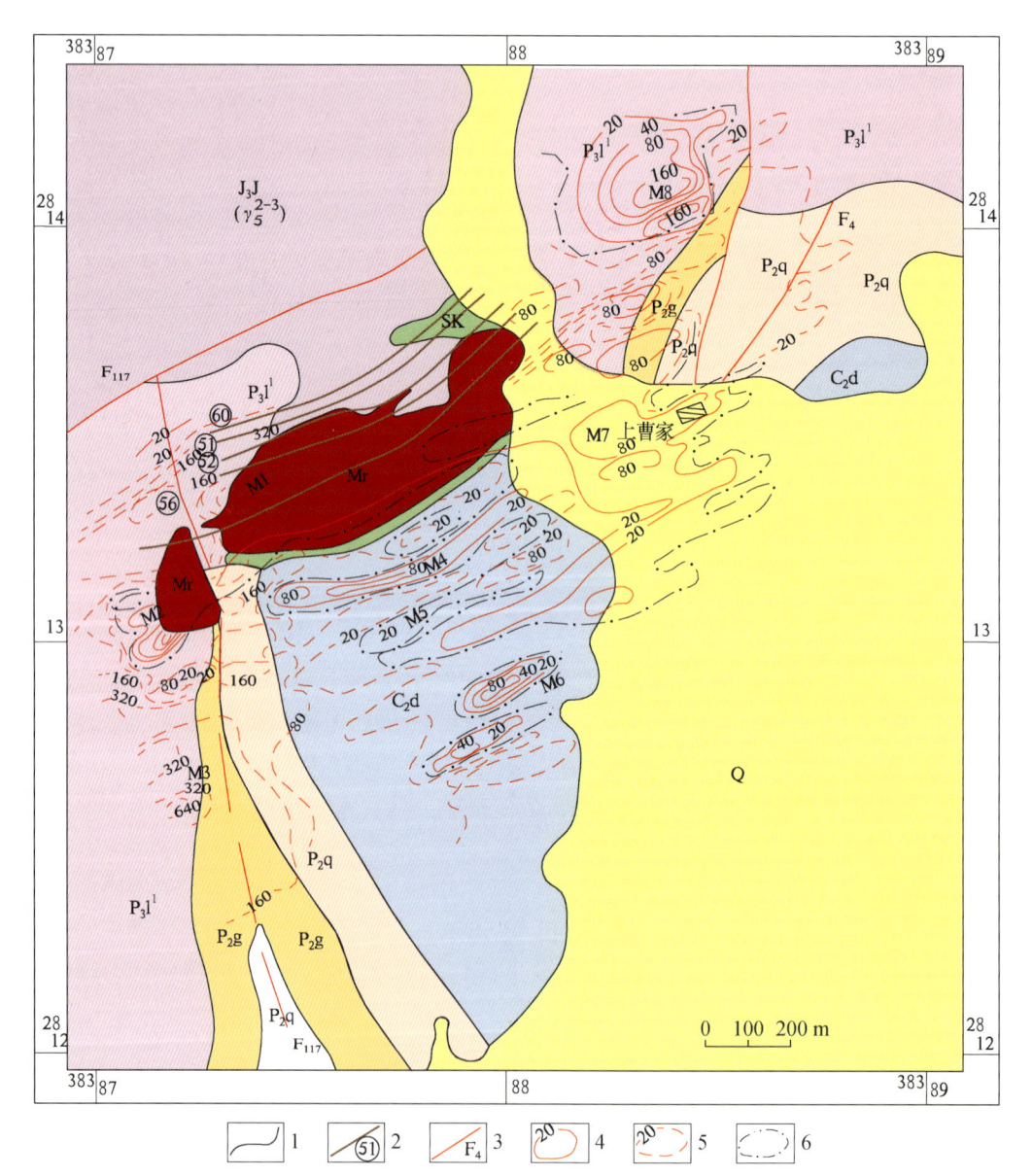

图 9-49 狗头岭-上曹家 ΔT 磁异常平面图（详细见表 9-19 说明）

Q-第四系；P_3l^1-上二叠统龙潭组下段；P_2g-中二叠统孤峰组；P_2q-中二叠统栖霞组；C_2d-石炭系大埔组；
J_3J（γ_5^{2-3}）-芙蓉超单元将军寨单元（燕山早期第三阶段花岗岩）；Mγ-细粒花岗岩；SK-夕卡岩；M8-异常编号；
1-地质界线；2-锡矿脉及编号；3-断层及编号；4-正异常等值线；5-负异常等值线；6-零等值线

图 9-50 狗头岭-上曹家土壤 Sn 元素异常图（详细见表 9-20 说明）

Q-第四系；P$_3$l^1-上二叠统龙潭组下段；P$_2$g-中二叠统孤峰组；P$_2$q-中二叠统栖霞组；C$_2$d-上石炭统大埔组；
J$_3$J（γ$_5^{2-3}$）-芙蓉超单元将军寨单元（燕山早期第三阶段花岗岩）；Mγ-细粒花岗岩；SK-夕卡岩；
AP-2-异常编号；1-地质界线；2-断层及编号；3-锡矿脉及编号；4-土壤 Sn 元素异常等值线

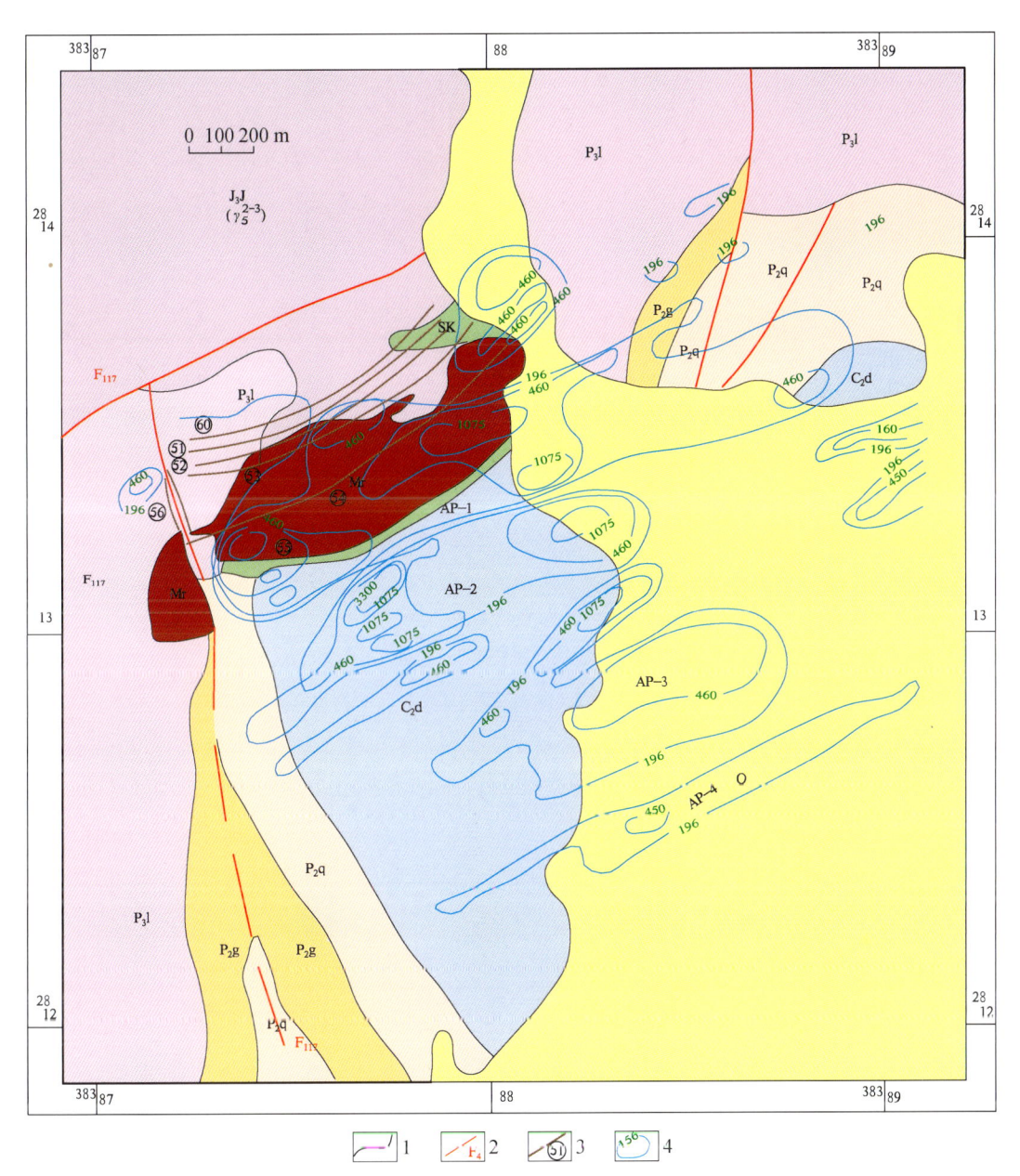

（2）毛家浪-铁钉寺综合异常区。位于靶区中部，主要由 AP-5（Ⅱ）～ AP-10（Ⅰ）等六个土壤元素异常和 M9 ～ M12 等四个 ΔT 磁异常组成。异常主要沿岩体内接触带的蚀变花岗岩带分布，磁异常强度低、梯度变化不大，以正异常为主。仅 M11 与 AP-9（Ⅱ）吻合性好，后经普查在此圈出了 65 号锡矿体。

（3）山门口-竹山里综合异常区。位于靶区北东部，主要由 AP-11（Ⅰ） ～ AP-14（Ⅱ）等四个土壤异常和 M13 ～ M15 等三个磁异常组成（图 9-51、图 9-52）。

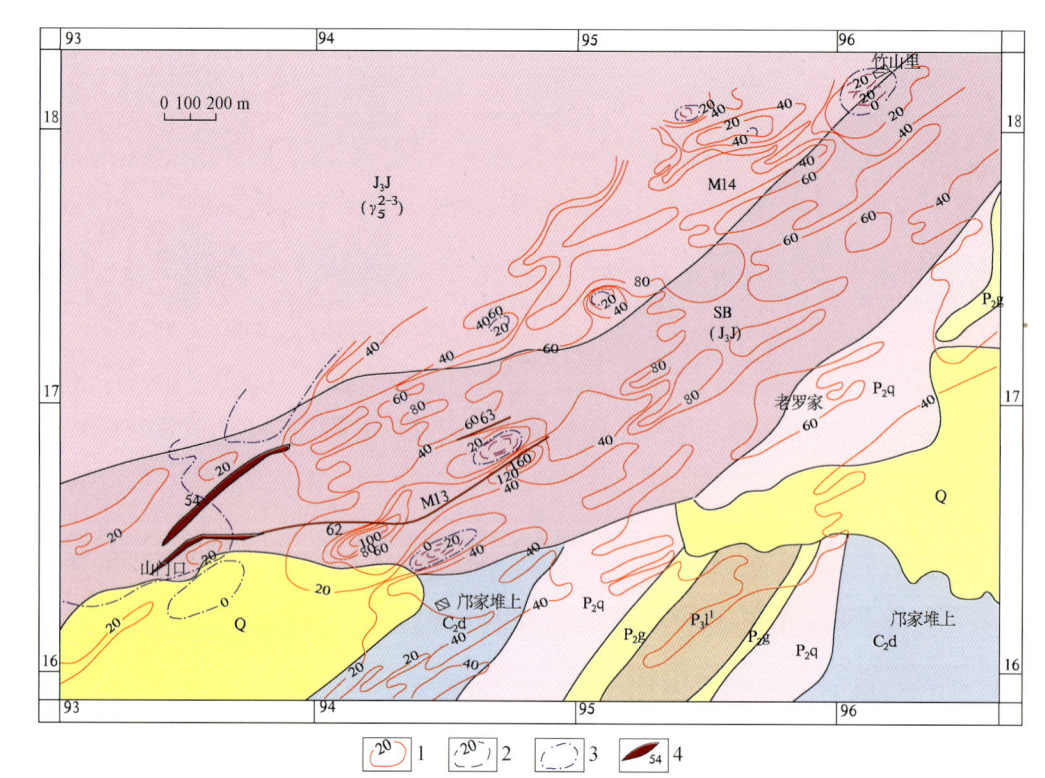

图 9-51 山门口-老罗家 ΔT 磁异常平面图（详细见表 9-19 说明）

Q-第四系；P_3l^1-上二叠统龙潭组下段；P_2g-中二叠统孤峰组；P_2q-中二叠统栖霞组；C_2d-石炭系大埔组；J_3J（γ_5^{2-3}）-将军寨单元（燕山早期第三阶段）；SB（J_3J）-蚀变花岗岩（将军寨单元）；M14-异常编号；1-正异常等值线；2-负异常等值线；3-零等值线；4-矿体及其编号

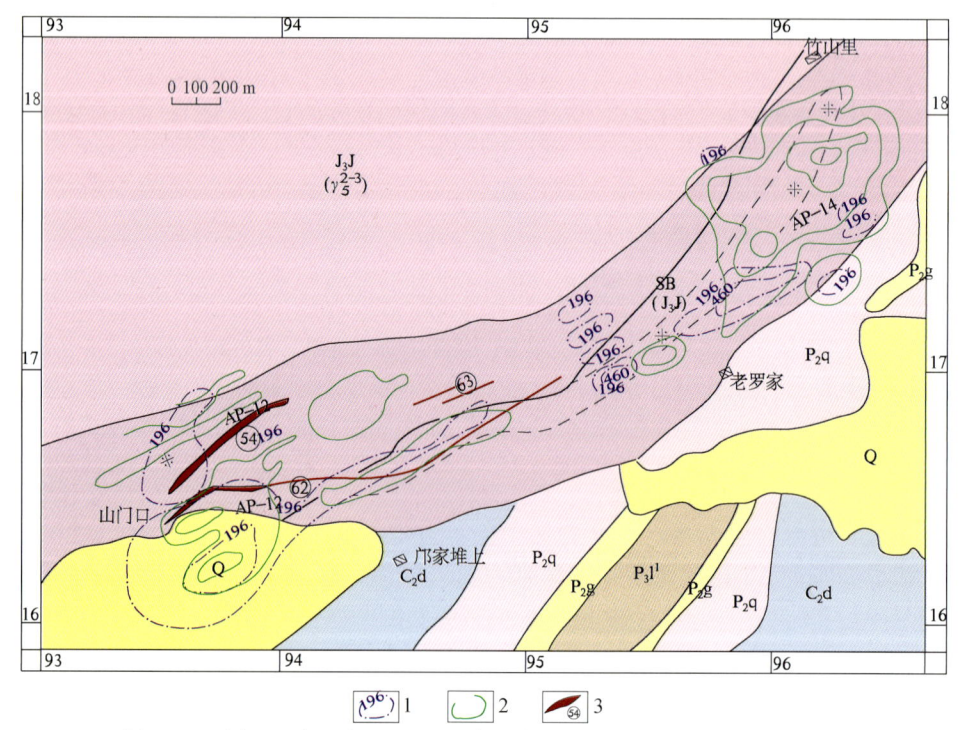

图 9-52 山门口-老罗家 Sn、Pb 元素异常平面图（详细见表 9-20 说明）

Q-第四系；P_3l^1-上二叠统龙潭组下段；P_2g-中二叠统孤峰组；P_2q-中二叠统栖霞组；C_2d-石炭系大埔组；J_3J（γ_5^{2-3}）-将军寨单元（燕山早期第三阶段）；SB（J_3J）-蚀变花岗岩（将军寨单元）；AP-14-异常编号；1-Sn 等值线；2-Pb 等值线；3-云英岩化

9.2.3 工程验证与矿体特征

区内锡矿主要赋存于中粒斑状角闪黑云母钾长（二长）花岗岩内，少量赋存于正接触带或岩体外接触带附近的灰岩、砂页岩中，矿体的空间展布主要受北东向断裂、其次受接触带形态控制。本次工作在该区先后发现了山门口、淘锡窝、狗头岭、麻子坪等四个矿段（图9-42），各矿段中共发现各类锡矿脉29条，圈定锡矿体27个。其中，山门口矿段圈出矿体5个、淘锡窝矿段2个、狗头岭矿段9个、麻子坪矿段11个。锡矿体整体呈脉状、透镜状产出，多为北东走向，走向长160~1800 m、厚0.65~13.26 m，Sn平均品位为0.235%~1.668%，其中大于1000 m的矿体有8个，各矿体产出特征详见表9-21。这些矿体在空间上组成两条明显呈北东向展布的锡矿带，即黑山里-麻子坪和山门口-狗头岭锡矿带。其中黑山里-麻子坪锡矿带区内长约6.5 km、宽约1.5 km；山门口-狗头岭锡矿带区内长约10 km、宽约1 km。山门口、淘锡窝、狗头岭三个矿段位于山门口-狗头岭锡矿带，麻子坪矿段则位于黑山里-麻子坪锡矿带。区内不同围岩在不同地质环境下产生了不同的变质和蚀变，与锡矿化关系密切的主要有绢云母化、绿泥石化、云英岩化、夕卡岩化、硅化、萤石化等蚀变。根据综合研究，区内锡矿床类型可划分为构造蚀变带型、脉状云英岩型、夕卡岩型等多种，其中以构造蚀变带型锡矿床为主（图9-53）。

表9-21 山门口找矿靶区锡矿体产出特征一览表

矿段名称	锡矿床类型	矿体号	控矿构造	产状/(°)（倾向/倾角）	走向长/m	厚度/m	品位/%
山门口	构造蚀变带型	54	F_{132}	315/70	900	10.47	0.304
		57	F_{134}	155~185/48~76	200	2.30	0.274
		62	F_{133}	315/60	1800	4.12	0.303
		63	F_{132}	315/50	200	13.26	0.364
		64	F_{133}	315/70	200	1.21	0.273
淘锡窝	构造蚀变带型	3	F_{128}	154/76	550	2.82	0.309
		65	F_{129}	154/70	200	1.16	0.277
狗头岭	构造蚀变带型	1	F_1	315/70~80	840	1.18	0.817
		2	F_{112}	285~305/82~85	400	2.38	0.955
		60	F_{118}	315/53	950	5.33	0.233
		51	F_{119}	333/70	900	2.21	0.564
		52	F_{120}	340-1/46~70	850	8.80	0.269
		53	F_{121}	2/62	800	1.92	0.531
		56	F_{117}	78~89/71~75	430	5.79	0.662
		61	F_{122}	335/70	1080	4.92	0.309
	夕卡岩型	55	接触带	160/33~75	900	3.38	0.275
麻子坪	构造蚀变带型	8	F_8	110~130/60~80	1150	0.95	1.416
		6	F_7	120~130/60~80	1800	1.68	0.980
		28	F_{75}	120~130/70~80	1270	1.06	1.239
		23	F_{70}	120/75	840	1.04	1.221
		24	F_{69}	130/70	460	0.65	1.172
		4	F_{22}	125~150/70~80	1540	2.04	0.257
		5	F_{23}	125~150/70~80	990	0.94	1.083
		8-1	F_8	100~120/80	580	0.86	1.668
		7	F_{67}	130/70	160	0.83	1.008

续表

矿段名称	锡矿床类型	矿体号	控矿构造	产状/(°)（倾向/倾角）	走向长/m	厚度/m	品位/%
麻子坪	脉状云英岩型	26	F_{71}	120~130/40~70	1230	0.83	0.453
		21	F_{21}	130/70~80	1290	1.64	0.533

图 9-53 芙蓉矿田山门口找矿靶区含矿破碎蚀变带野外照片
a~c 和 e~f-构造蚀变带外景；d-构造蚀变带与花岗岩的接触关系

9.2.3.1 山门口矿段

该矿段位于靶区东南部山门口—老罗家一带，平面坐标：$X = 2815000 \sim 2819000$、$Y = 38392000 \sim 38397000$，面积 20 km²。矿体赋存于岩体内侧中粒斑状黑云母钾长花岗岩中的北东向断裂构造和蚀变带内，少数产于大理岩中，属构造蚀变带型锡矿。矿体多呈脉状、透镜状，共圈定出五个矿体，编号为 54、57、62、63、64（图 9-54），其中 54、62 号矿体规模较大，现就主要矿体介绍如下。

（1）54 号矿体。位于肖家—庵子背后，受北东向的蚀变花岗岩带内 F_{132} 断裂控制，顶底板均由蚀变的将军寨单元粗中粒斑状角闪石黑云母钾长花岗岩组成。矿体呈脉状、透镜状产出，有分支复合现象，矿体总体倾向 135°、倾角 63°。经工程控制，控制矿体走向长 900 m、最大斜深近 260 m，矿体厚 0.91~32.58 m，平均 10.47 m。该矿体地表出露标高 315~425 m、出露高差 120 m，平均含 Sn 0.306%。

（2）62 号矿体。产于山门口东侧，受北东向的蚀变花岗岩带及 F_{133} 断裂控制，顶底板均由蚀变的将军寨单元粗中粒斑状角闪石黑云母钾长花岗岩组成。矿体在走向及倾向方向呈舒缓波状产出；倾向上产状变化亦较明显（图 9-55）。经工程控制，控制矿体走向长 1800 m、最大斜深近 260 m，矿体真厚 0.87~9.97 m，平均 5.17 m。该矿体地表出露标高 305~400 m，出露高差 95 m。矿体平均含 Sn 0.337%。

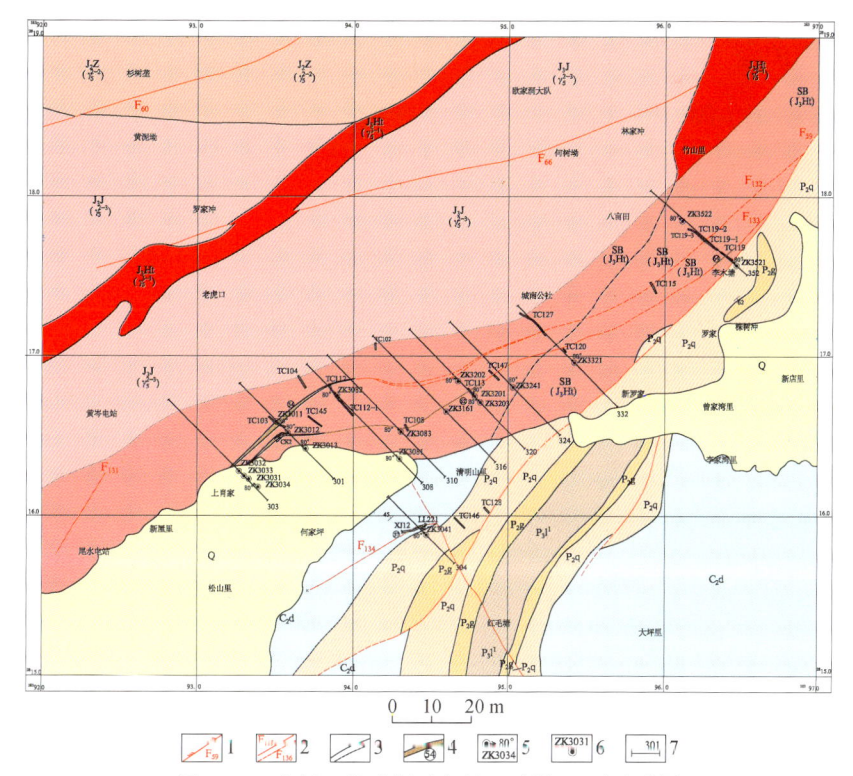

图 9-54 山门口找矿靶区山门口矿段 Sn 矿地质图

Q-第四系；P_3l^1-上二叠统龙潭组下段；P_2g-中二叠统孤峰组；P_2q-中二叠统栖霞组；C_2d-石炭系大埔组；J_3Ht（γ_5^{3-1}）-回头湾单元（燕山晚期第一阶段）；J_3J（γ_5^{2-3}）-将军寨单元（燕山早期第三阶段）；J_2Z（γ_5^{2-2}）-樟溪水单元（燕山早期第二阶段花岗岩）；SB-蚀变带；1-实推测压扭性断层及编号产状；2-实推测性质不明断层及编号产状；3-实、推测地质界线；4-矿脉及编号；5-直孔及编号；6-斜孔及编号；7-勘探线及编号

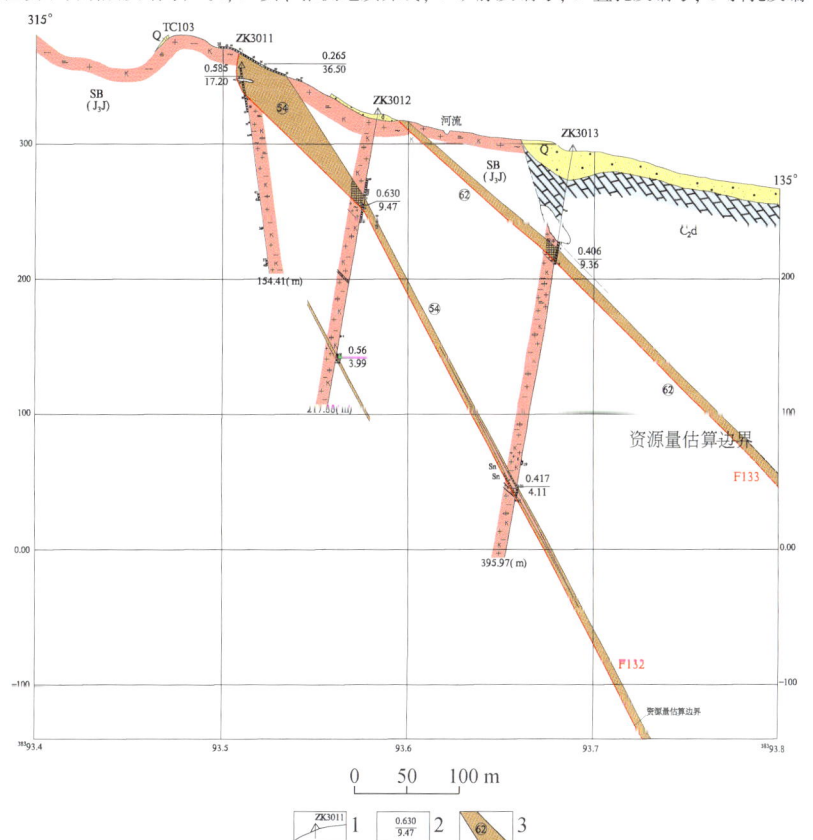

图 9-55 山门口找矿靶区山门口段锡矿 301 线剖面图

Q-第四系；C_2d-石炭系大埔组；J_3J（γ_5^{2-3}）-将军寨单元（燕山早期第三阶段）；SB-蚀变带；
1-钻孔及编号；2-Sn 平均品位（%）/水平厚度（m）；3-矿脉及编号

9.2.3.2 淘锡窝矿段

位于靶区的中部，即狗头岭与山门口矿段之间，平面坐标：$X = 2813500 \sim 2817000$、$Y = 38390000 \sim 38392000$，面积 7 km²。锡矿体产于岩体内接触带的北东向蚀变花岗岩带内的断裂中。共圈出编号为 3、65 两个矿体（图 9-56）。其中 3 号矿体特征如下：

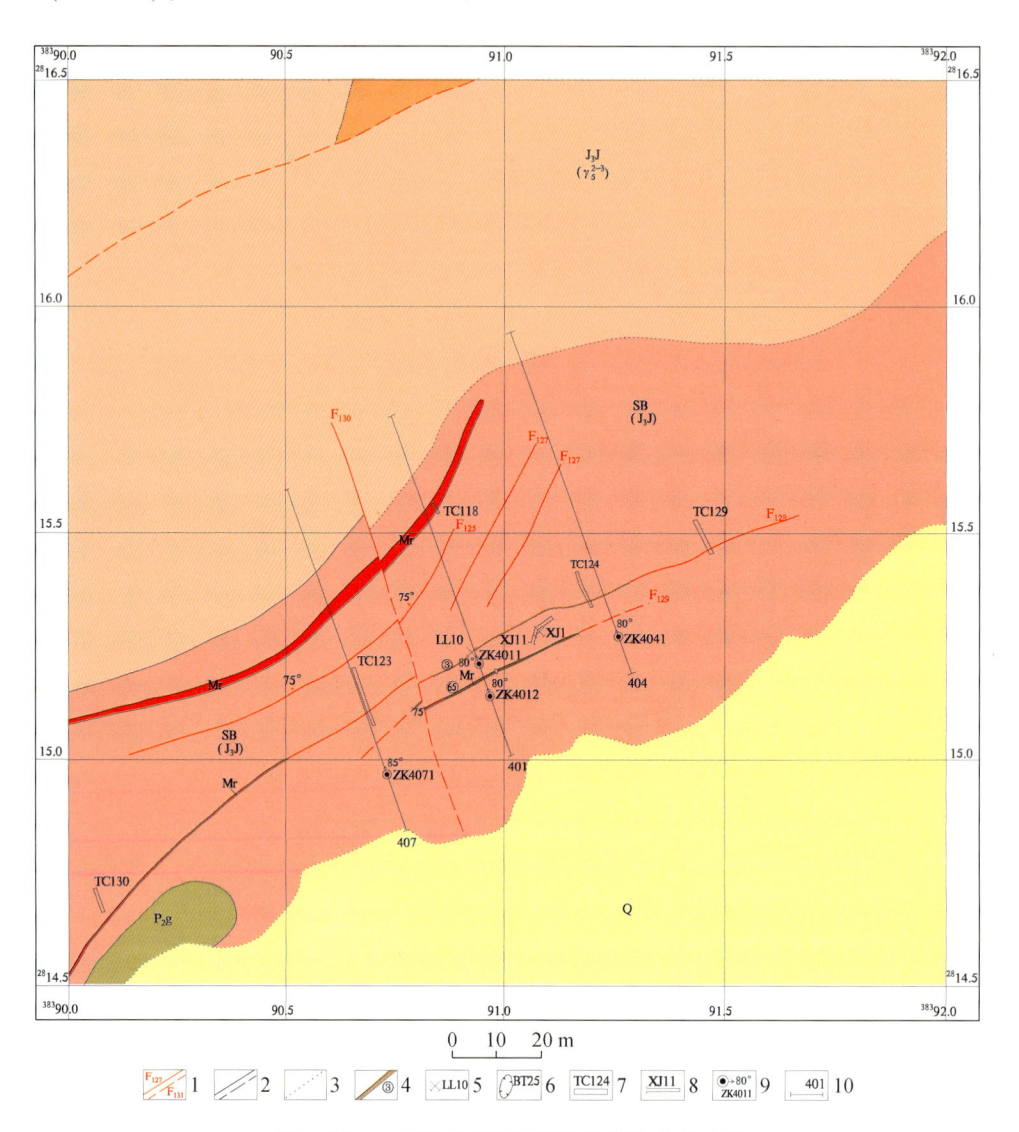

图 9-56　山门口找矿靶区淘锡窝段锡矿地质图

Q-第四系；P₂g-二叠系孤峰组；J₃Ht（γ_5^{3-1}）-回头湾单元（燕山晚期第一阶段）；J₃J（γ_5^{2-3}）-将军寨单元（燕山早期第三阶段）；
SB（J₃J）-蚀变花岗岩带（将军寨单元）；1-推测断裂；2-实测断裂；3-地质界线；4-矿脉及编号；5-老窿；6-剥土及编号；
7-探槽及编号；8-斜井及编号；9-钻孔及编号；10-勘探线及编号

3 号矿体位于淘锡窝矿段 401-404 线一带（图 9-56），受 F_{128} 断裂控制，属构造蚀变带型。矿体呈脉状、透镜状、厚板状产出，顶底板均为蚀变花岗岩，与围岩界线多呈渐变关系。矿体总体倾向 154°、倾角 76°。经工程控制，控制矿体走向长 550 m、最大斜深近 200 m（图 9-57），矿体厚 0.83 ~ 7.69 m、平均 2.82 m，矿体地表出露标高 292 ~ 336 m，出露高差 44 m。矿体平均含 Sn 0.308%。

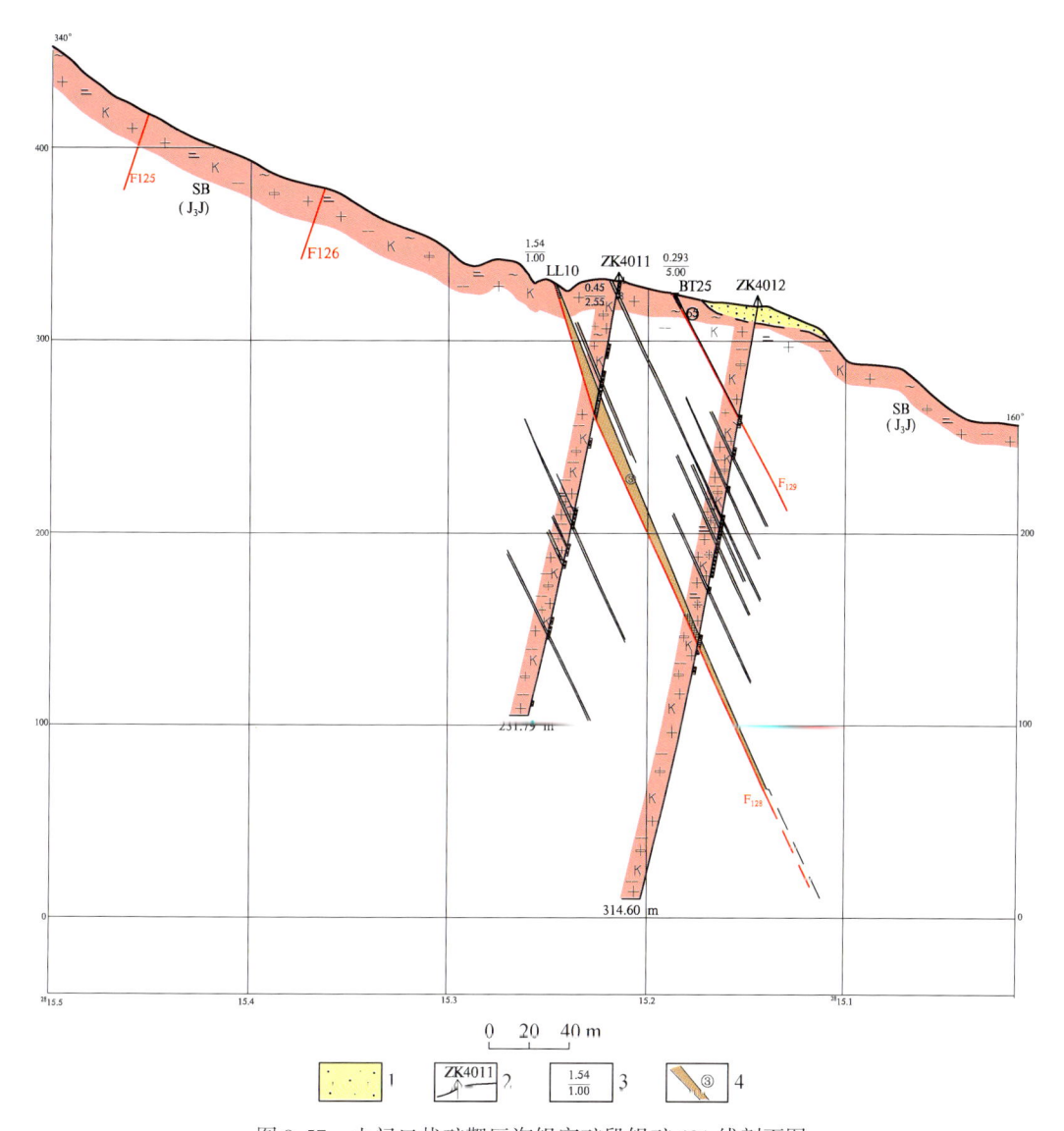

图 9-57　山门口找矿靶区淘锡窝矿段锡矿 401 线剖面图

SB（J₃J）-蚀变花岗岩（将军寨单元）；1-第四系；2-钻孔及编号；3-$\dfrac{Sn 平均品位（\%）}{水平厚度（m）}$；4-矿体编号

9.2.3.3　狗头岭矿段

该矿段位于靶区南西部蔡背岭—狗头岭一带，平面坐标：$X = 2811500 \sim 2816000$、$Y = 38386000 \sim 38390000$，面积 18 km²。锡矿体分布于骑田岭花岗岩体南部接触带附近。目前已发现有构造蚀变带型、夕卡岩型两种锡矿类型。其中，构造蚀变带型锡矿赋存于细粒花岗岩及粗中粒斑状黑云母钾长花岗岩中，少数地段分布于龙潭组下段砂页岩及石炭系—二叠系大埔组-马坪组白云质大理岩中，受北东-北东东向断裂构造控制，已发现 1、2、51、52、53、56、60、61 等 8 条主要锡矿脉；夕卡岩型锡矿体主要位于细粒花岗岩体接触面及其附近，次是位于粗中粒斑状黑云母钾长花岗岩与大埔组-马坪组的接触带，但矿化弱。矿体形态受接触面形态的控制，目前仅发现一个编号为 55 矿体（图 9-58、表 9-21）。空间上，矿体较集中分布在狗头岭一带，多呈近平行的脉状呈近东西向或北东东向展布，少数呈北东向或近南北向（56 号矿体），矿体多倾向北西、少数倾向南东，倾角一般在 70°~80°，矿体走向长一般在 800~950 m，矿体厚一般 1.92~5.33 m。其中 61、55 号矿体规模较大，现介绍如下：

（1）61 号矿体。该矿体位于告公田一带。矿体受 F_{122} 断裂的控制，属构造蚀变带型。矿体呈脉状、透镜

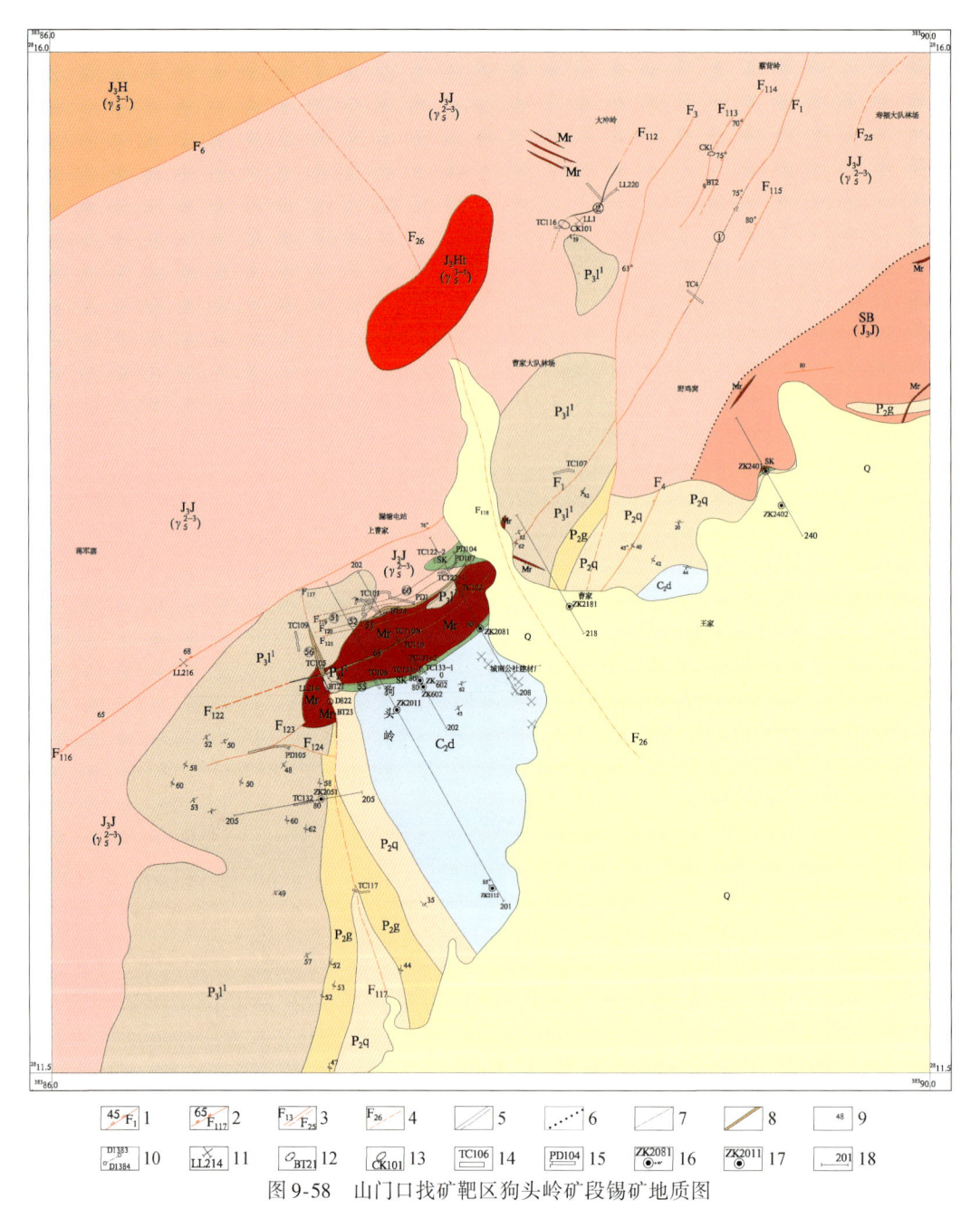

图 9-58 山门口找矿靶区狗头岭矿段锡矿地质图

Q-第四系；P_3l^1-上二叠统龙潭组下段；P_2g-中二叠统孤峰组；P_2q-中二叠统栖霞组；C_2d-石炭系大埔组；J_3Ht（γ_5^{3-1}）-回头湾单元（燕山晚期第一阶段）；J_3H（γ_5^{3-1}）-荒塘岭单元（燕山晚期第一阶段）；J_3J（γ_5^{2-3}）-将军寨单元（燕山早期第三阶段）；$M\gamma$-细粒花岗岩；SK-夕卡岩；GS-云英岩；SB-蚀变带；1-压性断层及产状；2-压扭性断层及产状；3-实推测性质不明断层；4-航片解译断层及编号；5-实、推测地质界线；6-渐变地质界线；7-花岗岩脉动接触界线；8-矿脉编号；9-产状符号；10-地质观察点及编号；11-老窿及编号；12-剥土及编号；13-采坑及编号；14-探槽及编号；15-平硐及编号；16-斜孔及编号；17-直孔及编号；18-勘探线及编号

状、厚板状产出，矿体西部顶底板为角岩化粉砂质泥岩，矿体东部顶底板以细粒花岗岩为主。走向北东 335°，倾向北西，倾角 70°。经工程控制，矿体走向长 1080 m、控制最大斜深 200 m，矿体厚 0.94~9.58 m、平均 4.92 m。该矿体地表出露标高 240~550 m，出露高差 210 m。锡矿石中 Sn 最高品位为 1.03%、矿体平均含 Sn 0.309%。

（2）55 号矿体。该矿体位于狗头岭一带，受岩体接触带控制，属夕卡岩型。矿体呈带状沿细粒花岗岩接触带产出（图 9-59），经工程控制，总体产状 160°/33°~75°，走向长 900 m、矿体厚 0.93~6.04 m、平均 3.38 m，出露标高 340~350 m。矿体顶板为大理岩化灰岩或大理岩，底板为细粒花岗岩。锡矿石中 Sn 最高品位为 0.466%、矿体平均含 Sn 0.274%。

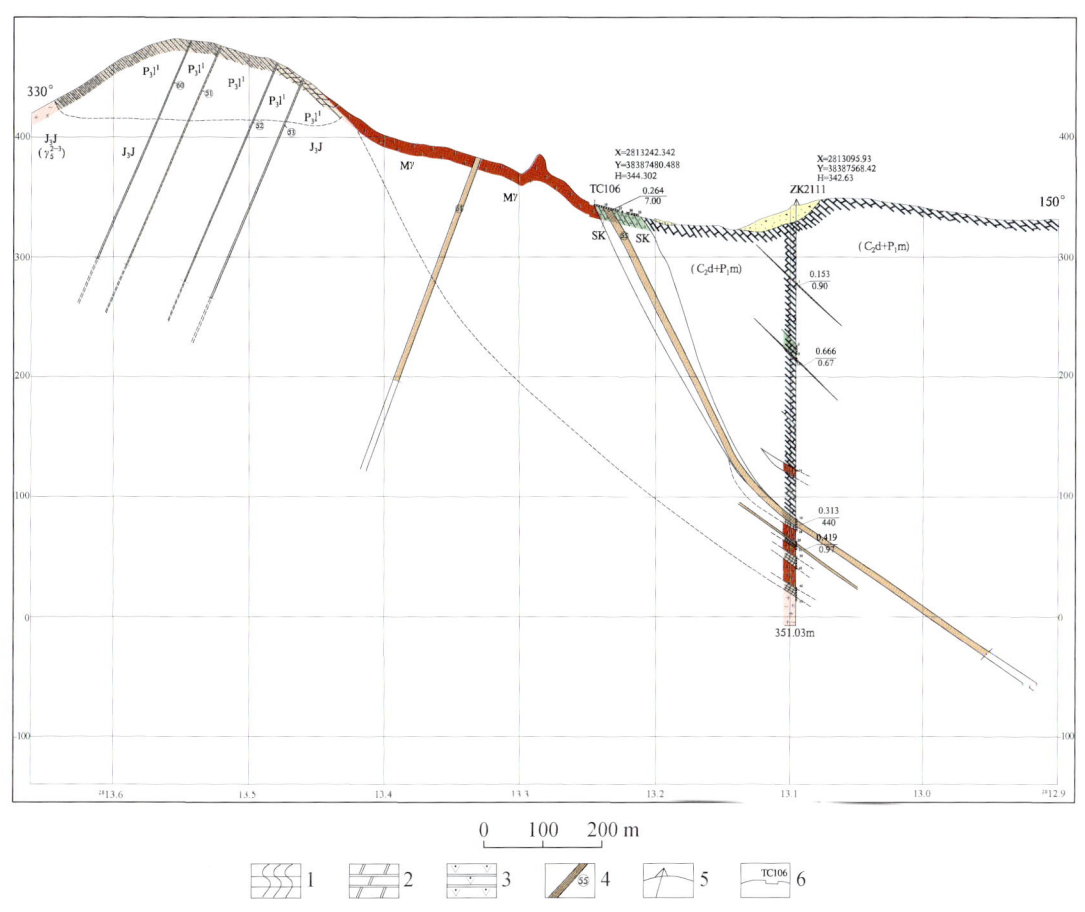

图 9-59 山门口找矿靶区狗头岭段锡矿 201 线剖面图

P_3l^1-上二叠统龙潭组下段；(C_2d+P_1m)-石炭系-二叠系大埔组—马坪组；J_3J (γ_5^{2-3})-将军寨单元（燕山早期第三阶段）；
Mγ-细粒花岗岩；1-角岩；2-白云质大理岩；3-夕卡岩化灰岩；4-锡矿脉及编号；5-钻孔及编号；6-探槽及编号

9.2.3.4 麻子坪矿段

麻子坪矿段位于山门口找矿靶区北西部。平面直角坐标：$X=2811500\sim2820000$、$Y=38384500\sim38389000$，面积 22.5 km²。锡矿体赋存于中细粒少斑黑云母花岗岩及中粗粒斑状角闪石黑云母花岗岩体中，受北东向断裂构造控制，呈脉状产出。围岩普遍云英岩化、绿泥石化、绢云母化、萤石化及电气石化，矿体与围岩界线一般较清楚。区内现发现锡矿（化）脉 13 条，初步圈定锡矿体 11 个，编号分别为 4、5、6、7、8、8-1、21、23、24、26、28（图 9-60）。矿化类型以构造蚀变带型锡矿为主，其次为脉状云英岩型锡矿。这些锡矿体走向长 160~1800 m，平均厚 0.65~2.04 m，Sn 平均品位 0.252%~1.668%。各矿体产出特征详见表 9-21。主要矿体特征如下：

（1）6 号矿体。分布于满堂红—麻子坪—东边岭一带，严格受 F_7 断裂破碎带控制，属构造蚀变带型。矿体呈脉状、板脉状产出，有膨大、缩小、分支等现象。矿体走向 30°~40°、倾向南东、倾角 60°~80°。经工程控制，走向长 1800 m，矿体厚 0.88~2.70 m，平均 1.68 m，矿体出露标高 1056~1312 m、出露高差 256 m。矿体平均含 Sn 0.980%，此外尚伴生 W、Cu、Ag、Bi、Fe 等有益元素。矿体赋存于碎裂花岗岩及构造角砾岩中，矿体及顶底板发育云英岩化、绿泥石化、绢云母化、萤石化、电气石化等蚀变；围岩主要为中细粒斑状黑云母钾长花岗岩，与矿体界线清楚（图 9-61）。

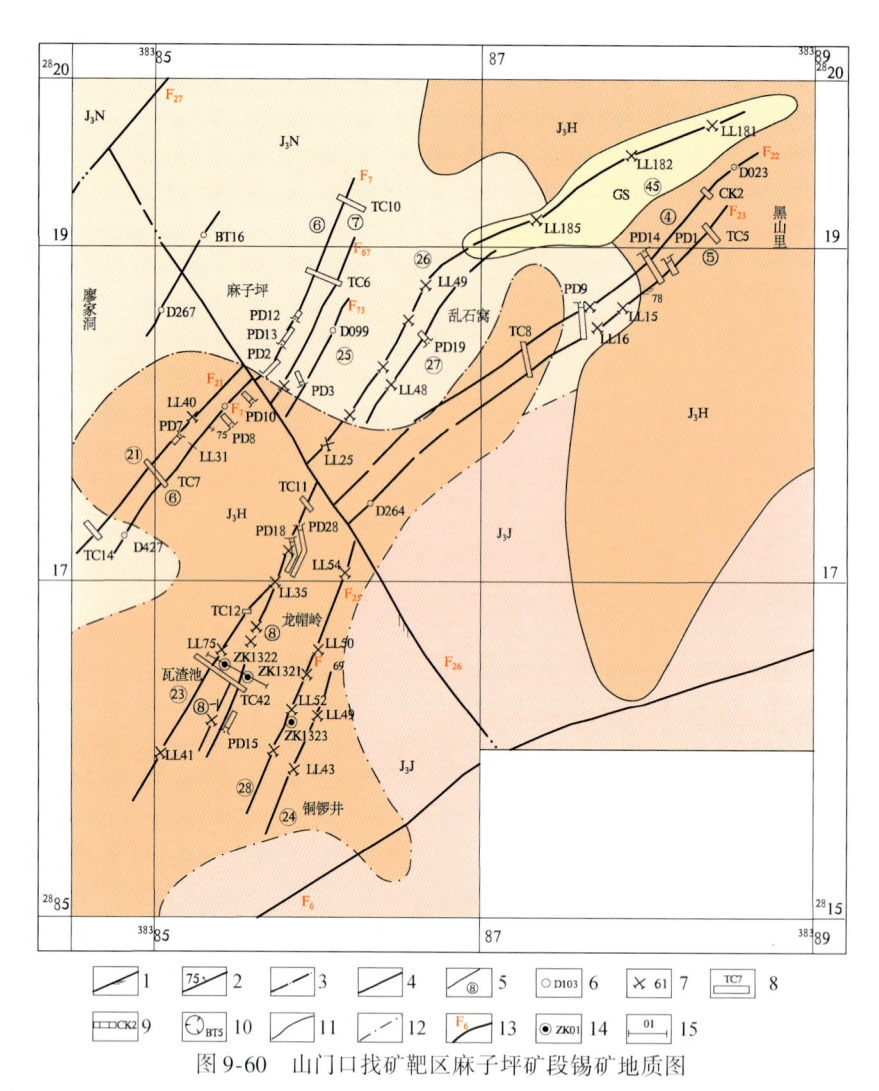

图 9-60 山门口找矿靶区麻子坪矿段锡矿地质图

J₃H (γ_5^{3-1})-荒塘岭单元（燕山晚期第一阶段）；J₃J（γ_5^{2-3}）-将军寨单元（燕山早期第三阶段）；J₃N（γ_5^{2-3}）-南溪单元（燕山早期第三阶段）；GS-云英岩化；1-压性断层；2-压扭性断层及产状；3-航片解译断层；4-性质不明断层；5-锡矿脉及编号；6-地质观察点及编号；7-老窿及编号；8-探槽及编号；9-采坑及编号；10-剥土及编号；11-花岗岩脉动接触界线；12-推测的花岗岩脉动接触界线；13-断层编号；14-钻孔及编号；15-勘探线及编号

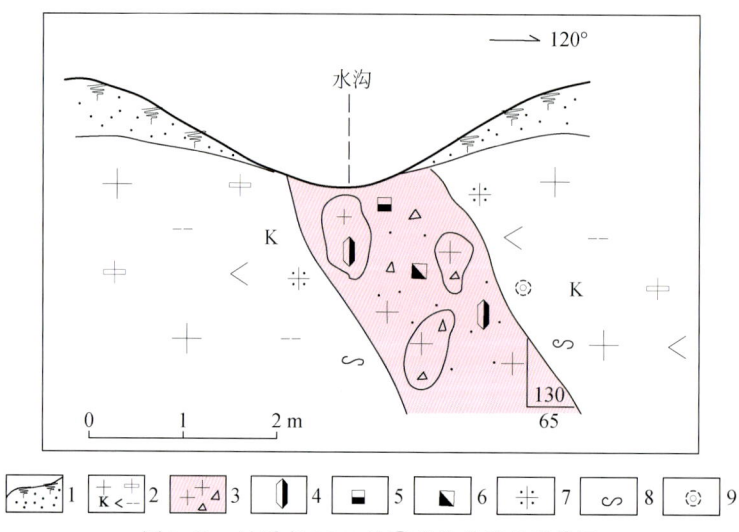

图 9-61 地质点 D004 处⑥矿化破碎带素描图

1-腐殖土层；2-中粒斑状角闪石黑云母花岗岩；3-碎裂花岗岩；4-锡石；5-褐铁矿；6-黄铜矿；7-云英岩化；8-绿泥石化；9-硅化

（2）8号矿体。位于龙帽岭—瓦渣池一带，为构造蚀变带型锡矿。矿体受 F_8 断裂控制，走向 20°～40°，倾向南东，倾角 60°～80°（图 9-62）。矿体总体呈脉状、透镜状产出，厚度变化系数 35.39%。经工程控制，控制走向长 1150 m、斜深 122 m，矿体厚 0.42～1.48 m、平均 0.95 m，矿体出露标高 870～1232 m，出露高差 362 m。矿体 Sn 平均品位 1.416%，局部地段含 Pb、Zn、Cu、W、Bi 等元素较高，可综合回收利用。

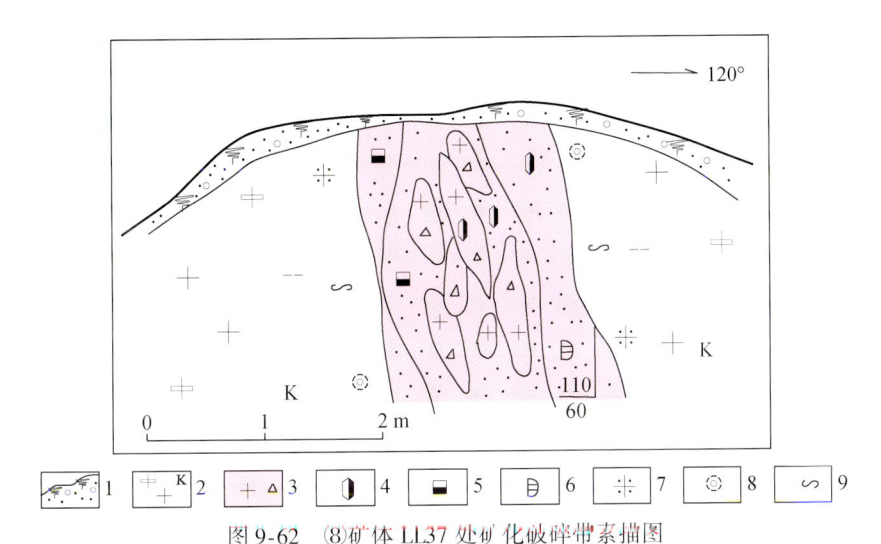

图 9-62　⑧矿体 LL37 处矿化破碎带素描图

1-腐殖土层；2-中细粒斑状花岗岩；3-碎裂花岗岩；4-锡石；5-黄铁矿；6-毒砂；7-云英岩化；8-硅化；9-绿泥石化

北东段矿体中有一条石英脉，脉幅 5～10 cm，产状与矿体一致，在脉两侧可见数厘米厚的绿泥石、绢云母蚀变带等（图 9-63）。深部经钻孔 ZK1321 验证，矿体厚 1.12 m，说明矿体沿倾向厚度稳定，还有较大延伸（图 9-64）。

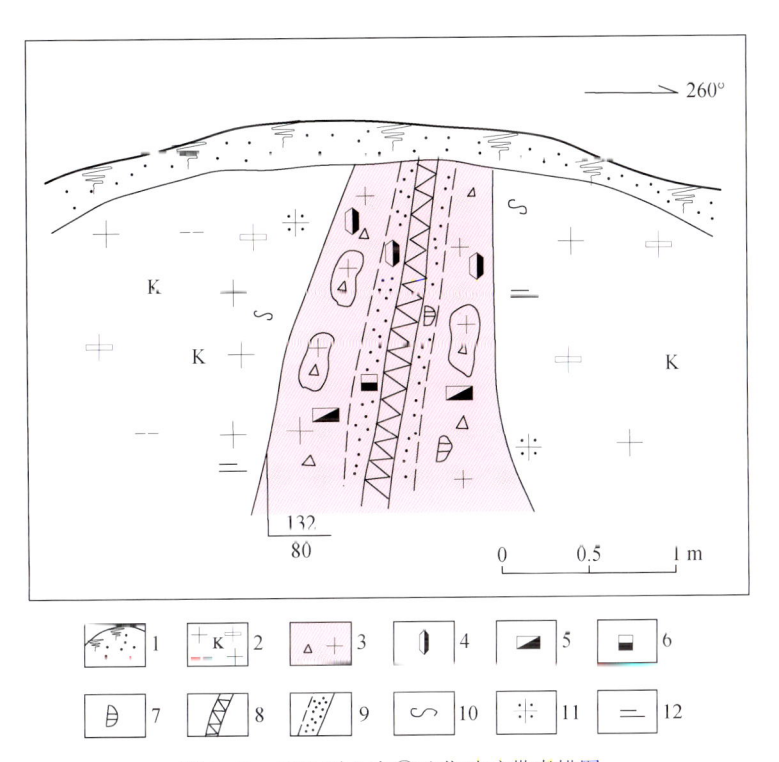

图 9-63　BT5 剥土中⑧矿化破碎带素描图

1-腐殖土层；2-中细粒斑状黑云母花岗岩；3-碎裂花岗岩；4-锡石；5-黄铜矿；6-黄铁矿；7-毒砂；8-石英脉；9-绿泥石、绢云母；10-绿泥石化；11-云英岩化；12-绢云母化

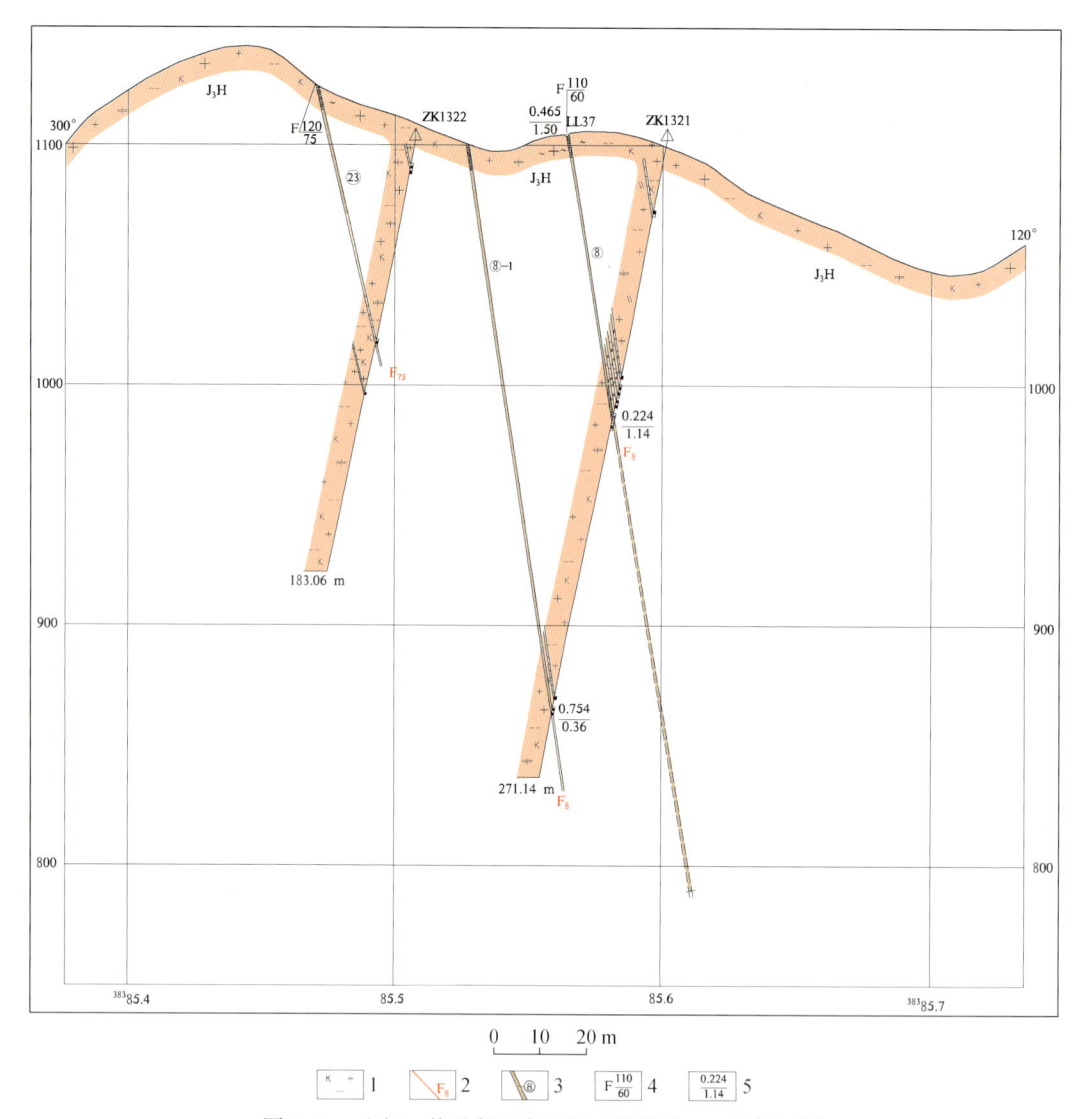

图 9-64　山门口找矿靶区麻子坪矿段锡矿 132 线剖面图

J_3H-芙蓉超单元荒塘岭单元；1-中细粒黑云母钾长花岗岩；2-断层及编号；3-锡矿体及编号；4-断层面产状；5-$\dfrac{Sn\ 平均品位（\%）}{水平厚度（m）}$

（3）26 矿体。为脉状云英岩型矿体，矿体呈薄脉状产出，走向北东 30°~45°，倾向南东，倾角 60°~70°。经工程控制，走向长 1230 m，矿体厚度 0.69~1.33 m，平均 0.83 m，出露标高 920~1168 m、出露高差 248 m。矿体中 Sn 平均品位 0.453%。矿体及其顶底中以云英岩化为主，次为绢云母化、硅化等，矿体与围岩界线非常清楚。

9.2.4　矿石特征与质量

9.2.4.1　矿石的物质成分及特征

1. 矿石的矿物组合特征

本区锡矿床类型主要为构造蚀变带型，其次为夕卡岩型、脉状云英岩型等。各类型锡矿中矿物种类较多，且组合较复杂。根据野外观察和镜下鉴定，金属矿物主要有锡石，次为黄铜矿、方铅矿、铁闪锌矿、毒砂、黄铁矿、磁铁矿、辉铋矿、白钨矿及少量褐铁矿、赤铁矿、自然铋、锆石、针铁矿、钛铁矿、辉铜矿等；非金属矿物主要有石英、钠长石、更长石、钾长石、绿泥石、绢云母，次有黑云母、电气石、萤石、绿帘石、透闪石、阳起石、方解石、符山石、高岭土等。区内各主要矿石类型矿物共生组合见表 9-22。主要有用矿物特征如下：

表 9-22　山门口找矿靶区主要矿石类型矿物共生组合表

矿石类型	矿石矿物			脉石矿物		
	主要矿物	次要矿物	微量矿物	主要矿物	次要矿物	微量矿物
石英-锡石矿石	锡石	黄铜矿、黄铁矿、方铅矿、铁闪锌矿、磁铁矿、磁黄铁矿、毒砂	白钨矿、辉铜矿、辉铋矿、蓝辉铜矿、铜蓝、辉铋矿、自然铋、赤铁矿、钛铁矿、板钛矿、锐钛矿、榍石、金红石、斑铜矿、辉钼矿、褐铁矿	石英、钾长石、更-中长石	绿泥石、绢云母	黑云母、萤石、角闪石、磷灰石、锆石、独居石、磷钇矿、电气石、方解石、白云石、石榴子石、白云母、透辉石、透闪石、黏土矿物、褐帘石、方解石、白云石、菱铁矿
硫化物-锡石矿石	锡石、黄铜矿、辉铋矿、方铅矿、铁闪锌	毒砂、黄铁矿、磁黄铁矿、白钨矿	磁铁矿、辉铜矿、斑铜矿、蓝辉铜矿、铜蓝、孔雀石、自然铋、赤铁矿、白铁矿、自然铁、锐钛矿、钛铁矿、辉钼矿、褐铁矿、榍石、白钛石、硼镁铁矿、金红石、辉钼矿、泡铋矿	石英、钾长石、更-中长石	绿泥石、绢云母、萤石、透闪石、透辉石、方解石	石榴子石、符山石、电气石、黑鳞云母、褐帘石、黝帘石、蛇纹石、滑石、磷灰石、独居石、锆石、水镁石、黑云母、方解石、白云石、菱铁矿、白云母、黏土矿物、粒硅镁矿、金云母、绿帘石
透辉石-透闪石-锡石矿石	锡石	白钨矿、毒砂、磁铁矿、黄铁矿、黄铜矿、磁黄铁矿	白铁矿、钛铁矿、板钛矿、锐钛矿、榍石、白钛石、辉铋矿、辉铜矿、自然铋、硼镁铁矿、铜蓝、黝铜矿、铁闪锌矿、方铅矿、赤铁矿、褐铁矿、泡铋矿	透辉石、透闪石	阳起石、钠铁闪石、绿鳞云母	石英、绿泥石、萤石、石榴子石、符山石、氟硼镁石、电气石、绿帘石、黑鳞云母、褐帘石、黝帘石、蛇纹石、滑石、磷灰石、独居石、锆石、水镁石、黑云母、更-中长石、方解石、白云石、菱铁矿、绢云母、黏土矿物、白云母

2. 主要有用矿物的物理、化学特征

山门口找矿靶区主要有用矿物有锡石，次有黄铜矿、磁铁矿、辉铋矿、白钨矿、方铅矿、铁闪锌矿、黄铁矿、毒砂等。兹将其特征分述如下：

（1）锡石（SnO_2）。是矿石中最主要的锡矿物，密度为 6.889 g/cm³，颜色多种，有黄褐色、黑褐色、黄棕色、淡黄色、无色等多种颜色。其颜色深浅与颗粒大小及含铁量的多少密切相关，通常颗粒大的锡石颜色较深，含铁较高，反之颜色较浅。矿区中锡石形态多样，多呈自形晶-半自形晶粒状、短柱状，部分呈他形晶粒状及胶状，集合体呈团粒状、鱼子状、串珠状、放射状（图 9-65a）、脉状。锡石粒级不等，从粗粒到微粒均有产出，但以细粒级为主要。锡石具环带结构。由于挤压的影响，裂纹发育。锡石与多种金属硫化物及脉石伴生，并与辉铋矿、黄铜矿、磁黄铁矿、黄铁矿关系密切。在胶状褐铁矿、磁铁矿中，锡石呈胶状产出，连生紧密。此外，锡石广泛分布在石英、长石、萤石、绿泥石等脉石矿物中，呈星散浸染状或集合体的团粒状产出，其颗粒相对较粗，与脉石呈镶嵌状分布。

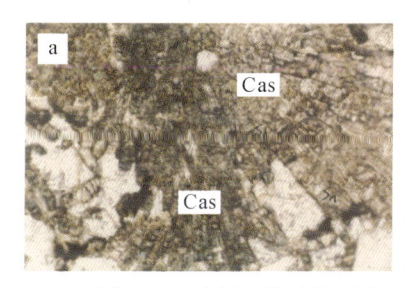

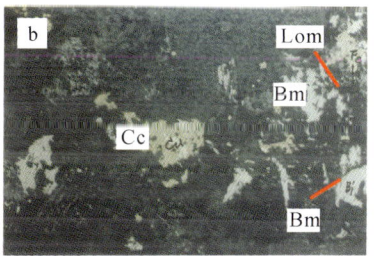

图 9-65　山门口找矿靶区麻子坪矿段 PD18 矿石矿相学特征

a-锡石（Cas）柱状集合体的放射状结构，单偏光；b-褐铁矿（Lom）中的浸染状辉铋矿（Bm）和黄铜矿（Cc），单偏光

(2) 黄铜矿（$CuFeS_2$）。是主要的含硫铜矿物，此外还有少量铜的次生矿物辉铜矿、斑铜矿、铜蓝等。黄铜矿在矿石中产出分为两种情况：其一，呈浸染状分布在各种矿物的裂隙及粒间或填隙在孔隙中，与多种矿物如黄铁矿、辉铋矿紧密连生，这种产出的黄铜矿是矿石中主要的铜的分布存在形式。其二，部分黄铜矿在铁闪锌矿及磁黄铁矿中呈微细的线状、乳浊状析出，似星点散布在铁闪锌矿或磁黄铁矿中。黄铜矿极易氧化蚀变，其边缘裂隙常蚀变成辉铜矿和蓝辉铜矿。

(3) 辉铋矿（Bi_2S_3）。是主要的含铋矿物，呈他形晶-半自形晶片状、羽毛状、毛发状（图9-65b），集合体呈纤维状不规则粒状、板状、脉状。辉铋矿较为分散，无富集现象。其产出形式有的呈浸染分散状在各种矿物中，如黄铜矿、磁黄铁矿、黄铁矿等矿物边缘裂隙中；有的填充在矿物粒间和空洞中，常构成矿石的填隙结构。另外，辉铋矿与脉石矿物在多种矿石中广泛连生。

(4) 黄铁矿（FeS_2）。黄铁矿在矿石中呈中细粒浸染状分布，自形-半自形晶四面体粒状及碎屑状，碎屑由粗粒黄铁矿受力破碎而成。黄铁矿在矿石中一般单体星散分布，很少富集成块或呈集合体的团粒产出，常与毒砂、黄铜矿、辉铋矿、铁闪锌矿共生，黄铁矿氧化后形成矿石中的褐铁矿。

(5) 方铅矿（PbS）。呈阶梯状立方体解理，部分为半自形晶，他形粒状晶。多呈星点状，小团块状产出，局部呈团块状、细脉状。方铅矿往往与铁闪锌矿相伴产出，可见方铅矿交代铁闪锌矿现象。

(6) 铁闪锌矿（（FeZn）S）。呈褐红色、暗褐色、棕褐色至黑色，镜下为半自形晶或他形晶粒状，常呈不规则的粒状集合体和细脉沿裂隙充填分布，局部呈团块状，与方铅矿共生，可见其包裹黄铜矿、毒砂等早期形成的矿物。

(7) 毒砂（FeAsS）。该矿物区内矿石中分布较少。多呈粗粒集合体产出，或以星散浸染状的形式嵌布在脉石中，沿粒间、裂隙或边缘可见黄铜矿、铁闪锌矿或方铅矿充填交代。在磁黄铁矿出现的矿石中，毒砂往往呈包裹体出现。

(8) 磁铁矿（Fe_3O_4）。主要分布在夕卡岩型矿石中，多呈不规则粒状集合体嵌布在脉石中，与脉石接触界线不平直，集合体边缘可见微细粒锡石分布。在近地表氧化带多形成褐铁矿，常吸附和包裹锡石、黄铁矿、黄铜矿等矿物。

(9) 白钨矿（$Ca[WO_4]$）。常与透闪石、阳起石、透辉石、萤石等共生，尤与萤石密切。零星分布在55、8号等矿体中。

3. 矿石化学成分

矿石的光谱半定量分析结果、化学分析结果详见表9-23、表9-24。其中，可利用的主要是Sn，但Cu、Pb、Ag、Bi、W等可考虑综合回收利用。

表9-23 矿石光谱半定量全分析结果（%）

元素	Be	As	Bi	Al	Ti	W	Cu	In
含量	0.02	0.1	0.005	5	0.05	0.01	0.1	0.0002
元素	Si	Sn	Ni	Ca	Mg	Mn	Na	Ag
含量	>10	0.4	0.0005	5	0.05	0.05	0.3	0.0005
元素	B	Fe	Mo	K	Pb	Zn	Co	Ga
含量	0.01	1.5	0.0005	0.3	0.15	0.02	0.001	0.001

表9-24 矿石化学多项分析结果（%）

项目	Sn	Bi	Cu	Pb	Zn	S	As	SiO_2
含量	1.08	0.144	0.220	0.137	0.117	0.68	0.215	55.93
项目	Al_2O_3	Fe_2O_3	TFe	TiO_2	CaO	MgO	Au	CaF_2
含量	6.62	6.95	4.86	0.15	2.10	4.62	0.00g/t	18.33
项目	Mo	Mn	K_2O	Na_2O	P_2O_5	WO_3	Ag	
含量	0.0018	0.077	2.40	0.70	0.170	0.035	28.8g/t	

4. 矿物生成顺序

根据矿物的共生组合及矿物之间相互穿插交代关系，将山门口找矿靶区内矿石中主要矿物的生成顺序列于表 9-25。

表 9-25　山门口找矿靶区主要矿物生成顺序表

矿物名称	气化-高温热液期 夕卡岩	气化-高温热液期 云英岩	高-中温热液期 锡石硫化物	中-低温热液期 方解石石英脉	表生期
透辉石	──				
符山石	──				
透闪石	──				
绿帘石	─				
阳起石	─				
白钨矿	──		─		
白云母		──			
石英		────	────		
钠长石		──			
钾长石		──			
电气石		──			
磷灰石		──			
锆石		──			
绿柱石		──			
黑云母		──			
磁铁矿		──	──		
锡石	─	──	────	─	
毒砂		──	──		
辉铋矿			──		
黄铜矿			──		
黄铁矿			──		
磁黄铁矿			──	──	
方铅矿			──		
铁闪锌矿			──	──	
绢云母			──		
绿泥石			──		
萤石			──	──	
方解石				────	
铜蓝					──
褐铁矿					──

9.2.4.2　矿石的结构构造

多期次的岩浆活动使区内多次成矿，有用矿物生成的方式各异，反映到矿石结构、构造上也较为复杂。根据野外调研和镜下观察结果，矿石结构主要有结晶结构、固溶体分离结构、交代结构、压碎结构等。矿石构造主要有角砾状构造、细脉浸染状构造、团块状构造、皮壳状构造、条带状构造等。

1. 矿石结构

1) 结晶结构

为山门口找矿靶区矿石的基本结构。又可分为：

(1) 自形晶结构。矿石中可见方铅矿、黄铁矿呈立方体自形晶，毒砂呈菱形四面体自结晶出现；辉铋矿结晶呈长柱状自形晶出现在辉铋锡石矿石中（图9-66a）等。

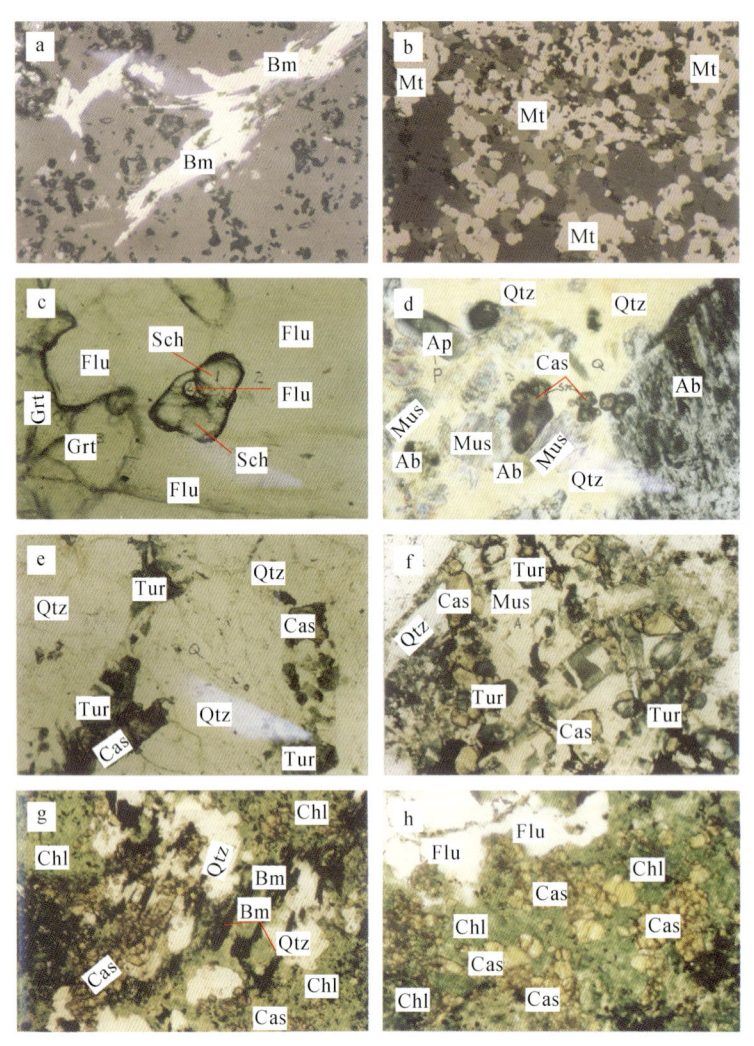

图9-66 山门口找矿靶区矿石矿相学特征

a-自形晶结构：辉铋矿（Bm）结晶呈长柱状晶体出现在辉铋锡石矿石中，单偏光，麻子坪矿段PD18；b-自形-半自形晶结构：浅棕-灰白色磁铁矿（Mt）结晶呈等轴粒状的自形-半自形晶，产在萤石化磁铁矿化符山石夕卡岩中，单偏光，狗头岭矿段ZK2011；c-半自形晶结构：白钨矿（Sch，1）结晶呈半自形粒状与萤石（Flu，2）、石榴子石（Grt，3）共存于萤石化石榴子石夕卡岩中，单偏光，狗头岭矿段ZK2011；d-半自形晶结构：锡石（Cas，Sn）结晶粒状、短柱状与热液石英（Qtz）、暗绿色钠长石（Ab）、白云母（Mus，浅蓝、绿、红色）、磷灰石（AP）等共存于钠长石化花岗岩型锡矿中，正交偏光，狗头岭矿段BT1；e-半自形晶结构：黑褐色锡石（Cas）结晶呈半自形晶，暗绿色与电气石（Tur）、石英（Qtz）共存于云英岩型锡矿中，单偏光，淘锡窝矿段D4011；f-半自形-他形晶结构：浅黄色锡石（Cas）结晶呈半自形-他形晶，与深绿色电气石（Tur）、白云母（Mus，A）、石英（Qtz）共存于锡石矿中，单偏光，麻子坪矿段PD18；g-半自形-他形晶结构：黑色辉铋矿（Bm）、浅黄色锡石（Cas）结晶呈半自形-他形晶，与黄绿色绿泥石（Chl）、白色石英（Qtz）共存于辉铋锡石矿石中，单偏光，麻子坪矿段PD18；h-他形晶结构：浅黄色锡石（Cas）结晶呈不规则的粒状，与黄绿色绿泥石（Chl）、白色萤石（Flu）共存于辉铋锡石矿石中，麻子坪矿段PD18，单偏光

(2) 自形-半自形晶结构。磁铁矿结晶呈等轴粒状的自形-半自形晶，产在萤石化磁铁矿化符山石夕卡岩中（图9-66b）。

4. 矿物生成顺序

根据矿物的共生组合及矿物之间相互穿插交代关系，将山门口找矿靶区内矿石中主要矿物的生成顺序列于表 9-25。

表 9-25　山门口找矿靶区主要矿物生成顺序表

矿物名称 \ 期/阶段	气化–高温热液期		高–中温热液期	中–低温热液期	表生期
	夕卡岩	云英岩	锡石硫化物	方解石石英脉	
透辉石	──				
符山石	──				
透闪石	──				
绿帘石	─				
阳起石	─				
白钨矿		──	──		
白云母		────			
石英		────	────		
钠长石		──			
钾长石		──			
电气石		──			
磷灰石		──			
锆石		─			
绿柱石		─			
黑云母		──			
磁铁矿		──	──		
锡石		────	────	─	
毒砂			──		
辉铋矿			──		
黄铜矿			──		
黄铁矿			──	──	
磁黄铁矿			──	──	
方铅矿			──	──	
铁闪锌矿			──	──	
绢云母			──	──	
绿泥石			──	──	
萤石			──	──	
方解石				──	
铜蓝					──
褐铁矿					──

9.2.4.2　矿石的结构构造

多期次的岩浆活动使区内多次成矿，有用矿物生成的方式各异，反映到矿石结构、构造上也较为复杂。根据野外调研和镜下观察结果，矿石结构主要有结晶结构、固溶体分离结构、交代结构、压碎结构等。矿石构造主要有角砾状构造、细脉浸染状构造、团块状构造、皮壳状构造、条带状构造等。

1. 矿石结构

1）结晶结构

为山门口找矿靶区矿石的基本结构。又可分为：

（1）自形晶结构。矿石中可见方铅矿、黄铁矿呈立方体自形晶，毒砂呈菱形四面体自结晶出现；辉铋矿结晶呈长柱状自形晶出现在辉铋锡石矿石中（图9-66a）等。

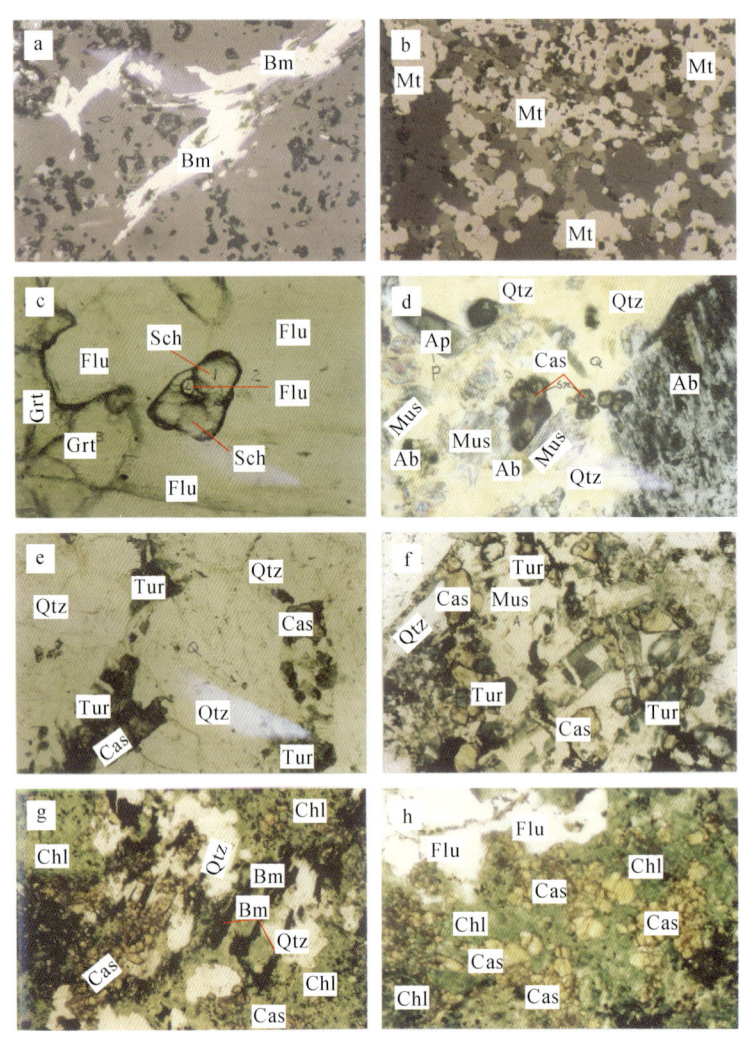

图9-66 山门口找矿靶区矿石矿相学特征

a-自形晶结构：辉铋矿（Bm）结晶呈长柱状晶体出现在辉铋锡石矿石中，单偏光，麻子坪矿段PD18；b-自形-半自形晶结构：浅棕-灰白色磁铁矿（Mt）结晶呈等轴粒状的自形-半自形晶，产在萤石化磁铁矿化符山石夕卡岩中，单偏光，狗头岭矿段ZK2011；c-半自形晶结构：白钨矿（Sch，1）结晶呈半自形粒状与萤石（Flu，2）、石榴子石（Grt，3）共存于萤石化石榴子石夕卡岩中，单偏光，狗头岭矿段ZK2011；d-半自形晶结构：锡石（Cas，Sn）结晶粒状、短柱状与热液石英（Qtz）、暗绿色钠长石（Ab）、白云母（Mus，浅蓝、绿、红色）、磷灰石（AP）等共存于钠长石化花岗岩型锡矿中，正交偏光，狗头岭矿段BT1；e-半自形晶结构：黑褐色锡石（Cas）结晶呈半自形晶，暗绿色与电气石（Tur）、石英（Qtz）共存于云英岩型锡矿中，单偏光，淘锡窝矿段D4011；f-半自形-他形晶结构：浅黄色锡石（Cas）结晶呈半自形-他形晶，与深绿色电气石（Tur）、白云母（Mus，A）、石英（Qtz）共存于锡矿中，单偏光，麻子坪矿段PD18；g-半自形-他形晶结构：黑色辉铋矿（Bm）、浅黄色锡石（Cas）结晶呈半自形-他形晶，与黄绿色绿泥石（Chl）、白色石英（Qtz）共存于辉铋锡石矿石中，单偏光，麻子坪矿段PD18；h-他形晶结构：浅黄色锡石（Cas）结晶呈不规则的粒状，与黄绿色绿泥石（Chl）、白色萤石（Flu）共存于辉铋锡石矿石中，麻子坪矿段PD18，单偏光

（2）自形-半自形晶结构。磁铁矿结晶呈等轴粒状的自形-半自形晶，产在萤石化磁铁矿化符山石夕卡岩中（图9-66b）。

(3) 半自形晶结构。矿石中锡石、磁黄铁矿、铁闪锌矿、白钨矿等多以半自形晶出现，特征是矿物结晶形态较为规则，同种矿物之间或不同矿物之间的接触界线比较平直（图 9-66c～f）。

(4) 半自形-他形晶结构。在辉铋锡石矿石中，辉铋矿、锡石结晶呈半自形-他形晶，与绿泥石、石英在一起（图 9-66g）。

(5) 他形晶结构。黄铜矿、锡石、磁黄铁矿、铁闪锌矿、辉铋矿、自然铋等呈他形粒状分布在矿石中（图 9-66h、图 9-67a～c）。矿石中锡石、黄铜矿和毒砂粒度不均匀，特别是锡石晶体粒度悬殊较大，粗者可达 2.0 mm 左右，细小者小于 0.01 mm。

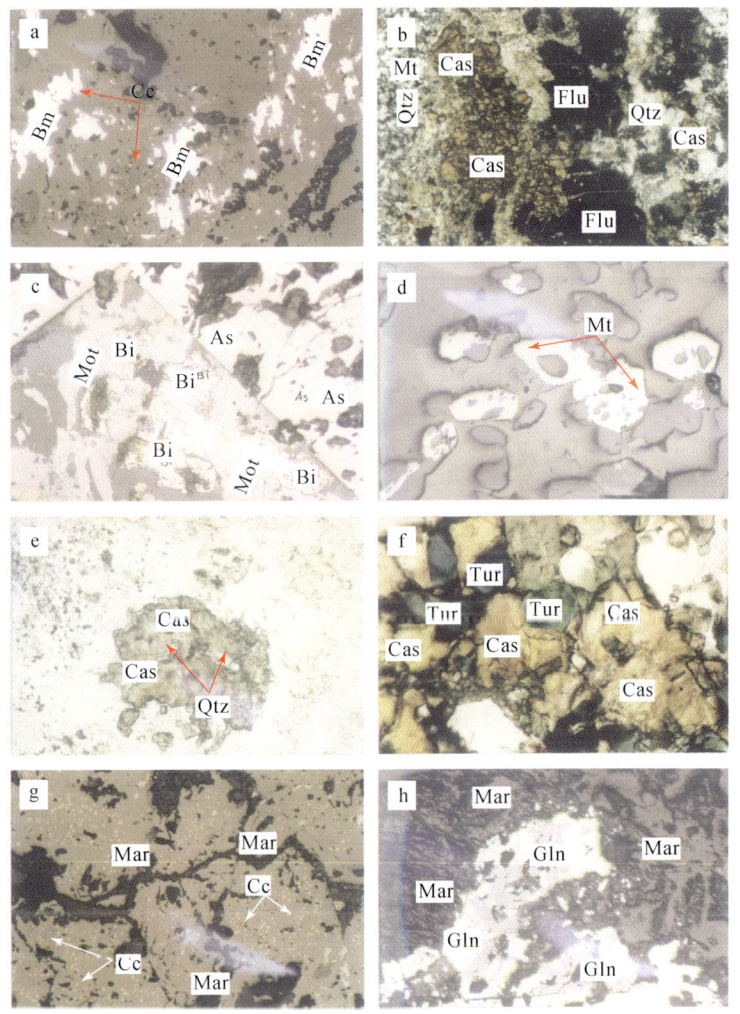

图 9-67 山门口找矿靶区矿石矿相学特征

a- 他形晶结构：他形粒状的白色辉铋矿（Bm）与细小的浅黄色黄铜矿（Cc）等共存于黄铜辉铋锡石矿石中，单偏光，麻子坪矿段 PD18；b- 他形晶结构：浅黄色锡石（Cas）呈他形粒状集合体产在萤石化（黑色，Flu）、硅化（白色，Qtz）构造蚀变带中，正交偏光，麻子坪矿段 PD18；c- 他形晶结构：自然铋（Bi）呈他形粒状与毒砂（As）、褐铁矿（Mot）等产在硫化物锡石矿石中，单偏光，麻子坪矿段 PD18；d- 包含结构：半自形、白色磁铁矿（Mt）晶粒包含颗粒细小的符山石、钠铁闪石等，单偏光，狗头岭矿段 ZK2011；e- 包含结构：淡棕色锡石（Cas）中包含有粒度细小的白色石英（Qtz），产在钠长石化花岗岩型锡矿石中，单偏光，狗头岭矿段 BT1；f- 包含结构：粗大的浅黄色锡石（Cas）颗粒中包含有结晶细小呈短柱状的绿色电气石（Tur）晶体。产在硫化物锡石矿石中，单偏光，麻子坪矿段 PD18；g- 乳滴状结构：浅黄色黄铜矿（Cc）呈细小的乳滴状分布在黄棕色铁闪锌矿（Mar）中，单偏光，麻子坪矿段 PD18；h- 边缘交代结构：淡棕色铁闪锌矿（Mar）被白色方铅矿（Gln）交代，二者的接触界线呈港湾状，铁闪锌矿经常呈弧岛状，麻子坪矿段 PD1，单偏光

(6) 包含结构。见磁铁矿中包含细小的符山石、钠铁闪石，而锡石又包含有细小的石英、电气石等矿物现象（图 9-67d～f）。被包裹的粒度通常在 0.01 mm 以下。

(7) 镶嵌结构。锡石、铁闪锌矿、方铅矿晶体与石英颗粒之间，方铅矿与黄铁矿、毒砂、铁闪锌矿之间常呈镶嵌分布。

2）固溶体分离结构

磁黄铁矿固溶体呈星点状分布于铁闪锌矿晶体中或沿解理作定向分布；黄铜矿呈细小的乳滴状分布在铁闪锌矿和石英颗粒之间（图9-67g）。

3）交代结构

见铁闪锌矿沿早期形成的毒砂、黄铁矿、方铅矿及磁黄铁矿颗粒边缘交代（图9-68h），辉铋矿又沿铁闪锌矿边缘交代（图9-68a）；黄铜矿常交代毒砂（图9-68b）或毒砂被黄铜矿交代（图9-68c）；铜蓝、斑铜矿等常又沿黄铜矿的边缘交代，形成交代环边结构（图9-68d～e）；近地表锡石被褐铁矿、赤铁矿等交代，或黄铜矿被铜蓝交代等。有时候由于交代作用强烈，常出现有交代残余结构（图9-68f）。

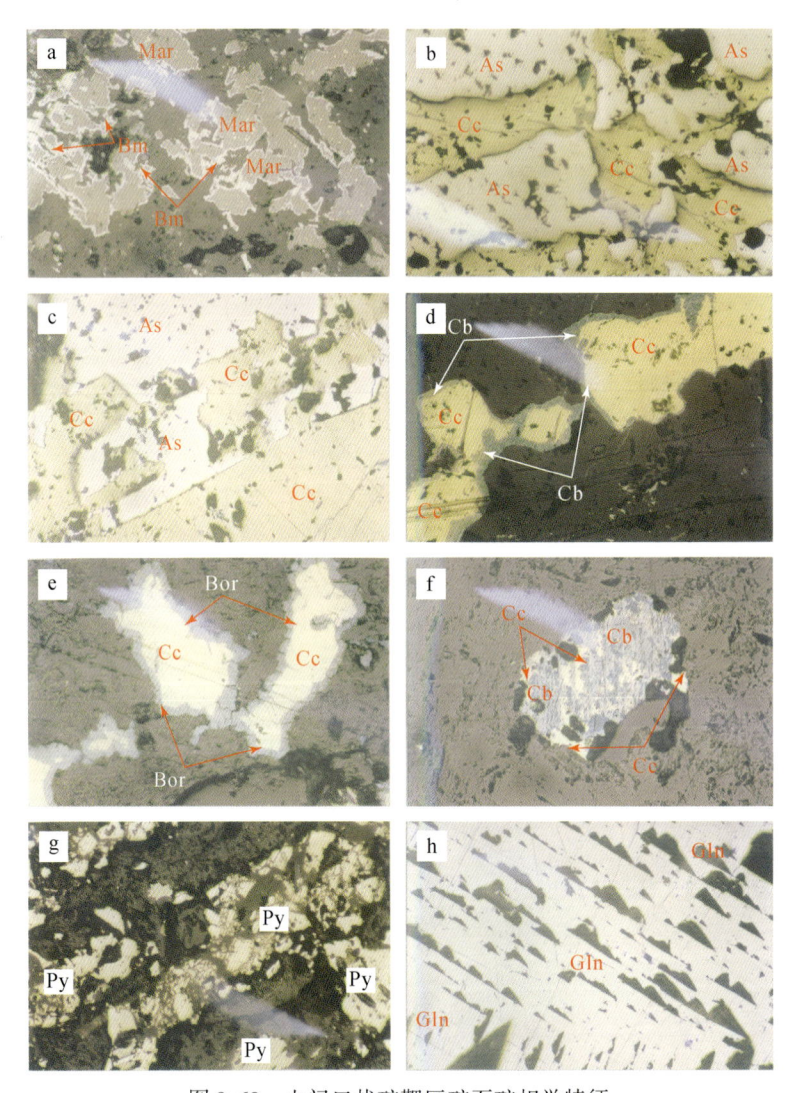

图9-68 山门口找矿靶区矿石矿相学特征

a-交代环边结构：白色辉铋矿（Bm）沿浅灰-浅棕色铁闪锌矿（Mar）的边缘交代，形成一圈交代环边，产于黄铜辉铋锡石矿石中，单偏光，麻子坪矿段PD18；b-交代结构：黄色黄铜矿（Cc）沿灰白色毒砂（As）的周围交代，使毒砂的边缘呈港湾状或不规则状，产于强萤石化硫化物锡石矿石中，单偏光，麻子坪矿段PD18；c-交代结构：结晶粗大的白色毒砂（As）被淡黄色黄铜矿（Cc）交代，其溶蚀面呈港湾状，单偏光，麻子坪矿段PD18；d-交代环边结构：浅绿-浅紫色铜蓝（Cb）围绕黄色黄铜矿（Cc）的边缘交代，形成一圈交代环边，产于黄铜辉铋锡石矿石中，单偏光，麻子坪矿段PD18；e-交代环边结构：淡粉红色斑铜矿（Bor）沿浅黄色黄铜矿（Cc）的边缘进行交代，形成一圈交代环边，产于黄铜辉铋锡石矿石中，单偏光，麻子坪矿段PD18；f-交代残余结构：浅黄色黄铜矿（Cc）被蓝灰-浅紫色铜蓝（Cb）交代，使黄铜矿呈残余状，产在黄铜辉铋锡石矿石中，单偏光，麻子坪矿段PD18；g-压碎结构：黄白色黄铁矿（Py）受力压碎后，碎粒呈不规则状或夹棱状，产于硫化物锡石矿石中，单偏光，麻子坪矿段PD18；h-内部解理结构：方铅矿（Gln）的三组解理由黑三角孔（凹穴）显示出来，麻子坪矿段PD9，单偏光

4）压碎结构

由于锡石、毒砂、黄铁矿、电气石等性脆，方铅矿具有三角孔结构，受应力作用影响常产生许多裂纹甚至被压碎，形成碎屑结构（图9-68g）。

5）矿物结晶颗粒内部结构

矿物晶粒的内部结构是指矿物结晶颗粒内部所显现出来的环带、解理、双晶等形态特征，矿石中最常见的矿物结晶颗粒内部结构有：

（1）内部环带结构。最常见的是锡石的环带结构，这种结构既可以对称也可以不对称，最多的锡石环带有35环之多，说明锡石结晶时，环境动荡比较厉害；结晶自形的紫色萤石，其生长环带也非常清楚（图9-68d），它是一种低温的萤石，但与锡石矿化没有关系。

（2）内部双晶结构。最常见的也是锡石，具有简单的双晶结构，有时候也可见有聚片双晶结构。

（3）内部解理结构。常见的是方铅矿具有三组解理（图9-68h）。

2. 矿石构造

（1）细脉浸染状构造。为山门口找矿靶区各矿段矿石主要构造类型。具此构造的矿石在各类型矿体中均有分布，大部分锡石和黄铜矿、毒砂、磁铁矿、辉铋矿、黄铁矿、铁闪锌矿、方铅矿多呈细脉浸染状分布于矿石中。

（2）角砾状构造。此种构造在构造破碎带中较为常见。山门口找矿靶区各矿段所见有两种情况：一是含锡石、毒砂、铅锌矿等有用矿物的矿液直接充填胶结构造带中的岩石角砾，形成角砾状矿石。二是形成后的锡石、铅锌矿石，在构造活动中形成角砾，经过再胶结形成的角砾状矿石。

（3）团块状构造。在局部成矿有利部位，有时可见锡石、铁闪锌矿、黄铁矿等呈团块出现，团块的大小>10 mm。

（4）皮壳状构造。近地表的矿石中常可见到此类构造。锡石、铁闪锌矿分布于褐铁矿、赤铁矿之中，后者则像皮壳一样裹在前者四周。

（5）条带状构造。细脉浸染状分布的锡石、磁铁矿、电气石、萤石等矿物偶呈平行排列，形成条带状构造（图9-69a）。如PD15平硐中所见的矿石（图9-70）。

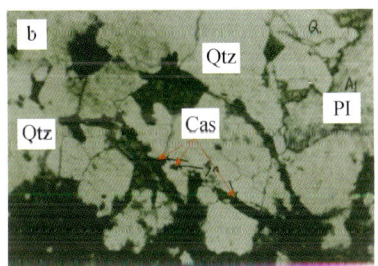

图9-69 山门口找矿靶区矿石矿相学特征

a-条带状构造：白色磁铁矿（Mt）呈大致平行的条带状出现在萤石化符山石夕卡岩型磁铁锡石矿石中，单偏光，狗头岭矿段ZK2011；b-石英（Qtz）、长石（Pl）中沿裂隙分布的链状锡石（Cas），单偏光，麻子坪矿段PD18

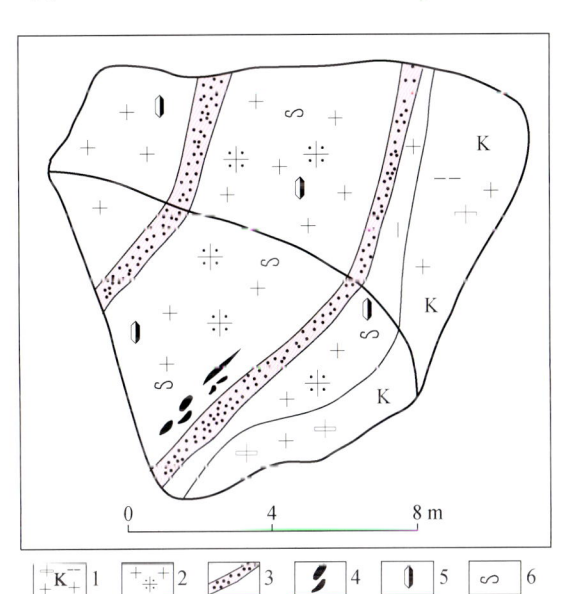

图9-70 PD15中锡矿石条带状构造示意图

1-中细粒斑状黑云母花岗岩；2-云英岩化细粒花岗岩；3-条带状锡石脉；4-萤石条带；5-浸染状锡石；6-绿泥石化

9.2.4.3 有益有害组分含量、赋存状态及变化规律

1. 主要有益组分含量及赋存状态

山门口找矿靶区的矿石中主要有益组分为 Sn。经光学显微镜鉴别、电子探针分析及物相分析等多种手段查明，矿石中 Sn 元素主要以锡石锡状态存在，仅有少量硫化锡、硅酸锡及胶态锡产出，锡石 Sn 在矿石中的占有率达 97.77%，其他状态仅为 2.23%，锡石常与石英、黄铁矿、铁闪锌矿镶嵌在一起。以 8 号矿体为代表的构造蚀变带型锡矿类型锡的物相分析结果详见表 9-26。

表 9-26　8 号矿体锡的化学物相分析结果（%）

相	锡石 Sn	硫化 Sn	胶态 Sn	硅酸 Sn	总 Sn
含量	1.0988	0.0055	0.004	0.0155	1.1238
占有率	97.77	0.49	0.36	1.38	100.00

2. 主要有益组分的变化规律

区内锡矿体延伸较稳定，总体矿化较均匀。但各矿体的品位、厚度沿倾向及走向有一定的变化，在一些特定条件下，矿化可相对富集，形成厚度大、品位高的"富矿包"。区内各民采坑道中"富矿包"普遍存在，其厚度可超出矿体平均厚度的 1~3 倍，品位可超出矿体平均品位的 2~7 倍，但一般延伸不大，在目前的工作阶段很难圈出独立的富矿体。通过本次工作可初步总结如下矿化富集规律。

（1）由地表往深部（倾向上）Sn 含量有增高的趋势；在水平方向上（走向上）Sn 含量无明显规律，呈跳跃式变化。

（2）不同方向构造的交汇部位矿化往往相对富集。

（3）容矿构造中的虚脱、转折部位矿化相对要富集。

（4）富 Cu、As、S 等元素的地段锡亦相对富集，如 8 矿体 PD18 坑道内。

（5）一般来说，矿化与云英岩化、绿泥石化、硅化、夕卡岩化、萤石化等蚀变成正相关关系，特别是多种蚀变叠加的地段，锡要相对富集。

（6）沿矿体走向富矿包一般每隔 20~60 m 出现一次，其规模大小不一，小则直径数米，大则数十米。富矿包沿倾向延伸往往大于走向延伸的两倍以上。

3. 伴生有益组分的含量及赋存状态

矿体中除主要有用组分 Sn 外，尚伴生有一定量的 W、Cu、Ag、Bi、Fe 等有益元素，现将几种主要的伴生有益元素简述如下：

（1）Cu。多以黄铜矿出现，次呈铜蓝、辉铜矿等产出，呈星点状、细脉浸染状及小团块状分布于各类型锡矿中，主要见于麻子坪矿段，经组合分析，该矿段中 Cu 含量 0.02%~0.80%、平均 0.42%。Cu 是主要的综合回收利用对象之一。

（2）W。主要以白钨矿出现，经组合分析，WO_3 含量一般在 0.021%~0.091%、平均 0.083%，在 55 号矿体可达 3.99%，其综合利用途径有待进一步研究。

（3）Ag。主要分布于铅锌矿石中，一般含量 3.35~86.81 g/t，平均含量为 22.45 g/t，其赋存状态及利用价值尚不清楚。

（4）Bi。主要呈辉铋矿及自然铋出现，呈不规则粒状、细脉浸染状产出，主要分布于麻子坪矿段以 8 号矿体为代表的构造蚀变带型矿石中，经组合分析，该矿段矿石中 Bi 含量 0.072%~0.203%、平均 0.126%，其利用价值目前尚不清楚。

（5）Fe。主要以磁铁矿、磁黄铁矿、钛铁矿、褐铁矿等形式存在，在各类型锡矿中均有分布，其含量在各类型锡矿中变化较大，变化于 2.99%~30.47%，平均可达 16.87%，其中以夕卡岩型锡矿（55 号矿体）中含量最高（达 34.00%）。局部地段有致密块状磁铁矿分布，可单独开采。

（6）Pb、Zn。主要以方铅矿、铁闪锌矿的形式存在。在各类矿石中均有分布，局部地段相对富集。如 8 号矿体 YM2/PD18 中局部地段 Pb 1.64%、Zn 2.24%。但整个矿区平均含量分别为 0.25%、0.51%，达不到矿床综合评价指标要求。

4. 有害元素种类及含量情况

能回收的部分有益组分，一旦回收不好，进入其精矿中，就会影响到精矿质量，该元素就变成有害组分。本区影响精矿质量的有害杂质有 S、As、Bi、SiO_2 等，但有待今后进一步研究和经验总结，逐步提高除杂水平，获得更好质量的锡精矿。矿石的光谱半定量分析结果、化学分析结果详见表 9-27、表 9-28。

表 9-27 矿石光谱半定量全分析结果（%）

元素	Be	As	Bi	Al	Ti	W	Cu	In
含量	0.02	0.1	0.005	5	0.05	0.01	0.1	0.0002
元素	Si	Sn	Ni	Ca	Mg	Mn	Na	Ag
含量	>10	0.4	0.0005	5	0.05	0.05	0.3	0.0005
元素	B	Fe	Mo	K	Pb	Zn	Co	Ga
含量	0.01	1.5	0.0005	0.3	0.15	0.02	0.001	0.001

表 9-28 矿石化学多项分析结果（%）

项目	Sn	Bi	Cu	Pb	Zn	S	As	SiO_2
含量	1.08	0.144	0.220	0.137	0.117	0.68	0.215	55.93
项目	Al_2O_3	Fe_2O_3	TFe	TiO_2	CaO	MgO	Au	CaF_2
含量	6.62	6.95	4.86	0.15	2.10	4.62	0.00g/t	18.33
项目	Mo	Mn	K_2O	Na_2O	P_2O_5	WO_3	Ag	
含量	0.0018	0.077	2.40	0.70	0.170	0.035	28.8g/t	

9.2.4.4 矿石类型

1. 自然类型

根据野外观察和室内岩（矿）相学鉴定，山门口找矿靶区矿石受风化作用的影响不大，因此，矿石的自然类型属原生锡矿石。

2. 工业类型

山门口找矿靶区锡矿石由多种有用元素组成，除锡外，还有铋、铜、铅、锌、钨等有用元素。矿石矿物主要是锡石、辉铋矿、黄铜矿、白钨矿、方铅矿、铁闪锌矿等。据矿石中主要矿物的组合特征，区内矿石类型以石英-锡石矿石为主，硫化物-锡石矿石、透辉石-透闪石-锡石矿石等次之。各种矿石类型在同一矿体乃至同一工程中可同时出现，这说明该区内锡矿是多期次成矿作用的产物。

1）石英-锡石矿石

此类矿石类型分布广泛，为区内的最主要的矿石类型。矿石矿物主要为锡石，次为黄铜矿、黄铁矿及少量的毒砂、方铅矿、铁闪锌矿等。脉石矿物主要为石英，次为绢云母、绿泥石、钾长石、钠长石等。锡含量达工业品位，锡石呈星散状分布于石英颗粒之间，或呈断续脉状、链状集合体沿矿物粒间裂隙分布（图 9-69b）。该类矿石中石英含量高，并常伴有石英脉穿插及云英岩化、硅化等蚀变。

2）硫化物-锡石矿石

矿石呈块状构造、交代填充结构，锡石、辉铋矿、磁黄铁矿、黄铜矿、方铅矿、铁闪锌矿、黄铁矿、毒砂等金属矿物呈浸染状及小团块状。脉石有石英、长石、绿泥石、绢云母、萤石、透辉石、透闪石等。黄铜矿、方铅矿、铁闪锌矿等局部富集达工业品位。此类矿石分布在矿体局部，如麻子坪矿段 8 号矿脉局部地段等。

3) 透辉石-透闪石-锡石矿石

本矿石类型主要分布于夕卡岩型锡矿（如55矿体）中，多位于灰岩与花岗岩接触带附近。矿石矿物主要为锡石，次有白钨矿、磁铁矿、黄铁矿、黄铜矿、磁黄铁矿、毒砂等。脉石矿物为透辉石、透闪石、阳起石、石英、钠铁闪石、金云母、绿泥石、符山石、电气石等。

9.2.5 资源量估算

区内锡矿床属高-中温热液裂隙充填交代型，并可分为构造蚀变带型、脉状云英岩型、夕卡岩型等几种亚类。已发现锡矿体27个（表9-29），经估算333+334矿石量2274.401×10⁴t（其中333矿石量760.4113×10⁴t），金属量167051.60t（其中333金属量17744.17t），平均品位0.448%（其中333为0.403%）。其中：

表9-29 山门口找矿靶区主要锡矿体资源量估算表

矿段	锡矿类型	矿体编号	金属资源量/t		
			333	334	333+334
山门口	构造蚀变带型	54	7521.73	14148.27	21670.00
		62		18713.84	18713.84
		63		1938.34	1938.34
		64		240.93	240.93
	小计		7521.73	35041.38	42563.11
淘锡窝	构造蚀变带型	3	623.04	1570.09	2193.13
		65		192.60	192.60
	小计		623.04	1762.69	2385.73
狗头岭	构造蚀变带型	1		3008.28	3008.28
		2		2420.84	2420.84
		51		6195.42	6195.42
		52		11959.29	11959.29
		53		5563.10	5563.10
		56		4037.75	4037.75
		60		2994.83	2994.83
		61		9950.27	9950.27
	夕卡岩	55	808.51	8237.53	9046.04
	小计		808.51	64367.31	55175.82
麻子坪	构造蚀变带型	6		15865.28	15865.28
		8	4395.42	7961.69	12357.11
		8-1	2311.64	1704.26	4015.9
麻子坪	构造蚀变带型	4		4373.95	4373.95
		5	648.69	5827.01	6475.7
		28	1435.14	9781.25	11216.39
		23		4324.53	4324.53
	脉状云英岩型	26		2496.85	2496.85
		21		5801.24	5801.24
	小计		8790.89	58136.06	66926.95
	全区		17744.17	149307.43	167051.60

山门口矿段矿石量 862.1997×10⁴t，金属量 27554.33t，平均品位 0.320%；
淘锡窝矿段矿石量 72.5790×10⁴t，金属量 2219.98t，平均品位 0.306%；
狗头岭矿段矿石量 904.0163×10⁴t，金属量 33187.58t，平均品位 0.367%；
麻子坪矿段矿石量 435.6060×10⁴t，金属量 38888.13t，平均品位 0.893%。
伴生资源量铜 33612.67t、WO_3 37032.70t、铋 23603.41t、银 720.82t。

9.3 金船塘找矿靶区

金船塘找矿靶区位于郴州市城区南东约 16 km 的东坡矿田内、千里山岩体西南侧（图 2-3），西与玛瑙山铁锰多金属矿、蛇形坪、横山岭铅锌矿区相邻，南与柴山铅锌矿区相接。面积约 9.37 km²。地理位置坐标为东经 113°8′10″~113°9′28″，北纬 25°43′58″~25°45′48″，属郴州市苏仙区白露塘镇与大奎上乡所辖。

9.3.1 验证过程及工作方法

9.3.1.1 勘查过程

1993 年，湘南地质勘察院在资料二次开发过程中发现金船塘找矿靶区内少数钻孔中锡铋品位富、厚度大，相继进行了野外调查，于 1994 年报请湖南省地质矿产勘查开发局同意，选择浅而富的地段布设钻孔进行验证，取得了良好的效果。1995 年则以探采结合的形式对该区进行普查，1996 年被列为地质矿产部的部控重点项目，至 1998 年共完成 1:2000 地质填图 9.37 km²、槽探 2954.79 m³、钻探 12586.01 m/75 孔、坑探 962 m、老窿调查清理 7471.05 m，以及各种样品 4429 个等工作量，使矿床规模由原来的中型扩大到特大型。

9.3.1.2 主要工作方法

金船塘找矿靶区内矿体赋存于千里山岩体西接触带夕卡岩中。呈似层状产出，矿体东部出露地表，总体向西倾斜，产状平缓，无大的构造和火成岩破坏，据此选择以钻探为主的勘探手段对矿体进行控制，地表辅以槽探配合圈定矿体。

9.3.2 靶区找矿依据

9.3.2.1 东坡矿田成矿条件

1. 成矿地质条件

东坡矿田位于湘东南加里东隆起带和湘中、湘南印支期拗陷带的衔接部位。其东和西山背斜相接、西与五盖山背斜毗邻、中间为东坡-月枚复式向斜，东坡矿田即位于该向斜的北端昂起端（图 2-3、图 6-5、图 9-71）。矿田内褶皱构造强烈，断裂发育，为矿田内成矿提供了有利的地质构造条件。

(1) 矿田内出露的地层以泥盆系为主，东部有震旦系出露，第四系不发育。下震旦统（Z_1）为一套类复理石建造，中泥盆统跳马涧组（D_2t）为滨海-浅海相碎屑沉积，泥盆系中统棋梓桥组（D_2q）及上统佘田桥组（D_3s）、锡矿山组（D_3x）为浅海相碳酸盐岩建造，泥盆系中统跳马涧组与下震旦统呈角度不整合接触。

(2) 矿田内一级褶皱构造为东坡-月枚复式向斜，轴向 10°~20°，东西两侧各有一条高角度冲断层，与毗邻的西山背斜、五盖山背斜相隔，构成一个"对冲断陷式"复式向斜。向斜核部地层为锡矿山组，

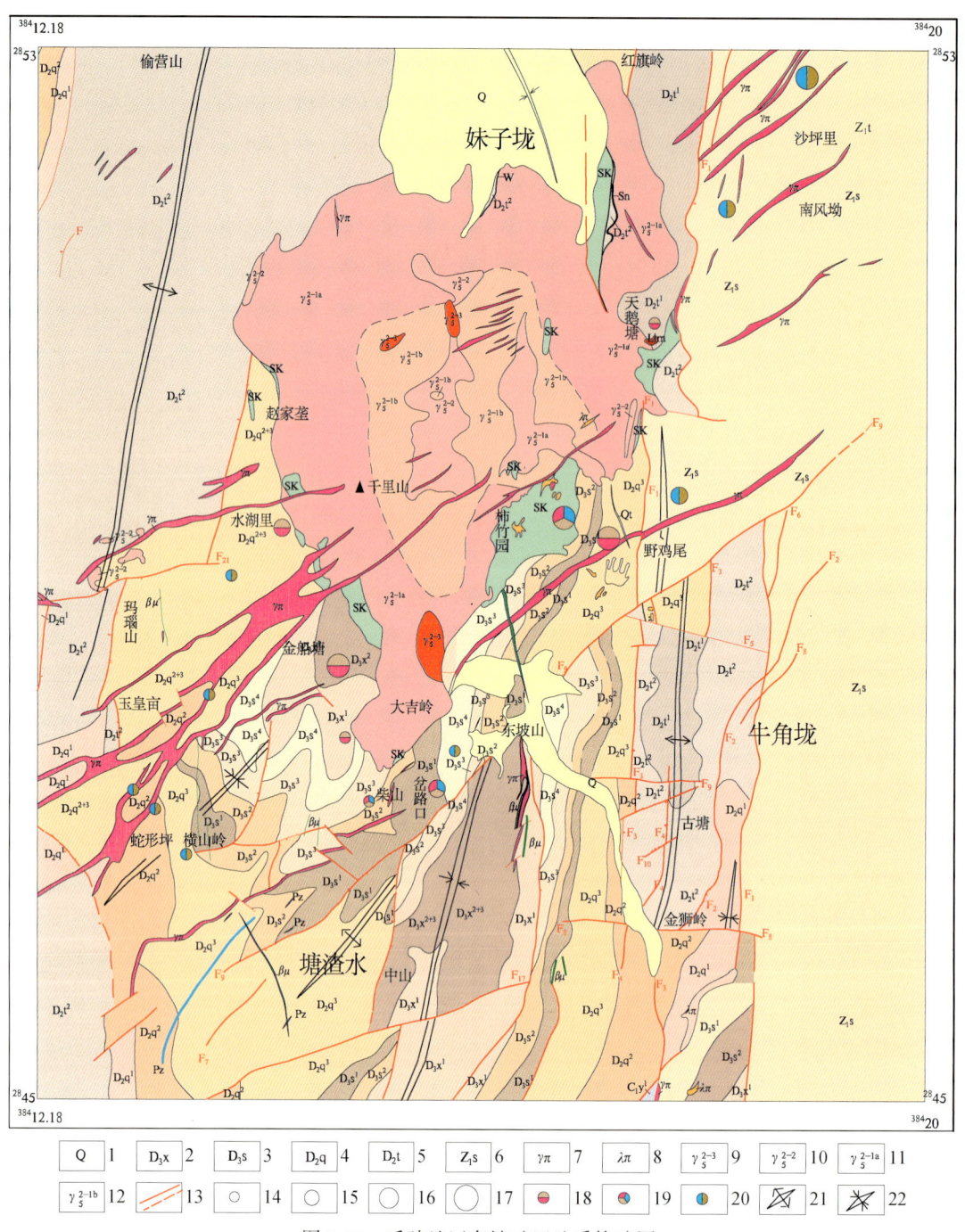

图 9-71 千骑地区东坡矿田地质构造图

1-第四系；2-泥盆系上统锡矿山组；3-泥盆系上统佘田桥组；4-泥盆系中统棋梓桥组；5-泥盆系中统跳马涧组；6-震旦系下统泗州山组；7-花岗斑岩；8-石英斑岩；9-细粒花岗岩；10-细粒斑状花岗岩；11-中粗粒黑云母花岗岩；12-细中粒斑状黑云母花岗岩；13-实、推测断层；14-小型矿床；15-中型矿床；16-大型矿床；17-特大型矿床；18-钨锡多金属矿；19-钨锡铅多金属矿；20-铅锌矿；21-背斜轴；22-向斜轴

两翼为佘田桥组、棋梓桥组和跳马涧组，岩层倾角 40°～50°。次级褶皱构造从西到东有：偷营山背斜、金船塘向斜、岔路口背斜、中山向斜、古塘背斜、金狮岭向斜。矿田内断裂构造异常发育，大致可分为四组：近南北向压扭性断层、北东向压扭性断层、北西向扭性断层、近东西向张性断层。近南北向断层是重要的导岩、导矿构造。北东向断层被花岗斑岩以及后期的被铅、锌等矿脉充填，在近南北向断层与北东向断层的交汇部位往往矿化较好。

（3）矿田内有多期次、多阶段岩浆活动，岩石类型以酸性岩类为主，但燕山期岩浆活动控制了矿田内矿床分布。岩浆岩以千里山岩体为主（表4-19），可分为中心相（γ_5^{2-1b}）中粗粒黑云母花岗岩及边缘相（γ_5^{2-1a}）细中粒斑状黑云母花岗岩。区内夕卡岩矿床的形成主要与本次岩浆活动有关。燕山早期第二次侵入体（γ_5^{2-2}）系第一次侵入体之补充期岩体，主要为细-中粒黑云母花岗岩，呈岩瘤或岩脉状产出。燕山晚期侵入体多呈岩墙或岩脉群形式沿构造空间充填。

2. 物化探异常特征

1）重力异常特征

矿田位于蓝山-炎陵（炎帝县）重力梯度带与汝城-宜章重力高异常的交汇处北东缘（图2-7），属王仙岭-千里山低缓重力异常带，走向NNE、长约12 km、宽6 km，异常值为-68～-59 mGal。从区域地质背景分析，该异常为花岗岩所引起，故预示着王仙岭岩体与千里山岩体之间其深部（200 m、600 m）仍有岩体存在。

2）航磁异常特征

东坡矿田内有4个航磁异常，编号分别为C-77-167、168、169和C-77-211（图9-72）。其中C-77-169异常位于千里山岩体南东侧，航磁异常ΔT异常呈近似等轴状，面积约3 km²，异常南正北负，正负曲

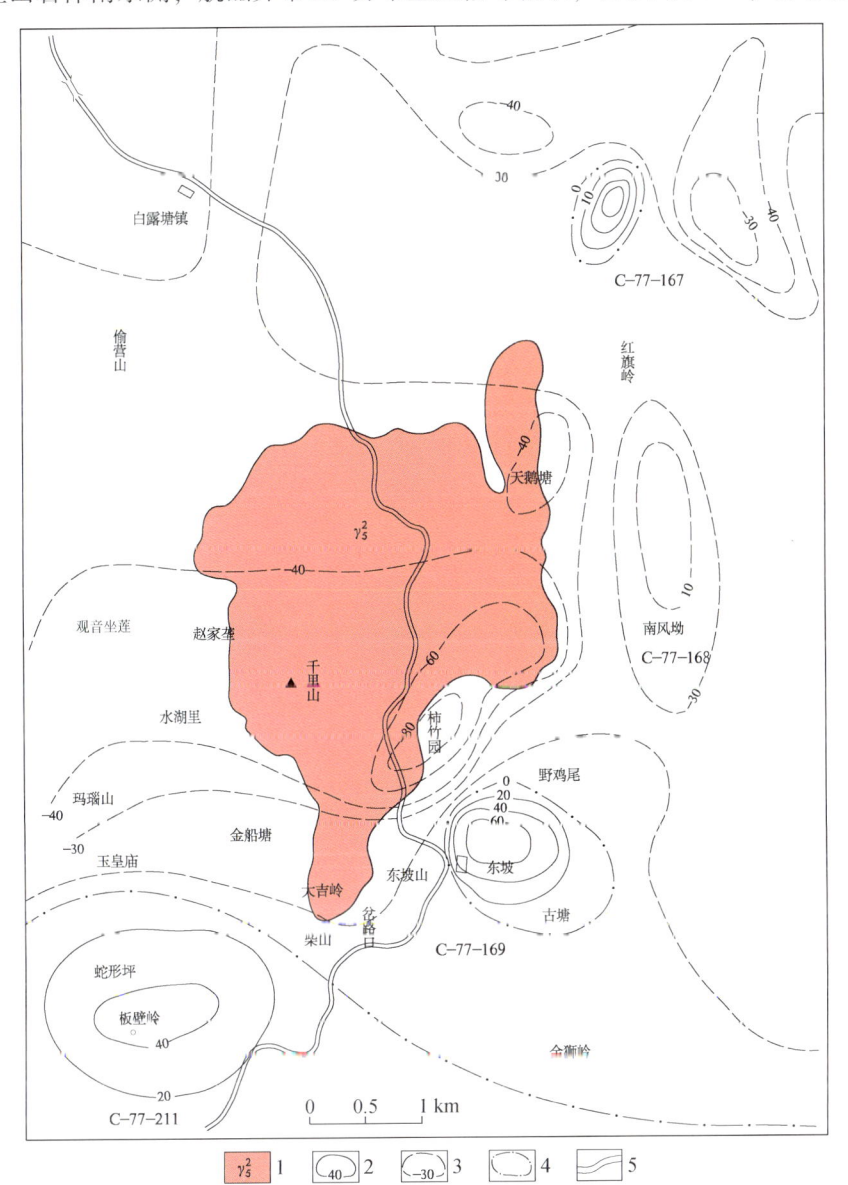

图9-72 千骑地区东坡矿田航磁异常图

1-燕山期花岗岩；2-正异常；3-负异常；4-正负异常分界线；5-公路

线较对称。ΔT 正值为 40~50 nT、ΔT_{max} 为 64 nT，负值为 -80~-60 nT、ΔT_{max} 为 -96 nT。经地面磁法检查，该异常为柿竹园矿异常所引起。C-77-211 异常位于千里山岩体南西板壁岭—柴山一带，ΔT 异常近等轴状，面积约 5 km²，异常呈南正北负，但其异常较平缓，ΔT 一般为 20 nT、ΔT_{max} 为 44 nT，负异常 ΔT 值为 -30 nT。

3）1∶5 万土壤异常特征

据 1∶5 万土壤测量成果，结合元素组合特征，东坡矿田内共有各类异常 21 个，如图 9-73，具有以下特征：①元素组合复杂。如 W、Sn、Mo、Bi、Cu、Pb、Zn、Ag、Au、As、Mn、Be 等元素均出现异常。②各元素异常强度高。③主要元素异常均有较好的浓度分带，而且浓集中心明显。④异常分带规律明显。以千里山岩体为中心，自内向外有 Be-W、Bi、Mo-Sn、As、Cu-Pb、Zn、Ag-Ag、Sb、Hg 的分带序列。⑤各元素浓集中心相互吻合，浓集区大多为已知矿床的矿上异常。

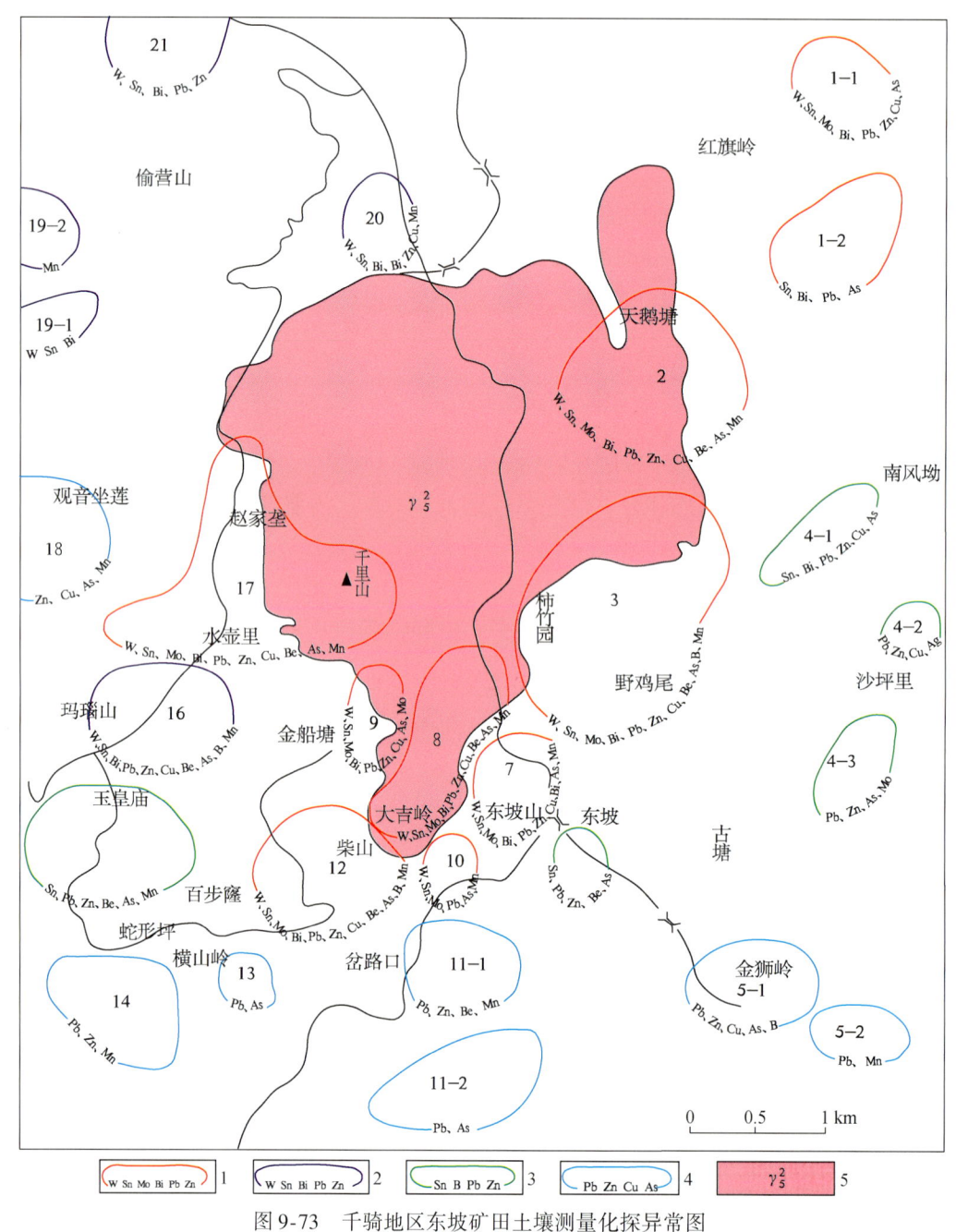

图 9-73　千骑地区东坡矿田土壤测量化探异常图

1-W Sn Mo Bi Pb Zn 多金属组合异常；2-W Sn Bi Pb Zn 多金属组合异常；
3-Sn Bi Pb Zn 多金属组合异常；4-Pb Zn Cu As 多金属组合异常；5-燕山期花岗岩

9.3.2.2 靶区找矿依据

1. 地质依据

金船塘找矿靶区（图9-74）位于东坡-月枚复式向斜北部昂起端之西翼（图9-71），由矿田二级褶皱构造-金船塘向斜及两翼次级褶皱组成，并为断裂及次级褶皱复杂化，这些构造为本矿床的形成起着重要的控制作用。区内断裂主要分为北东（包括北北东）向、北西向和近东西向三组。北东向断层最为发育，主要分

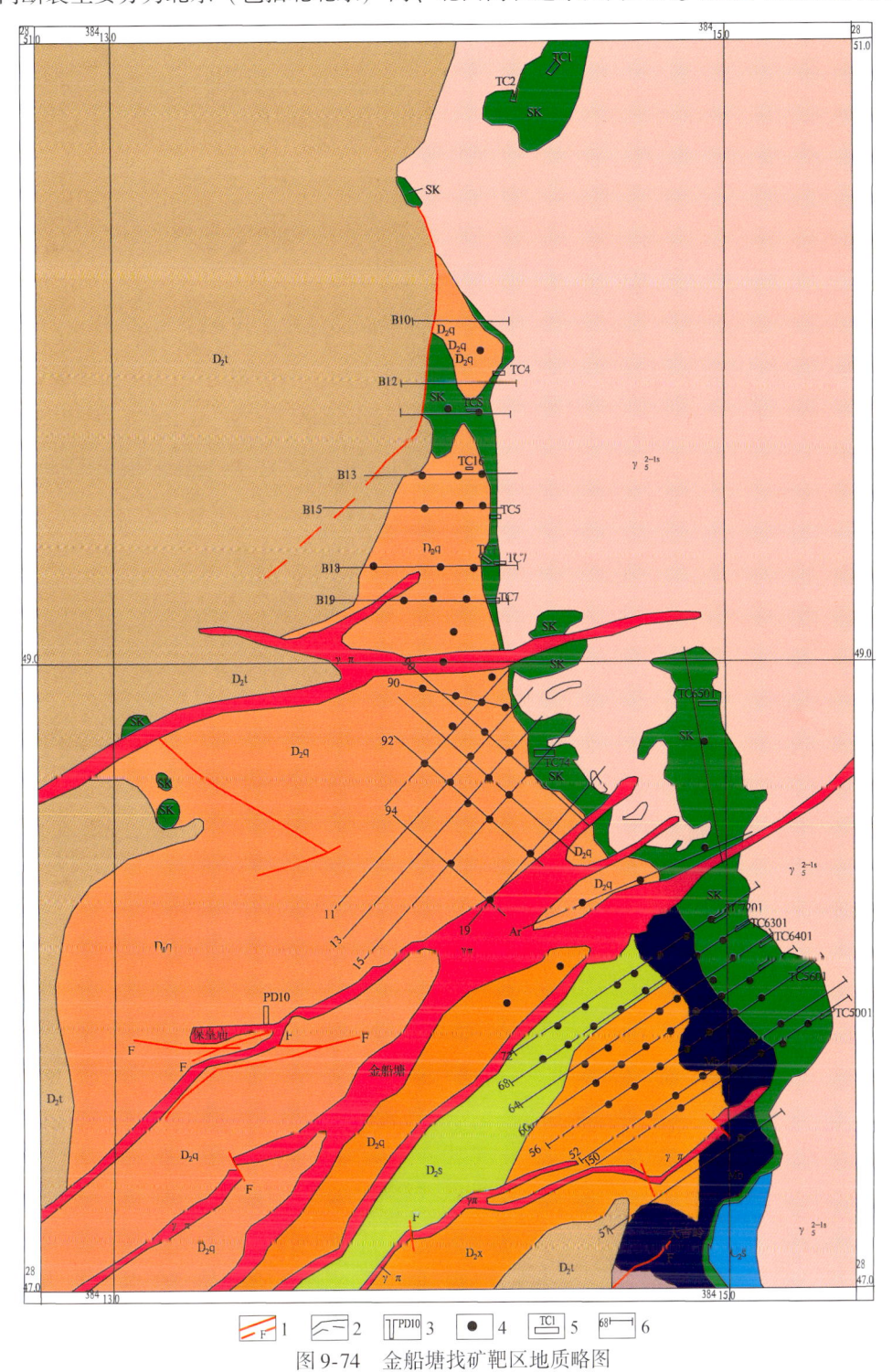

图9-74 金船塘找矿靶区地质略图

D_3x-泥盆系锡矿山组；D_3s-泥盆系佘田桥组；D_2q-泥盆系棋梓桥组；D_2t-泥盆系跳马涧组；γ_5^{2-1a}-燕山早期第一次侵入体花岗岩；$\gamma\pi$-花岗斑岩；SK-夕卡岩；G_1s-云英岩；Mb-大理岩；1-实、推测断层；2-实、推测地质界线；3-平硐及编号；4-钻孔；5-探槽及编号；6-剖面线及编号

布于山门圆找矿靶区北部（F_1）和南部（F_{11}、F_{12}、F_{13}）。其中，F_1属压扭性断层，长度约1000 m，断层破碎带宽1~10余 m，带内具硅化、绢云母化、伴有较弱的锡、钼矿化；F_{13}长约800 m，属压扭性断层，挤压破碎带内硅化强烈，并伴有铅锌矿化。本靶区中南部北东向断裂常被花岗斑岩脉充填，与铅锌矿化关系密切。此外，近东西向断层主要分布于保皇庙一带（F_4、F_5），属张性或张扭性断层，常被方解石脉、石英脉或铅锌矿充填，见铅锌矿胶结大理岩现象。而北西向断层主要分布于靶区南部（F_6、F_7、F_8、F_9），属扭性断层，主要表现为花岗斑岩脉被其错断。此外，因岩体侵入，在岩体与围岩接触部位面往往形成对成矿有利的接触带构造（图9-75）。

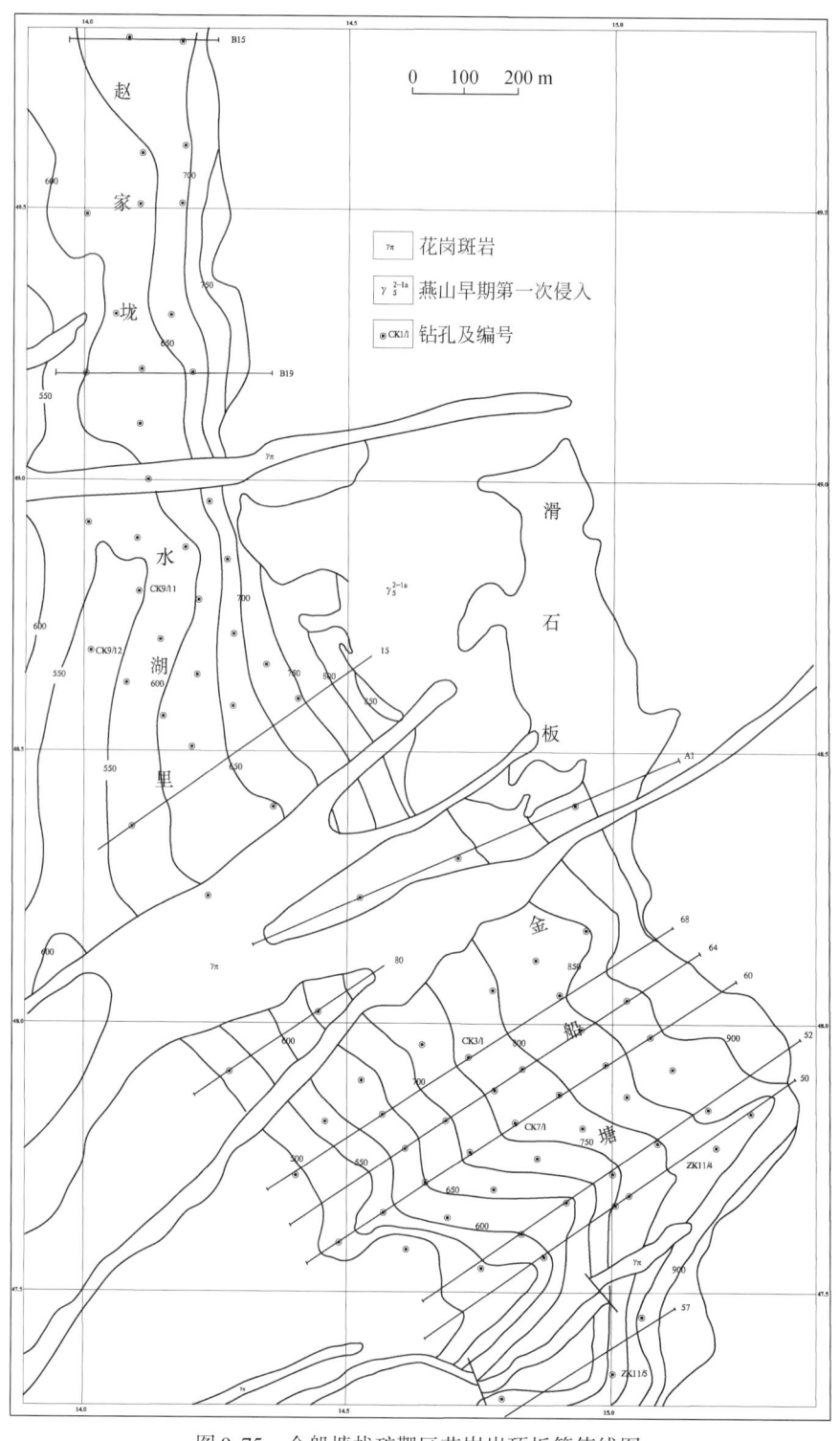

图9-75 金船塘找矿靶区花岗岩顶板等值线图

金船塘找矿靶区内出露的佘田桥组地层是主要赋矿层位（图9-74）。千里山岩体位于本靶区东部，区内出露面积约1.5 km²燕山早期侵入体。其中，燕山早期（γ_5^2）细-中粒斑状黑云母钾长花岗岩属铝过饱和酸性-超酸性岩、富钾贫钠（表9-30）；岩石中成矿元素Sn、Bi含量较高（表9-31），分别是维氏值的74倍、16500倍，暗示金船塘找矿靶区矿床的成因与此岩体有密切的关系。

表9-30 各期次岩体化学成分表

期次	分析结果/%											
	TiO$_2$	SiO$_2$	Al$_2$O$_3$	CaO	MgO	Fe$_2$O$_3$	FeO	H$_2$O	NaO	P$_2$O$_5$	MnO	烧失量
γ_5^{2-2}	0.142	74.83	12.26	1.70	0.79	1.38	0.71	3.77	2.24	0.027	0.027	1.93
γ_5^{2-1a}	0.103	74.74	12.22	0.80	0.97	2.38	0.98	4.21	2.19	0.023	0.030	1.30
$\gamma\pi$	0.098	74.52	12.38	0.75	1.98	2.40	0.99	4.10	2.54	0.023	0.036	1.03

表9-31 各期次岩体主要成矿元素含量表

期次	平均含量/10^{-6}						
	Sn	Bi	W	Mo	Cu	Pb	Zn
γ_5^{2-2}	223	165.00	211.90	13.70	72.30	319.20	6.00
γ_5^{2-1a}	106.2	71.50	414.00	15.00	143.00	416.70	83.30
$\gamma\pi$	81.7	55.80	189.20	1.73	25.00	243.30	45.00
维氏值（1962）	3	0.01	1.50	1.00	20	20.00	60.00

燕山晚期侵入岩包括花岗斑岩（$\gamma\pi$）、辉绿玢岩（$\beta\mu$）、石英斑岩（$\lambda\pi$）。花岗斑岩主要见于靶区中部、呈北东30°~70°方向展布，切穿主体花岗岩，同时又被辉绿玢岩和石英斑岩穿切（图9-76）；辉绿玢岩见于保皇庙一带及钻孔中，呈南北向及北北西向展布；石英斑岩主要分布于滑石板及矿区南部，走向北东至北北东。

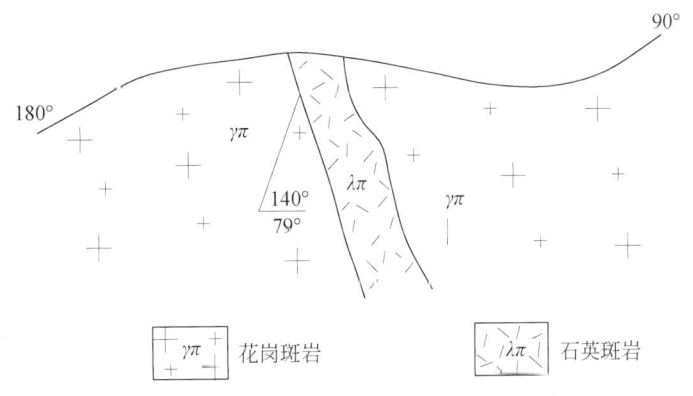

图9-76 D023点石英斑岩穿插花岗斑岩示意图

2. 蚀变标志

由于岩浆的多次侵入和气水热液的广泛交代，形成一系列蚀变岩。区内主要有夕卡岩化、云英岩化、萤石化、大理岩化、硅化、绿泥石化、绢云母化等蚀变。其中，夕卡岩化、大理岩化、云英岩化和萤石化与矿化关系较为密切。

（1）夕卡岩化：是区内最主要的一种蚀变，与成矿关系最为密切。发育于花岗岩与碳酸盐岩的接触部位，呈层状、似层状产出，厚数米至数十米。按产出形态，可分为块状夕卡岩和脉状夕卡岩两种；按其生成时间及矿物组分可分为早期夕卡岩化与晚期夕卡岩化。燕山早期第一次岩浆侵入所发生的接触交代作用导致了主体夕卡岩，构成以石榴子石、透辉石、符山石、硅灰石等为主的简单夕卡岩，但伴随的矿化相对较弱。由于岩浆活动的多期性及脉动性，含矿热液对早期夕卡岩多次交代，从而形成以绿帘石、阳起石、透闪石等矿物为主的晚期复杂夕卡岩，随之矿化较强，主要有磁铁矿、黄铁矿、磁黄铁矿、锡石、辉铋矿、黑钨矿、白钨矿等矿化。随着离接触带距离的加大，夕卡岩化逐渐变弱，以沿大理岩的构造裂隙，层间破碎带等形成夕卡岩网脉，构成网脉状夕卡岩化大理岩。

(2) 大理岩化：是区内较为广泛的一种围岩蚀变，在泥盆系中上统碳酸盐岩石中均有不同程度的发育，空间上分布于夕卡岩化带外（上）侧，宽几米至百余米，往外（上）渐弱，形成大理岩化灰岩，是主要的近矿围岩蚀变。

(3) 云英岩化：是区内一次重要的蚀变作用，同时又是一次重要的成矿作用。呈面状及脉状分布于岩体的内接触带及岩体顶部。由岩浆期后热液与花岗岩发生交代作用形成以石英、白云母、黄玉等矿物为主的云英岩，伴随有黑钨矿、锡石、辉铋矿、辉钼矿等矿化。矿化局部富集，如在大吉岭形成云英岩体型白钨矿体。

(4) 萤石化：主要发育于含钙高的夕卡岩中，具多期次及多阶段性特点，呈团块状或脉状产出，与钨、锡、铋等矿化关系十分密切，常相伴出现。

9.3.3 工程验证与矿体特征

金船塘找矿靶区锡铋矿赋存于千里山岩体西缘接触带夕卡岩内。该夕卡岩带北起邓家仙，经赵家垄、水湖里、滑石板、金船塘至大吉岭以南，长约 4.5 km，除邓家仙外，赵家垄至大吉岭正接触带的夕卡岩实为一整体，因 NE 向花岗斑岩（$\gamma\pi$）的侵入而将其截成六段，经工程验证，每一段为一个矿体，含邓家仙矿体共计发现 7 个矿体，编号从北至南依次为 Ⅰ、Ⅱ、Ⅲ、Ⅳ、Ⅴ、Ⅵ、Ⅶ。此外，还发现产于外接触带的矿体 2 个，编号为 101、102；产于内接触带中的矿体 3 个，编号为 201、202、203。各矿体的产状、规模及形态特征见表 9-32。

表 9-32 矿体产状、规模及形态特征一览表

矿体编号	分布位置	矿体形态	赋存标高/m	走向	倾向	倾角	长	延深	厚	备注
Ⅴ	金船塘 72 线北至 50 线南	似层状厚板状	480~960	NNE	NWW	25°~55°	677	680~960	1.12~39.66 平均 16.99	上缓下陡
Ⅱ	赵家垄 B10 线北至 B19 线南	似层状豆荚状	600~790	SN	W	10°~60°	1080	60~340	1.08~29.00 平均 9.90	上陡下缓
Ⅳ	滑石板 A6 线北至 A1 线南	似层状透镜状	700~1100	SN	W	10°~32°	650	150~700	0.53~51.33 平均 14.63	
Ⅲ	水湖里 9 线至 19 线南	似层状	540~850	SN	W	25°~32°	250	500~600	6.38	
Ⅵ	金船塘 80 线南北	似层状	480~700	SN	W	30°~36°	125	370	9.81	
Ⅶ	金船塘南 57 线南北	似层状	760~980	NE	NW	30°~65°	300	150	5.06	
Ⅰ	邓家仙	透镜状	525~570	NE	W	25°~30°	300	50~70	10.26（水平）	深部未进行控制
101	水湖里 19 线南北	透镜状	660~740	SN	W	25°	150	180	4.88	产于层间夕卡岩
102	金船塘 64 线至 68 线	似层状	605~705	SN	W	28°	180	200	2.59	产于层间夕卡岩
201	滑石板 A6 线-A4 线	似层状	1010~1060	SN	W	25°	400	170	2.48	岩体中云英岩型
202	金船塘 52-56 线东部	棱形、楔形	890~940	SN	W	30°~45°	158	50	17.10（水平）	岩体中云英岩型
203	金船塘 72 线西部	透镜状	620~740	SN	W	20°	80	280	4.04	岩体中云英岩型

(1) Ⅴ矿体。位于金船塘 72 线北花岗斑岩（$\gamma\pi$）至 50 线南花岗斑岩（$\gamma\pi$）之间，矿体产于正接触带夕卡岩中，赋存标高 480~960 m，矿体东侧出露地表，出露标高 880~960 m。矿体形态主要为似层状、

厚板状（图 9-77）。矿体产状受岩体顶板起伏控制，52 线南走向为 NNE、52 线北至 64 线偏转为 NWW、64 线往北为 SN 向，相应倾向 NWW-SSW-W，倾角 25°~55°，总体呈现上缓下陡。矿体沿走向长 677 m，倾斜延深 680~960 m，铅直厚 1.12~39.66 m、平均 16.99 m，平均品位 Sn 0.437%、Bi 0.436%。

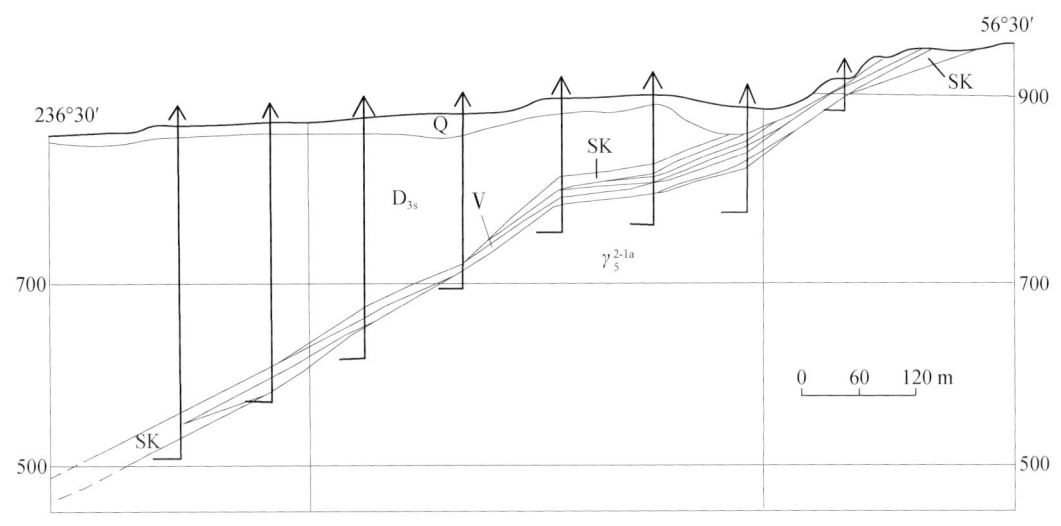

图 9-77　金船塘找矿靶区 60 线剖面图

Q-第四系；D_{3s}-上泥盆统佘田桥组；γ_5^{2-2a}-燕山早期第一次侵入岩边缘相带；SK-夕卡岩体；V-矿体及编号

（2）Ⅱ矿体。位于赵家垄 B10 线北 50 m 至 B19 线南花岗斑岩之间，赋存标高 600~790 m，矿体东侧出露地表，出露标高 660~790 m。形态为似层状，有膨大缩小等现象。矿体走向长 1080 m、倾斜延深 60~340 m，铅直厚 1.08~29.00 m，平均厚 9.9 m。矿体走向近 SN，倾向 W、倾角 10°~60°，总体呈上陡下缓趋势。该矿体铋矿化较强，是区内的主要富铋矿体。矿体平均品位：Sn 0.354%、Bi 0.729%。

（3）Ⅲ矿体。位于水湖里 9 至 19 线南花岗斑岩之间。其中 15 至 19 线南的矿体在 15 线南走向长 250 m、倾斜延深 500~600 m，平均厚 6.38 m。矿体形态为似层状、透镜状，走向近 SN、倾向 W、倾角 25°~32°，上陡下缓。矿体赋存标高 540~850 m，矿体东侧出露标高 760~850 m。矿体平均品位：Sn 0.258%、Bi 0.286%。

（4）Ⅳ矿体。位于金船塘找矿靶区中部滑石板 A6 线北至 A1 线南花岗斑岩之间，矿体走向长 650 m、倾斜延深 150~700 m，铅直厚 0.53~51.33 m，平均 14.63 m。矿体形态呈似层状、透镜状，赋存标高 700~1100 m。该矿体在 A1 线 LL1 以东至 A6 线出露标高 935~1100 m，在 A2 线以北产状相对较缓，总体走向近 SN，倾向 W、倾角 10°~32°。平均品位：Sn 0.290%、Bi 0.207%。

（5）201 矿体。位于滑石板 A6 线以北至 A4 线以南Ⅳ号矿体下部岩体内接触带。形态为似层状，走向长 400 m、倾斜延深 170 m，厚 2.48 m，走向近 SN、倾向 W、倾角 25°。矿体赋存标高 1010~1060 m。平均品位：Sn 1.072%、Bi 0.269%。

9.3.4　矿石特征与质量

9.3.4.1　矿物组合

金船塘找矿靶区内矿石中矿物组合复杂，已发现矿物 52 种，其中金属矿物 25 种，非金属矿物 27 种。矿石中主要有用矿物为锡石、辉铋矿、自然铋，次有黄铁矿、磁黄铁矿、磁铁矿、黄铜矿、萤石。详见表 9-33。主要矿物特征如下：

表 9-33 矿石矿物组合一览表

金属矿物			非金属矿物		
主要	次要	少量	主要	次要	少量
锡石、辉铋矿、黄铁矿、磁黄铁矿、磁铁矿	自然铋、穆磁铁矿、黄铜矿、白钨矿、褐铁矿	方铅矿、闪锌矿、黑钨矿、赤铁矿、辉钼矿、斑铜矿、蓝辉铜矿、毒砂、铜蓝、黝铜矿、斜方辉铋矿、黄锡矿、水锡矿、深红银矿、辉铜矿	石英、石榴子石、萤石、符山石	透闪石、方解石、钾长石、绢云母、金云母、白云石、白云母、硅灰石、阳起石、绿泥石、透辉石	金红石、榍石、磷灰石、黝帘石、褐帘石、电气石、方柱石、黄玉、斜硅镁石、高岭石、独居石、磷钇矿

根据矿物组合，区内矿石可分为硫化物型锡铋矿石、夕卡岩型锡铋矿石、磁铁矿型锡铋矿石、云英岩型锡铋矿石和夕卡岩化大理岩型锡铋矿石五种，以前三种为主，后两种次之。矿石中矿物组合复杂，已发现矿物52种，其中金属矿物25种，非金属矿物27种，其中主要有用矿物为锡石、辉铋矿、自然铋，次有黄铁矿、磁黄铁矿、磁铁矿、黄铜矿、萤石等；主要脉石矿物有符山石、透闪石、石榴子石、石英、方解石、磁黄铁矿、方柱石、褐帘石、绢云母、绿泥石等。

（1）锡石。褐色、褐黄色、浅黄色、无色，颗粒越细颜色越浅。常呈自形、半自形粒状、短柱状、长柱状产出，少量为他形粒状，集合体呈鱼子状、团块状、串珠状、斑点状及脉状。呈星散浸染状及细脉浸染状分布。据其粒度和产出状态可分为两种形式：一是结晶粗大，结晶程度较好，多沿黄铁矿、辉铋矿、磁黄铁矿等矿物粒间及裂隙分布，粒径一般在 0.15～0.5 mm；二是呈不规则粒状或集合体零星分布在脉石矿物中，特别是与石英、萤石关系较密切，粒径 0.04～0.1 mm。

（2）辉铋矿。微带浅灰的锡白色，聚片双晶发育。自形-半自形板状、柱状，集合体为脉状、细脉状、网络状或不规则团块状。矿石中辉铋矿产出形式有两种：一是呈不规则的粒状、团块状集合体嵌布在脉石矿物中间，粒径 0.4～1.5 mm；二是呈各种形态沿黄铁矿、磁黄铁矿、磁铁矿或脉石矿物粒间及裂隙充填交代出现，粒径大多在 0.005～0.2 mm。总体看辉铋矿的粒径主要集中在 0.1～0.65 mm。

（3）自然铋。微带淡黄银白色，镜下呈浅玫瑰反射色，低硬度。常呈他形粒状、乳滴状及团块状集合体产出。粒径 0.01～0.5 mm。

（4）黄铁矿。为浅铜黄色，常呈自形-半自形粒状集合体。在矿石中的产出形式主要有两种：一是为中、细粒浸染，粒径一般为 0.1～1 mm，且与锡、铋关系密切，锡石、辉铋矿多分布在黄铁矿的边缘及粒间裂隙，部分被辉铋矿、自然铋、磁黄铁矿交代；二是为粗-中粒致密块状，粒径一般为 1～5 mm，含锡、铋相对较少。

（5）磁黄铁矿。古铜色，具弱磁性。半自形及他形粒状或板柱状晶体，叶片双晶发育，集合体为致密块状，粒径不等，一般为 0.5～0.1 mm。

（6）磁铁矿。黑色，具强磁性。自形、半自形、他形粒状集合体呈致密块状，粒径 0.004～0.5 mm不等。沿其边缘常见辉铋矿、黄铁矿交代。

（7）黄铜矿。虽在区内含量少，但分布较广，主要呈不规则的团块状或微细粒浸染状，粒径一般在 0.01～0.258 mm。常穿插交代自然铋、辉铋矿、磁黄铁矿等。

（8）萤石。以紫色为主，其次为灰白、淡绿等色，呈自形-半自形粒状，集合体呈团块状或脉状，或呈星散浸染状产出，局部富集，粒径一般 0.05～0.2 mm，个别大于 0.5 mm。常与石英、金云母、锡石、辉铋矿相伴出现。

9.3.4.2 矿物生成顺序及矿化期次

由于岩浆的多次侵入和岩浆期后热液的多次叠加，蚀变种类繁多，其矿化作用亦呈现多阶段性。据矿物共生组合、结构构造、矿体的产出特征等综合分析，区内成矿期次可分为两期七个阶段。详见表9-34。

表 9-34 矿物生成顺序及矿化期次

成矿期 / 成矿阶段 / 矿物	气成热液期						表生期
	早夕卡岩阶段	晚夕卡岩矿化阶段	云英岩锡石矿化阶段	黄铁矿化阶段	辉铋矿化阶段	萤石石英脉阶段	风化作用阶段
石榴子石	━━━						
符山石	━━━						
透辉石	━━━						
榍石	─ ─ ─						
透闪石		━━━					
阳起石		━━━					
赤铁矿		━━━					
磁铁矿		━━━					
褐帘石		━━━					
黝帘石		━━━					
金云母		━━━					
黑云母		━━━					
锡石		━━━━━━					
磷灰石	─ ─ ─ ─ ─						
白钨矿		━━━━━					
白云母			━━━				
石英			━━━━━━━━━━━━━━━━━━				
萤石		─ ─ ─ ─ ─ ─ ─ ─ ─ ─ ─ ─ ─ ─					
钾长石			━━━━━				
电气石			━━━━━				
黄铜矿				━━━━━			
毒砂				━━━			
黄铁矿				━━━━━━━━			
磁黄铁矿				━━━━━━			
辉铋矿			─ ─ ─	━━━			
辉钼矿			─ ─				
自然铋			─ ─ ─ ─ ─ ─				
黝铜矿				━━━			
方铅矿					━━━		
闪锌矿					━━━		
斑铜矿					━━━		
蓝辉铜矿					━━━		
铜蓝					━━━━━━━━		
绿泥石					━━━		
方解石						━━━━━	
绢云母						━━━━━	
褐铁矿							━━━

9.3.4.3 矿石结构构造

矿石结构主要有自形晶结构、半自形-他形晶结构、包含结构、交代结构、交代假象结构、环带结构等。矿石构造主要有块状构造、浸染状构造、蜂窝状构造等。

1. 矿石结构

（1）自形晶结构：矿石中的锡石、磁铁矿（穆磁铁矿）、黄铁矿等有时呈自形晶产出（图9-78Aa~b）。

（2）半自形、他形晶结构：矿石中辉铋矿、磁黄铁矿、黄铁矿、萤石等多呈该种形态产出（图9-78Ac~e）。

（3）包含结构：结晶粗大的矿物包含结晶细小的矿物（图9-78Af~h）。

（4）交代结构：辉铋矿沿自然铋边缘交代及黄铜矿交代自然铋等（图9-78Ba~c）。

（5）交代假象结构：磁铁矿（穆磁铁矿）交代赤铁矿而呈赤铁矿假象（图9-78Aa）。

（6）环带结构：锡石结晶过程中介质的性质明显差异所形成的（图9-78Ab，图9-78Bd）。

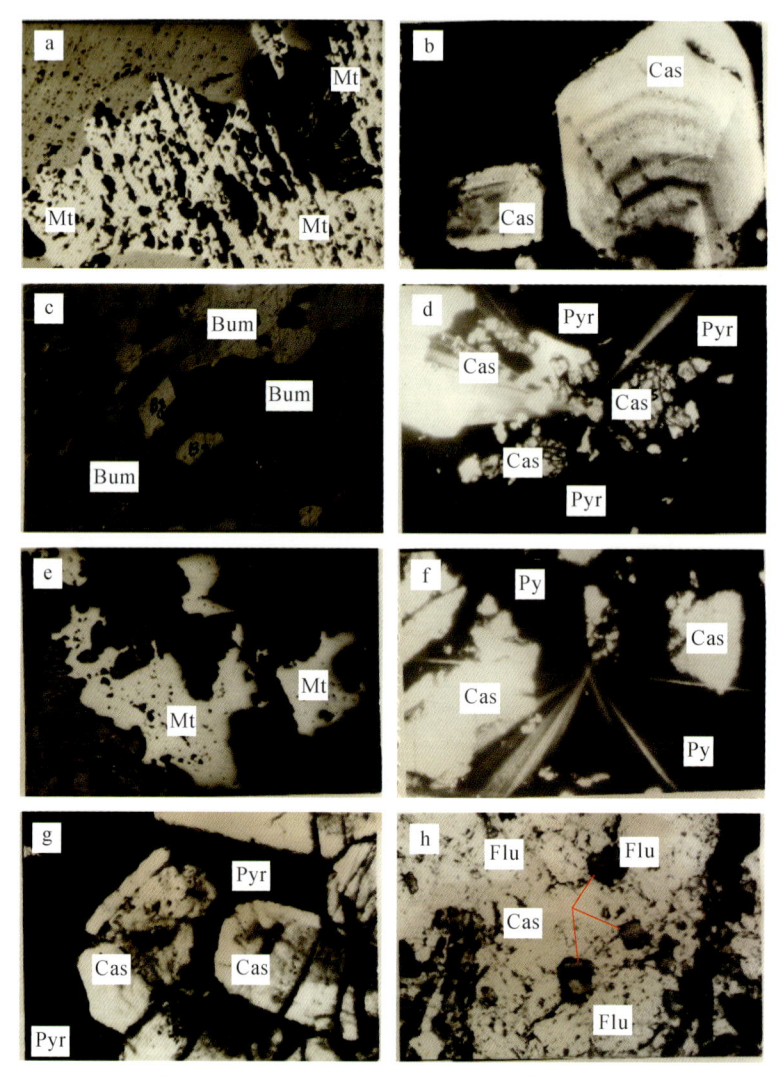

图9-78A 金船塘找矿靶区矿石结构构造特征

a-自形结构，穆磁铁矿（Mt，白色）呈自形板状晶体，反射光；b-锡石（Cas）呈自形结构，具内部环带，反射光；c-辉铋矿（Bum）呈半自形-他形结构，反射光；d-锡石（Cas）呈半自形-他形晶结构并被磁黄铁矿（Pyr）包裹，反射光；e-磁铁矿（Mt）呈半自形-他形晶结构，反射光；f-包含结构，锡石（Cas）被磁黄铁矿（Py）包裹，反射光；g-锡石（Cas）磁黄铁矿（Pyr）包裹，反射光；h-锡石（Cas）被萤石（Flu）包裹，反射光

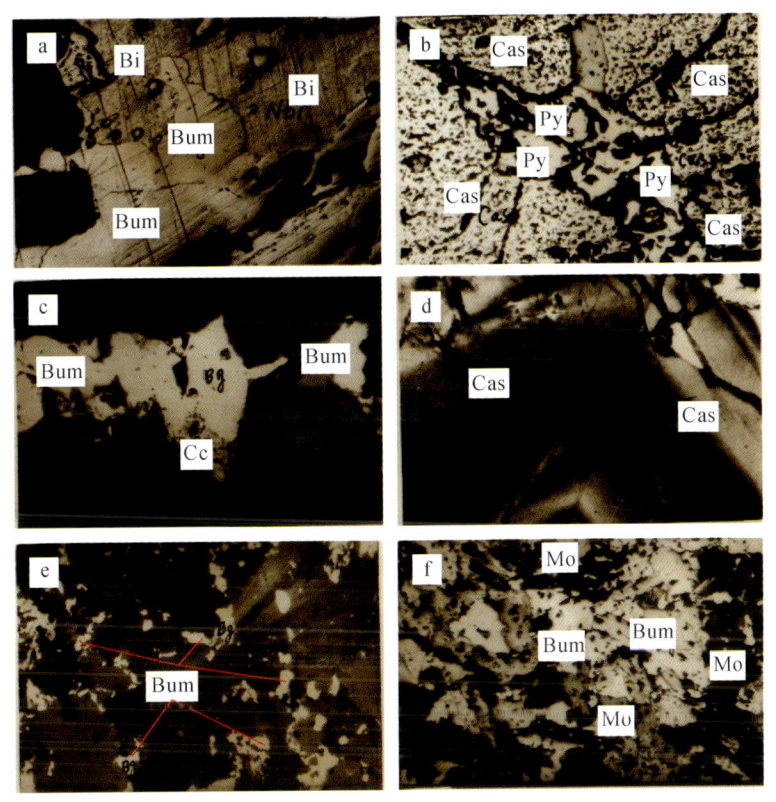

图 9-78B 金船塘找矿靶区矿石结构构造特征

a- 交代结构，辉铋矿（Bum）交代自然铋（Bi），反射光；b- 交代结构，黄铁矿（Py）沿锡石（Cas）裂隙交代充填，反射光；c- 交代结构，黄铜矿（Cc）交代辉铋矿（Bum），反射光；d- 锡石（Cas）呈内部环带结构，反射光；e- 浸染状构造，辉铋矿（Bum）呈浸染状分布于脉石矿物中，反射光；f- 浸染状构造，辉铋矿（Bum）呈浸染状分布于板状晶形的辉钼矿（Mo），反射光

2. 矿石构造

（1）块状构造：黄铁矿、磁黄铁矿呈致密块状产出。

（2）浸染状构造：锡石、辉铋矿呈浸染状分布于脉石矿物中（图 9-78Be~f）。

（3）蜂窝状构造：黄铁矿等硫化物矿石在地表经氧化、再经风化淋滤后呈蜂窝状、土状。

9.3.4.4 矿石化学成分

区内矿石化学成分见表 9-35、表 9-36。由表可知，区内的主要有益组分为 Sn、Bi，可综合回收的主要有 Cu、Pb、WO_3、S、Ag、CaF_2 等。主要有害元素种类有 As、S 等，各矿体 Sn、Bi 品位详见表 9-37。

表 9-35 矿石化学成分含量表

样品性质	样品个数	组分含量/%						
		Cu	Pb	Zn	Sb	SiO_2	CaO	MgO	K_2O
矿石全分析	4	0.16	0.12	0.02	0.031	30.99	9.19	2.19	1.18
光谱半定量	8								

样品性质	样品个数	组分含量/%						
		Al_2O_3	MnO	P_2O_5	Ba	Be	As	Cr	Na_2O
矿石全分析	4	4.46	0.254	0.051					0.17
光谱半定量	8				0.005	0.0095	0.005	0.0019	

续表

样品性质	样品个数	组分含量/%							
		Fe$_2$O$_3$	FeO	Bi	WO$_3$	TiO$_2$	Sn	S	Mo
矿石全分析	4	26.52	7.91	0.582	0.099	0.136	0.428	2.93	0.014
光谱半定量	8								

样品性质	样品个数	组分含量/%							
		Ag/(g/t)	Ag/(g/t)	Co	Ni	V	Cd	Y	烧失量
矿石全分析	4	0.2	5.69						11.26
光谱半定量	8			0.0006	0.0003	0.0024	0.0005	0.0025	

表 9-36　Ⅱ、Ⅳ、Ⅴ矿体伴生有益组分含量表

矿体编号	元素含量/%					
	Cu	Pb	WO$_3$	S	Ag/(g/t)	CaF$_2$
Ⅱ	0.14	0.21	0.205	3.16	10.34	0.90
Ⅳ	0.07	0.17	0.071	1.52	8.88	6.13
Ⅴ	0.09	0.34	0.127	4.66	18.74	3.73

表 9-37　区内矿体 Sn、Bi 含量一览表

矿体编号	Sn 品位/%			Bi 品位/%		
	单样最高	一般	平均	单样最高	一般	平均
Ⅴ	6.130	0.120~0.992	0.437	8.630	0.05~1.765	0.436
Ⅱ	2.090	0.046~0.512	0.354	16.440	0.006~1.640	0.729
Ⅲ	1.240	0.096~0.433	0.258	1.400	1.400	0.286
Ⅳ	1.423	0.140~0.442	0.290	0.913	0.913	0.207
Ⅵ	0.680	0.204~0.334	0.232	0.033	0.033	0.007
Ⅻ	0.260	0.027~0.216	0.057	3.290	3.290	0.579
Ⅰ	1.018	0.211~0.588	0.442	2.750	2.750	0.522
101	0.534		0.297	0.016	0.016	0.005
102	0.860	0.290~0.588	0.393	0.003	0.003	0.002
201	4.275		1.072	0.029	0.029	0.269
202	2.370	0.233~0.536	0.434	0.923	0.923	0.285
203	0.280	0.039~0.205	0.083	0.495	0.495	0.486
全区	6.130		0.382	16.440	16.440	0.466

表 9-38 和表 9-39 是由湖南省地质矿产勘查开发局和长沙矿冶研究院所分析的物相结果。矿石中的 Sn 主要以锡石的形式存在，其含量占锡总量的 96.6%~99.51%，而 Bi 则主要以辉铋矿的形式存在，其含量占铋总量的 86.0%~96.69%。

表 9-38　锡的物相分析结果表

测试单位	湖南省地质矿产勘查开发局选矿实验室				长沙矿冶研究院			
物相	SnO$_2$	SnS	胶态 Sn	总 Sn	SnO$_2$	SnS	胶态 Sn	总 Sn
含量/%	0.82	0.002	0.002	0.824	0.58	0.02	痕	0.60
占有率/%	99.51	0.245	0.245	100	96.67	3.33		100

表 9-39 铋的物相分析结果表

测试单位	湖南省地质矿产勘查开发局选矿实验室				长沙矿冶研究院			
物相	氧化铋	硫化铋	自然铋	总铋	氧化铋	硫化铋	自然铋	总铋
含量/%	0.06	1.04	0.01	1.11	0.17	1.29	0.04	1.50
占有率/%	5.41	93.69	0.90	100	11.33	86.00	2.67	100

区内主要有用组分 Sn、Bi 变化特征有三：一是沿走向呈现出本靶区北部（Ⅱ矿体）以 Bi 为主（图 9-79、图 9-80），中部（Ⅲ矿体、Ⅳ矿体、Ⅴ矿体 72 线–56 线）均以 Sn 为主，而南部（Ⅴ矿体 52 线以南、Ⅶ矿体）则又以 Bi 为主（图 9-81、图 9-82、图 9-83、图 9-84、图 9-85）；二是沿垂直向上表现为外接触带矿体以 Sn 为主（如 102），正接触带矿体 Sn、Bi 并举（如Ⅴ矿体），而内接触带矿体则以 Bi 为主（如 203），即使 Sn、Bi 并举时，亦呈现出上部富 Sn、下部富 Bi；三是矿石类型不同，其 Sn、Bi 含量差异较大，首先一般在含萤石的磁铁矿夕卡岩中 Sn、Bi 矿化较强，如Ⅱ矿体 TC7（图 9-86）、Ⅴ矿体 CK5/5、CK7/1 等，其次是在含硫化物（磁黄铁矿、黄铁矿）较高的夕卡岩中 Sn、Bi 矿化中等，如矿体 ZK12/4、ZK2 等。再次磁铁矿和硫化物含量少的夕卡岩中一般 Sn、Bi 矿化较弱，如Ⅵ矿体等。

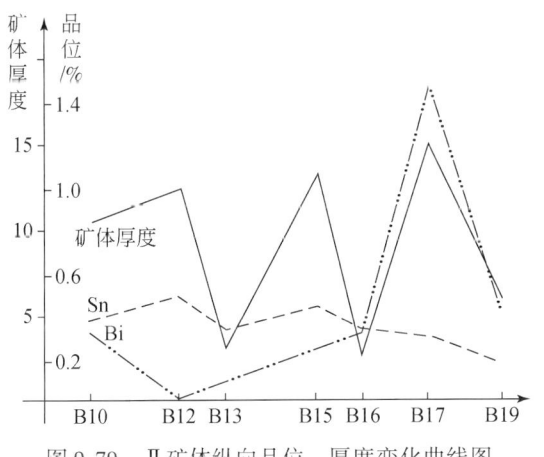

图 9-79 Ⅱ矿体纵向品位、厚度变化曲线图

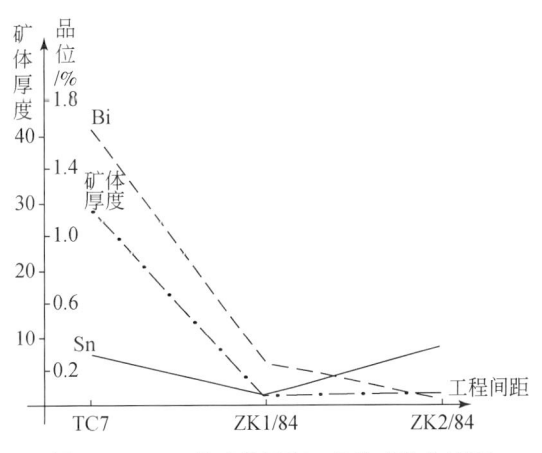

图 9-80 B17 线矿体厚度、品位变化曲线图

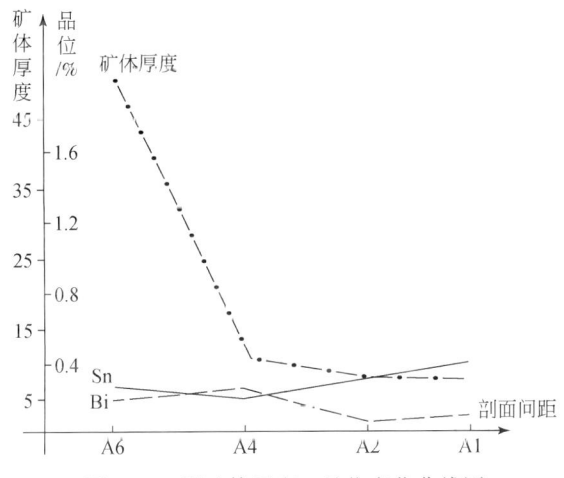

图 9-81 Ⅳ矿体厚度、品位变化曲线图

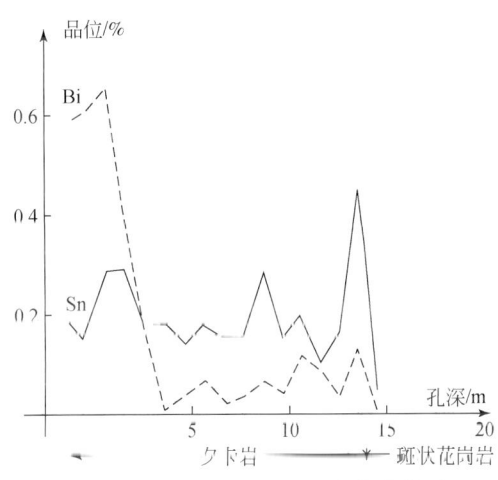

图 9-82 ZKA402 锡铋含量变化曲线图

图 9-83　Ⅴ矿体纵向品位、厚度变化曲线图

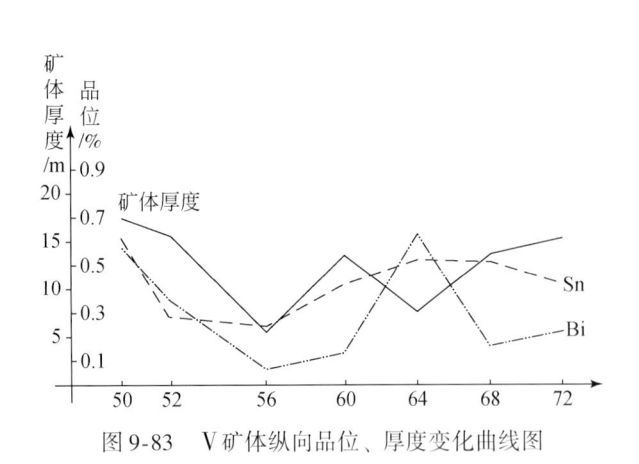

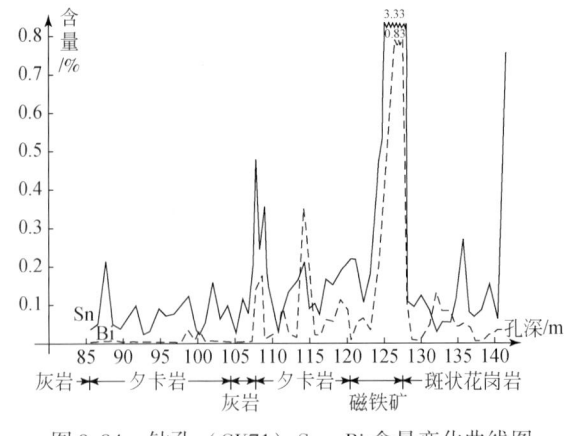

图 9-84　钻孔（CK71）Sn、Bi 含量变化曲线图

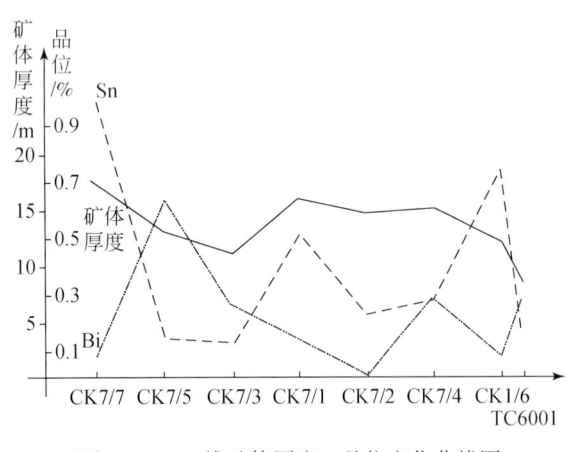

图 9-85　60 线矿体厚度、品位变化曲线图

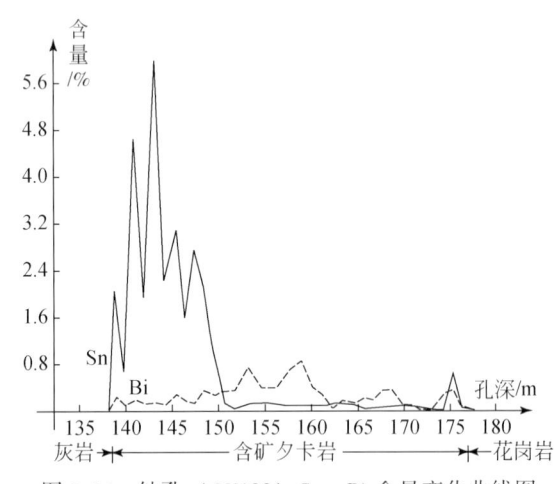

图 9-86　钻孔（CK122）Sn、Bi 含量变化曲线图

9.3.4.5　矿石类型

根据氧化程度，区内矿石可分为氧化矿石和原生矿石两种；根据主要有用组分含量不同，矿石的工业类型有锡铋矿石、锡矿石和铋矿石三种。

9.3.5　资源量估算

经过本次工作，在金船塘找矿靶区共获得 333+334 矿石量 4438.65 万 t，Sn+Bi 金属储量 24.45 万 t（Ⅰ、Ⅶ矿体未参与计算），其中 Sn 金属量 13.97 万 t、Sn 平均品位 0.315%，Bi 金属储量 10.48 万 t、Bi 平均品位 0.236%（表 9-40）。

表 9-40　金船塘找矿靶区储量一览表

储量级别	矿石储量/t	金属储量及品位	组分名称									
			Sn		Bi		Cu	Pb	WO₃	S	Ag	CaF₂
			主体	伴生	主体	伴生						
333	4223864	金属储量/t	15584		11694	38						
		品位/%	0.369		0.304	0.01						
334	40162674	金属储量/t	123983	139	84216	8817	26847	79708	36395	1052158	430093 kg	1090519
		品位/%	0.309	0.0083	0.503	0.022	0.09	0.28	0.127	3.68	15.03 g/t	3.81
333+334	44386538	金属储量/t	139567	139	95910	8855	26847	79708	36395	1052158	430093 kg	1090519

求得伴生金属量铜 2.68 万 t、铅 7.97 万 t、WO$_3$ 3.64 万 t、硫 105.22 万 t、银 430t、萤石 109 万 t。

9.4 枞树板找矿靶区

枞树板铅锌银找矿靶区位于郴州市东约 20 km，其地理位置坐标为东经 113°10′40″~113°14′31″、北纬 25°43′25″~25°50′00″。行政区划隶属于市苏仙区塘溪乡和白露塘镇管辖（图 9-87）。该靶区位于东坡矿田的北东侧（图 2-3、图 9-71），是一个铅锌银矿化脉分布广泛，具有很大找矿潜力的多金属矿远景区。

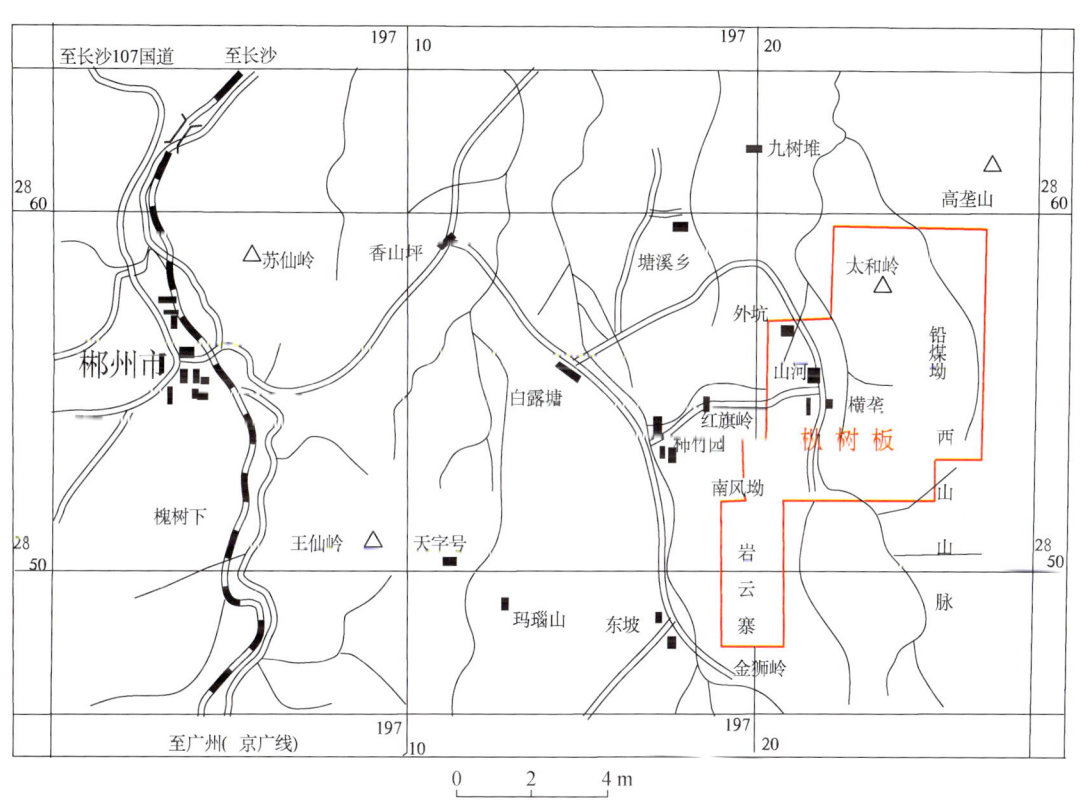

图 9-87 千骑地区枞树板找矿靶区交通位置图

9.4.1 验证过程及工作方法

1. 勘查过程

本次工作北起太和岭，南到岩云寨，西自南风坳，东至铅煤坳，面积约 30 km²。该区自 1994 年列入地质矿产部部控重点普查项目，1998 年结束野外工作，1999 年底提交矿区普查报告，历时六年。枞树板找矿靶区分枞树板、岩云寨、南风坳及铅煤坳四个矿段进行野外作业，其中枞树板矿段为重点工作区段。

枞树板找矿靶区主要投入的工作量有 1:1 万地质草测 13.20 km²、1:5000 地质简测 8 m²、汞气测量 6.70 km、槽探 15057.89 m³、钻探 11082.03 m/44 孔、坑探 1252.80 m、老窿调查清理 3783.35 m，和各种样品 1678 个等。

2. 主要工作方法

（1）运用 1:5000 地质简测，提高靶区基础地质研究程度，矿体在地表分布地段，若被浮土覆盖，则配合使用槽探揭露达到地质目的，为了解决矿体的有效连接，结合老窿、民窿编录调查，采样圈定矿体。

（2）深部矿体主要运用定向钻孔（倾角 80°）控制矿体。为检查钻孔见矿的可靠程度及查明矿体沿走向延伸的具体情况，还采用水平手掘坑探工程进行检查验证。

9.4.2 靶区成矿地质条件

枞树板找矿靶区地层出露简单，主要有震旦系泗洲山组（Z_1s）和中泥盆统跳马涧组（D_2t）（图9-88），均为碎屑沉积岩系。其中，泗洲山组为一套复理式浅变质岩系，由浅变质石英砂岩、浅变质粉砂岩、砂质板岩、绢云母板岩所组成；跳马涧组碎屑岩系由石英砂岩夹粉砂质页岩、含砾石英粉砂岩、粉砂岩等组成。

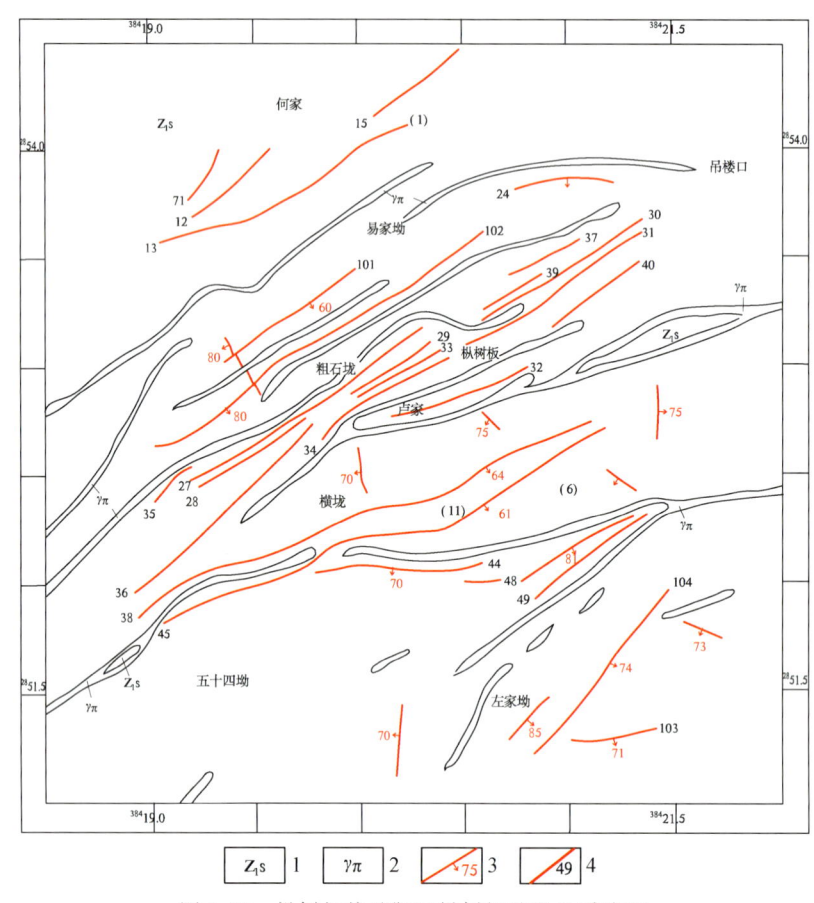

图9-88 枞树板找矿靶区枞树板矿段地质略图
1-震旦系下统泗洲山组；2-花岗斑岩；3-断层及产状；4-矿脉及编号

靶区位于区域性南北向西山复式背斜的中段西翼，区内褶皱构造比较简单，仅在枞树板矿段发现一些次级的短轴背、向斜，按其轴线展布方向大致可以分为四组（表9-41）。区内断裂构造发育（图9-89），按其展布方向可分为北东向、北北东向、近东西（北西西）向和北西向四组，其中以北东向和北北东向为主体，控制了区内花岗斑岩和矿（体）脉的空间展布形态、规模、产状，是重要的控岩、控矿构造。北东向断裂构造主要集中分布在枞树板矿段内，其他三个矿段仅零星分布，断层走向延伸长数十米至数百米，断层破碎带中可见构造角砾岩、碎裂岩和断层泥（图9-90），总体产状为走向NE40°~70°，倾向南东、倾角70°~80°。断裂呈平行状密集斜列，按其密集展布特征可分4个脉组（图9-91）：外坑何家-大砂坑断裂带、粗石垅-枞树断裂带、饭垅堆-横垅断裂带、五十四坳-西江口断裂带。根据构造破碎带内部结构、断裂构造岩石（图9-92b）、断裂带旁侧的小断裂等特征，以及岩石牵引现象、弧形断层面的组合特征和构造透镜体的排列方向等判断，靶区北东向断裂具左行反扭力学性质。区内北北东（近南北向）断裂发育不均匀，多集中分布在南风坳矿段，成组出现，地表分布有F_7、F_6、F_3、F_4、F_8等断层，为其主要的控矿构造，其他在枞树板、铅煤坳矿段尚有零星分布，断层走向一般 10°~15°，局部地段达 30°，倾角 65°~80°，沿断层带普遍有硅化，破碎和矿化现象。

表 9-41 枞树板矿段褶皱一览表

类别	褶曲名称	编号	褶皱形态、产状及其规模分布范围
南北向褶皱	卢家向斜	(5)	核部位于矿区东部卢家附近，轴线近南北向，南端因断裂构造和花岗斑岩的切割，略向西偏转，延伸长约 200 m，轴面直立，两翼产状正常，倾角 38°~55°
	横垅桥西背斜	(6)	位于卢家向斜西侧，轴线沿南北向延伸，约长 500 m，轴面直立，两翼产状正常
	易家坳背斜	(3)	核部位于矿区北部易家坳、百沙坨附近，轴线北北东向，其中百沙坨向斜南端向南西偏转呈北东向，沿走向延伸分别为 500~600 m，轴面直立，两翼产状正常
	百沙坨向斜	(4)	
东西向褶皱	横垅沟倒转向斜	(9)	核部分别位于横垅沟、肖家坨附近，轴线沿东西向延伸 600~800 m，轴面向北歪斜，两翼产状：北翼倒转，南翼正常，倾向南，倾角 30°~55°，属紧闭型倒转褶皱
	横垅桥北倒转背斜	(10)	
	肖家坨北倒转向斜	(11)	
	手工溪背斜	(12)	核部位于手工溪、左家坨附近，轴线沿东西向延伸 600 m 左右，轴面直立，两翼产状正常，倾角 34°~65°
	左家坨向斜	(13)	
北东向褶皱	粗石垅背斜	(7)	核部分别位于粗石垅、滴水寨附近，轴线呈北东-南西向展布，延伸长度分别为 80 m、200 m，轴面直立，两翼产状正常，倾角 63°~68°
	滴水寨向斜	(8)	
北西向皱褶	三工区向斜	(1)	位于矿区北部塘溪乡铅锌矿三工区附近，轴向北西，延伸约 100~200 m，轴面直立，两翼正常，属中常褶皱

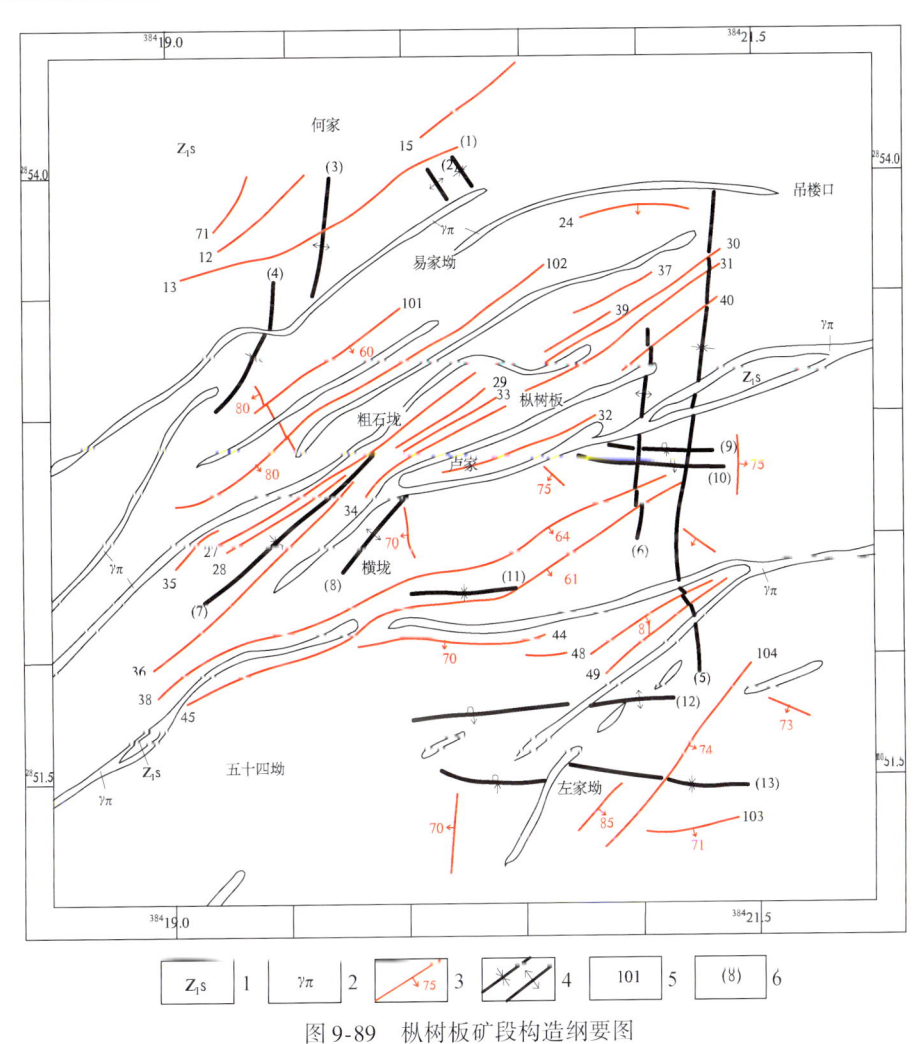

图 9-89 枞树板矿段构造纲要图

1-下震旦统泗洲山组；2-花岗斑岩；3-断层及产状；4-向斜、背斜曲线；5-断层编号；6-褶皱编号

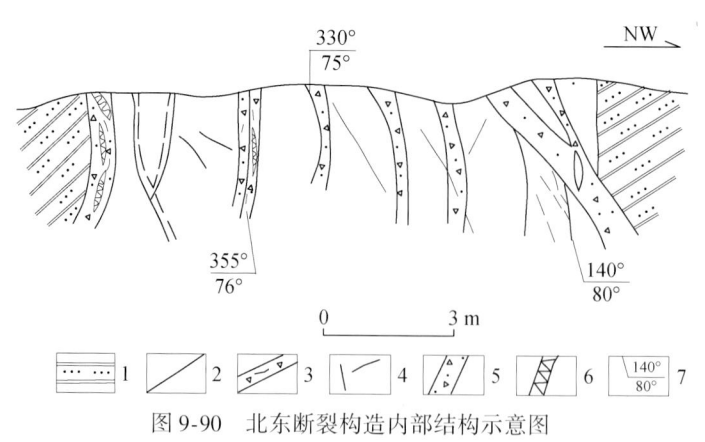

图 9-90 北东断裂构造内部结构示意图

1-浅变质砂岩；2-断层面；3-断层泥；4-节理；5-挤压破碎带；6-石英脉；7-产状

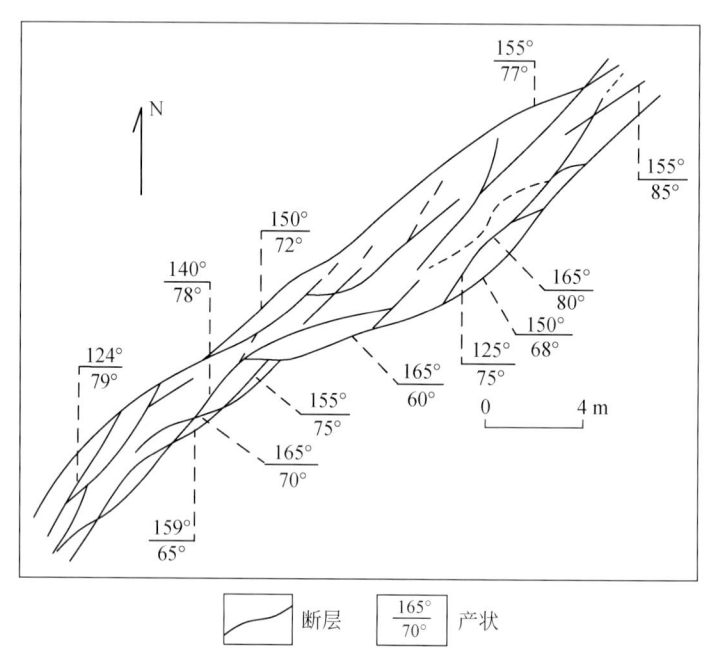

图 9-91 北东向断裂构造内部结构素描图

本图为平面图、CM43 坑道内 7 号导线点附近

区内岩浆岩皆为花岗斑岩（图 9-92c），呈脉状产出，属燕山晚期岩浆活动产物。在南风坳矿段的深部存在隐伏细粒斑状黑云母花岗岩，属燕山早期第一次岩浆活动的产物。花岗斑岩成群斜贯全区，多沿断裂（带）呈脉状产出，总体呈 NE60°方向展布，局部近东西向或北西向，倾向南东、局部北西，倾角60°~80°。岩脉沿其走向和倾向均呈舒缓波状，局部具分支、复合、膨大、缩小现象；走向延长数百米至数千米，出露宽度 5~50 m、一般为 30 m。属于陆壳重熔型（S 型）花岗岩。

由于区域变质和岩浆作用影响，区内岩石不同程度地遭受变质，其特点是云母类矿物增多。因区内震旦系下统泗洲山组碎屑岩系不利于交代作用，成矿以裂隙充填方式进行，因此，近矿围岩蚀变多围绕破碎带呈线状分布。区内主要蚀变有硅化（图 9-92d）、绿泥石化，其次为绢云母化、绿帘石化、电气石化、碳酸盐化和萤石化。蚀变岩均有不同程度的 Pb、Zn、Ag、Sn 矿化，有时出现较富的铅锌矿体。其余各种蚀变有的分布广泛，有的局部出现，往往与硅化、绿泥石化相互叠加。

地球物理特征上，枞树板找矿靶区位于北东重力梯度带的南东侧，布格重力异常介于-64~-60 间，显示强烈的负异常。航磁场处于区域以东坡—瑶岗仙一线为界的南侧正值异常区内。化探、重砂异常特征上，本靶区位于东坡 As、W、Sn、Pb、Zn、Au、Ag 水系沉积物综合异常区，以及 W、Sn、Pb、Zn、

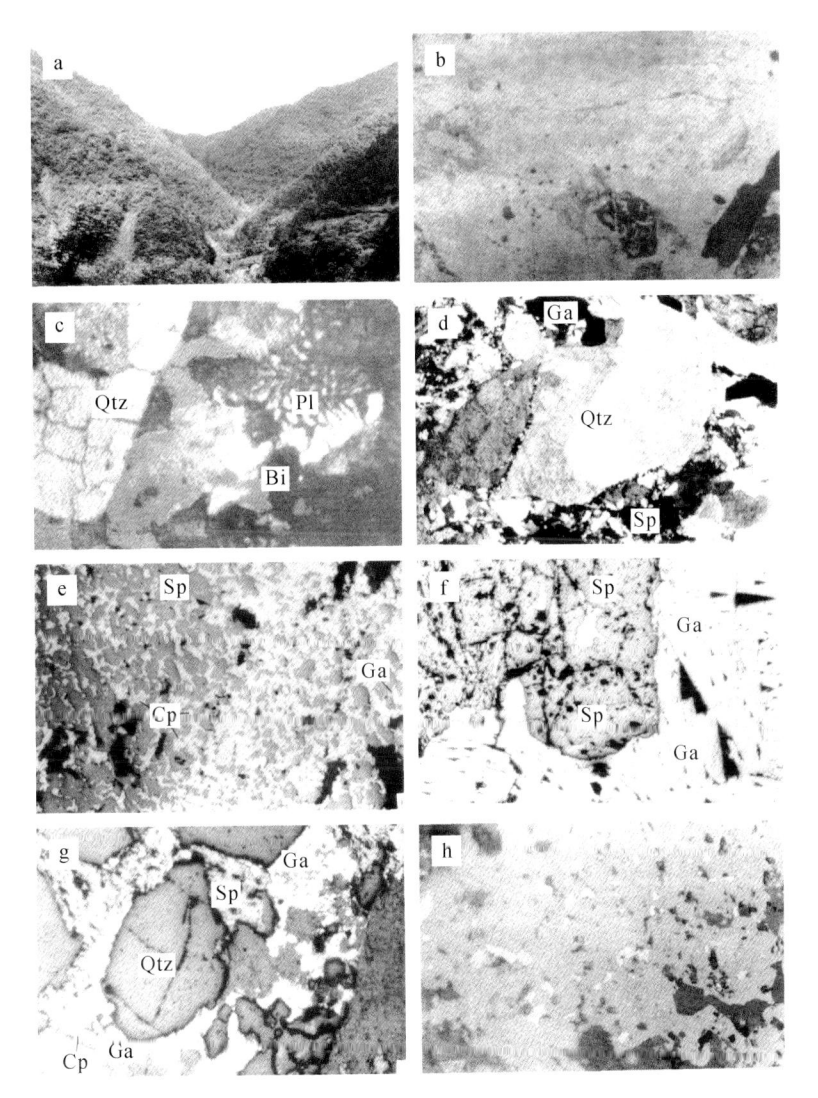

图 9-92 枞树板找矿靶区地形及矿相学特征

a-靶区全貌；b-构造角砾岩，单偏光；c-花岗斑岩的斑状结构，正交偏光；d-硅化石英岩，正交偏光；e-块状铅锌矿石，反射光；f-方铅矿交代闪锌矿，反射光；g-铅锌矿、闪锌矿、黄铜矿共生，反射光；h-铁闪锌矿中的浮浊状黄铜矿和磁黄铁矿的包裹镶嵌，反射光；Qtz-石英；Sp-闪锌矿；Ga-方铅矿；Cp-黄铜矿；Pl-长石；Bi-云母类

As 土壤异常区及锡石、白钨、黑钨矿物重砂异常区的东侧边部，说明该区铅锌银矿是"东坡与燕山期花岗岩有关的成矿系列"的重要组成部分，具有较好的成矿条件。同时，本靶区壤中汞气异常呈带状，异常长度大（达 2000 m 以上），宽度较小，强度低，并且多呈单峰状出现，表明矿化带延伸长度长，宽度不大且产状较陡。而靶区构造破碎带和赋矿围岩的 γ 射线强度不高，属正常范围，花岗斑岩中出现 80~108γ 的弱异常。

9.4.3 工程验证与矿体特征

枞树板铅锌银矿以规模大、品位富、埋藏浅、形态简单、易于开采为特征。靶区矿体呈脉状产生，矿脉均产于震旦系下统泗洲山组（Z_1s）变质岩中，主要受北东向断裂带的控制，属裂隙充填型铅锌银矿床。根据矿体分布的地理位置，将枞树板找矿靶区划分为枞树板、南风坳、岩云寨、铅煤坳等四个矿段。

9.4.3.1 枞树板矿段矿脉特征

本次工作在该矿段发现大小矿脉34条,按其产出部位、矿化类型、矿石组合特征,自北而南可以划分为6个脉组和10个主要矿体(表9-42、图9-89和图9-93)。

表9-42 枞树板矿段矿脉产出特征一览表

脉组	矿脉编号	分布标高/m	平均品位/% Pb	Zn	Ag/(g/t)	规模/m 延长	延深	厚度	产状 走向/(°)	倾向	倾角/(°)
Ⅰ	13	885~1130	0.92	2.84		1400	210	0.3~0.7	60	SE	65
	24	579~710	5.52	4.38		400	175	3.0~5.0	65~70	SE	81
	56	840	1.81	1.40		200			65	SE	65
Ⅱ	102	870~1000	3.77	4.34	107.8	1750	330	0.5~3.0	65	SE	65~80
Ⅲ	27	790~1058	2.58	1.72	58.98	1450	440	0.4~3.34	50~60	SE	70~85
	28	890~950	1.83	1.05	36.90	370	295	0.55~1.4	50~60	SE	70
	30	550~750	3.38	2.34	30.50	900	180	0.5~2.2	45~60	SE	80
	31	480~660	7.03	6.16	64.11	900	300	0.5~2.4	45~60	SE	65~85
	32	630~775	3.56	1.60	148.53	870	265	1.05~2.1	49~72	SE	70~85
	36	825~1110	0.96	0.44	15.05	1100	350	0.4~3.0	50~60	SE	80
	37	680~810	1.79	1.76	12.68	550	350	0.4~3.0	60	SE	76
	39	710~785	2.58	2.15	29.89	300		0.5~2.2	60	SE	55
	41	515~660	0.43	0.77	12.08	350		1.05~2.1	50	NW	80
	57	715	1.47	1.95	24.48	200			60	SE	75
Ⅳ	38	470~1180	3.29	0.81	80.02	2300	360	0.33~5.6	50~75	SE	60~80
	43	430~1180	4.11	1.53	42.68	2200	314	0.33~6.1	45~80	SE	55~82
	44	840~1140	2.63	2.00	48.76	800	140	0.3~2.0	EW	S	65
	58	845	1.14	0.84		200			NE	SE	60
	59	890	0.67	0.76	23.01	200			NE	SE	75
	60	620	1.15	0.58	29.82	200			NE	SE	75

(1)第Ⅰ脉组。该脉组分布于枞树板找矿靶区北部外坑何家至大砂坑一带,东西长约2 km、南北宽800 m,目前已发现71、72、12、13、15、56、24六条矿脉,矿脉走向北东50°~65°、倾向南东、倾角60°~85°,在平面上呈现一向北东撒开、向南西收敛的帚状形态,单脉宽0.3~7.0 m、一般为1~2 m,局部最大宽度达15 m,单脉长200~1500 m不等,出露标高579~1110 m,脉组有锡石-铅锌银矿石、铅锌银矿石两种矿石类型,其中又以锡石-铅锌银矿石为主。

(2)第Ⅱ脉组。位于易家坳—大砂坑一带,距第Ⅰ矿脉组约400 m。目前已发现101、102两条主矿脉,单脉长分别为900 m、1750 m,脉宽0.5~3.0 m,两矿脉大致平行,走向北东65°~68°,倾向南东,倾角68°~73°,出露标高860~1120 m,主要为锡石-铅锌银矿石和铅锌银矿石两种类型。

(3)第Ⅲ脉组。位于粗石坨至枞树板一带,该脉组东西长约3 km,南北宽约400 m,目前已发现27、28、29、30、31、32、33、34、35、36、37、39、40、57等14条矿脉,其中以27、30、31、32号矿脉为主,单脉长分别为1430、900、900、750 m,其他矿脉350~500 m不等,脉宽0.5~6.0 m,一般1~3 m,这些矿脉在地表表现为断续出现并与花岗斑岩相间产出,矿脉走向北东(个别近东西向),倾向南东,局部北西,

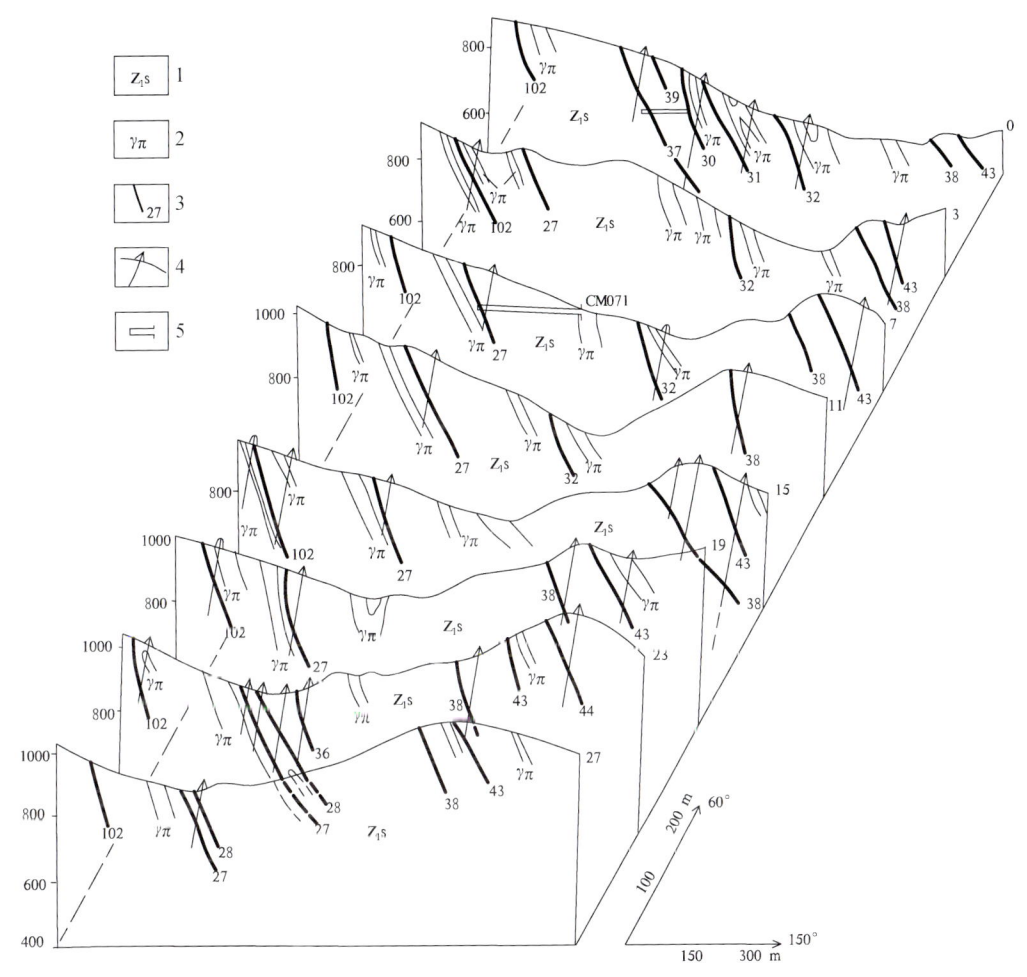

图 9-93 枞树板矿段主要剖面立体透视图

1-震旦系下统泗洲山组；2-花岗斑岩；3-矿脉及编号；4-钻孔；5-坑道

倾角 55°~85°，多数矿脉沿走向和倾向具分支、复合、膨大、缩小现象，矿脉出露标高 550~1040 m，在地表以断层破碎带或蚀变带的形式出现，矿化较弱，但在深部矿化较富，主要矿石类型为铅锌银矿石。

（4）第Ⅳ脉组。分布于横垅村南部，北距Ⅲ脉组约 300 m，目前已发现 38、43、44、58、59、60 等 6 条矿脉（图 9-94），矿脉走向 NE-NEE，倾向南东，倾角 62°~84°，单脉长 200~2340 m，脉宽 0.5~4.0 m，出露标高 430~1180 m，该脉组矿石类型以铅锌银矿石为主，近矿围岩蚀变有绿泥石化、硅化、绢云母化和萤石化。

（5）第Ⅴ脉组。为含铜铅锌银矿化带，分布于矿区中南部肖家垅一带，目前已发现的矿脉有 48、49 两条，脉带长 700 m，宽 100 m，两矿脉大致平行，走向北东 60°，倾向南东，倾角 75°~81°。

（6）第Ⅵ脉组。分布于矿区南部左家垅附近，主要矿脉有 104、103、46 四条，其中 103、45 号矿脉走向近东西向、倾向南、倾角 48°~71°，单脉长分别为 380 m、450 m，宽 0.3~2.5 m，104、46 号矿脉走向北东 45°、倾向南东、倾角 74°~85°，单脉长分别为 980 m、250 m，宽 0.8~3.0 m，该脉组以铅锌矿化为特征，在地表常以构造破碎带或铁锰帽的形式出现，出露标高 590~830 m。

9.4.3.2 南风坳矿段、岩云寨矿段及铅煤坳矿段矿脉特征

在枞树板找矿靶区内南风坳矿段、岩云寨矿段及铅煤坳矿段共圈定银铅锌矿体、铅锌矿脉（体）15 个（表 9-43），其中南风坳矿段 5 个（Ⅰ、Ⅱ、Ⅲ、Ⅳ、Ⅴ），岩云寨矿段 4 个（Ⅰ、Ⅱ、Ⅲ、Ⅳ），铅煤坳矿段 6 个（①、②、③、④、⑤、⑥）。矿脉产出严格受断裂构造控制，呈脉状产出，总体走向北东 20°~40°，倾向南东，倾角 70°~80°，在平面上、剖面上彼此平行排列或斜列（图 9-95）。

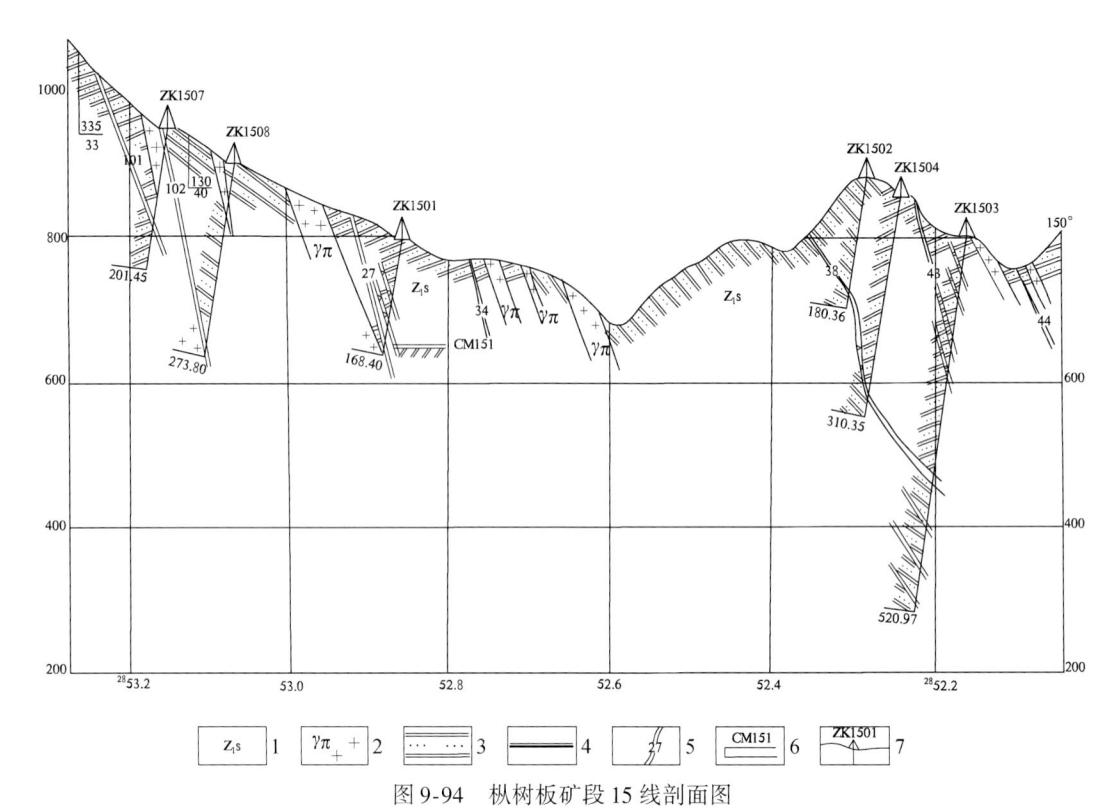

图 9-94　枞树板矿段 15 线剖面图

1-下震旦统泗洲山组；2-花岗斑岩；3-浅变质砂岩；4-板岩；5-矿脉及编号；6-坑道及编号；7-钻孔及编号

表 9-43　枞树板找矿靶区其他矿段主要矿体产出特征一览表

矿段	矿体编号	分布标高/m	平均品位 Ag/(g/t)	Pb/%	Zn/%	规模/m 长	厚	产状/(°) 走向	倾向	倾角
南风坳	I-1a	—	114.69	1.39	2.83	110	1.37	40	135	85~80
	I-1b	710~1244	219.76	7.08	3.40	690	2.35			
	I-2	800~1170	30.51	0.70	3.05	1112	0.99			
	II-1	710~830	217.39	4.58	3.54	390	1.53	20	135	75
	II-2	710~940	27.29	0.86	2.74	870	1.96	20	135	75
	III-2	710~940	44.26	1.55	1.97	230	3.37	40	120	65
	IV-1	880~1045	242.21	7.88	3.27	288	1.71	30	120	75~80
	V-1	945~1065	197.93	8.99	2.83	230	1.83	40	135	85~80
	V-2	940~1160	20.99	0.58	2.43	140	1.37			
岩云寨	I	900~1080	95.09	2.25	1.72	900	1.74	50	130~150	70
	II	950~1050	50.09	2.25	3.66	750	1.50	20	110	75~80
	III	800~840	61.29	3.28	1.80	275	1.58	40	310	60~80
	IV	760~820	103.82	6.44	5.37	280	1.30	40	130	75~80
铅煤坳	①	880~1010	42.54	6.27	7.81	300	0.89	40	310	60~80
	②	700~800	300.1	10.7	5.29	150	0.80	70	160	75
	③	340~470	36.70	7.33	3.00	300	1.33	40	110	75
	④	430~490	76.88	8.72	2.71	150	1.00	28	118	85
	⑤	590~700	1.60	0.21	0.88	300	1.20	165	255	60
	⑥	760~950	74.29	10.5	4.55	300	1.08	100	190	75

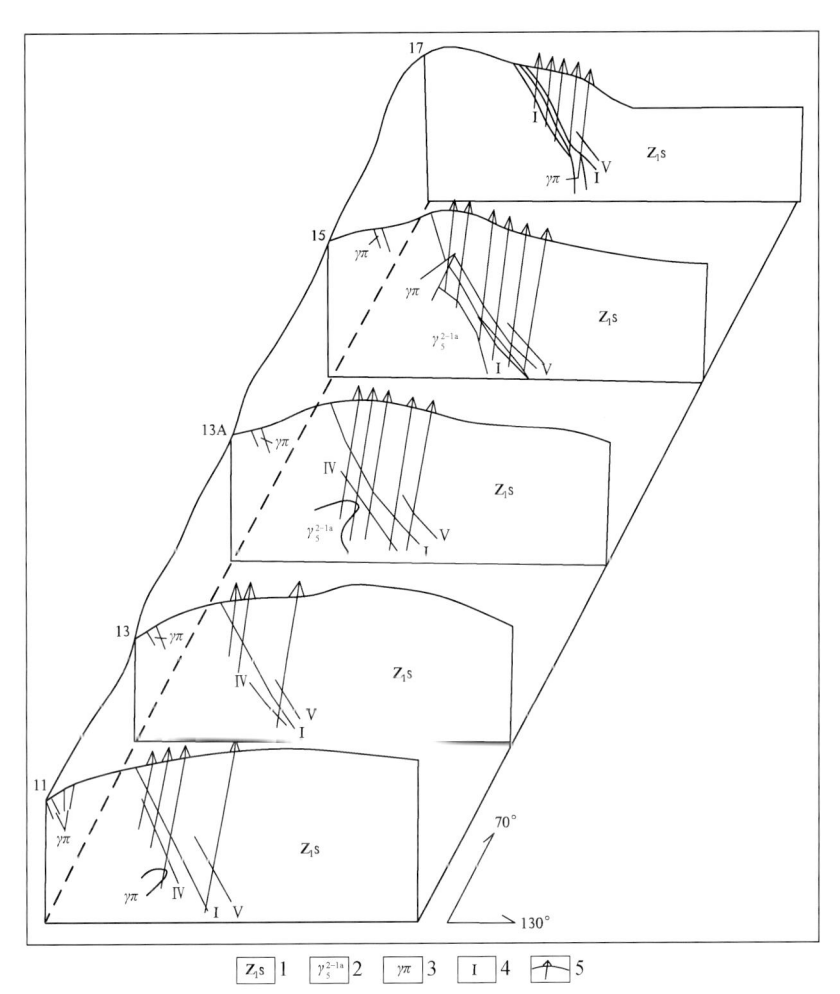

图 9-95　南风矿段 11-17 线剖面立体透视示意图

1-下震旦统泗洲山组；2-斑状花岗岩；3-花岗斑岩；4-矿脉及编号；5-钻孔

（1）南风坳矿段 I 矿脉。位于南风坳矿段北部，产于 F_7 断裂破碎带中，其产状严格受断裂破碎带控制，走向北东 40°，倾角南东，倾角一般在地表较陡（75°~80°），向深部则有变缓的趋势（70°左右）。矿脉在地表大部分地段可见硅化突起带，沿走向长 1112 m，地表出露宽 0.5~3.0 m，坑道中见矿厚 0.3~5.09 m，钻孔见矿厚 0.3~4.95 m，矿体平均厚 1.83 m，控制倾向长度 277.75 m。平面上矿脉沿走向呈舒缓波状变化，膨大收缩现象明显，相应在剖面上亦有相同的情况。一般在破碎带产状变陡的部位矿脉变薄，而变缓的部位则往往变厚。矿脉中矿体平均含 P 5.66%、Zn 3.32%、Ag 179.4 g/t。本矿脉中含两个银铅锌矿体（I-1a、I-b）及一个含银铅锌矿体（I-2）。

（2）南风坳矿段 II 矿脉。产于 F_8 断层破碎带中，其产状严格受断层破碎带控制，走向北北东 20°，倾向南东东、倾角 75°~78°。矿脉在地表一些地段可见硅化突起。矿脉分布于 06-24 线之间，走向长 908 m，矿化带地表出露宽度 0.3~3.5 m，坑道中矿体厚度 3.24 m，矿体平均厚度 1.88 m；控制斜深 100~250 m。在平面上及剖面上矿体的形态变化特征等与 I 矿脉相似。从中圈出两个铅锌矿体 II-1 和 II-2。

（3）岩云寨矿段 I 矿脉。分布于矿段的西北部，产于花岗斑岩东侧约 50 m 外的 F_8 断裂破碎带中，矿体呈脉状产出，其产状及形态严格受断裂破碎带控制。走向北东 40°~60°，倾向南东、倾角 70°左右，在地表表现为硅化突起。矿脉走向长 900 m，控制长 700 m，最小厚度 0.76 m、最大厚 2.26 m、平均 1.74 m。在平面上和剖面上矿体均呈舒缓波状产出。矿体平均品位：Pb 2.22%、Zn 1.69%、Ag 93.58 g/t。

（4）铅煤坳矿段①号矿脉。分布于铅煤坳矿段东南角，与花岗斑岩脉斜交。矿体呈脉产出，其产状严格受断裂构造控制。走向北东 20°~40°，倾向北西、倾角 60°~80°。硅化强烈，在地表表现为地形凸起。矿体沿走向有四个老窿控制，控制长度 300 m，平均厚 0.89 m。矿体往南西延伸受到花岗斑岩的制约，北东端尚未完全控制。在平面上矿体呈弧形拐弯，倾向上呈舒缓波状，出露标高 880～101 m，高差 130 m。矿体平均品位 Pb 6.27%、Zn 7.81%、Ag 42.54g/t。

9.4.4 矿石特征与质量

9.4.4.1 矿石矿物组合

枞树板找矿靶区的矿石中矿物种类较复杂，现已查明矿物 35 种，其中金属矿物有方铅矿、闪锌矿、铁闪锌矿、黄铜矿、黄铁矿、毒砂、磁黄铁矿、硫锑银矿、银黝银矿、斑铜矿等，非金属矿物有石英、绿泥石、绢云母等。

各类型矿石矿物组合特征及相对含量见表 9-44、表 9-45。

表 9-44 矿石矿物组合特征一览表

矿石 矿物		铅锌银矿石	银铅锌矿石	含黄铜矿、铅锌银矿石
金属矿物	主要	方铅矿、铁闪锌矿、闪锌矿、银矿物系列	银矿物系列、方铅矿、闪锌矿	方铅矿、铁闪锌矿、闪锌矿、黄铜矿
	次要	黄铜矿、黄铁矿、斑铜矿、磁铁矿、辉铜矿、磁黄铁矿、毒砂、锡石、褐铁矿	黄铁矿、黄铜矿、磁铁矿、锡石、白铅矿、硫锑银矿、金红石、磁铁矿、白铁矿、褐铁矿、软锰矿	银矿物系列、斑铜矿、辉铜矿、蓝辉铜矿、软锰矿、黄铁矿、褐铁矿
非金属矿物	主要	石英、绿泥石、黏土矿物	石英、绿泥石、绢云母	石英、绿泥石、黏土矿物
	次要	绢云母、方解石、白云母、阳起石、透闪石、透辉石、褐帘石、萤石、普通角闪石	黏土矿物、锆石、白云母、方解石、电气石、透闪石、石榴子石、褐帘石	方解石、绢云母、白云母、褐帘石、阳起石

表 9-45 枞树板找矿靶区矿石主要矿物含量表

矿石名称	方铅矿	铁闪锌矿、闪锌矿	黄铜矿	黄铁矿	石英	锡石	绿泥石	绢云母	其他	合计
含量/%	3.63	2.69	0.11	19.53	48.50	0.62	9.20	11.10	4.72	100

由于成矿温度和所处地质环境、形成条件具有相似或不同，从而产生了相似或不同的几种矿石类型，也使它们在矿物共生组合特征上既有相似性又有明显的差异。不同类型矿组合特征见表 4-44、表 9-45。

主要矿石和脉石矿物特征如下：

（1）方铅矿。阶梯状立方体解理完全，部分为半自形-他形晶粒状。早期方铅矿包裹、交代黄铜矿、黄铁矿，解理不发育，颗粒小（图 9-92e），晚期方铅矿解理发育，颗粒较大，常与早期方铅矿近于垂直接触（图 9-92f）。方铅矿的产出常呈星散浸染状及细脉状，局部富集成团块状；与闪锌矿、黄铁矿、黄铜矿紧密伴生时，常呈乳滴状、雏晶状嵌布于铁闪锌矿中，呈楔状填充于毒砂、黄铁矿晶隙间（图 9-92g）或呈细脉状与闪锌矿、黄铜矿一起充填于石英晶隙间。其矿物化学分析及电子探针分析结果见表 9-46、表 9-47。方铅矿是银矿物的最佳载体，银在方铅矿中的主要赋存形式是超显微银矿物包裹体或银的类质同象。

（2）铁闪锌矿。区内闪锌矿多为铁闪锌矿，半自形晶或他形晶粒状。该矿物常呈不规则粒状集合体或细脉充填于岩石裂隙或矿物粒间，共生组合复杂，常与多种矿物连生相嵌，亦常包裹黄铁矿、黄铜矿、磁黄铁矿、毒砂等矿物（图 9-92h）。

（3）银黝铜矿。是银的主要矿物，见双晶及环带结构，在方铅矿中呈星散状、不规则状产生，粒径 0.05～0.075 mm。

表 9-46 枞树板矿段单矿物化学分析结果

样号	矿物名称	取样位置	分析结果/%											
			Pb	Zn	Cu	Ag	S	Sb	As	Cd	Bi	Se	Te	Sn	Fe	合计
单-1	铁闪锌矿	24号矿脉	2.77	52.5	0.29	0.03	31.3	0.24	0.016	0.87	1.471	0.0009	0.0004	0.06	9.8	98.64
单-2	方铅锌	31号矿脉	85.6	0.43	0.05	0.09	14.2	0.09	0.016	0.05	0.139	0.0008	0.0007	0.02	—	100.7
单-3	方铅矿	27号矿脉	85.6	0.54	0.05	0.07	13.3	0.28	0.016	0.05	0.087	0.0005	0.0002	0.06		100.1
单-4	黄铜矿	27号矿脉	0.42	2.27	32.1	0.34	32.5	0.9	0.059	0.02	0.103	0.0000	0.0002	0.11	28.9	96.95

表 9-47 主要矿物电子探针分析结果

矿段	矿物	元素及分析结果/%														Σ
		S	Ag	Sb	As	Bi	Cu	Mn	Fe	Se	Te	Zn	Cd	Ni	Co	
南凤坳	含锑辉铜矿	22.99	24.31	25.91	0.37	1.38	18.21		4.62	0.20	0.25	1.04	0.28			99.56
		24.12	5.74	15.67	8.72		37.54		2.56			5.33				99.68
	含银黝铜矿	23.44	8.74	26.25	1.12		31.47		5.11			4.16				100.00
		24.58	19.27	16.07	8.25		21.56		2.67			5.13				97.51
	银锑黝铜矿	21.85	24.95	26.42	0.28		18.03		5.78			2.45				99.80
		22.15	25.45	26.51	0.32		17.23		5.41			2.56				99.63
	黝锑银矿	21.72	30.50	26.71	1.05		14.42		4.76			1.13				100.29
		21.14	31.23	25.73	0.36		13.25		5.56			2.15				99.42
		21.23	30.95	25.41	0.15		13.58		4.85			2.42				98.59
		21.07	31.47	25.84	0.42		12.89		5.67			2.08				99.44
	辉锑银矿	21.41	34.67	41.64	0.16	0.34	0.25	0.08	0.07	0.09	0.65					99.36
	深红银矿	17.55	57.89	22.01		0.47	0.62	0.17	0.09		0.45	0.10	0.06			99.61
	脆银矿	15.39	66.17	16.38	0.16	1.18	0.05	0.10	0.06		0.26		0.07			99.49
枞树板	闪锌矿	30.89	0.00	0.00	0.31		0.08		2.77		0.00	63.32	0.30	1.43	0.00	100.01
		30.83	0.00	0.36	0.04		0.00		2.70		0.09	62.95	0.68	1.26	0.12	100.01
		31.93	0.00	0.03	0.38		0.00		3.14		0.38	62.76	0.55	1.24	0.14	100.01
	方铅矿	12.90	0.28	0.30	0.13		0.60	Au0.23	0.04	0.09		0.67	Pb84.35	0.00	0.32	100.02
		13.22	0.26	0.22	0.33		0.61	Au0.04	0.00	0.00		0.18	Pb84.90	0.06	0.19	100.02
	黄铜矿	33.93	0.01	0.30	0.67		35.42	Au0.13	29.18	0.09	0.13	0.44		0.00	0.00	100.00
		34.00	0.00	0.29	0.79		35.58	Au0.00	29.79	0.12	0.00	1.22		0.00	0.07	100.02

(4) 辉锑银矿。浅蓝灰色，强非均质体，长柱状、板状，粒径 0.074~0.005 mm。常与银黝铜矿、方铅矿、闪锌矿共生。

(5) 黄铜矿。他形晶粒状，以斑点状、小团块状或细脉状产出，局部呈乳滴状嵌布于铁闪锌矿中（图 9-92g），多沿黄铁矿、毒砂的裂隙或粒间充填。

(6) 锡石。自形至他形粒状、短柱状，常呈星散浸染状、细脉状分布于石英脉或磁黄铁矿中。常与黄铁矿、磁黄铁矿共生。

(7) 绿泥石。在矿脉或近矿围岩中分布，尤与铅锌矿化关系密切。绿泥石具多色性，呈片状或鳞片状，以脉状或团块状充填于矿化破碎带内岩石裂隙中。

(8) 石英。他形晶、细小粒状，根据产出情况可以分为两种：一种为成矿前原岩中的砂屑；另一种为成矿期或成矿后形成，粒径 0.05~0.1 mm，常呈团块状、细脉状充填于破碎带及周围岩石裂隙中或嵌布于其他矿物之间。

9.4.4.2 矿石结构构造

矿石结构按成因可分为自形晶-半自形晶结晶结构（图 9-96a）、交代结构（图 9-96b~c）、固溶体分解结构和压碎结构四种类型。矿石构造有细脉状构造、浸染状构造、块状构造、团块状构造和角砾状构造（图 9-96d~e）。

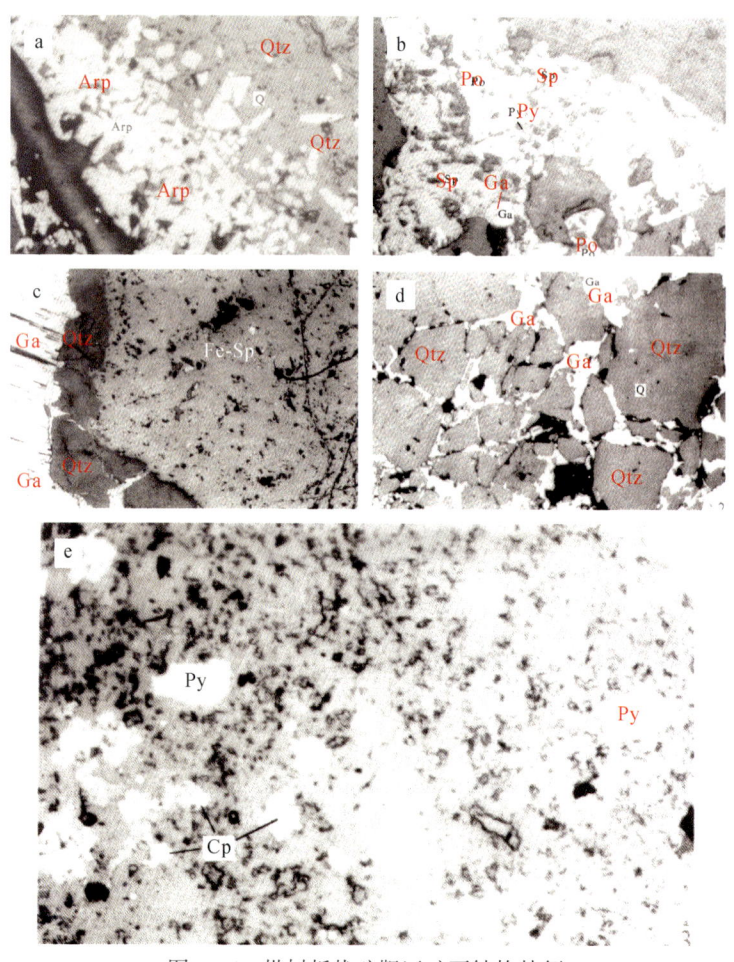

图 9-96 枞树板找矿靶区矿石结构特征

a-毒砂（Arp）呈自形-半自形粒状结构，Qtz=石英，反射光；b-闪锌矿（Sp）、方铅矿（Ga）交代磁黄铁矿（Po）的交代结构，后者又交代黄铁矿（Py），反射光；c-块状铁闪锌矿（Fe-Sp）与方铅矿（Ga）和石英（Qtz）的平直接触关系，单偏光；d-方铅矿（Ga）充填于石英（Qtz）显微裂隙及粒间，呈网脉状构造，反射光；e-黄铜矿（Cp）、黄铁矿（Py）呈浸染状构造分布于脉石矿物中，反射光

9.4.4.3 矿物生成顺序

根据矿物共生组合特征和矿物间的穿插关系，枞树板找矿靶区主要矿物的生成顺序如表9-48。

表9-48 枞树板找矿靶区主要矿物生成顺序

矿物 \ 矿化期/阶段	气化-高温期	中温期 氧化物阶段	中温期 硫化物阶段	低温期 石英脉、方解石脉阶段	表生期 氧化作用阶段
透辉石	──				
锡石	──				
黑钨矿	──				
磁黄铁矿	──				
石英	────	────			
绿帘石	──	──			
黄铁矿	----	────	────	----	
毒砂	──				
阳起石		────			
萤石		----	----		
绿泥石		----	────		
绢云母		----	----	----	----
辉铜矿			────		
蓝辉铜矿			──		
方铅矿			────		
铁闪锌矿			──		
闪锌矿			────		
银黝铜矿			──		
黏土矿物			----		────
方解石				────	
软锰矿					──
褐铁矿					──
铅钒					──

9.4.4.4 主要有益组分含量及其变化

光谱半定量和化学多项分析结果表明（表9-49、表9-50），矿石中金属元素有Pb、Zn、Sn、Fe、Mn、Mg、Sb、Cu、Al、Ti，非金属元素As、S，稀有分散元素有Be、Ga、In，贵金属有Ag、Au等。其中主要有益组分为Pb、Zn、Ag，矿石中品位Pb 1.74%~5.8%、Zn 0.82%~4.38%、Ag 36.05~145.03 g/t。根据枞树板矿段储量计算10个主要矿脉中303个样品Pb、Zn品位分级统计（表9-51）：Pb品位<0.5%者210个，占样品总量的69.31%；0.5%~1.0%者38个，占12.54%；1.0%~6.0%者40个，占13.2%；

>6%者15个，占4.95%。Zn品位<0.5%者229个，占样品总量的75.58%；0.5%~1.0%者36个，占11.88%；1.0%~6.0%者34个，占11.2%；>6.0%者4个，占1.32%。根据27、30、31、32、35、43六个主矿体139个样品银品位分级统计（表9-52）：Ag品位<40 g/t者76个，占样品总量的54.68%；40~50 g/t者31个，占22.30%；50~150 g/t者18个，占12.95%；>150 g/t者14个，占10.07%。

表9-49 矿石多项分析结果

分析项目		SiO_2	Al_2O_3	Fe_2O_3	TiO_2	CaO	MgO	TFe	Cu	As	Sn
含量/%	枞树板矿段	57.62	10.15	13.28	0.52	1.36	2.03	9.10	0.05	0.067	0.029
	南风坳矿段	64.5	6.65	10.13	0.49	0.94	0.90		0.05	2.46	0.011
		65.48	7.15	9.28	0.55		1.88		0.26	2.11	

分析项目		Co	Sb	Mn	S	Pb	Zn	Cd	Au/(g/t)	Ag/(g/t)	合计
含量/%	枞树板矿段	0.004	0.00	0.36	2.07	3.15	1.81	0.024	0.09	35.00	101.62
	南风坳矿段	0.005	0.04	0.115	5.33	2.29	3.38	0.054	0.29	79	
				0.2		4.88	4.24	2.96	0.2	0.26	157

表9-50 矿石光谱分析结果

元素		Be	B	Sb	Bi	As	Si	Cr	W	V	Cu	Co	Al	Ti
含量/%	枞树板矿段	0.0007	0.001	0.002	0.005	0.1	>10	0.01	0.003	0.005	5.00	0.002	3.00	0.20
	南风坳矿段	0.005	0.005	0.02	0.005	1.3	>10	0.005	0.01	0.005	0.07	0.002	7.00	0.40

元素		Mg	Ag	Ga	Cd	Li	Pb	Zn	Sn	K	In	Mn	Fe	Ni
含量/%	枞树板矿段	0.60	0.005	0.0005	0.5	0.005	>5	>5.0	0.1	>1.0	0.02	0.1	4	0.01
	南风坳矿段	0.70	0.01	0.003	0.02	0.003	>3.5	>5.0	0.15			0.1	10	0.03

表9-51 枞树板矿段各矿体铅锌含量分级统计

矿体编号			13	24	102	27	30	31	32	28	38	43
样品总数/个			20	2	26	94	11	11	16	21	70	32
铅品位分级/%	<0.5	样品数	17	0	19	59	6	9	13	14	56	17
		百分比	85.00	0.00	73.08	62.77	54.55	81.82	81.25	66.67	80.00	53.13
	0.5~1.0	样品数	1	1	5	10	3	2	1	3	7	5
		百分比	5.00	50.00	19.23	10.64	27.27	18.18	6.25	14.29	10.00	15.63
	1.0~6.0	样品数	2	1	2	19	2	0	1	3	3	7
		百分比	10.00	50.00	7.69	20.21	18.18	0.00	6.25	14.29	4.29	21.88
	>6.0	样品数	0	0	0	6	0	0	1	1	4	3
		百分比	0.00	0.00	0.00	6.38	0.00	0.00	6.25	4.76	5.71	9.38
锌品位分级/%	<0.5	样品数	11	0	18	65	8	11	14	15	61	26
		百分比	55.00	0.00	69.23	69.15	72.73	100.00	87.50	71.43	87.14	81.25
	0.5~1.0	样品数	2	1	7	10	1	0	1	5	6	3
		百分比	10.00	50.00	26.92	10.64	9.09	0.00	6.25	23.81	8.51	9.38

续表

矿体编号			13	24	102	27	30	31	32	28	38	43
锌品位分级/%	1.0~6.0	样品数	5	1	1	17	2	0	1	1	3	3
		百分比	25.00	50.00	3.85	18.09	18.18	0.00	6.25	4.76	4.29	9.38
	>6.0	样品数	2	0	0	2	0	0	0	0	0	0
		百分比	10.00	0.00	0.00	2.13	0.00	0.00	0.00	0.00	0.00	0.00

表9-52 枞树板找矿靶区部分矿体银品位分级统计

矿体编号			27	30	31	32	38	43
样品总数/个			25	27	25	7	31	24
Ag品位分级/%	<40	样品数	15	15	19	2	17	8
		百分比	60.00	55.60	76.00	28.60	54.80	33.30
	40~80	样品数	5	7	3	0	7	7
		百分比	20.00	25.90	12.00	0.00	22.60	37.60
	80~150	样品数	1	5	12	1	3	5
		百分比	4.00	18.50	3.00	14.30	9.70	20.80
	≥150	样品数	4	0	0	4	4	2
		百分比	16.00	0.00	0.00	57.10	12.90	8.30

物相分析结果（表9-53、表9-54）表明：矿石中的Pb元素以硫化铅的方铅矿矿物状态为主要赋存形式（占95%以上），其次有少量的铅矾和白铅矿等次生铅矿物产生。此外，在铁闪锌矿、毒砂、黄铁矿及脉石矿物中分散有方铅矿包裹体和连生体；Zn元素以硫化锌的铁闪锌矿及闪锌矿矿物为主要赋存形式，仅有少量的铁闪锌矿呈细粒分散状态存在于方铅矿、毒砂和脉石矿物中；Ag元素与方铅矿关系极为密切，常以超显微银矿物包裹体或银的类质同象赋存于方铅矿中，其次是银以显微矿物银黝铜矿、硫锑银矿的形式产生。

表9-53 铅锌物相分析结果

项目		硫化物	氧化物	总量
铅/%	含量	2.85	0.13	2.98
	比率	95.64	4.36	100.00
锌/%	含量	1.62	0.17	1.79
	比率	90.50	9.50	100.00

表9-54 银物相分析结果

项目	自然银硫化银	方铅矿包裹银	其他硫化物中的银	脉石中的银	总银
含量/（g/t）	14.00	13.20	5.21	1.39	33.80
分布率/%	41.42	39.05	15.41	4.11	100.00

主要有益组分变化规律：

（1）铅锌银矿化主要赋存于北东向断裂破碎带，在多组弧形构造面且各弧形面所夹持的构造体伴有较强的硅化、绿泥石化的地段，铅、锌、银矿化强，连续性好，矿体较厚（图9-97）。

（2）铅、锌、银在地表氧化带大部分被淋失，品位明显变贫，因此绝大部分矿脉在地表仅表现为构造破碎带或蚀变矿化带（图9-98）。

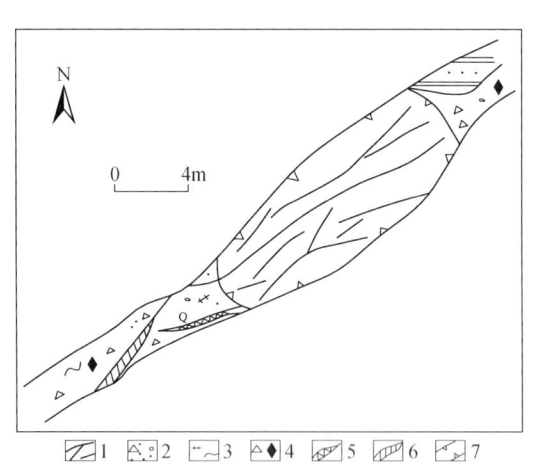

图 9-97 枞树板矿段 CM43 27 号矿脉素描图
1-弧形构造面；2-碎裂岩；3-硅化、绿泥石化；4-铅锌矿化；
5-石英脉；6-铅锌矿脉；7-富矿包采空区

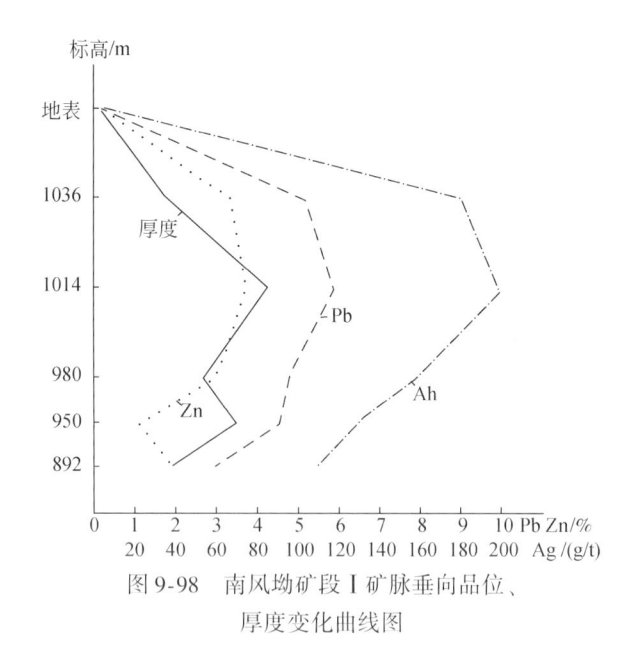

图 9-98 南风坳矿段 I 矿脉垂向品位、厚度变化曲线图

（3）矿脉沿走向 Pb、Zn、Ag 品位变化各具特征：枞树板矿段的 27、102 号矿脉 Pb、Zn、Ag 主要富集于矿脉中部，由中部往东、西两端品位逐渐变贫（图 9-99）；而 28、30、31 号矿脉矿体矿化程度东低西高（图 9-100）；38、43 号和南风坳矿段的 I 矿脉则表现出两个明显的富集中心，中部矿化相对较弱（图 9-101）。

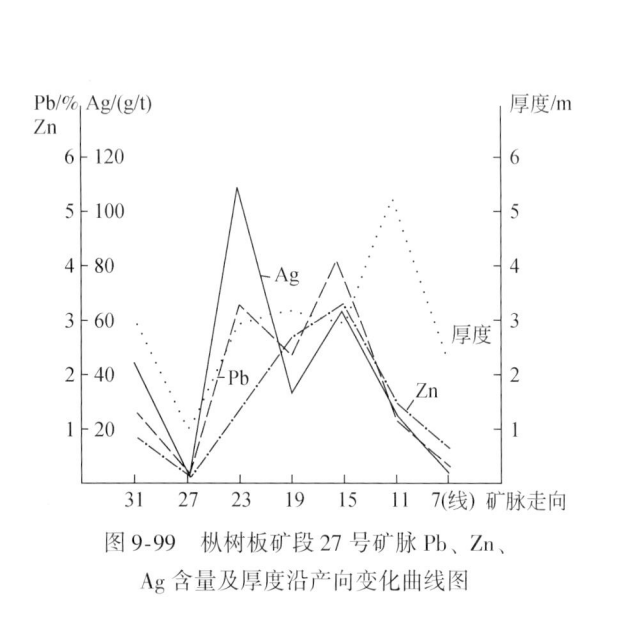

图 9-99 枞树板矿段 27 号矿脉 Pb、Zn、Ag 含量及厚度沿产向变化曲线图

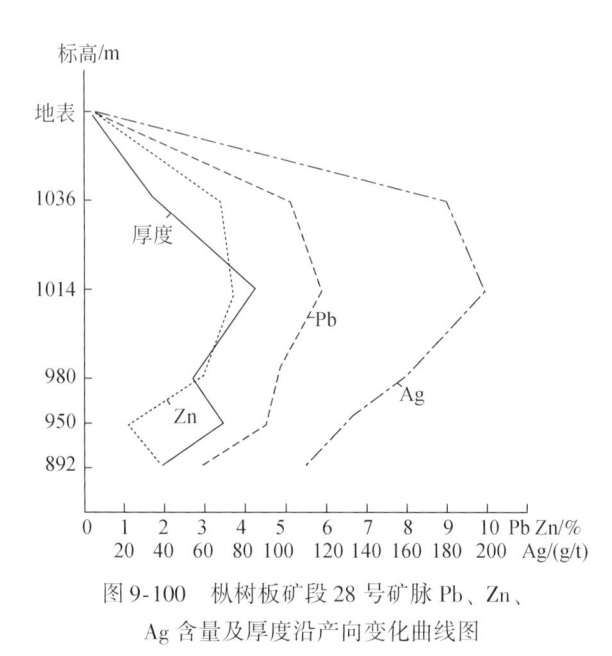

图 9-100 枞树板矿段 28 号矿脉 Pb、Zn、Ag 含量及厚度沿产向变化曲线图

（4）矿体沿倾向自上而下有逐渐变贫的趋势（图 9-101）。

（5）矿体中铅含量普遍高于锌含量，且铅、锌、银呈明显的正相关，即随着铅含量的升高、银含量亦相应增高（图 9-99、图 9-102）。

（6）靶区内部分矿脉 Pb、Zn、Ag 品位及厚度统计结果表明：矿区铅、锌、银品位变化系数分别为 86.53%~184.51%、83.50%~130.34%、74.88%~141.26%，属较均匀变化类型，矿脉厚度相对较稳定，变化不大（表 9-55）。

图 9-101 枞树板矿段 43 号矿脉 Pb、Zn、Ag 含量及厚度沿产向变化曲线图

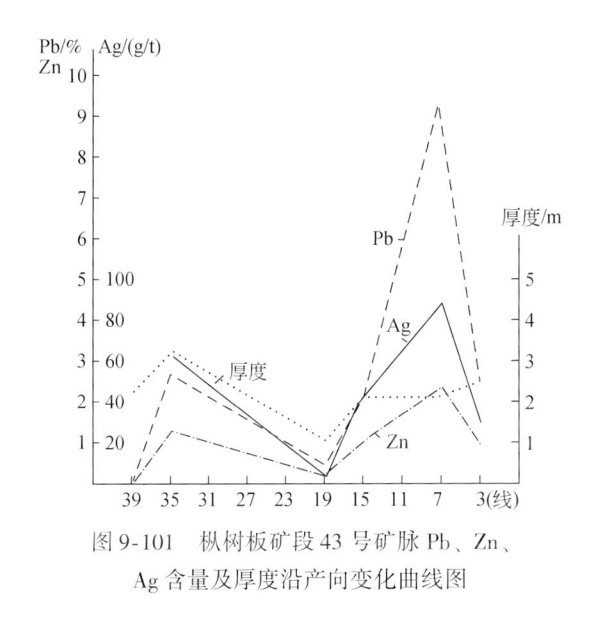

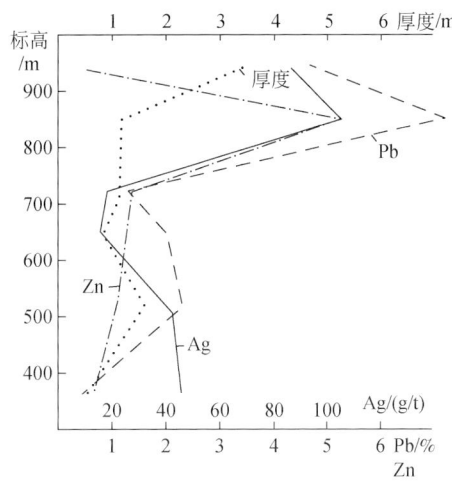

图 9-102 枞树板矿段 38 号矿脉 Pb、Zn、Ag 含量及厚度沿产向变化曲线图

表 9-55 枞树板矿段部分矿脉铅、锌、银品位，矿体厚度变化系数

矿脉号	元素	样本数（N）/个	样本平均值（X）	样本标准差（S）	变化系数/%
27	Pb	44	2.3%	2	86.53
	Zn	44	1.7%	1.59	93.53
	Ag	44	58.05 g/t	82	141.26
	厚度	19	2.014 m	1.028	51.04
38	Pb	18	2.31%	3.96	184.51
	Zn	18	0.89%	1.16	130.34
	Ag	13	29.30 g/t	21.94	74.88
	厚度	10	2.44 m	1.89	77.58
43	Pb	25	3.54%	4.66	131.64
	Zn	25	1.00%	1.11	111
	Ag	25	44.52 g/t	42.39	95.22
	厚度	13	2.6 m	1.39	53.45

9.4.4.5 矿石类型

根据矿物共生组合特征，枞树板找矿靶区矿石工业类型可以划分为铅锌银矿石、银铅锌矿石，含黄铜矿-铅锌银矿石三种，铅锌银矿石是矿区主要的矿石类型。

9.4.5 资源量估算结果

经过本次工作，在枞树板找矿靶区四个矿段共获得 333+334 矿石量 1950.36 万 t，Pb 金属储量 60.28 万 t（Pb 平均品位 3.09%），Zn 金属量 40.80 万 t（Zn 平均品位 2.09%），Ag 金属储量 1186.54t（Ag 平均品位 60.84g/t）（表 9-56）。

求得伴生金属量铜 1.56 万 t、锡 0.75 万 t（表 9-57）。

表 9-56 枞树板找矿靶区储量计算结果

储量级别	矿段	矿石储量/万 t	金属储量			平均品位		
			Pb/万 t	Zn/万 t	Ag/t	Pb/%	Zn/%	Ag/(g/t)
333	枞树板	116.8911	3.4310	1.8838	61.36	2.94	1.91	52.49
334		1320.6477	34.5129	23.8972	615.54	2.61	1.81	46.61
	南风坳	265.9317	10.0061	8.0397	324.76	3.76	3.02	122.12
	岩云寨	137.0560	3.3176	2.6052	124.00	2.42	1.90	90.47
	铅煤坳	109.8381	9.0140	4.3749	60.88	8.21	3.98	55.43
333	全区	116.8911	3.4310	1.8838	61.36	2.94	1.61	52.49
334		1833.4735	56.8506	38.9170	1125.19	3.10	2.12	61.37
333+334		1950.3646	60.2816	40.8008	1186.54	3.09	2.09	60.84

表 9-57 枞树板找矿靶区伴生有益组分储量计算结果

矿体编号	矿石量/万 t	平均品位/%		金属储量/万 t	
		Sn	Cu	Sn	Cu
27	361.1941	0.085	0.12	3070.15	4334.33
38	254.6371		0.15		3819.56
43	640.9278	0.092	0.14	3136.54	4772.99
30	54.2222		0.43		2331.55
32	16.1327		0.08		129.06
102	18.1896	0.0694	0.12	1262.36	218.28
合计	1045.304			7469.06	15605.77

9.5 理论和实际意义

千骑（千里山-骑田岭）地区锡多金属矿产的成矿预测与勘查评价，实现了找矿区位、类型、规模上的重大突破，不仅在成矿理论上有所创新，而且推动了整个南岭成矿带的找矿工作，具有十分显著的经济社会效益。

（1）重点勘查和评价了白腊水、山门口、金船塘、枞树板四个找矿靶区。经估算，共提交 333+334 资源量：锡 72.8765 万 t、铋 10.48 万 t、铅锌 101.08 万 t、银 1186.54 t。按目前矿产品市场行情（精矿）：锡 7.5 万元/t 金属、铋 9.8 万元/t 金属、铅 1 万元/t 金属、锌 2 万元/t 金属、银 3000 元/kg 来估算，区内评价的资源潜在价值达 1000 多亿元。而整个项目国家共投入地勘资金不到 5100 万元，地勘投资只占资源潜在价值的 0.0051%，说明地勘资金投入产出效益是十分巨大的。

（2）对区内成矿特征、矿床类型和找矿模型进行了总结。千骑地区内锡多金属矿产主要赋存于花岗岩中及内接触带，少量赋存于外接触带；总体受北东向断裂构造的控制；主要以充填交代方式成矿；与围岩界线一般较清楚；形态多呈脉状，次为大脉状、不规则状；矿体顶底板围岩蚀变强烈，种类复杂，与锡矿化关系密切的有钠长石化、黑（绿）鳞云母化、云英岩化、夕卡岩化、绿泥石化、萤石化等；矿石构造以脉状、浸染状、角砾状及条带状为主；成矿物质主要来源岩浆岩，矿床空间分布主要受岩浆岩侵入机制及断裂构造的控制。综上所述，并结合矿石硫铅等同位素特征及矿物包裹体测温资料，区内锡多金属矿的成因类型为气化-高中温热液裂隙充填交代型。根据矿体产出的空间部位、围岩性质、蚀变种类及矿石的物质组分、结构构造等差异又可分为构造蚀变带型、蚀变岩体型、构造蚀变带-夕卡岩复合型、夕卡岩型等几个类型。根据矿石原岩类型的不同，蚀变岩体型又可分为钠长石化斑状花岗岩型、花岗斑岩型、细粒花岗岩型等几个亚型（详见表 9-58）。

表 9-58 芙蓉矿田锡多金属矿床类型及其特征表

矿床类型			产出部位	层位及岩性	矿体形态、规模	主要矿物组合		主要蚀变	规模	代表矿体
类	亚类	蚀变岩型				矿石矿物	脉石矿物			
内生气化-高中温热液锡矿床	云英岩型	云英岩型	岩体内接触带	斑状花岗岩	面状、似层状	锡石、毒砂、黄铁矿、黄铜矿、少量磁铁矿、方铅矿-闪锌矿	石英、白云母、黄玉、黑鳞云母、萤石、绢云母、电气石	云英岩化	中大型	山门口 54 矿体
	接触交代型	夕卡岩型	岩体与碳酸盐岩接触带	二叠系-泥盆系碳酸盐岩	层状、透镜状、不规则状	锡石、磁铁矿、黄铁矿、磁黄铁矿、白铁矿、方铅矿、闪锌矿、钛铁矿、黄铜矿	石榴子石、透辉石、透闪石、阳起石、符山石、金云母、电气石、绿帘石	夕卡岩化、大理岩化	小中型	安源及狗头岭 55 矿体
	裂隙充填交代型	钠长石化斑状花岗岩型	岩体中	斑状花岗岩	大脉状、透镜状	锡石、少量黄铜矿、黄铁矿、磁黄铁矿、锰铁矿、方铅矿、闪锌矿	钠长石、更-中长石、钠鳞黑云母、绿泥石、绢云母、石英、萤石	钠长石化、黑(绿)鳞云母化、绿泥石化、绢云母化、萤石化	中大型	白腊水 10、31 矿体
		花岗斑岩型	岩体中	花岗斑岩	脉状、透镜状	锡石、少量黄铁矿、磁黄铁矿、方铅矿、板钛矿、锐钛矿	长石、石英、钠长石、黑云母、绿泥石、绢云母	钠长石化、绿泥石化	中型	白腊水 32 矿体
		细粒花岗岩型	岩体中	细粒花岗岩	脉状、透镜状	锡石、少量黄铁矿、板钛矿、锐钛矿	石英、长石、黑云母、钠长石、绿泥石、绢云母、电气石	绿泥石化、绢云母化	中型	白腊水 42 矿体南东段

续表

矿床类型		产出部位	层位及岩性	矿体形态、规模	主要矿物组合		主要蚀变	规模	代表矿体
类	亚类				矿石矿物	脉石矿物			
内生气化-高中温热液锡矿床	裂隙充填交代型	云英岩脉型	岩体中	斑状花岗岩	脉状、透镜状	锡石、毒砂、黄铁矿、少量磁铁矿、方铅矿、闪锌矿、板钛矿	石英、白云母、黄玉、黑鳞云母、萤石、电气石	云英岩化、硅化	小型	麻子坪26矿体
		石英脉型	岩体中	斑状花岗岩	脉状、透镜状	锡石、少量黄铜矿、黄铁矿、闪锌矿、方铅矿、白钨矿	石英、萤石、黏土矿物	硅化、云英岩化	小型	麻子坪8矿体
		构造蚀变带型	岩体及内外接触带	斑状花岗岩	脉状、镜状	锡石、磁铁矿、黄铜矿、黄铁矿、毒砂、磁黄铁矿、白钨矿、闪锌矿、方铅矿、辉钼矿	长石、石英、绿泥石、黑云母、萤石、电气石	绿泥石化、硅化、云英岩化	中大型	白腊水43、22、18等矿体
		构造蚀变带-夕卡岩复合型	岩体内接触带	二叠系-泥盆系碳酸盐岩及花岗岩	大脉状、透镜状、不规则状	锡石、磁铁矿、毒砂、磁黄铁矿、黄铜矿、黄铁矿、白钨矿、方铅矿、锆石、榍石、辉铋矿	透辉石、透闪石、石英、绿鳞云母、绿泥石、金云母、阳起石、萤石、石榴子石、电气石	钠长石化、夕卡岩化、鳞云母化、黑（绿）、绿泥石化、金云母化、萤石化	特大型	白腊水19矿体
外生	冲积型砂锡矿床		冲积层	泥砂砂砾	层状、透镜状	锡石、锆石、独居石、钛铁矿、黑钨矿	石英、长石、电气石、黏土矿物		大型	杨家堆砂锡矿

据此，我们认为千骑地区不同类型锡多金属矿产是在相似成矿环境，于不同演化阶段和不同控矿条件下所形成的具有成因联系的一组矿床，其成矿模式如图9-103。同时，结合地球化学和地球物理等综合信息，建立了找矿模型（表9-59）。结合元素地球化学和S、Pb、Sm-Nd等同位素组成以及流体包裹体分析，进一步认为大岩体（骑田岭复式岩体）中晚期高侵位隐伏小岩体对锡多金属成矿具有重要贡献。

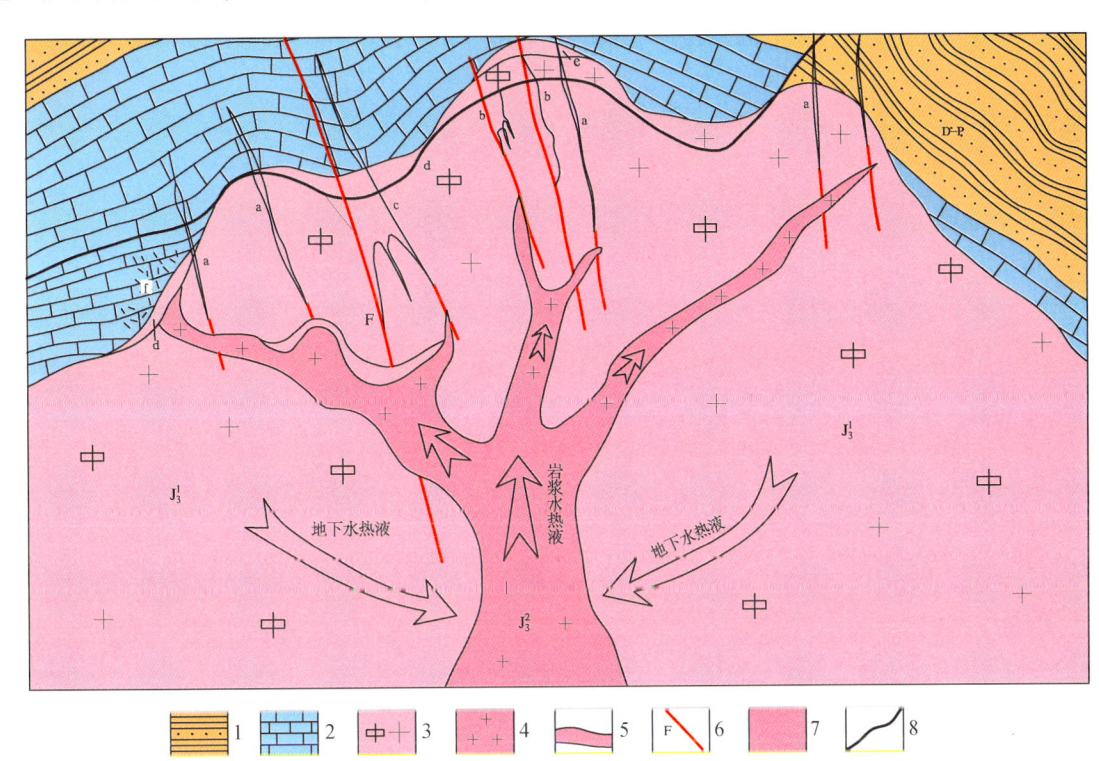

图9-103 千骑地区芙蓉矿田锡多金属成矿模式图

1-砂页岩；2-灰岩；3-燕山早期第三阶段斑状花岗岩；4-晚期的中细粒花岗岩；5-似伟晶岩壳；6-断裂；7-夕卡岩；8-剥蚀地形线；a-构造蚀变带型锡矿；b-蚀变岩体型锡矿；c-构造蚀变带-夕卡岩复合型锡矿；d-夕卡岩型锡矿；e-云英岩型锡矿；f-网脉大理岩型锡矿

表9-59 千骑地区芙蓉锡多金属矿田找矿模型

标志分类		特征
区域构造	构造单元	具有与扬子、华南板块结合部（炎陵-蓝山北东向构造岩浆岩带）相似的深部构造岩浆岩带
	地表、深部构造式	炎陵-蓝山北东向深部构造带与区域耒阳-临武南北向构造带交切
区域地层	建造	有由巨厚不纯碳酸盐岩建造与砂页岩建造界面构成的容矿（化学性质活泼）、屏蔽（化学性质不活泼）搭配组合
	岩性	灰岩、白云岩、砂岩、砂质页岩
区域岩浆岩	性质	地表岩浆岩成带分布并于深部形成规模更大的岩带。地表、近地表有超酸性高侵位相对细粒的花岗岩小岩体，并具富Si、贫Mg、Ca、Al过饱和偏碱性岩石化学特点。涌动式侵入次数多而频繁
	时代	燕山早期较晚阶段及燕山晚期
区域地球化学场		W、Sn、Mo、Bi、Pb、Zn、F、B高背景场
区域重力场		反映矿区及外围深部有巨大隐伏花岗岩带存在并多组交汇
区域磁场		异常范围大、强度高，正负异常相伴，岩体中有一定规模磁异常分布
遥感信息		遥感解译岩体线形构造多组交切、成带分布
赋矿围岩		成矿岩体围岩为不纯碳酸盐岩时，找矿重点应以夕卡岩型为主；围岩为硅铝质岩石（包括先于成矿岩体的其他花岗岩）时，找矿重点应放在岩体型锡矿上

续表

标志分类	特征
矿田构造	矿区、矿带、矿体受北东向构造控制。矿田构造特别发育地段主要分布小脉型锡矿，主控矿构造两侧则有较大型矿体产出
判定岩体顶面标志	小岩体成大矿的实质是指岩体顶面对成矿有利。矿田中矿床（体）类型齐全，且矿体类型具有自岩体外-岩体顶面及其附近-岩体中的空间产布规律者，位于大岩基中的成矿岩体一般剥蚀程度不高，岩体顶面保存完好
地表直接找矿标志	夕卡岩、云英岩化花岗岩、绿泥石化硅化破碎带，有老窿、有古代产锡记载，下游有砂锡矿，锡石的高强重砂异常指示锡石来源于岩体
矿区地球化学异常	异常元素多而强，组合与分带好；W、Be 异常不大处于矿化中心；Sn、B、As、F 等异常发育，丰值高，异常浓集中心明显；Pb、Zn 异常呈破环状分布于外围

近 30 年来的地质勘查成果为区内的矿业开发奠定了良好的基础，目前金船塘锡铋矿、枞树板铅锌银矿已进入规模开采，并取得良好的经济效益，仅金船塘锡铋矿年产值达 5000 余万元。白腊水找矿靶区 19 号脉也进入商业勘查开发阶段，前期详查工作已结束，现正在进行开发设计论证。这些矿山的相继建设，不仅可为国家创造大量的税收，而且将带动相关产业的发展，为社会提供上万个就业岗位。无疑，这对当地国民经济建设及社会稳定具有十分重要的意义。

第10章 结 束 语

　　自20世纪80年代末期以来，我们在原地质矿产部、国土资源部、科学技术部、国家自然科学基金委员会以及湖南省科学技术厅、湖南省自然科学基金委员会、湖南省地质矿产勘查开发局等项目来源单位的支持下，以板内成岩成矿作用为主线，以大陆动力学和地球动力学理论，以及成矿系列与成矿系统等成矿理论为指导，以相似类比、地质异常、地球化学块体和综合信息等预测理论为依据，综合运用大地构造学、构造地质学、沉积学、岩石学、矿物学、矿床学、元素和同位素地球化学、遥感地质学、勘查地球物理学和找矿勘查学等多学科交叉研究方法，采用现代分析测试技术手段，重点开展了湘南千（千里山）–骑（骑田岭）地区锡多金属矿产的成矿背景、成矿条件、成矿机理、控制因素、成矿规律与找矿标志等研究，系统分析和综合总结了区内矿产的成因类型、成矿模式和找矿模型，开展了成矿预测与找矿靶区的找矿勘查，产生了巨大的社会和经济效益。

　　本书在成矿预测理论与找矿勘查所取得的主要创新成果如下：

　　（1）在千骑地区首次建立了中生代内生锡多金属矿床的两个成矿系列，即①与酸性中浅成花岗岩类有关的钨锡多金属成矿系列和②与酸性、中酸性深源浅成花岗闪长岩类有关的铜铅锌多金属成矿系列；并认为千骑地区内锡多金属矿床成矿物质主要来源于中晚侏罗世（ca. 160～145 Ma）花岗质岩浆热液，但震旦系、寒武系、泥盆系和石炭系等地层对成矿物质具有一定的贡献；结合成矿高峰（ca. 156 Ma）稍晚于花岗质岩成岩高峰（ca. 160 Ma）约4 Ma，据此划分了锡多金属矿床的成因类型，探讨了其成矿机理，认为由于中晚侏罗世不同系列的高分异花岗质岩浆高侵位于震旦系至石炭系等地层，其含矿岩浆热液沿不同方向（主要是NE至NNE向）的不同性质的断裂或层间破碎带运移或交代碳酸盐岩等有利的赋矿围岩，从而在一定物理化学条件下沉淀、富集形成不同系列的矿床和矿种。

　　（2）根据重力梯度带、航磁梯度带、遥感影像特征解译以及其他地质矿产信息，确认了斜贯千骑地区的郴州深断裂带的存在，认为它是炎陵–蓝山深大断裂的一部分，既是本区一级构造单元的分界线，也是成矿带（Ⅳ）的分界线，对本区的成岩成矿起着重要的控制作用。在此基础上，确定了千骑地区基本构造格架，认识到控制矿田的主要构造为北东向或北西向基底断裂构造和北东向或北西向盖层构造与南北向盖层构造复合部位。同时，结合重磁异常对区内不同深度层次的隐伏花岗岩体的分布范围的推断，以及已知锡多金属矿田、矿床分布，在全区内划分出六个构造–岩浆活动带，认为深部隐伏大岩基控制了矿带和矿田的展布，高分异高侵位的小岩体对矿床形成则具有明显的控制作用。为成矿预测提供了重要信息。

　　（3）在系统研究和总结区域成矿条件和成矿规律的基础上，首次建立了东坡、宝山、黄沙坪、瑶岗仙和香花岭等锡多金属矿田的成矿模式和区域成矿模式，并构建了相应的地质–地球物理–地球化学综合找矿模型。认为区内不同类型锡多金属矿床是在相似的地质作用和物质来源，在不同演化阶段、不同成矿条件及不同部位形成的具成因联系的一组矿床，是一个较为完整的成矿系列。区内锡多金属矿主要与燕山早期晚阶段分异演化较完全的改造型花岗岩有关，空间分布主要受断裂构造的控制，基底构造–岩浆带及一、二级构造控制成矿带的分布；几组基底构造的复合部位控制矿田的分布和范围；北北东–北东向主干构造是矿液运移的通道，其旁侧的次级构造控制矿体的形态、产状。规模大、特征明显的综合物化探异常分布区，是找矿有利靶区。夕卡岩化、云英岩化、硅化、萤石化、绿泥石化与矿化密切相关，当几种蚀变叠加时则矿化越趋富集。根据上述成矿作用特征，初步归纳出千骑地区"一选岩体、二看异常、三找蚀变"的锡多金属矿床的找矿标志。

　　（4）研究了区内成矿岩体和非成矿岩体的空间分布、岩石学、矿物学和矿物化学、元素和同位素地球化学组成等特征及其差异。指出：区内成矿岩体在空间上与矿床尤其是钨锡铅锌矿床紧密伴生，成矿物质主要来自富锡的硅铝层重熔岩浆,但地幔组分对同熔型花岗质小岩体及相关的 Pb、Zn、Cu 矿床有较大贡献;Sn、W、Bi、Pb、Cu、As、Nb、F 等成矿元素在成矿岩体中含量明显偏高,且离散度较大;Sn、Pb、Zn 在成矿岩体中主要呈分散状态赋存于石英、长石和云母类矿物中,Sn、Zn 载体矿物以黑云母为主,Pb 载体矿物以长石为主,其次是黑云母。

(5) 依据成矿地质条件、地球物理和地球化学等信息,在进一步查清千骑地区锡多金属成矿规律基础上,结合模型类比和综合信息矿产统计预测方法,将区内锡多金属内生矿床划分为 2 个成矿带(Ⅳ级)、5 个成矿亚带和 7 个矿田预测区;在此基础上,圈定了香花岭钨锡铅锌多金属找矿预测区(A-1)、白云仙钨锡铅锌多金属找矿预测区(A-2)、东坡钨锡铅锌多金属找矿预测区(B-1)、坪宝铅锌金银多金属找矿预测区(B-2)、骑田岭南部锡多金属找矿预测区(B-3)、瑶岗仙钨锡铅锌多金属找矿预测区(B-4)、骑田岭北部钨锡铅锌多金属找矿预测区(C-1) 和长城岭铅锌铜多金属找矿预测区(C-2) 等 8 个锡铅锌多金属找矿预测区。为开展矿床(体)定位预测、部署下一步地质找矿工作提供了科学依据。

(6) 对骑田岭南部锡多金属找矿预测区(B-3) 内的白腊水和山门口、东坡钨锡铅锌多金属找矿预测区(B-1) 内的金船塘和枞树板等四个找矿靶区开展了找矿勘查,并对洪水江、五里山、银水垄、大岭背、许家山、竹园里等具良好找矿潜力的地区进行了预查,实现了找矿区位、类型、规模上的重大突破。不仅对南岭地区钨锡多金属矿的找矿勘查评价起到了示范推进作用,而且也拉动了商业地质和矿产开发,为地方经济的发展注入了新的活力,产生了良好的经济、社会效益。

(7) 首次提出了"大岩体中的后期高分异高侵位小岩体成矿"的创新思路,并运用这一新思路在骑田岭复式岩体中找到了与断裂构造有关、包含不同类型锡矿、具超大型规模的芙蓉锡矿田,开创了在大岩体中寻找大型以上规模锡矿床的先例,无疑对丰富板内岩浆作用成矿理论、指导区域找矿具有十分重要的意义。

(8) 在找矿技术上,初步总结出地质、地球物理、地球化学、遥感等综合手段相互匹配、相互衔接、互为依据的较为有效的找矿方法,特别是在板内花岗岩分布区,利用高精度磁测配合土壤测量对寻找与断裂构造有关的锡多金属隐伏-半隐伏矿体,并确定矿体产状、形态、规模等方面具有显著效果。

(9) 通过成矿预测和找矿勘查,大致查明了白腊水、山门口、金船塘和枞树板四个找矿靶区内主要矿体的分布、数量、规模、形态、品位、厚度变化等,共获得 333+334 锡金属量 72.8765 万 t、铋金属量 10.48 万 t、铅锌金属量 101.08 万 t、银金属量 1186.54t。

总之,由于湘南千骑地区原有工作和研究程度较高,曾找到了柿竹园、黄沙坪等一批知名的大型-超大型矿床,因此,在这样一个地区开展成矿预测与找矿勘查,起点高、难度大,要想取得新的突破,就必须有新的理论和新的技术方法。项目实施中,我们首先研究了不同类型锡多金属矿床的成矿地质背景和成矿作用特征,总结了区域成矿规律,提出了"一选岩体、二看异常、三找蚀变"的找矿标志,快速地圈定找矿靶区;二是综合运用现代分析测试手段,研究了不同类型锡多金属矿床的成矿机理,划分了矿床成因类型,并根据成矿系列理论,有针对性地在不同部位寻找特定类型的矿床;三是突破传统的思路,创新提出了"大岩体中后期高分异高侵位小岩体成矿"的思想,在骑田岭岩体中开展矿产预测和找矿勘查,在该岩体南部发现了一系列不同类型的锡多金属矿产,取得了找矿勘查的重大突破。同时,我们还开展了中大比例尺预测,并充分利用了重力航磁资料的二次解译,对区内的构造和岩浆岩进行了准立体推断,拓宽了深部地质研究思路,提高了成矿预测的可信度。

参 考 文 献

柏道远, 黄建中, 刘耀荣, 等. 2005a. 湘东南及湘粤赣边区中生代地质构造发展框架的厘定. 中国地质, 32 (4): 557-570.

柏道远, 刘耀荣, 王先辉, 等. 2005b. 湖南骑田岭岩体北东部角闪石黑云母二长花岗岩的 $^{40}Ar/^{39}Ar$ 定年及其意义. 资源调查与环境, 26 (3): 179-184.

柏道远, 陈建成, 马铁球, 等. 2006. 王仙岭岩体地质地球化学特征及其对湘东南印支晚期构造环境的制约. 地球化学, 35 (2): 113-125.

柏道远, 贾宝华, 李金冬, 等. 2007. 区域构造体制对湘东南印支期与燕山早期花岗岩成矿能力的重要意义——以千里山岩体和王仙岭岩体为例. 矿床地质, 26 (5): 487-500.

柏道远, 马铁球, 王先辉, 等. 2008. 南岭中段中生代构造-岩浆活动与成矿作用研究进展. 中国地质, 35 (3): 436-455.

毕献武, 李鸿利, 双燕, 等. 2008. 骑田岭 A 型花岗岩流体包裹体地球化学特征——对芙蓉超大型锡矿成矿流体来源的指示. 高校地质学报, 14 (4): 539-548.

蔡锦辉, 韦昌山, 孙明慧. 2005. 湖南骑田岭白腊水锡矿床成矿年龄讨论. 地球学报, 25 (2): 235-238.

蔡明海, 陈开旭, 屈文俊, 等. 2006. 湘南荷花坪锡多金属矿床地质特征及辉钼矿 Re-Os 测年. 矿床地质, 25 (3): 263-268.

蔡明海, 韩凤彬, 何龙清, 等. 2008. 湘南新田岭白钨矿床 He, Ar 同位素特征及 Rb-Sr 测年. 地球学报, 29 (2): 167-173.

蔡明海, 王显彬, 彭振安, 等. 2013. 湘南荷花坪锡多金属矿区花岗质岩石 Sm-Nd 同位素研究. 大地构造与成矿学, 37 (3): 530-538.

车勤建, 李金冬, 魏绍六, 等. 2005. 湖南千里山-骑田岭地区形成的构造背景初探. 大地构造与成矿学, 29 (2): 204-214.

陈柏林, 李玉生, 董法先, 等. 1998. 湖南枞树板铅锌矿区构造特征及控矿条件研究. 地质力学学报, 4 (2): 75-82.

陈柏林, 董法宪, 李中坚. 1999a. 韧性剪切带型金矿成矿模式. 地质评论, 45 (2): 187-190.

陈柏林, 李玉生, 董法先, 等. 1999b. 郴州市枞树板铅锌（银）矿床与花岗斑岩脉的关系. 湖南地质, 18 (1): 9-14, 50.

陈德潜. 1984. 试论黄玉霏细斑岩的特征与成因. 岩石矿物及测试, 1: 9-17.

陈国达. 1956. 中国地台"活化区"实例并着重讨论"华夏古陆"问题. 地质学报, 36 (3): 239-271.

陈国达. 1978. 成矿构造研究法. 北京: 地质出版社: 1-421.

陈国达, 杨心宜, 梁新权. 2001. 中国华南活化区历史-动力学的初步研究. 大地构造与成矿学, 25 (3): 228-238.

陈锦荣. 1992. 郴州红旗岭锡矿床锡石的成因矿物学研究. 湖南地质, 11 (4): 299-304.

陈民苏, 刘星辉. 2000. 郴州芙蓉锡矿田成矿模式及资源总量预测. 湖南地质, 19 (1): 43-47.

陈培荣, 华仁民, 章邦桐, 等. 2002. 南岭燕山早期后造山花岗岩类: 岩石学制约和地球动力学背景. 中国科学 (D 辑), 32: 279-289.

陈培荣, 张敏, 陈卫锋. 2007. 九峰-诸广山岩体//周新民主编. 南岭地区晚中生代花岗岩成因与岩石圈动力学演化. 北京: 科学出版社: 533-549.

陈衍景. 1996. 碰撞造山体制的流体演化模式: 理论推导和东秦岭金矿床氧同位素证据. 地学前缘, 3 (4): 282-289.

陈衍景. 2013. 大陆碰撞成矿理论的创建及应用. 岩石学报, 29 (1): 1-17.

陈毓川. 1983. 华南与燕山期花岗岩有关的稀土、稀有、有色金属矿床成矿系列. 矿床地质, (3): 15-24.

陈毓川. 1994. 矿床的成矿系列. 地学前缘, 1 (3-4): 90-94.

陈毓川. 1997. 矿床的成矿系列研究现状与趋势. 地质与勘探, 33 (1): 21-25.

陈毓川, 裴荣富, 张宏良, 等. 1989. 南岭地区与中生代花岗岩类有关的有色及稀有金属矿床地质. 北京: 地质出版社: 1-506.

陈毓川, 毛景文, 邹天人. 1995. 桂北地区矿床成矿系列和成矿历史演化轨迹. 南宁: 广西科学技术出版社: 1-433.

陈毓川, 王登红, 徐志刚, 等. 2014. 华南区域成矿和中生代岩浆成矿规律概要. 大地构造与成矿学, 38 (2): 219-229.

程细音, 祝新友, 王艳丽, 等. 2012. 柿竹园钨锡多金属矿床夕卡岩中碱交代脉研究. 中国地质, 39 (4): 1023-1033.

程裕淇, 陈毓川, 赵一鸣. 1979. 初论矿床的成矿系列问题. 中国地质科学院院报, 1 (1): 32-58.

程裕淇, 陈毓川, 赵一鸣, 等. 1983. 再论矿床的成矿系列问题——兼论中生代某些矿床的成矿系列. 地质论评, 29 (2):

127-139.

崔彬, 赵磊. 2001. 湘南东坡矿田钨锡成矿系列流体同位素特征. 矿物岩石地球化学通报, 20 (4): 328-330.

邓晋福. 1990. 岩浆-成矿作用-板块构造——八十年代火成岩研究新进展. 地质科技情报, 9 (3): 39-44.

邓晋福, 赵海玲, 赖绍聪, 等. 1992. 中国北方大陆下的地幔热柱与岩石圈运动. 现代地质, (3): 267-274.

邓晋福, 赵海玲, 莫宣学, 等. 1995. 扬子大陆的陆内俯冲与大陆的缩小——由白云母（二云母）花岗岩推导. 高校地质学报, (1): 50-57.

邓晋福, 莫宣学, 赵海玲, 等. 1999. 中国东部燕山期岩石圈-软流圈系统大灾变与成矿环境. 矿床地质, (4): 309-315.

邓晋福, 赵国春, 赵海岭, 等. 2000. 中国东部燕山期火成岩构造组合与造山-深部过程. 地质论评, 46 (1): 41-47.

邓军, 吕古贤, 杨立强, 等. 1998. 构造应力场转换与界面成矿. 地球学报, 19 (3): 244-250.

邓军, 杨立强, 孙忠实, 等. 2000. 构造体制转换与流体多层循环成矿动力学. 地球科学——中国地质大学学报, 25 (4): 397-403.

邓松华, 徐惠长, 刘阳生, 等. 2003. 湖南千里山-骑田岭地区大地构造环境与矿物组合的关系. 华南地质与矿产, (4): 51-55.

邓希光, 李献华, 刘义茂, 等. 2005. 骑田岭花岗岩体的地球化学特征及其对成矿的制约. 岩石矿物学杂志, 24 (2): 93-102.

地球科学大辞典编委会. 2005. 地球科学大辞典·基础学科卷. 北京: 地质出版社: 80-207.

地质矿产部南岭项目花岗岩专题组. 1989. 南岭花岗岩地质及其成因和成矿作用. 北京: 地质出版社: 1-71.

范宏瑞, 胡芳芳, 杨进辉, 等. 2005. 胶东中生代构造体制转折过程中流体演化和金的大规模成矿. 岩石学报, 21 (5): 1317-1328.

范蔚茗. 1987. 湖南骑田岭花岗岩体的成因: 同位素和 REE 的制约. 大地构造与成矿学, 11 (1): 47-54.

丰成友, 张德全, 项新葵, 等. 2012. 赣西北大湖塘钨矿床辉钼矿 Re-Os 同位素定年及其意义. 岩石学报, 28 (12): 3858-3868.

付建民, 马昌前, 谢才富, 等. 2004. 湖南骑田岭岩体东缘菜岭岩体的锆石 SHRIMP 定年及其意义. 中国地质, 31 (1): 91-100.

傅昭仁, 李德威, 李先福. 1992. 变质核杂岩及剥离断层的控矿构造解析. 武汉: 中国地质大学出版社: 8-16.

葛良胜, 邓军, 张文钊, 等. 2008. 中国金矿床 (1): 成矿理论研究新进展. 地质找矿论丛, 23 (4): 265-274.

葛良胜, 邓军, 王长明. 2012. 构造动力体制与成矿环境及成矿作用——以三江复合造山带为例. 岩石学报, 29 (4): 1115-1128.

龚庆杰, 於崇文, 张荣华. 2004. 柿竹园钨多金属矿床形成机制的物理化学分析. 地学前缘, 11 (4): 618-625.

顾连兴. 1990. A 型花岗岩的特征、成因及成矿. 地质科技情报, 9 (1): 25-31.

韩雄刚. 1997. 湘南热液充填型多金属矿床断裂活动的多期次性. 湖南地质, 16 (1): 31-36.

何绍勋, 段嘉瑞, 刘继顺, 等. 1996. 韧性剪切带与成矿. 北京: 地震出版社: 1-174.

贺同兴, 卢良兆, 李树勋, 等. 1980. 变质岩石学. 北京: 地质出版社: 1-253.

洪大卫. 1987. 福建沿海晶洞花岗岩带的岩石学和成因演化. 北京: 北京科学技术出版社: 28-30, 109-110.

洪大卫, 谢锡林, 张季生, 等. 2002. 试析杭州—诸广山—花山高 ε_{Nd} 值花岗岩带的地质意义. 地质通报, 21 (6): 348-354.

侯增谦. 2004. 斑岩 Cu-Mo-Au 矿床: 新认识与新进展. 地学前缘, 11 (1): 12-17.

侯增谦. 2010. 大陆碰撞成矿论. 地质学报, 84 (1): 30-58.

侯增谦, 莫宣学, 高永丰, 等. 2003. 埃达克岩: 斑岩铜矿的一种可能的重要含矿母岩——以西藏和智利斑岩铜矿为例. 矿床地质, 22 (1): 3-14.

侯增谦, 孟祥金, 曲晓明, 等. 2005. 西藏冈底斯斑岩铜矿带埃达克质斑岩含矿性: 源岩相变及深部过程约束. 矿床地质, 24 (2): 112-118.

胡建, 邱检生, 王德滋, 等. 2005. 中国东南沿海与南岭内陆 A 型花岗岩的对比及其构造意义. 高校地质学报, (3): 404-414.

胡瑞忠, 陶琰, 钟宏, 等. 2005. 地幔柱成矿系统: 以峨眉山地幔柱为例. 地学前缘, 12 (1): 42-54.

胡瑞忠, 毛景文, 毕献武, 等. 2008. 浅谈大陆动力学与成矿关系研究的若干发展趋势. 地球化学, 37 (4): 344-352.

胡永嘉, 黄日明, 龚茂杨. 1984. 湘南两个内生金属成矿系列的铅锌矿床. 湖南地质, (1): 1-13.

胡正国, 钱壮志, 阎广民. 1994. 小秦岭拆离变质核杂岩构造与金矿. 西安: 陕西科学技术出版社: 1-238.

湖南省地质矿产勘查开发局. 1988. 湖南省区域地质志. 北京: 地质出版社: 104-106.

华仁民，毛景文．1999．试论中国东部中生代成矿大爆发．矿床地质，18（4）：300-307．

华仁民，陈培荣，张文兰，等．2003．华南中、新生代与花岗岩类有关的成矿系统．中国科学（D辑），33（4）：335-343．

华仁民，陈培荣，张文兰，等．2005a．论华南地区中生代3次大规模成矿作用．矿床地质，24（2）：99-107．

华仁民，陈培荣，张文兰，等．2005b．南岭与中生代花岗岩类有关的成矿作用及其大地构造背景．高校地质学报，11（3）：291-304．

黄凡，王登红，陈振宇，等．2014．南岭钼矿的岩浆岩成矿专属性初步研究．大地构造与成矿学，38（2）：239-254．

黄革非．1992．骑田岭复式岩体侵位时代讨论．地质与勘探，11：7-11．

黄革非，曾钦旺，魏绍六，等．2001．湖南骑田岭芙蓉矿田锡矿地质特征及控矿因素初步分析．中国地质，28（10）：30-34．

黄革非，龚述清，蒋希伟，等．2003．湘南骑田岭锡矿成矿规律探讨．地质通报，22（6）：445-451．

黄会清，李献华，李武显，等．2008．南岭大东山花岗岩的形成时代与成因—SHRIMP锆石U-Pb年龄、元素和Sr-Nd-Hf同位素地球化学．高校地质学报，14（3）：317-333．

黄汲清．1954．中国主要地质构造单位．北京：地质出版社：1-154．

黄兰椿，蒋少涌．2012．江西大湖塘钨矿床似斑状白云母花岗岩锆石U-Pb年代学、地球化学及成因研究．岩石学报，28（12）：3887-3900．

黄瑞华．1985．香花岭F4断层的一些元素含量的变化．大地构造与成矿学，（2）：145-153．

黄蕴慧，杜绍华，周秀仲．1988．香花岭岩石矿床与矿物．北京：北京科学技术出版社．

季强，陈文，王五力，等．2004．中国辽西中生代热河生物群．北京：地质出版社：1-357．

贾宝华．1989．桂阳县弧形逆冲断裂带的特征及形成机制探讨．湖南地质，（1）：21-28．

贾大成，胡瑞忠，李东阳，等．2004．湘东南地幔柱对大规模成矿的控矿作用．地质与勘探，40（2）：32-35．

姜胜章，罗仕徽．1992．湖南的硫盐矿物及其分布特征．湖南地质，（S1）：10-12．

蒋少涌，赵葵东，姜耀辉，等．2006．华南与花岗岩有关的一种新类型的锡成矿作用：矿物化学、元素和同位素地球化学证据．岩石学报，22（10）：2509-2516．

康先济，黄惠兰．1997．湘南柿竹园矿床石英的成因矿物学研究．华南地质与矿产，（3）：60-69．

来守华．2014．湖南香花岭锡多金属矿床成矿作用研究．中国地质大学（北京）博士学位论文：1-141．

黎彤．1976．化学元素的地球丰度．地球化学，（3）：167-174．

黎彤，袁怀雨．1998．中国花岗岩类和世界花岗岩类平均化学成分的对比研究．大地构造与成矿学，22（1）：29-34．

李超，屈文俊，王登红，等．2012．Os同位素在花岗岩物质来源示踪中的初步研究：以湖南骑田岭岩体为例．大地构造与成矿学，36（3）：357-362．

李红艳，毛景文，孙亚利，等．1996．柿竹园钨多金属矿床的Re-Os同位素等时线年龄研究．地质论评，42（3）：261-267．

李红阳，卢记仁，侯增谦，等．2002．峨眉地幔柱与超大型矿床．矿床地质，21（增）：148-151．

李华芹，陆远发，王登红，等．2006．湖南骑田岭芙蓉矿田锡成矿时代的厘定及其地质意义．地质论评，52（1）：113-121．

李金冬．2005．湘东南地区中生代构造-岩浆-成矿动力学研究．中国地质大学（北京）博士学位论文．

李金冬，柏道远，伍光英，等．2005．湖南郴州地区骑田岭花岗岩锆石的SHRIMP定年及其意义．地质通报，24（5）：411-414．

李人澍，朱华平．1999．成矿系统的结构与聚矿功能．地学前缘，6（1）：103-113．

李顺庭，王京彬，祝新友，等．2011．湖南瑶岗仙复式岩体的年代学特征．地质与勘探，47（2）：143-150．

李四光．1939．中国地质学（英文）．张文佑编译．伦敦：正风出版社．

李四光．1942．南岭何在．地质论评，7（6）：253-266．

李桃叶，刘家齐．2005．湘南骑田岭芙蓉锡矿田流体包裹体特征和成分．华南地质与矿产，（3）：44-49．

李廷栋．2006．中国岩石圈构造单元．中国地质，33（4）：700-710．

李文渊，牛耀龄，张照伟，等．2012．新疆北部晚古生代大规模岩浆成矿的地球动力学背景和战略找矿远景．地学前缘，19（4）：41-50．

李兆丽，胡瑞忠，彭建堂，等．2006．湖南芙蓉锡矿田流体包裹体的He同位素组成及成矿流体来源示踪．地球科学，31（1）：129-135．

李子颖．2006．华南热点铀成矿作用．铀矿地质，22（2）：65-69．

练志强．1991．湘南多金属矿床成矿模式和找矿模式．湖南有色金属地质，39：18-27．

廖兴钰．2001．湘南地区云英岩化作用及云英岩体型矿床特征．地质与勘探，37（4）：18-22．

刘晓菲，袁顺达，吴胜华．2012．湖南金船塘锡铋矿床辉钼矿Re-Os同位素测年及其地质意义．岩石学报，28（1）：39-51．

刘耀荣, 邝军, 马铁球, 等. 2005. 湖南大义山花岗岩南体黑云母 ^{40}Ar-^{39}Ar 定年及地质意义. 资源调查与环境, (4): 244-249.

刘义茂, 戴橦谟, 卢焕章, 等. 1997. 千里山花岗岩成岩成矿的 ^{40}Ar-^{39}Ar 和 Sm-Nd 同位素年龄. 中国科学 (D辑), 27 (5): 425-430.

刘义茂, 王昌烈, 胥友志, 等. 1998. 柿竹园超大型钨多金属矿床的成矿条件与成矿模式. 中国科学 (D辑), (增): 49-56.

刘义茂, 许继峰, 戴橦模, 等. 2002. 骑田岭花岗岩 $^{40}Ar/^{39}Ar$ 同位素年龄及其地质意义. 中国科学, 32 (增刊): 41-47.

刘勇. 2011. 湘南骑田岭–道县地区燕山期花岗质岩浆的壳-幔相互作用研究. 中国地质科学院博士学位论文: 1-285.

刘勇, 肖庆辉, 耿树方, 等. 2010. 骑田岭花岗岩体的岩浆混合成因寄主岩及其暗色闪长质微细粒包体的锆石年龄和同位素证据. 中国地质, 37 (4): 1081-1091.

刘钟伟. 1993. 骑田岭 (郴州) 为中心的热点作用是东坡 (柿竹园) 超大型多金属矿床形成的主导作用. 湖南省地质学会会刊, 26 (6): 48-54.

卢欣祥. 1998. 秦岭花岗岩揭示的秦岭构造演化过程——秦岭花岗岩研究进展. 地球科学进展, 13 (2): 213-214.

卢友月, 付建明, 程顺波, 等. 2013. 湘南界牌岭锡多金属矿床含矿花岗斑岩 SHRIMP 锆石 U-Pb 年代学研究. 华南地质与矿产, 29 (3): 199-206.

路远发, 马丽艳, 屈文俊, 等. 2006. 湖南宝山铜-钼多金属矿床成岩成矿的 U-Pb 和 Re-Os 同位素定年研究. 岩石学报, 22 (10): 2483-2492.

罗卫, 李文光, 周涛, 等. 2010. 湘南香花岭锡多金属矿田地质地球化学特征及成因探讨. 地质调查与研究, 33 (1): 1-11.

吕古贤. 1991. 构造物理化学的初步探讨. 中国区域地质, (3): 254-261.

吕古贤, 林文蔚, 罗元华, 等. 1999. 构造物理化学与金矿成矿预测. 北京: 地质出版社: 1-300.

吕古贤, 林文蔚, 郭涛, 等. 2001. 金矿成矿过程中构造应力场转变与热液浓缩-稀释作用. 地学前缘, 8 (4): 253-264.

马东升. 1998. 地壳中流体的大规模流动系统及其成矿意义. 高校地质学报, 4 (3): 250-261.

马铁球, 柏道远, 王先辉. 2005. 湘东南茶陵地区锡田岩体锆石 SHRIMP 定年及其地质意义. 地质通报, 24 (5): 415-419.

马寅生, 崔盛芹, 曾庆利, 等. 2002. 燕山地区燕山期的挤压与伸展作用. 地质通报, 21 (4-5): 218-223.

毛景文, 李红艳. 1996. 湖南柿竹园夕卡岩-云英岩型 W-Sn-Mo-Bi 矿床地质和成矿作用. 矿床地质, 15 (1): 1-15.

毛景文, 李红艳, 裴荣富. 1995a. 湖南千里山花岗岩体的 Nd-Sr 同位素及岩石成因研究. 矿床地质, 14 (3): 235-242.

毛景文, 李红艳, 裴荣富. 1995b. 千里山花岗岩体地质地球化学及成矿关系. 矿床地质, 14 (1): 12-25.

毛景文, 李红艳, 王登红, 等. 1998a. 华南地区中生代多金属矿床形成与地幔柱关系. 矿物岩石地球化学通报, 17 (2): 130-132.

毛景文, 李红艳, 宋学信, 等. 1998b. 湖南柿竹园钨锡钼铋多金属矿床地质与地球化学. 北京: 地质出版社: 1-215.

毛景文, 李晓峰, Lehmann B, 等. 2004a. 湖南芙蓉锡矿地质特征、锡矿石和有关花岗岩的 ^{40}Ar-^{39}Ar 测年及其成岩成矿的地球动力学意义. 矿床地质, 23 (2): 164-175.

毛景文, 谢桂青, 李晓峰, 等. 2004b. 华南地区中生代大规模成矿作用与岩石圈多阶段伸展. 地学前缘, 11: 45-55.

毛景文, 陈毓川, 胡瑞忠, 等. 2005. 大规模成矿作用与大型地区 (上、下册). 北京: 地质出版社: 1-1027.

毛景文, 谢桂青, 郭春丽, 等. 2007. 南岭地区大规模钨锡多金属成矿作用: 成矿时限及地球动力学背景. 岩石学报, 23 (10): 2329-2338.

毛景文, 陈懋弘, 袁顺达, 等. 2011. 华南地区钦杭成矿带地质特征和矿床时空分布规律. 地质学报, 85 (5): 636-658.

毛景文, 周振华, 丰成友, 等. 2012. 初论中国三叠纪大规模成矿作用及其动力学背景. 中国地质, 39 (6): 1437-1471.

莫柱孙, 叶伯丹, 潘维祖. 1980. 南岭花岗岩地质学. 北京: 地质出版社: 172-178.

南京大学地质学系. 1981. 华南不同时代花岗岩及成矿关系. 北京: 科学出版社: 1-395.

裴荣富, 洪大卫. 1995. 碰撞造山与华南花岗岩及其成矿系列研究的新进展. 矿床地质, (2): 189-194.

裴荣富, 翟裕生, 张丰仁. 1999. 深部构造作用与成矿. 北京: 地质出版社: 1-167.

彭建堂, 胡瑞忠, 毕献武, 等. 2007. 湖南芙蓉锡矿床 $^{40}Ar/^{39}Ar$ 同位素年龄及地质意义. 矿床地质, 26 (3): 237-248.

彭建堂, 胡瑞忠, 袁顺达, 等. 2008. 湘南中生代花岗质岩石成岩成矿的时限. 地质论评, 54 (5): 617-625.

秦葆瑚. 1984. 湘南区域重磁异常的地质解释及其在成矿预测中的应用. 湖南地质, 3 (2): 1-14.

邱瑞照, 周肃. 1998. 湖南香花岭花岗岩含锂云母类演化及其找矿意义. 桂林工学院学报, 18 (2): 145-153.

邱瑞照, 杜绍华, 彭松柏. 1997. 超临界流体在花岗岩成岩成矿过程中的作用——以香花岭花岗岩型铌钽矿床为例. 矿物岩石地球化学通讯, 16 (4): 239-242.

邱瑞照, 邓晋福, 蔡志勇, 等. 2002. 湖南香花岭矿田花岗岩成岩成矿物质来源. 矿床地质, 21: 1017-1020.

参考文献

邱瑞照, 邓晋福, 蔡志勇, 等. 2003. 湖南香花岭430花岗岩体Nd同位素特征及岩石成因. 岩石矿物学杂志, 22 (1): 41-46.

瞿泓滢, 裴荣富, 李进文, 等. 2010. 安徽铜陵凤凰山燕山期中酸性侵入岩地球化学特征及其与金属成矿关系. 中国地质, (2): 311-323.

瞿泓滢, 刘宏伟, 裴荣富, 等. 2011. 安徽铜陵狮子山铜矿田地球化学特征综述. 地质找矿论丛, (3): 239-248.

全铁军, 孔华, 费利东, 等. 2012a. 宝山花岗闪长斑岩的岩石成因: 地球化学、锆石U-Pb年代学和Hf同位素制约. 中国有色金属学报, 22 (3): 611-621.

全铁军, 孔华, 王高, 等. 2012b. 黄沙坪矿区花岗岩岩石地球化学U-Pb年代学及Hf同位素制约. 大地构造与成矿学, 36 (4): 597-606.

饶家荣, 王纪恒, 曹一中. 1993. 湖南深部构造. 湖南地质, (增刊第7号): 65-78.

单强, 廖思平, 卢焕章, 等. 2011. 岩浆到热液演化的包裹体记录——以骑田岭花岗岩体为例. 岩石学报, 27 (5): 1511-1520.

单强, 曾乔松, 李建康, 等. 2014. 骑田岭芙蓉锡矿的成岩和成矿物质来源: 锆石Lu-Hf同位素和矿物包裹体He-Ar同位素证据. 地质学报, 88 (4): 704-715.

申珊. 1999. 黄沙坪矿田铜矿床矿石物质成分及控矿因素. 湖南地质, 18 (2/3): 75-78.

沈渭洲, 王德滋, 谢永林, 等. 1995. 湖南千里山复式花岗岩体的地球化学特征和物质来源. 岩石矿物学杂志, 14 (3): 193-202.

沈渭洲, 凌洪飞, 李武显. 2000. 中国东南部花岗岩类的Nd模式年龄与地壳演化. 中国科学 (D辑), 30 (5): 471-478.

史明魁. 1993. 湘桂赣粤地区有色金属隐伏矿床综合预测. 北京: 地质出版社.

双燕, 毕献武, 胡瑞忠, 等. 2006. 芙蓉锡矿方解石稀土元素地球化学特征及其对成矿流体来源的指示. 矿物岩石, 26 (2): 57-65.

双燕, 毕献武, 胡瑞忠, 等. 2009a. 湖南芙蓉锡多金属矿床成矿流体地球化学. 岩石学报, 25 (10): 2588-2600.

双燕, 毕献武, 胡瑞忠, 等. 2009b. 湘南芙蓉锡多金属矿床夕卡岩矿石的矿物化学特征. 矿物学报, 29 (3): 363-372.

斯密尔诺夫 B N. 1981. 矿床地质学 (中译本). 北京: 地质出版社.

宋学信, 张景凯. 1990. 柿竹园-野鸡坪钨、锡、钼、铋多金属矿床流体包裹体初步研究. 矿床地质, 9 (4): 332-338.

孙涛. 2006. 新编华南花岗岩分布图及其说明. 地质通报, (3): 332-335.

唐朝永, 刘利生. 2005. 香花岭锡多金属矿田微量元素地球化学特征及找矿意义. 矿产与地质, (6): 688-691.

唐朝永, 柳凤娟. 2010. 湘南炎陵-蓝山断裂带地质特征及其构造成矿作用分析. 矿产与地质, 24 (1): 1-8.

唐朝永, 张南锋, 周兴良. 2007. 湘南多金属地区的圈定及深大断裂构造在成矿中的控制作用. 矿产与地质, 21 (5): 538-541.

唐朝永, 林锦富, 张南锋. 2009. 浅谈对湘南地幔柱构造的认识及其地质意义. 矿产与地质, 23 (1): 1-5.

陶奎元, 毛建仁, 杨祝良, 等. 1998. 中国东南部中生代岩石构造组合和复合动力学过程的记录. 地学前缘, 5 (4): 183-191.

童航寿. 2010. 华南地幔柱构造与成矿. 铀矿地质, 26 (2): 65-72.

童潜明. 1984. 湘南铅锌矿床成因类型划分的单矿物微量元素地球化学标志. 岩石矿物及测试, 3 (4): 322-330.

童潜明. 1985a. 碳酸盐的碳氧同位素应用于找矿的可能性——以黄沙坪矿床为例. 矿物岩石, 5 (3): 17-21.

童潜明. 1985b. 湘南铅锌黄铁矿床中闪锌矿Ga/In、黄铁矿Co、Ni所反映的矿床成因信息. 湖南地质, 4 (3): 1-7.

童潜明. 1986a. 湘南黄沙坪铅-锌矿床的成矿作用特征. 地质论评, 32 (2): 565-577.

童潜明. 1986b. 黄铁矿的钴、镍比值对矿床成因意义的讨论. 矿产地质研究院学报, (3): 6-9.

童潜明. 1997. 湖南主要有色金属贵金属矿床成矿系列与成矿模式. 湖南地质, (增刊9): 12-15.

童潜明, 姜胜章, 李荣清, 等. 1986. 湖南黄沙坪铅锌矿床地质特征及成矿规律研究. 湖南地质 (增刊2): 1-42.

童潜明, 伍仁和, 彭寄来, 等. 1995. 郴桂地区钨锡铅锌金银矿床成矿规律. 北京: 地质出版社: 1-98.

童潜明, 李荣清, 张建新. 2000. 郴临深大断裂带及其两侧的矿床成矿系列. 华南地质与矿产, 3: 34-41.

涂光炽, 张玉泉, 赵振华. 1984. 华南两个富碱侵入岩带的初步研究. 花岗岩地质与成矿关系. 南京: 江苏科技出版社: 21-37.

涂光炽. 1994. 超大型矿床探寻与研究的若干进展. 地学前缘, (1): 45-53.

涂绍雄. 1985. 广东阳春地区两类花岗岩类岩石化学成分的对比研究. 中国地质科学院宜昌地质矿产研究所文集 (10). 北京: 地质出版社: 77-92.

万天丰. 2008. 关于中国构造地质学研究中几个问题的探讨. 地质通报, 27 (9): 1441-1450.

汪建明, 杨年强, 李康强, 等. 1993. 苏州A型花岗岩的岩浆分异与成矿作用. 岩石学报, 9 (1): 33-42.

汪雄武, 王晓地. 2002. 花岗岩成矿的几个判别标志. 岩石矿物学杂志, 21 (2): 119-130.

汪雄武, 王晓地, 刘家齐, 等. 2004. 湖南骑田岭花岗岩与锡成矿的关系. 地质科技情报, 32 (2): 1-12.

王昌烈, 罗仕徽, 青友志, 等. 1987. 柿竹园钨多金属矿床地质. 北京: 地质出版社: 29-48.

王德滋, 沈渭洲. 2003. 中国东南部花岗岩成因与地壳演化. 地学前缘, 10 (3): 209-220.

王德滋, 周金城. 1999. 我国花岗岩研究的回顾与展望. 岩石学报, 15 (2): 161-169.

王德滋, 彭亚明, 袁朴. 1985. 福建魁岐花岗岩的岩石学和地球化学特征及成因探讨. 地球化学, (3): 179-205.

王登红. 1998. 地幔柱及其成矿作用. 北京: 地震出版社: 160.

王登红, 陈毓川, 李华芹, 等. 2003. 湖南芙蓉锡矿的地质地球化学特征及找矿意义. 地质通报, 22 (1): 50-56.

王登红, 陈毓川, 朱裕生, 等. 2006. 以矿床成矿系列构筑中国成矿体系及其运用. 矿床地质, 25 (增): 43-46.

王登红, 陈毓川, 徐志刚, 等. 2011. 成矿体系的研究进展及其在成矿预测中的应用. 地球学报, 32 (4): 385-395.

王蝶, 卢焕章, 毕献武. 2011. 与花岗质岩浆系统有关的石英脉型钨矿和斑岩型铜矿成矿流体特征比较. 地学前缘, 18 (5): 121-132.

王立华, 张德全. 1988. 湖南香花岭锡矿床地质特征及成矿机理. 北京: 科学出版社.

王联魁, 朱为方, 张绍立. 1982. 华南花岗岩两个成岩成矿系列的演化. 地球化学, 11 (4): 329-339.

王汝成, 朱金初, 张文兰, 等. 2008. 南岭地区钨锡花岗岩的成矿矿物学: 概念与实例. 高校地质学报, 14 (4): 485-495.

王汝成, 谢磊, 陈骏, 等. 2011. 南岭中段花岗岩中榍石对锡成矿能力的指示意义. 高校地质学报, 17 (3): 368-380.

王世称. 2010. 综合信息矿产预测理论与方法体系新进展. 地质通报, 29 (10): 1399-1404.

王世称, 王於天. 1989. 综合信息解释原理与矿产预测图编制方法. 长春: 吉林大学出版社.

王世称, 陈永清. 1994. 成矿系列预测的基本原则及特点. 地质找矿论丛, 9 (4): 79-85.

王世称, 成秋明, 范继璋. 1990. 金矿资源综合信息评价方法. 长春: 吉林科学技术出版社.

王世称, 叶水盛, 杨永强, 等. 1999. 综合信息成矿系列预测专家系统. 长春: 长春出版社.

王世称, 陈永良, 夏立显. 2000. 综合信息矿产预测理论与方法. 北京: 科学出版社.

王世称, 杨毅恒, 严光生, 等. 2001. 大型、超大型金矿床密集区综合信息预测. 北京大学国际地质科学学术研讨会论文集. 北京: 地质出版社: 977-983.

王式光, 韩宝福, 洪大卫, 等. 1994. 新疆乌伦古碱性花岗岩的地球化学及其构造意义. 地质科学, 29 (4): 373-383.

王涛. 2000. 花岗岩混合成因研究及大陆动力学意义. 岩石学报, 16 (2): 161-168.

王旭东, 倪培, 蒋少涌, 等. 2009. 江西漂塘钨矿成矿流体来源的He和Ar同位素证据. 科学通报, 54 (21): 3338-3344.

王育民. 1983. 试论中国铅锌矿床类型及其基本特征. 矿床地质, (1): 21-29.

王岳军, 范蔚茗, 郭峰, 等. 2001a. 湘东南中生代花岗闪长质小岩体的岩石地球化学特征. 岩石学报, 17 (1): 169-175.

王岳军, 范蔚茗, 郭峰, 等. 2001b. 湘东南中生代花岗闪长岩锆石U-Pb法定年及其成因指示. 中国科学 (D辑), 31 (9): 745-750

王增润. 1993. 湘南两大成矿系列热液矿床的矿质来源探讨. 湖南省地质学1993年学术年会论文集, 26 (6): 41-43.

魏绍六, 曾钦旺, 许以明, 等. 2002. 湖南骑田岭地区锡矿床特征及找矿前景. 中国地质, 29 (1): 67-75

文国璋, 郭立信, 丁存根. 1984. 临武县香花岭锡铅锌多金属矿矿化分带的初步研究. 湖南地质, 3 (01): 14-25.

吴福元, 葛文春, 孙德有, 等. 2003. 中国东部岩石圈减薄研究中的几个问题. 地学前缘, (3): 51-60.

吴健民, 赵化琛, 张声炎, 等. 1985. 湘南粤北三类铅锌矿床的对比性研究与成矿作用机理探讨. 矿产地质研究院学报, (4): 55-69.

伍光英. 2005. 湘东南多金属地区燕山期花岗岩类及其大规模成矿作用. 中国地质大学 (北京) 博士学位论文: 1-218.

伍光英, 彭和求, 贾宝华. 2000. 湘南大义山岩体构造及其侵位机制分析. 华南地质与矿产, (3): 1-7.

伍光英, 潘仲芳, 侯增谦, 等. 2005a. 湖南大义山锡多金属矿矿体分布规律控矿因素及找矿方向. 地质与勘探, 41 (2): 6-11.

伍光英, 潘仲芳, 李金冬, 等. 2005b. 湘南大义山花岗岩地质地球化学特征及其与成矿的关系. 中国地质, 32 (3): 434-443.

伍光英, 马铁球, 柏道远, 等. 2005c. 湖南宝山花岗闪长质隐爆角砾岩的岩石学、地球化学特征及锆石SHRIMP定年. 现代地质, 19 (2): 198-204.

肖大涛. 1988. 试论耒阳—临武南北向构造带的控岩控矿作用. 湖南地质, (3): 3-9.

参 考 文 献

肖红全, 赵葵东, 蒋少涌, 等. 2003. 湖南东坡矿田金船塘锡铋矿床同位素地球化学及成矿年龄. 矿床地质, 22 (3): 264-270.

肖龙, 王方正, 王华, 等. 2004. 地幔柱构造对松辽盆地及渤海湾盆地形成的制约. 地球科学, 29 (3): 383-292.

肖龙, Pirajno F, 何琦. 2007. 试论大火成岩省与成矿作用. 高校地质学报, 13 (2): 148-160.

肖庆辉, 周玉泉, 李晓波, 等. 1988. 国外花岗岩体构造研究. 地质矿产部情报研究所: 2-166.

肖庆辉. 1998. 大陆动力学研究中值得注意的几个重大科学前沿. 北京: 地质出版社.

肖庆辉. 2001. 花岗岩构造环境判别方法. 北京: 地质出版社.

肖庆辉, 邓晋福, 马大铨, 等. 2002. 花岗岩研究思维与方法. 北京: 地质出版社.

肖庆辉, 卢欣祥, 王菲, 等. 2003a. 柴达木北缘鹰峰环斑花岗岩的时代及地质意义. 中国科学 (D 辑), 33 (12): 1193-1200.

肖庆辉, 邢作云, 张昱等. 2003b. 当代花岗岩研究的几个重要前沿. 地学前缘, 10 (3): 221-229.

谢桂青, 胡瑞忠, 赵红军, 等. 2001. 中国东南部地幔柱及其与中生代大规模成矿关系初探. 大地构造与成矿学, 25 (2): 179-186.

谢家荣. 1936. 北平西山地质构造概况. 中国地质学会会志, 15: 61-74.

谢磊, 王汝成, 陈骏, 等. 2008. 湖南骑田岭花岗岩中的原生含锡榍石: 一个重要的含锡矿物及其找矿指示意义. 科学通报, 53 (24): 3112-3119.

谢文安, 谢玲琳. 1991. 湖南省有色金属矿床概论. 地质与勘探, (7): 1-6, 27.

谢银财. 2013. 湘南宝山铅锌多金属矿区花岗闪长斑岩成因及成矿物质来源研究. 南京大学硕士学位论文: 1-104.

徐克勤, 孙鼐, 王德滋, 等. 1963. 华南多旋回的花岗岩类的侵入时代、岩性特征、分布规律及其成矿专属性的探讨. 地质学报, (1): 1-26.

徐克勤, 胡受奚, 孙明志, 等. 1982. 华南两个成因系列花岗岩及其成矿特征. 矿床地质, 1 (2): 1-14.

徐克勤, 胡受奚, 孙明志, 等. 1983. 论花岗岩的成因系列——以华南中生代花岗岩为例. 地质学报, 57 (2): 107-118.

徐克勤, 孙鼐, 王德滋, 等. 1984. 华南花岗岩成因与成矿// 徐克勤, 涂光炽主编. 花岗岩地质与成矿关系. 南京: 江苏科学技术出版社: 1-657.

徐启东, 章锦统. 1993. 湖南香花岭锡多金属矿田成矿地质背景与找矿潜力评估. 地球科学: 中国地质大学学报, 18 (5): 602-610.

徐水辉, 姜瑞午. 2001. 遥感找矿信息提取技术在骑田岭锡矿田的应用. 湖南地质, 20 (2): 131-134.

徐文炘, 陈民扬, 肖孟华, 等. 2002. 湖南柿竹园钨锡多金属矿床同位素地球化学研究. 华南地质与矿产, (3): 78-84.

徐义刚. 2002. 地幔柱构造、大火成岩省及其地质效应. 地学前缘, 9 (4): 341-353.

徐义刚, 何斌, 黄小龙, 等. 2007. 地幔柱大辩论及如何验证地幔柱假说. 地学前缘, 14 (2): 1-8.

徐义刚, 何斌, 罗震宇, 刘海泉. 2013. 我国大火成岩省和地幔柱研究进展与展望. 矿物岩石地球化学通报, 32 (1): 25-39.

徐勇. 2003. 湖南千里山—骑田岭地区大地构造环境与矿物组合的关系. 华南地质与矿产, (4): 51-55.

许德如, 吴传军, 吕古贤, 等. 2015. 岩石流变学原理在构造成矿中应用——以 BIF 型富铁矿床为例. 大地构造与成矿学, 39 (1): 1-17.

许以明, 侯戊松, 廖兴钰, 等. 2000. 郴州芙蓉矿田锡矿类型及找矿远景. 湖南地质, 19 (2): 95-100.

杨超群. 1984. 华南花岗岩类的成因类型、花岗岩地质和成矿关系. 国际学术会议论文集. 南京: 江苏科学技术出版社: 165-179.

杨国高, 陈振强. 1998. 湖南宝山铀钼铅锌银多金属矿田围岩蚀变与矿化分带特征. 矿产与地质, 12 (2): 96-100.

杨开庆. 1986. 动力成岩成矿理论的研究内容和方向. 中国地质科学院地质力学研究所所刊, 第 7 号: 1-14.

杨坤光, 刘强. 2002. 花岗岩构造与侵位机制研究进展. 地球科学进展, 17 (4): 546-550.

姚军明, 华仁民, 林锦富. 2005. 湘东南黄沙坪花岗岩 LA-ICPMS 锆石 U-Pb 定年及岩石地球化学特征. 岩石学报, 21 (3): 688-696.

姚军明, 华仁民, 林锦富. 2006. 湘南宝山矿床 REE、Pb-S 同位素地球化学及黄铁矿 Rb-Sr 同位素定年. 地质学报, 80 (7): 1045-1054.

姚军明, 华仁民, 屈文俊, 等. 2007. 湘南黄沙坪铅锌钨钼多金属矿床辉钼矿的 Re-Os 同位素定年及其意义. 中国科学 (D 辑), 37 (4): 471-477.

於崇文. 1994. 热液成矿作用动力学. 武汉: 中国地质大学出版社: 126-228.

於崇文, 岑况, 龚庆杰, 等. 2003. 湖南郴州柿竹园超大型钨多金属矿床的成矿复杂性研究. 地学前缘, 10 (3): 15-39.
袁顺达, 彭建堂, 李向前, 等. 2008. 湖南香花岭锡多金属矿床 C、O、Sr 同位素地球化学. 地质学报, 11: 1522-1530.
袁顺达, 李惠民, 郝爽, 等. 2010. 湘南芙蓉超大型锡矿锡石原位 LA-MC-ICP-MS U-Pb 测年及其意义. 矿床地质, 29 (增): 543-544.
袁顺达, 张东亮, 双燕, 等. 2012. 湘南新田岭大型钨钼矿床辉钼矿 Re-Os 同位素测年及其地质意义. 岩石学报, 28 (1): 27-38.
曾庆丰. 1982. 矿田构造发展特征. 地质科学, (1): 47-55.
翟伟, 孙晓明, 邬云山, 等. 2010. 粤北梅子窝钨矿区隐伏花岗闪长岩锆石 SHRIMP U-Pb 年龄与 ^{40}Ar/^{39}Ar 成矿年龄及其地质意义. 高校地质学报, 16 (2): 177-185.
翟裕生. 1997. 地史中成矿演化的趋势和阶段性. 地学前缘, 4 (3-4): 197-203.
翟裕生. 1999. 论成矿系统. 地学前缘 (中国地质大学, 北京), 6 (1): 13-27.
翟裕生. 2001. 矿床学的百年回顾与发展趋势. 地球科学进展, 16 (5): 719-725.
翟裕生. 2002. 成矿构造研究的回顾和展望. 地质论评, 48 (2): 140-146.
翟裕生. 2004. 地球系统科学与成矿学研究. 地学前缘, 11 (1): 1-10.
翟裕生. 2007. 地球系统、成矿系统到勘查系统. 地学前缘, 14 (1): 172-181.
翟裕生, 石准立, 曾庆丰. 1981. 矿田构造与成矿. 北京: 地质出版社.
翟裕生, 林新多, 周宗桂, 等. 1985. 花岗岩体构造—化学特征与钨锡成矿作用. 地球科学——武汉地质学院学报, 10 (4): 11-20.
翟裕生, 邓军, 丁式江, 等. 2001. 关于成矿参数临界转换的探讨. 矿床地质, 20 (4): 301-306.
翟裕生, 王建平, 邓军, 等. 2008. 成矿系统时空演化及其找矿意义. 现代地质, 22 (2): 143-150.
张德全, 王立华. 1987. 香花岭蚀变花岗岩及交代岩的稀土元素地球化学. 岩石矿物学杂志, 6 (4): 316-322.
张德全, 王立华. 1988. 香花岭矿田矿床成矿分带及其成因探讨. 矿床地质, 7 (4): 33-42.
张建新, 童潜明, 李荣清. 2000. 郴临深大断裂带及其两侧的地球化学特征. 华南地质与矿产, (3): 17-24.
张理刚. 1987. 华南钨矿床黑钨矿的氧同位素研究. 地球化学, (3): 233-242.
张理刚. 1989. 湖南东坡千里山花岗岩和钨多金属矿床稳定同位素地球化学. 桂林冶金地质学院学报, 9 (3): 259-267.
张声炎, 吴健民. 1988. 湘南粤北铅锌矿床某些矿物微量元素特征. 矿产地质研究院学报, (4): 70-80.
张岳桥, 董树文, 赵越, 等. 2007. 华北侏罗纪大地构造: 综评与新认识. 地质学报, 81: 1462-1480.
章荣清, 陆建军, 朱金初, 等. 2010. 湖南荷花坪花岗斑岩锆石 LA-MC-ICP MS 锆石 U-Pb 年龄、Hf 同位素制约及地质意义. 高校地质学报, 16 (4): 436-447.
章荣清, 陆建军, 王汝成, 等. 2011. 湘南荷花坪锡铅锌矿区燕山期黑云母花岗岩的厘定. 高校地质学报, 17 (4): 513-520.
赵劲松, Newberry R J. 1996. 对柿竹园夕卡岩成因及其成矿作用的新认识. 矿物学报, 16 (4): 442-449.
赵葵东, 蒋少涌, 肖红权, 等. 2002. 大厂锡-多金属矿床成矿流体来源的 He 同位素证据. 科学通报, 47 (8): 632-635.
赵葵东, 蒋少涌, 姜耀辉, 等. 2006. 湘南骑田岭岩体芙蓉超单元的锆石 SHRIMP U-Pb 年龄及其地质意义. 岩石学报, 22 (10): 2611-2616.
赵一鸣, 林文蔚, 毕承思, 等. 1990. 中国夕卡岩矿床. 北京: 地质出版社: 224-229.
赵一鸣, 吴良士, 白鸽, 等. 2004. 中国主要金属矿床成矿规律. 北京: 地质出版社.
赵振华, 包志伟, 张伯友. 1998. 湘南中生代玄武岩类地球化学特征. 中国科学 (D辑), 28 (增刊): 7-14.
赵振华, 包志伟, 张伯友, 等. 2000. 柿竹园超大型钨多金属矿床形成的壳幔相互作用背景. 中国科学 (D辑), 30 (B12): 161-168.
赵正, 王登红, 张长青, 等. 2014. 南岭地区与铅锌矿有关岩浆岩的成矿专属性研究. 大地构造与成矿学, 38 (2): 289-300.
赵宗举. 2008. 海相碳酸盐岩储集层类型、成藏模式及勘探思路. 石油勘探与开发, 35 (4): 692-703.
郑基俭, 贾宝华. 2001. 骑田岭岩体的基本特征及其与锡多金属成矿作用关系. 华南地质与矿产, (4): 50-57.
郑佳浩. 2012. 湘南王仙岭花岗岩体的特征及成因研究. 中国地质大学 (北京) 硕士学位论文: 1-64.
中国科学院贵阳地球化学研究所. 1979. 华南花岗岩类的地球化学. 北京: 科学出版社: 1-421.
钟江临, 李楚平. 2006. 湖南香花岭夕卡岩型锡矿床地质特征及控矿因素分析. 矿产与地质, (2): 147-151.
钟正春. 1996. 黄沙坪矿区岩浆岩及其控矿特征. 矿产与地质, (10): 400-405.
周涛. 2009. 湖南香花岭锡多金属矿区地球化学及热力学特征研究. 中南大学博士学位论文: 1-129.
周涛, 刘悟辉, 李蔚, 等. 2008. 湖南香花岭锡多金属矿床同位素地球化学研究. 地球学报, 29 (6): 703-708.

参 考 文 献

周新民. 2003. 对华南花岗岩研究的若干思考. 高校地质学报, 9 (4): 556-565.

周新民. 2007. 南岭地区晚中生代花岗岩成因与岩石圈动力学演化. 北京: 科学出版社: 1-691.

周新民, 李武显. 2000. 中国东南部晚中生代火成岩成因: 岩石圈消减和玄武岩底侵相结合的模式. 自然科学进展, 10 (3): 240-247.

周新民, 姚玉鹏, 徐夕生. 1992. 浙东大巨山花岗岩中淬冷包体及其成因机制. 岩石学报, 4 (3): 37-44.

周徇若. 1994. 花岗岩混合作用. 地学前缘, 1 (1-2): 87-97.

朱炳泉, 李献华, 戴橦谟, 等. 1998. 地球科学中同位素体系理论与应用: 兼论中国大陆壳幔演化. 北京: 科学出版社: 216-230.

朱恩静, 王建国, 邱玉民. 1995. 湖南黄沙坪铅锌矿伴生银的赋存状态及分布规律. 有色金属矿产与勘查, 4 (2): 89-95.

朱金初, 刘伟新, 周凤英. 1993. 香花岭431 岩脉中花岗岩和黄英岩及空间分带和成因关系. 岩石学报, 9 (2): 158-166.

朱金初, 黄革非, 张佩华, 等. 2003. 湘南骑田岭岩体菜岭超单元花岗岩侵位年龄和物质来源研究. 地质论评, 19 (3): 245-252.

朱金初, 张辉, 谢才富, 等. 2005. 湘南骑田岭竹枧水花岗岩的锆石 SHRIMP U-Pb 年代学和岩石学. 高校地质学报, 11 (3): 335-342.

朱金初, 陈骏, 王汝成, 等. 2008. 南岭中西段燕山早期北东向含锡钨A型花岗岩带. 高校地质学报, 14 (4): 474-484.

朱金初, 王汝成, 张佩华, 等. 2009. 南岭中段骑田岭花岗岩基的锆石 U-Pb 年代学格架. 中国科学 (D 辑): 地球科学, 39 (8): 1112-1127.

朱金初, 王汝成, 陆建军, 等. 2011. 湘南癞子岭花岗岩体分异演化和成岩成矿. 高校地质学报, (3): 381-392.

朱永峰. 1994. 长英质岩浆中不混溶流体的运移机理——兼论成矿作用发生的条件. 地学前缘, 1 (3-4): 119-124.

祝新友, 王京彬, 王艳丽, 等. 2012. 湖南黄沙坪 W-Mo-Bi-Pb-Zn 多金属矿床硫铅同位素地球化学研究. 岩石学报, 28 (12): 3809-3822.

庄锦良, 刘钟伟, 谭必祥, 等. 1988. 湘南地区小岩体与成矿关系及隐伏矿床预测. 湖南地质, (增刊): 1-198.

Altherr R, Siebel W. 2002. I-type plutonism in a continental back-arc setting: Miocene granitoids and monzonites from the central Aegean Sea, Greece. Contributions to Mineralogy and Petrology, 143: 397-415.

Ballentine C J, Burnard P G. 2002. Production, release and transport of noble gases in the continental crust. Reviews on Mineralogy and Geochemistry, 47: 481-538.

Baptiste P J, Fouquet Y. 1996. Abundance and isotopic composition of helium in hydrothermal sulfides from the East Pacific Rise at 13 N. Geochim et Cosmochim Acta, 60: 87-93.

Barbarin B. 1990. Granitoids: main potrogenetic classifications in relation to origin and tectonic setting. Geology Journal, 25: 227-238.

Barbarin B. 1999. A review of the relationships between granitoid type, their origins and their geodynamic environments. Lithos, 46: 605-626.

Barley M E, Krapez B, Groves D I, et al. 1998. The Late Archean bonanza: metallogenic and environmental consequences of ther interaction between mantle plumes, lithospheric tectonics and global cyclicity. Precambrian Research, 91: 65-90.

Begg G C, Hronsky Jon A M, Arndt N T, et al. 2010. Lithospheric, Cratonic, and Geodynamic Setting of Ni-Cu-PGE Sulfide Deposits. Economic Geology, 105: 1057-1070.

Bekker A, Slack J F, Planavsky N, et al. 2010. Iron formation: the sedimentary product of a complex interplay among mantle, tectonic, oceanic, and biospheric processes. Economic Geology, 105: 467-508.

Bellot J P. 2007. Extensional deformation assisted by mineralised fluids within the brittle-ductile transition: Insights from the southwestern Massif Central, France. Journal of Structural Geology, 29 (2): 225-240.

Bergantz G W. 1989. Underplating and partial melting: implications for melt generation and extraction. Science, 254: 1039-1095.

Berge J. 2013. Likely "mantle plume" activity in the Skellefte district, Northern Sweden. A reexamination of mafic/ultramafic magmatic activity: Its possible association with VMS and gold mineralization. Ore Geology Reviews, 55: 64-79.

Bertrand G, Guillou-Frottier L, Loiselet C. 2013. Distribution of porphyry copper deposits along the western Tethyan and Andean subduction zones: Insights from a paleotectonic approach. Ore Geology Reviews, doi: 10.1016/j.oregeorev.2013.12.015.

Berzina A P, Berzina A N, Gimon V O. 2011. The Sora porphyry Cu-Mo deposit (Kuznetsk Alatau): magmatism and effect of mantle plume on the development of ore-magmatic system. Russian Geology and Geophysics, 52: 1553-1562.

Bierlein F P, Gray D R, Foster D A. 2002. Metallogenic relationships to tectonic evolution: the Lachlan Orogen, Australia. Earth and

Planetary Science Letters, 202: 1-13.

Bingen B, Stein H. 2003. Molybdenite Re-Os dating of biotite dehydration melting in the Rogaland high-temperature granulites, S Norway. Earth and Planetary Science Letters, 208: 181-195.

Borisenko A S, Obolenskiy A A, Naumov E A. 2005. Global tectonic settings and deep mantle control on Hg and Au-Hg deposits//Mao J W, Bierlein F P, eds. Mineral Deposit Research: Meeting the Global Challenge (Vol. 1). Springer Berlin Heidelberg New York: 3-6.

Borisenko A S, Sotnikov V I, Izokh F E, et al. 2006. Permo-Triassic mineralization in Asia and its relation to plume magmatism. Russian Geology and Geophysics, 47 (1): 170-186 (166-182).

Bourdon B, Ribe N M, Stacke A, et al. 2006. Insights into the dynamics of mantle plumes from uranium-series geochemistry. Nature, 444: 713-717.

Brasilino R G, Sial A N, Ferreira V P, et al. 2011. Bulk rock and mineral chemistries and ascent rates of high-K calc-alkalic epidote-bearing magmas, Northeastern Brazil. Lithos, 127: 441-454.

Brown M. 1994. The generation, segregation, ascent and emplacement of granite magma: The migmatiteto-crustally-derived granite connection in thickened orogens. Earth Science Reviews, 36: 83-130.

Burov E B, Jaupart C, Guillou-Frottier L. 2003. Ascent and emplacement of magma reservoirs in brittle-ductile upper crust. Journal of Geophysical Research, 108: 2177.

Cameron E M. 1989. Derivation of gold by oxidative metamorphism of a deep ductile shear zone: Part 1. Conceptual model. Journal of Geochemical Exploration, 31 (2): 135-147.

Cao Q, van der Hilst R D, de Hoop M V, et al. 2011. Seismic imaging of transition zone discontinuities suggests hot mantle west of Hawaii. Science, 332: 1068-1071.

Chappell B W, White A J R. 1974. Two contrasting granite types. Pacific Geology, 8: 173-174.

Chauvet A, Onézime J, Charvet J, et al. 2004. Syn- to late-tectonic stockwork emplacement within the Spanish section of the Iberian pyrite belt: structural, textural, and mineralogical constraints in the Tharsis and Lazarza areas. Economic Geology, 99: 1781-1792.

Chen B, Ma X H, Wang Z Q. 2014. Origin of the fluorine-rich highly differentiated granites from the Qianlishan composite plutons (South China) and implications for polymetallic mineralization. Journal of Asian Earth Sciences, 93: 301-314.

Chen Y J, Guo G J, Li X. 1998. Metallogenic geodynamic background of Mesozoic gold deposits in granite-greenstone terrains of North China Craton. Science in China (Series D), 41 (2): 113-120.

Chen Y J, Chen H Y, Zaw K, et al. 2007. Geodynamic setting and tectonic model of skarn gold deposits in China: an overview. Ore Geology Reviews, 31: 139-169.

Clemens J D. 1997. Petrogenesis and Experimental Petrology of Granitic Rocks. Mineralogical Magazine, 61 (404): 149-150.

Clemens J D, Holloway J R, White A J R. 1986. Origin of an A-type granite: experimental constraints. American Mineralogist, 71: 317-324.

Cloetingh S, Burov E, Francois T. 2013. Thermo-mechanical controls on intra-plate deformation and the role of plume-folding interactions in continental topography. Gondwana Research, 24: 815-837.

Collins W J. 1998. Evaluation of petrogenetic models for Lachlan Fold Belt granitoids: implications for crustal architecture and tectonic models. Australian Journal of Earth Sciences, 45: 483-500.

Collins W J, Sawyer E W. 1996. Pervasive granitoid magma transport through the lower-middle crust during non-coaxil compressional deformation. Metamorphic Geology, 14: 565-579.

Collins M J, Beams S D, White A J R, et al. 1982. Nature and origin of A-type granites with particular reference to southeastern Australia. Contributions to Mineralogy and Petrology, 80: 189-200.

Condie K C. 2001. Mantle Plumes and Their Record in Earth History. Oxford, UK: Cambridge University Press: 306.

Cooke D R, Hollings P, Walshe J L. 2005. Giant porphyry deposits: characteristics, distribution, and tectonic controls. Economic Geology, 100: 801-818.

Corbett G J, Leach T M. 1998. Southwest Pacific Rim gold-copper systems: structure, alteration and mineralization. Society of Economic Geologists Special Publication, 6: 1-240.

Cox K G. 1989. The role of mantle plumes in the development of continental drainage patterns. Nature, 342: 873-876.

Cox K G. 1991. A superplume in the mantle. Nature, 352: 564-565.

Craw D. 2000. Fluid flow at fault intersections in an active oblique collision zone, Southern Alps, New Zealand. Journal of

Geochemical Exploration, 69: 523-526.

Craw D, Koons P O, Horton T, et al. 2002. Tectonically driven fluid flow and gold mineralization in active collisional orogenic belts: Comparison between New Zealand and western Himalaya. Tectonophysics, 348 (1-3): 135-153.

Dalstra H J, Guedes S. 2004. Giant hydrothermal hematite deposits with Mg-Fe metasomatism: A comparison of the Carajas, Hamersley, and other iron ores. Economic Geology, 99 (8): 1793-1800.

Dalstra H J, Rosière C A. 2008. Structural controls on high-grade iron ores hosted by banded iron formation: A global perspective. Reviews in Economic Geology, 15: 73-106.

Davies G F. 2005. 地幔柱存在的依据. 科学通报, 50 (17): 1801-1813.

Deb M. 2014. Precambrian geodynamics and metallogeny of the Indian shield. Ore Geology Reviews, 57: 1-28.

Debon F, Lefort P. 1983. A chemical-mineralogical classification of common plutonic rocks and associations. Trans. R. Soc. Edinburgh: Earth Sciences, 73: 135-149.

Debon F, Lefort P. 1988. A cationic classification of common plutonic rocks and their magmatic associations: principles, mrthod, applications. Bulletin of Mineralogy, 111: 493-510.

Deng J, Wang Q F, Li G J, et al. 2014. Tethys tectonic evolution and its bearing on the distribution of important mineral deposits in the Sanjiang region, SW China. Gondwana Research, 26: 419-437.

DePaolo D J, Manga M. 2003. Deep Origin of Hotspots—the Mantle Plume Model. Science, 300: 920-921.

Ding T, Ma D, Lu J J, Zhang R Q. 2015. Apatite in granitoids related to polymetallic mineral deposits in southeastern Hunan Province, Shi-Hang zone, China: Implications for petrogenesis and metallogenesis. Ore Geology Reviews, 69: 104-117.

Dobretsov N L, Buslov M M. 2011. Problems of geodynamics, tectonics, and metallogeny of orogens. Russian Geology and Geophysics, 52: 1505-1515.

Dunai T J, Baur H. 1995. Helium, neon, and argon systematics of the European subcontinental mantle-implications for its geochemical evolution. Geochimica et Cosmochimica Acta, 59: 2767-2783.

Ernst R E, Bleeker W. 2010. Large igneous provinces (LIPs), giant dyke swarms, and mantle plumes: significance for breakup events within Canada and adjacent regions from 2.5 Ga to the Present. Canadian Journal of Earth Sciences, 47: 695-739.

Ernst R E, Bleeker W, Söderlund U, et al. 2013. Large Igneous Provinces and supercontinents: Toward completing the plate tectonic revolution. Lithos, 174: 1-14.

Faure M, Sun Y, Shu L, et al. 1996. Extensional tectonics within a subduction-type orogen. The case study of the Wugongshan dome (Jiangxi Province, southeastern China). Tectonophysics, 263: 77-106.

Foulger G R, Natland J H. 2003. Is "Hotspot" Volcanism a Consequence of Plate Tectonics? Science, 300: 921-922.

Foulger G R, Pritchard M J, Julian B R, et al. 2000. The seismic anomaly between Iceland extends down to the mantle transition zone and no deeper. Geophysical Journal of Int, 142: F1-F5.

Foulger G R, Pritchard M J, Julian B R, et al. 2001. Seismic tomography shows that upwelling beneath Iceland is confined to the upper mantle. Geophys J Int, 146: 504-530.

Fuller M, Weeks R. 1992. Superplumes and superchrons. Nature, 356: 16-17.

Fyfe W S, Kerrich R. 1985. Fluids and thrusting. Chemical Geology, 49 (1-3): 353-362.

Ghisetti F, Kirschner D, Vezzani L. 2000. Tectonic controls on large-scale fluid circulation in the Apennines (Italy). Journal of Geochemical Exploration, 69: 533-537.

Goldfarb R J, Groves D I, Gardoll S. 2001. Orogenic gold and geologic time: a global synthesis. Ore Geology Reviews, 18: 1-75.

Gómez-Fernández F, Both R A, Mangas J, et al. 2000. Metallogenesis of Zn-Pb Carbonate-Hosted Mineralization in the Southeastern Region of the Picos de Europa (Central Northern Spain) Province: Geologic, Fluid Inclusion, and Stable Isotope Studies. Economic Geology, 95: 19-40.

Gray C M. 1990. A strontium isotopic traverse across the granitic rocks of southeastern Australia: petrogenetic and tectonic implications. Australian Journal of Earth Sciences, 37: 331-349.

Gray C M, Kemp A I S. 2009. The two-component model for the genesis of granitic rocks in southeastern Australia-Nature of the metasedimentary-derived and basaltic end members. Lithos, 111: 113-124.

Griffin T J, White A J R, Chappell B W. 1978. The Moruya Batholith and geochemical contrasts between the Moruya and Jindabyne suits. Journal of the Geological Society of Australia, 25: 235-247.

Griffin W L, Begg G C, O'Reilly S Y. 2013. Continental-root control on the genesis of magmatic ore deposits. Nature, 6: 905-910.

Griffiths R W, Campbell I H. 1990. Stirring and structure in mantle starting plumes. Earth and Planetary Science Letters, 99: 66-78.

Groves D I. 1993. The crustal continuum model for late-Archaean lode-gold deposits of the Yilgarn Block, Western Australia. Mineralium Deposita, 28 (6): 366-374.

Groves D I, Bierlein F P. 2007. Geodynamic settings of mineral deposit systems. Journal of the Geological Society (London), 164: 19-30.

Groves D I, Goldfarb R J, Gebre-Mariam M, et al. 1998. Orogenic gold deposits: a proposed classification in the context of their crustal distribution and relationship to other gold deposit types. Ore Geology Reviews, 13: 7-27.

Groves D I, Condie K C, Goldfarb R J, et al. 2005. Secular changes in global tectonic processes and their influence on the temporal distribution of gold-bearing mineral deposits. Economic Geology, 100, 203-224.

Guo C L, Wang R C, Yuan S D, et al. 2015. Geochronological and geochemical constraints on the petrogenesis and geodynamic setting of the Qianlishan granitic pluton, Southeast China. Mineralogy and Petrology, 109: 253-282.

Harris N B W, Pearce J A, Tindle A G. 1986. Geochemical characteristics of collision-zones magmatism. Coward M P, Ries A C, eds. Collision Tectonics. Geological Society of Special Publication, 19: 67-81.

Hart C J R, Goldfarb R J, Qiu Y M, et al. 2002. Gold deposits of the northern margin of the North China Craton: multiple late Paleozoic-Mesozoic mineralizing events. Mineralium Deposita, 37: 326-351.

He H Y, Zhu R X, Saxton J. 2011. Noble gas isotopes in corundum and peridotite xenoliths from the eastern North China Craton: Implication for comprehensive refertilization of lithospheric mantle. Physics of the Earth and Planetary Interiors, 189: 185-191.

Hill R I. 1991. Starting plumes and continental breakup. Earth and Planetary Science Letters, 104: 398-416.

Hill R I. 1993. Mantle plume and continental tectonics. Lithos, 30: 193-206.

Hitzman M W, Oreskes N and Einaudi M T. 1992. Geological characteristics and tectonic setting of Proterozoic iron oxide (Cu-U-Au-REE) deposits. Precambrian Research, 58 (1-4): 241-287.

Hoa T T, Izokh A E, Polyakov G V, et al. 2008. Permo-Triassic magmatism and metallogeny of Northern Vietnam in relation to the Emeishan plume. Russian Geology and Geophysics, 49: 480-491.

Hofmann A W. 1997. Mantle chemistry: the message from oceanic volcanism. Nature, 385: 219-229.

Hogan J P, Gilbert M C. 1995. The A-type mount scott granite sheet: importance og crustal magma traps. Geophysical Research Letters, 100: 15792-15799.

Hong D W, Xie X L, Zhang J S. 1998. Isotopic geochemistry of granitoids in South China and their metallogeny. Resource Geology, 48 (4): 251-263.

Hou Z Q, Cook N J. 2009. Metallogenesis of the Tibetan collisional orogen: a review and introduction to the special issue. Ore Geology Reviews, 36: 2-24.

Hou Z Q, Pan G T, Mo X X, et al. 2007. The Sanjiang Tethyan metallogenesis in S. W. China: tectonic setting, metallogenic epoch and deposit type. Ore Geology Reviews, 31: 48-87.

Hou Z Q, Zhang, H R, Pan X F, et al. 2011. Porphyry Cu (-Mo-Au) deposits related to melting of thickened mafic lower crust: Examples from the eastern Tethyan metallogenic domain. Ore Geology Reviews, 39: 21-45.

Hu R Z, Bi X W, Zhou M F, et al. 2008. Uranium Metallogenesis in South China and Its Relationship to Crustal Extension during the Cretaceous to Tertiary. Economic Geology, 103: 583-598.

Hua R M, Chen P R, Zhang W L, et al. 2003. Metallogenic systems related to Mesozoic and Cenozoic granitoids in South China. Science in China (Series D), 46 (8): 816-829.

Hua R M, Chen P R, Zhang W L, et al. 2005. Three large-scale metallogenic events related to the Yanshanian Period in Southern China//Mao J W, Bierlein F P, eds. Mineral Deposit Research: Meeting the Global Challenge (Vol. 1). Springer Berlin Heidelberg New York: 401-404.

Humayun M, Qin L P, Norman M D. 2004. Geochemical Evidence for Excess Iron in the Mantle Beneath Hawaii. Science, 306: 91-94.

Hutton D H W. 1988. Granite emplacement mechanisms and tectonic controls: inferences from deformation studies. Trans. R. Soc. Edinb: Earth Sciences, 79: 245-255.

Hutton D H W, Dempster T J, Brown P E, et al. 1990. A new mechanism of granite emplacement: intrusion in active extensional shear zones. Nature, 343 (6257): 452-455.

Irvine T N. 1975. Crystallization sequences in the Muskox intrusion and other layered intrusions—II. Origin of chromitite layers and similar deposits of other magmatic ores. Geochimica et Cosmochimica Acta, 39 (6-7): 991-1008.

参考文献

Isley A E, Abbott D H. 1999. Plume-related mafic volcanism and the deposition of banded iron formation. Journal of Geophysical Research, 104: 15, 461-15, 477.

Janoušek V, Braithwaite C J R, Bowes D R, et al. 2004. Magma-mixing in the genesis of Hercynian calc-alkaline granitoids: an integrated petrographic and geochemical study of the Sázava intrusion, Central Bohemian Pluton, Czech Republic. Lithos, 78: 67-99.

Jiang Y H, Jiang S Y, Zhao K D, et al. 2006. Petrogenesis of Late Jurassic Qianlishan granites and mafic dykes, Southeast China: implications for a back-arc extension setting. Geological Magazine, 143 (04): 457-474.

Karsli O, Dokuz A, Uysal I, et al. 2010. Relative contributions of crust and mantle to generation of Campanian high-K calc-alkaline I-type granitoids in a subduction setting, with special reference to the Harşit Pluton, Eastern Turkey. Contributions to Mineralogy and Petrology, 160: 467-487.

Kaygusuz A, Arslan M, Siebel W, et al. 2014. LA-ICP MS zircon dating, whole-rock and Sr-Nd-Pb-O isotope geochemistry of the Camiboğazı pluton, Eastern Pontides, NE Turkey: Implications for lithospheric mantle and lower crustal sources in arc-related I-type magmatism. Lithos, 192-195: 271-290.

Kerr R A. 2003. Plumes From the Core Lost and Found. Science, 299: 35-36.

Kerrich R, Goldfarb R, Groves D, et al. 2000. The characteristics, origins, and geodynamic settings of supergiant gold metallogenic provinces. Science in China (Series D), 43: 1-68.

Kesler S E. 1997. Metallogenic evolution of convergent margins: Selected ore deposit models. Ore Geology Reviews, 12: 153-171.

King P L. 1997. Characterization and origin of a aluminous A-type granites from the Lachlak fold belt, southeastern Australia. Journal of Petrology, 38 (3): 371-391.

Koons P O, Craw D, Cox S C, et al. 1998. Fluid flow during active oblique convergence: A Southern Alps model from mechanical and geochemical observations. Geology, 26 (2): 159-162.

Larson R L. 1991. Geological consequences of superplumes. Geology, 19: 963-966.

Laznicka P. 2010. Chapter 7: Cordilleran granitoids in convergent continental margins (lower, plutonic levels). Giant metallic deposits (2nd ed.). Springer-Verlag Berlin Heidelberg: 169-262.

Li B. 2011. Synchronization Theory and Tungsten-Polymetallic Mineralization Distribution in the Qianlishan-Qitianling Area, Southern Hunan. Journal of Earth Sciences, 22 (6): 726-736.

Li J H, Zhang Y Q, Dong S W, et al. 2012. Late Mesozoic-Early Cenozoic deformation history of the Yuanma Basin, central South China. Tectonophysics, 570-571: 163-183.

Li J H, Zhang Y Q, Dong S W, et al. 2013. The Hengshan low-angle normal fault zone: Structural and geochronological constraints on the Late Mesozoic crustal extension in South China. Tectonophysics, 606: 97-115.

Li J W, Li Z K, Zhou M F, et al. 2012. The Early Cretaceous Yangzhaiyu Lode Gold Deposit, North China Craton: A Link Between Craton Reactivation and Gold Veining. Economic Geology, 107: 43-79.

Li S R, Santosh M. 2014. Metallogeny and craton destruction: Records from the North China Craton. Ore Geology Reviews, 56: 376-414.

Li S R, Santosh M, Zhang H F, et al. 2014. Metallogeny in response to lithospheric thinning and craton destruction: Geochemistry and U-Pb zircon chronology of the Yixingzhai gold deposit, central North China Craton. Ore Geology Reviews, 56: 457-471.

Li X H, Liu D Y, Sun M, et al. 2004a. Precise Sm-Nd and U-Pb isotopic dating of the supergiant Shizhuyuan polymetallic deposit and its host granite, SE China. Geological Magazine, 141 (2): 225-231.

Li Z, Liu S F, Zhang J F, et al. 2004b. Typical basin-fill sequences and basin migration in Yanshan, North China—Response to Mesozoic tectonic transition. Science in China Ser. D Earth Sciences, 47 (2): 181-192.

Li Z L, Hu R Z, Peng J T, et al. 2006. Helium Isotope Geochemistry of Ore-forming Fluids from Furong Tin Orefield in Hunan Province, China. Resource Geology, 56 (1): 9-15.

Li Z X, Li X H. 2007. Formation of the 1300-km-wide intracontinental orogen and postorogenic magmatic province in Mesozoic South China: A flat-slab subduction model. Geology, 35 (2): 179-182.

Li Z X, Li X H, Zhou H W, et al. 2002. Grenvillian continental collision in South China: new SHRIMP U-Pb zircon results and implications for the configuration of Rodinia. Geology, 30: 163-166.

Lin S C, van Keken P E. 2005. Multiple volcanic episodes of flood basalts caused by thermochemical mantle plumes. Nature, 436: 250-252.

Lin W, Wang Q C, Chen K. 2008. Phanerozoic tectonics of south China block: New insights from the polyphase deformation in the

Yunkai massif. Tectonics, 27 (TC6004): 1-16.

Lister G S, Davis G A. 1989. The origin of metamorphic core complexes and detachment fault formed during Tertiary continental extension in the north Colorado River region, U. S. A. Journal of Structural Geology, 11 (1-2): 65-94.

Liu Y M, Lu H Z, Wang C L, et al. 1998. On the ore-forming conditions and ore-forming model of the superlarge multimetal deposit in Shizhuyuan. Science in China (Series D), 41 (5): 502-512.

Loiselle M C, Wones D R. 1979. Characteritics of anorogenic granites. Geological Society of American Abstracts with Programs, 11: 468.

Mao J R, Li Z L, Ye H M. 2014. Mesozoic tectono-magmatic activities in South China: Retrospect and prospect. Science China (Earth Sciences), 57 (12): 2853-2877.

Mao J W, Zhang Z C, Zhang Z H, et al. 1999. Re-Os isotopic dating of molybdenites in the Xiaoliugou W (Mo) deposit in the northern Qilian mountains and its geological significance. Geochim Cosmochim Acta, 63 (11-12): 1815-1818.

Mao J W, Zhang Z H, Yu J J. 2003. Geodynamic setting of Mesozoic large-scale mineralization in the North China and adjacent area: implication from the highly precise and accurate ages of metal deposits. Science in China (Series D), 33: 289-300.

Mao J W, Pirajno F, Zhang Z H, et al. 2008a. A review of the Cu-Ni sulphide deposits in the Chinese Tianshan and Altay orogens (Xinjiang Autonomous Region, NW China): Principal characteristics and ore-forming processes. Journal of Asian Earth Sciences, 32, 184-203.

Mao J W, Xie G Q, Bierlein F, et al. 2008b. Tectonic implications from Re-Os dating of Mesozoic molybdenum deposits in the East Qinling-Dabie orogenic belt. Geochimica et Cosmochimica Acta, 72 (18): 4607-4626.

Mao J W, Pirajno F, Xiang J F, et al. 2011a. Mesozoic molybdenum deposits in the east Qinling-Dabie orogenic belt: characteristics and tectonic settings. Ore Geology Reviews, 43: 264-293.

Mao J W, Pirajno F, Cook N. 2011b. Mesozoic metallogeny in East China and corresponding geodynamic settings—an introduction to the special issue. Ore Geology Reviews, 43: 1-7.

Mao J W, Cheng Y B, Chen M H, et al. 2013. Major types and time-space distribution of Mesozoic ore deposits in South China and their geodynamic settings. Mineralium Deposita, 48: 267-294.

Mao J W, Pirajno F, Lehmann B, et al. 2014. Distribution of porphyry deposits in the Eurasian continent and their corresponding tectonic settings. Journal of Asian Earth Sciences, 79: 576-584.

Marsh B D. 1982. On the mechanics of igneous diapirism, stoping and zone melting. American Journal of Sciences, 282: 808-855.

Martin H, Bonin B, Capdevila R, et al. 1994. The Kuiqi peralkaline granitic complex (SE China), petrology and geochemistry. Journal of petrology, 35 (4): 983-1015.

Marty B, Jambon A, Sano Y. 1989. Helium isotope and CO_2 in volcanic gases of Japan. Chemical Geology, 76: 25-40.

Maruyama S. 1994. Plume tectonics. Journal of the Geological Society of Taopan, 100 (1): 24-49.

McDonough W F, Sun S S. 1995. The composition of the Earth. Chemical Geology, 120: 223-253.

Mitrofanov F P, Bayanova T B, Korchagin A U, et al. 2013. East Scandinavian and Noril'sk Plume Mafic Large Igneous Provinces of Pd-Pt Ores: Geological and Metallogenic Comparison. Geology of Ore Deposits, 55: 305-319.

Morgan W J. 1971. Convection plumes in the lower mantle. Nature, 230: 42-43.

Munteanu M, Yao Y, Wilson A H, et al. 2013. Panxi region (South-West China): Tectonics, magmatism and metallogenesis. A review. Tectonophysics, 608: 51-71.

Nance R D, Murphy J B, Santosh M. 2014. The supercontinent cycle: A retrospective essay. Gondwana Research, 25: 4-29.

Nataf H C, van Decar J. 1993. Seismological detection of a mantle plume? Nature, 364: 115-120.

Niu S Y, Sun A Q, Hu H B, et al. 2005. The formation of a mantle-branch structure in western Shandong and its constraints on gold mineralization//Mao J W, Bierlein F P, eds. Mineral Deposit Research: Meeting the Global Challenge (Vol. 1). Springer Berlin Heidelberg New York: 37-40.

Njanko T, Nédélec A, Affaton P. 2006. Synkinematic high-K calc-alkaline plutons associated with the Pan-African Central Cameroon shear zone (W-Tibati area): Petrology and geodynamic significance. Journal of African Earth Sciences, 44: 494-510.

Pateroson S R, Miller R B. 1988. Magma emplacement during arc-perpendicular shortening: an example from the cascades crystalline core, Washington. Tectonics, 17 (4): 571-586.

Pearce J A, Harris P N, Tindle A G. 1984. Trace element discrimination diagrams for the tectonic interpretation of granitic rocks. Journal of Petrology, 25 (4): 956-983.

Peng J T, Zhou M F, Hu R Z, et al. 2006. Precise molybdenite Re-Os and mica Ar-Ar dating of the Mesozoic Yaogangxian tungsten deposit, central Nanling district, South China. Mineralium Deposita, 41: 661-669.

Petford N, Kerr R C, Lister J R. 1993. Dike transport of granitoid magmas. Geology, 21: 845-848.

Petrishchevsky A M, Yushmanov Yu P. 2011. Rheology and Metallogeny of the Maya-Selemdzha Plume. Doklady Earth Sciences, 440: 1227-1232.

Pirajno F. 2000. Ore Deposits and Mantle Plumes. Dordrecht, Netherland: Kluwer Acad: 1-556.

Pirajno F. 2009. Hydrothermal Processes and Mineral Systems. Berlin: Springer: 1250.

Pirajno F. 2010. Intracontinental strike-slip faults, associated magmatism, mineral systems and mantle dynamics: examples from NW China and Altay-Sayan (Siberia). Journal of Geodynamics, 50: 325-346.

Pirajno F. 2013a. Chapter 3: North China and Tarim Cratonic Blocks, in: The Geology and Tectonic Settings of China's Mineral Deposits. Springer Science+Business Media Dordrecht: 35-126.

Pirajno F. 2013b. Chapter 4: Yangtze Craton, Cathaysia and the SouthChina Block, in: The Geology and Tectonic Settings of China's Mineral Deposits. Springer Science+Business Media Dordrecht: 127-242.

Pirajno F, Hoatson D M. 2012. A review of Australia's Large Igneous Provinces and associated mineral systems: Implications for mantle dynamics through geological time. Ore Geology Reviews, 48: 2-54.

PirajnoF, Ernst R E, Borisenko A S, et al. 2009. Intraplate magmatism in Central Asia and China and associated metallogeny. Ore Geology Reviews, 35: 114-136.

Pitcher W S. 1983. Granite type and tectonic environment. Hsü K, eds. Mountain building processes. London: Academic Press: 19-40.

Pitcher W S. 1987. Granites and yet more granites forty years on. Geology Rundshau, 76: 51-79.

Podosek F A, Honda M, Ozima M. 1980. Sedimentary noble-gases. Geochimica et Cosmochimica Acta, 44: 1875-1884.

Poitrasson F, Pin C, Duthou J L, et al. 1994. Aluminous subsolvus anorogenic granite genesis in the light of Nd isotopic heterogeneity. Chemical Geology, 112: 199-219.

Porter T M. 2002. Hydrothermal iron oxide copper-gold & related deposits: A global perspective. Geoconsulting Publishing, Linden Park: 1-377.

Powell C M, Oliver N H S, Li Z X, et al. 1999. Synorogenic hydrothermal origin for giant Hamersley iron oxide ore bodies. Geology, 27: 175-178.

Price R C. 1983. Geochemistry of a peraluminous granitoid suite from northeastern Victoria, Southeastern Australia. Geochimica et Cosmochimica Acta, 47: 31-42.

Qiu Y M, Groves D I, McNaughton N J, et al. 2002. Nature, age, and tectonic setting of granitoid-hosted, orogenic gold deposits of the Jiaodong Peninsula, eastern North China craton, China. Mineralium Deposita, 37: 283-305.

Rasmussen B, Fletcher I R, Muhling J R, et al. 2007. Prolonged history of episodic fluid flow in giant hematite ore bodies: Evidence from in situ U-Pb geochronology of hydrothermal xenotime. Earth and Planetary Science Letters, 258 (1-2): 249-259.

Rasmussen B, Fletcher I R, Bekker A, et al. 2012. Deposition of 1.88-billion-year-old iron formations as a consequence of rapid crustal growth. Nature, 484: 498-501.

Ren Z Y, Ingle S, Takahashi E, et al. 2005. The chemical structure of the Hawaiian mantle plume. Nature, 436: 837-840.

Richards J P, Boyce A J, Pringle M S. 2001. Geological evolution of the Escondida area, northern Chile: A model for spatial and temporal localization of porphyry Cu mineralization. Economic Geology, 96: 271-305.

Richards J P. 2003. Tectono-magmatic precursors for porphyry Cu-(Mo-Au) deposit formation. Economic Geology, 98: 1515-1533.

Richards J P. 2013. Giant ore deposits formed by optimal alignments and combinations of geological processes. Nature, 6: 911-916.

Rickard D T, Willdén M Y, Marinder N E, et al. 1979. Studies on the Genesis of the Laisvall Sandstone Lead-Zinc Deposit, Sweden. Economic Geology, 74: 1255-1285.

Roberts M P, Clemens J D. 1993. Origin of high-potassium, calc-alkaline, I-type granitoids. Geology, 21: 825-828.

Robl J, Fritz H, Stüwe K, et al. 2004. Cyclic fluid infiltration in structurally controlled Ag-Pb-Cu occurrences (Schladming, Eastern Alps). Chemical Geology, 205 (1-2): 17-36.

Rosière C A, Rios F J. 2004. The origin of hematite in high-grade iron ores based based on infrared microscopy and fluid inclusion studies. The example of the Conceicao mine, Quadrilatero Ferrifero, Brazil. Economic Geology, 99 (3): 611-624.

Rost S, Garnero E J, Williams Q, et al. 2005. Seismological constraints on a possible plume root at the core-mantle boundary. Nature, 435: 666-669.

Sawkins F J. 1984. Metal Deposits in Relation to Plate Tectonics. Berlin: Springer: 1-261.

Schilling J G. 1973. Iceland mantle plume: geochemical study of Reykjanes Ridge. Nature, 242: 565-571.

Şener A K, Young C, Groves D I, et al. 2005. Major orogenic gold episode associated with Cordilleran-style tectonics related to the assembly of Paleoproterozoic Australia? Geology, 33: 225-228.

Sheth H C. 1999. Flood basalts and large igneous provinces from deep mantle plumes: fact, fiction and fallacy. Tectonophysics, 311: 1-29.

Shi D N, Lü Q T, Xu W Y, et al. 2013. Crustal structure beneath the middle-lower Yangtze metallogenic belt in East China: Constraints from passive source seismic experiment on the Mesozoic intra-continental mineralization. Tectonophysics, 606: 48-59.

Shi W, Dong S W, Zhang Y Q, et al. 2015. The typical large-scale superposed folds in the central South China: Implications for Mesozoic intracontinental deformation of the South China Block. Tectonophysics, 664: 50-66.

Shu L S, Zhou X M, Deng P, et al. 2007. Mesozoic-Cenozoic Basin Features and Evolution of Southeast China. Acta Gelologica Sinica, 81 (4): 573-586.

Shu X J, Wang X L, Sun T, et al. 2011. Trace elements, U-Pb ages and Hf isotopes of zircons from Mesozoic granites in thewestern Nanling Range, South China: Implications for petrogenesis and W-Sn mineralization. Lithos, 127: 468-482.

Sibson R H, Scott J. 1998. Stress-fault controls on the containment and release of overpressured fluids: Examples from gold-quartz vein systems in Juneau, Alaska; Victoria, Australia and Otago, New Zealand. Ore Geology Reviews, 13 (1-5): 293-306.

Sillitoe R H. 1972. A plate tectonic model for the origin of porphyry copper deposits. Economic Geology, 67: 184-197.

Sillitoe R H. 2003. Iron oxide-copper-gold deposits: An Andean view. Mineralium Deposita, 38 (7): 787-812.

Sillitoe R H. 2010. Porphyry copper systems. Economic Geology, 105: 3-41.

Sisson T W, Ratajeski K, Hankins W B, et al. 2005. Voluminous granitic magmas from common basaltic sources. Contributions to Mineralogy and Petrology, 148: 635-661.

Slack J F, Grenne T, Bekker A, et al. 2007. Suboxic deep seawater in the late Paleoproterozoic: evidence from hematitic chert and Fe formation related to seafloor-hydrothermal sulfide deposits, central Arizona, USA. Earth and Planetary Science Letters, 255: 243-256.

Sobolev S V, Sobolev A V, Kuzmin D V, et al. 2011. Linking mantle plumes, large igneous provinces and environmental catastrophes. Nature, 477: 312-316.

Spangenberg J E, Herlec U. 2006. Hydrocarbon Biomarkers in the Topla-Mežica Zinc-Lead Deposits, Northern Karavanke/Drau Range, Slovenia: Paleoenvironment at the Site of Ore Formation. Economic Geology, 101: 997-1021.

Spencer J E, Welty J W. 1986. Possible controls of base-and precious-metal mineralization associated with Terriary detachment faults in the lower Colorado River Trough, Arizona and California. Geology, 14 (3): 195-198.

Stein H J. 2006. Low-rhenium molybdenite by metamorphism in northern Sweden: recognition, genesis, and global implications. Lithos, 87: 300-327.

Stein H J, Markey R J, Morgan J W, et al. 2001. The remarkable Re-Os chronometer in molybdenite: how and why it works. Terra Nova, 13: 479-486.

Stein H J, Hannah J L, Zimmerman A, et al. 2004. A 2.5 Ga porphyry Cu-Mo-Au deposit at Malanjkhand, central India: implications for Late Archean continental assembly. Precambrian Research, 134: 189-226.

Stein M, Hofmann A W. 1994. Mantle plume and episodic crustal growth. Nature, 372: 63-68.

Stuart F M, Burnard P, Taylor R P, et al. 1995. Resolving mantle and crustal contributions to ancient hydrothermal fluid: He-Ar isotopes in fluid inclusions from DaeHwa W-Mo mineralization, South Korea. Geochim Cosmochim Acta, 9: 4663-4673.

Sylvester P J. 1998. Post-collisional peraluminous granites. Lithos, 45: 29-44.

Tackley P J. 2002. The strong heterogeneity caused by deep mantle layering. Geochem Geophys Geosyst, 3: U1-U22.

Taylor R G. 1990. 构造环境和同岩浆期—岩浆期后作用对与岩浆热液有关矿床成因的控制. 尹琳和顾连兴译. Short Course Notes-Tectonic Environment and Ore Deposits, 1990 PACRIM Conference.

Taylor D, Dalstra H J, Harding A E, et al. 2001. Genesis of high-grade hematite ore bodies of the Hamersley province, Western Australia. Economic Geology, 96 (4): 837-873.

Taylor C D, Premo W R, Meier A L, et al. 2008. The metallogeny of late Triassic rifting of the Alexander terrane in southeastern Alaska and northwestern British Columbia. Economic Geology, 103: 89-115.

Taylor S R, McLemann S M. 1985. The continental crust: Its composition and evolution. Blackwell: Oxford Press: 1-312.

Thompson A B, Connolly J A D. 1995. Melting of the continental crust: some thermal and petrological constraints on anatexis in continental collision zones and other tectonic settings. Journal of Geophysical Research, 100: 1556-15579.

Topuz G, Altherr R, Siebel W, et al. 2010. Carboniferous high-potassium I-type granitoid magmatism in the Eastern Pontides: The Gümüşhane pluton (NE Turkey). Lithos, 116: 92-110.

Travé A, Calvet F, Sans M, et al. 2000. Fluid history related to the Alpine compression at the margin of the south-Pyrenean Foreland basin: the El Guix anticline. Tectonophysics, 321 (1): 73-102.

Trull T W, Kurz M D, Jenkins W J. 1991. Diffusion of cosmogenic He-3 in olivine and quartz-implications for surface exposure dating. Earth and Planetary Science Letters, 103: 241-256.

USGS (U. S. Geological Survey). 2011. Mineral Commodity Summaries 2011. USGS Sciences for a Changing World: 1-198.

Vos I M A, Bierlein F P, Heithersay P S, et al. 2005. Geodynamic controls on giant metallogenic provinces: Insights from gold provinces in southeast Australia//Mao J W, Bierlein F P, eds. Mineral Deposit Research: Meeting the Global Challenge (Vol. 1). Springer Berlin Heidelberg New York: 61-64.

Vos I M A, Bierlein F P, Phillips D. 2007. The Palaeozoic tectono-metallogenic evolution of the northern Tasman Fold Belt System, Australia: Interplay of subduction rollback and accretion. Ore Geology Reviews, 30: 277-296.

Walton M. 1960. Granite Problems. Science, 131 (3401): 635-645.

Wang C M, Deng J, Carranza E J M, et al. 2014. Tin metallogenesis associated with granitoids in the southwestern Sanjiang Tethyan Domain: Nature, deposit types, and tectonic setting. Gondwana Research, 26: 576-593.

Wang D Z, Shu L S, Faure M, et al. 2001. Mesozoic magmatism and granitic dome in the Wugongshan Massif, Jiangxi Province and its genetical relationship to the tectonic events in southeast China. Tectonophysics, 339: 259-277.

Wang T, Zheng Y D, Zhang J J, et al. 2011. Pattern and kinematic polarity of late Mesozoic extension in continental NE Asia: Perspectives from metamorphic core complexes. Tectonics, 30 (TC6007): 1-27.

Wang Y J, Fan W M, Guo F. 2003. Geochemistry of early Mesozoic potassium-rich dioritic-granodioritic intrusions in Southeastern Hunan Province, South China: petrogenesis and tectonic implications. Geochemical Journal, 37 (4): 427-448.

Wang Y J, Zhang A M, Fan W M, et al. 2011. Kwangsian crustal anatexis within the eastern South China Block: geochemical, zircon U-Pb geochronological and Hf isotopic fingerprints from the gneissoid granites of Wugong and Wuyi-Yunkai domains. Lithos, 127: 239-260.

Wang Y, Zhou L Y, Zhao L J. 2013. Cratonic reactivation and orogeny: An example from the northern margin of the North China Craton. Gondwana Research, 24: 1203-1222.

Webber A P, Roberts S, Taylor R N, et al. 2013. Golden plumes: Substantial gold enrichment of oceanic crust during ridge-plume interaction. Geology, 41: 87-90.

Whalen J B, Currie K L, Chapell B W. 1987. A-type granites: geochemical characteristics, discrimination and petrogenesis. Contributions to Mineralogy and Petrology, 95: 407-419.

White A J R, Williams I S, Chappell B W. 1977. Ultrametamorphism and granitoid genesis. Tectonophysics, 43: 7-12.

White R S, Schilling J G, Hart S R. 1976. Evidence for the Azores mantle plume from strontium isotope geochemistry of the central North Atlantic. Nature, 263: 659-663.

Wilkinson J J. 2013. Triggers for the formation of porphyry ore deposits in magmatic arcs. Nature, 6: 917-925.

Williams P J. 2010. Classifying IOCG deposits // Corriveau L, Mumin H. Exploring for iron-oxide copper-gold deposits: Canada and global analogues. Geological Association of Canada Short Course Notes, 20: 11-19.

Wilson J T. 1963. A possible origin of the Hawaiian islands. Canadian Journal of Physics, 41: 863-870.

Wolfe C, Bjarnason I, Vandecar J C, et al. 1997. Seismic structure of the Iceland mantle plume. Nature, 385: 245-247.

Wong W H. 1927. Crustal movement and ignous activities in eastern China since Mesozoic time. Bulletin of Geological Society of China, 6 (1): 9-36.

Wright J B. 1977. Mineral deposits, continental drift and plate tectonics. Benchmark papers in geology (vol. 44). Dowden: Hutchinson and Ross, Inc: 418.

Xie L, Wang R C, Chen J, et al. 2010. Mineralogical evidence for magmatic and hydrothermal processes in the Qitianling oxidized tin-bearing granite (Hunan, South China): EMP and (MC)-LA-ICPMS investigations of three types of titanite. Chemical Geology, 276: 53-68.

Xiong X L, Rao B, Chen F R, et al. 2002. Crystallization and melting experiments of a fluorine-rich leucogranite from the Xianghualing Pluton, South China, at 150 MPa and H_2O-saturated conditions. Journal of Asian Earth Sciences, 21 (2): 175-188.

Xu D R, Wu C J, Hu G C, et al. 2016. Late Mesozoic molybdenum mineralization on Hainan Island, South China: Geochemistry, geochronology and geodynamic setting. Ore Geology Reviews, 72: 402-433.

Xu Y G, He B, Chung S L, et al. 2004. The geologic, geochemical and geophysical consequences of plume involvement in the Emeishan flood basalt province. Geology, 30 (10): 917-920.

Yang Z M, Ding K S, de Fourestier J, et al. 2013. Fe-rich Li-bearing magnesionigerite-6N6S from Xianghualing tin-polymetallic orefield, Hunan Province, P. R. China. Mineralogy and Petrology, 107: 163-169.

Yao Y, Chen J, Lu J J, et al. 2014. Geology and genesis of the Hehuaping magnesian skarn-type cassiterite-sulfide deposit, Hunan Province, Southern China. Ore Geology Reviews, 58: 163-184.

Yarmolyuk V V, Kuzmin M I. 2012. Late Paleozoic and Early Mesozoic Rare-Metal Magmatism of Central Asia: Stages, Provinces, and Formation Settings. Geology of Ore Deposits, 54: 313-333.

Ye H, Shedlock K M, Hellinger S J, et al. 1985. The North China basin: an example of a Cenozoic rifted intraplate basin. Tectonics, 4 (2): 153-169.

Yin J W, Kim S J, Lee H K, et al. 2002. K-Ar ages of plutonism and mineralization at the Shizhuyuan W-Sn-Bi-Mo deposit, Hunan Province, China. Journal of Asian Earth Sciences, 20: 151-155.

Yuan S D, Peng J T, Hu R Z, et al. 2008a. A precise U-Pb age on cassiterite from the Xianghualing tin-polymetallic deposit (Hunan, South China). Mineralium Deposita, 43 (4): 375-382.

Yuan S D, Peng J T, Hu R Z, et al. 2008b. Characteristics of rare-earth elements (REE), strontium and neodymium isotopes in hydrothermal fluorites from the Bailashui tin deposit in the Furong ore field, southern Hunan Province, China. Chinese Journal of Geochemistry, 27: 342-350.

Zaw K, Peters S G, Cromie P, et al. 2007. Nature, diversity of deposit types and metallogenic relations of South China. Ore Geology Reviews, 31: 3-47.

Zaw K, Meffre S, Lai C K, et al. 2014. Tectonics and metallogeny of mainland Southeast Asia—A review and contribution. Gondwana Research, 26: 5-30.

Zhai M G, Santosh M. 2013. Metallogeny of the North China Craton: Link with secular changes in the evolving Earth. Gondwana Research, 24: 275-297.

Zhai M G, Yang J H, Liu W J. 2001. Large clusters of gold deposits and large-scale metallogenesis in the Jiaodong Peninsula, Eastern China. Science in China (Series D), 44 (8): 758-768.

Zhang H Y, Hou Q L, Cao D Y. 2007. Study of thrust and nappe tectonics in the eastern Jiaodong Peninsula, China. Science in China Series D: Earth Sciences, 50 (2): 161-171.

Zhang C H, Li C M, Deng H L, et al. 2011. Mesozoic contraction deformation in the Yanshan and northern Taihang mountains and its implications to the destruction of the North China Craton. Science in China Series D: Earth Sciences, 54 (6): 798-822.

Zhang B L, Zhu G, Jiang D Z, et al. 2012. Evolution of the Yiwulushan metamorphic core complex from distributed to localized deformation and its tectonic implications. Tectonics, 31 (TC4018): 1-22.

Zhang C L, Li Z X, Li X H, et al. 2010. A Permian large igneous province in Tarim and Central Asian orogenic belt, NW China: Results of a ca. 275 Ma mantle plume? GSA Bulletin, 122: 2020-2040.

Zhang H, Li C Y, Yang X Y, et al. 2014. Shapinggou: the largest Climax-type porphyry Mo deposit in China. International Geology Review, 56 (3): 313-331.

Zhang L. 1988. Oxgen isotopic studies of Wolframite in tungsten ore deposits of South China. Geochemistry, 7 (2): 109-119.

Zhao D P. 2001. Seismic structure and origin of hotspots and mantle plumes. Earth and Planetary Science Letters, 192: 251-265.

Zhou T H, Goldfarb R J, Phillips G N. 2002. Tectonics and distribution of gold deposits in China—an overview. Mineralium Deposita, 37: 249-282.

Zhou X M, Li W X. 2000. Origin of late Mesozoic igneous rocks in Southeastern China: Implications for lithosphere subduction and underplating of mafic magmas: Tectonophysics, 326 (3-4): 269-287.

Zhou X M, Sun T, Shen W Z, et al. 2006. Petrogenesis of Mesozoic granitoids and volcanic rocks in South China: A response to tectonic evolution. Episode, 29 (1): 26-33.

Zhu R X, Fan H R, Li J W, et al. 2015. Decratonic gold deposits. Science in China (Series D), 58 (9): 1523-1537.

Zimmerman A, Stein H J, Hannah J L, et al. 2008. Tectonic configuration of the Apusini-Banat-Timok-Srednogorie belt, Balkans-South Carpathians, constrained by high precision Re-Os molybdenite ages. Mineralium Deposita, 43: 1-21.